本书系国家社科基金重点项目
"西方德性伦理思想研究"（11AZX009）最终成果

思想文化史书系·西方系列

湖北大学高等人文研究院
中华文化发展湖北省协同创新中心 编

江畅◎著

西方德性思想史

古代卷

Western History of Virtue Thoughts
Ancient Volume

人民出版社

目　录

Contents

6. Relationship of Virtue, Knowledge and Wisdom

7. Relationship of Virtue, Rationality (Reason), Emotion and Will

8. Relationship of Virtue and Action

9. Rationality of Moral Norms

10. Teachableness of Virtue

11. Relationship of Virtue, Society and Social Justice

12. Gender Difference of Virtue

13. Ideal Society

14. Political Institutions or Governmental Pattern

15. Relationship of Law and Power

VI. Key Virtual Items Focused on by Western Thinkers and Their Meanings

1. Wisdom / Prudence

2. Bravery / Courage

3. Temperance

4. Justice

5. Friendship / Care

6. Faith

7. Hope

8. Love / Charity

9. Mercy / Benevolence

10. Tolerance

11. Compassion / Sympathy / Empathy

12. Fraternity / Brotherhood

13. Knowledge / Science and Technology

14. Market

15. Liberty / Freedom

16. Equality

致　谢

　　本书从最初申报国家社科基金重点项目到今天全部完成，经历了整整五年。本课题能立项，到今天能顺利完成和出版，是许多人支持和共同努力的结果。在本书付梓出版之际，我想借此机会表达为本书完成和出版作出过贡献的朋友、同事和学生表达我诚挚的谢意。

　　首先，我要特别感谢中国伦理学会会长、清华大学人文学院院长、长江学者、我的好朋友万俊人教授。是在他鼓励和推动下，我才下决心申报这一项目的。他还亲自帮我审阅了项目申报书，提出了不少极具建设性的宝贵意见，使项目得以申报成功。本书完成之后，他还欣然应允我请他作序的请求，在百忙之中亲自为拙作作序。俊人兄学识渊博，饱学多才，才思敏捷，智慧超凡，德高望重。在与他结识的二十余年中，他给予了我和我所负责的学科许多支持和帮助，我也从他身上学到了很多极其珍贵的东西。如果说我这些年在学术研究和学科建设方面取得一些成绩的话，那都离不开俊人仁兄的全力支持和倾情帮助。我对俊人教授永远充满感激和崇敬之情！

　　在本书写作和准备结题、出版的过程中，我的不少朋友、同事、学生为我查阅资料，审读、校对、打印文稿、查对引文，他们为本书的完成和出版作出了艰辛努力。他们是我的夫人张汉明女士，我的同事和朋友洪华华女士、黄妍博士、贺艳菊女士、李巧萍女士、王佳璇同学，我的博士和硕士研究生张卿、张媛媛、蔡梦雪、陶涛、李文龙等同学。本书的中文目录是我的同事、湖北大学高等人文研究院副院长李家莲博士翻译成英文的，她为此翻阅了不少资料，下不少功夫，努力使译文做到精准。她总是这样全心全意帮助他人，任劳任怨地对待工作，心无旁骛地钻研专业，其精神十分令我钦佩。

　　我的一些较有分量的著作几乎都是张伟珍编审编辑出版的，她精湛的专业能力、兢兢业业的工作态度使我的著作质量得到了很大的提升。这部出版著作从策划到出版都凝聚了她的心血，特别是其出版计划一改再改，伟珍女士没有任何怨言，一切以书稿质量为重。经过伟珍编审之手，出版了一大批精品力作，她为我国出版界和学术界作出了突出贡献。我相信，本书经过她的编辑点校最终定会成为学术出版物中的精品。在此，我要特别感谢这位出版界的优秀女性编辑大家。

我在湖北大学哲学学院、高等人文研究院及学校有关部门一起工作的同事，虽然不一定为这本书的写作出版直接做工作，但他们一直以来都默默无闻地支持和帮助我，并在各方面给予我关心和照顾。每当想到他们，我的心中就充满了亲切感和家园感，我对他们永远心存感激。其中特别是戴茂堂、万明明、柯志坚、肖德、邵俊青、杨元业、陈道德、吴成国、强以华、高乐田、冯军、舒红跃、周海春、姚才刚、余卫东、陈俊、阮航、徐瑾、徐弢、张敏、余燕、林季杉、李莉、宋伟、倪霞、杨海军、陈山等同仁。本书是我有史以来独立完成的部头最大的著作（总字数300多万字），也许我这一辈子不可能再有雄心壮志和精力啃这样的硬骨头。所以，我要借这部著作出版的机会表达对长期跟我一起打拼的诸位同事以及我的母校和工作单位湖北大学无限的谢意。

本书是国家社会科学基金的重点项目"西方德性伦理思想研究"（11AZX009）的最终成果，是国家社会科学规划办为本书的写作出版提供了机会和条件。自20世纪90年代以来，我先后承担过2项国家社科基金一般项目，1项国家社科基金重点项目和1项国家社科基金重大招标项目的主持人。承担这些高层次的国家社科基金项目的研究对于我在学术上的成长和成熟起到了极大的推动作用，并提供了优厚的经费保障。我要借此机会感谢国家对学术的高度重视和大力扶植。现在，我除了任湖北大学学院教授、博士生导师、学科带头人等职务之外，还担任湖北大学湖北省道德与文明研究中心、湖北省中华文化发展协同创新中心主任，湖南师范大学湖南省中国特色社会主义道德文化协同创新中心首席专家，清华大学道德与宗教研究院研究员兼学术委员，北京师范大学社会主义核心价值观协同创新中心、教育部人文社科研究基地价值与文化研究中心研究员。在此，我谨以此书作为这些平台的一项研究成果，以回报和感谢这些学术平台对我的信任和厚爱。

江 畅

2016年5月

序　言

美德伦理的西方镜像与中国视差
——江畅《西方德性思想史》唱序

万俊人

一、引言：道德／伦理类型学星座中的美德伦理

在人类道德思想史或伦理学史上，美德伦理无疑享有其独特无朋的地位。如果说，作为一种人类自律的基本方式，道德／伦理最为典型也最为内在地体现了人类理解并把握自身生活世界——包括其经验生活世界和精神生活世界的主体自觉性，那么，在诸种不同类型的道德伦理中，最能充分彰显人类道德主体性的当属美德伦理无疑了。一般而言，相较于法律和政治，道德／伦理更能彰显人类自身的意志自由；相较于宗教神学，道德／伦理更能确保康德所说的"属人的"自由尊严。由是观之，相较于其他伦理学类型，美德伦理当属于最能充分表现人类道德／伦理之自由意志与自由尊严的道德理论类型了。

事实上，自亚里士多德完成人类知识体系的"百科"划分并首先创立伦理学以来，美德伦理就一直是伦理学的经典知识形态，即使是中世纪神学伦理，也并未因为神学本位的强制统辖而改变依美德而言伦理的基本论理路径。只是进入近代以后，或者更确切地说，启蒙运动以后，西方伦理学才开始其理论转型，亦即从美德伦理或人格化伦理向规范伦理或社会公共伦理的转型，作为一种知识形态的美德伦理逐渐退出西方伦理思想的中心舞台，隐

逸于学术边缘。与之相对，适应于现代社会日趋公共化发展的规范伦理学则迅速占据西方伦理思想舞台的中心，成为西方现代性价值观念的基本表达方式和话语形态，直到 20 世纪初，伴随着逻辑实证主义和科学主义的勃兴，新生的元伦理学或分析伦理学很快形成足以与规范伦理学相互颉颃、相互竞争的格局。

然而，这种条分缕析的类型学划分太过于粗陋，远不足以清晰准确地刻画西方伦理学，尤其是晚近以降的西方伦理学的"庐山真面"。仅仅从尼采开始，现代西方伦理学便因为"上帝已死，一切皆有可能"的颠覆性文化价值观念转变，而开始其"你方唱罢我登场，各领风骚三五年"的文化多元主义竞技。元伦理学打压下的规范伦理学慢慢销声匿迹，一时间仿佛"山重水复"，甚或"灰飞烟灭"，却又因政治伦理的复兴——罗尔斯无疑是这一伟大复兴的旗手和领袖——而"柳暗花明""否极泰来"。无奈偏遇后现代主义到处"兴风作浪"，使得无论是元伦理学，还是新规范伦理学，抑或是作为一门哲学学科的整个伦理学自身，一时间又似乎茫然失据，"没有了主张"。这便是上世纪 80 年代前后西方伦理学的真实景象。

正是在这一特殊时刻，美德伦理借着新规范伦理的复兴之势，悄悄地然而却是强劲地开始了她的凤凰涅槃，浴火重生！先是探寻人们道德行动的"理由""动因"（福特、图尔敏），再是反省规范伦理和分析（元）伦理的诸多缺陷，最终进抵整个"现代性道德谋划"的失败反思和复归美德伦理传统的公开申言（麦金泰尔），美德伦理仿佛蓄谋已久，大义凛然地挤进当代欧美伦理学界的"议会厅"，甚至占据了显要一席。当代美德伦理如此悠然而凛然地回归底气何在？如果我们熟悉西方伦理思想的知识谱系、学科架构或理论星座，以及，更重要的是她的历史脉络，就不难明白，在众多知识传统或思想理论传统的当代回归或复兴中，很少能有像美德伦理的知识／理论谱系具有如此深厚的历史资源、生活资养和"实践智慧"支撑。她立基于人生、人性、人情、人格和人文，几乎从一开始起就与人类共同分享着同一精神源泉和"幸福目的"——这或许就是为什么亚里士多德将其伦理学自诩为"幸福伦理学"（"优太谟伦理学"，Eudemonia Ethica）的真实立意之所在！职是之故，美德伦理便自然而然且理所当然地成为了几乎所有传统社会的道德理论样式，并在漫长的历史长河中积淀了深厚的文化根基和精神能量，而这些又为今天的美德伦理提供了不可多得的道德文化滋养，不仅在西方，而且在东方和中国，美德伦理的当代复兴也获得了遥远而广泛的回应和共鸣，这一点尤其值得我们关注。

二、主题：美德伦理的中西文化视差

尚未确定究竟是因为西方现代性道德的强势影响所致，还是由于现代中国的道德文化因其特别强烈的激进"革命性"和抽象"形式化"所造成的过度规范主义诉求使然，原本具有悠久连贯之美德伦理传统的中国伦理学界在很长时间里竟然极少关注美德伦理，包括西方美德伦理，这种状况一直延续到上世纪 90 年代初才开始改变。然而迄今为止，我们对西方美德伦理的了解仍然是零散的、局部的，甚至是初步的，也是我们急需改进和弥补的专业知识领域。

江畅教授是国内伦理学界较早开始研究西方美德伦理或德性思想的学者之一，其研究成果早已引起学界关注。难能可贵的是，这些年来他躬身此域勤耕不辍，春去秋来，终于成就煌煌四卷本三百万字的《西方德性思想史》，给我们提供了一幅——在我看来不独完整而且多有外溢的西方美德思想通史画卷。就西方美德伦理而言，古希腊尤其是古希腊中期（亦即所谓"内部极盛时期"）、中世纪尤其是托马斯·阿奎那所代表的经院神学时期和当代英美无疑是西方美德伦理三个最为重要的发展阶段。人们所熟悉的所谓"古希腊四主德"——即柏拉图所概括的"智慧""勇敢""节制"和"正义"，"基督教三主德"——即托马斯·阿奎那所概括的"信仰""希望"和"爱"，被看作是西方古典美德伦理的"核心理念"，也曾代表着古希腊和中世纪西方社会的"核心价值"。至于当代英美的美德伦理学研究，大多已经把理论研究的重心从美德伦理之核心理念的凝练，转移到美德伦理的基本理论方法和历史分析上来。这种重心转移一方面与整个西方哲学乃至文化的方法—技术论转向有关[①]，另一方面也是由于在现代社会条件下，道德伦理越来越被当作"私人生活领域"的"私人事务"，更多地诉诸个体人格化的多样性理解，因之，难以形成具有较高公共社会共识的核心美德德目和美德理念。

显而易见，江畅教授的用心用力远没有停留在上述"经典时期"或"重要时刻"。作者有着更为宏大的学术志向和思想抱负：氏著从前苏格拉底起笔开篇，掩卷落笔于当下，其间爬罗剔抉，梳理备至，潇洒投书三百万，卓然下笔九千重；纵横捭阖，上下天光。让人感佩不已！想当年吾尚在而立，

---

① 参见拙文《世界的"膨胀"与哲学的"萎缩"》，《读书》2015 年第 10 期。

前后五年，勉力写成《现代西方伦理学史》上下两卷，虽幅容不过百万字余，却已是精疲力竭而近乎奄奄。如今江畅兄以年近花甲之龄，时不过三回春秋，竟成四卷逾三百万言之大著，岂不让我唏嘘感叹于击节尽杯乎哉！畅兄的运思是宏大而高远的。他似乎对我前述的"零散、局部、初步"已有充分的意识，并决意写出一部完备系统的西方德性思想史，以解学界之饥渴与燃眉。初读全书目录架构，我以为氏著远非西方德性思想史，毋宁说更像是一部另类的或类型学意义上的西方伦理思想史，甚或伦理—社会思想史。然则坦率地说，也正是作者的这一雄心和大胆，让我感到些微不安。由于我的阅读时间太短而氏著篇幅太巨，我未能仔细读完四卷全书，仅仅是选读了若干我以为十分重要或者有些疑惑的章节。

以我粗浅的学术直觉观之，江畅教授的《西方德性思想史》确乎不能被称之为一部严格意义上的西方美德伦理学史，甚至也或多或少超溢了我所谓的类型学意义上的"西方伦理学史"。初观其大，发现"近代卷"和"现代卷"（上）似乎游离全书主题论域已远。带着疑惑，再选读其微，发现作者对西方德性思想的理解自有其理，抑或可自成一解。我可以大胆地预测，待方家读到氏著，多半也会与我同感，其疑惑甚或比我有过之而无不及。这是自然而然的，因为我们通常所理解的美德伦理或德性伦理概念，很难见纳诸如近代社会契约论者（比如，霍布斯、洛克）、理性主义者（譬如，康德、黑格尔）和现代社会批判理论（如，哈贝马斯）、新规范伦理学或政治伦理学（如，罗尔斯）等学派或学人的伦理思想，更遑论某些后现代思想家的道德理论了。可这样的理解却并非理所当然。江畅教授从事西方美德伦理研究已积数十年之功，绝不会贸然扩张已然确定的基本概念而偏求规模或者数量。所以，欲知其故，还需重新理解西方美德伦理或德性思想的原始本色，如此，不但可以更多地理解江畅教授的《西方德性思想史》，甚或还可窥见中西美德伦理的视差或不同，以及，这背后潜藏的诸多开放性课题。

限于篇幅和学识，我只想讨论中西美德伦理诸多视差之一种，且确信，仅仅是这一点便可大大消除读者对上述可能产生的疑惑。这种具有关键性意义的视差表现在中西美德伦理的基本出发点或理论"基始"（arche）上。约略而论，中西美德伦理传统都有这样一种共识：即，美德的主体乃是人格化（personalized）的角色（character）之行为主体，也就是说，美德必定且首先是作为某一特殊角色或具备某一特殊身份的人格化行为主体。比如，中国美德伦理中的父"慈"子"孝"；西方美德伦理中的智者"智慧"、武士"勇敢"；诸如此类。然而，中西美德伦理传统之间的一个具有根本性和全局性意义的差别是：中国古典美德伦理的人格化角色是镶嵌于人伦关系网络之中的。故尔，它始于家庭或家族的血缘或亲缘之人伦关系，由"家"而"国"而再"天下"。家是播种美德进而培育美德生长壮大的摇篮，因而，美德及其教化首先自家庭和家教开始，而后学校，再后才是社群、国家和天下。与此不同，西方古典美德伦理的人格化角色主体从一开始便被置于"城邦——国家"的社会政治语境之中，其生长底座首先就是社会化甚至政治化了的某种形式的"道德／伦理共同体"，而非家庭或家族。智者的智慧必须经由公共生活领域——尤其是城邦政治生活领域——的"实践"才能真实表现出来，武士的勇敢更是必须经过万众瞩目的战斗、战役、战场的英雄壮举、胜负检验甚至是生死考验才能获得证实，在这些公共性的美德实践中，家和家庭几乎没有什么特别意义，因为无论你出生贵族还是平民，甚或奴隶，只要你英勇善战，同样可以赢得勇士的荣耀，成就勇敢的美德。

中西古典美德伦理的这一原始视差，预制并导出了中西美德伦理传统殊为不同的学理路径和文化效应：中国传统美德伦理始终面临着一个未能很好解决的难题，亦即如何将个体人格化和人伦关系化的美德准则转化为社会公共化和普遍有效的社会规范伦理的难题。与之相对，西方传统美德伦理因其原初已然具备的社群或城邦—国家之政治伦理共同体的预制基础，似乎无需经过艰难的转化或额外的中介条件，便可自然而然地、同时也是逻辑必然地从传统走进现代。尽管其间经历了由于中世纪基督教神学"格式化"而产生的"政教分离"和"脱圣还俗"的人文主义思想启蒙，但西方古典美德伦理自始至终保留的社群或社会的共同体主义语境，使其始终保留着从个体人格美德进入社会公共美德的实践通道。

明乎于上述起点性视差及其思想意味和理论蕴涵，我们也就不难理解，为什么江畅教授竟然不惜铺陈一半的篇幅（氏著四卷本中的"近代卷"和"现代卷（上）"两卷），来巡视阐释那些看似与经典美德伦理主题关涉不大的理论流派或思想人物。但愿我的上述理解不只是一种出自学术友谊的学术辩护，而是恰巧洞悉到江畅教授的良苦用心并将之公布于众的学术善功！果真如此，是否这也是一种学者的美德？！姑且一笑也罢。可我的好奇并不止于此！我更想就此引申并追问的是，仅仅是基于西方古典美德伦理的社会语境和兼顾政治伦理的共同体主义价值取向，是否便能洞开并满足现代公共社会对于公共规范伦理的内在需求？如果能，西方古典美德伦理的成功又能给中国美德伦理传统的现代转化提供怎样的经验和参照？如若不能，西方美德伦理传统是否仍然面临着现代转化的任务？又该如何完成这一使命？中国美德伦理传统从中可以吸取哪些教训？凡此种种，可能是更值得我们今天深思熟虑的现代伦理学课题。

三、余绪：美德伦理及其现代性命运

上述课题牵涉太大，也过于复杂，远非一篇书序所能承担。在此，我只能撮要而论，以求抛砾石而引玉璞、点燃火以迎满天繁星。

还是回到美德伦理的论理原点上来：以个体人格的品格角色或独特身分为基本出发点，是古典美德伦理的第一要义，这一点对于中西美德伦理传统来说都是相通的，故此我将之称为美德伦理的"基始"。然而在现代社会条件下，随着社会基本结构的公共化转型，其复杂性和分层化远非传统社会所能比拟。具体地说，现代社会里个体的角色和身份之分衍复杂，很可能使得美德伦理的起点或"基始"变得异常繁杂而难以确定。比如说，由于现代人身负多重角色和多种职责，常常容易造成社会学意义上的"角色混同"，因而其所可能或应当成就的特殊美德也往往容易出现交叉模糊甚至暧昧混同的情形。更何况现代人的生活因现代社会日趋强劲的公共化趋势而变得越来越缺乏独立个性，越来越被公共扁平化、同质化，依附于个体特定角色或身分的品德特质也同样被扁平化、同质化，以至于人们在多数时候、多数情况下只能停留于社会公共伦理的规范意识层面，来检审自己的生活行为，或者更有甚者，许多现代个人越来越依赖于公共社会给予的扁平化、同质化、公共化的社会伦理评价，而缺乏足够充分的自我美德意识："我是谁？"或"我究竟如何？"不知不觉已经变成了"我是大家或社会所了解的某某某！"或"你们（大家）觉得我如何？"

在此情形中，不用说个体的人格美德辨识变得越来越困难，就连个体人格本身的自我认同都变得模糊不清、捉摸不定了。这究竟是美德伦理融入现代性社会规范伦理的证明？还是美德伦理自失于现代性社会规范伦理的不归歧路？如若不幸是后者，那么，我前面所谈到的传统美德伦理所面临的现代挑战便不独严峻，而且很可能是致命的！

美德伦理及其生长既需要有其人格主体和人格角色身分作为其立足之地，也需要丰富而独特的各种形式的社群或文化共同体作为其生长化育的基地，更需要融合而连贯的历史语境或传统积累作为其持续有效的绵延生机或

文化合法性支撑。没有这些基本条件，或者，一俟这些条件或基础发生不可逆的改变，则美德伦理及其生长就会变得十分困难，一如人深陷空气稀薄的隔离地带而难以生存一样。可是，江畅教授的《西方德性思想史》之"现代卷（下）"清楚地告诉我们，上述担心似乎不过是杞人忧天而已：在对现代社会和现代性道德（谋划）的批判性反思中，美德伦理学得以悄然复苏，继而复兴。上世纪中后期以来，安斯坎姆、威廉姆斯等人为代表的美国伦理学家们，从不同侧面对"现代道德哲学"展开了各种各样的批评性探讨，关于道德行为主体、道德理由、"道德法典"等等的重新思考，揭橥了现代性普遍理性主义规范伦理的内在局限，所谓"新康德主义""新亚里士多德主义"渐渐崭露；直到1981年麦金泰尔出版《追寻美德》一书，美德伦理学正式宣告重返西方伦理学舞台。时至今日，诸如纽斯鲍姆、威廉姆斯和麦金泰尔，已然组成当代美德伦理的中坚，并聚集了像桑德尔（部分地）、斯洛特（"新情感主义美德伦理"）等相当一批最新的美德伦理学老将新锐。

　　"西方美德伦理学的又一春真的来临了么？"人们不禁会问。果真如此，又是谁因为何种缘故创造了这一学术机缘与思想景象？我的学术直觉再一次告诉我：西方现代性曾经宣判了西方古典美德伦理学的寿终正寝，如今却又催生了古典美德伦理的现代再生。因为现代社会结构与生活实践方式之公共化趋势的日益加速和强势，植根于个体人格主体或角色身份的美德伦理被迫从中心退到边缘，甚至一度从西方现代伦理学视阈中销声匿迹。同样，也是因为西方"现代道德谋划"（麦金泰尔语）的整体失败，尤其是作为西方现代性道德理性主义启蒙之伟大成就的普遍理性主义规范伦理学已然不堪料理现代社会的道德生活，美德伦理又重新被请回西方当代伦理学的思想舞台，成为其主要的前沿理论流派之一。

　　然而，当代西方美德伦理能否成为西方现代性道德病症的"解毒剂"（麦金泰尔语）？她显然不可能替代现代规范伦理学——不要说完全，就是部分也不可能，更不可能解除西方现代社会的道德病症，甚至也难以成为挽救"现代性道德谋划"之失败命运的最后寄托。可是，美德伦理学的现代复兴或再生本身便足以证明其意义，至少它告诉我们，无论传统还是现代，人类的道德生活一如其社会生活，本身充满着复杂多变的意义理解和实践样式，任何一种伦理学或道德哲学都未必能够充分表现其丰富的文化思想意义和价值实践意义。也许，现代社会的"现代性道德谋划"只能是多向度、多层次乃至多类型的。江畅教授的这部四卷本《西方德性思想史》出版的首要学术价值就在于，他以其宏大系统而精当出色的研究，最大限度地展示了西方美德伦理思想这一经典而又现代的伦理学类型的思想丰富性和理论独特性，从而也间接地提示我们注意到，西方伦理思想——无论古典还是现代——之历史嬗变与思想分衍的丰富多样性面貌。仅此而论，《西方德性思想史》的出版便不单值得祝贺，而且也值得我们感铭！

江畅教授同我相识多年，时有相互商榷和砥砺，是书甫成，他嘱我为之一序，应之失敬，辞也不恭。踌躇多时，急急以孤陋而陈述如上，并特别申言之为"唱序"。"唱"者，鼓呼唱和是也；"序"之，敬答兄命是焉！至于畅兄这四卷巨作究竟若何，即令我已殚精竭虑，所能企及者仍不及其中万一，只能靠各位方家读者自己去用心解读、体会和评判了。

绪　　论

西方德性思想的审视与反思

　　人类是思想的动物。人类的思想包括许多方面，如政治思想、经济思想、军事思想、道德思想、文化思想等等。人类视野范围内的实在事物都能成为人类思想的对象，一些不在人类视野范围内的想象事物也能成为人类思想的对象。德性是在人类视野范围内的事物，而且是人类自身的一种事物，是人类的一种品质，即道德的品质，因而德性思想是人类对自身道德的品质的思想。在现代人看来，德性属于道德的范围，因而德性思想属于人类的道德思想。人类思想的对象很多，而且事实上古往今来的人类对各种对象进行过或进行着思想，但只有那些与人类生存发展关系密切的对象才会成为思想家关注的对象。品质事关人类生存发展，而德性品质是人类幸福的重要前提，在一定意义上决定着人类的幸福，因而德性品质历来成为思想家关注和研究的对象。

　　自古以来，人类就有不同的文化体系，而在不同的文化体系中生活的人群有着不同的德性思想，而且有的文化体系自古以来就有思想家研究德性，形成了各种不同的系统性不一的德性思想，而有的文化体系则少有甚至没有专门的思想家研究德性，没有形成系统的德性思想。西方文化体系就是那种自古以来就有专门的思想家研究德性思想的文化体系，形成了许多系统程度不同的德性思想。这些思想对于人类更好地生存或获得幸福具有重要的指导意义或参考价值，因而我们有必要对这些思想进行研究，通过整理和阐发使之便于为今天的人类理解和掌握，从而给人们追求幸福提供借鉴和参考。

　　西方德性思想是人类德性思想的重要组成部分。西方德性思想是自古以来西方社会德性思想的总称，不同时期、不同国度、不同思想家的德性思想彼此之间的差异很大。我们研究西方德性思想史，就是要将这些差异从理论上概括地呈现出来。但是，西方德性思想毕竟不同于其他区域或国家的德性思想，它因其社会历史文化背景的特殊性而具有自己的独特内涵、特色和优势。为了从总体上理解和把握西方德性伦理思想，我们首先对西方德性思想进行概要的阐述。

一、西方德性思想的界定

德性思想一般地说是关于德性的思想。德性是与人自身的人格、目的、活动等诸多方面直接关联的，而且与人类生存环境、与人类自觉进行的德性培育活动有着密不可分的关系。因此，有必要对关于哪些问题的思考属于德性思想作出界定，以便对我们研究的问题域有一个大致清晰的边界。西方思想家所生活的区域或国度的自然环境和历史文化与其他区域或国度的思想家不同，他们对德性的理解不同，他们进行德性思考的范围、重点也不同，因而我们有必要首先明确西方德性思想的一般内涵及其涵盖范围。

（一）德性现象、德性问题与德性思想

一般地说，德性思想是对德性现象进行思考和探索的结果。德性现象指的是人们在日常生活中表现出来的品质特征，广义上也指人类生活共同体表现出来的品质特征。当这种品质特征为思想家所注意并对其进行思考和探索时，就形成了德性思想。现象是纷繁复杂的，那么为什么有些现象为思想家注意，而另一些现象不为他们注意呢？那是因为有些现象是对人们的生存有影响的问题，这样的现象就会引起思想家的关注。因此，思想常常是与问题相联系的。当在现实生活中遇到了问题时，人类就会对问题进行思考，在思考的过程中又会发现一些现实中并未显现的问题以及由思考本身引发的一些问题，对所有这些问题思考的结果就形成了思想。人类的德性思想产生的情形也大致上如此。人类现实生活中普遍存在着德性现象，当其中的一些现象成为了对人的生存产生影响的德性问题时，这些问题就会引起思想家关注、思考和探索；在思考和探索的过程中，思想家又会发现一些与此相关而并未显现的现实问题以及更深层的理论问题。对所有这些问题以及相关的现象进行思考和探索，就形成了德性思想。

那么，从人类历史来看，思想家思考和探索过哪些德性问题呢？自古以来，思想家思考和探索的德性问题各种各样，不过归纳起来主要有以下六

类。人类已有的德性思想主要就是对这六大类问题思考和探索的结果。其中前五类主要属于伦理学研究的范围，而后一类主要属于政治哲学研究的范围。经济学、社会学、心理学、教育学等学科也会涉及其中一些问题。所有这些学科研究的结果都属于德性思想的范畴。

第一类是德性本身的问题。德性本身是人的内在品质，是看不见摸不着的，或者说是人不能感觉经验的。但是，品质可以通过人的活动，特别是行为体现出来。当人的行为持续地表现出不道德的性质时，即持续地发生行为不道德的问题时，思想家开始思考导致行为问题的根源，于是人的品质就成为思想家思考的对象。人们特别是思想家就会思考这样的问题：究竟什么是德性？如果德性是品质的一种特性或状态，那么品质是什么？它与品质是什么关系？它与品质的其他特性或状态特别是恶性的区别在哪里？德性对于人的行为、人格，乃至人的生活具有怎样的重要性？关于这些问题的思考就形成了关于德性概念、特征、重要性以及关于品质、恶性、品质与德性和恶性的关系等方面的思想。

第二类是德性作为人类心理特征的品质特征，与人的其他心理特征的关系问题。思想家的研究发现，德性是品质的特征，或者说是一种品质，而品质被看作是人的心理特征。同时，研究也发现，人的心理特征除了品质之外，还有观念、知识和能力等。这样就出现了人的品质及其德性本身与心理特征以及其他心理特征的关系问题。不研究这些问题，就无法解释清楚德性这种心理特征。于是心理特征的特性与功能、品质之外的其他心理特征的特性和功能，德性与心理特征的关系、与其他心理特征的关系问题就逐渐成为了思想家们关注的对象，关于这些问题的思想也成为了德性思想的构成部分。当然，从人类思想史的角度看，对于人的心理特征包括哪些构成部分或者说人有哪些心理特征，思想家的看法并不一致，而且到目前为止，这些方面的思想也不系统。但是，思想家们确实关注过这些问题。早在古希腊，苏格拉底就讨论过德性与知识的关系，今天人们也普遍讨论智育与德育的关系。从学理上看，今天我们审视和反思西方德性思想和人类德性思想时也需要重视这些方面的问题。

第三类是品质作为心理定势与人的活动的关系问题。每一个人在清醒的情况下通常在进行有意识的活动。人的意识活动各种各样，但归纳起来，无非四大类，即认识活动、情感活动、意志活动和行为活动。影响人的活动的因素有很多，其中人的心理特征发挥着主要的作用。心理特征具有心理定势的功能，心理定势是心理特征对人的活动发生作用的主要方式之一。作为心理特征的观念、知识、能力和品质都对活动有直接影响。其中知识和能力决定着活动的广度、深度、效率和效果，而观念、品质则决定着活动的方向和性质。每一个人都具有品质，但为什么有的人的活动总是道德的，而有的人则不是，有的人甚至某一个方面或某些方面的活动持续地表现出恶的性质？例如，有人的行为总能兼顾个人与他人、整体的利益，具有道德价值，而有的人则总是只考虑自己而不考虑他人、整体，其行为不具有道德价值甚至是恶的。又如，有的人既有自爱的情感又有关爱的情感，有道德的情感，而有的人则只爱自己，不仅不爱他人甚至仇恨他人。当思想家们深入地考察导致人们活动善恶的根源时，就会发现人的品质与人的活动有着密切的关系，而且品质主要是作为心理定势对人的活动发生作用的，于是作为心理定势的品质与人的活动之间的关系就成了思想家们关注的对象。对这些问题研究的结果就形成了关于德性与活动之间关系的思想。

第四类是德性形成和发生作用与生活环境特别是与教育的关系问题。人的德性不是与生俱来的，而是后天获得的，是在社会环境中获得的，通常是在教育的影响下获得的。而且人形成后的德性也是在社会环境中、在一定的情景中自发地发生作用的。如果我们认为德性是有利于人更好生存的品质，因而要使人获得这种品质，那么我们就面临着使人们普遍形成德性需要营造什么样的社会环境和对人们进行什么样的教育以及怎样进行教育的问题。社会环境的好坏、教育（包括正规的学校教育和非正规的日常教育）效果的好坏直接影响着人们能否获得德性品质。人类社会中存在的种种恶行、恶情（恶的情感）和恶意（恶的意图和动机），都与人们的环境不好、教育缺乏或不到位有着密切的关系。在德性的形成和运用上，确实存在着"道德运气"的问题。在风清气正的社会，人们的品质普遍善良；相反，在风气污浊的社会，人们的品质普遍存在着问题。正因为德性的形成和运用与环境、教育有着密切的关系，所以这种关系问题也成了思想家们研究德性问题时关注的内容。

第五类是个人在德性形成中的作用问题。任何人都不能否认，即使在风清气正的社会，也存在有人的品质是恶劣的、不高尚的，而即使在风气污浊的社会，也会有人的品质是善良的、高尚的。为什么会出现这样的问题？大量事实表明，人的品质不完全是环境和教育作用的结果，个人的自主性具有更关键的作用，在一定程度上说，品质是在环境中、在教育的作用下个人自主选择和修养的结果。这样，个人在自己的德性形成中的作用问题就被提出来了。个人在自己德性的形成和完善方面究竟具有什么作用，个人应该怎样发挥这种作用？对这些问题的研究就形成了关于个人在德性形成中的作用方面的思想。

第六类是人类生活共同体特别是国家的德性问题。人类生活在不同的共同体当中，在人类历史上，特别是在现代社会，国家是人们生活共同体的基本形式。生活共同体也存在着好坏善恶问题。共同体的好坏善恶是共同体品质的体现，而共同体的品质就是共同体的规定性。这些规定性如何，不仅直接影响生活于其中的成员的品质，而且直接影响他们的生活。正因为如此，共同体特别是国家应具备什么样的规定性和品质也成为思想家持续关注的重要问题。

虽然以上六大类问题并不都是在现实生活中显现的，不少问题是由思想家阐明或提出的，但它们都是思想家在研究的过程中面临的德性问题。正是对这些德性问题的关注、思考和探索，形成了人类的德性思想。德性问题是德性思想形成的缘由，也是德性思想的对象；而德性思想则是对德性问题思考和探索的结果，其主旨在于解释德性现象和解决德性问题。

（二）概念辨析：德性思想、德性伦理学、德性论

谈到德性思想，就涉及"德性思想"与伦理学领域经常使用的"德性伦理学"和"德性论"之间的关系问题。对于这三个概念的关系，人们不一定清楚，即使是伦理学专业工作者如果不研究德性思想史也不一定十分明了。

德性思想是对有关德性现象特别是德性问题进行思考和探索所形成的理论观点。每一个人都能对德性现象进行思考，都会形成对德性的看法。但是，人们在日常生活中形成的对德性的泛泛看法并不是真正意义上的德性思想，充其量只能被看作是关于德性的一些意见，可简称为"德性意见"。真正意义上的德性思想主要是指对德性问题进行较深入思考或专门探索所形成的理论观点。从人类历史上看，只有思想家才对德性现象特别是德性问题进行深入的思考和专门的探索，并形成关于德性的理论观点，以及由多种理论观点构成的理论体系。德性思想与德性意见的根本区别主要在于三个方面：其一，是否将德性现象特别是德性问题作为对象进行深入的研究；其二，是否有相关的知识和理论作为思考的基础；其三，通过深入研究所形成的观点是否得到了论证。德性思想是以相关的知识和理论为基础对德性问题进行深

入思考和专门探索所形成的理论观点，而德性意见则是对德性现象由感而发的看法。

在人类历史上，哲学家、伦理学家以伦理学知识和理论为基础对德性现象进行深入思考，因而他们关于德性问题的理论观点和理论体系无疑是德性思想。其他一些学科的研究者也会涉及德性问题。心理学家研究品质问题会涉及德性问题，他们关于德性的科学观点是得到心理学论证的，这种观点也可以称为德性思想。教育学家研究品质教育问题也会研究德性问题，他们主要从德性教育的角度研究德性问题，由此形成的有关德性问题的教育学观点，也属于德性思想的范畴。经济学家、政治学家、社会学家研究"好社会"的品质及其形成所引发的思想观点和理论体系，当然也是德性思想。在所有关于德性研究的不同学科的思想家中，只有哲学家、伦理学家才是从与人更好生存相关联的角度研究德性问题，因而他们的德性思想更深刻、更具有典型意义。

在自古以来研究德性问题所形成的各种伦理学理论中，有一种源远流长的观点，这就是德性伦理学。德性伦理学的突出特点在于认为伦理学就是研究德性的，德性是伦理学的研究对象，伦理学就是关于德性的学问。德性伦理学以德性概念作为伦理学的中心概念来研究和阐释各种道德现象，显然它与将伦理学看作是研究人生问题的人生哲学、看作是研究行为规范问题的规范伦理学形成了鲜明的对照。这里无须讨论德性伦理学的是非得失，我们要说明的是德性伦理学与德性思想的关系。德性伦理学作为深入系统研究德性问题所形成的一种德性理论，当然是属于德性思想的范畴，而且是一种深入系统的、有些过分强调德性意义的德性思想。另一方面，我们不能因为德性伦理学是到目前为止最系统、最深入研究德性问题的理论而认为只有它才是德性思想。德性伦理学当然是德性思想，但除了德性伦理学之外，还有许多伦理学家和伦理学流派也研究德性问题，形成了德性思想。而且除了伦理学之外，还有心理学家、教育学家、经济学家、政治学家、社会学家等也有德性思想。德性伦理学只是研究德性问题的一个伦理学流派，尽管是对德性问题作过最系统、最深入研究的学派。

德性思想既包括有关德性的理论观点，也包括有关德性的理论体系。一般来说，理论体系是由多种理论观点构成并加以整合使之自成一体的系统。理论观点是理论体系的构成要素，理论体系是对观点加以阐述构建形成的系统。这就意味着，理论体系一定包含理论观点，但有理论观点不一定有理论体系。在德性思想中，有一些只是理论观点，而有一些是由多种理论观点构成的理论体系。一位思想家有德性理论观点不一定有德性理论体系，而一位有德性理论体系的思想家必定有德性理论观点。德性论就是对德性理论观点和德性理论体系的统称，所有有关德性的理论观点和体系都可以纳入德性论的范畴。从一定意义上说，德性论是指理论化的德性观点或德性思想。德性伦理学是主张伦理学是关于德性的学问的各种德性理论体系的总称，因而它属于德性理论体系，当然也属于德性论。自古以来有不少思想家提出过某些加以论证的德性理论观点，这些观点尽管没有得到体系化，但还是属于德性论的范畴。还有不少思想家只是提出了一些德性观点，但并没有加以理论上的论证，它们就不属于德性论的范畴。如果这些观点本身十分重要，或者得到后来思想家的论证和阐发，或者由于提出这些观点的思想家在思想史上的重要地位而产生了重要影响，它们通常也被看作是德性思想。

由以上分析可以看出，德性思想、德性伦理学、德性论这三者的关系是这样的：德性伦理学是一种德性论，德性思想包括德性论，也包括不属于德性论的其他有影响的或重要的德性思想观点。或者说，德性论是德性思想的典型形式，而德性伦理学是德性论的极端形式。从伦理学学科发展的趋势来说，不可能由德性伦理学取代伦理学，但伦理学自身要形成一个与研究善恶价值的价值论、研究规范（包括义务）问题的规范论、研究道德情感问题的情感论相对应的研究德性问题的德性论。这种意义上的德性论就不再只是有关德性问题的理论的总称，而是伦理学的一个基本研究领域，是伦理学的一个相对独立的内在分支。①

（三）西方德性思想的内涵及其涵盖范围

西方自古以来的德性思想丰富多彩，很难对它的内涵和外延作一个一般性的界定。但是，这种界定对于准确把握西方德性思想的实质、特征及其涵盖范围很有必要。在这里我们对西方德性思想作一个粗略的界定，给读者提供一个关于西方德性思想的大概概念。

大致上说，西方德性思想是指西方思想家为解释德性现象或解决德性问题而对德性现象特别是德性问题进行思考和探索所形成的理论观点或理论体系，它是关于所有西方思想家有关德性现象和德性问题的理论观点和理论体

① 参见江畅：《德性论》，人民出版社2010年版，第5页以后，对德性论在伦理学中的地位问题进行了专门讨论。

系的总称，所有西方思想家的德性思想都属于西方德性思想的范畴。对于这一界定，我们从以下几个方面加以阐发，同时也对西方德性思想的涵盖范围进行划定。

第一，西方德性思想是自古以来西方思想家关于德性的思想。"西方"这个概念并不是十分明确的，而且是不断变化的。大致上说，我们所说的"西方"是指属于源自于古代希腊和罗马文化传统的国家，自古以来包括古代希腊和罗马，中世纪罗马天主教教廷统治的西欧国家，近现代西欧各国以及主要继承了西欧文化传统的国家，如美国、加拿大、澳大利亚、新西兰等国家。西方德性思想指的就是这些国家自古以来的思想家关于德性的思想。这些思想家主要包括对德性现象进行过解释、对德性问题进行过思考或探索并形成了有关德性现象和德性问题的观点和理论的哲学家、伦理学家以及神学家、科学家（主要是心理学家、教育学家）、经济学家（如亚当·斯密）、政治学家或政治思想家（如富兰克林）等。其中的主体是哲学家和伦理学家，西方德性思想主要是由西方哲学家（包括政治哲学家等）、伦理学家提出和阐述的。在西方古代，哲学家与伦理学家通常没有明确的区别，虽然并不是每一个哲学家都是伦理学家，但伦理学家通常是哲学家。在西方近代，哲学家与伦理学家逐渐有了区别，但区别并不明显。从这种情况看，西方古代和近代的德性思想主要是有伦理思想的哲学家提出和阐述的。在现当代西方，伦理学家与哲学家有了明确的区别，有些哲学家同时是伦理学家，但许多伦理学家并不被看作是哲学家。在现当代西方提出和阐述德性思想的主体是政治哲学家、伦理学家。在西方，有些神学家也被划入哲学家的范围，如奥古斯丁、托马斯·阿奎那，他们的德性思想也被看作是哲学或伦理学思想。

第二，西方德性思想是对德性现象和德性问题思考和探索的结果。西方德性思想的直接对象是现实生活中的德性现象和德性问题。一些现实的德性问题也是德性现象，是一种更容易引起社会公众和思想家关注并希望得到解释或得到解决的德性现象。在古希腊雅典时代，智慧、勇敢、节制、公正、虔敬、友谊等德性成为公众关注的德性现象，其中一些德性的缺乏成为了公众所关注的德性问题。正是这些现象和问题促使苏格拉底、柏拉图、亚里士多德对德性的关注和探索。自近代以来的西方，德性的缺乏导致了许多社会问题，德性缺乏就成了当代西方突出的德性问题。正是对这一问题的关注引发了当代西方德性伦理学的复兴。但是，德性现象和现实存在的德性问题只是西方德性思想的直接对象，在某种意义上可以说是西方德性思想产生的诱因，而且西方思想家的德性思想也不都是由德性现象和现实德性问题诱发的。西方思想家对德性的研究远远超出了德性现象和现实的德性问题的范围。

大致上说，西方德性思想的产生有以下几种情形：一是对德性现象或德性问题直接研究的结果，如注意到人们普遍放纵情感和欲望而研究节制问题。二是在对德性现象或德性问题思考和探索的基础上根据理论或现实逻辑的推演研究更广泛、更深入的德性问题，如在研究节制这一德性的基础上研究德性的一般含义和实质问题。三是着眼于政治、宗教或其他现实的需要而研究德性问题，如为了使人们信仰上帝而研究所需要的信仰、希望和爱的德性问题。四是由于学习和研究引发了对德性问题的兴趣而研究德性问题，当代许多德性伦理学家就是因此而产生了对德性问题的兴趣而走上研究德性问题之路的，他们并不怎么关注现实的德性现象和德性问题。

不过，无论实际情形多么复杂，有一点是可以肯定的，西方德性思想是思考和探索德性现象和德性问题的结果。如果说德性现象都是现实的、感性的，德性问题则不然。德性问题可能是现实的，它们是德性现象的一部分；但它们也可能是逻辑上的，它们是从现实的德性现象、德性问题出发向深广方向延伸探索而产生的；而且德性现象一旦进入思想家的视野，也是以问题的形式呈现出来的。因此，从这种意义上可以说，西方所有德性思想都是对德性问题思考和探索的结果。

第三，西方德性思想的主旨在于解释德性现象和解决德性问题。人类的思想从来都不是纯粹出于个人的爱好，而是在其背后隐含着对人类某种需要的满足。西方思想家之所以长期以来关注和研究德性问题，以至于形成了麦金太尔所谓的"德性传统"，其直接原因主要有两个：一是为了解释各种德性现象；二是为了解决德性问题。现实生活中德性现象是复杂的。在古代，有的人很勇敢，而有的人很怯懦，而人们普遍称赞勇敢的行为，而谴责怯懦的行为。为什么会如此？当思想家注意到这种现象时，就试图对这种德性现象作出解释，并形成了关于人们为什么称赞勇敢的行为而谴责怯懦的行为的思想。在思想家通过思考和探索找出了这种德性现象的原因之后，他们又可能进一步寻求如何使人们克服怯懦行为而践行勇敢行为的途径，于是就形成了解决德性问题的思想。这是一个最简单的事例，实际的情形要复杂得多。例如，有的人在各个方面都表现出有德性，并被人们看作是有德性的人，而有的人则相反，在各方面都表现出没有德性的甚至经常表现出恶性的，并被人们看作是有恶性的人。这种德性现象和德性问题就很复杂，要对这种现象作出解释并提供使人们成为德性之人而避免成为恶性之人的途径，则需要更复杂的、更长时间的思考和探索。解释德性现象和解决德性问题有时分别成为西方思想家研究德性的动因，但更经常地是相互联系地成为西方思想家研究德性的动因。许多西方思想家研究德性既是为了解释德性现象，也是为了解决德性问题，或者是为了解决德性问题而解释德性现象，或者是在解释德性现象之后又进一步研究解决德性问题的途径。

一般来说，研究德性现象并不只是满足人们的好奇心，而是为了进一步研究解决德性问题的途径。西方思想家研究德性现象实际上就是为了解决德性问题。那么，西方思想家为什么要努力去解决德性问题呢？德性问题归根到底就是人们在成为有德性的过程中现实存在的或可能出现的问题，这些问题不解决，人就不能成为有德性的。一个人不能成为有德性的，他就不能更好地生存；社会成员普遍不能成为有德性的，社会就会成为不适合人生存的邪恶的社会。由此看来，思想家之所以关注德性问题的解决，归根到底是为了人类普遍地更好生存。当然，从西方思想家研究德性的实际情况看，并不是每一个思想家对德性的研究都旗帜鲜明地宣称自己研究德性是为了人类更好的生存。但是，如果我们探究其德性思想的深层动因，不难发现其中隐含着这种终极指向。基督教神学家力倡人们具备信仰、希望和爱这三种神学德性，这看起来是为了解决教徒不信仰上帝、不对来世抱有希望和不爱"邻人"的德性问题，但更深层的指向则是为了人们普遍在来世获得永恒幸福。因为在他们看来，一个人只有具备了这三种神学德性，他才能得到上帝的拯救，从而获得单靠自己的力量不可能获得的天国至福。

第四，西方德性思想是以理论观点和理论体系的形式呈现的。西方德性思想通常是理论化的思想。从西方德性思想史看，除极个别的思想家（如富兰克林）外，绝大多数思想家的德性思想都是以理论化的观点或体系呈现的。他们的德性思想有些只是个别或少数的观点，有些则是由多种观点构成的体系。但是，无论是个别观点，还是完整体系，它们都具有理论的形式，是理论化的观点和体系。这种理论化突出地表现在两个方面：一是西方思想家的德性观点都是经过理论论证的。他们的德性观点一般不是断言式的，而是结论式的，也就是说，这些德性观点是有根据或理由并经过了逻辑论证的。这种论证可能是不合理的，甚至是错误的，但至少是经过了逻辑推论的过程。例如，苏格拉底提出的"德性是知识"的命题，就不只是一种个人认定的独断观点，而是经过充分论证的理论观点。二是西方德性思想的德性观点常常是进行了理论阐发的。西方思想家不仅注重对德性观点的理论论证，而且注意对德性观点进行理论阐发。这种阐发既包括对德性观点的内涵、外延、特征和实质的阐述和发挥，也包括用德性观点解释相关现象和问题。例如，麦金太尔提出了德性总是相对于不同的文化体系的著名观点，他不只是对这种观点提供了理论的论证，而且运用这种观点解释了自古以来西方德性的传统。

第五，西方德性思想是由不同思想家或学派的德性思想构成的。西方德性思想是一个集合概念，它是指自古以来西方思想家以及学派有关德性问题的思想，包括所有西方思想家和学派的思想。西方自古以来思想家的德性思想彼此之间差异很大，甚至根本对立，他们的思想在基本立场、基本观点、基本方法方面都程度不同地存在着分歧。即使是同一学派内部，不同思想家的德性思想也存在着很大的分歧。例如，同属当代德性伦理学流派的伦理学家中，有些是新亚里士多德主义者，有的则是在某种程度上与亚里士多德主义对立的女权主义者；即使同是新亚里士多德主义者，也在许多观点上存在着不一致。这种情形表明，西方德性思想并不是一个完整的思想体系，甚至也不存在一个完整的思想传统，而只是基于大致上相同地域和相同文化传统的不同时代、不同国度、不同流派、不同思想家各种完整程度不同的德性思想的总称。当然，由于这些思想有大致上相同的地域和文化传统，因而确实有某些与其他国家或地域的共同特征。

二、西方德性思想的历史演进和基本特征

西方德性思想从最初产生直到今天历经了两千五百多年的历史演进过程，其间包括古希腊罗马、中世纪、近现代和当代等不同历史阶段。伴随着历史文化的变迁，西方德性思想具有明显的阶段性特征。同时，相对那些产生其他历史文化的德性思想而言，也有一些共同的基本特征。这里我们对西方德性思想与西方历史文化的关系、西方德性思想最初产生及其历史演进、西方德性思想的共同基本特征作一个概要的阐述，以便于我们对西方德性思想的概貌有一个基本了解。

（一）西方德性思想与西方历史文化

麦金太尔曾经正确地指出："道德概念是随着社会生活的变化而变化的。"[①] 西方德性思想就是在西方特定的历史文化背景中产生的，受西方特定的历史文化制约，同时它也是西方历史文化的重要组成部分，对西方历史文化具有重要影响。

西方历史文化是一种多源头的断裂而又兼容的复杂历史文化。人们一般认为，西方文化的源头主要有两个：一是古希腊文化，二是古希伯来文化。实际上西方文化的源头不只是两个，而是四个。除了普遍公认的古希腊世俗文化和古希伯来宗教文化这两个源头之外，还有两个源头，即古罗马的政治文化和近代意大利的商品文化或市场文化。最早的古希腊文化是重视个人世俗生活的文化，个人幸福是这种文化的主题，整个文化是围绕着"什么是幸福""如何获得幸福"展开的。因此，这种文化是幸福主义文化。古罗马文化是西方文化的另一个最早的源头，它更重视社会公共生活的管理，政治、法制是这种文化的主题，整个文化是围绕着如何管理公共生活展开的。古罗马本身经历了共和制到帝国制的过程，并诉诸法制管理社会。因此，这种文化更具有法制主义文化的性质。古希伯来文化是重视个人来世幸福的宗教文化，信仰上帝是这种文化的主题，整个文化是围绕着如何按上帝的戒律行事以获得拯救展开的。这种文化在希腊罗马文化的影响下产生了以"爱上帝并爱上帝之爱以获得来世幸福"为主要特征、其前提仍然是信仰上帝的基督教文化。因此，这种文化是信仰主义文化。自 14 世纪开始兴起的意大利市场文化是重视商品经济的文化，利己主义是这种文化的主题，整个文化是围绕着如何在市场竞争中取胜以获得更多的利益展开的。因此，这种文化是利己主义文化。

以上四种文化不只是西方文化的源头，同时也是西方先后占主导地位的四种文化形态。最初是古希腊世俗文化占主导地位，然后是古罗马政治文化占主导地位，接着是主要源自古希伯来文化的基督教文化占主导地位，最后是源自意大利的市场经济文化占主导地位。这四种文化就其核心价值观念而言是各不相同的，不同文化的更替使西方历史文化具有明显的断裂性。但是，后一种文化对前一种文化的替代是核心价值观念的取代，而不是全盘的

---

① A. MacIntyre, "Introduction of Part I: Historical Sources", in Steven M. Cahn, Peter Markie, *Ethics: History, Theory, and Contemporary Issues*, New York/Oxford: Oxford University Press, 1998, p.1.

否定。古罗马文化吸收了古希腊文化的幸福主义内容,使兴盛起来的古罗马文化不只是先前古罗马文化的简单延续。基督教文化则是在古希伯来文化的基础上吸收了古希腊文化和古罗马文化才成为完全不同于古犹太教(古希伯来教)的基督教文化。源自意大利的市场文化更是通过复兴古希腊古罗马文化兴盛起来的,它虽然对基督教展开了无情的批判,但最终仍然将基督教文化包容在自身之中。因此,西方文化虽然是断裂性的,但同时也具有兼容性。它将不同文化中适合自身发展的有价值内容继承下来并发扬光大。

西方的历史文化虽然是多种历史文化兼收并蓄的复杂体系,但必须看到,古希腊文化的基本精神成为了后来整个西方历史文化的基调。这种基本精神至少有两个方面:一是尊重个人自主、维护个人权利、重视个人幸福的个人主义;另一方面是推崇理性、注重开发和运用理性的理性主义。这两种精神自古希腊产生之后,深深植根于西方文化土壤之中并随着历史的发展而不断发扬光大。即使是信仰主义占主导地位的中世纪基督教文化,也将来世幸福作为人生的追求,努力运用理性证明上帝的存在和谋划获得来世幸福的方案。

西方德性思想的产生、演进与西方历史文化的产生、演进息息相关,在一定意义上可以说它是由西方历史文化决定的。西方德性思想之所以在古代希腊产生,是因为古代希腊文化重视个人生活及其幸福,而个人要获得完善,过上幸福生活,就必须具有良好品质,也就是要有德性,同时也要有好的生活共同体即城邦。因此,德性思想在古希腊思想中占有十分重要的地位,在某种意义上可以说它是占主导地位的思想。古罗马文化是政治文化,法制占据着主导地位,社会德性问题凸显出来,个人生活幸福问题退居其次,因而这个时期个人德性思想相对较少,只是到了古罗马晚期,为了应对艰难的个人生活,个人幸福的问题凸显出来,个人德性思想才有所复兴。中世纪的基督教文化的主题是信仰上帝,要信仰上帝个人就必须具备相应的德性,特别是所谓的"神学德性"。于是,为了适应这种需要,个人德性思想又开始活跃起来,出现了西方古典德性思想的第二个高潮,推进了西方古典德性传统的延续。西方近代以来的文化本质上是一种市场和法制文化,市场经济成为社会生活的基本形式,法制则是维护社会秩序的手段。这种文化要求给个人最大限度的自由,以便他们在竞争的压力下充分开发和运用自己的聪明才智。这种文化关心的主要是如何制订公平合理的规范以及如何使规范得到有效的遵循,因而社会德性问题成为了思想家关注的焦点,至于个人的德性如何不是这种文化所关心的主要问题。然而这种文化的偏颇随着市场经济的发展而逐渐暴露出来。不仅人们普遍遵循规范需要有德性支持，更重要的是由于社会生活过分市场化导致了许多社会问题。在这种情况下，重新重视个人德性问题就成为社会健康发展的新课题，于是对个人德性问题的思考和探索又再次活跃了起来，个人德性思想也在这样的历史演进中日益丰富和深化，成为了当代西方思想的重要组成部分。

西方德性思想是在不同时代的历史文化背景中产生的，它的产生不仅对当时的个人生活和历史文化有着直接影响，而且对后来的历史文化程度不同地发生着作用。这种影响和作用主要体现在三个方面。

其一，每一个时代的德性思想都对当时的个人和社会具有影响。西方每一种具体的德性思想都直接根源于当时的德性现实，但一种德性思想一旦形成就会借助媒体传播而使社会了解，并不同程度地为当时的社会所认同和接受，作为某种德性原则对人们和社会起作用。古希腊时期，智慧、勇敢、节制、公正等德目虽然存在于社会现实生活中，并以德性原则对个人发挥着作用，但这种德性是自发的、零散的德目，没有得到理论论证，因而作用的范围和力度相当有限。当这些德目为苏格拉底、柏拉图概括和提炼并加以论证后，它们就成为了整个古代希腊社会所普遍知晓的理论德性原则，并且为更多的人所接受。正因为如此，它们成为了古希腊普遍公认的"四主德"。

其二，不同时代的德性思想常常会积淀成一些德性观念，成为其文化的内核，对当时和后世发生影响，并且成为当时历史文化的标志性特征。柏拉图阐发的"四主德"是古希腊历史文化的核心观念，也是古希腊文化的标志之一。一谈到古希腊文化，人们就会想到"四主德"。"四主德"作为深层的文化观念，不仅影响到当时的人们，而且对中世纪以至后来的西方文化也具有深远的影响，成为了西方文化的深层观念。一谈到"四主德"，人们不仅想到了古希腊文化，而且想到了西方文化。奥古斯丁和托马斯·阿奎那所概括和论证的信仰、希望和爱三种神学德性的情形也大致如此。

其三，西方各个不同时期的德性思想都是有文字记载的理论化的德性思想，它为后世人们提供了随时可查阅和解读的德性思想资源。中世纪的托马斯·阿奎那为了使基督教观念能更普遍地为人们所接受，利用了古希腊的四种德性，使之与三种神学德性结合起来，形成了中世纪的所谓"七主德"。当代的德性伦理学更加旗帜鲜明地打着复兴亚里士多德等古希腊哲学家的德性思想的旗号。西方德性思想也由于有文字记载而影响扩展到了西方以外的广大世界，对整个人类历史文化都产生着重要影响，成为整个人类可以利用的宝贵历史文化遗产。需要指出的是，这里我们只是以德目为例对西方德性思想的影响加以说明的。实际上，西方德性思想内容极其丰富，德目是最引人注目的，也是人们最熟知的，除此之外的许多其他德性思想，也都对西方乃至整个人类的历史文化产生过并还将产生巨大影响。

（二）西方德性思想的源起

按照麦金太尔的看法，西方的德性传统可以追溯到荷马时代。[①] 这种看法是正确的。早在荷马时代，希腊人就非常重视德性。《荷马史诗》以及后来赫西俄德的《工作与时日》所歌颂的就是智慧、勇敢、刚毅等英雄德性以及普通人的勤劳、正直等德性。但是，西方德性思想的最初出现是与雅典城邦由兴到衰直接关联的。

希腊城邦是由各种大小不一的氏族结合起来而形成的特殊的古代国家形态。一般认为，希腊城邦最初出现在公元前 8 世纪前后。在此之前的公元前 15 世纪至公元前 13 世纪，希腊半岛上有过爱琴海文明（史称这个时期的希腊文化为迈锡尼文化）的繁荣时期。这个时期的各个氏族（公社）逐渐衰退之后，发生了海外大移民。移民的范围已经远远超出爱琴海的范围，东北到黑海沿岸，西到意大利半岛、西西里岛、西班牙的东南岸，南到尼罗河口、利比亚。到公元前 8 世纪至 6 世纪，希腊人在爱琴海、黑海、地中海沿岸及海上的岛屿建立了数以百计的城市国家。古希腊的城邦除了雅典和斯巴达的规模比较大一些之外，其他的都是规模比较小的城市国家。

雅典城邦大约形成于公元前 8 世纪。雅典位于希腊中部一个称为阿提卡的半岛上。这个半岛上原来有四个部族，每一部族包含许多部落、胞族，胞族又分为许多氏族。由于氏族、部落和部族之间的联系加深，发生了史称的"联合运动"，雅典成为了各部族的联合中心。在此前的氏族中，氏族成员有的上升为富裕的贵族，有的沦落为穷苦平民和奴隶。在氏族中，贵族占有优越的政治地位。雅典城邦的形成进一步巩固了贵族的地位，掌握政权的贵族以他们的特殊地位为凭借，不断增殖自己的财富。在公元前 7 世纪，阿提卡的土地兼并达到空前严重的程度，加深了贵族与平民之间的悬殊，社会矛盾激化。与此同时，雅典出现了与传统贵族不同的新的工商富有阶层。工

---

① 参见［美］麦金太尔：《追寻美德：道德理论研究》，宋继杰译，译林出版社 2011 年版，第 151 页。

商富有阶层与失去土地和沦落为债奴的平民渐渐汇合，形成了一种要求改革的势力。早在公元前7世纪，雅典就曾发生过反贵族的政变。这次政变失败后，到公元前594年，雅典又发生了新的改革，即梭伦改革。这次改革废除了债务奴隶制，使个人的经济自由从残存的氏族制度的束缚中获得了进一步的解放，为奴隶制的经济繁荣提供了有利的条件；削弱了贵族院，把它的一部分权力分给新设的四百人会议和公民陪审法庭，从而大大裁抑了贵族的权势；建立了按法定财产资格划分公民等级的制度，使财产的特权代替了世袭的特权，富人的政治代替了贵族的政治。梭伦改革之后，又出现了克利斯梯尼改造雅典宪法的立法活动。这一立法总结了雅典国家前期的发展，在梭伦改革以来的雅典社会、经济和政治的发展的基础上促进了奴隶制民主国家的稳固和残余氏族制度的彻底消灭。从此，雅典奴隶制国家进入了新的阶段，财富日增的工商业奴隶主成为了国家的真正主人。

从公元前6世纪中叶起，雅典已经开始走向海外扩张的道路。赫沦斯滂的两岸被它占领了，小亚细亚和爱琴海诸岛的许多希腊人的城邦也已经和它的行政管理建立了密切的联系。与此同时，东方崛起了强大的奴隶制帝国波斯。波斯帝国试图征服希腊，以使希腊变成它的一个新的行省，使爱琴海变为帝国的内湖，以榨取更多的贡赋。雅典则为了爱琴海的商路，为了通向黑海的生命线，与雄霸小亚细亚并扼住黑海咽喉的波斯展开了决战。经过前后近半个世纪的战争，雅典最后打败了波斯的侵略，获得了海上霸权。雅典的海上霸权不仅解决了制成品的市场和粮食原料供应问题，而且也解决了外籍奴隶输入的问题，从此雅典的经济出现了高度繁荣。在经济高度繁荣的基础上，雅典的公民民主制度也发展成熟，形成了当时希腊城邦中最民主的政治秩序。经济繁荣和政治民主给古典希腊世界带来了思想文化的大发展，出现了古希腊哲学的鼎盛时期。然而，一场以斯巴达为首的伯罗奔尼撒同盟和以雅典为首的提洛同盟争夺霸权的伯罗奔尼撒战争，导致雅典从兴盛走向衰落。这次长达近半个世纪的战争以雅典的全面失败、斯巴达获取霸权而告结束。在走向失败的道路上，雅典内部纷争愈演愈烈，整个雅典社会也在反复争夺霸权的过程中陷入战争的深渊，直至北方兴起的马其顿粉碎了雅典的抵抗，将希腊的各城邦置于以腓力为首的军事王国的统治之下。

在伯罗奔尼撒战争开始到马其顿统治整个希腊的过程中，雅典社会战祸连绵，争权夺利，动荡不安。生活在雅典社会中的人们生活失去了目标、希望和信心，精神失去了寄托，普遍感到压抑、苦闷。幸福是什么、如何获得幸福的问题成为人们最为关心的问题。正是在这种社会背景下，希腊哲学关注的重点发生了转向，即从天上回到了人间，开始关注人的幸福，关注获得幸福所必需的德性，德性思想亦由此最初产生。在这个转变的过程中，苏格拉底（公元前 469—前 399）起了关键的作用，他不仅使哲学从对自然的探索转向了对人的关注，而且在探索人的幸福的过程中聚焦于人的德性问题，形成了系统的德性思想，并由此揭开了西方德性思想史的第一页。在苏格拉底以前，也有一些思想家涉及过德性问题，但都仅仅是只言片语，既不系统，也缺乏理论论证。在一定意义上可以说，苏格拉底以前的思想家只有一些关于德性问题的意见，而没有严格意义上的德性思想。苏格拉底的德性思想与以前所有关于德性的看法的不同之处在于以下四点：一是将德性问题作为主题进行系统的思考和探索；二是通过辩论和定义的方式试图揭示德性的本质；三是将德性与人的幸福、人生联系起来研究，阐明德性对于人生幸福的重要意义；四是启发人们的德性意识，并对各种关于德性的错误和片面理解进行批评和纠正，努力使人们掌握德性的本真含义和意义。由此可见，苏格拉底不仅开启了西方德性思想的历史，而且为人类提供了第一个完整的德性思想体系，所以他当之无愧的是西方德性思想之父。在苏格拉底之后，柏拉图提出并阐述了"四主德"。他的"四主德"不只是个人的德性，同时也被看作是国家的德性，因而他实际上开启了社会德性思想的先河。亚里士多德在苏格拉底和柏拉图的基础上建立了以幸福、智慧和德性为基本范畴、以共同体城邦为前提的完整的幸福主义德性伦理学。这样，西方德性思想不仅在苏格拉底、柏拉图、亚里士多德那里正式源起，而且达到了西方德性思想史上的第一个高峰。

（三）西方德性思想的历史演进过程

自从苏格拉底开了西方德性思想之先以后，西方德性思想经历了一个漫长的历史演进过程。其间有过高潮也有过低谷，但从总体上看，西方思想家对德性问题的思考和探索从未完全停止过，一直到当代达到了新的高峰。着眼于德性伦理学的历史发展这条主线，从历史与逻辑相结合的角度看，西方德性思想的演进经历了以下四个大的历史阶段，其中有的过程还可以划分为不同的小阶段：

第一阶段，古代德性伦理学形成时期的德性思想。这一阶段大约从公元前 5 世纪一直到 16 世纪。这是西方奴隶制走向没落到封建制和基督教教会统治走向衰落的时代。这个阶段的德性思想的最重要特点是德性伦理学出现并形成了不同的德性伦理学体系，出现了西方德性思想的前两个高峰，即以亚里士多德为代表的世俗德性伦理学体系的形成，以托马斯·阿奎那为主要代表的神学德性伦理学体系的形成。在这个阶段，伦理学作为一门学科产生，而伦理学的重点就是研究德性问题，因此这个时期的伦理学总体上看是德性伦理学。这个阶段的德性伦理学具有经典性的意义，因而可以称之为西方古典德性思想。这一漫长时期的德性思想有四个主要亮点：一是在雅典城邦衰落时期产生了苏格拉底、柏拉图和亚里士多德的德性伦理学，他们的德性伦理学是不尽相同的，但都是自成体系的，而且对后世直至今天都具有极其重大而深远的影响。二是在希腊化和古罗马时期产生了伊壁鸠鲁派、斯多亚派、新柏拉图主义等学派的德性思想。这些学派哲学家的德性伦理思想不仅不尽相同，而且大多是不成体系的，即使从整个学派的角度看，也没有苏格拉底等人的德性思想系统、完整。三是在基督教形成时期教父哲学家特别是奥古斯丁的德性思想。他们根据新旧约圣经、柏拉图主义以及斯多亚派哲学阐发了基督教德性思想。四是在正统天主教及其教会面临异教和异端挑战的情况下，托马斯·阿奎那基于奥古斯丁主义对亚里士多德的德性伦理学加以神学的改造，形成了基督教神学的德性伦理学。

第二阶段，近现代德性伦理学衰退时期的德性思想。这一阶段大约从17世纪至20世纪中叶。这是西方社会发生剧烈变化的时期，市场经济兴起并日益繁荣，在市场经济的推动下科学技术也日益发达。西方国家在文艺复兴和宗教改革运动之后，出现了启蒙运动、资产阶级革命、哲学革命、科技革命等一系列革命运动，并且爆发了两次世界大战，资产阶级通过一系列革命运动打败了封建主义和天主教会的统治，最终建立了资本主义社会。为适应这种新的时代需要，伦理学的重心也发生了转移，从过去重视个人德性问题转向重视规范问题，规范伦理学成为了伦理学的主要形态。这个时期的西方德性思想有三个主要特点：一是从伦理学本身看，德性伦理学衰退，个人德性思想从总体上看不再是伦理思想的主流，而成为规范思想的附庸。许多伦理学家是在研究规范问题时才涉及德性问题的，这一点在这个时期流行的功利主义和康德的道义论中体现得最为明显。从伦理学的意义上看，这个时期没有出现一个系统完整的个人德性理论体系。正因为如此，当代不少德性伦理学家认为在这个时期不仅德性伦理学而且德性问题的研究被边缘化了。二是如果超出伦理学的范围来看，社会的品质问题受到了重视，产生了许多关于社会德性的思想。在这个时期，启蒙思想家以及后来的许多哲学家（特别是政治哲学家）、政治理论家和经济学家，包括自由主义者和共和主义者，关注理想社会问题的研究，把自由、平等、民主、法制、市场、科技（知识）看作是理想社会应具备的基本规定性。这种规定性也可以看作是社会的德性。同时启蒙运动以后，许多思想家（除自由主义者之外，还有共和主义者和社群主义者）关注启蒙思想家的社会理想实现后西方面临的许多社会问题的研究，并形成了相应的社会德性思想。三是一些社会批判家（主要是社会主义者或共产主义者）注意到资本主义社会所倡导的社会德性的虚伪性而对资本主义的社会德性特别是资本的人格化进行了揭露和批判，并且提出了他们自己关于社会应具备德性的主张。总体上看，在这个阶段，对个人德性的思考和探索大为减弱，对个人德性对于人生的意义的估价大大降低，但对社会德性的研究则大大加强。因此，我们不能简单地说这个时期德性被边缘化或被遗忘，而只能说个人的德性被忽视，而事实证明这种忽视是导致现当代社会诸多重大问题的重要根源。

第三阶段，当代德性伦理学复兴时期的德性思想。这一阶段大约从 20 世纪中叶至 20 世纪 80 年代。这是西方社会从现代走向后现代的时期，理性至上主义、个人主义、自由放任主义、消费主义等现代观念和思潮受到批判，西方各国力图解决和克服现代社会和现代文明的诸多严重威胁人类生存的问题。正是在这样的社会背景下，一些思想家逐渐意识到个人德性对于个人和社会的根本性意义。当代德性伦理学的复兴正是人类痛定思痛的结果。1958 年英国伦理学家安斯卡姆（Elisabeth Anscombe）在《哲学》杂志上发表的题为《现代道德哲学》一文成为当代德性伦理学的第一枝报春花。麦金太尔于 1981 年出版的《德性之后》（亦译为《追寻美德》）将德性伦理学复兴运动推向了高潮，此后西方伦理学界的德性伦理学著作、论文如雨后春笋般地涌现。到 20 世纪 80 年代末，德性伦理学已经不是要不要复兴、如何复兴的问题，而是如何进一步发展的问题，特别是在其他学派的诘难面前如何为自己辩护、如何进一步自圆其说的问题。这个时期西方德性伦理思想的主要特点是德性伦理学家批判长期在西方伦理学界占据统治地位的结果主义伦理学和康德道义论，不仅为德性伦理学进行合理性辩护，而且力图以德性伦理学取代规范伦理学。这一时期从事个人德性问题研究的主要是致力于德性伦理学复兴的德性伦理学家。与此同时，对社会德性问题的研究特别是对社会公正问题的研究，在罗尔斯 1971 年出版的《公正论》的推动下也蓬勃兴起，出现了公正问题研究热。如果我们将社会公正看作是当代社会所应具备的主要德性，那么关于社会公正的思想当属德性思想的范畴。社会公正问题受到重视表明，当代西方德性问题是个人和社会共同面临的，需要协同研究解决。除公正问题外，民主问题、法治问题也成为许多思想家关注的焦点，近代自由主义民主和法治理论面临着多方面的挑战，形成了关于民主、法治问题的新的社会德性思想。

第四阶段，近几十年来德性伦理学兴盛时期的德性思想。这一阶段大约从 20 世纪 80 年代至当今。这是人类社会进一步一体化、全球性社会问题层出不穷的时代。在德性伦理学和社会公正论的启发下，人们越来越意识到个人和社会的品质的极端重要性。德性问题在西方哲学界普遍受到重视，研究所涉及的范围和深度、研究成果的丰富都是以前时代不可比拟的，于是出现了西方思想史上的第三次个人德性思想的高潮，而且这种高潮方兴未艾，正在向纵深发展。总体上看，这个时期的德性思想具有以下几个特点：一是随着德性伦理学研究的深入，其阵营内部出现不同发展路向，除了正宗的复兴亚里士多德德性伦理学的新亚里士多德主义之外，还出现了"基于行为者"的德性理论、关怀伦理学等新的发展路向。二是在德性伦理学的批判下，功利主义者和道义论者一方面为自己的理论辩护，对德性伦理学进行反批评，另一方面努力发掘自己学派有关德性的思想资源，并加以发扬光大，力图证明本学派从来都是注重德性问题研究的。三是在德性伦理学的推动下，许多学者关注不同领域的德性问题的研究，出现了德性认识论、德性心理学、德性教育论、德性法学、德性环境伦理学、德性伦理学等新的研究领域。这些研究大大丰富了当代西方的德性思想。有研究者认为，"德性伦理学的影响已经扩展到它作为道德理论的第三种类型所作出的贡献的范围。正如已经注意到的，对德性伦理学兴趣的复兴已经引起了其他理论观点的拥护者对德性的更大关注。德性的研究也已经导致当代伦理学考察问题的范围普遍拓宽。"① 这种看法是实事求是的。四是社会公正、民主、法治等社会德性问题的研究不断深入，成为多学科共同讨论的话题，思想家提出了许多不尽相同的思想理论观点，出版了大量这方面的著作，形成了许多新的社会德性思想。

---

① "Introduction", Rebecca L.Walker and Philip J.Ivanhoe, *Working Virtue: Virtue Ethics and Contemporary Moral Problems*, Oxford: Clarendon Press, 2007, p.4.

（四）西方德性思想的基本特征

西方德性思想经过两千五百多年的积累，已经成为了一个巨大的思想宝库。其内容极其丰富，种类也极其多样。因此，概括它们的共同基本特征，是一件非常困难的事情。这里我们尝试着从总体上着眼概括，不一定准确全面。

第一，个人主义。从基本立场上看，西方德性思想是个人主义的，而不是利他主义和整体主义的。思想家提出和阐释的德性思想都是有其基本立场的。从人类德性思想史的角度看，思想家德性思想的基本立场主要有三种：一是站在个人的立场上看待和研究德性问题，所形成的德性思想是立足于个人的；二是站在他人的立场上看待和研究德性问题，所形成的德性思想是立足于他人的；三是站在整体的立场上看待和研究德性问题，所形成的德性思想是立足于整体的。西方德性思想从总体上看都是站在个人立场上的，其主旨是为了个人的完善，为了个人更好地生存。当然，德性是一种道德的品质，不可避免地会涉及个人与他人、整体的关系，西方德性思想就其主流而言并不是不考虑个人与他人、整体的关系，相反也是要处理这种关系。但是，西方德性思想认为德性归根到底是有利于个人自己的优秀品质，但这种品质之所以优秀，不仅在于它有利于自己，而且有利于他人和整体，能实现个人与他人、整体的互利、共赢。正是在这种意义上，这种品质具有道德的价值，是道德的品质。相反，那种不利于他人和整体的品质，即使有利于自己也不是优秀的品质，不具有道德价值，不是道德的品质。根据西方德性思想，只有既有利于自己，也有利于他人和整体的品质，即德性，才有利于个人更好地生存和发展。因此，西方德性思想的立足点和归宿点是个人。正是在这种意义上我们说西方德性思想是个人主义的，而不是利他主义和整体主义的。

西方德性思想的个人主义性质和特征是明显的。古希腊罗马德性思想的一个重要特点是将德性看作是人的本性或功能的体现和实现，具有德性才表明人性或人的功能得到了实现，是人完善的标志。中世纪基督教的神学德性看起来是为了信仰上帝，但信仰上帝最终也是为了个人能得到上帝的拯救，从而获得来世的幸福。近代以来，个人主义是整个西方占主导地位的思想体系，所有的思想包括德性思想都是立足于个体的，都是个人主义的。不用说自由主义传统的德性主义思想，即便是当代的社群主义德性思想，其基本立场也是个人主义的。

第二，幸福主义。德性是一种人为的道德的品质，那么，人为什么要形成和培育德性？人之所以要培育德性，要追求具有德性，不是为了德性本身，而是有更深层的指向。一般来说，在人的价值体系中，德性本来只具有工具的价值，它的意义在于有利于实现某种目的。那么，这种目的是什么？在西方德性思想看来，这种目的是个人的幸福，德性是实现幸福的最佳工具，是幸福的必要条件甚至是充分必要条件。因此，从终极指向来看，西方德性思想是幸福主义的。对于德性与幸福的关系，西方思想家存在着意见分歧。有的思想家（如苏格拉底）几乎将德性与幸福等同起来，认为只有具有德性才会幸福，甚至只要有德性就会有幸福。有的思想家（如密尔）则将德性看作是实现幸福的最佳工具，有德性的人更有可能获得幸福。当然，也有的思想家（如康德）看到了现实生活中普遍存在的德性与幸福不相匹配的情况，但认为两者是应该匹配的，有德者应该有福。就是说，有无德性才是人们是否应该享福的根据。上述无论哪种看法，都将德性与幸福联系了起来，而且将幸福看作是德性的终极指向。

第三，理性主义。西方思想家思考和探索德性问题有相当一致的共同思维方式，这就是诉诸理性。西方德性思想最初源起于苏格拉底，苏格拉底思考和探索德性问题的思维方式就是理性的方式。这主要体现在，他致力于寻求各种具体德性的共性或一般本质，并认为一个人掌握了这种一般本质就具有了关于德性的知识。有了这种知识一个人就具有了德性，相反如果不具有这种知识，一个人就不具有德性，也就会作恶，即所谓作恶由于无知。而且，一个人对德性一般本质的把握也只能诉诸人的理性，因为只有人的理性才能给事物下定义，才能从各种具体的德性中发现共同的本性。理性之外的东西，如感觉、感情等都不可能获得关于德性的真理，而只能形成关于德性的意见。苏格拉底的这种思考和探索德性问题的基本思维方式，为柏拉图、亚里士多德所继承。柏拉图不仅将德性看作是知识，而且认为这种知识要摆脱肉体的感觉和情欲的束缚才能获得。在亚里士多德那里，德性被看作是人智慧的体现和结晶。道德德性是通过理性选择形成的习惯，其基本原则是中道原则。中道原则要求无过无不及，其实质在于要进行理性的权衡和选择。至于理智德性则本身就是理性的优秀品质，因而他更推崇理智德性，认为理智德性才能使人获得完善的幸福。古希腊思想家在德性问题思考与探索方面采取的理性主义方法，为后来的斯多亚派和基督教思想家所继承，形成了古典德性思想的理性主义传统。西方近代出现过情感主义伦理学，一些情感主义者试图以情感为基础解释德性，但他们的德性思想既不系统完整，对西方影响也不大。19世纪西方兴起了非理性主义哲学和文化思潮，这种思潮声势浩大，并对西方社会从现代走向后现代起到了重要推动作用。但是，从目前的情况看，非理性主义的观念和方法对当代西方德性思想的影响并不大，当代思想家仍然诉诸理性思考和探索德性问题，仍然把德性看作是人理性的体现，看作是人的实践理性或道德智慧的结晶。

第四，男性主义。西方德性思想的这一特征是由心理学家罗尔·吉利根以及阿勒特·拜尔等女性主义者对西方占统治地位的德性及其思想的批评意识到的。她们认为，有两种不同的德性，一种男性主义德性，如智慧、勇敢、节制、公正等；另一种是女性主义德性，如关怀、耐心、养育、自我牺牲等。在她们看来，西方占主导地位的德性思想是男性主义的，男性控制着德性问题的话语权，并且因为社会不重视女性的贡献而使女性德性边缘化。[①] 虽然男性主义并不只是西方德性思想独具的特征，其他文化传统的德性思想也具有这样的特征，但西方这个问题更突出。在古希腊时代，妇女像奴隶一样不具有做人的基本权利，她们具有性别特色的德性不会受到重视，她们当中也不会产生思想家来思考和探索德性问题，特别是为女性的德性说话。这种情况一直延续到19世纪女性主义运动开始兴起，但真正改变这种情况的是在第二次世界大战之后。英国女哲学家安斯卡姆的出现，标志着女性思想家研究德性问题的时代的到来，此后西方有一大批女性思想家研究德性问题。这种情况可能预示着西方德性思想的男性主义特征会发生变化。西方德性思想的男性主义特征不仅是相对于女性而言的，而且是相对于儿童而言的。有研究认为，西方德性思想所关心的不只是男性的德性，而且是成年人的德性，而不关心未成年人的德性。思想家们讨论的德性问题都只是成年男性遇到的问题，如智慧、勇敢、节制、公正等，而未成年人的德性如善良、诚实、正直、同情等不为思想家所重视。这些未成年人的德性实际上不只是未成年人的，而是一个人从小到老都需要具有的。[②] 由此看来，西方的

---

① Cf. Carol Gilligan, *In a Different Voices: Psychological Theory and Women's Development*, Cambridge, Mass.: Harvard University Press, 1982.

② Cf. Jennifer Welchman, "Virtue Ethics and Human Development: A Pragmatic Approach", in Stephen M. Gardiner (ed.), *Virtue Ethics, Old and New*, Ithaca and London: Cornell University Press, 2005, pp. 142-155.

德性思想更严格地说是成年男性主义的。

三、西方思想家聚焦的主要德性问题

自古以来西方思想家研究了许许多多的德性问题，其文献汗牛充栋，我们不可能都清理和列举出来。但是，我们从流传下来的主要文献可以看出自古以来西方思想家主要关注的德性问题，以及与德性相关的问题。这些问题大多是自古以来就关注的，也有一些是近现代开始受到重视的。

（一）幸福的含义及其实现途径问题

西方古代思想家最早对德性问题的思考是为了回答当时人们普遍关心的"什么是幸福"以及"如何获得幸福"的问题。在古希腊伯利克里时代，雅典的自由民普遍过着相当幸福的生活，但伯罗奔尼撒战争之后，雅典乃至整个希腊的城邦陷入混乱，出现了许多社会乱相。在这种时代背景下，幸福问题凸显出来，人们对什么是幸福以及如何获得幸福不再有普遍的共识，甚至对人生是否能获得幸福感到困惑和迷茫。正是针对这种情况，一些思想家开始探讨幸福问题。在古希腊有推崇德性并将德性与幸福联系起来的传统，《荷马史诗》所歌颂的就是具有高尚德性的英雄。在这种传统的影响下，一些思想家从德性的角度思考幸福问题，他们把德性看作是幸福的主要构成成分，甚至是唯一成分，同时又把获得德性看作是实现幸福的必要条件甚至充分条件。他们将德性理解为灵魂的善，更确切地说理解为灵魂的理性部分的善。因此，幸福在于或者主要在于具有德性，德性则是人之所以为人的规定性即理性充分运用所达到的优秀状态，因而德性的获得与理性的充分而正确的运用实质上是一回事。但是，也有一些思想家认为幸福不在于基于理性的德性，而在于欲望的满足，即快乐。虽然他们对什么样的欲望得到满足能使人获得幸福存在着分歧，但他们一般不强调理性对幸福的意义。他们也谈到德性，但德性不过是满足欲望的工具而已。

古希腊思想家虽然存在着幸福在于德性还是在于快乐的分歧，但占主导地位的观点是幸福在于德性。这种观念在斯多亚派以及后来的中世纪基督教正统神学那里达到极致，前者将幸福等同于德性，后者则将德性特别是神学德性看作通往天堂（获得至福或永恒幸福）的必备条件甚至唯一路径。然而，自近代开始，在市场经济的利益最大化原则以及刺激消费的消费主义无孔不入的条件下，古代占主导地位的德性观彻底崩溃，逐渐形成了普遍信奉的利益幸福观和享乐幸福观。前者以追求和占有更多的资源（利益）为主要目的甚至唯一目的，后者则以使感官欲望获得最大满足为唯一追求，而这种追求又必须以占有更多的资源为条件，因而利益最大化成了与市场经济相应的幸福观之关键。自近代直至今天，西方的幸福观从根本上说是一种以占有更多资源为核心、以欲望获得尽情满足为指归的幸福观。而这种幸福观在近代利己主义和功利主义伦理学中得到了表达、论证和倡导。

第二次世界大战后，伴随着现代文明弊端的日益暴露及其后果日趋严重，西方出现了现代德性伦理学，其主旨是要在利益幸福观和享乐幸福观盛行的背景下复兴古代德性幸福观传统。虽然现代德性伦理学的一些主张引起了广泛的共鸣，而且也确实对现代流行的幸福观起到了纠偏作用，但是还未成为西方社会的主流幸福观。而且，还有不少思想家在为近代以来流行的快乐主义和功利主义幸福观辩护。因此，在今天的西方世界，德性幸福观与快乐（享乐）幸福观仍然处于对峙的状态。不过，这两种幸福观远没有古代那么尖锐对立，而且它们双方在争论的过程中都注意吸收对方的优点。由此看来，这两种幸福观走向综合和融合已经露出端倪。

（二）"好生活"及其与幸福的关系问题

在西方古代，"好生活"（有时也被称为"最好的生活"）是与"幸福"相近的概念，但两者并非完全等同。由于不同思想家站在不同的立场上，因而对好生活的含义和结构的理解存在着分歧。其主要分歧是快乐主义与德性主义的分歧，前者强调好生活就是快乐的生活，后者则强调好生活是一个德性之人过的生活。同时，在德性主义者之间对于好生活只在于具有德性（被称为"内在善"）还是除此之外还包括具备某些外在条件（被称为"外在善"）也存在分歧。自中世纪开始，西方思想家就不怎么直接讨论好生活问题，特别是从近代早期一直到德性伦理学复兴之前，几乎不见有思想家直接讨论好生活的问题，尽管许多思想家实际上是在研究这个问题，因为这个问题对于人来说是一个根本性问题。自20世纪50年代开始，针对近代以来的伦理学特别是快乐主义和功利主义伦理学过分强调利益和感性欲望的满足，德性伦理学家从古典思想中受到启发，重新开始讨论好生活的含义、结构及其与幸福的关系问题。今天，虽然思想家一般都肯定好生活是人应该过的生活，但有些思想家（如迈克尔·斯洛特）并不认为一个人的好生活就是他的幸福生活。他们认为，真正的好生活除了个人的幸福生活之外还包括对他人的关爱或仁慈等，甚至主要在于后者。因此，在当代西方学术界，对于好生活的含义、结构及其与幸福的关系仍然存在着众多分歧和争论。

对好生活的理解西方存在着明显的分歧：一种观点将好生活理解为值得钦佩的（admirable）生活；另一种观点将好生活理解为值得欲望的（desirable）生活。前者强调德性或道德对于好生活的意义，认为好生活关键在于一个人有好的德性品质，有丰富的精神生活；后者则强调快乐或欲望满足对于好生活的意义，认为好生活就是人的欲望获得充分满足的生活。当然，两种观点内部也不尽一致。持前一种观点的学者，有的认为一个人只要有良好的道德就足以过上好生活，有的则认为除了道德之外，还需要必要的物质条件；持后一种观点的学者有的只强调感性欲望的满足，而有的则更强调与精神相关欲望的满足。

与对好生活的理解不同相关联，西方关于好生活与幸福的关系的看法也存在着明显的分歧。大致上说，德性主义主张幸福是好生活的目的，而好生活就是追求幸福和获得幸福的生活。如果我们将幸福理解为至善，那么好生活就是具有至善性质的生活。从这种意义上看，好生活就是幸福的生活或实现了幸福的生活，而不是幸福本身。一般认为，好生活就是人应该过的生活，它是对"一个人应该过什么样的生活"问题的回答。但是，由于人们对什么是善（好）、什么是至善有不同的理解，因而对好生活的含义也有不同的看法。德性伦理学（在德性主义的意义上）认为，对于人而言的善就是德性，善是人性（主要体现为理性）的优良品质，因而成为德性之人就过上了好生活。正因为如此，对于德性主义者来说，"一个人应该过什么样的生活"的问题与"一个人应该成为什么样的人"的问题是从不同角度看的同一个问题。

然而，快乐主义（包括功利主义者）则认为，对于人而言的善是快乐，善是使欲望获得满足的东西，因而欲望得到了满足或者感到快乐就是过上了好生活。因此，对于快乐主义者，"至善""快乐"和"幸福"这几个概念是含义相同的。由于快乐主义一般只强调欲望的满足（尽管也许包括精神需要的满足），因而他们只注意到或只强调人生活的物质、感性方面，而忽视了人生活的精神、理性方面。因此，快乐主义观点遭到了德性主义者的强烈批评。也有一些德性主义者主张，好生活的结构除了德性品质之外还包括满足人们基本欲望的各种物质条件，因而他们强调好生活是人作为一个整体的好生活。这种观点吸收了一些快乐主义的因素，也与人们的常识更一致，因而可能预示了西方关于好生活看法的未来走向。

（三）实践智慧及其与好生活（幸福）的关系问题

实践智慧是人的智慧的实践意向，其最基本的含义就是明智和审慎，即在认识和判断上明智、在选择和行动上审慎。一般来说，德性主义者都强调实践智慧对好生活（幸福）的根本意义。这主要体现在具有实践智慧的人才会选择、培养和运用德性品质，而且在运用德性品质的过程中还要运用智慧对具体的情境作出正确的判断。所以，对于他们而言，实践智慧或智慧就是总体的德性，也是德性的基础。正是在这种意义上，德性、幸福和实践智慧成为了古典德性伦理学的三大基本概念。它们三者的关系是：幸福是生活的目的，德性是幸福的主要内容甚至是全部内容，也是内在的必要条件，而实践智慧则是人获得并运用德性的途径。这三个方面一起构成了好生活的主要内涵或主观条件。显然，没有实践智慧就没有好生活，也就没有德性，没有幸福。快乐主义者也谈实践智慧，也肯定实践智慧的作用，但其意义不过在于对什么欲望值得满足以及如何满足欲望作出正确判断。如果一个人不必作出正确判断就可能获得欲望的满足，那么他就可以不需要实践智慧。因而对于快乐主义者来说，实践智慧与幸福没有什么内在的关联。

（四）德性的内涵、类型及其统一性问题

德性的本质在于什么？或者说，我们应该怎样给德性下定义？这是德性思考和探索首先会遇到的问题，也是西方思想家最关心的问题。几乎每一位思考和探讨德性问题的思想家都要回答这一问题。西方思想家之所以特别重视这一问题，是有其历史文化方面的原因的。西方自苏格拉底开始特别重视给事物下定义，也就是探讨事物的一般本质。当思想家们研究德性问题时，他们也会首先考虑如何给德性下定义，给德性的含义以明确的界定。西方思想家给德性下过难以数计的定义，各种定义也不尽相同，不过一般都把德性看作是品质的特性或状态。德性定义涉及的是德性的一般本质，但德性是十分复杂的现象，那么就存在着要不要对德性进行分类以及以什么为根据分类和如何分类的问题。关于这个问题的分歧也比较大。柏拉图将德性划分为智慧、勇敢、节制、公正"四主德"；亚里士多德将德性划分为道德德性和理智德性；奥古斯丁等人又在此基础上增加了信仰、希望和爱三种神学

德性；休谟将德性分为自然德性和人为德性；当代思想家关于德性的划分更是五花八门，不胜枚举。如果认为德性可以划分为不同的类型，有不同的德目，那么就提出了另外一个问题，即不同类型的德性或各种不同的具体德性有没有统一性的问题，或者说德性是一还是多（即德性是可感的个别的东西，还是一般的理性的东西）的问题。这个问题最早是柏拉图在《普罗塔哥拉篇》中提出来的，后来西方思想家对这个问题作过很多讨论。

（五）德性的目的问题，特别是德性与幸福或好生活的关系问题

人类为什么要有德性？德性是目的价值还是工具价值，或者说人们是为了别的目的而追求德性，还是为了德性本身而追求德性？如果说幸福是人的终极目的，那么德性是幸福的一部分还是实现幸福的手段？这即是德性的目的问题，特别涉及德性与幸福之间的关系问题。西方思想家自古以来也十分关注这一问题。在这个问题上，西方思想家有三种基本倾向：一是将德性看作幸福的必要条件甚至充分必要条件，就是说德性等于幸福或者是幸福的主要内容；二是认为德性不是目的本身，而是实现某种更深层的目的的手段，这种更深层的目的可能是幸福，也可能是功利，还可能是其他的东西；三是认为德性涉及的是应该怎样做人的问题，将德性看作是人的规定性，人就应该是有德性的人。

（六）德性与知识及智慧的关系问题

西方德性思想的鼻祖苏格拉底曾将德性看作是知识。对于苏格拉底的这一看法，除了他的学生柏拉图之外，大多数思想家都不赞成，认为即使将知识理解为关于德性或善的一般知识，德性也不同于知识。那么，德性与知识究竟是什么关系？德性需要不需要知识？这个问题成为后来西方思想家十分关心的一个问题。苏格拉底将德性主要理解为智慧；在柏拉图那里，智慧被看作是一种德性，尽管是首要的德性；而亚里士多德则把道德德性看作是实践智慧的体现；当代又有思想家将道德智慧看作是与具体德性（一级德性）不同的二级德性。那么，智慧究竟是不是德性，它与德性的关系怎样？这个问题也是西方思想家讨论得比较多的问题，至今仍无比较一致的看法。

（七）德性与理性（理智）、情感、意志的关系问题

西方德性思想总体上是理性主义的，因而德性与理性的关系十分密切。

但是，在理性与德性关系的理解上，思想家的看法并不一致。有的思想家认为德性是人的理性的体现，而有的思想家则认为德性体现为实践理性能根据实际的情境作出正确的选择。西方大多数思想家都不认为情感对于德性具有积极意义，但也有的思想家根据情感对德性作出解释。至于德性与意志的关系，西方思想家一般认为人的意志是实践理性或理性的实践方面，如果德性是人的理性的体现的话，那么德性与意志的关系就十分密切，有的思想家甚至将德性看作是意志的德性。实际上，德性是人的一种品质，而不是人的一种能力，而无论是理性还是情感、意志都属于能力的范畴，因而这个问题又涉及品质与能力的关系问题。

（八）德性与行为正当性的关系问题

德性与行为的关系是西方思想家非常关注而又分歧很大的问题。在苏格拉底和柏拉图那里，这个问题尚未明确提出来，但到了亚里士多德那里，这个问题就凸显了出来。亚里士多德一方面认为道德德性要在行为实践中形成，或者说，道德德性是逐渐养成的行为习惯；另一方面又认为道德德性体现为在一定的情境中行为者能根据实践智慧作出正确的选择。亚里士多德的观点长期占据主导地位，但是伴随着当代德性伦理学的复兴，结果主义者和道义论者提出德性并不能给行为提供指导，从而对主张伦理学不应该提供行为规则的德性伦理学提出了诘难。在这种诘难面前，一些德性伦理学家从多种角度为德性能够对行为提供指导辩护。直到目前这种争论还在继续，思想家正在从更广阔的视野来考虑德性与行为的关系问题。

（九）道德规范的合理性问题

古代伦理学主要研究德性问题，基本上不涉及规范问题。为了适应近代市场经济和民主政治的需要，伦理学的重心从研究德性问题转向了研究规范问题，德性问题成为了从属于规范问题的问题。然而，在德性伦理学复兴的过程中，德性伦理学批评道义论和结果主义之类的伦理学依赖于期望应用于所有情境的规则和原则，而这些规则和原则是僵化的，因而不能适应我们面对的所有道德情境。如果问题是变化的，我们就不能期望在一种不允许有例外的刚性和固定的规则中找到它们的解决方法。伦理学不能被囊括在一种规则或原则中，这就是"伦理学论题的不可法典性"（uncodifiability of ethics thesis）。德性伦理学对规范伦理学的批评，提出了如何用统一的道德规范指导不同情境下的道德行为的合理性问题。

(十) 德性的可教性问题

德性是否可教的问题是柏拉图在《普罗塔哥拉篇》中最初提出来的。著名的智者普罗塔哥拉声称，德性是能够通过像他那样的智者传授给他人的，但苏格拉底和柏拉图则认为，只有作为知识的德性才是可教的，而那些各种各样纷繁杂呈的德性则是不可教的。如果德性知识是可教的，那么，谁能担任教人以德性的教师呢？柏拉图指出，只有哲学家才有真正的德性。他们不像普通人那样根据种种个别的动机、目的权衡得失，采取行动，而是出于保持灵魂的纯洁性而随时摆脱肉体这座坟墓，到理念世界永恒地观照德性本身和不朽的灵魂。当然，也只有这样的人才能教人以德性。德性的知识是不朽的灵魂里固有的，凭回忆可以得到，无须他人教导。哲学家的任务不是教人传授德性知识，而是将人灵魂中所固有的德性知识"接生"出来。由此看来，苏格拉底和柏拉图提出的德性的可教性涉及三个问题：一是如果德性是可教的，那么什么样的德性是可教的；二是什么样的人能教人以德性；三是教育的作用是使人意识到本性具有的德性，还是将德性从外部输入给受教育者。这三个问题是后来西方思想家关心和经常讨论的问题。

(十一) 德性与社会及其公正的关系问题

西方传统的思想家特别是伦理学家讨论德性问题大多是从个人的角度讨论，他们思考的是德性对于个人具有什么意义以及人们应该具备什么样的德性，而一般不怎么讨论个人德性与社会的关系。当代西方思想家则发现，人们的德性的好坏与社会环境有很密切的关系。比如，有好的社会环境，就会有好的家庭环境和受教育的环境，而这三种环境的好坏都对人们德性的形成有着直接影响。这三种环境都不是个人所能左右的，因而在德性的形成和发挥作用方面，存在着"道德运气"问题。社会环境的好坏取决于很多因素，其中一个根本性的因素就是社会公正不公正的问题。公正的社会不一定就有好的社会环境，因为社会环境的好坏还取决于经济、技术、资源等因素，但不公正的社会决不可能有好的社会环境。那么，社会环境特别是社会公正在多大程度上影响人们的德性状况？人们普遍成为德性之人需要什么样的社会环境？这些问题已开始进入当代西方思想家讨论的范围。

（十二）德性的性别差异问题

德性的性别差异问题最初是心理学家罗尔·吉利根提出来的，后来一些女性主义思想家赞同吉利根的主张并据此批评传统的德性和德性思想，从而使德性的性别差异问题突出出来。从目前掌握的情况看，这一问题还主要是在女性主义思想家圈内进行着热烈讨论，虽然影响很大且广受关注，但还尚未见圈外思想家的研究成果相呼应。不过，这一问题由于涉及自古以来人类文明的根基而将会成为西方思想家讨论的热点问题之一。

（十三）"好社会"或理想社会问题

个人德性关涉"好生活"，而个人的好生活离不开"好社会"。好生活即是理想的生活，好社会即是理想的社会。理想社会应该具备什么样的优秀品质或规定性，这是西方思想家自古以来所关注的重要社会德性问题。不同历史时期的思想家对理想社会的构想是不同的，不同学派的思想家对理想社会的构想也是不同的。西方最早提出理想社会的思想家当数柏拉图，他不仅写下了著名的《国家篇》和《法律篇》的对话，阐述了他所憧憬的理想国的美好图景，而且在他的其他对话中也表达了理想社会的思想。概括地说，他的理想国是以斯巴达城邦为蓝本的等级制奴隶国家，其基本特征是：（1）理想国家追求的是整个城邦的最大幸福。（2）理想国家具备智慧、勇敢、节制和公正的德性，即统治者具有智慧德性、国家的保卫者具有勇敢德性、国家的所有成员具有节制德性，当所有社会成员具有各自应具备的德性，因而各守本位、各司其职，国家就达到了和谐状态，也因而具有了公正的德性。因此，柏拉图的理想国实际上就是公正的国家。（3）理想国家的国王应该是"哲学王"，因为只有哲学家或具有哲学素养的人才具有最高的智慧。中世纪基督教神学思想家认为现实社会不可能成为理想的社会，因而将理想的社会推向了天国。天国是一种与地狱相对立的天堂，在那里公正的上帝使其成员过着至福极乐的自由生活。针对中世纪理想社会的彼岸化和现实社会的异化问题，近代启蒙思想家基于市场经济构想了一种世俗的人间天堂。启蒙思想家对理想社会的看法也不尽一致，但占据主流地位的自由主义者认为理想社会是自由、平等、民主、法治、市场的社会。这种社会理想成为至今西方社会所致力于构建的目标。虽然后来思想家和政治家对启蒙思想家的理想社会设计方案作了不少补充、修正和完善，但其基本规定性没有被改变。近代除了自由主义之外还有共和主义和社会主义。共和主义者虽然也承认自由、平等、民主、法治、市场是理想社会的德性，但与自由主义强调自由和代议制民主不同，它们更强调平等和参与式民主。社会主义者与启蒙思想家不同，他们从根本上否定私有制，当然也就否定以私有制为基础的市场经济，主张财产公有，生活资料社会分配，没有剥削和压迫，社会成员人人平等。20世纪以来，自由主义的理想在西方社会得到基本实现的同时，暴露出了许多社会问题。针对自由主义理想社会"原子化"的弊端，不仅共和主义有所复兴，而且还出现了强调共同体对于理想社会的重要意义的社群主义。在自由主义内部也出现了力图取代自由放任主义的国家干预主义。只是社会主义在现当代西方未见有复兴的迹象，尽管在西方近现代社会构建的过程中吸收了不少社会主义理想的一些因素。

（十四）政治制度或政府形式问题

自文明社会以来，理想社会的实现主要途径是政治，因而作为政治形式的政治制度或政府形式成了西方思想家历来关注的问题。柏拉图根据当时各城邦的政治实践和自己的长期探索，提出了六种政治制度，即君主制、贵族制、好的民主制、坏的民主制、寡头制、僭主制。他认为，前三种政制是与后三种对立的，其中君主制是最好的，而其对立面僭主制是最坏的。君主具有智慧，理想社会就会实现，而具有智慧的人要么是哲学家，要么是具有哲学素质的人，因而理想的君主应当是"哲学王"。亚里士多德基本上继承了柏拉图的观点，只是将好的民主制改成了共和制，坏的民主制改成了民主制或平民制。他认为前三种是好的政制，而最好的是贵族制。西方中世纪是天主教教会一统天下，而且基督教神学家也不把政治制度看作是进入天堂的有效途径，因而他们不怎么关心世俗的政治制度问题。到了近代，为了适应发展市场经济和实现理想社会的需要，建立什么样的政治制度问题就成为了思想家们关注的重大理论和实践问题。除了一些社会主义思想家主张建立无产阶级专政的国家之外，西方大多数思想家都主张建立民主制度。"民主"在古雅典的本义是"人民统治"，而在近代西方的基本含义是"公民自治或自主"。但是，在如何实现公民自治的问题上存在着自由主义和共和主义的分歧。前者主张公民通过选举自己的代表行使自己的权力的"代议制"间接民主，后者则主张全体公民直接参与社会管理的"参与式"直接民主。虽然至今两种主张仍然争论不休，但西方社会采取的依然是"代议制"民主。

（十五）法律与权力的关系问题

法律与权力的关系直接关涉如何进行社会的政治统治和如何实行社会管理，因而也直接关系到理想社会能否实现。因此，法律和权力的关系问题也是西方思想家自古以来特别关注的重要问题之一。柏拉图、亚里士多德等西方古代思想家一般都主张社会要实行法治，但总的倾向是将法治作为政治统治的一种手段。柏拉图认为，法律是必要的、有益的，它是统治术的一部分，但是社会的最好统治并不是法治，而是有智慧的人来实行统治。中世纪思想家也重视律法的作用，但这些律法归根到底是上帝意志的体现，因而上帝的权力高于律法。西方近代自由主义思想家为了确保个人的自由权力不受侵犯，则主张一切权力都要受到制约，认为不受制约的权力必然腐败，而制约的方式一方面是以权力制约权力，另一方面则是以法律制约权力，将一切权力置于法律之下。洛克、孟德斯鸠、阿克顿等一大批自由主义思想家都强调法律统治高于权力统治，认为应该将法律作为国家的最高权威，政府的一切管理活动都必须得到法律的授权，而国家法律的最终根据是自然法。与自由主义思想家强调一切权力包括立法权都必须置于法律之下不同，卢梭等共和主义思想家，虽然也十分重视法律，但将法律理解为"全体人民对全体人民作出规定"的行为，法律是人民的公共意志即"公意"的体现，因而人民的主权高于法律。

四、西方思想家关注的重要德目及其基本含义

德目"是人们在长期的社会生活中逐渐形成的一些德性要求，它们既是人们判断和评价德性的标准，也是人们进行德性培育（包括德性教育和德性修养）的根据。"[1]德目的情形比较复杂。有在日常道德生活中自发形成的"常识性德目"；也有伦理学家在反思和批判的基础上经过哲学论证所主张的"论证性德目"或"学理性德目"；还有政治家从现实生活中存在的德目或伦理学家主张的德目中选择出来加以倡导的"倡导性德目"。[2]西方思想家自古以来十分重视德目问题，提出并论证德目，这也是西方德性思想的一大特色。为了便于把握，这里我们列举一些西方思想家长期以来关注

[1]　江畅：《德性论》，人民出版社 2011 年版，第 69 页。
[2]　参见江畅：《德性论》，人民出版社 2011 年版。

的十八个重要德目，并简要阐述其来龙去脉和基本含义。这里所列举的德目中有十一个德目（智慧、勇敢、节制、公正、友爱、信仰、希望、仁爱、仁慈、宽容、同情、博爱）是个人德性的德目，有六个德目（知识／科技、市场、自由、平等、民主、法治）是社会德性的德目，而"公正"既是个人德性的德目，也是社会德性的德目。需要指出的是，西方古代的社会德性几乎都是与个人德性同构的，而西方近现代的社会德性与个人德性的差别就比较大，有些社会德性从个体的意义上看并不是德性，如科技、市场，但它们仍被思想家看作是社会的德性。下面所述德目次序大致上是以德目出现的历史顺序排列的。

（一）智慧／明慎

西方自古以来十分推崇智慧（wisdom）。在古希腊神话中就有智慧女神雅典娜（Athene），"哲学"一词也起源于"爱智慧"，在公元前 3 世纪由希伯来文译成希腊文的《旧约圣经》中还包含有《所罗门智慧书》①。所以，有西方学者认为，"智慧是自古以来作为运用过好生活所必需的知识而加以歌颂的理想。"②但是，把智慧与德性联系起来，并作为一种德性是从苏格拉底和柏拉图开始的。柏拉图在《美诺》《普罗塔哥拉篇》《国家篇》等对话中，认为德性在于智慧，并列举了智慧、勇敢、节制、公正。智慧是人心灵中的理性的德性，也是国家中统治者应具备的德性。根据他们的理解，智慧是关于善的知识，而善是理念世界中的最高理念，是终极实在、终极真理和终极价值，因而智慧就是最高层次的知识。在亚里士多德那里，智慧被区别为哲学智慧和实践智慧，智慧、实践智慧（亦被译为"明智"）被看作理智德性之一，实践智慧也被看作是道德德性的根据和体现。智慧在中世纪基督教神学那里被翻译和理解为"明慎"（prudence）。"prudence"这个词在西方语言中既有"明智"的意思，也有"审慎"的意思，所以我们将其译为"明慎"。明智的基本意思是善于作判断，审慎的基本意思是善于作选择。因此，基督教神学家将"wisdom"翻译和理解为"prudence"，抓住了智慧的要义，体现了智慧在理智或思辨和实践两个方面的要求。尤其重要的是，这种翻译

---

① 在希腊文《旧约圣经》中，有七篇智慧书，除《所罗门智慧书》外，还包括：《约伯书》《诗篇》《箴言》《传道书》《雅歌》《以赛亚书》。这七篇智慧书被看作是圣经的别集。在希伯来文《旧约圣经》中没有《所罗门智慧书》。

② "Wisdom", in *Wikipedia: The Free Encyclopedia*, http://en.wikipedia.org/wiki/Wisdom.

和理解突出智慧作为德性要求方面的特点，因为智慧一词含义太丰富，将智慧作为德性既不好理解，也容易引起误解。

　　智慧（明慎）被古希腊哲学家特别是中世纪经院哲学家托马斯·阿奎那看作是所有德性之母，是所有德性的原因、尺度和形式，被比喻为德性的驭手。说它是德性的原因，是因为它被看作是使具有智性和自由意志的人得以完善的能力。说它是德性的尺度，是因为它给道德上善的行为提供了模式。说它是形式（亚里士多德和经院哲学家意义上的"形式"），是因为它将自己的内在本质赋予其他的德性，或者说，它的每一种特殊的德性都是智慧的体现。正如前面已经谈到的，智慧包括思辨和实践两个方面，因而它既被看作是理智的德性，又被看作是道德的德性。作为理智的德性，它通过控制情感和欲望正确地引导人的各种行为达到善的目的。作为道德的德性，它是使其具有者养成善的习惯。因此，一个有智慧的人，不仅是知善的人，而且是行善的人。智慧意味着将普遍道德原则正确地应用于特殊的情境，其前提是对普遍道德原则有正确的理解。

（二）勇敢／刚毅

　　勇敢（courage, bravery）最初也是柏拉图由在《普罗塔哥拉篇》《国家篇》等对话中列入"四主德"的。在柏拉图那里，勇敢是心灵情感部分的德性，也是国家保卫者应具备的德性。在亚里士多德那里，勇敢常与莽撞、怯懦联系起来讨论。莽撞是过度，怯懦是不足，它们都是恶性；勇敢则是莽撞、怯懦之间的中道，是德性。在中世纪神学家那里，"勇敢"被理解和翻译为"刚毅"（fortitude）。"刚毅"一词的含义比"勇敢"更广，而且更具有道德的意味。刚毅不同于通常所理解的勇敢。刚毅总是有理由和合理的，一个刚毅的人如果有必要才在遇危险时挺身而出，而不是为了危险的目的而冒险。在托马斯·阿奎那那里，刚毅在"四主德"中排第三，因为它是服务于明慎和公正的。[①]

　　在西方思想家看来，人可以过情感健康的生活，也可以过情感不健康的生活。情感健康的生活是人的理性和意志控制情感的生活；而情感不健康的生活是情感控制理性和意志的生活。理性和意志要控制情感就需要勇敢或刚毅的德性。作为德性，勇敢或刚毅能使人克服恐惧和痛苦的情感，面对伤

---

　　① Scott P. Richert, "Fortitude: A Cardinal Virtue and a Gift of the Holy Spirit", http://catholicism. about.com/od/beliefsteachings/p/Fortitude.htm.

害、疾病、困难、失败、危险或威胁时坚忍不拔，并能使人在面对人生各种障碍甚至死亡时变得坚强。在西方德性思想中，勇敢或刚毅作为一种德性，并不是要求盲目的冒险，而是要求在必要时有理由地勇于面对危险。它不只是要求勇于面对危险，而且要求勇于面对伤害、疾病、困难和失败，勇于面对由所有这一切引起的恐惧和痛苦。其本质在于追求某种善的目的。

（三）节制

节制（temperance）也是柏拉图最初作为"四主德"中的一种德性。在柏拉图那里，节制是心灵欲望的德性，也是国家中普通老百姓应具备的德性。与"四主德"中的其他德性不同，节制的德性为更多的思想家所重视，尤其为宗教思想家所重视。节制不仅作为古希腊的"四主德"被基督教思想家列入基督教的"七德"，而且还被基督教思想家作为"七种致命恶性"相对立的"七种天堂德性"之一。在犹太—基督教传统中，节制的含义十分丰富。《旧约圣经》强调节制是一种核心德性，《新约圣经》也是如此。

在西方，节制主要是指对过度的欲望和冲动的控制。西方有许多术语包含有节制的要求，如禁欲（abstinence）、贞洁（chastity）、谨慎（modesty）、谦恭（humility）、明慎（prudence）、自我调节（self-regulation）、宽恕（forgiveness）、仁慈（mercy）等。所有这一切都要求限制某种欲望、冲动。在西方思想家看来，人都有欲望，欲望有可能会发生过度，同时人都有情感，情感也会发生过激（冲动）。过度的欲望和过激的情感不仅会导致人生理和心理的不良后果，也会影响社会的秩序。因此，人需要具备节制的德性。节制可以使人的欲望和情感控制在适度的范围之内。欲望和情感控制的手段是理智或理性，节制就是理智在任何情况下都能有效控制过度欲望和过激情感的品质。

（四）公正

西方自古以来一直都非常重视公正（justice，亦译为"正义"）。早在古希腊神话中就有公正女神忒弥斯（Themis）。在苏格拉底和柏拉图那里，公正既被看作是个人的德性又被看作是国家的德性，而且将公正作为个人和国家的总体德性，看作是个人心灵和社会秩序和谐的基础。在亚里士多德那里，公正更多地是在国家德性的意义上讨论，断定"城邦以正义为原则"。"由正义衍生礼法，可凭以判断［人间的］是非曲直，正义恰正是树立社会秩序的基础。"①在中世纪基督教思想家那里，公正被作为"四主德"的第二德性，成为刚毅和节制追求的目的。近代思想家虽然也讨论过公正问题，但公正问题并没有受到重视。20世纪以来，伴随着自由与平等之间矛盾的突出，公正问题引起了西方思想家广泛关注。罗尔斯于1971年出版的《公正论》将公正问题的讨论推向了高潮。今天，有关公正特别是社会公正的讨论热潮一浪高过一浪。可以说，公正问题是当代西方社会普遍面临的一个重大问题。从西方的总体情况看，公正更多地是在社会（主要是国家）德性的意义上讨论的，因而所关注的重点是社会公正问题。西方思想家之所以十分重视公正问题，是因为他们一般都把公正看作是社会的首要价值。

　　西方思想家对公正的理解很不一致，早在雅典时代就有"智者"将公正理解为权力，认为强权即公正。最早系统研究公正问题的苏格拉底和柏拉图将作为总体德性的公正看作是个人心灵和社会秩序的一种和谐状态。亚里士多德认为公正作为德性总汇包含守法和均等两层含义，但除此之外还有其他意义的公正，主要是分配性公正和矫正性公正。当代公正的争论是围绕三种观念展开的，即"使福利最大化、尊重自由和促进德性"②。第一种是以罗尔斯为代表的新自由主义观念，它主张在肯定自由和平等的前提下国家要通过适度限制自由和平等实现社会的公平，因而社会公正就是要实现社会福利的最大化。第二种是以诺齐克为代表的古典自由主义观念，它反对罗尔斯等人的新自由主义观点，坚持古典的自由放任主义，主张国家应是最弱意义上的国家，不应过多干预社会资源分配，因而社会公正就是社会成员普遍享有自由并享有由此获得的社会资源。第三种是以麦金太尔、桑德尔等为代表的社群主义观念，它认为，"公正不仅包括正当地分配事物，它还涉指正确地评价事物。"③尽管西方思想家对公正的理解不同，但一般都认为存在分配公正、程序公正等不同类型，也有人根据社会生活涉及的三种关系提出了相应的三种公正：一是个人对他人关系的代偿公正；二是个人对社会整体关系的法律公正；三是社会整体对个人关系的分配公正。④

---

　　①　［古希腊］亚里士多德:《政治学》，1253a39-40，吴寿彭中译本，商务印书馆1965年版，第9页。

　　②　［美］桑德尔:《公正：该如何做才好？》，朱慧玲译，中信出版社2011年版，第6页。

　　③　同上书，第309页。

　　④　Cf. Doug McManaman, "The Virtue of Justice", Catholic Education Resource Center, http://catholiceducation.org/articles/education/ed0285.html.

（五）友爱／关爱／关怀

友爱或友谊（friendship）作为一种德性早在柏拉图那里就已经提出，著名的"柏拉图之爱"（Platonic love）指的就是两个人之间的深刻的、非浪漫的爱，不涉及性的因素。在亚里士多德那里，友爱是一种非常重要的德性，他对友爱作过深入系统的研究。在希腊化和罗马时期，伊壁鸠鲁、西塞罗等许多思想家都研究过友爱。在西方中世纪，基督教倡导、宣扬"邻人之爱"，实即博爱，其中包含友爱，但范围更宽泛，并被纳入神学德性的范畴。近现代西方思想家受中世纪影响，主张和倡导人道主义的博爱而较少涉及友爱。伴随着德性伦理学的复兴和发展，与友爱相关的德性关爱或关怀（care 或 caring）受到德性伦理学家的重视，成为当代德性伦理学研究的一个重要领域。关怀不同于博爱，它不是一种平等的普遍的爱，而是有远近亲疏之别的爱。它虽然比友爱的范围更广，但与友爱在本质上是相通的，因而可看作是友爱的一种现代形式。

在西方思想家看来，友爱是人与人之间的一种亲密关系。它包含希望他人更好，对他人诚实、真实、信任并给予理解；对他人的境遇关心、同情，在必要时尽力帮助他人而不图回报；当他人有缺点、错误时及时指出。友爱并不局限于对待朋友，也包括对待同学、同事、同志，甚至包括对待他们的家人。不过，友爱存在着不同的程度，因而有不同的类型，对外如熟人、同志、朋友、密友、网友等。当代美国等国家还出现了 BFF（"best friend forever"，年轻男人描述女友或最亲密朋友的俚语）、Bro（年轻女人描述男友或最亲密朋友的俚语）等形式。在现代社会，友爱还拓展到国家之间、不同国家的人民之间。现代西方有研究认为，友爱可以改善人际关系，增强人们的幸福感，特别是能促进女性的健康长寿。相反，因缺乏友爱引起的孤独感会增加心脏病、致命的感染和癌症的危险。西方最新的研究表明，友爱存在着男女性别的差异。对于男性和女性的友爱，有三个因素是共同的，即信任（trust）、忠诚（loyalty）和幽默（humor），但女性更重视亲近（proximity）、交流（communication）和喜爱（affection），而男性更重视共同的利益（common interest）和喜爱（affection）。尽管男性和女性都重视喜爱，但方式不同，男性通过共享活动和交流表现出喜好，而女性的身体语言是喜好的体现。[1]

---

① Cf. "Friedship", in *Wikipedia: The Free Encyclopedia*, http://en.wikipedia.org/wiki/Friedship.

（六）信仰

信仰（faith）是基督教神学德性的第一个德性，是教父哲学家第一次根据《圣经》中的有关信条提出的三种神学德性之一，后来为基督教神学家普遍接受。作为一种神学的德性，信仰的前提是坚信上帝存在，上帝是圣父、圣子和圣灵三位一体。作为宇宙和所有事物的创造者，上帝是所有真理的源泉。在基督教看来，上帝启示给我们的真理比纯粹人类的知识更可靠、更确定。上帝已特别通过圣子耶稣启示了拯救人类的真理。进行作为"信仰行为"的祈祷就意味着承认上帝既不会欺骗，也不会被欺骗，其可信任性是无可比拟的。当接受耶稣基督道成肉身的教义时，也就接受了他教导我们真理的绝对权威性。基督严厉谴责那些称他为主而不遵循他的教导的人。如果拒绝他的教导，就是拒绝他本人，因为他是真理的源泉。基督教强调，虽然信仰是个人的，但同时也必须认识到，我们的信仰正如我们从上帝那里接受的东西以及同其他信仰者分享其他东西一样，在性质上是基督教教会的。信仰不只是个人的同意，而且包括整个人对基督的归顺。同时，信仰的教会性质有助于我们意识到，信仰不只是对一系列理智的抽象概念的接受，经过洗礼的信仰还能使我们成为上帝的子女。通过信仰，我们不仅和三位一体的上帝达到了统一，而且也与其他的基督徒有了"家庭"的联系。这样，教会就不纯粹是我们的教师，甚至是我们的母亲。基督教教会宣称，信仰对于拯救是必要的，因为基督断定，有信仰和经过洗礼的人将得到拯救，而没有信仰的人则被谴责。我们的信仰是我们从上帝那里接受的最有价值的礼物。我们必须服从信仰，服从信仰是我们的第一义务，信仰上帝并证明他是我们的责任。信仰是无价之宝，我们将愿意为了它牺牲一切，一直到死。我们要对我们的信仰礼物充满感恩之心，要在祈祷和教会的神圣生活中丰富它，通过我们的仁爱生活证明它。

（七）希望

在基督教的传统中，希望（hope）也是三种神学德性之一。如果说希望是对某种东西的欲望和对得到它的期盼的结合，那么这种德性就是对与上帝结合因而获得永恒幸福的希望。希望是对天国产生渴望的德性。一个人听说了天国之后，他就想要到达那里。希望的德性激发基督徒将欲求永恒生活作为他们终极幸福。它吸引人们信任耶稣基督的承诺，依赖圣灵的恩惠和帮助达到终极的目的。像所有的德性一样，它是由意志产生的，而不是由激情产生的。在基督教的传统中，对基督的希望和对基督的信仰是密切相关的，具有希望就意味着具有希望的人通过神圣精神的证据而有一种坚定的确信。这样，希望能通过信仰的考验给一个人以支撑，否则人的悲剧和困难就可能是势不可挡的。因此，希望被看作是"灵魂的支柱"。希望作为基督徒对幸福的燃烧着的强烈欲望，是一种上帝已经植入每个人心里的欲望。它包括对人的行为的激励，使他们心灵纯洁。有了它，人将不再失望，当一个人感到被抛弃时，它会给他提供支持和力量。希望使基督徒的心在对永恒的至高无上幸福的期望中得到照耀。由于有希望德性的鼓励，基督徒被从自私自利引导到从仁爱中获得的更大幸福。

（八）爱／仁爱

爱（love）或仁爱（charity）是基督教的第三个神学德性，也是基督教"七德"中的首德。有研究认为，基督教的爱的概念来源于希腊的 *agape*（爱）的概念。这个词表达了神性的、无条件的、自我牺牲的、积极的、自觉自愿的和经过思考的爱。在希腊语中，除表达"无私的爱"的 *agape* 之外，还有一个表达爱的词 *eros*。这个词的意思指"亲密的爱""浪漫的爱"。*agape* 本身没有宗教的含义，但为圣经的作者和基督教思想家提供了思想资源，他们是在 *agape* 而不是在 *eros* 的意义上使用爱的。按基督教的理解，爱来自上帝。在对所有其他人无限仁爱的意义上，爱是一种普遍的爱，是人类精神的终极的完善，因为它被认为是对上帝本性的赞美，也是上帝本性的反映。作为神性德性的爱包括两个方面：一是对上帝的爱，二是对人（包括邻人和自己）的爱。对人的爱是出于对上帝的爱，上帝爱人，人爱人实际上是爱上帝之所爱。基督教相信，用全部的身心和力量爱上帝与爱人如己，是生活中两项最重要的事情。使徒保罗把爱看作是所有德性中最重要的德性。奥古斯丁对爱给予了满腔热忱的歌颂，认为爱是最高的德性，是一切德性之源，是唯一能占领和充满永恒的东西。世界上如果没有爱，就没有了一切。爱使人变得圣洁，使人变得虔诚；圣洁使人高尚，虔诚使人笃信。

（九）仁慈／慈善

仁慈（mercy）是一个在伦理学、宗教、社会和法律等领域广泛使用的术语，包含慈善（benevolence）、宽恕（forgiveness）和善良（kindness）等含义。在西方，作为一种德性，仁慈源自于旧约圣经，其中把上帝看作是仁慈的、恩惠的，并因而赞颂他。到了西方中世纪，仁慈被广泛使用。基督教将仁慈看作是上帝的德性，有所谓"仁慈的上帝"（Mercial God）之说。而且在骑士阶层，仁慈也被看作是基本德性之一。仁慈表示对别人苦难的悲伤。从一种意义上看，这种悲伤可以表示由感官欲望所引起的活动，在这种情形下，仁慈不是一种德性，而是一种激情。从另一种意义上看，这种悲伤可以是由理智的欲望所引起的活动。这样引起的活动是由理性控制的，较低级的欲望可以被调节。因此，奥古斯丁说，当仁慈以公正得到保护的方式被给予时，无论我们是否给予贫困的人什么或是否原谅悔过的人，心灵的这种活动都是服从理性的。既然灵魂活动应该由理性调节，对于人的本性是本质性的，那么仁慈就是一种德性。在基督教思想家看来，仁慈是与仁爱密切相关的。托马斯·阿奎那列举了由仁爱德性产生的三种效果，即喜悦、和平和仁慈的德性。仁慈是对他人遭受苦难的反应。它是对他人苦难的同情，但不是我们看见别人受苦时经历的情绪或纯粹的悲伤，因为纯粹的悲伤不会促使一个人为缓解那种悲伤和痛苦做某些事情，而仁慈的人会把受折磨的人看作是自己的兄弟姊妹。如果没有其他更好的办法帮助他们，他至少可以通过祈祷乞求基督的仁慈降临。

　　近代以来的思想家更多地使用没有宗教意义的慈善（benevolence）一词。边沁明确提出了"有效的慈善"（efficient benevolence）的概念。它包括积极方面和消极方面：前者把快乐给予他人，由快乐得以被传递的行为构成；后者阻止给予他人痛苦，由避免给他人以痛苦的行为构成。积极方面的范围远远没有消极方面的广，因为积极方面需要具有给他人传递幸福的能力，而具有这种能力的人远比不引起他人痛苦的能力的人少，因为几乎每一个人都有以各种方式给他周围的人造成伤害的能力。因此"有效慈善"实质上包含了"普遍慈善"（universal benevolence）的要求。当代情感主义德性伦理学家迈克尔·斯洛特则区分了"一般的／无偏袒的慈善"（general/im-partial benevolence）和"偏袒的慈善"（partial benevolence），他把前者理解为"普遍的慈善"，而把后者理解为关怀（care/caring）。两者都是对他人的关心，区别在于前者是普遍的、不偏不倚地关心他人，后者则是有差别地关心他人，而他自己主张后者。"慈善"虽然更强调给予他人实际的帮助，但与"仁慈"没有实质性的不同，因而有汉译时常常没有对两个术语严格地加以区别。

（十）宽容

西方中世纪遍及欧洲的宗教政治冲突以及后来的宗教改革，使宽容（toleration）问题凸显出来，但它的历史可以追溯到更远的古代。在斯多亚派那里，特别是在西塞罗那里，宽容（tolerantia）被看作是一种忍耐和以恰当的、坚定的方式经受各种类型的厄运、痛苦、不公正的德性。但是，在早期基督教的话语中，这一术语被用于处理宗教差异和冲突的挑战。后来的基督教思想家基于仁爱和对那些犯了错的人的爱对宽容进行了大量的论证。西方近代以来的思想基于对个人自由权利的尊重而将宽容作为人们应该具备的一种基本品质和态度。其最典型的表达就是伏尔泰的那句名言："我不同意你的观点，但我誓死捍卫你说话的权利！"宽容的最一般含义是有条件地接受或不干预人们看作是错的但尚可容忍的信念、行为或实践，以至于它们不应被禁止或被限制。有研究者认为从历史角度看，对宽容有四种不同的理解，或者说有四种不同的宽容概念：允许（permission），共存（coexistence），关心（respect）和尊重（esteem）。[①]

（十一）同情／同感／共感

虽然同情（compassion）现象在现实生活中随处可见，而且人们也对同情通常给予称赞，但同情似乎没有进入古希腊思想家的视野，我们没有发现他们把同情作为一种德目加以讨论。这也许与古希腊哲学家要么重视理性，要么重视感性，而普遍不太重视情感问题有关。真正开始重视作为一种道德情感的同情的是近代英国情感主义思想家，如休谟、亚当·斯密等，他们反对将理性作为道德的根源，认为道德起源于人的一种被称为同感（sympathy，一些中译本将其译为"同情"）的情感，正因为有这种原初的情感才有同情，才有其他各种道德感情及其他道德现象。在这些思想家看来，人性中生来就有一种对别人有同感的自然倾向，这是一种人性的本原，正是这种倾向或本原使我们接受别人的心理倾向和情绪。在德性伦理学复兴的过程中，一些女性主义德性伦理学家将"同情"作为一个重要德目凸显出来，认为同情是女性德性的一种重要表现，在一定意义上也可以说是另一种更重要

---

① Cf. "Toleration", in Stanford Encyclopedia of philosophy, http://plato.stanford.edu/entries/toleration/.

的德性即关怀的基础。当代著名德性伦理学家迈克尔·斯洛特则进一步对同感与共感（empathy，我国心理学界将其译为"移情"，这个词在西方是20世纪以后才出现的）作出了区别。他认为，休谟等人已经注意到了人的共感现象，但却用了"同感"这个词表达它，同时在他那里这个词也指同感本身的内容。斯洛特认为，同感和共感在现代心理学中作出了区别，这种区别就是我们感受到了某人的痛苦与我们对处于痛苦中的某人有感受的区别。共感指前者，而同感指后者。在斯洛特看来，道德的真正基础是共感，而不是同感。他的基本看法是，人有共感，然后有同情，这之后才有关怀这种他认为是人的最重要德性的德性，以及其他的德性。

（十二）博爱

把博爱（fraternity，universal fraternity 或 brotherhood）作为一种美好的德性或德行可以追溯到斯多亚学派。晚期斯多亚派主张建立世界城邦，城邦中的公民人人皆兄弟。斯多亚的这种博爱思想影响了基督教。基督教在形成的过程中接受了这种思想，它强调不仅要爱上帝，而且要爱邻人。这里所说的"邻人"不仅指陌生人，而且还包括你的仇敌；这里说的"爱"不仅是无差别的爱，而且是无条件的爱。正因为如此，基督教被称为爱的宗教或博爱的宗教。当然，基督教的这种精神并没有被中世纪的天主教教会贯彻落实，天主教教会统治欧洲的结果是宗教战争和僧侣阶级对信徒们的残酷剥削和压迫。正因为如此，天主教会的政治统治最终被推翻。由于天主教会没有实现真正的博爱，所以近代启蒙运动又高举起了博爱的大旗，并将它与自由、平等并列在一起，作为反对天主教教会和封建专制主义统治的强大思想武器。然而，近代思想家最关心的是自由和平等，而在西方社会占据主导地位的自由主义思想家更关心自由权利，而对博爱的追求只停留在口号上，并没有落到实处。在现代文明繁荣的社会，甚至人的情感都被湮没或压抑，哪里还顾得上博爱。自德性伦理学复兴以来，一些德性伦理学家开始重视情感问题，强调情感对于德性和道德的重要性，但是他们所侧重的是关爱或关怀，而这种爱本质上不是博爱，而是有差等的爱，或者说是由近及远的爱。因此，从今天西方的实际情况看，博爱仍然只是一种美好的理想，并没有真正成为人们普遍追求培养和践行的德性。

（十三）知识／科技

西方思想家自古以来都十分重视知识，之所以如此，是因为他们将知识看作是理性的体现，是真理的载体或真理的表达，而理性是人的本性，真理是理性的追求。苏格拉底将德性看作是知识，使知识更具有了道德的意义。在古代希腊，人们所追求的主要是建立演绎逻辑基础上的知识，亚里士多德的"三段论"被看作是获得知识的主要工具。"三段论"作为获得知识手段的运用在中世纪的经院哲学家那里走向了极端，成为一种纯粹的形式化的思辨技巧，并因而阻碍经验知识的获取，导致人们对自然、社会和人生认识的忽视。弗兰西斯·培根的"知识就是力量"（尽管这一口号是别人概括的）呼喊唤醒了西方近代以来的人们对经验知识（科学知识）重要性的意识，而他所提供的不同于亚里士多德"三段论"的"归纳法"，又为人们获取经验知识提供了获得知识的新工具。从此，西方开始了一个科学技术知识昌明的新时代。在这个时代，科学技术被看作是第一生产力，甚至被认为是无所不能的。事实上科学技术确实深刻地改变了人类社会，它在市场经济的强力推动下，成为了近代以来人类发展的最重要物质力量。于是，科学技术被看作是现代社会的基本规定性之一，是理想社会应该具备的基本德性。虽然自19世纪末以来，一些思想家由于奠基于现代科学技术基础上的现代文明出现了种种重大的人类问题而对科学技术持悲观态度，但大多数西方思想家都坚持肯定知识、科学技术对于人类幸福和社会美好的重要意义，而且认为现代文明导致的问题本身也需要运用现代科学技术来解决。

（十四）市场

西方在古代就有商品经济存在，但现代意义的市场经济是自近代西方商业革命开始兴起的，并逐渐取代中世纪庄园制经济而成为社会占统治地位的形式。市场经济在西方的迅速发展并非是完全自发的，而是与思想家充分肯定市场经济对于社会发展和人类福祉的意义，并不断为之提供论证、辩护、指导和诊治分不开的。可以设想，如果没有思想家的长期不懈努力，就不仅没有市场经济的快速发展，也不会有西方今天如此成熟、完备的市场经济。亚当·斯密《国富论》对市场经济是"人类富裕和谐的康庄大道"①的论证，

---

① 这是李义平在《为什么必须选择市场经济？——重读斯密》（《读书》2012年第3期）中对亚当·斯密思想的概括。

彻底消除了人们在市场竞争中谋求利益最大化的顾虑，同时他在经济上实行的"自由主义革命"为市场经济发展指明了方向。后来出现的"边际革命""凯恩斯革命"又在市场经济发展的过程中不断根据新的历史情况调整市场经济发展的航向。西方近代以来的思想家之所以十分重视市场经济和市场的作用，是因为他们认准了市场和市场经济是理想的人类社会应采取的基本经济形式，是"好社会"应该具备的基本品质。

（十五）自由

西方历来推崇自由（liberty），近代卢梭的"人是生而自由的，但却无往不在枷锁之中"[1] 的呼喊，使自由成为了近代以来西方普遍奉行的最高理念。西方思想家们极力赞美自由的价值："自由的理念是最宝贵的价值思想——是人类社会生活中至高无上的法律。"[2] 在法国大革命时期，自由和平等、博爱（Liberté, Egalité, Fraternité / Liberty, equality, fraternity）一起成为响彻云霄的时代最强音，并对世界历史进程产生了深远的影响。近代对自由的推崇虽然是对中世纪专制主义的直接反抗，但从根本上说是市场经济发展的客观需要。

西方的自由概念起源于古代希腊自由和奴役的概念。对于希腊人来说，自由就是没有主人，是独立于主人的。它与民主有密切联系，民主就是自由社会的政治体系。罗马法也体现了某些有限形式的自由。然而，这些自由只限于罗马市民，而且罗马市民享受积极自由（审判权、起诉权、法律和契约强制）和消极自由（不受妨害的契约权利和不被折磨的权利）的结合。在罗马法下享受的许多权利一直持续到中世纪，不过只被贵族享受，而不能为普通人享受。不可让渡的普遍自由观念一直到启蒙时代才出现。这种自由指的是人类能主宰自己、能根据自己的自由意志行动，并对自己的行为负责。近代以来，西方对自由概念的理解也不相同。古典自由主义的自由概念把自由理解为个人摆脱外部的强制或威胁的自由；而古典共和主义的自由概念则强调个人作为社会主体或主权者的资格。

西方一般把自由划分为积极自由和消极自由。积极自由是指个人能运用主体资格，特别是有权力和资源贯彻自己的意志，不受社会的阻止。消极自由是指任何人都不能干涉一个人的活动。约翰·密尔最早认识到行动自由与

---

① ［法］卢梭：《社会契约论》，何兆武译，商务印书馆 1980 年版，第 8 页。

② ［英］阿克顿：《自由与权力》，侯建、范亚峰译，商务印书馆 2001 年版，第 307 页。

不受压抑的自由之间的区别。以赛亚·伯林正式区别了积极自由和消极自由。在他看来,消极自由是在没有其他人或群体干涉我的行动程度之内,我是自由的。在这种意义上,政治自由是指一个人能够不受别的人阻挠而径自行动的范围,是"免于……的自由"(freedom from)。积极的自由即人是自己的主人,其生活和所做的决定取决于他自己而非任何外部力量。当一个人是自主的或自决的时,他就是积极自由的,这就是"做……的自由"(freedom to do)。①

在肯定自由的前提下,还存在着如何处理个人自由与他人自由、个人自由与社会秩序的关系问题。在这个问题上,西方存在着"洛克式自由"与"卢梭式自由"的分歧。"洛克式自由"认为个人自由是至高无上的,只服从自由法律和法律,并且是不可剥夺和转让的。"卢梭式自由"承认个人自由,但认为个人自由最终要服从于"公意"或"主权",个人自由是可以而且必须转让的。20世纪不少思想家将"洛克式自由"理解为消极自由,其核心是要维护个人的权利;而将"卢梭式自由"看作是积极自由,它强调主权者对个人生活的积极干预。前者是自由主义的,而后者是共和主义的。在近代以来的西方,占统治地位的是自由主义。但是,在自由主义内部也存在着分歧。20世纪前,西方流行的是自由放任主义(古典自由主义),到20世纪前半期,一些新自由主义者主张国家以适当方式来保障个人自由的国家干预主义。由于国家对自由干涉过多,20世纪80年代以来西方保守主义的兴起和盛行明显地反映了古典自由主义的复兴。保守主义者提倡古典自由主义所奉行的非国家干预主义,追求最原始的自由,并掀起了所谓"拯救自由的运动"。

(十六)平等

从西方近代开始自由和平等(equality)被看作是一对孪生兄弟,平等因而也被看作是近代以来西方社会的最高理念之一。

按照卢梭的观点,"在自然状态中,不平等几乎是不存在的。由于人类能力的发展和人类智慧的进步,不平等才获得了它的力量并成长起来;由于私有制和法律的建立,不平等终于变得根深蒂固而成为合法的了。"②在古代

---

① 参见江畅主编:《比照与融通:当代中西价值哲学比较研究》第十章:自由,湖北人民出版社2010年版。

② [法]卢梭:《论人类不平等的起源和基础》,李常山译,东林校,商务印书馆1962年版,第149页。

希腊和罗马，不存在社会平等。"世上有统治和被统治的区分，这不仅事属必需，实际上也是有利益的；有些人在诞生时就注定将是被统治者，另外一些人则注定是统治者。"① 亚里士多德的这种观点是当时人们平等观的写照。到晚期斯多亚派那里，才出现了"四海之内皆兄弟"的平等观念，这种观念为基督教所接受。按照基督教教义，在上帝面前所有的人都是自由的，所有的人都是平等的。黑格尔认为，这是在自由平等观上的重大进步。② 在近代启蒙运动中，启蒙思想家高举"自由""平等"大旗，以反对"专制"和"等级制"。经过资产阶级政治革命，平等和自由成为了社会普遍公认的政治理念。但是，随着西方社会的发展，平等与自由的矛盾日益突出，于是思想家开始注重调节两者关系的公正问题。

　　一般地说，平等是指至少在一个方面但不是在所有方面具有相同性质的一组对象、个人、过程或环境之间的一致或相当。因此，平等与同一（identity）不同，同一是指同一个对象在其所有特征方面与它自身一致；它也与"类似"（similarity）不同，"类似"是一个纯粹接近一致的概念。平等隐含类似，但不隐含"相同"（sameness）。就数量一致的差别而言，平等的判断以被比较的事物之间存在着差异为前提，因而"完全的""绝对的"平等是自相矛盾的。两个非同一的对象决不会完全平等，它们至少在时空上是不同的。如果事物不是不同的，它们就不应该被称为"平等"，而应该称为"同一"，如晨星和暮星是同一的，而不是平等的。近代以来，西方思想家对平等问题作了广泛深入的研究，其基本前提是"人人生而平等"，但并非是人人在所有方面平等。近代思想家更关注人人平等的平等权利问题，特别是在法律面前人人平等的法律平等、社会平等问题。20世纪以来，西方思想家更重视机会平等、性别平等、种族平等之类的问题。今天，这些平等已经得到了普遍公认，但一般都承认，在生活条件方面，人们是不可能实现完全平等的。在自由竞争的社会条件下，机会平等导致的是结果不平等、条件不平等，甚至导致社会的两极分化。在这种情况下，社会资源分配问题、条件或结果平等的问题就凸显了出来。为了保持社会的生机和活力，就需要人们在条件方面有所差异，而要维护社会的稳定和和谐，又需要将这种差异控制在合理的范围内。那么，人与人之间条件的差异应控制在什么限度内才是合理

① ［古希腊］亚里士多德：《政治学》，1254a23-24，吴寿彭译，商务印书馆1965年版，第13页。
② 参见［德］黑格尔：《哲学史讲演录》第一卷，贺麟、王太庆译，商务印书馆1959年版，第51—52页。

的，这就涉及平等与公正的关系问题。公正说到底就是将社会的不平等控制在合理的范围内。

（十七）民主

民主（democracy）这个词最早出现在古代希腊的政治和哲学思想中。克利斯梯尼（Cleisthenes）领导的雅典城邦国家于公元前507年建立了第一个民主制度，克利斯梯尼因而被称为"雅典民主之父"。古典的雅典民主是一种直接的民主，它具有两个显著特征：一是公民选举政府官员和法官；二是全体公民大会决策。然而，当时的雅典，只有男性成年人才是公民，女人、奴隶和外来人都不是公民。古希腊雅典时期实行的直接民主有多种局限，如在大范围的社会共同体中公民直接投票的方式决策困难、多数人"暴政"问题、个人的自由权利无法得到保障等。针对直接民主的这些局限，近代自由主义思想家提出了"代议制"民主理论。这种理论成为了近代西方民主实践的理论依据。当代西方思想家针对"代议制"民主实践中出现的问题（如多数人暴政问题、少数人权利保护问题），又提出了多种民主理论。今天，西方主要有六种有代表性的民主理论，即"参与式"民主论、"代议制"民主论、平等民主论、精英民主论、多元民主论、"程序制"民主论（或协商民主论），它们各自有其合理性，也有其局限性。近代除了自由主义民主理论之外，卢梭还提出了著名的共和主义民主理论，即"参与式"民主理论。不过，这种理论在西方并没有被普遍付诸实践。

在西方学者看来，民主并非像自由、平等、公正、和谐那样是纯然正面价值的理念，而是有其局限性的，对其作不正确的理解和运用可能导致消极的后果。归纳起来，西方思想家的民主思想主要有以下五个方面：

第一，绝大多数西方思想家都认为民主制度虽然不是尽善尽美的，但却是到目前为止人类所可能选择的最好政治制度。除古希腊思想家柏拉图、亚里士多德等人之外，近代以来的思想家几乎都众口一词地承认民主制度是人类目前所能选择的最好政治制度。

第二，西方思想家大多都在肯定"代议制"必要性的同时，指出其局限性，因而主张对其作必要的补充。伴随着"代议制"在西方的普遍实行，现当代西方思想家更清楚地注意到这种民主制的问题。他们的分歧在于，共和主义以及社群主义思想家要求以公众参与制补充甚至取消代议制，而自由主义思想家则担心公众参与会导致政治权力不受限制而形成"家长制"，因而不主张实行公众参与制，但他们仍然致力于对它进行完善。

第三，西方思想家普遍认为即使在民主制度下也需要对政治权力加以限制和监控，防止其僭越政治生活领域。近代自由主义思想家在设计民主制度的过程中就已经意识到，即使是建立在民主基础上的政治权力也可能会发生对公民自由权力的侵犯，以及权力过于集中而不能为选民所控制的问题，因而他们几乎都主张对权力要加以制约。制约的最重要手段就是以权力制约权力，实行"三权分立"。现当代西方思想家还进而提出了对政治权力加以限制的新措施。

第四，许多西方思想家都意识到民主制度本身存在着难以从根本上克服的缺陷或弊端，必须采取有效的措施加以防范。民主与市场有些相似，它本身就存在着与其自身相伴随的一些难以克服的问题。其中最突出的问题有三个：一是少数人利益保护问题；二是"多数暴政"问题；三是利益集团操纵问题。

第五，越来越多的西方思想家将民主主体的范围从作为社会成员的个人扩展到作为社会成员的组织。现当代西方民主理论家越来越认同各种社会组织（企业、学校、社团、政党等）的民主主体地位，而且也在思考如何通过社会的各种不同组织来实现公众普遍的、充分的政治参与。①

（十八）法治

"法治"（the rule of law）这个表达是 17 世纪才由戴雪（A. V. Dicey）明确提出并开始流传的，但这个观念由来已久。古希腊人最初把由最优秀的人统治看作是最好的政府形式，柏拉图就主张由理想化的哲学王统治的仁慈君主政治，哲学王凌驾于法律之上，但要尊重法律。亚里士多德则断然反对最高官员掌握超越于法律的权力，认为"法治应当优于一人之治"②。在他看来，"要使事物合于正义（公平），须有毫无偏私的权衡，法律恰恰正是这样一个中道的权衡。"③古罗马的西塞罗提出："为了我们能成为自由的，我们都应该是法律的仆人。"近代早期，卢瑟福（Samuel Rutherford）提出"法律是国王"。洛克在《政府论》也讨论了这个问题，后来孟德斯鸠在《法的

---

① 参见江畅：《在借鉴与更新中完善中国民主理念》，《中国政法大学学报》2014 年第 5 期。
② ［古希腊］亚里士多德：《政治学》，1287a19-20，吴寿彭译，商务印书馆 1965 年版，第 167—168 页。
③ ［古希腊］亚里士多德：《政治学》，1287b4-5，吴寿彭译，商务印书馆 1965 年版，第 169 页。

精神》中进一步确立了这一原则。1776 年以后，任何人都不能凌驾于法律之上的观念在美国流行。潘恩（Thomas Paine）在《常识》中写道："在美国，**法律就是国王**。因为正像在绝对政府中国家是法律一样，所有自由的国家，法律应该是国王；并且不应当存在任何其他的东西。"在 1780 年，亚当斯（John Adams）通过追求建立"一个法律的政府，而不是一个人的政府"而将这条原则隐含于《马萨诸塞宪法》之中。①

法治的基本含义是没有一个人凌驾于法律之上；除非犯法，国家不能惩罚任何一个人；除非以法律本身公布的方式否则不能判定一个人犯法。法治与领导人在法律之上的观念形成了对照。关于法治有三种不同的解释方式：一是形式的解释，二是实质的解释，三是功能的解释。形式的解释认为，法律是预期的、众所周知的，具有一般性、平等性和确定性的特征。除此之外，形式的观点不包含任何法律内容的要求。形式的解释允许保护民主和个人权利的法律，但认识到在并不必然具有这样的保护民主或个人权利的法律的国家里也有法治。实质的解释认为法治内在地保护某些或所有个人权利。根据功能的解释，政府官员有大量的任意决定权的社会有低度的"法治"，而在政府官员有少量的任意决定权的社会有高度的"法治"。法治的完整概念是"法律的统治"（rule of law），它不同于"用法律统治"（rule by law）。两者之间的差异在于"就法律的统治而言，法律是杰出的，并且能发挥检查权力滥用的作用。就用法律统治而言，法律纯粹是政府的工具，政府可以以合法的方式实行镇压"②。

五、西方德性思想的评价及本书的主要特点

西方自古以来的德性思想丰富多彩，可以说是人类德性思想的一个巨大宝库，对西方乃至整个人类产生了巨大影响。西方德性思想的成果具有重要的学术价值和实践价值，但也有其局限和不足，甚至糟粕。西方德性的思考和探索有值得借鉴的经验，也有需要吸取的教训。所有这些方面都可以给我国的德性问题研究及德性品质培育具有启示意义。正是基于这种认识，笔者才有了研究和阐述西方德性思想史的想法，并形成了现在这套书。

① Cf. "rule by law", Wikipedia, the Free Encyclopedia, http://en.wikipedia.org/wiki/Rule_of_law.

② Brian Tamanaha, *On the Rule of Law*, Cambridge University Press, 2004, p.3.

(一) 西方德性思想的学术贡献和实践意义

西方德性思想作出了重要的学术贡献，并且具有极其重要的实践意义，这是毫无疑问的。那么，西方德性思想究竟作出了哪些学术贡献和具有什么实践意义，这是需要通过不断的深化研究才能逐渐显现的，这里我们初步归纳为以下一些主要方面：

第一，自觉地将德性问题的研究纳入学术视野。德性问题是人生乃至社会的一个重要问题，需要对这一问题进行学术研究，这在今天看来似乎不存在什么争议。但是，在这方面形成共识是与西方思想家的自觉努力分不开的。从西方德性思想史看，早在公元前 5 世纪苏格拉底就已经意识到德性问题对于人生的重要意义，并从哲学的角度对德性问题展开了系统的思考和探索，从而使德性问题纳入了学术视野，成为学术研究的一个重要问题。苏格拉底的这一努力在他的学生柏拉图及其学生亚里士多德那里被继承。德性问题不仅受到了进一步的重视，而且逐渐在学科的分类中纳入到了伦理学的范畴，并成为伦理学研究的中心问题。之后，德性问题在古希腊晚期和罗马时期思想家们那里仍然是学术关注的焦点问题，直至中世纪的托马斯·阿奎那，德性问题一直受到高度重视，甚至成为思想家们关注的中心问题之一。从近代早期一直到 20 世纪中叶，虽然对个人的德性问题有所忽视，但社会的德性问题受到了高度重视，像社会的自由、平等、人权、市场、知识（科技）、民主、法治、公正等作为好社会品质的理念成为诸多学科关注和研究的热点问题。20 世纪中叶以后，上述社会德性问题在备受学界关注的同时，一些哲学家又对个人的德性问题给予了关注，出现了德性伦理学复兴的浪潮，并引发了西方学者对个人德性问题的再度重视。如果我们将社会德性问题也作为德性问题的话，就完全可以得出这样的结论：西方自古代以来从来都重视德性问题，始终都将德性问题作为学术问题加以关注和研究。

无论是从个体的角度还是从整体的角度来看，人类自古以来都面临着诸多的问题，但并不是每一个问题在每一个民族或国家都会受到重视。德性问题就是如此。尽管德性问题对于个人的完善极端重要，对于人类的健康发展也极端重要，但并不是每一个民族都意识到这一问题，即使意识到也并不一定将其纳入学术研究的视野加以不断地研究。中国是一个文明古国，中国思想家早在公元前 6 世纪的孔子那里就已经意识到了德性的重要性，并对德性问题进行了积极探索，但是这一问题并没有真正纳入学术视野，至少 20 世纪以前中国思想史上的大多数思想家并不关心这一问题或没有对这一问题展开自觉的学术研究。世界上其他大多数国家和民族比中国的情形更差。今天人类普遍关注个人和社会的德性问题，应该说是西方思想家长期关注和研究德性问题所产生的积极结果，是在西方的影响下今天的全人类才逐渐普遍关注德性问题。

德性事关个人的幸福和社会的美好，但它并不是一个人或一个社会与生俱来的，而是在社会生活中获得的。然而，这种获得面临着诸多问题，这就使德性成为了一个问题。要解决这个问题需要学术的支持，也就是需要学术研究提供解决问题的依据和方案。西方思想家自古以来重视和研究德性问题，并取得了逐渐在全世界产生影响的丰富学术成果，带动全人类普遍关注这一问题，这是西方德性思想对人类的重要学术贡献。

第二，对德性的一般性问题作出了丰富的回答。西方自古以来的德性研究的一个重要特点就是注重研究德性的一般性问题。这一问题主要包括德性的本性、基础、源泉、类型、功能、与其他心理特征和心理活动的关系等问题。在这些问题上西方德性研究取得了丰硕的成果，为我们认识德性提供了丰富知识和有益启示。

对德性的本性是什么的问题，自古以来的西方思想家提供了种种不同的答案。有的思想家认为德性是智慧，是对善的本性认识（苏格拉底、柏拉图）；有的认为德性是善的品质（亚里士多德）；有的认为德性是善的习惯（托马斯·阿奎那）；有的认为德性是一种品质的好（善）性质（迈克尔·斯洛特）；有的认为德性是系统地导致好结果的品质特性（朱丽娅·德莱弗）；还有的认为德性是一种对世界的要求作出适当反应的意向（克里斯丁·斯万顿），等等。

对德性是从哪里来的问题，西方思想家也是见仁见智。苏格拉底、柏拉图认为德性是灵魂的善性（好性），其基础和来源是人的理性。他们的基本看法是，德性是智慧，而智慧是理性的德性，并且是一切德性的决定性因素和实质。在亚里士多德那里，尽管德性的基础和来源在于理性，但只有理智德性才是纯粹理性（思辨理性）的德性，这种德性只需要通过教育就可以获得；而道德德性则是理性对情感和欲望的控制，它作为一种善的品质是在生活实践经过选择逐渐形成的。当代伦理学家菲力帕·福特则认为德性属于意志。她分析说，德性虽然具有有利性这一特征，但不能据此给它下定义，因为这一特征并不是德性所特有的，人的许多其他性质也同样是有利的，如健康、力量、记忆力和注意力等。德性与这些身体的特征和精神的能力之间的区别就在于，它是属于意志的，德性是意志的善。

虽然思想家们都承认德性有不同的类型，但究竟有哪些类型也有各种不同的看法。亚里士多德认为德性可以划分为理智德性和道德德性；托马斯·阿奎那将德性划分为神学德性、理智德性、道德德性，进而又将它们划分为神学德性和主要德性；休谟将德性划分为自然德性和人为德性；冯·赖特、迈克尔·斯洛特等人将德性划分为关涉自我的德性和关涉他人的德性；卡斯林·赫金斯主张应该将德性划分为积极的德性和消极的德性，强调要重视像庄子所倡导的"无为"这样的消极德性；等等。还有不少思想家从德性重要性的角度将德性划分为主要德性和次要德性。例如，苏格拉底、柏拉图特别强调"智慧""勇敢""节制""公正"，这些后来被公认为古希腊的"四主德"。又如，托马斯·阿奎那认为"明慎""公正""刚毅""节制"是所有理智德性和道德德性中的主要德性。这"四主德"加上他和奥古斯丁力倡的"信仰""希望""仁爱"（"爱"）一起被天主教教会列为应大力倡导的"七德"。

尽管对于所有这些问题没有形成一种大家普遍公认的看法，但是他们的结论都是得到论证的，有其说服力。所有这些不同的看法，很难确定谁对谁错，它们只是表明德性本身的复杂性和对它认识的难度，人们站在不同的立场、从不同的角度和层次考察它会得出不同的结论。所有这些看法都包含着一定的真理性，是关于德性的知识。正因为如此，了解和掌握这些知识，可以扩展和加深人们对德性的理解，使人们对德性形成全面而正确的认识。

第三，阐明了德性与人生、社会的内在关联。人类为什么要重视德性，这个问题是西方思想家自古以来关注的问题，他们通过一代又一代持续不断的研究，阐明了德性与个人幸福、社会美好的内在关联，深刻揭示了德性对于人类生活极其重要的意义。

西方古典德性思想家通过他们的研究着重阐明了个人德性对人生幸福的决定性意义。苏格拉底、柏拉图认为德性与幸福具有同一性，只有真正有德性的人，才是真正善的人和幸福的人。如果不具有德性，一个人即使拥有财富，生活富裕，也不是幸福的。亚里士多德虽然并不像苏格拉底和柏拉图那样认为德性既是幸福的必要条件也是幸福的充分条件，但也认为德性是幸福的主要条件，并强调两者之间的内在一致性。在他看来，幸福就是合乎德性的现实活动，幸福生活就是合乎德性的生活。一个具有道德德性的人可以获得不完善的幸福，而一个具有理智德性的人则可以获得完善的幸福。托马斯·阿奎那也将德性与幸福联系起来，认为具有理智德性和道德德性特别是"四主德"的人能获得世俗的幸福，而只有具有神学德性的人才能获得天堂的永恒的幸福。近代思想家虽然不像古典思想家那样将德性等同于幸福或作为获得幸福的必要条件，但也不否认德性对于幸福的重要意义。功利主义者约翰·密尔认为德性是实现幸福的最佳工具，康德则强调要将德性与幸福统一起来，只有两者的结合才是至善，而且主张有德应当有福。当代西方伦理学家更强调幸福生活的两面性，即道德价值和令人满足，但德性仍然被看作是幸福的必要因素。当代德性伦理学家约翰·刻克斯认为幸福可以理解为具有道德价值的生活，或者被理解为令人满足的生活，或者理解为前两者在某种比例上结合的生活。这三种生活可以分别称为"德性的""令人满足的"和"平衡的"。在他看来，只有达到了这种"平衡"的生活才是最好的生活，即幸福生活。

如同好人应具备一些基本规定性即作为优秀品质的德性一样，"好社会"也应具备一些基本的规定性。这些规定性就是社会的好品质，也就是社会的德性。早在柏拉图那里，就关注建立作为好社会的理想国问题。按他的构想，理想国的德性与个人的德性是一致的，这就是"智慧""勇敢""节制""公正"。其中"公正"是理想国的总体的德性，也是最重要的德性。自近代开始，西方有更多的思想家关注"好社会"的德性问题。他们分别提出了"自由""平等""博爱""民主""法治""公正""人权"等理念作为理想社会或好社会应具备的德性。在这些问题上西方存在着自由主义与共和主义、个体主义与社群主义、自由放任主义和国家干预主义的种种分歧。例如，自由主义者更强调个体自由，共和主义更强调社会民主；个体主义更强调个人的终极性，而社群主义则更强调共同体的重要性；自由放任主义更强调个体的独立自主，而国家干预主义则更强调国家对社会生活的必要干预，以确保社会的稳定和谐。但是，西方思想家都不否认好社会必须具备一些共同的基本的优秀品质，即社会或国家德性。

第四，揭示了德性形成和完善的一些基本规律。虽然西方德性思想家对德性是什么的看法不尽相同，但他们都承认德性是个人或社会内在的善的品质、性质或特性。这种善的东西不是个人或社会先天具有的，而是后天获得的。苏格拉底和柏拉图将德性看作是智慧，而智慧是理性的善性质。这种善性虽然是理性本身所固有的，但需通过"接生术"或"回忆"等途径才能使之成为现实的德性。在亚里士多德那里，德性从根本上说也是理性的善品质，理性要获得这种善品质必须或者通过践行使之成为道德德性，或者通过教育培养使之成为理智德性。近代以来的西方思想家所推崇的自由、平等、民主、法治等社会德性，也不是社会本来具有的，而是人理性反思和自觉构建的结果，不遵循自然法、不通过缔结社会契约，具有这些德性的社会是不可能建立的。不仅德性需要人为的作用形成，而且德性并不是一旦形成就永远具有，更不是一旦形成就是完美无缺的。在他们看来，德性既有一个形成的问题，也有一个完善的过程，这种完善的过程是无止境的。只有不断追求德性完善，人才能实现自我完善，才能达到至善和完全的幸福。亚里士多德关于道德德性与理智德性的划分实际上表明了德性的两个不同层次，它们是人从不完善的幸福走向完善幸福的两个阶段。斯多亚派为个人和社会描绘了"智慧之人"和"世界城邦"的理想境界，达到这种境界需要个人和社会在德性方面不断走向完善。奥古斯丁和托马斯·阿奎那教导人们要从世俗德性走向神学德性，也是认为只有这样人们才能从世俗的、短暂的、不完善的幸福走向天国的、永恒的、完善的幸福。

西方德性思想家在探讨如何获得德性并如何使德性不断走向完善的过程中，揭示了一些德性形成和完善的规律。他们每一个人对这种规律的揭示都不是完全的，但他们是从不同方面揭示的，都有各自的合理性，对人们全面认识德性形成和完善的规律作出了贡献。

西方德性思想家在这方面作出的贡献非常多，归纳起来有以下一些值得特别提及：其一，德性无论是不是理性的品质，但却是运用理性或理智认识、判断、选择的结果，而不是欲望或情感的结果。一个人或一个社会要成为有德性的，必须运用理性，必须有对德性重要性的意识，必须按理性的要求行事。其二，德性的形成和完善离不开意志。意志通常被认为是实践理性，是将理性的要求付诸实践的关键环节。意志对于德性形成和完善的作用不仅体现在对理性的判断和对选择作出抉择，而且要将这种抉择付诸行动。德性正是对理性的正确判断和选择作出抉择并付诸实践的结果。其三，德性特别是与道德相关的德性都离不开人们的行为活动，只有在活动中才会使意志的正确抉择逐渐转变为人的意向或心理定势，进而转变成为人的行为习惯。其四，德性及其原则可以成为知识，因而是可教的。不仅道德德性，而且其他的德性都可以作为知识通过教育向人们传授，人们在接受这种知识的过程中可以形成德性意识，从而产生形成和完善德性的愿望，作出相关的抉择并反复不断地践行。

第五，所概括和提炼的德目影响深广。自古以来的西方德性思想家都十分重视概括和提炼德目，几乎每一位德性思想家都有自己的德目及其构成的体系。其中最有影响的德性体系也许可以列出三种：一是苏格拉底和柏拉图曾概括和提炼的智慧、勇敢、节制、公正"四主德"。"四主德"不仅在当时的希腊、后来的西方，而且在今天的全世界无人不晓。二是托马斯·阿奎那概括和提炼的三种神学德性和四种主要德性，即"七德"。"七德"在当时就得到了天主教教会的认可和倡导，今天它们虽然没有古希腊的"四主德"影响广泛，但它在天主教世界的影响深度远远超过了古希腊的"四主德"。三是近现代西方思想家提出的"自由""平等""民主""法治""公正""人权"等社会德性。这些德性不仅在今天的世界得到了广泛的传播和认同，而且已经改变并还正在改变着整个世界。

什么是德目？德目即德性项目。"德性项目，简称为'德目'，是人们在长期的社会生活中逐渐形成的一些德性要求，它们既是人们判断和评价德性的标准，也是人们进行德性培育（包括德性教育和德性修养）的根据。"[①]德目是在人类社会生活中普遍存在的，任何社会都有一些大家公认的德目。但是，那些未经德性思想家进行概括和提炼的德目往往是含混的、自相矛盾的，难以应对复杂的、例外的道德情境。德性思想家在克服"常识性德目"的局限性方面的意义在于：一是在概括德性的本性及概念的基础上对社会生活中熟知的德目进行提炼；二是根据德性的本性和类型提出新的德目，以构建新的德目体系，或者对现行的德目进行补充以完善现行的德目体系。西方德性思想家的德目及其体系之所以会产生如此广泛深刻的影响，正是在于他们不断地进行这两方面的工作，不断地根据不同时代的时代精神和实践要求概括和提炼与之相适应的德目。

（二）西方德性思想的经验和局限

西方两千多年的德性思想史给我们积累了宝贵的经验，也有一些值得记取的教训。所有这一切如同西方德性思想的贡献一样，都是西方德性思想的遗产，是人类德性思想宝库中的重要组成部分。研究德性思想史的重要意义之一，就是要总结德性思想史上的经验教训，以之作为当代德性思想研究者

---

① 江畅：《德性论》，人民出版社 2011 年版，第 69 页。

的借鉴。

漫长的西方德性思想史有许多经验可以总结，这里我们只是择要列举四个方面。

第一，不断强化德性的问题意识。问题意识是学术研究、思想深化的起点和动力。西方德性思想之所以取得如此丰富的学术成果，是与西方德性思想家有强烈的德性问题意识直接相关的。德性是人类必需的价值，但是人类要获得这种价值总是面临着诸多的问题，这些问题使人类的这种价值的获得面临着种种的困难。正是西方思想家敏锐地洞察到这些问题，才致力于从理论上解决这些问题。古希腊伯罗奔尼撒战争前后人们的道德混乱、德性丧失的社会现实促使了苏格拉底、柏拉图、亚里士多德等思想大家强烈意识到研究和解决当时德性问题的重要性。13世纪前后，阿拉伯的阿威罗伊主义的冲击以及天主教会内部的各种异端思想的挑战，使托马斯·阿奎那意识到德性问题的严重性，这种意识给他研究解决当时的各种德性问题提供了强大动力。近现代社会市场经济在给社会带来强大活力的同时也给社会带来了前所未有的各种问题。正是在这种社会背景下，西方思想家意识到解决这些问题刻不容缓，于是持续地探讨市场经济条件下好社会应具备的相应德性。20世纪后，现代文明繁荣带来了许多以前未曾遇到过的新问题，这些问题使许多思想家意识到个人德性问题的严重性，于是出现了大规模的德性伦理学复兴运动。西方德性思想史的这一经验告诉我们，要使个人幸福和社会美好，思想家就要不断地增强德性的问题意识，只有有了这种意识，才会有进一步研究解决在追求和实现个人幸福和社会美好的过程中面临的各种德性问题。

第二，注重对德性问题的学理研究。时代和现实呈现的各种德性问题都是具体的问题，尽管有些是表面的，有些是深层次的。对于这些问题的研究解决有两种方式：一种是对策性的研究，这种研究可以对症下药，直接解决存在的问题；二是学理性的研究，这种研究并不能直接解决存在的问题，但可以为解决现实存在的问题提供指导。这两种研究方式也是研究的两个层次。一般来说，两个层次的研究都不可或缺。没有学理性研究，问题的解决只会是头痛医头、脚痛医脚，治标不治本；没有对策性研究，学理研究所形成的原理不能转化为解决问题的措施。在人类现实生活中，人们更倾向于对策性研究，而往往不重视学理性研究，其原因就在于对策性研究可以直接用于解决问题，而单纯的学理性研究往往不能如此。西方德性思想史的一个突出特点，就是德性思想家们都十分重视德性问题的学理性研究。在当时现实的德性问题十分突出的情况下，苏格拉底不像智者派那样告诉人们怎样做到有德性，而是不断地与人们讨论什么是德性的问题。面对阿威罗伊主义的冲击和异端的挑战，托马斯·阿奎那不是去应对一个个的冲击和挑战，而是针对各种问题构建一种庞大的基督教神学体系。近代市场经济的发展导致的各种极端利己、不择手段谋取利益的行为，近代思想家所做的工作是研究一个好的社会应具备什么样的基本品质。西方思想家并不认为对策性研究不重要，而是认为作为思想家所承担的职责是对问题进行学理性研究，他们要通过这种研究使各种问题纳入到总体的框架内考虑，从而使问题能从根本上得到协同解决。事实证明，西方思想家重视学理研究不仅能为人们和政治家的对策性研究和问题的实际解决提供有效指导，而且可以为人类积累思想财富。

第三，重视对德性德目的提炼和概括。前面说过，西方思想家自古以来十分重视德目问题，提出并论证了许多重要的德目。其中有关个人德性的德目有智慧、勇敢、节制、友爱、信仰、希望、爱、仁慈、宽容、同情等，有关国家德性的德目有市场、知识（科技）、自由、平等、民主、法治等，而公正既是个人德性的德目，也是国家德性的德目。德目是德性要求或德性原则，这种原则是人们形成、完善德性的依据，也是人们在日常生活中必须遵循的。西方德性思想家虽然不怎么注重对策性研究，但十分注重将德性原理转化为德性原则，使之与现实生活中的德目结合起来，或者说注重对社会流行的德目加以概括和提炼。这样他们的德性思想就可以通过德目这种人们喜闻乐见的形式传达出来。前面已经说过，西方德性思想家都十分重视德目的概括和提炼，而且经过他们加工的德目影响广泛而深远。采取德目的形式传达思想家的德性思想，这也是西方德性思想史的一条重要经验。

第四，尊重不同德性思想的存在权利和个性。西方德性思想史总体上看是百花齐放、百家争鸣的思想多元的历史，不仅不同时代的德性思想存在着重大差异，即使是同一时代德性思想家也各不相同。其中最典型的就是苏格拉底、柏拉图和亚里士多德师生三人，他们所处的时代大致相同，所受的思想影响也差别不大，但他们的德性思想存在相当大的不同。古希腊时代、近代以来的西方，始终都存在着两种以上不同的甚至对立的德性思想学术流派。西方不同德性思想家的不同德性思想很难说谁对谁错，因为西方德性思想基本上属于哲学思想，而哲学思想往往是无定论的。他们之间的差异主要是观察问题的角度、层次不同，以及所要解决问题的侧重不同导致的。西方德性思想家虽然彼此之间存在着观点分歧和学术争论，存在着学术批评，但他们都彼此相互尊重，而且注重彼此之间的交锋和对话。也许正因为如此，在西方德性思想史上，差不多每一个时代都是思想家辈出的时代，都是多元的甚至对立的学术流派和学术成果同时出现的时代。

　　毫无疑问，西方的德性思想不是十全十美的，它有自己的局限。从整个思想史的角度看，也有一些值得借鉴的教训。其中最主要的有四个方面：第一，对德性问题的分析缺乏历史的视角。西方德性思想家的研究普遍不太重视将德性问题放在一定的社会历史条件下研究，所得出的结论往往被看作是普遍适用的真理。缺乏历史的分析是西方德性思想家的一个共同局限。第二，忽视德性的特殊性问题研究。与缺乏历史的视角相一致，西方德性思想家所研究的问题基本上都是人所共有的问题，即普遍性的问题，而较少考虑问题的特殊性。例如，他们所研究的德性是男女老少、古今中外所有人的德性，而不考虑男人的德性、女人的德性、老人的德性、儿童的德性等。他们的立场通常是男性主义的，因而存在着将男性德性泛化的问题。这一问题已为当代西方德性思想家所意识，但要克服这种普遍主义的研究套路还需要较长时间。第三，不重视现实德性问题的实证研究。自古代到当代，西方德性思想家都不太注重德性问题的实证研究，在他们的著作中，几乎见不到他们自己的调查研究材料和数据，他们的德性研究基本上是思辨性的纯学理研究。第四，没有对德性问题的研究作出明确的学科定位。西方自古以来有将德性问题作为伦理学的对象或主题进行研究的，也有将其作为伦理学的一个问题进行研究的，但到目前为止尚未有思想家将德性问题作为伦理学的一个不可或缺、不可替代的领域或分支。这样一来，对德性问题的研究就会发生问题突出时就研究，问题不突出或有更值得重视的问题时就忽视对它的研究的情形。当代西方德性伦理学家普遍认为西方近代到 20 世纪中叶存在着德性问题研究被边缘化的问题，这个问题实际上就是个人德性研究的边缘化。之所以出现这样的问题，就是因为西方伦理学没有将德性论作为其中的一个分支长期进行研究，而只是将它作为一个问题来研究，当近代社会德性问题更突出时，个人的德性问题就被忽视了。

（三）西方德性思想的启示

　　由以上对西方德性思想的学术贡献和经验、局限的简要阐述，不难看出它给我们今天的德性问题研究提供的有益借鉴。要实现我国德性问题研究的学术繁荣，认真思考西方给我们的启示是十分必要的。

第一，高度重视德性问题。德性是事关社会成员个人幸福和社会美好的一个根本性的因素，可以说是做人之源、立国之基。在我国物质文明日益繁荣而社会问题日益突出的今天，如何做一个好人、如何建一个好社会的问题比已往任何时候更显突出和迫切。这个问题涉及诸多方面，而基本的方面就是使个人和社会普遍具备应有的德性。这个问题的解决需要学术研究的支持，只有学术上重视和深入研究这个问题，并提供理论上的正确回答，这个问题才有可能得到妥善的解决。这个问题的解决不是一劳永逸的，而是需要不断地根据变化的生活实践提供新的理论回答。西方德性思想史给我们的一个重要启示，就是不断地根据社会历史变化的情况不断进行跟踪研究，在学术上提供与时代需要相一致的新回答。要做到这一点，学术界特别是哲学界的学者要像西方学者那样，有强烈的德性问题意识，潜心学术研究，着重从根本上总体上回答时代提出的德性问题，为现实德性问题的解决提供正确的依据和有力的指导。

从伦理学的角度看，德性问题像价值问题、规范问题、情感问题一样，是道德的一个基本问题，因而也是伦理学的一个基本领域。因此，我们不能将这一问题仅仅作为一个此时突出的应景性问题来对待，而要作为伦理学研究的一个永恒课题进行长期研究。德性问题是与人类相伴始终的问题，因为人不可能与生俱来的具有德性品质，也不可能自然天成地具有德性品质，它必须通过人的努力才能获得、才能完善，而且获得后还可能由于各种因素的影响而丧失。对于人类来说，德性问题总是存在的，只是有时可能不那么突出而有时比较突出。因此，人类必须有一个学科分支专门研究它，不断与时俱进地跟踪研究，这个学科就是伦理学的德性论。西方德性思想家可谓重视德性问题的研究，但由于西方伦理学没有一个相应的分支学科研究它，所以发生了有时社会的德性问题、有时个人的德性问题被忽视、被边缘化的问题。西方的这一教训给我们的启示在于，只有将德性问题的研究划归给一个确定的学科分支，才能确保这一问题始终为学术界所不弃。

第二，既注重德性的普遍性问题研究又重视德性的特殊性问题研究。德性问题既有诸多普遍性问题，如德性的本性、起源、功能、与其他心理因素和行为的关系等等，更有许许多多的特殊问题需要研究，如不同人群的德性问题、不同民族国家及其成员的德性问题、不同时期（如贫困时期和富裕时期、封闭时期和开放时期）的德性问题，等等。随着全球一体化，人类社会出现了许多共性的德性问题，也出现了许多个性的德性问题。对于所有这些问题都要给予研究，而不能只研究普遍性、共性问题而不研究特殊性、个性的问题，相反两方面的研究都要重视，而且要结合起来研究，或者说要协同研究。当然，个人由于精力和学识的限制，不可能研究所有这些问题，而应该有所侧重，但从整个社会来看，这些问题都应该有人研究。西方思想家长期以来重视普遍性德性问题研究，这是他们的长处、优势和特色，同时也是他们的局限。今天我们要学习他们的长处，也要避免他们的短处。中国是人口大国，德性问题比西方世界更复杂，特殊性的、个性的德性问题更多，同时中国有更强大的学者阵容，有可能同时展开这两方面的德性问题研究。

第三，既注重理论德性问题研究又重视现实德性问题研究。无论是普遍性德性问题还是特殊性德性问题都存在着理论层面的问题和现实层面的问题。例如，德性的形成问题既有全人类古往今来的德性形成问题，也有中国人古往今来的德性形成问题。前者是普遍性问题，后者是特殊性问题。这两个范围不同的问题又都存在着理论层面的问题和现实层面的问题。例如，中国人的德性形成问题，既有从理论上看怎么形成的问题，也有从现实上看怎么形成的问题。当代人类的自主能力越来越强，人类能够在相当大程度上对自己进行有意识的控制。而且当代人类现实问题层出不穷，需要进行对策性研究。在这种新的时代背景下，许多问题包括德性问题的研究已经不能仅仅停留在理论的层面，而要深入到现实的层面。一方面要将理论的原理转变为操作的方案，另一方面要在理论的指导下研究解决各种具体的现实问题。因此，今天的德性问题研究包括理论德性问题研究和现实德性问题研究两个层面，对于一个国家特别是像中国这样的人口大国来说两方面都不可偏废。在这方面，西方德性思想的教训也给了我们启示。西方德性思想家对现实的德性问题关注得相对不够，这不能不说是一个缺憾。当代西方同样也存在现实的德性问题，西方德性思想家不去研究，也许有其他领域的思想家在研究。不过，从当代学术研究的走向看，现实问题的研究是与理论问题的研究分不开的。因此，现实德性问题研究的任务还是要由德性思想家来承担。

第四，既注重个人德性问题又重视社会德性问题。西方德性思想的发展源远流长，在不同时期德性思想家所关注的重点各有侧重，我们将其大致划分为两个方面，即个人德性问题和社会德性问题，这两个方面由始至终贯穿于整个西方德性思想史。麦金太尔提出，西方的德性传统可以追溯到荷马时代。①《荷马史诗》以及赫西俄德的《工作与时日》所歌颂的就是智慧、勇敢、刚毅等英雄德性以及普通人的勤劳德性。由于伯罗奔尼撒战争使人们的生活笼罩在悲观失望的阴影下，苏格拉底开始把目光聚焦于个人的德性，此后，个人德性问题虽然成为希腊化时期和罗马时期哲学家关注的主要问题，但社会德性问题也并没有被完全忽视。柏拉图、亚里士多德都倾心研究了理想的国家应具备的品质以及怎样使国家具备这些品质的问题，罗马思想家大量地研究了法治问题，中世纪思想家也涉及不少国家德性方面的问题。随着市场经济的兴起，个人的德性问题研究相应地退居次要地位，这是因为市场经济的发展对社会德性的要求更高。新的社会应该具有什么样的德性以及如何构建具有这些德性的社会，就成为了从文艺复兴开始一直到19世纪思想家关注的重点。然而，几百年的社会实践表明，如果个人德性缺失，即使已经建立自由和法制的现代社会，仍旧充斥着犯罪和欺诈，环境被污染，生态平衡遭到破坏，不可再生资源迅速消耗；个人变得越来越贪得无厌、不择手段和冷漠无情；社会和自然环境恶化与个人贪婪之心恶性膨胀交互作用，使人类面临生存危机。20世纪50年代以来，一些伦理学家致力于复兴西方古典德性传统②和德性伦理学③，学界重新开始关注和研究个人德性问题。80年代至今，个人德性问题的研究在西方非常兴盛，但西方思想家特别是政治哲学家和经济学家对社会德性问题的热情并没有因此而衰减，社会德性问题仍然是西方学界研究的重点问题。德性伦理学的复兴和当代对个人德性问题的重视，对于近代以来西方思想家忽视个人德性问题有纠偏和补正的作用，因而受到西方学界的普遍关注。既重视社会德性问题，也重视个人德性问题，正在成为西方学界的共识和趋势。实际上，不论是从理论逻辑上看，还是从历史事实上看，个人德性问题与社会德性问题是紧密联系在一起而不是彼此割裂。社会的德性通过其成员特别是社会管理者的德性体现出来，而个人的德性总是在社会环境中形成的，并且是社会德性要求（原则）的程度不同

---

① ［美］麦金太尔：《追寻美德：道德理论研究》，宋继杰译，译林出版社2011年版，第151页。

② 如安斯卡姆在1958年发表的题为"现代道德哲学"一文中就号召返回到亚里士多德的品质、德性和幸福概念。Cf. G. Elisabeth M. Anscombe,"Modern Moral Philosophy", *Philosophy*, Vol. 33, No.124 (January 1958).

③ "德性伦理学的影响已经扩展到它作为道德理论的第三种类型所做出的贡献的范围。正如已经注意到的，对德性伦理学兴趣的复兴已经引起了其他理论观点的拥护者对德性的更大关注。德性的研究也已经导致当代伦理学考察问题的范围普遍拓宽。"Rebecca L. Walker and Philip J. Ivanhoe, eds., *Working Virtue: Virtue Ethics and Contemporary Moral Problems*, Oxford: Clarendon Press, 2007, "Introduction", p.4.

的内化。离开了社会德性，无所谓个人德性，同样，离开了个人德性，也无所谓社会德性。历史事实也表明，只重视个人德性或只重视社会德性，无法解决人类的德性问题。同样，孤立地研究个人德性或社会德性，也是无法将其说清楚的。只有将二者联系起来，同时有所侧重地进行研究，才有可能对它们作出科学的阐释，并提供构建它们的合理方案。

第五，根据不同的时代精神和实践要求概括和提炼出不同的德目。德性思想家应该根据不同的时代精神和实践要求概括和提炼出不同的德目体系，这是西方德性思想史给我们的宝贵启示。西方不同时代都有思想家提炼和概括的德目体系，古希腊有柏拉图的"四主德"，中世纪有托马斯·阿奎那提出的"七德"，近现代西方有卢梭提出的"自由、平等"以及其他思想家提出的"民主""法治"等其他德目，20世纪又有罗尔斯在自由、平等之外补充的"公正"德目。当然，每一个时代的不同思想家会提出不同的德目，但真正能为社会认同的只有那些真正体现时代精神和实践要求的德目。要概括和提炼出这样的德目需要德性思想家的天才和钻研。这样的德目一旦提出，就标志着一个时代的到来。历史事实证明，得到全社会公认的德目反映了时代和大众的心声，是一个时代的共同理念和奋斗目标，它像旗帜一样对全体社会成员具有影响力、感召力和凝聚力。因此，概括和提炼时代所需要的领航性的德目，是德性思想家的神圣职责和光荣使命。我国自古以来的思想家并不是十分重视这项工作，我国思想家提出的能够称得上德目体系的只有"仁、义、礼、智、信"。这"五常"是在春秋到汉代的不同思想家那里形成的，提出后两千多年就再没有出现取而代之的德目。今天我国许多思想家在作这方面的努力，这表明大家意识到了这种德目的重要性。但从西方的经验看，这些德目不是通过琢磨用什么样的美好词汇加以表达才能得到大家公认的，而是以深厚的学术研究作为基础的，西方的柏拉图、托马斯·阿奎那、卢梭、罗尔斯等思想家无不如此。全社会公认的有历史价值的德目不是应景的口号，而是时代精神和实践要求的凝聚。要达到这种凝聚，需要思想家的潜心研究。

第六，营造不同德性思想产生的社会环境。德性思想的繁荣像其他思想学术繁荣一样离不开开放、开明、宽容的社会环境。只有在这样的社会环境里，德性思想才会百花齐放、百家争鸣，才会产生有价值的精品力作，才会概括和提炼出反映时代精神和实践要求的得到公认的德目。在西方德性思想史上除了中世纪学术相对专制之外，无论是古希腊罗马时期，还是近现代乃至当代，都是思想自由开放的百花开放、百家争鸣的时代。正是在这样的时代，产生了无数的思想巨子，也产生了很多德性思想巨子，产生了饮誉世界的观点迥异甚至对立的学术流派，产生了无数影响西方乃至世界的不朽著作。在中国历史上，除了春秋战国时代之外，几乎没有像西方这样的思想自由开放的时代。今天，中国要实现德性思想繁荣和整个学术的繁荣，最需要的就是这样的社会环境。这是西方德性思想史给我们的一个具有根本性意义的启示。

（四）本书的主旨及结构安排

西方德性思想源远流长，内容极其丰富，影响深广，意义重大，但令人遗憾的是，到目前为止无论是在国内还是国外尚未见专门阐述西方德性思想的系统著作。为此，笔者不揣学识浅陋，试图做一项抛砖引玉的铺路工作，以期引起国内外学界对这一领域研究的重视，并提供进一步深化研究的起点和一些学术讨论的论题。基于这种考虑，本书最初试图在认真研读西方古典思想家原著的基础上，对西方自古至今的德性思想作初步的系统梳理和阐述，并力求揭示其演进过程、精神实质和显著特色，着重阐明西方主要思想家德性思想的来龙去脉、基本观点、内在逻辑、突出贡献和历史影响。但是，研究和写作的实际情况表明，这是一项极其艰难的工作，由于时间和学识的限制，要达到原初确定的目标是相当不容易的。不过，有一点是可以肯定的，那就是：本书基本上是根据西方德性思想家的元典并择其精要写成的，并提供了一个自认为有助于总体把握西方德性思想史的整体框架。我相信，这一工作对于这方面的进一步研究具有一定的借鉴和参考价值。

需要特别说明的是，本书主要不是从伦理学的角度，而是从价值哲学的角度对西方德性思想加以整理，力图围绕好品质、好生活、好社会乃至好世界（今天也许还要加上好生态）及其相互关系展现西方个人德性思想和社会德性思想的概貌。这不过是一种尝试，不一定合适，更不一定成功，希望学界同仁赐正。

根据西方德性思想的历史演进和内在逻辑，本书除概论外，分为以下四卷：

第一卷即古代卷，阐述西方古代思想家的德性思想。主要包括苏格拉底、柏拉图、亚里士多德的德性思想，伊壁鸠鲁和斯多亚派的德性思想，奥古斯丁和托马斯·阿奎那的德性思想，并兼及一些相关重要思想家的德性思想。这一卷与后几卷的不同之处在于，它着重阐述其德性思想较为系统、具有重要价值并对后世有深远影响的思想家的德性思想。

第二卷即近代卷，阐述西方近代思想家的德性思想。主要包括启蒙思想家的德性思想，情感主义和功利主义德性思想，康德主义德性思想，以及除他们以外的一些主流思想家的德性思想。在这一卷中，还阐述了一大批非主流思想家的德性思想，他们包括空想社会主义及其他空想思想家，科学社会主义思想家马克思和恩格斯，以及意志主义哲学家叔本华和尼采。这里所作的主流思想家与非主流思想家的划分的主要依据在于，他们对西方近代兴起的市场经济和民主政治态度。对市场经济和民主政治持基本态度的思想家被划入西方主流思想家的范畴，否则被划入非主流思想家的范畴。

第三卷即现代卷（上），阐述 20 世纪以来西方现当代思想家的社会德性思想。主要包括现当代自由主义思想家的社会德性思想，现当代民主主义思想家的社会德性思想，现当代法治主义思想家的社会德性思想和现当代社群主义思想家的社会德性思想。此外，这一卷也对资本主义制度和文明持批判态度的一大批思想家的社会德性思想作了阐述，他们包括对资本主义文明进行直接批判的施宾格勒、马尔库塞、阿伦特等思想家，柏格森、弗洛伊德、海德格尔等非理性主义思想家，以及福柯、德里达、格里芬等后现代主义思想家。

第四卷即现代卷（下），阐述自 20 世纪 50 年代西方德性伦理学开始复兴以来西方思想家的个人德性思想。主要包括西方德性伦理学复兴时期安斯库姆、菲力帕·福特、封·赖特、麦金太尔等思想家的个人德性思想，阿那斯、刻克斯、荷斯特豪斯等新亚里士多德主义德性伦理学家的个人德性思想，女性主义思想家及其他非亚里士多德主义德性伦理学家的个人德性思想，以及德性认识论、德性心理学等有关德性的思想等等。这一卷还包括德性伦理学家所批评的功利主义和康德主义的捍卫者对德性伦理学的反批评，以及他们对功利主义和康德主义德性思想的阐述。这一卷还从不同领域对德性问题进行研究的学者的德性思想作了简要阐述。

第一章　西方古代德性传统及其哲学反思

西方古代德性传统源远流长，经历了一个漫长而又复杂的形成和演进过程。西方古代德性传统既包括社会现实的德性传统，也包括思想家的德性思想传统。两者之间的复杂交互作用，造就了西方德性传统的个性特色和独特价值。基于对西方德性现实反思和探索形成的西方古典德性思想，具有重要的历史价值和学术价值，同时也对人类特别是西方思想文化产生了深远的历史影响，是人类德性思想的宝贵遗产，对于今天仍然具有启示意义，值得整理和研究并加以批判地借鉴。

一、西方古代德性传统的三源泉及其交汇

西方古代德性传统分别发源于古希腊、古罗马和古希伯来三种不同的德性传统，最终交汇于基督教。在西方德性传统形成的过程中，作为其源泉的三种德性传统各自作出了不同的贡献，而基督教发挥了特殊的作用。基督教在形成的过程中以宗教化的方式将三种德性传统有机地融合起来，在使西方古代德性传统最终形成的同时，也使它演变成了基督教及其教会的德性传统。

（一）古希腊德性传统

古希腊的德性传统是西方古代德性传统三大源泉中的主源泉，也是其组成的主干部分。罗素说："事实上，在希腊存在两种倾向，一种是热情的、宗教的、神秘的、出世的，另一种是欢愉的、经验的、理性的，并且是对获得多种多样事实的知识感到兴趣的。"[①] 在古希腊思想文化中的确存在着两种

---

① ［英］罗素:《西方哲学史》上卷，何兆武、李约瑟译，商务印书馆1963年版，第46页。

倾向或力量，但罗素的这种概括还不是十分准确。一般认为，古希腊思想文化的两种倾向，一是逻各斯（logos），主要代表的是理性的、逻辑的力量；二是奴斯（nous），主要代表的是激情的、欲望的力量。这两种倾向在希腊神话中的体现就是日神阿波罗（太阳神，Phoebus Apollo）和酒神狄奥尼索斯（Dionysus）。日神是光明之神，在它身上找不到黑暗，他从不说谎，光明磊落，所以他也是真理之神。日神象征着光明、秩序、节制和理性，是逻各斯和真理的体现。酒神是狂欢之神和艺术之神，他虽历尽磨难，但珍爱生命，与苦难抗争，以超然的态度面对人生，追求沉醉迷幻，追求狂放不羁，追求生之欢乐。酒神象征着率性本真，自由浪漫，自强不息，是奴斯和激情的体现。这两种力量在早期希腊思想文化中是交织在一起的。但是，由于苏格拉底对知识和真理极力推崇和追求的影响，苏格拉底之后的希腊人以至后来的西方思想文化，历来都推崇理性精神，激情因而被边缘化、被压抑，甚至被贬斥。这种偏颇一直到尼采才被清醒地意识到，他的"重估一切价值"的口号，引起了西方人对自己传统过分理性化的反思和批判。

　　希腊历史开始于何时？公元前3世纪一位住在帕洛斯（Paros）岛上的无名历史学家将其追溯到公元前1582年。[①] 这时希腊已进入了青铜器晚期（前1600—前1200）。在青铜器晚期的最后一个世纪（公元前13世纪），迈锡尼文明达到了巅峰，此时的希腊人生活在一个生机盎然的时代。假如《荷马史诗》所描写的事件确实存在，这一文明应当就是发生在这个时代。可是，公元前12世纪末"似乎有一只巨手突然将辉煌的迈锡尼文明抹去，留下的仅有孤立和贫困"[②]，古希腊陷入了一个黑暗的时期（前1200—前700）。然而，也正是在那个晦涩暗淡的时代诞生了一个崭新的希腊。被认为是西方民主和法律制度摇篮的城邦，正是扎根于那个黑暗时代，于公元前8世纪开始兴起。这一时期之后，希腊又经历了一个古风时期（前700—前480）。在此200年间，希腊社会脱离了黑暗时代，发展变化的速度不断加快，这是古希腊黄金时代形成的关键时期。古风时期许多希腊城邦面临着诸多问题，如贵族间的派系斗争不断。经过梭伦（约前640—前558）改革和克利斯提尼（约前570—前508）改革，到公元前伯里克利（约前495—前429）执政的时代，雅典的大部分问题已经解决，民主制度逐步建立起来。而抵抗波

---

　　①　参见［美］萨拉·B.波默罗伊等：《古希腊政治、社会和文化史》，傅洁莹、龚萍、周平译，上海三联书店2010年版，第11页。

　　②　同上书，第51页。

斯的最终胜利，使雅典进入了政治、经济、文化全面繁荣的古典时期（前480—前323）。长达 27 年的伯罗奔尼撒战争（前 431—前 404）使成千上万的人丧生，由战争引发的经济问题加剧了希腊许多城邦已有的阶级矛盾，并激发了血腥的内战，城邦之间的战争成为生活的常态。最后，马其顿的征服结束了古典希腊世界，希腊社会进入了希腊化时期（前 323—前 30）。正是在这个时期，希腊人从波斯帝国周边的小城邦摇身一变，成了地中海一直延伸到印度边界的庞大"世界都城"的合伙统治者。随后，这个大都城成为了亚历山大的继承者们进行军事和政治斗争的巨大角斗场。与这个血腥背景形成反差的是普通老百姓——希腊人及其属国的人民，他们尝试着为在适应与祖辈们极不相同的世界中生存而改变自己，同时也力图保留传统的价值观。

古希腊的德性传统可以追溯到公元前 13 世纪的"英雄时代"，直至公元前 1 世纪希腊隶属于罗马帝国。以后，它与古罗马德性传统和希伯来德性传统融合，形成了西方占主导地位的基督教德性传统。在古代希腊，"德性"这个概念的对应词是 aretê，其本义是"优秀"（英文的对应词是"excellence"）。对于希腊人来说，aretê 除了指我们今天说的德性的含义外，还包括其他各种被看作优秀的性质，如身体的美。正是在这种意义上，可以说"快速是马的德性（aretê）"，"身高是篮球运动员的德性（aretê）"。所以，有学者主张将 aretê 译为"优秀"（excellence）。这种译法也许更准确。就其最广泛的意义而言，德性指一个事物在完善性方面的优秀，正如它的反义词恶性意味着一个事物的缺陷或一个事物在完善性方面的缺乏一样。今天英文中的"德性"对应词是"virtue"。这个词源自拉丁文的 virtus。从词源的意义看，表示男子气或勇敢。用西塞罗的话说，"德性这个术语是从那个表示男人的词来的；一个男人的主要特质是刚毅。"[1] 有研究者认为，希腊词 aretê 比中世纪的拉丁文词 virtus 含义宽，而这两个词的含义都比 virtue 宽。[2] 古希腊德性传统的形成和演进与古希腊的社会历史变化息息相关。不同时期的德性有其时代的特征，同时，不同时期的德性之间也存在着沿革的关系，由此而逐渐形成了古希腊的德性传统。

除了《荷马史诗》之外，英雄时代希腊人的德性状况几乎没有什么记载。《荷马史诗》包括《伊利亚特》和《奥德赛》两部分。两部史诗都分成

---

① Cicero,Tusculanae *Quaestiones (Tusculan Disputations)*, I,xi, 18.

② Cf. Linda Trinkaus Zagzebski, *Virtues of the Mind: An Inquiry into the Nature of Virtue and the Ethical Foundations of Knowledge*, Cambridge: Cambridge University Press, 1996, p.84.

24卷，《伊利亚特》共有15693行，《奥德赛》共有12110行。《荷马史诗》情节生动，形象鲜明，结构严密，语言简练，被认为是古代世界的一部著名杰作。相传《荷马史诗》的作者是盲诗人荷马，实际上它是许多民间行吟歌手根据迈锡尼文明以来几个世纪的口头传说集体口头创作的，最后由荷马加工整理而成。史诗到公元前8世纪至前7世纪之间才写成文字，与所描述的事件发生的年代相隔500年，因而其史料价值是值得商榷的。不过，一般认为，这两部作品大致上反映了英雄时代的习俗，也体现了早期希腊人的价值取向和德性追求，被认为是"希腊的圣经"。

史诗的主题思想是歌颂氏族社会的英雄，因而只要代表氏族理想的英雄，不管属于战争的哪一方，都在歌颂之列。《伊利亚特》叙述希腊联军围攻小亚细亚的城市特洛伊（Troy）的故事，塑造了一系列古代英雄形象，特别突出了对阿基琉斯（Achilles）、赫克托尔（Hector）和奥德修斯（Odysseus）的描写。在他们身上，既体现了各人的性格特征，也集中了部落集体所要求的优良品德。希腊联军大将阿基琉斯性烈如火，英勇善战，每次上阵都使敌人望风披靡。他珍爱友谊，一听到好友帕特洛克罗斯（Patroclus）阵亡的噩耗，悲痛欲绝，愤而奔向战场为友复仇。他对老人也富有同情心，允诺白发苍苍的特洛亚老王普里阿摩斯（Priamus）归还王子赫克托尔尸体的请求。可是他又傲慢任性，为了一个女战俘而和统帅闹翻，退出战斗，造成联军的惨败。他暴躁凶狠，为了泄愤，竟将杀死好友帕特洛克罗斯的赫克托尔的尸体拴上战车绕城三圈。与之相比，特洛亚统帅赫克托尔王子则是一个更加完美的古代英雄形象。他不尚武却甘愿为保卫部落而献身。他身先士卒，成熟持重，多谋善断，自觉担负起保卫家园和部落集体的重任。他追求荣誉，不畏强敌，在敌我力量悬殊的危急关头，仍然毫无惧色，出城迎敌，奋勇厮杀。他敬重父母，挚爱妻儿，决战前告别亲人的动人场面，充满了浓厚的人情味和感人的悲壮色彩。《奥德赛》是歌颂英雄们在与大自然和社会作斗争中，表现出的勇敢机智和坚强乐观的精神。它是叙述伊萨卡（Ithaca）国王奥德修斯在攻陷特洛伊后归国途中十年漂泊的故事。它集中描写的只是这十年中最后一年零几十天的事情。奥德修斯不仅英勇善战，足智多谋，而且刚毅忠诚。希腊联军攻打特洛伊十一年未能攻下，最后是他的"木马计"才使希腊联军取得了最后的胜利。在攻陷特洛伊后的归国途中，他受神捉弄在海上漂流了十年，到处遭难，最后受诸神怜悯始得归家。《奥德赛》以及《伊利亚特》充分颂扬和讴歌了英雄奥德修斯英勇善战的勇敢、足智多谋的智慧、矢志不渝和百折不挠的刚毅、抵御各种诱惑的忍耐节制、对氏族部落的忠诚等德性，以及对家庭的眷恋之情。当奥德修斯流落异域时，伊萨卡及邻国的贵族们欺其妻弱子幼。他们向其妻皮涅罗普求婚，逼她改嫁，皮涅罗普用尽了各种方法拖延。这里也歌颂了皮涅罗普对丈夫的忠贞。

与《荷马史诗》不同，稍后出现的赫西俄德（Hesiodos）的《工作与时日》则完全以诗人所处的时代和地域为背景，所写的是普通人的生活。这部作品讨论了广泛的问题，包括天文学、农作、公正、善与恶、工作的德性等。赫西俄德把自己描述为一个农民的儿子，他和他的兄弟泼塞斯从父亲那里继承了遗产，但泼塞斯想要属于赫西俄德的部分。于是，他提出控告并通过行贿获得了有利于他的裁决。诗里包含了对作出有利于泼塞斯判决的那些不公正的判官的尖锐批评，并采取各种办法力图使泼塞斯追求公正的、好的生活。诗人表明在"强权即正当"的暴君时代需要公正，并描述在地球之上游荡着诸神，它们注视着人间的公正和不公正。[①] 他抨击懒惰，将劳动看作是所有善的源泉，劝告人们过诚实劳动的生活，因为人和神都憎恨懒惰之人，懒惰之人被比喻为蜂巢里的雄蜂。[②] 在他看来，与其给泼塞斯金钱或财产，不如教他工作的德性，并传授能给他带来收入的智慧。《工作与时日》也重复了普罗米修斯的故事，他从宙斯那里偷来了火，最后导致潘多拉对人类的惩罚，她给人类带来各种灾难，唯独将希望留在了盒子里。赫西俄德的另一部作品是《神谱》，它所描写的是宇宙生成与诸神的关系以及诸神的谱系的形成，完成了统一的希腊神话体系。《神谱》列举了近300位神的族谱，讲述从地神盖亚诞生一直到奥林匹亚诸神统治世界这段时间的历史，内容大部分是神之间的争斗和权利的更替。《神谱》讲述的各种神像人一样也有七情六欲、喜怒哀乐，也好争斗，它们只是在某一个方面的能力或品质大大超过了人类。从作品对神的讲述中，我们也不难发现当时人们对一些德性的追求和向往，其中的一些神可以说是希腊人所称颂的德性和善的化身。普罗米修斯为了给人类造福而冒着受宙斯惩罚的危险从宙斯那里盗火到人间，它可以说是善的化身。在《神谱》里还有智慧女神雅典娜（Athene），公正女神忒弥斯（Themis），爱情女神阿佛洛狄忒（Aphrodite），爱神厄洛斯（Eros），还有象征着理性和理智的太阳神阿波罗（Apollo），历经苦

① ［古希腊］赫西俄德：《工作与时日》250-255，赫西俄德《工作与时日、神谱》，张竹明、蒋平译，商务印书馆1991年版，第8页。

② 同上书，第10页。

难自强不息的酒神狄奥尼索斯（Dionysus），为人类带来诸美的美惠三女神（Graces），等等。①

在赫西俄德时代，《伊利亚特》《奥德赛》《工作与时日》和《神谱》等文学作品所颂扬的德性通过诗人的行吟游唱在希腊本土及其殖民地得到了广泛的传播。这些德性源于希腊本土文化，同时又通过诗歌使其增强魅力，并得到广泛宣扬，逐渐成为人们所普遍认同的德性观念和德性原则。我们可以说，古希腊的德性传统到这时大致基本形成。这时得到认同的德性主要是个人的德性，智慧、勇敢、公正、忠诚、友爱、勤劳等是其中的核心德目。这些形成于黑暗时期和古风时代的德性观念，在古典时期得到了发扬光大。

为了适应城邦兴盛和发展的需要，城邦兴起了一些城邦的德性观念和原则，最重要的是民主和公正，民主和公正是城邦的政治原则，也是希腊城邦的基本特征。古希腊的民主以雅典为典型，主要有四个特点：一是实行直接民主。在雅典，凡20岁以上的男性公民都有权参加公民大会，公民大会是其最高权力机关，在公民大会上，公民自由发言或展开激烈的辩论，共同商议城邦大事，最后按"少数服从多数"的原则作出决议。二是主权在民，轮番执政。雅典的公职如执政官、将军、议员、陪审员等，均由选举产生，除将军以外，任职期限均为一年，不得连任，年年选举更替。凡雅典公民都可通过民主选举获得担任公职的机会。三是崇尚法治，禁绝人治。雅典人崇尚法治，强烈反对人治，更深恶痛绝个人专制。为此，雅典人建立了"陶片放逐法"的制度，即由公民投票来决定对意欲独裁的城邦最高公职者进行放逐。伯里克利宣称："解决私人争执的时候，每个人在法律上都是平等的"②。达官贵族犯法与民同罪。四是权限交叉的制约机制。雅典国家机构权限相互交叉，公职人员的权限也部分交叉，以此实行权力的制约。在雅典没有总揽执行权力的最高官员。古典时期希腊的德性观念在伯里克利著名的《在阵亡将士国葬礼上的演说》中得到了系统而明确的表达。③

古典时代的一些哲学家对民间推崇和流行的观念进行了哲学的提炼和论证，使民间的德性观念上升为哲学的德性原则，并进而研究德性一般性问题

---

① 参见［古希腊］赫西俄德：《神谱》，赫西俄德《工作与时日、神谱》，张竹明、蒋平译，商务印书馆1991年版，第26页以后。
② ［古希腊］修昔底德：《伯罗奔尼撒战争史》上册，商务印书馆1964年版，第147页。
③ 参见［古希腊］修昔底德：《伯罗奔尼撒战争史》上册，商务印书馆1964年版，第145—155页。

及其相关问题，这其中首推苏格拉底。"对德性本性率先展开系统研究的正是苏格拉底；他将这一研究置于道德哲学的中心地位，也将其置于整个哲学的中心地位。"[1]他的学生柏拉图还系统阐释了智慧、勇敢、节制和公正，这些逐渐成为了得到希腊普遍认同的"四主德"，它也是古希腊德性传统的最显著特色。除了"四主德"之外，哲学家们还根据现实社会的道德实践阐释了一些其他的德性，如虔敬、友谊、中道、宽宏大量等。在研究德性的德目之外，这时的哲学家还研究了广泛的德性问题，如德性的一般含义或本质，德性与德行的关系、德性的类型、德性的可教性、幸福及其与德性的关系等问题，亚里士多德还在此基础上建立了系统的古典德性伦理学。这时的哲学家不仅研究了个人的德性，而且还研究了城邦的德性，其中研究最多的是公正、民主，也涉及自由、平等、法治等城邦德性问题。到这时，希腊不仅有了德性的民间传统或实践传统，而且有了德性的学术传统或哲学传统。这个传统一直延续到希腊化时期的伊壁鸠鲁派和斯多亚派。

（二）古罗马德性传统

古罗马也有其德性传统，后来古希腊德性传统融入其中，成为希腊罗马传统。在西罗马帝国灭亡之前的几百年间，希伯来的德性传统也融入其中，实现了三种德性传统的交汇，其重要体现就是基督教德性传统在古罗马传统中的生长。这里我们主要讨论古罗马德性传统，以及希腊德性传统的融入。基督教德性传统在其中的生长我们在后文中讨论。

古代意大利人在种族上与希腊人同出一源。在希腊人南移的时期，他们也已越过阿尔卑斯山进入亚平宁半岛。差不多在公元前8世纪希腊人在阿提卡形成雅典城邦的同时，地中海中部亚平宁半岛上的古意大利人也在拉丁平原上建立了一个城邦，这就是罗马。罗马人没有留下像《荷马史诗》那样的文献。罗马也有神话，但罗马神话在相当大的程度上整盘托收了希腊神话，在很多情况下，罗马人只是简单地将希腊神改个名字，就让他们成为了罗马神。因此，我们无法根据罗马神话了解罗马建国前的历史。根据传说，公元前8世纪中叶罗马已经有了"国王"。当时的国王不是世袭的，而由全民会议选举，大致上相当于军事民主制下的部落酋长。这时罗马已经有了阶级的分化，凡是有权做战士并参加在库里亚召开的全民会议（库里亚会议）的都

---

① ［英］安东尼·肯尼：《牛津哲学史》第一卷·古代哲学，王柯平译，吉林出版集团有限责任公司2010年版，第309页。

是贵族。除他们之外，社会上还有称为平民的自由人，他们不能分得公有土地，常常因负债被债主拘禁，有时沦为奴隶。据后世的传说，罗马的"王政"是在公元前509年废除的，之后贵族建立了共和体制。共和国有两个权力相等的执政官，由全民大会选举产生，他们并不是最高的统治者，而且权力有限，彼此牵制。真正掌握国家权力的是由贵族垄断的元老院。在共和国成立的最初两个世纪里，罗马内部存在着平民对贵族的斗争。在平民的反抗下，贵族不得不承认平民大会选出的保民官。为了让保民官保民有法可依，平民要求订立成文法，于公元前450年公布了著名的"十二表法"。经过一系列的斗争，一些平民跻进上层统治圈，成为罗马新贵，不但可以担任高级职务，而且任满后可列为元老院议员。与此同时，平民也成为全权公民。公元前4世纪后叶，罗马转守为攻，开始走上扩张的道路，其主力是以组织严密闻名、有很强的战斗力的罗马军团，后来又建立了海军。公元前3世纪中叶，罗马逐一消灭了希腊人在意大利的城邦，使全部亚平宁半岛都并入罗马的版图。从公元前2世纪初年起的六七十年间，罗马征服了马其顿、希腊和小亚细亚，并威临埃及，整个地中海变成了它的内湖。此后的一百年间，罗马逐渐形成了军事独裁统治，并最终导致共和国的崩溃。到公元前1世纪，罗马帝国通过恺撒改革诞生。此后的两百年，罗马帝国达到了空前的繁荣。公元3世纪是罗马帝国的大逆转时期，社会出现了全面的危机。公元330年罗马迁都拜占庭，号为"新罗马"。然而，整个罗马帝国在内部的奴隶、隶农和贫民起义以及"蛮族"入侵的烽火中溃亡。公元476年，"蛮族"将领奥多阿克废黜罗马的末帝，宣告这个政权的最后终结。

希腊人向西南意大利殖民早在公元前8世纪就已经开始。这一带的许多名城，如那不勒斯、马可、里吉模、麦塞那、他林敦和叙拉古等，都是希腊殖民者建立的城邦。希腊人不仅带来了本土的社会和政治制度，而且带来了他们的文化，包括德性观念。在此后几百年希腊人与罗马人之间的拉锯式的你争我斗，以及经济、贸易和文化的交流中，希腊的德性观念进一步传入了罗马，其中的一些为罗马人所接受，并通过罗马文明传承下来。在希腊哲学的影响下，罗马的哲学家也形成了一些独具特色的哲学德性观念，其中最重要的是自足、节制、禁欲、负责。他们特别关注研究如何在艰难的现世生活中通过顺从本性、克制情欲求得内心安宁，从而获得个人幸福。黑格尔对罗马哲学作了这样的描述："在罗马世界的悲苦中，精神个性的一切美好、高尚的品质被冷酷、粗暴的手扫荡净尽了。在这种抽象的世界里，个人不得不用抽象的方式在他的内心中寻求现实世界中找不到的满足；他不得不逃避到思想的抽象中去，并把这种抽象当作实存的主体，——这就是说，逃避到主体本身的内心自由中去。这样的哲学是和罗马世界的精神非常适合的。"①

就罗马文明的德性观念来看，最具特色的是国家的法治。古希腊虽然有过民主政治，也有过法律，而且其法律也对罗马产生过影响。但是，古希腊的民主是直接民主。这种直接民主是可以不要成文法的，在这种民主制度之下很难形成完整的法律体系。因此，在古希腊虽然有民主的传统，但没有真正形成法治的传统。亚里士多德等思想家意识到了法治的重要性，但他们的思想并没有引起统治者的重视。罗马人则从王政时代开始一直到东罗马帝国时期都非常重视法律的制定和运用，逐渐建立了对后世具有重要历史影响的完整罗马法体系，并形成了罗马的法治传统和一系列法治观念。

罗马法是罗马奴隶制国家法律的总称。它既包括自罗马国家产生至西罗马帝国灭亡时期的法律（成文法和一些习惯法），以及皇帝的命令，元老院的告示，也包括公元 7 世纪中叶以前东罗马帝国的法律。罗马法大约起源于公元前 7 世纪前后的古代罗马王政时代。当时，罗马的法律有人民大会的法律和平民大会的法律。共和国时期，罗马法的主要代表是著名的《十二铜表法》。《十二铜表法》是古代罗马的第一部成文法典，是罗马法发展史上的一个重要里程碑。在此之前，由于使用习惯法，司法权又操纵于贵族手中，任其解释，同时司法专横。这一切引起了平民的强烈不满。公元前 454 年，元老院被迫成立了十人立法委员会，设置了法典编纂委员会，派人到希腊考察法制。于公元前 451 年制定了法律十表公布于罗马广场，次年又制定法律二表作为补充，构成了所谓的《十二表法》。由于当时这些表法都是由青铜铸成的，所以又称《十二铜表法》。《十二铜表法》的篇目依次为传唤、审理、索债、家长权、继承和监护、所有权和占有、土地和房屋、私犯、公法、宗教法、前五表及后五表的追补。其特点为诸法合体，私法为主，程序法优于实体法。在共和国时期，罗马形成了公民法和万民法两个体系。从公元前 509 年罗马共和国建立到公元前 3 世纪中叶的罗马共和国前期，罗马产生的法律统称为公民法。它是专门适用于罗马公民的法律，内容侧重于国家事务和法律程序等方面，而涉及个人财产关系等问题的私法规范则不够完善。公民法的实施，使平民的政治、经济和社会地位空前提高，从而极大地激发和

---

① 〔德〕黑格尔:《哲学史讲演录》第三卷，贺麟、王太庆译，商务印书馆 1959 年版，第 8 页。

调动了他们的爱国热情与参政的积极性。随着商品经济的发展和外来人口的增多，各种新的社会矛盾日益凸显。于是共和国后期又形成了适用于罗马公民与外来人之间以及外来人与外来人之间关系的万民法。万民法是外事裁判官在司法活动中逐步创制的法律，它吸收了公民法和外来法的合理因素，但又有所发展和突破。它的基本内容主要是关于所有权和债权方面的规范。万民法的产生，使罗马私法出现两个互为补充的不同体系，但经过一段时期的适用与完善，万民法逐步取代了公民法。罗马帝国时代，皇帝的权力扩大，立法权逐渐被皇帝掌握，法律和法令都开始采用皇帝敕令的形成颁布。这一时期的一些重要法典包括《格雷戈里安努斯法典》（大约编于公元前294年）、《海摩格尼安努斯法典》（大约编于公元324年）和《狄奥多西法典》（438年颁布）。到东罗马帝国皇帝查士丁尼执政期间（527—565），查士丁尼皇帝为重建和振兴罗马帝国，成立了法典编纂委员会，进行法典编纂工作。从公元528—534年先后完成了三部法律法规汇编。一是《查士丁尼法典》。这是公元528—529年间将历代罗马皇帝颁布的敕令进行整理、审订和取舍而成的一部法律汇编。第二是《查士丁尼法学总论》（又译为《法学阶梯》）。它是以盖尤斯的《法学阶梯》为基础加以改编而成的阐述罗马法原理的法律简明教本，也是官方指定的"私法"教科书，具有法律效力。第三是《查士丁尼学说汇纂》（又译为《法学汇编》）。这是公元530—533年间对历代罗马著名法学家的著作和法律解答并加以分门别类地汇集、整理、摘录而成的法学著作汇编。凡收入的内容，均具有法律效力。公元565年，法学家又汇集了从公元535年到查士丁尼逝世时（565年）查士丁尼皇帝在位时所颁布的敕令168条，称为《查士丁尼新律》。以上四部法律汇编，至公元12世纪统称为《国法大全》或《民法大全》。《国法大全》的问世，标志着罗马法已发展到最发达、最完备阶段。

罗马法各种法规的及时制定和有效执行，在当时具有重要现实意义：提高了国家各级官吏的办事效率，规范了他们的从政行为；裁决了大量的商业纠纷，保护了正当的商业利益；调节了债务、继承等个人财产关系，减轻了社会各阶层关系的紧张程度，为罗马的长治久安与繁荣进步发挥了重要作用。罗马的法治传统更是对近代以来的西方社会产生了深远影响。不仅当今世界两大法系之一的大陆法系，亦称为罗马法系或者民法法系是在全面继承罗马法的基础上形成的，更重要的是，这种法治传统为近代以来西方各国所继承和拓新，使之成为现当代社会的一种根本规定性和基本德性。罗马法中所蕴涵的人人平等、公正至上的法律观念，具有超越时间、地域与民族的永恒价值。罗马法中许多原则和制度，也被近代以来的法制所采用，如公民在私法范围内权利平等原则、契约自由原则、遗嘱自由原则、"不告不理"、一审终审原则等，权利主体中的法人制度、物权制度、契约制度、陪审制度、律师制度等。罗马法措词确切，结构严谨，立论清晰，言简意赅，学理精深，所确定的概念、术语以及立法技术对后世也产生了重要影响。

（三）古希伯来德性传统

古希伯来人有自己的德性传统，这种德性传统在罗马帝国时期融入古希腊罗马传统，其直接结果是基督教的产生，开始了西方德性传统的基督教德性传统。西方宗教的独特性源自希伯来，西方的宗教德性传统的源泉也是希伯来。

希伯来人原来是闪族的一支。闪族起源于阿拉伯沙漠的南部，起初是逐水草而居的游牧民。他们曾三次大规模地向漠北迁移，进入有名的新月沃地。第一次北征（约在公元前3000年光景），从阿拉伯南部迁移到美索不达米亚，和苏美尔人接触，产生了古巴比伦文化。第二次北征（约在公元前2000年光景），从吾珥沿着幼发拉底河北上，到了哈兰的地方。一部分人再从哈兰向西又向南，到了迦南地区（今巴勒斯坦）。当地人叫他们"哈比鲁人"，意思是从大河那边来的人；后来以一音之转而为希伯来人。这是一块"流奶与蜜之福地"[①]。但该地区有常年积雪的崇山峻岭，也有世界上最低的土地，气候常变，雨量不足，每过几年就要发生一次饥荒。在一次特大的灾荒中，雅各一家逃到埃及去，并在尼罗河三角洲附近的歌珊地区定居下来，达三四百年之久（公元前17世纪到前13世纪），人畜两旺，引起埃及人的眼红和疑惧，便设法奴役、迫害他们。在摩西兄弟的领导下，他们逃出埃及，在沙漠中苦战达四十多年，才进入迦南。这就是第三次北征（公元前13世纪中叶）。此后在经过一百多年此起彼伏的斗争，才渐渐和迦南当地农民同化、融合。当时迦南地区不单有迦南文化，还有腓尼基文化、叙利亚文化、埃及文化、巴比伦文化。后来还有从地中海克里特岛进入的非利士人的文化，他们的文化是希腊系统的。希伯来人在迦南和复杂的民族、语言、文字、宗教、艺术、习俗打交道，在斗争中融合，创造出自己独特的希伯来

---

① 《旧约全书·申命记》第二七章。

文化。公元前 1000 年左右，希伯来人自称"以色列人"，因为相传他们的族祖雅各曾于夜间和天使摔跤，直到天亮，天使叫他改名以色列。雅各的后代在巴勒斯坦形成两个部落联盟：北方的叫以色列，人数较多，地盘也较大而肥沃；南方的叫犹大，人数少而土地稀缺。公元前 1028 年，犹大部落的大卫征服了各部落，成立了统一的王国，国势空前强盛，文化繁荣。大卫和他的儿子所罗门在位时期（前 10133—前 933），是希伯来文化的黄金时期。其时，国势空前强盛，经济繁荣，大兴土木，筑起了美轮美奂的圣殿和宫宇，成立了庞大的乐队，产生了大量抒情诗、哲理诗、辉煌的史记。但在所罗门死后（前 933 年）王国分裂为北国以色列和南国犹大。两国自相残杀，国势日衰，在四周强邻虎视眈眈之下，大有亡国的危险。

正是在这个时期，先知——社会改革家应运而生，他们敢于冒杀身之祸，挺身而出，以神明和人民的代言人的姿态，谴责统治者和富人们的残酷剥削和倒行逆施。先知们都有诗人的气质，他们热情，敏感，有锐利的目光，既有预言的天才，又有敢说敢做的魄力。最激烈的先知以赛亚和耶利米竟以身殉国。他们充满着诗意和义愤的著作是希伯来文化遗产中的瑰宝。公元前 722 年，以色列王国被亚述所灭，当地居民被掠往亚述，在长期共同生活中被同化。公元前 586 年，新巴比伦国王尼布甲尼撒二世攻占耶路撒冷，犹大王国被新巴比伦所灭，大批犹太人被掠往巴比伦为奴，史称"巴比伦之囚"。约在公元前 539 年，波斯攻占巴比伦，释放犹太囚徒，当时约 5 万犹太人重返巴勒斯坦的耶路撒冷。以色列和犹大两国先后亡于亚述和新巴比伦后，国人或被俘虏，或流亡异国。人们称这些流离在外的人为犹太人。这个称呼是犹大亡国的遗民之意，起初带有贬义，后约定俗成，称呼也就相沿下来。从公元前 586 年犹大王国灭亡到最后一次反抗罗马失败时（135 年），犹太人七百多年在不断迁徙的死亡线上挣扎，却使希伯来的文化得到了良好的发展。历代文献的整理，犹太教的成熟，波斯、希腊文化的新影响，这一切使希伯来文化发生了新的变化，产生了基督教文化，影响及至全世界。

希伯来有丰富的文化遗产。它主要包括《圣经》《次经》《伪经》和《死海古卷》四大部分。它们是在吸取四邻各国文化精华的基础上逐步形成的。它们最初是口耳相传，后经文人学士的筛选、补充、归纳和再创造，于公元前 6 世纪到公元 2 世纪之间陆续编纂成书。希伯来圣经是希伯来人在巴比伦俘囚之后的五百年整编而成的。在这一时期，希伯来人收集了历代文化遗产，完善了一神教的理论，重新编订了他们的教义教规，并将它们付诸于文，汇集成书，奉为"圣经"。希伯来人的这份文化遗产被后来的基督教全部接受，编入了他们自己的《圣经》，即《旧约全书》。《次经》由《以斯德拉一书》《以斯德拉二书》《托比传》《犹滴传》《以斯贴补编》《所罗门的智慧》《便西拉的智慧》《巴录书》《耶利米书信》《三少年之歌》《苏撒娜的故事》《彼勒和大蛇》《玛拿西祷文》《马卡比传一书》和《马卡比传二书》十五卷构成。这些经卷是在詹尼西亚会议之后，从未编入正典（即希伯来《圣经》）的著作中选出来的。《伪经》的本意为"《圣经》的模拟（或伪仿）作品"。它是指产生于公元前200年到公元100年间未收入《圣经》和《次经》的希伯来人的作品。传世的《伪经》版本篇目不一，内容不同，而且流传下来的只是原《伪经》的一小部分，大部分已经佚失。现存的《伪经》经卷根据其文字不同分为用希伯来文或亚兰文写成的《巴勒斯坦伪经》和用希腊文写成的《亚历山大里亚伪经》两类。《死海古卷》是1947年在死海附近发现的世界现存的最古老《圣经》抄本，并因而得名。《死海古卷》卷帙浩繁，用希伯来文、亚兰文、希腊文和拉丁文四种文字写成。其内容大体可分为两大部分。第一部分是希伯来《圣经》《次经》《伪经》的不同部分；第二部分是昆兰社团成员遗留下来的各种文献，可分为《训导手册》《圣经注释卷》《战争卷》《感恩卷》和《圣殿卷》五部分。以上这些历史文献生动、形象地反映了希伯来民族从氏族社会到奴隶社会的发展历史，展示了希伯来人这一时期的广阔生活画面，记载了他们的政治、经济、宗教、法律、文学和艺术的概况，被认为是世界四大文化宝库之一。

通常认为，希腊人给了我们科学和哲学，希伯来人给了我们法律。的确，正是法律，特别是法律的礼仪及戒律的绝对约束性，使希伯来人团结在一起战胜多少世纪的苦难并免遭天绝。希伯来法律产生于公元前12世纪至前5世纪，由摩西首创"十诫"，后经历代帝王、祭司的修订、扩充而成。在形成的过程中，希伯来法律受《汉谟拉比法典》影响较大，并从埃及、波斯等文明古国的律法中吸取了养料。希伯来法律是在民族与民族之间、征服者与被征服者之间、君王贵族与平民百姓之间的斗争中，统治阶级为巩固国家政权、抵御外族入侵、调整统治者与被统治者之间的关系、维护民族团结稳定的工具。经过摩西时期（前13世纪前后）、王国时期（前11—前6世纪）和祭司时期（公元前6—前5世纪），最终汇编成了《创世记》《出埃及记》《利未记》《民数记》和《申命记》五卷书，即所谓"摩西五经"。"摩西五经"是第一部收载希伯来成文法的书，于公元前444年正式确定为"圣经"。希伯来法中保留了一些氏族习惯规范，它与希伯来一神教密不可分，兼有宗教戒律和道德规范的性质，特别是它的权威主要不是来自国家的强制力，而是来自于人们对上帝的敬畏。上帝是公正的化身，一方面他以现实的苦难作为对犯罪的惩罚，另一方面又以来世幸福为许诺来引导人们向善，以达到判定是非曲直、伸张正义的目的。希伯来实行的虽然并不是现代意义上的法治，而实质上是神治，但它不是人治。更重要的是，这种神治是通过法律实现的。白舍客指出，旧约的伦理观和律法具有三个特征：一是它的律法具有一贯性，根据这种一贯性，整个律法系统和人们生活的各个层面都归于天主的绝对御治下，不仅伦理规范和敬礼朝拜律条由于是雅威的直接命令而获得有效性，而且普通的世俗法律也是如此。对于任何法律的违背都是反对天主的行径。二是它非常尊重人性，人性生命的价值被认为比其他任何物质的东西都伟大。三是它强调与主同行是伦理行为中最崇高的目的，比其他任何暂时的福祉都重要。[①] 白舍客的这种看法是客观公允的。古希伯来人的法治显然有其宗教的和历史的局限性，但它与罗马法治传统汇合成了西方的法治传统，为近代以来西方的现代法治奠定了历史文化的基础。

法律是希伯来文化的显著特征之一，但并不是希伯来文化的核心。如果我们回溯到希伯来人的源头，回到《圣经》向我们展示的人，我们就会看到，作为道德和法律的基础，还有某种更为原始、更为根本的东西。这就是希伯来一神教的宗教观念。它是在不同历史时期多种教派思想的积淀和凝聚，繁复而驳杂，其中主要的有上帝观念（或一神观念）、契约观念和神选观念，以及由这些观念派生的其他种种观念。[②] 上帝观念就是信仰上帝。希伯来人把他们的上帝耶和华看作是超自然的精神实体，认为他全知全能，不生不灭，永恒存在，他创造了宇宙万物，同时也主宰着这个宇宙。他们排斥其他任何神祇，不承认也不允许其他神祇与耶和华并列。基于上帝观念，希伯来人的善恶观念以对耶和华的态度作为善恶标准：信奉他、崇拜他、服从他就是善，崇拜偶像或其他神祇、违背上帝的意志和戒律就是恶。这种善恶观念还认为善恶报应不是在来世，而是在现世，直接施及行为者本人及其后代。希伯来人的上帝观念也包含着原始的平等观念。他们相信在上帝一统之下的所有人，不分种族性别都是上帝的子民，都同样可以受到上帝的恩赐和

---

① ［德］白舍客:《基督宗教伦理学》第一卷，静也、常宏等译，雷立柏校，华东师范大学出版社 2010 年版，第 14—16 页。

② 参见朱维之主编:《希伯来文化》，浙江人民出版社 1988 年版，第 87 页以后。

顾念。希伯来的契约观念是宗教的契约观念。希伯来人相信，上帝与其选民希伯来人之间存在着一种互利、互助、互有的关系。这种关系不是人对神单方面的信仰尽忠的关系，而是神与人之间的交感互通。这种契约观念所强调的是上帝对所有选民一视同仁的爱，同时也要求每一个人都要按照契约办事，自己的行为都必须直接对上帝负责。希伯来人的神选观念认为他们是上帝在人世间的万族中挑选出来的子民，上帝为他们祝福。上帝对希伯来人有特殊的恩宠、拯救和赏赐，然而为什么希伯来民族总是多灾多难、上帝的应许迟迟得不到实现呢？希伯来人认为这完全是他们自己违背了上帝意愿造成的，罪在自身，是上帝对他们作恶的惩罚。但他们仍然相信，他们还是上帝的特选子民，上帝决不会将他们弃之不顾，终有一天要赦免他们，但要得到上帝的拯救，就要赎罪。因此，希伯来人特别注重个人的内省、自新和精神上的自我净化。这就是希伯来人的救赎观念。

由希伯来的宗教观念我们可以看出希伯来不同于古希腊罗马德性传统的特点。对于希腊文化来说，理想人格是理性的人，因而智慧被推崇为第一德性。希伯来文化的理想人格是信仰的人，因而信仰是它的首要德性。这一点是两种文化及其德性传统的根本差异所在，由此引申出一系列各自的特色。理性的人是具有共性、普遍性的人，具有共同的本质。信仰的人是完整的、有血有肉的具体的个人。希腊文化重视逻各斯，逻各斯是理性的体现，借助逻各斯可以达到对终极实在、终极真理和终极价值的认识和把握。在希伯来人看来，智力和逻辑是蠢人的妄自尊大，并不能触及生活的终极问题，生活的终极问题发生于语言所不能达到的深处，也就是信仰的最深处，体现于不可知的和可怕的上帝，我们不能认识它，而只能信仰它，并对它怀抱希望。希腊文化强调理智性，推崇智慧和理智，把理智的德性看作是获得至福所必须具备的品质。希伯来文化强调献身性，强调人应充满热情地投入他终有一死的存在（既包括肉体也包括精神），以及他的子孙、家庭、部落和上帝。按照希伯来文化的观念，一个脱离这些投入的人，不过是活生生的实际存在着的人的暗淡的影子。因此，这种文化强调虔诚、感恩、赎罪及仁爱等与人的情感相关的德性。

（四）基督教及其教会德性传统

基督教发源于犹太教，西罗马帝国灭亡后，伴随着基督教教会逐渐占据主导地位，西方德性传统发生了一个重要转换，世俗的德性传统转换成为宗教传统。这种传统虽然保留了古希腊罗马德性传统的一些基本精神和内容，但在性质上发生了根本性的变化。基督教的形成是多种文化汇合的结果。罗素在谈到这一点时指出："天主教会有三个来源：它的圣教历史是犹太的，它的神学是希腊的，它的政府和教会法，至少间接地是罗马的。"①罗素的这种看法是客观的。不过，就其宗教性质而言，它更直接地继承了希伯来传统。

　　基督教大约形成于公元前 1 世纪到公元 2 世纪之间，它从犹太教的一个派别演化而来。希伯来民族是一个灾难深重的民族。大约在公元前 10 世纪，希伯来人曾在巴勒斯坦建立了统一的民族国家，但在外敌入侵的接连打击之下，希伯来人的国家不过四百年便结束了。以后数百年间，波斯人、希腊人、罗马人相继统治巴勒斯坦，国破家亡、流离失所的希伯来人（被贬称为犹太人）饱受外族凌辱和奴役之苦。他们进行无数次的反抗，特别是在罗马统治时期，曾多次发动起义，但这些起义都被统治者血腥地镇压了。那些被抓住的人被钉死在十字架上，幸存者背井离乡，流散到世界各地。挣扎在茫茫苦海之中而无力自救的犹太人，只好转而祈望他们的上帝耶和华能派救世主（希伯来语为"弥赛亚"）来拯救他们。这样，信仰耶和华和救世主的犹太教就开始逐渐形成了。犹太教在汇集民族古代传说和典籍的基础上编纂出了自己的圣典，即今天《圣经》中的旧约部分。它成书于公元前 6—前 2 世纪，包括"律法书""先知书"和"圣著"三个部分，主要内容是古代希伯来民族的历史传统及古代律法、犹太教先知制订的教义、法规。犹太教宣称，《旧约全书》是亚伯拉罕信奉的唯一神 YHWH（中译为"耶和华"）与亚伯拉罕的后裔达成的"圣约"（Holy Testament），也就是犹太人与耶和华的圣约，亦称"亚伯拉罕之约"。这个圣约的内容是耶和华承诺亚伯拉罕的后裔（指上帝的选民）将来会被降临的弥赛亚所救赎，这群选民的聚集形成为属灵的国度，这个属灵国度就是犹太教教会。"耶和华对亚伯拉罕说，你要离开本地、本族、父家，往我所要指示你的地去。我必叫你成为大国，我必赐福给你，叫你的名为大，你也要叫别人得福。为你祝福的，我必赐福与他。那咒诅你的，我必咒诅他，地上的万族都要因你得福。"（《旧约全书·创世记》，12：1-3）这句经文正是对后来基督降临的印证。亚伯拉罕的后裔因为大饥荒而流亡到埃及，在耶和华的先知摩西带领下前往应许之地，耶和华

――――――
　　① ［英］罗素:《西方哲学史》上卷，何兆武、李约瑟译，商务印书馆 1963 年版，第 19 页。

在与亚伯拉罕达成契约的基础上又增加了十诫以及律法，又称摩西五经，即《创世记》《出埃及记》《利未记》《民数记》《申命记》。后来撒母耳为扫罗抹油，承认他为以色列的首位国王，是耶和华指定的国王。扫罗和大卫在应许之地建立了以色列王国。大卫之子所罗门死后，以色列王国以及第一圣殿被亚述人和巴比伦人毁灭。波斯国王居鲁士释放了巴比伦之囚的犹太人，先知尼希米和以斯拉重建并改革了犹太教，期待弥赛亚再次降临拯救以色列人，重建以色列王国。之后的先知们逐渐强化对耶和华圣约的敬畏和一神论，耶和华从亚伯拉罕的神变成了普世的神。正如在巴比伦的以赛亚所说："我是公正的上帝，又是救世主，除了我以外，再没有别的上帝。地极的人都当仰望我，就必得救。因为我是上帝，再没有别的上帝。……以色列的后裔，都必因耶和华得称为义，并要夸耀。"（《圣经·以赛亚书》45：21-25）圣经预言"以色列在万国中被抛来抛去，却不至灭亡。"

由于犹太教信徒的经济地位和政治态度不同，犹太教逐渐分成了不同的教派。其中极端仇视异族统治者和本民族奴隶主的狂热分子被犹太教首领逐出教门，形成了一些新宗教团体，基督教就是从这些新团体中产生的。早期基督教与犹太教各教派不同，他们既不鼓吹以革命行动促进天国来临，也不主张离群索居、清心寡欲，而是静候天国的降临。他们宣扬人人在上帝面前平等，上帝毫无差别地对待一切民族；宣称耶稣就是那些被罗马统治者钉死在十字架上的人中的一个，并认定"因圣灵降孕"而生的耶稣就是上帝派来的"救世主"基督（"救世主"的希腊译音）。正是耶稣基督以自己伟大的自愿牺牲精神赎掉了一切时代一切人的罪恶，凡信奉他的人不必做任何牺牲就可以得救。按照基督教的说法，基督教的创始人就是耶稣。基督教宣称，基督徒与他们所信仰的圣子耶稣基督达成了新的圣约，即上帝以其独生子代人受死，从而为人类赎原罪。到 2 世纪中叶，基督教形成了记载耶稣的生活和言行，以及早期教会的活动情况和教义的《新约全书》。从此，《新约全书》成为基督徒与他们所信仰的圣子耶稣基督达成的新圣约，取代了先知亚伯拉罕和摩西与耶和华达成的旧约。它包括四部分：福音书、保罗书信、使徒书信和启示录。福音书记载耶稣的言行和生平，所描绘的耶稣基督符合旧约的先知们对弥赛亚特征的预言，因此，耶稣被他的信徒认为是耶和华派来的救世主，是上帝之子。保罗强调信耶稣得永生，耶稣用血与人类立了新约，旧约也就因此得到印证。于是，通过保罗神学的改造，"公正的上帝"耶和华被"仁爱的上帝"耶稣所体现出来。上帝是良善的，出于对世界的爱而为了赎他的选民的原罪和本罪而被钉死在十字架上，用他的血洗清了选民的罪，通过信仰耶稣是上帝之子以及耶稣死而复活，人类就能进入天国，重新与上帝在一起。因为上帝让耶稣复活了，所以信仰耶稣的人死后也能复活。保罗强调："若基督没有复活，我们所传的便是枉然，你们所信的也是枉然。"

　　基督教最初在罗马帝国的东部即巴勒斯坦一带活动，以后逐渐向西亚、小亚细亚和爱琴海周围传播，最后传入罗马。起初罗马统治者对基督教未予理会，但基督教反抗现实政权的性质越来越突出，罗马皇帝开始对其进行镇压和迫害。出乎罗马统治者意料的是，这种高压政策反而使基督教赢得了处于相同地位和处境中的人们更多的同情和信奉。在这种情况下，罗马统治者对基督教采取怀柔政策并进而加以利用。皇帝君士坦丁313年颁布"米兰敕令"，承认基督教的合法地位；325年又召开了尼西亚宗教会议，统一了教义。392年狄奥多西皇帝又颁布法令，正式将基督教立为国教，并禁止异教。早期基督教带有浓厚的东方神秘主义、禁欲主义色彩。在它广泛传播并被确立为国教的过程中，受到了西方古典文化传统的影响。特别是"教会神学家"（教父）对基督教教义进行了新的阐释、引申和修改，制订了新的宗教原则，使之适应西方社会的需要和西方人的思想方式，便于西方人接受。至奥古斯丁逝世时，基督教文化与希腊罗马文化的融合已经大功告成。正是这一成功的融合不仅使基督教迅速为西方人接受，也使奥古斯丁所创立的基督教神学支配西方中世纪的政治、思想、文化和生活长达千年之久。

　　西罗马帝国灭亡后，奴隶制度也崩溃了，继之兴起的是封建制度。一些遗留下来的旧罗马贵族和日耳曼军事首领及其亲兵们获得大量土地，成为封建主，原来的奴隶、隶农以及日耳曼人中破产的自由民成为农奴。整个社会形成了在封建君主之下的"公""侯""伯""子""男"直至最低一级的"骑士"等的世俗结构和在各国教会主教之下的大主教、主教、修道院长等僧侣贵族的双重封建统治关系网。日耳曼人在入侵的过程中没有冲击教会，相反接受了基督教。在世俗统治者的保护、倡导下，基督教获得了发展机会，出现了"东哥特文艺复兴""加洛林文艺复兴"和"奥托文艺复兴"三次发展高潮。这三次复兴，使基督教吸收了大量日耳曼因素，使古典的希腊罗马文明发展成了中世纪的古典基督教日耳曼综合文明。教皇利奥一世（440—461年）及其后继者宣称，罗马帝国的主教们构成教会的权威，在精神事务中教权高于王权。这样，教皇的职权便摆脱了罗马帝国的控制。1059年罗马主教颁布敕令，宣布教皇选举由枢机主教团（即后来的教廷内阁）担任，此举使教权脱离了世俗权力的控制。12世纪初各国教会主教的选举和任命权也归于教会，世俗政权的干预基本排除。到12世纪中叶，教权取得了超越王权的优势，并且使整个基督教世界成为一个以罗马教廷为中心的松散联邦。在教权扩大的同时，宗教的气氛也笼罩着整个西欧，甚至达到了狂热的程度。经过多次改造的基督教教义（如上帝创世说，原罪救赎说，天堂地狱说，怯懦驯服说）已经成为维护封建统治和教会统治的强有力精神武器。教会给教徒规定了严格的戒律和礼仪，以此来监督控制人们的行动；制造了各种荒诞离奇的鬼怪观念和各种光怪陆离的圣徒、天使、圣徒遗物来恐吓、蒙骗群众；以各种借口对异教徒进行残酷迫害并通过各种手段聚敛大量财产。到14—15世纪，西欧商品经济日趋活跃，城市的数量不断增多、规模不断扩大，以工商业城市为中心形成了地方经济。这种地区经济一体化促进了统一的民族国家的形成。在这种新的历史条件下，自命为基督教世界最高领袖的罗马教皇的权威日渐衰弱，教会的统治地位也愈发动摇。教会大量聚敛资财，教士们不仅自私贪婪，而且道德沦丧，丑闻频传，其神圣性遭到严重怀疑。所有这一切都预示着西方社会将会迎来一个变革的时代。

基督教的道德传统非常丰富，除了德性传统之外，还有道德价值、道德规范、道德情感的传统。[①] 就德性传统而言，有几个方面是值得我们特别注意的：

其一，基督教进一步确立了德性在道德中的地位。德性而非行为是古希腊哲学家关注的重点，基督教更重视人的内在品质，而不重视个人的单个行为，除非它不仅是意志行为，而且是内在道德意向的体现。这种特点尤其体现在道德评价上。吉尔松对此作了这样的描述："罪恶先于外显的行为，而且在许多情形下，与外在行为无关，内在同意已经是一种行为，显示在天主之前，正如外在行为显示在人之前，所以，意志内在合或不合天主的律法，便足以确定一种在道德上完全明确的服从或违犯。"[②]

其二，基督教进一步强调德性对于幸福的意义。最直接的体现是《新约

---

① 关于基督教的道德传统德国的白舍客作过充分的阐述。见［德］白舍客：《基督宗教伦理学》第一、二卷，静也、常宏译，雷立柏校，华东师范大学出版社2010年版。

② ［法］吉尔松：《中世纪哲学精神》，沈青松译，上海世纪出版集团／上海人民出版社2008年版，第277页。

全书》中耶稣基督登山宝训①，其中所强调的就是德性对于幸福的意义。在登山宝训中耶稣谈到人的八种福气，这八种福气几乎都来自于德性。如：谦虚使人有福，清心使人有福，温柔的人有福，同情使人有福。耶稣登山宝训还谈到一些其他个人应具备的德性，如忍让、顺从、宽容等。

其三，基督教进一步突显了信仰、希望和仁爱的德性，尤其是推崇仁爱的德性。"如今常存的有信、有望、有爱这三样，其中最大的是爱。"（《圣经·哥林多前书》13：13）②就信仰而言，《摩西十诫》的第一诫就是诫除了上帝以外信别的神，就是说，只能信上帝。希望则是对来世的希望。既然现实世界是苦难的渊薮，而先知特别是基督宣称千年天国即将到来，那么人们就应当对这种与上帝同在的天国有所希望。当然，有了这种希望，也才会坚定对上帝的信仰。基督教道德的核心是爱，就是爱上帝与爱人的统一。有很多圣经经文说明"爱"是基督教道德观的最重要之点，耶稣的基本精神就是爱：爱上帝，爱邻人，彼此相爱。③"要尽心尽性尽意爱主你的上帝。这是诫命中第一的，且是最大的。其次也相仿，就是要爱人如己。这两条诫命，是律法和先知一切道理的总纲。"（《圣经·马太福音》23：37-40）基督教的爱是博爱，尽管这种博爱的德性和精神在基督教教会中发生了异化，但这种异化是与基督教的本来精神相违背的。更重要的是，基督教的爱是无功利的爱。"爱不寻求任何报答。一旦求报答，便立刻再不是爱。真爱并不须放弃人拥有所爱之物的快乐，因为这个快乐与爱乃属同一性质。爱假如放弃了本来伴随的快乐，便再也不是爱了。所以，一切的真爱都同时既无所求，但却会有回报的。或者更好说：除非爱是无所求的，便不会有回报，因为无所求便是爱的本质。谁若在爱里面只寻求爱本身，不求其他，一定会接受纯爱所

---

①　《新约圣经》是这样记载的：耶稣看见这许多的人，就上了山坐下，门徒到他跟前来。他就开口教训他们，说："虚心的人有福了，因为天国是他们的。哀恸的人有福了，因为他们必得安慰。温柔的人有福了，因为他们必承受地土。饥渴慕义的人有福了，因为他们必得饱足。怜恤的人有福了，因为他们必蒙怜恤。清心的人有福了，因为他们必得见上帝。使人和睦的人有福了，因为他们必称为上帝的儿子。为义受逼迫的人有福了，因为天国是他们的。人若因我辱骂你们，逼迫你们，捏造各样坏话毁谤你们，你们就有福了。应当欢喜快乐，因为你们在天上的赏赐是大的。在你们以前的先知，人也是这样逼迫他们的。"（《圣经·马太福音》5：1-12）

②　关于这三种神学德性，圣经中还有多处作出阐述，如《罗马书》5：1-5；《加拉太书》5：5以后；《哥罗西书》1：4；《贴撒罗尼迦前书》5：8；《希伯来书》10：22-24；《彼得前书》1：2以后。

③　如：《路加福音》10：25-28；《圣经·罗马书》8：32，13：10；《圣经·提摩太前书》1：5；《圣经·约翰一书》3：16-18，4：7-12。

带来的快乐。谁若在爱里面寻求爱以外的其他东西，便会连爱和快乐一起失去。爱只有在不求报答时才能存在，一旦有爱存在便会有报答。"①

其四，基督教进一步发扬光大了法治的传统。基督教重视法律或律法这是众所周知的。基督教继承了犹太教的经典《旧约全书》，其律法的观念为基督教所继承和光大。在《旧约全书》中，有著名的"摩西十诫"②，它被称为人类历史上第二部成文法律。基督教及其教会在某种意义上就是依据这部法律治理的。这种传统正好与罗马德性传统相契合。

其五，基督教肯定人的自由。吉尔松断言："自有天主教思想，便肯定人类的自由。"③因为上帝在创造人类时虽然向人类颁布了律法，但并不强迫人类的意志，仍然让人类有意志自由，可以自由地颁布自己的法律。当然，人类既然是自由的，那就得对自己的追求负责，无论是选择幸福还是祸患完全在人自己，而且人必须自己奋斗，做自己的主人。基督教的这一特点尤其体现在基督教新教的教义之中。基督新教还特别强调"因信称义"（justification of faith）。这里所说的"义"就是被证明是正当的东西，也就是上帝所称赞的善行。那么，怎样才能获得"义"呢？在新教看来，"义"的关键就在于个人的信仰，只要一个人内心真正信仰上帝，他就会得到上帝的肯定，他就是义人。

其六，基督教推进了平等的观念。这种观念在《旧约圣经》中就有明显的体现，后来在《新约圣经》中得到了继承。《旧约圣经》体现了平等的"人神契约"精神：如果人类毁约，就会受到上帝的惩罚。同样，人类也有"神不佑我，我即弃之"的权利。基督教宣布普救世人，在上帝面前人人平等，上帝对待一切民族毫无差别。黑格尔在谈到基督教在自由平等观念方面的贡献时指出："只有在基督教的教义里，个人的人格和精神才第一次被认作有无限的绝对的价值。一切的人都能得救是上帝的意旨。基督教里有这样的教义：在上帝面前所有的人都是自由的，耶稣基督解救了世人，使他们得到基督教的自由。这些原则使人的自由不依赖于出身、地位和文化程度。这的确已经跨进了一大步，但仍然还没有达到认为自由构成人之所以为人的概念的

---

① ［法］吉尔松：《中世纪哲学精神》，沈青松译，上海世纪出版集团/上海人民出版社2008年版，第227—228页。

② "摩西十诫"在《圣经》出现了两次，一次是在《出埃及记》：20，另一次是在《申命记》：27。两次的表述方式不同，但基本内容是一致的。

③ ［法］吉尔松：《中世纪哲学精神》，沈青松译，上海世纪出版集团/上海人民出版社2008年版，第245页。

看法。"①

从以上几个方面看来，有学者认为 14 世纪欧洲文艺复兴以来提倡的自由、平等、博爱是来自于基督教精神的这一看法确实是有一定根据的。最后需要指出的是，早期基督教教会在传播基督教德性观念并在基督教世界推进基督教德性践行方面发挥过重要的积极作用，但后来的中世纪基督教教会逐渐蜕变，致使人们认为它所宣扬的基督教德性观念是虚伪的观念。

二、西方古代思想家对德性问题的探索

在古希腊罗马和中世纪，不少哲学家、法学家以及基督教神学家对德性现象和德性问题进行自觉的思考和探索，形成了不少有价值有影响的德性思想。这些思想不仅对西方古代德性的形成发挥了非常重要的作用，而且其本身也具有重要的历史和学术价值。

（一）古希腊罗马哲学家对德性问题的反思及其成就

德性问题是古代希腊罗马道德思考与探索的中心问题，在相当大的程度上可以说古希腊罗马的道德思想就是德性思想。需要指出的是，古罗马时期的哲学思想及德性思想是对古希腊时期的哲学思想及德性思想的继承和发展，两者是一脉相承的。

古希腊哲学家对道德的思考并不是与对自然及其本体的思考同步的。古希腊哲学起源于对自然问题的思考与探索，在时间上可追溯到公元前 6 世纪。然而，古希腊哲学家对道德问题的思考和探索大致上开始于公元前 5 世纪。推动哲学家关注人生问题、道德问题的重要原因之一是希腊民主制的繁荣。希腊民主制的标志性形式是作为城邦最高权力机关的公民大会。

古希腊公民大会起源于公元前 11—前 9 世纪的荷马时代，当时称人民大会。人民大会由王或议事会召集，全体成年男子（战时的全体战士）参加，他们讨论、决定部落各项重大问题，并通常用举手或喊声表决。城邦建立后，希腊多数城邦都设立此类大会，在雅典称公民大会。在梭伦改革之前，战神山议事会曾取代公民大会成为国家权力结构的中枢，贵族借助这个机构操纵了立法、行政、司法等大权。梭伦恢复了公民大会，使它成为最高

① ［德］黑格尔：《哲学史讲演录》第一卷，贺麟、王太庆译，商务印书馆 1959 年版，第 51—52 页。

权力机关，决定城邦大事，选举行政官，所有公民，不管是穷是富，都有权参加公民大会。他还设立了新的政府机关——四百人会议，类似公民会议的常设机构，由雅典的四个部落各选一百人组成，除第四等级外，其他各等级的公民都可当选。同时，他设立了陪审法庭，每个公民都可被选为陪审员，参与案件的审理，陪审法庭成为雅典的最高司法机关。后来克利斯提尼又新设五百人会议，取代了四百人会议。在公元前5世纪初，公民大会一年召集十余次，到伯里克利时代，几乎每十天就有一次集会，一般有6000人参加。五百人会议则分成十组，每一组在一年的十分之一的时间里执掌政务，每组的50个人都有权召集公民大会。这一切，标志着雅典政治制度民主化的实现。

在这种直接民主制的社会条件下，公民要参与政事，发表自己的意见，并使自己的意见得到拥护，影响决策，就既需要意见正确，也需要能言善辩。于是，希腊社会特别是在雅典城邦，论辩术、修辞学受到推崇和热捧，一批以教人论辩术和修辞学为职业的老师即所谓"智者"应运而生。在这批智者之中，有一些智者不只是局限于修辞技巧，而且进一步思考和探索人生和社会问题，并提出了一些重要的哲学命题，如著名的"人是万物的尺度"命题。其典型代表就是普罗塔哥拉、高尔吉亚。正是这批智者开了学者从关注自然转向关注社会、人生的先河。西塞罗说，苏格拉底（Socrates，前489—前399）第一次使哲学从天上走入人间，进入城邦生活。他的这种看法已被广泛接受，西方哲学史家们常常以苏格拉底为界将古希腊哲学划分为前苏格拉底哲学和苏格拉底以后的哲学。实际上，真正将哲学从天上拉到人间的是智者们，只不过他们不是典型的哲学家而已。从这个意义上看，说苏格拉底是划时代的哲学家是有道理的，但说他将哲学从天上拉到人间则是不合适的，我们只能说他完成了这一哲学转向，并在真正意义上开启了哲学的新方向。人的问题是非常复杂的，那么苏格拉底将哲学转向了人的哪里呢？他将哲学转向了人的德性。正是他第一次对德性问题进行了系统的思考和探索，并开创了古希腊对德性问题的探索之路。

古希腊罗马哲学家对德性的积极探索主要体现在以下三个方面：

其一，自苏格拉底开始，古希腊罗马除怀疑主义者外几乎所有哲学家都自觉地对德性问题进行探讨，而且将德性问题作为伦理学的主题，甚至作为哲学的主题。苏格拉底的哲学实质上是道德哲学，而他所关注的道德问题就是德性问题。到了柏拉图那里，不仅伦理学主要研究德性问题，他的本体论也是以道德为取向的，善被看作终极的实在和价值，他的"善"理念自然包含了人的心灵的善。柏拉图的德性思想在新柏拉图主义派那里得到了某种程度发挥。而亚里士多德是德性伦理学学科的创立者，德性问题是他伦理学的主题和中心，这为德性伦理学的后来发展奠定了基础，提供了范式。与苏格拉底同时代的德谟克利特虽然没有留下系统的有关德性问题的著作，但他的著作残篇中也包含了比较丰富的德性思想。比如据说他著有专论生活目的的论文，研究过幸福（eudaimonia）的性质，认为人生的理想是过上快乐而知足的幸福生活；幸福并不在于财富，而在于灵魂的善行，人们不应从必死之物中寻求快乐。[①] 他明确提出了智慧的要求："从智慧中引申这三种德性：很好地思想，很好地说话，很好地行动。"[②] 他意识到了善获得的不易："寻求善的人只有费尽千辛万苦才能找到，而恶则不用找就来了。"[③] 他指出了不节制对人的危害："当人过度的时候，最适意的东西也变成了最不适意的东西。"[④] 他解释了什么叫明智："一个人不愁他所没有的东西，而享受他所有的东西，是明智的。"[⑤] 不过，德谟克利特并没有探讨对所有古代伦理学而言最为重要的概念，即德性概念。[⑥] 伊壁鸠鲁的快乐主义将快乐看作是最大的善，而真正的快乐是"身体的无痛苦和灵魂的无纷扰"[⑦]。灵魂的无纷扰就是一种德性完善的状态。他还研究了多种德目，如智慧、明慎、节制、公正、友爱。他认为，明慎是快乐的开始，也是最大的善。[⑧] 他特别重视友谊的重要性："在

---

① ［英］安东尼·肯尼：《牛津哲学史》（第一卷·古代哲学），王柯平译，吉林出版集团有限责任公司 2010 年版，第 306—307 页。

② 《著作残篇》9，北京大学哲学系外国哲学教研室编译：《古希腊罗马哲学》，商务印书馆 1961 年版，第 107 页。

③ 《著作残篇》87，北京大学哲学系外国哲学教研室编译：《古希腊罗马哲学》，商务印书馆 1961 年版，第 107 页，第 111 页。

④ 《著作残篇》168，北京大学哲学系外国哲学教研室编译：《古希腊罗马哲学》，商务印书馆 1961 年版，第 107 页，第 118 页。

⑤ 《著作残篇》166，北京大学哲学系外国哲学教研室编译：《古希腊罗马哲学》，商务印书馆 1961 年版，第 107 页，第 118 页。

⑥ 参见［英］安东尼·肯尼：《牛津哲学史》（第一卷·古代哲学），王柯平译，吉林出版集团有限责任公司 2010 年版，第 308 页。

⑦ 《致美寇的信》，北京大学哲学系外国哲学教研室编译：《古希腊罗马哲学》，商务印书馆 1961 年版，第 107 页，第 368 页。

⑧ 参见《致美寇的信》，北京大学哲学系外国哲学教研室编译：《古希腊罗马哲学》，商务印书馆 1961 年版，第 107 页，第 369 页。

智慧提供给整个人生的一切幸福之中，以获得友谊为最重要。"①斯多亚派更是典型的德性主义学派。在他们那里，伦理学是哲学的中心，而德性问题是伦理学的中心问题。

其二，古希腊罗马哲学家深入并广泛地探讨了有关德性的一些主要问题。从历史演进的角度看，古希腊罗马哲学家是从对幸福与德性的关系探讨入手的，进而探讨德性的本质及其表现以及两者之间的关系。这最初就是苏格拉底所做的工作。苏格拉底主要探讨了德性的三大基本问题：一是德性的指向问题（德性与人生的关系问题），二是德性的本质，三是一般德性与具体德性的关系问题。他的研究表明，西方德性思想一开始就深入到了德性的形而上学问题。此外，他还研究了德性的可教性问题。之后，古希腊罗马哲学家在苏格拉底的基础上又进一步做了三方面的工作：一是对苏格拉底探讨过的问题进行更深入的探讨，或进行商榷和讨论。例如，柏拉图认为德性是理念，并不只是智慧和知识；亚里士多德将德性分为理智的和道德的，但并不强调两者是统一的。二是对德性问题进行了拓展研究。后来的哲学家都注重研究不同的德性，或者将德性分成不同的类型。他们从对德性与智慧和理性关系的角度研究了德性的分类问题。三是对一些相关的重大问题进行了专门的深入研究和讨论。其中比较突出的问题包括作为德性指向的幸福问题、德性的基础问题、德性的形成问题等。除了德性的一般性重大理论问题之外，还大量探讨了社会德性问题，特别是理想国家应确立的目标、应具备的德性、应采用的政制或政体、社会德性的形成等问题。

其三，古希腊罗马哲学家对德性问题的探讨取得了巨大的成就。古希腊罗马哲学家不仅注重对德性问题的反思和探讨，而且形成了德性问题研究的丰富成果。其中最具有代表性的成果可以划分为三个部分：一是柏拉图的对话。早期对话的相当一部分是记录苏格拉底关于德性问题的对话，这些对话的主题就是德性问题。其中有影响的是《拉开斯篇》(*Laches*)、《尤泰弗罗篇》(*Euthyphro*)、《普罗塔哥拉篇》(*Protagoras*)、《米诺篇》(*Meno*)等。柏拉图对话中有相当一部分是表达他本人的德性思想的，如《会饮篇》(*Symposius*)、《国家篇》(*Republic*)等。二是亚里士多德的著作。其中最有影响的是《尼各马可伦理学》，在他的《大伦理学》、《优台谟伦理学》、《论善恶》以及《政治学》和《形而上学》等著作中也有丰富的德性思想。三是

---

① 《著作残篇》28，北京大学哲学系外国哲学教研室编译：《古希腊罗马哲学》，商务印书馆1961年版，第107页，第346页。

斯多亚派的著作。斯多亚派的一些著作没有流传下来，就流传下来的而言，比较有影响的是塞涅卡的《幸福生活》（*The Happy Life*）、《生命的短暂性》（*The Shortness of Life*）、《通信集》（*Letters from a Stoic*）；西塞罗的《论友爱》（*Laelius: On Friendship*）、《论责任》（*On Duties*）、《论德性》（*On Virtues*，残篇）、《论共和国》（*On the Commonweath*）、《论法律》（*On the Law*）等；爱比克泰德弟子阿利安记录下来的《爱比克泰德谈话录》（*Arrian's Discourse of Epictetus*）；马可·奥勒留的《沉思录》（*Meditations*）。所有这些著作都对后世产生了重要影响，是人类德性思想史上的宝贵遗产。

（二）教父哲学家对神学德性的阐释

基督教《圣经》中包含的德性观念是零散的。在尼西亚会议使基督教合法化之后，需要对《圣经》中的观念以及争论的各种主张予以综合和提升。这项任务主要是由教父思想家（亦称"教父哲学家"）完成的。教父（拉丁文为 Pater，英文为 Father）原本是基督教徒对教会主教的尊称，后来用于称呼教会中的神父，特别是主持忏悔的神父。早期基督教的权威思想家被统称为教父。"教父是基督教实现大统一过程中教义的传播者、解释者和教会的组织者。一般认为，教父有四个特征：持有正统学说，过着圣洁生活，为教会所认可，活动于基督教早期（主要集中在 2 世纪至 4 世纪）。"[1] 教父思想家在使希腊罗马理性思想模式适应基督教信仰的同时，也使《圣经》中的神学德性观念得以系统化。

"基督教的希腊传统是早期基督教的主流。"[2] 在基督教传入希腊的过程中，思想家们发现他们的信仰很难为希腊文化所认同，于是学习并运用希腊哲学为基督教信仰辩护，这些人被称为护教士。护教士在处理基督教神学与希腊罗马哲学的进路和方法方面都深受犹太思想家斐洛（Philo of Alexandria，约公元前 20—公元 50）的影响。斐洛使用寓意解经法，从旧约经典出发，面向希腊罗马世界说话。他在对旧约实施寓意解经的过程中，经常使用希腊哲学观念，希腊哲学由此在犹太思想背景中得到运用、阐释和扩展。他根据柏拉图主义将灵魂分为理性、高尚的灵和欲望三部分，灵魂的理性部分是首要的，高尚的灵次之，欲望第三。在他看来，希伯来圣经阐释了一种沉

---

① 赵敦华：《基督教哲学 1500 年》，人民出版社 1994 年版，第 77 页。

② 汪子嵩、陈村富、包利民、章雪富：《希腊哲学史》（4）下，人民出版社 2010 年版，第 1421 页。

思的生活，这就是信仰。信仰更准确地体现了理智德性的内涵。犹太人的信仰不是狂热的非理性的迷信，而是理智德性的真正高峰。因此，希腊哲学倡导的典雅而高贵的生活方式在犹太经典中才有真正的实现方式，希腊哲学的理性主义在犹太信仰的视野下才得到了真正实现的方式。① 为了使信仰进入希腊的主流文化，护教士继续推进斐洛所从事的把希腊哲学运用于圣经诠释事业，把希腊哲学用作信仰的理性表达。经过他们的努力，最终在 2 世纪的护教士伊利奈乌（Irennaeus）那里使基督教的救赎观念与希腊教化观念结合在一起，他强调成圣不是出于柏拉图所谓的道德自律，而是出于神的恩典。人的灵魂和身体的圣洁以及由此获得的整个人的圣化是三位一体神工作的结果。这不是借着人自身的本性做到的，而完全是借着神的恩典。

在伊利奈乌之后，东方（希腊）出现了一批教父，较早的有奥利金（Origen，约185—251），后来有比较著名的"四博士"，即阿塔那修（Atha-nasius，296—373）、纳西昂的格列高利（Gregory of Nazianzenus，约329—390）、巴兹尔（Basil，330—379）和约翰·克里索斯顿（John Chrysostom，347—407）。其中卡帕多西亚教父② 是东方基督教传统结晶而成的璀璨的神学典范。他们不像亚历山大里亚的克莱门（Clement of Alexandria，出生日期不详，死于约215年）和奥利金那样将希腊哲学与基督教并重，而是回到以基督教为主导。三位一体神学是卡帕多西亚教父基督教思想体系的基石，他们把它看作是"首要的教义"。与三位一体神学相一致，卡帕多西亚教父秉承柏拉图主义传统，主张上帝先创造人的理念，再据此创造具体的人的"二次创造论"。他们根据"二次创造论"阐释人的罪性和救赎问题，认为罪性的自我是一种与上帝分离的个体。这样的人不再是普遍的人，因为他不再把自我建立在与永恒的联系之中，而是建立在与变化的世界的关系之中。罪不是一种伤疤，而是一种权势，它不仅不会自动脱落，而且还会自动增长。在罪出现之前，人原初的平衡已经出现危机，这是每个人的生活中都经常出现的问题。在这种情况下，人就无法分辨善恶。善恶不只是知道为什么的问题，而且是人是否整全地存在的问题。当罪进入人里面时，这种整全

---

① 参见汪子嵩、陈村富、包利民、章雪富：《希腊哲学史》（4）下，人民出版社 2010 年版，第 1424—1425 页。

② 卡帕多西亚位于土耳其境内，是当时罗马帝国的一个省份，卡帕多西亚教父主要指纳西昂的格列高利、巴兹尔以及尼撒的格列高利（Gregory of Nyssa, 335—395）。他们都是卡帕多西亚人，故而得名。

性已经被摧毁。这时即使恶裸露其本性，并且被知道为恶，人也会知恶而行恶。在他们看来，情欲就其创造的本性而言并不是恶的，关键是我们的自由意志对它的使用，它可以成为德性或恶性。恶对于人的根本性损害在于它已经处在人的自我控制之外，因此人就不能自我救赎。当恶最后变成罪时，罪就使人的欲望以一种表现为善的方式即快乐而泛滥成灾。在卡帕多西亚教父看来，善和恶的症结既不在于身体，也不在于情欲，而是在于自由选择的能力。尽管因为亚当的堕落使人的本性败坏，向善的意志被削弱，但人并不完全服从这一本性的统治。人除了染上了"兽性"的一面外，还有从"神的形象"所获得的"神性"的一面。因此，问题的关键就在于如何用"神性"指导人的"自由意志"，以根除"兽性"。希腊哲学主张通过教化实现灵魂的转向，而教化是一个内在改变的历史，也就是激发人有爱智的本性。卡帕多西亚教父则认为教化是内在性的净化过程，并且重新参与到与上帝的内在性关系之中。在他们看来，上帝的一切惩罚都是灵魂回归上帝的德性教化过程。只有借着所遭受的苦痛，基督徒才会意识到自身努力的无效和灾难。人要回到真正的善，就要回到人与上帝的关系之中，就要像追求情人一样去狂恋神，追求与神合一，仿效基督，接受上帝的拯救，促成灵魂的升华。这样，以卡帕多西亚教父为代表的希腊教父就完成了从古希腊的"爱智"到"爱基督"的转化。

差不多在东方教父思想家出现的同时，西方也出现了一批教父思想家，他们用拉丁语写作，因而被称为拉丁教父。第一位用拉丁语写作神学著作的是德尔图良（Tertulliannus，160—222），后来也有著名的"四博士"，即安布罗斯（Ambrose，约339—397）、哲罗姆（Jerome，约349—420）、奥古斯丁（Aurelius Augustine，354—430）、大格列高利（Gregory the Great，约540—604）。拉丁神父认为信仰不能以常识和理性加以衡量。德尔图良把哲学看作是与基督教格格不入的异教徒的智慧，异端就是哲学教唆出来的，因而哲学家比其他异教徒更危险。他在《论基督的肉身》中提出："惟其不可信，我才相信。"拉丁教父认为，灵魂本身既不善也不恶，既非有理性亦非无理性，具有非决定、不确定的本性。因此，人并不是理性的动物，并不具有比动物更高的理性。但是，人的动物性可以上升到神性，而只有基督教信仰才能实现人的这一转变。灵魂也并非注定不朽，只有那些追求上帝的灵魂才是不朽的，而背离上帝的灵魂，其命运是毁灭。他们认为，只有这种灵魂观才能教诲人们趋善避恶、虔诚信神。有的教父用宗教解释智慧，认为真正的智慧与真正的宗教是同一的，因为没有智慧不能从事任何宗教，没有宗教无法证实任何智慧。他们指责希腊罗马文化将智慧与宗教分离开，认为只有基督教才使智慧与宗教完美地结合起来。正因为如此，希腊哲学缺乏对大众生活的影响力，而基督教的影响力则在于它的伦理道德能够为人们的精神生活提供指导原则。

（三）经院哲学家对德性问题的神学阐释

继教父哲学之后，罗马哲学家波爱修（Anicius Manlius Severinus Boethius，480—525 年）翻译、注释亚里士多德著作，成为连接古代哲学与中世纪哲学的桥梁。他针对罗马新柏拉图主义哲学家波菲利（Porphyrios，233—约 305）关于普遍与个别的三个问题（即共相是独立于人的理智而存在的普遍实质，它们是无形的，并且存在于可感事物之中），作出了自己的回答，认为共相存在于具体事物之中，而共相本身却不是物质性的。波爱修之后的 300 年间，古典文化没落，只有一些人作了若干保存古典文化的编纂工作，在历史上被称为"黑暗时代"。直到 9 世纪，爱尔兰的爱留根纳（John Scotus Eriugena，约 810—877）才再次探索哲学问题，并因此被称为"中世纪哲学之父"。他运用新柏拉图主义哲学阐述基督教信仰，但这对西欧哲学思想未产生重要影响。9 世纪末以后，西欧不断遭受马札尔人、萨拉森人、北方维金人袭击，查理曼帝国瓦解，文化学术停滞衰微达一世纪之久。

自 11 世纪开始，亚里士多德哲学著作与阿拉伯哲学传入西欧，各种基督教异端思想兴起。在这种情况下，由教会或修道院兴办的学校出现了一批为维护基督教信仰而将权威的规定与科学的论证结合在一起的经院哲学家。波菲利所提出、波爱修所探讨的共相问题逐渐成为经院哲学家们激烈争论的焦点，对于这个问题的不同回答导致了实在论与唯名论两种对立的基本观点。实在论站在柏拉图的立场上，主张共相是独立于个别事物的客观实在，是比个别事物更加根本和更加实在的一般实体；而唯名论则坚持亚里士多德主义的观点，主张只有个别事物才是真正的实体或实在，共相作为普遍本质只能存在于可感事物之中，作为抽象概念只能存在于人的思维和语言之中，是人们用以表示个别事物的名称或符号，它不能脱离可感事物和思想而独立存在。

11 世纪中叶，法兰西都尔教堂学校校长贝伦伽尔（Berengarius of Tours，约 999—1088）以辩证方法论证教会圣餐仪式中的饼、葡萄酒并未因神甫祈祷而变成基督身体、血液，圣餐只不过具有象征意义。他认为，个别事物才是真实的，共相不过是名词，这种理论后来被称为唯名论。贝伦迦尔虽遭教会谴责，但继起的一批游方学者却到处讲学，用辩证方法向基督教传统信条挑战。11世纪末，法兰西神甫罗瑟林（Roscelinus，约1050—1125）提出，只有个别的具体事物才是真实的，"一般"只是代表许多事物的名词，不是客观实体。安瑟尔谟（Anselm, Anselmus, 1033—1109）则指控罗瑟林否认三位一体的上帝，他认为观念就证明存在，人既具有上帝的观念，就证明上帝在现实中存在。这种以观念为实体的理论被称为实在论。他试图把辩证法引入神学作为论证神学的信条的工具，他因此而被称为"经院哲学之父"。他还用同样的方法论证基督教关于三位一体、道成肉身、圣母童贞、原罪等信仰，并把信仰当作理解的前提，主张"信仰寻求理解"。"安瑟尔谟伦为基督教思想开启了一个新的时期。"[1]

12世纪上半叶，罗瑟林的弟子阿伯拉尔（Peter Abélard, 1077—1142）依据亚里士多德哲学，认为共相不是实体，而是用以判断种、属内同类事物的共性的词语。同时，他也不赞成安瑟尔谟的"信仰寻求理解"的观点，主张"信仰导致理解"，要求把信仰建立在理性的基础上，通过对每一个词语或概念的理解来树立起正确的信仰。阿伯拉尔学派与维克多学派相互影响，发展成了这样一种神学研究方法，即在以《圣经》和教父的权威为根据开展理性探讨的同时，设法不超出正统化的范围。这种研究方法在伦巴德人彼得（Peter Lombard，约1100—1163）那里达到了顶点。他编纂的内容分为上帝、创世、道成肉身和救赎、教会七项圣事的《格言四书》，成为中世纪后期神学的主要教科书，一直到16世纪末17世纪初，其地位才为托马斯的著作所取代。

唯名论与实在论之争在11世纪末叶至12世纪中叶之间达到高潮，这一争论促进了理性思辨的发展，并为其后哲学从神学中逐步分离做了思想准备。13世纪西欧出现各家争鸣的局面。基督教教会当局及正统神学家以波拿文都拉（Bonaventure，1221—1274）为代表，尊崇奥古斯丁的哲学思想，认为一切知识都来自神的启示，只能依靠信仰，而不能依靠感官去认知。他反对亚里士多德哲学，认为它威胁基督教信仰。在新兴的大学，希腊、阿拉伯、犹太与拉丁文明汇集并相互激荡，亚里士多德哲学在这个过程中逐渐取

① ［美］胡斯都·L.冈察雷斯：《基督教思想史》第2卷，陈泽民等译，陈泽民等校，译林出版社2010年版，第166页。

得优势地位。自 13 世纪中叶大阿尔伯特（Albertus Magnus, Albert the Great，1200—1280）开始，罗马公教会的多米尼克修会僧侣不再以信仰而是以理性解释自然。大阿尔伯特大量介绍亚里士多德著作，特别对动物学、植物学研究中的观察与实验感兴趣，认为自然界的知识与启示真理不同。他接受犹太哲学家迈蒙尼德（Mōsheh ben-Maimōn，1135—1204）区别信仰与理性的主张，把哲学从神学中分离出来，认为神学研究启示真理，哲学研究自然经验，理性无法解释信仰，它自有其研究领域。他的学生托马斯·阿奎那（Thomas Aquinas，1224—1274）进一步改变了自奥古斯丁以来基督教神学认为理性来自启示的信仰、理性与信仰不可分的主张，明确将信仰与理性划分为不同领域，并以感官为人类知识的来源，从而为经院哲学注入了新的内容。从古希腊巴门尼德到中世纪的思想家，都曾对不断变动的世界与相对稳定的观念之间的矛盾提出不同的回答。中世纪思想家多半追随奥古斯丁，以柏拉图的解释为依据，使现实服从于理念；托马斯则从变化的现实世界出发，把亚里士多德提出的"第一动因"与基督教信仰中的上帝相结合，运用亚里士多德的潜能与现实的思想来分析存在，认为在非存在与现实存在之间，潜能是未确定的存在，还未曾具有形式，是未实现的存在。托马斯从这种理论出发，不同意安瑟尔谟关于上帝的本体论的证明，也不同意波拿文都拉关于创世有时间之始的论证，认为创世说无法证明，也无从确知，只能作为信仰接受。他虽从存在出发，以感官为知识来源，确认理性有其活动领域，但仍认为理性和一切知识并非独立，而是信仰的补充，其作用只是支持基督教的信仰。

13 世纪 30 年代以后，亚里士多德的著作开始在巴黎大学讲授并逐渐被列为必修课程。亚里士多德的引入，特别是托马斯·阿奎那所做的综合工作，使基督教进一步理性化，自由思想也随之获得发展，出现了阿维罗伊主义。阿维罗伊主义者主张像阿维罗伊那样忠实于亚里士多德思想，反对按柏拉图主义解释亚里士多德的著作，尤其反对出于维护神学教义的需要而改造、割裂亚里士多德学说。阿维罗伊主义的活跃招致正统神学家的不满，最终导致教皇于 1277 年命令严查。其结果是，219 个论题遭到谴责并禁止讲授，凡是继续坚持这些主张的人一律开除教籍。这就是所谓的"七七禁令"。在被禁止的论题中有一些是关于意志的非正统的观点，如"人按意欲行动，并总按更强烈的意欲行动"；"当所有障碍取消之后，意欲必然为可欲对象所动"；"意志必然追求理性确定了的东西，它不会偏离理性的指示。但这种必然性不是强制性，而是意志的本性"；"灵魂的高级能力中没有罪，因此，罪来自情感，而不是来自意志"；"幸福在现世，而不在另外的世界"；等等。[①]这个禁令的出台一方面表明当时亚里士多德主义特别是托马斯主义的影响不断扩大，另一方面也表明托马斯主义尚未完全获得正统地位。不过，约半个世纪之后，这些禁令就名存实亡了。

14世纪初，城市手工业、商业得到了进一步发展，市民阶级兴起，罗马公教会逐渐衰落。怀疑主义和人本主义思潮逐渐抬头。基督教神学家面对理性主义冲击基督教信仰的情况，谋求将宗教信仰与理性进一步分离。唯名论者约翰·邓斯·司各脱（John Duns Scotus，1266—1308）以其意志主义著称，他赞同阿维森纳关于"上帝不是形而上学的主题"的观点，认为上帝的问题属于神学而不属于哲学，哲学与神学各有其独立的研究领域和原则。哲学是一门独立的学科，不应该与神学混为一谈，更不应从属于神学。以提出"思维经济原则"（即所谓"奥卡姆剃刀"）著称的晚期唯名论最重要代表奥卡姆的威廉（William of Ockham，约1280—1349），继承了司各脱的意志主义以及哲学与神相区分的思想。他认为上帝在意志方面是绝对自由的，而在能力方面则无所不能，因而我们对上帝的属性和活动不可能有知识，要想用逻辑来推断上帝的性质和行为，那只会是徒劳的。上帝的全能与绝对自由是信仰的范围，不能用理性去论证。世界是由个别物体所组成，对世界的知识只能来自直接观察和对已知真理的演绎，一切知识都要以事实为标准。奥卡姆的这一思想促成了对中世纪基督教信仰的怀疑主义思潮，成为以后经验主义思潮的先导，同时也标志着经院哲学的没落。也许正因为如此，奥卡姆标志着经院哲学的终结，也标志着中世纪哲学的衰落。

16世纪末至17世纪初，在天主教教会的反宗教改革运动中，经院哲学在西欧再度抬头，通称"后期经院哲学"。它在逻辑与形而上学方面进展不多，主要贡献在自然法理论方面。它从上帝的全善推论在自然秩序中的人的理性和意志，认为这是自然法基础。这一思想后来发展为荷兰法学家格劳修斯（Hugo Grotius，1583—1645）的法学理论。他是近代西方资产阶级思想先驱，国际法学创始人，被同时尊称为"自然法之父"和"国际法之父"。

以上所述的是经院哲学演进的大致过程。在这个过程中，经院哲学家围绕共相的实在性问题从基督教神学的角度对德性问题作了较为有深度的探

---

① 参见赵敦华：《基督教哲学1500年》，人民出版社1994年版，第445—446页。

讨。其突出的特点是更关注作为德性基础的善恶及其根源意志自由问题。

在经院哲学家中，对德性问题作最完整系统研究的，当数托马斯·阿奎那。他在调和奥古斯丁和亚里士多德的德性思想的基础上，构建起了庞大的基督教神学德性伦理学体系，其内容极其丰富。就对德性问题的直接回答而言，他吸取了亚里士多德关于幸福、德性和智慧等德性伦理学的基本概念。不过，就此而言，他也有两个方面明显地不同于亚里士多德。其一，在理智德性和道德德性之外增加了神学德性，神学德性是意志遵循上帝启示和使徒教导而培养出的好习惯，即信仰、希望、仁爱。在这方面托马斯接受了奥古斯丁的主张，将奥古斯丁的观点与亚里士多德的观点糅合起来，将亚里士多德作为理智德性的实践智慧称为明慎，并加上公正、刚毅（相当于古希腊的"勇敢"）和节制，称为"四主德"。这"四主德"加上三种神学德性就构成了后来天主教的神学七德。其二，在德性伦理学中引进了"本性法"（lex naturalis，亦译为"自然法"）的概念，并对自然法作了相当充分而深入的研究。其所说的自然法并不是指自然界的一般规律或法则，而是指人的本性的法则，因而更准确的译法应为"本性法"。它是直指人心、见诸人心的不成文法，它以自然的方式无声无息地支配着人的行为。在托马斯看来，自然法是道德准则的来源和依据，也是宗教戒律、教会和国家法律的来源和依据。自然法的引进，克服了古希腊德性伦理学只重视德性而忽视规范的偏颇，同时也为伦理学研究的重心从德性转向规范作了准备。值得注意的是，托马斯的德性思想是与他的神学思想紧密相连的，是他神学思想体系中的一个重要组成部分，有着独特思想和学术价值。因此，我们不能简单地认为托马斯的德性思想是亚里士多德德性思想的神学翻版。

从目前所掌握的资料看，除托马斯·阿奎那之外，其他经院哲学家较少直接研究德性问题，更多的则是关注信仰的对象本身以及更一般的共相的实在性问题。不过，他们研究的一些问题是与德性相关的，其中最值得注意的是意志自由以及善恶问题。对这两个问题的研究是始于奥古斯丁，他将恶分为物理的恶、认识的恶和伦理的恶，并认为只有伦理的恶才称得上罪恶。在他看来，伦理的恶起源于人的自由意志。其早期观点认为，上帝并不干预人的意志的自由选择，上帝只对自由选择所产生的善恶后果进行奖惩。上帝的恩典主要表现为赏罚分明的公正，而不在于帮助人们择善弃恶。但在与佩拉纠教派的斗争中，他改变了早期的观点，针对佩拉纠教派认为人可以通过择善从流获得拯救而不需要上帝的恩典的观点，强调没有上帝的恩典人的意志不可能选择正当的秩序和真正的幸福。在他看来，上帝在造人时曾经赋予人自由意志，但自亚当犯了"原罪"之后，人的意志已被罪恶所污染，人已经被罪恶所奴役，失去了自由选择的能力。奥古斯丁的这种极端观点引起了后来经院哲学家的争论。

安瑟尔谟最早将如何调和人的意志自由与上帝的恩典作为重要的神学问题，并运用辩证法对这种问题进行了细致的辨析和缜密的思考，力图克服以前神学理论的不圆满和不协调之处。他首先对意志概念进行了分析，认为意志具有使灵魂自由并作出选择的功能，这种功能具有倾向性，而它的运作就是有意的行为。他的基本结论是，意志自由是人行善的能力。针对奥古斯丁及其他神学家认为人滥用了意志自由选择了恶而犯罪的观点，他指出：意志就其本性（选择功能）而言绝无选择恶的可能，只是在外界的影响下可以倾向于善或恶。就是说，选择善或恶只是意志的一种倾向，而不是意志的本性。人类犯"原罪"之后并没有丧失自由意志，只是不能够运用自由意志，丧失了向善的选择倾向，需要上帝的恩典才能运用自由意志，恢复向善的倾向。

阿伯拉尔反对安瑟尔谟的这种把人的意志的倾向说成是罪恶根源的正统神学观点，认为恶或罪恶是对上帝不尊敬或藐视导致的。他认为人的灵魂本身具有不完善性的缺陷，但"缺陷"与"罪恶"是两个概念。前者是人所共有的自然倾向，后者则是自愿与心中具有的犯罪倾向结合的结果，将犯罪的倾向变成犯罪的意图是一个自觉的选择过程。犯罪的倾向是可以抵制的，犯罪的意图就是对之不加抵制的结果。他认为，犯罪的心理过程是这样的：首先是犯罪意图的产生，随后在这种意图的作用下想象犯罪会产生的快乐，并由此激起邪恶的欲望，邪恶的欲望占据心灵便产生作恶的意志，最后由意志实施邪恶的行为。"阿伯拉尔在意志与意图或意向之间作了区别。严格地说，意志是为了某物而对某物有欲望；罪孽不在于实施意志而在于行为意图。没有意志的情况下也可能有罪（如一个逃亡者在自卫时杀人），也有不良的意志却并无犯罪（如人不受自控的欲望）。"[1] 在他看来，意图决定着善恶与否，意图实施与否、实施成功与否不能加强或减轻善恶的价值，效果大小与否不能改变意图本身。因此，邪恶的根源在犯罪的意图。他说，"上帝重视的不是所做的事，而是做这事时的心理；行为者赢得的惩罚奖赏，不在于他的行

---

① ［英］安东尼·肯尼：《牛津哲学史》第二卷·中世纪哲学，袁宪军译，吉林出版集团有限责任公司2010年版，第261页。

为，而在于他的意图。"① 因此，一个邪恶的意图会糟蹋一个善良的行为，一个没有完成的善良意图同一个善良的行为一样值得赞扬，同样，邪恶的意图同邪恶的行为一样应遭到谴责。此外，他还特别重视理性和智慧，认为它们是德性之源，强调要用理性去发现上帝的启示。他完全赞成苏格拉底的德性是知识的观点和只有经过反省的人生才是有价值的观点，从他写的《伦理学或认识你自己》一书的书名就可以看出这一点。

托马斯·阿奎那对意志及其自由、意志与行为的关系作了更深入系统的研究，他承认意志自由的存在，承认意志的向善倾向，但认为意志的向善倾向并不总是朝向上帝的，道德活动也并不总是表现为宗教活动。在托马斯之后，司各脱和奥卡姆也讨论了自由意志和善恶问题。

司各脱针对"七七禁令"提出了意志主义，认为上帝的本质在于理智和意志，世界的终极原因是上帝的自由意志，因此世界是偶然的存在。同时，理智和意志也是人的灵魂的两种功能。他不同意托马斯等人认为意志有外在的动力因的看法，认为意志不受外部对象支配，也没有动力因。司各脱的基本观点是，意志在理智之后，并以理智为必要条件，但意志优于理智，因为意志可以决定理智去思考这一个或那一个对象，改变这一个或那一个对象。司各脱认为上帝的意志绝对自由，人的有限理性不可能理解上帝。他讨论了上帝的意志与人的意志的关系，认为人的有限意志以上帝的善为终极的善，意志的善在于服从上帝、热爱上帝。要热爱上帝就必须自觉自愿并知道什么是上帝的意愿。意志自由和正确理性分别满足这两个条件，意志自由选择的善与正确理性判断的善必然是同一的，两者的配合集中表现在人对自然法的理解上。自然法对于正确理性而言是自明的真理，理性可以正确地判断哪些人为的戒律、法律直接表达或符合自然法。自然法加诸灵魂之上的无形命令是人的良知无法拒绝、意志不能不遵循的道德规范。由此看来，司各脱虽然强调意志高于理智，意志在世界、灵魂和道德中起决定性作用，但意志在理智所能提供的范围内自由活动，意志的偶然性不能违反逻辑可能性。因此，他的意志主义是理性主义的。他认为，自由不仅在于选择达到预定目标的方法，而且在于对彼此独立的甚至竞争的终极目标的选择。在他看来，恶行的原因不是理解，而是自主性意志。意志选择的正确与错误是由该选择是否符合上帝的律法决定的。司各脱赋予了上帝律法以突出的地位。他虽然同

---

① Peter Abélard, Ethica or ScitoTeIpsum (Ethics or Know Yourself), c.3.

意亚里士多德和托马斯关于人类具有追求幸福的自然倾向（他称之为 affec-tiocommodi）的观点，但同时又认为追求公正也是人的自然倾向（他称之为 affectioiustitiae），而对公正的自然愿望就是服从道德法则的倾向。人的自由就在于在道德和幸福的冲突中保持平衡的能力。在他看来，幸福不是一个人一生中唯一的目的，一个人可能为了另一个人的幸福规划自己的一生，或者为了某个此生不可能实现的事业规划自己的一生。例如，一个人可能为照顾病重的父母而放弃情投意合的伴侣以及自己所热爱的事业。我们不能说这些人只要做他们自己想做的事情就是在追求自己的幸福。

　　奥卡姆提出了一种比司各脱更彻底的意志主义观点。司各脱认为上帝的意志以上帝的理念为选择对象，奥卡姆则否认了上帝的意志与理智的区别，认为上帝意志不通过理智中的原型而直接创造了世界。同时，人的道德活动也是上帝意志直接偶然地决定的。他虽然也把律法而不是德行置于伦理学的核心，但更强调上帝颁布律法的绝对自由，认为人类行为的道德价值完全来自于上帝至高无上的、绝对自由的意志。奥卡姆也同意自由是人类根本的特点以及意志独立于理性观点，他甚至也认为个人对于终极目标的选择也是自由的，个人可以拒绝选择幸福作为他的终极目标。意志可以自由选择，因而才有善恶之分，但只有以上帝为终极目标的意志才是善的意志，否则就是恶的意志。所谓善就是使自己的意志服从上帝的意志，愿意做上帝允许他做的事，不愿意做上帝禁止做的事。上帝的意志是完全自由的、偶然的，因此它完全有可能命令一个人去做自然法要求的事情。然而，这并不能成为逃避责任的借口，因为任何道德行为不仅出自上帝的意志，也出自人的正确理性（recta ratio）。正确理性是对于自己意志是否服从上帝意志的一种意识，它可以使人在具体环境中识别善恶，判断是非。他强调，每一正当意志都服从正确理性，除非服从正确理性，否则无道德德性、无德性行为可言。服从上帝意志与服从正确理性是一致的，如果一个人按照上帝的意愿去杀人，那也只是因为他意识到这样做是服从上帝命令的正当理由。到了奥卡姆这里，上帝的意志在理论上已经成为多余的东西，没有上帝，他的意志主义也自成一体。在其伦理学中奥卡姆还突出了"义务"（obligation）的概念，认为人类被上帝赋予了义务。义务就是做与道德规范相符合的行为，只有这样的行为才具有道德价值。一个行为要符合道德规范，必须符合正确的理性判断，并是完全为了这一理由而完成的。这种正确的理性判断就是他所说的良心。我们之所以要遵循理性和良心，是因为上帝命令我们这样做。

三、西方古典德性思想传统与西方古代德性传统

西方古代思想家对德性的思考与探索有一个复杂的形成和演进过程，在这个过程中形成了西方古典德性思想的传统。这个传统虽然是西方古代德性传统一个组成部分，但其形成和演进并不是与整个西方德性传统完全同步的。西方古代德性传统是三个源头交汇的结果，而西方古典德性思想传统则基本上是在古希腊德性思想的演化过程中形成的。古希腊德性思想在其发展的后期，融合了罗马德性思想，再后来又融合了古希伯来德性思想，并转换成基督教德性思想。它不是三种德性思想的汇合，而是希腊德性思想在吸收其他思想过程中发生转换和演变。最后在基督教中，西方古典德性思想传统与西方古代德性传统才真正成为同一历史过程。尽管这两个传统不是完全同步的，但它们之间存在着复杂的互动关系。前面说过西方古代德性传统包括西方古代现实德性传统和西方古典德性思想传统两个层面。虽然西方古典德性思想传统产生于西方古代德性现实传统，但它的产生对西方古代德性现实传统起到了重要的改造和提升作用，通过这种作用，两者最终到基督教那里交汇为统一的西方古代德性传统。一般地说，西方古典德性传统是西方古代德性传统的一个组成部分，但这个部分在西方德性传统最终形成过程中具有关键性的作用，并且成为其中的精髓和灵魂。

(一) 西方古典德性思想传统的形成演进过程

从以上对西方古代德性思想家对德性问题的探索可以看出，西方古典德性思想传统形成及其沿革经历了一个复杂的过程。从历史与逻辑统一的关系看，这个过程经历了三个阶段：即西方古典哲学德性思想传统的形成及其演变过程、西方古典神学德性思想传统的形成及其演变过程及西方古典哲学德性思想传统与神学德性传统的交汇及其演变过程。在这个交汇的过程中，西方古典德性思想传统得以最终形成，并在沿革中延续到 17、18 世纪的启蒙运动。其间虽然受到文艺复兴和宗教改革运动的挑战和冲击，但一直到 17、18 世纪经过英法声势浩大的启蒙运动的激烈批判并代之以新的法制思想和法制传统，西方古典的德性思想传统乃至西方古典德性传统才整体上中断。

西方古典哲学德性思想传统的形成及其演变过程，大致上从公元前 5 世纪到公元 5 世纪西罗马帝国灭亡，经历了差不多一千年的时间。苏格拉底是

这个传统的开创者，经过柏拉图，到亚里士多德，这个传统已经形成。他们三人是师生关系，因而这个传统的形成过程不长，前后不过百年。他们三人对西方哲学德性思想传统的最重要贡献在于：形成了幸福主义和理性主义的德性思想传统，第一次从哲学上论证了德性的目的或指向是人的幸福，人们之所以需要养成德性归根到底是因为一个人只有具有德性才能获得幸福。那么，德性的基础和实质在于什么？他们基本上都认为理性是德性的基础和实质，都将理性或智慧（他们对智慧的理解基本上都是理性主义，智慧的实质就是理性）看作是人之所以会有德性的根据。德性是理性的结晶，是理性选择的结果。同时理性也是德性的实质，虽然人的德性有种种不同的类型即德目，但它们都不过是理性的表现，都统一于理性。苏格拉底、柏拉图所主张的这种幸福主义和理性主义基本上为后来的思想家所继承，一直影响到近代乃至现当代。在此后的 8、9 个世纪，伊壁鸠鲁学派、斯多亚学派大致上继承了雅典的哲学德性思想传统，又为适应时代的变化而补充了一些新的内容。伊壁鸠鲁学派对幸福主义作了快乐主义的理解，并以感性主义取代了理性主义。伊壁鸠鲁学派的这种修正并没有成为后来古典德性思想传统，相反受到了较多的诟病，但也为近代的一些思想家所称赞和弘扬。斯多亚派则在继承雅典传统的基础上走向了极端。一方面将理性与本性等同起来，进而将本性看作是与宇宙理性（法则）相通的，遵循统一的宇宙法则，这样，理性主义变成了决定主义或宿命论。另一方面虽然仍然认为德性是幸福的充分乃至必要条件，但将德性理解为对本性实即命运的顺从，倡导顺应自然、服从命运、忍受苦难、清心寡欲、无动于衷，通过"断激情"达到"不动心"，这样，幸福主义演变成了禁欲主义。同时，在罗马特殊的社会条件下，受罗马传统的影响，罗马斯多亚派形成了许多重视社会德性的思想传统，其中最重要的就是法治主义和世界主义。斯多亚派的一些思想家推崇以法律治理复杂的社会生活，主张一切人都是平等的"世界公民"，一切人彼此是兄弟。这种法治主义和平等主义的德性思想为基督教和近现代西方所继承。

西方古典神学德性思想传统的形成及其演变过程，大致上从公元 2 世纪到公元 13 世纪，前后经历了大约一千多年时间。这个传统开始于公元 2、3 世纪的希腊护教士，形成于公元 4、5 世纪的奥古斯丁，形成过程前后达三百年，这个时期史称"教父时期"。在托马斯·阿奎那出现之后的一个短暂时期里，这一传统一直在基督教内部占据着统治地位。"教父是基督教实现大统一过程中教义的传播者、解释者和教会的组织者。一般认为，教父有四个特征：持有正统学说，过着圣洁生活，为教会所认可，活动于基督教早期（主要集中在 2 世纪至 4 世纪）。"[1] 教父神学德性思想的一个基本前提是上帝存在，圣父、圣灵、圣子三位一体，上帝是全智、全能、全善的精神实体，是终极的实在，是终极的真理，也是终极的价值。世界上的一切实在、真理和价值都是相对于上帝而言，上帝是一切实在、真理和价值的终极尺度。人因为原罪而丧失了向善的意志自由，并因而坠入罪恶的深渊，不能自我拯救，只有靠全智、全能、全善的上帝，因而人必须信仰他和热爱他。只有依靠正确的信仰才能得救，正确的信仰只有一个，那就是信仰上帝和基督教教义，违反它就是异端。这种信仰是绝对的、无条件的信仰。他们虽然不排除对上帝和基督教教义的理解，但强调指出必须先信仰，然后理解。"除非你相信，否则你将不会理解。"当然，正统基督教神学家对信仰与理解之间关系的认定并不是绝对的，他们强调的只是对于上帝的信仰先于理解。热爱上帝，就是要爱上帝之所爱，也就是要爱上帝所爱的众人。奥古斯丁将爱看作是基督教的首推德性，用他的话说就是"德性最简单、最真实的定义是爱的秩序"[2]。教父神学家的绝对主义、信仰主义、博爱主义德性思想基本上为后来的正统基督教神学家所继承和阐发。

西方古典哲学德性思想传统与神学德性传统交汇及其演变过程，大致从 12 世纪到 17、18 世纪欧洲启蒙运动兴起，前后经历了约五百年时间。这个传统起源于 12 世纪上半叶亚里士多德的著作开始被译为拉丁文并在西方传播，到托马斯·阿奎那去世后半个世纪，这个传统才形成，其形成过程也经历了 200 年左右的时间。14 世纪 30 年代托马斯学说得到天主教教会官方认可，标志着这个交汇过程的完成。在这个过程完成之前，基督教神学家特别是教父神学家对待希腊罗马哲学基本上持三种态度：一是用希腊哲学的语言阐释基督教教义，使基督教教义便于为希腊世界所接受，如伊利奈乌；二是对希腊罗马哲学持抵制排斥态度，拒绝任何调和基督教与希腊哲学的企图，德尔图良最具有代表性；三是吸收柏拉图主义和新柏拉图主义为我所用，其典型代表是奥古斯丁。这些态度表明，希腊罗马哲学虽然为早期基督教神学家所利用，其神学理论也吸收了希腊哲学的概念和内容，但他们的思想总体上是宗教神学的，是与希腊哲学的基本精神不一致甚至冲突的。但是，自从亚里士多德哲学在西方传播之后，希腊哲学特别是亚里士多德哲学不再只是

① 赵敦华：《基督教哲学 1500 年》，人民出版社 1994 年版，第 77 页。
② ［古罗马］奥古斯丁：《上帝之城》15 卷 22 章。

被利用，而是被吸收到基督教哲学之中的，更为重要的是成为基督教的哲学基础，在一定意义上可以说，这时的基督教神学是亚里士多德主义的。从德性思想的角度看，情形也大致上如此。在教父神学家那里，我们没有看到多少希腊罗马哲学德性思想的痕迹，而托马斯主义则似乎是亚里士多德主义的基督教神学的翻版。正是在这种意义上我们说，在托马斯这里，希腊罗马的哲学德性传统与基督教神学德性传统才真正交汇融合成了一个完整的德性思想传统。这种交汇融合的完成标志着西方古典德性思想传统的最终形成，从此才开始了完整意义上的西方德性思想的古典传统，尽管这种传统存续的时间不过五百年左右。

（二）西方古典德性思想传统的主要特点

　　西方德性思想传统从开端到终结约 2000 年的历史，而且经历了从世俗到宗教、从哲学到神学的转换，其思想内容十分丰富。对这个传统作出贡献的思想家的德性思想彼此之间差异很大，甚至存在着对立和纷争。但是，纵观这一思想传统，我们不难发现它们有着一些共同的观念底蕴和思想观点，它们构成这一传统的思想内核，代表这一传统的精神风貌，并使之成为一种传统。这一切集中体现为西方古典德性思想的个性特征，它们不仅将这一传统与世界其他区域古典德性区别开来，而且也使之与西方近现代和当代德性思想区别开来。由于西方德性思想传统在近代发生了断裂性的变化，因而，虽然近代以来特别是当代德性伦理学复兴以来也有丰富的德性思想，但尚未形成得到公认的新的德性思想传统。当代西方德性伦理学复兴以来的西方德性思想能否算得上是对西方古典德性思想传统的接继，其多元和对立的状态能否成为一种像西方古典德性传统那样具有共同的内在特质的传统，我们还将拭目以待。从这种意义上看，西方古典德性思想传统更是弥足珍贵，值得我们珍视，同时也值得我们认真研究和借鉴。

　　西方古典德性思想博大精深，其共同的精神实质需要深入挖掘才能被揭示。这里，我们仅就其思想内容提出西方古典德性思想的几个主要特点，以便于读者对其精神实质有一个初步的把握。这些观点作为西方德性思想家的共识，也是特别值得我们加以注意的。

　　第一，德性即道德。西方古典德性思想家乃至西方古典哲学家一般都将德性与道德、与善等同起来，因此在他们那里，没有单独的规范意义上的道德和情感意义上的道德。古希腊哲学家的伦理学，特别是苏格拉底、柏拉图和亚里士多德的伦理学，都关注德性问题的研究，不关心义务问题以及其他规范问题的研究。我们过去认为，他们之所以如此，是因为当时规范问题不突出。实际上，只要有社会问题存在，就会有规范问题。就当时的希腊社会而言，规范问题实际上也是很突出的，不按规则办事（如僭主政治）的情况同样比比皆是。因此，古希腊哲学家的伦理学之所以主要关注德性问题而不关心规范问题的唯一合理解释，只能是他们并不认为规范问题属于道德的范围，当然也不属于研究人生和道德问题的伦理学，它们属于法律的范围，属于研究城邦或共同体生活的政治学。在罗马法学那里情形正好相反，他们从政治学特别是法学角度研究自由、平等、义务、权利等问题，他们实际上是将这些问题看作是政治问题而不是道德问题。在西方古典思想集大成者托马斯·阿奎那那里更典型，一方面他像亚士多德那样将德性与道德等同起来研究德性，继承和发展德性伦理学；另一方面受斯多亚派特别是受基督教教义的影响，重视规范问题的研究。这些问题不是被看作道德问题，而是看作政治或法律问题。当然，我们不能完全排除它们之间存在着深刻的内在关联。

在西方古典德性思想家那里，德性与善是一致的，人在道德上的善就体现为品质的善，即德性。情感、欲望以及行为及其动机则是品质控制的范围。他们并不是不重视规范，更不是他们生活的时代没有义务等规范问题。无论是柏拉图、亚里士多德，还是奥古斯丁、托马斯·阿奎那，他们都是重视法律问题的，甚至还有这方面的专门著作，但他们一般都不将义务、规范等问题纳入道德的范围。这些问题被他们看作是法律或宗教问题。这种情况表明，在西方德性思想家心目中，道德与政治（法律）的界限是分明的，而不像近代伦理学家那样混淆了两者之间的界限。正因为如此，古典伦理学实际上就是品质论或德性论的伦理学，主要研究政治学和法学不去研究的品质问题，而近代伦理学则丢掉了伦理学的主阵地品质问题而去政治学和法学领域凑热闹。当然，笔者不赞成将伦理学局限于道德问题，而主张伦理学应该研究人生问题，是人生哲学，因此主张根据人生的基本问题即目的、情感、品质和行为等而将伦理学划分为四个基本领域或主干分支学科，即价值论、情感论、德性论、规范论。但是，如果将伦理学局限于德性问题的研究，西方古典德性思想家的共识可能值得今天西方伦理学家认真考虑。

第二，德性是人的功能或本性的实现。人为什么有德性这种现象？其实质是什么？这是西方古典德性思想家共同关心的问题，也是他们力图从理论上予以说明的问题。他们在这个问题上有着共同的思考路向，那就是从人的功能并进而从人的本性阐释德性。在苏格拉底和柏拉图那里，人被划分为灵魂和肉体两个基本方面，德性是人的属于灵魂的优秀品质。灵魂本身又被划分为理性、意志和情感欲望三个部分。理性有理性的德性，即智慧；意志有意志的德性，即勇敢；情感欲望有情感欲望的德性，即节制。灵魂的这些部分各自具有相应的德性，灵魂的各种功能就达到了完善的状态，灵魂的整体就实现了和谐，也就形成了灵魂的总体的德性，即公正。到了亚里士多德那里，虽然他仍然承认苏格拉底关于灵魂和肉体的划分，但更侧重于从人的本性考虑德性的实质。他根据理性将人的灵魂划分为植物灵魂、可以受理性控制的动物灵魂和理性灵魂。在他看来，理性是人之所以为人的本性，纯粹的理性灵魂有它的德性，这就是理智的德性；理性控制人的欲望情感（动物灵魂）形成了道德的德性。因此，德性是人的根本功能或者说是人的本性得以圆满的实现。为了强化这种论证，亚里士多德将德性泛化，即认为所有事物都具有德性（实即优秀），其体现就是其根本功能得以实现。如此类推，人的德性就是人的本性的实现。这种观点大致上为斯多亚派以及后来的奥古斯丁和托马斯·阿奎那所继承，但考虑问题的角度逐渐发生了变化。在他们看来，既然人有灵魂又有肉体，或者说人"一半是天使，一半是野兽"，而且人的肉体方面会阻碍甚至干扰人的理性本性的实现，那么德性也可以看作是对理性本性的顺应，看作是"阻止灵魂屈服于和它相违逆的肉体"[1]。现代西方不少学者将古典德性思想家特别是亚里士多德的这种思想倾向看作是自然主义的，而从上面的简要分析可以看出，这种思想倾向与其说是个人主义的，不如说是理性主义的，因为他们都把德性看作是人的理性功能的实现或体现。

第三，德性指向幸福。德性不是与生俱来的，也不是在社会环境中自然形成的，而是通过人的选择、培育等途径获得的，这是古今中外思想家都公认的。但是对于人为什么要使自己有德性、要下功夫培育自己的德性的问题，思想家的看法并不一致。麦金太尔在分析西方德性传统之后就这一问题指出："我们就至少面对着三种十分不同的德性观：德性是一种能使个人负起他或她的社会角色的品质（荷马）；德性是一种使个人能够接近实现人的特有目的的品质，不论这目的是自然的，还是超自然的（亚里士多德、《新约》和阿奎那）；德性是一种在获得尘世的和天堂的成功方面功用性的品质（富

---

① ［古罗马］奥古斯丁：《上帝之城》第十九卷第十四章，周辅成编：《西方伦理学名著选辑》上卷，商务印书馆1964年版，第357页。

兰克林)。"① 麦金太尔在这里是根据人们对德性与其作用的关系理解德性的性质的，他把西方古典德性思想家关于人们为什么要使自己有德性的看法归结为目的论，即"能够接近实现人的特有的目的"。这个目的就是幸福，在亚里士多德以及苏格拉底和柏拉图那里是现世的、自然的幸福，而在托马斯·阿奎那以及奥古斯丁那里是来世的、超自然的幸福。按照麦金太尔的看法，这种目的论不是富兰克林以及功利主义那样的结果主义。对于西方古典思想家而言，幸福是德性的目的及其实现，而不是德性的结果。德性不是实现幸福的手段，而是幸福的构成内容，是幸福的实现过程。一个人完全具有了德性，他的本性、他的特殊功能也是他的特有目的就得到了完全的实现，他就获得了幸福。因此，德性与幸福是具有根本一致性的，德性获得的过程也就是幸福实现的过程。只是有的思想家认为这个过程可以在现世同步完成，而有的思想家认为这个过程不能在现世同步完成，而要在现世和来世先后完成，而且得先获得德性，然后才能实现幸福，但在来世实现的幸福要高于在现世实现的幸福，因为那是与上帝和天使同享的至福。

第四，德性具有统一性。西方思想家们一般都承认德性有不同的种类，尽管他们划分德性种类的根据及其结果不同，但是都面临着这些不同种类的德性是性质完全不同的德性还是同一种德性在不同方面的体现的问题。如果说它们是性质完全不同的德性，就意味着它们不具有本质上一致的统一性；如果说它们是同一种德性在不同方面的体现，那就意味着它们具有在本质上一致的统一性。对于功利主义者来说，只要能带来最大的功利，人的一切品质都可以成为德性。如果诚实的品质和虚伪的品质都可以给人带来最大的功利，那么它们就都是德性。显然，这两种品质本身对立，不具有任何统一性，甚至在同一个人的品质中不能共存。但是，对于西方古典德性思想家来说，德性是具有统一性的，这种统一性集中表现为：能称为德性的品质只能是道德的品质，或者说它们都体现了善的本性。不具有道德价值、不体现善性的品质，无论能给人带来多大的功利，也不是德性。正是在这种意义上，苏格拉底认为"诸德为一"②，斯多亚派认为一个人具有了一种德性也就同时具有了所有的德性。当然，这是非常激进的观点，亚里士多德和托马斯·阿

---

① 麦金太尔：《德性之后》，龚群、戴扬毅等译，中国社会科学出版社 1995 年版，第 234 页。

② 苏格拉底在《拉凯斯篇》中讨论勇敢这一德性时对"诸德为一"这一观点有明确的表述。他对尼昔亚斯说："你自己说过，勇敢是美德的一部分，除了勇敢，美德还有许多部分，所有这些部分加在一起叫作美德。"

奎那等思想家的观点要温和一些。亚里士多德认为德性统一于理性，就道德德性而言统一于理性的"中道"原则①。托马斯·阿奎那等神学家认为道德的德性和理智德性统一于人的理性，而神学德性统一于对上帝的信仰。但是，他们都是承认德性是具有统一性的。正因为西方古典德性思想家认为德性本身是一个整体，具有内在的统一性，所以在他们看来德性是不会自相矛盾和冲突的，具有德性的人生也不会自相矛盾和冲突，相反是圆满而和谐的。这种圆满而和谐就德性总体而言就是公正的状态，这种人生总体而言就是幸福的状态。

第五，社会德性与个人德性相一致。社会是由个人构成的，个人存在德性问题，社会也存在德性问题。个人德性是个人的优秀品质，也可以说是个人人格的规定性；同样，社会德性是社会的品质，亦是社会的规定性。这一点虽然到今天并没有得到普遍认同，但在西方古典德性思想家那里，似乎是不言而喻的。对于他们来说，首先承认社会是有其德性的，这种德性是一个社会之为好社会的规定性和标志，因而他们都致力于阐明这种德性应该是什么，以及如何使社会获得这些德性；其次从个人德性引申出社会德性。在苏格拉底那里，这一点似乎还不明确，但柏拉图则使这一点凸显出来。柏拉图承认社会是有德性的，主要是智慧、勇敢、节制和公正，而且将是否具有这些德性看作是衡量社会好坏的标准。例如，他构想的理想国国王就必须具备智慧，他甚至主张具有智慧的哲学家担任理想国的国王，认为只有哲学王统治国家才能使国家达到理想的状态。同时，他还根据个人的德性结构设定国家德性。个人的灵魂包括理性、意志、情感和欲望的方面，而且这些方面达到协调一致的和谐状态，个人才是幸福的。在这里首先存在着灵魂的构成部分是否达到最优状态的问题，达到了最优状态它们就具有了德性，与它们对应的是智慧、勇敢和节制；其次存在着它们是否协调一致的问题，达到了协调一致的状态，就具有了公正的德性。他正是以此为根据和参照，主张国家统治者、卫士和所有成员也应相应地具备智慧、勇敢和节制的德性，具备

---

① "中道原则"是亚里士多德在研究道德德性问题时提出的。"德性作为对于我们的中庸之道，它是一种具有选择能力的品质，它受到理性的规定，像一个有实践智慧的人那样提出要求。中庸在过度和不及之间，在两种恶事之间。在感受和行为中都有不及和超越应有的限度，德性则寻求和选取中间。所以，不论就实体而论，还是就其所是的原理而论，德性就是中间性，中庸是最高的善和极端的善。"参见亚里士多德：《尼各马科伦理学》1106b32-1107a6，苗力田主编：《亚里士多德全集》第八卷，中国人民大学出版社1992年版，第36页。也见亚里士多德：《优台谟伦理学》1222a7-13，苗力田主编：《亚里士多德全集》第八卷，中国人民大学出版社1992年版，第365页。

这些德性的人达到协调一致就实现了国家的公正，国家也就达到了理想的状态。他还根据这样一种德性的要求来衡量社会政治制度的好坏，并构想理想的社会制度及其构建。亚里士多德虽然在什么样的社会是真正理想的以及如何构建理想社会的问题上与柏拉图不一致，但同样承认国家有其德性，其主要德性就是公正，而且也基本上基于个人的德性引申社会德性。亚里士多德之后，一直到中世纪，由于社会动荡不安以及教会统治取代了国家统治，思想家们较少关注社会德性问题，然而一旦涉及社会问题，这些思想家也基本上继承了柏拉图和亚里士多德的传统。例如，斯多亚派所构想和追求的"世界城邦"就是一种友爱、博爱的德性城邦；而基督教的"上帝之城"也被认为是上帝统治的最公正的天国。自近代开始，西方德性思想家并没有否认古典的传统，有些思想家甚至还沿着古典的思想考虑德性问题。但是，后来情况发生了较大的变化：一方面由于思想家更多关注社会德性而较少关心个人德性，社会德性与个人德性事实上发生了分离，当然也不存在从个人德性引申社会德性问题，以及使两者一致的问题。另一方面，自20世纪德性伦理学复兴开始，一些思想家只考虑个人德性而不考虑社会德性，也无意从个人德性引申社会德性，而将社会德性问题留给了政治哲学家们研究。由此看来，把社会德性看作是与个人德性相一致的，可以说是西方古典德性思想不同于西方近代以来德性思想的一个重要特征。

（三）西方古代德性状况与西方古典德性思想的互动关系

麦金太尔在《德性之后》中考察西方古典德性传统时，是将社会的德性状况与思想家的德性思想放在一起的。他使用这种方法表明，这两者之间存在着密不可分的关联。当然，他写作《德性之后》的目的并不是为了考察西方古典德性传统，因而可以这样混合起来从总体上进行考察，但就本研究的目的而言，则需要对两者之间的关系进行更深入的分析。

关于两者之间的关系，我们的一个初步基本结论是两者之间是互动的，但从西方古代社会现实生长的德性思想逐渐成为了西方古代德性传统的灵魂，它造就并提升了这种传统，使之成为人类历史的宝贵遗产。因为在人类的不同社会形态都存在着德性现实，都存在着德性问题，但并不是所有的社会形态都有可以称为自己传统的德性传统，都有具有思想内涵的德性文化传统（我们可以将这种德性传统称为具有典型意义的德性传统）。很多历史比较悠久的社会都有自己的德性传统，但这种传统与其他社会的传统大同小异，并不具有明显的个性特征；有的社会形态有其独具个性特征的德性传统，但并没有其德性思想文化，只是有其德性风俗习惯。这种德性风俗习惯即使可看作是德性文化，也不能说是有思想内涵的德性文化。西方古典德性思想的意义正在于，它对现实社会生活的渗透，或者说它与西方古代社会的德性现实之间的相互作用，不仅使西方古典社会有了自己的具有鲜明个性特征的德性传统，而且有了自己具有思想内涵的德性文化传统，或者说具有了具有典型意义的德性传统。这种具有典型意义的德性传统作为人类的宝贵遗产，是今天以及未来人类研究和构建自己的德性时不得不面对、不得不解读、不得不批判地继承的德性文化传统。我们可以超越它，却不可以略过它，否则人类在德性问题上就有可能走弯路，也有可能重蹈历史的覆辙。

西方古代现实德性状态与西方古典德性思想的互动是一种错综复杂的交叉互动，我们很难从理论上给予清晰的再现，不过可以作一个大致上的描述。

荷马时代的德性生活现实孕育了《荷马史诗》，《荷马史诗》则以文艺的形式加工和提炼了流行于民间的德性风习，使之具有艺术感染力。《荷马史诗》的广泛流传，使它成为培育一代又一代社会成员的教科书。它强化了其中所歌颂的德性品质，使人们程度不同地认同它、遵循它。这种认同和遵循又使《荷马史诗》更为广泛地并且一代又一代地流传。到了波斯战争特别是伯罗奔尼撒战争之后，伴随着社会德性问题的突出，一些德性思想家对德性现实状况和德性传统进行反思和探索，并在此基础上形成了系统的德性思想，深化了对德性实质的理解，特别是概括和提炼一些得到社会普遍认同的德目，如智慧、勇敢、节制、公正、友谊、虔敬等。所有这一切普遍增强了希腊社会人们的德性意识，并吸引了更多思想家对德性的关注和研究。这样一种互动传统一直延续到希腊化时期。

罗马社会有法治的传统，这种传统促使思想家们对法治问题进行研究，形成了诸多法治的理论和观念。这些理论和观念强化和推进了罗马社会的法治进程，使罗马社会程度不同地具有人人平等、公正至上、依法治国等理念，同时也体现了罗马国家程度不同地具有的自由、民主、平等、公正、法治等德性。

《旧约圣经》是古希伯来人现实生活的记述和写照，但这种记述和写照不是简述的复制，而是有价值取向和有导向性的。从德性的角度看，它也包含了丰富的希伯来人的原始德性思想。这些德性思想源于希伯来人的德性现实，但经过作者的提炼和概括后有了明显的德性导向性。当它被纳入基督教的经典后，就与《新约圣经》一起对信众发生影响。与《旧约》不同，《新约》具有更鲜明的德性导向性，呼吁人们要具备信仰、希望、仁爱以及宽容、忍让、谦卑等德性。《圣经》中的德性思想虽然不系统，但其主张和要求比《荷马史诗》更鲜明、更直接。它虽然源于现实，但大大地高于现实。在一定程度上可以说，基督教的信徒是受《圣经》影响而培育基督教德性的。当然，教会及其神职人员在其中发挥了巨大的推动作用。《圣经》毕竟是一种史诗般的文献，其中鱼龙混杂，自相矛盾的地方比比皆是。这种状况会影响一般人对它的信奉。在这种情况下，神学家的作用凸显了出来。经过教父哲学家的整理整合，基督教的教义大体上能自圆其说；经过经院哲学家的哲学探讨，基督教教义更具有了理论基础。基督教神学理论在扫清人们培育神学德性的思想障碍方面发挥了重要作用，从而有力推动了神学德性传统的形成。

从以上简要描述我们大致上可以形成关于西方古代社会德性状况与德性思想的互动关系的几点基本看法：其一，西方古代的德性现实与西方古典德性思想大致上是同质的。西方古代的社会德性现实是西方古典德性思想产生的土壤，这种德性现实决定了生长于其上的德性思想与它在本质上是一致的，两者之间具有同质性。西方不同时期的古典德性思想并没有从根本上改变西方同一时期的社会现实德性的特质。其二，西方古典德性思想改进和提升了西方古代社会的德性现实。西方古典德性思想虽然源于当时的社会现实，但绝不只是现实的简单描述，它凸显了现实社会德性的个性特色或文化特质，使人们对现实的德性达到自觉，从而使之上升到更高的层次。其三，西方古典德性思想对于西方古典德性传统的形成和延续具有至关重要的作用。我们可以设想，如果没有西方古典德性思想的推进和提升作用，西方古代的德性状况只会随着社会的变化而自然而然地发生变化，大致相同的社会条件下社会的德性状况也许是大致上静止不变的，而不可能发生优化和提升。其四，西方古典德性思想对西方古代德性现实的改变并不是根本性的。西方古典德性思想虽然对西方古代社会德性现实具有优化和提升的积极作用，但并没有完全改变西方古代社会的德性现实，更没有由此完全改变西方古代社会的现实。西方古代历史表明，从根本上改变社会德性现实的力量更多地来自外部（如罗马帝国的扩张、希伯来文化的渗透）以及社会的剧变（如日耳曼人的入侵），而不是来自德性思想本身。

四、西方古典德性思想的价值和影响

西方古典德性思想是人类德性思想的巨大宝库，其内容十分丰富且具有重要的学术价值，不仅对当时及后来的西方社会产生了重大影响，而且对今天的整个人类都影响巨大，至今仍然具有重要的借鉴和启示意义。

（一）西方古典德性思想的地位和遗产

西方古典德性思想无论在西方德性思想史上，还是在西方道德思想史上，抑或在人类德性思想史上都具有重要的地位。

从西方德性思想史看，西方古典德性思想不仅是具有内在一致性的德性思想体系，而且对后来西方的德性产生了广泛的影响。西方古典德性思想虽然时间跨度长达 2000 年，思想家也人数众多，但它仍具有内在的根本一致性。这种内在一致性主要体现在，古典德性思想家们都具有很强的德性意识，高度重视德性对于人生特别是人生幸福的意义，注重从人性的角度研究和阐释德性，肯定德性具有自身的内在价值，努力将个人德性与社会德性关联起来，构造个人德性与社会德性大致同源、同构的德性思想体系。正是因为有了这种思想的内在一致性，所以不同时代的思想家在沿袭的基础上开新，形成了德性思想体系和德性思想传统。从一定意义上说，西方古典德性思想有点类似于中国古代的儒家思想。虽然儒家思想家众多，但他们的思想倾向、旨趣、观点大体一致，正因为如此，他们在中国历史上形成了儒学的传统。

在西方德性思想史上，这种具有内在一致性的德性思想体系和传统是无与伦比的。整个西方德性思想史大致上可以划分为三个时期：古典德性思想时期，近现代德性思想时期，当代德性伦理学复兴时期。近现代的德性思想被分裂成个人德性思想和社会德性思想两个没有多少关联的方面。就其个人德性思想而言，不仅不成体系，而且不同思想家彼此之间存在着根本性的分歧。实际上，近现代的德性思想本身也不是思想家专门研究德性问题的成果，而是研究其他道德问题的副产品。就其社会德性思想而言，它与个人德性没有内在的关联性，思想家们更多的是直接根据人性而非根据个人的德性构建社会德性思想。因此，我们完全可以断言，西方近现代没有内在一致的德性思想。但不可否认的是，近现代西方的社会德性思想极其丰富，而且形成了近现代西方的主流社会德性思想。这种社会德性思想与个人德性思想没有什么关联，许多思想家完全忽视了个人德性问题，甚至对个人德性问题不屑一顾。自 20 世纪西方德性伦理学复兴开始，个人德性问题受到普遍关注，研究者甚多，思想观点纷纭杂呈，到目前为止尚不能看出已形成了得到众多思想家认同的德性思想体系或新的德性思想传统。更重要的是，德性伦理学只关心个人德性问题，而不关心社会德性问题，将社会德性问题留给政治哲学家研究。因此，个人德性思想与社会德性思想在当代仍然是分离的。

西方古典德性思想的价值不仅在于形成了具有内在一致性的德性思想体系和德性传统，还在于这些思想中的一些基本结论和基本经验是不可违背的，它在一定意义上为后来的德性思想提供了基本原则和基本范式。因此，它对后来西方德性思想研究发生了重要影响。对于当代西方学者而言，只要涉及研究德性问题（不论是个人德性问题，还是社会德性问题），就不能略过古典的德性思想，就不能不站在古典思想家的肩膀上。也许正因为如此，作为当代德性思想复兴运动的首倡者和推动者的德性伦理学家们，高举复兴古典的德性思想传统的大旗，而且他们也确实从古典思想家那里获得了灵感和资源。

从西方道德思想史上看，西方古典德性思想是西方道德思想史上的第一个阶段，第一个道德思想形态和第一个道德思想传统。西方的道德思想史大致可以划分为四个阶段：古代（约到 17 世纪）、近代（约到 19 世纪末）、现代（约到 20 世纪 60 年代）、当代（20 世纪 70 年代至今）。古代的道德思想很丰富，但关注的重心是德性问题，成果也集中在德性方面，在一定意义上可以说这是一个德性思想的时代；近代的道德思想关注的重心是规范问题，成果也体现在规范方面，在一定意义上可以说这是一个规范思想的时代；现代关注的重心是分析道德语言的意义，这方面有着比较突出的成果，在一定意义上可以说是一个意义思想的时代；当代关注的问题很广泛，不仅关注理论方面，而且关注应用方面，因而在一定意义上可以说是一个规范与德性问题、理论问题与应用问题并重的时代。由此可以看出，古典德性思想不仅是西方道德思想史的奠基阶段，而且是西方系统研究德性问题的阶段，它既是西方德性思想的摇篮，也是西方道德思想的源头，因此具有不可替代的地位和作用。无论后来的思想家是否从事德性问题研究，只要他们涉及德性问题，就不能不在古典德性思想之中寻找资源。

从人类德性思想史上看，西方古典德性思想是最具有学术性的德性思想。到目前为止尚未见有对人类德性思想的系统研究，但据我们初步的研究，自古以来对德性有系统研究的民族（国家）并不多，其中比较突出的可能就是中国古代和西方古代。中国古代思想家（特别是儒家）很重视德性问题的思考和探索，其德性思想内容十分丰富，形成了系统的德性思想及其传统，具有中国传统文化的特色。但是，中国古代德性思想是与其他道德思想、与政治思想或其他思想完全混杂在一起的，没有专门的德性问题的研究，所以德性思想与道德思想难以分离。与中国相比，西方古代思想家更聚焦于德性问题，对德性的重要性、德性的含义和实质、德性对于人生的意义、德性的类型、德性的可教性、个人德性与社会德性的关系等问题进行了系统深入的研究和阐释，形成了系统的德性思想体系，具有明显的学理结构和学术特色。正因为如此，西方古典的德性思想在当今世界的影响要远远大于中国古代的德性思想。

西方古典德性思想在人类思想史上具有重要地位，这不仅因为它是人类最早研究德性问题的思想，更是因为它给西方乃至全人类留下了丰富的德性思想遗产。这里我们着重提出其中的三个方面，即德性意识的遗产、德性观点的遗产和德性探索的遗产。西方古典德性思想家以其独特的敏感性在人类思想史上最早意识到德性问题的重要性，并将此作为问题进行研究。我们虽能列举出无数的理由说明德性问题对于个人和社会的极端重要性，然而，并不是所有的人类个体、人类群体都会意识到这一点。西方古典德性思想家给我们留下的最重要遗产就是他们在不断地告诫我们，德性问题非常重要，必须关注它们、研究和解决它们。西方德性思想家给我们留下的直接遗产是他们的思想观点。这是一个宝库，有取之不尽、用之不竭的素材和意蕴。更为重要的是，后人在研究德性问题的时候，可以不同意他们的观点，也可以批评和超越他们，但不能弃之不顾，否则就会走弯路、错路。

西方古典德性思想家还给我们留下了德性探索的经验教训。西方古典德性思想家将德性看作是统一的，实际上是将德性看作是人的道德人格，看作是人格的一个重要部分；将德性与人性、人生联系起来研究，强调理性、精神对于德性的意义；注重德性知识与德性实践、德性与幸福、个人德性与社会德性的密切相关性和内在一致性。所有这一切都与近代以来的个人主义、功利主义、康德道义论形成了鲜明的对照。个人主义政治哲学家从人性出发建立自然状态说、自然权利说、社会契约论，设计理想社会及其德性方案，但忽视了个人德性与社会德性的关联，忽视了个人德性对于社会德性构建和使社会不断完善的根本性意义。其结果是，根据他们的方案构建的西方现实社会存在着诸多难以克服的缺陷和弊端，这些问题至今仍然困扰着西方和人类。功利主义者将德性与功利最大化联系起来研究，只注意到德性的工具意义，把德性看作是实现幸福的手段。这种将德性功利化的倾向不仅在理论上难以成立，而且会在实践上导致严重后果。康德道义论对幸福作快乐主义理解，对德性作自我牺牲理解，并将德性与幸福相割裂，这实际上掏空了德性的人性的感性基础，使人们对德性望而生畏并敬而远之。相比较而言，西方古典德性思想家将德性与人性的实现、人生的完善联系起来，充分阐明德性知识与德性实践、德性与幸福、个人德性与社会德性的内在一致性，充满了人性、人情和人道的意味，因而它也许更有可能为人们普遍认可、接受和践行。

（二）西方古典德性思想的后世影响

西方古典德性思想对后世的影响是举世公认的，但过去通常笼统地从道德思想或伦理学理论方面考虑，而较少从德性思想的角度思考。这里我们就从这个角度考察一下西方古典德性思想对后世的影响。

西方古典德性思想能够最直接产生影响的应是西方近现代。然而令人遗憾的是，这种影响基本上是片面性的。西方近代虽然是从对希腊文化复兴开始，但并没有真正复兴希腊至中世纪整体的德性思想，只是在文艺复兴时期复兴了希腊文化中的一些重视现世快乐幸福的人文精神，在启蒙运动中复兴了希腊罗马的理性精神和法治精神，而丢掉甚至否定了从古希腊到中世纪时期的个人德性精神。近现代思想家不仅否定信仰、希望和爱的神学德性，而且基本上不提希腊的智慧、勇敢、节制、公正"四主德"。他们丢掉的不只是古典德性思想家的一般德性观点和理论以及关于个人德性的思想，还丢掉了他们强烈的德性意识特别是关于个人德性的意识，使德性问题在伦理学中、在思想领域被边缘化，甚至被遗忘，使个人德性问题在整个社会建构中被忽视、被湮没。他们虽然复兴和大大弘扬了古希腊罗马和中世纪的自由、平等、民主、法治等精神，但并不认为这些精神是社会的德性，更没有将这些精神与个人的德性品质关联起来，反而认为它们不是人类应有品质中与其他品质不可分割的有机组成部分，而是缺乏根基的、孤零零的社会理念。西方近代以来发生的这种丢掉和否定，虽然可以找到其历史理由，但今天回过头来看，是一种历史的错误，其严重后果是导致了现代西方文明的诸多弊端。这是人类思想上的一次严重教训，值得认真记取。

西方古典德性思想对后世的典型影响当数当代德性伦理学的复兴。从英国哲学家安斯波姆肇始到 20 世纪 80 年代轰轰烈烈兴起的西方德性伦理学复兴运动，是西方古典德性思想对后世影响的典型事例。这场运动名义上是德性伦理学复兴，实际上是古典德性思想的复兴，因为德性伦理学是古典德性思想的理论形式，而且复兴的范围实际上也超出了典型的德性伦理学的范围。德性伦理学复兴所要复兴的不只是德性伦理学的理论观点，也许更重要的是要复兴古典德性思想家对德性问题的高度重视，复兴他们强烈的德性意识。因为仅就观点而言，古典德性思想家的思想一直都为后来的思想家所引用、批判和发展，也就是说，它们实际上一直存活在后来的思想史中。这次复兴的关键在于，打着古典德性思想家的旗号，呼吁当代社会要对近代以来占据统治地位的功利主义伦理学和道义论伦理学进行纠偏，呼吁思想学术界要在当代社会历史条件下像古代德性思想家一样重视德性问题的研究，呼吁当代人类要像古代人一样关注我们应该做什么样的人的问题。正是在这个前提下，当代德性伦理学家回到了古典德性思想宝库中寻找灵感、寻找观点、寻找根据，为我所用，进而阐发自己的主张。

西方古典德性思想在对当代德性伦理学复兴产生影响的同时，对当代西方其他德性问题的研究也在产生影响。当代德性伦理学家对功利主义和道义论的批评引起了这些学派对自己理论的辩护以及对德性伦理学的反批评。这种辩护和反批评既促进了这些理论本身的完善，也促进了当代德性伦理学的深化研究。他们的辩护也好，批评也罢，都不能不回到西方古典德性思想本身，不能不利用其有价值的内容，不能不寻找其中的局限和问题。这种情形当然也可以被看作是西方古典德性思想的当代反响。德性伦理学的复兴以及当代德性伦理学家与功利主义者和道义论之间的批评反批评，大大促进了当代西方学界和社会对德性问题的重视。不少学者从不同的领域和学科研究德性问题，在西方当代社会形成了关注和研究德性问题的热潮。这种热潮虽然是当代德性伦理学家推动的，但思想的源头还是在古代，古代德性思想家对德性的重视激发了当代西方人关注德性问题的热情，他们的著述为当代西方人重视和研究德性问题提供了依据。

西方古典德性思想正在通过德性伦理学复兴运动对当代西方文化产生影响，这种影响将会越来越大，并越来越具有意义。当代西方文化直接来源于西方近现代。20 世纪以来西方文化发生了一些变化，最引人注目的是所谓从现代到后现代的变化。这种变化的重要标志有两个方面：从个人角度看是对人的非理性方面的重视，从社会的角度看是对政府作用的重视。但是，我们看到，近现代西方所推崇的个人的自由和权利、社会的民主和法治没有变，从整个社会的角度看，通行的仍然是两个最重要理念，即自由和法治。自从德性伦理学复兴以来，人们逐渐认识到，这种核心价值观念还缺乏一种更深层的、对自由和法治具有根本性制约的东西，这就是人的德性。如果人们普遍缺乏应有的德性，他们就不知道应该成为什么样的人，就有可能成为不是本来意义上的人，即不能成为人性圆满实现意义上的人。这样的人即使在法治之内获得了最大限度的自由，也不能真正获得幸福，因为他们会偏离真正意义的幸福。当代德性伦理学的复兴和社会对德性问题的重视，将会使西方社会克服近代西方价值文化的偏颇，使之走向完善。这也许可以被看作是西方古典德性思想正在对当代西方社会产生的重要积极效应。

最后还需要指出的是，近代以来的西方文化一直在世界处于强势地位，西方古典德性思想借助近代以来西方文化的强势地位对西方以外的世界产生了广泛影响。特别是源于西方古典德性思想、由西方德性伦理学复兴运动推动的西方当代对德性问题的重视，也将会对全世界产生积极影响。我们相信，近现代西方文化的自由和法治理念给人类带来了现代社会，而当代西方文化的正在得到普遍认同的德性理念给人类带来真正意义上的后现代文化。这种文化将聚焦于人类个体如何通过完善自身实现自己的幸福。

（三）西方古典德性思想的当代启示

西方古典德性思想也给我们留下了诸多的启示。关于这一点我们前面已多有论及，这里再简要做些归纳。

第一，高度重视德性问题的研究。西方古典德性思想家把德性问题作为道德问题的主要研究对象和伦理学的中心问题，这一点我们今天不一定赞同，但他们对德性研究的重视是需要给予高度注意的。西方古典德性思想家高度重视德性问题，一个重要原因是他们意识到，一个人有德性，他才能将自己本性的功能充分而优质地发挥出来，才能卓越地实现自我的价值。在他们看来，每一事物都有自己特定的功能，它存在的价值就是要使自己的功能充分地、优质地实现出来。人亦如此，人有自己的功能，这种功能是人的特性（人性）所具有的，人的价值也在于使自己的特有功能充分、优质地得以实现。那么，人怎样才能充分而优质地实现自己特有的功能呢？他们的答案是德性。德性既是人的功能实现的结果，也是进一步充分而优质地实现人的功能的主观条件。因此，我们应该成为一个有德性的人。要使人认识到这一点，就必须重视对德性问题的研究，要通过研究回答诸如德性的实质是什么、德性对于人具有什么意义、人应该具备哪些德性、不同德性之间是什么关系之类的问题。西方古典思想家有一个重要的观念前提，这就是人是有理性的。有理性的人可以理解，并且可以根据理解行动。研究和回答德性问题就是为了帮助人们对德性的理解，并启发他们根据这种理解培育自己的德性。在人类文明非常发达的今天，我们可以找到许多理由论证应当高度重视德性问题的理由，西方古典德性思想家给我们今天的启示不在于如何论证我们应当高度重视德性问题，而在于他们论证的结论，即我们应当高度重视德性问题。这个问题并不是一个新的问题，人们在很多时候会不同程度地意识到，但问题在于是不是真正在实际上对这个问题给予了重视。我们不难发现，当代人类重视人自身的许多问题，如占有更多资源问题、获得更多物质享受问题、建立完善的法制使个人更自由社会更有序的问题等，但人的德性问题却始终都难以提上议事日程。其结果，人占有得越多越贪婪，人越追求自由就越被束缚，人越追求幸福就越处于烦恼、郁闷甚至不幸的痛苦之中。在这种情况下，如果我们冷静地思考一下为什么古代德性思想家如此重视德性问题，我们也许会发现是因为我们对应当给予高度重视的德性问题没有给予重视。不重视这个问题，人就不知道应当做什么样的人，而知道应当做什么样的人，一个人才能真正自由和幸福。

第二，注重从与人性和人生、从个人与社会关联的角度阐释德性。人们可以从很多角度理解德性的含义和实质，事实上当代西方许多思想家也都实际上在从不同角度对德性下定义和作出解释。西方古典德性思想家给我们的一个重要启示在于，要从与人性和人生整体关联的角度理解和解释德性，而且要从个人与社会关联的视野观照德性。他们的总体思路是，人有自己特殊的规定性，这就是人之所以为人的本质或人性。这种本质是世界上任何其他东西（动物、植物，更不用说其他事物）所不具有的。人活在世界上就是要使自己的本性所具有的功能实现出来，实现的过程就是人生。这种实现有好有坏，有充分有不充分，有优质有劣质。德性实质上就是优秀，就人而言，德性就是使人性的功能充分地、优质地实现出来的那种品质。一个人具有了这种品质，他就可以使自己的人性得到充分而优质的实现，使自己的人生获得圆满的至高的价值，这就是至善。这种至善就是人的幸福。同时，人生活在社会中，社会是由个人构成的，社会像人一样也存在着品质问题，好的社会就是具有德性品质的社会。社会的德性归根到底是个人德性的体现，与个人的德性具有同源性、同质性甚至同构性，要使社会具有德性品质，必须使社会成员尤其是政治家（统治者）具有德性，特别是要注重对他们进行德性品质的教育和训练。显然，西方古典思想家对德性的这种理解要比当代许多人从其他不同角度的理解深刻，也更能自圆其说。更重要的是，这样的理解有助于人们深刻理解德性对于自我实现和个人幸福、对于增进公共利益和社会美好的重要意义，从而更自觉地培育自己的德性品质。当然，确实可以从不同角度对德性进行界定和阐释，但无论是从什么角度，我们都不能忽略了从与人性实现、人生完善关联的角度，从个人与社会关联的视野，否则就会发生偏差和误导。

第三，深刻认识德性具有的内在价值。现实生活表明，一个人有德性可以获得各种不同的好处。例如，在国家用人以"德才兼备，以德为先"为原则的情况下，有德性的人有更多升职提拔的机会。这些优势是德性可能带来的外在价值。近代以来许多思想家注意到了这一点，并在这种意义上肯定德性的意义。比较有影响的是约翰·密尔的观点，他将德性看作是获得功利乃至幸福的最有效手段。在西方古典德性思想家看来，这种理解并不是错的，但却是肤浅的。他们认为，德性是具有内在价值的，这种内在价值就体现在，只有具有德性，人的本性的功能才能得到充分而优质的发挥，人才能由此实现自己的人生价值，实现人生的圆满和幸福；只有社会成员特别是统治者具有德性，经济才会繁荣，人民才会安居乐业，社会才会普遍幸福和欢乐。这种内在价值是德性所独有的，缺乏德性，无论是一个人还是一个社会，是不能使自己的功能充分而优质地发挥出来的，也就不能圆满实现自我和充分获得幸福。这就是说，即使德性不能给我们带来外在利益，我们也得具有德性，否则我们就得生活在痛苦和不幸之中，我们所生活的社会也就会成为苦难的深渊。显然，我们只有像西方古典德性思想家这样认识德性的价值，才算真正把握了德性对于人生和社会的意义，也才会真正重视德性的养成和完善。

第四，充分肯定智慧和实践对于德性养成和完善的意义。西方古典德性思想家普遍承认无论是个人德性还是社会德性都不是与生俱来的，而是获得性的。但他们在以下这个问题上意见并不一致：即人先天具有德性，只需要对人加以引导就可以获得；还是人并不先天具有德性，德性是人在实践中逐渐养成的。其中，大多数思想家都强调社会德性的形成取决于个人德性的形成，同时又认为智慧和实践对于个人德性形成和完善具有关键性的意义。智慧（他们经常在理性的意义上使用）的意义主要在于两个方面：一方面需要智慧理解德性对于人生的意义，也就是说需要智慧来增强人们的德性意识。这种德性意识对于人们获得德性是前提性的，有了这种意识人们才会自觉地培育德性。另一方面需要智慧在道德实践中作出正确的选择，只有运用智慧在实际情境中作出正确选择并反复按照正确的选择行动，才能逐渐养成道德行为习惯，进而养成德性。大多数西方古典德性思想家也都十分重视实践对于德性养成的意义，他们常常把道德的德性看作是反复践行形成的道德习惯。智慧也好，实践也好，都是个人性的，都需要自主地进行。从这种意义上看，西方古典德性思想家非常重视个人在德性养成和完善过程中的作用。德性形成需要引导，德性作为知识是可教的，但是，德性的获得需要个人的自主作用。这给我们的一个重要启示在于，我们在进行德性教育的过程中，需要注重发挥个人的自主精神，引导人们自觉地在道德实践中培养和运用智慧。

第二章　苏格拉底、柏拉图及普罗提诺的德性论

　　苏格拉底（Socrates，前469—前399）在西方哲学史上享有崇高的地位。黑格尔说："他不仅是哲学史中极其重要的人物——古代哲学中最饶有趣味的人物——，而且是具有世界史意义的人物。"[1]《牛津西方哲学史》给了他这样的定位："苏格拉底在［西方］哲学史上占有无可匹敌的地位。……他被尊为第一个伟大哲学时代的开启者，因此在某种意义上，他就代表哲学本身。"[2]他也被公认为西方道德哲学的鼻祖，他所理解的道德实际上就是德性，因而他的道德哲学也就是德性哲学。苏格拉底出生于雅典，其母是接生婆。他的后半生是在伯罗奔尼撒战争（前431—前404）的阴影下度过的，并且死于雅典民主制之下。他一辈子述而不作，其思想主要记录在他的学生柏拉图的《对话》中。柏拉图（Plato，前427—前347）是西方哲学史上第一位创建哲学体系的哲学家，也是第一位将善的概念本体化并将其作为终极实在的哲学家。同时，"柏拉图除了是哲学家而外，还是一个具有伟大天才与魅力而又富于想象的作家。"[3]柏拉图出身于雅典贵族，青年时师从苏格拉底长达六年，目睹了老师被审判和处死的全过程。苏格拉底死后，他游历多年，后来在雅典阿卡德米（Academy）体育馆附近建立了自己的学园，形成了自己的学派，即"学园派"。按照黑格尔的说法，"他是苏格拉底最著名的朋友和门徒。他把握了苏格拉底的基本原则的全部真理，这原则认本质是

---

　　① ［德］黑格尔：《哲学史讲演录》第二卷，贺麟、王太庆译，商务印书馆1960年版，第39页。

　　② ［英］安东尼·肯尼：《牛津哲学史》第一卷·古代哲学，王柯平译，吉林出版集团有限责任公司2010年版，第38页。

　　③ ［英］罗素：《西方哲学史》上卷，何兆武、李约瑟译，商务印书馆1963年版，第110页。

在意识里，认本质为意识的本质。"①

　　鉴于苏格拉底与柏拉图的德性思想交织在一起，很难作出清晰的区分，而且他们两人德性思想的基本立场和主要观点也相当一致，我们将它们作为统一的德性思想体系进行阐述。苏格拉底和柏拉图的德性论是西方德性思想史的第一个德性思想体系。其主要贡献在于：首先，首次提出伦理学的主题是研究"人应当过什么样的生活？"②，这一问题后来被认为是古典德性伦理学主题的典型表达。其次，第一次将德性问题作为哲学的主题加以研究，提出了古典德性伦理学的三个基本概念即幸福、德性和智慧，论证了古希腊的智慧、勇敢、节制和公正"四主德"，运用理性的方法寻求善和德性的共同本性和一般本质并试图对其下定义，从而开创了德性思想的幸福主义、德性主义和理性主义先河。第三，柏拉图还创立了西方思想史上第一个社会德性思想体系，构建了一个乌托邦式的理想国。他的社会德性思想不仅直接影响了亚里士多德的社会德性思想，而且对近现代西方社会德性思想产生了深远的影响。苏格拉底和柏拉图的德性思想为亚里士多德德性伦理学的创立奠定了思想基础，也对整个西方德性思想和当代世界德性思想产生了深远而广泛的影响。同时，柏拉图的德性思想也对几百年后的新柏拉图主义创始人普罗提诺产生了直接影响，而普罗提诺的德性思想是古希腊晚期最系统且最有影响的德性思想体系，在一定意义上可以说将柏拉图的德性思想发挥到了极致，至今无人将其超越。

一、从对幸福的关注到对德性的探索

　　苏格拉底从早期希腊哲学家对"始因"的追求转向对"目的因"的追求。这一转向使他将善看作万物的终极原因，也作为人的终极追求。人对善的追求，就是要过上"善（好）生活"，也就是他及其弟子柏拉图所理解的幸福生活。这样，对善的追求就成为了对幸福的追求。对于人来说，真正的善是灵魂的善，而灵魂善的体现就是德性。因此，幸福的生活就在于具有德性，具有德性的好人（善人）就是幸福的人。从对目的因的追求到对幸福的

---

①　［德］黑格尔:《哲学史讲演录》第二卷，贺麟、王太庆译，商务印书馆 1960 年版，第 151 页。

②　［古希腊］柏拉图:《高尔吉亚篇》,《柏拉图全集》第 1 卷，王晓朝译，人民出版社 2002 年版，第 392 页。

关注再到对德性的追问，最终将德性问题作为其思考和探索的中心，这大致上就是苏格拉底以及柏拉图哲学研究的心路历程。也许是因为这样一种转向，西塞罗称苏格拉底"把哲学从天上带到了地上，带到了家庭中和市场上（带到了人们的日常生活中）"。①

（一）寻求万物的终极原因：善

苏格拉底以前的希腊哲学家关注的焦点是万物的"始基"或本原，他们大都从自然物质中寻找一个或多个"始因"，并将这种"始因"作为万物的本原。泰勒斯的"水"，阿那克西曼德的"无定形者"，阿那克西米尼的"气"，赫拉克利特的"火"，恩培多克勒的"四根"，阿那克萨哥拉的"种子"，德谟克利特的"原子"，无不如此。苏格拉底早年也对万物的"始因"感兴趣，也研究过"天文"、"地理"，并被人挖苦为"望天者"。但是不久他就在探索自然的因果联系时遇到了困难，感到按照早期自然哲学的路子不能找到满意的答案。自然的因果系列是不可穷尽的，在自然本身中并不存在早期哲学家所追求的"始因"，当然也不可能由此发现万物的本原。他自己后来说："年轻的时候，我对那门被称作自然科学的学问有着极大的热情。我想，要是能知道每一事物的产生、灭亡或持续的原因那就好了。我不断地反复思考，对这样一类问题困惑不解。……按照我自己和其他人的评价，我以前对某些事情理解得很清楚，但是现在经过那番沉思，我竟然连这些过去认为自己知道的事情也迷惑了，尤其是关于人生长的原因。"②

在这个时候，阿那克萨哥拉给了苏格拉底启示。阿那克萨哥拉把"奴斯"（nous，意为心灵）作为一切事物产生和存在的原因。这种解释使苏格拉底感到兴奋，觉得这种解释似乎更正确。因为如果有人希望找到某个既定事物产生、灭亡或持续的原因，那么他必须找出对于该事物的存在、作用或被作用来说是最好的那种方式。在苏格拉底看来，心灵可能就是这种最好的方式，"如果心灵是原因，那么心灵产生的秩序使万物有序，把每一个别的事物按最适合它的方式进行安排"③。但是，令苏格拉底感到遗憾的是，阿

---

① 转引自［德］黑格尔：《哲学史讲演录》第三卷，贺麟、王太庆译，商务印书馆 1960 年版，第 43 页。

② ［古希腊］柏拉图：《斐多篇》，《柏拉图全集》第 1 卷，王晓朝译，人民出版社 2002 年版，第 104—105 页。

③ ［古希腊］柏拉图：《斐多篇》，《柏拉图全集》第 1 卷，王晓朝译，人民出版社 2002 年版，第 106 页。

那克萨哥拉并没有将心灵原则贯彻到底，在解释具体的自然现象时又回到了自然哲学家的立场。于是，苏格拉底要把阿那克萨哥拉的心灵原则完全贯彻下去。

阿那克萨哥拉的"心灵"不是指人的心灵，而是一种存在于宇宙之外、不与所有事物相混杂的独立的、自为的能动力量。"心灵是万物中最稀最纯的，对每一事物具有全部的洞见和最大的力量。对于一切具有灵魂的东西，不管大的或小的，心灵都有支配力。因此心灵也能支配整个涡旋运动，它推动了整个运动。"[1] 既然安排宇宙秩序的终极动力是一种类似于人的心灵的东西，那么这种动力就一定不会是盲目地而是自觉地进行安排，是有目的的。苏格拉底正是顺着这样一条不同于早期自然哲学家的思路来寻求宇宙的本原的。在他看来，早期自然哲学家探索中的困难并不在于他们的工作做得不够，而是他们探索的方向不对。他们在大千世界中从原因一环一环以至无穷地往回追溯，但终不得其"始因"，也没有找到真正的本原。苏格拉底在阿那克萨哥拉的启发下从根本上调整了探索的方向，不再从万物的"始因"而是从万物的"目的"去寻找宇宙的"本原"。他虽然也在找万物的终极原因，但不是找"始因"，而是找"目的因"。在他看来，世界万物的存在都源于某种目的，其存在的意义也在于实现某种目的，"目的"才是事物存在的终极原因，也才是万物的真正本原。这样，他就将"目的"引入了对宇宙万物存在的解释，使哲学探讨的目光由"始因"转向了"目的因"，由此引发了古希腊哲学的"目的论转向"。

那么，这种目的是什么呢？苏格拉底认为，这种目的不是具体的事物，而是一个事物之所以成为该事物的本质。这种本质是所有事物共同具有的，因而它也是一种普遍的本质。这种普遍本质是永恒不变的，具有绝对性。另一方面，为了使万物有序，必须按最适合每一个别事物的方式对它们进行安排，使它们成为最好的。也就是说，事物的产生和存在不仅是有目的的，或者不如说被赋予了目的，而且这种目的就是成为最好的。"最好"就是事物的本质，也是所有事物的共同本质，成为最好的就是使事物自己的本质得到充分的实现。这里的"最好"就是"善"。一个事物成为了最好的，它就是"善"的。这并不是说每一个事物都是最好的，而是说一切事物都是为了实现"善"而产生和存在的，它们都以"善"为目的，可以从不善到善，

---

① ［古希腊］阿那克萨哥拉:《论自然》,《古希腊罗马哲学》, 商务印书馆 1961 年版, 第 70—71 页。

最后成为善的。"善"是万物生成、消灭和存在的真正原因，也是万物追求的终极目的。因此，在苏格拉底那里，"目的"就是"善"，"善"既是事物的普遍本质，也是事物的终极原因。这样，"善"就不仅仅是一个伦理学范畴，也是一个本体论范畴，它适用于一切存在。苏格拉底的这种本体论意义的"善"，后来在柏拉图那里被进一步提升为理念王国的最高理念，他使它成为终极实在、终极价值并成为终极真理和绝对知识的来源。

那么，是谁按最适合每一个别事物的方式对它们进行安排，或者说是谁赋予每一事物以善的目的呢？苏格拉底认为，是宇宙的神。"惟有那位安排和维系着整个宇宙的神（一切美好善良的东西都在这个宇宙里头），他使宇宙永远保持完整无损、纯洁无疵、永不衰老、适于为人类服务，宇宙服从着神比思想还快，而且毫无误失。这位神本身是由于他的伟大作为而显示出来的，但他管理宇宙的形象却是我们看不到的。"[1]这种神就像是阿那克萨哥拉的"心灵"（奴斯），它是"充满宇宙的理智"[2]，是全智全能的，就像灵魂能随意地指挥身体一样，它"也可以随意指挥宇宙间的一切"[3]。神在按最适合每一个别事物的方式对它们进行安排的过程中，就给每一事物赋予了目的，使它们能成为善的。事物达到了善的状态，或者说具有了善的本质，就实现了神的目的。每一事物实现了神赋予的善目的，宇宙就处于最好的状态，就有了最合理的秩序。他在《高尔吉亚篇》中说，"任何事物，无论是器具、身体、灵魂，还是某些活物，它们的好在这些事物中的出现肯定不是偶然的，杂乱无章的，而是通过某种公正和秩序，通过分别指定给它们的那种技艺。"[4]这就是说，一个事物并不是生来就是善的，而是后来获得的；它也不是偶然地、随意地成为善的，而是要通过它们特有的存在方式（指定给它们的"技艺"）在和谐有序的宇宙中各守本位，各司其职，实现自己善的本质。需要指出的是，苏格拉底的"神"在柏拉图那里逐渐为"灵魂"所取代。苏格拉底也经常使用灵魂的概念，但更多的是与身体联系起来使用。到了柏拉图那里，灵魂被本体化，使之成为宇宙的本原、万事万物的本性和力量。他说："灵魂无限地先于一切有生成的事物，灵魂不朽并支配着这个物体的世

---

① ［古希腊］色诺芬：《回忆苏格拉底》，吴永泉译，商务印书馆1984年版，第159页。

② 同上书，第31页。

③ 同上书，第31页。

④ ［古希腊］柏拉图：《高尔吉亚篇》，《柏拉图全集》第1卷，王晓朝译，人民出版社2002年版，第670页。

界。"①"灵魂是一切事物本性和力量，……灵魂在那些最初的事物中是头生的，先于一切形体和使形体发生变化和变异的最初根源。"②

既然善是终极原因和终极目的，那么人就要去追求它，而要追求它就要认识它。在苏格拉底和柏拉图看来，善本身对人是有魅力的，关键是要认识它。认识了它就会被它所吸引，就会寻求它，使自己成为好人。"善还有一个特点必须予以强调，一切认识善的生灵都会寻求善，渴望成为善的。它们想要捕捉善，使善成为自己的东西，也只有包含这样或那样善、并且在其发展过程中体现出善来的东西才会引起它们的关心。"③

（二）"好生活"的理想

从"目的论"世界观出发，苏格拉底提出了他的"好（善）生活"的理想。

苏格拉底认为，虽然宇宙万物都是神特意设计的结果，是神创造的，但神对人最为关怀和眷顾。他不仅创造了人，还为了各种有益的目的而把那些使人认识和享受不同事物的感官和才能赋予人，使人能生存和繁衍，使人能享受各种美好的东西，而且给人安置了灵魂，赋予了语言和推理能力，使人能追求知识，使人知道和利用美好的东西，并且能制定法制，管理国家。神是以人为中心来设计安排宇宙万物的。他是为了人类而合目的地设计和创造了宇宙万物。神为了人的视力提供光，为了人的休息提供黑夜，星月照耀使人能分辨时分和节令，提供田地和季节使人能生产粮食。神更给人类提供了火。火不仅使人免于寒冷和黑暗，而且对于一切工艺都有帮助，对于人类为自己所策划的一切也都有益处。"总而言之，人类为了保全生命所策划的一切有益的事情，若不借助于火，就毫无价值可言。"④所有其他生物的成长也是为了人类，人类从动物身上得到的好处要比从果品上得到的多。⑤

苏格拉底这一番谈论的目的不仅要证明神的伟大，证明神对人的特别垂顾，更是要求人们敬畏神，服从神。他说："考虑到这一切，我们就不应当

---

① ［古希腊］柏拉图:《法篇》,《柏拉图全集》第 3 卷，王晓朝译，人民出版社 2003 年版，第 734 页。

② 同上书，第 653 页。

③ ［古希腊］柏拉图:《斐莱布篇》,《柏拉图全集》第 3 卷，王晓朝译，人民出版社 2003 年版，第 189 页。

④ ［古希腊］色诺芬:《回忆苏格拉底》，吴永泉译，商务印书馆 1984 年版，第 157 页。

⑤ 同上书，第 28—32、155—160 页。

轻看那些看不见的事物，而是应当从它们的表现上体会出它们的能力来，从而对神明存敬畏的心。"[1] 我们要得到神的最大祝福，我们必须讨神的喜悦，"除了讨神的喜悦，再也没有别的办法了"，而"除了最大限度地服从神，还有什么更能讨他们喜欢的事呢？"[2]

怎样才叫敬畏神、服从神呢？苏格拉底并没有作出明确的回答。据色诺芬的记载，苏格拉底通过自己的言论和行为，使那些和他在一起的人的生活更为虔诚，更有节制。这表明，对于苏格拉底来说，对神的敬畏和服从就是要过虔诚的、节制的生活，即道德的生活。从苏格拉底整个思想的逻辑思路来看，人敬畏神、服从神，就是要最大限度地实现神赋予人的目的，这种目的就是使人生体现神的善的目的，过上善的生活。正因为如此，他呼吁雅典公民："真正重要的事情不是活着，而是活得好。"这里的"好"是与"善"同义的。什么叫活得好？"活得好"，用苏格拉底自己的话说，就是"活得高尚、活得正当"。[3] 善也是人的目的，是人的本质，活得好，就是实现了善的目的，就是获得了善的本质。苏格拉底所说的"高尚"、"正当"就是善的体现。

善作为一种目的，需要追求。人追求这种善的目的的过程就是好生活。好生活就个人而言是一切行为都以善为目的。苏格拉底在《高尔吉亚篇》中明确提出，"善是一切行为的目的，一切事物皆以此目的而行事，而非善以其他一切事物为目的"[4]。每一个人都追求快乐，但"快乐也像其他一切事物一样，它应当以善为目的，而不是善以快乐为目的"[5]。柏拉图在《国家篇》中也断定："每个灵魂都在追求善，把善作为自己全部行动的目标。"[6] 但是，善不只是个人行为的目的，而且也是全部社会生活的目的，治理城邦的目的就是要使城邦和公民们尽可能地行善。苏格拉底要求我们"应该抱着使公民

---

① ［古希腊］色诺芬：《回忆苏格拉底》，吴永泉译，商务印书馆 1984 年版，第 160 页。
② 同上书，第 160 页。
③ 参见［古希腊］柏拉图：《克里托篇》，《柏拉图全集》第 1 卷，王晓朝译，人民出版社 2002 年版，第 41 页。
④ ［古希腊］柏拉图：《高尔吉亚篇》，《柏拉图全集》第 1 卷，王晓朝译，人民出版社 2002 年版，第 392 页。
⑤ 同上。
⑥ ［古希腊］柏拉图：《国家篇》，《柏拉图全集》第 2 卷，王晓朝译，人民出版社 2003 年版，第 501 页。

自身尽可能地变好这个目的去关心城邦及其公民"①。因此，好生活从社会的角度看就是全社会普遍追求善。

苏格拉底认为人是由肉体和灵魂两部分构成，灵魂是神性的体现。"尤其是人的灵魂，比人的其他一切更具有神性，灵魂在我们里面统治着一切是显然的，但它本身却是看不见的。"②在柏拉图看来，灵魂原本是完善的，羽翼丰满的，并在高天飞行，主宰全世界。那时，"我们沐浴在最纯洁的光辉之中，而我们自身也一样纯洁，还没有被埋藏在这个叫做身体的坟墓里，还没有像河蚌困在蚌壳里一样被束缚在肉体中。"③在苏格拉底看来，与灵魂和肉体相对应，有两个过程，它们分别旨在照料身体和灵魂，一个过程以身体的快乐为目的，另一个过程则以使灵魂成为最优秀的为目的。后一个过程不会沉迷于快乐无比，而且与之交战。他认为，旨在快乐的那一个过程是卑贱的，而另一个过程的目标则是我们想要达到的，这就是："无论是对身体还是灵魂，应当尽可能使之完善。"④从这种意义上看，对于苏格拉底来说，好生活也就是要使灵魂成为最优秀的、使身体和灵魂都尽可能完善的生活。

苏格拉底和柏拉图认为，人之所以希望拥有"善"，那是因为拥有了善就拥有了幸福。《会饮篇》中有这样一段对话："苏格拉底，善的事物的热爱者企盼什么？""使善的事物成为自己的。""那么通过使善的事物成为他自己的，他将得什么呢？""我说，这个问题我可以简洁地回答，他将获得幸福。""她说，说得对，幸福的人之所以幸福，就在于他们拥有善。"⑤在他们看来，拥有善的人才是幸福的，而不拥有善的人则是不幸的。苏格拉底明确说："我把那些高尚、善良的男男女女称作幸福的，把那些邪恶、卑贱的人称作不幸的。"⑥"善还有一个特点必须予以强调，一切认识善的生灵都会寻求善，渴望成为善的。它们想要捕捉善，使善成为自己的东西，也只有包含

---

① ［古希腊］柏拉图：《高尔吉亚篇》，《柏拉图全集》第 1 卷，王晓朝译，人民出版社 2002 年版，第 409—410 页。

② ［古希腊］色诺芬：《回忆苏格拉底》，吴永泉译，商务印书馆 1984 年版，第 160 页。

③ ［古希腊］柏拉图：《斐德罗篇》，《柏拉图全集》第 2 卷，王晓朝译，人民出版社 2003 年版，第 246—247 页。

④ ［古希腊］柏拉图：《高尔吉亚篇》，《柏拉图全集》第 1 卷，王晓朝译，人民出版社 2002 年版，第 409 页。

⑤ ［古希腊］柏拉图：《会饮篇》，《柏拉图全集》第 2 卷，王晓朝译，人民出版社 2003 年版，第 246—247 页。

⑥ ［古希腊］柏拉图：《高尔吉亚篇》，《柏拉图全集》第 1 卷，王晓朝译，人民出版社 2002 年版，第 350 页。

这样或那样善、并且在其发展过程中体现出善来的东西才会引起它们的关心。"①

柏拉图经常在广义上理解善，有时也将富裕、财富看作善，但认为这些善是为身体服务的，而身体是为灵魂服务的。因此财富之类的善归根到底是为灵魂的善服务的。如果将善划分成不同的等级的话，那么，灵魂的善是最高层次的，其次是身体的善，最后才是财富之类的善。财富的善不仅是层次最低的善，而且是从属性的。"富裕确实是一切社会最真实的善和荣耀，但财富是为身体服务的，就好像身体本身是为灵魂服务的一样。由于财富对实现这些善来说只是一种手段，因此它必定在身体之善与灵魂之善的后面占据第三的位置。"②柏拉图承认财富对于人生活的必要性，但是人活着不是为了追求财富，而是追求幸福。财富的追求要置于幸福的追求之下，也就是要以正确的方式获得财富。他明确指出："人应当以幸福生活为目的，而不应以获得财富为目的，但以正确的方式获得财富并将财富置于自己的控制之下则是允许的。"③

好生活或幸福生活作为目标主要不是个人的，而是城邦的。当时的智者派主张幸福生活是纯粹个人生活的目标，而且主张通过利己主义的途径实现个人的幸福。在柏拉图对话的《高尔吉亚篇》和《国家篇》中讨论了这种利己主义观点，即在这两篇对话中卡利克勒斯（Callicles）和斯拉斯马寇（Thrasymachus）明确表达的利己主义的观点。他们论证说，正是我们愿望的东西使那些东西成为对于我们是有价值的，其结果，好的生活在于在获得我们想要的东西方面是成功的。如果这种需要在追求我们自己的目的的过程中统治其他人并压制他们的目的，它就会这样去做。当我得到我想要的东西时，我就过上了最好的生活，而不管这会怎样影响其他人。苏格拉底、柏拉图对智者派的个人主义和利己主义观点提出了批评，强调共同体整体幸福的优先性。柏拉图明确指出："在建立城邦时，我们关注的目标并不是个人的幸福，而是作为整体的城邦的所可能得到的最大幸福。"④"一般说来，幸

---

① ［古希腊］柏拉图：《斐莱布篇》，《柏拉图全集》第 3 卷，王晓朝译，人民出版社 2003 年版，第 189 页。

② ［古希腊］柏拉图：《法篇》，《柏拉图全集》第 3 卷，王晓朝译，人民出版社 2003 年版，第 631 页。

③ 同上书，第 632 页。

④ ［古希腊］柏拉图：《国家篇》，《柏拉图全集》第 2 卷，王晓朝译，人民出版社 2003 年版，第 390 页。

福的实现实际上必须等候善的到来，所以国家的建设者会以善和幸福的结合
为目标。"① 幸福作为国家的目标，要用法律确定下来，"我们法律的目标是
让我们的人民获得最大的幸福"②。因此，他提出，我们的首要任务是要确定
一个幸福城邦的模型，这个模型不能把城邦的某一类人划出来确定他们的幸
福，而要把城邦作为一个整体来考虑。这种城邦的幸福生活是每个人认真履
行自己所肩负的社会职责，而不是"想干就干，不想干就不干"，或者"让
农夫身穿官员的袍服，头戴国王的金冠，而地里的活他们想干多少就多少"。
这种情况出现在其他人身上还问题不大，但是如果作为国家保卫者的卫士也
如此，整个国家就会走向毁灭。柏拉图据此提出，我们的目标不是在任用这
些卫士时注意他们最大可能的幸福，而是将这件事纳入作为整体的城邦的发
展过程来看待，让这些辅助者和卫士受到约束和劝导，要他们竭尽全力做好
自己的工作，对其他各种人也要这样做。这样一来，整个城邦将得到发展和
良好的治理，每一类人都将得到天性赋予他们的那一份幸福。③

　　苏格拉底和柏拉图强调整体的幸福高于个人的幸福，是与他们的目的论
以及整体主义相关的。他们认为，世界的主宰已经给每一事物指定了它要做
的所有事情和要承受的所有事情，确定了每一个细节，这个世界的每一个细
节都是完善的。人也一样，每个人都是这个世界的某个局部，一切微不足道
的事物也如此，"它们的全部努力就是趋向于这个整体"。④ 无论什么人，他
们所有的工作都是为了某种整体的原因，他们创造出的一部分也是为了这个
整体，要对这个整体的幸福作出贡献，而非整体为了部分而存在。"一切事
物行事的目的就是为了获得整体的幸福，这个整体不是为你而造的，而是你
为这个整体而造。"⑤

　　苏格拉底以他自己的行为实践了他的这种"好生活"理想。黑格尔说：
"苏格拉底是各类美德的典型：智慧、谦逊、俭约、有节制、公正、勇敢、
坚韧、坚持正义来对抗僭主与平民，不贪财，不追逐权力。苏格拉底是具

---

　　① ［古希腊］柏拉图:《法篇》,《柏拉图全集》第 3 卷，王晓朝译，人民出版社 2003 年版，
第 501 页。
　　② 同上书，第 502 页。
　　③ 参见［古希腊］柏拉图:《国家篇》,《柏拉图全集》第 2 卷，王晓朝译，人民出版社 2003
年版，第 390—391 页。
　　④ ［古希腊］柏拉图:《法篇》,《柏拉图全集》第 3 卷，王晓朝译，人民出版社 2003 年版，
第 502 页。
　　⑤ ［古希腊］柏拉图:《法篇》,《柏拉图全集》第 3 卷，王晓朝译，人民出版社 2003 年版，
第 670 页。

有这些美德的一个人——一个恬静、虔诚的道德形象。"① 他自己把自己比喻为"牛虻"。他说,城邦就好像一匹良种马,由于体形巨大而动作迟缓,需要某些牛虻的刺激来使它活跃起来。神特意把我指派给城邦,就是让我起一只牛虻的作用,整天飞来飞去,到处叮人,唤醒、劝导、指责你们中的每一个人。② 他被判处死刑后,本来付一笔罚金就可以免于一死,而他的朋友愿意出这笔罚金。或者他承认自己错了并向法官表示歉意,或者设法逃跑,都可以免除他的死刑。但他认为这样活着是不高尚、不正当的,于是毅然决然地选择了不采取任何行动,以免冒作恶的危险。苏格拉底的死体现了他在做"好人"与做"好公民"之间的冲突中选择了做"好公民"的悲剧性结局。黑格尔认为,苏格拉底的命运是高度悲剧性的,而这正是那种一般伦理的悲剧性命运,因为"有两种公正互相对立地出现,……它们互相抵触,一个消灭在另一个上面;两个都归于失败,而两个也彼此为对方说明存在的理由"。在黑格尔看来,一个伟大的人会是有罪的,他担负起伟大的冲突。苏格拉底像基督一样,放弃了个体性,牺牲了自己,但是他的事业,由他做出的事情,却保留了下来。③ 他被判死刑后在法庭上申辩时陈述说:"放弃自己的私事,多年来蒙受抛弃家人的耻辱,自己忙于用所有时间为你们做事,像一名父亲或长兄那样看望你们每个人,敦促你们对德性的思考。"④

(三) 幸福与德性同一

在苏格拉底和柏拉图看来,虽然善有不同的类型,但只有灵魂的善才是使人成为好人的善,因而人的善主要是一种灵魂的状态。灵魂善的重要体现就是具有公正、节制等德性。因此,只有真正具有德性的人,才是真正善的人和真正幸福的人。一个人如果不具有德性,即使他拥有财富,过上了富裕的生活,他也不是幸福的。"善人是幸运和幸福的,因为他是节制的和正义的,而无论他是伟大的还是渺小的,是强大的还是虚弱的,是富裕还是贫穷。但若一个人是不正义的,那么哪怕他'比弥达斯和昔尼拉斯还要富有',

---

① ［德］黑格尔:《哲学史讲演录》第二卷,贺麟、王太庆译,商务印书馆 1960 年版,第 49 页。
② 参见［古希腊］柏拉图:《申辩篇》,《柏拉图全集》第 1 卷,王晓朝译,人民出版社 2002 年版,第 19 页。
③ 参见［德］黑格尔:《哲学史讲演录》第二卷,贺麟、王太庆译,商务印书馆 1960 年版,第 109 页。
④ ［古希腊］柏拉图:《申辩篇》,《柏拉图全集》第 1 卷,王晓朝译,人民出版社 2002 年版,第 19—20 页。

也只是一个可怜虫，他的生活是可悲的。"[①] 弥达斯（Midas）是希腊传说中的弗里基亚国王，昔尼拉斯（Cinyras）是希腊传说中极为富有的人。按照柏拉图的观点，一个人如果不具有德性，他即使像弥达斯一样有权力，像昔尼拉斯一样有财富，甚至比他们还荣华富贵，他也不是幸福的，相反他们的生活是可悲的。柏拉图认为，事物的不变性质有两种类型：一种是神性的幸福，另一种是没有神性的不幸福。人要幸福就要尽可能地像神。像神意味着在智慧的帮助下变得公正，因为"在神那里，没有不公正的影子，只有公正的完满，我们每个人都要尽可能变得公正，没有什么比这样做更像神了"[②]。

　　在柏拉图眼里，德性不仅关系到个人生活是否幸福，而且还决定着个人所拥有的其他通常被看作是有价值的好东西的善恶性质。一个人如果没有德性作为必要前提，他所拥有的所有其他的善，就不仅是不真正善的，甚至都是恶的。在当时的希腊人眼里，许多东西都被看作是善，如健康、美貌、财富以及身体的各种优越功能。对于这些东西，柏拉图并不简单地否认它们的价值，但这些东西必须以德性为前提，只有有德性的人拥有它们，它们才是真正有价值的好东西。这就是说，对于柏拉图来说，有所这些有价值的东西在道德上都是中性的，它们为有德性的人所拥有，就是善的，否则就是恶的。柏拉图在《法篇》中对此作了比较充分的论述。他说："俗话说健康是最大的善，美貌列在第二位，财富列在第三位，其他的善还有无数，比如敏锐的视力、听力，以及其他感觉，当一名独裁者也是善的，满足自己所有欲望也是善的，幸福之王就是拥有所有这些好处，还有长生不老。但是你们坚持的是，尽管所有这些官能对正义的人和宗教来说都是大善，但对不正义的人来说，从健康开始，所有这些东西都是邪恶。说得具体一点，如果一个人永远享有所有这些所谓的善，而没有正义和美德的陪伴，那么视、听、感觉、生命本身，都是最大的恶，但若他只活了很短的时间，那么这些东西就不那么恶了。"[③]

　　柏拉图也注意到，具有德性的好人并不一定就是富裕的。对于这一点，

----

　　① ［古希腊］柏拉图:《法篇》,《柏拉图全集》第 3 卷，王晓朝译，人民出版社 2003 年版，第 408—409 页。

　　② ［古希腊］柏拉图:《泰阿泰德篇》,《柏拉图全集》第 2 卷，王晓朝译，人民出版社 2003 年版，第 699 页。

　　③ ［古希腊］柏拉图:《法篇》,《柏拉图全集》第 3 卷，王晓朝译，人民出版社 2003 年版，第 409 页。

他在《法篇》中作了明确的断定："我决不承认富裕的人是真正幸福的人，除非他也是一个善人，但要说一个极为善良的人也应当富裕，那完全是不可能的。"① 但是，如果一个人不是具有德性的人，即使他拥有其他一切有价值的东西，他也不会是幸福的。一个人终生身体健康、拥有财富、享有权力、力大无比，甚至长生不老，与疾病、贫穷、痛苦、灾难等无缘，但他不公正，他是一个恶人，那么他也不仅不会幸福，相反他的生活是可悲的。②

不过，柏拉图认为，只有真正有德性的好人才是最适宜过上富裕、光荣的幸福生活的，也只有他们才适宜以各种方式与神和上天打交道，因为他们的心灵是纯洁的。而心灵不纯洁的恶人不适宜做这样的事情，即使做了也没有什么用。"善人最适宜过上这种光荣的、多益的生活，享有幸福，他们最适宜向神献祭，通过祈祷、奉献，以及各种方式的崇拜与上苍交通，而对恶人来说，其结果完全相反。因为恶人的灵魂是不纯洁的，而好人的灵魂是纯洁的，好人和神都不会接受肮脏的礼物；不虔诚的人做这些事是徒劳的，而虔诚的人这样做是合情合理的。"③ 有德性的人不仅最适宜过幸福的生活，而且他们凭借身体和精神上的优秀本身就可以过上幸福生活，这种幸福生活比那种通常意义的快乐生活更令人快乐。"总之，这种身体的或精神上的优秀生活比那堕落的生活愉快，更不必说它在适当性、正确性、美德、名声等方面的优势了。因此，我们的结论是，这样的生活给人们带来绝对的、无保留的幸福，它给人们带来的幸福比与它相反的那种生活更大。"④ 苏格拉底自己在法庭上进行申辩时明确说，他每到一处便告诉人们，"财富不会带来美德（善），但是美德（善）会带来财富和其他各种幸福，既有个人的幸福，又有国家的幸福。"⑤ 由此看来，苏格拉底和柏拉图将幸福与人的优秀，特别是品质的德性等同了起来，一个身体和灵魂都优秀的人就是幸福的人。

需要指出的是，苏格拉底和柏拉图在肯定幸福主要在于德性时并不简单地否认快乐的意义，而是肯定与理性相关联的快乐，否定与感性欲望相关联

① ［古希腊］柏拉图：《法篇》，《柏拉图全集》第3卷，王晓朝译，人民出版社2003年版，第501页。
② 参见上书，第410页。
③ 同上书，第476页。
④ 同上书，第493页。
⑤ ［古希腊］柏拉图：《申辩篇》，《柏拉图全集》第1卷，王晓朝译，人民出版社2002年版，第18页。

的快乐，强调享受最真实的快乐。柏拉图在《国家篇》中谈到灵魂有三个部分，即用来学习的爱智部分，用来发怒的爱胜部分，用来赚钱的爱利部分。与此对应，有爱智者、爱胜者和爱利者三种人及相应的三种快乐。爱智所获得的快乐是最甜蜜的，受这个部分支配的人的生活是最快乐的，爱利者的生活和快乐处于末位。[①] 在他看来，当整个灵魂接受灵魂的爱智部分的指导，内部没有纷争的时候，结果会是灵魂的每个部分都在各方面各负其责，都是公正的，每个部分同样也会享受到它们各自特有的、恰当的快乐，在可能的范围内享受最真实的快乐。[②] 正因为如此，"在快乐方面，善的和正义的人要远远超过恶的和不正义的人"，当然他们的生活美好方面也将远远超过恶的、不公正的人。[③]

二、德性在于智慧

古希腊人对德性有种种不同的理解，其中智者派的理解影响很大但有很大的偏差。针对这种情况，苏格拉底和柏拉图追问德性的一般本性，试图对德性是什么的问题给予正确的回答。在他们看来，德性的一般本性在于智慧。智慧是理性的德性，也是德性的决定因素或实质。智慧是德性，智慧关于德性的一般本性或德性的知识则是一种知识，因而也可以说德性是一种知识，只是这种知识是关于德性真理或德性本身，而不是关于各种具体德性的。具有了这种知识，人们就只会行善，不会作恶；而且具有德性就会获得幸福，因而无人愿意作恶；人们之所以会作恶，则是由于缺乏这种知识。

（一）智慧与"认识你自己"

智慧在古希腊备受推崇，在古希腊神话中就有智慧女神雅典娜，一些伟大人物在当时的公众眼里也被看作是有智慧的人。古希腊早期的"七贤"就是七位智慧之人，而一些人为了抬高自己的身价也往往自称"智者"，如智者派的智者。在这种社会氛围中生长的苏格拉底和柏拉图也同样十分推崇智慧，不过他们认为"智慧"这个词太大了，它只适合神，但"爱智"这个词

---

① 参见［古希腊］柏拉图:《国家篇》,《柏拉图全集》第 2 卷，王晓朝译，人民出版社 2003 年版，第 594 页之后。

② 参见上书，第 604 页。

③ 参见上书，第 606 页。

倒适合人。① 他们不仅是爱智者，而且使智慧具有了哲学的含义，开创了西方哲学的智慧传统。

在柏拉图的对话中有许多关于智慧的讨论，苏格拉底和柏拉图本人也有很多关于智慧的论述。应该说，他们两人是西方思想史上最早对智慧进行哲学阐释的人。智慧在他们那里最受重视的含义是对自己的认识，也就是"认识你自己"。

那么，认识自己的什么呢？就是认识自己知道什么，不知道什么。所以，"智慧就是关于我们知道什么和不知道什么的知识"②。在《卡尔米德篇》中，苏格拉底对这一观点进行了充分的讨论，并进行了反复的阐述，所特别强调的是，智慧不是关于外界事物的知识，也不是关于认识外界事物的认识本身的知识，而是关于自我认识状态的知识，即关于知道什么、不知道什么的知识。他对此以提问的方式作了阐明："那么智慧或聪明似乎并不是关于我们知道或不知道的事物的知识，而只是关于我们知道或不知道的知识，对吗？"③ 一个知道自己知道什么不知道什么的人，就是有智慧的人；也只有有智慧的人才具有自己有知和无知的知识，而不具有智慧的人是不具有这种知识的。苏格拉底说："那么聪明人或有节制的人，只有他们才认识自己，能够考察他知道或不知道的事情，还能够明白其他人知道些什么，这些人要么以为自己知道某些事而实际上也确实知道，要么他们并不知道某些事，但却以为自己知道这些自己实际上并不知道的事情。其他人都不可能做到这一点。这就是智慧、节制和自我认识，因为一个人要知道自己知道什么，也要知道自己不知道什么。"④

苏格拉底为什么特别强调智慧在于认识自己，并将智慧界定为关于自己有知和无知的知识呢？这可以分别从积极和消极两方面来看。

从积极的方面看，认识自己对于人的成功和幸福具有决定性的意义。一个人具有智慧，即知道自己知道什么、不知道什么，他才能知道自己的不足，知道自己真正需要学习的东西；同时他也才会知道别人对他的真实看法，从而形成对自己的正确认识。特别是后一点是智慧的真正意义之所在。

---

① 参见［古希腊］柏拉图：《斐德罗篇》，《柏拉图全集》第2卷，王晓朝译，人民出版社2003年版，第202页。

② ［古希腊］柏拉图：《卡尔米德篇》，《柏拉图全集》第1卷，王晓朝译，人民出版社2002年版，第162页。

③ 同上书，第159页。

④ 同上书，第153页。

所以苏格拉底说，"智慧可以视为一种关于有知和无知的知识，根据这种对智慧的新看法，智慧的益处是不言而喻的，拥有这种知识的人会更加容易地学会任何他要学习的东西，一切事物对他显得更清晰，因为除了知识的对象外，他还能看到这种知识，这也使他能更好地考察其他人用来认识他的知识，而不拥有这种知识的人可以被认为是洞察力较弱或不那么有效，对吗？这些不都是从智慧中得来的好处吗？这不就是我们多方寻求而最后在智慧这里找到的东西吗？"①

在苏格拉底看来，智慧作为关于自己有知和无知的知识，不仅有认识的价值，而且还有实践的价值。色诺芬在《回忆苏格拉底》中较详细地记述了苏格拉底这方面的谈论。苏格拉底说，那些认识自己的人有自知之明，知道什么事对于自己合适，并且能够分辨，自己能做什么，不能做什么，而且由于做自己所懂得的事就得到了自己所需要的东西，而且这些人由于有这种自知之明，还能够鉴别别人，善于与别人交往，从而繁荣昌盛，获得幸福；不做自己所不懂的事就不至于犯错误，从而避免祸患。而且这些知道自己在做什么的人，就会在他们所做的事上获得成功，那些和他们一样认识自己的人都乐意和他们交往，而那些在实践中失败的人则渴望得到他们的忠告，把自己对于良好事物的希望寄托在他们身上，并且因为这一切而尊重他们胜过其他的人。因此，这些人会受到人们的赞扬和尊敬。相反，那些不认识自己的人，既不知道自己所需要的是什么，也不知道自己所做的是什么，对于自己的才能有错误估计。这些人也不知道他们所与之交往的人是怎样的人，对于别的人和别的事务也会发生同样的判断错误。由于对于这一切都没有正确的认识，他们就不但得不到幸福，反而要陷入祸患。判断的错误导致他们选择的错误，所尝试的事尽归失败，不仅在他们自己的事务中遭受失败，而且还因此名誉扫地，遭人嘲笑，过一种受人蔑视和挪揄的生活。②

从消极的方面看，现实生活中很多自以为有知识的人并不具有智慧，其原因就在于不认识自己。苏格拉底注意到，尽管善是终极目的，认识了善就会追求善、拥有善，就会使人获得成功、幸福和尊敬。但是，在现实生活中，人们普遍缺乏对善的意识，更缺乏善的知识。当时很多自认为具有知识

———————

① ［古希腊］柏拉图：《卡尔米德篇》，《柏拉图全集》第1卷，王晓朝译，人民出版社2002年版，第161—162页。

② 参见［古希腊］色诺芬：《回忆苏格拉底》，吴永泉译，商务印书馆1984年版，第149—150页。

的人并不具有关于作为事物普遍本质的善的知识，更糟糕的是他们对于他们的这种无知还不了解，对此缺乏意识。这些人并不是缺乏认识善的能力，而是他们没有去认识自己。善是存在的终极目的，是人的灵魂的本性。只要我们反思自己我们就能认识到这种本性，认识到善。认识自己就是反思自己，就是省察自己。如果我们不去认识自己，我们就不知道我们的本质就在于善，就不能获得善的知识，也就不能过善的生活。因此，"未经省察的人生是没有价值的"①。

为了使人们意识到自己的无知并关心和探讨善的知识，苏格拉底编撰了一个他"自知自己无知"的寓言故事：苏格拉底的朋友凯勒丰曾到德尔斐神庙去问神，是否还有比苏格拉底更有智慧的人。女祭司说没有。苏格拉底自认为没有智慧，无论大的小的都没有。那么神为什么要说他是世界上最聪明的人呢？这个神谕使苏格拉底迷惑不解，于是他走访了许多自认并公认为有知识的人，其结果发现这些所谓有知识的人并不具有真正的知识。神是不会说谎的，那么这条神谕的唯一正确解释只能是：苏格拉底之所以是最有智慧的人，是因为只有他不认为自己知道那些他不知道的事情，而那些被认为有知识的人却认为他们知道某些他们不知道的事情。② 这个寓言一方面要说明人们普遍缺乏关于作为万物普遍本质和人的本质的善的知识，因此要使人们关注和探讨作为普遍本质的善，从而获得关于善的知识；另一方面也是要告诫人们导致这种无知的原因在于他们不具有智慧，在于没有去认识自己，也没有想到要认识自己，因而不具有关于自己有知和无知的知识，因此一个人想要成为有智慧的人，必须认识自己，必须具有关于自己有知和无知的知识。

（二）德性是智慧

在苏格拉底和柏拉图那里，智慧与德性的关系十分密切。他们既把智慧看作是理性或理智的德性，又把智慧看作是德性的本质。

对于他们来说，人的灵魂是相对于身体而言更高贵的部分。灵魂是由不同的部分构成的，其中理性是最重要的部分，可以说是灵魂中的灵魂。这种看法，在当时是一种共识。对于这一点，柏拉图在《斐莱布篇》中作了这样

---

① ［古希腊］柏拉图：《游叙弗伦、苏格拉底的申辩、克力同》，严群译，商务印书馆1983年版，第76页。

② 参见［古希腊］柏拉图：《申辩篇》，《柏拉图全集》第1卷，王晓朝译，人民出版社2002年版，第6—9页。

的表述:"所有聪明人都同意,并因此而诚实地荣耀自己,我们拥有的理性是天地之王。"① 这就是说,理性使人伟大,它是使人成为高于万物的东西。需要指出的是,苏格拉底,特别是柏拉图对于理性与理智的区别是不确定的,他们有时在相同的意义上使用它们,有时又将理智看作是低于理性的。例如,柏拉图在《国家篇》讨论可见世界和可知世界的结构时认为灵魂相应有四种状态:理性、理智、信念和想象或猜测。其中理性的层次最高。② 不过,在大多数情况下,他们并没有对这两个词作出严格的区分。正是在这种不区分的意义上,柏拉图说:"理智是灵魂的最高能力。"③

在苏格拉底和柏拉图看来,理性首先是人的认识能力。理性能认识世界的万事万物,也能认识隐藏在万事万物背后的本质,这种本质就是苏格拉底所说的"善"的目的,也是柏拉图所说的"理念"或"形式"。理性也能认识自己,认识人的灵魂本身。柏拉图在他的最后一篇对话《法篇》中就明确说:"我们有各种理由相信,用身体的各种感官都无法感知灵魂,只有依靠理智才能察觉。"④ 理性其次也是人的实践能力。这种实践能力能使人作出选择,使人实现自己的目的。但是,在苏格拉底和柏拉图的心目中,虽然每一个人的灵魂都有理性,但理性是中性的,因为理性所属的心灵是中性的,"一切心灵的性质凭其自身既不是有益的也不是有害的"⑤。因此,理性存在着有益地运用和有害地运用的情形。在他们看来,理性有益地运用就是理性的德性,这种德性就是智慧。理性有益地运用就是智慧地运用,而有害地运用就是愚蠢地运用。理性智慧地运用对于灵魂具有极其重要的意义,是灵魂实现自己的目的、获得自身快乐的主要手段。所以,柏拉图说:"智慧是灵魂的助手,借助这些工具和它的所有工具,灵魂使一切事物达到正确与快乐的境地,但若愚蠢成为灵魂的伴侣,那么结果就完全相反了。"⑥ 理性是人灵

---

① [古希腊]柏拉图:《斐莱布篇》,《柏拉图全集》第3卷,王晓朝译,人民出版社2003年版,第202页。

② 参见[古希腊]柏拉图:《国家篇》,《柏拉图全集》第2卷,王晓朝译,人民出版社2003年版,第508—510页。

③ [古希腊]柏拉图:《法篇》,《柏拉图全集》第3卷,王晓朝译,人民出版社2003年版,第726页。

④ 同上书,第664页。

⑤ [古希腊]柏拉图:《美诺篇》,《柏拉图全集》第1卷,王晓朝译,人民出版社2002年版,第521页。

⑥ [古希腊]柏拉图:《法篇》,《柏拉图全集》第3卷,王晓朝译,人民出版社2003年版,第661页。

魂中最重要的部分，因而作为理性德性的智慧是人的德性中的首要德性。

在苏格拉底和柏拉图看来，智慧不仅是理性的德性，而且是一切德性的决定性因素或实质。只有当智慧出现时，心灵才具有了德性的性质。智慧使心灵的东西成为善的，而非心灵的东西的善取决于心灵的善。由此看来，心灵的善也好，非心灵事物的善也好，最终都取决于一个人是否有智慧。"所以，一般说来，这些非心灵事物之善取决于我们心灵的性质，而心灵本身的东西要成为善的，取决于智慧。"① 心灵的善就是德性，德性是心灵的一种性质。心灵之所以会具有这种德性的性质，是智慧使然。相反，如果心灵不具有智慧，不具有德性的性质，心灵的一切事物就不是善的，就是有害的。所以苏格拉底说："如果美德是心灵的一种属性，并且人们都认为它是有益的，那么它一定是智慧，因为一切心灵的性质凭其自身既不是有益的也不是有害的，但若有智慧或愚蠢出现，它们就成为有益的或有害的了。如果我们接受这个论证，那么美德作为某种有益的事物，一定是某种智慧。"② 苏格拉底和柏拉图的基本结论是，德性整个地或部分地是智慧。据色诺芬回忆，苏格拉底曾明确说："正义和一切其他德行都是智慧。因为正义的事和一切道德的行为都是美而好的；凡认识这些事的人决不会愿意选择别的事情；凡是不认识这些事的人也决不可能把它们付诸实践；即使他们试着去做，也是要失败的。所以，智慧的人总是做美而好的事情，愚蠢的人则不可能做美而好的事，即使他们试着去做，也是要失败的。既然正义的事和其他美而好的事都是道德的行为，很显然，正义的事和其他一切道德的行为，就都是智慧。"③

德性是智慧，或者说德性在于智慧，而德性是与幸福同一的，因而幸福也就在于智慧。在与美诺讨论智慧与幸福的关系时，苏格拉底问："人的心灵所祈求或承受的一切，如果在智慧的指导之下，结局就是幸福；但是在愚蠢的指导下，其结局只能相反，是吗？"美诺回答说："这个结论合理。"④ 这个结论正是苏格拉底要引导美诺认可的。当代西方德性伦理学家都认为古典的幸福、德性和智慧是亚里士多德德性伦理学三个密切关联的基本范畴。从上面的分析可见，这三个范畴及其相互关系在苏格拉底和柏拉图这里就已作

---

① ［古希腊］柏拉图:《美诺篇》,《柏拉图全集》第 1 卷，王晓朝译，人民出版社 2002 年版，第 521 页。

② 同上书，第 521 页。

③ ［古希腊］色诺芬:《回忆苏格拉底》，吴永泉译，商务印书馆 1984 年版，第 117 页。

④ ［古希腊］柏拉图:《美诺篇》,《柏拉图全集》第 1 卷，王晓朝译，人民出版社 2002 年版，第 520 页。

了明确的阐述，只是亚里士多德更强调实践智慧，而且对实践智慧的作用及其与幸福和德性的关系作了更明确、更充分的阐述。

（三）"德性是知识"而非"德性即知识"

在苏格拉底和柏拉图那里，"德性是智慧"有明确的表述，而且也与他们的整个思想是一致的，但是对于德性是不是知识并没有明确的表述。在我国哲学界长期流传着一种看法，即苏格拉底主张"德性即知识"，而且将这个命题看作是苏格拉底的基本伦理学观点。近年来，随着对柏拉图对话录的全面深入的研读，有人发现苏格拉底并没有说过这句话，而且这句话本身也不符合苏格拉底的思想。其中最典型的是陈真教授对国内流行看法提出的质疑。他认为，苏格拉底没有确认"美德即知识"，这个命题也没有准确表达苏格拉底关于德性与知识关系的看法。[①] 的确，苏格拉底没有明确说过"德性是知识"，更没有明确说过"德性即知识"（意为：德性就是知识）。我们经过研读和考察认为，苏格拉底并不主张德性就是知识，没有用知识来定义德性，但他还是主张德性是知识。在《美诺篇》中与美诺讨论关于德性是否可教的时候，虽然一开始对德性是不是知识还不十分确定，但通过讨论，他最终还是认为德性是知识，并根据德性是知识认为德性是可教的。

在这篇对话中，美诺问苏格拉底德性能不能教，苏格拉底回答说，我们根本不知道德性是否能教，也不知德性本身是什么。他认为，要了解德性能不能教，首先要弄清楚德性是什么。于是，苏格拉底就问美诺"什么是德性"。美诺就回答了什么是男人的德性，什么是女人的德性，以及什么是孩子、老人的德性。苏格拉底继续问，德性就其作为德性的性质而言在孩子、老人、男人或女人那里有没有区别。他们讨论了半天，美诺也没有找到"贯穿于各种美德中的美德"。在这种情况下，苏格拉底采取了一种假设的方法，即假定它是可教的或它是不可教的。"如果德性是知识，那么它是可教的，反之亦然，美德若是可教的，那么它是知识。"[②] 接下来我们就要判定德性是知识还是别的什么不同的东西。苏格拉底分析说，如果有什么好东西并不来自于知识，或与知识无关，那么德性就不一定是某种形式的知识了。但另一方面，知识若是包含一切好东西，那么德性就应该是知识，因为德性无疑是

---

① 参见陈真："苏格拉底真的认为'美德即知识'吗?"，《伦理学研究》2006 年第 6 期。

② ［古希腊］柏拉图:《美诺篇》，《柏拉图全集》第 1 卷，王晓朝译，人民出版社 2002 年版，第 534 页。

一种好东西。但是，苏格拉底又从另一个方面提出了问题，即如果德性能成为教育的主题，那就应该有教德性的老师。"若是有美德的教师，那么美德是可教的；但若一个美德的教师也没有，那么美德是不可教的。"① 然而，苏格拉底说他和许多人都一直在寻找，但竭尽了全力也没能找到德性的教师。那些自称是德性教师的智者并不是真正的德性老师。由此看来，德性是不可教的。既然德性是不可教的，那它就不应该是知识。在这篇对话中，苏格拉底最后还讨论了德性是从哪里来的。他认为，德性既不是天生的，也不是靠教育得来的，拥有德性的人通过神的恩赐得到德性。不过，他最后说要回答如何得到德性，先要了解什么是德性，德性本身是什么。

在《美诺篇》中，苏格拉底讨论了与德性可教不可教相关的三个问题。对于德性是不是知识，他虽然没有明确的回答，但基本上是肯定的，因为德性是好东西，而知识是包含一切好东西的。从这个意义上看，德性是可教的。但是，他针对"智者"不是真正的德性教师而不承认有德性教师，因而否定德性是可教的，后来又说德性是神赐的而不是靠教育得来的。显然，用这两个理由否定德性可教以及德性是知识都是不充分的。因此，我们不能根据《美诺篇》中的说法断定苏格拉底否认德性是知识，否认德性的可教性。如果我们联系他在《普罗泰戈拉篇》中的讨论，他的观点就比较明确了，这就是：德性是知识，并且是可教的。

在《普罗泰戈拉篇》的最后，苏格拉底对他与普罗泰戈拉的讨论作了一个总结。他说，他给普罗泰戈拉提出的所有问题并无其他用意，只是想要了解关于德性的真理，想知道德性本身是什么。他认为，如果弄清了这一点，那么就会帮助他们解开他俩作了一连串论证所想要解决的问题。这个问题就是：苏格拉底认为德性不可教，而普罗泰戈拉认为德性可教。但是，苏格拉底最后意识到，他们的谈话到目前为止所取得的结果走向了各自的反面。他打了一个比方："就像人们在争论中指向我们的一根手指头，是对我们的指责。如果它会说话，那么它会说'苏格拉底和普罗泰戈拉，你们真是荒唐的一对。你们中有一个在开始的时候说美德不可教，但是后来却自相矛盾，想要证明一切都是知识，比如正义、节制、勇敢，等等，以为这是证明美德可教的最佳方式。如果像普罗泰戈拉想要证明的那样，美德是知识以外的某种东西，那么显然它是不可教的。但若它作为一个整体的知识，这就是你苏格

---

① ［古希腊］柏拉图:《美诺篇》,《柏拉图全集》第 1 卷，王晓朝译，人民出版社 2002 年版，第 534 页。

拉底热衷的，那么如果美德不可教，那就太奇怪了。另一方面，普罗泰戈拉一开始假设美德可教，现在则矛盾地倾向于说明它是知识以外的任何东西，而不是知识，而只有把它说成是知识才最容易把它说成是可教的。'"① 这里说普罗泰戈拉"说明它（德性）是知识以外的任何东西，而不是知识"，意思是指普罗泰戈拉把德性理解为各种具体的德性，而不是关于德性的一般知识，而且可以教人们这样的具体的德性。这一点是苏格拉底所坚决反对的。因为他坚定地认为，如果德性可教，它一定是有关德性本身的知识，而不是各种具体的德性。

从上面两篇对话我们可以看出，实际上，苏格拉底对德性是不是知识和德性可不可教这两个相互关联的问题，自己心里也没有很确定的答案，但他感到这两个问题极其重要，而且当时人们的看法很混乱，有必要澄清它们。他自己明确地对普罗泰戈拉说："普罗泰戈拉，当我看到人们关于这个主题的看法如此混乱时，我感到有一种最强烈的冲动，想要弄清它。"② 通过与他人的讨论，特别是与美诺和普罗泰戈拉的讨论，他基本上形成了对这两个相关问题的看法，德性是知识，这种知识是关于德性真理或德性本身的，而不是关于各种具体德性的。他的这种看法并没有将德性与德性知识明确区别开来，德性本身或德性真理并不就是德性知识，而是德性知识的内容。将知识的内容与知识混同，将定义与本质混同，这是苏格拉底和柏拉图思想的共同局限。不过，他们两人都没有将德性看作就是知识。他们充其量主张德性是一种知识，即关于德性自身的知识，但没有主张德性就是知识，更没有主张知识就是德性。所以，说苏格拉底主张"德性即知识"是没有根据的。

我们的以上看法，还可以在《卡尔米德篇》中得到印证。在这篇对话中，苏格拉底讨论了智慧与知识的关系。他认为智慧也是一种知识。"智慧可以视为一种关于有知和无知的知识"，"智慧就是关于我们知道什么和不知道什么的知识。"③ 在这里，苏格拉底是将智慧看作是关于知识的知识。显然，如果说德性是智慧，而智慧也是一种知识，那么我们也可以说德性是知识，尽管是智慧意义上的知识。

---

① ［古希腊］柏拉图：《普罗泰戈拉篇》，《柏拉图全集》第 1 卷，王晓朝译，人民出版社 2002 年版，第 488 页。

② 同上。

③ ［古希腊］柏拉图：《卡尔米德篇》，《柏拉图全集》第 1 卷，王晓朝译，人民出版社 2002 年版，第 161、162 页。

(四)"作恶由于无知"与"无人自愿作恶"

苏格拉底和柏拉图之所以都十分推崇知识,是因为在他们看来,知识是获得幸福的途径。有了知识,一个人就可以正当地行动并获得幸福。在《卡尔米德篇》中,苏格拉底赞同卡尔米德这样的说法,即"如果你抛弃了知识,那么你几乎无法在其他事物中找到幸福的王冠。"不过,他们这里所说的知识并不是一般的知识,而是善恶意义的知识。在苏格拉底对卡尔米德的上述看法表示赞同之后,紧接着进一步明确指出了这里所说的知识是关于什么的知识。他的看法是,"只有一种知识使人行为正确和幸福,这就是关于好坏的知识。"① 就是说,苏格拉底认为只有关于好坏善恶的知识才是正当地行动并获得幸福所需要的知识。

在苏格拉底和柏拉图看来,每一个人在本性上都是追求幸福的,而一个人要获得幸福就得在行为的过程中作出正确的选择并正当地行动。能否作出正确的选择直接关系到个人的幸福,"我们的生命要想获得拯救取决于正确地选择善恶,或大或小,或多或少,或远或近"②。那么,人怎样才能作出正确的选择呢?按照他们的观点,作出正确选择的前提就是具有关于好坏善恶的知识。只有具有这样的知识,人才能作出正确的选择,也才能正当地行动。"没有什么比知识更强大的东西了,只要有知识就可以发现它对快乐和别的事情起支配作用。"③ 然而,尽管人们在本性上出于幸福的考虑会倾向于作出正确的选择,并正当地行动,而且要获得幸福也必须如此,但是人们并不必然具有关于善恶的知识。而且苏格拉底也承认,在现实生活中,作恶的行为是普遍存在的。他明确指出,"我们中的大多数人遵循的道路不是拒绝作恶,而且是努力去作恶并且试图掩盖恶行。"④ 这样,问题就发生了:要获得幸福就必须作出正确的选择,但实际上人们并不一定能作出这样的选择,相反常常作出错误的选择,不是行善,而是作恶。在苏格拉底和柏拉图看来,导致这样的问题产生的原因就在于人们缺乏必要的知识,特别是缺乏善

---

① [古希腊]柏拉图:《卡尔米德篇》,《柏拉图全集》第1卷,王晓朝译,人民出版社2002年版,第164页。

② [古希腊]柏拉图:《普罗泰戈拉篇》,《柏拉图全集》第1卷,王晓朝译,人民出版社2002年版,第484页。

③ 同上书,第483页。

④ [古希腊]柏拉图:《法篇》,《柏拉图全集》第3卷,王晓朝译,人民出版社2003年版,第646页。

恶的知识，他们不知道什么是善的，什么是恶的。所以苏格拉底断定："人们对快乐与痛苦，亦即善与恶，作出错误选择时，使他们犯错误的原因就是缺乏知识。"①

在没有知识的情况下，人们的行动就是不自觉的，是盲目的，就可能出于趋乐避苦的自然本性作出选择，把快乐当作目的本身，从而发生错误。在苏格拉底看来，快乐不是目的，善才是目的，快乐也像其他一切事物一样，它应当以善为目的，如果以快乐本身为目的，就会为快乐所支配，而"被快乐支配实际上就是被无知支配，这是一种最严重的无知"②。在苏格拉底看来，这种"不自觉的行动"完全是无知的结果，有知识有智慧的人都会"做自己的主人"③。

在没有知识的情况下，还可能有另一种情形，就是自认为有知识，其实并不真正有知识。苏格拉底发现，在他所生活的时代，许多人并不真正具有善恶知识，并不具有德性和智慧的知识，但他们却自认为有知识。客观地说，这些人可能确实有知识，但这些知识都是实务方面的知识，而不是善恶方面的知识，更不是关于自己知道什么不知道什么的智慧知识。这些人同样会作出错误的选择。一般来说，有知识的人不会犯错误，因为他们会在知识的指导下作出正确的选择；自己知道自己没有知识的人一般也不会犯错误，因为他们虽然没有知识，但他们对此有意识，不会盲目地作选择；只有那些自己没有知识却自认为有知识的人才会犯错误，因为他们只会以那些不是知识的东西（如快乐）为指导作出错误的选择。所以苏格拉底说，"造成错误的确既不是那些已经知道的人，也不是那些自己知道他不知道的人，而只能是那些并不知道却自以为知道的人。"④

根据前面的分析，苏格拉底形成了这样的有影响而又重要的观点，即人在本性上由于追求幸福而不会有意识地选择恶，也不会想选择成为恶人，人们之所以作恶，之所以成为恶人，是由他们无知导致的。这就是他在与普罗泰戈拉等人讨论人为什么会作恶时所作出的推论："无人会选择恶或想成为恶人。想要做那些他相信是恶的事情，而不是去做那些他相信是善的事情，

---

①　［古希腊］柏拉图:《普罗泰戈拉篇》,《柏拉图全集》第 1 卷，王晓朝译，人民出版社 2002 年版，第 483 页。

②　同上。

③　同上书，第 484 页。

④　［古希腊］柏拉图:《阿尔基比亚德 I 篇》，转引自汪子嵩、范明生、陈村富、姚介厚著:《希腊哲学史》2，人民出版社 1993 年版，第 411 页。

这似乎违反人的本性，在面临两种恶的选择时，没有人会在可以选择较小的恶时去选择较大的恶。"①显然，苏格拉底的这种看法是以人性是善的为前提的，只有确信人本性是善良的，我们才会相信人不选择恶或成为恶人。苏格拉底的这种人性观可能过于乐观和富有善意，不会为后来的许多哲学家所赞同。如果将人性看作像马基雅维里所说的那样自私和贪婪，看作像弗洛伊德所描述的那样有死亡和破坏的本能，同时如果我们看到今天不断发生的恐怖主义和高科技犯罪，那么"作恶由于无知"、"无人自愿作恶"的命题可能需要改写。

三、德性的构成及其普遍性和统一性

古代希腊流行着多种公认的德目，苏格拉底和柏拉图对其中的一些德目进行了专门的讨论。其中由苏格拉底提出、柏拉图进行系统深入阐释的"四主德"在当时和后来产生了广泛而深远的影响。虽然他们承认有多种德性或不同的德目，而且它们有主有次，但他们都认为德性是统一的实体，德性归根到底只有一种，这就是德性本身或德性的一般本性，各种具体的德性不过是同一德性的不同体现或不同表达。因此，一个人要成为有德性的人就要具有所有的德性，而关键是要具有关于德性本身的知识。

（一）勇敢、节制、友爱、虔敬

苏格拉底和柏拉图都将德性看作是一个整体，它们是由不同部分构成的。这一观点在柏拉图那里更明确。苏格拉底主要讨论了勇敢、节制（自制）、虔敬和友爱，也在不同地方讨论过智慧和公正，柏拉图则着重讨论了智慧、勇敢、节制、公正这四个主要德目，这些德目后来也被看作是古希腊的"四主德"。苏格拉底的讨论大多没有什么结论，但从这些讨论中可以了解他的辩驳法，也可以了解他是怎样力图找到德性的共同本性和普遍定义的。

在《拉凯斯篇》中，苏格拉底提出探讨德性要研究德性的本性，也就是要研究德性是什么。正如医生要治疗病人的视力必须先懂得视力是什么一样，对青年人进行德性培育也必须弄清楚德性是什么。他说："如果我们对

---

① ［古希腊］柏拉图:《普罗泰戈拉篇》,《柏拉图全集》第 1 卷，王晓朝译，人民出版社 2002 年版，第 484 页。

某个事物的性质完全无知，我们又怎么能够就如何获得该事物而向他人提出建议呢？"①然而，要一下子弄清全部德性的本性并不容易，但可以联系学习和训练勇敢来讨论勇敢这种德性的本性是什么。这样，苏格拉底就提出了什么是勇敢的问题，也就是寻求勇敢定义的问题。

拉凯斯根据他的战斗经验先说勇敢是不逃跑，坚守阵地，与敌人作战。苏格拉底举例反驳后指出，我们要探讨的勇敢不只指重装步兵的勇敢，应指一切军人的勇敢；不只是指战争中的勇敢，也应指在各种情况下经历的勇敢。那么，在所有这些情形下有什么共同的东西使它们被称为勇敢呢？在苏格拉底的启发下，拉凯斯又根据渗透在各种事例中的这种普遍性，说勇敢就是灵魂的某种忍耐。苏格拉底又通过层层反驳使这个太宽泛的定义无法自圆其说。他认为，勇敢是一种高尚品质，但只有与智慧相结合的忍耐才是高尚的，愚昧的忍耐只不过是顽固，是有害的恶。这时，拉凯斯感到自己对勇敢的性质是知道的，但又总抓不住它，无法说出它的性质。在这种情况下，苏格拉底请出尼昔亚斯加入讨论。

尼昔亚斯从他赞成苏格拉底的"好人就是有智慧的人，坏人就是没有智慧的人"谈起，说如果勇敢的人是好人，那么他也是有智慧的人。问题是：勇敢是一种什么样的智慧呢？尼昔亚斯说勇敢是一种在战争中或在其他事情上激发人的恐惧或自信的知识。但是，苏格拉底又从另一方面提出质疑：勇敢如同公正、节制等一样，都只是德性的一部分。一切事物在时间上有过去、现在、未来之分，畏惧和希望不涉及过去和现在，只和未来有关。畏惧是害怕未来之恶，希望和信心是期待未来之善。苏格拉底认为，勇敢不仅是关于希望和可怕的知识，而且也几乎是关于任何时间的善恶知识。尼昔亚斯接受了苏格拉底的意见。苏格拉底进而指出，如果知道所有的善恶，知道它们过去、现在和未来的状况，他就是一个十全十美的人，不再需要公正、节制、虔敬等德性。他足以分辨可怕和不可怕、自然的和超自然的，会采取恰当的防范措施确保一切安好，他也必然知道如何正确对待神和他人。但是，如果这样，勇敢又成了全部德性，这又和原先认定的勇敢是德性的一部分相矛盾。苏格拉底的结论是，他们三人在讨论中都没有发现什么是勇敢。

在这篇对话中，虽然没有形成什么是勇敢的结论，但体现了苏格拉底寻求一般定义的努力，同时他明确提出了德性是一个统一的整体，公正、勇

---

① ［古希腊］柏拉图：《拉凯斯篇》，《柏拉图全集》第 1 卷，王晓朝译，人民出版社 2002 年版，第 182 页。

敢、节制、虔敬等是其中紧密关联的部分的思想。

苏格拉底在《卡尔米德篇》中专题讨论了节制，此外，色诺芬的《回忆苏格拉底》中也讲述了苏格拉底对"节制"的论述。

《卡尔米德篇》的主题是"什么是节制（sophrosyne）?"sophrosyne 这个希腊词有三重主要含义：一是指理智健全、稳健，同理智不健全、愚妄而无自知之明、看问题褊狭等意思相反；二是指谦和、仁慈、人道，尤其指少者对长者、位卑者对位尊者的谦恭态度；三是指对欲望的自我约束和自我控制。这个词一般英译为 temperance。[①] 在这篇对话中，卡尔米德先后给节制下了三个定义，但都被苏格拉底运用使对方陷入自相矛盾的方法反驳了。第一个定义：节制就是沉着有秩序地行事，就是沉着。苏格拉底反驳说，节制是高尚和善的品质，拳击、赛跑等都以快速和敏捷为善，沉着缓慢地行事都是坏的，不是自制。第二个定义：节制是谦恭、谦逊。对此苏格拉底用荷马在《奥德赛》中说过的"谦逊对穷人说并不是好的"加以反驳。第三个定义：节制就是各人做自己的事情。苏格拉底认为这个定义是令人费解的，因为一个人做事不可能完全不涉及他人。如果城邦立法规定每个人只能为自己纺织、制鞋、建房等，城邦怎么会有良好的秩序呢？苏格拉底的驳难使卡尔米德陷入了困窘。在苏格拉底的启发下，他又提出了第四个定义，即节制的本质就是认识自己，能够知道自己知道什么和不知道什么。理由是，德尔斐神庙铭刻的箴言"认识你自己"与"要节制"的意思是一样的，而且后来的贤人又在神庙添上了"万勿过度"的箴言。[②] 这次苏格拉底表示赞成。到这里，对话就转入了探讨建立关于人自身的哲学问题。苏格拉底提出了两个问题：一是这种自我认识的知识的对象是什么，也就是自我认识是否可能的问题；二是这种自我认识对人的实践生活是否有益的问题。于是，他们就开始讨论这两个问题。

在《回忆苏格拉底》中，苏格拉底对节制的重要性作了较充分的阐述。他认为"自制是人的一个光荣而有价值的美德"[③]。他说，自制是一切德行的基础，"有哪个不能自制的人能学会任何的好事，或者把它充分地付诸实施

[①] ［古希腊］柏拉图:《卡尔米德篇》译者提要注释,《柏拉图全集》第 1 卷, 王晓朝译, 人民出版社 2002 年版, 第 134 页。

[②] 参见［古希腊］柏拉图:《卡尔米德篇》,《柏拉图全集》第 1 卷, 王晓朝译, 人民出版社 2002 年版, 第 150—151 页。

[③] ［古希腊］色诺芬:《回忆苏格拉底》, 吴永泉译, 商务印书馆 1984 年版, 第 32 页。

呢？"①在苏格拉底看来，"一个不能自制的人并不是损害别人而有利于自己，像一个贪得无厌的人，掠夺别人的财物来饱足自己的私囊那样，而是对人既有损对己更有害，的确，最大的害处是不仅毁坏自己的家庭，而且还毁坏自己的身体和灵魂。"②色诺芬称颂苏格拉底的实际行动比他的言论更好地表现了他是一个能自制的人。对别人的首要要求也是自制律己："苏格拉底并不是急于要求他的从者口才流利，有办事能力和心思巧妙，而是认为对他们来说，首先必须自制；因他认为，如果只有这些才能而没有自制，那就只能多行不义和多作恶罢了。"③在苏格拉底看来，智慧是最大的善，不节制就使人远离智慧，缺乏健全的理智，沉溺于某些快乐，不择善而从，不做有益的事而做有害的事。而且不节制就会受身体情欲的支配，因此不节制是不自由的，会使人成为"最坏的奴隶"。④

　　在《吕西斯篇》中，苏格拉底自述了他同一群天真活泼的少年讨论友爱的往事。美少年吕西斯说他父母很疼爱他，却又处处管束他。苏格拉底问为什么会这样。吕西斯答复说是因为自己的年龄还不够大。苏格拉底说这不是理由，因为有许多事情你父母是允许你做的，并不需要等到你成年。为什么会这样？苏格拉底认为是因为有些事你懂，有些事你不懂。他由此议论说，凡是我们内行的事，人们都会交给我们做，我们可以按自己的意愿做而没有人阻拦我们。另一方面，如果我们在某些事情上没有什么知识，那么就不会有人允许我们按自己的意愿行事，也不会有人把事情托付给我们去做。由此苏格拉底引出他对友爱的看法："如果你获得了知识，所有人都会成为你的朋友，所有人都会依靠你，因为你是有用的和好的。如果你没有获得知识，那么你不会有朋友，甚至连你的父母，你的家庭成员都不会与你交朋友。"⑤苏格拉底转而同美涅克塞努讨论。他称羡美涅克塞努这么年轻就有吕西斯这样的好友，于是向他请教怎样才能成为另一个人的朋友。他问道：当一个人爱上另一个人时，是爱者还是被爱者成为朋友？如果一个人单方面思慕，被爱者并不爱他甚至讨厌他，这个爱者怎样才能成为讨厌他的人的朋友？究竟是有单方的爱就有友爱，还是要双方有爱才有友爱呢？他说，事实上

---

① ［古希腊］色诺芬：《回忆苏格拉底》，吴永泉译，商务印书馆1984年版，第33页。
② 同上。
③ 同上书，第155页。
④ 参见上书，第170—171页。
⑤ ［古希腊］柏拉图：《吕西斯篇》，《柏拉图全集》第1卷，王晓朝译，人民出版社2002年版，第210页。

有些人是爱他们的人的仇敌，或者是仇恨他们的人的朋友。但是，作为仇敌的朋友或作为朋友的仇敌是不可能的，因为朋友和仇敌是相反的。这样就很难说清楚友爱究竟是什么了。苏格拉底又对"同类相聚"和"异类相聚"的看法进行了评论，认为相同者为友和相反者为友这两种说法都不能成立。既然好的东西不能同好的东西友好，也不能同坏的东西友好，那么能否设想它同不好不坏的东西相友好呢？但他立刻又推翻了这种想法。最后他又提出欲望似乎是友爱的原因，因为人总是欲望他所要爱的，不会爱他所不愿爱的人和物，但这又回到了已被驳斥的"同类相聚"的命题。

这篇对话虽然最后没有肯定的结论，但苏格拉底实际上运用他的辩驳法着意破除了流行的关于友爱的朴素常识观念，特别是当时流行以"同者相聚"、"相反相聚"这种解释自然的法则来说明友爱本性的哲学观点。他也批判了当时流行的将友爱等德性归结为欲望的主张，认为这种主张抹杀了德性所具有的客观绝对的道德价值。苏格拉底的友爱思想对亚里士多德产生了重要影响。

苏格拉底关于虔敬的讨论是在《欧绪弗洛篇》记叙的。苏格拉底受控告后碰到了因控告父亲冻死雇工而被家人指责为不虔敬的欧绪弗洛。欧绪弗洛认为他如果不去控告他的父亲就是不虔敬，而他的家人则认为儿子控告父亲才是不虔敬。苏格拉底听后大为惊愕，说他自己也因不敬老神而创立新神被指控为不虔敬，要求欧绪弗洛帮他弄清楚究竟什么是虔敬和不虔敬，以便让他能在法庭上进行答辩。欧绪弗洛说，虔敬就是像现在正在做的那样，去控告犯有谋杀或劫掠祭品等各种罪行的人，无论是谁，即使是父母，隐匿不举报就是不虔敬。苏格拉底认为欧绪弗洛不应用控告父亲这类特殊事例来作为虔敬的定义，而应说明那使一切不虔敬行为成为不虔敬的本质或"相"，以它作为标准或模型来衡量，任何与它相似的行为就是虔敬，否则就是不虔敬。欧绪弗洛于是又给虔敬下了另一个定义："凡是令神喜悦的就是虔敬，凡不能令神喜悦的就是不虔敬。"① 苏格拉底反驳说，有些神把一件事情当作正确的，有些神把另一件事情当作正确的，在高尚与卑鄙、善与恶的问题上也同样。如此看来，同样的事物既是神喜爱的又是神仇恨的，既使他们喜悦又使他们不喜悦。那么，按照欧绪弗洛的定义，同样的事物既是虔敬的又是不虔敬的，这显然是自相矛盾的。于是，欧绪弗洛对他的定义再次作了修

---

① ［古希腊］柏拉图：《欧绪弗洛篇》，《柏拉图全集》第 1 卷，王晓朝译，人民出版社 2002 年版，第 239 页。

改：虔敬就是诸神全都热爱，而虔敬的对立面就是诸神全都痛恨，就是不虔敬。然而，苏格拉底认为这个定义犯了倒因为果的错误："由于该事物是虔敬的所以它被神喜爱，而不是因为它被神喜爱所以才虔敬的。"①他认为，人虔敬因而被神喜爱，被神喜爱是虔敬的结果，不能用来定义虔敬，如果将被神喜爱说成是虔敬的本质即原因，那是以果为因。接着苏格拉底谈到虔敬与公正的关系，认为虔敬是公正的一部分。现在的问题是，虔敬是公正的什么样的部分。对此，欧绪弗洛提出，虔敬是公正的宗教部分，指人对神的服务。苏格拉底反驳说，如果说虔敬是对神的服务，而神是最好的，人怎样通过服务使它更好呢？最后，苏格拉底对欧绪弗洛说，如果你还没有真正懂得什么是虔敬和什么是不虔敬，那么你为了一个雇工之死而去控告年迈的父亲犯谋杀罪，就是不可思议的。

（二）爱

在古希腊，有四个词包含有爱的含义。它们分别是：（1）eros，意为亲密的爱或浪漫的爱，大多指性爱的激情。当它的第一个字母大写时，指爱神，即厄洛斯。（2）storge，意为家庭之爱。（3）philia，意为作为一类爱的友爱。（4）agape 意为无私的爱，仁爱。在柏拉图的对话集中，所谈论的爱在很多时候是 eros，但苏格拉底和柏拉图所推崇的爱是 agape。"爱"在苏格拉底和柏拉图那里并没有明确地被看作是一种德性，但他们两人特别是柏拉图非常推崇它。他们的关于爱的观点产生了广泛的影响。柏拉图关于爱的思想对基督教产生了重要影响。基督教神学家奥古斯丁、托马斯·阿奎那不仅将爱看作是三种神学德性之一，而且将爱看作是各种德性中的首德。人们经常说的"柏拉图式的爱情"（即"柏拉图之爱"）所指的就是柏拉图在他的《对话》（特别是他的《会饮篇》）中表达的情爱观。据说"柏拉图之爱"（platonic love）这个概念最早是意大利文艺复兴时期人文主义哲学家费西罗（Marsilio Ficino，1433—1499）在 1476 年给多那迪（Alamanno Donati）的信中提出的，后来在《论爱》（De amore）中又作了充分的阐述。而且他还与同性卡瓦尔肯迪（Givovanni Cavalcanti）实践了这种爱，并受到谴责。②

① ［古希腊］柏拉图：《欧绪弗洛篇》，《柏拉图全集》第 1 卷，王晓朝译，人民出版社 2002 年版，第 245 页。

② Cf. "Marsilio Ficino", in Wikipedia,the Free Encyclopedia, http://en.wikipedia.org/wiki/Marsilio_Ficino.

英国诗人和剧作家达万兰特（Willian Davenant，1606—1668）在他的《柏拉图的爱人》（*Platonic Lovers*，1636）最早使用英文术语 platonic love。[①] 按照他们的理解，"柏拉图之爱"是指纯洁的、强烈的非两性之爱。实际上，这种理解是与苏格拉底和柏拉图本人的思想有较大出入的。这里，我们有必要在这里对他们关于爱的思想作些简要的介绍。

柏拉图关于爱的思想主要是在《会饮篇》、《斐德罗篇》和《法篇》等对话中表达的，而在《会饮篇》中表达得最为集中。按照王晓朝教授的看法，这篇对话被认为是柏拉图最伟大的两篇对话之一，它"最为崇高地表达了柏拉图的内心信念，不可见的事物是永久的，最重要的"[②]。在这些对话中，柏拉图阐述了爱的意义、爱的对象、爱的目的、爱的控制、爱的结果、爱的过程以及爱的最高境界，回答了人们所关心的主要情爱问题。

《会饮篇》记述的是在诗人阿伽松家举行的一次私人聚会中大家的谈话，其主题就是爱，从低到高各种等级的爱。整篇对话都是由阿波罗多洛转述的，参加对话的除了主人阿伽松外，还有苏格拉底、斐德罗、鲍萨尼亚、厄律克西马库、阿里斯托芬、阿尔基比亚德等人，柏拉图的情爱观是通过对话中的主人公苏格拉底表达的。话题是这样引起：有人问，为什么所有颂神诗和赞美歌都献给其他的神灵，而没有一个诗人愿意创作一首歌赞美如此古老、如此强大的爱神呢？这不是太离奇了吗？于是有人提出，为了在讨论中度过一个愉快的夜晚，大家从左到右轮流，每个人都尽力赞美爱神。

第一个发言的是斐德罗。他说，爱是一位伟大的神，对诸神和人类都同样神奇，要证明这一点有很多证据，其中最重要的是爱神的出生。爱神没有父母，用巴门尼德的话说，"爱塑造了诸神中最早的那一位"。普世公认爱是古老的，而且是人类一切最高幸福的源泉，因此对爱神的崇拜也是最古老的。他接着从三个方面对他的观点进行了论证：一是没有什么幸福能比得上做一个温柔的有爱情的人。一个人要想过上好生活，出身、地位、财富都靠不住，只有爱情像一座灯塔，指明人生的航程。二是一个城邦或一支军队全部由相爱的人组成，就能得到很好的治理，可以使人们相互仿效，弃恶从

---

① Cf. "Platonic love", *in Wikipedia,the Free Encyclopedia*, http://en.wikipedia.org/wiki/Platonic_love.

② ［古希腊］柏拉图:《会饮篇》"提要"，《柏拉图全集》第 2 卷，王晓朝译，人民出版社 2003 年版，第 205 页。

善。三是只有爱能使人为了挽救他人的性命而牺牲自己，不但是男人，女人也一样。他的结论是："爱是最古老的神，是诸神中最光荣的神，是人类一切善行和幸福的赐予者，无论对活人还是对亡灵都一样。"①

接着是鲍萨尼亚发言。他提出，在开始赞美爱之前，要指出我们赞美的爱是哪一种。他说，有两位爱神，因此爱也一定有两种。一位爱神是年长的那一位，她不是从母亲的子宫里产出来的，而是来自苍天本身，他称之为天上的阿佛洛狄忒；另一位是年轻的，她是宙斯和狄俄涅生的，他称之为地下的阿佛洛狄忒。因此，爱也应当分为天上的爱和地下的爱。他认为，属地的阿佛洛狄忒的爱是一种非常世俗的爱，这种爱起作用的方式是随意的。男人和女人都分有这种爱，这种爱统治着下等人的情欲。这些人只要能找到作乐的对象，都会与之苟合，不管好坏。属天的爱源于一位其出身与女性无关的女神，她的性质也完全是男性的，没有沾染任何荒淫和放荡。她的爱激励人们把爱情放在男性身上，在这种爱的激励下，人们会更喜欢强壮和聪明的人。鲍萨尼亚认为，这种天上的阿佛洛狄忒之爱对于城邦和个人都是弥足珍贵的，因为它约束着有爱情的人和被爱的人，要他们最热诚地注重道德方面的进步，而其他各种爱都是地上的阿佛洛狄忒的追随者。

医生厄律克西马库赞成鲍萨尼亚对两种爱所作的有用的区分，但又从医学的角度作了补充。他说，医学告诉我们，除了把人的灵魂吸引到人的美上去之外，爱还有其他许多爱的主体和爱的对象，爱的影响既可以追溯到动物的生殖，也可以追溯到植物的生长。存在于神圣或世俗的各种活动中的爱，其威力适用于一切类型的存在物。这种爱的力量是伟大的，神奇的，无所不包的。但他强调，无论是天上的爱还是人间的爱，只有当爱的运作是公正的、节制的，并以善为目的的时候，爱才能成为伟大的力量。

轮到阿里斯托芬发言的时候，厄律克西马库建议他采取一种新的方式赞美爱神。他接受了这种建议。他说他确信人类从来没有认识到爱的力量。如果我们真的知道什么是爱，那么我们肯定会替爱神建起一座最庄严的庙宇和最美丽的祭坛，举行最隆重的祭仪。但是，我们直到现在都还没有这样做，这表明我们把爱神忽略了。然而，爱神在一切神祇中是最有资格得到我们的献祭的，因为他援助人类，替我们治病，为我们开辟通往最高幸福的道路，因而他比其他神祇更是人类的朋友。接着，阿里斯托芬从人的真正本性及人

① ［古希腊］柏拉图：《会饮篇》，《柏拉图全集》第2卷，王晓朝译，人民出版社2003年版，第216页。

的变化赞美爱。他说，人本来分成三种，即男人、女人和不男不女或半男半女的人。当初人的力量非常强大，宙斯担心人飞上天庭造诸神的反，于是想了一个可以削弱人类又不至于把人全部消灭的办法。这就是把人全都劈成两半。这样，那些被劈成两半的人都非常想念自己的另一半，他们奔跑着跑到一起，互相搂抱，不想分开。如果抱着结合的是一男一女，他们就会怀孕生子，延续人类；如果抱着结合的是两个男人，也可以使他们的情欲得到满足，好让他们把精力转向人生的日常工作。阿里斯托芬认为，全体人类，包括所有男人和女人，其幸福只有一条路，这就是实现爱情，通过找到自己的伴侣来医治我们被分割了的本性。他认为，在当前的环境下，我们必须做的就是把我们的爱给予与我们情投意合的人。爱正是成就这种功德的神，值得我们歌颂。他在今生引导我们找到与自己真正适合的爱人，而给我们的来世带来希望的也是爱，只要我们敬畏神，那么爱神终有一天会治愈我们的病，使我们回归原初状态，生活在快乐和幸福之中。

阿伽松接着说，诸神都是有福的，而受到所有人敬畏的爱神是最有福的，因为他是最可爱的，最优秀的。他列举了三方面的理由：首先，爱神是最年轻的，也是世上最娇嫩的，而且还是最柔韧的。其次，爱神具有优秀的道德品质。他从来不会受到诸神和凡人的伤害，也不会伤害诸神和凡人。爱神所能承受的任何东西都不需要借助暴力，暴力根本无法触及他，他也不需要用暴力去激发爱情。爱神不仅有公正，而且有完全的节制，他是快乐和欲望的主人。爱神能征服一切神祇，因而也是一切神祇中最强大、最勇敢的。最后，爱神是能力最强的。一切生物的产生和生长所依靠的这种创造性力量就是爱的能力。阿伽松认为，除了爱神本身是最可爱的和最优秀的之外，爱神还在他的周围创造了所有各种德性，带来了各种幸福。他说："他是天地间最美丽的装饰，是最高尚、最可亲的向导，我们大家必须跟着他走。我们要放声高歌，赞美爱神，并让这和美的颂歌飞上天空，使可朽的和不朽的心灵都皆大欢喜。

最后轮到了苏格拉底发言。他承认阿伽松的发言非常精彩，但他指出，你们所做的不是在赞颂，而是在奉承爱神。只有那些无知的人会为你们富丽堂皇的演讲所倾倒，而那些有知识的人则不会轻易接受。于是，他针对阿伽松的描述提出了诘难：爱是对某人的爱，还是没有任何对象的？爱神对他爱的对象是有欲求的，还是没有欲求的，或者说，他是得到它时爱它，还是在没有得到它时爱它？苏格拉底自己的回答是："第一，爱总是对某物的爱；

第二，某人所爱的对象是他所缺乏的。"①他接着推论说，爱是对美的爱，而且爱是爱某些还没有得到的、缺乏的东西。既然如此，爱是没有美、缺乏美的。苏格拉底接着又推论说，如果爱是缺乏美的东西，而善和美是一回事，那么爱也缺乏善。阿伽松被苏格拉底诘难所难住，表明难以回答苏格拉底的问题，而苏格拉底却说，难以回答的不是苏格拉底，而是真理。

接下来，苏格拉底借曼提尼亚的一位妇女狄奥提玛之口，表达了他的爱情观。他所说的这位妇女的"真知灼见"，归纳起来包括以下几个方面：

第一，爱是对智慧的爱。狄奥提玛对爱进行了界定。首先，爱虽然不是美的和善的，但这并不意味着它是恶的和丑的，这就如同不能说没有知识就一定无知一样。因为有的东西是介于两端之间的。其次，爱是介于可朽者与不朽者之间的东西，即它是一个非常强大的精灵，因为精灵都介于神与人之间。再次，爱绝不会完全处于贫乏状态，也不会完全脱离贫乏状态。第四，爱也是介于有知与无知之间，处于无知和智慧的中间状态。在作了上述界定之后，狄奥提玛提出，美是爱的对象，智慧是最美的，因而智慧是爱的真正对象。"因为智慧是事物中最美的，而爱以美的东西为他爱的对象。所以，爱必定是智慧的热爱者，正因为如此，他介于有知与无知之间，这与他的出身也有关系，他的父亲充满智慧和资源，而他的母亲却缺乏智慧和资源。"②

第二，爱是使美的事物成为自己的企盼。爱是以美为对象的，是对美的事物的爱。人们之所以爱美、爱美的事物，是为了追求美，使美的对象成为自己拥有的。在狄奥提玛看来，美与善是相通的。如果用善代替美，善的事物的热爱者就企盼使善的事物成为自己的。她强调，我们的爱的对象就是善，我们只爱善，不爱其他。"除了求善，爱决不会企盼任何事物的另一半或全部。"③那么，一个人为什么企盼使善的事物成为他自己的呢？他是为了获得幸福。只有拥有了善，一个人才会成为幸福的。"幸福之人之所以幸福，就在于他们拥有善。"④在狄奥提玛看来，这种企盼，这种爱，对全人类来说都是共同的。

① ［古希腊］柏拉图：《会饮篇》，《柏拉图全集》第2卷，王晓朝译，人民出版社2003年版，第241页。
② 同上书，第246页。
③ 同上书，第248页。
④ 同上书，第247页。

第三，"爱就是对不朽的企盼。"①一切可朽者都在尽力追求不朽。生育是达到这一目的的唯一途径，除此之外别无他途。追求不朽，才会有新一代不断地接替老一代。人不能像神灵那样保持同一和永恒，只能留下新生命来填补自己死亡留下的空缺。人的生育是神圣的，可朽的人要具有不朽的性质，就得靠生育。但是，生育不能在不和谐的事物中实现，丑与神圣不能和谐，只有美才与神圣完全相配。所以在生育过程中，美是主宰交媾和分娩的女神。正因为如此，凡有生育能力的人，一旦遇上美丽的爱人，马上就感到欢欣鼓舞、精神焕发，很容易怀孕。所以，爱不是对美本身的企盼，而是在爱的影响下企盼生育。人之所以企盼生育，是因为只有通过生育，凡人的生命才能得以延续和不朽。有爱情的人企盼善能永远归自己所有，因而企盼不朽。

第四，爱的结果是智慧和德性。"爱的行为就是孕育美，既在身体中，又在灵魂中。"②在身体方面有生育能力的人产生形体之美，而在心灵方面有生育能力的人产下的是心灵之美，即智慧以及其他各种德性。如果有人非常亲近神明，从小就在心灵中孕育智慧和公正、中庸等德性，那么成年以后，他的第一个愿望也是生育，他会四处寻访，找一个美的对象来播种。如果他正好碰上一个有着美好、优秀、高尚心灵的人，那么他马上会迷上他，与这样的人讨论什么是人类的幸福，有德之人该如何生活。通过如此美好的交往和对恋人的思念，无论他的恋人是否与他在一起，他们都会生下多年孕育的东西。而且到了他们孕育的东西出世之后，他们会同心协力，共同抚育他们友谊的结晶。这样一来，他们的关系会更加牢固，他们的交往会更加完整，胜过夫妻的情分，他们创造出来的东西比肉体的子女更加美丽，更加长寿。

第五，爱追求的是达到看见美本身、拥有德性本身的境界。根据有关爱的教义，苏格拉底称之为"狄奥提玛教义"，爱不能停留于肉体之美，而要不断追求，直至达到美本身和德性本性。这有一个过程或次序。最初，一个人可以爱上某个具体的美的身体。然后，他必须思考身体之美如何与其他方面的美之间的联系，他会明白，如果过分沉醉于形体之美就会否认一切形体的美都是同一种美。接着，他应该学会把心灵之美看得比形体之美更为珍贵，并进而思考法律和体制之美。他发现了各种美之间的联系和贯通，就会

---

① ［古希腊］柏拉图：《会饮篇》，《柏拉图全集》第 2 卷，王晓朝译，人民出版社 2003 年版，第 249 页。

② 同上书，第 249 页。

发现形体之美不那么重要了。最后，他被导向了各种知识，看到各种知识之美。看到了所有这些美的方面，也就到达了美本身。"到了这个时候，他那长期辛苦的美的灵魂会突然涌现出神奇的美景。这种美是永恒的，无始无终，不生不灭，不增不减，因为这种美不会因人而异，因地而异，因时而异，它对一切美的崇拜者都相同。"① 狄奥提玛认为，当一个人通过内心的观照到达那普世之爱时，他就已经接近终极启示了。

狄奥提玛认为这是一个最高的境界。"如果说人的生活值得过，那么全在于他的灵魂在这种时候能够观照到美本身。一旦你看到美本身，那么你就决不会再受黄金、衣服、俊男、美童的迷惑。你现在再也不会注意诸如此类的美，这些美曾使你和许多像你一样的人朝思暮想，如醉如痴，如果可能的话，你们就终日厮守在心爱的人儿身边，废寝忘食，一刻也不愿分离，追求最大的满足。"② 在她看来，当人们通过使美本身成为可见的而看到美本身的时候，他们才会加速拥有真正的德性，而不是虚假的德性，使之加速的是德性本身，而不是与德性相似的东西。当他在心中哺育了这种完善的德性，他将被称作神的朋友。如果说有凡人能够得到不朽，那么只有像他这样的人才可以获得。

狄奥提玛相信，从个别的美开始探求一般的美，他一定能找到登天之梯，一步步上升。这是一个人被引导或接近和进入爱的圣地的唯一道路。这是这样的一个过程："从一个美的形体到两个美的形体，从两个美的形体到所有美的形体，从形体之美到体制之美，从体制之美到知识之美，最后再从知识之美进到仅以美本身为对象的那种学问，最终明白什么是美。"③

基于以上看法，苏格拉底提出，不仅我们自己要对"狄奥提玛教义"心悦诚服，而且也要使别人同样信服。要使他们知道，如果能把它当作礼物来接受，那么爱对我们凡人的帮助胜过全世界。因此，他奉劝人们要崇拜爱神，学习爱的方方面面，同时也要求别人这样做。他表示，他的一生都要尽力赞美爱的力量和强大。

除了《会饮篇》外，柏拉图还在《斐德罗篇》、《法篇》中也阐述了爱的思想。在《斐德罗篇》中，爱被看作是一种冲动，充满着美和善，是一种

---

① ［古希腊］柏拉图:《会饮篇》,《柏拉图全集》第 2 卷，王晓朝译，人民出版社 2003 年版，第 254 页。

② 同上书，第 254—255 页。

③ 同上书，第 254 页。

提升灵魂、使之能够踏上通往真理之路的神圣的迷狂。这种冲动会在爱恋可见的、肉体的美得到满足时寻求更加高尚的东西，即"超越的东西"。柏拉图将灵魂划分为三部分，其中两个部分像两匹马，第三部分像一位驭手。两匹马中一匹驯服，一匹顽劣。每当灵魂的驭手看到引起爱情的对象时，整个灵魂就会产生一种发热的感觉，开始体验到那种又痒又疼的情欲。这时候那匹劣马不顾驭手的鞭策驰向被爱者。当这匹劣马最终被驭手制服时，"有爱情的人的灵魂才带着肃敬和畏惧去追随爱人"[①]。他们最终结成伴侣，成为朋友，"携手前行，过上一种光明而幸福的生活"[②]。在《法篇》中，柏拉图列举了三种类型的爱：一是肉体之爱；二是灵魂之爱；三是前两者的融合。对于这三种爱的类型，他描述说："热爱肉欲和渴求美貌的人就像成熟的果实，他会告诉自己尽力去满足，而对自己心灵的奴仆状态不予思考。但若他轻视肉欲，对情欲进行思考，那么他希望得到的就确实是灵魂与灵魂的依恋，他会把肉体享受当作无耻的淫荡。作为一个注重贞洁、勇敢、伟大、智慧的人，一个敬畏与崇拜神的人，他会追求一种在身体和灵魂两方面都始终纯洁的生活。"[③]根据这种情形，柏拉图主张，为了城邦能以善为其目标，为了将城邦的年轻人造就为善的，我们要通过法律禁止前两种爱。[④]

(三)"四主德"

在《普罗泰戈拉篇》中，苏格拉底在讨论德性统一性时提到过"四主德"，但没有展开讨论。在那里，除"四主德"之外还提到虔敬。对"四主德"的讨论集中在《国家篇》中。《国家篇》的主题是讨论什么是公正，其他问题和德目都是由此引申出来的。对话的主角是苏格拉底，但思想主要是柏拉图的。对话的第一卷批评了几种当时流行的关于公正的观点，从第二卷开始到全篇对话结束讨论究竟什么是公正，所谓公正自身究竟是什么的问题。苏格拉底先从城邦国家产生谈起，然后以大量篇幅讨论音乐和体育，接

---

① [古希腊]柏拉图:《斐德罗篇》,《柏拉图全集》第2卷，王晓朝译，人民出版社2003年版，第169页。
② 同上书，第170页。
③ [古希腊]柏拉图:《法篇》,《柏拉图全集》第3卷，王晓朝译，人民出版社2003年版，第596页。
④ 欧文·辛格认为柏拉图在这里是主张依法禁止第一种和第三种爱，但从上下文看，并结合他关于爱的整个思想看，他是主张禁止第一种爱和第二种爱。参见[美]欧文·辛格:《爱的本性：从柏拉图到路德》，高光杰、杨久清、王义奎译，高光杰校，云南人民出版社1992年版，第82页。

着提出如何选择统治者的问题，以及法律问题。一直到第四卷才正式回来讨论当初提出的在国家中怎样才是公正和不公正的、它们有什么不同、究竟哪一种能使人幸福的问题。

柏拉图认为，"整个城邦显然像一个有机体的躯干"①，它是一个整体，它的各个部分有相应的德性，一个好（善）的城邦应该具备智慧、勇敢、节制、公正这四种德性。在对话中，苏格拉底说，"如果我们的城邦已经正确地建立起来，那么她是全善的"，"她显然是智慧的、勇敢的、节制的和正义的。"②

首先是智慧。说一个国家是智慧的，主要在于它拥有许多种知识。但是智慧这种知识主要不是某类技艺的知识，而是治理国家的知识，这种知识能够考虑国家大事，改善内外关系。在一个国家，只有少数统治者才具有这样的智慧。"一个按照自然原则建立起来的城邦，之所以能够整个地被说成是有智慧的，乃是因为她那个起着领导和统治任务的最小和人数最少的部分，以及她所拥有的智慧。这个部分按自然原则人数最少，但在各种形式的知识中，只有这个部分所拥有的知识才配称为智慧。"③

国家的勇敢属于保卫它的那部分人，即能够在战场上为国作战的军人。国家因为这部分人拥有这种品质而被说成是勇敢的。柏拉图认为，"勇敢就是一种坚持。"④这种坚持就是在任何情况下（无论处于痛苦还是快乐，处于欲望还是恐惧）都不会排除法律建立起来的关于可怕事物和不可怕事物的合法而又正确的信念。这种勇敢不是兽类或奴隶的那种与法律不相干的凶猛，而是通过教育培养形成的法律信念。

"节制比其他美德更像某种协和或和谐。"⑤柏拉图认为，节制是某种美好的秩序和对某些快乐和欲望的控制，用一个短语表达，就是"做自己的主人"。在他看来，一个人的灵魂里有一个较好的部分和一个较坏的部分，而"做自己的主人"这种说法意味着这个较坏的部分受到天性较好的部分控制。对于一个城邦来说，就是由较好的部分统治较坏的部分。在一个国家

---

①　［古希腊］柏拉图：《法篇》，《柏拉图全集》第 3 卷，王晓朝译，人民出版社 2003 年版，第 731 页。

②　［古希腊］柏拉图：《国家篇》，《柏拉图全集》第 2 卷，王晓朝译，人民出版社 2003 年版，第 400 页。

③　同上书，第 402—403 页。

④　同上书，第 403 页。

⑤　同上书，第 405 页。

里，苦乐欲望主要出现在小孩、女人、奴隶以及下等人身上，如果为数众多的下等人的欲望接受比较优秀的少数人的欲望和智慧的支配，城邦就可称为她自己的快乐和欲望的主人，就是节制的。不过，节制和智慧、勇敢不同，并不专属某一个阶级，而是存在于统治者和被统治者身上，它延伸扩展到全体公民，把各种各样的公民联合到一起。所以，"在国家或个人的天性优秀部分和天性低劣部分中，应当由哪部分来统治，在这一点达成一致意见就是节制"①。

现在一个国家的四种德性中的三种已经找到了，剩下来的是要找到最后一种德性即公正。柏拉图认为，公正就是社会各阶层的人做分内该做的事情而不干涉别人，社会各阶层成员各守本位，各司其职。"正义就是做自己分内的事和拥有属于自己的东西。"②在他看来，一个城邦之所以被认为是正义的，乃是因为城邦里天然生成的三种人各自履行其功能。"如果商人、辅助者和卫士在国家中都做他自己的事，发挥其特定的功能，那么这就是正义，就能使整个城邦正义。"③相反，如果木匠去做鞋匠的事情，或商人因为有钱而操纵选举，企图登上军人甚至立法者的地位，那便是不公正。"三个现存等级的人相互干涉、相互取代他人的事务，这是对国家的最大危害，可以最正确地确定为主要危害国家的事情。"④

由此看来，在柏拉图那里，公正并不是在智慧、勇敢和节制之外的一种德性，也不是与他们并列的一种德性，而是在这三者之上，比它们高一个层次、对它们普遍适用的德性。在一定意义上，它就代表着德性，是检验一种品质是不是德性的根本尺度。无论智慧、勇敢还是节制的行为，都存在着做得对不对、做得合适不合适的疑问，这其实就是公正和不公正的问题。柏拉图自己就明确地指出了这一点："我们倒不如说，与正义相伴的东西是美德，而无论它是什么，而没有这种性质的东西，无论它是什么，都是邪恶的。"⑤因此，柏拉图非常重视公正对于国家的意义，把公正看作是国家的立国原则。他说："当我们建立这个城邦时，从一开始我们就已经确定了一条普遍

---

① ［古希腊］柏拉图：《国家篇》，《柏拉图全集》第 2 卷，王晓朝译，人民出版社 2003 年版，第 407 页。

② 同上书，第 410 页。

③ 同上书，第 411 页。

④ 同上书，第 410 页。

⑤ ［古希腊］柏拉图：《美诺篇》，《柏拉图全集》第 1 卷，王晓朝译，人民出版社 2002 年版，第 503 页。

的原则，我想，这条原则，或这条原则的某种形式，就是正义。你还记得吧，我们确定下来并且经常说到的这条原则就是每个生活在这个国家里的人都必须承担一项最适合他的天性的社会工作。"①个人之所以必须如此，是因为人是社会化的人，因而人不能只为自己活着。他在一封信中强调："我们每个人并非生来只为自己而活。我们生下来，部分是为了我们的国家，部分是为了我们的父母，部分是为了我们的朋友。"②

柏拉图认为，国家的品质源于个人，"除了来自个人，城邦的品质不可能有其他来源。"③正像国家有统治者、卫士和下等人三个阶层一样，人的灵魂也有三个部分，即理性、激情和欲望。他论证说，在人的灵魂中有一种欲望的力量，想要得到某种东西，同时还有一种阻止欲望的力量。这是两种不同的东西：前者就是欲望，它是非理智的；后者是理性，它是理智的。灵魂中还有一种激情，它是介于理性与欲望之间的。理性是灵魂最优秀的部分，在灵魂中起着领导的作用，它的德性是智慧。当激情可以服从理性，成为理性的助手时，它就具有了勇敢的德性。欲望在灵魂中占据最大的部分，"欲望的本性是贪婪"④，但它受理性和激情的控制时，就具有了节制的德性。当灵魂的三个部分都具有自己的德性时，灵魂就能够自己主宰自己，整个灵魂就达到了自然和谐，从而也就获得了灵魂的最高德性，即公正。"每个人都要使自身的每个部分各司其职，这样的话，一个人就是正义的，也就是做他分内的事。"⑤

正如公正在国家的德性中具有根本性意义一样，公正也是灵魂中最重要的德性，它决定着一个人是不是德性的人。关于公正的这种作用，柏拉图作了以下阐述："看起来，正义的真相确实就是我们所描述的这样一种东西，它与外在的各司其职似乎关系不大，而主要涉及内在的各司其职，在其真正意义上，它只和人本身有关，只和个人自己的事情有关。也就是说，一个人一定不能允许自己灵魂的各个部分相互干涉，做其他部分该做的事，而应当

---

① ［古希腊］柏拉图:《国家篇》,《柏拉图全集》第 2 卷，王晓朝译，人民出版社 2003 年版，第 408 页。

② ［古希腊］柏拉图:《书信》第 9 封,《柏拉图全集》第 4 卷，王晓朝译，人民出版社 2003 年版，第 115 页。

③ ［古希腊］柏拉图:《国家篇》,《柏拉图全集》第 2 卷，王晓朝译，人民出版社 2003 年版，第 412 页。

④ 同上书，第 422 页。

⑤ 同上书，第 421 页。

按照正义这个词的真实意义，安排好自己的事，首先要能够成为支配自己的人，能做到自身内部秩序良好，使灵魂的三个部分相互协调，就好像把最高音、最低音、中音，以及其间的各个音符有序地安排在一起，使之成为一个有节制的、和谐的整体，这样一来，他就成了一个人，而不是许多人。"①灵魂的三个部分如果彼此之间发生内战，相互争吵和相互干涉，一个部分起来造反，企图在灵魂内部取得生来就不属于它的统治地位，这就是灵魂的不公正。这种不公正就是邪恶的根源。"灵魂的各个部分产生了混淆，偏离了各自适当的运作过程，于是就有了不正义、不节制、怯懦、愚昧无知，总而言之，就有了邪恶。"②

（四）"诸德为一"

苏格拉底和柏拉图虽然讨论过诸多不同的德性，但并不将它们看作是各不相同的东西，而是将它们看作是同一德性的构成部分，将德性看作是一个整体。同时，他们也致力于揭示不同德性的普遍性质和所有德性的共同本质。

首先，苏格拉底和柏拉图将德性看作是一个整体，各种不同德性不过是德性整体的构成部分。对于他们来说，德性是人的灵魂或国家的品质。在他们看来，人是由灵魂和肉体构成的，灵魂虽然是人的构成部分之一，但灵魂是人的实体；灵魂与肉体是彼此对立和分离的，灵魂不但先于而且高于肉体存在；身体是有生有灭的，而灵魂是不朽的。人的德性就是人的灵魂的德性。灵魂是一个整体，有不同的构成部分，灵魂的德性也有相应的组成部分。灵魂由理性、激情、欲望构成，灵魂也就有了与理性相应的智慧德性，与激情相应的勇敢德性，有与欲望相应的节制德性。而公正是灵魂整体的德性。关于这一点，苏格拉底在《拉凯斯篇》中讨论勇敢这一德性时有明确的表述。他对尼昔亚斯说："你自己说过，勇敢是美德的一部分，除了勇敢，美德还有许多部分，所有这些部分加在一起叫作美德。"尼昔亚斯说："确实如此。"苏格拉底又说："你同意我的看法吗？因为我说正义、节制，等等，

---

① ［古希腊］柏拉图：《国家篇》，《柏拉图全集》第2卷，王晓朝译，人民出版社2003年版，第424页。

② 同上书，第425页。

全部是美德的部分，当然还有勇敢。"①在《普罗泰戈拉篇》中，苏格拉底不仅将不同德性看作是德性的组成部分，而且将不同德目看作是同一实体的不同表达。他给普罗泰戈拉提出了这样的问题："如果我没有搞错，这个问题是关于智慧、节制、勇敢、正义和虔敬这五个术语的。它们是一个单一的实体，还是各自是一个实体，有其自身分离的功能，相互之间也不同吗？"②苏格拉底虽然没有直接作出回答，但不赞成普罗泰戈拉将不同德性看作是不同分离实体的名称但仍然是德性的组成部分的看法，似乎认为所有这些德性表达的是一个单一的实体，是同一事物的不同名称。从这些表述可以看出，在苏格拉底的心目中，每一种德性还不是真正意义的德性，它们不过是德性的组成部分，只有所有德性的部分加在一起构成的德性整体才是真正意义上的德性。对于他来说，德性是一种统一的实体，不同的德目只是这个统一实体的不同表达。

苏格拉底和柏拉图不仅认为人是由不同部分构成的整体，而且认为国家或城邦也是由不同部分构成的整体。国家与个人是大体同构的。前面已经说过，他们从国家公民构成的角度将社会划分为三个构成部分，即统治者、卫士和其他成员，社会不同阶层分别有智慧、勇敢、节制三种不同的德性。这些德性也不是完全意义上的德性，而是国家整体德性的构成部分或不同方面，只有公正才是国家的整体德性。

其次，在苏格拉底和柏拉图看来，虽然每一种德性的具体表现各不相同，但它们具有普遍的性质。在苏格拉底与拉凯斯讨论什么是勇敢时，拉凯斯没有了解苏格拉底的用意，列举了各种勇敢的表现，苏格拉底对此表示不满。他指出："我在问的是一般的勇敢和胆怯。我想从勇敢开始再次提出，这种普遍的性质是什么？这种普遍的性质在所有具体事例中都同样被称作勇敢。"③苏格拉底讨论勇敢是什么的目的，是为了揭示勇敢的一般的、普遍的性质，发现那种使各种勇敢的行为成为勇敢的东西。对于这一点，柏拉图的看法与苏格拉底是完全一致的。他在《法篇》中明确指出，"如果美德有

---

①　[古希腊]柏拉图：《拉凯斯篇》，《柏拉图全集》第 1 卷，王晓朝译，人民出版社 2002 年版，第 193 页。

②　[古希腊]柏拉图：《普罗泰戈拉篇》，《柏拉图全集》第 1 卷，王晓朝译，人民出版社 2002 年版，第 473 页。

③　[古希腊]柏拉图：《拉凯斯篇》，《柏拉图全集》第 1 卷，王晓朝译，人民出版社 2002 年版，第 184 页。

四种类型，那么我们显然要承认每一类型本身都是一。"①

最后，苏格拉底和柏拉图认为所有的德性具有共同的本质或规定性。苏格拉底在与美诺讨论什么是德性时，美诺列举了各种不同的德性，说男人有男人的德性，女人有女人的德性，其他人有其他人的德性。苏格拉底对此进行了批评："我想要一个美德，但却发现你有一大群美德可以提供，就好像发现了一大群蜜蜂。"②他说，我问你什么是蜜蜂，它的本性是什么，而你回答说蜜蜂有许多不同的种类。我想要你告诉我的是使它们之间无差异并且全部相同的这个性质是什么。他说德性也一样，"尽管美德多种多样，但它们至少全都具有某种共同的性质而使它们成为美德。"③正因为德性具有共同的本质，所以因具有德性而成为好人的人也是因为拥有相同的德性而成为好人的。苏格拉底告诉美诺："所以每个人成为好人的方式是一样的，因为他们都通过拥有相同的性质而成为好的。"④"如果他们不分有相同的美德，那么他们就不会以同样的方式成为好人。"⑤柏拉图在《法篇》中对此作了明确的表达："我们把四种类型全都称作美德。事实上，我们把勇敢称作美德，把智慧也称为美德，同样也把另外两种类型称作美德，这就表明它们实际上并非几样东西，而只是一种东西——美德。"⑥"最重要的是准确地看到渗透在四者之间的同一之处，我们认为，在勇敢、纯洁、正义、智慧中都能找到这种统一性，并用一个名字来称呼它们——这就是美德。"⑦

苏格拉底开始采用的通过诘难寻求德性一般本质或共相的方法（辩驳法），不仅在人类思想史上深化了对德性的认识，而且开启了通过寻求普遍定义揭示事物普遍本质的理性方法的先河，对西方后来的思想文化产生了深远影响。所以亚里士多德将普遍定义的方法看作是苏格拉底的两大贡献之一。⑧

---

① ［古希腊］柏拉图：《法篇》，《柏拉图全集》第3卷，王晓朝译，人民出版社2003年版，第729页。

② ［古希腊］柏拉图：《美诺篇》，《柏拉图全集》第1卷，王晓朝译，人民出版社2002年版，第493页。

③ 同上书，第493页。

④ 同上书，第495页。

⑤ 同上书，第495页。

⑥ ［古希腊］柏拉图：《法篇》，《柏拉图全集》第3卷，王晓朝译，人民出版社2003年版，第729页。

⑦ 同上书，第732页。

⑧ ［古希腊］亚里士多德：《形而上学》，吴寿彭译，商务印书馆1959年版，第266—267页。

四、德性何以可能

苏格拉底和柏拉图都不认为德性是与生俱来的，而是后来获得的。不过，德性作为灵魂善的体现，归根到底是人的本性所具有的，只是由于种种原因没有被自己认识到或铭记住。因此，需要对人们进行德性教育。同时，德性作为知识也是可教的。通过反躬自认、对话诘难或"回忆"等途径，人可以认识自己的德性本性并获得德性知识从而具有德性。在这个过程中，国王的作用尤其重要，他可以运用政治的力量使人们普遍增强德性意识，而要做到这一点，国王必须认真研究哲学，最好是哲学家。

（一）"线喻""洞喻"与"日喻"

德性何以可能的问题，实际上就是人们如何才能获得德性的问题。苏格拉底和柏拉图将德性理解为关于真实存在即善的知识，因此，如何才能获得德性的问题也就是如何才能获得德性知识的问题。要了解这个问题，需要了解柏拉图在《国家篇》中提出的关于知识的来源和途径的三个著名比喻，即"线喻"、"洞喻"与"日喻"。

"线喻"是将一根线划分为四个线段来比喻与理念世界和现象世界相应的两种认识的四个等级。关于这个比喻，柏拉图在与格老孔讨论的时候说："请你画一条线来表示它们，把这条线分成不等的两部分，然后把它们按照同样的比例再分别分成两部分。假定原来的两个部分中的一个部分相当于可见世界，另一部分相当于可知世界，然后我们再根据其清晰程度来比较第二次分成的部分"①。可见世界的第一部分表示影像。所谓影像首先是指阴影，其次是指水里或表面光滑的物体上反射出来的影子或其他类似的东西。可见世界的第二部分表示的是实际的东西，即我们周围的动物和植物，以及一切自然物和人造物。可知世界的第一部分表示算术和几何研究中所假设的奇数和偶数以及各种图形所代表的那些实在。人们将这种假设的东西当作是不证自明、人人明白的，当作是绝对的假设，并从这些假设出发通过首尾一贯的推理最后达到结论。可知世界的第二部分指的是"理性本身凭着辩证法

---

① ［古希腊］柏拉图:《国家篇》,《柏拉图全集》第 2 卷，王晓朝译，人民出版社 2003 年版，第 507 页。

的力量可以把握的东西"①。在这里假设不是被当作绝对的起点，而仅仅是假设，当作基础、立足点和跳板，以便一直上升到一个不是假设的地方，这个地方才是一切的起点。从这个地方获得第一原理后再回过头来把握那些依赖这个原理的东西。"在这个过程中，人的理智不使用任何感性事物，而只使用事物的型，从一个型到另一个型，最后归结为型。"②柏拉图的"线喻"实际上是根据认识的过程揭示认识的对象，从事物的表象到具体事物，从具体事物到抽象事物，最后到事物的共同性质，即"型"或理念。这种认识过程的划分是与人的灵魂的不同功能或状态相对应的，从"型"到"影像"的四种认识对象分别对应于人的理性、理智、信念和猜测。他说："现在我们假定灵魂相应于这四个部分有四种状态：最高一部分是理性，第二部分是理智，第三部分是信念，最后一部分是借助图形来思考或猜测。"③人的灵魂的这四种状态有清晰程度和精确性的差别，它们的对象分有真理和实在的程度也不同。

　　"洞喻"是比喻人生活的可感世界就像一个幽深的洞穴，要从洞穴里爬出来见到阳光明媚的可知世界（理念世界）要经历十分艰难的过程，而且只有极少数人才能爬出洞穴获得真理和知识。柏拉图说，请你想象有这么一个地洞，一条长长的通道通向地面，光线只有通过洞口才能照进洞底。一些人从小就住在这个洞里，他们的脖子和腿脚都捆绑着，不能走动，也不能扭过头来，只能向前看到洞的后壁。在他们背后远处较高的地方有一些东西在燃烧，火光将好像是木偶戏演员把木偶举起来的表演的阴影投射到他们对面的洞壁上。这些人就以为实在无非就是这些人造的阴影。有一天由于某种原因某个人被松了绑，能转动脖子环顾四周和走动，他抬头看见了那堆火。虽然他的眼睛一下子不适应，但很快就意识到他以前看见的东西是虚假的。即使有人硬拉着他走上那条陡峭崎岖的坡道直到把他拉出洞穴，见到了外面的阳光，他也有一个适应的过程：先看到的是阴影，其次是人和事物在水中的倒影，再次是事物本身。经过这样一个适应过程，他最后终于能观察太阳，不是通过水中的倒影，也不借助其他媒介，而是直接看到太阳本身。这时他才明白，"正是太阳造成了四季交替和年岁周期，并主宰着可见世界的所有事

---

①　［古希腊］柏拉图:《国家篇》，《柏拉图全集》第2卷，王晓朝译，人民出版社2003年版，第509页。

②　同上书，第509页。

③　同上书，第510页。

物，太阳也是他们过去曾经看到过的一切事物的原因"①。

在柏拉图看来，"从洞穴中上到地面并且看到那里的事物就是灵魂上升到可知世界"②，人在地面上见到的太阳就是善或善的理念。这就引出了他的第三个比喻，即日喻。"日喻"就是将作为终极实在和终极价值的善理念或善本身比喻为理念世界（可知世界）的太阳，当然也是现象世界（可见世界）的太阳，它是一切真理和知识的终极来源。在柏拉图看来，世界上的所有事物都有同名的理念。所有的理念构成了一个与可感世界不同的理念世界。理念是模型、原型，可感世界是摹本。"相对于杂多的万物，我们假定每一类杂多的东西都有一个单一的'型'或'类型'，假定它是一个统一体而称之为真正的实在。"③

各种理念在理念世界所处的地位是不同的，其中最高的理念就是善理念，所有其他理念以及其他事物都是从善理念派生出来的。"善的领地和所作所为具有更高的荣耀。"④ 柏拉图将善的理念比喻为太阳，"太阳不仅使可见事物可以被看见，而且也使它们能够出生、成长，并且得到营养"⑤。善理念不仅是价值论意义上的价值，而且也是本体论意义上的实在和认识论意义上的最高认识对象，它既是终极价值，也是终极实体，对它的认识则是终极真理，或者说它就是终极真理。这样，善理念就成了真善美的统一体。与作为太阳的善相比较，知识和真理不过是阳光，善是知识和真理的源泉。"善的型乃是可知世界中最后看到的东西，也是最难看到的东西，一旦善的型被我们看到了，它一定会向我们指出下述结论：它确实就是一切正义的、美好事物的原因，它在可见世界中产生了光，是光的创造者，而它本身在可知世界里就是真理和理性的真正源泉，凡是能在私人生活或公共生活中合乎理性地行事的人，一定看见过善的型。"⑥ 这就是说，善是一切德性和美好事物的真正原因和源泉。如果说善是太阳，德性就是阳光。

---

① ［古希腊］柏拉图：《国家篇》，《柏拉图全集》第 2 卷，王晓朝译，人民出版社 2003 年版，第 512 页。

② 同上书，第 514 页。

③ 同上书，第 503 页。

④ 同上书，第 506 页。

⑤ 同上书，第 506 页。

⑥ 同上书，第 514 页。

（二）德性的可教性问题

德性是善的体现，是人的理性的力量可以把握的东西，因而可以说德性是真理和知识。那么，德性这种知识是不是不可教的呢？关于德性是不是可教的问题，苏格拉底在《美诺篇》中与美诺进行了专门的讨论，在《普罗泰戈拉篇》中也有所涉及。苏格拉底之所以十分重视德性是否可教的问题，是因为当时智者到处宣称德性是可教的，而苏格拉底感到这是一个问题。

在当时的希腊，人们普遍推崇德性，因为他们相信，具有德性可以使个人获得幸福，也可以使人们得到公众的信任而在政治上有所作为，担任城邦的公职。正是在这种背景下，智者在雅典及其他一些希腊城邦收费授徒，宣称可以教人修辞学和雄辩术，掌握了修辞学和雄辩术的人在公民大会以及其他一些会议上能通过自己的口才使他人接受自己的主张。另一方面，智者也宣称可以教人以德性，而具有德性的人可以赢得公众的信任从而担任公职。苏格拉底注意到，像当时的一些德高望重的著名政治家（如伯里克利），虽然自己有很好的德性，但他们的子女并没有在他们的教育下形成像他们那样的德性。因此，他们对智者的德性可教主张提出了质疑。

苏格拉底和柏拉图都承认德性并不是与生俱来的，而是后天获得的。苏格拉底明确指出，"好人并非生来就是善的"[①]。又说："假定有好人，他们对社团有用，那么不仅是知识在使之所以然，而且正确的意见也能起这样的作用，它们都不是天生的，而是获得的。"[②] 那么，德性是怎样在后天获得呢？它们是不是像普罗泰戈拉等智者所说的那样，是通过教育获得的，这里存在着对德性的理解的问题。智者们认为德性就是人们在行为中所体现的各种德性行为。例如，勇敢的德性就是人们在各种场合表现出来的各种勇敢行为。在人们的实际生活中，由于行为的情境各不相同，而且每个人的身心条件也不同，因而同一类德性行为是千差万别的。在苏格拉底看来，这样的具体的德性行为因为各不相同，所以是无法教的。假如你教一个人在对敌斗争时应怎样勇敢，但他在和平时期可能不知道应怎样勇敢；即使是在战争时期，情形也是千变万化的，任何一位教师都不可能告诉人们怎样勇敢地面对各种危险的情况。正因为如此，他们认为，一位德性再高尚的人也不能教会子女如

---

① ［古希腊］柏拉图：《美诺篇》，《柏拉图全集》第 1 卷，王晓朝译，人民出版社 2002 年版，第 521 页。

② 同上书，第 533 页。

何在日常生活中像他自己一样总是有德性地行动。但是，如果我们不是将德性理解为各种具体的道德行为，而是将德性理解为关于德性本身，或德性的共同本性，情形就不一样了。在苏格拉底看来，德性的共同本性是可以通过理性认识的，也就是可以对其加以定义，既然是可以定义的，那么它们就能够成为知识。当人们对它们作出了正确的定义时，它们就是知识，而知识是可以传授的。对于这一点，苏格拉底在与美诺的对话中反复地作了阐述："如果美德是某种知识，那么它显然可教。"①"如果美德是知识，那么它一定可教"②。"如果美德是知识，那么它是可教的，反之亦然，美德若是可教的，那么它是知识。"③

苏格拉底说德性作为知识是可教的，其意思是说，掌握了这种知识的人不仅可以指导自己正确地行动，还可以教别人也如此。他说："正确的意见和知识可以用来指导我们正确行事，拥有它们的人可以成为真正的向导。我们可以把偶然性排除在外，因为凭着偶然性行事也就是没有人的指导。我们可以说，在有人的指导以达到正确目的的地方，正确的意见和知识就是两个指导性的原则。"④这里就存在着一个前提的问题，即有没有掌握德性知识的人，有了这样的人也就有了德性教师，或者说就有可能有人当德性教师，而没有这样的人也就没有人能当德性教师。用苏格拉底自己的话说，"若是有美德的教师，那么美德是可教的；但若一个美德的教师也没有，那么美德是不可教的。"⑤在苏格拉底看来，当时的智者都没有掌握这样的知识，那么显然对于他们来说德性是不可教的，或者说，他们不可能教德性。但是，当时没有人掌握德性知识、智者没有掌握德性知识，并不意味着以后也没有人能掌握这种知识。苏格拉底之所以要找不同的人进行辩驳，就是因为他相信通过他的辩驳方法，能使人认识德性本性，形成德性定义，掌握德性知识。如果这些人最终掌握了德性的知识，他们当然可以当德性教师，他们就可以教人以德性。

由此看来，苏格拉底虽然没有明确说德性是可教的，但从他的整个思想来看，他还是肯定德性是可教的，因为他肯定德性是知识。在他看来，要肯

---

① ［古希腊］柏拉图：《美诺篇》，《柏拉图全集》第 1 卷，王晓朝译，人民出版社 2002 年版，第 519 页。

② 同上书，第 522 页。

③ 同上书，第 534 页。

④ 同上书，第 534 页。

⑤ 同上书，第 534 页。

定德性是可教的，其前提是要将德性看作是知识，而不能将它理解为知识以外的东西。如果将德性理解为知识以外的东西，德性就是不可教的。普罗泰戈拉等智者的问题就发生在这里，一方面说德性是可教的，另一方面又将德性理解为知识以外的东西。苏格拉底这里有一个隐含的前提，即凡可教的必须是知识，知识以外的东西不可教。这个前提本身可能是有问题的。事实上，在现实生活中，许多专业技术和技能都不是知识，但它们也是可教的。如果把这些专业技术和技能也理解为知识，那么知识涵盖的面就太广，有泛知识化之嫌。

（三）"接生术"与"回忆说""哲学王"

德性是可教的，但在苏格拉底和柏拉图看来，德性不是从外部灌输给人的，而是人的灵魂中固有的。教育的作用不是将人们本来不具有的德性让其具有，而是将人们灵魂中本来具有但没显现出来的德性"生产"出来或者将被忘记的德性"回忆"起来。对于苏格拉底和柏拉图来说，不仅德性，而且所有其他的知识都是灵魂具有的，学习和探索知识的过程不是从外界获得知识的过程，而是将灵魂具有的知识生产出来或进行回忆的过程。柏拉图自己明确说，"探索和学习实际上不是别的，而只不过是回忆罢了。"[1] 所以柏拉图在《国家篇》中对那些以为德性这样的真正知识是通过教育灌输到人脑的观点进行了批评，认为真正的知识像视力不能塞入盲人的眼睛一样不能塞入大脑。[2] 关于苏格拉底的接生术，黑格尔说，"他是从他的母亲得到这个方法，即帮助已经包藏于每一个人的意识中的思想出世，——也正是从具体的非反思的意识中揭发出具体事物的普遍性，或从普遍认定的东西中揭发出其中所包含的对立物。"[3] 罗素认为，支持知识就是回忆这一观点的主要事实是，我们具有像"绝对相等"、"本质"这样一些不能从经验中得来的观念。我们知道它们的意义是什么，但却不是从经验里学来的。所以，它们必定是我们从生前的存在里带来的，或者说在我们的灵魂里预先存在着知识。[4]

---

① ［古希腊］柏拉图:《美诺篇》,《柏拉图全集》第 1 卷, 王晓朝译, 人民出版社 2002 年版, 第 507 页。

② ［古希腊］柏拉图:《国家篇》,《柏拉图全集》第 2 卷, 王晓朝译, 人民出版社 2003 年版, 第 515 页。

③ ［德］黑格尔:《哲学史讲演录》第一卷, 贺麟、王太庆译, 商务印书馆 1959 年版, 第 57 页。

④ 参见［英］罗素:《西方哲学史》上卷, 何兆武、李约瑟译, 商务印书馆 1963 年版, 第 184 页。

　　苏格拉底和柏拉图的这种观点是从他们对灵魂的理解直接引申出来的。他们认为，一切灵魂都是不朽的。他们列举了两个理由：一是处在运动之中的事物都是不朽的，而灵魂是永远处于运动中的；二是运动来源于外部物体没有灵魂，而运动来源于自身的物体则是有生命的或有灵魂的，灵魂的运动来源于自身，其本质是自动。他们由此推论：灵魂既没有出生也没有死亡。尽管灵魂的形状在不断变化，但只要是灵魂，就都要关照所有没有生命的东西，并在整个宇宙中穿行。如果灵魂是完善的，羽翼丰满，它就在高天飞行，主宰全世界。羽翼比身体的其他部分拥有更多的神性，它是美丽的、聪明的、善良的，具有各种诸如此类的优点。依靠这些优秀品质，灵魂的羽翼才能得到充分的滋养和成长。但是，如果灵魂的羽翼碰上相反的性质，比如丑和恶，它就会萎缩和毁损。因此，甚至连神的心灵也要靠理智和知识来滋养，其他的灵魂也一样，每个灵魂都要注意获得适当的食物。羽翼的天然属性是带着沉重的东西向上飞升，使之能够抵达诸神居住的区域。诸天之外的境界是真正存在的居所。真正的存在没有颜色和形状，不可触摸，只有理智这个灵魂的舵手才能对它进行观照，而所有真正的知识就是关于它的知识。因此，当灵魂终于看到真正的存在时，它怡然自得，而对真理的沉思也就成为灵魂的营养，使灵魂昌盛，直到天穹的运行满了一周，再把它带回原处。在天上运行时，灵魂看到了正义本身，还有节制和知识，这种知识不是与变化和杂多的物体一样的知识，我们一般把这些杂多的物体说成是存在，但是真正的知识是关于真正的存在的知识。①

　　如果灵魂失去了羽翼，它就向下落，直到碰上坚硬的东西，然后它就附着于凡俗的肉体。由于灵魂拥有动力，这个被灵魂附着的肉体看上去就像能自动似的。这种灵魂和肉体的组合结构就叫作"生灵"，并因为有肉体，而成为"可朽的"。这种"生灵"就是人。所以柏拉图说，"只有那些见过真理的灵魂才能投生为人"②。在苏格拉底和柏拉图看来，每个人的灵魂由于本性使然都天然地观照过真正的存在，否则它就决不可能进入人体。人的灵魂曾经观照过上界的事物，但只是片刻拥有这些事物的景象，而且有些灵魂在落到地面上以后还沾染了尘世的罪恶，忘掉了上界的辉煌景象，剩下的只有少数人还能保持回忆的本领。但灵魂要真正把曾经观照过的东西回忆起来并

---

　　①　［古希腊］柏拉图：《斐德罗篇》，《柏拉图全集》第2卷，王晓朝译，人民出版社2003年版，第159页。

　　②　同上书，第163页。

不是一件容易的事。灵魂要通过观看尘世间的事物来引发对上界事物的回忆。"这些人每逢见到上界的事物在人界的摹本，就惊喜若狂而不能自制，但也不知其所以然，因为他们的知觉模糊不清。"① 人只有诉诸理智才能使灵魂回忆起过去观照过的存在，并使失去的羽翼重新生长起来。这种回忆的工作不是一般人能做的，只有哲学家才能做，因为哲学家是"对真理情有独钟的人"②。"只有哲学家的灵魂可以恢复羽翼，这样说是对的，有道理的，因为哲学家的灵魂经常专注于对这些事情的回忆，而神之所以为神也正是对这些光辉景象的观照。"③

像哲学家这样的人由于聚精会神地观照神明，并会由神明凭附着，他也就漠视凡人所重视的事情，并因而不可避免地要受到公众的谴责，被当作疯子。④ 但是，这种回忆对于人来说是非常重要的，因为这事关人的灵魂的利益。对于人来说，人的灵魂的利益是首要的。"人的普遍利益以三样东西为目标：正当地追求和获得财产，最低的；身体的利益居第二位；灵魂的利益居第一位。"⑤ 那么，什么是灵魂的利益？那就是使灵魂处于和谐的状态。在苏格拉底和柏拉图看来，只有当灵魂具有公正的德性时，灵魂才能达到和谐的状态。一个人的灵魂达到和谐状态，他就会成为完善的。相反，如果一个人的灵魂不具有公正这种总体的德性，而具有恶性，他就会处于祸患之中。"谬误、固执、愚蠢是我们的祸根，公义、节制、智慧是我们得到拯救的保证"。⑥"在所有这些灵魂投生肉体的过程中，凡是依照正义生活的以后可以获得较好的命运，而不依正义生活的命运较差。"⑦ 所以，人们必须勇敢地尝试着去发现他不知道的东西，亦即进行回忆，或者更准确地说，把真正存在

---

① ［古希腊］柏拉图：《斐德罗篇》，《柏拉图全集》第2卷，王晓朝译，人民出版社2003年版，第164页。

② ［古希腊］柏拉图：《国家篇》，《柏拉图全集》第2卷，王晓朝译，人民出版社2003年版，第464页。

③ ［古希腊］柏拉图：《斐德罗篇》，《柏拉图全集》第2卷，王晓朝译，人民出版社2003年版，第163页。

④ 参见上书，第163页。

⑤ ［古希腊］柏拉图：《法篇》，《柏拉图全集》第3卷，王晓朝译，人民出版社2003年版，第502页。

⑥ 同上书，第673—674页。

⑦ ［古希腊］柏拉图：《斐德罗篇》，《柏拉图全集》第2卷，王晓朝译，人民出版社2003年版，第163页。

的真理及时回想起来。①"如果一个人正确地运用回忆,不断地接近那完善的奥秘景象,他就可以变得完善,也只有他才是完善的。"②

虽然只有哲学家才能通过回忆获得关于真正存在的真理,因而哲学家的灵魂可以恢复羽翼,但是一般人要使自己有好的命运,也需要回忆,以使自己依照公正而活着。所以,苏格拉底要求"人今生今世必须尽可能正义地生活"③。然而,一般人成天忙于世俗的事物,不会自觉地去进行这种回忆,甚至根本想不到要去回忆。因此,哲学家就面临着唤醒人们的"回忆"意识并帮助人们回忆的任务。回忆是获得"善"的知识的唯一途径。通过回忆人们才能认识"善"的型,即善的一般本质,从而获得关于善的知识。这种知识对于人是非常重要的,"如果我们不知道善的型,没有关于善的知识,那么我们即使知道其他所有知识对我们也没有什么用,就好像拥有其他一切,唯独不拥有善。"④善的知识之所以如此重要,是因为它是最高等级的知识,是一切知识的终极标准,同时也是一切德性的共同本质,因而是好生活的根基。

那么,怎样才能使人回忆呢?在苏格拉底那里,他自己身体力行,将帮助人们"回忆"的任务作为自己的神圣使命,终生矢志不渝,至死方休。他将他所从事的这项工作称为"助产术"。他对此作了以下阐述:"我的助产术与她们的助产术总的说来是相同的,唯一的区别在于我的病人是男人而不是女人,我关心的不是处于分娩剧痛中的身体,而是灵魂。……别人感到奇怪,他们自己也感到惊讶,不过有一点是清楚的,他们从来没有向我学到什么东西。由他们生育出来的许多奇妙的真理都是由他们自己从内心发现的,但接生是上苍的安排和我的工作。"⑤苏格拉底就好像是柏拉图的"洞喻"中把人们从崎岖陡峭的洞穴拉到地面的人。他做的工作很有意义但其作用有限,即使穷尽一生能帮到的不过寥寥数人。也许正是由于看到这一点,柏拉

---

① 参见〔古希腊〕柏拉图:《美诺篇》,《柏拉图全集》第 1 卷,王晓朝译,人民出版社 2002 年版,第 517 页。

② 〔古希腊〕柏拉图:《斐德罗篇》,《柏拉图全集》第 2 卷,王晓朝译,人民出版社 2003 年版,第 163 页。

③ 〔古希腊〕柏拉图:《美诺篇》,《柏拉图全集》第 1 卷,王晓朝译,人民出版社 2002 年版,第 506 页。

④ 〔古希腊〕柏拉图:《国家篇》,《柏拉图全集》第 2 卷,王晓朝译,人民出版社 2003 年版,第 500 页。

⑤ 〔古希腊〕柏拉图:《泰阿泰德篇》,《柏拉图全集》第 2 卷,王晓朝译,人民出版社 2003 年版,第 662—663 页。

图诉求于统治者，希望统治者建立他所设想的理想国。理想国就是不同阶层的人们各自都有与自己相应德性的德性国家，是整个国家的人们各司其职，各守本位，从而实现了公正的和谐国家。

但是，并不是所有的统治者都能做到这一点，能够做到这一点的统治者只能是哲学家。"一旦真正的哲学家，一位或多位，成为这个国家的主人，他们就会把现今一切荣耀的事情当作卑劣的、无价值的。他们会重视正义和由正义而来的光荣，把正义看得高于一切，不可或缺。"[①] 在他看来，只有哲学家直接掌权或政治家变成哲学家，他的理想国才能实现，因为只有哲学家才能把握至高无上的善理念和公正德性，并把公正看得高于一切，以公正来重新组织社会和国家，通过教育来引导人们普遍具有德性。为此，柏拉图极其强调教育在培养统治者中的作用，把教育看作是实现理想国的重要手段。教育的作用就在于培养未来的统治者，使他们经过长期的训练，逐步从低级的感性认识上升到高级的理性认识，直到凭助辩证法的训练把握最高的善理念。当然，他也重视通过习俗和法律来培养他们，并认为这是一条最方便的途径。

五、理想国

柏拉图与苏格拉底不同，他不仅是一位本体论哲学家、道德哲学家，同时也是一位政治哲学家、社会德性思想家，对社会德性问题特别是政治问题作过系统深入的研究，在西方思想史第一次提出了系统的理想社会蓝图。他的社会德性思想主要见于《国家篇》、《政治家篇》和《法篇》，其中《国家篇》和《法篇》是他写得最长的两篇对话，占全部著作的四分之一以上，由此可见，社会德性思想在他整个思想中占有重要位置。在《国家篇》中，柏拉图对现实政治进行了严厉的批判，并通过对国家的起源、职能、政制的研究，提出了由哲学王统治的理想国的蓝图。但随着他的三次西西里之行在政治实践上的相继失败，他的人治理想破灭，从而在《法篇》中强调法治和法律在国家中的作用。不过，他并不因此认为《国家篇》中提出的理论是错误的，而一再宣称在《法篇》中提出的只是"较好国家"。《国家篇》比较完整而偏重国家理论，而《法篇》则更多地注重构建国家的细节。《政治家篇》

---

① ［古希腊］柏拉图:《国家篇》,《柏拉图全集》第 2 卷，王晓朝译，人民出版社 2003 年版，第 545 页。

主要讨论政制和法治，是《国家篇》向《法篇》的过渡，它标志着柏拉图的社会政治思想已经开始发生转变。柏拉图的社会德性思想是他整个德性思想的重要组成部分，也是西方古典社会德性思想史上第一个社会德性思想体系，对西方后来的社会德性思想产生了深远影响。柏拉图的社会德性思想非常丰富，其中有些内容前面已有所涉及，这里再作些简要阐述。

（一）理想国家的总体特征

柏拉图所说的国家并不是现代意义的国家，而是当时的城邦。他认为，城邦起源于人类生活需要的多样性。在他看来，人的需要多种多样，因而没有一个人能够完全做到自给自足。人们由于彼此的相互需要和相互帮助而聚居在一起，这样就组成了城邦。他说："在我看来，城邦的起源从这样一个事实就能看出：我们每个人都不能自给自足，相对于我们自己的需要来说，每个人都缺乏许多东西。""由此带来的一个后果就是，人们相互之间需要服务，我们需要许多东西，因此召集许多人来相互帮助。由于有种种需要，我们聚居在一起，成为伙伴和帮手，我们把聚居地称作城邦或国家"。① 柏拉图已经意识到分工能够提高劳动生产率，他正是基于对分工意义的认识而将公正确立为国家的根本原则。在《法篇》中，柏拉图还对城邦的产生作了具体的描述。② 柏拉图生活的时代，希腊各城邦政治制度和社会状态迥异，但没有一种是他所完全称道的，相反大多都是他所反对的，于是他根据对城邦的起源和本质的理解，提出了他对理想国家的设想。

柏拉图在他的《国家篇》、《政治家篇》和《法篇》中对他所希望建立的理想国家作了种种描述，其中既包括终极价值目标、核心价值理念和基本价值原则，也包括很多具体的细节。总体上看，他的理想国家具有以下三个主要特征：

第一，理想国家追求的是整个城邦的最大幸福。在柏拉图看来，理想国家所追求的终极目标不是个人的幸福，而是作为整体的城邦所可能得到的最大幸福。他说："在建立我们的城邦时，我们关注的目标并不是个人的幸福，

---

　　① ［古希腊］柏拉图：《国家篇》，《柏拉图全集》第 2 卷，王晓朝译，人民出版社 2003 年版，第 326 页。

　　② 参见［古希腊］柏拉图：《法篇》，《柏拉图全集》第 3 卷，王晓朝译，人民出版社 2003 年版，第 432 页以后。

而是作为整体的城邦所可能得到的最大幸福。"① 为此，他提出，我们的首要任务是要建立一个幸福城邦的模型，在这个模型中，不能只考虑某一类人的幸福，而要把城邦作为一个整体来考虑。这样考虑的前提是要使城邦的每一类人都得到天性赋予他们的幸福。他说，我们不能只赋予城邦的卫士以幸福，以至于使他们根本不成其为卫士；我们也不能让农夫身穿官员的袍服，头戴国王的金冠，而地里的活他们愿意干多少就干多少。我们不能以为以这样的方式可以使所有的人幸福，可以使整个城邦幸福。在他看来，对于一般人来说，这样问题也许还不太大，但作为国家保卫者的卫士如果不成其为卫士，整个国家就会由此而完全毁灭。这里就面临着我们的目标是注意卫士以及其他各种人的最大可能的幸福，还是将他们的幸福纳入作为整体的发展过程来看待的问题。他的回答是，无论是对卫士还是其他各种人都要约束和劝导，以他们竭尽全力做好自己的工作。他认为，"这样一来，整个城邦将得到发展和良好的治理，每一类人都将得到天性赋予他们的那一份幸福。"②

第二，理想国家具备智慧、勇敢、节制和公正的德性。柏拉图认为，正确地建立起来的城邦是全善的。其具体体现是，"她显然是智慧的、勇敢的、节制的和正义的"③。智慧的城邦是按照自然原则建立起来的，其智慧的最重要体现就是统治者人数最少，但富有智慧。他说："一个按照自然原则建立起来的城邦，之所以能够整个地被说成是有智慧的，乃是因为她那个起着领导和统治任务的最小和人数最少的部分，以及她所拥有的智慧。这个部分按照自然的原则人数最少，但在各种形式的知识中，只有这个部分所拥有的知识才配称为智慧。"④ 一个城邦被称为勇敢的，是因为保卫城邦、为城邦打仗的人是勇敢的。"这些人在任何情况下都坚持这样的信念，知道什么事情是真正可怕的"，或者说，"在任何情况下都坚持那些法律通过教育所建立起来的关于可怕事物的信念——害怕什么，害怕什么样的事物"。⑤ 也就是说，他们的灵魂具有坚持关于可怕事物和不可怕事物的合法而又正确的信念的力量。节制被认为是某种美好的秩序和对某些欲望的控制，也就是所谓的"做自己的主人"。节制的前提是认为一个人的灵魂里面有一个比较好的

---

① ［古希腊］柏拉图：《国家篇》，《柏拉图全集》第 2 卷，王晓朝译，人民出版社 2003 年版，第 390 页。
② 同上书，第 391 页。
③ 同上书，第 400 页。
④ 同上书，第 402—403 页。
⑤ 同上书，第 403 页。

部分和一个比较坏的部分，"自己的主人"这种说法意味着这个较坏的部分受到天性较好的部分的控制。在柏拉图看来，这种德性与智慧、勇敢不同，智慧、勇敢只是城邦中一部分人具有的，而节制则延伸到了全体公民，无论他们是最强的、最弱的，还是中等的。所以，"在国家或个人的天性优秀部分和天性低劣部分中，应当由哪个部分来统治，在这一点上达成一致意见就是节制。"① 在柏拉图看来，公正就是做自己分内的事情和拥有属于自己的东西。具体地说，"如果商人、辅助者和卫士在国家中都做他自己的事情，发挥其特定的功能，那么这就是正义，就能使整个城邦正义。"② 对于他来说，公正既是城邦的普遍原则，也是城邦所有其他德性得以产生和存在的根本德性。就前者而言，他说，当我们建立这个城邦时，从一开始我们就已经确定了一条普遍原则，这条原则就是公正，即"每个生活在这个国家里的人都必须承担一项最适合他的天性的社会工作"③。就后者而言，他说，公正"使其他所有品质在这个政体中产生，并使之有可能在这些品质产生以后一直保持它们"④。

第三，理想国家的国王应该是"哲学王"。在柏拉图看来，要使国家成为理想的国家，最关键的是国家的建立者和最高统治者具有哲学智慧，他们或者是哲学家，或者是对哲学有研究、有造诣的人，总之是具有哲学智慧的人。他说："除非哲学家成为我们这些国家的国王，或者那些我们现在称之为国王和统治者的人能够用严肃认真的态度去研究哲学，使政治权力与哲学理智结合起来，而把那些现在只搞政治而不研究哲学或者只研究哲学而不搞政治的碌碌无为之辈排斥出去，否则，……我们的国家就永远不会得到安宁，全人类也不能免于灾难。除非这件事能够实现，否则我们提出来的这个国家理论就永远不能够在可能的范围内付诸实行，得见天日。"⑤ 这就是说，必须由哲学家或有哲学造诣之人来当国王，只有这样，政治权力与哲学智慧才能结合起来。实现了这种结合，国家就能得以安宁，理想国家才能得以实现。对于为什么要由具有哲学智慧的人来当国王，柏拉图作了很多论述，也正是在对此作论述的过程中阐述了他的许多哲学基本观点。概括地说，他的理由

---

① ［古希腊］柏拉图：《国家篇》，《柏拉图全集》第 2 卷，王晓朝译，人民出版社 2003 年版，第 407 页。

② 同上书，第 411 页。

③ 同上书，第 408 页。

④ 同上书，第 409 页。

⑤ 同上书，第 461—462 页。

主要在于，具有哲学智慧的人具有哲学智慧，有了哲学智慧就会认识终极实在并获得绝对真理，即能掌握最高的理念即善理念，并按照善的原则来进行国家管理，革除陈规陋习，追求国家的最高德性和德性总体即公正的实现，从而使整个社会达到所有成员在承担最适合其天性的职务的前提下各守本位、各司其职、各得其所的和谐状态。在柏拉图看来，正因为有具有哲学智慧的人，所以他的理想社会实现起来尽管非常困难，但并非完全不可能。他说："一旦真正的哲学家，一位或多位，成为这个国家的主人，他们就会把现今一切荣耀的事情当作卑劣的、无价值的。他们会重视正义和由正义而来的光荣，把正义看得高于一切，不可或缺。"[1]

在《国家篇》中，柏拉图还对理想国作了具体的描述。理想国的财产原则上属于国家，即属于整个统治阶级（包括统治者和卫士两个等级）所有，统治阶级个别成员绝不允许拥有私有财产，不允许拥有或接触金银，因为"世俗的金银是罪恶之源"[2]。统治阶级的衣、食、住都是由第三等级即生产者提供的，他们没有自己的居家，而是像军营里的士兵一样，住在一起，实行共餐制。不过，第三等级倒允许拥有适量的私有财产，只是不允许极端富裕和极端贫困。国家既不能太富也不能太穷，国家的疆域也不能太大，而要大小适中。柏拉图认为，统治阶级的成员不仅不允许有私有财产，而且妻子儿女也是公有的，不允许个人组织各自的家庭。男女之间不存在爱情关系，也不存在固定的婚姻关系，彼此之间只是为了统治阶级后代才有性关系，性生活是按国家的规定定期进行的。下一代的养育是在国家严密监护下按优生原则像繁殖和饲养家畜一样地进行。"这些女人应当归这些男人共有，没有一对男女可以独自成家，他们生育的孩子也是公有的，父母不知道谁是自己的子女，孩子也不知道谁是自己的父母。"[3]理想国非常重视教育，教育被看作是培养未来统治者、维持理想国的重要手段，因而建立了一整套严格的教育制度。

柏拉图对于自己苦心孤诣地构想的理想国蓝图能否实现，也感到惶惑，甚至认为它只存在于天上，在人间是难以变成现实的。当别人说他的城邦在世界上任何地方都找不到时，他有些无奈地说："也许在天上有这样一个国家的模型，愿意的人可以对它进行沉思，并看着它思考自己如何能够成为

---

① ［古希腊］柏拉图：《国家篇》，《柏拉图全集》第 2 卷，王晓朝译，人民出版社 2003 年版，第 545 页。

② 同上书，第 389 页。

③ 同上书，第 439 页。

这个理想城邦的公民。至于它现在是否存在，或是将来会不会出现，这没有什么关系。"① 在经过政治生活的坎坷之后，柏拉图晚年在《法篇》中又构想了一个"居于第二位的最好体制"或"次好的"城邦。柏拉图对次好的理想国马格涅西亚的构想是，在继续坚持国家所有制的前提下，放弃了财产公有和公妻制。在这里，他主张把土地分配给全体公民，由他们各自进行耕种。"让他们在他们中间划分土地和房屋，不要共同耕作，因为共同耕作掩盖了他们在出生、哺育和教育方面的差别。"② 妇女和儿童也不再公共拥有。柏拉图在继续强调国家需要好的统治者和好的法律的同时，更加突出了法治的重要性，认为除非法律高于统治者，否则国家就会陷入毁灭。③ 他还提出"第二位最好的体制"是一种混合政制。它不是君主政制，但包含其原则，即服从，以此作为明智的和充满活力的治理原则；它不是民主政制，但包含民主政制的原则，即法律。它以此作为公民所共同遵循的自由和权力原则。亚里士多德认为，柏拉图的混合政制，实际上是寡头政制与民主政制的混合物，但又倾向于寡头政制。④ 柏拉图还提出了绝对有效的七条"公理"，认为不论对大国还是小国，甚至对家庭都是确定无疑的。它们既是统治者进行统治的准则，也是制定法律的准则。它们是：（1）父母应该统治子女；（2）高贵者应该统治卑贱者；（3）老年人应该统治青年；（4）主人应该统治奴隶；（5）好人应该统治坏人；（6）有思想的人应该统治无知识的人；（7）当选人应该统治落选人。⑤ 柏拉图在这些公理的基础上提出了一系列严峻的法律要求，以此来维护"较好的"国家的统治。凡是违反的，都要受到法律的制裁。

对于柏拉图的这种较好的国家，范明生在其《柏拉图述评》中作了以下概括：由奴隶从事农业劳动养活全体公民，土地属于那些是奴隶主的公民所有，手工业和商业由异邦人担任；政权和公职名义上经过民主选举产生，实质上掌握在富有的占有土地的贵族手里；实行的是由一整套完整而严峻的法

---

① ［古希腊］柏拉图：《国家篇》，《柏拉图全集》第 2 卷，王晓朝译，人民出版社 2003 年版，第 612 页。

② ［古希腊］柏拉图：《法篇》，《柏拉图全集》第 3 卷，王晓朝译，人民出版社 2003 年版，第 498 页。

③ 参见上书，第 636 页以后。

④ 参见［古希腊］亚里士多德：《政治学》，颜一、秦典华译，苗力田主编：《亚里士多德全集》第九卷，中国人民大学出版社 1994 年版，第 47 页。

⑤ 参见［古希腊］柏拉图：《法篇》，《柏拉图全集》第 3 卷，王晓朝译，人民出版社 2003 年版，第 443 页以后。

律来维持的，带一定民主倾向的寡头政体；力求维护社会的稳定和不变，人口有严格的控制，尽可能排除和外界的交往，把异邦人置于监视之下；推行一系列宗教信仰、法律制度和特务统治，并使之永远存在下去。[①]

（二）政治制度

柏拉图理想国的政治制度是由具有哲学智慧的人即最优秀者担任统治者的制度，这种制度通常被称为"贵族制"（aristokaratia，英文为 aristocracy）。Aristokaratia 这个希腊词的意思是由好出身的人担任统治者。所谓好出身，如果理解为出生于高贵的家族，便可以译为贵族政制；但如果理解为具有好的品质，便可以译为贤人或好人政制。从他的整个思想看，他是在后一种意义上使用这个词，指的是君主政制，而非贵族政制。[②] 他在讨论他的理想国政治制度的过程中还系统地讨论了其他各种政治制度。在《国家篇》中讨论了理想的政治制度之外的另外四种政治制度，而在《政治家篇》中讨论了六种政治制度。他关于政治制度的思想对亚里士多德产生了直接影响，对后来西方的社会政治思想和社会政治实践也产生了深远影响。

在《国家篇》中，柏拉图指出，在他所提出的理想的政治制度之外，在当时希腊现实存在着四种政治制度。根据他的评价，它们从好到坏依次是：受到广泛赞扬的克里特或斯巴达政制，他称之为"荣誉政制"；寡头政制；民主政制；僭主政制。所有这些政制的品质是由统治者的品质决定的。

在柏拉图看来，荣誉政制是一种善恶混杂的政治制度，最突出的特点是争强好胜和热爱荣誉。他说："这种体制最为突出的特点只有一个，由于勇敢的精神在起主导作用，因此它的特点是争强好胜和热爱荣誉。"[③] 他认为，这种政制是由最好的贵族政制蜕变而来的，其原因是错误地生育和选择了不适当的统治者。它与最好的政制的根本区别在于，它不让有智慧的人统治，而宁愿选择单纯勇敢的人治理国家。这样的人崇尚战争，重视体育而轻视音乐和哲学，他们秘密地拥有财富和女人，并偷偷地寻欢作乐，所接受的教育不是说服而是强制。柏拉图描述的这种政制大致上是当时斯巴达的写照。对这种政制，柏拉图也在一些方面持欣赏的态度，如重视体育锻炼和军事训

---

① 参见范明生：《柏拉图哲学述评》，上海人民出版社 1984 年版，第 480 页。
② 参见汪子嵩等：《希腊哲学史》2，人民出版社 1993 年版，第 1092 页。
③ ［古希腊］柏拉图：《国家篇》，《柏拉图全集》第 2 卷，王晓朝译，人民出版社 2003 年版，第 551 页。

练、实行公餐、崇尚武功等。

　　寡头政制是"一种用财产来确定资格的制度，富人掌权，穷人被排除在外"①。柏拉图认为，导致荣誉政制变成寡头政制的原因在于私人拥有大量金钱。在荣誉政制之下，有一些人想方设法聚积和挥霍金钱，违法乱纪，无恶不作。不仅他们这样做，他们的家人也如此，最后他们相互影响、相互效仿，导致大多数人都这样想。随着时间的推移，在追求财富的过程中，他们拥有的财富越多，便越来越瞧不起德性。德性与财富呈相反变化，一边上升，另一边随之下降。当一个国家普遍推崇财富和有钱人时，德性和好人就不再被推崇了。这样，热爱胜利和荣誉的人最终变成了热爱金钱的人，他们赞美和崇拜富人，让富人掌权而鄙视穷人。这时候，他们就通过一项法律，按照财产的多寡来规定从政的资格，凡财产达不到规定标准的人便不能从政，无论他们的能力多强。他们用武力强制通过这项法律，又以恐怖的手段建立自己的统治并实施这项法律。柏拉图分析了爱好荣誉的青年是如何转变成寡头类型的人的过程："在欲望和贪婪的原则控制之下，他迫使理性和激情折节为奴，分列左右，只允许理性计算和研究如何更多地赚钱，只允许激情崇尚和赞美财富和富人，以发财和致富之道为荣耀。"②

　　在柏拉图看来，从寡头政制过渡到民主政制是把贪得无厌当作善而最大可能地追求财富导致的。他分析说，在寡头制的国家里，统治者使民众陷入水深火热之中，而他们自己和家属则养尊处优，其结果是他的子女娇生惯养，生活放荡，身心虚弱，经受不了苦乐两方面的考验。在这种情况下，国家就会发生战争或内乱，其结果是穷人取得了胜利。穷人把统治者中的一些人处死，把其中另一些人流放到国外，同时保障其他公民享有同等的公民权和担任公职的机会，并通过抽签的方式挑选担任公职者，于是民主制就产生了。柏拉图认为，在民主制度下生活，人们享有自由，可以随心所欲地按照自己的想法生活，想怎么过就怎么过。这样的生活是多种多样、五彩缤纷的，因而许多人认为这是一种最好的政制。但是，这种政制也有自身的问题。在这样的国家存在着各种类型的制度，无法形成统一的制度约束，这样就会出现有资格掌权的人完全可以不去掌权、不愿意服从统治的人完全可以不服从、要你作战时你可以不去等各种问题。另一方面，民主制虽然具有宽

---

　　① ［古希腊］柏拉图:《国家篇》,《柏拉图全集》第 2 卷，王晓朝译，人民出版社 2003 年版，第 554 页。

　　② 同上书，第 558 页。

容性，但以轻浮的态度践踏所有的理想，甚至不管一个人原来是干什么的、品行如何都能得到尊重。柏拉图的结论是，"它看起来似乎是一种令人喜悦的统治形式，但实际上是一种无政府的混乱状态，它把某种平等不加区别地赋予所有人，而不管他们实际上是一样的还是不一样的。"①

柏拉图认为，寡头政制建立的基础是财富，过分追求财富导致了它的失败；同样，民主政治的最大优点是自由，而过分追求自由却破坏了它的基础，导致僭主政制。这是一种以专制为特征的最可怕的独裁政制。他描述说，在民主政制下，统治者与统治者发生错位，那些服从统治的人被说成是甘心为奴，一钱不值，而那些像被统治者一样的统治者和像统治者一样的被统治者却在公私场合备受称赞，于是自由就走向了极端。"过度自由的结果不可能是别的，只能是个人和国家两方面的极端的奴役。"②柏拉图将民主政制下的人分为三类：第一类人被比作雄蜂，他们在寡头政制中是被轻视的，但在民主政制中掌了权；第二类是富翁，他们是向雄蜂供应蜜汁的人；第三类是平民，他们安分守己，没有多少财产。平民的领袖常常掠夺富人的财产分给平民，而他们自己则占有其中的大部分。平民的领袖看起来似乎是平民的保护者，但实际上却罪恶地舔尝同胞的鲜血，或者把他们流放，或者判他们的死刑，或者取消债务，或者重分土地。"这种人最后要么被他的敌人杀死，要么成为僭主，从一个人变成一条豺狼。"③柏拉图认为，人民将僭主抬举出来，本来是想保护自己的自由，结果反而受他的奴役，本来应该是人民奴仆的僭主，却采取暴力来虐待人民。"在那些公开的、直言不讳的僭主制度中，民众确实发现自己就像谚语所说的那样，跳出油锅又入火坑，不得不受人奴役。为了追求过分的、不合理的自由，反而落入最残暴、最痛苦的奴役之中。"④赫尔德在《民主的模式》中谈到，柏拉图认为民主具有一系列互相联系的缺陷，这些缺陷在《国家篇》论及有关船长和一种"猛兽"看护人这两个著名隐喻中得到了展现。⑤赫尔德的这种说法似乎有些勉强。这两个

---

① ［古希腊］柏拉图：《国家篇》，《柏拉图全集》第 2 卷，王晓朝译，人民出版社 2003 年版，第 564 页。

② 同上书，第 572 页。

③ 同上书，第 575 页。

④ 同上书，第 580 页。

⑤ 参见 ［英］赫尔德：《民主的模式》（最新修订版），燕继荣等译，王浦劬校，中央编译出版社 2008 年版，第 29—32 页。也见 ［古希腊］柏拉图：《国家篇》，《柏拉图全集》第 2 卷，王晓朝译，人民出版社 2003 年版，第 478—479、485 页。

隐喻主要不是谈民主，而是谈哲学王和智慧的重要性。

在《政治家篇》中，柏拉图按照统治者人数多少来对政制进行了划分，将政制划分为由一个人统治的、由少数人统治的和由多数人统治的三种。所有这些政制各自又可以划分成接受统治是强制的还是自愿的、是由穷人还是富人实行统治的、是依法治理还是无视法律的、是不守法的还是守法的。由一个人统治的可以划分为僭主政制和君主政制，由少数人掌权的政制可分成贵族政制和寡头政制，由多数人统治的也有好坏两种，但都称为"民主制"。这样，就一共有六种政治制度。

为了说明各种政制的好坏，柏拉图研究了什么样的政治家才是真正的政治家问题。他认为，统治是一种知识，这种知识只有实行一个人统治的君主制的统治者才能具有，因为在一个城邦中大多数人都没有这种知识。"如果能在这个世界上找到纯粹形式的统治技艺，那么我们要是能找到一两个人拥有这种技艺就不错了，或者说，顶多只有极少数人能够拥有这种技艺。"[1] 在他看来，正如一个医生一样，只要能治好我们的病，不管他使用什么手段，他就是好医生。一个政治家只要他有真正的治国知识，能按公正原则治理国家，不管他使用什么手段他便是真正的政治家，由他统治便是好的政治制度。"只要他们按照基本正义的原则合理地工作，以尽可能改善国家生活为目的，那么按照我们的标准，我们就应当称他们为真正的政治家，只有在他们的统治下国家才能得到良好治理，才会有真正的政治体制。"[2]

如果这样，那么是否还需要法律统治呢？柏拉图承认法治是统治术的一部分，但认为最好的并不是法治，而是有知识有能力的人来实行统治。他说："最卓越的政治体制，唯一配得上这个名称的政制，其统治者并非是那些特意要显示其政治才干的人，而是真正科学地理解统治技艺的人。所以我们一定不要考虑任何所谓健全的判断原则，看他们的统治是否依据法律，看被统治者是否自愿，或者看统治者本人是贫穷还是富裕。"[3] 在他看来，不论是成文法还是习惯法，总是不容易改变的，而社会中人们的个性的生活总是多样变化的，因而不可能有适合于一切时间和一切情况的法律。不过，他认为法律还是需要的，它虽然不能详细规定每一个细节，但作为一般的规定还

---

① ［古希腊］柏拉图：《政治家篇》，《柏拉图全集》第 3 卷，王晓朝译，人民出版社 2003 年版，第 144 页。

② 同上书，第 145 页。

③ 同上书，第 144 页。

是必要的、有益的；虽然不能照顾到每个人的细节，但需要对大多数人作出一般规定。一个真正的政治家一旦发现情况改变而原来的法律不适用，就应该毫不犹豫地将它改变。这里的关键是有统治的技艺。如果统治者真的明白所谓统治就是运用他们的技艺作为一种比成文法更加强大的力量去谋取幸福，那么一个真正的政治体制不就可以建立起来了吗？所以他认为，只要统治者具有这种健全的心灵状态，只要他们能够坚定不移地遵循以下伟大原则，他们就不会犯什么错误。这个原则就是："在理智的统治技艺的指引下，始终大公无私地、公正地对待他们的臣民。"① 在柏拉图看来，这样不仅能够保全臣民的性命，而且也能在人性许可的范围内改造臣民的性格。

通过以上讨论可以看出，在柏拉图所说的六种政治制度中只有君主制是最好的，因为真正的政治知识只有少数人才能拥有，而大多数人都不拥有这样的知识。不过，他注意到，这种最好政治制度的反面则是最坏的制度。如果一个人的统治是放纵私欲，滥用权力，那便是最坏的政制——僭主政制。少数人的统治居于一个人统治与多数人统治之间，也居于好坏中间。遵循法律的好的少数人的统治是贵族政治，违反法律的坏的少数人统治便是寡头政制。民主政治则本身有两种情形：它是守法的、好的，它不如君主制和贵族制那样好；它是不守法的、坏的，它也不如僭主制和寡头制那样坏。所以，民主政制是三种好的政制中最坏的，而在三种坏的政制中它却是最好的。他说："如果三种统治形式都依照法律进行统治，那么民主制是最糟的，但若三种统治形式都不依照法律进行统治，那么民主制是最好的。故此，如果三种统治都不遵循法律，那么最好还是生活在民主制中。"②

从上面的分析可以看出，柏拉图这里所说的六种政制实际上是与《国家篇》中讲的大致上一致的。这里所说的君主制实际上就是《国家篇》中所说的由哲学王统治的理想国，这是他最赞赏的政制。他说："若这些政制都循法有序，那么民主制是最不可取的，而君主制作为六种政制中的第一种，生活于其中是最好的——除非第七种政制有可能出现，我们必须高度赞扬这种体制，就像位于凡人中的神，这种体制高于所有其他体制。"③ 不过，在《国家篇》中谈到的荣誉体制的斯巴达式的政治制度这里没有提到，取而代之的

---

① ［古希腊］柏拉图：《政治家篇》,《柏拉图全集》第 3 卷，王晓朝译，人民出版社 2003 年版，第 150 页。

② 同上书，第 159—160 页。

③ 同上书，第 161 页。

是贵族政制。而且将民主政制也提到了寡头政制之前。更重要的是，他突出了法律的意义，依据是否守法来考虑政制，这不仅为他的《法律篇》提供了过渡，更重要的是依据是否守法这一标准将民主制摆在了寡头政制之前。由此可知，他在晚年已经意识到了法治对于国家治理的重要性。

（三）法律与法治

什么是法或法律？柏拉图把法看作是正确判断所拥有的城邦公共决定的形式。他说："人拥有对未来的预见，分为两种。两种预见的共同名称是期待，预见痛苦的专有名称是恐惧，预见痛苦的对立面的专有名称是自信。在此之上还有判断，用来察觉这些状态中哪些较好，哪些较差，当这些判断拥有了由城邦公共决定的形式，它的名字就叫作法。"①

柏拉图非常重视法律的作用。他在《法篇》中谈过关于抚养、教育、复仇等方面的法律之后说："如果要生活，就要遵守这些法律，没有这些法律，人就不能生活。"②他甚至将法律看作是人区别于野兽的规定性。"人类要么制定一部法律并依据法律规范自己的生活，要么过一种最野蛮的野兽般的生活。"③他论证说，没有一个人的天赋能够确保他既能察觉到对人类社会的构成有益的东西，又能在察觉到以后能够并愿望在实践中实行这种善。共同利益使人们组合成社会，在社会中，公共的幸福生活应当优先于私人的幸福生活，这样才既有益于共同体又有益于个人。但是，个人却是社会的破坏因素。那些意志薄弱的人性总是引诱人们扩大自己的权力，寻求自己的利益，尽力趋乐避苦，把这些东西作为目标置于公正和善良之前。这种源于他们自身的盲目必将沉沦，使他们的国家也和他们一起堕落于毁灭的深渊中。在柏拉图看来，如果人类生来就认识到这一点，那么就不需要法律来统治自己。然而，我们大多数人都缺乏这种认识，所以只好诉诸法规和法律。

柏拉图将法律的作用比作控制木偶的"绳子"或"线"。在他看来，每个人都像是神的木偶或玩具，被各种绳索牵引着，被它们拉着活动，它们之间是相互对立的，把我们拉向不同的方向，其中有德性和恶性之分。一个人事实上必须服从某一种拉力，但同时也要抗拒其他所有绳子所起的作用。这

---

① ［古希腊］柏拉图：《法篇》，《柏拉图全集》第 3 卷，王晓朝译，人民出版社 2003 年版，第 390 页。

② 同上书，第 636 页。

③ 同上书，第 636 页。

种拉力就是以城邦公共法的名义出现的判断，人们必须把它当作宝贵的和神圣的黄金。在柏拉图看来，这种黄金一样柔软的法是最重要的法，其他的法则如同钢铁般坚硬，起着一样的作用。所以，人必须与法合作，只要它的制定是高尚的。在这个过程中，存在着要理解自我征服和自己打败自己究竟是什么意思的问题，也存在着理解这种拉力的真义，以及在生活中服从这种拉力的问题。就城邦而言，则存在着从某位神或某位发现者那里接受这种真义，使之成为城邦的法，成为城邦自身及其他社团交往的准则的问题。解决了这些问题，"就可以引导我们更加准确地把善恶问题结合起来，而对这个问题的解释可能会给我们理解教育和各种制度带来启发"①。

柏拉图强调法律在社会中的最高统治地位。他认为，在法律与权力的关系上，权力是法律的使臣，而不是相反，否则社会就会走向毁灭。他说："我刚才把权力称作法律的使臣，这样说并非为了标新立异，而是因为我深信社会的生存或毁灭主要取决于这一点，而非取决于其他事物。法律一旦被滥用或废除，共同体的毁灭也就不远了；但若法律支配着权力，权力成为法律的驯服的奴仆，那么人类的拯救和上苍对社会的恩赐也就到来了。"②

针对普罗塔哥拉的"人是万物的尺度"，柏拉图提出"神是万物的尺度"。因此，"每个人都必须刻意地成为神的追随者。"③人要被神热爱，他自己就必须尽力成为神一样的人。神热爱我们中间有节制的人，因为这样的人像神；神不喜欢我们中间无节制的人，因为这样的人与神不同。对于公正来说，也是如此。柏拉图认为可以从这个规则中推导出其他规则，因为这条规则是最伟大、最真实的。其他规则也就是法律的要求。在他看来，如果我们按照这些规则做了，我们就能不断地得到上苍和更高力量的恩赐，我们的生活就会充满希望。他说："一个人应当热爱生活，解释生活。在上苍的保佑下，认真贯彻这些法律，将确保我们的社会幸福美好，要做到这一点，一部分要靠说服，另一部分要靠对那些不听劝告的人实施强制性的法律。"④

柏拉图清醒地意识到法律与政治制度、统治者之间利益的关系。他认

---

① ［古希腊］柏拉图：《法篇》，《柏拉图全集》第 3 卷，王晓朝译，人民出版社 2003 年版，第 391 页。

② 同上书，第 475 页。

③ 同上书，第 476 页。

④ 同上书，第 477 页。

为，无论现行的体制是什么样的，法律都应当照看它的利益，维护它的长治久安，而要反对它的瓦解。法律是维护公正的，而界定真正公正的最佳方式就是"统治者的利益"。① 他解释说，当民众、其他某些政党或某个独裁者，得到了人们的拥护，他们就能按照自己的意愿，以其自身的利益为目标来制定法律。如果有人触犯了这些法律，那么立法者就会惩罚他，因为他违反了公正，而这些法律被认为是按照公正制定的。既然这些法律是按照公正的原则制定的，那么，这些法律就在任何情况下都是公正的，并且仅仅是由于它们自身，而不是由于统治者的利益。从这些论述可以看出，柏拉图已经意识到了法律所体现的是统治者的意志，而这种实质往往被掩盖在"公正"或公众利益的名义之下。尽管他深刻地洞察到法律体现统治者的意志这一法律的本质，但他还是强调法律要为社会公众谋福利。他明确说，"我们的法律的目标是让我们的人民获得最大的幸福"②。

在柏拉图看来，立法家的使命就是要为城邦确立正确的信念，并通过各种方式使城邦坚守这种信念。他说："立法家需要做的事就是把他的发明能力用于发现什么样的信念有益于城邦，然后设计各种方式去确保整个共同体能始终如一地对待这种信念。"③ 那么，什么样的信念是对城邦有益的呢？柏拉图认为是公正的信念。在《法篇》中，他专门讨论了立法者面临的难题。它们包括：最公正的生活也是最快乐的生活吗？或者说有两种不同的生活，一种是最快乐的，一种是最公正的吗？如果承认存在着两种不同的生活，那么，哪一种人更加幸福，那些过着更加公正的生活的人，还是那些过着更加快乐的生活的人？柏拉图反对将快乐与公正分离对立起来，但主张快乐要服从公正。在他看来，立法家的任务就是要将两者统一起来。柏拉图不仅认为立法者要为城邦确立公正信念，而且还要把弘扬德性作为法律追求的重要目标。他说："在我们的一切法律中有一个目标，我相信，我们同意作为这个目标的这样东西的名称是'美德'。"④ 当然，柏拉图也意识到，立法的基本目的还是要维护社会秩序，协调社会不同阶级、阶层之间的利害关系。他说："制定法律的目的显然就是为了让国家的所有等级都成为盟友，我们

---

① ［古希腊］柏拉图:《法篇》,《柏拉图全集》第3卷，王晓朝译，人民出版社2003年版，第473页。

② 同上书，第502页。

③ 同上书，第413页。

④ 同上书，第728页。

对儿童进行管教的目的也在于此。"①

在柏拉图看来，立法家不仅要告诉人们应该做什么、不应该做什么，以及一些惩罚的威胁，而且要注重说服。只有通过说服，才能使人们接受立法者在立法中开出的"处方"——即他们制定的法律。所以他说："立法实际上有两种工具可用，这就是说服与强迫，如果民众缺乏教育，那就可以使用这两种方法。"②为此，柏拉图讨论了法律的前奏问题。他认为，以复杂形式表达的法律并不仅仅是法律，它实际上包含着两样东西，即法律文本和法律介绍。他说，要让立法者不断注意，既不要一下子抛出整部法律，也不要在不提供任何介绍性的开场白的情况下留下各种条文。柏拉图这里所说的法律介绍大致上就是今天所说的司法解释。他将司法解释与法律的说服功能结合起来，这是富于创见的。

（四）教育：理想国实现的主要途径

柏拉图认为统治者个人的品质决定国家制度，他期望出现具有智慧的哲学王来统治国家，那么哲学王是怎样产生的呢？这就是柏拉图关心的教育问题。柏拉图历来重视教育的作用。尤其是在《国家篇》中，他把教育作为实现和维持理想国的根本手段。他认为，通过长期的严格训练，可以培养出未来的统治者，使他们逐步从低级的感性认识上升到高级的理性认识，直到凭借辩证法的训练把握最高的善理念。在他看来，善理念也就是理想国的模型，统治者把握了这种至高无上的善理念，就可以缔造和治理理想国。他认为，单纯凭立法，而不主要凭教育是根本不可能实现理想国的。因此，他强调统治阶级的头等大事就是要抓教育，用良好的教育培养出良好的统治者，这样一代又一代地培养下去，统治者就会越来越优秀，国家也就会越来越能体现善的理念，越来越接近理想的境界。他说："教育的总和与本质实际上就是正确的训练，要在游戏中有效地引导孩子们的灵魂去热爱他们将来去成就的事业。"③他认为，假如公民从小就受到良好的教育，就会成长为明智的公民，甚至连统治者没有作出具体规定的种种事项，他们都能遵循正确的方

---

① ［古希腊］柏拉图：《国家篇》，《柏拉图全集》第 2 卷，王晓朝译，人民出版社 2003 年版，第 610 页。

② ［古希腊］柏拉图：《法篇》，《柏拉图全集》第 3 卷，王晓朝译，人民出版社 2003 年版，第 482 页。

③ 同上书，第 389 页。

向。这样，理想国家就有良好的基础，整个国家的秩序也有保证。正是在这种意义上，他说："教育实际上就是把儿童引导到由法律宣布为正确的规矩上来，其正确性为最优秀的人和最年长的人的共同一致的经验所证明。"① 当然，他也重视教育对于培养普通公民的作用。

智者派认为教育就是将头脑中原来没有的知识灌输进入，柏拉图批评了这种教育观，认为这就好像将视力放进瞎子的眼睛中去一样。他认为，灵魂本身就具有一种认识能力，教育只是使这种固有的能力能够掌握正确的方向，使它从黑暗转向光明，从变化的世界走向真实的世界。柏拉图将这种转化的过程称为"灵魂的转向或转换"，使人从专注于现实可见世界的种种变化事物转向认识真正的存在，一直达到终极实在即善理念。他说，"灵魂的这种内在力量是我们每个人用来理解事物的器官，确实可以比作灵魂的眼睛，但若整个身子不转过来，眼睛是无法离开黑暗转向光明的。同理，这个思想的器官必须和整个灵魂一道转离这个变化的世界，就好像舞台上会旋转的布景，直到灵魂能够忍受直视最根本、最明亮的存在。"② 这种存在就是善。要实现这种转向需要一种技艺，即教育。他说："关于这件事也许有一门技艺，能最快、最有效地实现灵魂的转向或转换。它不是要在灵魂中创造视力，而是假定灵魂自身有视力，只不过原来没有正确地把握方向，没有看它应该看的地方。这门技艺就是要促成这种转变。"③ 为此，柏拉图设计一套理想的教育课程，以促成统治人才的心灵转向。他设计的课程即使在今天来看也是非常全面的，而且是循序渐进的。他强调："我们绝不可以轻视教育的任何一个方面，因为教育是上苍恩赐给人类的最高幸福，最优秀的人所接受的恩赐最多。如果教育发生了错误的转向，我们都应当献出毕生精力来修正它。"④

柏拉图并不把教育仅仅看作是知识的传授，更不是考虑受教育者将来谋生的需要，而认为教育主要是培养受教育者的心灵。根据这种指导思想，柏拉图将受教育的时间和内容划分为两大阶段，即初等教育阶段和高等教育阶

---

　　① ［古希腊］柏拉图:《法篇》,《柏拉图全集》第3卷，王晓朝译，人民出版社2003年版，第407页。

　　② ［古希腊］柏拉图:《国家篇》,《柏拉图全集》第3卷，王晓朝译，人民出版社2003年版，第515页。

　　③ 同上书，第515页。

　　④ ［古希腊］柏拉图:《法篇》,《柏拉图全集》第3卷，王晓朝译，人民出版社2003年版，第389—390页。

段。初等教育阶段从怀胎到 18 岁，是包括第三等级在内的全体公民接受的。这一阶段教育的目的是要使受教育者身心得到全面发展，同时要养成服从统治的习惯。教育是终生的，要从胎教开始，出生以后的游戏要控制起来，使儿童在相同的条件下，按相同的规则，玩相同的游戏，这样他们的性格也被相同地固定下来了。从三岁开始要进行惩戒，但不能引起孩子的愤怒和郁闷，同时还要让他们参加宗教仪式，接受宗教教育。从六岁开始，男女儿童还要分开各自学习音乐以陶冶心灵，进行体育运动以锻炼身体，还要接受骑马、射箭和投掷等军事训练。在这一阶段，受教育者只达到感性认识，远未完成心灵转向。高等教育则是直接为了实现心灵转向。柏拉图认为，要实现心灵转向，就要在 20 岁至 30 岁期间学习五门课程，即算术、平面几何、立体几何、天文学、谐音学。这五门课程是从个别上升到一般的过程，学习这五门课程，是为学习最高的辩证法，从而为把握善理念作准备的。他说，"我们要把辩证法当作盖顶石置于一切学科之上，没有别的学科能比它更高，适宜安置在辩证法的上面"[①]。在他看来，只有掌握辩证法的人，才能把握善理念，而只有把握了善理念的哲学家，才能以善理念为模型、蓝图来塑造人间的理想国。辩证法教育是最后阶段的教育，在 30 岁至 35 岁之间进行。35 岁到 50 岁是受教育者作为统治者出任各种公职的时期。50 岁之后脱离政治，从事哲学探讨。

六、走向超凡脱俗的灵魂净化

普罗提诺（Plotinus，205—270）被罗素称为"古代最伟大哲学家中的最后一个人"。[②] 他在柏拉图逝世之后约六百年，以独特的超验思辨方式复兴并改造了柏拉图的哲学，同时综合统摄了晚期希腊和罗马哲学的一些主要流派的思想，构建了一个兼具哲学与宗教特色的庞大神秘主义哲学体系，建立了新柏拉图主义学派。普罗提诺是这个学派的创始人和主要代表，他在罗马帝国趋衰的新的历史背景下使柏拉图的哲学系统化、极端化和神秘化。"他的整个哲学从一方面说是形而上学，然而并不是有一个冲动、有一

---

① ［古希腊］柏拉图：《国家篇》，《柏拉图全集》第 3 卷，王晓朝译，人民出版社 2003 年版，第 537 页。

② 参见［英］罗素：《西方哲学史》上卷，何兆武、李约瑟译，商务印书馆 1963 年版，第 358 页。

个趋势在其中支配着，要求说明，要求解释（推演出罪恶和物质的性质）；而是灵魂从特殊的对象回到对于太一的直观：直观真实与永恒的东西，反思真理，——使灵魂达到这种考察和这种内心生活水平的幸福。"① 在他的哲学体系中包含了丰富的德性思想，从一定意义上可以说，他的整个哲学体系就是一个完整的德性思想体系。这一德性思想体系是继亚里士多德之后的古希腊时期里最系统的德性思想体系，对后来的基督教德性思想产生了极其深刻的影响。普罗提诺的哲学不仅具有神秘主义色彩，甚至可以说是一种哲学神学体系。有研究者认为，"古代世界的哲学神学在普罗提诺的体系中达到顶点。"②

（一）普罗提诺对柏拉图的改造

普罗提诺对柏拉图怀有极大的敬意，他在谈到柏拉图的时候，总是用尊称的"他"。不过，他笔下的柏拉图并不像真实的格拉图那样有血有肉。"至于政治的兴趣、追求各种德行的定义、对数学的趣味、对于每个人物之戏剧性的而又多情的欣赏、而特别是柏拉图的那种风趣，则完全不见于普罗提诺的作品之中。"③ 就普罗提诺的德性思想而言，一方面，他像柏拉图一样将灵魂、精神、理性（理智）等看作是世界的本体，将善看作是它们的本质，强调追求这种本体和本质是人生的意义之所在，认为德性就其实质而言不过是这种精神性的本质在人身上的体现，获得德性是达到或回归本体的唯一途径；另一方面，他又克服了柏拉图时而将灵魂、时而将善、时而将理念作为宇宙本体的矛盾和混乱，建立了一个由太一（神）、神智、灵魂和物质构成的由高到低的层级本体论，并将"回归"最初的也是最高层次的太一确立为人这种兼具灵魂和身体（物质）的特殊存在的人生追求的终极目标，德性就是使人与太一同一（像神）得以可能的条件；同时，这种回归不是通过柏拉图所说的"回忆"，而主要是通过"净化"，而这一过程主要不是一种经验的、理性的过程，而是一种超验的、神秘的过程。尽管普罗提诺的德性思想有浓厚的神秘主义的色彩，而且也存在着自相矛盾之处，但从德性论的角度

---

① ［德］黑格尔：《哲学史讲演录》第三卷，贺麟、王太庆译，商务印书馆 1959 年版，第 181 页。

② ［英］安东尼·肯尼：《牛津哲学史》第一卷·古代哲学，王柯平译，吉林出版集团有限责任公司 2010 年版，第 367 页。

③ ［英］罗素：《西方哲学史》上卷，何兆武、李约瑟译，商务印书馆 1963 年版，第 363 页。

看，他的德性思想较之柏拉图更完整、更深刻，尤其是他的德性论与本体论比柏拉图更浑然一体。

具体地说，普罗提诺对柏拉图德性思想的继承和改造突出地体现在以下几个方面：

第一，认为世界的本体不是物质，而是抽象的、精神性的东西，但将柏拉图的以善为最高理念的等级本体世界改造为以太一或神为原初本体和以神智、灵魂为派生本体的本体世界。苏格拉底改变了早期希腊哲学家到自然中寻求世界本体的做法，从万事万物的目的这一角度寻求世界的本原，并将灵魂看作是世界的本原，而将善看作灵魂的本质。柏拉图则修正了苏格拉底的观点，将世界的本体等级化，主张在现象世界背后存在着一个理念世界即本体世界，善是理念世界中的最高理念。他将本体与其本质同一起来，善理念既是终极的本体，也是终极本体的本质，并因而成为其他理念以及分有理念的现实世界的个体事物追求的终极目的。① 普罗提诺一方面像柏拉图一样，认为世界的本原是精神性的"形式"而不是物质，而且也将本体世界等级化，同时又做了多方面的改造：其一，他回到了苏格拉底，将本体与其本质进行了区分，将太一看作世界的原初本体和终极本体，而将至善看作是太一的本质。其二，他将苏格拉底和柏拉图作为本体的灵魂下降为派生的本体，更强调具有统一性的太一的原初本体地位和至上者（the Supreme）地位。其三，他还将柏拉图的有着无穷层级的理念世界改造成为由太一、神智和灵魂三个层级构成的本体世界，而且将"神智"、"灵魂"看作由太一满溢而产生的派生本体。在他这里，再也没有与现象世界事物一一对应的理念，现象世界的事物都不过是太一"满溢"的产物。普罗提诺的改造不仅克服了柏拉图本体论面临的理念与现象之间的诸多难题，而且为他的以"回归"为核心内容的人生哲学提供了更充分的本体论依据。人的本质在于从太一满溢出来的灵魂，人的价值则在于使灵魂脱离肉体而回归到其本原的源头。

第二，认为本体的本质在于价值性的善性，而不是某种事实性的性质，但他将柏拉图那里本体与其本质同一的"善"看作是本体的本质，将"至善"看作原初本体太一的本质。柏拉图虽然将善看作是最高理念，即本体的一个层次，但他基本上坚持了苏格拉底将善看作本体的本质这一看法，而且将善本身看作是终极本体，看作是至善的。不过，在柏拉图那里本体与本体

---

① 柏拉图也经常像苏格拉底一样将灵魂看作是本体，但从他的整个本体论思想看，他还是将理念看作是本体。

的本质是同一的，他并没有突出原初本体的至善性质。普罗提诺坚持了苏格拉底 - 柏拉图的传统，认为善是本体乃至万事万物的本质，也是万事万物的追求目的，但他明确地将原初本体（太一）与它的本质（至善）区分开来了，强调作为太一的本质就是至善。显然，普罗提诺的这种做法从理论上看更合理，更有说服力。同时，他也像柏拉图一样将世界上的万物特别是人的善性的来源看作是来自本原，但柏拉图认为万物获得善性的途径是"分有"或"摹写"，而他认为途径是"满溢"，只不过通过"满溢"获得的善是不完满的，不是至善，获得至善的途径是"净化"。人通过"净化"可以拥有至善，并因而过上完善的幸福生活。

第三，认为人的幸福就在于拥有灵魂善（即拥有德性），但柏拉图不完全否认幸福需要外在善，而普罗提诺则更强调至善对于幸福的唯一性，完全否认外在善对于幸福的必要性。柏拉图、普罗提诺都将灵魂的善或者德性看作是幸福的充分必要条件，但柏拉图在不少地方还肯定外在的物质条件对于幸福的意义，特别是强调真正具有德性的人才最适宜过上富裕、光荣的幸福生活，而普罗提诺根本没有谈及外在善对于幸福的意义，也没有谈有德性的人应该过上富裕的生活问题。他所理解的幸福是完全脱离物质满足、完全净化情感欲望的精神性完好生活。他特别强调"脱离"、"净化"对于幸福的决定性意义。

第四，强调德性对于人获得幸福的充分必要性，将德性与幸福看作是同一的，但柏拉图将德性理解为智慧和知识，认为认识到了善这种宇宙和人的本质人就具有了德性；普罗提诺则将德性主要理解为"净化"，主张用智慧洗掉激情等非理性的东西，使理智本原本身直接在灵魂中出现。从这方面来看，柏拉图的德性思想是理性主义的，而普罗提诺的思想不仅有理性主义的因素，同时还有浓厚的神秘主义色彩。理智本身在灵魂中出现，显然是一种神秘的体验，是一种人神合一的迷狂（ecstasy）状态，这种状态一般人是很难进入的。他的学生波菲利（Porphyry of Tyre，234—约305）说，在他伴随老师期间，普罗提诺有四次达到这种迷狂状态，而他自己在68岁时也进入过一次这样的状态。[1]

---

① Porphyry: *On the Life of Plotinus and the Arrangement of his Work*, 23, http://www.sacred-texts.com/cla/plotenn/ enn001.htm.

（二）"太一"与"满溢"

普罗提诺的德性论是以他的本体论为前提的，要了解普罗提诺的德性论，不能离开他的本体论。他的本体论与德性论联系如此紧密，以至于不了解他的本体论，他的德性论无从谈起。

普罗提诺的本体论通常被概括为"太一"说和"满溢"说。实际上，这两说不过是普罗提诺完整的本体论的两个基本构成部分，即关于本体是什么及本体如何生成世界的理论。

普罗提诺主张，世界最高的本体是"太一"（the One）。它是无所不包、不可分割的完满本体，是超验的无形本体，是有生命力的能动本体，具有无穷的力量。它就是神，就是善本身，就是至善。尽管普罗提诺认为太一是不可言说的，但从他的论述看，太一具有统一性、自足性、超验性和创造性等基本特性。

古希腊本体论哲学的一个重要特点就是寻求万事万物的统一性，这种统一性常常被看作世界的始基或本体。在普罗提诺之前，柏拉图已经找到了共相或理念，亚里士多德找到了形式，普罗提诺认为他们所找到的统一性还不是最高层次的，而是次级的。在他看来，任何一个事物都有其统一性，而在各种各样的统一性之上还有一个最高的统一性，它就是万物的始基或第一者（the First）。作为万物始基的统一性必须是超越一切多样性的统一性本身。他说："如果第一者之后有什么东西，那么它必然是产生于第一者的。它或者是直接产生于本原，或者通过中介溯源到本原，因此必然有第二者和第三者，第二者追溯到第一者，第三者追溯到第二者。在万物之前存在的必然是一种简单事物，它必然不同于它所产生的任何事物，它是自在的，不与它所产生的东西结合，同时能够以不同的方式呈现在它所产生的东西里，它是真正的统一性，而不是组合而成的统一性。事实上，即使使用同一性来描述它也是错误的，对它不能有任何概念或者知识，因此也许只能说它是'超越的存在'。如果它不是单一的，不是在一切重合和结合之外，那么它就不可能成为一个本原。因此，它必定是完全自足的，是一个绝对的第一者，任何非本原的东西都需要产生它的东西，任何非单一的东西都有单一的构成元素，这样它才能由之生成。"[1]

---

[1] Plotinus, *Six Enneads*, 5.4.1. Cf. Christian Classics Ethereal Library, http://www.ccel.org/ccel/plotinus/enneads.html.

作为统一性的太一，它本身是不依赖任何其他事物的，而且是完全自足的，它的统一性就在于它的自足性。"这种统一性是完全自我存在的，不需要任何东西与之伴随。这种自足是它的统一性的本质。这里某种东西必定是无与伦比地充分、自动、完全超越的，无任何欠缺。"[1]没有任何事物拥有太一，唯有它拥有万物，在这个意义上，它也是万物的至善，因为万物的存在无不以各自的独特方式指向它，依赖于它。[2]

太一作为无所不包者，它是无限的，超出于一切事物，对它的规定都必然是否定或限定，因而它完全是超验的。这样的事物完全超出于我们的感觉和理解之外，无法用我们所知的任何修饰法去描述它。也许"太一"是唯一可以勉强用以称呼它的概念，但也不准确，因为太一不是数字上的一，是统一性，是独立不依的，是自足的。他说："我恳请你不要通过其他事物来寻找这个善（the Good），否则你很可能只看到它的一个影子，而不是它自身。"[3]要认识太一本身，需要实现"视角的彻底质变"。他比喻说，灵魂接近太一，就像一个人进入了一座庙宇，首先看到的是一个一个的神祇的形象，但一旦进至最隐秘神圣之境时，他看到的就不是诸神的雕像，而是神本身了。达到这种境界，整个"视"与视的对象就合而为一了，视角也就发生了彻底的改变。

太一是最完善者，完善者必然创造，最完善者必然最能创造。这种创造完全不同于一般的"手工制造"，而是一种全新的创造，是一种创造者不动的创造。普罗提诺用"满溢"（亦译为"流溢"，outflowing）来表述这种创造。他的意思是，这种创造是泰然自存、宁静不动的太一从自身全方位地向外漫溢，就像太阳与阳光的关系一样。他认为，这种创造是完全无意的，创造者根本没有进行这种活动，它不过是一种溢出，而且这种溢出并不对太一本身有任何减损。显然，普罗提诺的"满溢"概念类似于柏拉图的"分有"概念，但它更突出地强调了太一的完满性和能动性，同时也为由满溢产生的最终结果即世界万物追求"回转"到太一本身提供了依据。

太一第一次创造的是不同于自己的东西，这种东西是它自己的思者（contemplator，亦译为"纯思"），而这种思者就是它的理智本原（an Intellectual-Principle），普罗提诺也将它称为"神的理智"或"神智"（Divine

---

① Plotinus, *Six Enneads*, 6.9.6.

② Cf. Plotinus, *Six Enneads*, 5.5.9.

③ Plotinus, *Six Enneads*, 5.5.10.

Intellectual）。神智虽然是太一的第一次造物，是太一的神智，但与太一极不相同。它是太一的巨大裂变，是太一满溢出来的智能、质料，丧失了太一的"纯一"性。不过，与太一进一步满溢出来的其他事物相比，神智仍然有高度的自足和统一，是真正的存在（Being）。在他看来，在神智之上是太一，它是超出存在的，而在神智之下是现象世界，现象世界中的事物尚未达到存在。因此在神智之中拥有一切存在的事物，包括动物、植物、人，乃至水、土、火、气等元素。

神智重复太一的创造活动，就产生出了一种无所不包的能力。这种第二次满溢的是代表着神性理智的形式或理念，正如神性理智代表它的先前者太一一样。这种源自本质（即被看作是存在的理智本原）的能动能力就是灵魂。它是作为理念和不运动的理智本原的行动而产生的，但它的活动与不运动不相似。它的映像（image）由它的运动产生，通过采取另一种向下的运动产生它的映像。这种向下产生映像的运动会一直延伸，越过人、动物，直至植物中。灵魂的映像就是感觉和自然，这就是生机本原（the vegetal principle）。普罗提诺将"神智"比作种子，里面什么都有，而灵魂的活动就如同种子生长成苗，成为枝繁叶茂的大树。这样，它就失去了原有的统一性，但在这种多样性中形成了某种新的统一性。这种统一性不过是神智的那种更为内聚的统一性的反映，它虽然与物质世界靠得最近，但与其有质的不同和断裂，它在充分体现神智的同时既具有多样性又具有单一性，是万物的统一性。

太一、神智、灵魂是普罗提诺所构想的三层本体，其中太一是至高无上的统一（one and all），神智是多中之一（one in many），灵魂则是多然而统一（one and many）。[①] 在这三个本体层次之下，满溢的结果就是有形的万物，即现象世界。这个世界是灵魂创造的。灵魂"下降入世"有两个阶段：一是灵魂本体满溢出质料、潜能等，亦即不具有生命的各种形体；二是这些形体"回转—观照"灵魂，从而观照神智之映像，于是获得了形式。这样，灵魂就使所有本来不具有生命的事物拥有了生命，并且使它们的生命与自己相似，因而形体世界的事物都具有了灵魂。灵魂有生长性、欲望、感性、推理和智性等不同方面，不同事物具有什么样的灵魂，全在于选择。如果选择了智性，则是神；如果选择了与身体的结合，则是人；选择了感性、欲望，就

---

① 参见汪子嵩、陈村富、包利民：《希腊哲学史》4（下），人民出版社 2010 年版，第 1227 页。

成为了动物；选择"生长性"灵魂则变成了植物或其他自然事物。普罗提诺的整个本体论体系的最末一端是质料。在他看来，质料是无一切品性，无一切力量，虚幻不实的东西，甚至不如形体，即使有形式与之结合，也丝毫影响不了质料。它是太一满溢的终点，也是远离存在的末端，因而再也不能"回转—观照"从而创造了。不仅如此，质料还缺乏善，甚至可谓是至恶。如果说太一是至善，是一切善的根源，那么质料作为至恶，则是一切恶的根源。

根据普罗提诺的本体论，整个世界存在着太一和质料这两极，这两极也是善恶的两极。人在这两极中最靠近质料这一极，或者说人作为质料（肉体）和形式（灵魂）的结合体，其肉体会诱使欲望、激情不受理性控制而作恶。因此，对于人来说就面临着沉降与回归的选择和挑战。人作为灵魂与身体的结合有回归太一的可能性，而且这样才能使人幸福。因此，如何回归太一就成为普罗提诺所要回答的重要问题。

（三）"像神"即幸福

在普罗提诺看来，满溢本身是太一自然发生的，因而并不是太一的堕落，但在满溢的过程中，派生者在派生后具有了过分独立的倾向，这种倾向使派生者忘记了自己源头上的太一，相反追求低于自己的东西，把自己降低到了低下者。他问道："灵魂是上界成员并完全属于上界，那么，是什么引起灵魂忘记神即它们的父亲，并且对自己和对神无知呢？"他的回答是："击垮它们的恶根源于自我意志，根源于由对自主身份的欲望所导致的最初的分离。它们想象着在这种自由中获得的快乐，并且随心所欲地运动；这样，他们匆忙地走了错误的道路，最终离父亲越来越远，以致逐渐忘记了它们在神圣父亲那里的本原。"[①] 就人而言，人的灵魂的特点在于它可以停留在从太一到质料的任何一个水平上，在不同的水平上所具有恶的程度是不同的。因此，并不是每一个人都堕落到了动物、植物状态，也不是要到这种状态才开始回归。如果一个人无力从高层次回归，他也可以从任何他能把握的存在阶段开始回归。

普罗提诺赞成柏拉图的观点，认为现实世界充满了恶，而灵魂却希望脱离恶，那么也就要脱离这个世界。他说："既然恶由于'必然的法则而萦

---

① Plotinus, *Six Enneads*, 5.5.1.

廻在这个世界上'，并且灵魂意欲逃离恶，那么我们必须从这个世界上逃离。"① 但是，现实世界中的人并不都愿意逃离，逃离的情形也不一样。具体地说，有三种情形：第一种情形是终生满足于充满恶的现实世界。他认为，人类在还没有使用理智之前，就已经开始使用感知觉。有些人终生都沉溺于感觉的领域，以为感觉对象就是初始者和最终的存在者。他们认为，凡是令人痛苦的东西就是恶的，凡是令人快乐的东西就是善的。他们因此而终生都趋乐避苦。这些人就像笨鸟，虽有天生的翅膀，却因背负太多地上的东西而无法展翅高飞。第二种情形是曾一度脱离但未取得最后成功。现实生活中有一些人由于灵魂的高级部分促使他们从感官快乐走向大美，在一定程度上脱离了地上的东西，但由于没有立足的平台，无法看到高处的事物，只能以德性之名，回到他们原先力图脱离的感性世界。第三种情形是最终逃离了现实世界。普罗提诺认为，有一种人能超越低级世界的迷雾，上升到高级世界，并留驻在那里，俯瞰下界的万物。他们像神一样，有大能和锐眼，能看见上界的荣耀，感觉到这真实的领域原来就是他们自己的世界，对此大感喜悦。他们仿佛是在外漂泊的游子，历尽沧桑终于回到自己富庶的家园。在普罗提诺看来，这里就是灵魂脱离这个世界应该到达的地方。

那么，这是一个什么样的地方呢？我们怎样才能到达那里呢？按照柏拉图的观点，就是要变得尽可能地与神相似即像神（Likeness to God）。② 普罗提诺将柏拉图这里所说的"像神"理解为回到"太一"，太一在他那里是与神同义的。回归太一或像神固然是为了脱离罪恶的世界，同时也是为了获得美和幸福即至善。

普罗提诺非常重视美的作用。他认为，"凡能到达那个世界的，必是天生的爱美者，是真正一开始就致力于哲学的人。"③ 这样的一位爱美者，在努力走向美的过程中心无旁骛，直接达到"灵魂、德性和诸如此类的知识之美、生活和法律之美"，然后上升到真正美的原因，再进而到达原因之上的事物，直到最终的也是最初的事物，就是美本身。只有当他到达了那里，他才最终停止努力，在此之前，他不会有任何松懈。显然，普罗提诺这里所说

---

① Plotinus, *Six Enneads*, 1.2.1.

② 参见［古希腊］柏拉图：《泰阿泰德篇》176B，《柏拉图全集》第 2 卷，王晓朝译，人民出版社 2003 年版，第 699 页。

③ ［古罗马］普罗提诺：《九章集》下册，石敏敏译，中国社会科学出版社 2009 年版，第 646页。

的美不是通常所理解的美，而是真正的美。

什么是美？普罗提诺认为，美不在于外表，而在于内在生命。他反对毕达哥拉斯的"美是比例和谐"的观点，因为这种观点是在"外表"之处找美，在复合物中找美。他认为美的本质在于内在统一性。他说："严格地说，更大的美在于当你在一个人身上看到了智慧并为此感到高兴所知觉到的，不要浪费注意力在表面现象上，那可能是丑陋的，而要透过一切外形看到内在的美。如果这样的美不能打动你，你无法认识这种状态中的美，那么当你自我内省时，也不会因你自己的内在美而喜悦，若是这样，那么追寻更大的美对于你毫无意义，因为你正在通过丑陋和不纯寻求它。"[1] 在他看来，即使在感性世界，我们也必须坚持说美不是比例的对称，而是生命。为什么活人虽丑陋，也比雕出的美人更美？这是因为有生命者更可爱，而这又是因为他有灵魂。既然美在于生命之美，那么，更高的美是更内在的、更非感性的美，如德性之美、人格之美，而最为内在者显然是神智本身，因为这是感性世界之美的源泉。在自然本原本身中有一种在物质形式中发现的范型。那种范型在灵魂中还有更美的范型，它是自然中美产生的源泉。高贵而善良的灵魂中的理性本原是最清澈的，它的美也是最高级的，它装点灵魂，赋予它原美的大光。凡神都是伟大的，美丽的，他们的美是超乎一切的。那么，是什么使他们如此之美呢？普罗提诺认为，是神智。诸神之所以为神并不是因为他们的形体美，而是因为他们的神智。因为他们是神，所以他们必然是美的。[2]

对于这种美，我们不能外在地欣赏，而要与神智化为一体，从其内部领会这样的神圣的本体美。凡没有看见神智整体的人，只能获得外部印象，而那些因为美已浸润他们整个灵魂并因此尽情享受着"琼浆玉液"的人，绝不只是外在的凝视者。凡具有这样深邃洞察力的人，无不在自身里面拥有看的对象。但是大多数人都不知道自己拥有这种对象，只因出于看的愿望而看它。凡是从外在角度看万物的，都只是旁观者。只有把看的对象引入自身里面，凝视它就如同凝视自身一样，这样的人才是充满神的人，似乎阿波罗或某位缪斯附着在他身上，从而在自身中产生神的视力，在自身里面具备凝视神的能力。[3]

显然，普罗提诺在这里是在告诉人们，如果你们要追求美，就不要受

---

①　Plotinus, *Six Enneads*, 5.8.2.

②　Plotinus, *Six Enneads*, 5.8.3.

③　Cf, Plotinus, *Six Enneads*, 5.8.10.

制于事物的外表，而要追求与神智的同一。当一个人树立了这种美的观念，他就踏上了向太一回归之路。但是，对于普罗提诺来说，内在美还不是实现与太一同一的最高追求，因为太一超出了美，它是至善。尽管他有时也称太一是另一种美，是更高的美，但他更多的还是称太一超出了美，因而他更愿意用至善来称呼太一。在他看来，美与至善存在着几个方面的不同：第一，美只有极为知识化、思辨化的人才能达到，只有能明白"相"世界的人才明白美；而至善则可以为一切人理解，它比美的领域更广。第二，美说到底不是对象的，是灵魂面对"相"、观照"相"时所处于其中的那种境界；而至善则意味着对象化的完全消失，是灵魂与太一的神秘合一。第三，从美与至善激起的心理感受看也不一样。美的典型是苍穹众星、万相森然之宏伟景观引起的震撼、畏惧、痛苦和追求的欲望，而至善所引起的是安详与宁静，因为太一是温和的、良善的。① 因此，至善而不是美，才是人的最高追求。

那么，为什么至善才是人的最高追求呢？是因为拥有至善的生活才是完善的生活、幸福的生活。也就是说，追求至善就是追求幸福。如果完善的生活是属于人能达到的范围内的生活，那么获得这种生活的人就获得了幸福。② 有人将幸福与福利或繁荣等同起来，普罗提诺不赞成这种看法。他认为，我们不能将幸福与福利或繁荣等同起来，因为其他存在物（如动物）可能有福利或繁荣，但它们没有幸福可言。在他看来，幸福生活作为一种完满的充分的生活，不需要任何外在的东西，只要具有善和至善就足够了。"如果说在存在者的范围内至善就是真实地过的生活，就是以最大的丰富性过的生活，在其中善是作为某种本质的东西而不是由外部产生的东西存在着的，那么，这样的充分生活就将不仅拥有善，而且拥有至善，这种不需要从外部引入任何东西的生活是在善中确立起来的。"③

要拥有至善就必须回到太一，也就是回到父亲与源泉，与太一同一。之所以如此，是因为作为一切有生命事物源头的太一原本是最完满的生活。"我们常常说完善的生活、真实的生活、本质的生活在于超出这个地球的理智领域，其他的生活形式都不是完满的，是生活的幻象，而非完善的、纯粹的生

---

① 参见汪子嵩、陈村富、包利民：《希腊哲学史》4（下），人民出版社 2010 年版，第 1305—1306 页。

② Cf. Plotinus, *Six Enneads*, 1.4.3.

③ Plotinus, *Six Enneads*, 1.4.3.

活，更不是真实的生活。现在我们应当更精确地说，既然所有有生命的事物都源于同一本原，而且在不同的程度上具有生命，那么，这一本原必定是原初的生活并且是最完满的生活。"① 既然如此，那么不完善的有生命事物要过上完满的幸福生活，就必须回到生命的源头，即回到太一，获得至善。

在普罗提诺看来，完善的生活只有神才具有，如果人过上了这种生活，那他就是圣贤（Sage）。一旦人成了圣贤，幸福的手段、到达善的道路就都在他自身之内，因为在他之外没有任何东西是善的。"他所是的和所具有的作者和本原就是至上的作者和本原，这种作者和本原就其本身而言就是善的，而且以另一种方式在人类身上表现它自己。"② 他认为，达到这种状态的标志，就是这个人不追求任何其他的东西，"真正幸福的生活不是一种混合的东西"③。在对幸福的看法上，普罗提诺非常欣赏柏拉图的看法，他说："柏拉图教导说，他要成为有智慧的人并具有幸福，就要从至上者（the Supreme）那里获得他的善，凝视至善者，变得像至上者，依靠至善者生活。"④

对于普罗提诺而言，圣贤也就是有智慧的人。什么是智慧？智慧就其本质的性质而言就是一种真实的生存（Authentic-Existence），或者不如说，就是真实的生存者（The Authentic-Existence）。这种生存者不会在一个睡眠着的人那里消失，或者说，不会从这个人的心灵中消失，它不过是采取不同的方式呈现在我们面前而已。所以，这种生存者的行动在他那里是连续不断的，是一种无睡眠的活动。由此看来，圣贤是一种在活动中的圣贤。实际上，在普罗提诺那里，这种真实的生存，也就是灵魂的活动。不过，这种灵魂的活动不是生机灵魂的行动，也不是生长灵魂的行动，而是理智灵魂的行动（Intellective-Act）。在他看来，幸福与人的身体没有关系，而只与灵魂有关系，或者说，它存在于灵魂之中，是灵魂的活动。而且，幸福也不是所有灵魂的行动，而只是人的理智灵魂的行动。从这个意义上看，幸福也可以说理智灵魂的行动。他说："人特别是圣贤，并非就是灵魂和身体的复合物，其证明是人能从躯体分离出来，鄙弃虚浮的财物。认为幸福从生命体开始和终结是荒谬的。幸福是拥有生命之善，所以它位于灵魂的中心，是灵魂的一种行动——但并非灵魂的全部，因为它无疑不是生机灵魂、生长灵魂的特

---

① Plotinus, *Six Enneads*, 1.4.3.
② Plotinus, *Six Enneads*, 1.4.4.
③ Plotinus, *Six Enneads*, 1.4.16.
④ Plotinus, *Six Enneads*, 1.4.16.

征，这些灵魂都是与身体有直接关系的。"①

普罗提诺认为，作为完善生活的幸福是与快乐不同的。快乐是不充分的，人们对快乐的选择和追求永远没有止境，因而也永远没有办法真正达到，追求者永远处于不满足之中，不断渴求新的快乐。②但是，人们一旦达到了至善，过上了与太一同一的幸福生活，就会得到彻底的满足，没有任何进一步的欲望。从这种意义上看，快乐是处于时间之中的，而幸福则跳出了时间而到了永恒。"如果幸福需要具有生活之善，那么显然它也得处于真实生存的生活之中，因为那种生活是最好的生活。真实生存的生活不能用时间而只能用永恒来衡量；永恒不会多一点，少一点，也不是某种有大小的东西，而是不可变的、不可分的东西，是无时间的存在。"③

（四）有德性才能"像神"

既然幸福就在于回归太一或像神，那么如何才能像神呢？柏拉图的回答是，与神相似，或者说"像神"，意味着"在智慧的帮助下变得公正"。"在神那里，没有不公正的影子，只有公正的完满，我们每个人都要尽可能变得公正，没有什么比这样做更像神了。"④公正在柏拉图那里是德性的总体，因而按照他的观点，我们是由于德性而得以与神相似。普罗提诺将柏拉图的这种观点解读为：这种德性就是内在的，即是与宇宙灵魂相似的，并且是与在宇宙中起统治作用的本原相似的。他认为，这种被赋予了智慧的本原是最令人惊叹的。但是，我们不能期望在这里发现我们所称的公民德性，如属于理性能力的明慎，控制情感和激情的刚毅，在激情与理性之间达到和谐的节制，以及所有其他德性得到恰当运用的公正。这样看来，达到与神相似不是通过社会生活中的这些德性，而是通过那些更伟大的品质，尽管这些品质可能用的是同样的名称。如果这样，那么公民德性对于达到"像神"境界似乎没有什么帮助。不过，普罗提诺认为，完全否认通过这些德性能达到与神相似的看法是违反理性的，至少自古以来的传统认同某些具有公民德性的人，因而我们必须相信通过这些德性也能在某种程度上获得与神相似。因此，普

---

① Plotinus, *Six Enneads*, 1.4.14.

② Cf. Plotinus, *Six Enneads*, 6.7.26.

③ Plotinus, *Six Enneads*, 1.5.7.

④ ［古希腊］柏拉图：《泰阿泰德篇》176B、C，《柏拉图全集》第 2 卷，王晓朝译，人民出版社 2003 年版，第 699 页。

罗提诺得出了存在着两种德性的结论。他说："对于我们来说，存在着两个层次上的德性，它们不是相同的德性。"①一个层次的德性就是现实生活中的公民德性，另一个层次的德性是与神相似的德性。

与神相似的德性有其源泉，这种源泉就是他所说的"神性理智"（神智）、"理智本原"、"至上者"（the Supreme）之类的本原。在他看来，德性是一个东西，德性的源泉完全是另一个东西。他举例说，物质的房屋不同于在理智中设想的房屋，物质的房屋有拆分和次序，而纯粹的观念是不能由这些要素构成的，这些要素不是观念的组成部分。我们是从至上的本原派生次序、拆分和和谐的，这些都是现实世界的德性，但至上本原的生存不需要任何拆分和次序，不涉及任何德性。然而，我们具有德性，能成为和它们相似的。这足以表明，我们通过德性达到与神相似的本原不涉及在至上者之中有德性存在。在他看来，我们不过是以拷贝的形式具有与神相似的德性，而不是如至上者具有它那样，它是在榜样或典型的本性之中的，并且在其中并不是德性。

那么，普罗提诺所说的相似是什么意思呢？他认为，相似有两种不同的样态。一种样态是要求在对象中有一种相同的本性，而这些对象必定是从一种共同的本原获得它们的相似性的。另一种样态是 B 与 A 相似。这里的 A 是原初的，与 B 无关，而且不能说与 B 相似。这种相似是两种不同意义上的东西的相似，相似的东西之间不存在共同的本性，人们也不去寻求共同的本性，相反寻求差异，因为这种相似由差异的样态产生。

那么，德性严格地说是什么呢？它在共同的意义上是什么，在特殊的意义是什么？普罗提诺认为应该从德性特殊的意义开始，因为这样，使所有形式具有一般名称的共同因素就容易显现出来。为此普罗提诺就从公民德性开始谈起，进而阐明公民德性与更崇高的德性之间的区别。在他看来，只要我们仍然在现实世界中生活，公民德性对我们来说就是一种原则、一种秩序，或者说是美。它们为我们的欲望乃至为我们的整个感性生活建立约束和控制手段，可以帮助我们消除虚假的判断，从而能使我们变得高尚。而且，这些公民德性好像是与上界的统治尺度相似的。它们遵循至上者之中的最高善的轨迹，因为当地道的无尺度性是没有理性的物质，并且整个外在于相似时，任何对理想形式（Ideal-Form）的分有都会在某种相应的程度上产生与

---

① Plotinus, *Six Enneads*, 1.2.1.

那里的无形式存在的相似。而且距离越近的事物分有得越多。比起身体来，灵魂更接近它，也与它更相像，并且看起来更像神，以至于使我们产生了某种错觉，以为我们在灵魂中看见了神。这就是具有公民德性的人获得相似的途径。

在普罗提诺看来，还有另外一种不同的获得相似的样式，这种相似是更崇高德性的结果。在讨论这种方式的过程中，要深入公民德性的本质，并要规定这种更高类型的德性的本性，从而肯定这种本性确定无疑地存在。他认为，对于柏拉图来说，有两种不同的德性次序，而公民德性对于相似来说是不充分的。他说，与神相似，是一种超越这个世界的方式和事物。在涉及好市民资格的品质时，他不使用德性这个单一的术语，而在德性之前加上有区别的词即"公民"。柏拉图将超越这个世界的方式和事物，看作是净化（purification）。普罗提诺说："在其他的地方，他声称，所有的德性都无例外地都是净化。"[①]这就是说，对于柏拉图而言，德性有公民德性和净化德性两种类型，而净化德性才能使人与神相似。对于这种观点，普罗提诺不仅完全赞成，而且对净化作了系统而深化的阐述，大大地发挥了柏拉图的净化思想。

（五）净化德性的两个层次

那么，我们能在什么意义上将德性称为净化呢？净化怎样造成相似呢？灵魂由于与身体混在一起、分享了身体的状态并想身体之所想而是恶的，但灵魂在以下这些条件下会是善的，它会具有德性。这些条件就是柏拉图所说的四主德：抛弃身体的情绪，投身于自己的行为，即理智和智慧的状态；决不允许身体的激情跟随它，即节制的德性；在与身体分离时不恐惧，即刚毅的德性；并且如果理性和理智本原统治着，在那种状态中有正直（Righteousness）。灵魂有这样一种意向，因而就成为了理智的，并且不受激情的影响，我们称这种意向为与神相似不会是错的。因为神的理智也是纯净的，而神的行为是这样的，即与神智相似就是智慧。

但是，这也会使德性成为神的理智的一种状态吗？在普罗提诺看来，不能。因为神的理智没有状态，这种状态是在灵魂之中的。灵魂中的理智行为与神中的理智行为是不相同的。对至上者之中的事物，灵魂按照它自己的样式掌握了一些，但只是一些，而不是所有。由此看来，理智一词涵盖了两

---

① Plotinus, *Six Enneads*, 1.2.3.

种不同的行为，即最初的理智和从最初的理性派生出来的、属于另一范围的理智。正如表达的思想是灵魂中的思想的反响一样，灵魂中的思想是从别的地方产生的反响。那就是说，因为被表达的思想是灵魂思想的映像，所以灵魂思想映像着一种它自身之上的思想，这种思想是更高领域的解释者。同样，德性是灵魂的一种东西，它不属于理智本原，不属于至高无上（Transcendence）。所以，我们面临着这样的问题，即净化要么是这样的人类品质、德性或德性的整体，要么是德性跟随其后的先驱？德性隐含着已经达到纯化的状态，还是这种纯化的过程对它就足够了，而德性是其完善性没有完成的纯净性完善的某种东西？普罗提诺认为，已经净化就是已经清洗掉了每一种相异的东西，但善性是某种更多的东西。

如果在不纯净性进入之前善性就已经存在，那么善性就是充分的；但是即使如此，清洗之后留下的东西将是善，而非清洗的行为本身。但是，仍然要明确留下的东西是什么。几乎不能证明它就是善。如果它是绝对的善，它就不会与恶居住在一起。我们只能将它设想为具有善的本性，但具有双重性而不能停留于真实的善（Authentic Good）的某种东西。灵魂的真正的善就在于对理智本原的贡献，灵魂的恶则在于使陌生者经常化。对于它来说，除了净化它自己，并因而进入与它自己的关系之外，没有其他的方式。这个新的阶段开始于一种新的取向。

现在的问题是，净化能在多大程度上消除激情对灵魂的影响，灵魂能在什么程度上与身体相脱离。普罗提诺认为，脱离只是意味着灵魂撤回到它自己的位置。这种脱离首先面临着处理灵魂与肉体的关系问题，灵魂要能够控制身体的非理性的方面。在他看来，灵魂的这种脱离要达到这样的程度："它将使自己保持在激情和感情之上。它只是为治疗和缓解痛苦才运用必要的快乐和感官的所有活动，以免它的工作被妨碍。它可能与痛苦战斗，但它将顺从地忍受，并通过拒绝赞成它来缓和它。它将检查所有充满激情的行为。如果可能，它将会进行完全的压制；在最坏的情况下，灵魂决不会使自己激动起来，而将非自愿和不受控制置于它的范围之外，并且这种情形是很稀少和很微弱的。"[1]在这种脱离的情况下，所有的恐惧必定会消失，这里也许存在着某种欲望，但这种欲望决不是对邪恶的欲望。即使对于维持生命所必要的食物和饮水，它们也在灵魂的注意之外，更不用说

---

[1]　Plotinus, *Six Enneads*, 1.2.5.

性的欲望。如果说有这样的欲望存在，那证明是本性的实际需要，并且完全在控制之下。

在普罗提诺看来，得到净化的灵魂本身将具有不可侵犯的自由，而且它将致力于保护本性的非理性部分免受所有的攻击，即使不能完全做到这一点，至少也会保护它免受暴力的攻击。所以，本性的非理性的部分受到的任何伤害都是微小的，并且能立即借助灵魂的出现得到治愈。正如一个生活在圣贤隔壁的人会由于邻居关系而受益一样，他要么变得有智慧，要么成为好人，他决不会冒险去做让邻居失望的事。在灵魂内部将不会有战斗，有理性在其中干预就足够了，低级的本性将对理性保持敬畏的态度。

对于普罗提诺来说，灵魂达到了这种净化状态，就在各个方面都没有罪存在了，但并没有达到与神相似的程度，"我们关注的不只是无罪，而是神"①。他认为，在这种激情得到有效控制的情况下，还会存在着一些非自然的行为，而只要存在任何这样的非自愿的行为，本性就是双重的：神与半神（Demi-God）。所谓的半神，就是"与一种低级能力的本性相关联的神"②。在普罗提诺看来，这种与神相似的高度是在所有非自愿的行为被压制时才能达到。到了这时候，人就有了非混合的神。"处于这一高度人才是地道的来自于至上者的存在。原初的优秀被保存，本质的人存在于此。进至这个领域，他就将他自己与其本性的理性方面联系了起来，就世间心灵可能达到的程度而言，他被引向了与他最高的自我相似，以至于即使有可能它也将决不会滑向、至少决不采取令它的太上皇不高兴的过程。"③

那么，在这样一个崇高的人那里，德性采取什么形式呢？普罗提诺认为有两个方面：一是智慧；二是理智本原本身的直接出现。他说："其中的每一个都有两种方式或方面：有智慧存在，因为它是在理智本原之中并且在灵魂之中；并且有理智本原存在，因为它对于它自己是出现的，并且因为它对于灵魂是出现的。这所给予的东西在灵魂中是智慧，在至上者那里则不是德性。"④他将智慧理解为对存在于理智本原中的一切所进行的沉思。如果说德性在灵魂中是智慧，那么，它在至上者中是什么呢？"它的恰当行为和它的

---

① Plotinus, *Six Enneads*, 1.2.6.
② Plotinus, *Six Enneads*, 1.2.6.
③ Plotinus, *Six Enneads*, 1.2.6.
④ Plotinus, *Six Enneads*, 1.2.6.

本质。"①至上者的那种行为和本质构成了这个领域的德性。因为至上者不是自我存在的公正，也不是任何被定义的德性的绝对化。可以说，它是一个榜样，是灵魂中的那种成为德性的东西的源泉。因为德性是依赖性的，存在于某种东西之中而不是存在于自身之中，而至上者是自立的、不依赖的。

但是，如果把公正看作是能力的恰当次序，那么它并不总是隐含各个不同部分的生存吗？不。有一种多样性的公正，它适合于含有部分的东西。但是，还存在另一种公正，它存在于统一性之中。真实的绝对公正是一种统一性对它自己的行动，这是一种没有这个、那个或其他部分的统一性的行动。根据这一原则，灵魂的至高无上的公正是，它指引它的行动走向理智本原。它的节制是它内在地屈从理智本原；它的刚毅是它在与理智本原相似之中保持冷静，它注视理智本原，它的本性与这种冷静相一致，它通过德性灵魂获得这种冷静。

灵魂中的德性是以与上界（the over-world）存在的东西相应的系列发生作用的，那种东西属于它们在理智本原中的榜样。在至上者之中，理智构成知识和智慧；自我专注是节制；它的恰当行动是它的责任性；它具有非物质性，并由于这种非物质性，它在自身范围内仍然不受玷污，是与刚毅等同的。在灵魂中，凝视理智本原的方向是智慧和明慎，灵魂的德性不适合至上者，因为在那里，思想者和思想是同一的。所有其他的德性都具有类似的相应性。而且，如果净化这个术语是一个纯净存在的产物，那么灵魂的净化必定产生所有的德性；如果任何东西都是缺乏的，那么它们中没有一个是完善的。而且，具备更大的德性暗含着具备较小的德性，尽管较小的德性不一定携带较大的德性。

在普罗提诺看来，以上所言揭示了圣贤生活中的一个显著标志。不过，圣贤生活也面临着一些问题：他具有的较小的德性是不是现实的及潜在的，甚至更大的德性是不是在他的行动中，或者是否还服从更高的品质，这些问题必须在每一种不同的情形下重新决定。以思辨智慧（Contemplative-Wisdom）为例，如果行为的其他指导必须被用来满足一种既定的需要，这种德性还会在纯粹的潜在性中有其根据吗？并且，当德性就其真实本性而言在范围和本分上不同时，会发生什么？例如，节制会允许某种在应有的约束之下的行为或情感，而另一种德性会制止它们吗？而且有一点也不清楚，

---

　　①　Plotinus, *Six Enneads*, 1.2.6.

即一旦思辨智慧进入到行为，所有的德性都得服从它吗？

普罗提诺认为，这些问题要在理解德性及每一种德性必须提供的东西的过程中加以解决。在这个过程中，一个人就将学会按照每一种德性各自的这种或那种要求工作。由于他达到了崇高的原则和其他的标准，这些原则和标准转过来又将确定他的行为。例如，其较早的抑制形式不再令他满足，他将为最后的脱离而工作，他将不再按公民德性的要求过好人的生活，取而代之的是过另一种生活，即诸神的那种生活。所以，普罗提诺说："我们的相似必须瞄着诸神，而不是善。要使我们自己以好人为榜样，就是要产生一种映像的映像。我们得将我们的注意力集中于映象之上，达到与至上的榜样的相似。"①

---

① Plotinus, *Six Enneads*, 1.2.6.

第三章　亚里士多德的德性伦理学

亚里士多德（Aristotle，前384—前322）是古希腊哲学的集大成者，是伦理学学科的创始人和古典德性伦理学的主要代表。亚里士多德生于富拉基亚的斯塔基尔希腊移民区。他在雅典创办吕克昂学园，占有阿波罗吕克昂神庙附近广大的运动场和园林地区。在学园里，亚里士多德和学生们习惯在花园中边散步边讨论问题，因而其学派得名为"漫步派"或"逍遥派"。他曾担任过马其顿国王腓力二世的儿子亚历山大的老师。亚里士多德是柏拉图的学生，他在柏拉图学园学习过二十年，对柏拉图及其老师苏格拉底的思想有深入的研究，其哲学精神和倾向是与教师基本一致的，但哲学观点与老师相去较远，而且其哲学内容丰富得多，可以说是人类历史上空前绝后的百科全书式哲学家。黑格尔说，"亚里士多德乃是从来最多才最渊博（最深刻）的科学天才之一，——他是一个在历史上无与伦比的人"①。亚里士多德作为德性伦理学的创立者和主要代表，其德性思想的贡献是巨大而丰富的。他是苏格拉底和柏拉图开创的古典幸福主义、德性主义和理性主义德性思想传统的卓越传承者和杰出代表；他以幸福、德性和理智为基本范畴创立了完整而系统的德性伦理学体系；他从事物的功能解释德性，成为自然主义德性论的奠定者；他将德性与人生目的即幸福联系起来，成为伦理学目的论的先驱；他所创立的社会德性体系比柏拉图更具有现实的可行性。他关于道德（伦理）德性与理智德性的划分、关于哲学智慧与实践智慧（明智）的区分、关于目的善与手段善的划分、关于政体的分类等方面的思想，都具有经典性的意义。亚里士多德在人类思想史上产生了广泛而深刻的影响，

---

① ［德］黑格尔：《哲学史讲演录》第二卷，贺麟、王太庆译，商务印书馆1959年版，第269页。

我们可以毫不夸张地说，亚里士多德是人类伦理思想史上最有影响最伟大的伦理学家。

一、德性伦理学的形成、结构及其地位

亚里士多德是柏拉图的嫡传弟子，对柏拉图以及苏格拉底的哲学非常精通，但他不囿于师说，在继承与批判、开新的基础上建立起了人类历史上第一个完整系统的德性伦理学体系。"我爱我师，我更爱真理"的名言，是他坚持真理、勇于创新精神的写照。他的德性伦理学由幸福、德性和实践智慧三个基本范畴构成，德性特别是道德德性问题在其中具有中心地位。在亚里士多德那里，德性伦理学并不是属于哲学的范畴，而是属于政治学。他为此提供的理由是值得我们深思的。

（一）对苏格拉底、柏拉图的扬弃与超越

亚里士多德的德性思想是在批判地继承前人，特别是苏格拉底和柏拉图的德性思想的基础上形成的。对此他自己曾作过明确的阐述。他说，毕达哥拉斯是第一个企图说明德性的人，但是毕达哥拉斯的观点是不正确的。因为他把德性归为数目的比例关系，用不恰当的观点来对待德性。例如，公正就不是一个四边相等的数。在毕达哥拉斯之后，苏格拉底对这个问题作了较好且更多的说明，但苏格拉底的观点也同样不正确。苏格拉底的问题在于把德性当作知识。亚里士多德认为，一切知识都涉及理性，而理性是灵魂的一部分，存在于灵魂的认知部分之中。在他看来，灵魂除了理性之外，还有非理性的问题。如果把德性当作知识，那么一切德性就都在灵魂的理性部分中了。这样就忽视了灵魂非理性部分的德性问题。在苏格拉底之后，柏拉图正确地把灵魂分成有理性的部分和无理性的部分，并认为灵魂的每一部分都有所属的德性。但是，他把德性与善混在一起了，而且将德性本体论化，认为德性是理念世界中的理念，这又将德性与存在和真理混在一起了。这是不正确的。① 实际上，亚里士多德对于苏格拉底和柏拉图的德性思想批判和修正远不止他自己所明确指出的这些方面。他在继承他们的幸福主义、德性主义和理性主义基本精神的同时，对他们的德性思想进行了扬弃，并实现了对他

---

① 参见［古希腊］亚里士多德:《大伦理学》，苗力田主编:《亚里士多德全集》第八卷，中国人民大学出版社 1992 年版，第 242 页。

们思想的超越，创立了德性伦理学。

第一，亚里士多德对善概念作了仔细的辨析。

善是苏格拉底和柏拉图哲学中最重要的概念。苏格拉底将善作为万事万物的终极原因、共同目的和普遍本质。他用善来解释德性，认为灵魂的善就是德性。他从事哲学和伦理学研究，就是要揭示善这种事物的共同本质，也就是要对它下定义。柏拉图则在强调善的本体论地位的同时，一方面进一步将事物的普遍本质多元化和层级化，而将善作为普遍本质王国即理念世界中的最高本质，是所有理念追求的最后目的；另一方面将事物的本质与现象分离开，善就成为独立于各种善事物的绝对实体。对于他来说，各种德性虽然是灵魂和国家不同部分的功能（智慧、勇敢、节制）和整体的和谐状态（公正），但它们都是理念世界中的理念，各种具有德性的事物不过是对各种德性理念的分有或摹写。亚里士多德对苏格拉底和柏拉图关于善的观点和善概念进行了批评，并在批评的同时对善的概念作了辨析。

首先，亚里士多德不赞成柏拉图将普遍性质当作与事物分离的独立存在，将善看作事物中存在的最好的东西，理解为内在善或善自身。对于苏格拉底寻求事物的普遍定义的努力，亚里士多德是肯定的，但他坚决反对柏拉图将事物的普遍本质当作独立自存的实体。他说："苏格拉底投身于研究伦理上的善时，首先寻求对它们作出普遍的定义……有两件事公正地归之于苏格拉底，归纳推理和普遍定义，这两点都与科学的始点相关。"[1]"定义所要揭示的，是每一事物的本质，譬如善是什么，恶是什么，或其他东西是什么。善的定义揭示的是，具有自身由于自身而值得向往的这类性质的东西，都是一般的善；而内在于一切事物中的善与这个定义是一致的。"[2]

苏格拉底寻求普遍定义时并没有把普遍定义当作与个体事物分离存在的东西。但是他的学生柏拉图则把它们当作分离存在的东西，并把它们叫作理念，认为凡是被普遍述说的东西都有理念。[3]他说："'善'这个词，或者指每一存在物中最好的东西，即由于它自身的本性而值得向往的东西，或者指

---

①　［古希腊］亚里士多德:《形而上学》，苗力田主编:《亚里士多德全集》第七卷，中国人民大学出版社 1993 年版，第 296—297 页。

②　［古希腊］亚里士多德:《大伦理学》，苗力田主编:《亚里士多德全集》第八卷，中国人民大学出版社 1992 年版，第 243—244 页。

③　参见［古希腊］亚里士多德:《形而上学》，苗力田主编:《亚里士多德全集》第七卷，中国人民大学出版社 1993 年版，第 297 页。

其他事物分有它而善的东西，即善的理念。"① 在亚里士多德看来，"善"这个概念不是指善理念，而是指事物中最好的东西。它存在于个体事物之中，不能与事物分离，事物因为这种最好的本性而为人们所追求和获得。亚里士多德似乎也承认共同善的存在，这种共同善存在于一切事物之中，因而也可以说是一般善、普遍善。他说："善似乎是与理念不同的。理念是可以分离的，也是自满自足的；而共同的善由于存在于一切事物中，所以，与分离存在的理念不同。因为可以分离的东西以及它的自满自足的本性不可能存在于一切事物中。"②

不过，他并不太赞成苏格拉底将善理解为普遍善或一般善，因为这种善不能为人类所追求和获得。他说："普遍的善不是善自身（因为它或许属于小的善），也不是可以实践的。"③"如若善作为共同述语，或单一的、可分离的、自存的东西，那么显而易见，它既不能为人所实行，也不能为人所取得，而我们所探求的，正是这能为人所实行和取得的善。"④

其次，亚里士多德批评苏格拉底和柏拉图忽视了手段善，他将善划分为目的善和手段善。苏格拉底和柏拉图由于将善理解为事物共同具有的一般性质或独立自存的实体，因而不可能注意到有些事物本身就是值得追求的善，而有些事物是为了本身就值得追求的事物服务的。他批评说，"他们所说的并不是一切善的原理，而只是在同一形式下就其自身而被追求的善。至于那些造成了善，保卫了善，或阻止了善转化为相反者的东西则因为它们而被称为善，是在另一种意义下的善。"⑤ 针对他们对善理解的片面性，亚里士多德提出善具有双重的含义，它既指其自身就是善的善，也指通过它们而达到善的善。他说："善显然有双重含义，一者就其自身就是善，另者，通过它们而达到善。"⑥ 如果说后一种善是手段善，那么前一种善就可以相应地称为目的善。

最后，针对苏格拉底和柏拉图将善客观化的做法，亚里士多德强调善的

① ［古希腊］亚里士多德：《大伦理学》，苗力田主编：《亚里士多德全集》第八卷，中国人民大学出版社1992年版，第243页。
② 同上书，第243页。
③ ［古希腊］亚里士多德：《优台谟伦理学》，苗力田主编：《亚里士多德全集》第八卷，中国人民大学出版社1992年版，第353页。
④ ［古希腊］亚里士多德：《尼各马科伦理学》，苗力田主编：《亚里士多德全集》第八卷，中国人民大学出版社1992年版，第11页。
⑤ 同上书，第10页。
⑥ 同上书，第10页。

属人性质，强调要关注有关人类的善的问题的研究。苏格拉底和柏拉图虽然对善作了大量的研究，但较多的是从本体论上研究善，注重研究善的本体论意义，而较少从伦理学的意义上研究，较少关心人类的善问题，亚里士多德力图克服他们研究的这种偏向。他针对柏拉图的做法指出，"关于善的问题，似乎是我们必须说明的，但不是绝对的善，而是相对于我们的善。"[①]他认为，有些善属于人类行为的范围，有些则不属于。人类的所有行为都存在着某种目的，这种目的就是善。"既然在全部行为中都存在某种目的，那么这目的就是所谓的善。如若目的是众多的，善也就是它的总和。"[②]善不仅属于人类行为，而且也属于人的知识和能力。"一切知识和能力都有某种目的，而且，这种目的就是善；因为没有一种知识和能力是为了恶而存在。如果一切能力的目的都是善，那么显然，最好的能力的目的就会是最好的善。"[③]属于人类的善又可以划分为灵魂的善、肉体的善和身外的善，它们各自又有不同的种类。他说："善还有另外的区分方式。因为有些善在灵魂中，例如德性；有些善在肉体中，例如健康和漂亮；有些善则是身外之物，譬如财富、权力、荣誉，或诸如此类的其他什么。其中，灵魂中的善是最好的。但是，灵魂中的善又分为三种，即明智、德性和快乐。"[④]

第二，亚里士多德强调德性问题的要害不在于德性知识，而在于德性实践。

把德性看作知识是苏格拉底的著名观点。对于这一观点亚里士多德多次提出了批评，他明确指出："苏格拉底把德性当成知识，这是不正确的。"[⑤]为什么不正确呢？亚里士多德分析说，苏格拉底认为，任何东西都不应该是无用的，但从他把德性当成知识的观点中，却会推出德性无用的结论。因为在知识方面，一旦一个人知道了知识的本性，就会推出他是有知识的。例如，一个人通晓了医药的本性就会成为医生；一个人学会了几何学与建筑术，他也就是建筑师和几何学家了。但是，就德性而言，情形却不同。一个

① ［古希腊］亚里士多德：《大伦理学》，苗力田主编：《亚里士多德全集》第八卷，中国人民大学出版社1992年版，第243页。

② ［古希腊］亚里士多德：《尼各马科伦理学》，苗力田主编：《亚里士多德全集》第八卷，中国人民大学出版社1992年版，第12页。

③ ［古希腊］亚里士多德：《大伦理学》，苗力田主编：《亚里士多德全集》第八卷，中国人民大学出版社1992年版，第243页。

④ 同上书，第249页。

⑤ 同上书，第246页。

把握了公正本性的人，并不会成为公正的。就是说，认识公正与成为公正的并不是同时出现。其他的德性也是如此。如果德性仅仅是知识，那么这种德性是无用的。亚里士多德据此得出了德性不是知识的结论。① 亚里士多德将知识进行了区分，一种是理论知识，一种是创制知识。理论知识一旦掌握了就可以运用，创制知识则不同，它的目的不是掌握知识，而是践行。他说，"创制知识的目的是不同于知识与认识的，例如，健康不同于医学，好的秩序或者诸如此类的其他现象不同于政治学。固然，对每类高尚事物的认识本身也是高尚的，但关于德性，最有价值的不是知道它是什么，而是认识它源出于什么。因为我们的目的，不是想知道勇敢是什么，而是要勇敢，不是知道公正是什么，而是要公正，正如我们更想健康，而不是认为健康是什么，更想具有良好的体质，而不是认为良好体质是什么一样。"② 因此，在亚里士多德看来，一个人有没有德性，不在于他是否掌握了知识，而在于他是否从事德性的行为，人的德性是在从事德性行为的过程中养成的习惯。

第三，亚里士多德主张德性的生成取决于德性主体。

苏格拉底和柏拉图都认为灵魂是不朽的，人的德性作为灵魂的善是人出生之前就已经存在，只是灵魂进入人的肉体之后，德性被遗忘。因此，人要获得德性只需要通过启发教育使人进行"回忆"就行了。对于这种观点亚里士多德提出了质疑。他在《大伦理学》中对德性的本性进行了分析之后针对苏格拉底的观点指出："既然已经说明了德性……那么接下来，我们就必须考察，它是能够获得的呢，还是不能，而是像苏格拉底所说，德行或德性的生成并不取决于我们自己。"他接着对苏格拉底的观点进行了陈述："他说，假如某人问任何一个人，他想公正还是不公正，那么，没有一个人会选择不公正。在勇敢和怯懦方面也同样，其他德性亦总是如此。显然，如果有些人坏，他们也不会是自愿要坏；所以很清楚，好人也不是自愿的。"③ 亚里士多德对这种观点提出了两方面的反对理由：其一，如果品质的好坏不出于个人的自愿，那么立法者为什么要禁止坏的行为，而要求人们做美好的和有德性的行为，而且要对做坏事的人和不做好事的人进行处罚呢？如果法律对于

---

① 参见［古希腊］亚里士多德：《大伦理学》，苗力田主编：《亚里士多德全集》第八卷，中国人民大学出版社 1992 年版，第 246 页。

② ［古希腊］亚里士多德：《优台谟伦理学》，苗力田主编：《亚里士多德全集》第八卷，中国人民大学出版社 1992 年版，第 248 页。

③ ［古希腊］亚里士多德：《大伦理学》，苗力田主编：《亚里士多德全集》第八卷，中国人民大学出版社 1992 年版，第 257 页。

完全不取决于我们自己的行为进行处罚，那是荒谬的。由此看来，一个人要德行还是要恶行，是取决于他自己的。其二，如果人们的品质行为都不是自愿的，那么我们为什么要对人们进行称赞和谴责呢？无论是称赞还是谴责都不能给予人们不能控制的东西。道德上的称赞和谴责都是以个人是品质和行为的主体为前提的。亚里士多德的结论是："无论是善良的还是丑恶的行为，其本原都是选择的，向往的，而且全都基于理性。所以显然，这些也是变化的。但是，我们在行为中的变化是有意识的。因此，本原和选择的变化也是自愿的。所以很明显，要德行还是恶行，取决于我们自己。"[①]

第四，亚里士多德根据灵魂由两部分构成提出了相应的两种德性。

亚里士多德赞同苏格拉底和柏拉图灵魂存在的看法，但并不认为灵魂不朽，而且也不赞成柏拉图将灵魂划分为理性、激情和欲望三个部分，而是将灵魂划分为理性和非理性两个部分。"由于灵魂与身体是不同的两个部分，而且我们知道灵魂自身又分为非理性与理性两个部分，它们有两种相应的状态，一是情欲，一是理智，正如身体的降生先于灵魂，非理性以同样的方式先于理智。"[②]与此相应，他没有接受他老师根据灵魂的三重结构将德性划分为智慧、勇敢、节制以及作为三者协调和谐状态的公正这一观点，而是根据灵魂的理性部分和非理性部分将德性划分为相应的理智德性和道德德性。在他这里没有了苏格拉底和柏拉图那样的作为德性总体的公正这样的德性，公正也成为道德德性的一种。不过，他不仅认同他老师的全部德目，而且还增加了一些德目（如实践智慧、体谅、慷慨、谦谨等），特别是突出了实践智慧的意义和作用。它虽然属于理智德性，但同时是道德德性的依据，作为道德德性精髓的中道原则就是实践智慧的集中体现。

（二）幸福、德性、实践智慧范畴与德性伦理学

亚里士多德留下来的伦理学著作有三部，即《尼各马科伦理学》《大伦理学》和《优台谟伦理学》。这三部著作在内容上大同小异，在逻辑结构上也大致一致。其中《尼各马科伦理学》内容完整，结构严谨，文字也最为简洁流畅。一般认为该书是唯一一部由作者本人亲手定稿成书的，其可信度最

---

① ［古希腊］亚里士多德:《大伦理学》，苗力田主编:《亚里士多德全集》第八卷，中国人民大学出版社 1992 年版，第 259 页。

② ［古希腊］亚里士多德:《政治学》，苗力田主编:《亚里士多德全集》第九卷，中国人民大学出版社 1994 年版，第 264 页。

高。该书从断定一切技术、规划和实践都以善为目的开始，讨论作为目的的善及其两种不同类型，即目的善和手段善。从对不同类型的善的讨论引出了最完满、最后的善，这就是幸福。由于幸福是一种完全合乎德性的现实活动，于是就从对幸福的讨论转向了对德性的讨论。在对德性作了理智德性与道德德性的区分之后，着重研究道德德性及其原则和具体道德德性，然后重点关注作为道德德性基础的实践智慧，以及与之相关的自制和不自制。在研究了道德德性及其基础之后，又探究了既必需又美好、高贵的友爱，这是一种似乎不被看作是道德德性的德性或与之相关的德性。最后通过讨论快乐又回到了幸福，不过主要从思辨的角度讨论至福问题。《尼各马科伦理学》全书共十卷，除第一卷和第十卷讨论幸福和快乐之外，其余八卷基本上都是讨论德性及其相关问题的。第二卷论述了理智德性和道德德性的划分及其基本特点，以及道德德性的基本特性和中道原则。第三、四、五卷在讨论德性的自愿和选择性质之后，着重讨论了中道原则及道德德性的勇敢、节制、公正等德性。第六卷从灵魂的五种能力的讨论入手，探讨了实践智慧的本性、特点及其与道德德性的关系问题。第七卷讨论与实践智慧密切相关的自制和不自制品质。第八、九卷讨论对于个人幸福和城邦和谐都非常重要的友爱。第十卷专门讨论快乐问题、思辨活动与最高幸福及最大快乐的关系问题，以及幸福得以实现的德性的养成问题。

从以上简要介绍可以看出，德性特别是道德德性是亚里士多德伦理学的中心范畴。从这种意义上看，亚里士多德的伦理学也就是关于德性的伦理学，即德性伦理学。自古以来哲学家都公认，亚里士多德是伦理学这一学科的创始人。他的伦理学是以研究德性为中心的，因而他的伦理学就是德性伦理学。他是伦理学的创始人，当然也就是德性伦理学的创始人。从学科的角度看，苏格拉底和柏拉图虽然研究的中心问题也是德性问题以及与之相关的幸福和智慧问题，而且有较系统而深刻的德性思想，但他们的思想散见于他们的各种对话之中，并没有像亚里士多德那样建立起完整的伦理学体系或德性伦理学体系。因此，西方学者把苏格拉底看作是道德哲学的鼻祖，而把亚里士多德看作是伦理学的创始人，这是能够成立的，两者之间并不矛盾。不过，亚里士多德研究德性是为了回答什么是幸福以及如何获得幸福，因而他对德性问题的研究是紧紧围绕幸福问题展开的，并且从德性关联的角度对什么是幸福和如何获得幸福作出了系统的回答。关于这一点，安东尼·肯尼作了颇为令人信服的阐明。他说："在所有亚里士多德的伦理学论著中，幸福观念起着核心作用。然而，这一观念更为清楚的表达见于《优台谟伦理学》，在我的陈述中，我将开始依据这部文本而非人们更为熟悉的文本《尼各马科伦理学》。这部论文开篇就提出这样的问题：什么是美好的生活以及如何才能过上这种生活？"[①]因此，幸福也是亚里士多德伦理学的一个重要范畴。从这种意义上看，亚里士多德的伦理学也可以说是幸福主义伦理学。在亚里士多德那里，德性是以理性能力为前提的，它或者是理性的德性，或者是作为理性功能之一的实践智慧的结果，是灵魂的实践智慧活动。因此，实践智慧也是亚里士多德伦理学的基本范畴。从这种意义上看，亚里士多德的伦理学也可以说是理性主义或智慧主义伦理学。总之，亚里士多德伦理学是以幸福、德性和实践智慧为基本范畴构建起来的伦理学体系。亚里士多德自己在《政治学》中对他的伦理学体系有过一个概括，他说："假如在《伦理学》中我们没有说错，即幸福的生活在于无忧无虑的德性，而德性又在于中庸，那么中庸的生活必然就是最优良的生活——人人都有可能达到这种中庸。"[②]这就是说，他的伦理学是研究幸福、德性和中庸的，中庸实际上就是人的实践智慧的集中体现的活动。因此，我们说亚里士多德的伦理学体系由幸福、德性和实践智慧三个基本范畴构成，是能够成立的。

（三）德性伦理学的学科定位

在今天的学科分类中，伦理学是哲学的分支，但从亚里士多德研究伦理学的意图看，伦理学并不是作为哲学的分支，而是作为政治学的一部分。亚里士多德并不是为了研究哲学的伦理学而研究伦理学，而是为了使人过政治生活研究伦理学，所以他把伦理学作为政治学的基础或前提。关于这一点，《大伦理学》有明确的表述："既然我们的目的是要讨论有关伦理的问题，那么，首先就必须考察道德是什么知识的部分。简单地说，它似乎不应是其他知识的，而是政治学的部分。因为如无某种道德性质（我指的是，例如善行），一个人就完全不能在社会活动中有所行为；而善行就是具有德性。因此，如果某人要想在社会活动中有成功的行为，就必须有好的道德。可见关于道德的讨论就似乎不仅是政治学的部分，而且还是它的起点。从总体

---

① ［英］安东尼·肯尼:《牛津哲学史》第一卷·古代哲学，王柯平译，吉林出版集团有限责任公司 2010 年版，第 315 页。

② ［古希腊］亚里士多德:《政治学》，苗力田主编:《亚里士多德全集》第九卷，中国人民大学出版社 1994 年版，第 140 页。

上说，在我看来，这种讨论似乎应公正地被称为不是伦理学的，而是政治学的。"① 亚里士多德这里的逻辑推论是，人要在社会中很好地生存，就得行善，就得有德性、有道德，而在社会中生活是政治学研究的问题，因而关于道德的研究属于政治学。

亚里士多德上述结论的前提是他认为"人天生就是一种政治动物"②。在他看来人生来就离不开共同生活，即使并不需要其他人的帮助，人照样要追求共同的生活。的确，人追求共同生活的目的在于实现共同的利益，是共同的利益把我们聚集起来，组成共同体。在共同生活中，各人可以按自己应得的一份享有美好的生活。对于一切共同体或个人来说，这是最大的目的。但是，亚里士多德似乎认为人追求共同生活并不只是为了得到自己所应得的利益，仅仅为了生存自身，人类也要生活在一起，结成政治共同体。他说，只要苦难的压迫不是过于沉重，单单是生活本身之中就存在着某种美好的东西。③

共同体中的人可以分为两个部分，统治者和被统治者，它们因共同利益的需要而组成共同体。"天生的统治者和被统治者为了得以保存而建立了联合体。因为能够运筹帷幄的人天生适合于做统治者和主人，那些能够用身体去劳作的人是被统治者，而且是天生的奴隶；所以主人和奴隶具有共同的利益。"④ 在没有划分统治者和被统治者的野蛮人那里，所形成的共同体不过是男奴隶与女奴隶的结合。在亚里士多德看来，从主人和奴隶、男人和女人这两种共同体中最初形成的是家庭。家庭是为了满足人们日常生活需要自然形成的共同体。当多个家庭为着比生活必需品更多的东西而联合起来时，村落便产生了。当多个村落为了满足生活需要以及为了生活的美好结合成一个完全的共同体，而这种共同体大到足以自足或近于自足时，城邦就产生了。尽管城邦在产生上后于家庭和个人，但在本性上先于家庭和个人，因为整体必然优于部分，当个人与城邦隔离开时他就不再是自足的。

在亚里士多德看来，所有共同体都是为着某种善而建立的，因为人的一切行为都是为着他们所认同的善。所有的城邦都是某种共同体，但这种共同

---

① ［古希腊］亚里士多德：《大伦理学》，苗力田主编：《亚里士多德全集》第八卷，中国人民大学出版社 1992 年版，第 241 页。

② ［古希腊］亚里士多德：《政治学》，苗力田主编：《亚里士多德全集》第九卷，中国人民大学出版社 1994 年版，第 85 页。

③ 参见上书，第 85 页。

④ 同上书，第 140 页。

体与其他共同体不同，它是所有共同体中最崇高、最有权威、并且包含了一切其他共同体的共同体。如果说所有的共同体旨在追求某种善，那么城邦所追求的一定是至善。这种共同体是政治共同体。① 城邦的目的是追求优良的、完善的、自足的生活，这就是幸福而高尚的生活。人们的一切活动都是为了这一目的。② 但是，人们对幸福有不同的理解。亚里士多德认为人们将幸福归结为三种生活方式，即政治的、哲学的和享乐的。享乐的方式与肉体和享受相关，是以生活享受为满足的。对于政治生活，有些人认为善就是荣耀，荣耀就是政治生活的目的。但亚里士多德认为，德性是比荣耀更高的目的。思辨的、静观的生活是一种完善的幸福，它是高于人的生活的神的生活。在这三种生活中，亚里士多德反对享乐生活，他最推崇的是思辨的生活，但他认为这种生活是一般人达不到的，如果一个人达到了这种生活他就是人中的神。因此，他实际上是主张人过政治生活，因为人天生就是政治动物。③

亚里士多德认为，政治生活的目的是德性。他根据灵魂由理性和非理性构成，将德性划分为统治的德性和被统治的德性。他说："灵魂的构成已经告诉我们这种状况；灵魂中的一部分在本性上实行统治，而另一部分则在本性上服从，我们认为，统治部分的德性和服从部分的德性是不一样的，其一是理性部分的德性，而另一是非理性部分的德性。很显然，这一原理具有普遍适用性，所以，几乎万事万物都是因其本性而统治着或被统治。"④ 就政治生活而言，共同体的成员即公民的德性就是既具有统治德性又具有被统治的德性。但是，并不是任何共同体的公民都具有这种德性，只有最优良政体之下生活的公民才具有这种德性。他说："不同的政体有不同的公民，但在最优良的政体中，公民指的是为了依照德性的生活，有能力并愿意进行统治和被人统治的人。"⑤ 在这里亚里士多德对善良之人的德性与公民的德性进行了区分。一个善良的人具有完满的德性，但一个不具有善良之人应具有的德性

①　参见［古希腊］亚里士多德:《政治学》，苗力田主编:《亚里士多德全集》第九卷，中国人民大学出版社 1994 年版，第 3 页。

②　参见上书，第 92 页。

③　参见［古希腊］亚里士多德:《尼各马科伦理学》，《优台谟伦理学》1216a 27-37，苗力田主编:《亚里士多德全集》第八卷，中国人民大学出版社 1992 年版，第 7、347 页。

④　［古希腊］亚里士多德:《政治学》，苗力田主编:《亚里士多德全集》第九卷，中国人民大学出版社 1994 年版，第 27—28 页。

⑤　同上书，第 102 页。

的人也有可能成为一个善良的公民。所有人都应当是善良公民，这样才能使城邦臻于优良，但既然城邦是由不同成分构成的，就像有生命的东西是由灵魂和身体构成的一样，那么不同城邦的公民、同一城邦的所有公民不可能只有唯一一种德性。而且，并不是所有的人都是善良的公民，当然也就不可能让所有的人都具有善良之人的德性。因此，亚里士多德强调，贤明的统治者应该是善良而有实践智慧的人，尤其应该是有实践智慧的，实践智慧是统治者独特的德性。"统治者独特的德性是明智；因为其他诸种德性都必然为统治者和被统治者所共有。"①

就统治者和被统治者的共同德性而言，公正是最重要的，因为"公正即是共同生活中的德性，凡具备这种德性，其他的所有德性就会随之而来"。②而且，"公正是为政的准绳，因为实施公正可以确定是非曲直，而这就是一个政治共同体秩序的基础。"③正因为如此，亚里士多德得出了以研究公正问题的政治学是最重要的学科的结论。"一切科学和技术都以善为目的，所有之中最主要的科学尤其如此，政治学即是最主要的科学，政治上的善即是公正，也就是全体公民的共同利益。"④

亚里士多德像苏格拉底和柏拉图一样，把善看作目的。他认为，一切技术、一切规划以及一切实践和抉择都以某种善为目标，所有的其他学问都是研究某种善的，而唯有政治学才是研究善（目的）本身的。因此，政治学是所有学问中最高的智慧，其他的学科都像奴婢一样服务于它，而不能与之相违抗。他说："从以前对哪门科学应该被称为智慧科学的讨论来看，其他科学必须如女奴一般对它百依百顺，这门科学就是关于目的的科学（因为其他的东西都以它为目的）。"⑤ 由此看来，伦理学作为政治学的一部分，在亚里士多德的思想体系中属于最高层次的学问，其他学科都从属于它，并为它服务。

---

① ［古希腊］亚里士多德:《政治学》，苗力田主编:《亚里士多德全集》第九卷，中国人民大学出版社 1994 年版，第 82 页。请注意，苗力田主编的《［古希腊］亚里士多德全集》中译为"明智"的德性，在亚里士多德相应著作的英译本中通常译为"实践智慧"，我们遵从英文的译法。

② 同上书，第 100 页。

③ 同上书，第 7 页。

④ 同上书，第 98 页。

⑤ 同上书，第 67 页。

二、幸福主义目的论

受苏格拉底和柏拉图的影响，亚里士多德的本体论和伦理学都是目的论的。他将至善与幸福等同起来作为人的终极目的，并将幸福看作是合乎德性的现实活动而将两者紧密地联系起来。他根据人灵魂中理性的不同活动将幸福划分为与思辨活动相应的完善幸福和与实践活动相应的不完善幸福。他对快乐进行了专门的研究，并对快乐与幸福、德性之间的关系作了阐明。从总体上看，亚里士多德的德性伦理学是幸福主义目的论的。

（一）善、至善与幸福

苏格拉底认为目的是事物的共同本质，亚里士多德基本上继承了苏格拉底的这种观点。他的"四因"说就把目的看作是事物生成的原因之一。他说："'何以为'和目的与达到目的的手段是同一的。而且，自然就是目的和'何以为'。因为，如果某物进行连续的活动，并且有某个运动的目的，那么，这个目的就是终结和所为的东西。"[1]他还直接断定目的就是事物的本性。这种本性只有当事物从潜能变为现实时才能体现出来，才能为人所认识。"事物的本性就是目的；每一个事物是什么，只有当其完全生成时，我们才能说出它们的本性，比如人的、马的以及家庭的本性。"[2]无论是自然事物还是人为事物，都是如此，"如果按照技术的东西有所为，那么显然，按照自然的东西也就有所为"[3]。由于事物是多种多样的，所以目的也是多种多样的。对于人而言，活动各不相同，因而其目的更呈现出多样性。"由于实践是多种多样的，技术和科学是多种多样的，所以目的也有多种多样。"[4]

亚里士多德也像苏格拉底一样将事物的目的理解为善。目的是多种多样的，善也是多种多样的。他说："善的意义和存在的意义同样多，它既可

---

[1] 〔古希腊〕亚里士多德：《物理学》，苗力田主编：《亚里士多德全集》第二卷，中国人民大学出版社 1991 年版，第 35—36 页。

[2] 〔古希腊〕亚里士多德：《政治学》，苗力田主编：《亚里士多德全集》第九卷，中国人民大学出版社 1994 年版，第 6 页。

[3] 〔古希腊〕亚里士多德：《物理学》，苗力田主编：《亚里士多德全集》第二卷，中国人民大学出版社 1991 年版，第 52 页。

[4] 〔古希腊〕亚里士多德：《尼各马科伦理学》，苗力田主编：《亚里士多德全集》第八卷，中国人民大学出版社 1992 年版，第 3 页。

用来述说是什么，如神和理智；也可用来述说性质，如各种德性；也可用来述说数量，如适度；也可以述说关系，如有用；也可以述说时间，如良机；也可以述说地点，如良居；诸如此类。"① 他在《优台谟伦理学》中也说过类似的话。② 显然，亚里士多德所理解的善不只是道德意义上，而是一般价值意义上的。善的目的在有理性的人这里就成为人们追求的目标，或者是有意识的目的。"一切技术，一切规划以及一切实践和抉择，都以某种善为目标。"③ "我们必须明白，一切知识和能力都有某种目的，而且，这种目的就是善；因为没有一种知识和能力是为了恶而存在。"④

善是各种各样的，对于人来说善可以从不同角度进行划分。在《大伦理学》中，亚里士多德从不同的角度对善作了较系统而非十分严格的分类，并从善的分类中引出了幸福的概念。他说，在善的东西中，有些是可崇敬的，有些是该赞扬的，有些则是潜能的，还有一些是能保持和造成善的东西。可崇敬的东西包括神圣的东西，像灵魂、理智之类的更好的东西，以及更本原的之类的东西。像德性这样的东西就既是可崇敬的，也是该赞扬的。有些善是潜能的，也就是中性的，如权能、财富、强壮、漂亮等。对于这些东西，好人运用，它们就是好的；而恶人运用，它们就是坏的。那些能保持和造成善的东西，实际上就是亚里士多德所理解的工具善。例如，锻炼就能保持和造成健康，因而也可以说是一种善。亚里士多德关于善的第二种区分是认为，有些善在一切场合、一切方面都值得向往，有些则不是这样。例如，公正和其他德性就是在一切场合、一切方面都值得向往的，而强壮、财富、权能之类的东西然则并非如此。亚里士多德关于善的第三种划分是将善划分为目的善和手段善。他认为，有些善是目的，有些善不是。例如，健康是目的善，但为达到健康服务的东西则不是目的善。在具有目的和手段关系的场合，就有目的善与手段善的区分，而且目的善总是比那些手段善更好，例如健康就比为了健康的东西更好。⑤

① ［古希腊］亚里士多德:《尼各马科伦理学》，苗力田主编:《亚里士多德全集》第八卷，中国人民大学出版社 1992 年版，第 9 页。

② 参见［古希腊］亚里士多德:《优台谟伦理学》，苗力田主编:《亚里士多德全集》第八卷，中国人民大学出版社 1992 年版，第 351—352 页。

③ ［古希腊］亚里士多德:《尼各马科伦理学》，苗力田主编:《亚里士多德全集》第八卷，中国人民大学出版社 1992 年版，第 3 页。

④ ［古希腊］亚里士多德:《大伦理学》，苗力田主编:《亚里士多德全集》第八卷，中国人民大学出版社 1992 年版，第 243 页。

⑤ 参见上书，第 247—248 页。

亚里士多德在区分目的和手段的基础上又将目的划分为完满的和不完满的，而且认为完满的目的比不完满的目的更好。这是因为完满的目的一旦达到，就不需要添加任何东西，而不完满的目的即使达到了，也还需要我们添加某种东西。例如，公正就是一种不完满的目的，我们获得公正时，还需要添加其他东西；而幸福则是完满的目的，一旦我们获得了幸福，就无需再加任何东西了。如果说所有的目的都是善的话，那么完善的目的就是一切善中之善，即至善。由此，亚里士多德就从对事物目的的研究，到对善和至善的研究，引出了幸福的概念，幸福就是完善的目的，就是至善。他的结论是："因此，幸福是我们寻求的最好的东西，也是完满的目的。完善的目的是善，也是一切善物的目的。"①

幸福是古希腊人普遍关心的话题，人们对幸福有各种不同的理解。亚里士多德在《尼各马科伦理学》中对这种状况进行了这样的描述："关于幸福是什么是一个有争议的问题。大多数人和哲人们所提出的看法并不一样。一般人把幸福看作某种实在的或显而易见的东西，例如，快乐、财富、荣誉等等。不同的人认为是不同的东西，同一个人也经常把不同的东西当作是幸福。在生病的时候，他就把健康当作幸福，在贫穷的时候，他就把财富当作幸福；有一些人由于感到自己无知，会对那些宏大高远的理论感到惊羡，于是其中就有人认为，和这众多的善相并行，在它们之外，有另一个善自身存在着。它是这些善作为善的原因。"②尽管对幸福的看法人各不同，时各不同，但亚里士多德认为人们也有一些共识。这种共识就是："不论是一般大众，还是个别出人头地的人物都说：生活优裕，行为良好就是幸福。"③从亚里士多德的整个伦理思想来看，他是赞同人们这种共识的，于是他在这种共识的基础上对幸福的内涵作了系统而深刻的阐发，建立起了完整的幸福主义目的论。

亚里士多德将幸福看作完满目的，看作至善，是从目的和善的角度对幸福加以阐发的。从有关著述看，以下四种含义是亚里士多德明确赋予幸福的。

第一，幸福是最高的善。幸福是最高的目的，也就是说，在人的所有目

---

① ［古希腊］亚里士多德：《大伦理学》，苗力田主编：《亚里士多德全集》第八卷，中国人民大学出版社 1992 年版，第 248 页。

② ［古希腊］亚里士多德：《尼各马科伦理学》，苗力田主编：《亚里士多德全集》第八卷，中国人民大学出版社 1992 年版，第 6 页。

③ 同上书，第 6 页。

的中，幸福是最高层次的目的，其他任何目的都低于它，服从它。这种最高的目的当然也就是最高的善。"如若在实践中确有某种为其自身而期求的目的，而一切其他事情都要为着它，而且并非全部抉择都是因他物而作出的，那么，不言而喻，这一为自身的目的也就是善自身，是最高的善。"① 关于这一点，亚里士多德作过多次明确的阐述。他在批评柏拉图的善理念时就指出，"我们探寻的善自身既不是善的理念，也不是普遍的善（因为一个既不动又不可实践，另一个虽然能动但不可实践）。可作为目的来追求的对象是最高的善，是归属于它的善的原因，是一切善中第一位的；所以，这就应该是善自身，即人类行为的目的。"② 在《尼各马科伦理学》中，他认为把幸福称为最高的善，不过是同语反复。③ 他在谈到行为所能达到的一切善的顶点是什么时，也认为大多数人都会同意这是幸福。④

第二，幸福是终极的善。在亚里士多德看来，在人的所有目的中，有的目的是最后的目的，如果有多种最后的目的，那么其中最高的目的就是终极的，它是最完满的。幸福是人一切目的中的终极目的，一切其他目的都以它为目的，而它不以任何其他东西为目的。这种最后目的也就是终极的善。他明确指出："既然目的是多种多样的，在其中有一些我们是为了其他目的而选取的。例如，钱财、长笛，总而言之是工具。很显然并非所有目的都是最后的，只有最高的善才是某种最后的东西，倘若有多个目的，就是其中最完满，最后的那一个。我们说为其自身来追求的东西比为了他物的东西更为完满。那从来不因为他物而被选的东西，比时而由于自身、时而由于他物而被选取的东西更为完满。总而言之，只有那由自身而被选取，而永不为他物的目的才是最后的。看起来，只有这个东西才有资格作为幸福，我们为了它而选取它，而永远不是因为其他别的什么。"⑤ 由此看来，幸福既是最高的善，也是终极的善。

第三，幸福是完满的善。幸福不仅是最高的、终极的目的，而且是完满

---

① ［古希腊］亚里士多德:《尼各马科伦理学》，苗力田主编:《亚里士多德全集》第八卷，中国人民大学出版社 1992 年版，第 4 页。

② ［古希腊］亚里士多德:《优台谟伦理学》，苗力田主编:《亚里士多德全集》第八卷，中国人民大学出版社 1992 年版，第 354 页。

③ 参见［古希腊］亚里士多德:《尼各马科伦理学》，苗力田主编:《亚里士多德全集》第八卷，中国人民大学出版社 1992 年版，第 13 页。

④ 参见上书，第 6 页。

⑤ 同上书，第 12 页。

的目的，它包含了其他的目的，或者不如说它是目的的集合。因此，幸福就不只是最高的、终极的善，而且是善的总体，是完满的善。它由许多善构成，包含了不同的善，这些善使它成为完满的善。他自己明确说："幸福是我们寻求的最好东西，也是完善的目的。完善的目的是善，也是一切善物的目的。"[①]"既然最好的善是完满的目的，而完满的目的（笼统地说）似乎不是任何其他东西，而是幸福，再者，幸福又是由许多善构成的，那么，假如把最好自身视为其他善中的一个，它就会比自己更好了，因为它自己是最好的。"[②]

第四，幸福是自足的善。完满善意味着自足，无需其他的东西。既然幸福是完满的善，那么它就是自足的，是自足的善。"从自足来看也能得出同样的结论，自足似乎就是终极善。……我们现在主张自足就是无待而有，它使生活变得愉快，不感匮乏。这也就是我们所说的幸福。"[③]显然，在亚里士多德那里，自足的善、终极的善、最高的善，以及完善的善，是大致同义的，是可以互释的。

综合以上四个方面，亚里士多德的幸福观可简要地概括为：幸福是善，而且是最高的、终极的、完满的、自足的善，因而是至善。

（二）幸福与德性

从目的的角度将幸福理解为善中的至善，这只是亚里士多德幸福论的一个方面，他的幸福论的第二个方面是从德性的角度理解幸福，其基本观点是将幸福理解为合乎德性的现实活动。这是他的幸福论更突出的特点。

亚里士多德在《尼各马科伦理学》中谈到，把幸福理解为至善，不过是一种同语反复，并没有回答幸福到底是什么。[④]那么，他是怎样回答这个问题的呢？

对于亚里士多德来说，幸福并不是一个目的地，只有到达了那里才可以获得它。他强调，幸福是自足的，但它不是静态的，而是现实的活动，"幸

---

① ［古希腊］亚里士多德:《大伦理学》，苗力田主编:《亚里士多德全集》第八卷，中国人民大学出版社 1992 年版，第 248 页。

② 同上书，第 247—248 页。

③ ［古希腊］亚里士多德:《尼各马科伦理学》，苗力田主编:《亚里士多德全集》第八卷，中国人民大学出版社 1992 年版，第 13 页。

④ 参见上书，第 13 页。

福应存在于某种使用和实现中"①。他赞同当时关于幸福的流行看法，即认为幸福在于生活得好和行为得好。"我们说'生活得好与行为得好'不是其他什么，恰是幸福。"②在他看来，人的生活靠的是灵魂。善的事物可以分为三部分，一些是外在善，另一些是灵魂善和身体善。灵魂的善是主要的、最高的。灵魂的善就是德性，德性就在灵魂中，灵魂所造成的就是灵魂的德性所造成的。"正是由于灵魂的德性，我们才生活得好。"③但是，幸福并不是德性本身，而是合乎德性地行动。"我们说幸福不是品质，如若是，那么一个终生都在睡着的人，过着植物般生活的人，陷入极大不幸的人都要幸福了。如若这种说法不能令人满意，那么，最好还是把它划归于现实活动。"④因为"灵魂的现实活动就是善"⑤，"人的善就是合乎德性而生成的灵魂的现实活动"⑥。亚里士多德分析说，一种品质既为某事物具有，同时又能被使用、被实现，那么这种使用和实现就是目的。德性就是这样的品质，它是灵魂的具有状态，但又是其实现和使用，那么，德性的使用和实现就应是目的。当灵魂具有德性并使其实现和使用时，我们就能生活得好、行为得好。"是幸福和幸福存在于美好的生活中，而美好的生活又是在按照德性的生活中。这就是目的、幸福和最好的东西。"⑦由此亚里士多德推论出，"幸福应存在于按德性的生活中。"⑧生活得好和行为得好也就是按德性生活和行动，或者说就是使人的行为合于德性。正是在这种意义上，他明确断定："幸福就是合乎德性的现实活动"⑨，"幸福生活可以说就是合乎德性的生活"⑩。

关于上述思想，亚里士多德在多处作过论述，其中在《优台谟伦理学》

---

① ［古希腊］亚里士多德：《大伦理学》，苗力田主编：《亚里士多德全集》第八卷，中国人民大学出版社 1992 年版，第 250 页。

② 同上。

③ 同上。

④ 同上书，第 224—225 页。

⑤ ［古希腊］亚里士多德：《尼各马科伦理学》，苗力田主编：《亚里士多德全集》第八卷，中国人民大学出版社 1992 年版，第 16 页。

⑥ 同上书，第 14 页。

⑦ ［古希腊］亚里士多德：《大伦理学》，苗力田主编：《亚里士多德全集》第八卷，中国人民大学出版社 1992 年版，第 250 页。

⑧ 同上。

⑨ ［古希腊］亚里士多德：《尼各马科伦理学》，苗力田主编：《亚里士多德全集》第八卷，中国人民大学出版社 1992 年版，第 15—16 页。

⑩ 同上书，第 226 页。

讲得最集中、最明白："既然活动比排列更好，最好的活动比最好的品质好，而德性是最好的品质，那么，灵魂中德性的活动就是至善的。……至善是幸福；所以，幸福乃是善的灵魂的活动。但既然幸福是某种完满，而生活或是完满的，或是不完满的，德性也一样（因为有的德性是整体的，有的是部分的），并且，不完满物的活动也是不完满的，那么，幸福就应是符合完满德性的完满生命的活动。"①

合乎德性的行为不是为了别的目的而被选择，而是由于自身而被选择，它就是目的本身。"在活动中有一类是为着必需的，为着他物而被选择的，另一类则是以其自身而被选择。幸福显然应该算作以其自身而被选择的东西，而不是为了他物而被选择。因为幸福就是自足，无所短缺。这样的活动是以其自身而被选择的，除了活动之外，对其他别无所求。这样的活动就是合于德性的行为。它们是美好的行为，高尚的行为，由自身而被选择的行为。"②换句话说，"幸福是终极的和自足的，它是行为的目的。"③因为幸福是德性的灵魂的现实活动，所以只有人才能成为幸福的，而动物则没有幸福，而且德性尚未形成的孩子也不能说是幸福的，因为他们还没有合乎德性的行为。"不论是牛，还是马，以及其他动物，我们都不能称之为幸福的。因为它们没有一种能分有这种现实活动。出于同样的理由，也不能说孩子们是幸福的。因为年龄的关系他们没有这样合于德性的行为。对于他们只能说有希望获得至福。"④

合乎德性的现实活动对于幸福是至关重要的，其他的一切要么是它的附属品，要么是实现其本性的手段。"合乎德性的现实活动，才是幸福的主导，其反面则导致不幸。"⑤在这样的活动中，一个人所享受的幸福最为持久和稳固，也最为荣耀，这样的人从来不会倒霉，因为他从来不会作出卑鄙下流的事情来。如果一个人一生中一路走顺、运气亨通，而到了老年却陷入了悲惨的境地，这样的遭遇和结果不能叫作幸福。

---

① ［古希腊］亚里士多德：《优台谟伦理学》，苗力田主编：《亚里士多德全集》第八卷，中国人民大学出版社 1992 年版，第 356 页。

② ［古希腊］亚里士多德：《大伦理学》，苗力田主编：《亚里士多德全集》第八卷，中国人民大学出版社 1992 年版，第 225 页。

③ ［古希腊］亚里士多德：《尼各马科伦理学》，苗力田主编：《亚里士多德全集》第八卷，中国人民大学出版社 1992 年版，第 13 页。

④ 同上书，第 19 页。

⑤ 同上书，第 20 页。

合乎德性的现实活动是幸福的主导，但并不等同于幸福。亚里士多德在这一点上与苏格拉底和柏拉图有所不同，他并不认为德性是幸福的充分必要条件，而认为德性是幸福的主要内容，在幸福生活中起主导作用。对于人而言，幸福除德性这种灵魂的善之外还需要外在的善，只有神不需要外在的善。在《尼各马科伦理学》中，他对此作了比较明确而充分的阐述。他说："看起来幸福也要以外在善为补充。正如我们所说的，赤手空拳就不可能或难于做好事情。有许多事情都需要使用手段，通过朋友、财富以及政治权势才做得成功。其中有一些，如果缺少了就会损害人的尊荣，如高贵出身，众多子孙，英俊的相貌等等。若把一个丑陋、孤寡、出身卑贱的人称作幸福的，那就与理念绝不相合了。尤其不幸的是那子女及亲友都是极其卑劣的人，或者虽然有好的亲友却已经死去了。从以上可知，幸福是需要外在的时运亨通为其补充，所以有一些人就把幸运和幸福等同（有些人则把幸运和德性相等同）。"[1]

在外在善方面，亚里士多德着重讨论了幸运的问题，因为许多人认为幸福的生活就是幸运，如无幸运，便无幸福。[2] 他自己也认为幸运与幸福相关联。"既然无外在的善就无幸福，而外在的善又源生于幸运，那么，就正如我们已说过的，幸运应与幸福同在。"[3] 然而，幸运是一种好的机遇，而机遇是多种多样，大小不一的。那些微不足道的机遇，不论好的还是坏的，都不会给生活造成大的灾难。而那些重大而多发的机遇，如果是好的，就能使人享其至福；如果是坏的，就会带来灾难，破坏幸福生活，招致痛苦。好的机遇在于锦上添花，但对好机遇必须利用好。[4]

亚里士多德并不认为外在善越多越好，而认为外在的善是有其阈限的。与外在善不同，灵魂的善则越多越好。他说："因为外在诸善有其阈限，就像某种工具或一切有用途的东西都有着一个确定的限制一样，超出其阈限就必然会对其拥有者有害，或变得没有用处；而灵魂方面的每一种善，却是愈多超出愈有益处，要在这方面说些什么话，那就是它不仅高尚而且有用。一

---

① ［古希腊］亚里士多德：《尼各马科伦理学》，苗力田主编：《亚里士多德全集》第八卷，中国人民大学出版社 1992 年版，第 17—18 页。

② 参见［古希腊］亚里士多德：《大伦理学》，苗力田主编：《亚里士多德全集》第八卷，中国人民大学出版社 1992 年版，第 317—318 页。

③ 同上书，第 320 页。

④ 参见［古希腊］亚里士多德：《尼各马科伦理学》，苗力田主编：《亚里士多德全集》第八卷，中国人民大学出版社 1992 年版，第 21 页。

般而言，我们可以顺理成章地主张，每一事物的最佳境况取决于它获致那些我们相对于它们而称境况的性质的良好程度。"① 灵魂的善就是德性，德性的现实活动就是幸福，因而灵魂的善越多一个人越幸福。至于外在的善多少才较为合适，亚里士多德同意梭伦的看法，中等的外部条件。他说："梭伦对幸福作过一番很好的描述。他认为，幸福就是具有中等的外部供应，而做着高尚的事情，过着节俭的生活。只要有一个中等的财产，人们就可以做他所应该做的事情了。"②

幸福不仅需要适度的外在善，而且不是转瞬即逝的，而应该是终其一生的。"一个完全合乎德性而现实活动着，并拥有充分的外在善的人，难道不能称之为幸福吗？还必须加上，他不是短时间的，而注定终生如此生活，直到末日的来到。"③

在《政治学》中，他谈到虽然幸福需要外在善，灵魂以外的善需要机遇，但强调德性本身则不需要任何外在善和机遇。"神虽然有幸福或至福，却丝毫不凭借外在诸善，而是凭借自身及某种本性。这正是由此而来的幸福必然异于幸运的地方，因为灵魂以外的诸善的契因是自发的和偶然的机会，而公正和节制则完全不出于机会或凭借机会。"④ 所以，德性不仅不需要借助外在的善，相反外在的善要借助德性，否则一个人就不会有幸福。"德性的获致和保持无须借助于外在诸善，而是后者借助于前者；而且，幸福的生活无论是在快乐之中或在人的德性之中，还是在二者之中，都属于那些在品行和思想方面修养有素却只适中地享有外在诸善的人，远甚于属于那些拥有外在诸善超过需用，在德性方面却不及的人。"⑤

（三）完善幸福与思辨活动

亚里士多德将人的灵魂划分为理性的部分和非理性的部分，而在非理性的部分中有一部分是分有理性的。"根据习惯的划分理性又分为两个部分，

---

① ［古希腊］亚里士多德：《政治学》，苗力田主编：《亚里士多德全集》第九卷，中国人民大学出版社 1994 年版，第 231 页。

② ［古希腊］亚里士多德：《尼各马科伦理学》，苗力田主编：《亚里士多德全集》第八卷，中国人民大学出版社 1992 年版，第 231 页。

③ 同上书，第 22 页。

④ ［古希腊］亚里士多德：《政治学》，苗力田主编：《亚里士多德全集》第九卷，中国人民大学出版社 1994 年版，第 232 页。

⑤ 同上书，第 231 页。

一是实践理性，一是思辨理性。"① 对于亚里士多德来说，灵魂理性部分的理性就是思辨理性，而灵魂分有理性的部分的理性是实践理性。与理性部分相应的善是理智的德性，而与分有理性的非理性部分相应的德性是道德的德性。如果说幸福就是合乎德性的现实活动，那么就有两种幸福：一种是与道德德性相应的幸福，另一种是与理智德性相应的幸福。道德德性的现实活动是实践的活动，作为实践活动的德性现实活动是不完善的幸福；理智德性的现实活动是思辨的活动，作为思辨活动的德性现实活动则是高尚的、神圣的，因而是完善的幸福。他说："如若幸福就是合乎德性的现实活动，那么，就很有理由说它是合乎最高善的，也就是人们最高贵部分的德性。不管这东西是理智还是别的什么，它自然地是主宰者和领导者，怀抱着高尚和神圣，或它自身就是神圣的，或是我们各部分中最神圣的。可以说合于本己德性的现实活动就是完满的幸福了。像所说的那样，这就是思辨活动。"②

那么为什么思辨活动是完善的幸福呢？亚里士多德提出了多种理由，这些理由也可以说是思辨活动和完善幸福的一些特征。第一，思辨活动最高贵。因为理智在我们的灵魂内是最高贵的，而理智的对象在整个认识领域内又是最高贵的东西。第二，思辨活动最持久。因为我们的思辨比任何行为都更能持续不断。第三，思辨活动最令人享受，给人带来极乐。幸福应伴随着快乐，而德性活动的最大快乐也就是合于智慧的活动。第四，思辨活动是自足的。我们所说的自足，最主要在于思辨活动。智慧的人和公正的人一样，都需要生活必需品，但在这些东西得到充分满足之后，公正的人还需有他人，只有在他们的协同和参与下，才能作出公正的事情。节制的人和勇敢的人以及其他的人也都一样。智慧的人则相反，"只有智慧的人靠他自己就能够进行思辨，而且越是这样他的智慧就越高。"③ 第五，思辨是唯一因其自身而被喜爱的活动。因为除了理智的直觉之外，人们对它没有任何别的期望，而我们对实践活动还或多或少地指望有活动之外的收获。第六，思辨是悠闲的活动。幸福存在于闲暇之中，但各种实践的德性所表现的现实活动几乎是不可能有闲暇的，只有在思辨活动中，才有人所能有的闲暇。如果在漫长的

---

① 〔古希腊〕亚里士多德：《政治学》，苗力田主编：《亚里士多德全集》第九卷，中国人民大学出版社 1994 年版，第 260 页。

② 〔古希腊〕亚里士多德：《尼各马科伦理学》，苗力田主编：《亚里士多德全集》第八卷，中国人民大学出版社 1992 年版，第 21 页。

③ 同上书，第 227 页。

人生旅程中都持续地从事这种活动，这就是人完满的幸福。①

思辨活动的这些特征表明，完善的幸福生活要高于人之为人所达到的生活。如果人只是停留在人的阶段，还不可能达到这样的生活。只有当人内心具有某种神性的东西时，才能获得完善的幸福。但是，神性的东西本身与由肉体和灵魂组成的人性存在者之间的区别十分巨大，因而从这种神性东西出发的活动与通常能有合乎德性的行为之间的差异也尤其显著。如果理智与人性的东西相比是某种神性的东西，那么"合于理智的生活则相对于人的生活来说就是神的生活"②。亚里士多德劝告人们不要相信这样的话：作为人就要想人的事情，作为有死的东西就想有死的事情。他要求人们要竭尽全力去争取合乎自身中最高贵部分的事情，使我们所做的一切成为不朽。我们自身中最高贵的部分是本己的东西，也是对于人最好的和最富于享受的东西，它虽然体积小，但能量巨大，其尊荣远超过一切。这种对于人最好的和最富于享受的东西就是合乎理智的生活。如果人按照理智生活，理智的生命就是最高的幸福。③

在讨论了理智活动和完满幸福的本性和特征之后，亚里士多德专门阐述了理智活动、完满幸福与其他德性现实活动和其他幸福的关系。他将与思辨活动以外的合乎德性的活动看作是第二位的幸福生活，而将思辨活动看作是至福。亚里士多德从三个方面对这种关系进行了论证。

首先，理智生活的幸福更少需要外在善。在亚里士多德看来，合乎其他德性的活动虽然是人的现实活动，但却是第二位的，而思辨活动是第一位的。例如，公正、勇敢和其他德性是我们在社会交往中、在困境中、在各类行为和情感中通过我为人人、人人为我的方式作出的，它们明显地都是与人的事情相关的，有许多方面都受情绪的影响。实践智慧也如此。道德德性和实践智慧都同肉体和灵魂构成的整体有关，其德性都是人的德性。合乎这些德性的生活是人的生活，与之相应的幸福也就是人的幸福。按照理智生活的幸福则是与之有别的幸福。这种生活和与之相应的幸福只需要少量的外在善。与之相比，合乎道德德性的生活需要更多的外在善，它为了行动，需要

---

① 参见［古希腊］亚里士多德：《尼各马科伦理学》，苗力田主编：《亚里士多德全集》第八卷，中国人民大学出版社 1992 年版，第 226—228 页。

② 同上书，第 228 页。

③ 参见上书。

许多事物，德性行为越高尚、越伟大，所需要东西就越多。[①]

其次，神因为思辨活动而享受至福。大家都相信，神过着至福的生活，是最为极乐的存在者。那么他们为什么会如此呢？是不是因为他们的道德德性行为？不是。说神公正、勇敢、节制，那简直荒谬可笑。亚里士多德认为，神不涉及人的道德德性的所有行为，只有思辨活动归属于他们。"最高的至福有别于其他的活动，是神的活动，也许只能是思辨活动了。人的与此同类的活动也是最大的幸福。"[②]

最后，思辨活动是其他动物所不具有的。众所周知，动物是不分有幸福的。动物之所以不分有幸福，是因为它们全都缺乏思辨活动。神只有思辨活动，因而神的生活全都是至福，人则根据自己思辨生活的多少享有相应的幸福，至于其他动物，则因它们完全不具有思辨活动而不享有任何幸福。亚里士多德由此断定："凡是思辨所及之处就有幸福，哪些人的思辨越多，他们所享有的幸福也就越大，不是出于偶然而是合乎思辨，因为思辨就其自身就是荣耀。所以，幸福当然是一种思辨。"[③]

需要注意的是，在亚里士多德那里，思辨活动是理智的活动，理智与理性则常常不加区别地使用，智慧则是理智的德性之一，但有时又与理智混用。

（四）快乐及其与幸福、德性的关系

在亚里士多德的著作中，大量地谈到快乐问题，在《尼各马科伦理学》第十卷还专门讨论了快乐问题。

亚里士多德首先肯定，一切有理性生物和无理性生物都追求快乐，趋乐避苦是人的本性。在《优台谟伦理学》中，他提出有三种导向幸福的东西，这就是德性、实践智慧和快乐，人们因为对这三者选择而形成了三种不同的生活方式。[④] 在《尼各马科伦理学》中，他谈到高尚、便利、快乐这三种东西是使人去选取的东西，而卑鄙、有害、痛苦则是使人去躲避的东西。快乐

---

① 参见［古希腊］亚里士多德：《尼各马科伦理学》，苗力田主编：《亚里士多德全集》第八卷，中国人民大学出版社 1992 年版，第 228—229 页。

② 同上书，第 230 页。

③ ［古希腊］亚里士多德：《尼各马科伦理学》，苗力田主编：《亚里士多德全集》第八卷，中国人民大学出版社 1992 年版，第 230 页。

④ 参见［古希腊］亚里士多德：《优台谟伦理学》，苗力田主编：《亚里士多德全集》第八卷，中国人民大学出版社 1992 年版，第 345 页。

是与我们所选取的一切对象相伴随的，善和有益的东西也表现为能带来快乐的东西。^① 但是在快乐的问题上存在着尖锐对立的意见。有些人认为快乐就是善，而有些人则认为它完全是恶。在认为快乐是恶的人中，有的人真的相信快乐就是恶，有的人则认为即使快乐不是恶，把它算作某种恶的东西对于我们的生活也许更有益。大多数人都倾向于快乐，成为了快乐的奴隶，所以应当矫枉过正，以求达到中道。亚里士多德在对这两种极端的观点进行了详细的分析之后总结说："如此看来似乎能够证明，快乐并不是善，并非全部快乐都是可选择的，但显然有些快乐，由于它们的种类不同和来源不同，是可以就其自身而选择的。"^②。

亚里士多德不是从肉体享受的角度而是从与幸福和德性关系的角度讨论快乐的。在一些场合，他将快乐看作是一种生活方式。这种生活方式分为政治的生活方式和德性的生活方式。他对以享受为满足的快乐生活方式是持否定态度的，但并不完全否认快乐，相反肯定快乐对于德性、幸福乃至人生的意义。他说："它看来和我们人类的天赋最相投合。所以，人们把奖赏和惩罚，快乐和痛苦当作教育青年的手段。同时，应该喜欢什么，应该憎恨什么，对善良风俗的养成也是极其巨大的因素。它们贯穿于整个生命之中，对德性和幸福生活发生影响和作用。因为人们选择快乐，避免痛苦。"^③ 他在《优台谟伦理学》中也明确指出："与肉体和享受相关的那种快乐是什么，有什么性质，由于什么而产生，是很清楚的，所以我们没有必要去探寻它们的本性。我们应该探寻的是，它们是否与幸福相关联，又如何关联，而且如果高尚的生活必应有某种快乐相伴随，那么，是否由这些来伴随，或者，某些其他方式是否必然与这些共同；但是，这样的快乐是不同的——由于他们，人们才有理由认为幸福的人生活得愉悦，而不仅仅是无痛苦。"^④

那么，究竟什么是快乐呢？亚里士多德从与德性和幸福关联的角度进行了阐述。

首先，快乐是完成了的整体性的活动。快乐是一个整体，它不是在任何瞬间感到的，而是需要时间的延长才能完成的。正因为如此，它也不是运

① 参见［古希腊］亚里士多德：《尼各马科伦理学》，苗力田主编：《亚里士多德全集》第八卷，中国人民大学出版社1992年版，第31页。
② 参见上书，第218页。
③ 同上书，第213页。
④ ［古希腊］亚里士多德：《优台谟伦理学》，苗力田主编：《亚里士多德全集》第八卷，中国人民大学出版社1992年版，第347页。

动。因为每一种运动都是在时间中完成的，都有目标，只有达到了目标，它的实现活动才完成。而且在种类上，整体的运动与局部的运动也是不同的，整体的运动是由局部的运动生成的。与之相反，快乐任何时候都是完成了的，而且是整体性的。

其次，"快乐使实现活动变得完美。"① 每种感觉实现活动都与感官的对象有关。如果感官本身处于良好状态，它的对象也是它能感觉到的最美好的东西，那么感官所产生的感觉就是完美的、快乐的。每一种感觉都有其快乐，每一种思辨的或静观的活动同样有其快乐。在所有实现活动中，最好的实现活动就是感官处于最佳状态而又指向它最美好的对象的实现活动。这种实现活动也就是最完美的，也是最快乐的。在这里有两个方面，一个是被感觉的东西（承受者），一个是能感觉的东西（动作者），只要具备了这两者，快乐也就出现了。正是在这种意义上，快乐使现实活动变得完美。快乐之所以具有这种作用并不是因为它是一种寓于实现活动中的品质，而是使实现活动实现的东西。在健康与医生的关系中，健康是目的因，医生是作用因。像这种关系一样，快乐与感觉能力和感觉对象的关系就是这种目的因与作用因的关系。只要有被思想的东西、被感觉的东西，同时有思想和感觉的主体有思辨力和感觉力，实现活动中就将有快乐存在，快乐也就会推动活动实现。由于快乐是伴随现实活动的，而人的现实活动不可能持续不断，因而快乐也不能连绵不已。

由于快乐能使实现活动变得完美，而幸福就在于实现活动，所以亚里士多德从这种意义上充分肯定快乐的意义。他说："快乐使活动变得完美，所以，它通过使生活变得完美而使人们去追求它。人们有充分理由去追求快乐，因为它把生活变得完美，使它成为对每个人都乐于选择的事情。"② 这里存在着一个人们是为了快乐而选择生活，还是为了生活去选择快乐的问题。对于这个疑惑，亚里士多德认为两者是紧密相连的，不能将它们分开。因为没有实现活动快乐就不能生成，但只有快乐才使一切实现活动变得完美。

最后，快乐有各种不同的类型。亚里士多德认为，种类上不同的东西，使之完美的方式也是不同的。无论是自然产物还是人工产品都是如此。同

---

① ［古希腊］亚里士多德：《尼各马科伦理学》，苗力田主编：《亚里士多德全集》第八卷，中国人民大学出版社 1992 年版，第 220 页。

② 同上书，第 221 页。

样，不同种类的活动也必须以不同种类的快乐来使之完美。思辨活动区别于感觉活动，具体的思辨活动和具体的感觉活动又各不相同，所以使它们得以完美的快乐也必定不同。正因为如此，每一种快乐与它使之完善的实现活动亲如手足，活动因与之相应的快乐而得到升华。当活动伴随着快乐时，我们对每个具体的东西都判断得更正确，把握得更精准。但是，只有那种在活动中本然形成的本己快乐才能使实现活动得以增强、持久和完美，而那种不是在活动中本然形成的异己快乐则妨害它的进行。

活动因追求善恶而区别为可欲的、要避免的和中立的，每一种活动所固有的快乐也可相应地划分为德性的和恶性的。属于德行的快乐是德性的，属于恶行的快乐是恶性的。追求高尚的欲望是可欲的，追求卑鄙的欲望是可耻的。不过，伴随着快乐的实现活动比欲望更加本己，因为欲望在时间上、本性上都是与活动分离的，快乐则是与活动相关联的。实现活动在多大程度上不同，快乐的种类也就在多大程度上不同，与此相应，快乐在纯净性上也是不同的。思辨的快乐比所有其他快乐都更纯净，而思辨快乐之间也有纯净性上的区别。

每一种生物似乎都有自己的快乐，马、狗、人都有自己的快乐，但相互之间是不同的。快乐的种类因物种不同而区别，种类相同快乐也相同。不过，在人这里，快乐存在着不小的差别。一些人对这些事物感到快乐，对那些事物感到痛苦，另一些人则相反。更重要的是，人的快乐有高尚和卑下的区别。"快乐的种类不同，来自高尚的快乐有别于来自卑下的快乐。"① 例如，一个人不公正，就不能享受公正的快乐，正如不懂音乐的人就不能享受音乐的快乐一样。那么，区别快乐高尚和卑下的标准是什么呢？这种标准就是爱美好事物，爱美好事物就是永远合乎德性行动。由合乎德性的行为产生的快乐才是本性上的快乐。这种快乐不是生活的附加物，而是合乎德性自身的快乐，这种快乐也就是幸福。

对此，亚里士多德作了如下的论证："快乐是灵魂的快乐，一个人总是对自己喜爱的事物感到快乐。马使爱马的人感到快乐。戏剧使观剧的人快乐，同样公正使爱公正的人快乐。总的说来，合乎德性的行为，使爱德性的人快乐。许多快乐是相互冲突的，那是因为它们不是在本性上快乐。只有那些对爱美好事物的人来说的快乐，才是在本性上的快乐。这就是永远合乎德

① ［古希腊］亚里士多德:《尼各马科伦理学》，苗力田主编:《亚里士多德全集》第八卷，中国人民大学出版社 1992 年版，第 217 页。

性的行为。所以对这些人来说，它们就是自身的快乐。生活并不把快乐当作附加物，像件装饰品那样，生活在其自身中就具有快乐。不崇尚美好行为的人，不能称为善良，不喜欢公正行为的人，不能称为公正，不进行自由活动的人，不能称为自由，其他方面亦复如此。这样说来，合乎德性的行为，就是自身的快乐。并且它也是善良和美好，倘若一个明智的人，如我们所说那样，对于这些问题都能作出正确的判断，他就是个最美好、最善良的人了。最美好、最善良、最快乐也就是幸福……所有这一切都属于最高善的现实活动，我们就把它们，或其中最好的一个称为幸福。"①

其后，他又阐述说："总体上的善就是总体上的快乐，它们是最为可爱的东西。"②"快乐是伴随着现实活动而来的。完美和幸福之人有一种，或是多种活动，使这些活动成为完美的那些快乐，就可以说是人的主要快乐，其他都是次要的、个别的，正如活动一样。"③

到此为止，亚里士多德从快乐与幸福和德性关联的角度阐明了快乐是什么、它具有什么性质的问题。除此之外，他还对快乐与幸福和德性的关系作了不少直接的阐述。他说："既然我们论证的是幸福，而且，我们也定义和说明了，幸福乃是在完满生活中德性的实现，而德性与快乐和痛苦相关，那么，我们就必然应说明快乐，既然幸福不会无快乐。"④又说："所以很清楚，伦理上的德性与愉快和痛苦相关。"⑤"我们不但承认了快乐和痛苦与伦理德性的关系，而且大多数人认为幸福就包含着快乐，这就是为什么人们把至福从享乐这个词引申出来。"⑥"幸福才是一切之中最美的，最善的，也是最快乐的。"⑦亚里士多德的中心意思是要说明，德性与快乐和痛苦相关，幸福不是无快乐，幸福和德性都包含着快乐，而且幸福是真正的快乐、最大的快

---

① ［古希腊］亚里士多德：《尼各马科伦理学》，苗力田主编：《亚里士多德全集》第八卷，中国人民大学出版社 1992 年版，第 16—17 页。

② 同上书，第 170 页。

③ 同上书，第 224 页。

④ ［古希腊］亚里士多德：《大伦理学》，苗力田主编：《亚里士多德全集》第八卷，中国人民大学出版社 1992 年版，第 310 页。

⑤ ［古希腊］亚里士多德：《优台谟伦理学》，苗力田主编：《亚里士多德全集》第八卷，中国人民大学出版社 1992 年版，第 360 页。

⑥ ［古希腊］亚里士多德：《尼各马科伦理学》，苗力田主编：《亚里士多德全集》第八卷，中国人民大学出版社 1992 年版，第 224 页。

⑦ ［古希腊］亚里士多德：《优台谟伦理学》，苗力田主编：《亚里士多德全集》第八卷，中国人民大学出版社 1992 年版，第 341 页。

乐。他强调德性、幸福与快乐的相关性，是要人们注意快乐和痛苦对德性和幸福生活具有重要影响。他说，"一般说来，如无痛苦和快乐，我们不可能获得德性或恶习。所以，德性与快乐和痛苦相关。"[①]又说，"我们可以说，德性以关于快乐和痛苦而存在，由快乐和痛苦而生成和增长，相反则毁灭。同时现实活动也由它们生成，是关于它们的现实活动。"[②]正因为如此，他提出德性和政治要以处理快乐和痛苦为己任。"由此可见，不论是德性，还是政治都以处理快乐和痛苦为己任。对这些事情处理得好的，就是善良的人，处理得不好，就是邪恶的人。"[③]

三、对德性的自然主义阐释

亚里士多德从人的功能特别是人的理性功能来理解德性，因而被认为是自然主义的。他根据人的理性在灵魂中的不同功能即思辨功能和实践功能将德性划分为理智德性和道德德性，并着重研究了道德德性问题，提出并阐释了著名的"中道"原则。他还对道德德性与自愿、选择及行为的关系进行了专门的探讨。

（一）灵魂的结构与德性的划分

既然幸福是一种完全合乎德性的现实活动，那么就要对德性展开研讨。亚里士多德认为，这种研讨不仅有助于我们对幸福的思考，而且有助于治国安邦，因而国家统治者更应重视此项研究。[④]他对德性的研究是从对人的灵魂的研究开始的。他首先肯定，"德性并不是肉体的德性，而是灵魂的德性。而我们所说的幸福就是灵魂的现实活动。"[⑤]。然后他根据对灵魂的结构的分析提出德性划分为理智德性和道德德性，并由此展开道德德性研究。值得指出的是，亚里士多德虽然讨论了理智德性和道德德性两种不同类型的德性，

---

① ［古希腊］亚里士多德:《大伦理学》，苗力田主编:《亚里士多德全集》第八卷，中国人民大学出版社 1992 年版，第 253—254 页。

② ［古希腊］亚里士多德:《尼各马科伦理学》，苗力田主编:《亚里士多德全集》第八卷，中国人民大学出版社 1992 年版，第 32 页。

③ 同上书，第 31—32 页。

④ 参见［古希腊］亚里士多德:《尼各马科伦理学》，苗力田主编:《亚里士多德全集》第八卷，中国人民大学出版社 1992 年版，第 24 页。

⑤ 同上。

但他并没有提出一个涵盖这两种德性的统一概念，似乎也没有对一般意义的德性进行专门讨论。

当时的希腊关于灵魂有很多流行的说法，亚里士多德赞同将灵魂划分为非理性部分和理性部分的说法，并对这种说法进行了阐述。[①]"灵魂分为两个部分，一部分就其自身具备理性，另一部分虽则就自身而言不具备，但有能力听从理性。"[②]非理性的部分又被亚里士多德划分为两个部分：一是一切生物和植物所共有的，它是营养和生长的原因，它作为一种潜能，包含在一切有营养活动的东西的灵魂中，也包含在胚胎之中。这一部分与理性完全无关。二是虽然是非理性的，但在某种程度上也分有理性。我们从有自制能力的人和无自制能力的人那里可以看到这种情形，即有某种反理性的东西与理性对立着、搏斗着。灵魂的这个部分看来还是分有理性的，至少在自制的人那里，它是受理性约束的，而那些明慎、勇敢的人更是完全受理性控制的。他说："非理性的部分是双重的，一部分是植物的，与理性绝不相干。另一部分是欲望，总的说是意向的部分，在一定程度上分有理性。"[③]亚里士多德又根据当时流行的观点将理性本身划分为思辨理性和实践理性两个方面。"根据习惯的划分理性又分为两个部分，一是实践理性，一是思辨理性。"[④]思辨理性的活动就是理智的活动，即纯思辨活动，而实践理性就是人们受理性控制的实践活动。

根据灵魂两部分的划分，亚里士多德将德性也相应地划分为两种不同类型，即与理智活动相应的理智德性和与实践活动相应的道德德性。"德性也要按照灵魂的区别来加以规定。我们指出，其中的一大类是理智上的德性，另一大类是伦理上的德性。"[⑤]在《尼各马科伦理学》第二卷一开头，亚里士多德就明确提出："德性分为两大类：一类是理智的，一类是伦理的。"[⑥]在

---

① 参见［古希腊］亚里士多德:《尼各马科伦理学》，苗力田主编:《亚里士多德全集》第八卷，中国人民大学出版社 1992 年版，第 24—26 页。

② ［古希腊］亚里士多德:《政治学》，苗力田主编:《亚里士多德全集》第九卷，中国人民大学出版社 1994 年版，第 259 页。

③ ［古希腊］亚里士多德:《尼各马科伦理学》，苗力田主编:《亚里士多德全集》第八卷，中国人民大学出版社 1992 年版，第 26 页。

④ ［古希腊］亚里士多德:《政治学》，苗力田主编:《亚里士多德全集》第九卷，中国人民大学出版社 1994 年版，第 260 页。

⑤ ［古希腊］亚里士多德:《尼各马科伦理学》，苗力田主编:《亚里士多德全集》第八卷，中国人民大学出版社 1992 年版，第 26 页。

⑥ 同上书，第 27 页。

《政治学》《大伦理学》《优台谟伦理学》等著作中也坚持这种划分。①

关于这两类德性，亚里士多德没有作出明确的界定，他主要是从它们的形成的角度进行了区分。理智的德性是通过教育形成的，它是培养的结果。要获得这种德性，需要人的经验，而且需要较长的时间。"理智德性大多由教导而生成、培养起来的，所以需要经验和时间。"②道德的德性则不同，它不是自然形成的，不是本性天然具有的，但是它的形成又离不开人的本性。"伦理德性则是由风俗习惯沿袭而来，因此把'习惯'（ethos）一词的拼写方法略加改动，就有了'伦理'（ethike）这个名称。由此可见，对于我们，没有一种伦理德性是自然生成的。……所以，我们的德性既非出于本性而生成，也非反乎本性而生成，而是自然地接受了它们，通过习惯而达到完满。"③"并且，我们自然地接受了这份礼物，先以潜能的形式把它随身携带，然后以现实活动的方式把它展示出来。"④按照亚里士多德的观点，道德德性实质上是人灵魂的理性部分控制人的欲望、情感等人灵魂的非理性部分的结果。但是，道德德性不是一次现实活动形成的，而是反复的相同的现实活动使之形成习惯而形成的。从这种意义上看，道德德性也是一种习惯。

关于理智德性和道德德性包括那些方面或德目，亚里士多德并没有一个确切的德目表。他自己明确地说到，智慧、谅解、实践智慧是理智德性，而慷慨和谦恭是道德德性："智慧和谅解以及明智都是理智德性。而慷慨与谦恭则是伦理德性。在谈到道德德性时，我们不说一个人是智慧的或富于谅解精神，而是说他温良、谦恭。一个有智慧的人，由于他的品质而被称赞。我们说被称赞的品质或可贵的品质就是德性。"⑤在《大伦理学》还谈到其他一些德目："灵魂被分为两个部分，即有理性的和无理性的部分。在有理性的部分中，又存在着实践智慧、机敏、智慧、悟性、记忆，以及诸如此类的东西；在无理性的部分中，则有被称为德性的那些品质，如节制、公正、勇

---

① 参见［古希腊］亚里士多德：《政治学》，苗力田主编：《亚里士多德全集》第九卷，中国人民大学出版社1994年版，第259页；［古希腊］亚里士多德：《大伦理学》，《优台谟伦理学》，苗力田主编：《亚里士多德全集》第八卷，中国人民大学出版社1992年版，第252、364页。

② ［古希腊］亚里士多德：《尼各马科伦理学》，苗力田主编：《亚里士多德全集》第八卷，中国人民大学出版社1992年版，第27页。

③ ［古希腊］亚里士多德：《尼各马科伦理学》，苗力田主编：《亚里士多德全集》第八卷，中国人民大学出版社1992年版，第27页。

④ 同上。

⑤ 同上书，第26页。

敢，以及一切其他被认为值得称赞的道德性质。"① 总的看来，亚里士多德关于理智德性和道德德性的划分不是十分明确和一贯的。关于道德德性，他讨论过的主要有勇敢、节制、慷慨、公正等，应该说，这些道德德性是他明确认定的；但是，关于理智德性，他没有明确认定，有不少学者将他提出的"灵魂通过肯定和否定而取得真理的方式"②（即技术、科学、智慧、实践智慧、理智）看作是他认定的五种理智德性③，但理由并不十分充分。

亚里士多德虽然在他的伦理学著作中谈到理智德性与道德德性、智慧与实践智慧、第一幸福（至福）与第二幸福的划分，但他关注的中心问题是道德德性、实践智慧和第二幸福及其相互关系，而其中重中之重的问题是道德德性问题。关于理智德性、智慧和至福的问题都是服从于和服务于道德德性、实践智慧和第二幸福问题的。从这种意义上说他的伦理学是关于道德德性的伦理学，而道德德性、实践智慧和第二幸福是其中的主要范畴。至于亚里士多德之所以重视这些问题的原因，我们在前面（3.1.2、3.1.3）已经作了阐述，最终目的还是要解决我们应该怎样行动的问题，从而为城邦幸福的实现服务。

（二）人的功能与道德德性

亚里士多德首先断定道德德性（以下将"道德德性"简称为"德性"，而谈到理智德性时，我们使用"理智德性"表达）是品质。他认为德性是灵魂的德性，而灵魂中只有三种现象，即感受、潜能和品质，那么德性就必定属于这三者之中的一种。所谓感受，指的是欲望、愤怒、恐惧、自信，等等，它们都与快乐和痛苦相伴随。潜能是指那些我们由之而能感受的东西，如那些能使我们感到愤怒、悲伤或怜悯的东西。品质则是在我们面对非理性的情感冲动时借助于它能使我们正当或不正当地加以对待的东西。以激怒为例，如果过于激烈或过于平淡都是不正当的，而如果适中那就是正当的。感受不存在德性恶性问题，因为对感受我们并不说高尚和卑下，而且也不进行道德上的谴责或赞扬。而且，像愤怒和恐惧之类的感受是不可选择的，我们

---

① ［古希腊］亚里士多德：《大伦理学》，苗力田主编：《亚里士多德全集》第八卷，中国人民大学出版社 1992 年版，第 252 页。

② ［古希腊］亚里士多德：《尼各马科伦理学》，苗力田主编：《亚里士多德全集》第八卷，中国人民大学出版社 1992 年版，第 122—123 页。

③ 例如，余纪元先生就持这种看法，参见余纪元：《亚里士多德伦理学》，中国人民大学出版社 2011 年版，第 101 页。

对感受是被动的，而德性是某种选择，至少离不开选择，因而我们对德性是主动的。由于这些理由，德性也不是潜能，因为我们不是仅仅由于具有感受潜能而被称作好人或恶人，也不是由于这种潜能而受赞扬或谴责。此外，潜能是自然禀赋，我们不能说它是善的或恶的。

德性是品质，但仅界定德性是品质还不够，还必须说明德性是怎样的品质。亚里士多德认为，一般而言，德性品质是那种使某物状况良好，并使其具有良好功能的品质。用他自己的表达就是："应该这样说，一切德性，只是某物以它为德性，就不但要使这东西状况良好，并且要给予它优秀的功能。"① 他以眼睛、马为例加以说明。什么是眼睛的德性？眼睛的德性就是使眼睛明亮，并且使它功能良好，如敏锐。马的德性使马成为一匹良马，它善于奔跑，驮着它的骑手勇敢地冲向敌人。根据这一原则，亚里士多德对人的品质也作出了相应的界定。"如果所有事物的德性都是如此，那么人的德性也必定就是这样的品质了，通过它一个人变成一个优秀能干的人，又能把人所固有的功能实现到完善。"② 在亚里士多德看来，把人的固有功能实现到完善，才能使一个人变成优秀能干的人。把人固有的功能实现到完善，这是亚里士多德德性概念的实质含义，而人固有的功能就是人的自然功能，正因为如此，亚里士多德的德性论被看作是自然主义的。

那么，人固有的功能是什么呢？在亚里士多德看来，人有很多功能。例如，人有生命，生命显然是人的功能；人也有营养、感觉的功能。现在的关键是要找到人所特有的功能。亚里士多德认为，人的生命功能不是人特有的，因为植物也有；人有营养功能，但这是一切动物所共有的；人所具有的感觉功能一切动物也同样有。因此，要寻找人所特有的功能，就要将这些功能置于一旁。人的眼睛等感官、四肢也各有自己的功能。但是，"我们所说的德性并不是肉体的德性，而是灵魂的德性"③，我们要考虑的就是灵魂的功能。如果不考虑以上这些功能，剩下来的就只有人的理性这种功能了。人是理性的动物。理性是人特有的灵魂功能，理性将人与动物以及其他事物区别

---

① ［古希腊］亚里士多德：《尼各马科伦理学》，苗力田主编：《亚里士多德全集》第八卷，中国人民大学出版社 1992 年版，第 34 页。

② ［古希腊］亚里士多德：《尼各马可伦理学》，邓安庆译本，人民出版社 2010 年版，第 86—87 页；参见苗力田主编：《亚里士多德全集》第八卷，中国人民大学出版社 1992 年版，第 34 页。

③ ［古希腊］亚里士多德：《尼各马科伦理学》，苗力田主编：《亚里士多德全集》第八卷，中国人民大学出版社 1992 年版，第 24 页。

开来。"人的功能就是灵魂根据理性的现实活动,至少不能离开理性"①。

亚里士多德认为,人的德性就是使理性功能得到完善或充分实现。那么,理性功能怎样才能达到完善呢?亚里士多德认为,要回答这个问题需要了解德性的本性是什么。在他看来,我们从事伦理学研究是要探讨行动或应该怎样去行动,而这个问题的出发点就是合乎正确理性而行动。理性功能得到完善实现,从实践的角度看就是要合乎正确理性而行动。关于什么理性是正确的,以及它与其他德性关系怎样,他没有直接回答。但是,他提出了道德方面存在的问题都是过度和不及导致的,"伦理德性会被不及和过度所败坏"②,而只有适度或中道才产生德性。例如,过多的饮食和过少的饮食都会损害健康,而唯有适度才能保持和增进健康。节制、勇敢以及其他德性都是如此。"这足以表明,节制和勇敢是被过度和不及所破坏,而为中道所保存。"③由此看来,中道就是德性的本性之所在。既然德性是理性功能的实现,而德性的本性在于中道,那么中道也就是理性功能在现实活动中的实现。这样实现的理性(即中道)就是正确的理性。当人的一切行为以及一切感受(因为德性与行为和感受有关)都遵循中道原则,理性的功能就达到了完善。

(三)中庸原则

亚里士多德非常推崇中庸原则,他不仅将它看作是德性的原则,看作是德性,甚至将中庸的生活等同于最优良的生活。他在《政治学》中明确说:"幸福的生活在于无忧无虑的德性,而德性又在于中庸,那么中庸的生活必然就是最优良的生活——人人都有可能达到这种中庸。"④这种观点是在《尼各马科伦理学》中阐述过的,他在这里进一步强调这种观点的正确性。

亚里士多德认为,在所有连续的和可分的事物中,都存在太多、太少和适中三种情形。其中适中是太多和过少的一种中间状态。这三种情形既可以

---

① [古希腊]亚里士多德:《尼各马科伦理学》,苗力田主编:《亚里士多德全集》第八卷,中国人民大学出版社1992年版,第14页。

② [古希腊]亚里士多德:《大伦理学》,苗力田主编:《亚里士多德全集》第八卷,中国人民大学出版社1992年版,第253页。

③ [古希腊]亚里士多德:《尼各马科伦理学》,苗力田主编:《亚里士多德全集》第八卷,中国人民大学出版社1992年版,第30页。

④ [古希腊]亚里士多德:《政治学》,苗力田主编:《亚里士多德全集》第九卷,中国人民大学出版社1994年版,第140页。

是就事物自身的关系而言的，也可以是相对于人类的。就事物而言的适中，是指与两个端点等距离的中间。例如，10 是多，2 是少，6 是中间，因为 6 减去 2 与 10 减去 6 是相同的。这是符合算术比例的中间，所以对于所有人来说都是相同的。但是，与人类相关的适中，则不能这样确定。例如，对于运动员而言吃 10 磅食物太多，吃 2 磅食物太少，教练必不会因此规定每一个运动员吃 6 磅。因为 6 磅落实到具体的人也许还是太多或太少。与人类相关的适中不是指像算术中数那样的绝对适中，而是指既不太多也不太少的相对适中。

正因为如此，一切有识之士都寻求和选择适中，当然这种适中不是事物的中间，而是相对于人类而言的中间。亚里士多德以工艺为例加以说明。如果一件工艺品是优美的，那么它必定是瞄准适度的，并以此作为衡量其成果的标准。人们对于优美的工艺品的评论，通常习惯于说增一分则过长，减一分则太短。可见，过度和不及都是对优美的破坏，只有适度才能保持其优美。亚里士多德认为，如果一位好工艺师以适度为标准加工，那么，比一切工艺都准确和良好的德性就更要关注适度。[①] 对于德性来说的适度，就是中庸之道。什么是中庸之道？"中庸之道，也就是过度和不及的居间者，由于它以正确的理性为依据，就存在某种准则。"[②] 这就是说，中庸之道是过度与不及之间的适中或中道，是正确的理性依据其准则作出选择的结果。

那么，为什么德性更要关注中道呢？亚里士多德认为，这是因为我们所说的道德德性是关于感受和行为的，而感受和行为在很多情况下存在着过度、不及和中间。就感受而言，在一些有痛苦和快乐的感受中，如在欲望、愤怒和怜悯中，存在着过度不及。同样，在行为中也同样存在着过度、不及和中间的情形。亚里士多德列举了不少例子。恐惧和鲁莽之间是勇敢。恐惧就是不及，鲁莽就是过度，而勇敢就是中道。一个人如果天不怕地不怕，就是鲁莽。一个人如果由于过度恐惧，就变得怯懦。在财富的接受和支付上，中道就是慷慨，过度就变成挥霍，不及又变成吝啬；而且还有其他的情形，如中道是大方，而过度就成为无度，不及又成了小气。在名誉问题上，过度就叫好名，不足就叫自谦，淡泊才叫中道。愤怒也有过度、不及和中道。可以把中道称为温和，过度叫盛怒，不及叫作无血性。在社交中，好客中道，

---

①　参见［古希腊］亚里士多德:《尼各马科伦理学》，苗力田主编:《亚里士多德全集》第八卷，中国人民大学出版社 1992 年版，第 35 页。

②　同上书，第 120 页。

而过度就变为了奉承，不及就是生硬。亚里士多德还列举了其他的感受和行为方面的一些过度、不足和中道的情形。他所列举的情形有些看起来似乎很勉强，但他是要说明人的感受和行为在许多情况下存在着过度、不足和中道的情形。不过，他并不认为所有的感受和行为都有中道的问题。因为有一些感受和行为本身就是罪过，谈不上什么过度和不及的问题。恶意、歹毒、无耻之类的情感，通奸、偷盗、杀人等行为，在任何时候都不会被认为是正当的，永远都是罪过，它们既不存在过度和不及的中间，也不存在中间的过度和不及。

对于感受和行为来说，在可能存在过度、不及和中道的情况下，过度、不及都是恶的，而只有中道是善的。感受中的过度和不及这两者都是不好的，相反，我们在恰当的时间，在合适的关系中，为了正确的目的，以应当的方式产生痛苦和快乐的感受，这就是中道和最好，而且这就是德性。行为的情形也一样。德性就是在感受和行为的领域内表现出来的。在这两个领域里，过度就是一种错误，不及也是一种错误，它们都要受到谴责，而中道是一种正确，并且会受到称赞。过度和不及的错误，在程度上有各种不同情况，因而这两种错误是多种多样的。与过度和不及不同，中道作为正确只有一个。正因为如此，发生过度和不及的错误很容易，而做到中道的正确则很困难，这正如打不中目标很容易而打中目标很困难一样。根据以上分析，亚里士多德得出了以下基本结论："过度和不及都属于恶，中庸才是德性。"①

过度、不及和中道三者之中的每一种都以某种方式和另外两种相反对。两个极端与中间相反对，而它们之间又相互反对，中间也和两个极端相反对。亚里士多德分别讨论了以下几种情形：其一，每一种都与另外两种相反对的。中间品质对于不及来说是过度，对于过度来说是不及。例如，一个勇敢的人对怯懦来说，是鲁莽的，而对鲁莽的人来说是怯懦。而且两个极端的每一个极端都把中间看作是另一个极端。在三者之间的对立中，两个极端之间的对立是最大的对立，因为两个极端之间比它们各自与中间之间的距离更远。其二，有些极端与中间很相似，如鲁莽与勇敢就是如此。其三，在有些情况下，不足与中间更加对立，如与勇敢相对立的常常不是作为过度的鲁莽，而是作为不足的怯懦。在另一些情况下，过度与中间更加对立，如与节制相对立的不是作为不足的感觉迟钝，而是作为过度的放纵。亚里士多德认

---

① ［古希腊］亚里士多德:《尼各马科伦理学》，苗力田主编:《亚里士多德全集》第八卷，中国人民大学出版社 1992 年版，第 36 页。

为，导致这两种情况的原因有二，一是事物自身的原因，因为在两个极端中，有一个极端相近于或相似于中间；二是事物自身的这种情况导致我们认为中间与那个距离远的极端更对立。①

在现实生活中，过度、不及和中道的感受和行为实际地发生着。如果将人类的各种现实的感受和行为进行分类，那么就存在着这三种不同的情形。在这三种情形中，无论是过度、不及还是中道的感受和行为本身并没有过度、不及和中道情形。过度和不及的感受和行为本身就是错误的，甚至就是罪过，而中道的感受和行为本身就是正确的，是德性。除此之外，还有一些感受和行为本身就是恶性的或者说就是罪恶，无所谓过度、不及和中道可言。所以，亚里士多德说："并非全部行为和感受都可能有个中间性。有些行为和感受的名称就是和罪过联系在一起的，例如，恶意、歹毒、无耻等，在行为方面如通奸、偷盗、杀人等，所有这一切，以及诸如此类的行为都是错误的，因为其本身就是罪过，谈不上什么过度和不及。它们任何时候都不会被认为是正当的，永远是罪过。……这正如节制和勇敢也不存在过度和不及，因为在这里中间也就是某种意义的极端。所以，前面那些行为就既不过度和不及，也无中间，只要这样做就是罪过。因为既不存在过度和不及的中间，也不存在中间的过度和不及。"②

既然现实的感受和行为要么是过度、不及或中道的，要么是罪恶的，它们本身无所谓过度、不及和中道的区分，那么，过度、不及和中道就只是就可能的感受和行为而言的。也就是说，当一个人要发生感受或行为的时候，除了罪恶之外，就会发生这三种情形的感受或行为。在亚里士多德看来，在一个人那里最后发生了哪一种情形的感受或行为，取决于这个人自己，取决于他的选择及其能力，其中理性起着关键的作用。如果我们将三种情形中的中道看作是德性，那么德性就是选择能力的品质，具有这种品质的人进行选择时就会在感受和行为的三种可能情形中选择中道。所以亚里士多德说："德性作为对于我们的中庸之道，它是一种具有选择能力的品质，它受到理性的规定，像一个有实践智慧的人那样提出要求。中庸在过度和不及之间，在两种恶事之间。在感受和行为中都有不及和超越应有的限度，德性则寻求和选取中间。所以，不论就实体而论，还是就是其所是的原理而论，德性就

① 参见［古希腊］亚里士多德：《尼各马科伦理学》，苗力田主编：《亚里士多德全集》第八卷，中国人民大学出版社 1992 年版，第 40 页。

② 同上书，第 36—37 页。

是中间性，中庸是最高的善和极端的善。"①

（四）道德德性与自愿、选择及行为

既然德性取决于我们自己，那么研究德性问题就要研究自愿与不自愿以及选择问题。因为这个问题对于德性来说"乃是最决定性的因素"②，而且"善和恶要靠它们来定义"③，并据此作出道德评价，"对于那些自愿的行为就赞扬和责备，对于那些非自愿的就宽恕，有时候甚至怜悯"④。

亚里士多德将行为划分为自愿的和非自愿的两类。非自愿行为的产生或者是由于强制，或者是由于无知。强制来自外部，行为者对此无能为力，因而是被动的。出于无知的行为也不是自愿的。一个人由于无知而做了某件事情，他不会对这种行为感到内疚或痛苦。与非自愿的行为不同，自愿的行为的动因在行为者自身中，他也知道行为具体情况，而且他的行为不是强制的。"我们大家都同意，每个人都是那些自觉的、依照选择而进行的行为的原因，但对于不自觉的行为，自身不是原因。依照选择而进行的一切，他都明白是自觉的。"⑤亚里士多德注意到，行为自愿与非自愿的情形是复杂的。有些行为是混合的，在行为过程中行为者做了选择。一些混合的行为有时要受到称赞，有时应该受到责备，而有时却是可原谅的。行为的目的是由时机决定的，只有在做的时候，才可以说行为是自愿的还是非自愿的。就无知的行为而言，有些无知的行为带有愧悔之意，而有些没有。亚里士多德不赞成将出于激情和欲望的行为看作是非自愿的。首先，因为这样，我们就不再能说其他动物以及儿童能够自愿地行动了。其次，我们不能说高贵的行为是自愿的，而卑劣的行为则不是，因为它们都是基于相同的原因而产生。再次，不自愿做的事是痛苦的，但出于欲望的行为是令人快乐的。最后，我们不能说由于考虑不周犯了错误是自愿的，而出于激情犯了错误是不自愿的。这两

---

① 同上书，第 36 页。参见［古希腊］亚里士多德：《优台谟伦理学》，苗力田主编：《亚里士多德全集》第八卷，中国人民大学出版社 1992 年版，第 365 页。

② ［古希腊］亚里士多德：《大伦理学》，苗力田主编：《亚里士多德全集》第八卷，中国人民大学出版社 1992 年版，第 260 页。

③ ［古希腊］亚里士多德：《优台谟伦理学》，苗力田主编：《亚里士多德全集》第八卷，中国人民大学出版社 1992 年版，第 369 页。

④ ［古希腊］亚里士多德：《尼各马科伦理学》，苗力田主编：《亚里士多德全集》第八卷，中国人民大学出版社 1992 年版，第 44 页。

⑤ ［古希腊］亚里士多德：《优台谟伦理学》，苗力田主编：《亚里士多德全集》第八卷，中国人民大学出版社 1992 年版，第 368 页。

者都是应该避免的。"非理性的感受也同样是人的感受，来自激情和欲望的行为，显然同样是人的行为，把它们看作非自愿则毫无道理。"①

自愿是选择的前提，只有自愿才谈得上选择。所以，亚里士多德在区别了自愿和非自愿之后，又研究了选择问题，并且认为选择是"德性所固有的最大特点，它比行为更能判断一个人的品格"②。

亚里士多德在选择与自愿、意图和意见之间作出了区别。首先，选择虽然是自愿的，但两者并不是一回事。自愿的含义更广一些。例如，儿童和其他动物有自愿活动，但不能选择。选择并不能为非理性的东西所共有。一个不能自制的人按欲望行动但不能选择，而一个自制的人则相反，他选择了克制欲望。欲望可以和选择相反，却不能与欲望相反；欲望的对象可以是快乐的，也可以是痛苦的，选择则既不是痛苦的，也不是快乐的。激情的情形更加不同，出于激情的行动与出于选择的行为相去甚远。其次，选择虽然与意图很近，但并不是意图。选择的对象不能是不可能的东西，而意图则可针对不可能的东西；意图的对象可以是不通过自己的行为而得到的东西，而选择的对象则只能是那些通过自己的活动可以发生的东西；意图更多的是相对目的而言的，而选择则总是我们力所能及的事情。最后，选择也不可能是意见。人们可以对一切发表意见，无论是我们力所能及的还是我们力不能及的或永恒的东西。意见只有真假对错，一般没有善恶；而选择有善恶，选择的善恶可以影响一个人的未来。意见涉及某物是什么或它对什么有利，不大过问去追求还是去回避；而选择涉及的是去追求某物还是回避它。我们选择那些我们知其为善的、应该的东西，并因而受到称赞。最善于选择的人并不是那些善于提意见的人，而有些善于提意见的人却由于邪恶选择了不应该的事情。

选择不是意图和意见，它是自愿的，但并非一切自愿行为都是选择的结果。那么，选择是什么呢？亚里士多德认为，选择包括推理和思索，它优先于他物而择取。关于选择，亚里士多德并没有谈多少具体内容，只是谈了谈考虑的对象和主体问题。他认为，人们不能考虑一切，如不去考虑永恒的、必然的、偶然的事物，所考虑的都是通过自己行为所能达到的事物。而且这些事物并非永远如此的，而是与我们相关的，如医疗上的、经商上的事

① ［古希腊］亚里士多德：《尼各马科伦理学》，苗力田主编：《亚里士多德全集》第八卷，中国人民大学出版社 1992 年版，第 48 页。

② 同上。

情。我们所考虑的并不是目的，而是那些达到目的的东西。考虑是在确定了目的之后去探索怎样达到目的。在多种手段可供选择的情况下，就要考虑寻找那种更容易、更有把握达到目的的手段。考虑就是对行为自身的考虑，而各种行为都是为了他物，所以考虑并不是目的，而是达到目的的手段。目的是与愿望相关，愿望是有目的的愿望。有的人所愿望的事物是真正善的，有的人所愿望的事物则看起来是善的。许多人被快乐引入歧途，他们看起来是善的，其实并非真正是。人们通常都把快乐当作善来选择，把痛苦当作恶来逃避。既然愿望是有目的的，而达到目的的手段则依靠考虑和选择，那么与此相关的行为就要合乎选择。各种德性的现实活动，也就是关于手段的活动。

选择是自愿的，因而我们是选择的主体，也是所选择行为的主体。对此亚里士多德作了非常明确的阐述："德性是对我们而言的德性，邪恶也是对我们而言的邪恶。我们力所能力的事，可以做也可以不做。在我们能够说不的地方，也能够说是。如若高尚的事情是由我们做成的，那么丑恶的事情就不由我们来做。如若我们不去做高尚的事情，那么，丑恶的事情就是由我们所做。如果我们有能力做高尚的事情和丑恶的事情，我们也有能力不去做。行为既可以是对善事的行为，也可以是对恶事的行为，那么，做一个善良之人还是邪恶之人，也是由我们自己决定的。"① 当时流行"无人自愿作恶，也无人不自愿享福"的说法。亚里士多德说这句话的后半句是对的，而前半句是错的。作恶是自愿的，如果不是这样，我们的话就是自相矛盾的，因为我们就不能说人是自身行为的始点和生成者。他强调："行为是我们的行为，是自愿的行为。"②

既然行为是我们自愿的，那么我们就要对行为负责任。亚里士多德首先分析了几种所谓无知行为的责任问题：第一种情形是，如果一个人由无知而犯错，而这种无知的责任在自己，那么他就要对自己的错误负责。例如，醉酒的人犯了错就要加倍处罚，因为行为的始点在他自身之内，如果他没醉就可以自主。第二种情形是，一个人如果由于对应该知道、又不难知道的法律规定无知而犯过错，也应受到惩罚。第三种情形是，由于粗心大意而不知道的人，不能说他无知，因为他完全可以主宰自己。第四种情形是，那些生活

---

① ［古希腊］亚里士多德:《尼各马科伦理学》，苗力田主编:《亚里士多德全集》第八卷，中国人民大学出版社 1992 年版，第 53—54 页。

② 同上书，第 54 页。

懒散、放荡的人也要对他们的不义和放荡负责。

亚里士多德进一步提出，不仅灵魂上的恶是自愿的，而且在某些情况下，身体上的恶也是如此，并且因此而应受到谴责。对于那些天生丑陋的、患有疾病的人以及后天受到意外造成伤害的人，没有人去责怪，但对于那些因不锻炼和不慎重而导致疾病的人则会受到责怪。"所以，凡是由我们自己而造成的身体上的恶，都要受到责备，而我们无能为力的就不受责备。这样看来，我们力所能力的恶，都要受到责备。"①

亚里士多德还指出了人们还要对自己的目的负责。他认为，在现实生活中，人们所追求的目的都是看起来是善的东西，但由于对自己的目的无知，就有可能将恶的东西当成了善的东西作为目的加以追求。对这些表象，他们看起来无自主的能力。但是，目的是相对的，一个人是什么样的人，目的总会与他相配。如果一个人要对自己的品质负责，那么，他也要对自己所确立的错误的目的负责。目的不管是什么，都是天生就规定下来的；人们的行为不管是什么，也都是向着这一目的的。但是，每个人的目的总在一定程度上依靠人自身，而且他们追求目的的行为是自愿的。所以，德性是自愿的，恶性也是自愿的。

经过以上分析，亚里士多德最后将德性与自愿、选择和行为的关系作了一个总结：德性是中庸和品质。"它们能使我们合乎它们的要求而行动。所以，似乎它们也为正确的理性所指使，是我们力所能力的，是自愿的。……我们的行为从头到尾都为我们所主宰，而个别环节也有所知。对于品质虽然开始可以主宰，但对它的进程我们就无所知了，正如病情的发展那样。然而，由于我们能这样或那样来利用它们，所以还是自愿的。"②

四、道德德性的德目

由于亚里士多德对德性作了道德德性与理智德性的区分，而又将智慧列入了理智德性，因而在他这里就没有对古希腊"四主德"完整的探讨。关于道德德性的德目，亚里士多德虽然提到了很多，但作了较深入研究的主要是公正、勇敢和节制这三个德目，其中关于公正的思想很有价值和影响。

---

① ［古希腊］亚里士多德：《尼各马科伦理学》，苗力田主编：《亚里士多德全集》第八卷，中国人民大学出版社 1992 年版，第 55 页。

② 参见上书，第 57 页。

（一）勇敢、节制及其他具体德性

在研究了道德德性的一般性问题和共性问题之后，亚里士多德转向了各种具体的道德德性研究，主要研究它们的性质如何，把什么作为对象，怎样得到训练。他认为，弄清楚了这些问题，也就知道道德德性有多少了。① 不过，亚里士多德虽然研究或提到了不少具体的道德德性，但他自己最终也没有明确道德德性究竟有多少种。

亚里士多德虽然对德性作了道德德性与理智德性的划分，但就具体德性而言，他的思想没有苏格拉底清晰。我们很难说清楚他的理智德性与道德德性究竟有哪些，他的德性表述是不完整、不严密的。这里我们首先讨论他着重论述的"四主德"中的勇敢、节制及他谈到过的一些其他德目。

关于勇敢，亚里士多德认为它是恐惧与鲁莽之间的中庸。他首先分析了作为勇敢德性的不及恐惧。引起我们恐惧的东西很多，所有恶的表现（如坏名声、贫穷、疾病、孤独和死亡）都会引起我们的害怕。勇敢与这些东西无关，相反害怕某些恶是必需的，也是对的，如害怕坏名声就是如此；而对另一些恶人们是不应该畏惧的，如疾病、贫穷，不过即便对这些东西无所畏惧也不是勇敢，充其量只能说是类似勇敢。一个人过于恐惧就是怯懦，这样的人以不恰当的方式恰当畏惧他所面对的东西，所缺乏的是坚强。怯懦的人是绝望的人，因为他无所不惧。勇敢的人则相反，他有坚定的信念，胸怀美好的希望。怯懦是不及，而鲁莽则是过度。对于那些实际可怕的东西而过度自信的人称之为鲁莽。鲁莽的人是无所惧怕的人，但他们中的大多数都既鲁莽又怯懦，他们对可怕的东西虽然气壮如牛，但却不能坚定不移。鲁莽的人猛冲向前，渴望去冒险，但真正处于危险之中时，就极有可能遁逃了。而一个勇敢的人在工作中是精明的，处事是冷静的。

根据以上分析，亚里士多德指出："这里有三种人，怯懦的、鲁莽的和勇敢的，三者都与同一对象有关，但品质却各不相同。有的是过度的，有的是不及的，有的则恰得中间，做了应该做的事情。"② 勇敢是相对于那些可怕事物而言的，特别是相对于最重大的可怕事物而言的，而最大的可怕事物是死亡。但是，勇敢的人也不总是面临死亡的。这就有一个勇敢相对哪

---

① ［古希腊］亚里士多德：《尼各马科伦理学》，苗力田主编：《亚里士多德全集》第八卷，中国人民大学出版社 1992 年版。第 57 页。

② 同上，第 60 页。

种场合而言的问题。亚里士多德认为，这种场合是最荣耀的场合，即战场。战场危险最大同时也最荣耀。"所以，勇敢就是无畏地面对高尚的死亡，或生命的危险，而最伟大的冒险莫过于战斗。"①亚里士多德在分析了貌似勇敢的五种其他类型后指出，一个勇敢的人要在可怕的事情中不动摇，抱应有的态度，勇敢的意义就在于能经受痛苦。勇敢的目的绝不是快乐，相反勇敢可能使人失去最宝贵的生命，一个勇敢的人并非自愿地去受苦，去迎接死亡和伤害，他们之所以这样做是因为他们意识到这样做是高尚的，否则是可耻的。

关于节制，亚里士多德像苏格拉底和柏拉图一样，认为它是灵魂非理性部分的德性。这种德性是与快乐相关的，是对快乐的节制。那么它对什么样的快乐加以节制呢？亚里士多德首先对灵魂的快乐与肉体的快乐进行了区别。爱像荣誉、学习这样的东西不是出于身体的需要，而是思想上的需要。由这些东西引起的快乐既说不上节制也说不上放纵。其他的非肉体的快乐也是这样。那些喜欢探索奥秘的人、喜欢奇闻轶事的人甚至终日闲谈的人，我们不能说是放纵；因财产损失或亲友亡故而悲痛，也不能说是放纵。节制不是相对于这些而言，而只是相对于肉体的快乐而言的，而且也不是要对所有的肉体快乐都必须加以节制。例如那些喜欢视觉、听觉、嗅觉以及味觉快乐的人，谈不上什么节制和放纵，尽管对这些快乐也有应该的方式，有过度和不及。节制主要与触觉引起的快乐相关，因为真正的享受来自触觉，如进餐、饮酒以及性爱引起的快乐。触觉引起的放纵并不涉及整个身体，而是身体的一部分。放纵因之而存在的感觉是最普遍的感觉，人不是作为人而是作为动物而具有这种感觉，因为最喜欢这些感觉的根源在于兽性。

既然节制与快乐有关，它也就必然与某种欲望有关。②在亚里士多德看来，"欲望有两种，一种是为一切人所共有的，另一种则是特殊的附加的。"③例如，对食物的欲望是自然的，没有人不需要食物。这就是人所共有的欲望。但并非所有的欲望都是一样的，而是人各不同的，而且不以同一事物为对象。因此，欲望因人而异，绝没有什么不变的本性。在自然欲望方面，少

①　[古希腊]亚里士多德:《尼各马科伦理学》，苗力田主编:《亚里士多德全集》第八卷，中国人民大学出版社1992年版，第58页。

②　参见[古希腊]亚里士多德:《优台谟伦理学》，苗力田主编:《亚里士多德全集》第八卷，中国人民大学出版社1992年版，第393页。

③　[古希腊]亚里士多德:《尼各马科伦理学》，苗力田主编:《亚里士多德全集》第八卷，中国人民大学出版社1992年版，第66页。

数人犯错误的方式是相同的，即超过了自然的限度，如贪食者。那些特殊的快乐是多种多样的，因而犯错误的方式也各不相同。那些放纵的人都是在某方面过度了：喜欢所不应该喜欢的东西，喜欢那些可憎的东西，即使所喜欢的是应该喜欢的东西，但超过了应有的限度。在亚里士多德看来，"一个放纵的人追求一切快乐，或者最大的快乐。他被欲望牵引着，除了快乐别无所求。所以，在得不到快乐时他痛苦，求快乐的欲望也使他痛苦。"① 与放纵的人不同，一个节制的人不喜欢所不应喜欢的东西，这些东西里没有一种使他太喜欢。对此他没有欲望，他不因失去这些东西而痛苦。对于那些导致健康或幸运的、令人快乐的东西，他适度地追求，并且以应该的方式追求。对于其他使人快乐的东西，只要它们不妨碍健康和幸运，无损于高尚并且力所能及，他也如此对待。节制之人的欲望部分是与理性相一致的，或者说是受理性控制的。"一个节制的人欲求他所应该欲求的东西，以应该的方式，在应该的时间，这也正是理性的安排。"②

亚里士多德强调，与怯懦相比，放纵更多是出于自愿。放纵追求快乐，而怯懦却避免痛苦，前者是为人所选择的，而后者是为人所躲避的。痛苦的强度很大，可能使人身不由己，并摧毁其本性，快乐则没有这样大的强度；而且养成抵制放纵的习惯更容易也不需要冒什么危险。所以，放纵更是出于自愿的，因而也更应该受到责备。

除了勇敢和节制之外，亚里士多德讨论了一些更具体的德性，如慷慨、大方、大度、温和、义愤、庄重、谦谨、文雅、友谊、真诚等。慷慨是与钱财相关的，是挥霍（过度）与吝啬（不及）之间的中道。"慷慨是在财物的给予和接受上的中间性。"③ 一个慷慨的人，为了高尚而给予，并且正确地给予。也就是说，他的给予是这样的：对应该的对象，以应该的数量，在应该的时间，及所应该具备的条件。这样的给予是快乐的，至少是没有痛苦的。同时，他不接受所不应该接受的东西，也无所要求，做好事并不是要得到好报。大方（megaloprepeia）也被认为是某种关于财物的德性，但不像慷慨那样涉及财物的各个方面，而只涉及消费。大方的人是慷慨的，但慷慨的人却不一定都大方。大方的不及是小气，大方的过度是逞强。大方的人，其消费

---

① ［古希腊］亚里士多德：《尼各马科伦理学》，苗力田主编：《亚里士多德全集》第八卷，中国人民大学出版社 1992 年版，第 67 页。
② 同上书，第 69 页。
③ 同上书，第 72 页。

是巨大的，同时也是适当的，其成果同样也是巨大的和适当的，巨大的消费与其成果相当。因此，大方的人是有科学头脑的人，他要对花费是否适当进行思考，使巨大的钱财用得恰到好处。大度（megalopsukhia）是这样的一种品质，当一个人把自己看得很重要而又高大时，若实际上也是如此，那么他就是大度的。这就是说，大度的人本来就具有重大价值。如果一个人对自己估价微小，而实际上也是如此，这只是谦虚而不是大度。大度的人是一个善良的人，同时也是一个心胸宽广的人，他对财富、权力、荣誉以及所遇的全部幸运和不幸都抱一种适当的态度。大度的人很少提出要求，甚至什么也不要求，但很愿意为他人服务。大度的人举止迟缓，语调深沉，言语稳重。从其描述看，亚里士多德是很推崇大度的人。大度是自卑与虚夸的中间性。温和是恼怒方面的中庸之道，它指以应该的方式，在应该的时间和程度，对应该的事情和应该的人发怒，不为感情所左右，而是听从理性的安排。它可以说是麻木与急躁的中间性。此外，义愤是妒嫉和幸灾乐祸的中庸；庄重是自傲与顺从之间的中庸；谦虚是无耻与羞怯之间的中庸；友谊是谄媚与憎怨之间的中庸；真诚是虚伪与自吹的中庸；等等。在《优台谟伦理学》中，亚里士多德还列了一个德目表，其中列出了十四种德性以及与之相应的过度和不及。①

亚里士多德所讨论和列举的德性基本上是当时社会公认的德性，他所做的工作并不在于将它们搜集到一起，而在于根据他的中道原则对它们进行了理论的解释，并指出了与它们相应的过度和不及。显然，这不仅有助于对这些德性的准确把握，而且有助于人们避免那些过度和不及。但是，他所列举的具体德性缺乏真正的理论根基，并没有将其与人生或人的幸福有机地联系起来，而只是一种经验性的描述和阐述，缺乏理论深度和完整性。而且一概根据过度、不及和中道的模式解释各种不同的德性在不少的地方也显得牵强。

（二）公正

关于公正，亚里士多德肯定它是一种品质，"是一种由之而作出公正的

---

① 参见［古希腊］亚里士多德:《优台谟伦理学》以后，苗力田主编:《亚里士多德全集》第八卷，中国人民大学出版社1992年版，第361—362页。

事情来的品质，由于这种品质人们行为公正和想要做公正的事情"①。这种品质是相对于不公正而言的。亚里士多德对公正作这种理解是与同时代人的理解完全一致的，而与近代以来人们将公正理解为一种道德原则或政治原则是不一样的。古希腊人对公正作德性理解是与当时的哲学家从德性论的角度理解伦理学直接相关的。从今天的情况看，公正不只是人的一种品质，更是社会应该遵循的道德原则，将公正主要看作是人的品质，这应该说是当时哲学家的一种时代局限。

公正在苏格拉底和柏拉图那里，乃至在整个古代希腊，都被看作是德性的总体，在一定意义上是德性的代名词，即所谓"公正是一切德性的总汇"②。亚里士多德也承认公正是一种完全的德性。在他看来，这种公正有两方面的含义：一方面守法是公正的，而犯法是不公正的；另一方面，均等是公正的，而不均是不公正的。就均等和不均而言，一个人会面临对他们自己有利的东西（如利益、权力等），也会面临对他们自己不利的事情（如责任、义务等）。亚里士多德认为对有利益的东西总是多占是不公正的，对不利的东西总是少取也是不公正的。一个人既要取对自己有利的东西，也要谋取那种在总体上是善的而又对自己不利的东西。就守法和犯法而言，因为"法律是以合乎德性以及其他类似方式表现了全体的共同利益，或者只是统治者的利益"③，所颁布的准则正确，法律也就正确，所以在这种情况下守法是公正的，而犯法则是不公正的。据此，亚里士多德认定公正自身是一种完全的德性，而且是各种德性中的最主要德性。为什么说它是完全的德性和最主要的德性呢？他认为，"它之所以是完全的德性，是由于有了这种德性，就能以德性对待他人，而不只是对待自身。"④在各种德性中，唯有公正是关心他人的善，不论一个人的身份如何，有了这种德性就会不但以德性对待自己，更以德性对待他人，造福于他人。要做这一点是困难的，所以公正不是德性的一个部分，而是整个德性，相反不公正也不是恶性的一部分，而是整个恶性。

但是，亚里士多德认为公正不止一种，在整体德性之外还有其他意义的

① ［古希腊］亚里士多德：《尼各马科伦理学》，苗力田主编：《亚里士多德全集》第八卷，中国人民大学出版社 1992 年版，第 94 页。

② 同上书，第 96 页。

③ ［古希腊］亚里士多德：《尼各马科伦理学》，苗力田主编：《亚里士多德全集》第八卷，中国人民大学出版社 1992 年版，第 95—96 页。

④ 同上书，第 96 页。

公正。他要讨论的公正主要不是这种作为整个德性的公正，而是作为德性一个部分的公正。这种公正仍然被看作是一种中庸之道，对它的讨论不过是要说明它是一种什么样的行为，为什么是中庸之道，以及在什么东西中间。这种公正的问题比较复杂，亚里士多德对它进行了充分的讨论。

亚里士多德认为，部分公正及与之相应的公正事情有两类表现：一类"表现在荣誉、财富以及合法公民人人有份的东西的分配中"，在这种分配中涉及是否均等的问题，因而存在是否公正的问题；另一类"则是在交往中提供是非的原则"，涉及自愿的交往（如买卖、高利贷、抵押、借贷、寄存、出租等）和非自愿的交往（如暗中进行的偷盗、通奸、诱骗、暗算等，通过暴力进行的袭击、抢劫、欺凌、侮辱等）。前者涉及财物分配的问题，亚里士多德称之为"分配性公正"；后者涉及人际交往行为矫正的问题，亚里士多德称之为"矫正性公正"。

关于分配性公正，亚里士多德认为，由于均等就是某种适中的东西，那么公正也就是某种适中的东西，但均等只有在至少不少于两个事物之中才能找到，所以公正必定处在特定的事物之间，即过度与不及之间，而且必定是关于两个事物的均等，而这种均等是相对于某些人而言。所以，公正至少涉及四个要素：就人而言，至少涉及两个人；就事物而言，至少涉及两件事。在两个人身上都得到他们所应当得到的相同的份额，就像在事情上他们都应当得到同样的份额一样，公正对他们而言才存在。如果两个人是不平等的，那么他们可以得到不均等的份额；如果平等的两个人得到了不均等的份额，或者不平等的两个人得到了均等的份额，就会导致争吵和抱怨。这里就存在着根据什么来确定配得份额的问题。所有人都同意，分配性公正必须以某种根据为尺度，但恰恰人们对于这种尺度的理解很不相同。亚里士多德提出了他对这个问题的解决方法。他说，公正是合乎某种比例的东西，这种比例至少包含四个比例项，两个人之间的比值要与两个事物之间的比值相同。这就是说，A：B=C：D，那么交换组合一下就推出了A：C=B：D。其结果，一种组合转变成另一种组合用的是同一比值。这就是分配所要达到的组合，如果人与物以这种方式组合起来，分配就是公正的。因此，分配的公正就在于把A与C和B与D联系起来，它意味着适中。比例就是某种适中的东西，公正就是某种比例，而不公正就是违反比例。

矫正性公正产生于自愿或非自愿的交往。这种公正不涉及对公共物品进行分配，也不是按上述的几何比例来分配的。交往关系中的公正也是一种均等，但它不是按几何比例，而是按照算术比例的均等。亚里士多德解释说，不论好人加害于坏人，还是坏人加害于好人，在加害这一点是并无区别。无论是好人犯了通奸罪还是坏人犯了通奸罪，在犯通奸罪这一点上也无区别。法律一视同仁，所注意的只是造成的损失大小。如果说加害、通奸这类不公正是不均等，那么公正就是要通过惩罚或剥夺其所得使其均等。均等就是过多与过少之间的中间，也是所得与损失之间的中间。这里的所得，指一个人的所有多于自己所原有的，而他所有的比开始时少，就称为损失。所得与损失的中间就是均等，也就是我们说的公正，"所以矫正性的公正就是所得和损失的中间"①。正因为矫正性公正要求在过多与过少、所得与损失之间进行矫正，所以在人们争论不休的时候往往就诉诸裁判者，让他作出公正的裁判，以实现均等。公正就是某种中间，裁判者也就是中间人，他被看作是公正的化身，其使命就是恢复均等。按亚里士多德的看法，裁判者应该做的事情是这样的：就自愿的交往而言，将从占有过多的人的取出超出中间量的那部分，补给占有太少的人；就非自愿交往而言，使交往以前的所得与交往后的所得相等。

针对有的人将公正看作是回报的观点，亚里士多德提出了批评。他认为这种回报既不合乎分配的公正，也不合乎矫正的公正。在很多情况下，回报是与公正有区别的。回报对于维系共同交往具有重要意义，但它是按比例原则，而不是按均等进行的。人们要以怨报怨，否则就会像奴隶般地受侮辱；人们也要以德报德，若不然交换就不能出现。不但他人的恩惠要回报，而且自己也要施惠于人。这种有比例的回报是由交叉关系构成的，不同人的劳动成果之间的交换就是我们所说的回报。真实的回报就发生在等值的不同东西进行交换之中。凡是要交换的东西，在某种程度上必定要在量上是可比较的，为此人们发明了货币，使之成为衡量一切的中间物。与回报主要是交换不同，公正涉及的是做不公正的事和受不公正的待遇的问题。"一方面所有的过多，另一方面是所有的过少，公正则是一种中庸之道。而不公正则是两个极端。公正还是一个公正的人在公正地选择中所遵循的一种行为原则。在分配中，不论是在自己与他人之间，还是在他人与他人之间，都不是把有益的东西给自己的多，而给同伴的少，对有害的东西则相反，而且按照比例平

① ［古希腊］亚里士多德：《尼各马科伦理学》，苗力田主编：《亚里士多德全集》第八卷，中国人民大学出版社 1992 年版，第 102 页。

均分配，在他们与他人之间也不两样。"①

　　在探讨了一般的公正之后，亚里士多德又研究了政治的或城邦的公正。他认为"政治上的善即是公正，也就是全体公民的共同利益"②。首先，统治者需要公正，统治者公正，就会实行法治，就不会成为暴君。"公正是为政的准绳，因为实施公正可以确定曲直，而这就是一个政治共同体秩序的基础。"③一个城邦要成为公正的，就不能实行人治，而要实行法治，因为实行人治，统治者就可以做不公正的事情而成为暴君。但是，公正的统治者是公正的守护者，他不会得到比他应得的多，他为他人而工作。如果必须给予统治者以回报的话，那就是荣耀和尊严，如果他不满足这些，就会变成暴君。其次，公民也需要公正，公民公正，就会更优秀、更高尚。"公正即是共同生活中的德性，凡具备这种德性，其他的所有德性就会随之而来"④。

　　在亚里士多德看来，政治公正存在于自由和平等的人们为了共同生活的自足而整合起来的地方，而在自由、平等的前提不具备的地方，就不存在这种公正，只有某种类似的公正。同时，公正只存在于那些法律适用的人，而有法律存在之处就有不公正存在。在人群中如果夹杂着不公正的人，就有可能作出不公正的事来。法律判决无它，无非就是对公正和不公正进行判决。以这种看法为依据，亚里士多德断定，奴隶和尚未到独立年龄的儿童就不存在政治公正问题。其理由是他们不具有自由平等的人格和权利，因为他们属于主人所有，正如对自己身体的一部分一样，谁也不会有意地伤害自己，而对自己的所有物，无所谓公正和不公正。对于奴隶，亚里士多德有明显的阶级偏见，认为奴隶之所以是奴隶，不是社会制度造成的，而是生来即如此。因此，对奴隶进行压迫和统治是不言而喻、理所当然的，这样做不仅对社会有益，而且本身也是公正的。"很显然，有些人天生即是自由的，有些人天生就是奴隶，对于后者来说，被奴役不仅有益而且是公正。"⑤妇女的情形与奴隶有所不同。妇女虽然不具有自由和平等，但承担管理家务的职责，因而

---

　　① ［古希腊］亚里士多德：《尼各马科伦理学》，苗力田主编：《亚里士多德全集》第八卷，中国人民大学出版社 1992 年版，第 106 页。

　　② ［古希腊］亚里士多德：《政治学》，苗力田主编：《亚里士多德全集》第九卷，中国人民大学出版社 1994 年版，第 98 页。

　　③ 同上书，第 7 页。

　　④ ［古希腊］亚里士多德：《政治学》，苗力田主编：《亚里士多德全集》第九卷，中国人民大学出版社 1994 年版，第 100 页。

　　⑤ 同上书，第 12 页。

也有公正问题，只是这种公正是不同于城邦公正的家庭公正。

政治公正有部分是自然的，有部分是约定的。自然的公正对全体公民都具有效力，不管人们是否承认。约定的公正起初可是随意的，但一旦通过法律确定下来，就有约束力了。约定公正既然是约定的，那么它的规定并非到处都相同。公正和法律的每一条具体规则与具体行为的关系，都如同普遍与个别的关系。行为多种多样，而适用于它们的规则经常只有一条。公正与否都是出于自愿的。只有当一个人自愿行事时，他才是在行公正或不公正；当他不自愿时，他就不是在行公正或不公正，或只是碰巧做了公正或不公正的事。不公正行为如果是自愿发生的，就该受到谴责；如果不是自愿发生的，那么即使存在不公正，也不是不公正行为。亚里士多德在这里区分了行不公正的事与遭受不公正的待遇之间的关系。行不公正的事是自愿的，而遭受不公正的待遇并非是自愿的，而且做不公正的事就是有意地伤害别人，而被伤害的人就是受到了不公正的待遇。所以，"没有行事不公正的人，也就没有人受不公正待遇。没有行事公正的人，也就没有人受公正待遇。"[①]在讨论政治公正的时候，亚里士多德还讨论了公正与公平的关系。关于两者的关系，他作了一些阐述，但很难理解，其基本意思是，既不能笼统地说两者是等同的，也不能说它们是相异的。

五、实践智慧

实践智慧（明慎）是亚里士多德德性伦理学的中心范畴之一，在一定意义上可被看作是总体的德性，或德性的实质。他自己没有明确说实践智慧属于理智德性，而说它是灵魂的五种能力之一，但人们一般都认为实践智慧是他所说的理智德性的德目之一，他的信徒、中世纪神学家托马斯·阿奎那就明确将明慎列入理智德性。亚里士多德关于实践智慧及其与德性的关系的思想是他最具价值的德性思想，值得我们高度重视。

（一）灵魂的五种能力：技术、科学、实践智慧、智慧和理智

亚里士多德在讨论了道德德性的中庸原则、各种具体的道德德性之后，进一步深入研究了道德德性的基础问题。这个问题也就是道德德性的形而上

---

① ［古希腊］亚里士多德：《尼各马科伦理学》，苗力田主编：《亚里士多德全集》第八卷，中国人民大学出版社1992年版，第113页。

问题。他对这个问题研究的基本思路是：首先，他指出，中庸之道是过度和不及的居间者，它以正确的理性为依据，不要过度也不要不及，这些是真理。知道这些固然重要，但只知道这一点的人，并不会变得更加聪明，还需要知道正确的理性是什么，这种理性的准则是什么。其次，他将理性划分为两个部分：一是考察那些不变本原的存在物的部分，即思辨理性或理论理性；二是考察那些具有可变本原的存在物的部分，即实践理性。理性的两个部分各有其德性，但它们各自是什么，他没有明确界定，但他指出理性的这两个部分的功能是求真，"各种品质以它为依据，而使个别事物成为真理，这也就是两者的德性"①。再次，他着重讨论了灵魂获得真理的五种方式，即技术、科学、实践智慧、智慧、理智。其中着重讨论了实践智慧与其他四种方式的关系，特别是与智慧的关系，并在此基础上讨论了实践智慧与道德德性的关系。最后，他着重讨论了实践智慧面临的两个突出问题，一个是自我控制的自制问题，一个是人际交往的友爱问题。这样他就回答了道德德性的基础问题。

需要指出的是，我们不太赞成将上述"五种方式"看作是亚里士多德对理智德性的阐释的看法。从《尼各马科伦理学》全书的结构看，他的这个部分无意回答不同的理智德性或理智德性的德目问题，而是要从灵魂理性部分各种不同功能之间的关系的角度研究作为道德德性基础的实践智慧问题，完成他的整个德性伦理学的构建。

在灵魂获得真理的五种能力中，亚里士多德首先讨论了科学。他认为，科学知识的对象是出于必然性的，因而也是永恒的，因为所有出于必然性的东西都是永恒的。同时，每一门科学都是可教的，因而是可学的。科学知识的教学是从已知的东西开始，通过归纳法或演绎法获得新的知识。因此，科学具有可证明的品质。只有在人有某种信念，并对第一原理知之甚明的时候，他才能有科学知识。

关于技术（亦译为"技艺"），亚里士多德认为，它涉及那些有可能改变的事物。但可改变的事物，可以被创制，也可以被实践。两者因其理性品质不同而相异，并不互相包容。一种创制如果不具备理性的品质，它就不是技术。所以，技术与具有理性的创造品质是一回事。另一方面，一切技术都与生成有关。任何一种生成的东西都可能存在，也可能不存在，它的存在是

① ［古希腊］亚里士多德：《尼各马科伦理学》，苗力田主编：《亚里士多德全集》第八卷，中国人民大学出版社 1992 年版，第 122 页。

创制者创制的结果。那种必然存在的东西是不能生成的，因而与技术无关。因此，技术具有一种真正理性的创制品质。

对于实践智慧，亚里士多德作了一个明确的界定，它是指"善于考虑对自身的善以及有益之事，但不是部分的，如对于健康、对于强壮有益，而是对于整个生活有益"①，它是对人的善，是真实理性的实践品质。在他看来，一个有实践智慧的人是善于思考的人，但思考的对象不是那些不可改变的必然事物，而是可改变、可实践的。这种可实践的对象就是对自己整个生活有益的善事物。因此，它不同于科学，因为科学的对象是不可改变的必然事物，它的对象是可改变的；它也不同于技术，因为技术是创制的，而它是实践的。有实践智慧的人也是像伯里克利那样的善于治理家庭、善于治理城邦的德性之人。实践智慧的本质是道德实践，良好的道德实践本身就是目的。"总而言之，它就是关于对人的善和恶的真正理性的实践品质。"②

科学是对普遍的和出于必然的东西的把握和判断，而所有可证明的东西和可知的东西，都是从第一原理或最高原理（最初原因和本原）推导出来的。这种第一原理不可能来自技术，也不可能来自实践智慧，甚至也不能自于智慧，因为技术和实践智慧以可变的东西为对象，而智慧以可证明的知识为对象，都不以第一本原为对象。只有理智才能把握第一本原。这种理智在亚里士多德那里是灵魂的最高层次的能力，是人的思辨理性，也是完善幸福的源泉。在亚里士多德看来，如果我们要获得关于可变和不可变的东西的真理，而不犯错误，那就只能源自科学、实践智慧、智慧和理智。在这四者中，科学、实践智慧和智慧都无法担当，唯一可靠的只能是把握第一原理的理智。

智慧是古希腊人最推崇的，其内涵也是人们见仁见智的。亚里士多德不赞同将智慧理解为技术最娴熟的、政治和实践智慧最优越的之类的观点，并对这些观点进行了反驳。他认为，"智慧既是理智也是科学，在高尚的科学中它居于首位。"③一个有智慧的人不只是知道由第一本原引出的结论，而且拥有关于第一本原的真理性知识。"所有的人都主张，研究最初原因和本原

---

① ［古希腊］亚里士多德：《尼各马科伦理学》，苗力田主编：《亚里士多德全集》第八卷，中国人民大学出版社 1992 年版，第 124 页。

② ［古希腊］亚里士多德：《尼各马科伦理学》，苗力田主编：《亚里士多德全集》第八卷，中国人民大学出版社 1992 年版，第 125 页。

③ 同上书，第 127 页。

才可称之为智慧。前面已经说过，有经验的人比具有某种感觉的人更有智慧，有技术的与有经验的相比，技师和工匠相比，思辨科学与创制科学相比均是如此。所以，很清楚，智慧是关于某些本原和原因的科学。"① 接下来，他还论证说："首先我们主张，一个有智慧的人要尽可能地通晓一切，且不是就个别而言的知识；其次，有智慧的人还要能够知道那些困难的、不易为人所知的事情（感觉是人皆有的，从而是容易的，算不得智慧）。在全部科学中，那些更善于确切地传授各种原因的人，有更大的智慧。在各门科学中，那为着自身，为知识而求取的科学比那为后果而求取的科学，更加是智慧。一个有智慧的人，应该发命令而不被命令，不是这个有智慧的人服从别人，而且智慧低下的人服从他。"② 由此看来，亚里士多德所理解的智慧包括三个方面：一是具有最高层次的理性能力，即理智或思辨能力；二是具有运用这种能力所获得的关于第一本原的真理性的知识；三是具有最高层次的普遍知识，因而能通晓一切。

　　显然，亚里士多德这里所说的智慧是哲学智慧，或者说是哲学家所具有的智慧，因为只有真正的哲学家才具备这些条件，才可称得上是有智慧的人。他自己也正是在这种意义上将阿那克萨戈和泰勒士等哲学家看作是有智慧的人，因为"他们对自身得益方面的事情并无知识，而他们所知的东西是罕见的、深奥的、困难的、非人之所能及，但却没有实有价值"③。亚里士多德认为，智慧并不是与生俱来的，也不是自然而然地产生的。虽然人能自然地具有判断力、理解力这些禀赋，而且会随着年龄的增长而发展，但要将这些自然禀赋转化为智慧，需要培育，需要经验，智慧作为一种理智德性是培育的结果，是长期经验的产物。

　　在对灵魂的五种能力分别进行阐述之后，亚里士多德分析了实践智慧与智慧、科学和理智的关系，特别是着重分析了实践智慧与智慧的关系。在他看来，"智慧是对在本性上最为高尚事物的科学和理智而言的"，④ 而实践智慧则涉及人的事务和人能权谋的东西，善于权谋是实践智慧的最大功能。实践智慧不仅考虑普遍事物，而且也必定了解具体情境，因为它本质上与行为

---

　　① ［古希腊］亚里士多德：《形而上学》，苗力田主编：《亚里士多德全集》第七卷，中国人民大学出版社1993年版，第29页。

　　② 同上书，第30页。

　　③ ［古希腊］亚里士多德：《尼各马科伦理学》，苗力田主编：《亚里士多德全集》第八卷，中国人民大学出版社1992年版，第127页。

　　④ 同上书，第127—128页。

相关，而行为涉及具体情境。实践智慧是实践的，以经验为基础。例如，青年人精通几何、算术，在这方面算得上是有智慧的，但并不因此就是一个具有实践智慧的人。原因在于，实践智慧与处理具体事务相关，而处理这些事务只有通过经验才会变得熟练，而青年人缺乏这种经验，因为经验需要日积月累才能形成。实践智慧显然不是科学，因为实践智慧涉及的是具体事情，它们是行为的对象。实践智慧与理智是对立的，因为理智涉及的是对不可进一步定义的那些最高原理的领悟，而实践智慧涉及的是具体事情，是不能靠科学知识而只有靠直觉才能把握的，尽管这不是一个人的感官直觉，而是他的整体直觉。

在分析实践智慧与智慧的关系的过程中，亚里士多德分析了人的谋划、理解和体谅这三种与实践智慧相关的能力。对于这三种能力，亚里士多德并没有表明它们是实践智慧的三种能力或特点，还是人的理性的三种德性。但有一点是可以肯定的，它们不属于技术、科学、智慧和理智，与实践智慧的关系似乎更为密切。

实践智慧的谋划就是好的谋划，也就是善于谋划。亚里士多德认为，谋划就是要探索和做推断。一个谋划着的人，结果不一定令人满意，但他总在探索，在推断。这种推断不是当机立断，而是要耗费很多时间的。谋划有好有坏，坏的谋划导致错误，而好的谋划才是正确的谋划。因此，好的谋划可以说就是正确性。但它既不是科学的正确性，也不是意见的正确性。这里就有一个如何理解正确性的问题。"正确性"一词有许多含义，显然并不是一切正确性都是好的谋划。一个坏人也会通过谋划达到他罪恶的目的，在这里，他的谋划如果是正确的，所做的坏事也会更大。因此，好的谋划看来是某种善，所谋划的正确性必须以善为目标。然而也可能有这种情形，即错误的谋划也可能达到善。也就是说，不是通过正当的手段而是通过不正当的手段达到了正当的目的。这种情形也就是通常所说的"歪打正着"。这种情形也不是好的谋划。还有一种情形是，有的人谋划很久才达到目的，而有的人很快就达到了目的，我们不能说耗时多的谋划就是好的谋划。好的谋划是对有用的事情的正确谋划，是对应该的事情、以应该的方式、在应该的时间所作的谋划。此外，好的谋划有的是就总体而言的，是相对总体目标而言的正确，也有的是相对于某一具体目的而言的。如果说具有实践智慧的人也是善于谋划的人，那么好谋划就是促成既定目的而言的那种正确性，实践智慧是对这一目的的真正把握。

实践智慧还需要好的理解。理解与科学知识和意见不是一回事，它也不是科学的一部分。理解既不以永恒不动的东西为对象，也不以任何生成的东西为对象，所涉及的是那些引起困惑、须加考虑的东西。所以它的对象与实践智慧相同，但实践智慧是指令性的，它有着自己的目的，并且指出应该去做还是不应该去做，而理解则只是判别性的。理解既不是具有实践智慧，也不是获得实践智慧，而是运用已经形成的意见，对实践智慧所指令的种种要求，以及别人的意见做出确切的判断。一个对实践智慧对象具有判别力的人，也就是一个富于理解的人。理解不只是指对那些引起困惑、须加考虑的东西有好的理解力，对不同的内容有正确的领悟，而且也指对举止如何得体有正确的判断。那么什么是举止得体呢？亚里士多德认为，举止得体就是在某些情境下能体谅他人，它是所有待人之善的共同品质。体谅在此正是对"得体"的一种正确判断。一个举止得体的人的突出特点就是特别体谅人。这样，亚里士多德就从理解引申出了体谅或宽容的概念。

（二）实践智慧与道德德性的关系

从人们可能对智慧特别是实践智慧提出的诘难，亚里士多德引出了对实践智慧与道德德性的关系问题的讨论。

在讨论了智慧与实践智慧及其关系之后，亚里士多德列举了人们可能提出的两种诘难：一是关于智慧和实践智慧对人没有什么用处的诘难。有人可能会问，智慧并不考察人的幸福是由什么构成的，因为它不关心那些生成的东西。实践智慧虽然与此有关，但我们为什么需要实践智慧呢？它所涉及的是对人们而言的公正、高尚和善良，而这些东西正是有德性的人必定通过他的行为去实践的。如果我们仅仅具有关于这些东西的知识，知道了德性是实现的行为品质，而恰恰不具有实现的能力，那么我们的品质绝不会因此而更好。既然实践智慧不是为了使人更好地了解德性，而是为了使人变成有德性的人，那么，它对于一个有德性的人来说，就是没有用的。又假如一个人的德性来自于另一个有德性的人的教导，那么实践智慧之于他也是无用的。二是关于本来层次比智慧低的实践智慧怎么会反而比智慧更加重要的诘难。

对于第一个诘难，亚里士多德的回答是，即使智慧和实践智慧不带来什么结果，它们本来就必然值得欲求，因为它们都是灵魂的某一部分的德性，更何况它们实际上会产生某种结果。虽然它们不是像医学带来健康那样效果显著，但却如健康本身能够产生健康那样，一方面智慧作为整个德性的一部分，仅仅拥有智慧并通过智慧的活动就能使人幸福；另一方面行为通过实践智慧和道德德性的实现达到完善，因为德性使人确定正确的目标，而实践智慧则使人选择达到目标的正确道路。关于通过实践智慧并不能把高尚和公正的事情做得更好的问题，亚里士多德辩解说，有些人做了公正的事情，却不是公正的人，因为这些人虽然做了公正的事情，但却不是自愿的，或者是无知的，或者是别有用心的。只有当人们具有公正的品质时，并且在每一个具体的情况下都出于这种品质这样做，才能使由此而来的行为成为善的。德性使选择具有正确性，当然，怎样按照本性来做那些经过选择的事情，还需要一种与德性不同的另外一种能力，即通常所说的聪明。它将所选择的事情确定为目标，并能使之得以实现。如果目标是善的，那就要受到称赞；如果目标是卑鄙的，那就要受到谴责。实践智慧虽然不是这种聪明，但不能没有它，它使聪明这种能力选择善的目标和使之实现的正确途径。

在回答第二个诘难的过程中，亚里士多德着重讨论了实践智慧与德性的关系。当时人们认为每一个人所具有的品质都在某种程度上是自然赋予的，每个人似乎与生俱来就具备了公正、节制、勇敢以及其他一些德性。对这种看法，亚里士多德提出了反驳。他认为，道德德性有两种类型：自然的德性和真正的德性。儿童和野兽都具有某些自然品质，但由于没有理智的指引，这些品质可能是有害的。如果一个人有了理智，情况就大不一样了，先前只是类似于德性的品质，现在就成了真正意义的德性。在这里，实践智慧具有关键性的作用，实践智慧使自然的品质转变成真正的德性。显然，如果缺乏实践智慧，真正的德性是不可能存在的。在这里，亚里士多德对苏格拉底关于这个问题的看法进行了评价，认为他的有些看法是对的，有些看法是错的。苏格拉底把所有的德性都看作是实践智慧，这是错的，但他认为没有实践智慧，德性就不存在，这则是对的。

亚里士多德认为，德性首先是合乎实践智慧的。实践智慧就是关于活动的正确原理，德性合乎实践智慧，也就是合乎正确原理。其次，德性还是与实践智慧相伴随的。德性为人们确定正确的目标，而选择达到目标的正确道路则需要实践智慧，两者是不可分离的。亚里士多德不赞成苏格拉底将德性看作是理性的看法。苏格拉底认为全部德性都是知识，而知识就是理性的特殊体现。在亚里士多德看来，这种观点忽视了德性与实践智慧不可分离的关系。如果德性就是理性，德性就不需要实践智慧发挥作用，尽管德性的形成离不开理性。

亚里士多德特别强调实践智慧的重要意义。首先，实践智慧是一种总体的德性，一个人只要具有了实践智慧这种德性，同时就具有了所有的德性。其次，即使实践智慧不具有实践意义，人们也需要它，因为它是灵魂能力的一种完善。最后，没有实践智慧，也就没有正确的选择，而这正如没有德性一样。因为德性提供了目的，而实践智慧提供了达到目的的正确方式。

这样，亚里士多德就回答了上述的第二个诘难。他的结论是，尽管实践智慧具有重要的意义，但它并不高于智慧以及灵魂的更高部分，正如医学并不高于健康一样。医学观察健康，恢复健康，但不主宰健康，它不是给健康下命令，而是因健康之故而下命令。当然，实践智慧与智慧的关系并不是医学与健康的关系，而是类似于医疗与锻炼、保健之间的关系，它们都是为健康服务的。实践智慧和智慧都是灵魂不同功能的德性，虽然可能有层次的区别，但都是为了实现灵魂整体的善和人的幸福服务的。只是亚里士多德在这里要研究和回答的问题是人的德性问题，因而更强调实践智慧的作用，而当他研究形而上学的问题时，他也会更强调智慧的作用，甚至不提及实践智慧。

（三）自制与不自制

亚里士多德提出，人们都承认自制和忍耐是优点，应受到赞扬，而不自制和无耐性是不足，应受到责备。有自制力的人能坚持他通过理性论断所得出的结论，而无自制力的人则为情感所驱使，去做明知有害的事。有自制力的人服从理性，在他知道欲望是不好的时候，就不再追随欲望，他会意识到，"自制是优良的品质，不自制则是恶劣的品质。"[①]但是，对于自制与忍耐、不自制与放纵、实践智慧与自制等关系人们有不同的看法。这其中就有一些需要解决的难题，如：一个人为什么会判断正确却又不能自制；自制和不自制是针对一切快乐和痛苦的，还是仅针对某些快乐和痛苦；自制和忍耐是一回事，还是有所区别，等等。亚里士多德对自制与不自制的研究是与回答这些问题相关的。他的基本看法是，自制是与不自制对立的，正如节制和放纵相对立那样。"自制和节制就紧密相连。一个自制的人决不由于肉体的快乐而作违背理性的事，节制也是这样。不过，一个具有丑恶的欲望，另一个则没有。这个本来就不喜欢那些不合理的事情，另一个则有所喜爱，但并没有

---

① ［古希腊］亚里士多德：《尼各马科伦理学》，苗力田主编：《亚里士多德全集》第八卷，中国人民大学出版社 1992 年版，第 154 页。

被它所掌握。"① 他对自制与节制的关系涉及不多，所关注的主要是不自制及其与放纵的关系，而讨论的中心问题是：一个不能自制的人是仅仅对某些事情不能自制呢，还是由于方式不对呢，或是由于两者？

他认为，不自制不会是笼统地对一切而言，而只是对它所沉溺的事物而言，而且也不是对一切都抱相同的态度。如果不自制对一切都抱相同的沉溺的态度，它就是放纵了。放纵者按照自己的方式进行选择，认为永远应当追求快乐，不自制者也追求快乐，但并不这样认为。在这里，亚里士多德对自制不自制与节制放纵作了细致的区分。

在造成快乐的东西中，有一些是必然的，有一些不是必然的。人们选择那些必然的东西，是因为这些东西本身，但有时可能过度。食物和性爱就是这样的引起肉体快乐的必然的东西。对于那些追求肉体快乐的人，有的被称为节制，有的被称为放纵。有的人追求肉体快乐避免肉体痛苦而不加节制，并且违背了他的选择和思考，他们就会被笼统地认为是不自制。这种不自制不是关于某种事物的，而是未加区分的。这种不自制被看作是与放纵等同的，而自制被看作是与节制等同的。人们选取那些不必然的东西，则是因为他们自身的原因，这些东西包括胜利、荣誉，以及其他善良和快乐的事。对这些东西的获取如果超过了正确的理性，我们并不笼统地称之为不自制，而是附加上一定的限制词，如说在金钱上的不自制。因此，亚里士多德认为，不自制不是笼统的，各种不自制是各不相同的，它们都被称为不自制不过是就其类似而言。

亚里士多德又对快乐本身进行了分析，认为有些东西在本性上就是快乐，而有些东西是非本性的快乐。这些非本性的快乐或者是由恶劣的本性（兽性）产生的，如以吃人肉为乐；或者是由病态或习俗产生的，如拔头发、啃指甲等。亚里士多德认为，这些情形不在恶性的范畴之内，也谈不上不自制，只是与不自制有某些类似。通过这种情况的分析，亚里士多德进一步强调，不自制和自制的对象只能与放纵和节制相同。

在亚里士多德看来，有一些种类的欲望和快乐是高尚的，备受赞扬。而对于金钱、收益、胜利、荣誉之类的东西，人们也并不因为接受、期望和喜爱它们而受责备，他们受责备只是因为采取了某种过度的方式去获取。例如，有的人以不正当的手段去追求金钱，并且为金钱所主宰，其方式就是过

---

① ［古希腊］亚里士多德:《尼各马科伦理学》，苗力田主编:《亚里士多德全集》第八卷，中国人民大学出版社1992年版，第156页。

度的。我们不能因为有这种情况产生而说这些东西是罪恶，这些东西按其本性，就其自身而言是可取的。之所以发生坏的情况，是因为获取方式的过度。这种过度就是不自制。这种不自制不仅应该避免，而且应该受到谴责。由获取方式导致的不自制还有另外的一种情形，这就是无耐心。有的人缺乏大多数人能够具有的抵制能力，缺乏耐性和柔弱，或者不深思熟虑，或者不能控制感情，导致缺乏自制力。因此，急躁和懦弱也是不自制的两种形式。

　　以上是从欲望的角度谈不自制，亚里士多德认为，还存在着情感上的不自制，这就是忿怒。由忿怒导致的不自制，往往是在激情的驱使下做了明知是坏的事情。忿怒的爆发通常是理性上的失控导致的，而欲望的过度则不是理性上的失控，因而忿怒的不自制没有欲望上的不自制那样令人憎恶。亚里士多德对这种忿怒的不自制看得不重，甚至认为可以忽略不计。他明确说："如若欲望的不自制比忿怒的不自制更为可憎，那么对欲望的不自制就是一般的、总体的不自制，在某种意义上就是邪恶。"①

　　亚里士多德认为，不自制的问题主要不是在知识方面而是在实践方面，它是实践上的缺点。对于那种不自制的表现是出于无知的观点，亚里士多德并不赞同。他认为，知识有两种不同情形，一是仅仅具有知识，二是知识的实现。不自制的问题在于，即使具有对好东西的知识，也没有将其实现。所以，当不自制者没有把他具有的那种知识付诸实现时，他就有可能做坏事。这种状态与睡眠者的情形相似，他们虽然有知识，但知识没有实现。如果一个人有知识，同时又能将知识付诸实现，他就是具有实践智慧的。亚里士多德提出，一个具有实践智慧的人是不可能同时是不自制的，因为实践智慧在伦理方面一定是优良的，不仅在认识方面，而且在实践方面。一个不自制的人则不同，他并不是作为一个具有实践智慧的人而进行思考、观察，而是像一个酒醉的和睡着的人，他们即使有知识，也不会发生作用。当然，这样的人即使做错了事，也不一定是坏人。"不自制的人并非不公正，却做着不公正的事情。"②不自制的人好比一座城邦，它订立了完整和良好的法律，但不能得到执行，而一个恶人倒像座守法的城邦，不过这些法律都是坏的。③

　　亚里士多德还专门讨论了不自制与放纵之间的区别。他认为，这两者是

---

　　①　［古希腊］亚里士多德:《尼各马科伦理学》，苗力田主编:《亚里士多德全集》第八卷，中国人民大学出版社 1992 年版，第 150 页。

　　②　同上书，第 154 页。

　　③　参见上书，第 157 页。

完全不同的。首先，不自制的过度是没有经过理性选择的或不能控制情感导致的，而放纵作为一种过度是理性选择的结果；其次，不自制者一旦发现了自己的过度，就会感到后悔，而放纵者则在发现了自己过度的情况下仍然坚持自己的选择，不会后悔；最后，不自制是可以纠正的，而放纵者是不可救药的。不过，不自制与放纵有一点是共同的，这就是它们都追求肉体的快乐。"不自制和放纵虽然完全是不同的，但两者也有相似之点，两者都在追求肉体的快乐，不过，一个认为这是应该的，一个则不这样认为。"①

六、友爱

由于人们对友爱（友谊）有种种不同的理解，因而亚里士多德没有明确地将友爱作为一种道德德性。不过，他非常重视友爱，在《尼各马科伦理学》和《优台谟伦理学》中他对友爱作了系统深入的研究，阐明了各种不同类型的友爱的不同含义和意义，揭示了友爱的实质，并对与友爱类似的概念作了仔细的辨析。他关于友爱的思想不仅是西方伦理学史最系统的，而且具有经典性的意义。

（一）友爱的意义

在柏拉图的对话中讨论过友爱问题，但讨论得很不充分，似乎也没有多少独到见解，但在亚里士多德这里，友爱问题受到了高度重视。在《尼各马科伦理学》全书的十卷中，有两卷是讨论友爱（第八、九卷），而讨论公正问题的篇幅也只有一卷（第五卷）。单从篇幅看，就可以看出友爱在亚里士多德心目中的地位。而且从全书的结构安排来看，公正也只是作为多种具体的道德德性的其中之一加以讨论的，而友爱则作为一个更复杂的问题被安排在实践智慧问题之后、作为全书总结的最后一卷之前十分显著的位置。这也表明亚里士多德希望引起人们对友爱高度重视的态度。

亚里士多德之所以高度重视友爱，是因为他认为友谊不仅仅是一种德性或者说是与德性相关的，而且是所有人生活中所必需的东西，是幸福所不可缺少的，同时也事关城邦的和谐和美好。

首先，友爱是生活的必需品。在亚里士多德看来，无论什么样的人都需

---

① ［古希腊］亚里士多德:《尼各马科伦理学》，苗力田主编:《亚里士多德全集》第八卷，中国人民大学出版社 1992 年版，第 156 页。

要朋友，任何人都不会过那种没有朋友的孤独生活。鸟和许多野兽同类之间相互友爱，人类更是如此。那些富有的人和权贵的人最需要朋友。对朋友的惠赠是最有价值的，也是最为人称道的。如果没有朋友，这些幸运儿就没有机会做成最为人称道的好事。同时，富有的人的财富的贮藏和保全也需要朋友。财产越多，风险越大，只有朋友才是可靠的。对于贫穷的人和处于灾难之中的人来说，只能指望朋友的帮助。亚里士多德认为，一个人无论是在不幸中还是在幸福中都需要朋友。在现实生活中，人们在两种情况下都寻求朋友。不幸的人期求援助，因而有用的朋友更重要，而幸福的人需要陪伴，因而需要高尚的朋友。除此之外，普通人也需要朋友的帮助。例如，青年人需要朋友帮他少犯错误，老年人需要朋友照顾，壮年人需要有朋友帮助他们高尚。人们之所以需要友爱，是因为"无论在思考方面，还是在实践方面，两个人都比一个人更有力量"①。

其次，幸福需要朋友。有人认为，对于享受幸福的人来说，因为他的幸福生活是自足的，也就是一无所缺的，所以朋友并不是必需的。亚里士多德不同意这种观点。他从两个方面说明朋友对于幸福的人也是需要的。一方面，如果说一个处于不幸之中的人需要一些做好事的人来帮助他，那么一个处于幸福之中的人则需要有人来接受他们的好处，朋友就是接受他们好处的更合适人选。在亚里士多德看来，一个人对朋友做尽可能多的好事，而不接受对方的回报，这种好事就属于善行，而对朋友做好事比对陌生人做好事更为高尚。"所以，幸福应该有朋友。"②另一方面，"人是政治动物，天生要过共同生活"③，而这也是一个幸福的人所不可缺少的。一个幸福的人不仅要拥有自然而善的东西，而且也要和朋友在一起，和高尚的人在一起，而这显然比和陌生人在一起更好。朋友也属于那些可贵的东西，而凡是对自身可贵的东西，幸福就该拥有它，不然就有所缺乏。所以，"对于一个幸福的人来说，当然要有高尚的朋友。"④

最后，友爱甚至比公正更重要。亚里士多德认为，"友爱是人们选择共

---

①　［古希腊］亚里士多德：《尼各马科伦理学》，苗力田主编：《亚里士多德全集》第八卷，中国人民大学出版社 1992 年版，第 165 页。

②　同上书，第 205 页。

③　同上。

④　同上书，第 208 页。

同生活的初衷"①，它将城邦联系起来，所以统治者重视友爱甚至超过了公正。他们都通过倡导友爱加强人与人之间的团结，同时也运用友爱的力量消除人们之间的仇恨。友爱出现于各种政体之中，与公正并存，但因政体不同而迥异。在好的政体中，友爱和公正一样地多，而在那些蜕化了的政体中，友爱和公正同样稀少，在最坏的政体中也就最少，在暴君制下很少或者没有友爱。就个人而言，虽然朋友之间不必论公正，但公正的人却需要有友爱，真正的公正应该包含着友爱，而且"随着友谊的增加，对公正的要求也同时增加。因为友谊和公正存在于同一些人身上，以同样的程度存在着"②。

（二）基于平等的三种友爱

亚里士多德根据友爱产生的原因将友爱划分为三种：一是为了有用而产生的友爱；二是为了快乐而产生的友爱；三是为了友爱本身或德性而产生的友爱。亚里士多德在《尼各马科伦理学》《大伦理学》和《优台谟伦理学》中多次谈到友爱划分为三类，其中最完整的表述是："既然'友爱'一词被区分为三层含义，那么，也就规定了，一类友爱是由于德性，另一类由于有用，再一类由于快乐。"③

一些人是为了相互之间有好处而建立友谊，也有一些人彼此之间相互友爱是为了使他们愉快。那些为了用处而爱朋友的人是为了对自己有用，而那些为了快乐而爱朋友的人则是为了使自己快乐。亚里士多德认为，这两种友爱都是偶然意义上的友爱。一个朋友之所以被爱，并非由于他是朋友，而是由于他或者能提供好处，或者能提供快乐。一旦朋友不再是令人快乐的或者不再是有用的，友爱也就此终止了。既然做朋友的原因不存在了，友爱也就烟消云散。所以，这样的朋友难于长久，很容易散伙。亚里士多德认为，青年人的友爱通常是因快乐而存在的。青年人凭感情生活，特别追求那些使他们快乐的当下存在的东西。然而，随着年龄的变化，那些令人快乐的东西也会变化。所以，青年人会很快地成为朋友，也会很快地断绝往来。例如，青年人容易坠入爱河，但这种爱大多是由激情驱使的，为快感

---

① ［古希腊］亚里士多德：《政治学》，苗力田主编：《亚里士多德全集》第九卷，中国人民大学出版社 1994 年版，第 92 页。

② ［古希腊］亚里士多德：《尼各马科伦理学》，苗力田主编：《亚里士多德全集》第八卷，中国人民大学出版社 1992 年版，第 179 页。

③ ［古希腊］亚里士多德：《优台谟伦理学》，苗力田主编：《亚里士多德全集》第八卷，中国人民大学出版社 1992 年版，第 411 页。

所左右，因而他们爱得快，结束得也快。以有用为目的的友爱多见于老年人，这个年纪的人不再追求快乐而追求实用。所以，一旦不能从友谊中获得什么利益，他们就根本不再往来。当然，也有一些为了占便宜的青年人和壮年人也如此。

与前两类友爱不同，为了友爱本身而产生的友爱是因同一类人之间的友善和相似的德性品质而产生的友爱。这种友爱的双方不是因为别的原因，而是因为他们都友善，都有德性品质，他们的友爱是出于对对方品质的爱，他们都以同样的方式希望对方好。所以，在这些人之间存在的友爱，只要他们的德性品质还存在，就会一直存在下去。德性是持久的品质，因而以它为基础的友谊是长久的。所以亚里士多德说："只要善不变其为善，这种友谊就永远维持。只有德性才是恒常如一的。"[1]在这种友爱关系中，双方原本就是友善的，并且对朋友友善，因而他们是相互有益的。同时，德性原本是令其具有者愉快的，通过友爱又能让他人愉快，而具有相同德性的人也有相似的行为方式，因此处于这种友爱关系中的双方就既对他自己也对与他相似的行为方式感到愉快。这就是说，基于友爱本身的友爱既具有前两类友爱所带来的益处和快乐，又能保持长久。因此，"只有这样的友谊才称得上永恒的，因为友谊所应有的东西都寓于此中了。"[2]

亚里士多德承认以上三种友爱都属于友爱的范畴。他说："在我们论述中提出的友爱的定义，在某种意义上全都属于友爱，但不是同一类型的友爱。"[3]他所推崇的是为了友爱本身而产生的友爱。他认为，那些因有用和快乐而做朋友的人情形非常复杂，他们可能是一些无赖之人，也可能是善良之人，也可能是邪恶之人，也可能既非善良也非邪恶之人。只有因友爱本身而产生的友爱才是善良者之间的友爱，"只有善良的人，才因自身而做朋友。"[4]一般来说，品质低劣的人因有用和快乐而变成朋友，他们追求的东西相同，但品质善良的人则因自身的品质之故而成为朋友，因为他们恰恰是因为品质善良而相互友爱。所以，他们是真正的朋友，而因有用和快乐成为朋友的人

[1]　[古希腊]亚里士多德：《尼各马科伦理学》，苗力田主编：《亚里士多德全集》第八卷，中国人民大学出版社1992年版，第169页。
[2]　同上。
[3]　[古希腊]亚里士多德：《优台谟伦理学》，苗力田主编：《亚里士多德全集》第八卷，中国人民大学出版社1992年版，第437页。
[4]　[古希腊]亚里士多德：《尼各马科伦理学》，苗力田主编：《亚里士多德全集》第八卷，中国人民大学出版社1992年版，第171页。

不过是偶然的朋友。他们的友爱是低等的，他们不过是相互交换不同的东西，如以快乐交换好处。这种友爱显得与真正的友谊既相似又不相似。说它们相似，是因为它们提供快乐或有用，而基于德性的友爱对此是兼而有之的；说它们不相似，是因为基于德性的爱能持久维系，而基于快乐和有用的友爱快速地变换，很少能持久，在某些方面还偏离了真正的友爱。据此，亚里士多德认为，只有善良的人基于德性的友爱才是真正的、高贵的友爱，友爱在善良的人们那里达到了最完美、最高尚的程度。"只有在这些善良的人们中，友爱和友谊才是最大和最善的。"[1]不过，亚里士多德注意到，这种纯洁的友爱是罕见的，这样的人很稀少。

（三）从属关系的友爱

以上三种友爱都是建立在平等的基础之上的，在这些友爱中，双方所提供的和期望得到的东西是同样的。亚里士多德认为，除了这一类平等的友爱之外，还有一类存在于从属关系中的友爱，如父子之间的友爱，以及一般地存在于老年人与年轻人、男人与女人、君王与臣民之间的友爱。

从属关系的友爱情形很复杂，区别也很大，如父母子女之间的友爱和君王与臣民之间的友爱就不相同，父亲对儿子的友爱也不等于儿子对父亲的友爱，丈夫对妻子的友爱也与妻子对丈夫的友爱不同。他们中的一方为另一方所付出的和所得到的是不同的东西，他们也不可能有相同的要求。不过，如果他们各自做到了他们应当做的，他们之间的友爱就会持久和公道。在所有这些友爱中，爱必须合乎比例。一般来说，地位尊优者所得到的爱常常多于所付出的爱，如果双方按照其受尊重的程度被爱，就产生了某种程度的平等。这种平等可以理解为友爱中的双方各自得到与自己的地位或角色相应的爱。也就是说，在这种从属关系的友爱中，当事人双方的被爱和爱是有差距的，但差距又必须是合理的。这样，友爱才会存续下去。

那么，这种差距究竟多大才能保全双方的友情呢？亚里士多德认为，要做出一个精确的规定是不可能的。不过可以肯定，双方之间的差距如果大到像人与神之间的距离，那就不可能继续做朋友。亚里士多德提出的基本想法是，要坚持因朋友自身之故而希望朋友好这个友爱的基本规定，这个规定的基本前提是被爱的朋友在所有情况下都保持原有的德性。也就是

---

[1] ［古希腊］亚里士多德：《尼各马科伦理学》，苗力田主编：《亚里士多德全集》第八卷，中国人民大学出版社 1992 年版，第 170 页。

说，真正的友谊是建立在当事人双方的德性基础上，而不是建立在快乐和有用的基础上，保持双方的友谊的前提就是双方的德性品质不变，而且都希望对方好。

在亚里士多德看来，正是有了这种爱，虽然朋友双方有着很不平等之处，但可以使之平等，成为朋友。亚里士多德对这种从属关系的友爱作了很多的讨论，下面这一段描述大体上反映了他心目中的基于等差的友爱如何体现双方平等："父亲对儿子，祖宗对后代，君主对臣属的主宰是自然的。在尊长中存在着这种友谊，这就是为什么祖先们要受到尊敬。在这里也存在着公正，但不是双方相等，而是各取所值。友谊也是这样，丈夫对妻子的爱相当于贵族制中，以德性为归依，更好的人所得的多，每个人都有相应的报偿，公正也是这样。"① 显然，友爱的这种平等是一种有差别的平等，也就是亚里士多德所说的"友爱的公正"②。

（四）友爱的实质

从以上阐述和亚里士多德的其他论述可以看出，亚里士多德关于友爱的基本看法可以归纳为以下五个方面：

其一，友爱出自品质，而不是出自情感。亚里士多德认为，友爱不同于喜爱，"喜爱似乎是一种情感，而友谊似乎是一种品质。"③ 喜爱也可以给予无生命的东西，互爱则要求自愿选择，而选择以某种品质为前提。当一个德性善良的人变成朋友时，对于他的朋友而言，他就是高贵的东西。人们希望他所爱的人好，这是一种意愿，这种意愿不是出于感情，而是出于品质。"希望所爱的人成为好人，是为了他自身，并不是来自情感，而是来自品质。"④

其二，友爱的真正主体是善良的人。什么人是善良的人呢？"善良的人，应该是一个热爱自己的人，他做高尚的事情，帮助他人，同时也都是有利于自己的。"⑤ 而且，善良的人，总是为了朋友，为了城邦而尽心尽力，必

---

① ［古希腊］亚里士多德：《尼各马科伦理学》，苗力田主编：《亚里士多德全集》第八卷，中国人民大学出版社 1992 年版，第 181—182 页。

② ［古希腊］亚里士多德在《优台谟伦理学》中谈到道德友爱注重选择，所以更公正，即友爱的公正。参见苗力田主编：《亚里士多德全集》第八卷，中国人民大学出版社 1992 年版，第 434 页。

③ ［古希腊］亚里士多德：《尼各马科伦理学》，苗力田主编：《亚里士多德全集》第八卷，中国人民大学出版社 1992 年版，第 173 页。

④ 同上。

⑤ 同上书，第 204 页。

要时甚至不惜自己的生命。亚里士多德认为，只有善良的人才会出于对对方品质的爱建立友谊，双方才会以同样的方式希望对方好。因此，也只有在这些人之间才会存在真正的友爱，只要他们的德性品质还存在，他们的友谊就会长久地存在下去。"好人之间的友爱是最稳固、最持久的，也是最高尚的，因为它是基于德性和善的，是合理的。"① 邪恶的人则不可能建立真正的友谊，因为"邪恶的人，就不应该是个爱自己的人，他跟随着自己邪恶的感情，既伤害了自己，又伤害了他人"②。显然，这样的人不可能有真正的友谊，即使为了有用或快乐或其他利益考虑而建立了友谊，这种友谊也不是真正意义上的，而且也总会是短暂的。"坏人可以因为快乐和有用而成为朋友，他们在这方面相似。好人们则因为自身，由于他们的善良而成为朋友。"③

其三，真正的友爱为其自身而产生。从前面所阐述的亚里士多德关于平等的友爱的三种类型可以看出，亚里士多德将出于有用或快乐建立的友爱看作是类似友爱的友爱，而不是真正意义的友爱。真正的友爱只有一种，那就是由于友爱本身而产生的友谊，这种友谊虽然也会对当事人双方带来某种益处和快乐，但它不是为了有用和快乐而产生的。"这种友爱不论在时间上，还是在其他方面都是完美的，属于朋友的东西都遵循同一原则而生成，它们之间是相同的。"④

其四，友爱是平等的。爱朋友的人同时也爱对于朋友是好的事物。友爱着的每个人都爱着对他本身而言是高贵的东西，并给予对方以同样的回报。他们希望对方好，给予他快乐。这即是先哲所说的："友爱即平等。"关于这种平等，亚里士多德作了具体的说明："友爱都是平等的，双方都有着共同的要求，相互间有着同样的愿望。"⑤ 亚里士多德将"友爱即平等"理解为友爱双方有着共同的需求，这就是爱对于朋友是好的东西；同时双方也有着共同的愿望，这就是希望对方好。因此，这种平等也就是一种相同性。他说，这种"平等和相同性至关重要，它们自身的坚定性就保证互相间友谊的持久"⑥。友爱的这种特点在善良者的友爱中表现得最明显。不过，友谊与公正

① ［古希腊］亚里士多德：《尼各马科伦理学》，苗力田主编：《亚里士多德全集》第八卷，中国人民大学出版社 1992 年版，第 326 页。
② 同上书，第 204 页。
③ 同上书，第 171—172 页。
④ 同上书，第 170 页。
⑤ 同上书，第 174 页。
⑥ 同上书，第 177 页。

概念中所提到的平等并非是同一含义。在公正问题上，价值的平等居首位，数量的平等居次要地位；而在友谊中，数量的平等居首位，而价值上的平等居次要地位。如果两个人品质、财富或其他方面有很大差距，他们就不会成为朋友，甚至也不期望彼此成为朋友，已有的朋友关系也难以为继。例如，品质低劣的人不会期望与最优秀、最有智慧的人做朋友。

其五，友爱主要体现于爱而非被爱中。友爱在内容上是一种爱与被爱的关系。在朋友关系中，双方互爱，每一方都付出爱，同时又被爱。在友爱的爱与被爱这两者之中，亚里士多德更推崇爱。大家公认友爱更多地在于去爱而非被爱，这可由母爱来证明。母亲总是以爱为喜悦，并不索取回报，只要看到子女过得幸福，就心满意足了。尽管孩子可能出于无知，根本不把她当母亲，但她还是爱孩子。据此，亚里士多德得出了这样的结论："所以友爱更多地是在爱中，那些爱朋友的人受到人们的赞扬。所以，爱似乎就是朋友的德性。在朋友中只有这一点是受人重视的。只有这样的人是长久的朋友，保持着不变的友谊。"[1]

（五）友爱的其他问题

亚里士多德讨论了许多友爱本身及相关的问题，我们不可能也没有必要一一阐述，这里我们简要介绍一下有关友爱与自爱、善意、同心的关系，以及朋友数量、友爱存续方面的思想。

谈到友爱就涉及它与自爱、善意、同心的关系，亚里士多德对这些关系问题进行了较充分的讨论，认为对他人的友谊及友谊自身的规定，都取决于人们如何对待自己。善良的人也会以对待他人的方式对待自己，因为这样的人表里如一，希望自己善良，并加以实践。善良才是他们的真实存在，他们对待朋友正如对待自己，朋友不过是另一个自我而已。这一切都是作为朋友所应真实具有的。亚里士多德认为，"一切与友谊相关的事物，都是从自身推广到他人。"[2] 他指出，"一个人是他自己的最好朋友，人所最爱的还是他自己。"[3] 不过，真正的自我是人的理性的部分，真正的爱自己者应该是按照理性生活的人，亦即善良的人。善意是基于德性和公道产生的，它是友好

---

① ［古希腊］亚里士多德：《尼各马科伦理学》，苗力田主编：《亚里士多德全集》第八卷，中国人民大学出版社 1992 年版，第 177 页。

② 同上书，第 202 页。

③ 同上书，第 202 页。

的，但不是友爱。对不相识的人和无所知的人都可以有善意，但这显然不是友爱，友爱是善良的人之间有共同的需求和共同的愿望。不过，善意是友爱发端之一。人们常常是先萌发了善意然后成为朋友的。如果长久地延续这种善意，相互建立起信赖，善意也会转变成友爱。同心就是在公共事务方面公民的利益一致，选择相同，并为共同的决定而尽力。它不是指大家都在同时想一件事情，而是指大家在同一件事情上齐心协力。因此，同心可以说是政治上的友谊，它关系到公民的福利，影响他们的生活。

在朋友的数量上，亚里士多德认为应该有所限制。他认为，在完善的友爱的意义上，一个人不可能跟许多人交朋友，正如一个人不能同时跟许多人恋爱一样。就爱的本性而言，爱是倾心于一个人的。许多人对一个人爱得不得了，这情况不容易出现。而且，一个人也不可能碰到许多品质善良的人。同时，人们要在长期的交往中才能了解别人的品质，这也使得友谊的建立不容易。亚里士多德认为，只有在涉及有用和快乐的方面，人们才会喜欢很多人，因为有用和令人愉快的人很多，而且他们能够给予好处，人们只需花很少的时间就可以获得。在基于有用的友爱和基于快乐的友爱中，后者更接近真正的友爱本身，因为两个人在友爱中起的是相同的作用，彼此给予快乐，或者在同一事情上感到快乐。例如，年轻人的友爱就是如此，他们在快乐上总是表现得慷慨。基于有用的友爱情形则不同，当事人往往比较计较。

亚里士多德还讨论了友爱的中止问题。他认为凡是基于有用和快乐的友谊，人一旦变了，不再有用或不再带来快乐，友谊自然会终止。但是，如果两个有德之人交了朋友，其中一个人后来变坏了，另一个人还要与他保持友谊吗？亚里士多德的回答是否定的。"因为不应该爱一切人，而只应该爱善良的人。爱坏人是错误的，不应该爱坏人，爱坏人也就是让自己变成坏人。"[1]不过，他并不主张一概而论。对于那些不可救药的坏人要立即断绝关系，既然无可救药，还不如尽快分手，这样也无可厚非。但是，对于那些可以改正的人，则要给予帮助，在德性上和生活上都如此，而这正好体现了友爱的价值之所在。还有另一种情形，即朋友中的一个人依然如故，而另一个人却大大地进步了，在德性上有了很大的提高。例如，儿童时的朋友，一个还仍然保持着儿童时的智力，另一个却长成了精明强干的男子。这样的两个人还能做朋友吗？亚里士多德的回答也是否定的。因为他们两人现在差距

---

① ［古希腊］亚里士多德：《尼各马科伦理学》，苗力田主编：《亚里士多德全集》第八卷，中国人民大学出版社1992年版，第194页。

巨大，他们的兴趣不同，好恶各异，甚至无法共同相处。

七、公民与国家

亚里士多德虽然没有像柏拉图那样明确提出国家应具备什么样的德性，但受柏拉图的影响专门研究了社会德性问题，构建了系统的社会德性思想体系。他的社会德性思想对后来特别是近现代西方社会德性思想产生了深远影响，他的"人是政治动物"的命题及对公民的界定成为了人类的普遍共识，他关于政制类型的划分成为后世政治理论和政治实践的思想源泉和重要依据。他对柏拉图的社会德性思想提出了诸多批评，但他的社会德性思想受柏拉图的影响很大，而且在许多方面是一致的，在一定意义上可以把他的社会德性思想看作是柏拉图的发展或阐发。不过，从人类思想史的角度看，他的社会德性思想的影响比柏拉图更大。他的社会德性思想是在《政治学》中集中阐述的，涉及国家和家庭的起源、公民与国家的关系、各种不同的政体以及他所推崇的政体等社会德性思想的一些基本问题。

（一）人是不平等的政治动物

亚里士多德的社会政治理论主要是研究城邦的起源、本性、结构和规定性（品质）的。他首先给城邦作了一个界定，认为所有的城邦都是共同体，但并非所有的共同体都是城邦。城邦是最崇高、最权威的政治共同体，这种共同体包含了其他共同体，它不只是像其他共同体那样为着某种善而建立的，而是追求至善。他说："所有城邦都是某种共同体，所有共同体都是为着善而建立的（因为人的一切行为都是为着他们所认为的善），很显然，由于所有的共同体旨在追求某种善，因而，所有共同体中最崇高、最有权威、并且包含了一切其他共同体的共同体，所追求的一定是至善。这种共同体就是所谓的城邦或政治共同体。"①在他看来，要弄清城邦的本性，必须首先弄清构成城邦的简单要素或不可再分的基本元素。他说："正如在其他方式下一样，我们必须将组合物分解为非组合物（它是全体中的最小部分），所以我们必须找出城邦所由以构成的简单要素，以便可以看出它们相互间有什

---

① ［古希腊］亚里士多德：《政治学》，颜一、秦典华译，苗力田主编：《亚里士多德全集》第九卷，中国人民大学出版社1994年版，第3页。

么区别，我们是否能从各类统治中得出什么结论来。"① 他寻找的简单要素就是人。

从构成共同体的简单要素这种意义看人，人是一种在社会中生活的动物，即政治动物。这是所有人的共同社会本性或本质。所以他说，"人天生是一种政治动物，在本性上而非偶然地脱离城邦的人，他要么是一位超人，要么是一个鄙夫"；"很显然，和蜜蜂以及所有其他群居动物比较起来，人更是一种政治动物"。② 亚里士多德还给人下过多个定义，如：人是两足的（无羽的）动物，人是唯一掌握语言的动物，人是理性的动物等。这些定义从不同方面揭示了人的本质特征，但他的"人是政治动物"的定义则揭示了人的社会本性或本质。正因为人天生就是政治动物，所以他们就需要他人，需要社会生活。这不仅是实现自己的利益的需要，而且是因为社会生活本身就是美好的，就是值得追求的。"人天生就是一种政治动物。因此，人们即便并不需要其他人的帮助，照样要追求共同的生活，共同的利益也会把他们聚集起来，各自按自己应得的一份享有美好的生活。对于一切共同体或个人来说，这是最大的目的。而且仅仅为了生存自身，人类也要生活在一起，结成政治共同体；或许是因为只要苦难的压迫不是过于沉重，单单是生活本身之中就存在着某种美好的东西。"③

但是，亚里士多德在这里并不只是要论证人是政治动物，而是要在肯定所有人都是政治动物的前提下，说明它们之间的差异，而这种差异就在于他们有些是统治者，有些是被统治者。在他看来，这种划分是自然的，也是人作为政治动物的本真状况。我们以往只是注意他所说的人是政治动物，而不太重视甚至完全忽视了他所极力论证的人在政治和社会生活中不平等的一面。这种不平等的合理性是他关于人的定义中更重要的一点。亚里士多德从最原初的自然共同体即男人与女人、主人和奴隶的共同体开始考察，然后进至家庭、村落，最后再到城邦。他力图通过这种考察一方面表明，人注定要生活在共同体之中，注定是政治动物；另一方面表明作为政治动物的人从一开始在共同体中的地位就是不平等的，有一些人是天生的统治者，而另外一些人是天生的被统治者。

---

① ［古希腊］亚里士多德：《政治学》，颜一、秦典华译，苗力田主编：《亚里士多德全集》第九卷，中国人民大学出版社 1994 年版，第 3—4 页。

② 同上书，第 6 页。

③ 同上书，第 85 页。

　　亚里士多德认为，从事物的根源考察，有些事物不同于其他事物，它们一开始就是结合体，彼此之间一旦相互分离便不可能存在。男人和女人就是这样的共同体或结合体，他们并非有意如此，而是出于本性，就是说，他们必须结合为一体才能产生与自己相同的后代。还有一种这样的共同体，即统治者和被统治者。这种结合体也是为了彼此的生存而建立的，双方有共同的利益，如若没有这样的结合体，他们都不能存在下去。这种结合体像男人和女人的结合体一样，也是天然的，因为有些人天生就适合于做统治者和主人，而有些人天生就适合于做被统治者或奴隶。这就是说，人作为政治动物彼此之间存在着不平等是本性决定的，也是他们的生存需要决定的，具有生物学的自然基础。亚里士多德承认，女人与奴隶在本性上是不同的，女人并不是天生的奴隶。但是，在一些野蛮人中，女人的地位与奴隶相同，就是说，男人是主人，而女人是奴隶。之所以出现这种情况，是因为在野蛮人中没有天生的统治者，所有人似乎都与奴隶在本性上一致，男人与女人的共同体只不过是女奴隶与男奴隶的结合而已。从男女共同体和主奴共同体这两种共同体中形成了家庭这种共同体。"家庭是为了满足人们日常生活需要自然形成的共同体"①。家庭都是由年长者治理的，即所谓"每个人给自己的妻儿立法"。多个家庭为获得比生活必需品更多的东西而联合起来时便产生了村落；多个村落为了满足生活需要，以及为了生活得更美好，就结合成了一个完全的共同体；而这种共同体大到足以自足或接近自足时，城邦就产生了。如果说前面所说的共同体都是自然的，那么城邦也就是自然的，自足就是它的目的和至善。

　　通过这一番考察，亚里士多德得出了这样的结论：人天生是一种政治动物，而且比其他群居动物更是政治动物，因而人在本性上而非偶然地是一种政治动物。同时，人是唯一有语言的动物，其声音不仅可以表达苦乐，而且能表达利弊、善恶、公正不公以及诸如此类的感觉。既然人是政治动物，他就必须生活在共同体即家庭和城邦之中，而个人和家庭都是城邦的构成部分，那么城邦就在本性上先于家庭和个人，因为整体必然先于部分。而且城邦是自足的，而个人和家庭不是自足的。在亚里士多德看来，城邦之所以先于个人，是因为当个人被隔离时就不是自足的，就不是城邦的部分。当人不是城邦的部分时，他要么是只禽兽，要么是个神。人天生就具有社会本能，

---

　　① ［古希腊］亚里士多德：《政治学》，颜一、秦典华译，苗力田主编：《亚里士多德全集》第九卷，中国人民大学出版社1994年版，第5页。

因而"人一旦趋于完善就是最优良的动物，而一旦脱离了法律和公正就会堕落成最恶劣的动物。"① 因此，对人进行管理要以公正为准绳。

人生活在家庭中，家庭是人生活的共同体，而人在共同体中生活是不平等的。就家庭而言，它是由奴隶和自由人或主人组成的。家庭中存在着三种关系，即主奴关系、配偶关系、亲嗣关系。因而有关家务的管理也相应包括三个部分：主人对奴隶的管理，父权的运用，夫权的运用。就第一种关系而言，"主人仅仅只是奴隶的主人，他并不属于奴隶，相反，奴隶不仅是主人的奴隶，而且全部属于他"② ；或者说，"他是他人的人，作为奴隶，也是一件所有物，而且所有物就是一种"③。就丈夫和父亲而言，他统治着妻子和子女，虽然两者都是自由人，但像奴隶一样是被统治者，只是统治的方式有所不同，"对子女的统治是君主式的，对妻子的统治则是共和式的"④。亚里士多德认为，总体上看，"家庭的统治是君主式的，而依法统治则是由自由民和地位同等的人组成政府"⑤。

亚里士多德将家庭的这种统治与被统治关系推而广之，认为在一切复合体事物和一切由部分构成的事物中，都存在着统治元素和被统治元素。动物是由灵魂和肉体构成的，灵魂就是统治者，而肉体则是被统治者。动物有雄性与雌性之分，雄性是统治者，而雌性是被统治者。动物与人有高低之分，人是统治者，而动物是被统治者。不仅如此，所有的被统治者存在的价值就在于实现统治者的目的，它们都是为统治者而活着的。"植物的存在就是为了动物的降生，其他一些动物又是为了人类而生存，驯养动物是为了便于使用和作为人们的食品，野生动物，虽非全部，但其绝大部分都是作为人们的美味，为人们提供衣物以及各类器具而存在。"⑥ 就人而言，"那些要属于他人而且确实属于他人的人，那些能够感知到别人的理性而自己并没有理性的人，天生就是奴隶"⑦，生来就是受人统治的。"所以，几乎万事万物都是因其本性而统治着或被统治。""统治与被统治不仅必需而且有益。一部分人天

---

① ［古希腊］亚里士多德：《政治学》，颜一、秦典华译，苗力田主编：《亚里士多德全集》第九卷，中国人民大学出版社 1994 年版，第 7 页。

② 同上书，第 9 页。

③ ［古希腊］同上书，第 9—10 页。

④ ［古希腊］亚里士多德：《政治学》1259b2-3，颜一、秦典华译，苗力田主编：《亚里士多德全集》第九卷，中国人民大学出版社 1994 年版，第 26 页。

⑤ 同上书，第 14 页。

⑥ 同上书，第 17 页。

⑦ 同上书，第 11 页。

生就注定治于人，一部分人则注定治人。"① 在亚里士多德看来，自然赋予自由人和奴隶不同的身体，它使得一部分人身体强壮以适合于从事体力劳动，使得另一部分人身体文弱，这虽然不利于干体力活，但却无损于从事政治活动。他认为，主人之所以称为主人并不在于他们有知识，而在于他具有某种品质，即德性。人的灵魂有一部分在本性上实行统治，另一部分则在本性上服从，而统治部分的德性与服从部分的德性是不一样的。一部分是理性部分的德性，而另一部分是非理性部分的德性。"虽然灵魂的各部分存在于所有人中，但所存在的程度不同。奴隶根本不具有审辨的能力，妇女具有，但无权威，儿童具有，但不成熟。"② 因此，亚里士多德得出了一个重要的结论，即："有些人天生即是自由的，有些人天生就是奴隶，对于后者来说，被奴役不仅有益而且是公正。"③

（二）城邦与公民

对于亚里士多德来说，虽然人都生活在城邦中，但城邦并不是由其所属的所有人组成的，而是由其中的自由民或公民构成的，而且城邦都采取一定的政体或政治制度形式，就是说城邦都是政治共同体。他认为现存的政体都有弊端，所以他要研究最好的政治共同体是什么及其与公民关系怎样的问题。

对于城邦是什么，它是怎样形成的，亚里士多德进行了多方面的明确论述。他认为，一个城邦并不是空间方面的共同体，也不是单单为了防止不公正的侵害行为，或保证人们间的贸易往来。这一切都是城邦存在的条件，只要城邦存在，都必然离不开这些方面，但即使全部具备了这一切，也不能说就构成了一个城邦。显然，倘若人们不居住在一个地方并相互通婚，就无法形成一个城邦共同体。城邦中应有婚姻、宗族、公共祭祀活动和消遣活动等，它们都是共同生活的表征，并且都是友爱的结果。友爱是人们选择共同生活的初衷，而人们做所有这些事情都是为优良生活。亚里士多德强调，人们确立共同体并不单单是为了共同的生活，而且也应以高尚的行为为目标。那些对城邦有卓著贡献的人，比那些在出身方面同样是自由人或更加尊贵而

---

　　① ［古希腊］亚里士多德:《政治学》，颜一、秦典华译，苗力田主编:《亚里士多德全集》第九卷，中国人民大学出版社 1994 年版，第 10 页。

　　② 同上书，第 28 页。

　　③ 同上书，，第 12 页。

在政治德性方面却不及的人相比，或者与在财产方面超出他人而在德性方面却不如人的人相比，应该在城邦中享有更加显赫的地位。所以，他说："城邦是若干家庭和种族结合成的保障优良生活的共同体，以完美的、自足的生活为目标。"① 又说："城邦是若干家族和村落的共同体，追求完美的、自足的生活。我们说，这就是幸福而高尚的生活。"②

亚里士多德针对柏拉图城邦在《理想国》中所主张的共有妻子、儿子以及财产的观点，专门讨论了城邦的所有制问题。亚里士多德认为城邦的所有制只有三种可能：城邦成员共有一切；没有任何共有之物；有些事物共有，有些事物不共有。其中第二种可能是不存在的，因为城邦必定有一个共有的处所，如有一个城市，有所属的公民。对于另外两种可能，亚里士多德对柏拉图的共有妻子、儿子以及财产观点进行了多方面的反驳。例如，他说："城邦不仅是由多个人组合而成，而且是由不同种类的人组合而成。种类相同就不可能产生出一个城邦。"③ 在他看来，即使我们能够使城邦达到完全一致，也不应当这样去做，因为这会使城邦走向毁灭。亚里士多德也不同意晚年柏拉图《法篇》的观点，认为他只是放弃了妇女和财产公有制，而其他的方面没有什么变化，而且所提出的关于政体的主张还存在着明显的问题。《法律篇》提出较好的政体是由民主政体和僭主政体结合而成。亚里士多德认为这两者根本就不算政体，或者只是最坏的政体，因为它更倾向于寡头政体，这种政体"根本就不包含任何君主政体的因素"④，而共和政府才是亚里士多德的理想政体。

亚里士多德对当时人们认为比较好的城邦政体即斯巴达、克里特和迦太基的政体进行了分析。他的分析主要包括两个方面：一是和完善的城邦相比，它的法律是好还是坏；二是它和原来立法的宗旨及方式是否一致。他分析的结果是认为它们都存在着问题。斯巴达的问题较多：一是它的奴隶和边民时常反抗，这表明斯巴达还没有找到有效的管理奴隶的方式；二是斯巴达立法只重视男公民的勇敢刚毅，而忽略了妇女的品德，导致她们自由放纵，无所约束；三是土地为少数人兼并，导致富者愈富穷者愈穷。除此之外还在

① ［古希腊］亚里士多德：《政治学》，颜一、秦典华译，苗力田主编：《亚里士多德全集》第九卷，中国人民大学出版社 1994 年版，第 92 页。
② 同上。
③ 同上书，第 32 页。
④ 同上书，第 47 页。

监察制度、长老制等方面也存在弊端。克里特政体的共餐制比斯巴达优越，但监察制比斯巴达还糟，而且克里特人还有聚党结派的坏习惯。迦太基虽然不是希腊本土的城邦，但比前二者优越，它保持着平民因素，但一直稳定。不过，它的政体也存在着自身的问题，如：它有时倾向民主制，有时则倾向寡头制，而偏离了贤人制或贵族制；它允许一个人担任几种官职，而这会影响办事的效果。① 正是基于对现存城邦及其政体的反思，亚里士多德提出了他的理想的城邦及其政体。

在亚里士多德看来，"城邦就是由一定数量的公民形成的某个整体"②。那么，什么是公民呢？亚里士多德认为，公民问题众说纷纭，而民主政体下的公民在寡头政体下往往就不是公民。在他看来，一个公民并不是由于他居住在某个地方而成为公民，因为侨居者和奴隶也都可能住在同一个地方；一个公民也不是由于拥有诉讼权利、可以投诉或被他人投诉而成为公民，因为连侨居者也有这些权利，这些人只是以不完全的方式享有公民的权利。亚里士多德认为，真正意义的公民，"就是参与法庭审判和行政统治的人，除此之外没有任何其他要求"③。当时希腊的公众审判法庭和公民大会是城邦的最高权力机关，根据亚里士多德对公民的定义，公民就是有权参加这些权力机关活动的人，也可以说就是具有政治权利的人，而且正是这些人组成了城邦。他说"凡有资格参加城邦的议事和审判事务的人都可以被称为该城邦的公民，而城邦简而言之就是其人数足以维持自足生活的公民组合体。"④ 不过，后来亚里士多德也肯定了公民除了参与行政之后，还分享城邦的公共利益。他说："真正的公民必定在于参与行政统治，共同分享城邦的利益。"⑤

亚里士多德对公民的概念作了一些辨析，其中特别值得重视的是，他关于善良之人的德性与良好公民的德性是不是相同的讨论。他认为，公民作为共同体的一员，如同水手是船上的一员一样。水手有不同的职能，因而他们各有自己应具备的德性，但他们也有一个共同的目标，就是航行。每个公民

---

① 参见［古希腊］亚里士多德：《政治学》第二卷第九至十一章，颜一、秦典华译，苗力田主编：《亚里士多德全集》第九卷，中国人民大学出版社 1994 年版，第 57 页以后。

② ［古希腊］亚里士多德：《政治学》，颜一、秦典华译，苗力田主编：《亚里士多德全集》第九卷，中国人民大学出版社 1994 年版，第 73 页。

③ ［古希腊］亚里士多德：《政治学》，颜一、秦典华译，苗力田主编：《亚里士多德全集》第九卷，中国人民大学出版社 1994 年版，第 74 页。

④ 同上书，第 75 页。

⑤ 同上书，第 86 页。

需要的德性也各不相同，但他们也有一个共同目标，即共同体的安全。公民的共同体就是他们的政体，他们的德性与他们所属的政体有关。政体有多种形式，所以良好公民的德性也不会是唯一的完满德性。与此不同，善良之人的德性则是一种完满的德性。因此，良好公民并不一定需要具有善良之人那样的德性。他说："即使不具有一个善良之人应具有的德性，也有可能成为一个良好公民。"①亚里士多德认为，尽管一个城邦不可能完全由善良之人组成，但应要求每一位公民恪尽职守，而这又有赖于各人的德性。所以，"所有人都应当是善良的公民，这样才能使城邦臻于优良"②。不过，亚里士多德认为，统治者最应该是善良之人，而且还应当具备统治者的德性。统治者的独特德性是明智。"贤明的统治者就是善良和明智之人，而且一位政治家必须是明智的。"③在他看来，统治者的职责是管辖日常的必需事务，他们并不必知道如何去做这些必需的事务，而是指使他人履行。不过，在共和政体之下，统治者必须学会受人统治。这即是通常所说的，没有受过统治的人不可能成为一名好的统治者。这两方面的德性各不相同，但统治者必须学会统治和被统治，其德性在于，从两个方面学会做自由人的统治者。如果统治者既能受人统治，又能统治他人，就会受到人们的称赞。但是，不管在哪种政体之下，统治者的职责是管理，而要管理好，就必须明智，对被统治者来说则不需要这种德性。"统治者独特的德性是明智；因为其他诸种德性似乎都必然为统治者和被统治者所共有。被统治者的德性当然不是明智，而不过是真实的意见；因为被统治者就同制笛的人一样，统治者则是吹笛或用笛的人。"④

（三）政体类型

什么是政体？亚里士多德认为，"一种政体就是关于一个城邦居民的某种制度或安排。"⑤在他看来，政体和政府表示的是同一个意思，后者是城邦的最高权力机构，由一个人、少数人或多数人执掌。政体有正确不正确之分。"正确的政体必然是，这一个人、少数人或多数人以公民共同的利益为

---

① ［古希腊］亚里士多德：《政治学》，颜一、秦典华译，苗力田主编：《亚里士多德全集》第九卷，中国人民大学出版社 1994 年版，第 79 页。

② 同上书，第 79 页。

③ 同上书，第 80 页。

④ 同上书，第 82 页。

⑤ 同上书，第 73 页。

施政目标；然而倘若以私人的利益为目标，无论执政的是一人、少数人还是多人，都是正确政体的蜕变。"① 显然，亚里士多德是把是否以城邦的共同利益作为政治的目标看作是城邦是否正确或好坏的标准。不过，他受柏拉图的影响，将城邦好坏与统治者个人的品质联系起来，城邦的好与坏取决于统治者是否具有超群的德性。他认为，好政体有三种：为共同利益着想的君主政体，即君主制；由多于一个人但仍为少数人执掌的为共同利益着想的政体称为贵族制；多数人执政的为共同利益着想的共和政体（或用一切政体的共有名称称之为"政体"）。三种好政体的变体或坏政体也相应有三种：僭主制，它是君主制的变体，这也是一种君主制，但却是为单一的统治者谋求利益的君主制；寡头政体，它是贵族政体的变体，它为富人谋求利益；民主政体或平民政体，它是共和政体的变体，它为穷人谋求利益。② 亚里士多德注意到，判定由少数富人统治的是寡头制，由多数穷人统治的是民主制，可能会产生一个问题，即一个城邦多数人是富人会怎样呢？他认为，寡头制与民主制的区别主要并不在于统治者的多少，而在于穷和富的区别：凡是富人统治的，不论是多数还是少数，都是寡头制；而凡是穷人统治的便是民主制。他指出，寡头制的基础是财富，而民主制的基础是自由。③ 总体上看，亚里士多德的这种划分与柏拉图在《政治家篇》中的划分是一致的，只不过柏拉图并没有区分共和制和民主制或平民制，而是将两者统称为民主制，只是一种是按法律统治的，另一种是不按法律统治的。

在亚里士多德关于政体的思想中，值得特别提出的是他关于民主政体的论述。《政治学》中论述民主政体特征的以下两段话，被当代著名民主理论家戴维·赫尔德称为"古典民主制度最恰当和最简略的表述"④，并认为值得详加引述：

"平民主义政体的前提或准则是自由（通常人们说只有在这一政体中才能享有这种自由，因为他们说它是一切平民政体所追求的目的），自由的一个方面就是轮流地统治和被统治。而且，平民主义的公正是依据数目而不是依据价值而定的平等，以此为公正，多数人就必然成为主宰者，为大多数所

---

① ［古希腊］亚里士多德：《政治学》，颜一、秦典华译，苗力田主编：《亚里士多德全集》第九卷，中国人民大学出版社1994年版，第86页。

② 参见上书，第86—87页。

③ 参见上书，第88—89页。

④ ［英］赫尔德：《民主的模式》（最新修订版），燕继荣等译，王浦劬校，中央编译出版社2008年版，第18页。

认可的东西，就必然是最终目的，是公正。他们说在这样的政治体制下每个人就应该享有平等，于是在平民政体中形成了穷人比富人更有决定权的结果，因为前者人多势众，而多数人的意见起主宰作用。因而，这是自由的一个标志，所有的平民主义者们都以此为其政体的准则。自由的另一个标志是一个人能够随心如愿地生活，因为人们说这是自由的效用，就如不能随心如愿地生活是奴役的效用。这是平民政体的第二个特征，由此得出，人不应该被统治，甚至不应该被任何人统治，如果不能实现，至少也应该轮流被统治和统治，这样做有利于建立于平等观念之上的自由。"

"上述这些是我们进行研究的基础和原则，平民政体有这样一些特征：所有官员从全体公民中选举产生；全体公民统治每一个人而每一个人反过来又统治全体公民；所有的官职或者是所有不要求具有经验和技术的官职，都应通过抽签来任命；官职完全不应在财产方面有要求，或者只有最低限度的要求；一个人不能两次担任同一官职，或者只能在少数时候或在少数官职上连任，军职除外；所有官职或所有可能做到这点的官职的任期应该短暂；所有的公民都有审判权，由所有公民中选出的人来审理一切案件，或者是审理大多数最大和最重要案件，例如审查财务和政务，私人的契约等等；公民大会对一切事情至少是最重要的事情拥有决定权，而行政官员对任何事情都没有或只有微乎其微的决定权。……接下来的一个特征是，所有人都能得到津贴，公民大会、法庭和行政官员都有津贴，如若不能给所有人津贴，那么行政官员、法庭、议事会和公民大会的主持者或者至少是那些必须要在一起用餐的官员应该得到津贴。此外，寡头政体以门第、财富和教育为识别特征，平民政体看起来则与此相反，其特征是低微的出身、贫穷和从事贱业。再就是没有任何官职是永久性的，如果某一官职经过先前的变革后保存下来，其权力也会被消弱，其任命也由选举改为抽签决定。"[1]

从这两段话可以看出，亚里士多德所描述的民主政体是以自由、平等为原则的，而且两者之间具有必然的联系。自由具有两个标准：（1）"轮流地统治和被统治"；（2）"能够随心所愿地生活"。为了使第一条自由原则成为民主政体的一项有效原则，平等是必需的，因为只有每个人享有平等，穷人才能像富人一样轮流地统治和被统治，而且才能使穷人比富人更有决定权，因为穷人人多势众。

---

① ［古希腊］亚里士多德：《政治学》，颜一、秦典华译，苗力田主编：《亚里士多德全集》第九卷，中国人民大学出版社 1994 年版，第 213—214 页。

亚里士多德还讨论了城邦最高权力的归属问题，认为无论归结为多数平民、富有的人、贤明的人、最好的一个人，还是归结为僭主，都是有弊端的。多数穷人掌握权力瓜分富人的财产，僭主以强力压迫平民，以及富人掠夺平民的财物，这都是以强施暴，因而都是错误和不公正的。少数贤明的人掌握权力，多数人便不能享受职位和荣誉；最好的一个人统治，不能享受名位的人就会更多。所以，让多数平民执政要比少数人掌权要好一些。因为虽然并非多数人都是最好的，但他们集中在一起时其智慧和德性往往可以超过少数人。但是，当我们考虑公民中的自由人和大量群众应该享受什么样的权利时，问题又发生了。"这些人既无财产亦无值得一提的德性。让这样的人出任最高的职位是很不保险的，因为他们的不公正和愚昧必定会导致罪行和错误。然而把他们撇在一边也会出很大麻烦，一旦有过多的人被排斥于公职之外，城邦中就会遍地都是仇敌。"[1]在亚里士多德看来，只有财富、良好的出身和自由人的身份三者才能作为竞争统治权力的依据。其理由是：担任官职的人必须是自由人和纳税人，因为一个城邦不能全由穷人构成，犹如不能全由奴隶构成一样；而如果财富和自由是必需的条件，那么正直和政治上的光明磊落也就是不可缺少的要求。"因为没有前两种条件城邦就无法维持存在，没有后两种城邦内就不可能安居乐业。"[2]

亚里士多德认为，就只考虑城邦的生存而言，符合以上这些要求就可以了，但城邦要过上善良的生活，教育和德性就会成为最迫切的要求。在他看来，德性也理应要求有与之相应的权利，因为共同生活中的德性即是公正，"凡具备这种德性，其他的所有德性就会随之而来"[3]。考虑到既然公正就是平等，立法就应当考虑整个城邦的利益和公民的共同善，在城邦的整体利益和公民的共同利益面前一视同仁，而公民就是参与统治和被统治的人。"不同的政体有不同的公民，但在最优良的政体中，公民指的是为了依照德性的生活，有能力并愿意进行统治和被人统治的人。"[4]如果城邦中一个或少数几个人在德性方面超出他人，以至于所有其他人都在德性和能力方面无法与之相媲美，这样的人就不能再当作城邦的一部分了，对他们也没有法律可言，

---

① ［古希腊］亚里士多德：《政治学》，颜一、秦典华译，苗力田主编：《亚里士多德全集》第九卷，中国人民大学出版社 1994 年版，第 95 页。

② 同上书，第 99 页。

③ 同上书，第 100 页。

④ 同上书，第 102 页。

这些人自己就是法律。正因为如此，民主政体的城邦便实行"陶片放逐法"，定期放逐一些在财富、受爱戴或代表的政治势力方面出类拔萃的人，以维护至高无上的平等原则。亚里士多德认为，不只是民主政体，其他政体也都存在过这样的做法。在他看来，这样做虽然不能说没有道理，但不能说在一般意义上也是公正的。他认为，对这些人既不能驱逐或流放，也不能将其作为公民，唯一的办法就是顺应自然的旨意，所有人都心悦诚服地跟从这类人，把他们作为各城邦的终生君王。

这样，亚里士多德就谈到了王制以及与之相关的人治和法治问题。他认为，希腊的王制有五种：一是斯巴达的王制。这种王制中的君王没有绝对的统治权，只是在战争中有指挥军事的全权，此外还有祭祀的权力，因而这种君王不过是终身的统帅职务。这类君王有的是世袭的，有的要经过选举。二是原始的王制。这种王制在野蛮人中可见，君王通过世袭或法律占据王位，并武装自己的臣民来保护自己。三是古代希腊城邦的民选邦主。其君主不是世袭的，而是像僭主一样通过选举产生，他们有的是终身的，有的任职有一定期限，有的则以完成某种行为或功业为限。四是英雄时代的王制。这种王制的君王是世袭的，他们都是由于战功或其他业绩而受拥戴成为世袭君王的。他们有统率军事、主持祭祀和仲裁诉讼的权力。这类君王在古代权力无限，而后来权力缩小了。五是君王独揽一切权力的王制。他们掌管一个民族或城邦的全部事务，这种体制如同家长制一样，家长就像一位管理家政的君王，而君王就像一位管理一个或多个民族或城邦的家长。对这五种王制的考察表明，王制不是一种，而是多种。那么，由君王统揽一切大权对城邦有利还是不利呢？

在亚里士多德看来，这个疑问首先涉及这样一个问题，即"由最优秀的人来统治比由最良好的法律来统治是否对城邦或国家更为有利"①。对于这个问题人们存在着意见分歧。有人主张实行王制，认为法律只是一些普遍的规定，不能适应环境的变化，正如医生必须根据情况改变药方一样，完全按照法律统治不是最优良的政体。当然，这并不排除统治者总要遵循一些普遍的规则，不能感情用事。亚里士多德不同意这种观点，认为由若干好人组成的贤人政体优于王制。在他看来，在由彼此平等的人组成的城邦中，一个人凌驾于全体公民之上显然是有悖于自然的，天生平等的人按其本性必然享有同

---

① ［古希腊］亚里士多德：《政治学》，颜一、秦典华译，苗力田主编：《亚里士多德全集》第九卷，中国人民大学出版社 1994 年版，第 108 页。

等的权利和价值，"统治者并不比被统治者具有更正当的权利，所以应该由大家轮流统治和被统治"①。要作这样的制度安排就需要诉诸法律。亚里士多德认为，将国家的权力集中于一个人，那是不公正的。"当大家都具有平等而同样的人格时，要是把全邦的权力寄托于任何一个个人，这总是不合乎正义的。"② 而且，"倘使说一个人因为他比众人优良而执掌政权，是合乎正义的，那么两个好人合起来执掌政权就更合乎正义了。"③

另一方面，在人治的条件下，行政决策也通常是由统治者随意决定的，具有任意性和不确定性。相反，法治可以克服人治的这种问题。统治者是有欲望和情感的，仅由他们作出的决策不可能是理智的，而法律恰恰是理智的体现，实行法治可以克服统治者个人欲望和情感对决策的影响。他说："崇尚法治的人可以说是唯独崇尚神和理智的统治的人，而崇尚人治的人则在其中掺入了几分兽性；因为欲望就带有兽性，而生命激情自会扭曲统治者甚至包括最优秀之人的心灵。法律即是摒绝了欲望的理智。"④ 在法律不能做出规定的地方，人也不可能做出明断，何况人还可以根据经验修正和补充现存的法规。寻求公正的人往往就是寻求中道，而法律就是中道。因此，法治比任何一位公民的统治更为可取，即使由一个人统治也要使其成为法律的捍卫者和监护者。亚里士多德认为，习惯法比成文法更有权威性，也更重要，因为成文法难免有遗漏和缺陷，还有立法者的偏见，需要不断修正补充。人治也许比依据成文法统治更加可靠，但不会比依据习惯法可靠。他的结论是："当人们彼此同等或平等时，以一人凌驾于一切人之上就既无公正亦无利益可言；无论有还是没有法律，他自己即是法律；也无论这一统治者善良还是不善良。而且，即使这人德性超群，除非是在某种特殊情形下，他来统治一切人也无公正和利益可言。"⑤

城邦之所以必须实行法治，是因为只有实行法治才能维护城邦的公正和平等，才能判断是非曲直。公正的含义很丰富，它有多方面的价值要求，但从根本上说，公正追求的是平等，只是同时要求将平等置于合理的限度。这

---

① ［古希腊］亚里士多德:《政治学》，颜一、秦典华译，苗力田主编:《亚里士多德全集》第九卷，中国人民大学出版社 1994 年版，第 112 页。
② ［古希腊］亚里士多德:《政治学》，吴寿彭译，商务印书馆 1965 年版，第 168 页。
③ 同上书，第 170 页。
④ ［古希腊］亚里士多德:《政治学》，颜一、秦典华译，苗力田主编:《亚里士多德全集》第九卷，中国人民大学出版社 1994 年版，第 112—113 页。
⑤ 同上书，第 115 页。

就是亚里士多德所说的，公正的实质在于平等，而平等的公正的目的在于增进国家的整体利益和社会的公共利益。他说，"所谓'公正'，它的真实意义，主要在于'平等'。如果要说'平等的公正'，这就得以城邦整个利益以及全体公民的共同善业为依据。"①那么，怎样才能实现公正呢？这就需要法律，因为只有法律才能保持平等，使不平等置于合理的限度，从而维护公正。亚里士多德认为，法律的意义就在于实现无过无不及的权衡，而这正是公正所要求的。"要使事物合于正义（公平），须有毫无偏私的权衡；法律恰恰正是这样一个中道的权衡。"②

亚里士多德分析和评论了当时希腊诸城邦的各种政体及其具体实施情况。在他看来，当时希腊存在多种政体的原因在于，每一个城邦都由为数众多的部分组成。他具体讨论了六种政体，即三种正确的政体和三种蜕变的政体，而讨论更多的是民主制和寡头制，因为他认为当时的希腊诸城邦主要实施的就是这两种政体。柏拉图认为民主制是多数人当权的政体，而寡头制则是少数人当权。亚里士多德对这种看法提出了批评，认为它不正确，而正确的规定应该是："平民政体指的是贫穷而又占多数的自由人执掌着政权，寡头政体指的是门第显贵而又占少数的富人执掌着政权。"③他认为，参加贵族制政体的人是在单纯意义上最优秀的人，"这种政体中的各种官员的选举不仅要看财富，而且要看个人的优秀品质。"④他认为共和制是民主制与寡头制的混合，这种混合可以同时采用民主制和寡头制的法规，因而它既不像民主制那样主要照顾穷人利益，也不像寡头制那样只照顾富人的利益，而是同时兼顾穷人和富人的利益的。他认为，僭主制是君主制的变种，这种政体实行暴力统治，是一种暴君政体，因而"任何一位自由人都不可能心甘情愿地忍受这种暴虐统治"⑤。亚里士多德还具体分析了各种政体特别是民主制和寡头制变革及产生的原因、防止蜕变的办法，以及它们建立的原则和宗旨。

（四）理想的城邦

亚里士多德研究政治学的主要目的是要回答最好的政治共同体是什么。

---

① ［古希腊］亚里士多德：《政治学》，吴寿彭译，商务印书馆1965年版，第153页。
② 同上书，第169页。
③ ［古希腊］亚里士多德：《政治学》，颜一、秦典华译，苗力田主编：《亚里士多德全集》第九卷，中国人民大学出版社1994年版，第125页。
④ 同上书，第134页。
⑤ 同上书，第140页。

他在作了前面的大量研究之后，最后提供的他对这一问题的回答，体现了他的政治理想。关于这一问题他主要讨论了最好的城邦的政体、城邦的条件和因素（人口、疆域、社会结构、城市规划等）、教育等问题。

亚里士多德对优良政体或他所理想的政体进行了大量的讨论。他认为在三类正确的政体中，有一种政体是最优良的，他对这种政体作出了明确的规定。"正确的政体有三类，其中最优秀的政体必定是由最优秀的人来治理的政体，在这样的政体中，某一人或某一家族或许多人在德性方面超过其他一切人，为了最值得选取的生活，一些人能够胜任统治，另一些人能够受治于人。"[①]这种政体就是贵族制。在亚里士多德看来，只有由单纯意义上最优秀的人构成的德性的政体才配称为贵族政体，而仅仅由相对于某种前提可称为善良的人组成的政体就不能包括在内。因为只有在单纯意义上最优良的政体中，善良之人与善良公民才是同一的，而在其他的政体中，所谓善良的公民只是相对于其各自的政体而言的。亚里士多德认为，确实存在过这样的贵族政体，"这种政体中的各种官员的选举不仅要看财富，而且要看个人的优秀品质"[②]。他认为，一个政体只要考虑到财富、德性和平民这三项因素，就像在迦太基一样，便可以叫做贵族政体；而一个只考虑到其中两项因素的政体，如只考虑到德性和平民的斯巴达政体，也可以算做贵族政体，这种政体是平民主义和德性原则相混合的产物。还有第三种形式的贵族政体，它倾向于寡头政体更甚于倾向于所谓的共和政体。在这三种贵族政体中，只有第一种是最优秀的贵族政体。

在亚里士多德看来，最优良的政体首先是由中产阶层执掌政权的。他认为一切城邦中都有三部分或阶层，一部分是极富阶层，一部分是极穷阶层，还有介于两者之间的阶层。人们都承认，中庸是最优越的，因此拥有中等财富是再好不过的。之所以如此，是因为幸福在于德性，而德性又在于中庸，中庸则是人人可以达到的。他根据他的伦理学理论指出："幸福的生活在于无忧无虑的德性，而德性又在于中庸，那么中庸的生活必然就是最优良的生活——人人都有可能达到这种中庸。"[③]就拥有财产的状况而言，拥有中等财富的人最容易服从理性，而处于极富和极穷两种极端的人都很难服从理性。

---

①　［古希腊］亚里士多德：《政治学》，颜一、秦典华译，苗力田主编：《亚里士多德全集》第九卷，中国人民大学出版社 1994 年版，第 116 页。

②　同上书，第 134 页。

③　同上书，第 140 页。

处于极富的人在相貌、力气、出身、财富以及诸如此类的其他方面超人一等，因而更容易变得无比凶暴，逞强放肆。而处于极穷的人，则过于贫穷、孱弱和卑贱，因而容易变成流氓无赖，桀骜不驯，很难管束，会对城邦社会造成危害。那些时运不济的人又容易自暴自弃。这样，一些人甘受他人奴役缺乏统治能力，另一些人则不肯受制于人，只知专横地统治他人，城邦就不再是自由人的城邦，而成了主人和奴隶的城邦；一些人心怀轻蔑，另一些人则满腹嫉恨，对于一个城邦至关重要的友爱和交往不见了，有的只是反目成仇。为了克服两极阶层存在的问题，一个城邦只能尽可能地由平等或同等的人构成，而中产阶层具备这种特征。他们不会像穷人那样觊觎他人的财富，也不会像富人那样引起穷人的觊觎，他们不想算计他人，也无被人算计之虞，因此他们最安分守己。亚里士多德相信，由中产阶层构成的城邦必定能得到最出色的治理，因为这才完全符合城邦的本性。[1]"凡是中产阶层庞大的城邦，就有可能得到良好的治理；中产阶层最强大时可以强到超过其余两个阶层之和的程度，不然的话，至少也应超过任一其余的阶层。中产阶层参加权力角逐，就可以改变力量的对比度，防止政体向任何一个极端演变。"[2]亚里士多德感叹道，一个政府辖有数量充足的家境小康的公民实在是极大的幸运，因为在有的人家财万贯而有的人身无分文的城邦，就可能产生极端的平民政体或登峰造极的寡头政体，从两种非常形式的政体中都可能产生出僭主制或暴君制。

亚里士多德认为，所有政体必须由三个部分或要素组成：第一个是与公共事务有关的议事机构；第二个部分与各种行政官职有关，它决定应该由什么人来主宰什么人或事，或应该通过什么样的方式来选举各类官员；第三个部分决定司法机构的组成。在他看来，一切政体都有这三个部分，各种组合方式的不同将造成政体形式上的不同，而一个好的立法者必须考虑什么样的组合才是有利的，只有合理组合这些因素才能形成一个优良的政体。亚里士多德并没有说明什么样的组合是合理的，但分析了各种政体的不同组合方式及其问题。亚里士多德主张议事、行政和司法三分的观点，开了近代"三权分立"之先河。

在亚里士多德看来，优良的政体还必须是依法治理的法治政体。在他看

① ［古希腊］亚里士多德：《政治学》，颜一、秦典华译，苗力田主编：《亚里士多德全集》第九卷，中国人民大学出版社1994年版，第142页。
② 同上。

来，"法治应当优于一人之治"①。恰当的法律可以拥有最高的力量，政府官员只是在法律无法详细涉及的事情上起裁决作用，因为再严密的法律也难以囊括所有的细节事实。问题是，什么样的法律才算恰当呢？亚里士多德认为，法律的制定要根据政体的需要，与其相适应，正确的政体必然有公正的法律，而蜕变了的政体必然会有不公正的法律。这就是说，正确的政体及其法律必须是公正的，否则就不是正确的政体，更不是优良的政体。"法律的好与坏，公正不公正，必然要与各种政体的情况相对应。有一点很明确；法律的制订必定会根据政体的需要。果真如此的话，正确的政体必然会有公正的法律，蜕变了的政体必然有不公正的法律。"②贵族政体是优秀的人士执政的政体，因而不可能不实行法治。不过，制定的优秀法律，还必须得到公民的普遍遵守，否则还不能算作是建立了真正的法治。他说："我们注意到邦国虽有良法，要是人民不能全都遵循，仍然不能实现法治。法治应包含两重意义：已成立的法律获得普遍的服从，而大家所服从的法律又应该本身是制订得良好的法律。"③

亚里士多德还认为最优秀的政体应该能使它的人民有最善良的行为，过最幸福的生活。"最优秀的政体必然是这样一种体制，遵从它人们能够有最善良的行为和最快乐的生活。"④柏拉图主张让哲学家为王，认为政治家的生活与哲学家的生活合而为一是最理想、最好的。亚里士多德不同意这种观点，认为哲学家的生活与政治家的生活是不同的。哲学家追求灵魂的善，而政治家追求的却是外在的善。不过，他们都可以获得幸福。在他看来，幸福即是善良的行为，因而对于所有的城邦共同体与个人，包括政治家和哲学家而言，实践的生活就是最优良的生活。但是，我们不能片面地理解实践。实践行为不一定就像某些人所认为的那样，只与他人相关，思想就不一定与实践方面的事物相关或与从行为中产生的结果相关，它是自身完满的，是为其自身的思辨和沉思。善良的行为即是目的，所以某一行为就可能是目的，"而我们所说起主宰作用的思想较之外部的行为更主要地是一种行为，是一

---

① ［古希腊］亚里士多德：《政治学》，吴寿彭译，商务印书馆 1965 年版，第 167—168 页。

② ［古希腊］亚里士多德：《政治学》，颜一、秦典华译，苗力田主编：《亚里士多德全集》第九卷，中国人民大学出版社 1994 年版，第 97 页。

③ ［古希腊］亚里士多德：《政治学》，吴寿彭译，商务印书馆 1965 年版，第 199 页。

④ ［古希腊］亚里士多德：《政治学》，颜一、秦典华译，苗力田主编：《亚里士多德全集》第九卷，中国人民大学出版社 1994 年版，第 233 页。

种最高级的行为"①，这种行为应该更能获得幸福。例如，神可以享有完美的生活，而他们在自身固有的行为之外没有外部行为。亚里士多德的意思是，哲学家的思辨和沉思生活虽然与他人无关，也没有见之于外部行为，但哲学家同样可以过上幸福生活，而且这种幸福生活是更高级的，即是他在《尼各马科伦理学》中所说的"理智的幸福"。在他看来，人们从事的行为可能不同，但幸福生活却是同一种生活。"对于每一个人和对于城邦共同体以及各种各样的人群，最优良的生活必然是同一种生活。"②

关于理想城邦的条件和因素，亚里士多德认为政治家首先需要考虑的问题是人口。有人认为人口庞大是城邦幸福的条件，亚里士多德认为对于人口只从数量作出判断是不对的。在他看来，只有最好地实现自己的目标的城邦才是伟大的城邦，因而伟大的城邦与人口庞大的城邦并不是一回事。相反，城邦人口过多，很难有良好的法治。城邦应保持一定的规模，过大过小都会丧失其自然的本性，其合适的规模是有一定人口数量，并且能够供养这些人口，使他们能在城邦中过上优良生活。城邦的疆域的情形也类似，域内的土地应能自给自足，能生产一切生活必需品，能让居民过上闲暇、宽裕和节制的生活。地形最好是敌人难以进入，而居民易于外出的。亚里士多德还讨论了人口的质量问题，涉及对不同民族的评价。他认为，与世界其他民族相比，希腊人既有理智又勇敢，既爱自由又善于治理，创造了良好政体。因此，如果希腊各城邦统一起来，便可以统治一切。亚里士多德还讨论了城邦的各种因素，如粮食、工艺技术、武装力量、财富储备、对神的祭祀、公共政务和诉讼的裁决等，以及组成城邦的各类人员。他认为城邦是由这些因素组成的，但它们并非都是城邦的组成部分，城邦是有共同目的的社会共同体，只有符合其目的的因素才能说是城邦的部分。亚里士多德主张理想城邦的土地应当属于掌握武器和参与政治的人，而不应像柏拉图所主张的实行土地公有。关于城市建设，亚里士多德认为应宜于居民生活以及便于政治和军事活动。

亚里士多德认为，一个城邦要成为最优秀的，一是要确定一个正确的人生目的和行为目标，二是要发现达到这个目的的方式。达到目的的方式有很多，其中最重要的则是城邦整体的善。城邦整体的善高于个人的善，但却来

---

① ［古希腊］亚里士多德：《政治学》，颜一、秦典华译，苗力田主编：《亚里士多德全集》第九卷，中国人民大学出版社 1994 年版，第 238 页。

② 同上。

自于每个个人的善。"要想成为一个善良之邦，参加城邦政体的公民就必须是善良的。"① 只有每个人的德性好了，才能有城邦整体的道德完善，而个人的德性需要通过教育培养。因此，亚里士多德像柏拉图一样，非常重视教育问题。他认为，人的德性来自于本性、习惯和理性。这三者彼此一致，才能产生最佳效果。对于如何使人们具备良好的德性，他认为既然理性和理智是自然本性的目的，所以公民的出生和习惯的培养训练都应以它们为准则。另一方面，灵魂与身体是不同的两个部分，而且灵魂自身又分为非理性和理性并有情欲和理智两种状态与之相应。正如身体降生先于灵魂一样，非理性以同样的方式先于理智。事实表明，孩子们与生俱来就具有忿怒、愿望以及欲望，而只有当他们长大后才逐渐具备推理和理解能力。因此，亚里士多德主张，"应当首先关心孩童的身体，尔后才是其灵魂方面，再是关心他们的情欲，当然关心情欲是为了理智，关心身体是为了灵魂。"② 亚里士多德强调立法者应当关心青少年的教育，如果忽视了这一点，就会对城邦造成损害。对教育的关心是全邦共同的责任，而不是私人的事情，因为每一位公民不仅属于他自己，而且属于城邦。亚里士多德还谈到教育应基于三项准则，即"中庸、可能的与适当的"③。其根据是，教育存在着两种目标，可能的目标与适当的目标。他认为，人应该追求可能的目标，又应该追求与自身情况相宜的适当目标。教育不仅包括能力和技术的个别运用，而且包括德性的运用。要对所有的公民实施同一种教育，要有教育方法的立法规定。亚里士多德还具体讨论了教育的一些基本内容，如读和写、体育、音乐和图画等，但他没有谈及他所重视的逻辑学、修辞学以及伦理学、政治学，而这些内容在他看来无疑都是作一个良好公民应具备的知识。如果要达到理智的幸福，还需要自然哲学和形而上学等理论知识。所有这些内容都曾由他亲授。关于教育的问题是亚里士多德在《政治学》的最后部分讨论的，但没有谈到这些内容的教育。据此，有人怀疑他的《政治学》没有写完或后遭亡佚。

---

① ［古希腊］亚里士多德:《政治学》，颜一、秦典华译，苗力田主编:《亚里士多德全集》第九卷，中国人民大学出版社 1994 年版，第 257 页。
② 同上书，第 264 页。
③ 同上书，第 286 页。

八、做德性之人与过幸福生活

在亚里士多德看来，伦理学作为政治学的一个分支学科，是一门实践的学科，其目的就是指导人们的德性实践，引导人们追求成为德性之人并过幸福生活。他强调，幸福不是神的礼物，而是德性的报偿。德性不是与生俱来的，而是在"有所知"的前提下，不断在具体情境中运用实践智慧作出正确选择，并躬行实践才能获得的。他也注意到，在德性的形成过程中，教育和训练的作用也不可忽视。

（一）做德性之人

前面我们已经讨论过，亚里士多德的伦理学是他的政治学的一个分支，他研究伦理学的主要目的不是为了使人们获得知识，而是为了指导人们实践。他在谈到政治学这门学科时明确指出，"这门科学的目的不是知识而是实践"①。这种实践不是今天我们理解的一般意义上的社会实践，而是特指道德实践。他的目的就是要通过这门学科的研究回答这样一个问题：人们在道德上应该怎样行动。亚里士多德所理解的道德不是规范意义上的道德，而是品质意义上的道德，即德性。在道德上应该怎样行动的问题，在亚里士多那里就是一个人应该具备什么的品质的问题，或者说，一个人应该成为什么样的人的问题。因为在他看来，人的品质决定着人的行为，有什么样的品质就会怎样行动。这即是所谓"善行就是具有德性"②。在他的心目中，这个问题的答案就是：一个人应该成为善良之人。这里的善良是指品质的善良，即有德性，因而一个人应该成为善良之人，也就是一个人应该成为德性之人。这样，如何形成德性、怎样做德性之人的问题，也就成为了他关心的主要问题。他自己明确说："我们当前所做的工作，不像其他分支那样，以静观、以理论为目的（我们探讨德性是什么，不是为了知，而是为了成为善良的人，若不然这种辛劳就全无益处了）。所以，我们所探讨的必然是行动或应该怎样去行动。正如我们所说，对于生成什么样的品质来说，这是个主要

---

① ［古希腊］亚里士多德：《尼各马科伦理学》，苗力田主编：《亚里士多德全集》第八卷，中国人民大学出版社1992年版，第5页。

② ［古希腊］亚里士多德：《大伦理学》，苗力田主编：《亚里士多德全集》第八卷，中国人民大学出版社1992年版，第241页。

问题。"①

在亚里士多德看来，品质的问题对于政治学来说，就是一个本原的问题或者说是一个始点，把这个问题说清楚了就可以说明政治学和政治生活中的其他问题。他受柏拉图的启发，认为理论研究有两种相反的路径：一种是从本原或始点出发；另一种是回到本原或始点。不同的理论有与之相适应的不同路径，他认为，伦理学这种理论的研究应该从政治生活的本原开始，而政治生活的本原就是人的品质或习性。为什么要从品质或习性开始呢？亚里士多德提出了四个理由：其一，品质是我们大家熟知的；其二，德性品质正是那些想从事政治活动的人要学习掌握的，也就是说，从品质开始，可以学以致用，容易取得成效；其三，当这种本原被阐明了之后，当一个人充分掌握了这种始点或本原之后，人生的真谛和政治生活的真谛就会呈现出来，人们就再也不会感到迷惑；其四，学习研究的过程也就是实践的过程，当一个人通过学习真正形成了德性，他也就拥有了这种本原，或者很容易达到这种本原。

关于这种思路，亚里士多德说："有的理论自本原或始点开始，有的理论以本原或始点告终，让我们不要忽略了它们的区别。柏拉图提出了一个很好的问题，研究的途径到底是来自始点或本原，还是回到始点或本原？正如在跑道上既可以从裁判员站的地方跑到端点，也可以反过来跑一样。最好是从所知道的东西开始，而所知道的东西有双重意义，或者是为我们所知道的，或者是在单纯的意义上所知道的。对我们来说，研究还是从我们所知道的东西开始为好。所以那些想学习高尚和正义的人，也是学习政治事物的人，最好是从习性或品德开始，才可取得成效。始点或本原是一种在其充分显现后，就不须再问为什么的东西。有了这种习性的也就具有，或者很容易获得这种始点和本原……"②

那么，亚里士多德为什么认为德性是伦理学的本原，也是政治生活的目的呢？

首先，幸福是通过政治的方式实现的，而德性则是政治的目的，政治生活本质上就是德性生活。人们都承认，幸福是人追求的终极目的，亚里士

---

① ［古希腊］亚里士多德：《尼各马科伦理学》，苗力田主编：《亚里士多德全集》第八卷，中国人民大学出版社 1992 年版，第 29 页。

② 同上书，第 7 页。

多德也承认这一点。他说:"幸福是终极的和自足的,它是行为的目的。"① 但是,对于什么是幸福以及如何获得幸福,人们的理解很不相同,亚里士多德将其归结为政治的、哲学的和享乐的三种方式。亚里士多德认为,在这三种方式中,哲学的方式是一般人不可能达到的,因而不具有普遍性;享乐的方式虽然是人人都可以采取的,但不能实现真正的幸福;那么,只有政治的方式才是实现幸福的方式。人是政治动物,人要在共同体即社会中生活,无论从哪方面看,人都离不开共同体。"人天生就是一种政治动物。因此,人们即便并不需要其他人的帮助,照样要追求共同的生活,共同的利益也会把他们聚集起来,各自按自己应得的一份享有美好生活。对于一切共同体或个人来说,这是最大的目的。而且仅仅为了生存自身,人类也要生活在一起,结成政治共同体;或许是因为只要苦难的压迫过于沉重,单单是生活本身之中就存在着某种美好的东西。"② 要在社会生活中实现个人幸福的目的,人们就得道德地行动,就得具有德性品质,因为有德性品质,人们才会道德地行动。这样,人们普遍具有德性,或者说,使人们普遍成为德性之人,就成了政治生活的目的。

其次,德性不仅是社会和个人高尚的必要条件,更是社会和平安宁的可靠保障。没有德性,无论是个人还是社会都不会是高尚的。亚里士多德说:"没有德性和实践智慧,无论是城邦还是个人都不可能有高尚之举,因而城邦的勇敢、公正和实践智慧与每一个人的所谓(勇敢)公正、实践智慧与节制有相同的能力和形式。"③ 没有德性,个人也不会在社会活动中有所作为。"如无某种道德性质(我指的是,例如善行),一个人就完全不能在社会活动中有所作为;而善行就是具有德性。因此,如果某人要想在社会活动中有成功的行为,就必须有好的道德。"④ 更可怕的是,一旦没有德性,人就会变成最可怕的动物,要防止这种状态出现,人必须具有德性。"人一旦趋于完善就是最优良的动物,而一旦脱离了法律和公正就会堕落成最恶劣的动物。不公正被武装起来就会造成更大的危险,人生而便装备有武器,这就是智

---

① [古希腊]亚里士多德:《尼各马科伦理学》,苗力田主编:《亚里士多德全集》第八卷,中国人民大学出版社 1992 年版,第 13 页。

② [古希腊]亚里士多德:《政治学》,苗力田主编:《亚里士多德全集》第九卷,中国人民大学出版社 1994 年版,第 85 页。

③ 同上书,第 232 页。

④ [古希腊]亚里士多德:《大伦理学》,苗力田主编:《亚里士多德全集》第八卷,中国人民大学出版社 1992 年版,第 241 页。

能。所以，一旦他毫无德性，那么他就会成为最邪恶残暴的动物，就会充满无尽的淫欲和贪婪。"①

最后，一个共同体要成为优良的，公民必须具有德性，必须是善良之人。"对于每一个人和对于城邦共同体以及各种各样的人群，最优良的生活必然是同一种生活。"② 他由此断定，"要想成为一个善良之邦，参加城邦政体的公民就必须是善良的。"③ 据此，他要求："所有人都应当是善良公民，这样才能使城邦臻于优良；然而假设在修明的城邦中所有的人并不必然都是善良的公民，那么就不可能让所有人都具有善良之人的德性。"④

从亚里士多德的思路可以看出，伦理学研究的关键问题是如何使人成为德性之人。这个问题之所以成为伦理学的关键问题，是因为这个问题是政治生活的关键问题。而如何使人成为德性之人的问题之所以是政治生活的关键问题，是因为这个问题是在社会中生活的人能否过上幸福生活的关键问题。因此，伦理学要研究如何使人成为有德性的问题。伦理学"应该考察一个人怎样才能变得善良。因为可以设想一个城邦的公民整体上是善良的，但并非个个公民都善良的，但还是后一种情况更可取，因为整体的善跟随个人的善"⑤。即使一个城邦的公民整体上是善良的，也要研究每一个人怎样才能变得善良，更何况一个城邦的公民整体上不是善良的呢。由此看来，亚里士多德研究伦理学的初衷是要解决人们怎样才能普遍地过上幸福生活的问题，而解决这个问题的关键在于解决人们怎样才能成为德性之人的问题。亚里士多德伦理学的根本目的就是要使人们过幸福生活，而人们要过幸福生活，就要做德性之人，因而使人们做德性之人就成了他的伦理学的主要使命。认真读他的著作的人，似乎不难感觉到，他的理论背后不断地回响着过幸福生活、做德性之人的呼唤。在他的著作的字里行间，也不难发现这种良苦用心和热切期盼。

他要求人们在获得德性方面有所作为，而幸福就存在于这种作为之中："把消极无为看得高于有所作为也是不正确的，因为幸福即是行为，并且公

---

① ［古希腊］亚里士多德:《政治学》，苗力田主编:《亚里士多德全集》第九卷，中国人民大学出版社 1994 年版，第 7 页。

② 同上书，第 238 页。

③ 同上书，第 257 页。

④ 同上书，第 79 页。

⑤ 同上书，第 257 页。

正和节制的行为之中有着各种高尚事物的目的。"①

他告诫人们幸福不是神的礼物，而是德性的报偿。"显而易见，即或幸福不是神的赠礼，而是通过德性，通过学习和培养得到的，那么，它也是最神圣的东西之一。因为德性的嘉奖和至善的目的，人所共知，乃是神圣的东西，是至福。它为人所共有，寓于一切通过学习，而未丧失接近德性的欲求的人。人们有充足的理由主张，通过努力获得幸福比通过机遇更好。"②

而且，他努力使人相信，做德性之人和智慧之人，会得到神的宠爱，并因此会获得幸福："人们认为，按照理智来工作，看顾它并使它处于最佳状态的人，是神所最宠爱的。如像人们所说，人间的事务都由神来安排，那么就有理由说，他们是喜欢最好的、与他们最相似的东西（这也就是理智）。他们报偿最热爱理智和尊敬理智的人。由于他们看顾了神之所爱的东西，并且做着正确和高尚的事情。所有这一切在智慧的人那里最多，当然是神所最爱的，像这样一个人很可能就是幸福的。如若这样，那么智慧的人就是幸福的。"③

据以上所述，亚里士多德不仅是一位理论家，而且是一位实践家；不仅是一位道德理论家，而且是一位道德教育家；不仅是一位睿智非凡的智者，而且是一位满怀仁爱精神的圣人。亚里士多德本人及其伦理学理论的这种特质，是我们研究者所不能忽视的。

（二）在践行德性中获得德性

德性之人在于有德性，但是德性并不是与生俱来的，而是后天获得的。那么，人是怎样获得德性的呢？

亚里士多德注意到了教育对于德性形成的作用。"一个想要做好事的人，就要受高尚的教育和训练，并从事高尚的职业，既不自愿地，也不非自愿地去做卑鄙的事情。"④ 他要求人们从小就要培养对应做之事的感情。"道德德性就是关于快乐和痛苦的德性。快乐使我们去做卑鄙的事情，痛苦使我们离开美好的事情。正如柏拉图所说，重要的是，从小就培养起对所应做之事的

---

① ［古希腊］亚里士多德：《政治学》，苗力田主编：《亚里士多德全集》第九卷，中国人民大学出版社 1994 年版，第 236 页。
② ［古希腊］亚里士多德：《尼各马科伦理学》，苗力田主编：《亚里士多德全集》第八卷，中国人民大学出版社 1992 年版，第 18 页。
③ 同上书，第 231—232 页。
④ 同上书，第 234 页。

快乐和痛苦的情感。正确的教育就是这样。"① 他也肯定环境对德性形成的意义。"只要有了能使我们成为高尚人的全部条件，也就应该高兴了。我们就要受到德性的感染。"② 他尤其重视法律对于德性形成的特殊作用。"倘使一个人想要使人，不论是多数人，还是少数人，都成为善良的人，他就应该尽力去通晓科学。因为，我们也许是通过法律而成为善良的人。"③"如一个青年人不是在正确的法律下长成的话，很难把他培养成一个道德高尚的人。"④

但是，亚里士多德最重视的是通过践行德性行为而获得德性。"对于我们来说，没有一种伦理德性是自然生成的。因为，没有一种自然存在的东西能够改变习性。……所以，我们的德性既非出于本性而生成，也非反乎本性而生成，而是自然地接受了它们，通过习惯而达到完满。"⑤ 在这个问题上，亚里士多德不赞成苏格拉底的观点。在苏格拉底看来，德性的形成并不取决于我们自己的行为，而只需要德性的知识。亚里士多德针对苏格拉底的观点这样提出问题："既然已经说明了德性……那么接下来，我们就必须考察，它是能够获得的呢，还是不能，而是像苏格拉底所说，德行或德性的生成并不取决于我们自己。他说，假如某人问任何一个人，他想公正还是不公正，那么，没有一个人会选择不公正。在勇敢和怯懦方面也同样，其他德性亦总是如此。显然，如果有些人坏，他们也不会是自愿要坏；所以很清楚，好人也不是自愿的。"⑥ 他认为，一方面，德性作为品质是一种习性，一个人要形成德性，仅仅具有德性知识是不行的，还要躬行实践，"对待德性只知道是不够的，而要力求应用或者以什么办法使我们变好"；⑦ 另一方面，"想用理论来改造在性格上形成的习惯，是不可能的，或者是很困难的"⑧，就是说，对于已经形成恶性的人，也不可能通过让他懂得德性理论就能改变品质。

对于德性为什么需要通过实践德性行为才会获得，亚里士多德通过将德性与技术进行比较作了充分、透彻的分析。"有人会提出疑问，我们何以说做公正的事情才会成为公正，做节制的事情就会成为节制。如若人们做公

----

① ［古希腊］亚里士多德：《尼各马科伦理学》，苗力田主编：《亚里士多德全集》第八卷，中国人民大学出版社 1992 年版，第 30 页。

② 同上书，第 232—233 页。

③ 同上书，第 235 页。

④ 同上书，第 233 页。

⑤ 同上书，第 27 页。

⑥ 同上书，第 257 页。

⑦ 同上书，第 232 页。

⑧ 同上。

正的事情和节制的事情，他们已然是公正的和节制的了。正如一个懂方法的人就是有文化的人，懂音乐的人就是有教养的人一样。难道技术不是这样吗？"① 他承认技术和德性都是生成的，但强调两者并不相同。"不过技术和德性也有所不同。由人工制作的东西有它们的优点，它怎样生成，是一个什么样子，就是什么样子。按照德性生成的东西，不论是公正还是勇敢，都不能是个什么样子，而是行为者在行动中有个什么样子。第一，他必须有所知；其次，他必须有所选择，并因其自身而选择；第三，在行动中，他必须勉力地坚持到底。拥有人工的东西，除了对它有所知外，就不需这些条件。对德性来说知的作用是非常微弱的，而其他条件却作用不小，而且比一切都重要。因为公正和节制都是由于行为多次重复才保持下来。这些事情，只有在恰如公正和节制的人所做的那样做时，才可以被称为公正的和节制的。行为者，并不是由于他做了这些事情而成为公正和节制的，而是由于他像公正和节制的人那样做这些事情。"②

从这段话可以看出，德性的生成虽然需要知识、选择、践行三个条件，但其突出的特点在于践行。德性需要有关德性的知识，但这种知识的作用是微不足道的。德性也需要选择，而且要根据主体自身的需要和条件进行选择，德性是选择的结果，但亚里士多德并不特别强调这种选择的作用。他所突出强调的是践履在德性形成中的作用。对于这一点，他进行了反复的强调和论述。以下我们引证两段比较典型的论述，从中可见他对践行在德性形成过程中作用的高度重视：

"正是在待人接物的行为中，我们有的人成为公正的，有的人成为不公正的。正是因为在犯难冒险之中，由于习惯于恐惧或者习惯于坚强，有的人变成勇敢的，有的人变成怯懦的。欲望和愤怒也是这样，有的人成为节制和温和的，有的人成为放纵而暴戾的。在这些事情上，有的人这样干，有的人那样干，各行其是。总的说，品质是来自相同的现实活动。所以，一定要十分重视现实活动的性质，品质正是以现实活动而区别。从小就养成这样或那样的习惯不是件小事，相反，非常重要，比一切都重要。"③

"人们说得好，公正的人由于做了公正的事，节制的人由于做了节制的

---

① ［古希腊］亚里士多德：《尼各马科伦理学》，苗力田主编：《亚里士多德全集》第八卷，中国人民大学出版社 1992 年版，第 32 页。

② 同上书，第 32—33 页。

③ 同上书，第 28 页。

事，如果不去做这些事，谁也别想成为善良的人。有些人却什么合乎德性的事情都不去做，躲避到道理言谈中，认为这就是哲学思考，并由此而出人头地。这正像病人们，很认真地听取医生所说的话，却不做医生所吩咐做的事。正如言谈不能改善就医者的身体状况一样，这样的哲学也不能改善灵魂。"①

这里值得注意的是，按照亚里士多德的观点，人们在践行德性行为时，并不是按照他们所掌握的德性知识，而是按道德楷模即德性之人所做的那样做。在这里，他前面所说的形成德性三个条件中的第一个条件即"有所知"，就不是德性知识，而是对谁是德性之人有所知，他所说的第二个条件的选择，也似乎不过是选择适合自己的那种道德楷模。也许正因为如此，他将前两个条件特别是第一个条件看得不那么重要。亚里士多德的这种看法的问题在于，他从苏拉格底过分强调知识对于德性的意义而走向了过分轻视知识对于德性的意义。实际上，我们之所以要研究德性问题，就是为了使人们了解德性是什么以及如何获得德性的知识，人们有了这种知识就可以根据这种知识养成自己的德性。模仿道德楷模在自发形成德性的过程中作用比较大，但要形成自觉的德性则需要德性知识。

不过，从他的整个德性思想来看，他还强调需要实践智慧根据中道原则在具体的情境中作出正确的行为选择。实践智慧的作用也就是理性的作用，所以他在《政治学》中谈到如何成为善良之人时，认为有三种途径，即本性、习惯和理性。他虽然强调这三者应该彼此一致，但更强调理性的作用，认为"很多时候为了求致更好的结果，人们在理性的劝导下采取了违背习惯和本性的做法"②。这就是说，在很多情况下，理性或实践智慧所作出的选择是与人的本性或习惯不相一致的。由此可以看出亚里士多德德性思想的理性主义性质。

这里有一个问题需要讨论。亚里士多德与当代一些德性伦理学家不同，他不是至少不完全是将形成后的德性看作是一种行善的意向或倾向——这种意向在相同的情境下就会自发地出于德性行事，而是认为在德性使人确定正确目标后，还需要实践智慧选择达到目标的正确道路。也就是说，行为者在每一具体情境中都需要实践智慧作出中道的选择，并根据这种选择去行动。

---

① ［古希腊］亚里士多德:《尼各马科伦理学》，苗力田主编:《亚里士多德全集》第八卷，中国人民大学出版社1992年版，第33页。

② ［古希腊］亚里士多德:《政治学》，苗力田主编:《亚里士多德全集》第九卷，中国人民大学出版社1994年版，第257页。

这样，德性在他那里就不是完全意义上的品质，而是一种德性意识和运用实践智慧的习惯。德性作为品质是一种行为"定势"或意向，在大致相同的情境中德性这种意向会自发地转变成无意识的动机并付诸行为。如果一个行为不是出于这种德性意向所产生的，而是实践智慧在具体情境下作出选择所产生的，那么它就不能说是出于德性的德性行为。按照亚里士多德的想法，德性就是在每一具体情境下都意识到要运用实践智慧作出中道的选择，那么德性似乎就不是品质，而是德性意识和运用实践智慧作出适中选择的习惯。这也许与亚里士多德将德性看作品质的看法存在着矛盾。①

① 关于出于德性的道德行为与遵守规范的道德行为、运用智慧的道德行为三者之间的关系，可参见江畅:《德性论》第八章（德性与实践）中的"2. 德行与德性行为"部分（人民出版社 2011年版）。

第四章　伊壁鸠鲁派与斯多亚派的德性论

　　伊壁鸠鲁派与斯多亚派是几乎同时在晚期希腊时期出现的哲学派别，但是他们的哲学和伦理学观点是完全对立的。如果说伊壁鸠鲁派的伦理学观点是相对于居勒尼派肉体快乐主义的灵魂快乐主义，那么斯多亚派的伦理学观点可以说是相对于亚里士多德温和理性主义的极端理性主义。他们的德性思想与他们各自的基本伦理学观点是完全一致的。

　　伊壁鸠鲁派的创始人和主要代表是伊壁鸠鲁（Epicurus，前341—前270）。伊壁鸠鲁出生于萨摩斯岛的一个教师家庭，曾在小亚细亚的许多城邦教授哲学，后来在雅典的一个花园里建立了自己的学校，称为"伊壁鸠鲁花园"，逐渐形成了伊壁鸠鲁学派，亦称"花园派"。伊壁鸠鲁派的基本观点是，幸福即至善，幸福即快乐，快乐和痛苦是善和恶的唯一尺度，快乐在于身体的无痛苦和灵魂的无纷扰，德性是实现快乐的工具，公正和友爱是最重要的德性。伊壁鸠鲁主义的快乐主义德性思想具有明显的感觉主义、经验主义、苦行主义、宁静主义和社群主义特征。伊壁鸠鲁派虽然延续了四个世纪，而且还颇为兴旺，但他的弟子都谨遵师教，不敢越雷池一步，其学说没有任何发展，只有两百多年后的卢克莱修（Titus Lucretius Carus，约前99—约前55）才在《万物本性论》（中译为《物性论》）中对伊壁鸠鲁的思想作了较充分的阐发。罗素将这种情形称之为"专断的教条主义"。"他的弟子必须学习包括他全部学说在内的一套信条，在此信条是不许怀疑的。终于便没有一个弟子曾补充过或者修正过任何的东西。"[①]伊壁鸠鲁派的这种情形与不断与时俱进、变化发展的斯多亚派形成了鲜明的对比。

---

　　① ［英］罗素:《西方哲学史》上卷，何兆武、李约瑟译，商务印书馆1963年版，第308页。

斯多亚派的主要创始人是芝诺（Zeno of Citium，约前334—约前262），其主要代表除芝诺之外，有早期的克莱安赛斯（Cleanthes of Assos，前331—前232）、克律西波（Chrysippus，前280—前206年），中期的巴那修（Panaetius，约前185—约前110/109）、波西多纽（Possidonius，约前135—前51）和安提俄克（Antiochus of Ascalon，前130—约前68），以及西塞罗（Marcus Tullius Cicero，前106—前43），晚期的塞涅卡（Licius Annaeus Seneca，约前4—65）、爱比克泰德（Epictetus，55—135）和马可·奥勒留（Marcus Aurelius，121—180）。斯多亚派因其创始人芝诺在雅典的一个富丽堂皇的画廊讲学而得名。画廊在希腊文中叫斯多亚（stoa），所以这个学派就被称为"斯多亚派"或"画廊派"。斯多亚派存在的时间长，不同时期哲学家的伦理学理论和德性思想差异较大，但基本上坚持了自苏格拉底以来的理性主义传统，并将其极端化、绝对化。他们非常重视伦理学，把一切理论研究都看作是附属于伦理学的。"芝诺说哲学就像是一个果树园，在那里面逻辑学就是墙，物理学就是树，而伦理学则是果实；或者又像一个蛋，逻辑学就是蛋壳，物理学就是蛋白，而伦理学则是蛋黄。"[①]后来的斯多亚派，特别是罗马斯多亚派一直坚持这种看法。在思想观点方面，斯多亚派主张本性即理性（自然），幸福与德性同一，德性在于顺应自然生活，德性是绝对统一的，人与人之间应当兄弟般地友爱。黑格尔将斯多亚派的一般原则概括为："人必须依照本性而生活，这就是说，依照道德而生活；因为（理性的）本性引导我们走向道德。"[②]斯多亚主义的理性主义德性论观点具有明显的决定主义、绝对主义、禁欲主义、超然主义，以及世界主义等特征，因而可称之为极端理性主义德性论，这种德性论在西方德性思想史上也是独具特色的。

据第欧根尼·拉尔修的记载，有一位诗人这样谈及整个斯多亚派："哦，你们这些学习柱廊派学说／且已经把它载入著作的人／预告了最善的人类学识，即告诉人们／心灵的美德才是唯一的善！就是她保全了人类和城邦的生命，且比险峻的城墙更安全。而那些在快乐中谋求幸福的人／根本不值得接受缪斯的指引。"[③]这段诗不仅描写了斯多亚派推崇德性的特征，而且指出了

---

① ［英］罗素：《西方哲学史》上卷，何兆武、李约瑟译，商务印书馆1963年版，第327页。
② ［德］黑格尔：《哲学史讲演录》第三卷，贺麟、王太庆译，商务印书馆1959年版，第30页。
③ ［古希腊］第欧根尼·拉尔修：《名哲言行录》下，马永翔、赵玉兰、祝和军、张志华译，吉林人民出版社2011年版，第348页。

他们与推崇快乐的伊壁鸠鲁派和居勒尼派的根本区别。罗素的下述评价也许更有助于对斯多亚派精神的把握："在一个人的生命里，只有德行（即德性，下同——引者）才是唯一的善；象健康、幸福、财富这些东西是渺不足道的。既然德行在于意志，所以人生一切真正好的和坏的东西就都仅仅取决于自己。他可以很穷，但又有什么关系呢？他仍然是可以有德的。暴君可以把他关在监狱里，但是他仍然可以坚持不渝地与自然相和谐而生活下去。他可以被处死刑，但是他可以高贵地死去，象苏格拉底那样。旁人只能有力量左右身外之物；而德行（唯有它才是真正的善）则完全靠个人自己。所以，每一个人只要能把自己从世俗的欲望之中解脱出来，就有完全的自由。而这些世俗的愿望之得以流行，都是由于虚假的判断的缘故；圣贤的判断是真实的判断，所以圣贤在他所珍视的一切事物上都是自己命运的主人，因为没有外界的力量能够剥夺他的德行。"①

一、伊壁鸠鲁的灵魂快乐主义德性论

据第欧根尼·拉尔修《名哲言行录》中的记载，伊壁鸠鲁著作卷帙浩繁，多达 300 多种，在数量上远远超过了以前的其他任何哲学家，但已经全部佚失，只是通过第欧根尼·拉尔修《名哲言行录》留下了他的三封书信、《名言集》（他的弟子从他的著作中摘录的 40 条格言）以及他的遗嘱。

（一）幸福即快乐

从苏格拉底到柏拉图到亚里士多德，他们师生三人都把幸福看作至善，而幸福主要在于德性。伊壁鸠鲁同意他们的幸福就是至善的观点，但他不认为幸福在于德性，而认为幸福在于快乐。他将幸福与快乐完全等同起来，或者说把快乐看作是幸福的内容，并要求人们关注给自己带来幸福的快乐。"我们必须关心给我们带来幸福的事物。有了它们，我们便有了一切；缺少了它们，我们就要尽一切努力去获得。"②这种带来幸福的事物是什么呢？就是快乐。从他留下来的著作看，快乐并不只是带来幸福的事物，而是幸福本身。

---

① ［英］罗素：《西方哲学史》上卷，何兆武、李约瑟译，商务印书馆 1963 年版，第 322—323 页。

② ［古希腊］第欧根尼·拉尔修：《名哲言行录》下，马永翔、赵玉兰、祝和军、张志华译，吉林人民出版社 2011 年版，第 574 页。

他实际上是用快乐代替幸福作为至善，作为人生的目的和追求。"当我们缺少快乐和感到痛苦时，就会感到需要快乐。当我们不痛苦时，就不感到需要快乐。因而我们认为快乐是幸福的始点和终点。我们认为它是最高的和天生的善。我们从它出发开始有各种抉择和避免，我们的目的就是要获得它。"① 也许正因为如此，学者们历来都把伊壁鸠鲁看作是快乐主义者，而不把他看作是像亚里士多德那样的幸福主义者。

亚里士多德主要是从事物功能的实现来讨论善、至善以及幸福的。他认为，事物追求其潜在的功能得到实现，这就是事物存在的目的。这种目的得到实现，就是善，得到充分实现就是至善。就人而言，人的本性在于理性，理性就是人的最主要功能，理性功能的充分实现就是至善，人获得了这种至善就是幸福，其体现就是合乎德性的现实活动，而德性归根到底是理性功能的实现，或者说是智慧选择的结果。与亚里士多德的这种自然主义、理性主义的研究路径不同，伊壁鸠鲁采取的是一种经验主义、感性主义的研究路径。他把幸福等同于快乐，把快乐作为至善的主要根据，是人们的经验以及人们的感觉。他是通过对人们日常的感觉经验的反思得出他的结论的。

伊壁鸠鲁把快乐作为幸福和至善，是因为他认为在现实生活中快乐是人们追求的唯一东西，我们做的每一件事情最终都是为了获得对于自己的快乐。这一点可以通过观察小孩的行为得到证实。小孩本能地追求快乐而避免痛苦。成年人也是如此，不过在成年人那里，发现这一点要困难一些，因为成年人关于什么会给他们带来快乐有复杂得多的信念。伊壁鸠鲁花了很大的精力试图证明所有的行为，甚至表面上看是自我牺牲的行为或只是为了德性的或高尚的目的而做的行为，都事实上指向为自己获得快乐。当然，他也注意到，人们在追求快乐的同时，也在努力地避免痛苦。每一个人都像追求快乐一样努力地避免痛苦，而且在很多情况下是通过避免痛苦来获得快乐的。那么，人们为什么会求乐避苦呢？"他的证明如下：每个生命物，一旦出生，就寻求快乐，并把快乐中的喜悦当作至善，同时把痛苦作为至恶，尽可能远而避之。只要生命物保持正常状态，就在大自然公正而可靠的裁决激励下趋乐避苦。因此伊壁鸠鲁不承认有必要通过论证或讨论来证明快乐是人所欲求的，痛苦是人所恶的。他认为这些事物是感觉所感知的，就像火是热的，雪是白的，蜜是甜的，根本不需要严密的推论来证明，只要注意它们就足够

---

① ［古希腊］第欧根尼·拉尔修:《名哲言行录》下，马永翔、赵玉兰、祝和军、张志华译，吉林人民出版社 2011 年版，第 576 页。

了。"① 这种感觉就是我们判断和选择的标准。"如果你排斥所有的感觉，你就没有标准可依据，这样就无法判定那些甚至你认为是错误的判断。"②

伊壁鸠鲁正是以这种心理学的快乐主义为基础来确立他的伦理学快乐主义的。他从人们在日常生活中趋乐避苦的经验事实引申出了伦理学的结论，即"我们必须承认至善就是快乐地生活"③，并"把情感作为判别一切善的准则"④。伊壁鸠鲁在认识论上持感觉主义立场。他提出："我们的准则是只有为感官直接感知，为心灵直接把握的才是真实的。"他要求"以感觉和情感（这是我们信念的最坚实的基础）作为根据"⑤。他在伦理学上从心理学快乐主义引申伦理学快乐主义的做法，不过是他的感觉主义认识论的运用而已。

那么，什么是快乐，或者说，应该如何理解快乐呢？伊壁鸠鲁所理解的快乐，概括地说，就是肉体无痛苦和灵魂的无纷扰。"当我们说快乐是终极的目标时，并不是指放荡的快乐和肉体之乐，就像某些由于无知、偏见或蓄意曲解我们意见的人所认为的那样，我们认为快乐就是身体无痛苦和灵魂的不受干扰。"⑥ 他的这种观点不能简单地理解为肉体的快乐和灵魂的快乐。他所说的肉体无痛苦只是人们通常所理解的肉体快乐的一个方面，即身体没有痛苦，而不包括身体可能有的其他各种快乐，如美食、美色引起的惬意感；他所说的灵魂无纷扰也只是人们通常所理解的精神快乐的一个方面，即灵魂没有不安，而不包括心灵可能有的其他各种快乐，如位高权重所带来的尊严感。

伊壁鸠鲁虽然将快乐理解为肉体与灵魂的快乐两个方面，但他更重视灵魂的快乐，认为灵魂的快乐比肉体的快乐高贵和持久。在他看来，身体的快乐和痛苦只是涉及当下，而精神的快乐和痛苦也包含着过去（对过去快乐的高兴记忆或对过去痛苦或错误的遗憾）和未来（对将要发生的事情的确信和恐惧）。幸福的最大破坏者是对未来的焦虑，特别是对诸神的恐惧和对死亡的畏惧。如果一个人能消除对未来的恐惧，以他的欲望将会得到满足的确

---

① ［古希腊］西塞罗：《论至善和至恶》，石敏敏译，中国社会科学出版社2005年版，第17页。
② ［古希腊］第欧根尼·拉尔修：《名哲言行录》下，马永翔、赵玉兰、祝和军、张志华译，吉林人民出版社2011年版，第582页。
③ ［古希腊］西塞罗：《论至善和至恶》，石敏敏译，中国社会科学出版社2005年版，第22页。
④ ［古希腊］第欧根尼·拉尔修：《名哲言行录》下，马永翔、赵玉兰、祝和军、张志华译，吉林人民出版社2011年版，第576页。
⑤ 同上书，第553页。
⑥ 同上书，第577页。

信面对未来，他将获得平静（tranquility），这是值得最高赞扬的状态。从这种意义上看，与其将伊壁鸠鲁称为"快乐主义者"，不如将他称为"平静主义者"。

伊壁鸠鲁还将快乐区分为"动态的"和"静态的"两种类型。这种区分是第欧根尼·拉尔修在《名哲言行录》中谈到伊壁鸠鲁的快乐论与居勒尼的快乐论的区别时谈到的，在伊壁鸠鲁遗留下来的文献中找不到他本人关于这一点的明确论述。从拉尔修的论述看，伊壁鸠鲁所说的"动态的"快乐，大致上是指在一个人满足了一种欲望时感觉到的快乐，如当一个人饿了时吃上了汉堡包。这种快乐涉及感官的能动的欲求，所以被称为动态的快乐。这样的感觉是大多数人所称的"快乐"。然而，某人的欲望得到满足之后，如当一个人吃饱后，不再需要或想要的那种魇足状态，本身是令人快乐的。这种快乐大致上就是伊壁鸠鲁所理解的"静态的"快乐。在他看来，这种静态的快乐是最好的快乐。根据动态快乐与静态快乐的区分，伊壁鸠鲁拒绝承认有任何在快乐与痛苦之间的中间状态。当一个人有未得到满足的欲望时，这时是痛苦的；而当一个人不再有未得到满足的欲望时就是快乐的。这种稳定的状态是所有状态中最令人快乐的状态，而不仅仅是某种在快乐和痛苦之间的中间状态。

在对快乐的理解上，伊壁鸠鲁不赞成甚至反对以亚里斯提卜（Aristipus，约前435—约前356）为代表的居勒尼派的观点。

居勒尼派因其创始人亚里斯提卜出生于地中海沿岸的希腊城邦居勒尼（今属利比亚）而得名。亚里斯提卜是慕名来到苏格拉底门下的，后来自己有了一些追随者。第欧根尼·拉尔修谈到，对他是否写过著作看法不一，不过拉尔修还是列了一些他写的著作名，其中还有一篇《论德性》。[①] 同昔尼克派将善规定为节制、禁欲相对立，居勒尼将善规定为个体的快乐，认为有两种状态，即快乐和痛苦，前者是圆滑的运动，后者是粗糙的运动。快乐与快乐之间并无不同，一种快乐也不比另一种快乐更快乐。这也就是说，快乐无所谓身体快乐与灵魂快乐的区别，即使有区别，灵魂快乐也并不比身体快乐重要、高尚。相反，他们甚至认为"肉体快乐远比精神快乐要好，肉体的痛苦远比精神痛苦要坏，这就是为什么要用前者来惩罚罪犯的原因"[②]。我们

---

① 参见［古希腊］第欧根尼·拉尔修:《名哲言行录》下，马永翔、赵玉兰、祝和军、张志华译，吉林人民出版社2011年版，第107—109页。

② 同上书，第111页。

的目的是特殊快乐，而不是"幸福"，幸福是所有特殊快乐的总和，其中包括过去的快乐，也包括将来的快乐。特殊快乐因其自身就是值得欲望的，幸福则不因其自身的缘故，而是因特殊快乐的缘故才是值得欲望的。居勒尼派证明快乐是目的的事实在于，从青年时起，我们就本能地为它所吸引，而一旦获得了它，我们就不再寻求其他的东西，甚至不再规避它的反面——痛苦。快乐就是善，即使快乐来自不体面的行为，它也是善。因为即便行为是反常的，无论如何，作为其结果的快乐仍旧因其自身是值得欲望的，因而就是善的。他们不同意伊壁鸠鲁派提出的快乐在于痛苦的消除这一观点，认为痛苦的消除根本就不是快乐，快乐之缺乏也不是痛苦。伊壁鸠鲁则将快乐与幸福等同起来，认为快乐作为幸福就是至善，因而是人追求的唯一目的。他虽然并不完全否认肉体快乐的必要性，但认为仅限于肉体无痛苦，更重要的是他强调灵魂快乐的重要性，当然他所说的灵魂快乐也只是一种消极的快乐，即心灵安宁。关于伊壁鸠鲁与居勒尼派快乐观的区别，第欧根尼·拉尔修在《名哲言行录》中作了有助于我们把握的清楚阐述。"居勒尼派认为，肉体上的痛苦比心灵的焦虑要糟糕得多。因为，无论何时，实施罪恶的人都要在肉体上受到惩罚。伊壁鸠鲁不同意这种观点，他认为，心灵的痛苦要甚于肉体上的痛苦。不论在什么时候，肉体上的痛苦仅仅是当前的，而心灵的痛苦不仅是现在的，而且还在过去和未来。伊壁鸠鲁也是通过这种方式论证了精神上的快乐要比肉体上的快乐高贵得多。正因为快乐是最终目的，他认为，生物一来到世间，就对快乐充满好感而对痛苦存有敌意。"[①]

第欧根尼·拉尔修在《名哲言行录》中还谈到，伊壁鸠鲁指责居勒尼派只注意到了动态的快乐而忽视了静态的快乐。居勒尼派没有把静止的状态归于快乐的名下，在他们的眼里，快乐和痛苦都存在于运动之中，快乐之缺乏像痛苦之缺乏一样并不是运动，因为无痛苦就好像是一个睡着的人所处的状态。伊壁鸠鲁则认为，既存在精神上的快乐，也存在肉体上的快乐。他说："心灵的宁静和肉体上免遭痛苦都可以称之为快乐。这些快乐意味着静止的状态，但快乐和愉悦表现出来的时候，却是处于运动的行为之中。"伊壁鸠鲁派的其他学者也认为："能够感觉到的快乐既存在于运动的物种之中，也存在于处于静止的物种之中。"[②]

---

① ［古希腊］第欧根尼·拉尔修：《名哲言行录》下，马永翔、赵玉兰、祝和军、张志华译，吉林人民出版社 2011 年版，第 579 页。

② 参见上书，第 578 页。

　　尽管所有的快乐都是善的，而所有的痛苦都是恶的，但伊壁鸠鲁并不像居勒尼派那样认为所有的快乐都是值得选择的，所有的痛苦都是要避免的。他注意到，有些事物虽然能给我们带来快乐，但其后果却是烦恼和痛苦。"没有一种快乐自身是坏的，但是，有些可以产生快乐的事物却带来了比快乐大许多倍的烦恼。"① 因此，他主张人们应该计算什么是对人们长远利益有利的。如果从长远的观点看最终能获得更大的快乐，我们就应该放弃眼前的快乐；同样，如果某种痛苦有利于我们的长远利益的实现，我们就要忍受这种痛苦。"因为快乐是我们最高的和天性的善，所以我们并不选取所有的快乐，要是它会带来更大的痛苦，我们常常会放弃许许多多的快乐；如果忍受一时的痛苦将会使我们获得更大的快乐，我们还常常认为痛苦优于快乐。所有的快乐由于天然与我们相连，所以是善的，但并不是都值得抉择；正如所有的痛苦都是恶，但并不是都要避免一样。"②

　　既然并不是所有的快乐都是应当选择和追求的，也不是所有的痛苦都是应该避免的，那么，就需要对事物进行判断、比较，评价它们最终是否对我们有利。所以他要求："所有这些事物必须加以判别，互相比较，看看是便利还是麻烦。"③ 在他看来，能作出正确的判断和比较的人就是智慧之人，智慧之人不是运气好的人，而是在任何时候都出于理性行事的人。"运气极少光顾智慧之人，他的最高的最大之举在于终其一生，无论过去、现在还是将来都受理性的指导。"④

（二）欲望的类型及其与快乐的关系

　　如果我们将快乐划分为以消除痛苦为主要特征的消极快乐和以获得欲望满足为主要特征的积极快乐两种，那么，伊壁鸠鲁所理解的快乐就只是消极意义上的。他把肉体的快乐主要理解为痛苦的消除，而把灵魂的快乐主要理解为对恐惧（主要是神和死亡的恐惧）的消除，无论是对肉体还是对灵魂，他都不怎么谈欲望的满足问题。当然，我们也可以将对痛苦和恐惧的消除看作是人的欲望，但这种欲望是一种否定性的、消除性的欲望，而非肯定性

---

　　① ［古希腊］第欧根尼·拉尔修:《名哲言行录》下，马永翔、赵玉兰、祝和军、张志华译，吉林人民出版社 2011 年版，第 580 页。
　　② 同上书，第 576 页。
　　③ 同上书，第 576 页。
　　④ 同上书，第 581 页。

的、获得性的欲望。伊壁鸠鲁对快乐理解的这一特点，在他的诸多论述中得到了明显的体现。例如，"由缺乏而产生的痛苦一旦消除，肉体中的快乐便不再增加；只有形式有变化而已。当我们理解使心灵产生极大恐惧的事物及其同类事物时，心灵快乐的界限也就达到了。"①"快乐的量的极限在于痛苦的消除。在快乐存在时，只要它还持续着，那么，无论是身体还是心灵，或是此二者合在一起都没有痛苦。"②"把身体的健康和灵魂的平静看作是生活幸福的极致。我们所有行为的目的都是免除痛苦和恐惧。一旦达到了目的，灵魂的骚扰也就平息了。"③ 从这些论述可以看出，他是将快乐的获得与痛苦和恐惧的消除完全等同起来，认为痛苦和恐惧的消除就是快乐的极限，只要痛苦和恐惧消除了人就会获得快乐，而且也只有消除了痛苦和恐惧才能获得快乐。

经验告诉我们，快乐总是与满足一个人的欲望紧密联系的。对此，伊壁鸠鲁还是肯定的，但是，由于他总体上坚持消极快乐的观点，因而他对欲望——满足的关系采取了特殊的处理方式。如果快乐从得到想要的东西（欲望——满足）产生的，而痛苦是由于没有得到想要的东西（欲望——落空），那么对于任何一种既定的欲望，人们就面临着两种选择的取向：要么你去努力实现欲望，要么你去努力消除欲望。在大多数情况下，伊壁鸠鲁赞成第二种取向，即把欲望降低到最低的限度。在他看来，这样就会减少由欲望得不到满足导致的痛苦，而且那种最低限度的欲望也很容易得到满足。"如果你希望使毕索科斯（Pythocles）富有，那就不要给他更多的钱，还不如减少他的欲望。"在伊壁鸠鲁看来，通过消除由得不到满足引起痛苦的欲望，消除在未来得不到满足会引起焦虑的欲望，人们就会获得灵魂的平静，并由此获得幸福。

为了将欲望减少到最低限度，伊壁鸠鲁对欲望进行了划分。他首先将欲望划分为自然的和虚浮的。对于自然的欲望，他又划分为必要的和不必要的。其中自然欲望中的必要欲望，他又区分了对幸福必要、对舒适必要和对生存必要的三种情形。他认为，我们要获得快乐，就必须对欲望进行这样的划分。"我们必须认识到有些欲望是自然的，但有些欲望是虚浮的。在自然

① ［古希腊］第欧根尼·拉尔修：《名哲言行录》下，马永翔、赵玉兰、祝和军、张志华译，吉林人民出版社 2011 年版，第 581 页。

② 同上书，第 580 页。

③ 同上书，第 576 页。

的欲望中有些是必要的，有些则仅仅是自然的而已。在必要的欲望中，有些是为我们的幸福所必要的；有些是为了身体的舒适所必要的，有些则是为我们的生存所必需的。"① 从他上述的划分可以看出，在他的心目中，实际上有三种欲望的类型：自然而必要的欲望，自然而非必要的欲望和"虚浮"的欲望。他自己也明确说："有些欲望是自然的和必要的；有些欲望是自然的但不是必要的；还有些欲望既不是自然的也不是必要的，而是由虚幻的观念所产生的。"②

自然而必要欲望的例子是对食物、住所之类的欲望。例如，渴的时候想喝水。伊壁鸠鲁认为，这些欲望是与生俱来的，难以消除，但是因为所欲望的东西容易获得故而这种欲望很容易满足，而且当它们得到满足时，会带来大的快乐。这类欲望对生活是必要的，而且它们被自然地限制，不可能无限地追求满足。这就是说，如果一个人饿了，只需吃有限的食物就饱了，此后，这种欲望就得到了满足。伊壁鸠鲁认为，自然的又必要的欲望可以解除痛苦，人们应该努力满足这些欲望。

自然而非必要的欲望的一个例子是对奢侈食物的欲望。尽管食物对于生存是必要的，但人们并不需要特殊类型的食物活命。这类欲望能使人的快乐多样化，或者说，可以使人获得很多快乐，但这样的欲望不能消除痛苦，相反这样的欲望越多，越难得到满足，因而会带来更多的痛苦。如果一个人遇上了奢侈的食物，他也不应该抛弃，但不能由此最终变得对这样的食物依赖，否则就会导致不幸和痛苦。

虚浮的欲望包括对权力、财富、名誉之类的欲望。这类欲望没有自然的限度，因而是很难满足的。如果一个人欲望财富或权力，他得到的再多，也不会满足，以为仍然有可能得到更多。对于这类欲望的对象，一个人得到的越多，他的欲望也越多，欲壑终究难填。这些欲望对于人类来说不是自然的，更不是必要的，而是社会影响特别是我们关于所需要的东西的虚假信念作用的结果。例如，我们中国人相信的"有钱能使鬼推磨"。对于这种欲望产生的原因，伊壁鸠鲁分析说："虽然欲求极其强烈，但在不满足时不会产生痛苦的自然欲望是由于虚幻的观念所致。如果它尚未被消除，那不是因为

---

① ［古希腊］第欧根尼·拉尔修：《名哲言行录》下，马永翔、赵玉兰、祝和军、张志华译，吉林人民出版社 2011 年版，第 576 页。

② 同上书，第 582 页。

他们自己的本性，而是因为人的虚幻观念。"①对于这类欲望，伊壁鸠鲁认为应当完全消除。

在伊壁鸠鲁看来，如果我们消除了痛苦，而又使自然而必要的欲望得到满足，我们就会自足，就可以获得充分的快乐。"我们认为自足是最大的善，并不因此在所有情形下享用最少的东西，而如果我们所有的不多，那么也就满足得很少，如若我们真诚地相信，最不需要奢侈品的人却最充分地享受它。凡是自然的东西都是最容易获得的，只有无价值的才难以获得。由缺乏而引起的痛苦一旦消失，素淡饮食可以与美味佳肴产生同样的快乐。面包和水，当它们被放入饥饿的嘴唇时，就能带来最大可能的快乐。习惯于素朴的、简单的饮食可以保障为健康所需要的一切，能使人只满足生活必需品而不挑剔。如果我们偶尔参加一次盛宴，那么它会使我们处于更好的条件中，使我们对命运不再畏惧。"②

从以上所述看，虽然伊壁鸠鲁并不完全否认欲望满足对于快乐和幸福的意义，但主张将人的欲望减少到并限制在人的最起码的生存欲望范围之内，以此来避免痛苦和获得满足，达到灵魂平静，从而获得快乐和幸福。显然，这种理论是一种消极的快乐主义，甚至是一种可怜的、令人同情的快乐主义。与其说它是快乐主义，不如说它是禁欲主义，至少可以说它是苦行主义。这种快乐观是古希腊晚期人们对社会问题和人间苦难无可奈何而只求心灵安宁的消极心态的反映和写照。

（三）德性：实现快乐的工具

伊壁鸠鲁没有多少关于德性问题的直接论述，但从有关伦理学的有限文献看，其中包含了对德性本身的基本看法。

他认为，要获得快乐，智慧、勇敢、节制、公正、友谊等德性都是必需的，而且他还对公正、友爱等一些德性进行了较深入的研究。从第欧根尼·拉尔修在《名哲言行录》所记载的他的著作目录看，像《论爱》《论人类生活》《论公正行为》《论正义及其他》《论奉献与感恩》等似直接涉及德性问题。然而，他反对斯多亚派等学派将德性与幸福等同起来的观点，也不赞同苏格拉底、柏拉图和亚里士多德等人将德性看作是灵魂的善、看作是本

---

① ［古希腊］第欧根尼·拉尔修：《名哲言行录》下，马永翔、赵玉兰、祝和军、张志华译，吉林人民出版社 2011 年版，第 577 页。

② 同上书，第 583 页。

身就具有价值的观点。对于他来说，德性纯粹是实现快乐的工具，只具有工具性的善。就是说，各种德性只是对于某个人的快乐是有价值的，而不是就它们自身而言就具有价值。而且，人们之所以选择德性，也不是因为德性本身具有价值，而是因为德性有助于获得快乐。第欧根尼·拉尔修的《名哲言行录》对伊壁鸠鲁关于德性的观点作了这样的记述："我们选择德性是为了获得快乐，而不是为了德性本身。就像我们吃是为了身体健康一样。""伊壁鸠鲁把德性描述为快乐的必要条件，即缺少它快乐也就不会存在的东西；而其他所有事物，如食物，是可以分离的，即对快乐而言并不是必不可少的。"①

在所有的德性中，他最推崇的是明智。明智在他那里实际上就是智慧。伊壁鸠鲁认为，所有的德性最终都是明智的形式。他之所特别推崇明智，是因为他认为所有的德性归根到底都不过是对那些对于某人最有利的东西进行的计算，而在这种计算的过程中，明智发挥着关键性的作用。"构成快乐生活的不是无休止的狂欢、美色、鱼肉以及其他餐桌上的佳肴，而是清晰的推理、寻求选择和避免的原因、排除那些使灵魂不得安宁的观念。所有这些的始点及最大的善就是明智，因此明智甚至比哲学更为可贵，其他德行都是从此产生出来的。它教导我们说，如果明智地生活，不美好不公正，便不可能生活得愉快。如果生活不愉快，也不可能活得明智、美好和公正。因为德行和愉快的生活已结成一体，愉快的生活不能与之分离。"②智慧就其实质而言，也是获得快乐的工具，只是它是更重要的工具，因而人人都追求拥有它。"事实上人人都渴望得到智慧，因为它就是追求并产生快乐的工匠。"③

在伊壁鸠鲁看来，明智以及科学和哲学对于快乐生活的突出作用在于，可以消除人们的恐惧，从而可以使人的灵魂获得平静。他认为，当时的人主要有两种恐惧：一是对神的恐惧，二是对死亡的恐惧。这两种恐惧是人们幸福的最大障碍，要消除这两种障碍，就要认识宇宙的本性。"如果一个人不知道整个宇宙的本性，但又惧怕传说告诉我们的东西，那么，他就不能排除对最主要事情的恐惧。"④

---

① ［古希腊］第欧根尼·拉尔修：《名哲言行录》下，马永翔、赵玉兰、祝和军、张志华译，吉林人民出版社 2011 年版，第 579 页。
② 同上书，第 577 页。
③ ［古希腊］西塞罗：《论至善和至恶》，石敏敏译，中国社会科学出版社 2005 年版，第 22 页。
④ ［古希腊］第欧根尼·拉尔修：《名哲言行录》下，马永翔、赵玉兰、祝和军、张志华译，吉林人民出版社 2011 年版，第 581 页。

伊壁鸠鲁认为，具有明智德性的人就是智慧之人。智慧之人就是能够消除这两种恐惧的人，是永远快乐的人。"有智慧的人并不厌恶生存，不畏惧死亡。他并不认为生是一件恶事，也不把死亡看作是灾难。正像人们选择事物，并不单单地选择数量多，而是选择最精美的一样，有智慧的人并不寻求享受最长的时间，而是寻求享受最快乐的时间。"[1] 伊壁鸠鲁在给美诺俄库的信中曾对这样的人作了一大段描述："他对神有神圣的信仰，他对死毫不畏惧，他勤奋思考自然的终极，认识到善良事物是容易达到和获得的，而恶的事物只能短暂地延续和造成痛苦。对于某些人用以主宰一切的命运，他轻蔑地嘲笑，但却断定有些事是必然产生的，有些事是偶然产生的；有些是由于我们自己的原因而产生的，因为他看到必然性取消了责任。偶然性又是不稳定的，而我们的行为是自由的，所以赞扬和谴责都自然伴随着它们。他也不像许多人那样把偶然性认作神（因为神的行为不会杂乱无章），也不认作是原因，虽然是一个不确定的原因（因为他相信没有善或恶是偶然性为了使人幸福而给予的，虽然大善大恶都由此缘起）。他相信有智者的不幸胜于愚昧者的幸运。简言之，在行为中被判定美好的东西不应看作是由偶然性帮助而造成的。"[2]

他认为，一个人达到了这种大智大慧的境界，就"生活中的大事，举足轻重的事，全在他自己的智慧和理性的掌控之下"[3]，"无论是醒着还是在睡梦中都不会受搅扰，而会在人们中间活得像一尊神"[4]；"命运很少能阻挡智慧之人的路"[5]。也许伊壁鸠鲁本人就是这样的智慧之人。

不仅智慧是获得快乐的工具，自制、勇敢、公正也都如此。"自制是我们欲求的，但不是因为它本身的缘故，而是因为它使思想宁静，使心灵保持和谐安宁。"[6] 同样的解释也适用于忍耐、勤劳以及其他所有德性，它们都与快乐相连，我们不可能把它们与快乐隔离开来。"我们致力于这些美德乃是

---

① ［古希腊］第欧根尼·拉尔修：《名哲言行录》下，马永翔、赵玉兰、祝和军、张志华译，吉林人民出版社 2011 年版，第 575 页。

② 同上书，第 577—578 页。

③ ［古希腊］西塞罗：《论至善和至恶》，石敏敏译，中国社会科学出版社 2005 年版，第 29 页。

④ ［古希腊］第欧根尼·拉尔修：《名哲言行录》下，马永翔、赵玉兰、祝和军、张志华译，吉林人民出版社 2011 年版，第 578 页。

⑤ ［古罗马］塞涅卡："论贤哲学（即智慧之人）的坚强"，塞涅卡：《强者的温柔》，包利民等译，王之光校，中国社会科学出版社 2005 年版，第 317 页。

⑥ ［古希腊］西塞罗：《论至善和至恶》，石敏敏译，中国社会科学出版社 2005 年版，第 23—24 页。

为了生活中没有忧虑、没有恐惧，尽可能免受身体和心灵的痛苦。"①

（四）公正和友谊

从遗存的文献看，在古希腊所推崇的诸多德性中，伊壁鸠鲁除了明智（智慧）之外，特别重视公正和友谊这两种德性。

前面已经说，伊壁鸠鲁非常重视明智，将它看作德性的母体，他在谈到公正时，又将公正放在了与明智相同的地位，认为公正像明智一样，是快乐生活所必不可少的。生活中如果缺少了公正，即使一个人是明智的，生活仍然不可能快乐。"如果活着不明智、不美好、不公正，就不可能生活愉快。活得不愉快，就不可能活得明智、美好和公正。其中的任何一个都是不可缺少的。例如，虽然一个人活得很美好、公正，但却不明智，那么他就不可能活得愉快。"②

那么，什么是公正呢？公正是古希腊文化中的一个古老理念，伊壁鸠鲁以前的不少思想家都研究过公正问题。他在对公正的理解上持契约主义的观点，可以称得上是西方最早提出契约主义公正理论的哲学家之一。在他看来，公正是以"什么在相互交往中是有用的"这一观念为前提的。人们之所以结成共同体，最初为的是从野兽的危险中得到保护，后来为了大家不相互妨碍和伤害，而要能在一起共同生活，就需要在共同体成员之间订立一些诸如禁止谋杀之类的协议。公正就存在于有这样的协议的地方。"自然的公正是防止人们彼此伤害的有力的保证。"③

公正的形式是协议，而其内容是规定人们之间不能彼此伤害，因而公正实质上是"既不伤害也不被伤害"的协议。因此，公正完全像德性一样，是基于工具的价值而被珍视的，因为它对每一个社会成员有利。"没有绝对的公正、就其自身的公正。公正是人们相互交往中以防止相互伤害的约定。无论什么时间、什么地点，只要人们相约以防互相伤害，公正就成立了。"④

公正的协议形式通常是被法律化的，之所以要被法律化，是因为公正一旦法律化，它就具有威慑力，人们不敢违背公正。在伊壁鸠鲁看来，对惩罚

---

① ［古希腊］西塞罗：《论至善和至恶》，石敏敏译，中国社会科学出版社2005年版，第24页。
② ［古希腊］第欧根尼·拉尔修：《名哲言行录》下，马永翔、赵玉兰、祝和军、张志华译，吉林人民出版社2011年版，第580页。
③ 同上书，第583页。
④ 同上书，第583页。

的恐惧是必要的，为的是使蠢人就范，否则他们就会杀人、偷盗，等等。"一件事情一旦被法律宣布为是公正，并被证明有利于人们的相互交往，那么，不论它是否对所有人都一样，它就变成公正的事情。"① 敢于以身试法的人，如果被抓住，就会受到惩罚，即使没有被抓住，对被抓住的恐惧还是会引起他的痛苦。当然，法律本身必须是公正的，必须有利于人们之间相互交往。既然"公正契约"是为了保证什么样的行为是对社会成员有用这一目的而形成的，那么也只有实际上是有用的法律才是公正的。例如，禁止谋杀就会是公正的。从这个意义看，是否有利于人们之间的相互交往又是法律是否合理的根据。"如果一件事为法律所肯定，却不能证明它有利于相互交往，那么它就是不公正的。"②

尽管公正存在于社会生活中，涉及人们怎样行为，但这并不意味着公正完全是"惯例性的"，或者说，公正以及相应的法律并不是一成不变的。一个特定社会的法律因给社会成员提供有用的东西而对那个社会是公正的，而有用的东西能因为地方不同和时间不同而变化，那么，有用的法律也同样是变化的。"一般说来，公正对所有人都是一样的。因为它是在相互交往中的互利。但在特定场合和特定条件下，它却随环境的变化而变化。"③ 环境变了，法律就不再有利了，过去是公正的现在也就不再公正了。"如果由于环境的变化，法律不再有利了，那么，当法律有利于公民间的相互交往时是公正。随后，当它们不再有利时就不公正。"④ 法律是公正的体现，是有用的。人们应该认识到法律的有用性，如果一个人不欲望大量的财富、奢侈的财物，以及政治权力之类的东西，他就应该明白，在任何情形下都没有理由做被法律禁止的行为。遵守法律的人就是公正的人。"公正的人心如止水；不公正的人惶惑不安。"⑤

伊壁鸠鲁高度评价友谊，并以相当夸张的术语赞扬它。"在智慧所提供的保证终生幸福的各种手段中，最为重要的是获得友谊。"⑥ 他宣称，"要达到智慧所源生的幸福，没有哪种手段比友谊更伟大，更富有成果，更令人喜

① ［古希腊］第欧根尼·拉尔修：《名哲言行录》下，马永翔、赵玉兰、祝和军、张志华译，吉林人民出版社 2011 年版，第 583 页。
② 同上。
③ 同上。
④ 同上。
⑤ 同上书，第 581 页。
⑥ 同上书，第 582 页。

乐的。"① 那么，友谊为什么如此重要呢？伊壁鸠鲁明确认定，是因为友谊可以增进我们的安全，可以使我们免于受伤害。"我们关于没有什么可怕的东西是永恒的，也不会持续很长时间的信念同样能使我们明白，在我们有限制的生活条件中，没有什么像友谊那样增进我们的安全。"② 但是，按照西塞罗在他的《论至善与至恶》中的说法，伊壁鸠鲁之所以非常重视友谊，是因为友谊不能与德性分离，同样也不能与快乐分离。"孤独、没有朋友的生活肯定面临潜在的危险和警示。因此理性本身就要求有朋友；拥有朋友就拥有信心，就能够坚定地盼望快乐。正如仇恨、嫉妒、鄙视是快乐的绊脚石，同样，友谊是保证我们的朋友以及我们自己获得快乐的最可靠的保护者和创造者。它使我们享受现在，它激发我们对不久的将来以及久远的将来心怀期盼。因而没有友谊就不可能保证生活中有永久的满足，我们若不爱我们的朋友如同爱我们自己，就不可能保存友谊本身。我们为朋友的喜乐而喜乐，如同我们自己的喜乐一样，为朋友的悲愁而悲愁，如同自己的悲愁一样。与朋友同甘共苦。因而，智慧者对待朋友如同对待自己一样，也就是待人如己，为朋友的快乐尽心尽力，如同为自己的快乐一样。"③

基于以上认识，我们可以确信，伊壁鸠鲁认为，智慧之人非常珍视友谊，有时愿意为朋友而死。因此，有学者认为，至少在这个领域，伊壁鸠鲁放弃了他的利己主义的快乐主义，拥护对朋友的利他主义。也许正是在这种友谊观的影响下，伊壁鸠鲁的"花园"学园成了一个互帮互助、相亲相爱的朋友社团。这个社团可以被看作是伊壁鸠鲁友爱理想的充分体现和生动实践。当然，他也是运用这种说教在他的门徒之中构建了一个严密的统治体系，并使他们宣誓效忠他。

二、芝诺、克律西波的极端理性主义德性论

芝诺是斯多亚派的创始人，克律西波是芝诺的学生和"一位使斯多亚主义学说精确化和条理化的学者"④，尽管与芝诺之间也有不少分歧。因此，这

---

① ［古希腊］西塞罗：《论至善和至恶》，石敏敏译，中国社会科学出版社 2005 年版，第 31 页。

② ［古希腊］第欧根尼·拉尔修：《名哲言行录》下，马永翔、赵玉兰、祝和军、张志华译，吉林人民出版社 2011 年版，第 582 页。

③ ［古希腊］西塞罗：《论至善和至恶》，石敏敏译，中国社会科学出版社 2005 年版，第 31—32 页。

④ 王来法：《前期斯多亚学派研究》，浙江大学出版社 2004 年版，第 46 页。

里我们以他们俩为重点讨论早期斯多亚派的德性论。

（一）与昔尼克派的关系

芝诺和克律西波在建立和完善斯多亚主义的过程中受到了希腊哲学的广泛影响，如赫拉克利特以"火"为世界本原的本体论思想，苏格拉底、柏拉图、亚里士多德推崇幸福、智慧、德性的伦理学思想，等等。但是，对他们思想影响最直接的是昔尼克派，这种影响尤其体现在伦理学方面。

昔尼克派（Cynics，亦译为"犬儒派"）是因苏格拉底的学生安提司泰尼（Antisthenes，约前446—前366）常在雅典郊外的"白犬之地"运动场与人谈话和教学之故而得名。他的著作颇丰，第欧根尼·拉尔修记载了10卷共61篇著作的全部篇名。他作为昔尼克派的创始人，表现出高尚的教养和较为严谨的哲学思想，与苏格拉底的观点较为接近，但在普遍定义和道德哲学方面却有明显的片面化和绝对化倾向。如同苏格拉底一样，安提司泰尼推崇幸福、智慧、德性，但将这些强调到了极端。在他看来，幸福的价值甚至超过了生命本身。有人问他何为人类的至福，他答道："快乐地死去。"[1] 他对智慧推崇备至，认为"智慧之人是自足的，因为所有他人的善都属于他"，"对于智慧之人而言，没有什么东西是异己的或不可操行的"，"智慧是最可靠的堡垒，它永不崩溃，也不背叛"。[2] 他不仅力图证明德性可以传授，高贵只属于有德性的人，而且认为德性具有绝对的价值。"他认为，德性本身足以保证幸福，因为除了一个苏格拉底的力量外，德性别无所需。""德性是不可剥夺的武器。"[3] 苏格拉底不赞成一味以感性快乐为人生目的，但并不否认善能给人带来快乐，安提司泰尼却完全否认善的这种功利价值，批判一切对感性快乐的追求。他甚至反复说："我宁可成为疯子也不愿追求感官愉悦。"[4]

第欧根尼（Diogenes the Cynic，前404—前323）是昔尼克派最典型、最有影响的代表。他因以一种放荡不羁、粗陋潦倒、无所需求、极为简单的生活方式而被人戏称为"犬"。他认为，这种生活方式就是顺应自然，可以抵御文明和欲望对个人自由的破坏。第欧根尼·拉尔修记载了他写的14篇

---

① ［古希腊］第欧根尼·拉尔修：《名哲言行录》下，马永翔、赵玉兰、祝和军、张志华译，吉林人民出版社2011年版，第284页。

② 同上书，第286页。

③ 同上。

④ 同上书，第284页。

哲理对话和 7 部悲剧的篇名，但原作均已佚失。第欧根尼认为社会文明造就了腐败和罪恶，所以要改造生活，使它返朴归真，回复自然。他之所以厌恶文明，是因为他认为文明伤害了生命。有人宣称生命是一种恶，他纠正说："不是生命本身，而是活得不幸。"[①] 他认为高贵的门第、声誉和一切显赫的东西是浮夸的罪恶装饰品，"对金钱的热爱是万恶之源"[②]。他主张，"人们应该选择自然推荐之事，而不是无益的徒劳，这样他们才会生活幸福。"[③] 选择了非自然的东西，也就是选择了悲惨，而这正是人们的愚蠢。他强调实践的重要性，"如果没有艰苦的实践，生活中任何事情都不会有成功的机会；实践可以战胜一切。"[④] 他所理解的实践就是脑力和体力的训练。人们通过自身的不懈努力可以获得超群的技艺，如果他们将其努力转向心智训练，肯定不会徒劳无功。他常常引用无可辩驳的证据表明，从体育训练达到德性是何其容易。对通常所理解的快乐鄙视也是一种训练，"正如那些习惯于快乐生活的人，当他们回顾相反的体验时也会觉得恶心，因此那些经过相反训练的人，能够从鄙视快乐中得到比快乐本身更多的快乐"[⑤]。第欧根尼·拉尔修认为，这就是他的言论的中心要旨。他虽然是一个无家可归的流放者、一个乞讨衣食的流浪汉，但对自己充满了自信，"他声称他能够以勇气对抗命运，以本性对抗习俗，以理性反抗激情。"[⑥]

芝诺直接师从过的克拉底（Crates of Thebes，约前 365—约前 285），也是昔尼克著名的弟子之一。他出身富贵家庭，但追随昔尼克派之后就变卖家产，将钱分送给了同胞，自己穿上褴褛的外衣，挟起行囊过流浪的犬儒生活，成为了一位坚定的哲学家。他同追随他的女犬儒基娅同居，甚至在公众场合性交，并将此说成是顺应自然。他将儿子带到一家妓院，告诉他他的父亲是如何结婚的。他以诗描述了一个犬儒式的理想城邦"佩拉"："在酒色的雾霭中有一座城市叫佩拉（Pera），美丽、肥沃、没有污秽、但有平凡，航行在那里的没有蠢蛋，也没有寄生虫，没有贪婪者，也没有肉欲的奴隶，但到处都有百里香、葱蒜，还有无花果和烤面包，因为这些，人们从不相互争

---

① ［古希腊］第欧根尼·拉尔修:《名哲言行录》下，马永翔、赵玉兰、祝和军、张志华译，吉林人民出版社 2011 年版，第 304 页。

② 同上书，第 302 页。

③ 同上书，第 310 页。

④ 同上。

⑤ 同上。

⑥ 同上书，第 298 页。

斗，也不为金钱和名誉兵刃相见。"①

昔尼克派将苏格拉底的善和德性解释为顺应自然，主张将个人的欲望抑制到最低限度，摒弃一切感性的快乐和享受。它要求人们节制感官之欲，宣扬和践行一种最简单粗鄙的生活方式，到后来更演变成为一种放浪形骸的处世态度和违反常理的生活方式，表现了希腊古文明衰落时期文人们愤世嫉俗、鄙弃社会现实生活的没落心理。昔尼克派的哲学思想和生活态度对斯多亚派产生了不同程度的影响，其中影响最大的是安提司泰尼。第欧根尼·拉尔修认为，斯多亚派的最主要学说要追溯到安提司泰尼。他以一位讽刺诗作家的描写证明这一点："你们精通斯多亚派的事迹，你们在神圣的书卷中记载了最优秀的教义：只有德性才是灵魂的善，因为只有德性才能拯救人们的生命和他们的城邦。但记忆女神的女儿缪斯却赞扬肉欲的放纵，而这正是其他人所选择的目标。"②

芝诺在年轻的时候先后接受过昔尼克派、麦加拉派以及学园派代表人物的影响，但从伦理学的角度看，对他影响最大的是昔尼克派。他虽然对昔尼克派的狂放不羁、无所顾忌的生活方式嗤之以鼻，但接受了昔尼克派的基本伦理学精神。当他名气大了之后，一个喜剧作家在其喜剧《哲学家》中不无调侃地写道："这个人采纳了一种新哲学，他教导人们挨饿，竟然也有门徒，他的食物只是一条面包，最好的点心是干无花果，白水当饮料喝。"当时还流行"比芝诺更节制"的说法。③ 由此可见，芝诺伦理学的基本精神还是属于昔尼克派的。

总体上看，斯多亚伦理学传承并发扬光大了昔尼克派推崇回归自然，特别是基于自然审视和阐述幸福、德性和智慧的基本哲学观念，并将其作为自己哲学的出发点。在这种意义上，斯多亚派伦理学与昔尼克派伦理学在基本精神上具有一致性，两者的核心观点看起来也似乎很相似。但是，斯多亚伦理学与昔尼克伦理学并不是一脉相承的，而是两个具有各自独特个性和特征的不同学派。这集中体现在它们虽然都主张回归自然，但昔尼克所要回归的是相对于人而言的外在自然，而斯多亚派所要回归的是相对于人而言的内在自然，即人的本性——理性。其具体体现有以下四个主要方面：

第一，就学派特征而言，昔尼克派的伦理学观点具有反叛性和极端性，

---

① ［古希腊］第欧根尼·拉尔修：《名哲言行录》下，马永翔、赵玉兰、祝和军、张志华译，吉林人民出版社 2011 年版，第 319 页。

② 同上书，第 287 页。

③ 同上书，第 346 页。

他们不仅以激进的理论观点而且以叛逆的实践行为公开表示对人类文明和社会现实的不满和对抗，显得偏激和过分；与之不同，斯多亚派的伦理学观点比较温和，注重说理，具有劝导性，从芝诺开始的斯多亚派有影响的哲学家都注重对社会现实进行冷静的理性思考和探索，力图通过理论的说服力和自身的示范作用改变社会现实，实现其哲学理想。

第二，就思想主旨而言，昔尼克派更侧重外在地回归自然，并据此一概否定人类文明和社会规范；斯多亚派则更侧重内在地回归本性、顺从作为本性的理性，并力图将人的本性与自然打通，从而通过回归本性回归自然，而对社会文明和现实则更多地表现出屈从态度。

第三，就理论内容而言，昔尼克派是一个学者为数较少、存在时间较短的小学派，其理论成果不多且不系统，涉及的伦理学问题有限；斯多亚派则是一个学者为数众多、存在时间达几百年的大学派，其理论成果十分丰硕，涉及了伦理学研究的价值论、德性论、情感论和规范论等基本领域，可以说是人类到目前为止的唯一一个对伦理学的所有基本问题都作过探讨并有系统回答的学派。

第四，就思考深度而言，昔尼克派的哲学研究基本上局限于伦理学范围，特别是德性论领域，没有将伦理学研究与本体论研究联系起来，为他们的观点提供本体论的支持；斯多亚派的伦理学则有深厚的本体论根基，它的基本伦理学观点和结论都有坚固的本体论根据，这使其哲学特别是早期斯多亚派哲学具有浓厚的思辨色彩，正因为如此，要理解斯多亚的伦理学，不理解它的本体论是做不到的。

（二）自然、理性与激情

要了解早期斯多亚派的德性思想需要从他们的宇宙观谈起，要了解他们对自然及其与人性关系的理解。

早期斯多亚派认为，自然宇宙就是自然，它是具有完善理性、神圣智慧、永恒事物的完整统一体。芝诺曾经对此作了非常简要的概括："'具有理性的事物比不具有理性的事物完美。没有任何事物比宇宙更完美，因此宇宙是一个理性的存在者'，用这种方法同样可以证明宇宙是智慧的、神圣的和永恒的。"① 自然就是不断进行创造的"有美感的火"，或者说理性（或"逻

---

① ［古希腊］西塞罗：《论神性》第 2 卷 VIII，石敏敏译，上海三联书店 2007 年版，第 58 页。

各斯"）。芝诺将自然定义为"一团有自行其道的创造之火"[1]。"这种纯粹的、自由的原初之火渗透着整个宇宙，它是最精致的、最有生命力的；这种宇宙之火不是从无中被点燃，而是由它自身的意志力推动。"[2]自克律西波以后斯多亚派则将它等同于火和气的复合体，即普纽玛（pneuma）。斯多亚派将原初的"火"看作是"世界灵魂"、"世界理性"，将整个自然看作是"神"。"克律西波对此作过很好的论证。他通过类比表明，在种类的完善和成熟的个体中总能找到更多的优秀品质，马的优秀品质多于马驹，狗的优秀品质多于幼犬，人的优秀品质多于幼童。因此，最高的优秀品质必然呈现在绝对和完美的事物身上。没有比善更高的品质了，也没有比宇宙更完美的事物了，因此善必然就是宇宙的一个特性。人自身的本性并非是完美的，然而善还是可以呈现在人身上，更不要说呈现在宇宙之中了！因此，宇宙包含着善和智慧，因此，宇宙本身就是神。"[3]

世界万物都是由原初的火或普纽玛创造的，最终又要回归到这一原初的存在，整个世界处于周而复始的循环链条之中。在这个过程中，每一个事物都是作为这一链条的一个环节而存在，必须服务因果关系法则，完全不能脱离这一链条。他们认为，一切事物的发生都是有原因的，只要原因不变，就不会有别的事物发生。偶然性只是代表未知原因的一个名词。"在先的事件是在后的事件的原因，万物都以这种方式彼此联系在一起，因而任何发生在世界上的事物总是有其他的事物作为其结果，同时也是以其他事物为原因的。"[4]这种因果链条是预先设定和不可更改的，是一种绝对的必然性。这种绝对必然性就是斯多亚派所说的"命运"或"神意"。这种命运决定着世界上一切事物的产生、存在和变化。不过，命运虽然统治着世界万物，但并不直接决定每一个具体事物，而是通过世界的整体间接地决定个别事物。每一事物的每一方面都是由它与世界整体的关系决定的，因而服从于世界的普遍秩序。

他们认为宇宙有两种本原：主动的本原和被动的本原。被动的本原是没有性质的实体，即质料，而主动的本原是内在于这种实体的理性，即神。神

---

① ［古希腊］西塞罗：《论神性》第 2 卷 XXII，石敏敏译，上海三联书店 2007 年版，第 70 页。

② 同上书，第 61 页。

③ 同上书，第 64 页。

④ H. von Arnim (ed.), *Stoicorum Veterum Fragmenta* (4 vols.), ii.945 , Leipzig: B. G. Teubner, 1903-1924.

是永恒的，是"匠师"，在整个质料范围内制造了各有所别的事物。① 每一物体都是由普纽玛和质料共同组成的，但在不同的物体那里与质料结合在一起的普纽玛的组合方式是不同的，因而其内部的"紧张"或"张力"也就不同。正是这种不同造成了物体的性质和状态的差异，而个别物体因拥有某种特定的"紧张"而产生了生命。在有生命的物体中则只有人和动物才有灵魂，而只有人才有理性。人也是质料和普纽玛的统一体，人的灵魂与宇宙灵魂、人的理性与宇宙理性的关系是部分与整体的关系，人的灵魂不仅和动物的灵魂一样是宇宙灵魂的一部分，而且由于拥有理性而与神圣的存在（原初的本体）有着特殊的关系，并且理性在我们灵魂中所起的作用越大，我们的灵魂与神圣存在的关系就越密切。不过，也因为这个原因，人的灵魂无法摆脱神圣存在的法则或命运。人和世界上的其他事物一样，早已被编入神定的不可更改的因果关系链条之中，正如个体灵魂的活动不能独立于宇宙灵魂一样，个体灵魂也不能摆脱命运的安排，因而人的灵魂拥有独立于世界过程的自由不过是一种幻想。他们也承认人类有意志自由，但所谓人类意志的自由仅仅在于它不受外部力量统治，而只服从自己本性的命令。

人的灵魂包括五种感觉能力、语言能力、理智能力、生育能力，它们都是灵魂的部分，其中包含了无机物、植物、动物所具有的所有官能。灵魂有一种"冲动"，它是灵魂接受到某种印象时可能产生的运动。这种冲动在动物那里表现为自我保护。"斯多亚派说动物的第一冲动是自我保护，因为本性从一开始就使其自爱，正如克律西波在《论目的》的第一卷中肯定：'对每种动物来说最珍贵的是它自己的身体和对此的意识。"为什么会如此呢？是因为自然不可能使生命物与自己疏远，它也不可能使自己创造的生物与自身疏远，不珍爱自己的身体。就是说，自然在构造动物时使它与自己接近和亲近，这样它就可以避开所有可能造成伤害的因素，并顺利地获得一切有利于自己的因素。在他们看来，冲动既是动物行动的基本决定因素，也是主宰人类孩提时代的官能。随孩子长大，他的统治本能由于理性的增强逐渐地得到了根本的改造。理性改变了冲动的方向，新的欲望的对象超越了身体基本需要的满足，德性被看作是比食物、饮料、住房更根本的"属于人"的东西。在他们看来，人类的本性（自然）注定要从某种非理性和类似动物的东西发展成为完全由理性统治的结构。第欧根尼·拉尔修说："斯多亚派认为，

---

① 参见［古希腊］第欧根尼·拉尔修：《名哲言行录》下，马永翔、赵玉兰、祝和军、张志华译，吉林人民出版社 2011 年版，第 383 页。

对于它们（动物——引者注）来说，自然的规则就是遵从冲动的引导。但是当理性通过更完善的领导而获得我们所说的那些理性存在时，对它们来说，依据理性的生活就正当地成为一种自然的生活方式。因为理性随后科学地塑造了冲动。"①

不过，理性只是改造而没有毁灭灵魂原来已有的那些官能，灵魂可能发生错乱，并由此产生激情。激情就是灵魂的非理性的运动。"从谬误中产生错乱，它扩展到心灵中；从这些错乱中产生许多激情（passions）或情绪（emotions），它们导致不稳定的因素。芝诺把激情或情绪定义为灵魂中非理性的和非自然的运动，或定义为过剩的冲动。"②芝诺将主要的或最普遍的情绪分为四大类：悲伤或痛苦、恐惧、欲望或渴望、快乐。悲伤或痛苦是一种非理性的心灵的收缩，怜悯、羡慕、嫉妒、敌视、沉闷、恼怒、压抑、痛楚和狂乱等都是悲伤在不同情况下的表现。恐惧是对恶的预期，包括惊骇、紧张的畏缩、羞怯、恐慌、惊惧和神经剧痛等。欲望或渴望是一种非理性的本能倾向，其中包括需求、憎恶、竞争、生气、爱欲、憎恶和怨恨等状态。快乐是对看起来值得选择的东西的增加而感受到的非理性的兴致高扬，如陶醉、恶意的愉快、愉悦、喜不自禁等。他们认为像身体一样，灵魂也有一些脆弱之处，如恋慕名望、贪图快乐等；正如身体有产生疾病的倾向一样，灵魂也有这种倾向，如嫉妒、怜悯及诸如此类。③他们也承认有属于善的情绪状态，它们包括三种，即高兴、谨慎和愿望。高兴是快乐的反面，是一种理性的兴致高扬，如愉快、欢乐、兴高采烈；谨慎是恐惧的反面，是理性的规避，如虔敬、谦逊；愿望是欲望或渴望的反面，因为它是理性的本能倾向，如仁慈、友好、尊重、珍爱等。显然，他们是以是否出于理性来判断情绪的类别。他们主张，所有的错误都必须连根拔掉，而不只搁置在旁边，并且要用正确的理性取而代之。④

（三）合乎自然地生活

既然人类的本性（自然）注定要使灵魂从那些非理性和类似动物的东西

---

①　［古希腊］第欧根尼·拉尔修：《名哲言行录》下，马永翔、赵玉兰、祝和军、张志华译，吉林人民出版社 2011 年版，第 368 页。

②　同上书，第 375 页。

③　Cicero, *Tusculanae Quaestiones*, iv. 6.

④　Cicero, *Tusculanae Quaestiones*, iv. 18, etc.

发展成为完全由理性统治的结构，既然理性由于没有消除灵魂原有的那些官能而可能发生错乱，那么，在斯多亚派看来，合乎理性地生活就应当成为人类生活追求的目的。人的理性即人的自然，它是合乎宇宙理性的，是自然的一部分，因而合乎理性地生活，也就是合乎自然地生活，或者说与自然相一致地生活。这两种表达在斯多亚派那里是完全同义的。"因为我们的个体的自然是整个宇宙的自然的一部分。而这也就是为什么目的可以定义为与自然相一致的生活的原因，换言之，这种生活与我们人类的自然相一致，也与宇宙的自然相一致；在这种生活中，我们戒绝一切为万物所共有的法则所禁止的行为，而这种法则也就是那渗透万物的正确理性，这种理性与所有存在者的宙斯、主人和统治者相等同。"①

那么，合乎自然是什么意思呢？就是把合乎自然的事物看作是有价值的，"自然"是事物价值的标准，任何事物的价值都要根据"自然"来界定。根据这种标准，一切与自然不一致的事物则是没有价值的。在斯多亚派看来，合乎自然的事物有两种情形：一是本身是合乎自然的事物；二是能够达到合乎自然状态的事物。只有这两种事物才是有价值的，那么也只有它们才是值得选择、应当追求的。"那本质上与自然一致的，或者所产生的东西是与自然一致的，因而包含一定的积极意义——斯多亚学派称之为'axia'，也就是'有价值的——值得选择；另一类就是与前者相反的，他们称之为'无价值的'。由此就确立了第一条原理，即凡是与自然一致的，其本身就是'可取的事物'，它们的对立面就是'应抛弃的事物'"②。

在斯多亚派看来，合乎自然不是一蹴而就的，而是一个不断提升的渐进过程。这个过程大体上可以划为五个阶段：一是保持自己的自然结构；二是保留那些合乎自然的事物，排除与此相反的事物；三是在此基础上进行"适当的行为"的选择；四是在生活实践中连续不断地进行这样的选择，使这样的选择成为一种固定习惯；五是在连续不断的选择过程中使选择完全理性化，也就是能自觉地作出完全与自然相符合的选择。这个渐进的过程是与人成长的过程相一致的。在婴儿阶段，人和其他生物一样，处于自然规定的一种自发的行为模式。随着人从仅具有动物式的本能的反应成长为具有理性的

---

① ［古希腊］第欧根尼·拉尔修：《名哲言行录》下，马永翔、赵玉兰、祝和军、张志华译，吉林人民出版社 2011 年版，第 368 页。

② ［古希腊］西塞罗：《论至善和至恶》第 3 卷 6，石敏敏译，中国社会科学出版社 2005 年版，第 105 页。

成人，人逐渐开始对是否合乎自然的事物作出判断和评价，并据此作出自己的选择。经过反复不断的选择，人最终能达到作出完全合乎自然的选择，人成为有圆满理性的成人。在这个成长过程的不同阶段，人都有自己的责任，而且每一个新的阶段都会增加新的内容，这种新的内容成为新的阶段的责任，而与前一阶段相应的适当事物，到了后一阶段就会变成不适当的了。这一成长过程的最终目标就是达到一种真正合乎自然的生活。

斯多亚派认为，"正是在这最后的阶段，真正的善才首次显现出来，其真实的本性才得到领会。人的最初吸引力总是指向与本性一致的事物；但当他有了领悟力，或者毋宁说能产生'概念'——用斯多亚学派的术语就是'ennoia'——认识到支配行为的秩序，也可以说和谐，他就转而尊敬这种和谐，其程度远胜于他最初的爱恋，再通过智性和理性的分析，推出结论说，人的至善就在这里，也就是因其本身而值得赞美、值得欲求的东西。"①在斯多亚派看来，作为万物价值之标准的善就存在于这种和谐之中；由遵循这种标准所形成的德性和德行本身才是人们心目中唯一善的事物或至善。这种至善虽然产生得比较迟，却是唯一由于其内在的自然和价值而成为值得追求的事物，而那些最初热爱的对象都不是因其自身而值得追求的事物。这样，斯多亚派所说的对与自然完全一致的追求就转变成了德性和德行的要求。也就是说，人们要合乎自然地生活就要有德性地生活，要出于德性而行动。西塞罗在《论义务》中曾谈到，"至于说到斯多葛认为的至善——顺应自然地生活，在我看来它具有这样的意思，即永远与美德相一致，至于其他事物，尽管它们也与自然相协调，则只选取那些不与美德相冲突的事物。"②

这种人生成长的不同阶段是斯多亚派对人成长过程应当经历过程的描述，并不意味着人会自然而然地经历所有的阶段，成长为完全合乎自然的具有圆满理性的人。如果这样，世界上就不会有愚蠢之人和邪恶之人。显然，这不是伦理学家应有的结论。他们提供这样一种人成长过程的理念，就是为了给人的发展和完善提供指导。在斯多亚派看来，达到与自然完全一致，是人之为人的本性（自然）规定了的，既然如此，一个人要成为真正意义上的人，或者说，要成为智慧之人、善良之人，或者说幸福之人，他就必须不断

---

① ［古希腊］西塞罗：《论至善和至恶》第3卷6，石敏敏译，中国社会科学出版社2005年版，第106页。

② ［古希腊］西塞罗：《论义务》第3卷13，《西塞罗文集》（政治学卷），王焕生译，中央编译出版社2010年版，第434页。

追求和努力实现其本性所规定的这种目标。否则，他就不会成为真正意义上的人。克律西波指出，因为我们个体的自然是整个宇宙的自然的一部分，所以我们要把目的定义为合乎自然地生活。"这种生活与我们人类的自然相一致，也与宇宙的自然相一致；在这种生活中，我们戒绝一切为万物所共有的法则所禁止的行为，而这种法则也就是那渗透万物的正确理性，这种理性与所有存在者的宙斯、主人和统治者相等同。"①

（四）只有德性才是善

在斯多亚派看来，合乎自然地生活就是要具有德性，出于德性行动。这样，德性就成为了使我们达到与自然相一致地生活的东西，或者说，是那种"所有行为都使驻留于个体人之中的精神与宇宙的命令者的意志相和谐并得到提升"②的生活。"这种生活方式与德性的生活是一回事，而德性是指自然引导我们所朝向的那个目标。"③对于德性的这个目的或目标，早期斯多亚主义者有不同的表述。芝诺将它称为"与自然相一致的生活"；克律西波认为，它与依据自然的实际过程的经验而生活是等同的；第欧根尼明确地把目的说成是在选择何者为自然时依据善的理性而行动；阿凯德谟（Achedemus）则说，这种目的就是践行所有合宜行为的生活。而且，他们对这里所说的自然本身的理解也不一致，克律西波将它同时理解为宇宙的自然和个别意义的人的自然，而克里安忒（Cleanthes，前331—前232年）则只把宇宙的自然当做应该遵从的，没有涵盖个体的自然。不过，尽管表述不尽相同，但他们都将德性与自然、理性、所有存在者的统治者的意志关联起来，认为德性是与它们相一致的生活，而它们都是基本同义的，大体上都指原初的本原。

早期斯多亚主义者像以前的希腊哲学家一样，一般都是从广义上理解德性，把德性看作是事物在总体上的完善，而且认为德性可以是非理智性的和理智性的。非理智的德性不需要心灵的赞同，恶人也可能具有，如健康、勇敢；理智的德性是基于科学和理论的，如明慎、公正。他们认为德性有不同的种类，其中有些是基本的，有些是从属于它们的或非基本的。基本的德性

---

① ［古希腊］第欧根尼·拉尔修：《名哲言行录》下，马永翔、赵玉兰、祝和军、张志华译，吉林人民出版社2011年版，第368页。参见［英］安东尼·肯尼：《牛津哲学史》（第一卷·古代哲学），王柯平译，吉林出版集团有限责任公司2010年版，第333—334页。

② ［古希腊］第欧根尼·拉尔修：《名哲言行录》下，马永翔、赵玉兰、祝和军、张志华译，吉林人民出版社2011年版，第368页。

③ 同上。

有智慧、勇敢、公正、节制，非基本的有大度、自制、忍耐等。但是，不同的哲学家对德性有多少种类型的看法也不尽一致。有的将德性分为理论的和实践的两种，有的分为逻辑的、物理的和伦理的三种，还有人认为有四种或更多，有人甚至认为只有一种，即实践智慧。^① 不过，他们大多数人都将德性看作是一种和谐的性情，是倾向于使整个生命和谐的心理状态。正是在这种意义上，德性被看作是因其内在价值（善）而是值得选择的。就是说，人们选择德性是出于德性自身的缘故而非出于希望、恐惧或任何其他外在动机。对于一个斯多亚主义者来说，德性的本身就是目的，而不是某种行善的手段。^②

在这方面，芝诺的观点更为激进。他认为，正如德性只能存在于理性的领域一样，恶性只与拒绝理性相伴随。德性是与恶性绝对对立的，两者是不能一起存在于同一事物之内的，不能一起增进或减退；^③ 没有任何一种道德行为比另一种道德行为更具有德性的。^④ 所有的行为要么是善的，要么是恶的，因为冲动和欲望依赖于自由的赞同，因而那些不受理性指导的消极精神状态或激情都是不道德的，并产生不道德的行为。^⑤

芝诺等早期斯多亚主义者虽然承认德性有多种，"每种德性都有所关注的主题"^⑥，但赞同苏格拉底的观点，认为各种德性是不可分离的整体，各种德性是统一的德性在各种条件下的不同表现。"他们认为德性彼此相关，拥有其中一种就拥有所有德性"^⑦。在他们看来，德性是唯一的，当我们谈论各种德性时，指的只是唯一的德性与各种各样的对象发生着关系时体现出来的不同样式。德性之间的区别不在于内在的性质，而在于德性在什么条件下表现出来，而这只表达了唯一的德性与各种事物的特殊关系。当然，这并不排斥德性的共同性质在与某一特定对象发生关系时，会给具体的德性增加一些

---

① ［古希腊］第欧根尼·拉尔修：《名哲言行录》下，马永翔、赵玉兰、祝和军、张志华译，吉林人民出版社 2011 年版，第 369—370 页。

② 参见［英］罗素：《西方哲学史》上卷，何兆武、李约瑟译，商务印书馆 1963 年版，第 323 页。

③ Cicero, *Tusculanae Quaestiones*, iv. 13; *de Finibus*, iii. 21 andiv. 9; etc.

④ ［古希腊］西塞罗：《论至善和至恶》第 3 卷 14，石敏敏译，中国社会科学出版社 2005 年版，第 116 页。

⑤ Cf. Cicero, *Tusculanae Quaestiones*, iv. 9; 6. 14.

⑥ ［古希腊］第欧根尼·拉尔修：《名哲言行录》下，马永翔、赵玉兰、祝和军、张志华译，吉林人民出版社 2011 年版，第 380 页。

⑦ 同上。

另外的成分，使德性具有一定的特殊性。那么，德性为什么是统一的、其各部分是彼此不可分离的呢？这是因为它们有共同本原。① 这种本原就是人的本性（自然），即理性。

德性是善的，那么这就涉及对善及其与德性关系的理解问题。斯多亚派对善的理解很多方面是与当时流行的观点相一致的，如认为：有些善是心灵之善，有些是外在之善，还有些既非心灵之善也非外在之善；有些善在本性上就是目的，有些是达到这些目的的手段；所有善都是合宜的、有约束力的、有利的、有用的、适用的、美的、有益处的、公正的或正当的；至善则是它完整地拥有其本性所要求的所有因素。② 他们也承认存在的事物中有些是善的，有些是恶的，有些是非善非恶的，即在道德上是中性的。"中性"事物既指它对幸福或痛苦都无所增进，也指它没有刺激爱好或厌恶的力量。从上述对善的意义的理解看，善与德性具有以下几方面的关系：

第一，善是利益的根源，德性在这种意义上是善的。他们认为，一般而言，"善是某种好处所从出自的东西，尤其，它要么与利益同一，要么与利益无差别"③。从这种意义上，德性既是利益的源泉，又是利益实现的手段，还是利益形成的原因。"德性自身和所有分有德性的事物在三种意义上被称做是善的：（1）利益所从产生的源泉；（2）利益因之而产生的东西，如有德性的行为；（3）利益借之而产生的东西，如分有德性的善良之人。"④

第二，善是理性存在者自身的完善，德性在这种意义上是与善同义的。他们有的人将善定义为"理性存在作为理性者的自然完善"，德性、作为德性之分有者的有德性行为都是符合这个定义的。这种善就是心灵之善。

第三，善有目的善、手段善之分，或者说善既是目的又是手段，德性亦如此。"一方面，就其导致幸福而言它们是手段，另一方面，就它们使幸福完善并因此自身即为幸福之一部分而言，它们是手段。"⑤

以上所有这些观点程度不一地为不同的斯多亚主义者所认同，但并不能充分体现斯多亚派的特色，它的特色也许主要体现为这样一个命题，即只有德性才是善，而幸福就在于德性。

---

① 参见［古希腊］第欧根尼·拉尔修：《名哲言行录》下，马永翔、赵玉兰、祝和军、张志华译，吉林人民出版社2011年版，第380页。
② 同上书，第371—372页。
③ 同上书，第370页。
④ 同上。
⑤ 同上书，第371页。

从前面的论述可以看出，斯多亚派也承认有各种各样的善，善与善之间是有差别的。但是，他们总体上认为，所有这些差别归根到底仅仅在于有些善本身就是善的，而有些善是从属于前者的。从严格的意义上说，只有那种具有无条件的事物才是本身即是善的善，而相对于其他事物而言具有价值的善不是真正意义的善，不能叫做善。这种不是真正意义的善，他们称之为中性事物，包括在道德意义上既非善亦非恶但有一定价值的事物，如聪明、财富、荣誉，他们称之为"更为可取的"事物；所有因其本身或因更高目的的关系违反自然或有害的，即与上述事物性质相反的事物，如疾病、贫困、卑贱等，他们称之为"更不可取的"事物；在上述意义上既不具有肯定价值又不具有否定价值、对我们的选择没有多大影响的事物，如购物是现付还是赊账，他们称之为"中间的"的事物。在斯多亚派看来，善与非善的差别不是程度上的，而是本质上的，因为非善在任何情况下都不可能成为善的。

那么，什么是本身即是善的善呢？这就是德性。关于这一点，斯多亚派学者有很多论述。归纳起来，主要包括以下几层意思：一是认为德性生活是同合乎自然生活一回事。[①] 二是认为德性是因其自身而值得选择的。[②] 三是认为人们是根据德性来衡量和创造价值的。"有益就是根据德性来运作和维持；而有害就是根据邪恶来运作和维持。"[③] 四是认为德性能使人按照正确理性的原则行事。"如果一个人拥有了德性，他就能够立刻发现他应该做什么并付诸实践。"[④] 五是认为德性是与美相通的。"他们把美描绘为德性的花朵。"[⑤] 正是在上述意义上，斯多亚派认为只有德性才是在任何条件下都是有用和必要的，才是真正善的，才本身就是善。也正是在这种意义上，斯多亚派认为"幸福就在于德性"[⑥]。

他们像亚里士多德一样把幸福作为至善，并认为过幸福生活是人一切活动的终极目的，但与亚里士多德不同，他们认为幸福只在于德性。在他们看来，德性不需要任何外在条件，它本身就包含了幸福的所有条件。"德性作

---

① 参见［古希腊］第欧根尼·拉尔修:《名哲言行录》下，马永翔、赵玉兰、祝和军、张志华译，吉林人民出版社 2011 年版，第 368 页。

② 参见上书，第 369、381 页。

③ 参见上书，第 373 页。

④ 同上书，第 380 页。

⑤ 同上书，第 381 页。

⑥ 同上书，第 369 页。

为整体其自身对于幸福就足够了", "德性自身足以确保幸福"①。健康是有某种价值的,但并不是一种善,而且没有一种价值是高于德性的。人们可能把幸福看作是高于德性的价值,认为德性是幸福的手段,但斯多亚派认为这种看法是错误的,因为德性生活与幸福生活是等同的。"他们说过得幸福就是目的,做任何其他事情都是为了过得幸福,过得幸福却不是为了做任何事情。幸福就是按照德性生活,换句话说,就是按照自然生活。芝诺是这样界定幸福的:'幸福就是顺利生活。'克莱安赛斯在其著作中也采用了这一定义,他和克律西波以及他们的后继者都说幸福就是幸福生活。"②同样,恶性是不幸福的本质,恶性地生活与不幸福地生活是同一的。

(五)"智慧之人"与"世界城邦"

斯多亚派也提出了智慧之人的人格理想,他们像柏拉图一样称这种智慧之人为"圣贤"(the sage)。智慧之人懂得所有形成德性所必需的知识,包括斯多亚派的逻辑学、物理学的原理和伦理学的规范原则,并在自己的心灵中将它们融会贯通,就像在自然存在中这三者相互联结着一样。这样,他们就能以正确理性为指导,无所不能地、正确清楚地认识一切事物,过合乎自然的生活。因有正确理性的指导,又有完善的德性,所以他们总能按照伦理规范处世,恰当地行为,责任意识强烈,有完美的道德人格。

第欧根尼·拉尔修在《名哲言行录》对斯多亚派的智慧之人进行了阐述。具体说来,斯多亚派的智慧之人具有以下主要特点:

首先,智慧之人是没有激烈情绪和保持着警醒的人。他们不会屈身于那些脆弱的情绪,对好的和坏的说法都漠不关心。他们是严厉的或苛刻的,要求自己和他人都与快乐无染。他们会扮演犬儒角色,因为犬儒主义是通向德性的捷径。他们也避免虚伪,远离虚荣,没有任何矫揉造作。他们也摆脱事务的烦扰,拒绝任何与责任相冲突的事情。他们也不会陷入疯狂,不会由于悲哀和狂乱而失去理智,他们的观念由什么是值得选择的这一原则所决定。他们不会感到悲伤,并且明白悲伤是灵魂的非理性的退缩。

其次,智慧之人是自由而追求卓越的人。他们能完全自主、独立地处世

---

① 〔古希腊〕第欧根尼·拉尔修:《名哲言行录》下,马永翔、赵玉兰、祝和军、张志华译,吉林人民出版社2011年版,第381页。

② H. von Arnim (ed.) *Stoicorum Veterum Fragmenta* (4 vols.), iii.16, Leipzig: B. G. Teubner, 1903-1924.

行事，是真正的自由人。他们采取的生活方式是消除邪恶，并努力去发现事物中的善的成分。他们坚信，德性必须持久地锻炼，他们的德性永远不会丢失，因为他们总是锻炼他们的完善心智。

再次，智慧之人是敬拜神、尊重人的人。他们是宙斯的敬拜者，具有关于如何侍奉诸神的知识，向诸神献祭并保持自己的纯洁，避免所有亵渎神灵的行为。他们是唯一的祭司，"因为他们把自己的研究作为祭品，就像建筑神庙、斋戒及其他所有归属于神灵的事务一样"①。他们内心有神圣的东西，因而与神相似，诸神也因此赞赏他们。他们尊重父母兄弟仅次于敬神，认为父母对孩子的感情是自然向善而非向恶的。斯多亚派认为，友谊也存在于智慧之人中间，因为他们互相类似。他们对待朋友像对待自己一样，认为朋友因其自身就值得拥有，且拥有很多朋友是好事。他们会以合理的原因结束自己的生命，如为了祖国的利益或为了朋友，或因为遭受了不可容忍的痛苦、残害或无药可治的疾病。

又次，智慧之人是能做所有好事的人。斯多亚派像居勒尼派一样，认为"万物都属于智慧之人"②，因为法律赋予他们对所有事物都拥有完全的权利。

最后，智慧之人是积极参与政治的人。如果没有阻碍，他们会积极从事政治活动，他们从事政治活动的目的是扼制邪恶，提升德性。斯多亚派宣称，只有智慧之人才是自由的，而坏人是奴隶。智慧之人不仅是自由的，而且还应该是国王、官吏、法官或思想家，因为除了智慧之人之外没有谁能胜任这些角色，特别是国王。他们不会出错，也没有罪过，因为他们既不伤害别人也不伤害自己。他们不会心慈手软，对任何人纵容，从不松懈法律所规定的惩罚。

显然，智慧之人不仅是明智之人，也是善良之人、德性之人。在斯多亚派看来，城邦国家就应该由这样的人组成。

早期斯多亚派明确地主张，根据自然法，原有的各城邦国家应结成"世界城邦"。他们认为，原有的城邦有不同的总法规和法律，它们是彼此不同的，不同地方有不同习惯和行为规则。因此，要建立一个世界城邦，这个城邦就必须有一个总法规，一部法律，它们所体现的是自然的理性的命令。世界城邦是由天命支配的大城邦，每一个人都是这个世界中的一分子，每一个

---

① ［古希腊］第欧根尼·拉尔修：《名哲言行录》下，马永翔、赵玉兰、祝和军、张志华译，吉林人民出版社 2011 年版，第 378 页。

② 同上书，第 380、297、310 页。

人都要维护我们全体的共同利益。早期斯多亚派世界城邦的思想为后来的斯多亚派所继承。塞涅卡明确指出:"存在着两个王国———一个是巨大的、真正的共同国度,神与人都包括在内,在其中,我们不能只照顾世界的这一隅或那一隅,而要以太阳运行的路线来衡量我们的公民身份界线;另一个是我们偶然降生于其中的国度。"① 西塞罗对斯多亚派的这种理想的城邦国家作了这样的描述:"斯多葛派所认为的大地上生长的一切都是为了满足人类的需要,而人类是为了人类而出生,为了人们之间能互相有益,由此我们应该遵从自然作为指导者,为公共利益,互相尽义务,给予和得到,或用技艺、或用劳动、或尽自己的能力使人们相互更紧密地联系起来。"②

芝诺曾经针对柏拉图的《国家篇》也写了一部《国家篇》(The Republic)。这是芝诺著作中最著名的一部。这部著作的目的是描绘基于斯多亚派原则的理想社会,这是一个完全由理性统治的无政府的乌托邦。尽管这部著作没有被保存下来,但其中的一些内容通过后来学者引证和释义保存了下来。后来克律西波又写了《论〈国家篇〉》,其他斯多亚主义者也写过社会政治哲学方面的著作。这些著作根据他们的理性主义自然观和德性主义幸福说提出了哲学史上第一个成形的世界主义社会政治理想,其立足点是昔尼克派的第欧根尼甚至苏格拉底的"我是世界公民"的观念。

据普卢塔克(Plutarch,约46—120年)记述,芝诺最早提出的这种思想,可以概括为这样一种理想蓝图:"无论是在城邦还是在城镇,我们都不生活在彼此不同的法律之下,我们将一般地把所有人都看作是我们的同胞和公民,大家遵循一种生活方式和一种秩序,像在同一牧场中一起放养的一群羊。充满自我幻想的芝诺,美梦般地把这种情形写成了一种市民秩序的图景和一个哲学国家的形象。"③ 芝诺描绘的这种"完善国家"蓝图主要包括两个方面:一方面,它的法律不再是各城邦自己人为约定的、各自实施的法律,而是根据理性的自然法颁布的公共法,这种法摒弃了原有各城邦各有特权、偏见的法律和习俗,规定了世界公民没有任何种族、等级差别,大家都是平等相处、互爱互助的兄弟。另一方面,"世界城邦"的成员都是智慧之

① [古罗马]塞涅卡:《论闲暇》,[古罗马]塞涅卡:《哲学的治疗:塞涅卡伦理文选之二》,吴欲波译,包利民校,中国社会科学出版社2007年版,第70页。

② 西塞罗:《论义务》第1卷22,《西塞罗文集》(政治学卷),王焕生译,中央编译出版社2010年版,第332—333页。

③ Plutarch, *On the Fortune of Alexander*, 329A-B.

人、德性之人。在那里，不需要金钱、法庭、寺庙，他们在平等的社会中过着简单的苦行主义生活。公民自觉养成德性，依据自然法践履德行，自觉遵守国家的法律，承担忠于国家的道德责任。所以，这里虽然有统一的法律，但不需要法律统治他们，也不需要宗教指导他们的行为，人们完全根据理性生活。

芝诺所描写的理想社会的一些方面是不合情理甚至是反常变态的。第欧根尼·拉尔修在《名哲言行录》中作了一些记载，如：宣称教育是无用的；把一些侮辱性的语言用到那些没有德性人的身上，称他们相互之间、父母与孩子之间、兄弟之间以及朋友之间是仇敌的关系；禁止城邦建庙宇、法庭和体育场；不能因为交换或出境旅游的需要就使用货币；让男人和女人穿同样的衣服，且不让身体任何一部分完全遮掩，等等。① 这些想法在当时就受到了来自各方面的批评，今天看来，这些具体的构想不仅是空想，而且具有某种反人类文明的性质。

三、西塞罗的德性思想

中期斯多亚派是早期斯多亚派向罗马斯多亚派过渡的环节，它和学园派、漫步派既有争论又有融合，共同反对伊壁鸠鲁主义和怀疑论，较多地吸收了柏拉图和亚里士多德哲学的成分，表现出明显的柏拉图化的倾向；它不重视逻辑学，更强调自然哲学的伦理目的，更注重伦理学的实践性，提出兼顾罗马平民与贵族的德性论，以及自然法及政治伦理和法哲学思想。但是，中期斯多亚派的代表人物的著作大多只散存残篇，而且其伦理学及德性思想的影响也不突出。与中期斯多亚同时的西塞罗受斯多亚主义的影响较大，而且在一定程度上肯定和阐发了斯多亚哲学，表现出了罗马斯多亚派哲学的实践特色。不过，他的哲学思想具有明显的融合、折中色彩，他受过怀疑派思想的影响，后来又兼收并蓄地吸收了亚里士多德、漫步派、学园派的思想。因此，他并不是典型的斯多亚主义者。

西塞罗是古罗马从共和制向帝制转变时期显要的政治活动家、雄辩的演说家和立法家，也是作为罗马本土人将希腊哲学与文化引入罗马的主要学者之一。他一生写了大量的论著、随笔、对话等作品，还有很多演说和书

---

① 参见［古希腊］第欧根尼·拉尔修：《名哲言行录》下，马永翔、赵玉兰、祝和军、张志华译，吉林人民出版社 2011 年版，第 349 页。

信，而且他的大多数作品都得以留存。他的文笔精炼洁净，典雅灵秀，读后沁人心脾，引人入胜。他与德性思想直接相关的著作有《论学园派》《论目的》（石敏敏将其译为《论至善和至恶》)《图斯库兰论辩》《论命运》《论占卜》《论共和国》《论法律》《论责任》《论友谊》等。在哲学和伦理学上，西塞罗较多地接受了柏拉图化的斯多亚派的观点，对早期斯多亚派，特别是对伊壁鸠鲁派进行了较系统深入的批评。这些批评是以对他们思想的相当精准的概括性阐述为前提的，在伊壁鸠鲁派和早期斯多亚派的著作大多佚失的情况下，西塞罗对他们著作的批评成了后人了解他们思想的重要依据，这也不能不说是他的一大学术贡献。

（一）对伊壁鸠鲁派和早期斯多亚派的批评

西塞罗对伊壁鸠鲁的快乐主义提出了尖锐的批评。他首先指责这位自我标榜为智慧之人的人根本不知道快乐是什么，因为他所理解的快乐与全世界其他的人所理解的快乐完全不同。那么，这种不同在哪里呢？这种不同就在于，他把快乐理解为脱离痛苦。西塞罗认为，快乐与脱离痛苦并不是一回事，而伊壁鸠鲁将两者等同起来。"他把从来没有人称为快乐的称为快乐；他把两件有明显区别的东西混合在一起。"[①]如果他的意思是认为至善是完全没有烦恼的生活，那么他就不一定要用快乐这个词，还不如直接用"脱离痛苦"更好。如果他的观点是终极目的必须包括动态快乐，他就不可能使任何认识自己的人，或者说任何研究过自己的本性和感觉的人，相信脱离痛苦与快乐是一回事。他的这种对快乐的理解，不过是他的一种"习语"而已。西塞罗还进一步分析说，经验世界包含三种情感状态，即：享受快乐，感受痛苦，既不快乐也不痛苦。快乐是人吃上美餐时的感受，痛苦是人备受折磨时的感受，而这两个极端之间存在着一种中间状态，许多人既不感到满足也不感到痛苦。按照拉丁文的惯用法，快乐这个词的意思就在于享受某种感觉的兴奋刺激，这种含义显然与脱离痛苦的含义不同。西塞罗的基本结论是："毫无痛苦是一回事，感到快乐是另一回事，但你们伊壁鸠鲁主义者试图把这两种完全不同的感觉结合起来，不仅用同一个名词来称呼（那还是可以容忍的)，还把这两件完全不同的事看作是同一回事。这是根本不符合事实

---

① ［古希腊］西塞罗：《论至善和至恶》第 2 卷 10，石敏敏译，中国社会科学出版社 2005 年版，第 52 页。

的。"①

对于伊壁鸠鲁关于"静态的"快乐与"动态的"快乐的划分，西塞罗也进行了批评。伊壁鸠鲁认为已经消除口渴是一种"静态的"快乐，而实际消除口渴的行为中的快乐是一种"动态的"快乐，动态快乐就是我们所说的令人愉快的、甜美的快乐。他批评说，既然是两种不同的事物，那为什么要用同一个名称来称呼呢？而且，伊壁鸠鲁有时非常鄙视动态快乐，有时又赞美它，甚至告诉我们说他无法想象除此之外还有什么别的快乐。这显然是自相矛盾的。他把至善的起源追溯到生命物的诞生，认为动物一出生就喜欢快乐，以之为善，视痛苦为恶，远而避之。在他看来，这种未败坏的生命物就是分辨善恶的最好法官。那么，什么样的快乐能指导嗷嗷待哺的兽崽分辨至善与至恶，是"静态的"还是"动态的"？婴儿和动物为之吸引的是动态快乐，而不是完全脱离痛苦的静态快乐。这样，自然本能始于一种快乐，而最大的快乐在于另一种快乐。这种说法无法自圆其说。

西塞罗对于伊壁鸠鲁将快乐看作至善也提出了批评。如果至善是快乐，就必须解释清楚什么是快乐，但是伊壁鸠鲁不能澄清快乐的含义。他有时将快乐理解为一种怡人的、令人愉悦和激动的感觉。西塞罗批评说，如果这样理解，那些不说话的牲畜只要能开口说话，也可以说它们是快乐的。伊壁鸠鲁有时又将快乐理解为脱离痛苦，而将快乐理解为脱离痛苦，不过是他的一种"习语"，别人是无法理解的。如果他赞同两种快乐，那么他就把快乐与没有痛苦两者结合起来作为两个至善。西塞罗说，确实有人称至善是快乐，但这种快乐不包括毫无痛苦的状态；也有人认为至善就是没有痛苦，但从来没有用快乐这个词来表示这种没有痛苦的状态；也有许多杰出的哲学家认为终极善是复合的，如亚里士多德把德性的实践与终身的幸福结合起来，但并不将两种完全不同的事物看作是一种事物。西塞罗在这里的批评并不完全是不赞同伊壁鸠鲁将快乐看作至善，而主要是认为他将快乐和没有痛苦看作是同一概念，并将这两种本来不是一回事的东西看作是至善。

西塞罗接着还直接批驳将至善理解为快乐。伊壁鸠鲁主义者认为快乐主义者只要有智慧就无可指责，因为有智慧他们就会为自己的欲望设立界限，并防止自己超出这个界限。西塞罗批评说，认为快乐主义者只要有智慧就无可指责是毫无意义的，这无异于说弑父者只要摆脱了贪婪，克服了对诸神、

_____

① ［古希腊］西塞罗：《论至善和至恶》第 2 卷 7，石敏敏译，中国社会科学出版社 2005 年版，第 46—47 页。

残疾和痛苦的恐惧，就是无可指责的；或者说，"如果放荡者不放荡我就不能指责他们""如果不诚实的人是正直的人，就不能指责他们"。他质疑道："唯有一点我不明白：一个人怎么能既是快乐主义者同时又能克服自己的欲望不超越界限？"更何况，根据快乐就是至善的假设，放荡者的放荡既然就是快乐，那说它是至善的就是合理的。这里的问题在于不是说那种快乐不是快乐，而是说那种快乐不是至善，甚至不是善。据此，西塞罗对伊壁鸠鲁提出了严厉的谴责："这里我们这位严格的道德主义者竟然主张感官享乐本身是不该指责的！"① 在《论责任》中，他还谈道："一个把痛苦视为最大的恶的人怎么也不可能成为勇敢的人，而一个把快乐视为最大善的人怎么也不可能成为有节制的人。"②

伊壁鸠鲁快乐主义的依据是人们的日常感觉，他认为感觉凭自身的能力就能判断快乐是善的，痛苦是恶的。对于这一点，西塞罗批评说，"这事实上就是认为当我们作为法官坐在私人位置上时，感觉比法律更赋予我们权威。"③ 他认为，公正的裁决只能靠理性，而理性首先靠关于属人的神圣事物的知识或智慧，其次靠德性。德性被理性视为万物的女主人，而被伊壁鸠鲁视为快乐的侍女和副官。在西塞罗看来，理性如果首先对快乐进行判决的话，那么就会裁定它没有权利，"不仅没有权利独占我们理想中的至善宝座，甚至也不能视为与道德价值相关的。至于摆脱痛苦，也必定是同样的。"④

对于伊壁鸠鲁关于欲望的分类西塞罗也提出了严肃的批评。伊壁鸠鲁将欲望划分为三类，即自然而必需的，自然但不必需的，既不自然也不必需的。西塞罗认为，这是一种生硬的分法，其实只有两类，即自然的和幻想的，自然的欲望又分为必需的和非必需的两种。这样的分类才是完整的，把原是一个种的东西当作一个类，这不仅是一个错误，而且是胡乱地将其砍成碎片。更重要的是，西塞罗主张，不应当把欲望限制在某种限度之内，而"应当彻底摧毁欲望，把它连根拔掉"⑤。他认为，伊壁鸠鲁应当把第一类欲

---

① ［古希腊］西塞罗：《论至善和至恶》第 2 卷 8，石敏敏译，中国社会科学出版社 2005 年版，第 48 页。

② ［古希腊］西塞罗：《论义务》第 1 卷 5，《西塞罗文集》（政治学卷），王焕生译，中央编译出版社 2010 年版，第 326 页。

③ ［古希腊］西塞罗：《论至善和至恶》第 2 卷 12，石敏敏译，中国社会科学出版社 2005 年版，第 55 页。

④ 同上书，第 56 页。

⑤ 同上书，第 51 页。

望称为"自然需要",而把"欲望"这个词放在讨论贪婪、放纵以及所有至恶时再来审判它。

西塞罗认为,如果伊壁鸠鲁能证明道德价值的存在是本质性的事,其本身就是人所欲求的对象,那么他的整个体系就瓦解了。至于什么是道德价值,西塞罗说:"我们认为道德价值是这样的东西,虽然缺乏实用性,但它受人赞美正是出于其自身,因为其自身,而不在于任何益处或报偿。"①在西塞罗看来,这种出于其自身、因为其自身的东西就是正当的、道德的、合理的动机。然而,伊壁鸠鲁竟然宣称,如果道德价值与快乐不一致,他就不明白道德价值是什么。所以,只有一种可能,那就是它实际上就是那种获得大众赞同和鼓掌的东西。西塞罗反驳说,"受大众欢迎的往往有积极的基础,如果它没有基础,那么只有一种可能性,那就是大众欢迎的正好就是其本身就是正当的、值得赞美的事物;即便如此,它也不是因为受到广泛赞同才称为'道德'(可敬的),而是因为它是这样的东西,即使人没有意识到它的存在,或者从未谈到它,它也仍然是值得赞美的,因为它本身就是美的、可靠的。"②

需要指出的是,西塞罗对伊壁鸠鲁派的学说基本上持全盘否定的态度,而且只要一有机会就忘不了对他们进行批判和攻击。例如,他在《论法律》中就指责伊壁鸠鲁学派不关心国家事务,只是在自己的花园里发发议论:"至于说那些过分纵容自己,成为自己肉体的奴隶,对生活中或该追求或该逃避的一切均以快乐和痛苦进行衡量的人,即使他们说的也是真理,让我们建议他们在他们自己的小花园里发议论吧,并请他们暂时不要参与他们一无所知,甚至也不想知道的任何国家事务。"③西塞罗的许多批评不仅包含着严重的学术偏见,而且带有明显的鄙视态度。长期以来西方人对伊壁鸠鲁及其学派多有误解,与西塞罗不无关系。

西塞罗与伊壁鸠鲁派的分歧和争论是根本对立的,"快乐与美德之间的对抗在整个关于至善的问题中是最关键的一点"④。西塞罗自己也意识到了这

---

① [古希腊]西塞罗:《论至善和至恶》第 2 卷 14,石敏敏译,中国社会科学出版社 2005 年版,第 58—59 页。

② 同上书,第 60—61 页。

③ [古希腊]西塞罗:《论法律》第 1 卷 39,《西塞罗文集》(政治学卷),王焕生译,中央编译出版社 2010 年版,第 167 页。

④ [古希腊]西塞罗:《论至善和至恶》第 2 卷 14,石敏敏译,中国社会科学出版社 2005 年版,第 58 页。

一点，所以他赞成克律西波的看法，认为这是一场决斗，是德性与快乐的决斗。与此不同的是，西塞罗与早期斯多亚的分歧则不是根本性的。他基本上赞成芝诺等人的"合乎自然生活"的基本主张，只是他不赞成他们将这一命题进一步归结为"合乎德性生活"。对于他们的这种归结，他提出了批评。

西塞罗认为，我们是人，由灵魂和身体两个部分构成，我们最初的自然本能要求我们必须尊敬这两者，同时必须超越它们，构建我们的终极目的，即我们的至善和终极之善。如果这个前提是对的，那么这个终极目的就必须与最大限度地获得最重要的符合自然事物相一致。这也就是斯多亚派所主张的至善概念，即合乎自然生活。但令人不解的是，他们凭什么或者说在什么意义上突然放弃了身体，以及所有那些与自然一致的事物，智慧是如何抛弃了这么多大自然大为赞成的美好事物的。西塞罗认为，即使人们所寻求的不是人的至善，而是某种纯理智的生物，理智也不会接受这样的终极目的。因为这样的存在物必定要求健康和摆脱痛苦，也会渴望自我保护，保全自己的族类的诸善，也会把合乎自然生活确立为自己的终极目的，而这就意味着拥有全部或大部分最重要的与自然相一致的事物。在西塞罗看来，惟有德性才是至善，这句话只有在一种情形下才可能是正确的，那就是存在着一种完全由纯粹理智构成的存在物，而且这种理智不拥有任何自然本性及其要求，比如没有身体也没有健康之类的要求。但是，这样一种纯粹理智的存在究竟是个什么样子，即使是想象也无法勾画出来。①

芝诺等人事实上是承认人有自然本能的，并把冲动看作是灵魂的官能，认为这种冲动在动物那里表现为自我保护。西塞罗批评说，"如果承认确实存在一种渴望符合自然之事物的本能，那么正当的做法就是把所有这些事物加起来成为一个确定的总体。"② 他认为，自然是各个种类事物的内在本能，没有哪个种类会抛弃自己或自己的一部分，没有哪个种类不是自始至终保存着自己独特的官能。同样，人类也不应该失去自己的本性，忘记自己的身体，不在整个人身上，而是在人的某个部分寻找至善。事实上，我们所追求的是人的至善，而不是其他事物的，所以，我们所要关注的是在整个人的本性中获得的东西。然而早期斯多亚派好像只知道理智，而对其他的东西一概

---

① 参见［古希腊］西塞罗：《论至善和至恶》第 4 卷 11，石敏敏译，中国社会科学出版社2005 年版，第 143 页。

② 同上书，第 145 页。

不知，似乎人根本就没有身体似的。西塞罗批评说，即使理智也不是空洞的、触摸不到的东西，而是属于某种物质的身体，因而即使理智也不会满足于只有德性，它还渴望没有痛苦的状态。在他看来，我们所寻找的德性是保护而不是抛弃自然本性的德性，而斯多亚派所主张的德性却只是保护我们本性的某一部分，而把其他部分弃之不顾。

西塞罗认为，凡定义诸善之目的就是道德行为的人都是错误的。芝诺的错误在于两个方面：一是除了德性或恶性之外，没有其他东西能影响至善的获得，哪怕是一点点；二是虽然德性之外的其他事物对幸福没有任何影响，但它们对欲望有所影响，不能认为欲望是与善的获得毫无关系似的。

（二）道德善、德性与幸福生活

西塞罗虽然不赞成早期斯多亚派将德性等同于至善，但认为幸福只在于德性，就是说具有德性就足以使人获得幸福。他在《图斯库兰论辩》第五卷中专门讨论"是否有德性就足以过上幸福生活"的问题。该书由五卷构成，关于这五卷的内容，他自己在《论占卜》中说："它们考察幸福生活的本质要素。第一卷说明死亡没有什么可恐惧的，第二卷证明痛苦是可忍受的，第三卷讨论悲伤怎样才能缓解，第四卷研究心灵的其他纷扰，第五卷研究鲜明地照亮整个哲学领域的命题，这个命题就是：道德善就其本身而言对于使任何一个人幸福是足够的。"[①]他的整本书从不同角度阐述了"只要有德性就足以使人过上幸福生活"的核心观点。

他认为，如果有这样的人存在，这个人能够把生活中的所有危险和偶然事件看作是可忍受的，他既不受忧虑也不受激情的烦扰，完全不为所有空虚的快乐（无论是什么类型的快乐）所打动，那么就会有称为幸福的充分理由。"通过道德上正当的东西能达到这一点的事实，可以引申出进一步的观点，即这类善性就其本身而言对于将幸福带给世界上的每一个人就是足够的，不需要任何附加的因素。"[②]

在这个问题上，西塞罗赞成亚里士多德等人的自然主义观点，认为自然是我们研究的最可靠的出发点，是我们所有人的共同的父母。自然的每一种事物都有其不同于其他事物的特征和自己特别具有的东西。然而，与其他动

---

① Ciceno, *On Divination*, II, 2.

② Ciceno, "Discussions at Tusculum (V)", in Ciceno, *On the Good Life*, Penguin Classics, Michael Grant Publication Ltd, 1971, p.61.

物相比较，人被赋予了某种更优秀的东西。这就表现在，人的灵魂是神的心灵派生的，因而也只能与神自身相比较，而神的心灵是纯粹的理性。人和神因为都具有理性，所以具有相同的德性。"人和神具有同一德性，任何其他种类的生物都不具有它。这种德性不是什么别的，就是达到完善，进入最高境界的自然，因此，人和神具有相似性。既然是这样，人和神之间还能有什么更为紧密、更为牢固的联系呢？"① 因此，在他看来，只要人的灵魂接受了恰当的训练，只要它的视力不为错误所遮蔽，其结果就将是完善的心灵，即无瑕的理性。西塞罗认为，这种无瑕的理性与完满的道德善、德性完全是一回事。如果幸福的本质在于每一事物都得是完满的，无所疏漏，达到其能力的极致，而且如果这一切严格说来也是道德善的特征，那么，显然所有善良之人都是幸福的。

但在其后，西塞罗与他们发生了分歧。这种分歧就在于，他不只是将善良之人看作是幸福的，而且将他们看作是至福的。"但是，自此开始我与他们分道扬镳了，因为我接下来得断定善良之人不仅是幸福的，而且是至高无上地幸福的。"② 在这里，问题的实质不在于此，而在于是将善只看作是一种道德的善，还是将善看作是三种，即身体的善、外在的善和道德的善。西塞罗坚决反对将善划分为三类，而认为善就是道德的善。在这一点上他是与斯多亚派完全一致的，因为斯多亚派认为除了道德上善的东西之外没有什么是善的。但是，他们的理论也就到此为止了。他认为，还应该作出进一步的推论。道德善本身就足以创造幸福生活，然后还可以以同样的方式从第二个命题推出第三个命题，即从道德善足以产生幸福的事实推出以下结论：道德善是存在的善的唯一种类。③ 那么，他为什么特别强调道德善就是唯一的善呢？在《图斯库兰论辩》第五卷中他对此有多个论证，其中有一个论证说："那是善的每一事物都是值得欲望的；值得欲望的就是值得赞成的。值得赞成是可接受的和受欢迎的。而可接受的和受欢迎的必定被看作是拥有优秀。但是，如果它是优秀的，它必不免地是值得赞扬的。由此又可以推论出，除

---

① ［古希腊］西塞罗：《论法律》第 1 卷 25，《西塞罗文集》（政治学卷），王焕生译，中央编译出版社 2010 年版，第 161 页。

② Ciceno, "Discussions at Tusculum (V)", in Ciceno, *On the Good Life*, Penguin Classics, Michael Grant Publication Ltd, 1971, p.73-4.

③ Cf. Ciceno, "Discussions at Tusculum (V)", in Ciceno, *On the Good Life*, Penguin Classics, Michael Grant Publication Ltd, 1971, p.77.

了道德善之外没有任何善。"①与道德善相比较，那些非道德的善即使值得欲望，也不具有耐用性、稳定性和持续性。"一个对自己自我中内在的善事物有确信的人，具有所有幸福生活所必需的因素。但是，任何一个人开始试图将善划分为三个范畴（那么道德善只成为了其中一个），他必定就会缺乏这样的确信。因为他怎么会对其他相关类型的善、对他未来的健康或他运气的持久性感到确定不移呢？然而，除非一个好事物是耐用的、稳定的和持续的，否则它的具有者成为幸福的，就是相当不可能的。而在那些身体的和外在的或偶然的事物中，不存在任何耐用性。"②

对于西塞罗来说，道德善也就是道德价值。前面说过，西塞罗把道德价值看作是出于其自身、因为其自身而受人赞美的东西。这种东西就是德性以及体现德性的德行。他认为，他的这个定义可以通过所有善良的人的目的和行为得到解释，因为善良的人做很多他们并不指望得到什么好处的事，只是出于正当的、道德的和合理的动机才去做。③西塞罗特别重视他的这一观点，他在他的著作中多次对此作了强调。他在谈到正直之人之所以成为正直之人时就认为，其原因就在于高尚的德性："如果促使我们成为正直之人的不是高尚的德性本身，而是某种好处和利益，那么我们便是狡猾之徒，而不是正直之人。"④在谈到人们之所以有友谊、平等、正义等德性时，他也认为因为它们本身是值得追求的。"如果友谊本身值得人们培养，那么人们之间的交往、平等、正义本身也便是值得追求的。如果不是这样，那便不会有任何正义存在。要知道，为正义寻求报酬，这本身便是最大的不正义。"⑤所以，他认为人们追求德性只会是为了德性本身，而不是为了金钱、快乐等其他东西。他指出："如果追求美德是为了获得其他好处，那就必然还存在某种比美德更诱人的东西。那是金钱？官职？美貌？健康？其实当这些得到时，它们并不具有多大的意义，而且也无法确切知道它们能留存多久。或者就是那快乐？说起来它都令人感到无比羞耻。然而正是在对快乐的蔑视和

---

① Cf. Ciceno, "Discussions at Tusculum (V)", in Ciceno, *On the Good Life*, Penguin Classics, Michael Grant Publication Ltd, 1971, p.62.

② Ciceno, "Discussions at Tusculum (V)", in Ciceno, *On the Good Life*, Penguin Classics, Michael Grant Publication Ltd, 1971, p.74.

③ 参见［古希腊］西塞罗：《论至善和至恶》第 2 卷 14，石敏敏译，中国社会科学出版社2005 年版，第 59 页。

④ ［古希腊］西塞罗：《论法律》第 1 卷 41，《西塞罗文集》（政治学卷），王焕生译，中央编译出版社 2010 年版，第 168 页。

⑤ 同上书，第 172 页。

鄙弃中美德获得最大的表露。"①

西塞罗将道德善即德性划分为四种类型②，它们大致上相当于古希腊的智慧、勇敢、节制和公正。

第一种类型是对真理的认识和领悟，大致相当于古希腊的智慧。人与低级动物之间有许多不同，其中最大的不同就是大自然赋予人理性的恩赐。它是一种积极的、精力充沛的智力，使人能够洞悉事物的因果关系，能够条分缕析，能够把分离的事物联系起来，把将来与现在联结起来，纵观整个连续的生命过程。理性还使人类产生思考真理的欲望，我们渴望获得知识，甚至是关于天体的知识。这种最初的本能引导我们去追求一切严格意义上的真理，寻求一切可靠的、单纯的、一致的事物，同时憎恨不实的、虚假的、欺骗的事物，如诈骗、偏见、邪恶和不公正等。一个人越是能最好地区分每一事物中什么是最本质的，一个人就越能比其他人更清楚地发现并说明每个事物的意义。西塞罗认为，"这样的人理应称为最明睿、最智慧的人。因此，真理有如从属于物质、蕴涵于物质中那样归附于这种德性。"③

第二种类型是体现公正的善行，大致相当于古希腊的公正。理性也使人对同类感兴趣。理性产生了语言和习惯的自然一致性，激发人从友谊和亲情开始扩张自己的兴趣，首先与同胞形成社会纽带，然后与全人类建立社会关系。理性提醒人，如柏拉图在致阿尔基塔（Archytas）的信里所表述的，人生来不只是为自己，而是为国家、为同胞的，只是一小部分为他自己。

第三种是心灵的伟大力量，大致相当于古希腊的勇敢。理性天生就拥有高贵和尊严，更适合于命令而不是服从。它认为人的命运中所遇到的一切事件不仅是可忍受的，而且是无足轻重的。它天生就有雍容典雅的气质，无所畏惧，不可征服。

第四种是言行的秩序和分寸，大致相当于古希腊的节制。在西塞罗看来，除了以上提到的这三种道德之善外，还有第四种，它拥有同样的美，并且事实上是从前三种善中产生出来的。这就是关于秩序和自制的原理。前面

---

① ［古希腊］西塞罗：《论法律》第1卷52，《西塞罗文集》（政治学卷），王焕生译，中央编译出版社2010年版，第130页。

② 参见［古希腊］西塞罗：《论至善和至恶》第2卷14，石敏敏译，中国社会科学出版社2005年版，第59—60页；［古希腊］西塞罗：《论义务》第1卷15，《西塞罗文集》（政治学卷），王焕生译，中央编译出版社2010年版，第330页。

③ ［古希腊］西塞罗：《论义务》第1卷16，《西塞罗文集》（政治学卷），王焕生译，中央编译出版社2010年版，第330页。

的三种德性，每一种都对这第四种有作用："它害怕草率，不愿用粗暴的言行伤害人；担心做显得懦弱的事，说无男子气概的话。"①

就每一种德性而言，它们都体现认知和判断、自我控制、节制而明慎地行动三个环节或方面。西塞罗对这三个方面作了阐释：认知和判断"在于洞察每件事物中什么是真实的、可靠的，什么是于每个人都合适的，什么是一贯的，每件事物是由何物产生的，每种现象的原因是什么"；自我控制"在于抑制心灵的各种激烈冲突和欲望，使它们服从理性"；节制和明慎则在于"节制地、审慎地与和我们一起生活的人们交往，使我们能够依靠他们的努力，充分、富足地拥有本性需要的一切，并且在他们的帮助下避免我们可能遭到的不利，惩罚企图伤害我们的人，并且对他们进行公正和人道所允许的处罚"。②

西塞罗也十分推崇德性。"品行端粹的力量如此巨大，以至于即使它表现在我们从没有见过的人身上，或者更有甚者，即使表现在敌人身上，也能使我们敬仰。"③他认为，德性是人和神共同具有，而任何其他种类的生物都不具有的。"这种德性不是什么别的，就是达到完善，进入最高境界的自然。"④要达到与自然一致，进入最高境界的自然，就要追求德性。对德性的追求既是自然赋予人的本性，也是自然赋予人的能力，就是说，人生来就有追求德性的自然倾向和强烈愿望。"自然赋予了人类如此强烈的德性追求，如此强烈的维护公共安宁的热情，其力量能够战胜一切欲望和闲适产生的诱惑。"⑤因此，人应该追求德性，而且这种追求是为了德性本身，而不是为其他任何东西。"应该为了法和各种高尚品性本身而追求它们。实际上，所有高尚的人都喜欢公正和法本身，并且高尚的人不应该发生这样的迷误：珍视不应该受珍视的东西。就这样，法由于自身而要求人们追求和培养。既然法是这样，那么正义也应该是这样。如果正义是这样，那么其他各种德行由于

① ［古希腊］西塞罗：《论至善和至恶》第2卷14，石敏敏译，中国社会科学出版社2005年版，第59—60页。
② ［古希腊］西塞罗：《论义务》第2卷18，《西塞罗文集》（政治学卷），王焕生译，中央编译出版社2010年版，第397页。
③ ［古希腊］西塞罗：《论友谊》27，《西塞罗文集》（政治学卷），王焕生译，中央编译出版社2010年版，第293页。
④ ［古希腊］西塞罗：《论法律》第1卷25、26，《西塞罗文集》（政治学卷），王焕生译，中央编译出版社2010年版，第161—162页。
⑤ ［古希腊］西塞罗：《论共和国》第1卷（1），《西塞罗文集》（政治学卷），王焕生译，中央编译出版社2010年版，第5页。

自身也应该受到培养。……这就是说，正义既不要求任何报酬，也不要求任何赏金，从而是为其自身而追求。这就是一切德性的根源和含义。"①

在西塞罗看来，追求德性的前提是认识自己，真正认识了自己就会认识到自己的神性，即德性。"要知道，谁认识了自己，他首先会感到自己具有某种神性，意识到自己拥有的智力如同某种神圣的影像，他会永远从事和思考那种与如此伟大的神明礼物相称的事情，并且在完全认清自己，对自己进行彻底考察之后他会明白，他是在具有了怎样的天赋之后步入人生的，他具有一些怎样的手段以获得和拥有智慧。起初他靠自己的灵性和智力获得对所有事物的模糊印象，然后他在智慧的指导下解说这一切，从而明白他将成为一个高尚的人，从而也是一个幸福的人。"②一个人一旦认识了德性，就不再有对死亡和痛苦的恐惧，不会受快乐的诱惑，从而获得幸福。"在心灵认识并接受了德性之后，它便会不再听命和姑息肉体，而是像避免可耻的行为那样抑制对快乐的追求，摆脱对死亡和痛苦的各种恐惧，与亲近的人友爱相处，认为自己的所有亲近的人都是由自然联合到一起的，承认必须敬奉神明，保持宗教的纯洁性，磨炼自己的眼睛和心灵，使其分辨善，否弃恶，难道还能举出或想象出什么比这更幸福的吗？"③

在认识和追求自己的德性的过程中，法律发挥着重要作用，智慧的作用则具有更根本的意义，因为智慧是一切善的源泉。要具有智慧就要爱智慧，而对智慧的爱就是哲学，正是哲学告诉我们应当认识我们自己。"事情无疑是这样：因为法律应该纠正邪恶，教导美德，因此应该从中推导出生活法则。同样，智慧是一切善的母亲，由于对智慧的爱而产生了希腊文中的'哲学'（'爱智慧'）一词，哲学是不朽的神明赠给人类生活的最丰富、最旺盛、最卓越的礼物，因为哲学不仅教导我们认识其他各种事物，而且教导我们认识一件最困难的事物——认识我们自己。这一教导的力量和意义如此巨大，以至于它不是被赐给了哪个凡人，而是被赐给了得尔斐神。"④西塞罗是一位有神论者，他也强调对神虔诚对于德性的意义。他说："我确实不知道，如果失去对诸神的敬畏，我们是否还能看到善良的信念、人类之间的兄弟情

① ［古希腊］西塞罗：《论法律》第 1 卷 48，《西塞罗文集》（政治学卷），王焕生译，中央编译出版社 2010 年版，第 171 页。
② 同上书，第 177 页。
③ 同上。
④ 同上书，第 176—177 页。

谊，甚至连正义本身也将随之消失，而正义是一切美德之基石。"①

（三）自然法

西塞罗的自然法思想深受斯多亚派的影响，在一定意义上可以说是以之为基础的阐发。斯多亚派认为，"宇宙本身就是服从自然法则的万物的起源、种子和父亲。它滋养并拥抱万物，就像躯体对它自己的四肢和各个组成部分一样。但是，如果宇宙的各个部分服从自然法则，那么宇宙本身也必定服从这个法则。在这个自然法则中，没有什么可以受到指责的。"②西塞罗也认为宇宙本身存在着自然法则，无论是宇宙本身还是宇宙中的万物都服从自然法，受自然法的制约。在承认自然法的前提下，西塞罗进一步阐明了自然法存在的理性根据，并揭示了自然法与人类法律的关系，指出了基于自然法的人类法律对于社会的意义。

西塞罗认为自然法存在的根据就是理性。理性是人所共有的，也是自然万物中人所独有的，是人优越于动物的东西。"那独一无二的、能使我们超越于其他动物的理性，那使我们能进行推测、论证、批驳、阐述、综合、作结论的理性，毫无疑问是大家共同具有的。"③理性不仅是人所共有的，而且是人和神的共有物。人神共有的理性本身就是一种正确的理性，而这种正确理性就是一种好东西。"没有什么比理性更美好，它既存在于人，也存在于神，因此人和神的第一种共有物便是理性。既然理性存在于人和神中间，那么在人和神中间存在的应是一种正确的理性。"④

在西塞罗看来，具有了理性，也就具有了理性的法则，这种法则就是法律，而这种法律就是自然法。他正是在这种意义上将理性与法律等同起来，认为具有了理性，也就具有了法律；既然人和神都具有共同的理性，那么他们就具有共同的法律，因而也就应该属于一个社会共同体。"因为法律即理性，因此应该认为，我们人在法律方面也与神明共有。还有，凡是具有法律的共同性的人们，他们也自然具有法的共同性；凡是具有法律和法的共同性的人们，他们理应属于同一个社会共同体。"⑤不难看出，西塞罗在这方面也

---

① ［古希腊］西塞罗：《论神性》第 1 卷 Ⅱ，石敏敏译，上海三联书店 2007 年版，第 80—81 页。
② ［古希腊］西塞罗：《论神性》第 2 卷 XXXIV，石敏敏译，上海三联书店 2007 年版，第 4 页。
③ ［古希腊］西塞罗：《论法律》第 1 卷 30，《西塞罗文集》（政治学卷），王焕生译，中央编译出版社 2010 年版，第 163 页。
④ 同上书，第 161 页。
⑤ 同上。

接受了斯多亚派"世界城邦"的思想，甚至还将这种城邦的范围扩大到了神的领域，使之成为人神共在的共同体。

在西塞罗看来，人类社会需要法律，建立法律的初衷就是要通过法律使人类联系起来，运用法律建立和维护社会秩序，保障市民的幸福。他说"毫无疑问，法律的制定是为了保障市民的幸福、国家的繁昌和人们的安宁而幸福的生活；那些首先制定这类法规的人也曾经让人们相信，只要人们赞成和接受他们将要提议和制定这样的法规，人人便可生活在荣耀和幸福之中。显然，他们便把这样制定和通过的条规称作法律。"①人类法律并不就是自然法，但是他认为人类法律应当源于自然法，应当是正确理性赋予人的。"要知道，凡被自然赋予理性者，自然赋予他们的必定是正确的理性，因此也便赋予了他们法律，因为法律是允许禁止的正确理性。如果自然赋予人们法律，那便赋予人们法。因为自然赋予所有的人理性，因此也便赋予所有的人法。"②而且，人类社会的法律本身应当是正确理性的体现。如果说人类有法律的话，那么也只有这种法律，无论它是不是成文的。如果以为除此之外还有什么别的法律，那就是不公正的。西塞罗强调："只存在一种法，一种使人类社会联系起来，并由唯一一种法律规定的法，那法律是允许禁止的正确理性。谁不知道那法律谁就不是一个正义之人，无论那法律是已经在某个时候成文或从未成文。"③

人类法律源于自然法，而自然法是理性，或是理性的体现。理性是自然的本原，是自然的主宰和控制力量，这样，人类法律归根到底只能来源于自然，必须遵循自然。"我们遵循自然，不仅区分正义和非正义，而且还区分高尚和丑恶。在通常的理解力使我们认识了事物，并把它们烙印在我们的心灵之后，我们便把高尚的视为美德，把丑恶的视为罪恶。"④既然如此，那么一切不是源自自然、不遵循自然的法律都是不公正的，在这种法律的统治之下，就不会有高尚和丑恶的区分，也不会有人们的德性和德行。"如果不存在自然，便不可能存在任何正义；任何被视为有利而确立的东西都会因为是

---

① ［古希腊］西塞罗：《论法律》第 2 卷 11，《西塞罗文集》（政治学卷），王焕生译，中央编译出版社 2010 年版，第 185 页。

② ［古希腊］西塞罗：《论法律》第 1 卷 33，《西塞罗文集》（政治学卷），王焕生译，中央编译出版社 2010 年版，第 165 页。

③ 同上书，第 169 页。

④ 同上书，第 170 页。

对他人有利而遭废弃。"① 如果不源于自然、不遵循自然，法律就没有存在的根据，这样的法律就要被废除。所以西塞罗说："如果法不是源于自然，……都将被废除。事实上，哪里还可能存在慷慨、爱国、虔敬和为他人服务或感激他人？所有这一切的产生都是由于我们按本性乐于敬爱他人，而这正是法的基础。"② 显然，对于西塞罗而言，自然是法律的源泉，理性是法律的依据，一切不是来源于自然的法律，一切不是以理性为依据的法律，都不是符合自然法的，也都不会是公正的。

在西塞罗看来，自然法不仅是人类法律的依据和准则，也是人类德性的依据和准则，德性的实质就在于顺应自然，摆脱激情。"凡行为和生活忠实、正直、公平、宽宏，摆脱一切激情、欲望、狂妄，性格无比坚定之人，……这种人正如人们认为的，我们应该称呼他们为高尚之人，因为他们尽人之所能，顺应自然这一使人美好的最好向导。"③ 自然法是正确理性的体现，是理性的法则，而德性就是遵循理性法则而合乎自然生活的得到完善发展的品质，因而德性也是自然法要求的体现。西塞罗明确指出："因为德性是完美发展的理性，它存在于自然之中。由此，各种高尚品质也应该这样。"④ 前面我们已经阐述过，西塞罗反对为了其他的东西而追求德性，而强调为了德性本身追求德性。在讨论自然法的时候，他也反对以其他的东西为依据解释德性，而主张要根据自然解释德性，强调要以自然法作为标准来判断人们的品质是不是德性的。"认为一切基于看法，而非自然，这是愚蠢人的想法。事实上，无论是树木的或马的所谓德性（我们借用概念）都不是基于人们的看法，而是基于自然。如果是这样，高尚和丑恶也应依自然法则来判断。"⑤

在西塞罗看来，人类都有理性，因而在德性品质方面相似，但人类也有欲望和激情，由于它们的影响，人类在恶性方面也有相似性。所以，"人类的相似之处不仅表现在良好的品质中，而且也表现在恶劣的品质之中。"⑥ 德性并不因为人有理性而自然而然地获得，要使人们拥有德性而不拥有恶性就

---

① ［古希腊］西塞罗:《论法律》第 1 卷 42,《西塞罗文集》（政治学卷），王焕生译，中央编译出版社 2010 年版，第 169 页。

② 同上。

③ ［古希腊］西塞罗:《论友谊》19,《西塞罗文集》（政治学卷），王焕生译，中央编译出版社 2010 年版，第 289 页。

④ ［古希腊］西塞罗:《论法律》第 1 卷 45,《西塞罗文集》（政治学卷），王焕生译，中央编译出版社 2010 年版，第 170 页。

⑤ 同上。

⑥ 同上书，第 164 页。

需要人们养成德性，避免恶性，而这就需要指导。既然自然法是判断人们是否具有德性的依据，那么就要以自然法为指导进行德性养成。西塞罗断言，人们以自然法为指导，没有养不成德性的："任何一个民族中都不可能有这样的人：他找到了指导者，却不能养成美德。"[①]

（四）基于德性的责任

在西塞罗看来，一个人具有了德性还不够，还必须加以运用。德性与技艺不同，技艺即使不加以运用，它仍可以因谙熟而继续存在，而美德却全赖于对它的运用。[②]"德性的全部荣誉在行动。"[③] 德性的应用和行为就体现在履行责任上，人们是高尚还是耻辱全在于对待责任的态度，即是重视还是疏忽。"事实上，生活的任何一个方面，无论是公共的还是私人的，无论是法庭事务还是家庭事务，无论是你对自己提出什么要求还是与他人订立什么协议，都不可能不涉及义务，生活的全部高尚寓于对义务的高度重视，生活的耻辱在于对义务的疏忽。"[④]

西塞罗认为，责任涉及两方面的问题：一是善的界限问题，如是否一切责任都是绝对的、是否一种责任比另一种责任更重要等；二是可运用于生活各方面的实践准则，这所涉及的主要是日常生活行为。在《论责任》中，他着重研究了后一问题。对于这一问题，西塞罗又从三个方面展开研究：一是道德的高尚性，他也称之为"道德感"，这实际上是研究人们有哪些基本责任；二是责任的有利性，涉及责任是否有利于生活舒适、愉快，是否有利于财富的增加，是否有利于扩大影响、增强权力等。在这方面他强调不应该为了利益而牺牲责任。"难道有什么东西如此珍贵，或者更确切地说，有什么利益值得如此追求，以至于使你宁可放弃贤德之人的光辉和美名？"[⑤] 三是对责任之间关系进行比较分析。这里值得重视的是他关于四种基本责任、它

---

① ［古希腊］西塞罗：《论法律》第 1 卷 30，《西塞罗文集》（政治学卷），王焕生译，中央编译出版社 2010 年版，第 163 页。

② 参见［古希腊］西塞罗：《论共和国》第 1 卷 2，《西塞罗文集》（政治学卷），王焕生译，中央编译出版社 2010 年版，第 5 页。

③ ［古希腊］西塞罗：《论义务》第 1 卷 19，《西塞罗文集》（政治学卷），王焕生译，中央编译出版社 2010 年版，第 331 页。请注意，此中译本将"责任"译为"义务"，直接引文译法均不改变。

④ 同上书，第 325—326 页。

⑤ ［古希腊］西塞罗：《论义务》第 3 卷 82，《西塞罗文集》（政治学卷），王焕生译，中央编译出版社 2010 年版，第 461 页。

们之间关系的比较这五个方面的思想，以及他对底线责任即不伤害他人的强调。

西塞罗之所以要首先讨论道德的高尚性，是因为他认为责任是由高尚的道德产生的，而对责任的履行正是德性的特点。关于道德的高尚性，他认为："整个高尚性产生于下述四个方面之任何一种：或者蕴涵于对真理的认识和领悟；或者蕴涵于对人类社会的维护，给予每个人所应得，忠实于协约事务；或者蕴涵于崇高、不可战胜的心灵的伟大力量；或者蕴涵于一切行为和言论的秩序和分寸，这里包含着节制和克己。"[①] 这四个方面就是我们前面所说的西塞罗关于道德善或德性的四种基本类型，也就是说，高尚产生于道德善或德性。在这四个方面中，第一个方面在于认识真理，它要求所有人都应该避免错误，同时又能把精力和用心放在高尚而值得认识的问题上，如果因为研究它们而脱离实际事务，则是与责任相悖的。其他三个方面涉及人类社会的维护和联系，以及心灵的高尚和伟大。西塞罗分别研究了后面这三个问题。

关于"对人类社会的维护，给予每个人所应得，忠实于协约事务"方面，主要包括两点："其一是公正，德性的光辉在其中最耀眼夺目，人们因它而被誉为高尚之人；其二是与其相联系的善行，善行本身也可称之为善惠或慷慨。"[②]

关于公正问题，西塞罗认为公正是一切德性之王。"一切违背公正的不幸更背逆自然；唯有公正这种德性是一切美德的主人、女王。"[③] 关于公正作为责任的要求，他认为有两个方面："公正的首要责任在于任何人都不要伤害他人，如果自己并未受到不公正对待；其次在于为了公共利益使用公共所有，为了个人利益使用个人所有。"[④] 他后来又将公正的准则更简洁地概括为"不伤害他人"和"有利于公共利益"两条。[⑤] 他认为，并不存在任何天然形成的个人所有，个人所有要么是由于古代的占有，要么是胜利的果实，要

---

① ［古希腊］西塞罗：《论义务》第1卷15，《西塞罗文集》（政治学卷），王焕生译，中央编译出版社2010年版，第330页。

② 同上书，第332页。

③ ［古希腊］西塞罗：《论义务》第3卷28，《西塞罗文集》（政治学卷），王焕生译，中央编译出版社2010年版，第439页。

④ ［古希腊］西塞罗：《论义务》第1卷20，《西塞罗文集》（政治学卷），王焕生译，中央编译出版社2010年版，第332页。

⑤ 同上书，第336页。

么是根据法律、契约、协议等获得的，公正就是要让每个人拥有已经分配给他的东西。如果有人企图从他人那里攫取什么，那他就会破坏人类社会的法权。公正也要求诚信，也就是要求遵循和信守契约。与公正相对立的不公正也有两种类型，其一是有些人实施不公正行为，其二是有些人在可能的情况下也不使受到不公正对待的人免遭不公正行为的伤害。①

西塞罗认为没有什么比善行更适合人的天性，不过要注意三点：一是让善行既不能有害于行为的对象，也不能有害于其他人；二是不能超出行为者的财力范围；三是给予每个人应得的善惠。他认为这三种是公正的基础，所有这一切都应以公正来衡量。在人们的相互关系中存在着不同的等级。人类的最初联系是夫妻关系，然后是与子女的关系，再后来组成家庭，形成了各种亲属和亲戚关系，之后城邦和国家又在此基础上产生了。在这些关系中，西塞罗认为首先应该对祖国和父母尽责任，因为我们得到他们的恩惠最大；接下来的是对子女和整个家庭的责任，因为他们只能依赖我们；最后是对和睦相处的亲属，因为我们与他们最大限度地分享共同的命运。②

对祖国的责任与对父母的责任相比较，西塞罗又更强调对祖国的责任。他认为，祖国生育我们，或者更确切地说，抚育我们，并非对我们无任何有如赡养之类的期待，而只是为我们的利益服务，为我们提供过平静生活的安全庇护所和安谧的休息去处，实际上它从我们的精神、才能和智慧中提取很大一部分作抵押，以满足它的需要，而供我们个人利用的那部分只是在它满足了自己的需要之后可能的剩余。③因此，"在所有的社会关系中没有哪一种比我们每个人同国家的关系更重要，更亲切。父母亲切，儿女亲切，朋友亲切，然而一个祖国便囊括了所有这些亲切感；只要对祖国有利，有哪个高尚的人会犹豫为祖国而献身？因此，那些用各种罪恶折磨祖国，有的现在忙于、有的过去忙于让祖国彻底遭受毁灭的人的疯狂行为就更令人鄙夷。"④

关于"崇高、不可战胜的心灵的伟大力量"方面，西塞罗认为这是四个

---

① ［古希腊］西塞罗：《论义务》第1卷23，《西塞罗文集》（政治学卷），王焕生译，中央编译出版社2010年版，第333页。
② 参见上书，第348页。
③ 参见［古希腊］西塞罗：《论共和国》第1卷8，《西塞罗文集》（政治学卷），王焕生译，中央编译出版社2010年版，第9页。
④ ［古希腊］西塞罗：《论义务》第1卷57，《西塞罗文集》（政治学卷），王焕生译，中央编译出版社2010年版，第347页。

方面中最为光彩夺目的方面，而这个方面的高尚性是"由伟大而高尚的心灵怀着对人间事情的蔑视做成的事情。"① 这种心灵的振奋通常只有在危险和劳苦之中才能显示出来，但如果缺乏公正性，不是为了公共福祉，而是为了个人私利而战，那就不仅不是德性，而是违背整个人性的疯狂。因此，斯多亚派给勇敢作了一个正确的界定，称勇敢就是为公正而战的德性。勇敢而伟大的心灵特别容易从两个方面体现出来，其一在于蔑视外在的情势，不屈服于任何人、任何冲动和欲望，以及任何命运的变幻；其二在于从事那些确实伟大、有益而又非常艰难、充满各种艰辛和危险的事情。在西塞罗看来，我们在杰出而伟大的心灵里寻找到的那种高尚是由心灵的力量，而不是由肉体的力量产生的。不过他也要求人们仍然要锻炼身体，使身体能够听从智慧和理性的要求，在完成任务的过程中，能承受辛劳。

关于"一切行为和言论的秩序和分寸"，他认为这方面包括敬畏、克己、节制，以及对心灵各种混乱的平息和保持对事物的尺度等方面。② 在他看来，人的心灵包括欲望和理性或思维两个方面，理性或思维主要用于判断、寻找真理，作出选择，欲望则促使行动；理性处于统率地位，欲望必须服从理性。他说："心灵和天性的力量包括两个部分，一部分基于欲望，希腊文称之为 δπμη，它使人一会儿倾向这个方面，一会儿倾向那个方面；另一部分基于理性，它教导、解释应该做什么，应该避免什么。因此，理性应处于领导地位，欲望应处于服从地位。"③ 西塞罗像古希腊罗马哲学家一样，特别推崇智慧，认为智慧对于人来说是最美好、最有益的。他称赞道："神明啊，有什么比智慧更令人渴望，更美好，更有益于人，更适合于人？因此，那些追求智慧的人被称为哲学家，哲学（philosophia）不是什么别的，如果你想把这个词翻译过来，那就是'爱智慧'。至于智慧，正如古代哲学家们界定的那样，它乃是关于神界和人间事物以及这些事物的原因的知识；如果有人贬责哲学爱好，那我不明白，他认为还有什么东西值得称赞。"④ 对这个方面的责任而言，他强调，我们应该控制和平息一切欲望，增强注意力和警觉

---

① ［古希腊］西塞罗：《论义务》第 1 卷 61，《西塞罗文集》（政治学卷），王焕生译，中央编译出版社 2010 年版，第 348 页。

② 参见上书，第 362 页。

③ 同上书，第 364 页。

④ ［古希腊］西塞罗：《论义务》第 2 卷 5，《西塞罗文集》（政治学卷），王焕生译，中央编译出版社 2010 年版，第 392 页。

性，不要冒失和偶然地、不要未经思虑和漫不经心地做什么事情。[①] 他还提出了我们做任何事情都应该保持的三条原则：第一，让欲望服从于理智，对于遵守责任来说，没有什么比这一点更重要的了。第二，注意我们希望完成的事情有多大的重要性，使我们对事情的关心和努力能与事情本身要求的既无过之，也无不及。第三，我们应该注意，让一切有关高尚仪表和尊贵身份的东西保持适度。最好的适度就是保持我们在前面谈到的那种合适本身，不要超越它的限度。在这三种原则中，他指出最重要的一条是欲望服从理智。[②]

对于上述四个方面的责任，西塞罗认为在现实生活中经常要对它们进行比较。他说："当一切道德高尚皆源于四个方面时，其中第一种属于知识，第二种属于社会生活，第三种属于宏大的心灵，第四种属于节制，在选择义务时常常必然要对它们进行比较。"[③] 他的基本看法是，与源自知识的责任相比较，源自社会生活的责任更适合于天性，"一切能维护人们之间的结合和联系的义务应该比那些认识事物和科学研究有关的义务更重要"[④]，主张应该把源于公正的责任置于科学研究和源于知识的责任之上，要求将"在选择义务时，处于突出地位的应是那种以人们之间的互相联系为基础的义务"[⑤] 作为规则。其理由是，"源于公正的义务关系到人们的利益，对人来说，没有什么比这各种利益更重要的了。"[⑥] 他还对涉及人们共同关系的责任进行了排序：第一类责任应是对永生的天神的责任，第二类责任应是对国家的责任，第三类责任应是对父母的责任，然后是逐步对其他人应尽的责任。[⑦]

西塞罗特别重视底线责任问题，他把不伤害他人看作是人应遵循的最基本道德要求。他说："不仅自然，即自然法则，而且在单个的社会中，国家据以维系的人民法律都这样地规定：不能为了自己的利益而损害他人。法律维护这一点，希望保持这样的状态，使市民之间的纽带不受损害；如果有人破坏这种纽带，法律会以死亡、放逐、监禁、罚款来制止他。自然理性本身更希望能够这样，那理性是神界和人间的法律；谁愿意服从它——凡是愿意

---

① 参见［古希腊］西塞罗：《论义务》第 1 卷 103，《西塞罗文集》（政治学卷），王焕生译，中央编译出版社 2010 年版，第 365 页。

② 同上书，第 382 页。

③ 同上书，第 387 页。

④ 同上书，第 389 页。

⑤ 同上。

⑥ 同上书，第 388 页。

⑦ 同上书，第 390 页。

按照自然生活的人都会服从它，——谁就不会允许自己贪图他人的财富，把夺得的他人的财富据为己有。"① 他认为，夺取他人的东西，作为人却以损人而利己，这比死亡、贫穷、痛苦，比其他各种可能危害我们的身体和外在利益的不幸更违反自然。这是因为，它破坏了人类的共同生活和社会联系。如果我们每个人都想为了自己获得好处而去抢劫他人，危害他人，那么必然会瓦解最为符合自然的东西——社会。②

在西塞罗看来，对于所有的人而言只能有一个意愿，那就是对于每个人和对于所有的人利益是同一的。如果每个人都把它攫为己有，那么整个人类社会便会瓦解。不仅如此，如果自然要求人们关心他人，不论何人，只是根据同样的原因，因为他是人，那么仍然是按照自然的要求，利益对于所有的人必然是共同的。如果事情是这样，那么我们所有的人便受同一条自然法的约束。如果事情正是这样，那么自然法无疑禁止我们侵害他人。第一条是正确的，因此最后一条也是正确的。③

（五）友谊

西塞罗不仅非常重视友谊，而且对友谊给予了更高的评价，并根据斯多亚派的伦理学观点对友谊作了更系统的阐述，专门写了《论友谊》一书。

西塞罗断定，"友谊是人生中唯一被所有的人一致称赞为有益的东西"。④ 他从多方面阐述了友谊的崇高价值和对于人生的重要意义，其基本看法是："友谊不仅具有许多巨大的好处，而且无疑也优于其他一切事物"⑤；"若有人从生活中排除友谊，那就像从宇宙中除掉太阳，因为在神明赋予人类为我们所拥有的事物中，没有什么比友谊更美好、更令人愉快的了"。⑥ 在他看来，友谊是人们在对有关神和人的各种事务有共识的基础上的情谊和友爱，因此，友谊是人生最好的东西。如果说在人生的最好东西中，智慧摆在第一的话，那么友谊就应该摆在第二。也就是说，它的价值高于除智慧以外的其他

---

① ［古希腊］西塞罗：《论义务》第 3 卷 23，《西塞罗文集》（政治学卷），王焕生译，中央编译出版社 2010 年版，第 437 页。

② 参见上书，第 437 页。

③ 参见上书，第 438 页。

④ ［古希腊］西塞罗：《论友谊》86，《西塞罗文集》（政治学卷），王焕生译，中央编译出版社 2010 年版，第 312 页。

⑤ 同上书，第 290 页。

⑥ 同上书，第 300 页。

一切东西，无论是财富、权势、名声，还是聪明、健康、美丽。"友谊乃对于神道的和人间的各种事务的意见一致，彼此充满情谊和友爱，而且在我看来，除了智慧，友谊大概是永生的神明赋予凡人的最好的东西了。"①

在他看来，人类追求很多东西，但每种只具有单一的好处。财富便于人利用，权势可以使人得到尊崇，功名会受人称赞，娱乐能使人高兴，身体健康免除了病痛并能使人充分运用身体的各种机能。与所有这一切不同，友谊则包含多种好处。无论你去哪里，它永远在你身边，永远不会被什么界限所限制，永远不会不合时宜，永远不会使你烦恼。因此，我们最经常利用的不是人们常说的水，也不是人们常说的火，而是友谊。当然，这里讲的不是普通人之间的友谊或泛泛的交往，尽管那也是令人愉快的、有益的，而讲的是真正的、完全的友谊，那种曾经存在于为数不多的人们之间的友谊。总之，"友谊能使幸运辉煌，能使逆境容易忍受，因为有朋友同你分享和共同承受"②，"它能使人对未来充满美好的希望，它能鼓舞人的志气或使其不致堕落。甚至当有人观察时，他好像是在观察自己的某种影像。"③

我们降生于世，便处于一种相互联系之中，会形成各种各样的关系，如亲属关系、亲戚关系、君臣关系、熟人关系，等等。在人们形成的各种关系中，有亲疏远近之别，彼此愈接近，他们之间的关系也愈密切。比如，本国人便比外国人亲近，亲属间便比陌生人亲近。在所有这些关系中，只有友谊关系才是范围最小的一种亲近关系，"在由自然形成的无穷尽的人类关系中，友谊被约束、凝聚在很小的范围内，全部友爱之情仅集中在两个人或很少几个人之间。"④ 在这里友谊甚至胜过亲属关系，"因为亲属关系中可能没有友谊，而友谊中则不能没有它，因为如果没有情谊，真正意义上的友谊便不可能存在，而亲属关系却仍然保持。"⑤ 由此也可以看出友谊的珍贵及其情感的力度。

人生脆弱而短暂，因此我们有情感的需要，既要不断寻求我们的所爱，同时也要将我们的爱给予爱我们的人。"要把友谊看得比人生一切其他事情都重要，因为友谊最符合人性，于人也最相适宜，无论他是处于顺境或是处

---

① ［古希腊］西塞罗：《论友谊》20，《西塞罗文集》（政治学卷），王焕生译，中央编译出版社 2010 年版，第 289 页。

② 同上书，第 290 页。

③ 同上。

④ 同上书，第 289 页。

⑤ 同上。

于逆境时。"① 如果生活中没有友爱和情谊，如果将情感从生活中排除掉，那么我们的生活也就会失去一切乐趣。② 友谊不仅对个人生活意义重大，而且事关家庭、国家的安危。家庭也好，城邦也好，没有友谊，就会矛盾冲突不断，最起码的秩序都难以维系。"如果每个人都能对他人保持最亲密的感情，其他人对他同样也表现出巨大的亲切之情，那么人类社会和联盟在这种情况下便可能得到最好的维护。"③ 与此相反，如果你从事物的本性中排除掉友谊的纽带，那么任何家庭、任何城邦便都不可能存在，甚至农业也不可能继续。"如果这一点不好理解，那么从不和和冲突的危害中也可以看出，友谊与和睦具有多么大的力量。"④

在西塞罗看来，虽然友谊对于人有许多好处，但友谊的产生并不是为了获得这些好处，不是为了某种别的目的，友谊的产生和基础在于人的天性，其目的在友谊本身。"友谊的产生主要是由于人的天性，而不是为了满足需要；主要是由于心灵的趋向加之某种爱的情感，而不是考虑到它会带来多大好处。"⑤ 他认为，这一点甚至在某些动物的身上就可以看得出来。动物在一段时间里是非常爱护它们自己的幼崽的，同时也被他们的幼崽所爱，这很明显地表露出它们的感情。这种情形在人身上表现得更为明显。从子女和父母之间的亲爱之情可以看出，他们之间的这种亲爱之情，除非由于极可鄙的罪恶，否则绝不会被破坏。另一方面，当我们碰巧发现某人与自己情投意合、旨趣一致时，我们便会对他产生一种爱意，我们会觉得似乎在他身上看到某种德性的光辉。西塞罗特别强调友谊的这种无功利性，认为如果把友谊的产生看作是因为贫乏和需要，看作是由于自己软弱而希望有人能帮助得到所希望得到的东西，"那实在是把友谊的产生看得太低贱，或者如我所说，太不高尚了。"⑥ 他也反对将追求友谊与牟利联系起来，认为追求友谊也不是为了牟利，主张"当把友谊中看起来有利的东西与真正高尚的东西进行比较的时

---

① ［古希腊］西塞罗：《论友谊》17，《西塞罗文集》（政治学卷），王焕生译，中央编译出版社 2010 年版，第 288 页。

② 参见上书，第 318 页。

③ ［古希腊］西塞罗：《论义务》16，《西塞罗文集》（政治学卷），王焕生译，中央编译出版社 2010 年版，第 345 页。

④ ［古希腊］西塞罗：《论友谊》23，《西塞罗文集》（政治学卷），王焕生译，中央编译出版社 2010 年版，第 291 页。

⑤ 同上书，第 292 页。

⑥ 同上书，第 294 页。

候，应该抛弃利益的表象，让高尚得到张扬"。①

对于友谊，西塞罗特别强调两种因素：一是爱，二是德性。他把爱看作是友爱的首要因素，没有爱，就没有友谊。"要知道，友谊这个字源自'爱'，而'爱'是导致人们彼此友善的最首要的因素。"②但是，仅仅有爱还不够，还需要德性，可以说两个人之间的友爱感情就是由德性而产生的，"世间最可爱的是美德，由于他们的正直和美德，我们对他们也不由得怀有一种敬爱之情。"③"当德性产生友谊时，……如果德性的某种征兆发出闪光，相似的心灵向这种德性靠近、聚集，当发生这种情况时，必然会产生友爱之情。"④在他看来，既然友谊的产生是由于对一个人德性的推崇，那么当他背弃了德性，友谊也就很难维持。⑤

德性不仅是友谊产生的主要原因，而且是友谊得以维持和深化的基础。在这一点上他赞成斯多亚派将德性看作至善的观点。"有些人视德性为至善，他们的见解当然很高超，然而正是德性本身产生并巩固友谊，没有德性，友谊便不可能存在。"⑥而且，他还注意到，一个人越有德性，越有智慧，越完善，他就会越需要友谊。"须知正是那愈充满自信的人，正是那愈富有美德和智慧、在任何事情上都无须求助于人而可自我满足的人，愈爱寻求友谊和维护友谊。"⑦这不仅表明德性与友谊之间的密切关系，而且也表明友谊对于人生幸福的重要价值。

西塞罗认为，不只是德性对友谊有意义，友谊对德性也很有意义，德性会在友谊中得到充分体现，它能使人为朋友的乐而乐，为朋友的忧而忧，使德性更显示其自身的美和魅力。"其实美德在许多情况下，特别在友谊中，是柔和的、温顺的，会为朋友的顺利可以说心花怒放，为朋友的不顺而眉头紧锁。因此，虽然常常会为朋友而忧虑，但这种忧虑并非如此令人难以承受，以至于需要把友谊从生活中排除掉，正如不能因为美德会带来一定的忧

---

① ［古希腊］西塞罗：《论义务》第 3 卷 46，《西塞罗文集》（政治学卷），王焕生译，中央编译出版社 2010 年版，第 446 页。

② ［古希腊］西塞罗：《论友谊》26，《西塞罗文集》（政治学卷），王焕生译，中央编译出版社 2010 年版，第 292 页。

③ 同上书，第 293 页。

④ 同上书，第 301 页。

⑤ 参见上书，第 297 页。

⑥ 同上书，第 289 页。

⑦ 同上书，第 294 页。

心和烦恼而抛弃美德一样。"①

西塞罗把诚信看作是友谊的基础,认为没有诚信,友谊不会坚定不移。②在诚信的基础上,友谊还要坚持一些原则。关于这些原则,他有时将其概括为两条,即"不虚情假意、伪装蒙骗,真诚之人宁可公开表明自己的憎恶,而不借用面部表情来掩饰自己的想法;第二,不仅拒绝他人对朋友的中伤,而且自己也从不猜疑、想象朋友有什么错误行为"。③他有时又将友谊的原则概括为多条,并认为它们是公认的基本原则。它们包括:"我们应该请求朋友做高尚的事情,我们也应该为朋友做高尚的事情;不要等待向我们请求,而要随时效力,没有延迟;我们要敢于坦诚地提出忠告,愿在友谊中忠言相告的朋友能发挥巨大的影响力;劝告不但要直接,而且情势需要时还要尖锐,并且对劝告要听从。"④他还提出在友谊中有一种不可违背的规则,即"我们不要求他人做不名誉的事情,也不应他人之请求做不名誉的事情"。⑤他认为当人们违背了这样一些原则或规则时,友谊就会破裂,或者就应该中止。"友谊的重大的,并且常常是无可非议的破裂往往由于下述情况而发生:当朋友被要求做某种不正当的事情时,例如被要求参与色欲行为或者帮助行违法之举,不管拒绝参与者做得如何正确,但被拒绝者仍然会指责对象背信弃义;因为凡敢于要求朋友做任何事情者,这种要求本身便表明他也准备为朋友做任何事情。"⑥

西塞罗还讨论了友谊的范围和需要划定的界限。他分析了三种他不同意的观点。第一种观点认为,我们要像爱自己那样爱朋友;第二种观点认为,对朋友应回报以与朋友对我们的情谊相等的、相对应的情谊;第三种观点认为,一个人怎样对待自己,朋友就应该怎样对待他。西塞罗认为更应该被作为一条原则的是:"我们在缔结友谊时不要去爱有一天我们可能会憎恨的人。"⑦据此他为友谊作了这样一个限定:朋友不仅要品行端正,而且彼此在一切事情、主张、愿望方面都毫无例外地一致,即使在某些特殊的场合下需

---

① [古希腊]西塞罗:《论友谊》48,《西塞罗文集》(政治学卷),王焕生译,中央编译出版社 2010 年版,第 300—301 页。

② 同上书,第 306 页。

③ 同上。

④ 同上书,第 299 页。

⑤ 同上书,第 297 页。

⑥ 同上书,第 295 页。

⑦ 同上书,第 303—304 页。

要对朋友的不完全合理的愿望给予帮助，也要以不至于招致巨大的耻辱为限。[①] 他认为，友谊的关系多种多样、错综复杂，有许多原因可能产生猜忌、责备。智慧之人对这些问题应能设法避免，在不可避免的情况下，也不会看重或者予以忍让。[②]

四、塞涅卡的德性论

塞涅卡是晚期斯多亚派即罗马斯多亚派的第一位代表，也是一位政治家，担任过尼禄皇帝的老师和顾问。他一生写了大量的作品，留存下来也很多。"布洛古典丛书"中有 10 卷塞涅卡文集，其中有 3 卷是道德文集，3 卷书信集，2 卷论自然问题，2 卷悲剧集。他有关哲学的著作基本上是伦理学方面的，其中主要有《论天意》（*On Providence*）、《论心灵宁静》（*On Tranquility of Mind*）、《论幸福生活》（*On Happy Life*）、《论恩惠》（*On Benefits*）、《论仁慈》（*On Clemency*），等等。从他开始的罗马斯多亚派缺乏思辨色彩，注重道德实践，将以前斯多亚主义哲学高度伦理学化。"有些人将沉思当作他们的目标。就我们而言，它是一个停泊处，而非我们停泊的港湾。"[③]"自然希望我做到两个事情——既要积极地行动，也要有沉思的悠闲。我就二者兼顾。甚至沉思本身也包括了政治行动。"[④] 塞涅卡是一位悲剧作家，写过多部悲剧，他的哲学著作是以散文的形式写成的，清明畅快，可读性强。塞涅卡的德性思想十分丰富，涉及幸福、德性、道德人格以及一些具体德性，但比较庞杂，缺乏内在的一贯性。不过，从总体上看，他的德性论是以德性完满性阐述为中心回答如何获得幸福问题的。

（一）幸福在于心灵宁静与精神昂扬

塞涅卡对于幸福的看法与以前斯多亚派的看法基本一致，将幸福等同于至善，将至善与德性联系起来。至善就是心灵的和谐，哪儿有和谐与统一，

---

① ［古希腊］西塞罗：《论友谊》61，《西塞罗文集》（政治学卷），王焕生译，中央编译出版社 2010 年版，第 304 页。
② 参见上书，第 313 页。
③ ［古罗马］塞涅卡：《论闲暇》，塞涅卡：《哲学的治疗：塞涅卡伦理文选之二》，吴欲波译，包利民校，中国社会科学出版社 2007 年版，第 75 页。
④ ［古罗马］塞涅卡：《论个人生活》5，塞涅卡：《道德和政治论文集》，袁瑜琤译，北京大学出版社 2005 年版，第 238 页。

哪儿就有德性。① 不过，他似乎不是像芝诺等早期斯多亚派那样将幸福、至善与德性完全等同起来，而更强调幸福以德性为基础，强调将理性运用于在获得幸福的过程中，因而他对幸福的理解更具有合理性。

在谈到幸福时，他赞成这样一些说法，如"至善乃是心灵能蔑视命运的遭际，唯以美德为快乐""至善乃是心灵不可征服的力量，从经验中学到智慧，在行动中沉着冷静，在与他人交往中礼貌关心"等。他认为这些表述的意思都是一样的。他在此基础上对幸福作了这样的定义："幸福的人就是这样的人：他不承认在好的与坏的心灵之外还存在'好'与'坏'，他珍惜荣誉，追求德性，对于命运的遭际既不骄傲，也不屈服；他知道最大的'好'是只有他自己才能赋予自己的；对他来说，真正的快乐就是蔑视快乐。"② 这个定义的意思是说，一个幸福的人，善恶只存在于他的心灵，除了道德善（德性）之外没有任何其他的善，因而要追求德性，而不追求快乐，他具有完满德性是他不受命运摆布而自觉努力追求的结果。当一个人这样地获得了完满的德性，他就是一个幸福的人，也就过上了幸福生活。所以，塞涅卡进一步补充："幸福生活就是拥有一颗自由、高尚、无所畏惧和前后一贯的心灵——这样的心灵是恐惧和欲望所无法触及的，它把美德看作唯一善（好），把卑鄙看成唯一的恶（坏）；至于其他一切，就全部视为无价值的一堆东西，它们的得失丝毫也不能增减最高之'好'，也不能从幸福生活中抽去任何部分或添上半分半厘。"③

在塞涅卡看来，一个人达到了这种心灵状态，他便在自身中找到了欢乐，这种欢乐势必时时洋溢着发自内心的欢喜，其欢喜的程度远远超出了可怜的肉体的卑琐、细小、稍纵即逝的感觉。从此他就达到了欢乐的极致。有了这种欢乐，一个人也就不再在乎快乐和痛苦。快乐和痛苦是两个最为变化不定和专制蛮横的君主，当它们交替奴役一个人时，此人必然屈服于悲惨肮脏的束缚之中。要摆脱这种束缚，我们必须逃向自由。塞涅卡认为，当一个人达到了他所说的幸福状态，他就超出了快乐，超出了痛苦，达到了对命运的曲折起伏无动于衷的境界。"这样的人就会享受到无法估价的幸福；在安全的港湾下锚的心灵的宁静与精神的昂扬；抛弃错误、发现真理后

---

① 参见［古罗马］塞涅卡：《论幸福生活》，塞涅卡：《强者的温柔——塞涅卡伦理文选》，包利民等译，王之光校，中国社会科学出版社 2005 年版，第 351—352 页。

② 同上书，第 348 页。

③ 同上书，第 348—349 页。

的巨大平稳的欢乐，还伴随着心灵的和善与欣然。而且，这样的人之所以为它们感到快乐，并不是因为它们是'好'的，而是因为它们都来自于根本之'好'——那就是他自己。"①

在塞涅卡看来，这种幸福生活就是与自己的本性（自然）和谐一致的生活。要获得这种生活，"首先，我们必须头脑清楚，遵循理性；其次，我们的精神必须是勇敢的、豪迈的、坚毅的，随时准备面对任何紧急情况；既关心身体以及与身体有关的一切问题，同时又不是焦虑不安；最后，我们的心思不会忘掉那些为生活增添光彩的所有好东西，但是决不过于痴迷——我们要做命运馈赠的使用者，而不是其奴隶。"②

幸福生活要建立在可靠的判断之上。塞涅卡认为，幸福的人是摆脱了恐惧和欲望的人。但是，石头没有恐惧和悲伤，田野中的野兽也是如此，然而不会有人因此就称这些东西是"幸福的"，因为它们根本不懂什么是"幸福"。实际上，那些天性愚钝和不了解自我的人，他们的水平和野兽以及无生命的事物相差无几。它（他）们之所以如此，要么是没有理性，要么是扭曲了理性，即将理性用错了方向。与它（他）们不同，幸福的人一方面像扭曲了理性的人一样有恐惧和欲望，另一方面如同石头一般没有恐惧和欲望。之所以如此，是因为他们运用理性摆脱了恐惧和欲望。幸福的生活是建立在正确可靠的判断的基础上的，而这种判断要靠理性来作出。"所以，幸福之人是拥有正确判断的人；幸福之人满足于当下的命运，无论它是什么，而且与环境友好相处。幸福之人乃是让理性决定存在的所有情况的价值的人。"③

什么是理性的正确可靠判断？这就是不要把任何不是来自德性或邪恶的东西看成是好的或坏的。在此基础上还要在邪恶面前站稳脚跟，纹丝不动，同时追求和享受善，以便展现神明的精神。这就是德性。因此，真正的幸福要建立在德性之上。"美德为你的这一作为承诺了什么呢？很多好处，几乎与神灵齐肩。你将不受任何约束，你将不缺乏任何东西，你将自由、安全、不受伤害；你将样样成功，圆通无碍，心想事成，无灾无难；你的一切期盼和愿望都不会遇到反对。"④

---

① ［古罗马］塞涅卡:《论幸福生活》，塞涅卡:《强者的温柔——塞伦理文选》，包利民等译，王之光校，中国社会科学出版社 2005 年版，第 349 页。
② 同上书，第 347 页。
③ 同上书，第 350 页。
④ 同上书，第 359 页。

　　这种德性是一种完满的德性，它不需要任何其他外在的东西，也没有任何欲望和恐惧与之伴随。"它完满神圣，这难道不就够了吗——甚至都要浸溢出来了！如果一个人超出了一切欲望之上，那他还缺什么呢？""如果一个人聚齐了所有自己的东西，他还需要什么身外之物呢？"① 一旦一个人的心灵达到这种持久稳定的完满德性状态，他就达到了心灵的宁静。希腊人将心灵的这种持久稳定状态叫做 euthymia，意为"灵魂的完美状态"，塞涅卡将之称为"心灵宁静"。他对这状态作了如下解释："我们要寻求的是，心灵如何能够总是沿着一条不变的、顺利的道路前行，心灵如何能够对自己满意，如何能够愉悦地看待它的境况，并让这种愉悦不受到任何干扰；相反，它只会处于一种平和的状态，从不趾高气扬或意志消沉。这就是'宁静'。"② 在《论心灵宁静》中，塞涅卡专门研究了如何达到心灵宁静状态的问题，分析了导致心灵不宁静问题的根源，提供了走向心灵宁静的途径。他认为心灵宁静的敌人是："一者不堪变化，一者不堪持久。"针对这两个问题，他提出的最重要对策是："心灵必须从外部利益中撤出，回到心灵自身。让心灵信赖自身，享有自身，欣赏自身的所有物，让它尽可能地远离其他人所拥有的事物，完全专注于自身，让它不要感到有所丧失，让它甚至能够欣然地解释不幸。"③ 他强调，"除非我们以坚定的和不懈的照管去守卫那摆来摆去的心灵，否则任何法则也不足以庇护如此脆弱的一个东西。"④

　　塞涅卡的这种心灵宁静，不是皮浪的"不动心"，也不只是亚里士多德所说的沉思，而是精神的一种昂扬状态，既包含沉思，又包含行动。"至善就是顺应自然而生活；并且自然要求我们既做沉思默想又要身体力行。"⑤"如果我将自己整个地奉献给自然，如果我成为她的赞美者和信奉者，我就是在顺应自然而生活了。然而自然规定我二者都要做——既要活跃行动，又要有闲暇沉思。确实我二者都做了，因为即使是沉思的生活也是不乏行动的。"⑥

---

　　① ［古罗马］塞涅卡：《论幸福生活》，塞涅卡：《强者的温柔——塞涅卡伦理文选》，包利民等译，王之光校，中国社会科学出版社 2005 年版，第 359—360 页。

　　② ［古罗马］塞涅卡：《论心灵宁静》，塞涅卡：《哲学的治疗：塞涅卡伦理文选之二》，吴欲波译，包利民校，中国社会科学出版社 2007 年版，第 35—36 页。

　　③ 同上书，第 59 页。

　　④ 同上书，第 66 页。

　　⑤ ［古罗马］塞涅卡：《论个人生活》5，塞涅卡：《道德和政治论文集》，袁瑜琤译，北京大学出版社 2005 年版，第 236 页。

　　⑥ ［古罗马］塞涅卡：《论闲暇》，塞涅卡：《哲学的治疗：塞涅卡伦理文选之二》，吴欲波译，包利民校，中国社会科学出版社 2007 年版，第 73 页。

正是在行动中，德性"将勇敢地抵抗，她将耐心地、而且愉快地承受一切发生的事情。她将懂得：时间中的一切艰辛都是自然法定下的，她将像一个好的战士那样受伤，她会历数伤疤，而且在被标枪刺中之后，她会在对指挥官的挚爱之中死去——她是为了她而战死在沙场的。她将牢记这一古老的命令：'追循神灵'！但是，埋怨呻吟、哭哭啼啼的人也还是得服从指示，即使不愿意，也不得不接受任务被赶上前线。可是，宁愿被拖着走、而不愿意跟着走，这岂不是太糊涂了吗！同理，只有蠢到极点和对自己的命运一无所知的人才会由于匮乏或不幸的遭遇而悲哭，并且在看到好人和坏人一样遭灾时——诸如疾病、死亡、残疾以及其他料想不到的扰乱生活的灾祸——吃惊。"① 正是因为有精神的这种昂扬状态，至善才能上升到一个任何力量都无法把它拖下来的高处，任何痛苦、希望和恐惧都无力达到那里，其他任何东西也都不能减损最高之好的权威。塞涅卡认为，宇宙的构造给我们带来了许多灾害，对于所有灾害，我们都必须英勇无比地承受：服从人类的命运，不为我们无力避免的那些事情心神不宁。这是我们必须承担的神圣职责。②

在塞涅卡看来，一旦我们驱散了一切令我们激动不已或惊恐不安的东西，随之而来的必然是牢不可破的宁静和绵绵不断的自由。因为当快乐和恐惧被消灭之后，取而代之的将是心灵的和谐安宁，以及伴以友善的真正强大。③

（二）德性的完满性

在塞涅卡那里，幸福是以德性为基础的，或者不如说，幸福就在于德性。因此，德性是他伦理学中的一个核心概念。他作为斯多亚主义者，将德性与自然（本性）联系起来，认为德性是理性的体现。"同样的道理，你可以称呼自然、命运或者运数。它们都是同一个东西的名字，并且施加各种不同力量的是同一个神。正义、诚实、明慎、勇气、和节制，是同一个人、同一个心智上的美德。其中不管哪一个获得了你的认同，你认同的实际上都是那个心智。"④ 他对德性理解的一个突出特点在于，他针对伊壁鸠鲁派的快乐

---

① ［古罗马］塞涅卡：《论幸福生活》，塞涅卡：《强者的温柔——塞涅卡伦理文选》，包利民等译，王之光校，中国社会科学出版社 2005 年版，第 359 页。

② 参见上书，第 359 页。

③ 参见上书，第 347 页。

④ ［古罗马］塞涅卡：《论恩惠》第四卷 8，塞涅卡：《道德和政治论文集》，袁瑜琤译，北京大学出版社 2005 年版，第 361 页。

主义观点，特别强调德性自身的完满性。

伊壁鸠鲁派虽然将快乐作为至善，但并不否认德性的意义，甚至也可以说推崇德性。他们认为快乐不可能与美德分开，宣称没有人能在不快乐中保持德性，也没有人能在没有德性时快乐。对于这种观点，塞涅卡进行了系统的批驳。他说，他看不出如此截然相反的东西怎么能被捏到一个模子里面。他反问道：为什么快乐就不能与德性分开？你们的意思是不是：既然一切好的东西都源于德性，那么你喜爱和欲求的东西必然也从这一根源生发出来？在他看来，把快乐与德性看作是不可分离的，有以下几个问题无法解释：其一，有的东西虽然带来快乐，却不高尚；有的东西极为高尚，但却令人痛苦，只有经过苦难才能实现；其二，快乐在最下贱的生活中也存在，而德性却断然不会使生活成为邪恶的；其三，有的人虽然不缺快乐，但是并不幸福，甚至可以说正是因为快乐而不幸福。如果说快乐与德性不可分割，这一切就是不可思议的。①

在塞涅卡看来，德性与快乐是两种完全不同的东西。"美德常常缺少快乐，而且从不需要它。"②"美德鄙视享乐，美德厌恶享乐；它避之唯恐不及。"③ 他认为，德性是高贵的、昂扬的和庄重的，它无法征服，永不疲倦；而快乐是低贱的、奴性的、虚弱的和容易毁掉的。你在哪儿能找到德性呢？在神庙，在广场，在元老院。你会看到它站立在城墙之前，风尘仆仆，筋疲力尽，满手粗砾的老茧。那么，你在哪儿能找到快乐呢？它常常溜出人的视线之外，它找寻黑暗，挤在公共浴室和健身房以及法网不及之处。它软绵绵的、阴柔无力的、散发着美酒和香水的味道，面色苍白，浓妆涂抹，像一具尸体一样。德性作为至善是不朽的，它没有极限，它不会餍足，也永不后悔，因为思考正确的心灵永不会改变。它不会自怨自艾，也用不着变化，它永远都是最好的。但是，快乐恰恰在它的享受达到高潮之际消失殆尽，它的空间很小，很快就能填满。它在第一次袭击之后就疲软下来，一下就被耗得干干净净。快乐在本性上就是运动的事物，这种来去不定、在行使中就消灭的东西，是不可能确定不变的。"它挣扎着奔向自己可以停止存在的某个点，

① 参见［古罗马］塞涅卡：《论幸福生活》，塞涅卡：《强者的温柔——塞涅卡伦理文选》，包利民等译，王之光校，中国社会科学出版社 2005 年版，第 349 页以后。

② 同上书，第 350 页。

③ ［古罗马］塞涅卡：《论恩惠》第四卷 2，塞涅卡：《道德和政治论文集》，袁瑜玎译，北京大学出版社 2005 年版，第 3545 页。

刚刚开始就看到了结束。"①

　　既然德性与快乐是不同的，甚至是对立的东西，那么为什么要把它们捆绑在一起？他认为将两者等同起来，只会给那些沉醉于快乐的人张目。他批评说："请他们别再把无法相互妥协的东西捏到一起，把快乐和美德联系在一块——这一阴险的方案只会令低劣的人兴奋不已。一头扎进快乐的人，连续不断地宴饮作乐；他知道自己生活得快乐，便认为自己也生活得很有德性，因为他听人说'快乐和美德不可能分开'；于是他便在他自己的邪恶上缀以'智慧'之名，并把本来应该藏之密室之中的事情拿出来大肆宣扬。"②

　　塞涅卡在肯定"不要过最快乐的生活，而要过最好的生活"这一古训的前提下，也不完全否认快乐。他承认，我们追求德性也能得到快乐，这就像在一片犁过的田里会长出一些野花来一样。然而，辛辛苦苦地开垦出来这块地为的是长庄稼，而不是为了长这些微不足道的小花，尽管它们也可能挺好看。耕种者有其他的目的，那些小花不过是另外添加上去的。尽管德性肯定会带来快乐，我们却不是为了快乐而追求德性。快乐既非德性的原因，也不是它的回报，而只是其副产品。尽管如果我们接受德性，她也会让我们开心，但我们接受德性不是因为她能使我们开心。至善就在于对它的选择本身中，在于心灵的态度自足。当心灵完成了自己的工作，坚定地固守于自身内部之后，至善就已经完满地实现了，再也不需要额外地添加了。在整体之外没有任何别的东西，正如在终点之外再也没有别的点。因此，如果问"为什么让我追求德性"，这个问题本身就问得不对。你是妄图在最高的境界之外再寻找什么其他的东西。如果你问我为什么要寻找美德，我的回答是：只为她自己！因为她不会提供更好的东西了——她自己是自己的回报。塞涅卡说，至善是一个永不屈服的坚定心灵，是它的远见卓识，它的高尚，它的正确，它的自由，它的和谐，它的美好。这些无上的福祉还能被添加到什么其他"更伟大的"东西上去呢？既然如此，"你干什么对我提到快乐呢？我要寻找的乃是人的'好'，而不是他的肚子——牛羊野兽的肚子的体积要大的多！"③

　　那么，能否把美德与快乐结合起来构建至善，从而使高尚者与惬意者合

① ［古罗马］塞涅卡：《论幸福生活》，塞涅卡：《强者的温柔——塞伦理文选》，包利民等译，王之光校，中国社会科学出版社 2005 年版，第 351 页。
② 同上书，第 355 页。
③ 同上书，第 352—353 页。

为一体呢？塞涅卡的回答是否定的。因为高尚的东西中没有任何不高尚的东西，至善如果掺杂进去了任何异己的、低级的东西，就丧失了自己的完整性。即使是源于德性的快乐，虽然也是一种"好"，但并不是绝对之好的一部分。像欣然静谧之类的东西也是如此，尽管它们的起源非常高贵，尽管它们都是"好"的，但它们只不过是伴随至善的，而不会使至善更完满。如果一个人将德性与快乐结合起来，即使它们两者势均力敌，他也会使快乐的弱点影响德性的力量，并且使自由戴上枷锁。自由唯有在认为没有任何东西比自己更有价值时，才是不可征服的。①

在斯多亚派中，塞涅卡对伊壁鸠鲁派的评价比较公允。他认为伊壁鸠鲁的教导是正当和圣洁的，我们斯多亚派为德性立下了规则，伊壁鸠鲁也同样为他的"快乐"立下了规则，即"服从自然"。所以，他认为伊壁鸠鲁派并不是斯多亚派中的大多数人所说的"邪恶学派"。它名声不好，担了个恶名，但是其实冤枉。②不过，塞涅卡坚决反对伊壁鸠鲁将快乐等同至善，作为人生追求的目标。他主张，我们要让德性引路，让德性领导快乐。只有这样，我们才会一路平安；也只有这样，我们才会幸福。"谁被美德一方吸引，谁就证明了自己的高贵天性；谁跟着快乐走，谁就是虚弱的、失败的、丧失男子气的，必然走向卑鄙堕落。"③在他看来，让美德领路，每一步就会平安无事。而且，过度快乐是伤害人的原因，但是在德性中我们不必害怕任何过度，因为德性中包含了节制。即使一个人要将德性与快乐组合起来，在两者相伴中走向幸福，那也要让美德在前面引路，让快乐跟着她。如果让尊贵的夫人——美德——给快乐当婢女，那只表明你的灵魂太渺小。让美德先行，让她举旗，我们也会有快乐，而且我们将支配和控制快乐。但是，如果向快乐交出了领导权，一个人就会既丧失了德性，也不可能拥有快乐，他的心灵就会被快乐占有，其结果是他要么被快乐的缺少所折磨，要么被过度的快乐所窒息。当快乐抛弃他们而去时，他们可怜巴巴；当他们被快乐充满时，他们更加可怜，因为他被快乐所奴役。"那些追求快乐的人把其他一切事务都当成次要的了，首先便是放弃了自由，因为他不得不听他的肚子的指挥。而

---

① 参见［古罗马］塞涅卡：《论幸福生活》，塞涅卡：《强者的温柔——塞涅卡伦理文选》，包利民等译，王之光校，中国社会科学出版社 2005 年版，第 358 页。

② 参见上书，第 356 页。

③ 同上。

且，不能说他为自己购买了快乐，应该说他把自己卖给了快乐。"①因此，塞涅卡告诫人们："要知道，一个人如果追求邪恶而非美好，他的成功就危机四伏了。捕猎野兽是一件充满艰辛和危险的事，即使被抓获的野兽也依然是令你不安的财物——因为它们常常撕咬自己的主人。巨大的快乐也是如此，因为它们最终是个祸害，被捕获的快乐又成了捕获者。快乐越多越大，被众人称为'幸福'的那个人就越是低下，要服侍的主子就越多。"②

德性不仅不是为了快乐，也不是为了利益、荣誉等其他的目的，德性只为了自己的目的。"美德，它既不靠营利来引诱人，也不会有叫人望而却步的损失。它绝不用人们贪图的许诺来邀买人心，恰恰相反，它需要人们慷慨解囊，它更多的时候是无偿的施舍。你要接近它，你就必须抛开你自己的私利；你要行动，你必须听从它的召唤或者派遣，而不能吝啬你的钱财，有的时候甚至都不能顾虑你的鲜血，你永远不能逃避它的命令。"③

（三）"好人"理想人格

塞涅卡在《论幸福生活》和《论天意》中提出了他的"好人"的理想人格。在《论幸福生活》中，他以第一人称对"好人"有一段集中的论述。④这里我们将其划分为四个方面，并结合他在其他地方的有关论述，阐述他的"好人"的主要人格特征。

第一，"好人"态度从容而精神振奋地面对生活遭遇和外在条件。"就我而言，我将以同样表情观看死亡与喜剧；就我而言，我将精神抖擞地承受所有的艰辛，不管它们有多么大；就我而言，无论是穷还是富，我都要鄙视财富；如果我不是富人，我不会垂头丧气；如果我身家百万，我也不会神气活现；就我而言，无论好运临门还是离我而去，我都不在意。"⑤这是说，"好人"能从容地面对人的生死和生活的悲喜，他不在乎是穷还是富、运气是好还是坏。即使是在艰难困苦的条件下，他都斗志昂扬地面对，对人生始终持

---

① ［古罗马］塞涅卡：《论幸福生活》，塞涅卡：《强者的温柔——塞涅卡伦理文选》，包利民等译，王之光校，中国社会科学出版社 2005 年版，第 358 页。

② 同上书，第 357 页。

③ ［古罗马］塞涅卡：《论恩惠》第四卷 1，塞涅卡：《道德和政治论文集》，袁瑜玎译，北京大学出版社 2005 年版，第 353—354 页。

④ 参见［古罗马］塞涅卡：《论幸福生活》，塞涅卡：《强者的温柔——塞涅卡伦理文选》，包利民等译，王之光校，中国社会科学出版社 2005 年版，第 363 页。

⑤ 同上。

乐观的态度。他认为，对于一个人来说，问题不在于他承受了什么，而在于怎样承受。"好人"与其他人不同之处在于，他们能欣然地承受命运给予的一切。"他们不应该从艰难困苦中退缩下来，也不应该抱怨命运；他们应当高兴地接受发生的一切，并把它转化为好事。真正重要的不是你承受了什么，而是你怎么承受。"① 他们是这样地理解神明给予他们的一切："让他们受到苦活、遇难、损失的折磨，以便使他们获得真正的力量。"② 他们将那些人们称为"艰苦"、"困境"和被诅咒的东西，首先看作是有益于它们所降临到其身上的人的，其次看作是有益于整个人类家庭的。好人会愿意这些事情发生，因为他们意识到，这些事情的发生是命运所决定的，它们是根据使他们成为好人的同一个规律正当地降临到好人身上的。③

　　第二，"好人"通过为他人服务体现自然赋予自己的价值。"就我而言，我将永远生活在为他人服务的心态中，我还会感谢自然这么安排我；因为她这是在真正照顾我的最佳利益。她把我给了所有人，又把所有人都给了我。我不管拥有什么，都不会像一个小气鬼那样藏得严严实实，也不会像一个败家子那样挥霍一尽。在我看来，我真正拥有的东西就是自然聪明地赋予我的秉性。我不会从数量、大小等等方面估价我得到的好处；我只会从对接受者的评价来看——在我眼里，一个有价值的人所接受的东西决不能算大。"④这即是说，"好人"把自然赋予的东西看作是最有价值的，他珍惜它，同时又充分地使用它，将它给予所有人，使之体现在为他人服务之中。塞涅卡相信，"人应当被视为一个社会动物，他乃是为了公共的善而生"⑤，一个人的德性就在于与他的这种本性相契合。"好人"就是这样的人。他知道，"决不偏离自然，根据自然的规律和模式塑造我们自己，这才是真正的智慧。"⑥由于种种原因，自然赋予的东西并不一定能为我们认识，也不一定能在日常生活中都体现出来。即使你是一个伟大的人，但如果命运没有给你任何机会展

---

　　① ［古罗马］塞涅卡：《论天意》，塞涅卡：《强者的温柔——塞涅卡伦理文选》，包利民等译，王之光校，中国社会科学出版社 2005 年版，第 327 页。

　　② 同上书，第 327 页。

　　③ 参见上书，第 329 页。

　　④ ［古罗马］塞涅卡：《论幸福生活》，塞涅卡：《强者的温柔——塞涅卡伦理文选》，包利民等译，王之光校，中国社会科学出版社 2005 年版，第 363 页。

　　⑤ 塞涅卡：《论仁慈》第一卷 3，塞涅卡：《道德和政治论文集》，袁瑜琤译，北京大学出版社 2005 年版，第 183 页。

　　⑥ ［古罗马］塞涅卡：《论幸福生活》，塞涅卡：《强者的温柔——塞涅卡伦理文选》，包利民等译，王之光校，中国社会科学出版社 2005 年版，第 347—348 页。

示你的价值，人们怎么能知道呢？如果一个人总是幸福并且毫无心灵痛苦地度过一生，也就丧失了对于自然的另一半的认识。要使之充分体现出来，就不能满足于安乐的生活，而要接受命运的挑战，要经受艰难的考验。这就好像一个奥运会选手进入奥林匹克运动会，但除了这个选手之外并没有其他对手。他不费吹灰之力就获得了冠军，但是他并没有获得胜利。同样，一个"好人"如果没有遇上艰苦的环境，使他有机会展示他心灵的力量，那么就无人知道他能够做什么，甚至连他自己也不知道。"一个人如果要认识自己，那他首先要接受考验；没有经过测试，谁也不知道自己能做什么。"①

第三，"好人"出于良心友善地对待所有人（包括敌人）。"我决不会为了他人的意见做任何事情，我做的一切都是为自己的良心。当我独自一人做事时，我会把它看成是在整个罗马人民的注视下进行。我的吃喝只是为了消除自然的欲望，而不是去填满我的肚子。我要对朋友和蔼可亲，对敌人温和宽容。别人尚未开口请求，我就会原谅他；别人所有的正当要求，我都会连忙满足。"② 这是说，"好人"是有意志自由的，他能自我约束，他所做的一切都是出于自己的良心，他具有博大的胸怀，以德报怨，具有完善的德性。他不受任何强迫，任何东西都不能违抗他的意志，他不是神明的奴隶，而是神的追随者。他知道万事万物都根据固定的和永远有效的法则而发生，因而能顺势而为，宽容豁达。③ 如果他被命运女神鞭打和撕裂，他能承受，并认为这并不是残忍，而是斗争。他意识到，越是经常斗争就会越是强壮，经常面对危险能让人蔑视危险。他能面对命运，并通过在与命运斗争的过程中变得坚强和超然。④

第四，"好人"作为世界公民自觉接受神的监督。"我将明白：整个世界是我的国家，它的统治者是众神，他们位居我的上面和我的四周，他们监督着我的一言一行。当自然向我索回生命，或是我的理性决定放弃它时，我会离开尘世，心里知道自己良心平安，一生为善，不曾伤害过任何人的自由，

---

① ［古罗马］塞涅卡：《论天意》，塞涅卡：《强者的温柔——塞涅卡伦理文选》，包利民等译，王之光校，中国社会科学出版社 2005 年版，第 334 页。

② ［古罗马］塞涅卡：《论幸福生活》，塞涅卡：《强者的温柔——塞涅卡伦理文选》，包利民等译，王之光校，中国社会科学出版社 2005 年版，第 363 页。

③ 参见［古罗马］塞涅卡：《论天意》，塞涅卡：《强者的温柔——塞涅卡伦理文选》，包利民等译，王之光校，中国社会科学出版社 2005 年版，第 338 页。

④ 同上书，第 336 页。

更别说伤害过我自己的自由了。"① 这是说，"好人"像神一样生活在神人共同体之中，在神的培育和监督下成为了真正自由的人。他是神的学生，神的模仿者，神的真正后裔，它与神的区别仅仅在于时间这一要素，即他只是不像神那样永生。"那么作为一个好人意味着什么？参与命运大化。想到我们与宇宙一道向前运行，这真是令人感到无限欣慰。那命令我们活着和死亡的东西以同样的必然性把我们与神明联结在一起。同一个不变的历程同时承担着人和神明。"② 神在培养德性上绝非温和的师傅，而是像严厉的父亲一样用种种艰难困苦来养育他，因为神 "不会把一个好人变成一个宠坏了的小动物；他考验他，强化他，使他适合于为自己服务"。③

塞涅卡认为，按照以上所述的 "好人" 的标准塑造自己的人，就走上了通向神明的道路，也就是走上了符合自然生活的道路。即使这样的人最后没有完全到达终点，那他的人生也是具有崇高意义的。他说："一个下决心、希望并着手这么做的人，就是走上了通向神明的道路——啊，这样的人即使最后没有达到神圣，也是在高级的王国中失败的。"④ 又说："一个还走在通向美德的道路上的人，虽然已经走了不少路了，仍然还在人间事务的劳苦中挣扎；在最终解开所有俗世的束缚之前，他还是需要一些命运的恩赐的。那么区别何在呢？区别在于这些人（即已经走上通往美德的路的人）是被松松地绑着，而另一些人（即根本不想走向美德的人）手脚戴着重镣。那些朝着更高领域进发和提升自己境界的人，后面拖着根松开的链子；他尚未自由，不过几乎已经堪称自由。"⑤

（四）智慧之人的坚强

在《论幸福生活》和《论天意》中，塞涅卡大谈 "好人"，但在《智慧之人的坚强》⑥ 中又大谈 "智慧之人"。在他那里，这两个概念并无实质的区

① ［古罗马］塞涅卡:《论幸福生活》，塞涅卡:《强者的温柔——塞涅卡伦理文选》，包利民等译，王之光校，中国社会科学出版社 2005 年版，第 363 页。
② ［古罗马］塞涅卡:《论天意》，塞涅卡:《强者的温柔——塞涅卡伦理文选》，包利民等译，王之光校，中国社会科学出版社 2005 年版，第 339 页。
③ 同上书，第 326 页。
④ ［古罗马］塞涅卡:《论幸福生活》，塞涅卡:《强者的温柔——塞涅卡伦理文选》，包利民等译，王之光校，中国社会科学出版社 2005 年版，第 363 页。
⑤ 同上书，第 359—360 页。
⑥ 包利民等学者将 "智慧之人" 译为 "贤哲"，为了更于与以前的古希腊学者使用的智慧概念一致，我们还是使用 "智慧之人" 的译法。

别，好人即智慧之人，因为他在《论智慧之人的坚强》中明确说到过，"至此，一个事实昭然若揭，即除了贤哲以外没有好人。"① 不过，他对两者的论述基本上是分开集中论述的。从他对两者各自的论述看，"智慧之人"似乎比"好人"更完美、更崇高、更伟大，近乎神的化身，尤其像酒神狄奥尼索斯。也因为如此，他的"智慧之人"似乎更不近人情，是普通人所难以企及的。

智慧之人不追求快乐，充其量只把快乐看作是生活的点缀。塞涅卡谈到这一点时，将智慧之人与追求快乐的人进行了比较。他说，追求快乐的人拥抱快乐，把快乐看作是至善，而智慧之人则"锁起它"，甚至不认为它是善的；追求快乐的人为了快乐什么都干，而智慧之人则不会为快乐干任何事情。智慧之人不被任何东西统治，更别说是被快乐统治了。"如果他迷醉于快乐，他怎么能抵抗辛苦、危险、欲求以及处处可见的灾难呢？如果他被这么一个阴柔的敌手诱惑去了，他又怎么敢承受死亡、悲伤、宇宙的毁灭和他要面对的凶狠敌人？"② 如果说智慧之人也有快乐的话，他们的快乐也是宁静的、适中的，几乎水波不兴、含蓄内敛。当其不召自来之际，几乎无人知晓。而且，尽管它们自行到来，却并不被看得很高。当他们体验到快乐时，他们并不会乐成什么样子，因为他们只允许快乐偶尔地点缀于生活中，就像我们有时允许在严肃的事务中掺入某些娱乐一样。③

智慧之人也不爱财富，尽管他并不反对拥有。智慧之人并不认为自己配不上命运的任何馈赠，而且他也不会排斥自己的钱财，相反宁愿拥有它们，并会保留它们，但是他们并不爱财，即使让它们进入他的屋，也不会让它们进入他的心。只是希望财富能为自己发挥慷慨之德性提供更充分的物质保障。"谁会怀疑贤哲在财富中而非贫穷中找到展示自己的力量的更充分的资源呢？在贫穷中只能存在一种美德——不被贫穷压弯了腰；但在富裕中，可以为节制、慷慨、勤勉、有条理和宏大胸襟等美德找到广阔的空间。贤哲即使短小也不会自轻自贱，但是他会宁愿长高；他即使身体虚弱或目盲，也很

---

① 〔古罗马〕塞涅卡：《论贤哲的坚强》，塞涅卡：《强者的温柔——塞涅卡伦理文选》，包利民等译，王之光校，中国社会科学出版社 2005 年版，第 309 页。

② 〔古罗马〕塞涅卡：《论幸福生活》，塞涅卡：《强者的温柔——塞涅卡伦理文选》，包利民等译，王之光校，中国社会科学出版社 2005 年版，第 354 页。

③ 参见上书，第 355 页。

坚强，但是他还是宁愿身强体壮。"① 正如他即使步行也能走完旅途，也还是更愿意乘车而行一样，即使他能甘守清贫，他也宁愿宽裕。就是说，他愿意拥有财富，但是同时很清楚它会摇曳不定，转眼即逝，所以他不会让它成为自己或他人的负担。②

据此，塞涅卡断言，智慧之人是不会蒙受任何伤害的。③ 但是，不会受伤害的事物并不等于没有人去伤害他，而是伤害不了。受不了任何伤害，正是智慧之人的特征。④ 他认为，实际上有人妄图伤害智慧之人，只是无法得逞。由于他超凡脱俗，仰之弥高，所以没有任何一股恶势力能够跨越这个距离而伤害到他。甚至当那些有权有势的人想方设法去伤害他时，他们所有的攻击都会落空，就像弓弩射向高空，却滑离了目标，虽然飞得很高，视线不及，然而仍旧簌坠羽落。那个愚蠢的波斯王薛西斯对着太阳射出大量的箭，使天空一阵黑暗，可是有任何一支箭射中太阳了吗？⑤ 在塞涅卡看来，伤害就是想要使一个人受坏事（邪恶）的攻击。然而，智慧之人没有容纳坏事的空间，因为智慧所知道的唯一坏事就是卑鄙。只要有德性和正直存在，卑鄙就不可能进入。因此，如果说没有坏事就没有伤害，没有卑鄙就没有坏事邪恶，而且，如果卑鄙不能侵入一个已经拥有正直的人，那么伤害就够不着智慧之人。因为，如果受到伤害就是遭受坏事，而且智慧之人不可能遭受任何坏事，那么就没有任何伤害能影响到智慧之人。遭遇伤害的人都有损失，一切受到伤害的人必然损失了地位或人身或财产。但是，智慧之人没有什么可损失的东西。他的全部财产就是他自己，他没有什么东西可托付给命运的；他的财富是安全的，因为他只要有德性就满足了，而德性不是命运的恩赐，所以德性不会增加也不会减少。⑥

伤害常常来自不公正，没有不公正就没有伤害。公正不可能遭遇不公正，因为水火不相容，而智慧之人不会失于公正，因而就不会受到伤害。智慧之人一方面什么也不缺，他不需要别人施舍；另一方面坏人也拿不出好东

---

①　［古罗马］塞涅卡：《论幸福生活》，塞涅卡：《强者的温柔——塞涅卡伦理文选》，包利民等译，王之光校，中国社会科学出版社 2005 年版，第 364—365 页。

②　参见上书，第 366 页。

③　参见［古罗马］塞涅卡：《论贤哲的坚强》，塞涅卡：《强者的温柔——塞涅卡伦理文选》，包利民等译，王之光校，中国社会科学出版社 2005 年版，第 305 页。

④　同上书，第 305 页。

⑤　参见上书，第 306 页。

⑥　参见上书，第 306—307 页。

西送给他。只有拥有才能给予，而坏人没有智慧之人乐于接受的东西。因此，没有人能伤害或帮助智慧之人。智慧之人离神很近，除了生命有限，其他都与神没有区别。他努力去拥有崇高、有序、勇敢的事物，拥有那些在平静和谐地流淌着的事物，拥有那些平静的、和善的、适合公众利益的、于己于人都有益的事物，同时努力摒弃低俗的事物，从不怨天尤人。智慧之人"拥有神的灵魂，在尘世经历凡人的兴衰变迁，他没有容易受到伤害的脆弱之处"。①

最有可能导致伤害的是愤怒。"愤怒乃是所有激情中最为可怕、最为疯狂的那个东西。别的激情或可包涵些许的平静和隐忍，愤怒则是十足的冲动和发作。这是一股出离人性的狂乱欲望，它要晓以颜色，它要血债血还，它无所顾忌但求加害，愤怒有如利刃，叫那快意复仇的人也毁灭自己。"②人的自然属性不是渴望惩罚；那么，愤怒也就不合乎人性的自然属性，因为愤怒汲汲于惩罚。③有智慧的人不会对行为不端的人感到愤怒。因为他知道，没有人生来就有智慧，而是充其量可以变得有智慧，不论是在哪个年纪上，有智慧的人总寥寥无几。他已经看尽世事沧桑。所以，面对荒谬和错误，那些有智慧的人应当平静而公正；他是那些行为不端者的矫治者，而不是他们的敌人，每一天的开始他都想一想"我就要见到许多酗酒、淫荡、忘恩负义和贪婪成性的人了，还是许多因为野心而躁狂不已的"。他将医生看待病人的温和眼光看待所有的一切。④"正是这个原因，他如此坚强和愉快；正是这个原因，他永远兴高采烈。而且，他不惧怕恶劣的环境，不惧怕小人的打击，他甚至认为伤害是有益的，因为他从中找到了防卫的办法，同时也考验了自己的品德。"⑤

智慧之人不仅不可伤害，甚至也不可羞辱。"羞辱是一种比伤害略轻的冒犯，是某种使人抱怨而不是复仇的东西，是某种法律认为不值得过问的

---

① ［古罗马］塞涅卡：《论贤哲的坚强》，塞涅卡：《强者的温柔——塞涅卡伦理文选》，包利民等译，王之光校，中国社会科学出版社 2005 年版，第 310 页。

② ［古罗马］塞涅卡：《论愤怒》，塞涅卡：《道德和政治论文集》，袁瑜玲译，北京大学出版社 2005 年版，第 46 页。

③ 参见［古罗马］塞涅卡：《论个人生活》，塞涅卡：《道德和政治论文集》，袁瑜玲译，北京大学出版社 2005 年版，第 54 页。

④ 参见上书，第 85 页。

⑤ ［古罗马］塞涅卡：《论贤哲的坚强》，塞涅卡：《强者的温柔——塞涅卡伦理文选》，包利民等译，王之光校，中国社会科学出版社 2005 年版，第 311—312 页。

东西。"① 但是，羞辱大部分来自妄自尊大、满腹恶性的人。对于这些狂妄之徒，智慧之人拥有蔑视他们的宽宏大量之气度，而宽宏大量是美德之最。在宽宏大量面前，狂妄之徒的行径不会有任何结果，他们的行为不比梦里的虚幻之物和黑暗中的幽灵更有实际意义。② 而且智慧之人知道自己很强大，自信没有人能有足够的力量超越他，那些所谓的烦恼和痛苦的情绪，他不需要克服，因为他根本就没有。③

当然，智慧之人也并非铁石心肠的冷血动物，他也会受到打击，但能打击他的是完全不同的一些东西，如身体的疼痛和虚弱、痛失朋友和子女，以及在战火中亡国，等等。我们不否认智慧之人对这些打击有感觉。然而，德性就是要忍耐，不能忍耐就没有德性。智慧之人的确会受些创伤，但他不会被击垮，相反他会把伤口包扎起来，防止扩大，并且将它们治愈。那些较小的事他能从容面对，他要么就根本没注意到，要么一笑了之，要么让他那忍耐艰难的德性来对付它们。④ 失败、痛苦、耻辱、流离失所、丧失亲人或与亲人分离，"所有这些即使一起来进攻都不能击垮贤哲，更不用说它们单独袭来。如果他能冷静地忍受命运的伤害，就更能忍受那些权势人物的伤害，因为他知道这些权势人物只不过是命运的工具！"⑤

在塞涅卡看来，德性是自由、神圣、不移不易的，她顽强地抵抗命运的冲击，不弯不折⑥，而且德性是无法掠夺的⑦，而德性是智慧之人的唯一财产，因而智慧之人不仅没有可损失的东西，而且"积累了一种不可战胜的力量，堪与坚硬的石头、耐火的物质和海边的悬崖媲美"⑧，因而不可战胜，无所畏惧。"这是一个完美无缺的人，他拥有人和神的美德，他不会推动任何东西。他的财产有坚固而不可攻破的城墙防护着；……保卫贤哲的城墙很安全，防火又防攻，没有任何方法能进入，它们崇高，坚固，又神圣。"⑨

塞涅卡特别强调，智慧之人并不是我们斯多亚派虚构的人物，不是一种

---

① ［古罗马］塞涅卡：《论贤哲的坚强》，塞涅卡：《强者的温柔——塞涅卡伦理文选》，包利民等译，王之光校，中国社会科学出版社 2005 年版，第 312 页。
② 参见上书，第 313 页。
③ 参见上书，第 312—313 页。
④ 参见上书，第 313 页。
⑤ 同上书，第 311 页。
⑥ 同上书，第 309 页。
⑦ 同上书，第 307 页。
⑧ 同上书，第 305—306 页。
⑨ 同上书，第 309 页。

出于对人性的幻想，而且也不只是一个虚幻的概念，一个虚幻的伟大外表，他已真真切切地出现在我们面前，而且还会出现，虽然不会太频繁。"超凡的伟人会出现，但很稀少。"① 显然，塞涅卡的"智慧之人"不是普通人可能实现的理想人格，而是经过既沉思又行动的苦修苦炼成就的英雄人物或道德榜样，有点类似孔子所说的圣人，虽然存在，但不常见。

（五）仁慈与恩惠

仁慈与恩惠是塞涅卡特别重视的两种德性，他有专门的著述讨论这两种德性，其中不乏有价值的思想。

《论仁慈》是塞涅卡为他的学生、年轻的皇帝尼禄而写作的，旨在庆祝他登上帝位，同时强调仁慈对他统治的重要意义以及怎样做到仁慈。

在《论仁慈》中，塞涅卡着重讨论了仁慈对于君主的意义。他将仁慈看作是人的福祉之一，但别的福祉是因人而异，取决于人们的不同境遇、经历或期望，而仁慈则给所有人一样的希望，因为没有谁能保证自己不犯错误。正是因为人会有过错，仁慈才是必要的。有些人以为仁慈会纵容坏人。的确，如果没有犯罪，仁慈也就是多余的，对于清白无辜者而言，根本不需要这种德性起作用。但是，就像药品对有病的人来说有益，健康的人也要重视它一样，仁慈之所以需要虽然是因为那些应当被惩罚的人，但对清白无辜的人也有用，因为他们也难免会犯错并受到处罚。而且，德性本身也常常需要仁慈相助，因为在有些特殊情况下，德性的行为虽然值得赞扬，却要接受惩罚。当然，我们也不能将仁慈当作一个"通例"。如果不分场合、不问对象一味地仁慈，不分辨哪些人可以治愈，哪些人不可救药，就会导致良莠不辨、善恶不分，从而导致一片混乱，邪恶丛生。所以，"仁慈不应当不辨是非，例行一体；但也不能弃置一旁。宽恕每一个人，与一个都不肯宽恕一样残忍。"②

在塞涅卡看来，虽然仁慈对所有人来说都是一种自然的天性，但这种德性是君主最应该具备的德性。各种德性都是彼此协调共济，每一种德性都与别的德性一样好，一样高贵，但对于某一些人来说，总有一种更为合适的德

---

① ［古罗马］塞涅卡：《论贤哲的坚强》，塞涅卡：《强者的温柔——塞涅卡伦理文选》，包利民等译，王之光校，中国社会科学出版社 2005 年版，第 309 页。

② ［古罗马］塞涅卡：《论仁慈》第一卷 2，塞涅卡：《道德和政治论文集》，袁瑜玎译，北京大学出版社 2005 年版，第 182 页。

性。"在所有人之中，仁慈与国王或者君主最为相称。"① 塞涅卡论证说，国家是君主的身体，而君主就是它的心智。心智强大对所有的人都重要，但对于身份显赫的君主来说尤其有意义。对待有罪的市民，就像对待病人一样，如果能用药品治好，就不需要动手术，免得割除了不必割除的东西。仁慈的对立面是残忍，单个人的残忍所导致的危害是很有限的，而君主发怒则意味着战争和灾难。野蛮而残酷无情的愤怒是与国王的身份不相适宜的。"强大心智的特征乃是和平的宁静，它高高在上傲视着轻蔑和中伤。"② 君主心智强大体现在，对于善良而有用的市民给予满怀欢喜的关注，而对其他的市民则听由他们存在。如果有人因为冒险而失去尊严，国王就要授予他们生命和尊严。对于君主而言，仁慈才是通向安全的稳妥道路，频繁的惩罚固然可以压制一些人的憎恨，却会激起每一个人心中的憎恨。③ 而且，君主的仁慈越是完美，越是雍容华贵，它背后的权力也就越是强大。"对于一个统治者而言，没有人能够设想出一个比仁慈与其更为相称的东西，而不论他获得权力的方式如何，这权力的法律根据又是什么。"④

那么，究竟什么是仁慈呢？塞涅卡给仁慈作了几个界定，如："仁慈意味着'心智在具有报复之力量的时候作出的自我克制'，或者'在对卑贱者实施惩罚时高大者所体现的温存'。""它也可以被称为'在实施一项惩罚时心智所具有的温厚倾向'。"⑤"我们也许会把仁慈说成是'一种节制，它赦免了一个罪有应得的惩罚中的某些内容'。"⑥ 其基本意思大致是，有可能实施惩罚时克制报复心理而对应受惩罚者实施的宽厚。仁慈的反面是残忍。残忍就是在实施处罚之时心智上的冷漠无情，心智上的极端严苛的倾向，而不是什么别的东西。⑦ 仁慈与怜悯、同情不同。怜悯是一种缺陷，是那种小气的心智目睹悲惨情景而表现出的屈服。怜悯看到的是困境，而看不到这困境的原因。⑧ 所谓同情，是"心智上被他人所遭遇之不幸唤起的哀伤"，而悲伤

———————

① ［古罗马］塞涅卡：《论仁慈》第一卷3，塞涅卡：《道德和政治论文集》，袁瑜琤译，北京大学出版社2005年版，第184页。

② 同上书，第187页。

③ 同上书，第190页。

④ 同上书，第206页。

⑤ ［古罗马］塞涅卡：《论仁慈》第二卷3，塞涅卡：《道德和政治论文集》，袁瑜琤译，北京大学出版社2005年版，第218页。

⑥ 同上书，第219页。

⑦ 同上书，第219、220页。

⑧ 参见上书，第220页。

会妨碍智慧，叫智慧衰落，叫智慧干枯。① 有智慧的人不会感到怜悯或者同情，因为那会导致心智上的糟糕状态。而且，那些有怜悯之情的人能做的事情，在有智慧的人这里则是用愉快而高尚的心智来完成的。他会帮助别人，却不会随着他们一起流泪。他会对遭遇海难的旅游者伸出援助之手，给遭流放的人提供寄宿，为困境中的人拿出施舍，但不会用一种侮辱的方式投掷给他们，而那些看起来满是怜悯之情的人们却往往这么做，他们不屑于看一眼他们所帮助的人，他们害怕接触他们。② 仁慈与宽恕也不同，宽恕是免除应得的惩罚，一个人只有应当被处罚的时候才可能被宽恕。智慧之人不应当施与宽恕，别人想借助宽恕实现的东西，他可以通过一个更为正直的方法来得到，即在不伤害别人的前提下，关爱着他们，他要改造他们。③

仁慈是君主最应具备的德性，对于君主有着更为特定的含义，这就是："它不是基于对残忍行为的悔恨才产生——它本身意味着清白无瑕，意味着永远不会沾染一个市民的鲜血，意味着真正的自我克制的能力，意味着关爱人类就如关爱自己，意味着不因为贪婪或是无生的狂躁、或是先前暴君的榜样而败坏自己、与民为敌；仁慈，意味着自己手握帝国权力而不叫它显露锋芒。"④

《论恩惠》是塞涅卡的一部篇幅相当长的著作，共分七卷。《论仁慈》主要讨论君主应具备的德性以及对臣民应有的善良行为，《论恩惠》则主要讨论普通人应具备的德性以及他们之间应有的善良行为。这部著作内容十分丰富，这里择其基本观点作些介绍。

塞涅卡认为，恩惠是一个出于自发自愿意向的、给予快乐并在给予之中享受快乐的善意行为。恩惠是不可能直接触及的，恩惠的交流乃是在心智之中发生。对于恩惠来说，"真正有意义的不是行为后果，也不是付出的礼物，而是它们背后的精神状态。"⑤ 正是这种心理状态让细小的事物高尚起来，让昏暗的东西呈现光泽，让煊赫而贵重的东西名声扫地。善意无须限定条件，

---

① 参见［古罗马］塞涅卡：《论仁慈》第二卷 5，塞涅卡：《道德和政治论文集》，袁瑜琤译，北京大学出版社 2005 年版，第 221 页。

② 参见上书，第 221—222 页。

③ 参见上书，第 223 页。

④ ［古罗马］塞涅卡：《论仁慈》第一卷 11，塞涅卡：《道德和政治论文集》，袁瑜琤译，北京大学出版社 2005 年版，第 197 页。

⑤ ［古罗马］塞涅卡：《论恩惠》第一卷 6，塞涅卡：《道德和政治论文集》，袁瑜琤译，北京大学出版社 2005 年版，第 267 页。

它本身就是善，而行为后果或礼物则既不是善的也不是恶的。因此，恩惠本身与其物质形式之间有着巨大差别。恩惠的内容不是金银，也不是任何其他宝贵的东西，而是施与恩惠之人的善意（good will）。这种善意不在于行为后果或者给出的礼物，而在于行为人或者给予人的心智本身。恩惠的物质形式可以从我们身边带走，恩惠本身则即使其载体消失也依然存在。它是一种完全合乎德性要求的行为，这种行为是为了正当的理由而发生的，并且是源于一种完全而永久的心智的合乎德性状态。①

如果恩惠取决于外在之物，而不是施行恩惠的意愿，那么就应该得出这样的结论，即我们接受到的东西越多，恩惠也就越大。但是事实并非如此。有的时候礼物虽小，但却是出于诚心诚意，我们也能体会到很大的恩惠。在塞涅卡看来，出于诚心诚意提供的恩惠具有以下特征：提供恩惠者施与很少却满怀快乐；他在挂念别人的贫穷时忘记了他自己的贫穷；他不仅仅有帮助的意愿，而且有燃烧的激情；他在施与恩惠时感觉就是在接受恩惠；他在付出之时丝毫没有取得回报的想法，而他在遇到回报之时也从未想到是他付出在先；他走在街上就是要看看哪里需要帮助并要抓住那个机会。与此相反，如果一种恩惠不是诚心诚意提供的，而是被迫或出于利害考虑提供的，那么，这种恩惠不管看起来多么丰盛或壮观，也不是真正意义的恩惠，当然也不值得感谢。②据此塞涅卡认为，"好人只需用一点儿的饼食就能表示出他们的虔诚，而那邪恶的人无论用多少的鲜血沾染祭坛，也都不能遮掩他们的伪善。"③

塞涅卡明确地将恩惠作为一种德性，而既然它是一种德性，那么它就不以其他的东西为目的，而以自身为目的。"美德之举，它本身就是奖励。如果一个合乎美德的事情本身即是目的，并且，如果恩惠就是一个合乎美德的事情，那么，恩惠就具有美德的品质，它们要合乎同样的条件。而任何合乎美德的事情，它本身就是目的，这已经得到反复而充分的证明。"④在这个问题上，他也批评伊壁鸠鲁派的观点，主张给予恩惠的行为不是为了快乐。他认为，对于他们来说，德性是快乐的婢女，德性要服从快乐、服侍快乐，要

---

①　参见［古罗马］塞涅卡：《论恩惠》第一卷5，塞涅卡：《道德和政治论文集》，袁瑜玎译，北京大学出版社2005年版，第265—268页。

②　同上书，第267—268页。

③　同上书，第267页。

④　［古罗马］塞涅卡：《论恩惠》第四卷1，塞涅卡：《道德和政治论文集》，袁瑜玎译，北京大学出版社2005年版，第354页。

把快乐高高地抬举起来。他批评说，如果德性可以摆在第二，它就不再是德性；它是第一的位置，它必须走在最前面，它要发号施令，它要站在最高的地位。① 他强调，"在施行一个恩惠时，我不是要攫取利润，不是在贪图享乐，也不是沽名钓誉。我只是想取悦一个人而已，我施与的唯一目的就是做我应当做的事情。但是'应当'意味着选择；而你也许要问，我要做什么样的选择呢？我要选择一个正直而坦诚的人，一个知道感恩而有记性的人，他应当是一个不贪图别人的财产也不过分吝啬自己的人，一个善良厚道的人。"②

既然恩惠不在于恩惠行为的后果，也不在于回报，那么恩惠所面向的就不仅是知道感恩的人，也包括不知感恩的人，甚至包括忘恩负义的人。塞涅卡要求："如此说来，就如我们必须尽力叫我们的恩惠面向那些知道感恩的人一样，有一些恩惠，即使我们对人们不抱太多的奢望，我们也要去做，也要付出——并且，这不仅是在我们估计他们将要忘恩负义的时候；而且，即使我们知道他们已然不知感恩，我们也要这样做。"③

塞涅卡认为，可以给予的恩惠包括三个方面："首先，我们应当给予那些不可或缺的东西；其次，是那些有所裨益的东西；第三，是那些令人愉快的东西。不论哪一种场合，它们都应当是能够长久保存的东西。"④ 塞涅卡还详细研究了怎样给予恩惠的问题。

五、爱比克泰德的德性论

爱比克泰德公元 55 年出生于弗里吉亚（Phrygia，今土耳其中南部）的一个小城镇，家世不明，年少时就成了尼禄的家奴。他的名字在希腊语中意为"获得的""买来的"，说明了他的奴隶出身。他后来被释为自由人，并成为了尼禄的秘书。他身体孱弱，腿部残疾，一生清贫，晚年为抚养友人的孤儿而结婚。成为自由民之后，他创办了自己的哲学学校，后来皇帝图密善将哲学家逐出罗马，他在其列。爱比克泰德一辈子述而不作，留下来的《论说集》是他的学生阿里安根据老师上课和谈话的记录整理而成的。阿里安还

---

① 参见［古罗马］塞涅卡：《论恩惠》第四卷2，塞涅卡：《道德和政治论文集》，袁瑜琤译，北京大学出版社2005年版，第354页。

② 同上书，第363页。

③ ［古罗马］塞涅卡：《论恩惠》第一卷10，塞涅卡：《道德和政治论文集》，袁瑜琤译，北京大学出版社2005年版，第271页。

④ 同上书，第272页。

将爱比克泰德的言论摘编成《道德手册》，这个手册可看作是爱比克泰德哲学思想的浓缩。与其他斯多亚主义者相比较，爱比克泰德将意愿作为善恶的标准，更强调个人不受外在干扰地做好自己权能之内的事情和履行自己作为世界公民的职责，通过充分实现自己的理性本性达到与自然的一致，从而实现自由、安宁和幸福。

（一）追求与自然和谐一致

爱比克泰德也主张合乎自然生活，并将合乎自然生活看作是自由、安宁和幸福的生活。不过，相比较而言，他更强调人的主观能动性，强调人为过上合乎自然生活应有作为。他认为，神把人带到这个世界上来，固然是为了让人类来观察他以及他的作品，但更重要的是为了让人类来阐释他的作品，也就是要充分发挥他所赐予的作为人的本性的理性能力。神创造我们的时候就赐给了我们选择合乎自然之物的能力，我们就要永远尽量做合乎自然的事。[①] 例如，如果我真的知道命运注定要我现在生病，我就会希望自己现在马上得病。"正因为如此，如果非理性的动物在什么地方开始，我们人类就在什么地方开始，非理性动物在什么地方终结，我们就在什么地方终结的话，那么，我们就实在太可耻了。相反，我们人类不仅应该在非理性动物开始的地方开始，而且还应该在我们的自然本性终结的地方终结。既然我们的自然的终结点是要思考这个世界、理解这个世界并且要过上合乎自然的生活，那么，我们就要注意，千万不要没观察这一切就碌碌地死去。"[②] 因此，人们需要确立过合乎自然生活的追求目标。"如果我们希望，不管对于任何问题，在任何情况下，我们的行为都要合乎自然的话，那么，显然，我们的一切行为的目标就应该是，不放过任何合乎自然的事，不接受任何有违自然的事。"[③]

爱比克泰德将人所面对的事物区分为想要得到的和应当回避的。合乎自然的事就是想要得到的东西，有违自然的事就是应当回避的东西。想得到东西的意愿是以善的东西为目标的，想要回避东西的意愿是以恶的东西为目标

---

① 参见［古罗马］爱比克泰德:《爱比克泰德论说集》第二卷，王文华译，商务印书馆2009年版，第184—185页。

② ［古罗马］爱比克泰德:《爱比克泰德论说集》第一卷，王文华译，商务印书馆2009年版，第44—45页。

③ 同上书，第133页。

的。在他看来，一个人要想得到生活的幸福和心灵的平静，就必须做到，永远能够得到自己想要得到的东西，而不陷入自已想要回避的东西。这就是德性。因此，只有德性才能带来幸福、平静和安宁，走向德性当然就意味着走向幸福、平静和安宁。他说："既然我们都承认美德就是这样一种东西，那么，我们为什么偏偏要去别的东西里去追求进步，并且还为自己在这些方面取得的进步而大肆炫耀呢？""美德有什么作用呢？心灵平静。"[①]

在爱比克泰德看来，神不仅赐予了我们能够品质高尚、毅力坚韧地经受住一切考验的能力，而且他还像仁君和慈父一样让我们的这些能力不受任何束缚、逼迫和羁绊。也就是说，他把这些能力全权交由我们来控制和管理，甚至没有为他自己保留任何可以阻碍和束缚这些能力的权力。这样就存在着这样的可能性，即虽然你已经拥有了这样的能力，而且你所拥有的这些能力都是自由自在的、完全属于你自己的，可是你却根本既不去运用这些能力，也不去思考一下自己得到的是什么东西，甚至还呆坐在那里悲声阵阵，痛哭流涕。现实生活中就有这样不仅对这个伟大的赐予者视而不见、不怀感激的人，甚至还有堕落到怨天尤人、指责神灵的人。[②] 所以，爱比克泰德要求人们确立这样的信念，即"首先，我们都来自于神；其次，神是人类之父，也是众神之父"；"人是由两种东西混合产生的，一种是肉体，与动物相通，一种是理性和智能，与众神相通"。如果一个人确立了这样的信念，这个人就永远不会看贱自己，也就不会委身于不幸的、僵死的动物本性，而不去追求神圣和幸福。[③]

与众神相通的理性能力，是一种能够进行自我认知、自我观察的能力，也是能够针对自己的行动表示赞同或者否决的能力。"只有它才既能够审查自己，审查自己到底是什么、自己有什么能力和自己有多大价值，同时又能审查所有其他各种能力。因为除了理性的能力之外，又有什么其他能力能够告诉我们黄金是美好的呢？黄金自己是不会告诉我们的！显然，只有能够运用表象（不仅指人在思想中展现具体形象的能力，而且还指人们头脑中展现出来的形象）的能力才能做到这一点。又有什么别的能力能够对音乐、语法以及其他能力进行判断，证明它们的作用，并指出何时何地才应用它们

---

① ［古罗马］爱比克泰德:《爱比克泰德论说集》第一卷，王文华译，商务印书馆 2009 年版，第 33 页。

② 参见上书，第 49—50 页。

③ 参见上书，第 28—30 页。

呢？除了理性而外再没有别的了。"①

但是，对于不同的人来说，理性和非理性，就像善和恶，有利和不利一样也是有很大不同的。在爱比克泰德看来，只有很少的人，才知道自己本来是为了诚信、自尊和正确运用理性这个目的而降生到这个世界上来的，所以，他们从来不会轻贱自己，可是大多数人却正好与此相反。②"因为我们有与动物肉体相通的一面，所以我们中有些人就越来越变得像豺狼一样，背信弃义，卑鄙奸诈，无恶不作；有些人变得像狮子，凶狠残酷，没有人性；而我们大部分人都变成了狐狸这种最混账的动物。"③那么，"难道神赐予了我们理性，就是为了悲惨和不幸，就是为了让我们过不幸和悲惨的生活吗？"④导致所有这些问题以及使人痛苦的根源正在于人丧失了理性或者说误用了理性。他说："如果你仔细留意的话，你会发现，对于人这种动物来说，最让他们痛苦的是不合乎理性的东西；反过来讲，最吸引他们的就是合乎理性的东西。"⑤"其实，你要毁掉一切，让自己的努力付之东流是不需要费多大的劲儿的，只要稍微偏离一点理性就够了。"⑥

正因为如此，我们才需要通过教育来学会如何在符合自然本性的条件下，把我们对理性和非理性的天然认知正确地运用到具体的实际情况中。但是，为了确定什么是理性的，什么是非理性的，我们不仅要对外在事物的价值进行估计，而且还要考虑如何才能符合自己的本性。⑦要通过教育来保持我们的本性，使作为我们的"主导因素"的理性与自然和谐一致。"我们每个人，只有发挥［与自己的本性］相符的作用，才能保持自己的本质，改善自己的人格。"⑧在人们所接受的教育中，哲学的意义最重大。学习哲学的目

---

① ［古罗马］爱比克泰德:《爱比克泰德论说集》第一卷，王文华译，商务印书馆 2009 年版，第 8—9 页。

② 同上书，第 30 页。

③ 同上书，第 30—31 页。

④ ［古罗马］爱比克泰德:《爱比克泰德论说集》第三卷，王文华译，商务印书馆 2009 年版，第 423 页。

⑤ ［古罗马］爱比克泰德:《爱比克泰德论说集》第一卷，王文华译，商务印书馆 2009 年版，第 20 页。

⑥ ［古罗马］爱比克泰德:《爱比克泰德论说集》第三卷，王文华译，商务印书馆 2009 年版，第 499 页。

⑦ ［古罗马］爱比克泰德:《爱比克泰德论说集》第一卷，王文华译，商务印书馆 2009 年版，第 21 页。

⑧ ［古罗马］爱比克泰德:《爱比克泰德论说集》第二卷，王文华译，商务印书馆 2009 年版，第 198 页。

的就是为了永远幸福，永远心灵平静，永远合乎自然地生活。①

（二）善恶取决于意愿

在爱比克泰德看来，我们要合乎自然生活，存在着判断标准的问题，这就是善恶标准，并认为善恶标准至关重要。"不知道评定颜色和味道的标准，这没有什么大害；可是，如果不知道分辨善和恶的标准，不知道判断合乎自然还是悖于自然的标准，你觉得这是小害吗？"②"今后你就应该任何其他问题都不关心，只关心如何才能发现可以用来判断是否合乎自然的标准，并运用这个标准来区分［出现的］每一个具体问题。"③

那么，要确立善恶标准，关键是要弄清善恶的本质或善的本质。爱比克泰德将善与理性以及相关的智慧、知识联系起来，认为善的本质不能在理性之外的动物那里去寻找，因为缺乏理性的动物那里根本不存在善，对于动物我们根本就不会用"善"这样的字眼称呼它④，我们只能到正确理性那里去寻找善的本质。在他看来，既然正确的理性是神的本质，因而善的本质也就是神的本质。神的善本质与其理性本质是相通的，或者说它因为具有正确理性的本质而具有善的本质，因此我们要到神的本质中寻找善的本质。"神是有好处的。善也是有好处的。因此，神的本质在什么地方，善的本质应该在什么地方。那么，神的本质又是什么呢？是肉体吗？当然不是。是房产吗？当然不是。是名声吗？当然不是。［神的本质］就是智慧、知识和正确的理性。所以，我们就应该从这里，只从这里来寻求善的本质。"⑤人就其身体而言是整个宇宙整体中很小的一部分，但是就人的理性或智慧而言根本不亚于众神，并不比众神渺小。既然如此，我们就要把我们自己的善放在自己跟众神一模一样的东西上，也就是要放在理性或智力方面。⑥

既然善存在于人的理性方面，那么，"不管是善，还是恶，都存在于我

---

① 参见［古罗马］爱比克泰德：《爱比克泰德论说集》第三卷，王文华译，商务印书馆 2009 年版，第 355 页。

② ［古罗马］爱比克泰德：《爱比克泰德论说集》第一卷，王文华译，商务印书馆 2009 年版，第 68 页。

③ 同上书，第 69 页。

④ 参见［古罗马］爱比克泰德：《爱比克泰德论说集》第二卷，王文华译，商务印书馆 2009 年版，第 192 页。

⑤ 同上书，第 190—191 页。

⑥ 参见［古罗马］爱比克泰德：《爱比克泰德论说集》第一卷，王文华译，商务印书馆 2009 年版，第 80 页。

们之中，而非存在于外在事物之中。"① 因为神说："如果你想得到善的东西，你就要从你自己身上去获取。"② 人的智力的大小既不是用长度也不是用高度来衡量的，而是用认识和看法来衡量的。③ 假如我们做错了，不要到别的地方找原因，应该到自己的认识和看法里去寻求究竟。同样，我们做对了事，也是因为我们自己的认识和看法。如果有什么灾难降临我们的头上，我们不应该怪罪于我们的孩子和妻子、奴隶和邻居。因为我们之所以这么行事，是因为我们的认识和看法认为事情就是这样。至于我们到底决定该不该这么做，更是完全取决于我们自己，而非任何其他外在因素。对于别人的评价也应如此。永远都不要因为一个人具有一些既非善也非恶的无所谓的东西而赞扬他或者指责他，你们赞扬或者指责他的依据应该是他自己的认识和看法。因为只有这些认识和看法才是每一个人自己的东西，才决定了他自己的行为到底是善还是恶的。另一方面，假如别人做了违背自然本性的事情，你不要因此觉得这对你来说就是一件恶事。因为你的天然本性并不是要因为别人的不幸而不幸，因为别人的痛苦而痛苦，而是因为别人的幸福而幸福。而且神创造世界的时候就是要让所有的人都幸福，都心灵平静。为了这个目的，他已经把获得幸福的手段都赐予了我们大家，他让有些东西属于我们自己，让另外一些东西不属于我们自己；他让受阻碍、束缚和剥夺的东西都不是属于自己的东西，而让那些不受阻碍的东西才是我们自己的东西。这就是说，神已经将善和恶的本质交给了我们，他已经使它成为了我们自己的东西。在这种情况下，如果一个人很不幸，那也是由于他自己的错。④

人的认识和看法直接取决于人的意愿。意愿对材料的认识和看法如果是对的，意愿就是善的。如果意愿是错误的、扭曲的，就会恶。这是神制定的法律。⑤ 因此，人的善在于意愿，人的恶也在于意愿，其他的一切都与我们无关。⑥ "善的本质是一种意愿，恶的本质也是一种意愿。那么，外在之物

---

① ［古罗马］爱比克泰德：《爱比克泰德论说集》第三卷，王文华译，商务印书馆 2009 年版，第 380 页。

② 参见［古罗马］爱比克泰德：《爱比克泰德论说集》第一卷，王文华译，商务印书馆 2009 年版，第 148 页。

③ 同上书，第 79—80 页。

④ ［古罗马］爱比克泰德：《爱比克泰德论说集》第三卷，王文华译，商务印书馆 2009 年版，第 422 页。

⑤ 参见［古罗马］爱比克泰德：《爱比克泰德论说集》第一卷，王文华译，商务印书馆 2009 年版，第 148 页。

⑥ 同上书，第 127 页。

又是什么呢？外在之物是意愿的材料，意愿在对这些材料的处理中就会获得自己的善或恶。"①"善在于什么？在于意愿。恶在于什么？在于意愿。什么东西既不善也不恶？意愿之外的东西既不善也不恶。"②"善或恶的本质是不是在于那些属于我们意愿之内的东西上呢？'是。'"③在善恶的根据和标准问题上，爱比克泰德像其他斯多亚主义者一样，也坚决反对将快乐看作是善的，并对快乐抱有一种厌恶的态度："去你的吧，快乐。让我们把它从天平上丢掉，丢得远远的，不要让它混进善的东西这个领域里来。"④

对于这一点，爱比克泰德给予了特别的强调，他要求全神贯注地关注那些最基本的原则，要时刻准备好这些原则，没有这些原则，你就不要睡觉，不要起床，不要喝水，不要吃饭，不要跟人打交道。这些基本原则就是，谁都做不了别人的意愿的主人，而且，只有对于意愿来说才会有所谓善，有所谓恶。没有任何一个人有权力为我争得什么善，没有任何一个人有权力让我遭遇到任何恶。只有我自己有权做我自己的主人，只有我自己才有权让我自己得到善，让我自己回避恶。⑤同时他还要求，不管你干什么事情，你一定要保护好自己的善的东西，至于所有其他东西，你要满足于神给你什么你就接受什么，只要你能够合乎理性地使用它就行了。否则，你就会非常不幸，你就会非常痛苦，你就会受到束缚，你就会受到阻碍。这就是来自于神的法律，这就是神的旨意。我们应该解释的是这些法律，我们应该服从的是这些法律。⑥

在爱比克泰德看来，对于意愿来说，最重要的事情就是区分不同的事物，掂量它们各自的分量，并且对自己说，"外部的东西不是我权能之内的事，愿意才是我权能之内的事。"爱比克泰德认为，人最首要的、最高的洁净当然是人的灵魂的洁净了，而使人的灵魂肮脏和不洁的只有一点，那就是

---

① ［古罗马］爱比克泰德：《爱比克泰德论说集》第一卷，王文华译，商务印书馆 2009 年版，第 148 页。

② ［古罗马］爱比克泰德：《爱比克泰德论说集》第二卷，王文华译，商务印书馆 2009 年版，第 231—232 页。

③ ［古罗马］爱比克泰德：《爱比克泰德论说集》第三卷，王文华译，商务印书馆 2009 年版，第 553 页。

④ ［古罗马］爱比克泰德：《爱比克泰德论说集》第二卷，王文华译，商务印书馆 2009 年版，第 211 页。

⑤ ［古罗马］爱比克泰德：《爱比克泰德论说集》第四卷，王文华译，商务印书馆 2009 年版，第 566—567 页。

⑥ 参见上书，第 501 页。

灵魂的错误判断。所以，灵魂的不洁就是灵魂的错误认识和看法，灵魂的净化就是要让灵魂产生正确的认识和看法。灵魂只要具有了正确的认识和看法，也就纯洁了，因为只有这样的灵魂在履行自己职责的时候才不会遭受任何混乱和污染。① 同时，使人心烦意乱、无法安静的也不是事情本身而是我们对这些事情的认识和看法。比如，死亡并不可怕，可怕的是对死亡的认为和看法，即认为死亡是很可怕的事情这种认识和看法。②

同时，我们也要谨慎地行动，因为我们对于那些东西的物质材料的使用不是无所谓的事。我们的行动既应当镇定自若，又应当心平气和，因为物质材料是无所谓的。但是，对于那些对我们来说有所谓的东西，谁都无法妨碍我、强迫我。如果有些事情别人可以妨碍我、强迫我，那么，能不能得到这些东西就不在我的权能之内，因而也就无所谓善或恶。不过，物质材料本身是无所谓的，但我们如何运用这些物质材料却不是无所谓的，因为如何使用这些东西却是有善恶之分的，而且是在我的权能之内。③"所以，你的责任就是，给你什么材料你就接受什么材料，然后加工它。"④

在爱比克泰德看来，意愿之外的东西是无法妨碍和伤害意愿的，除非是意愿去妨碍和伤害它自身。如果我们接受了这一点，那么，只要我们不幸的时候，我们就会将其归咎于我们自己，我们就会想起，引起不安和丧失心灵安宁的，不是别的，只能是［我们的］认识和看法，这样，我们可以以众神的名义向你发誓，我们已经取得进步了。⑤

（三）做权能内的事情

在爱比克泰德看来，神只是把所有能力中最优秀的能力赐给了我们。这种能够主导所有其他能力的能力，就是能够正确运用表象的能力。除此之外，神什么能力都没有赐给我们。他认为，神这样做简直是再适合不过

---

① ［古罗马］爱比克泰德:《爱比克泰德论说集》第三卷，王文华译，商务印书馆 2009 年版，第 560 页。

② ［古罗马］爱比克泰德:《道德手册》5，［古罗马］爱比克泰德:《爱比克泰德论说集》，王文华译，商务印书馆 2009 年版，第 581 页。

③ 参见［古罗马］爱比克泰德:《爱比克泰德论说集》第二卷，王文华译，商务印书馆 2009 年版，第 179 页。

④ 同上书，第 181 页。

⑤ 参见［古罗马］爱比克泰德:《爱比克泰德论说集》第三卷，王文华译，商务印书馆 2009 年版，第 379 页。

了。① 他借宙斯之口说："如果可能的话，我当然会让你的这具小小的肉体躯壳以及你的这点财产自由自在，不受任何限制和束缚的。但是，你不要忘记，你的这个躯壳并不是你自己的，它只不过是一块做得精致的泥巴而已。既然我无法把这些也都赐给你，所以，我就把我们身体的一部分赐给了你。它是一种能力，一种能够产生采取行动的驱动和不采取行动的驱动、产生想要得到东西的意愿和想要回避东西的意愿的能力，一句话，它是一种能够正确运用表象的能力。如果你能关心这个能力，并且让它来管理你所有的一切，那么，你将再也不会遇到任何阻碍，你将再也不会受到束缚，你将再也不会悲伤哭泣，再也不会怨天尤人，再也不会媚颜奉承他人。"② 爱比克泰德认为，人生的目的就是要听神的话，就要正确运用表象，而这就是善的本质。③

爱比克泰德注意到，现在的情况是，本来我们可以只关注、执着于一件事，可是我们却偏偏要去追求许多事，把自己束缚在许多事情上，如我们的身体、财产、兄弟、朋友、子女，还有奴隶等等。因为我们把自己束缚在这么多东西上，所以，我们自然就会受到它们的牵累和困扰。④ 因此，他告诫人们：我们要明白，什么是我的，什么不是我的；神允许我们干什么，不允许我们干什么。⑤ 神给我什么，我就接受什么，永不抱怨；凡是无法回避的事情，只要是我们必须做的，我就会很乐意地去做什么；只要是我必须忍受的，我就会很乐意地去忍受。⑥"［不管我们现在有什么，不管时机会为我们带来什么，］我们都应该为我们现在所拥有的一切而欢欣鼓舞，为时机带给我们的一切而感到满足。"⑦ 他要求人们记住，你就是一场戏剧里面的演员，剧作家让你怎么样就怎么样，他想让你演得短一些，你就演得短一些，他想让你演得长一些，他就演得长一些。假如他想让你扮演一个乞丐，你就一定要把这个角色扮演好；如果他让你扮演的是一个瘸子，一个当官的，或者是一个一般的人，你也一定要把它扮演好。因为你的任务就是要演好这个交给

① ［古罗马］爱比克泰德：《爱比克泰德论说集》第一卷，王文华译，商务印书馆 2009 年版，第 9 页。

② 同上书，第 11—12 页。

③ 参见上书，第 111 页。

④ 参见上书，第 13 页。

⑤ 参见上书，第 15 页。

⑥ 参见上书，第 86 页。

⑦ ［古罗马］爱比克泰德：《爱比克泰德论说集》第四卷，王文华译，商务印书馆 2009 年版，第 511 页。

你的角色，至于这个角色如何选择，那是别人的事了。[①]"你只要记住一条，那就是要分清楚什么是你自己的，什么不是你自己的。不要把不是自己的东西硬说成是自己的东西。"[②]

那么，什么才是你自己的东西呢？运用表象的能力是你自己的东西。这种能力是自由自在不受任何阻碍和约束的，谁也不能妨碍我，谁也不能逼迫你在运用表象的时候违背自己的意志。[③]正确运用表象就是负责我们权能之内的事。[④]爱比克泰德认为，有些事情是属于我们权能之内的事情，有些事情却不是。属于我们权能之内的事情包括看法、行为驱动、想要得到某些东西的意愿、想要回避某些东西的意愿，以及所有由我们自己做出来的事情。不属于我们权能之内的事情包括肉体、财产、名誉、地位、职位，以及所有不是由我们自己做出来的事情。属于我们权能之内的事情在自然本性上都是自由的、不受任何阻碍和束缚的；而那些不属于我们权能之内的事情则都是软弱的、奴性的、总是受到阻碍的。假如你把那些本性上是受奴役的东西当作是自由的东西，把那些不属于自己的东西当作是自己的东西，那么，你必将受到阻碍，必将痛苦不堪，必将心烦意乱，必将怨天尤人。相反，假如你只把属于你自己的东西当作是你自己的东西，把属于别人的东西当作是别人的东西，那么，谁都无法强迫你、阻碍你。你既不会挑剔别人也不会指责别人，你就不会做任何违背自己意志的事情，你也不会有任何敌人，所以谁也不会伤害你，因为没有任何伤害能够碰得到你。[⑤]

既然如此，我们就要充分利用属于我们权能之内的东西，而至于其他不属于我们的东西，我们就只能让它顺其自然本性了。[⑥]"'我唯一关心的东西是属于我自己的东西，是不受任何阻碍、天生自由自在的东西。这就是善的

[①]　参见［古罗马］爱比克泰德：《道德手册》17，［古罗马］爱比克泰德：《爱比克泰德论说集》，王文华译，商务印书馆 2009 年版，第 588 页。

[②]　［古罗马］爱比克泰德：《爱比克泰德论说集》第二卷，王文华译，商务印书馆 2009 年版，第 187 页。

[③]　［古罗马］爱比克泰德：《爱比克泰德论说集》第三卷，王文华译，商务印书馆 2009 年版，第 434 页。

[④]　参见［古罗马］爱比克泰德：《爱比克泰德论说集》第一卷，王文华译，商务印书馆 2009 年版，第 81 页。

[⑤]　［古罗马］爱比克泰德：《道德手册》1，［古罗马］爱比克泰德：《爱比克泰德论说集》，王文华译，商务印书馆 2009 年版，第 578—579 页。

[⑥]　［古罗马］爱比克泰德：《爱比克泰德论说集》第一卷，王文华译，商务印书馆 2009 年版，第 14 页。

本质，这一点我已经具有了。至于所有其他的东西，［神］想让它们是什么样子就让它们什么样子吧，这对我来说都是无所谓的'。"① 那些不该由我们负责的东西，如果我们偏要拉在自己身上，这只会自寻烦恼。假如你希望维护的是让自己自由的意志合乎自然，那么，你完全可以确保做到这一点，一切都将稳稳当当、顺顺利利，而且你将不会有任何问题。因为假如你希望维护的东西是你自己控制之内的东西，是本性上自由自在的东西，而且你已完全满足于此，那么，对于其他东西你还会有什么可在乎的呢？因为，有谁能够做它的主人控制它，有谁能把这一切从你身上剥夺走呢？②"因此，既然想要得到东西的意愿和想要回避东西的意愿都在你自己的权能之内，那么，至于其他东西，你还有什么可在乎的呢？这就是你的导言，这就是你的正文，这就是你的证明，这就是你的胜利，这就是你的结语，这就是［公众给］你的喝彩。"③

每一个人都追求进步，那么在哪里才能获得进步呢？爱比克泰德认为，进步只有在你的工作中找到，而你的工作就在你想得到东西的意愿和想要回避东西的意愿里，也就是在做永远都能够得到自己想得到的东西，永远不落入你想要回避的东西里。这就是说，你的工作就是要正确地行使自己采取行动的驱动和不采取行动的驱动，从而确保自己永远不做任何错事；你的工作就是正确地表达你的同意和悬置你的同意，从而确保自己不被假象欺骗。④ 如果一个人淡漠于外在之物，转而关注自己的意愿，并且不断练习使用它，努力完善它，让它完全合乎自然，使它自由自在，不受任何羁绊，令它崇高、忠诚、谦逊。如果他已经明白，假如他想要得到的东西和想要回避的东西都是他权能之外的事，他就既不会忠诚也不会自由，他就必然会随着这些东西变来变去，让人家抛来抛去，他就必然会屈从于许多人的淫威之下，因为他们有能力得到他想要得到的东西，有能力阻止他想要回避的事情的发生。⑤

---

① ［古罗马］爱比克泰德：《爱比克泰德论说集》第四卷，王文华译，商务印书馆2009年版，第573页。

② 参见［古罗马］爱比克泰德：《爱比克泰德论说集》第二卷，王文华译，商务印书馆2009年版，第171页。

③ 同上书，第171页。

④ ［古罗马］爱比克泰德：《爱比克泰德论说集》第一卷，王文华译，商务印书馆2009年版，第35页。

⑤ 同上书，第36页。

（四）通往自由之路

也许是因为爱比克泰德出身于奴隶并且曾经是奴隶，所以他特别推崇自由，认为自由是一件伟大、高贵和非常有价值的东西。[①] 他明确说："在我看来，自由是最美好的东西了。"[②] 既然自由是最美好的东西，那么我们就要维护我们的自由。"你要维护的东西可不是什么微不足道的小事，你力图要维持的是自尊，是忠诚，是镇定自若，是心灵平静没有任何烦扰，是毫无恐惧和安宁，一句话，是'自由'。"[③] 在爱比克泰德那里，自由与善、德性、安宁、幸福含义大致上是相同的，至少是相通的。追求善、德性、安宁、幸福就是追求自由。他说："'善就是平静安详，幸福快乐，无拘无束。'好，可是，你难道不也觉得，它同时天然地就非常伟大、珍贵、不会受到任何伤害吗？那么，我且问你，你应该去什么样的材料里去寻找这种平静安详、幸福快乐、无拘无束的东西呢？是在奴性的东西里还是在自由自在的东西里去寻找呢？'在自由的东西里去找。'"[④]

爱比克泰德没有给自由下定义，但他描述了什么样的人是自由人。他说："所谓一个人是自由的，就是说，世间的任何事情都按照他的意愿发生，而且他也永远不会受任何人的阻碍。"[⑤] 又说："一个人，如果他能够想怎么生活就怎么生活，那么，他就是一个自由的人。一个人，如果什么东西都逼迫不了他，阻碍不了他，战胜不了他，那么，他就是一个自由的人。一个人，如果他采取行为的驱动不受任何阻碍，他想得到东西的意愿总能够实现，他想要回避东西的意愿不会落入自己想要回避的东西里，那么，他就是一个自由的人。"[⑥] "一个人，如果他希望周围的东西是什么样子的，周围的东西

---

① ［古罗马］爱比克泰德：《爱比克泰德论说集》第三卷，王文华译，商务印书馆2009年版，第467页。

② 同上书，第466页。

③ ［古罗马］爱比克泰德：《爱比克泰德论说集》第四卷，王文华译，商务印书馆2009年版，第500页。

④ ［古罗马］爱比克泰德：《爱比克泰德论说集》第三卷，王文华译，商务印书馆2009年版，第397页。

⑤ ［古罗马］爱比克泰德：《爱比克泰德论说集》第一卷，王文华译，商务印书馆2009年版，第76页。

⑥ ［古罗马］爱比克泰德：《爱比克泰德论说集》第四卷，王文华译，商务印书馆2009年版，第457页。

就是什么样子的，而且没有任何阻碍限制，那么，他就是自由的。"① 他还强调，"只有那些不能容忍任何禁锢，而且，只要被抓，就是拼死也要逃出来的人才是自由的人。"② 显然，爱比克泰德眼中的自由人是那种自由、自主、自强的主人，是不甘屈服、不畏强暴、不可战胜的强者。

与自由人形成对照的是不自由的人。在爱比克泰德看来，如果有人悲惨不幸，痛哭欲绝，那么可以断定他还不是自由的人。如果其他人能够阻碍、逼迫一个人，这个人也不是自由的。③ 导致这两种人不自由的共同原因在于，他们不能摆脱外在的东西对他们的制约。他说："假如，他总是受到限制、逼迫和阻碍，或者违背自己的意愿被迫进入某种状态，那么，他就是一个奴隶。"④ 他尤其强调恶人是没有自由的，因为没有一个恶人能够想怎么生活就怎么生活，所以没有一个恶人是自由的人。他说："我们有谁见过一个恶人能够生活得自由自在，没有悲伤，没有恐惧，永远不会不落入自己希望回避的东西里，永远不会得不到自己希望得到的东西呢？谁也没见过。而且我们也根本见不到一个自由自在的恶人。"⑤

那么，是什么东西使一个人自由自在不受任何阻碍，是什么东西使一个人成为他自己的主人？财富做不到这一点，执政官的高位、行省行政长官的地位、国王的权势，都做不到这一点。⑥ 能够做到这一点的是没有得到本不属于自己的东西的企图。他说："什么样的人才会不受限制呢？一个人，如果他从来不企望得到本来属于别人的东西，［那么，他就是不受限制的］。"⑦ 那么，什么东西是属于别人的东西呢？在爱比克泰德看来，这样的东西有三种：一是我们无法拥有的东西，二是我们无法不去拥有的东西，三是我们根本无法想要它是什么样子它就是什么样子、想让它处于什么状态就可以处于什么状态的东西。根据这种划分，我们的身体是属于别人的，我们身体上的四肢、各个部位，是属于别人的，我们的财产是属于别人的。对于

---

① ［古罗马］爱比克泰德:《爱比克泰德论说集》第四卷，王文华译，商务印书馆2009年版，第486页。

② 同上书，第461页。

③ 参见［古罗马］爱比克泰德:《爱比克泰德论说集》第三卷，王文华译，商务印书馆2009年版，第467页。

④ ［古罗马］爱比克泰德:《爱比克泰德论说集》第四卷，王文华译，商务印书馆2009年版，第486页。

⑤ 同上书，第457页。

⑥ 同上书，第469—470页。

⑦ 同上书，第486页。

所有这些不属于自己的东西，假如一个人非常迷恋，以为它们都是自己的东西，那么，他就会因此而受到惩罚。而且，只要一个人企望得到本来属于别人的东西，那么，他也应该受到这样的惩罚。①

然而，要使一个人没有得到本来属于别人的东西的企图是很难的。现实生活中人们总是受本来属于别人的东西的奴役。那么，摆脱奴役获得自由之路在哪里？爱比克泰德说："通往平静安详的路只有一条，不管是早上、白天，还是夜里，你要时刻准备好这么一条规矩；这条规矩就是，永远不要意愿之外的事情；你要把它当作是别人的东西，不是你自己的东西，你要把一切都交给神灵和命运；你要让别人来掌管这一切，这其实也是宙斯的旨意；我们唯一应该关注的就是属于我们自己的、不受任何阻碍的东西；当我们读书、写文章、听别人讲话的时候，我们都应该以此为唯一的目标。"②

要获得自由，教育是必要的。"所谓受教育就是要学会，所有［世上］的事情是按照什么样子发生的，我们就把什么当作我们的愿望。那么，世界上的事情又是怎么发生的呢？［神］怎么安排就怎么发生。"③当然，我们去接受教育的目的不是为要改变事物的结构，因为我们没有资格这么做，而且也不应该这么做。既然世间万物都顺乎自然、各得其所，那么，我们接受教育的目的就是要让我们的心永远与发生的事物和谐一致。④"接受教育是什么意思呢？接受教育就是学习如何合乎自然地将天然认知应用到具体实践中。接受教育就是学习分清什么是在我们权能之内的，什么是不在我们权能之内的。在我们权能之内的东西是意愿和所有意愿行为。不在我们权能之内的东西有身体、器官、财产、父母、兄弟、子女、国家，也就是说，所有与我们交往相处的人。"⑤

我们要获得自由，还需要自我锻炼。这种锻炼是非常必要的。"公牛不是一下子就变成公牛的，人也不是一下子就变得很高贵了的。我们必须经受冬日的训练，不断锤炼自己，与自己无关的事情不要轻率地卷入。"⑥爱比克

---

① ［古罗马］爱比克泰德：《爱比克泰德论说集》第四卷，王文华译，商务印书馆2009年版，第486—487页。

② 同上书，第510页。

③ ［古罗马］爱比克泰德：《爱比克泰德论说集》第一卷，王文华译，商务印书馆2009年版，第76—77页。

④ 参见上书，第77页。

⑤ 同上书，第118页。

⑥ 同上书，第26页。

泰德非常赞成亚里士多德关于德性在于实践的观点，认为"自尊的人之所以是自尊的人，是因为他行为自尊；如果他行为不自尊的话，他也就不能成为自尊的人。诚信的人只有诚实守信才能保持自己诚信的品格；只要他行为不诚不信，他就不能成为诚信的人了。同样，反之亦然，一个人之所以成其为与此品格相反的人，是因为他有与此相反的行为；一个人之所以成其为无耻的人，是因为他的行为厚颜无耻……正因为如此，哲学家告诫我们，'不要只满足于学习知识，我们还要进行实践和锻炼。'"[①] 不过，这种锻炼不只是德性的锻炼，更是意志力特别是克制力的锻炼。

我们锻炼的目标是什么呢？我们的目标是，让我们想要得到东西的意愿和想要回避东西的意愿自由自在、无拘无束。这就是说，我们既不会失望于我们想要得到的东西，也不会落入我们想要回避的东西。我们的锻炼正应该以此为目标。因为不经过艰苦的努力和不懈的锻炼，我们就不可能做到这一点。因为我们总是习惯于对意愿之外的东西行使我们想要得到或想要回避东西的意愿，所以我们要用一种相反的习惯来抵制这种强大的习惯。[②] 通过锻炼，我们要达到这样的境界：不管是谁，只要有人有权力控制他希望得到的东西和他不希望得到的东西，或者有能力得到你希望得到的东西，有能力拿走你不愿得到的东西，那么，他就是他的主人。所以，无论是谁，只要他想要自由，他就既不要希望得到任何决定于别人的东西，也不要希望回避任何决定于别人的东西。[③]"如果没有把握获胜的比赛你绝不参加，你就可以永远立于不败之地。……你的愿望不应该是想当一名将军，一个地方总督，一名执政官，你的愿望应该是要获得自由。而唯一可以通向自由的道路就是蔑视一切不属于我们权能之内的东西。"[④]

爱比克泰德认为，一个人要想做到既善又有智慧的话，就需要在三个方面锻炼自己。其一，一个人要做到，永远能够得到自己想要得到的东西，永远能够回避自己想要回避的东西。其二，一个人要永远都做应当做的事情，他的行为一定要有条理，合乎理性，而且一定要小心谨慎。其三，我们要避

---

① ［古罗马］爱比克泰德：《爱比克泰德论说集》第二卷，王文华译，商务印书馆2009年版，第199页。

② 参见［古罗马］爱比克泰德：《爱比克泰德论说集》第三卷，王文华译，商务印书馆2009年版，第357—358页。

③ 参见［古罗马］爱比克泰德：《道德手册》14，［古罗马］爱比克泰德：《爱比克泰德论说集》，王文华译，商务印书馆2009年版，第586页。

④ 同上书，第588—589页。

免失误和受到蒙蔽，不要有任何草率的判断。在这三个方面中，最重要、最要紧的是第一个方面，因为导致我们受奴役的原因不外乎两种：一是没有得到自己想要得到的东西，二是落入了自己希望要回避的东西里。而这正是我们不安、烦乱、不幸、灰心、悲伤、痛苦、嫉妒、不满的原因。①

爱比克泰德还提供了一些如何获得自由的规则或原则。他在一个地方谈到三条规则：首先，我们唯一应该做的就是全能神命令我们做的事情，还有所有其他神允许我们做的事情；其次，我们应该记住我们是谁，我们的名字是什么，我们应该按照不同社会关系的不同要求，尽力恰如其分地完成我们应尽的义务；最后，当我们表现得非常随和、非常与人为善的时候，我们如何才能保持自己的个性。他说，只要你违背了这些规则，你马上就会遭受损失，这种损失不是来自于外部，而是来自于你的这种做法本身。② 在另一个地方，他又提出了两条原则，其一是意愿之外的一切东西都无所谓善或恶，其二是我们不应该引导着事情的发展，而是应该跟从着事情的发展。③

爱比克泰德也给人们提出了一些忠告。他告诫人们，"不要要求事情按照你的愿望发生，你要让你自己的愿望希望事情按照它本该发生的样子发生。这样，你的生活就可平静安详了。"④他要人们记住，你在生活中的所作所为应该像在宴会上的所作所为一样。人家把菜传到你的面前的时候，你就伸出自己的手，很有礼貌地夹走你自己的那份。菜接着会传到下一个人的面前。你不要把菜截下来。菜还没传过来的时候，你也不要那么迫不及待地想要得到它，你要等着，等菜传到你的面前来。对于你的孩子，你的妻子，职位，财富，你同样也要这样做。总有一天，你会配得上跟众神一起共享盛宴。可是，假如摆到你面前的东西你根本看不上眼，拿都不拿，那么，你就不仅可以跟众神一起共享盛宴，而且还可以跟他们共享饮宴的规则。⑤

爱比克泰德还给人们提供了一个自由的榜样：第欧根尼。他认为，第欧根尼就是自由的。怎么做到呢？这倒并不是因为第欧根尼的生身父母是自

---

　　① 参见［古罗马］爱比克泰德:《爱比克泰德论说集》第三卷，王文华译，商务印书馆2009年版，第321页。

　　② ［古罗马］爱比克泰德:《爱比克泰德论说集》第四卷，王文华译，商务印书馆2009年版，第568页。

　　③ ［古罗马］爱比克泰德:《爱比克泰德论说集》第三卷，王文华译，商务印书馆2009年版，第321页。

　　④ ［古罗马］爱比克泰德:《道德手册》8，［古罗马］爱比克泰德:《爱比克泰德论说集》，王文华译，商务印书馆2009年版，第583页。

　　⑤ 参见上书，第586页。

由人，而是因为他自己就是自由的，他已经抛弃了所有的能让人抓住他、让他当奴隶的把柄，谁也不可能走近他、抓住他，然后奴役他。对于任何东西他都松开了自己的手，所有的东西对他来说都只是随意地附在他身上而已。假如你抓住了他的财产，他会宁愿放弃自己的这些财产，也不愿意因为这些财产跟着你走。但是，对于他的真正生身父母，也就是众神，以及他的真正的祖国，他是永远不会离弃的。他绝不会容忍其他任何人对他的生身父母和祖国比他更服从和尊重，而且没有任何一个人会像他那样心甘情愿地为了自己的祖国而牺牲自己的生命。①

（五）承担世界公民的责任

爱比克泰德认为，当我们审视这个世界的结构的时候，我们就会发现，人类最伟大、最崇高、最广阔的共同体就是由人和神组成的共同体，是神撒下种子，造就了我们的父亲和祖父，造就了地球上的所有生物，尤其是造就了地球上的理性生物。因为只有这些理性生物的自然本性才使他们得以与神交流，而且通过理性与神结合成为一体。如果我们理解了所有的这一切，那么我们就要把自己看做世界公民，叫做神的儿子，我们也不会因为现实发生的事情而感到恐惧。② 我们每一个人如果把自己当作是人，就应当也把自己当作是某个整体的一部分。既然如此，为了这个整体，我们就有时需要疾病缠身，有时需要长途跋涉，有时需要出生入死，有时需要贫困潦倒，有时甚至还可能英年早逝。我们不能为此生气，因为如果脱离了整体，我们也就不能成其为人了。人就是城邦的一部分，首先是由众神和人类共同组成的世界城邦的一部分，其次又是宇宙城邦在人间复制出来的、与自己关系非常密切的小城邦的一部分。③

人不仅是世界整体的一部分，而且还是其中的精英。人的最高能力就是人的意愿，它不仅控制着所有其他一切能力，而且完全自由，不受任何奴役和束缚。人有理性，这与野兽不同，与牛、羊这类家畜不同。人不仅能够理解神对世界的神圣统治，而且还能够推理和思考由此而引发的其他问题。

---

① 参见［古罗马］爱比克泰德：《爱比克泰德论说集》第四卷，王文华译，商务印书馆2009年版，第492—493页。

② 参见［古罗马］爱比克泰德：《爱比克泰德论说集》第一卷，王文华译，商务印书馆2009年版，第58—59页。

③ 参见［古罗马］爱比克泰德：《爱比克泰德论说集》第二卷，王文华译，商务印书馆2009年版，第182页。

"所有其他一切动物都无法理解这个宇宙的秩序，只有理性的动物［即人，］才会有能力思考和理解所有这些问题：自己是整体中的一部分，自己是什么样子的一部分，部分服从整体是好的。"①因此，人成为了人神共同体中的公民。人虽然是世界的一部分，但在这个世界里不是居于次要地位、服务于别人的一部分，而是居于主导地位的主要部分。②

人天生就是出身高贵、心胸宽阔和自由自在的，所以他能够看到，在他周围的事物中，有些是不受阻碍、属于他权能之内的事物，有些则是会受到阻碍的、不属于自己权能之内的事物；而那些不受阻碍的事物是属于意愿之内的事物，那些会受到阻碍的事物则是属于意愿之外的事物。因此，如果他认为，自己唯一的好和利益只在于前者，即在于不受任何阻碍的、属于自己意愿之内的东西，那么，他就会获得自由、平静和幸福。这一切都是神赐予的，因此要感谢神。我们要感谢神，就要履行人作为世界公民应有的义务。这就是说，人作为世界公民既具有崇高的地位，也有应承担的义务或责任。

那么，世界公民的责任又是什么呢？"［世界公民的义务就是］不要把任何事情当作是个人私利的事情；思考问题的时候，不要把自己当作一个独立存在［的个体］来进行思考，而要像手或脚一样，因为，假如手和脚也有理性、能够理解自然的构造的话，它们在行使行为驱动和想要得到东西的意愿的时候是绝对不会不考虑整体的。"具体地说，世界公民有多个层次的责任。首先，他如果能够预知将来会发生什么事，就会以合作的态度来迎接和帮助疾病、死亡和残疾的到来。因为他明白，这些都是宇宙整体分派给他的，整体高于部分，国家高于公民。可是，在我们不能预见将来的情况下，我们的责任就是要坚持走本性上更应该选择的路，因为我们就是为了这个目的而出生的。其次，我们要记住自己是一个儿子。作为儿子的责任就是要把自己拥有的一切都当作是父亲的，凡事都要听父亲的话，绝不当着他人的面指责自己的父亲，绝不做有害于父亲的事，绝不说有害于父亲的话。而且，凡事不仅要让着父亲、不与父亲争，而且相反，还要尽力与父亲合作。再次，我们还要明白我们还是一个兄弟。此外，我们还有很多其他社会角色，

---

① ［古罗马］爱比克泰德：《爱比克泰德论说集》第三卷，王文华译，商务印书馆2009年版，第532页。

② ［古罗马］爱比克泰德：《爱比克泰德论说集》第二卷，王文华译，商务印书馆2009年版，第201—202页。

这些角色都有相应的责任。①

履行世界公民的责任，关键是要把个人自己的利益与他人、国家、世界的利益紧紧地联系起来，捆绑在一起。爱比克泰德说，假如一个人把他的利益和他的信仰、品德、祖国、父母以及朋友都放在了天平的同一个托盘上，那么，世界就和谐幸福。可是，如果他把自己的利益放在一边，而把自己的朋友、祖国、亲人和正义放在了另一边，那么，所有后面的这一切都会被他自己的利益所压倒。因为对于一个人来说，他把"我"和"我的"放在哪里，他自然就会把自己的注意力投向哪里。如果他把"我"和"我的"放在了肉体上，那么，他占支配地位的力量就在肉体上；如果他把"我"和"我的"放在了意愿上，那么，他占支配地位的力量就在意愿上；如果他把"我"和"我的"放在外在事物上，那么，他占支配地位的力量就在外在事物上。只有当他把"我"和"我的"跟他的意愿放在同一个位置上的时候，他才会成为一个真正的朋友、真正的儿子和真正的父亲。因为只有在这个时候，他才能保持自己的忠诚、高尚、宽容、自制、乐于助人的德性，维护与他人的和谐关系，而这一切才会成为他的利益之所在。如果他把自己放在一边，而把高尚的品德放在了另一边，那么，伊壁鸠鲁的话就占了上风，因为他说，高尚的品德要么什么都不是，要么，至多不过是人们关于高尚品德的认识和看法而已。②"因此，对于真正有智慧的善人来说，因为他们永远都记得住，自己是谁，自己是从哪里来的，谁创造了他，所以他们只关注这么一件事，那就是，他们如何才能在完成自己的职守的时候既秩序井然，又服从神。"③

六、马可·奥勒留的德性伦理思想

马可·奥勒留，拉丁名为马可·奥勒留·阿尼厄斯·奥古斯都（Marcus Aurelius Antoninus Augustus, 121—180），原名马可·阿尼厄斯·卡迪留斯·塞维勒斯（Marcus Annius Catilius Severus），公元 121 年出生于罗马。

---

① 参见［古罗马］爱比克泰德：《爱比克泰德论说集》第二卷，王文华译，商务印书馆 2009 年版，第 202—204 页。

② 参见上书，第 282 页。

③ ［古罗马］爱比克泰德：《爱比克泰德论说集》第三卷，王文华译，商务印书馆 2009 年版，第 439 页。

他的家族原是西班牙贵族，父亲定居罗马。他年少时受过良好的哲学、希腊与拉丁文学、修辞学、法律教育，爱比克泰德对他产生过直接影响。他是一位"御座上的哲学家"，曾任罗马皇帝二十年（161—180）。他在位的大部分时间东征西讨，在戎马倥偬之际他用希腊文写了内心独白式的12卷《沉思录》（Meditations）。他是斯多亚派的最后一位代表人物，他的学说标志着罗马斯多亚主义走向终结。马可·奥勒留也认为人生的目的就是要顺从自然本性生活，这就是人生的幸福，但他更侧重于探讨人们怎样才能达到这一目的，因而他的学说更具有说教的色彩。在他看来，人生活在世界上涉及三方面的关系："一种是与环绕你的物体的联系；一种是与所有事物所由产生的神圣原因的联系；一种是与那些和你生活在一起的人的联系。"① 因而要顺从自然本性生活就要处理好这三方面的关系，他的学说在一定意义上可以说是对如何处理好这些关系问题的回答。

（一）寻求心灵安宁

把心灵安宁看作是人生的目的，理解为人生幸福，这是斯多亚派的共同观点，马可·奥勒留是完全赞同这种观点的，他谈论的重点是寻求如何达到心灵安宁的途径。在他的《沉思录》中，这个问题谈论最多，而且也比较全面，涉及如何对待情绪、欲望、得失、生死、命运、与他人的关系等诸多方面。虽然他的观点有明显的泛神论色彩以及逆来顺受等消极因素，但其中也不乏给人启迪的思想。

要获得心灵的安宁，在马可·奥勒留看来首先要顺从命运的安排，满足现状，时刻想着神。在人的生活中，只能在一件事情中得到快乐和安宁，那就是想着神。② 所以，人要注意想着怎样接近神，通过自己的什么部分接近神，以及自己的这个部分在什么时候这样做。③ 他要求自愿地把自己交给命运女神，让她随其所愿地把自己的线纺成无论什么东西。④ 他说："尊重和赞颂你自己的心灵将使你满足于自身，与社会保持和谐，与神灵保持一致，亦即，赞颂所有他们给予和命令的东西。"⑤ 他根据人们要顺从命运的观点对幸

---

① ［古罗马］马可·奥勒留：《沉思录》，何怀宏译，中央编译出版社2008年版，第126页。
② 参见上书，第75页。
③ 参见上书，第19页。
④ 同上书，第48页。
⑤ 同上书，第79页。

运作了自己的解释，认为"幸运只意味着一个人给自己分派了一种好的运气：一种好运气就是灵魂、好的情感、好的行为的一种好的配置"。①

听从神和命运的安排，就是要衷心承受现实生活中所发生的一切，或者说就是要满足于现状。他要人们记住：你是天生被创造出来忍受这一切的，你要依赖你自己的意见使它们变得可以忍受，通过思考这样做或者是你的利益，或者是你的义务。②"顺应自身，等待自然的分解，不为延缓而烦恼，却是一个人的义务，但仅仅使你在这些原则中得到安宁吧：一是对我发生的一切事情都是符合宇宙的本性的；二是决不违反我身外和身内的神而行动是在我的力量范围之内，因为没有人将迫使我违反。"③他要求人们要像峙立于不断拍打的巨浪之前的礁石，岿然不动，驯服着它周围海浪的狂暴。即使我是不幸的，因为这事对我发生了，但他要人们不要这样想，而是要想我是幸福的，虽然这件事发生了，因为我对痛苦始终保持着自由，不为现在或将来的恐惧所压倒。

他认为，人基于两个理由应该满足对他所发生的一切："第一，因为它是因你而做的，是给你开的药方，并且在某种程度上它对你的关联是源于与你的命运交织在一起的那些最古老的原因；第二，因为即使那个别地降临于每个人的，对于支配宇宙的力量来说也是一种幸福和完满的原因，甚至于就是它继续存在的原因。"④在他看来，一切发生的事情都或者是以你天生就是被创造出来忍受它的方式发生，或者是以你并不是天生就被创造出来忍受它的方式发生。如果它是以前一种方式发生，不要抱怨，而是以你天生是被创造出来忍受它的态度来忍受它。但如果它是以后一种方式发生，也不要抱怨，因为在它消耗你之前自己就要消失。他说："无论什么事情对你发生，都是在整个万古永恒中就为你预备好的，因果的织机在万古永恒中织着你和与你有关联的事物的线。"⑤既然一切都是"如果有一种不可改变的必然性，你为什么还要抵抗呢"？⑥

马可·奥勒留像许多古希腊罗马哲学家那样，将人划分为灵魂和肉体两个方面，认为人的快乐和痛苦以及其他的情绪都是与人的肉体相联系的，而

---

① ［古罗马］马可·奥勒留：《沉思录》，何怀宏译，中央编译出版社 2008 年版，第 72 页。
② 参见上书，第 159 页。
③ 同上书，第 62 页。
④ 同上书，第 60 页。
⑤ 同上书，第 159—160 页。
⑥ 同上书，第 202 页。

要获得心灵的安宁，就是使人的灵魂的理性方面不受人的情绪的影响，使两者分离开来，使理性保持纯洁。"让你的灵魂中那一指导和支配的部分不受肉体活动的扰乱吧，无论那是快乐还是痛苦；让它不要与它们统一起来，而是让它自己限定自己，让那些感受局限于它们自身而不影响灵魂。"①

痛苦是干扰心灵安宁的一种重要力量，因而伊壁鸠鲁派将痛苦看作是恶。马可·奥勒留也承认这一点。不过，他认为，虽然痛苦或者对于身体是一种恶，对于灵魂也是一种恶，但是，就人的理性力量而言，能够不把它看作是恶。只有灵魂不把痛苦看作恶，灵魂就能获得安宁。"灵魂坚持它自己的安宁和平静，不把痛苦想做一种恶，这是在它自己的力量范围之内。"②痛苦通常是外在事物引起的，但一个人因外物引起的痛苦而导致心灵不安宁，并不是因为外物本身，而是因为他的判断有问题，因为他误将导致心灵不安宁的原因归结为外在事物。在他看来，这种误判是可以自己纠正的。"如果你因什么外在的事物而感到痛苦，打扰你的不是这一事物，而是你自己对它的判断。而现在清除这一判断是在你的力量范围之内。"③他认为，这里关键的是一个人自己的意识和判断，只要你的判断正确，心灵不安宁的问题就很容易得到解决。"这是多么容易啊：抵制和清除一切令人苦恼或不适当的印象，迅速进入完全的宁静。"④人的激情也是如此，关键是人要能摆脱激情，使心灵不受激情的干扰。这既需要对此有清醒的认识，也需要人们构筑心灵防范激情的堡垒。"那摆脱了激情的心灵就是一座堡垒，因为人再没有什么比这更安全的地方可以使他得到庇护，在此静候将来。这一堡垒是不可摧毁的。而不知道这一点的人就是一个无知的人，知道这一点却不飞向这一庇护的人则是不幸的人。"⑤

导致人心灵不安宁的另一个重要原因是人的欲望以及相关的对个人得失的计较。马可·奥勒留认为欲望导致的问题甚至比痛苦更严重，因而欲望更应该受到谴责。"因欲望而引起的犯罪比那因某种痛苦引起的犯罪更应该受谴责。因为，因愤怒而犯罪的人看来是因为某种痛苦和不自觉的患病而失去了理智，但因欲望而犯罪的人却是被快乐所压倒，他的犯罪看来是更放纵和

① ［古罗马］马可·奥勒留：《沉思录》，何怀宏译，中央编译出版社2008年版，第68页。
② 同上书，第126页。
③ 同上书，第132页。
④ 同上书，第57页。
⑤ 同上书，第133页。

更懦弱。……因为快乐而犯的罪比因痛苦而犯的罪更应该受谴责；总之，后者较像一个人首先被人错待，由于痛苦而陷入愤怒；而前者则是被他自己的冲动驱使做出恶事，是受欲望的牵导。"[①] 欲望的本性在于追求占有更多，然而幸福并不需要很多的条件。所以，他要求人们"要总是把这牢记在心：过一种幸福生活所必需的东西确实是很少的"。[②] 追求过多完全有可能导致失望，而一旦失望，人就会"放弃成为一个自由、谦虚、友善和遵从神的人的希望"。[③] 人的欲求有一个合理的限度，超出了这个限度就是不理智的。马可·奥勒留举例说，一个人做一件好事，别人因此得益，这就是行善，但许多人却希望得到一个行善的名声，或者希望得到别人的回报。这样就是欲求过多，当没有满足这种欲求的时候，他们就会因此心里不平衡。他认为这样的人就像是一个傻瓜。[④] 因此，马可·奥勒留要求将每做的一件事都当作最后一件，不指望得到什么回报，不要因此产生各种影响心灵平静的情绪。"如果你做你生活中的每一个行为都仿佛它是最后的行为，排除对理性命令的各种冷漠态度和强烈厌恶，排除所有虚伪、自爱和对给你的那一份的不满之情，你就将使自己得到解脱。你看到一个人只要把握多么少的东西就能过一种宁静的生活，就会像神的存在一样；因为就神灵来说，他们不会向注意这些事情的人要求更多的东西。"[⑤]

无论是情感，还是欲望，它们都是恶的，不要让这些恶的因素影响灵魂，这完全在人的力量控制的范围之内，是每一个人都能做到的。所以，马可·奥勒留强调，"不让任何恶、任何欲望或纷扰进入我的灵魂，现在这是在我的力量范围之内，而通过观察所有事情我看见了它们的本性是什么，我运用每一事物都是根据其价值——牢记这一来自你本性的力量。"[⑥]

人的生活中经常会有痛苦和烦恼，因而有的人寻求隐退自身，他们隐居于乡村茅屋，山林海滨。马可·奥勒留对此不以为然，认为这完全是凡夫俗子的一个标记。[⑦] 一个人退到任何一个地方都不如退入自己的心灵更为宁静和更少苦恼。退回了自己的心灵，就不会有什么烦恼，"那在我的心灵之外

---

① ［古罗马］马可·奥勒留：《沉思录》，何怀宏译，中央编译出版社 2008 年版，第 17 页。
② 同上书，第 98 页。
③ 同上。
④ 参见上书，第 115 页。
⑤ 同上书，第 16 页。
⑥ 同上书，第 126 页。
⑦ 参见上书，第 36—37 页。

的事物跟我的心灵没有任何关系。"①他要求人们牢牢记住："退入你自身的小小疆域，尤其不要使你分心或紧张，而是保持自由，像一个人，一个人的存在，一个公民，一个与死者一样去看待事物。"②"退回自身。那支配的理性原则有这一本性，当它做正当的事时就满足于自身，这样就保证了宁静。"③

　　也许是因为马可·奥勒留南征北战，随时面临着死亡的威胁，所以他特别关心死亡对人们心灵安宁导致的消极影响，大量地谈论如何消除对死亡的恐惧导致的心灵不安。

　　首先他要求人们不要在意寿命的长短，寿命长短没有什么差别。因为在一个人出生之前和死亡之后都有一个无限的时间，无论一个人的寿命多长，与这种无限的时间比较起来都微不足道，寿命的长与短完全可以忽略不计。"不要把寿命看做是一件很有价值的东西，看一看在你之后的无限时间，再看看在你之前的无限时间，在这种无限面前，活三天和活三代之间有什么差别呢？"④而且，无论长寿者还是短寿者，他们失去的同样是现在所过的生活，这种生活只有单纯的一片刻，他们都不可能失去过去，也不可能失去未来，因为它们并不存在。"唯一能从一个人那里夺走的只是现在。如果这是真的，即一个人只拥有现在，那么一个人就不可能丧失一件他并不拥有的东西。"⑤长寿也没有什么特别的价值，而且死亡本身也是一种再自然不过的事情，它只不过是一种自然的运转。从积极的意义看，它还有利于自然的目的实现，因为它体现了自然的革故鼎新。如果一个人观察死亡本身，通过反省的抽象力把所有有关死亡的想象分解为各个部分，他就会把死亡视为不过是自然的一种运转；如果有什么人害怕自然的运转，那他只是个稚气未脱的孩子。无论如何，死亡不仅是自然的一种运转，也是一件有利于自然之目的的事情。⑥

　　基于以上看法，马可·奥勒留要求人们要淡化对寿命的追求，超然于生死。"要始终注意属人的事情是多么短暂易逝和没有价值，昨天是一点点黏液的东西，明天就将成为木乃伊或灰尘。"⑦"所有你看到的事物都将迅速地

---

①　参见［古罗马］马可·奥勒留：《沉思录》，何怀宏译，中央编译出版社2008年版，第96页。

②　同上书，第38页。

③　同上书，第114页。

④　同上书，第53页。

⑤　同上书，第20页。

⑥　参见上书，第19页。

⑦　［古罗马］马可·奥勒留：《沉思录》，何怀宏译，中央编译出版社2008年版，第52页。

衰朽，那些目击其分解的人们不久也将逝去。活得最长的人将被带到和早夭者同样的地方。"① 一方面，"不要轻率或不耐烦地对待或蔑视死亡，而要把它作为自然的一个活动静候它"②；另一方面，由于生命短暂，所以要利用好现在，"你必须借助理智和正义而专注于利用现在，在你的放松中保持清醒。"③ 在他看来，那些更喜欢他自己的理性、神灵并崇拜神灵的人，他们不会扮演悲剧的角色，不呻吟，不需要独处或很多伙伴。最重要的是，他们将在生活中不受死亡的诱惑也不逃避死亡，对于他的灵魂究竟在身体中寄寓多久，他是完全不关心的。即使他必须马上离去，他也将乐意地离去，就仿佛他要去做别的可以正派和体面地去做的事情一样。他在全部生命中只有这一点，即他的思想不要离开那属于一个理智的人、属于一个公民团体的人的一切。④ 如果一个人注重心灵净化和修炼，他的心灵就纯洁，即使夭折，也不影响他生命的完满。就是说，生命的价值不在于长短，而在于它本身是否纯洁。"在进行磨炼和净化的一个人的心灵中，你不会发现任何腐朽，任何不法和任何愈合的伤口，当命运就像人们所说的使演员在剧终前离开舞台一样夺走他时，他的生命并非就因此是不完全的。此外，在他心中没有任何奴性，没有任何矫饰，他不是太紧地束缚于其他事物，同时又不是同它们分离，他无所指责，亦无所逃避。"⑤

　　人际关系处理不好也是导致心灵不安宁的重要原因之一。对于与他人的关系，他要求不要猜测邻人心里的想法，而只要专注于自己心中的神并真诚地尊奉就足够了。对心中神的尊奉在于使心灵免于激情和无价值思想的影响而保持纯洁，因而不要不满于那来自神灵和人们的东西。在他看来，来自神灵的东西，因其优越性而是值得我们尊敬的；而来自人的东西，因我们与他们是亲族的缘故是我们应当珍重的。⑥ 在他看来，不要去注意别人心里在想什么，这样一个人就很少会被看成是不幸福的，而那些不注意他们自己内心活动的人却必然是不幸的。⑦ 他说："那不去探究他的邻人说什么、做什么或想什么，而只注意他自己所做的，注意那公正和纯洁的事情的人，或者像厄

---

① ［古罗马］马可·奥勒留：《沉思录》，何怀宏译，中央编译出版社 2008 年版，第 152 页。
② 同上书，第 142 页。
③ 同上书，第 44 页。
④ 参见上书，第 29 页。
⑤ 同上。
⑥ 参见上书，第 19 页。
⑦ 同上书，第 16—17 页。

加刺翁所说，那不环顾别人的道德堕落，而只是沿着正直的道路前进的人，为自己免去了多少烦恼啊！"① 他也要求人们对一件事不发表任何意见，这样可以使我们的灵魂不受扰乱，而且这也是在我们力量范围之内的事情。②

在马可·奥勒留看来，追求和达到心灵安宁，是人完全能够做到的，在人的力量范围之内，这种力量来自于灵魂。"至于以最善的方式生活，这种力量是在于灵魂，只要它对无关紧要的事情采取漠然的态度。"③"你能从那些烦扰你的事物中把许多无用的东西从这条路上清除出去，因为它们完全在于你的意见。"④"在心灵的最大宁静中免除所有压力而生活是在你的力量范围之内，即使全世界的人都尽其所欲地叫喊着反对你；即使野兽把裹着你的这一捏制的皮囊的各个部分撕成碎片。"⑤

（二）遵从理性本性

追求心灵的安宁，实质上就是要回到自己的本性即理性，遵从理性本性，使人的理性不受干扰。马可·奥勒留认为，人是由三种东西组成的：一个小小的身体，一点微弱的呼吸（生命），还有理智。对于前两种东西，人仅有照管的义务，而只有第三种东西才真正是你的。⑥ 理智、理性就是人的自我⑦，也就是人的本性，其实质在于满足神的安排，追求和神灵生活在一起。"和神灵生活在一起。那不断地向神灵表明他自己的灵魂满足于分派给他的东西的人，表明他的灵魂做内心的神（那是宙斯作为他的保护和指导而赋予每个人的他自身的一份）希望它做的一切事情的人，是和神灵生活在一起的。这就是每个人的理解力和理性。"⑧ 因此，一个人必须领悟他是其中的一部分、他的存在只是其中一段流逝的宇宙及其管理者，要意识到他只有有限的时间，如果他不用这段时间来清除他灵魂上的阴霾，它就将逝去，他亦逝去，并永不复返。⑨

在马可·奥勒留看来，那来自命运的东西并不脱离本性，并非与神命令

---

① ［古罗马］马可·奥勒留:《沉思录》，何怀宏译，中央编译出版社 2008 年版，第 41 页。
② 参见上书，第 92 页。
③ 同上书，第 185 页。
④ 同上书，第 151 页。
⑤ 同上书，第 114 页。
⑥ 参见上书，第 199 页。
⑦ 同上书，第 129—130 页。
⑧ 同上书，第 68—69 页。
⑨ 同上书，第 15 页。

的事物没有干系和关联。所有的事物都从此流出。宇宙是通过各种元素及由这些元素组成的事物的变化保持其存在的，同时，宇宙的每一部分都必然会维系整个宇宙的利益。整体的本性所带来的，对于本性的每一部分都是好的，有助于保持这一本性。因此，他要求人们要记住："什么是整体的本性，什么是我的本性，两者怎么联系，我的本性是一个什么性质的整体的一部分；没有人阻止你说或者做那符合本性（你是其中一部分）的事情。"① 他告诫人们，不要环顾四周以发现别人的指导原则，而要直接注意那引导你的本性，注意那通过对你发生的事而表现的宇宙的本性和通过必须由你做的行为而表现的你的本性。他希望人们相信，每一存在都应当做合乎它的结构的事情，所有别的事物都是为了理性存在物而被构成的，在无理性的事物中低等事物是为了高等事物而存在的，但理性动物是彼此为了对方而存在的。②

既然人的本性是理性，而理性是宇宙本性的一部分，那么理性也是社会的。同时，理性既然是人的理性，那么对我们大家而言也是共同的，那命令我们做什么和不做什么的理性也就是共同的。由此马可·奥勒留引申出了重要的伦理学结论，这就是：我们每一个人的国家就是这个世界，这个世界在某种意义上就是一个国家，这个国家有一个共同的法，我们都是同一类公民，都是某种政治团体的成员，而且对于这个国家有用的，对每一个人才是有用的。③ 他说"如果我们的理智部分是共同的，就我们是理性的存在而言，那么，理性也是共同的；因此，就也有一个共同的法；我们就都是同一类公民；就都是某种政治团体的成员；这世界在某种意义上就是一个国家"。④ 与理性相比，身体就是下贱的，是没有价值和短暂的。他说："身体有多么下贱，它所服务的对象就有多么优越，因为后者是理智和神性，前者则是泥土和速朽。"⑤ 在他看来，一个高度尊重理性灵魂的人，一个具有普遍的适合于政治生活的灵魂的人，会超越于所有事物之上，他的灵魂保持在符合理性和社会生活的一种状态和活动之中，他和那些像他一样的人合作达到这一目的。⑥

基于上述看法，马可·奥勒留对人们提出了一系列遵从理性本性的要

---

① ［古罗马］马可·奥勒留：《沉思录》，何怀宏译，中央编译出版社 2008 年版，第 16 页。
② 参见上书，第 110 页。
③ 参见上书，第 89 页。
④ 同上书，第 38 页。
⑤ 同上书，第 16 页。
⑥ 同上书，第 77 页。

求。他说："人啊，做本性现在所要求的事吧。"①"遵从你自己的本性和共同的本性，遵循两者合而为一的道路。"②"我现在有普遍的本性要我有的，我做我的本性现在要我做的。"③"当你做摆在你面前的工作时，你要认真地遵循正确的理性，精力充沛，宁静致远，不分心于任何别的事情，而保持你神圣的部分纯净，仿佛你必定要直接把它归还似的。"④他认为遵从理性要求行动有许多好处。他说，如果你坚持这一点，你就无所欲望亦无所畏惧，满足于你现在合乎本性的活动，满足于你说出的每个词和音节中的勇敢和真诚，你就能生存得幸福。没有任何人能阻止这一点。⑤他又说，这样做会带来由于做事适当而产生的宁静。在他看来，我们所说和所做的绝大部分事情都是不必要的，一个人如果取消它们，他将有更多的闲暇和较少的不适。因而一个人每做一件事时都应当问问自己：这是不是一件必要的事情？一个人不仅应该取消不必要的行为，而且应该丢弃不必要的思想，这样，无聊的行为就不会跟着来了。⑥因此，他认为，"除了按照你的本性引导你的去做，以及忍受共同本性带给你的东西之外，就没有伟大的事情了。"⑦

马可·奥勒留大量地谈论了如何遵从理性本性的途径和方法问题。他认为遵从理性就是做必要的事情，以及本性合群的动物的理性所要求的一切事情，并且像所要求的那样做。⑧就像人总是走直路，因为直路就是自然的，相应地也要说做一切符合健全理性的事情，"因为这样一个目标使一个人摆脱苦恼、战争及所有诡计和炫耀"⑨。他要求人们要经常以你自己熟知的人们为鉴，他们使他们自己分心于无益的事情，而不知道做合乎他们恰当的结构的事情，由此你就会坚定地坚持自己的结构，满足于它。⑩他强调，就你仅仅被本性支配而言，注意你的本性所要求的；然后接受它，履行它；接着观察你的本性对你所要求的，只要它不伤害自己的本性。既然理性动物也因此是一种政治（社会）动物，那么就要运用这些规则，不要使自己为任何别

① ［古罗马］马可·奥勒留：《沉思录》，何怀宏译，中央编译出版社 2008 年版，第 150 页。
② 同上书，第 57 页。
③ 同上书，第 68 页。
④ 同上书，第 31 页。
⑤ 参见上书，第 31—32 页。
⑥ 参见上书，第 44 页。
⑦ 同上书，第 209 页。
⑧ 参见上书，第 44 页。
⑨ 同上书，第 53 页。
⑩ 同上书，第 47 页。

的东西苦恼。[①]"为发生的事情烦恼就是使我们自己脱离本性。"[②] 他还要求人们驱散想象，克制欲望，消除嗜好，把支配能力保持在它自己的力量范围之内。[③] 同时他还认为，如果你驱除你关于看来会给你痛苦的事物的意见，你的自我将得到完全的保障。[④]

在他看来，对于理性的动物来说，依据本性和依据理智没有区别。他让人相信，"没有任何能阻止你按照你自己的理智本性生活；没有任何违反宇宙本性的事情对你发生。"[⑤] 他认为，对于他自己来说，只有一件事苦恼他，就是唯恐自己做出人的结构不允许的事情，或者是以它不允许的方式做出，或者是在它不允许做的时候做出。[⑥]

（三）履行做人职责

遵从理性本性并非消极意义的，而是积极意义的，也就是说，要排除各种因素对理性的干扰，让理性更充分地发挥作用。"对于一个人来说，只要他做的是一个人的工作，他的工作也绝对不违反本性。而如果这工作不违反他的本性，它对这个人来说就决非坏事。"[⑦] 在马可·奥勒留看来，人的理性的主要作用就体现在履行职责方面。如果一个人积极地履行自己的职责，他就顺应了本性的要求。"有理性的社会动物的善恶不是在消极的活动中，而是在积极的活动中，正像他的德行与恶行不是在消极的活动中而是在积极的活动中一样。"[⑧] 在积极活动中履行做人的职责完全在于我们的自由意志，而"没有任何人能夺走我们的自由意志"。[⑨] 当一个人的身体还没有衰退时，他的灵魂就先在生活中衰退，这是一种羞耻。[⑩] 他认为，一个人能走正确的道路，正确地思考和行动，他就能在一种幸福的平静流动中度过一生。这两个方面无论对于神的灵魂还是人的灵魂都是共同的，不要受别的事情打扰。[⑪]

---

① ［古罗马］马可·奥勒留：《沉思录》，何怀宏译，中央编译出版社 2008 年版，第 159 页。
② 同上书，第 21 页。
③ 同上书，第 143 页。
④ 同上书，第 129—130 页。
⑤ 同上书，第 93 页。
⑥ 参见上书，第 101 页。
⑦ 同上书，第 85 页。
⑧ 同上书，第 147 页。
⑨ 同上书，第 194 页。
⑩ 参见上书，第 83 页。
⑪ 同上书，第 71—72 页。

他明确说："那么幸福在哪里？就在于做人的本性所要求的事情。那么一个人将怎样做它呢？如果他拥有作为他的爱好和行为之来源的原则。什么原则呢？那些有关善恶的原则：即深信没有什么东西于人是好的——如果它不使人公正、节制、勇敢和自由；没有什么东西对人是坏的——如果它不使人沾染与前述品质相反的品质。"①

履行职责是与行善一致的。人之所以要履行做人的职责，是因为履行职责就是行善。"不要像仿佛你将活一千年那样行动。死亡窥视着你。当你活着，当善是在力量范围之内，你行善吧。"②只是这种善并不是外在于人心灵的善，而是源于人心灵本身的。他说："观照内心。善的源泉是在内心，如果你挖掘，它将汩汩地涌出。"③在他看来，是人的本性使人要行善，甚至可以说人就是为行善而创造的。他说："当你为某人做出某种服务时还想得到更多的东西吗？你不满足于你做了符合你本性的事情，而还想寻求对它的酬报吗？就像假如眼睛要求给观看以酬报，脚要求给行走以酬报一样吗？因为这些身体的部分是因为某种特殊目的而造就的，通过按照它们的各自结构工作而获得属他们自己的东西；所以人也先天就是为仁爱行为而创造的，当他做了仁爱的行为或者别的有助于公共利益的行为时，他就是符合他的结构而行动的，他就得到了属他自己的东西。"④

他要求，不管其他任何人做什么或说什么，我们自己必须还是善的。⑤一个人是否行善，完全是个人自己的事，别人是干预不了的。"在每一活动中都好好地使你的生活井然有序是你的义务，如果每一活动都尽可能地履行这一义务，那么就满足吧，无人能够阻止你，使你的每一活动不履行义务。"⑥这种行善不只是对他人的，同时也是对自己的，只有当对他人行善看作就是对自己行善时，那才是真正意义的行善。"正像在那物体中各个成分是统为一体一样，各个分散的理性存在也是统而为一，因为他们是为了一种合作而构成的。如果你经常对自己说我是理性存在体系中的一个成员，那么你将更清楚地察觉到这一点。但如果你说你是一个部分，你就还没有从你心底里热爱人们；你就还没有从仁爱本身中得到欢乐；你行善就还是仅仅作

① ［古罗马］马可·奥勒留：《沉思录》，何怀宏译，中央编译出版社2008年版，第118页。
② 同上书，第41页。
③ 同上书，第111页。
④ 同上书，第156页。
⑤ 同上书，第99页。
⑥ 同上书，第127页。

为一件合宜的事情来做，而尚未把它看作也是对你自己行善。"①"那做恶者也是对自己行恶。那做不义之事的人也是对自己行不义，因为他使自己变坏。"②

那么，人有哪些职责呢？"只是使自己满足于两件事情：一是满足于在他现在做的事情中行为正直；二是满足于现在分派给他的事物。他搁置了所有分心和忙碌的追求，除此以外别无所欲——通过法走一条笔直的路，通过这条直路追随神。"③这里所说的是两件事，一是一个人自己应该承担命运或神赋予我们的职责，二是履行自己职责的活动都必须是道德的。这两个方面也可以概括为："试着如何使善良的人的生活适应于你，即这样的人的生活：他满足于他从整体中得到的一份，满足于他自己的公正行为和仁爱品质。"④从他的众多论述看，人的职责可以大致上划分为对人仁爱和为社会作贡献两个。

马可·奥勒留认为仁爱地对待同类，是一个人应该做的工作。"一个人做适合于一个人做的工作对他就是满足。那么适合于一个人做的工作就是：仁爱地对待他的同类，轻视感官的活动，对似可信的现象形成一种正当的判断，对宇宙的本性和发生于它之中的事物做一概观。"⑤仁爱地对待他人，包含了公正、友爱的要求。他认为，在任何时候、任何场合都要公正地对待周围的人，这是在一个人的力量范围之内的。⑥他强调，对于那些没有理性的动物以及一般的事物和对象，由于你有理性而它们没有，你要以一种大方和慷慨的精神对待他们。而对于人来说，由于他们有理性，你要以一种友爱的精神对待他们。⑦而且要使你自己适应于命运注定要使你同它们在一起的事物，以及你注定要和他们生活在一起的那些人，要爱他们，真正地、忠实地这样做。⑧在他人作恶的情况下，也不应该怨恨他们，而要宽容和帮助他们。"人们是彼此为了对方而存在的，那么教导他们，容忍他们。"⑨

人的本性是理性的，也是社会的。"宇宙的理智是社会性的。所以它为

---

① ［古罗马］马可·奥勒留：《沉思录》，何怀宏译，中央编译出版社 2008 年版，第 99 页。
② 同上书，第 143 页。
③ 同上书
④ 同上书，第 44 页。
⑤ 同上书，第 125 页。
⑥ 参见上书，第 110 页。
⑦ 同上书，第 81 页。
⑧ 同上书，第 86 页。
⑨ 同上书，第 136 页。

高等的事物创造出低等的事物，并使它们与高等的事物相互适应。你看到它怎样使高下有序，相互合作，分配给每一事物以它适当的份额，把它们结合到一起使之与那最好的事物相和谐。"① 既然理性动物是为社会而造就的，那么理性动物的善就在于社会。② 所以我们做的任何事都应当是仅仅指向那对社会有用和适合社会的事。③ "首先，不要不加考虑地做任何事情，不要没有目的。其次，使你的行为仅仅指向一个社会的目的。"④ 由于一个人和与他自己同类的那些部分在某种程度上密切关联着，他就不会做反社会的事情，而宁愿使自己趋向他的同类，把他的全部精力用于公共利益，而拒斥与公共利益相反的事情。那么，如果这样做，生活就一定会过得幸福，正像他可以看到的：一个不断做对其他公民有利的事情的人，满足国家指派给他的一切的人，他的生活是幸福的。⑤

行为指向社会的目的，首先不能相互伤害，而要相互帮助，这是人的"应分"。"既然宇宙本性为相互合作的目的造就了理性动物，要他们根据他们的应分彼此帮助，而不要相互损害，那么违反他意志的人，就显然对最高的神意犯有不敬之罪，因为宇宙本性就是那存在的各种事物的本性，那存在的各种事物与所有进入存在的事物都有一种联系。"⑥ 行为指向社会的目的，其次还要使自己的行为成为有益于社会的行为。"让你在来自外部原因的事物的打扰中保持自由吧，让你在根据内在原因所做的事情中保持正义吧，换言之，让你的行为和活动限定于有益的社会行为，因为这符合你的本性。"⑦

马可·奥勒留也讨论了如何行善的问题并为人们提供了一些方法。第一，要参照神灵。如果一个人不同时参照神的事物，就不会把有关人的所有事情做好，反之亦然。⑧ 第二，"不要被扰"。要想到所有的事物都是合乎宇宙本性的，很快你就将化为乌有，再也无处可寻，不要受外物的影响，按本性要求行事。⑨ 第三，要从善如流。如果身边有什么人使你正确和使你摆脱

---

① ［古罗马］马可·奥勒留：《沉思录》，何怀宏译，中央编译出版社 2008 年版，第69—70 页。
② 参见上书，第 65 页。
③ 参见上书，第 97 页。
④ 同上书，第 204 页。
⑤ 参见上书，第 160 页。
⑥ 同上书，第 140 页。
⑦ 同上书，第 151 页。
⑧ 参见上书，第 32 页。
⑨ 参见上书，第 120 页。

意见，那就改变你的意见。① 第四，要做有益之事。好人仅仅做那支配的和立法的理性能力所建议的有关对待人们利益的事情，做所要求的事而不要搁置。② 第五，要持之以恒。一个人在做了一件好事之后，也不应要求别人来看，而是继续做另一件好事，正像一株葡萄藤在下一个季节继续结果一样。③

(四) 陶冶德性品质

在马可·奥勒留看来，人的本性是在某些品质中实现的，或者说，人遵从本性需要具备某些品质，人的本性正是在某些品质中获得所有属它自己的东西。④ 这种品质就是德性品质。因此，人在遵从本性、履行职责的过程中，要注重塑造自己的德性品质。他说："不要老想着你没有的和已有的东西，而要想着你认为最好的东西，然后思考如果你还未拥有它们，要多么热切地追求它们。"⑤ "要每时每刻地塑造你自己，达到与满足、朴素和谦虚结为一体的自由。"⑥ "只有一件事：正直地思想，友善地行动，诚实无欺并陶冶一种性情，即快乐地把所有发生的事情作为必然的、正常的、来自同一个原则和根源的事情来接受。"⑦

马可·奥勒留也对德性给予了很高的评价。他说，许多在生活中得到高度重视的东西是空洞的、易朽的和琐屑的，但像忠诚、节制、正义和真理之类的德性却是崇高的东西，它们 "从宽广的大地飞向奥林匹斯山"。⑧ "上上下下、前后左右都是元素的运动。而德性的运动却不如此；它是一种更神圣的东西，被一种几乎不可见的东西推动，在它自己的道路上愉快地行进。"⑨ 他认为，假如一个人在人类生活中发现了比正义、真理、节制和坚忍更好的东西，发现了比他自己心灵的自足更好的东西，而这种自足能使他在非他选择而分派给他的条件下，按照正确的理性行事，那么，他完全可以以全部身心转向它，享受这种最好的东西的快乐。然而，如果一个人并没有什么东西

---

① [古罗马] 马可·奥勒留：《沉思录》，何怀宏译，中央编译出版社 2008 年版，第 40 页。
② 参见上书，第 120 页。
③ 同上书，第 58 页。
④ 参见上书，第 53 页。
⑤ 同上书，第 103 页。
⑥ 同上书，第 134 页。
⑦ 同上书，第 48 页。
⑧ 同上书，第 71 页。
⑨ 同上书，第 79 页。

比这更好，比培植在他心中的神性更好，或者说，他发现所有别的一切都不如它，比它价值要低，那就不要给别的东西以地位。因为如果他一旦走岔路、倾向于别的东西，他就将不再能够集中精力偏爱于那真正适合和属于他的善的事物了。让任何别的东西，比方说众口称赞、权力或享受快乐，来同那些在理性方面、在政治或实践中善的东西竞争是不对的，而且是危险的。因为所有那些东西，即使它们看上去可以在加以限制的条件下使之适应于更好的事物，但它们会马上占据优势，使我们走偏。所以马可·奥勒留告诫人们，要径直选择那更好的东西，并且坚持它。当然，只有它对作为一个理性存在的人有用，才能坚持它，而如果它只是对于作为一个动物的人有用，那就要拒绝它。①

马可·奥勒留认为，养成德性品质是完全可能的，是个人力量范围内的事。"那么展示那些完全在你力量范围内的品质吧：真诚，严肃，忍受劳作，厌恶快乐，满足于你的份额和很少的事物，仁慈，坦白，不爱多余之物，免除轻率的慷慨。"②生命短促，但在尘世的一生中可以结出虔诚的精神和友善的行为这样的果实。③因此，一个人要追求道德品质的完善，这种完善就在于"把每一天都作为最后一天度过，既不对刺激做出猛烈的反应，也不麻木不仁或表现虚伪"。④他认为，生命的保障在于：彻底地考察一切事物；考察它本身是什么，它的质料是什么，它的形式是什么；并以你的全部灵魂去行正义，诵真理。⑤他说，如果一个人获得了善良、谦虚、真诚、理智、镇定、豁达，注意不要改变它们；如果你失去了它们，迅速地回到它们。⑥"但如果你察知你脱离了它们，没有把握住它们，那么勇敢地去那你将保有它们的一隅，甚或马上放弃生命，不是在激情中，而是朴实、自愿和谦虚地放弃生命，在做了这件至少在你生命中可赞美的事之后，再如此离开它。"⑦

对于马可·奥勒留来说，德性的内容是十分丰富的，他先后谈论过智慧、仁爱、谦虚、慷慨、朴实、节制、友爱等德性。对于智慧，他谈论得不

---

①　参见［古罗马］马可·奥勒留：《沉思录》，何怀宏译，中央编译出版社 2008 年版，第28—29 页。

②　同上书，第 58 页。

③　同上书，第 83 页。

④　同上书，第 114—115 页。

⑤　参见上书，第 208 页。

⑥　同上书，第 162 页。

⑦　同上。

多，因为在他那里，理性、理智大致上都是在智慧的意义上使用的。他极力推崇理性和理智，不言而喻，同时也十分推崇智慧。"当你想到那依赖于理解和认识能力的一切事物的有保障和幸福的过程，有什么比智慧本身更令人愉悦呢？"①他所理解的仁爱是一种含义很广的德性，有时甚至就在德性的意义上使用。比如他说："在此只有一件事有很高的价值；就是真诚和正直地度过你的一生，甚至对说谎者和不公正的人也持一种仁爱的态度。"②他提到过像积极、谦虚、慷慨、朴实等品质，并认为具有这些品质的人应该成为我们的榜样，应该用这样的品质来完善自己。"当你打算投身快乐，想想那些和你生活在一起的人的德性，例如某个人的积极，另一个人的谦虚，第三个人的慷慨，第四个人的某一别的好品质。因为当德性的榜样在与我们一起生活的人身上展示，并就其可能充分地呈现自身时，没有什么能比它们更使人快乐的了。因此我们必须把这些榜样置于我们的面前。"③"用朴实、谦虚以及对与德和恶无关的事物的冷淡来装饰你自己。热爱人类，追随神灵。诗人说，法统治着一切——记住法统治着一切就足够了。"④他也谈到节制和友谊："在理性动物的结构中我看不到任何与正义相反的德性，而且看到一种与热爱快乐相反的德性，那就是节制"⑤；"在人的结构中首要的原则就是友爱的原则。其次是不要屈服于身体的诱惑。"⑥他还给"理智""镇定""豁达"等几种德性作出了界定："'理智'这个词是要表示对一切个别事物的一种明辨和摆脱了无知；'镇定'是指自愿地接受共同本性分派给你的事物；'豁达'是指有理智的部分超越肉体的使人愉悦或痛苦的感觉，超越所有那些被称之为名声、死亡之类的可怜事物。"⑦

在所有德性中，马可·奥勒留似乎最重视"合作"这一德性，对它作了较多的阐述和较充分的论证。他认为，有一个由所有事物组成的宇宙，有一个遍及所有事物的神，有一个实体，一种法，一个对所有理智的动物而言共同的理性，一个真理，因而宇宙是一个所有事物来自同一根源、分享同一理性运动的整体。正因为如此，所有的事物都是相互联结的，几乎没有一个

① ［古罗马］马可·奥勒留:《沉思录》，何怀宏译，中央编译出版社2008年版，第61页。
② 同上书，第90页。
③ 同上书，第90—91页。
④ 同上书，第104页。
⑤ 同上书，第129页。
⑥ 同上书，第110页。
⑦ 同上书，第162页。

事物与任一别的事物没有联系。正是在这种意义上，马可·奥勒留认为事物都是合作的，它们结合起来形成同一宇宙秩序。[①] 对于人类来说，我们也是天生要合作的，合作是我们应具备的德性品质，与我们的本性直接关联。"我——作为知道善和恶的性质，知道前者是美后者是丑的人；作为知道做了错事的人们的本性与我相似，我们不仅具有同样的血液和皮肤，而且分享同样的理智和同样的一分神性的人——决不可能被他们中的任何一个人损害，因为任何人都不可能把恶强加于我，我也不可能迁怒于这些与我同类的人，或者憎恨他们。因为，我们是天生要合作的，犹如手足、唇齿和眼睑。那么，相互反对就是违反本性了，就是自寻烦恼和自我排斥。"[②]

　　关于人的德性品质，马可·奥勒留描述了一种人们应追求达到的境界：我们应当抑制一切无目的和无价值的想法，以及大量好奇和恶的情感，而将精力仅仅集中于这样一件事，即：当别人突然问："你现在想什么"能完全坦白地直接作出回答，而且清楚地表明：心中的一切都是朴实和仁爱的，都有利于社会；全然不关注快乐或感官享受，也不具有敌意、嫉妒和疑心，或者有任何提及会感到脸红的念头。在马可·奥勒留看来，一个毫不拖延地如此回答的人属于最好的人之列，犹如神灵的一个使者，真正运用了植入他内心的神性。正是那神性使他不受快乐的玷污，不受痛苦的伤害，不被任何结果接触，也不感受任何恶，是最高尚的战斗中的一位战士。他不被任何激情所压倒，深深渴望正义，满心地接受一切对他发生和作为份额分配给他的事物；他不是经常、但也不是无需为了普遍利益来考虑别人的言行和思想。由于唯一属于他的是他为自己的行为做出决定，他不断地思考什么是从事物的总体中分配给他的，怎样使自己的行为正直，说服自己相信分配给他的一份是好的。因为那分配给各人的命运是由各人把握的，命运也把握着他。他也记着每个理性动物都是他的同胞，记着关心所有人是符合人的本性的，记着只听从那些明白地按照本性生活的人们的意见。但是对于那些不如此生活的人，他总是记着他们在家是什么样的人，离家是什么样的人，白天是什么样的人，晚上是什么样的人；记着他们做什么工作，他们和什么人在一起过一种不纯洁的生活。但是，这样的人一点也不看重来自这一类人的赞扬，因为他们具有谦虚的品质，甚至对自己也是不满的。[③] 显然，达到这种境界的人

---

① ［古罗马］马可·奥勒留：《沉思录》，何怀宏译，中央编译出版社 2008 年版，第 98 页。
② 同上书，第 14 页。
③ 参见上书，第 26—27 页。

就是一个完善的人，因此我们可以将马可·奥勒留所描述的这种人看作是他的理想道德人格。

马可·奥勒留很少谈到道德教育，但他重视哲学对于德性品质的意义，认为唯有哲学才能给人生以正确的指引，学习哲学可以使人的德性品质不断达到更高的境界。他对此作了以下阐述："一言以蔽之，属于身体的一切只是一道激流，属于灵魂的只是一个梦幻，生命是一场战争，一个过客的旅居，身后的名声也迅速落入忘川。那么一个人靠什么指引呢？唯有哲学。而这就在于使一个人心中的神不受摧残，不受伤害，免于痛苦和快乐，不做无目的事情，而且毫不虚伪和欺瞒，并不感到需要别人做他的份额，不管它们是什么，就好像它们是从那儿，从他自己所来的地方来的；最后，以一种欢乐的心情等待死亡，把死亡看做不是别的，只是组成一切生物的元素的分解。而如果在一个事物不断变化的过程中元素本身并没有受到损害，为什么一个人竟忧虑所有这些元素的变化和分解呢？因为死是合乎本性的，而合乎本性的东西都不是恶。"①

---

① ［古罗马］马可·奥勒留：《沉思录》，何怀宏译，中央编译出版社2008年版，第21—22页。

第五章　斐洛、奥古斯丁的德性论

　　到斯多亚派那里，源自古希腊的德性思想与源自古罗马的德性思想融汇在一起，形成了古希腊—罗马德性思想传统。西方德性思想的这两个源头的地位和作用是不同的，古希腊是主流，古罗马是支流。但是，自斐洛、奥古斯丁开始，西方德性思想的另一源头的地位凸显出来，并逐渐成为西方德性思想的主流，直到托马斯·阿奎那才使古希腊罗马德性思想系统地融进这一主流。在这一德性思想传统形成的过程中，斐洛和奥古斯丁起了极其重要的作用。斐洛所做的工作是用寓意释经法第一次对旧约圣经中的德性思想进行较系统的阐发，从而使古希伯来的德性思想系统化，而奥古斯丁的贡献则是在此基础上立足于新约圣经并使之与旧约圣经贯通，克服其中的不一致和矛盾，形成了基于新旧约圣经的系统的基督教德性思想。从伦理思想史的角度看，斐洛的德性思想对于源于希伯来文化传统的德性思想来说具有奠定性的意义，但他主要局限于希伯来文化传统，而奥古斯丁的德性思想是适应犹太教向基督教转变的需要形成的，对于基督教文化传统的德性思想来说具有开创性的意义。从奥古斯丁整个思想的倾向和特质来看，它是以希伯来文化为源头的，其中虽然吸收了一些希腊罗马思想的内容和方法，但与其有着实质的区别。从这种意义上看，可以说奥古斯丁开创了西方德性思想的一个新的传统，即基督教传统，而其源头主要是希伯来文化，而非古希腊罗马。

一、斐洛对希伯来《圣经》德性思想的阐发

　　斐洛（Plilo of Alexandria，前20—50）是出生于犹太人散居地亚历山大

里亚的希腊化犹太圣经哲学家。他认为对希伯来圣经的字面解释会使人类对上帝的看法和知觉太复杂和太奇异，以致难以用人类的语言来理解，所以他致力于对希伯来经典作寓意性诠释。他一方面试图从希伯来文化的视野论说融通希腊文化，另一方面又试图使用哲学的寓意解经法（allegory）将希腊哲学与犹太哲学融合并协调起来，从而为生活在异乡的犹太人确立共同的思想观念，同时又使希伯来经典为地中海世界的其他民族（希腊、罗马和埃及）所认同。斐洛一生著述甚丰，今天英语世界使用的《斐洛集》是 F. H. Colson 和 G. H. Whittater 所译的洛布丛书十卷本以及后来由 Ralph Marcus 增补在这一丛书中的两卷附录，共十二卷。其中与德性思想有较直接关系的有：《寓意解经》（*LegumAllegaria, Allegarical Interpretation*）、《论亚伯拉罕》（*De Abrahamo, On Abraham*）、《论约瑟》（*De Josepho, On Jeseph*）、《论摩西的生平》（*De Vita Mosis, Moses*）、《论十诫》（*De Declogo, On theDecaloue*）、《论德性》（*De virtute, On the Virtues*）、《善者皆自由》（*Quod omnisProus Liber sit, Every Good Man is Free*）、《论沉思的生活》（*De Vita Contemplativa, On Contemplative Life*）、《论世界的永恒性》（*De Aeternitate Mundi, On the Eternity of the World*），《论神意》（*De Providentia, On Providence*）等。[①] 斐洛著作的主要内容是寓意释经，重点是希伯来经典中的律法，包括作为原本的律法和作为副本的具体法律，而这些律法所体现的是过着善良生活的人的德性。他阐释他们的德性不只是为了赞美他们，更是为了激励读者追求与他们相同的德性生活。"这些律法其实就是过着良善而毫无瑕疵生活的人，他们的美德永远记载在最神圣的圣经里，这不只是为了赞美他们，还为了教导读者，激励读者追求同样的生活；因为在这些人身上，我们看到了饱含生命和理性的律法。"[②] 斐洛德性思想的突出特点在于，他对律法的整个阐释都是以德性为基础和依据的，可以看作是一种对律法的德性论阐释，尽管其基本前提是宗教神学的。他寓意性的诠释对基督教教父哲学家产生了重要影响，他的德性思想也为古希腊罗马德性思想向基督教德性思想的转化提供了过渡。

---

① 参见章雪富："中译本导言"，［古罗马］斐洛：《论凝思的生活》，石敏敏译，中国社会科学出版社 2004 年版。

② ［古罗马］斐洛：《论亚伯拉罕》，斐洛：《论摩西的生平》，石敏敏译，中国社会科学出版社 2007 年版，第 3—4 页。

（一）对希伯来《圣经》人物品质的阐释

斐洛德性思想的重要体现之一，是对希伯来经典《圣经》中人物的品质所作的诠释。关于圣经中人物的著作除了上面提到的《论亚伯拉罕》《论约瑟》《论摩西的生平》之外，据说还有《论以撒》和《论雅各》，这两部著作均已佚失。"按斐洛的解释，亚伯拉罕、以撒、雅各和约瑟这四位犹太人的列祖分别代表四种不同的生平典范，亚伯拉罕代表通过教导成全美德的典范，以撒代表从本性靠自修成全美德的典范，雅各代表经过践行实现美德的典范，而约瑟代表政治家的完美形象。摩西则不是一种形象和典范，他是集四种完全的身份于一身的典范；他是伟大的王、立法者、大祭司和大先知。"[①]

斐洛运用寓意释经法解释摩西赞美那些德性高尚的善良人的原因。他认为，摩西之所以赞美他们是出于两个原因：其一是希望表明，所制定的律法并非与自然本性相悖的；其二是希望表明，那些立志按律法生活的人其实并非承担了什么艰难的任务，他们与不是学者或某人的学生，也没有师从谁学习什么，他们所倾听的是自己的声音，所遵循的是自己的教导，他们欣然接受与自然一致的事物，认为自然本身就是最可敬的律法，因而他们一生都快乐地顺从律法。这些人不会出于自己的意志犯罪，万一偶然做了错事，也会祈求神的怜悯和宽恕。因而无论是经过考虑选择的行为还是非出于自由意志的行为都得到了正确的引导，从而保证了他们过一种完全的生活。[②]

斐洛认为，完全的生活需要祝福，而要拥有祝福在摩西看来有几个步骤。第一步是盼望。盼望就像一条大路，是靠爱美德的灵魂在渴望获得真德性时所建造和开启的。正因为如此，摩西称第一位盼望的热爱者为"人"即"以挪士"（迦勒底语里的"人"），并且把这个也表示整个人类的名字作为特殊的恩惠赐给他，因为唯有他是一个指望美好事物并坚定信靠令人安慰的盼望的真正的人，而其他许多人不配得到这一头衔。[③] 盼望是与恐惧对立的，"两者都是一种期待，盼望是对善的期待，而恐惧则相反，是对恶的期

---

① 石敏敏："中译者导言"，［古罗马］斐洛：《论摩西的生平》，石敏敏译，中国社会科学出版社 2007 年版，"引言"第 1 页。

② ［古罗马］斐洛：《论亚伯拉罕》，斐洛：《论摩西的生平》，石敏敏译，中国社会科学出版社 2007 年版，第 4—5 页。

③ 参见上书，第 4 页。

待，它们的本性是不相容的，不可能统一起来"①。继"盼望"之后排位第二的是"悔罪和改善"，摩西指的是从邪恶转向善良生活的人，给他的希伯来名字是"以诺"（希伯来语的意思是"恩典的容器"）。他使神喜悦，神就让他改变和转化，而且是变得更好。"凡是借神的帮助成就的事，全是卓越的，真正有益的，同样，凡不包含他的引导和眷顾的事，必是无益的。"②摩西把德性的热爱者、神所爱的人放在悔改之后，此人希伯来语称挪亚（Noah），我们称之为"安宁"或"公正"。这两者都是对贤人的非常恰当的称呼。"'公正'显然如此，没有什么比公正更好，它是众德之首，……'安宁'也是适合的，因为它的反面，不合本性的活动显然是导致骚动、混乱、分裂和争战的原因。卑鄙的人就追求这样的活动，而平静、安宁的生活乃是那些重视行为之高贵性的人所追求的目标。"③摩西对热爱德性的人大为赞赏，不过也非常准确地指出，他们是当世的完全人，并不是绝对的好，而是相比于其他当世之人的好。由此斐洛从"第一个三人组"引出了他所要谈论的主题，即"更伟大的第二个三人组"，他们是"分别代表藉教导、本性和践行获得德性"的亚伯拉罕、以撒和雅各。其实他们每个人都拥有三种品质，只不过根据各自最主要的品质而得其名。"因为教育若没有本性或践行，就不可能达到顶点，本性若不经过学习和践行，也不可能达到最高点，践行期待没有本性之泉源和首先确立的教导，同样不能成就大事。"斐洛认为，摩西将这三人设为一组，名义上是讲人，实质上是讲德性——教育、本性、践行，因而他们有"美惠三神"之称。因此，他的话语里所显明的永恒之名，其意在于指出，这三位所指的是价值，而不是真实的人。人的本性是可灭的，但德性的本性是不灭的。

以上谈的是三位的共性，接下来斐洛谈三者各自表现出的卓越德性。由于《论以撒》和《论雅各》两篇已佚失，我们只能根据《论亚伯拉罕》介绍对亚伯拉罕的寓意解释。亚伯拉罕一生充满热诚的最崇高德性是虔敬，他渴望跟从神，顺服他的诫命。"所谓的诫命，不仅指那些通过语言和书写传达的，也指那些自然以清晰的记号显明，并由最忠实且高于听力的感官感知

---

① ［古罗马］斐洛：《论亚伯拉罕》，斐洛：《论摩西的生平》，石敏敏译，中国社会科学出版社2007年版，第5页。
② 同上书，第6页。
③ 同上书，第8页。

的，因为听力是不足信的。"①亚伯拉罕对虔敬的追求，首先体现在对神的命令的绝对服从上。神命令他离开本国、本民，他就不假思索地立即出发，寻找新的家园。当然这是有寓意的，这种移居实质上是灵魂的，也就是"热爱德性的灵魂"开始真正地追寻真神。迦勒底人热衷于占星术、天文学，只能看到天象，看不到真神，如果不离开此地，就不可能接近真神。他为此离开迦勒底，来到哈兰，他的心眼就像经过沉睡之后睁开了，并看见了先前不曾见过的事物："一位驾驭者和引航员管理着整个世界，稳妥地引导着他自己的作品，认为管理并监督那作品以及它的所有部分是与神圣眷顾相配的。"②于是，他从亚伯兰改名为亚伯拉罕，从占星家变为追求德性的贤人。亚伯拉罕的第二次移居同样出于对神谕的顺服。这次不是从一个国家到另一个国家，而是进入旷野。那些寻求神、渴望找到神的人，热爱他所珍爱的独处，这样才能提升自己的理性，凝视世界的创造者和统治者。其后，斐洛对亚伯拉罕带妻子下埃及的遭遇，以及接待神的三使者作了详尽的寓意解释。他的种种行为都表现出虔敬的德性，而最能体现这种德性的故事就是他献出独生子以撒。斐洛说，我们完全可以找到更多的例子，但以上这些已经足以说明亚伯拉罕的虔敬。斐洛也通过具体的事例说明了亚伯拉罕为人处世所体现的善良、明智、勇敢和智慧等世俗的德性。最后妻子死了，他信靠神，以理性战胜了忧伤，表现出自制的德性。总之，亚伯拉罕的一生总是坚定地信靠神，遵守神圣律法和神圣命令，从而成全了德性，以至于斐洛说他本人就是律法，一部不成文的律法。③正是根据亚伯拉罕这一德性典范，斐洛得出这样的结论："信靠神是一种确定可靠的善，生活的慰藉，美好盼望的应验，灾难的消除，财富的收获，与不幸相远，与敬虔相识，幸福的继承，灵魂全面的提升，因它坚定地停留在神身上，他是万物之源，能成就一切事，但只希望最好的事成全。"④

　　约瑟是雅各晚年所生的儿子，父亲注意到他身上的高贵气质，对他大为赞赏，非常器重，却遭到哥哥们的嫉妒。他们把他卖给了商人，后又被卖给了埃及国王的一个内臣。"约瑟"的意思是"主的附加物"，其意为他作为

---

① ［古罗马］斐洛：《论亚伯拉罕》，斐洛：《论摩西的生平》，石敏敏译，中国社会科学出版社2007年版，第14页。

② 同上书，第16页。

③ 同上书，第50页。

④ 同上书，第49页。

政治家是附加在按自然本性生活的人的一种身份。圣经上说他穿一件彩衣，这也意味着政治生活的斑驳陆离，多种多样；他被卖则预示着他登上政治舞台看起来百般尊荣，实际上就像受束缚的奴隶，不再是自由人，成为了一千个主人的俘虏；他被转卖，这是说政治家就像坏仆人，其秉性反复无常、变化不定，一次次地变换主人。按斐洛的寓意解释，前三位长者分别源于教化的生平、源于自修的生平和源于践行的生平，而约瑟的政治家生平源于年轻时就在自己职业上接受的训练。这种训练的第一次是在他约十七岁的时候学习的牧羊技艺，这种技艺与政治家的学识非常接近，掌握了牧羊的本领就学会了管理动物中最高贵的羊群——人类。这是政治家的第一种能力，即牧羊技艺。约瑟在埃及主人家因其言行都在神的指引和眷顾下而得到管理其他仆人的权力，主持整个家务。这样，政治家的第二种能力即家政能力得到了训练和实践。接下来，他又表现出了自控能力，这充分表现在他对待女主人千方百计诱惑的态度上。他没有受到引诱，在受到诬告时也没有辩解的机会。这最后一种能力对政治才能具有重大意义，"在一切生活事务上，自制克己都是利益和安全的源泉，在国家事务上就更是如此"[1]，"自制的结果是安定、和平、完全幸福的获得和享有"。[2]

斐洛对圣经上的记载进行了寓意的阐释。内臣（阉官）买约瑟是非常恰当的，因为购买政治家的大众确实是阉人，徒有生育器官的全部外形，却没有能力使用它们。那么大众又为何类似阉人呢？这是因为大众看起来似乎在践行德性，却没有收获智慧。当一大群完全相异的人混合到一起，他们讲出的是正确的话语，想的和做的却相反。他们喜欢伪造的，不喜欢真实的，他们处于表象的支配之下，所行的并非是真正卓越之事。这个阉人还荒谬地娶了妻子，这意味着大众追求欲望，就如同男人追求女人。摩西还称政治家为大厨，这也是非常恰当的，因为正如厨师的全部职责在于无止境地为肚腹提供过量的享乐一样，政治家则选择悦耳喜人的事物。这样灵魂的精力就消散了。大众的欲望就像淫荡的女子，向政治家示爱，要求他抛弃与真理有关的一切，只服从她，取悦于她。

然而，约瑟是位真正的政治家，他清醒地知道自己的身份、地位、职责，知道如何才能维护人民的真正福利，所以他宁受折磨也毫不妥协。他承

---

① ［古罗马］斐洛：《论亚瑟》，斐洛：《论摩西的生平》，石敏敏译，中国社会科学出版社2007年版，第63页。

② 同上书，第64页。

认人民拥有主人的权力，但他不承认自己是个奴仆，相反，他把自己看作是个自由人，所作所为要取悦自己的灵魂。斐洛以他坦率的自述阐释了他的人格特征："我从未学会怎样迎合人民，我也永远不会这样做。既然领导、管理国家的重任放在我的手上，我必会知道如何像好的管家或慈爱的父亲那样去拥有它，正直而真诚地持有，毫无我所憎恨的虚伪。既有这样的心意，我就不会像小偷一样掩饰什么、藏匿什么，而要使我的良知清洁如在光天化日之下，真理就是光。我不会害怕暴君的任何威胁，即使用死来相威胁，也无济于事，因为比起虚伪来，死倒是小恶。我为什么要屈从于它？虽然人民是主人，但我不是奴仆，与那宣称登记为最美好、最伟大的国家，就是这个世界的公民的任何人一样，是出身高贵的。既然献礼、诉求、对荣誉的渴求、对职位的谋求、自命不凡之心、对名声的关注、放纵、软弱、不公正，任何情欲的产物，任何邪恶，都不能使我屈服，还有什么东西能支配我，令我惧怕呢？显然，那只能是人的控制，但是人虽然对我的身体有主宰权，却不能主宰真实的我。因为真正的我来自好的部分，我里面的理解力，我准备凭着那一部分生活，几乎不考虑必朽的身体，这个像壳一样包裹着我的生长物。"① 亚瑟活了一百一十岁，后八十年在全盛中治理国家，不论在丰年还是在荒年，他都是最受人尊敬的监督和裁判，最有能力负责处理任何时事之需要的人。② 这是一个真正政治家的一生。约瑟的人格和德性也体现在他对待曾加害于自己的同胞兄弟的态度上。在成为管理全埃及的宰相后，他不计前嫌，与兄弟们相见，尽诉亲情。兄弟们发自内心地对他的德性大加赞扬，他们从不同的角度称他宽宏大量、重视亲情、审慎明智、不怨恨、不报复、沉默、自制、正直、高贵、善良，最后他们合在一起称颂他的最高德性即虔敬，把一生的功名归于神。③ 他父亲死后，兄弟们怕他心存芥蒂，就来到他面前请求宽恕，而他说："我是属于神的，他把你们邪恶的计划转变为丰富的祝愿。"④

斐洛在谈到他给摩西写传记时说："他是最伟大、最完美的人，这样一个人是不应该不为人所知的；须知，他所留下的律法已经渗入整个文明世

---

① ［古罗马］斐洛：《论亚瑟》，斐洛：《论摩西的生平》，石敏敏译，中国社会科学出版社2007年版，第65—66页。

② 同上书，第97—98页。

③ 同上书，第93—94页。

④ 同上书，第101页。

界，甚至传到地极，而他本人的真正品质却几乎无人知晓。"① 显然，斐洛写摩西卷是为了宣扬他的德性品质。摩西是迦勒底人，但生长在埃及。因为一场旷日持久的饥荒，他的祖先与整个家族一起迁移到了埃及。从第一代定居者算起，摩西是第七代，后来成为整个犹太民族的奠基者。摩西出生后被埃及公主收养，在王宫里接受教育。尽管宫里提供的大量资源给人无穷的刺激，完全可能点燃欲望之火，但他并没有让青春的情欲恣意奔放，相反他以自制、自控的缰绳把它们牢牢地控制住。"对自己的肚子，他只给予本性所指定的必不可少的东西，至于肚腹以下的快乐，除了合法的生儿育女之外，他甚至完全忘掉有这回事了。他只想为灵魂而活，不为身体而活，所以他过得特别节俭，对奢侈生活无比轻视。他的日常行为体现了他的哲学信条。他的话表达了他的感受，他的行为与他的语言一致，所以话语与生活和谐统一，两者彼此合一，就如同在乐器上奏出和音。"② 作为国王女儿的儿子，摩西可望继承祖父的王权，而且实际上也被大家称为小王，但是他未被表面的尊荣所迷惑，热心于自己同胞和祖先的修养和文化。后来他因为善良、高贵和博爱而被以色列人推举为领袖，也得到神赋予的王位。

柏拉图说只有由哲学家来当国王，城邦才能促进人的福祉。斐洛认为，柏拉图的理想在摩西身上得到了体现，在他一个人身上结合了作为王的能力和作为哲学家的能力。不仅如此，他还结合了另外三种能力，即立法者的能力、大祭司的能力和预言的能力。"摩西依靠神的眷顾，成为王、立法者、大祭司和先知；并在每一种职责上赢得了最高位置。"③ 在斐洛看来，真正完全的统治者有四位助手，即必须具有君王的身份，立法的能力，祭司的身份，说预言的能力。"作为立法者，他可以命令该做的事，禁止不该做的事；作为祭司，不仅处理属人的事，还处理属神的事；作为先知，凭着默示宣告理性不能领会的事。"④ 在摩西身上，这四种能力的结合是美妙而完全和谐的，它们彼此联结，相互依靠，步调一致，互惠互利，就像美惠三姐妹，有一个永恒的自然法使她们珠联璧合，不可分离。⑤

摩西之所以拥有四位一体的能力，是因为他具备了所需要的心灵条件，

---

① ［古罗马］斐洛：《论摩西的生平》，斐洛：《论摩西的生平》，石敏敏译，中国社会科学出版社 2007 年版，第 101 页。
② 同上书，第 106 页。
③ 同上书，第 163 页。
④ 同上书，第 195 页。
⑤ 同上书，第 164 页。

这种心灵条件概括地说就是德性。斐洛赞同德性是统一的，拥有一种德性就能拥有所有的德性，但他也承认"某些美德与某些情形联系更紧密，有些则较为疏远"。① 摩西作为王和立法者具备四大心灵条件，即爱人类、爱公正、爱美善、恨邪恶。爱人类就是必须为公共利益、共同福祉谋划。爱公正要求尊重平等，让每个人得到应得之份。爱美善就是要造成本性卓越的事物，毫无保留地把它们供给相配的人，让他们充分使用。恨邪恶就是要弃绝使德性蒙羞的人，视他们为人类的共同敌人厌恶之。斐洛认为，一个人能得到这四种德性之中的一种已是了不起了，何况能够全部拥有它们，唯有摩西全部得到了这些德性，而且在他制定的法令中清晰地得到了体现。他是一位卓越的立法者，所立的律法（如圣七日、斋戒日等）不仅犹太人，而且其他民族的人也予以认可，只要他们重视德性，都会予以重视和称赞，而律法书本身的内容更体现了这位立法者的伟大品质。作为大祭司，他不仅具备最重要的品质——虔敬，而且自己的身体和灵魂都得到了净化，所以他在西奈山上得到了神关于祭司职责之奥秘的指示。最后他还是一位具备最高尚品质的先知。斐洛认为，关于神圣话语，有四种情形：一是神亲自说的，这是绝对而完全地表示神圣的德性、仁爱、慈善，他凭着这些神谕激励所有人行高贵之事，尤其是崇拜他的民族，他为他们开辟了通向幸福的道路；二是以他的先知作解释者。先知一直在孜孜以求地求问神，神回答他，指示他；三是通过问和答显明的，神把自己的预见能力赐给先知，叫他因此显明将来的事；四是摩西自己说的。② 摩西或者与神对话，或者受神默示，或者自己凭从神那里获得的预见能力直接预言未来，这都表明摩西主要或者严格意义上是个先知。总之，摩西的一生就是作为王、立法者、大祭司和先知的一生。

（二）律法与公正

斐洛面向希腊人为希伯来人作辩护，他的整个辩护是围绕摩西五经展开的。在摩西五经③ 中，律法是首要的内容，主要包含在《出埃及记》《利未记》《民数记》和《申命记》之中。斐洛关于律法的解释主要包括两个方面：

---

① ［古罗马］斐洛：《论摩西的生平》，斐洛：《论摩西的生平》，石敏敏译，中国社会科学出版社 2007 年版，第 164 页。

② 同上书。第 195 页。

③ 摩西五经（Pentateuch），又被称为摩西五书，是西伯来圣经最初的五部经典，即《创世记》《出埃及记》《利未记》《民数记》《申命记》。这五部经典是犹太教经典中的最重要部分。

一是关于摩西十诫的解释，二是关于特殊律法的解释。他的整个律法的讨论涉及两个主题，即神人关系和人与人之间的关系，他把前者看作是后者的基础，而把后者看作是前者的体现。斐洛对希伯来圣典中律法的解释和研究，不仅开创了伦理学研究规范问题的先河，而且是从与德性特别是与公正关联的角度进行的，因而构成了他德性思想的重要内容。对此，他自己明确地指出："我们不可不知道，正如十诫分别看，每一诫都有特殊的律法与它同类，而与其他诫命没有共性，同样，也有一些东西是所有诫命都共同的，不是适用于某个具体数字，比如一条、两条，而是适用于所有十条大律。这就是具有普遍价值的美德。十诫不论分开一条一条看，还是总起来看，都是激发、劝告我们追求智慧、公正、虔诚以及其他美德，好的思想、动机与健康的语言结合，语言与真正高尚的行为结合，这样，灵魂的各个部分都调好了音准，可以成为一架乐器，奏出和谐的乐曲，使生活成为一首悦耳、没有一个错音的音乐会。"①

斐洛十分推崇十诫，甚至认为它在形式上都是完美无缺的。"这些总法不多不少，刚好就是那个最完全的数：十。这个数包含了所有不同类型的数，有偶数如2，奇数如3，既偶又奇的数如6，以及各种比例，包括与自己的倍数比，和与自己的分数比，一个数乘以自己的因素就是前者，一个数除以自己的因数，就是后者。"②他认为，除了以上所说的之外，十真正应当受到尊敬的原因可能还在于，它包含在空间上有广延和没有广延的自然。在他看来，十的优点是无穷无尽的，我们一般人无法历数，就是对专门研究数学的人来说，这个问题本身也够他折腾的。斐洛还特别强调，十诫是由大全之父即神亲自发布的。

在解释了有关十诫的一些形式上的问题之后，斐洛转向了十诫本身，考察它们所涉及的种种不同问题。他把"十诫"分为两个组，第一组讲的是对于上帝的敬畏，第二组讲人对于父母的关系以及由此展示的人自身之间的关系。"我们发现，神把十条诫命分成两组，每组五条，刻在两块版上，先行得到的是第一组五条，第二次再给予第二组五条。两者都非常卓越有益于生活；两者都开出宽广的大道，通向单纯的目标，始终渴求佳美的灵魂沿着这样的道路前行，可以一帆风顺。上面一组讨论以下问题：治理世界的君王原则；人手所造的石头、木头偶像和一般形象；妄称神的名的罪；敬守圣安息

---

① ［古罗马］斐洛：《论律法》，石敏敏译，中国社会科学出版社2007年版，第243—244页。
② 同上书，第4页。

日，与它的圣洁相合；孝敬父母的职责。两组诫命分开来是各自独立的，合起来又是一个整体。因而上一组五条始于神，万物之父和造物主，终于复制他的本性，生育个体的父母。下一组五条则包含所有禁止性的行为，即奸淫、杀人、偷盗、作假见证及贪婪或欲望。"①

　　十诫的第一条是："我是耶和华——你的上帝，曾将你从埃及为奴之家领出来。除了我之外，你不可有别的神。"②关于这一诫命，斐洛认为大多数人都犯了错误。有的人把四大元素土、水、气、火视为神，有些人把太阳、月亮、行星、恒星立为神，有的把天体本身视为神，还有的把整个世界看作神。但是，他们忽视了每个人心里都应当唯一地或者至少应首先毫无疑义地确立的神，这位神是"至高无大的生育者，伟大的世界——城邦的统治者，不可战胜之军的大首领，指引万物安全前行的领航员"。③他们没有看见这位神，而把令人误解的头衔冠在以上提到的那些崇拜对象头上。他说，摩西已经给了我们真正可敬而虔诚的命令，不可把宇宙中的任何部分看作是全能的神。"那就让我们在自己心里深深刻上这条首要的、最神圣的诫命，认信并荣耀一位万有之上的神"④，"我们要让心灵、语言和一切官能都装备起来，蓄满精力，积极活动，事奉非受造物、永恒者、万物之因，而不是贬低自己去取悦或顺从许多行毁灭之事，甚至毁灭那些完全可能得救之人的存在者"。⑤

　　第二条诫命要求："不可为自己雕刻偶像，也不可做什么形象，仿佛上天、下地、和地底下、水中的百物。不可跪拜那些像，也不可事奉它，因为我耶和华——你的上帝是忌邪的上帝。恨我的，我必追讨他的罪，自父及子，直到三四代；爱我、守我诫命的，我必向他们发慈爱，直到千代。"⑥这一条诫命的要害是不能塑造偶像。斐洛认为，将日月、整个天和宇宙或它们的主要部分视为神的人毫无疑问犯了大错，但他们比起塑造偶像者来还只是犯了小罪。塑造偶像者按照各自的想象，在木头、石头、金银和类似的材料上塑造偶像，使人间充满各种形象、木雕以及其他人手利用画术、雕刻术所造的作品，以及对人类生活造成了巨大危害的艺术品。在斐洛看来，这些崇

　　① ［古罗马］斐洛:《论律法》，石敏敏译，中国社会科学出版社2007年版，第9—10页。
　　② 《旧约全书·出埃及记》20：2-3。
　　③ ［古罗马］斐洛:《论律法》，石敏敏译，中国社会科学出版社2007年版，第10页。
　　④ 同上书，第13页。
　　⑤ 同上书，第12—13页。
　　⑥ 《旧约全书·出埃及记》第二十章。

拜偶像者割断了最卓越的灵魂支持，切除了关于永生的神的正确观念。"凡有灵魂的，谁也不可崇拜没有灵魂的东西，因为自然的作品转过头来侍奉人手所造的东西，这是完全荒诞无稽的。"① 所以，神的神圣法典是绝不允许树立别的神这样的行为，要求人只敬他这位真正所是的神。这并不是因为他需要人献给他荣耀，他本身就是完全充足的，不需要任何帮助，而是因为他希望把在茫茫旷野里流浪的人类领到不可能迷失方向的道路上来，让他们遵从自然，到达最高目标，也就是让他们认识他这位真正所是的神，最原初、最完全的善。②

第三条诫命是："不可妄称耶和华——你上帝的名，因为妄称耶和华名的，耶和华必不以他为无罪。"③ 斐洛认为，人们在这方面所犯的错误是五花八门、多种多样的。他说，人们经常起誓，而太多的起誓难免导致假誓和不敬。人用来宣称至圣之名的口若说出什么可羞的话语，那就犯了渎圣罪；人们在不恰当的地方滥用圣名，也表明了他们的不敬。他针对人们经常起誓的做法提出，"丝毫不起誓是最好的做法，对生活最为有益，非常适合于受过教育的理性之人。"④

第四条诫命是："当记念安息日，守为圣日。六日要劳碌做你一切的工，但第七日是向耶和华——你上帝当守的安息日。这一日你和你的儿女、仆婢、牲畜，并你城里寄居的客旅，无论何工都不可做；因为六日之内，耶和华造天、地、海，和其中的万物，第七日便安息，所以耶和华赐福与安息日，定为圣日。"⑤ 关于这一条，斐洛认为，在创世故事的记载里包含了一个令人信服的理由，神在六日之内造成了世界之后，第七天就停止了他的一切工作，开始沉思创造得如此完备的万物。他也吩咐那些在这个世界秩序中作为公民生活的人，在这一点也要像他一样，在工作六天后，到了第七天就安息。这一天要转向智慧的学习，在沉思自然的真理的同时，也思考在先前的日子里是否犯有不洁之罪，强迫自己以律法作为陪审员和陪查员，严格审查自己说过的话、做过的事，以便纠正疏忽和过错，预防犯同样的罪。⑥

第五条诫命是："当孝敬父母，使你的日子在耶和华——你上帝所赐你

---

① ［古罗马］斐洛：《论律法》，石敏敏译，中国社会科学出版社 2007 年版，第 15 页。
② 参见上书，第 16 页。
③ 《旧约全书·出埃及记》第二十章。
④ ［古罗马］斐洛：《论律法》，石敏敏译，中国社会科学出版社 2007 年版，第 16 页。
⑤ 《旧约全书·出埃及记》第二十章。
⑥ 参见［古罗马］斐洛：《论律法》，石敏敏译，中国社会科学出版社 2007 年版，第 19 页。

的土地上得以长久。"① 斐洛认为神把这一诫命放在两个五条之间是有原因的。这就是，父母按其本性来说位于必朽者与不朽者之间，因为他们的身体必死，而其生育的行为使他们与神即大全的生育者相似。因此，一个人不敬父母就成为律法的两个方面的敌人，一方面对神，另一方面对人，因而这样的人在两个法庭都被判决有罪。在神圣法庭上，被判为不敬神，因为他们对那些把他们从非存在引入存在，从而在这一点成为神的效法者的人，不表示应有的尊敬；在人的法庭上，被判为不人道，因为鄙弃最亲近的、给自己最大恩惠的亲人的人，根本不可能对别人真正友好。②

第一组五条更多的是关于神圣者的诫命，第二组五条则警示我们对同胞不可做的行为。斐洛认为神之所以把"不可奸淫"放在第二组的第一条③，是因为应当把奸淫视为最大的罪。奸淫之所以是最大的罪，主要是因为"它源于对享乐的追求，这种追求削弱追求者的体力，松懈其灵魂的精力，日渐消耗生存资源，就像一团熄灭不了的火，触到什么就烧毁什么，使人类生活再也没有健康有益的事物"。④ 关于"不可杀人"，斐洛认为，自然把人这种最文明的动物造成群居性和社会性的，赐给他理性，引导他获得和谐与互惠的情感，让他与别人交往，相互协作，结成团体，杀人者违背了自然为众人的幸福而颁布的完美至极的律法和律例。⑤ 对于"不可偷盗"之所以作为一条诫命，斐洛认为其原因在于偷盗者的食欲无限扩展而能力相对较弱，而凡渴望得到别人的东西的人就是国家的公敌。⑥ 在斐洛看来，之所以"不可做假见证陷害人"，是因为做假证者不仅败坏了真理，掩盖了事实，而且站在了罪犯一边，共同陷害受害者，此外还可能导致法官误判。最后一条诫命"不可贪恋他人的房屋，也不可贪恋人的妻子、仆婢、牛驴，并他一切所有的"，是反对贪婪或欲望。将这一条作为诫命，是因为神知道贪婪或欲望是一个具有极大破坏性的阴险敌人。在斐洛看来，激情是煽动灵魂偏离自己的本性，不让它继续保持健全状态的东西，而欲望又是激情中强度最大的，也

---

① 《旧约全书·出埃及记》第二十章。

② 参见［古罗马］斐洛：《论律法》，石敏敏译，中国社会科学出版社 2007 年版，第 21—22 页。

③ 笔者所见到的《旧约圣经》版本都是将"不可奸淫"放在不"不可杀人"之后，即作为诫命第二组五条中的第二条。

④ ［古罗马］斐洛：《论律法》，石敏敏译，中国社会科学出版社 2007 年版，第 24 页。

⑤ 参见同上书，第 25 页。

⑥ 参见上书。

是最难对付的。其他激情还有可能出于无意，惟有欲望是我们自己产生的，是故意的。他说："想一想，对金钱、女色、荣誉或其他能产生享受之物的激情和渴望，它所产生的恶岂是小的、无关紧要的？难道不正是它导致同胞成为陌路，使他们与生俱来的善意变成势不两立的仇恨，使伟大而繁华的国度在内讧中变得荒芜一片，使海洋和大陆因各种争斗和战役充满闻所未闻的巨大灾难？希腊人和野蛮人的所有内战和外战，悲剧舞台非常熟悉的场景，无一不是源于同一个原因：欲望，对金钱、荣誉或享乐的欲望。正是这些给人类带来了灾难。"① 又说："欲望是一种多么巨大而超越一切的恶，或者更准确一点毋宁说，是一切恶之源泉。"②

斐洛把十诫看作是各种特殊律法的总纲，在解释了这十条总纲之后，他还对摩西五经中的各种具体法规戒律作了详细阐释。这些阐释虽然具有历史文献的价值，但与我们关注的问题没有多少直接关系，这里不作具体讨论。在对十诫和具体律法作了阐释之后，斐洛讨论了公正及其与律法的关系问题。关于这一问题，斐洛所研究的以下三个问题是值得注意的：一是法庭和审判官的公正问题；二是公正之法的实施问题；三是对公正本身的理解问题。

斐洛认为，公正的一个部分是关于审判官的，这个部分绝不是无足轻重的。他根据律法提出，凡是遵守摩西制定的神圣规章的人，必然比那些受其他法律治理的人在更高程度上免受各种盲目激情和各种恶习的侵扰，而那些因抽签或选举担任审判官之职的人尤其应如此。假如那些有权把公正分给别人的人自己却违法犯罪，那是完全违背理性的。"审判官若想用正义之水培育那些要来到他面前的人，就必须自身充满纯粹的公正。"③ 他认为，律法给审判员的第一条命令是，他不可听没有根据的意见；第二条命令是不要收礼，因为礼物能叫眼睛变瞎；第三条命令是要细察事实，而不受当事人外表的影响。此外，还有明智的要求。斐洛这方面的论述包含了不少今天看来仍然有价值的思想。例如，他说，"受贿赂行不公正是完全的堕落，受贿赂行公正也显示一半的堕落。"④ 又说："摩西给了我们非常富有教育性的命令，要求我们以公正的方式追求公正，这意味着有可能以不公正的方式求公正。"⑤

---

① ［古罗马］斐洛：《论律法》，石敏敏译，中国社会科学出版社 2007 年版，第 28 页。
② 同上书，第 232—233 页。
③ 同上书，第 227 页。
④ 同上书，第 228 页。
⑤ 同上。

还说:"好的审判官必须在双方当事人头上拉一块面纱,不管他们是谁,只顾单纯的事实本身怎样。他必须根据真理,而不是人的意见进行审判,必须想到'审判是属于神的'(《旧约圣经·申命记》1∶17),审判官只是审判的管家。"①

斐洛将公正之法的实施也纳入公正的范围。"律法告诉我们,必须把公正之法记在心上,也要系在手上为记号,使它们始终在眼前晃动。"②他解释说,这话的第一句是个比喻,指出公正之法不可交给不可靠的耳朵,因为对听觉器官不能信任,这些最好的教训必须印在我们最高贵的部分上,并盖上真实的印章。第二句表明,我们不可只接受关于美善的概念,还要用毫不犹豫的行为来证明我们对它们的赞同,因为"用"就比喻行动,所以,律法吩咐我们把公正之法系在手上,作为一个记号。至于它是何物的记号,摩西没有明确指出,斐洛认为,它们不只是一个事物,而是许多事物的记号,实际上是人类生活中所有因素的记号。第三句意指,无论何时、无论何地,我们都要想到它们,就如同近在我们眼前一样。它们必须有摇晃和运动,不是使它们变得不稳定,有疑虑,而是借它们的活动,激发视力对它们获得清晰的认识。因为活动刺激、唤醒眼睛,使视力发挥作用,或者更有可能使眼睛惊醒,避免昏沉。③斐洛要求,要让灵魂整个充满公正,在它永恒原理和教义上进行自我训练,不留一点空间让不公正潜入进来,没有比这更美好的喜乐了。④

斐洛对公正给予了充分的肯定。"至于公正本身,哪个写诗作词的作家有资格唱它的赞美歌?它实在超越于一切颂词。其实,且不说其他的,它的荣耀之一,也是最令人敬畏的,就是它的高贵血统,就足够人赞美的了。"⑤他认为,公正的母亲是平等,而平等是明朗的光,我们可以适当地称之为灵魂的太阳,正如它的反面,不平等,即一物超过另一物,或被另一物超过,则是黑暗的起源和源泉一样。天上、地下的万事万物都由平等按不可动摇的法则和律例作了适当的安排,请问,谁不知道白昼与黑夜、黑夜与白昼的关系是太阳按比例相等的间隔规定的?每年春分和秋分的日子自然作

---

① 〔古罗马〕斐洛:《论律法》,石敏敏译,中国社会科学出版社2007年版,第230页。
② 同上书,第244页。
③ 参见上书,第244—245页。
④ 同上书,第245页。
⑤ 同上书,第264页。

了如此清晰的标识，就是最没有知识的人也看得出白昼与夜晚的长度是相同的。除此之外，平等还从天上和空中延伸到地上。它本性中纯洁的部分，像太阳一样的部分，向地上发送，像一束光，次级亮度的光。我们生活中，凡是混乱的，都是不平等导致的，凡是保持应有秩序的，则出于平等。平等，在整个宇宙中称为大一统最为恰当，在城邦、国家里称为民主政治，它是最遵守律法的最好体制，在身体上是健康的，在灵魂上是高尚的状态。相反，不平等则是疾病和邪恶的原因。他说，你若是想要把对平等和及其子孙公正的赞美全都一一叙述出来，就算你有最长的寿命，时间也是不够的。①

（三）勇敢、仁爱、悔改与高贵

斐洛对律法的寓意解释可以说是一种德性的解释，他的德性思想贯穿于他对希伯来律法解释的方方面面，同时他又对勇敢、仁爱和悔改等德性作了专门的阐发，并认为高贵在于获得德性。

在阐述斐洛对各种具体德性的解释之前，需要提到他关于"每一种德性都是完善的"这样一种基本看法。"每一种美德都无所缺乏，在其自我成全的完满中是完备的，所以，若有什么加添或删减，它的整个本性就会改变，变为相反的状态。"②他以勇敢为例对这个观点加以说明。勇敢是以产生恐惧的事物为活动对象的德性，是关于应当忍受什么的知识，凡是并不完全缺乏知识和文化的人，即使没有接受过教育的人，全都知道这种德性。但若有人放纵因傲慢而产生的无知，自以为是个杰出之人，能够纠正根本不需要纠正的事物，胆敢为勇敢添加或删减什么，那么他就完全改变了它的样式，给它提供了另一种样式，以丑陋取代了美。勇敢作为德性，它是无所缺的，你给勇敢增加一点，就造成鲁莽；你给它删减一点，就导致懦弱。这样一来，勇敢这种对生活如此大有益处的德性，就连它的名称也无影无踪了。不仅勇敢如此，对于其他德性，也完全可以这样说。假如有人在德性之上加添什么，无论是小的或大的，或者相反，从它上面拿掉一点什么，无论哪一种做法，都会改变甚至完全转换它的本性。添加会产生迷信，删减会导致不敬，这样虔敬也消失不见了。③

---

① 参见［古罗马］斐洛：《论律法》，石敏敏译，中国社会科学出版社 2007 年版，第 264—265 页。

② 同上书，第 246 页。

③ 参见上书，第 246 页。

关于勇敢，斐洛强调他所说的勇敢不是大多数人所理解的勇敢。许多人将勇敢理解为生性鲁莽，喜欢冒险，仗着一身力气，在战争中杀人如麻，消灭大量敌人。尽管这样的人博得了战功卓著的美名，极其荣耀，但他们的本性和行为都表明，他们嗜杀成性，野蛮无比，与野兽没有区别。与之形成对照的是，另一些人，他们也许由于长期生病或由于年事已高，身体虚弱，但他们充满高尚的情操和坚定的勇气，提出卓越的见解，力图恢复个人日常生活和国家公共生活中已然丧失的东西。在斐洛看来，这些在智慧上训练着自己的人所培养的就是真正的勇敢，而前面所说的那些人的所谓勇敢，其实是对这一名称的误用。

以上所说的是一种情形，还有另一种情形也能体现出勇敢的品质。人类面临着许多令人难以忍受的境况，如贫穷、耻辱、残疾，以及各种疾病等。面对这种种境况，有些没有什么头脑的人就会变得怯懦，被它们击倒，甚至没有勇气站起来；而那些充满智慧和情操高尚的人，则时刻准备用自己的全部力量来对付这些敌人，把自己所面临的危险的威胁视为草芥，一笑了之。在斐洛看来，每一个人都拥有战胜厄运的自然财富（如空气、饮水、食物等），没有哪个人是匮乏的，而且没有人能剥夺这些自然财富。只是有些人对这种自然财富熟视无睹，毫不珍惜，反而去追逐虚妄意见的财富。除此之外，自然还给我们赐予了更加高级、更加高贵的财富。"这种财富是智慧藉着伦理学、逻辑学和物理学的原理和原则赋予，而这些原理和原则又生出各种美德，有了美德，灵魂就不会再去追逐浮夸虚华，只会热爱自满自足、勤俭简朴，从而渐渐成为神的样式。"① 不过，这种财富不是属于所有人的，而只属于真正高贵、富有神性的人。那些愚拙之人贪婪成性，欲壑难填，其贪婪的欲望像火一样熊熊燃烧，而高尚的人则欲望极少，追求灵魂不朽。健康的灵魂必然会使欲望愉快地接受理性的支配，这就是节制。现实生活中有成千上万的人身患疾病或身有伤残，对付那些不足的就是智慧，这是我们所能拥有的最佳品质，是安在心灵里的一双眼睛。具有智慧，灵魂就会健康，而只要灵魂健康，身体上的疾病所能造成的伤害就微乎其微。

斐洛认为，以上所论述的就是律法在许多地方所记载的教训和指示，其中包含着勇敢的思想。他在此基础上，将勇敢概括为"灵魂精力充沛，豪气冲天，正义凛然，鄙视虚妄常常炫耀的东西，把它们看作是对真正意义上的

---

① ［古罗马］斐洛：《论美德》，斐洛：《论凝思的生活》，石敏敏译，中国社会科学出版社2004年版，第139页。

生命的败坏"①。斐洛指出，为了使灵魂拥有大无畏的勇气，律法要求对灵魂进行训练，并制订了各种各样的法则，甚至对应该穿什么衣服也作了明文规定。律法根据顺从自然本性的法则，要求真正的男子汉应该保持自己的男人本性，尤其要在着装上不可有一丝显示非男子汉的征兆。同样，律法也要求女人在装饰上要端庄得体，禁穿男人的衣服。既要警惕男人女性化，也要防止女人男性化。

斐洛认为人道（humanity）是与虔诚最为接近的德性，是它的姐妹和孪生子。正因为如此，立法的先知摩西比任何人更爱这种德性，把它看作是通向圣洁的大道。他还常常把记载自己生平的作品作为原型，放在他的百姓面前，为他们树立美好的典范，激励、教训他们应该如何彼此友爱。对于这一德性，斐洛没有进行理论的阐释，而主要叙述了摩西晚年的两个仁爱事例以显示这种德性品质。其一是，他有一个从小就非常了解的朋友约书亚，他们两人之间有全然纯洁、真正出乎于神的友谊，而且约书亚还是他治国理政的忠实助手和代理人。尽管他对约书亚的品质和对国家的忠诚有如此长期的了解，他仍然认为不能将继承权传给他。他担心自己被蒙骗，因而迟迟不能下定决心。于是他转而祈求神："愿耶和华万人之灵的神，找到一个人治理会众，一个能看护、保卫它的牧羊人，尽职尽责地引导它，免得神的子民如同无人看护的羊群，四处分散，以至毁灭。"②实际上，摩西自己有儿子和侄儿可以继承王位，他不让他们继承，即使是他久经考验的亲密战友也慎之又慎，充分体现了他对国家的忠诚和对人民的仁爱精神。其二是，摩西将权力交给约书亚这位具有高贵品质的人时，他没有因为自己的儿子或侄子没有被选中而表现出丝毫的沮丧，相反满心欢喜，从心灵深处发出了喜悦，欢快、明朗地鼓励约书亚以大无畏的勇气担当起治理国家的重任，不可因责任重大而担心害怕。他在恰如其分地向他的臣民和继承人交代了这些之后，就开始唱圣歌，赞美神。唱完圣歌后，他就开始从必死的存在走向不朽的生命。斐洛说，这些例子证明了摩西这位立法者的仁爱和友情，这是他借天生的善良恩赐所拥有的品质，也是从圣言里学习得来的结果。③

圣经非常重视悔改。旧约引导罪人为自己的罪作补赎，并且通过各种礼

---

① ［古罗马］斐洛：《论美德》，斐洛：《论凝思的生活》，石敏敏译，中国社会科学出版社2004年版，第141页。

② 同上书，第149页。

③ 同上书，第154页。

仪为悔改准备道路。然而，那些外在的悔改礼仪常常受到先知们的指摘，因为悔改的最重要因素在大多数情况下被搁置一旁。为了能使罪人得到救治并且能在上帝面前存立，旧约召叫罪人重新回到上帝那里。除个人悔改之外，旧约还要求人们做一种集体性悔改，因为人们对上帝所持有的集全性盲目和不忠的行为表明他们作为一个整体已经忘记了与上帝所立的盟约。因此，以色列作为一个整体被召叫悔改并重新投身上帝。① 斐洛对于圣经中的悔改召叫也作了寓意解释。最圣洁的摩西是如此深爱德性，尤其爱他的同胞，劝告他们都要追求虔诚和公正，对于悔改者，他为他们庆祝胜利，大大地奖赏他们，使他们成为优秀公民，享有这种公民所有大大小小的恩福。斐洛认为，在各种价值中，最高的价值就身体来说就是健康不生病，就灵魂来说就是记住该记住的东西，不出现遗忘；其次则是各种形式的改正，生病之后康复，发生遗忘后随即回忆起来。在他看来，在各种价值中，悔改虽然不算首要的、最高的价值，但也仅次于最高的，占据着第二的位置。其理由是，要说绝对无罪，惟有神才如此，某个圣人也可能如此，普通人是不可能做到的。"人若能从罪恶状态转变到无可指责的纯洁状态，就足以表明他是有智慧的，对与他有益的东西并不是完全无知的。"② 他认为，从愚昧到敏锐，从放任到节制，从不公正到公正，从怯懦到勇敢，义无反顾地奔向各种德性，抛弃邪恶那个恶妇，这是值得赞赏且非常有益的事。他打比方说，他们原来是瞎子，但如今已经恢复了视力，从深不可测的黑暗中出来，看到了最明亮的光辉。③ 他相信，"只要把荣耀归于神，所有其他美德就必接踵而至，这就像阳光下影子必跟随身体一样确定无疑。"④

　　人们通常赞颂高贵出身的人，认为那些身后有许多富有而显赫的祖先的人就是高贵的，并把高贵看作是最大最美的恩赐。斐洛认为这种看法应该受到严厉的指责。在他看来，真正的善不可能存在于外在的事物之中，也不可能存在于受造的事物之中，甚至也不是存在于灵魂的任何部分，它只存在于灵魂的最优秀部分。当神出于怜悯和仁慈而要在我们中间建立善的时候，他发现地上没有一个地方能比灵魂的理性官能更有价值，于是就把它看作是惟

---

　　① 参见［德］白舍客：《基督宗教伦理学》（第一卷），静也、常宏等译，雷立柏校，华东师范大学出版社 2010 年版，第 365—367 页。

　　② ［古罗马］斐洛：《论美德》，斐洛：《论凝思的生活》，石敏敏译，中国社会科学出版社 2004 年版，第 175 页。

　　③ 参见上书，第 176 页。

　　④ 同上。

一的高贵的处所，把善良放在里面。"他认为，高贵在于获得美德，而不在于出身；认为拥有美德的人，而不是出于具有高尚品德的父母的人，才是高贵的"①。斐洛认为，这种观点可以从许多例子中得到证实。比如，从高贵角度来论，第一个人的出生是最高贵的，无人能比，因为他是大雕塑家神亲自造出来的，并把自己的权能分给他，从一定意义上看，他就是神的像。这样的一个人原本应当保持这个像不受玷污，尽其所能地继承他父亲的德性。然而，一旦把两种相反的东西摆在他面前，要他取舍：善良和邪恶、高贵与卑贱、真理与虚假，他却毫不犹豫地选择了虚假、卑贱、邪恶，而把善良、高贵和真理弃之一旁。由此导致的结果是，他失去了不朽，换来了朽坏；丢掉了自己的神圣和快乐，迅速滑向劳碌而悲惨的命运。②斐洛说，这个事例以及其他事例可以作为人类共同的纪念牌，时时提醒我们，人若自身不具有真正的优秀品质，就不得因为种族的伟大而炫耀自己。③由此斐洛得出了一个十分重要的结论："在智慧人看来，没有什么东西比美德更高贵，它是人终身的首领，人就如战士为它而战，在这种精神支配下，他们不惧怕任何被他们看作是部下的人的命令。所以，两面的、诡诈的人往往被认为是奴颜婢膝的，奴性十足的。"④

斐洛认为，高贵来自于德性，而德性不在天边，也不在周围的其他人那里，而就在你自己身上，就在你的灵魂中。它是我们的天父神埋在我们心中的种子，只要我们像农民那样辛勤耕耘和精心培育，它就会生根、开花，结出硕果。"其实，寻求美德何须在地上远足，在海上远航，它们的造主已经把它的根基立在我们附近，就如犹太人的立法者所说的：'在你口中，在你心里，在你手上。'当然，所有这些都需要栽培者的技能。那些懒散成性、不愿劳作的人，不仅妨碍生长，还使根须枯萎、死亡。而那些认为懒惰行为有害，愿意劳作的人，就像农夫一样对待优质幼苗。他们通过不断地细心培植，使美德长出杆子，直升到天上，幼树开出永不凋谢的花，结出并不断结出快乐的果子，或者如某些人所认为的，与其说结出的果子是快乐的，还不

①　［古罗马］斐洛：《论美德》，斐洛：《论凝思的生活》，石敏敏译，中国社会科学出版社2004年版，第180页。

②　参见上书，第180—181页。

③　同上书，第182页。

④　［古罗马］斐洛：《善人皆自由》，斐洛：《论凝思的生活》，石敏敏译，中国社会科学出版社2004年版，第264页。

如说快乐就在它们自身里面。"①

（四）自由与奴役

斐洛非常推崇自由而贬斥奴役，并认为这是众所周知的真理，即：自由是可敬的东西，奴役是可耻的东西；可敬的东西与好人相关，而可耻的东西总与恶人相关。② 他阐述说，自由是可贵的、可敬的，奴役是可恶的、可耻的，这种观点在许多国家都得到了证明。③ 他借战场上的指挥官之口表达了他对自由的歌颂："士兵兄弟们，奴役是万恶中最可恶的，我们必须把它赶出去。自由是人最宝贵的恩福，我们绝不能让它失去。自由乃快乐的源头和泉源，一切其他益处都是从它流出来的。"④ 他还引用了古希腊著名悲剧作家欧里庇得斯（Euripides，前480—前406）的诗句"自由的名字值整个世界；人若少有自由，就当多想想自由"⑤ 赞美自由的崇高价值。他认为，凡真正高贵的人，没有一个是奴隶，也没有一个愚拙的人是自由的。就算他是一个大富豪、大财主、能点石成金的弥达斯人（Midas），或者就是帝王本人，也无不如此。⑥

斐洛把自由与奴役看作是对立的范畴，并将两者联系起来讨论。他认为，就奴役来说，一方面可以指身体的奴役，另一方面也可以指灵魂的奴役。身体以人作为它们的主人，而灵魂的奴役者是指灵魂受到邪恶和情欲的奴役。与此相对应，自由也有两种：一种自由使身体脱离强制，另一种自由则使心灵脱离情欲支配。他认为，没有人把第一种自由即身体的自由作为考察的主题，因为人生中有太多的起起落落，在许多场合、许多时候，拥有高尚德性的人因为命运的打击失去他们生而有之的自由。那么，我们所要考察的是后一种自由，即灵魂的自由，也就是考察这样的一些人（这样的人，他称为"好人"或"善人"），"他们从来没有受缚于欲望、恐惧、享乐、忧愁的轭下，可以说，他们已经挣脱了牢狱和紧紧捆绑他们的锁链"⑦。

---

① ［古罗马］斐洛：《善人皆自由》，斐洛：《论凝思的生活》，石敏敏译，中国社会科学出版社2004年版，第246—247页。
② 参见上书，第260页。
③ 参见上书，第261页。
④ 同上书，第261页。
⑤ 同上书，第262页。
⑥ 参见上书，第260—261页。
⑦ 同上书，第236页。

斐洛的一个基本观点是只有好人（有德性的人）才是自由的，而恶人是真正的奴隶。他认为，自由的根本特征就是按自己的意愿行事，其前提就是人有独立和自主，好人的根本特点正在于他没有许多累赘，而能独立自主地按自己的意愿行事，而恶人则相反。"没有哪两样东西比独立和自主更加密切相关的，因为恶人有许多累赘，诸如热衷金钱、名誉、享乐，但好人毫无累赘。他昂首屹立，藐视情爱、恐惧、胆怯、忧愁，以及诸如此类，如同拳击场上的胜者傲视败者。他已经学会鄙视那些最目无法纪的人加在他身上的种种规定，他对自由的切慕激动着他的心灵，自由的应有之意就是不顺从任何命令，不遵从任何意志，只按它自己的意愿行事。"[①]同时，好人也都是有智慧的人，他们善于生活，快乐，坚定，具有高尚的德性，有力量支配任何东西，因而他们在生活中是自由的；相反，恶人则都是愚蠢的人，他们在生活问题上是外行，没有真正的快乐，不能支配任何东西，甚至也不能主宰自己的事情，因而全都是奴隶。[②]

斐洛提出了多种好人是自由人而不是奴隶的论证，其中一个较有说服力的论证是：凡不能被强迫做任何事，也不可能被阻止做任何事的，不可能是奴隶；而好人既不可能被强迫，也不可能被阻止，因而，好人不可能是奴隶。好人既不能被强迫也不能被阻止这一点是显而易见的。当人欲望得不到满足时，他才是被阻止的，而好人想要的东西就是源于德性的东西，他本人就是由这些东西构成的，所以他不可能求不得。人若是被强迫的，说明他的行为是与意愿相悖的。任何行为要么是出于德性的善行，要么是出于邪恶的恶行，也可能是不善不恶的行为。好人行善当然不是出于强迫，而是自愿的，因为他所行的一切都是他认为有利和值得的事。恶行就是必须避免的事，好人绝不会去做它们。在无善无恶的事上，他自然也不是在强迫下做的。对这些事，他的心灵训练有素，就像立在天平上，保持不偏不倚，既不因为它们力量大而顺服它们，也不因认为它恶而反感它们。由此可以清楚地看出，他从来不做自己不愿做的事，从来不做被迫做的事；倘若他是奴隶，就必然是被迫做的。由此可以推出，好人必是自由人。[③]

斐洛还提供了另一个较有说服力的好人是自由人的论证。这个论证就是

---

① ［古罗马］斐洛：《善人皆自由》，斐洛：《论凝思的生活》，石敏敏译，中国社会科学出版社2004年版，第237页。

② 参见上书，第243、241页。

③ 参见上书，第245页。

所有好人彼此谈论时都是平等的。他认为，以下这两句话包含了深刻的哲理：“凡有律法的地方就没有奴隶”；“你若是奴隶，就没有说话的权利”。正如音律使所有懂音乐的人能在平等的基础上讨论音乐，语法、几何律使各自领域里的专家能在同一平台上交谈一样，人类生活和行为中的律法也使那些精通生活问题的人彼此有类似的平等基础。而好人都是这些问题上的能手，因为他们对自然本性方面的所有问题都十分内行。有些好人被公认是自由的，因而凡有权利与这些好人平等交谈的人都是自由的。这样推导出来的结论就是，没有一个好人是奴隶，凡好人皆自由。他还按照同样的论证方法，证明愚人就是奴隶。[1]

荷马常常把国王称为“人民的牧人”。斐洛认为，按照自然的本意，这个头衔应给予好人。因为国王更多时候倒处于羊的位置，而不是牧人的位置。他们受制于好酒、美色、厨师和甜食师所做的珍馐佳肴，更不要说对金银和勃勃野心的追逐了，因而他们事实上是奴隶；而好人，没有什么东西能束缚他们，他们才是自由而超脱的，应该成为真正的主人（牧人）。[2]

要获得自由，首先必须具有坚强的意志，对奴役具有免疫力。他认为，好人心里有建立在理性基础上的坚定的决意，因而坚不可摧，迫使施暴者精疲力竭地放弃，除非他自己甘心不按自己的论断行事。[3]“什么样的人对奴役具有免疫力？就是那不仅对死毫不在意，对贫困、不名誉、痛苦以及其他大多数人都视为邪恶的东西都无动于衷的人。”[4]这样的人就是哲学家或自由人，也就是他所理解的好人。在他看来，真正的邪恶存在于多数人心里，表现在他们的论断里，使他们只根据奴仆所从事的工作来考验他，只把眼睛盯在他所做的事上，而不关注他那自由活泼的心灵。凡以卑劣的灵魂违背自己正当的论断行卑鄙而可耻的事的，就是真正的奴隶。凡调整自己的身心顺应所处的环境，甘心并耐心地忍受命运的打击，认为世上无新事，凭借勤勉的思考使自己相信，凡属神的都拥有永恒的秩序和快乐，凡属人的只能在环境的浪涛中颠来倒去，不稳定地摇来摆去，从而高贵地忍受临到他头上的一切事，这样的人就是十足的哲学家和自由人。这样的人绝不会谁的命令都服

---

①　参见［古罗马］斐洛：《善人皆自由》，斐洛：《论凝思的生活》，石敏敏译，中国社会科学出版社2004年版，第243页。

②　参见上书，第239页。

③　参见上书，第238页。

④　同上书，第237—238页。

从，就算用暴行、苦痛、无论多可怕的威胁恐吓他，他都必然公然大胆地加以拒斥："就算你剥了我的皮，吃了我的肉，喝干我的黑血；除非星辰落到地下，大地升到天上，你才能从我嘴里听到奉承谄媚的话语。"①

要获得自由，其次还必须凭理智行事。在斐洛看来，理智对于获得自由具有重要意义，缺乏理智就会变得轻飘飘，没有稳定性，而有良好的理智则立场坚定，根基扎实，从不摇来摆去，具有不能撼动的重量。犹太人的立法者说智慧之人的手是沉重的，借此比喻指出，他的行为不是肤浅的，而是有坚实基础的，是出于那永不动摇的心灵的产物。②关于理智的这种基础作用，他有一个推论，即："凡理智行事的人，总能行得好；凡行得好的人，总能行得正当；凡行事正当的，所行的事也必然是无瑕疵的、无错误的、无可指责的、没有害处的，因而，这样的人必有能力做任何事，必能按自己的愿望生活；凡有这样的力量的人，必是自由的。"③在他看来，好人总是理智地行事，所以，唯有好人是自由的。

要获得自由，还得敬神守法。在斐洛看来，一个人要获得自由，归根到底要尊敬神、服从神，按律法行事。索福克勒斯（Sophocles，约前496—前406）的悲剧中有一句台词："我的主是神，不是人。"斐洛对这句台词非常欣赏。他说，我们来听听他的声音吧，他所说的话与任何一种德尔斐神谕一样是真实可靠的。一点也没错，唯有把神作为自己的主的人，才是真正自由的人。不仅如此，这样的人也是其他众人的头，因为他已经从那伟大的、不朽的王得到了授权，管辖地上的一切造物。虽然他还是人，但他是代表这位王行使权力的总督。④斐洛还从所有好人都是平等的证明他是自由的。尊敬神、服从神，就是要按律法行事。按律法行事，可以克服各种激情和欲望，从而获得自由。按律法行事，也就是按照健全的理性行事，因为健全的理性就是正确的律法。"那些被忿怒、欲望或其他激情，或者任何阴险的邪恶支配的人，就完全处于奴役状态，相反，凡根据律法来规范其生活的人都是自由的。健全的理性就是一种永远正确的律法，这律法不是刻在这个人或那个人身上，不然，人死了，律法也就消失了；也不是刻在羊皮纸上或板皮上，

① 参见［古罗马］斐洛：《善人皆自由》，斐洛：《论凝思的生活》，石敏敏译，中国社会科学出版社2004年版，第237—238页。
② 参见上书，第239页。
③ 同上书，第244—245页。
④ 参见上书，第236—237页。

不然，就像它们一样是无生命的；它乃是由不朽的自然刻在不朽的心灵里，永远不会磨灭。"①

　　在斐洛看来，一个人要成为自由的，关键还是在于人具有自由的品质，这种自由的品质归根到底就是德性品质，而这种品质需要培养。如果心灵是受欲望驱使的，或者是受享乐诱惑的，或者因为恐惧偏离自己的正道，或者伤心颤抖，或者愤怒无助，那么它就使自己处于奴役状态，并且使拥有这种心灵的人成为一群主人的奴隶。但是它如果以健全的理性征服无知，以自制克服放纵，以勇敢克服怯懦，以公正战胜贪婪，那它就不仅赢得了自由，还获得统治权的恩赐。如果一个人的灵魂还没有获得任何一种品质，既没有奴役的品质，也没有建立自由的属性，那它就还是婴儿，一无所有。他说："这样的灵魂必须给予照顾和哺育，先给它灌注流质，代替牛奶，就是让它接受学校里的各门课程；然后，再填入硬一些的精肉，就是教它哲学。通过这样的喂哺使它成长为男子汉，富有强健的体魄，最终必到达快乐的顶点，这就是芝诺，或者比芝诺更高的神谕吩咐我们追求的走向自然的愉快生活。"②

二、奥古斯丁对基督教德性思想的系统构建

　　奥古斯丁（Augustine of Hippo，拉丁文为 Aurelius Augustine Hipponensis，354—430）是出生于塔加斯特（今阿尔及利亚）的苏克阿赫腊斯城的早期基督教最杰出神学家和教父哲学家。他任希波主教三十年，始终不渝地致力于传教事业，他不是宣讲《圣经》，阐释教义，就是论证神学，创立理论。他极其推崇柏拉图，"认为一切哲学家都该让位于柏拉图"③，并成功地运用柏拉图哲学讨论各种基督教神学问题，为基督教教会建立了一套完整的基督教哲学理论体系，即奥古斯丁主义。他无论是在神学思想上还是哲学理论上，对基督教的贡献都是极其巨大的。在 13 世纪托马斯主义崛起之前，奥古斯丁主义一直被基督教教会奉为官方哲学。在托马斯主义占据统治地位之后，奥古斯丁主义在基督教教会仍然受到尊重，直至今天还有着不少的信奉者。

---

　　①　［古罗马］斐洛：《善人皆自由》，斐洛：《论凝思的生活》，石敏敏译，中国社会科学出版社2004年版，第242页。

　　②　同上书，第265—266页。

　　③　［英］罗素：《西方哲学史》上卷，何兆武、李约瑟译，商务印书馆1963年版，第440页。

按照罗素的说法，"圣奥古斯丁固定了一直到宗教改革为止的教会神学，以及以后路德与加尔文的大部分教义。"① 奥古斯丁宣扬、阐释、研究《圣经》四十余年，总共著述 90 余种、230 余部，此外还有不少书信和布道等短篇作品。他的著述有侧重神学的，也有侧重哲学的，但两者不能截然分开，其哲学著述主要是为其神学服务的。其中与伦理学、德性论直接相关的主要著作有：《忏悔录》（*Confessiones, Confessions*）、《论三位一体》（*De Trinitate, On the Trinity*）、《上帝之城》（*De civitate Dei, Of the City of God*）、《论基督教教义》（*De Doctrina Christiana, On Christian Doctrine*）、《论自由意志》（*De liberoarbitrio, On Free Chioce of the Will*）、《论本性与恩典》或译为《本性与恩惠》（*De natura et gratia, On Nature and Grace*）、《论幸福生活》（*De beata vita, On Happy Life*）、《信望爱手册》（*Enchiridion,Handbook on Faith, Hope, and Love*）、《独语录》（*Soliloquia*）等。

"奥古斯丁像古代大多数道德家一样，把他的伦理学说建基在这样的前提上，即每个人都向往幸福，而且确定这一至善是什么以及如何才能获得它是哲学的任务。"② 奥古斯丁不仅研究一般伦理学问题，而且研究了一些现实的伦理问题，如撒谎、谋杀、性等。按照安东尼·肯尼的看法，他对于特定的伦理问题的贡献大于他对道德性质的总体看法。③ 奥古斯丁在德性论上的最大贡献在于两个方面：一是他立足于《圣经》的阐释，从人与神关系的角度阐释了信望爱这三种神学德性的含义及其对于堕落后具有原罪本性的人获得上帝的恩典从而获救的重要意义，第一次确立了信望爱在西方德性思想史上的重要地位；二是通过对"尘世之城"与"上帝之城"两个国度的区分系统阐述了基督教的社会德性思想，指出永恒和平是人类尘世生活的最终目的和最终之善，从而表达了基督教的社会理想。奥古斯丁的德性思想与他的神学思想紧密相连，不了解他的上帝观、自由意志观、犯罪与恩典观、善恶观等基督教思想，是根本无法理解他的德性思想的。他在德性论上的贡献像在神学和哲学上一样，具有划时代的意义，正如基督教思想史家冈察雷斯（Justo González）所说："奥古斯丁标志着一个时代的结束和另一个时代的开始。他是最后一位古代基督教作家，又是中世纪神学的先驱者。古代神学的

① ［英］罗素：《西方哲学史》上卷，何兆武、李约瑟译，商务印书馆 1963 年版，第 413 页。
② ［英］安东尼·肯尼：《牛津哲学史》第二卷·中世纪哲学，袁宪军译，吉林出版集团有限责任公司 2010 年版，第 265 页。
③ 参见上书，第 288 页以后。

主要流派汇合在他身上，从他身上发展起来的不仅是中世纪的经院主义，而且还有 16 世纪的新教神学。"①

（一）"三位一体"的上帝观

奥古斯丁对上帝的研究是以他对上帝的虔诚信奉为前提的，而他对上帝的信奉经历了一个曲折的过程。奥古斯丁在青少年时代接受过完备的学校教育，但他生性顽劣，做了不少坏事，如逃学旷课，打架斗殴，寻花问柳，与情人同居生子并将其抛弃。不过他的羞耻心并未泯灭，常为自己的各种错误和罪恶感到焦虑不安。他 19 岁那年读了西塞罗的著作后对哲学产生了浓厚的兴趣，并决心追求永恒真理，探索罪恶的根源。为此，他接触了《圣经》，但没能读懂，也没有接受基督教的信仰。后来，他又转向摩尼教，前后长达九年之久，一直是该教的一名热心听众，后因对其失望而离开了它。其后大量阅读了柏拉图派的著作，深受柏拉图主义和新柏拉图主义的影响。这种哲学一方面使他"懂得在物质世界外找寻真理"②，改变了原来将上帝当作物质实体的看法；另一方面接受了普罗提诺把恶解释为善的匮乏这种观点，并摆脱了摩尼教的善恶二元论。以柏拉图主义为参照系，奥古斯丁重读了《圣经》，特别是保罗书信，他不仅感到《圣经》与柏拉图派哲学和谐一致，而且看到了《圣经》超越柏拉图学派思想之处。这就是"基督甘取奴仆的形象，通过耶稣在十字架上的死亡，担负起了人类死亡的痛苦与恐惧，开辟了一条通往真理、通往永恒的道路。"③这样，长期以来一直困扰着他的罪恶与死亡这两大问题终于迎刃而解了，他也在经过长期的思想斗争后于 33 岁时最终皈依了基督教，真诚地信奉上帝，并成为了最著名的基督教教父哲学家。

对上帝是什么这一问题，他在《忏悔录》和《独语录》中有两段集中的、总体的阐述。"我的天主，你究竟是什么？我问：你除了是主、天主外，是什么呢？'除主之外，谁是天主？除了我的天主外，谁是天主？'（《圣经·诗篇》17：32）""至高、至美、至能、无所不能、至仁、至义、至隐、

---

① ［美］胡斯都·L. 冈察雷斯：《基督教思想史》第 2 卷，陈泽民等译校，译林出版社 2010 年版，第 9 页。

② ［古罗马］奥古斯丁：《忏悔录》，周士良译，商务印书馆 1963 年版，第 133 页。

③　王晓朝："中译本序"，［古罗马］奥古斯丁：《上帝之城》，王晓朝译，人民出版社 2006 年版，第 11 页。

无往而不在，至美、至坚、至定、但又无从执持，不变而变化一切，无新无故而更新一切；'使骄傲者不自知地走向衰亡'（《圣经·约伯记》9：5）；行而不息，晏然常寂，总持万机，而一无所需；负荷一切，充裕一切，维护一切，创造一切，养育一切，改进一切；虽万物皆备，而仍不弃置。你爱而不偏，嫉而不慎，悔而不怨，蕴怒而仍安；你改变工程，但不更动计划；你采纳所获而未有所失；你从不匮乏，但因所获而欢乐；你从不悭吝，但要求收息。谁能对你格外有所贡献，你便若有所负，但谁能有丝毫不属于你呢？你并无亏欠人，而更为之偿；你免人债负，而仍无所损。"[①]"你是真理之父、智慧之父，是最真的至上生命的父，你是幸福之父、善和美之父，是理智之光的父，是使我们醒来并启蒙我们的父，是那盟约，警示我们归向你的盟约的父。""我呼吁你，上帝啊，你是真理，在你、靠你、由你，一切真实的事物才为真实；你是智慧，在你、靠你、由你，一切智慧才为智慧；你是真实的至上的生命，在你、靠你、由你，一切有生命之物才有真实完满的生命；你是幸福，在你、靠你、由你，一切幸福才成为幸福；你是善、是美，在你、靠你、由你，一切善和美才成为善和美；你是理智之光，在你、靠你、由你，一切有理智之光的事物才有它们的理智之光。"[②]

奥古斯丁对上帝的存在及其真理性、善性和能力提出了不少的论证。奥古斯丁认为，人们可以用三种方法证明上帝存在：一是根据宇宙的秩序，二是根据万物的等级，三是通过人的内心思辨。他本人似乎最喜欢并常用第三种方法，这种方法实际上是形而上学思辨的先验方法。"我读了柏拉图派学者的著作后，懂得在物质世界外寻找真理，我从'受造之物，辨识你形而上的神性'，虽则我尚未通彻，但已认识到我灵魂的黑暗不容许瞻仰的真理究竟是什么，我已经确信你的实在，确信你是无限的，虽则你并不散布在无限的空间。确信你是永恒不变的自有者，绝对没有部分的，或行动方面的变易，其余一切都来自你，最可靠的证据就是它们的存在。"[③]他在《忏悔录》中对他是如何认识上帝的进行了描述——他是这样逐渐上升的：从肉体到达凭借肉体而感觉的灵魂；进而是灵魂接受器官传递外来印象的内在力量；更进一步便是辨别器官所获得的印象的判断力，因此即达到理性本身；理性使

---

① ［古罗马］奥古斯丁：《忏悔录》，周士良译，商务印书馆1963年版，第5—6页。

② ［古罗马］奥古斯丁：《独语录》，奥古斯丁：《论自由意志》，成官泯译，上海人民出版社2010年版，第4—5页。

③ ［古罗马］奥古斯丁：《忏悔录》，周士良译，商务印书馆1963年版，第133—134页。

他的思想清除积习的牵缠，摆脱了彼此矛盾的种种想像，找寻到理性之所以能毫不迟疑肯定的不变优于可变根源，那就是受一种光明的照耀；最后在惊心动魄的一瞥中，得见"存在本体"。他说，他这时才懂得上帝形而上的神性如何能凭所造之物而辨认洞见。①

关于上帝的真理性，他论证说，上帝除了是真理外不是别的，若我们得见真理，便得见上帝，但我们内在的眼睛太弱了，以致不能凝视真理本身。②关于上帝的善性，奥古斯丁作了更多的论证和论述。他认为，上帝是善本身，是不变的善，善中之善，我们因为他而爱我们所爱的无论什么善。所以，若我们能见到我们得以爱任何别的善物，得以生存、运动并存在的这个善，我们就能见到上帝。③他说："这便是我们应如何爱上帝，不是这个或那个善，而是善本身，我们也应寻求灵魂的善，不是它能在判断中盘旋其上的小善而是它能以爱攀附的大善，除上帝，这还能是什么呢？不是善的心灵、善的天使或善的诸天，而是善的善。"④在他看来，除非有一个不变的善，否则是不会有可变的善物的。当你听说此善物、彼善物，即或在别的时候称为不善之物的善物，如果没有这些因分有善而善的东西，你就不能觉知事物因分有它而善的善本身；如果你能把它们放到一边，只觉知善本身，则你就将觉知上帝了。如果你在爱中依附他，你就会径直进入到福。别的事物之被爱只是因为它们是善的，如果你过于依恋它们，你就会感到羞愧，因为你没有爱那使得它们善的善本身。⑤他还从灵魂的角度对上帝的真理性和善性作了论证。"还有一点，灵魂，只因为它是灵魂，即便它还未因转向那不变的善而善，而仅仅是灵魂，也得到我们的高度尊重，若我们对它有正确的理解，便会喜欢它甚于任何物质的东西，甚至光；然而我们并不看重它本身，而是看重使它得以被造的艺术。因为我们看重它一度被造的原因，是看到了它为何值得一造的原因。这原因、这艺术是真理、单一的善；因它不是别的，正是善本身，亦是最高善。毕竟，能增减的善是另一善得其成为善的善。"⑥

---

① 参见［古罗马］奥古斯丁:《忏悔录》，周士良译，商务印书馆1963年版，第121页。

② 参见［古罗马］奥古斯丁:《论三位一体》，周伟驰译，上海人民出版社2005年版，第218页以后。

③ 参见上书，第221页。

④ 同上书，第221页。

⑤ 参见上书，第222页。

⑥ 同上书，第222页。

对于上帝的能力，奥古斯丁也给予了许多论证和赞颂。"你是高高在上而又不违咫尺，深奥莫测而又鉴临一切，你并无大小不等的肢体，你到处充盈却没有一处可以占有你的全体，你不具我们肉体的形状，但你依照你的肖像造了人，人却自顶至踵都受限于空间之中。"[①]"主啊，你知道一人有多少头发，没有你的许可，一根也不会少；可是计算头发，比起计算人心的情感活动还是容易！"[②]他甚至认为，就允许恶存在而言，也体现了全能上帝的美意。他说："我们也不能怀疑，即使在允许邪恶存在之中也有上帝的美好旨意。因为只有他断定为公义的事，才会允许其存在。而凡公义的事必定是好事。所以，邪恶就其恶的性质而言，虽不是好事，而恶与善并存却是一件好事。恶的存在若不是好事，全能之善就不会允许其存在。"[③]

由此可以得出结论，奥古斯丁将上帝视为至高无上的真善美，他是全智全能全善的，是一切真理、智慧、幸福、善和美的终极源泉，也是宇宙万物的创造者和管理者。他的这些看法和结论，并没有多少本体论的论证，而是根据《圣经》概括、总结、提炼和阐发的，其前提是对上帝的信仰，所以与其说是研究的结论，不如说是对上帝的颂歌。这里突出体现了奥古斯丁上帝观的神学而非哲学的特征。如果说奥古斯丁的思想包含着本体论的部分，那他的本体论也是神学的本体论，而不是哲学的本体论，是信仰主义的，而不是理性主义的。

奥古斯丁以上关于上帝的看法，不仅基督教徒可以接受，以旧约《圣经》为基本经典的犹教徒也应该能接受。但是，基督教和犹太都是一神教，新约《圣经》出现后，对于基督教徒来说，就存在着一个新约《圣经》中出现的圣子耶稣和圣灵与作为圣父上帝的关系问题。这个问题涉及基督教的信仰问题，如果得不到解决，信仰就会发生动摇。

基督教脱胎于犹太教，并将犹太教的旧约《圣经》接受为经典。犹太教的信仰对象是很明确的，即耶和华，但对于基督教徒来说，由于在耶和华之外尚有耶稣基督，以及圣灵，因而对三者之间的关系，尤其是耶稣与耶和华的关系应如何理解，首当其冲。耶稣一旦被视为基督或救世主（"基督"的原意就是"救世主"），并进而视为上帝，就会出现这样的问题：耶和

① ［古罗马］奥古斯丁：《忏悔录》，周士良译，商务印书馆1963年版，第95页。

② 同上书，第65—66页。

③ ［古罗马］奥古斯丁：《论信望爱手册》，奥古斯丁：《论信望爱》，许一新译，生活·读书·新知三联书店2009年版，第95—96页。

华是上帝，耶稣也是上帝，如果再把圣灵也被视为上帝，那岂不是有三个上帝？如果说基督教只有一个上帝，那不就是说三等于一吗？为解决这个问题，人们想出了许多办法。阿里乌派（Arianism）的办法最简单，即否认耶稣的神性，只把他看作是一个人，而不是神。撒伯里乌派（Sabellianism）主张上帝只有一个，分别现身为三个不同的形象，即圣父、圣子（基督）和圣灵。虽然上帝有三个形象，但只有一个上帝。阿塔拿修（Athanasius）等人则主张基督是圣父所出的圣子，在神性上是与圣父完全平等的，因而耶稣也是上帝。早期基督教教会的神学家们为此绞尽脑汁，彼此争得不可开交。最后在罗马皇帝的干预下，于 325 年尼西亚大公会议和 381 年君士坦丁堡大会会议上确认，耶稣基督是上帝，与耶和华同"质"，圣灵亦如此，三者在神性上是完全平等的。于是就逐渐出现了"三位一体"的概念，即"一个存在，三个位格"（miaousia, treishypostaxeis）。① 这里就存在着如何解释这三个"位格"是一个上帝而不是三个上帝、如何解释这里的"三"和"一"的关系问题。这个问题是奥古斯丁自 386 年皈依基督教以后一直在思考的问题之一。关于这个问题他写了《论三位一体》这部最具代表性的教父哲学巅峰之作，在《独语录》以及其他著作中也大量地谈论这一问题。他关于这一问题的观点是他对基督教的独特贡献，并因而成为了基督教的正统学说。

奥古斯丁曾说，"敬虔生活的真实基础，是在于有一种正确的上帝观。"② 那么这种正确的上帝观是什么呢？他自己回答，"这种正确的上帝观包括我们相信他是全能的，是绝对不变的，是美好万物的创造者——但他自己比这些受造物更优秀，是受造物绝对公义的管理者，又是自足的，因此他在创造作为中并不从谁得到什么帮助。他从无创造万有。至于那位与他平等的，却不是由他创造的，而是由他生的。这位我们称之为上帝的独生子。我们若要说得清楚些，我们要称他为上帝的权能，上帝的智慧，借着他上帝从无创造了万物。"③ 显然，在他看来，正确的上帝观，不仅包括相信上帝是全智全能全善的万物创造者和管理者，是终极真理、终极价值和终极实在，而且要对圣父、圣子和圣灵之间特别是圣父与圣子之间的关系有一种正确的认识。

---

① 参见"中序者序"，［古罗马］奥古斯丁：《论三位一体》，周伟驰译，上海人民出版社 2005年版，第 3—4 页。

② ［古罗马］奥古斯丁：《论自由意志》，奥古斯丁：《恩典与自由》，奥古斯丁著作翻译小组译，江西人民出版社 2008 年版，第 6—7 页。

③ 同上。

　　奥古斯丁对这三者之间关系看法的根据是《圣经》及其正统解释者的诠释。当时的大公教会中有一批新旧两约的注释者，他们都是按照《圣经》来理解三者的，认为他们是在一个实体的不可分离的平等中展现出其统一的，因此没有三个神而只有一个神。尽管事实上父生了子，因此父不是子；子是由父所生，因此子不是父；但圣灵既不是父也不是子，而只是父和子的灵，他本身是与父和子同等的，属于三位合一体。①他自己在《论三位一体》中明确说："并非三位而只是子一位由童贞女玛利亚所生，在本丢彼拉多手下被钉死在十字架上，葬了，第三天复活，升天。也并非三位而只是圣灵一位像鸽子在耶稣受洗时降在他身上，而且在主升天之后五旬节那天，当'从天上有响声下来，好像一阵大风吹过'（《圣经·使徒行传》2：2）的时候，'如火焰的舌头，分开落在他们各人头上'（《圣经·使徒行传》2：3）。也不是三位而只是父一位，当子受约翰的洗，又当三个门徒同他在山上，从天上说'你是我的儿子'（《圣经·马可福》1：11），并且说'我已经荣耀了我的名，还再荣耀'（《圣经·约翰福音》12：28）。虽然如此，父、子、灵既然是分不开的，他们的工作也就是不能分开的了。这也是我的信仰，因为这是大公教会的信仰。"②

　　奥古斯丁不仅同意这种看法，而且从这种三位一体观来理解上帝。在他看来，上帝并不只指圣父，也指圣子、圣灵，三者加在一起才构成上帝。"这两位我们称作圣父和圣子，这两位再加上圣灵才是上帝。圣父和圣子的灵在圣经中的特称是'圣灵'。""但是圣灵是圣父和圣子之外的另一位，因为他既不是圣父又不是圣子。但我说的'另一位'不是'另一样东西'，因为它也像圣父和圣子一样单纯，也像他们一样是不变的和永恒的至善。"③

　　那么，他们三位为什么是三位一体的，是一位神呢？这是由它们的单纯性决定的。奥古斯丁认为，尽管上帝是三位一体，但他仍旧是单纯的。奥古斯丁对什么是这里所说的"单纯的"作了一个解释："所谓单纯的，就是那些最根本的、真正的神圣的东西，因为在这些东西里面基质和性质是一回事，因为它们是神圣的，或智慧的，或幸福的，而无需分有其他并非它们自身的东西。"④就是说，圣父、圣子、圣灵三者的基质和性质是完全一样的，

---

① 参见［古罗马］奥古斯丁：《论三位一体》，周伟驰译，上海人民出版社 2005 年版，第 33 页。
② 同上。
③ ［古罗马］奥古斯丁：《上帝之城》上卷，王晓朝译，人民出版社 2006 年版，第 456 页。
④ 同上书，第 458 页。

其体现就是它们是神圣的、智慧的、幸福的、自足的，也就是善的。善的本性是单纯的，而"善只存在于圣父那里，或只存在于圣子那里，或只存在于圣灵那里"，所以他们的本性是单纯的，或者说三位一体是单纯的，也因而他就是他之所是。也就是说，上帝就是三位一体的真神，我们只是谈到位格之间的相互关系时才这样说，即：圣父确实有一位圣子，然而圣父本身并非圣子；圣子也有一位圣父，然而圣子本身并非圣父。但提到他本身的时候，在不涉及位格之间相互关系的时候，他就是他之所是。就这样，我们在提到他本身时说他是活的，因为他有生命，他就是他拥有的生命本身。[①]

　　奥古斯丁坚决反对那些追随撒比留斯的异端分子的观点。他们认为，三位一体仅仅是个名称，位格之间并无真正的区别。奥古斯丁指出，任何彼此相对而言的名称，如父、子及其恩赐（或礼物）圣灵，都是在三位一体里的。三位一体不是父，不是子，亦非圣灵，他们分别属于几个位格。但是，不管他们就其自身而言分别被称作什么，三位一体也都是在单数上被称作一而非复数三。因此，父是上帝，子是上帝，圣灵亦是上帝；父善，子善，圣灵亦善；父全能，子全能，圣灵亦全能；存在的却非三个上帝，或三个善者，或三个全能者，而是一个上帝，又善又全能，即三位一体本身。三位一体中凡不是相对彼此而仅就其自身而被称呼的均如此。它们是就存在而被如此称呼的，因为在这里存在与伟大、善、智慧及每个位格或三位一体本身就其自身而言只是称呼不同而已。之所以说有三个位格或三个实体，不是指任何存在的多样性，而是为了至少有一个词可用来回答人们的问题，即三个什么或三个谁。最后我们都可以观察到，在此三位一体中的平等性是如此完全，不仅在神性上父不大于子，且任何一位格都不比三位一体本身小。[②]

　　当时有教徒认为，他们的主耶稣不是神，不是真神，不是与父同为独一的神，不是真不朽的，因为他是可改变的。针对这种观点，奥古斯丁列举了一系列《圣经》中的论述证明他们是错的。例如："太初有言，言与神同在，言就是神"（《圣经·约翰福音》1：1）。奥古斯丁说，因为我们显然应当以神的言为神的独子，关于他后来又有话说："言成了肉身，住在我们中间"（《圣经·约翰福音》1：14），这是由于言成为肉身，是由童贞女在时间里

---

　　① 参见［古罗马］奥古斯丁：《上帝之城》上卷，王晓朝译，人民出版社 2006 年版，第 456—457 页。

　　② 参见［古罗马］奥古斯丁：《论三位一体》，周伟驰译，上海人民出版社 2005 年版，第 217 页。

所产生的。这段话显明了他不仅是神，也与父有同一实体，因为经上在说"言就是神"以后，又说"这言太初与神同在。万物是藉着他造的，凡被造的，没有一样不是藉着他造的"（《圣经·约翰福音》1：1-3）。所谓"万物"，指的是所有被造的东西，就是整个受造界。由此可见，那造万物的，本身不是被造的。他若不是被造的，就不是受造者了；他若不是受造者，就与父同有一本体了。因为凡不是神的实体，都是受造者，而非受造者的，便是神。子若不与父同有一实体，便是受造的实体；他若是一个受造的实体，万物就不会是藉着他造的了。但"万物是藉着他造的"，所以他与父同有一本体。于是他不仅是独一的神，而且是真神。约翰在他的书信中也说得极其明白："我们也知道神的儿子已经来到，且将智慧赐给我们，使我们认识那位真实的，我们也在那位真实的里面，就是在他儿子耶稣基督里。这是真神，也是永生"（《圣经·约翰一书》5：20）。奥古斯丁说："由此我们可推知，使徒保罗所说的'那独一不死的'（《圣经·提摩太前书》6：16），并不是专指父，而是指独一的上帝，即三位一体而言的。因为凡是'永生'的，是不死不变的；上帝的儿子，既然是'永生'的，也就与父一样是'独一不死的'了。"①

总之，奥古斯丁所理解的上帝就是圣父、圣子和圣灵三位一体的上帝。对于这位如此卓越、超绝的存在，他给予了这样的描述："万有都本于他，依靠他，归于他（《圣经·罗马书》5：5）的三位一体真神，但同时又是同一个实体。父不是子也不是圣灵；子不是父也不是圣灵；圣灵不是父也不是子。父只是父，子只是子，圣灵只是圣灵。同时，三位又同样的永恒，同样的不变，同样的神圣，同样的大能。在父是合一，在子是平等，在圣灵是合一与平等的和谐；这三种属性因父而同一，因子而平等，因圣灵而和谐。"②

（二）意志自由与犯罪

奥古斯丁肯定，自由意志是善的，不过它只是中等善（在某种意义上可以说是工具善），而不是大善（目的善）。奥古斯丁认为，上帝在造人的时候，是赋予了自由意志的。"自由意志也是上帝所赐，我们立志行事，都是

---

① ［古罗马］奥古斯丁：《论三位一体》，周伟驰译，上海人民出版社2005年版，第34—35页。

② ［古罗马］奥古斯丁：《论基督教教义》，奥古斯丁：《论灵魂及其起源》，石敏敏译，中国社会科学出版社2004年版，第18页。

上帝在我们心里运行。"①这就是说，当人类具有自由意志的时候，人就会自觉地敬奉上帝，服从上帝的诫命，人就不会犯罪。在他看来，上帝是全善的，一切从上帝那里来的，就都是善的。自由意志是上帝在他造人时赋予人的，因而自然是善的。"上帝存在着，一切善都是从上帝而来，……自由意志必被列为善事。"②但是，自由意志这种善只是中等的善，而不是大善，人类需要运用它来行善或追求大善。就是说，自由意志是人类行善的必要条件，但人类也可以运用它谋求外在的善或私善，这些都是小善，人类甚至还可以运用它来干坏事。"意志本身，虽是中等的善，若顺服公诸大家不变的善，就获得人生中主要的善。若意志离弃那公诸大家的不变的善，而归向一种私善，无论是在它以外或以下的，它就犯了罪。一旦它要自己作主，就归向一种私善；一旦它渴望知道别人的私事，它就是归向在它以外的；一旦它爱好肉体的快乐，它就是归向它以下的。"③

奥古斯丁认为，自由意志实质上就是人在自己能力范围内作出决定的能力。他说，除非我们没有意志，否则便不能说没有能力。若是没有意志，虽然认为自己在作决定，但其实并没有作决定，实际上我们也不能作决定。反之，凡是能作决定，就有意志，而凡"在我们能力之内"的，都是凭作决定而具有的了。若意志不在能力之内，它就不是意志了。既然它在我们能力之内，它就是自由的。凡不在我们能力之内，或可不在我们能力之内的，对它我们就不是自由的。因此，我们并不否认上帝预知一切未来，但我们也照我们所决定的去决定。"既然他预知我们的意志，他所预知的意志就必然存在。换言之，我们将来要运用意志，因为他预知我们将要如此行；而意志若不在我们能力之内，就不能成其为意志。所以他也预知我们对意志的能力。我的能力并不由他知而被夺去，我反而更确实地持有这能力，因为那有不能错误的预知上帝，已经预知我将有它。"④

自由意志对于人的幸福和行善都是必要的，正因为如此，上帝才赋予人以自由意志。在奥古斯丁看来，人生中有些事情是必然的，它们不以我们的意志为转移。例如，生老病死，皆是必然，而不是出于自己的意志，但谁也

---

① ［古罗马］奥古斯丁：《论信望爱手册》，奥古斯丁：《论信望爱》，许一新译，生活·读书·新知三联书店2009年版，第50页。

② ［古罗马］奥古斯丁：《论自由意志》，奥古斯丁：《恩典与自由》，奥古斯丁著作翻译小组译，江西人民出版社2008年版，第85页。

③ 同上书，第89页。

④ 同上书，第100—101页。

不致因此荒唐地说，我们作出决定不是出于我们自己的意志。上帝虽然预知我们将来要如何作出决定，但这并不是说，我们不使用我们的意志。一个人要使自己将来幸福，就是照他的意志而不是反乎他的意志实现的。所以，虽然上帝预知你将来有福，而且不会有什么事情能反乎上帝所预知的发生，但我们并不能因此就认为，你有福不是你的意志愿意的。如果这样，那简直荒谬绝伦了。"上帝今天就预知你将来有福，却并不抹煞你要福的意志。照样，若你在将有一个邪恶的意志，这意志也并不因上帝的预知而不是你的了。"①

奥古斯丁认为，自由意志对于人行善，对于人成为好人也是决定性的。虽然人可能运用自由意志去作恶犯罪，但并不能因此否认自由意志对于人行善的决定性意义，更不能据此否认上帝赋予人自由意志的意义。人只有在具备自由意志的前提下才会行善，这正是上帝赋予人自由意志的充分理由。"若人是善的，而且除非他先愿意行善，就不能行善，那么他就应当有自由意志，缺此他就不能行善。我们不得因罪恶藉自由意志而发生，便假定说，上帝给了人自由意志，是为叫他犯罪。人缺少自由意志，不能过正直的生活，这就是神给人自由意志的充分理由。"②自由意志不仅是人们行善的前提，同时也是对人们行善作恶进行赏罚的根据。如果人没有自由意志，我们就不能对人及其行为的善恶进行赏罚，即使进行了赏罚，也不是公正的。从这种意义上看，自由意志也是维持公正的前提。"假若人没有意志的自由选择，那么，怎能有赏善罚恶以维持公义的善产生出来呢？一种行为除非是有意行的，就不算是罪恶或善行。""假若人没有自由意志，惩罚和赏赐就算不得公义了。但是惩罚和赏赐，都必须按公义，因是从上帝而来的一件善事。所以上帝给人自由意志，乃是对的。"③

如前所述，自由意志是善的，但只是中等的善或工具的善，而不是大善或目的善，人们可以运用自由意志为善，也可以运用自由意志为恶。因此，自由意志存在着好和坏的问题。只有好的意志自由，它才可以说是大善，具有目的善的意义，其价值远比肉体快乐以及像财富、荣誉之类的身外之物要高，是所有这些东西不可比拟的。他说："谁有好意志，谁就有一种远胜于

---

① 参见［古罗马］奥古斯丁：《论自由意志》，奥古斯丁：《恩典与自由》，奥古斯丁著作翻译小组译，江西人民出版社 2008 年版，第 99 页。

② 同上书，第 44 页。

③ 同上书，第 44 页。

一切属世国度和一切肉体快乐的东西。谁没有好意志，谁就缺乏那比一切他可能拥有的好东西更优美的东西，可是这东西，只要它定意得着，就能得着。若是他丧失荣誉、财富，以及其他身外之物，他大概要自以为最可怜。然而即令他拥有所有这一切，你岂不还以为他很可怜么？因为他恋慕着那些很容易丧失而不能保有之物，却缺乏一种好意志，这意志力乃是这些身外之物完全无法相比的。而这意志虽是这般伟大的善，却只需我们渴慕，就可以得着。"①不过，在他看来，真正意义上的自由意志，就是善的意志，就是为善的意志。只有这种为善的善意志才配得上自由意志。如果一个人运用它的自由意志去作恶犯罪，他的意志就不再自由了，就成了被恶和罪决定的意志。所以他说："每一个有理性拥有自由意志的本性，若永远以至高不变的善为乐，就无疑配得称赞，而每一个努力如此行的本性，也配得称赞。但每一个不如此行也无意如此行的本性，它没有达到这目的并且也无意达到这目的，因此应受谴责。"②

在奥古斯丁看来，上帝在造人的时候赋予了人自由意志，但人类始祖亚当运用上帝赋予的自由意志违背了上帝的诫命犯了罪，人的意志从此就陷入了犯罪的深渊而不能解脱，成为了不自由的罪恶意志。"我们的自由在于服从真理，而那使我们从死亡即从罪恶得自由的，就是我们的上帝。因为真理本身，既在人的地位上向人说话，他就向信他的人说：'你们若常常遵守我的道，就真是我的门徒。你们必晓得真理，真理必叫你们得以自由。'(《约翰福音》8：31-32)"③如果我们不服从真理，不遵守上帝的诫命，我们就会犯罪，也就必定丧失意志的自由。正是因为人类的祖先背叛了上帝，导致其后裔世世代代本性败坏，并且成为必死的。他说："对于本性介于天使和野兽之间的人，上帝以这样的方式来创造，人要是能服从他的创造主，视之为公义之主，虔诚地遵守他的诫命，那么人就能进入天使的行列，获得幸福和永生，而无需死亡的间隙；但人若冒犯了他的主，他的上帝，表现得骄傲并滥用他的自由意志，那么他就会成为死亡之子，像野兽那样生活，有奴隶那样的品性，死后注定要受到永恒的惩罚。"④犯罪之后，亚当被逐出伊甸园。

---

① ［古罗马］奥古斯丁：《论自由意志》，奥古斯丁：《恩典与自由》，奥古斯丁著作翻译小组译，江西人民出版社 2008 年版，第 30 页。
② 同上书，第 121 页。
③ 同上书，第 76 页。
④ ［古罗马］奥古斯丁：《上帝之城》，王晓朝译，人民出版社 2006 年版，第 528—529 页。

因为亚当犯罪，以他为祖先的整个人类的本性都被他败坏了，因而都处于死亡的刑罚之下。从亚当和诱使他犯罪从而一同被定罪的女人所出的全部后裔——就都染上了原罪，并因这种原罪而淹没在种种谬误与痛苦之中，与堕落的天使一同遭受永无休止的刑罚。堕落的天使是人类的败坏者和主人，也是人类厄运的共同承受者。"上帝审判堕落的人类和天使。肉体的死亡是专门对人的刑罚。"罪恶是和死亡联系在一起的。"罪是从一人入了世界，死又是从罪来的。于是死就临到众人，因为众人都犯了罪。"(《圣经·罗马书》5：12）使徒保罗所说的"世界"，当然是指整个人类。①

人类是因自由意志而犯了罪，而自由意志又是上帝赋予人类的，这样说来，人类犯罪的根源岂不是在于上帝吗？奥古斯丁完全否认这一点。"我找不着一点理由来将我们的罪归于我们的创造主上帝，并且我敢说，这种理由是无法找着的，它根本就不存在。"②在他看来，上帝创造了他们，并给他们选择犯罪或不犯罪的能力，他并未因此就强迫人犯罪。③上帝是全知的，他能预知哪些人会运用自己的意志去犯罪，上帝预知人们的行动，但他不是他所预知的一切行动的原因。他不是恶行的原因，倒是恶行的公正审判者。他的预知，使他知道一切未来的事；他的公正，判断并惩罚罪恶，因为罪恶是人自主地犯下的，而不是由他的预知所造成的。④奥古斯丁认为，上帝造了各种本性，不仅造了那些持守在德性和公正里的本性，也造了那些将来犯罪的本性。上帝造了这些本性，不是叫人们去犯罪，而是为了本性在整体上美，而不管他们是否有意去犯罪。⑤

这里涉及另一个相关的问题，即：难道全智全能全善的上帝不知道或不能防止人运用自由意志犯罪吗？对于这个问题，奥古斯丁作了如下回答：首先，上帝对人会犯罪并非无知。亚当使自己臣服于死亡，他会繁衍出注定有死的后代。上帝也知道这些凡人会犯下滔天大罪。然而上帝也预见到，在他的恩典之下，会有一个民族受到感召，接受收养，在罪恶得到救赎以后称义。他们会在圣灵的推动下在永久的和平中与神圣天使联合，最后的敌

①　参见［古罗马］奥古斯丁：《论信望爱手册》，奥古斯丁：《论信望爱》，许一新译，生活·读书·新知三联书店 2009 年版，第 46 页。

②　［古罗马］奥古斯丁：《论自由意志》，奥古斯丁：《恩典与自由》，奥古斯丁著作翻译小组译，江西人民出版社 2008 年版，第 127 页。

③　参见上书，第 104 页。

④　参见上书，第 102 页。

⑤　参见上书，第 118 页。

456

人——死亡——将被摧毁。①其次，上帝也绝不是缺乏能力，做不到使人不犯罪。他是有意选择让人成为现在的样子，让他有自由意志和能力。如果人想犯罪，就能够犯罪，如果不想，就不犯罪，也能够令行禁止。这样，不犯罪就是他的美好功德，然后不能犯罪，这是给他的公正报偿。同样，到了末日，神必使他的圣徒完全没有犯罪的能力。就是现在，他已经使他的使者如此，我们甚至对他们没有丝毫担心，不怕他们犯罪成为魔鬼。②在奥古斯丁看来，上帝是极其慈爱的，他虽预知某个受造者不仅犯了罪，而且执意要犯罪，他却并未因此而不创造他。他说，跑错路的马总胜于那因无自主能力和感知而不能跑错路的石头，同样因自由意志而犯罪的受造者，总胜于那因没有自由意志而不能犯罪的东西。"所以灵魂总胜过身体，而有罪的灵魂，不管堕落到什么地步，也永不变成身体；他作灵魂的本性，永不完全止息，因此它永不停地胜过身体。"③

奥古斯丁特别强调上帝对人类罪恶惩罚的公正性，认为人类因罪恶而受到上帝的惩罚是理所应当的，也是上帝公正的体现。他分析说，这刑罚乃是人所应得的。无论说人因无知而缺乏行善的自由意志，或说人因属肉体的习惯（这种习惯是出于人遗传的力量灌注到人的本性里），以至于人虽然知道什么是应该的，也愿意去作，但无力去作，这都不足为奇。因为一个人若具有某种能力却不愿意利用它，那么就他失掉了这种能力，就可算是对他的罪恶的一种最公道的刑罚了。也就是说，一个人若知道什么是善，却不愿意去行，就不免失掉认识什么是善的能力，而且凡在可能的时候不愿意行善的人，他以后在愿意行善的时候，就发觉自己已失掉了行善的能力。每一个犯罪的人，会受到两种刑罚，即无知和无能。从无知生出错误，使人蒙羞；从无能发出痛苦，使人烦恼。但是把虚假当真理接受，不由自主地犯错误，并且由于受肉体情欲的捆绑与痛苦而不能禁戒情欲的事，却都不是上帝原来创造人的本性所致，而是人犯罪所招来的刑罚。当我们说及行善的自由意志时，那当然是指上帝造人时赋予人的自由而言。④他的结论是，"凡是善的，

———————

① 参见［古罗马］奥古斯丁:《上帝之城》，王晓朝译，人民出版社2006年版，第529—530页。

② 参见［古罗马］奥古斯丁:《论自制》，奥古斯丁:《道德论集》，石敏敏译，生活·读书·新知三联书店2009年版，第19页。

③ ［古罗马］奥古斯丁:《论自由意志》，奥古斯丁:《恩典与自由》，奥古斯丁著作翻译小组译，江西人民出版社2008年版，第105页。

④ 参见［古罗马］奥古斯丁:《论本性与恩典》，奥古斯丁:《恩典与自由》，奥古斯丁著作翻译小组译，江西人民出版社2008年版，第226—227页。

都是从上帝而来，而凡是公义的，就是善的；而罪人受罚，义人得赏赐，这乃是公义的。由此可以断定，罪人有祸，义人有福，乃出于上帝。"①

不过，奥古斯丁认为，上帝的惩罚和怜悯是相伴随的，这更体现了上帝的公正性。他认为，整个人类都被定了罪，淹没在痛苦之中，在其中挣扎翻滚，身不由己地由一种罪恶被抛向另一种罪恶，并因与堕落的天使为伍而遭受背叛上帝所应受的刑罚。无论恶人凭自己盲目、放荡的私欲如何为所欲为，也无论他们如何不甘忍受公开惩罚之苦，这一切显然都与上帝的义怒有关。然而，上帝的仁慈从未停止供给罪恶天使以生命和生存能力，如果不是这样，他们的生存早已完结了。对于发自于被定罪的败坏之根的人类，上帝也没有停止将自己的形象和生命赋予他们的子孙，并造就他们的肢体。上帝同时又按照他们生命的各个时期，以及所处的世界各地，使他们感觉敏锐，还赐予他们所需的营养。上帝之所以这样做，是因为他相信，从恶中引发出善，胜过不容许任何恶存在。假如上帝不是仁慈的，而决意不让人类重归快乐境地，那么人类被上帝全然、永远地弃绝，任凭其永无休止地遭受应得的刑罚，应该是再公正不过的了。"若是上帝只有公义而没有怜悯，若是他没有定意让人所不配的恩典在不配蒙恩的臣属面前闪耀出无尽的光辉，他当然会那样做。"②假若全人类都被定罪，受该得的刑罚，无疑，这是按公义而行的。有些人靠着恩典得蒙拯救，不得称为功德的器皿，而是称为"怜悯的器皿"（《圣经·罗马书》9：23）。这种怜悯就是出于上帝的，是上帝差遣耶稣到世界来拯救罪人。这些罪人，是他所预知，所预定，所选召，并称他为义，使之得到荣耀的。凡明白这整个道理的人，就不应该抱怨上帝对全人类定罪的公义。③

奥古斯丁指出，人能够接受命令的同时就能够犯罪。人在变得聪明以前，可能在两个方面犯罪，他要么没有准备接受命令，要么接受了命令而不遵守。同时，即使人变得聪明了，但若离弃智慧，也会犯罪。④那么，人为

---

① ［古罗马］奥古斯丁：《论自由意志》，奥古斯丁：《恩典与自由》，奥古斯丁著作翻译小组译，江西人民出版社 2008 年版，第 43 页。
② ［古罗马］奥古斯丁：《论信望爱手册》，奥古斯丁：《论信望爱》，许一新译，生活·读书·新知三联书店 2009 年版，第 46—47 页。
③ 参见［古罗马］奥古斯丁：《论本性与恩典》，奥古斯丁：《恩典与自由》，奥古斯丁著作翻译小组译，江西人民出版社 2008 年版，第 162 页。
④ 参见［古罗马］奥古斯丁：《论自由意志》，奥古斯丁：《恩典与自由》，奥古斯丁著作翻译小组译，江西人民出版社 2008 年版，第 145 页。

什么会犯罪呢？奥古斯丁对罪恶的原因进行了分析。在《论自由意志》中，他指出罪恶有两个源头：一个是源于个人自己的想法；另一个是源于听从了别人的唆使。这两者都是自主的，因为我们的自由而犯罪，并不违反我们的意志，而我们受别人唆使而犯罪也是由于我们的意志。而犯罪若是由于自己的意志，而不是由于别人的唆使，就比受别人唆使犯罪要严重些，而由于嫉妒和奸诈去唆使别人犯罪，就更严重了。① 在《论信望爱手册》中，他又指出，罪有两个根源，即无知和软弱。"导致人犯罪的有两个根源：要么尚不了解自己的本分，要么是明知自己的本分却不履行。前者是来自无知之罪，后者是来自自己软弱之罪。"② 他认为，与这两者抗争是我们的责任，但是如果没有上帝的帮助，我们肯定会打败仗。我们不仅需要上帝帮助我们了解自己的本分，而且在认清本分之后，也让我们热爱公正的心胜过迷恋世界的心，正是恋慕或怕失去世界的心导致我们睁着眼睛明知故犯。我们因无知而做错事，是罪人，而我们明知故犯则不单是罪人，而且冒犯了律法，因为知道该做的我们没有做，知道不该做的我们反而去做。因此，我们不仅应在犯罪后祈求上帝赦免我们，而且应当求上帝带领，让我们不犯罪，我们还要向诗篇作为"我的亮光，我的拯救"（《圣经·诗篇》27：1）的主祈求，因为只有他才能除去我们的无知，也只有他才能除去我们的软弱。我们需要上帝的帮助才能胜过这两者。③

　　虽然奥古斯丁以上所指出的两个方面的犯罪原因各不相同，但它们有一个共同点，这就是它们都是导源于人的自由意志。在他看来，犯罪的原因不在于上帝，而仅在于个人的自由意志。意志决定着人是否犯罪，意志本身是善的，它就不会成为犯罪的原因，而如果它是恶的，我们就会犯罪。"不把意志本身作原因，如今在意志以外找不着别的原因；若意志不是原因，那么意志就不是有罪的。意志本身若不是始因，便等于始因没有罪。"④ 奥古斯丁分析说，人的本性在最初受造的时候，既无辜也无罪，但后来人从亚当继承而来的本性却是堕落的。毫无疑问，本性在其结构、生命、感知和智力中所本有的一切良好品质，乃是出于它的创造主至高上帝，但那使这些良好品质

① 参见同上书，第116页。
② ［古罗马］奥古斯丁:《论信望爱手册》，奥古斯丁:《论信望爱》，许一新译，生活·读书·新知三联书店2009年版，第88页。
③ 参见上书，第88页。
④ ［古罗马］奥古斯丁:《论自由意志》，奥古斯丁:《恩典与自由》，奥古斯丁著作翻译小组译，江西人民出版社2008年版，第129页。

归于黯淡与败坏的，并不出于那无可指摘的上帝，乃是出于人自己因自由意志所犯的原罪，从而成为需要光照和医治的病人。他还由此强调，犯罪的本性受到至高公正的审判，是应得的。①

在奥古斯丁看来，我们的灵魂和意志，虽被罪恶败坏了，若比起那些有形体之物来，还是要高出好些。② 因此，无论罪的原因是什么，罪都是必须而且也必定能加以抵御的。防御罪当然是可能的，不过要借着上帝的帮助。除非得到神的帮助，否则我们就会被打败。如此，我们就能明白什么是应当做的，而且伴随着完善的判断增加，我们对正直的爱胜过我们对那些导致我们堕入已知的罪的事物的爱。在后一种情形下，我们不仅是罪人，因为当我们由于无知犯罪时我们是罪人，而且也是犯法者，因为我们没有做我们应该做的事情，而且我们做了我们已经知道我们不应该做的事情。当然，这也表明，如果防御罪是不可能的话，我们当然不求帮助了。他认为，我们有两种防御罪的方法：第一，要阻止它的发生；其次，若发生了，得迅速地医治。"所以，犯罪的危险，无论只是在威胁着我们，或是已临到我们，总是可以防御的。"③ 在奥古斯丁看来，如果一个人的目的是爱上帝，不是按人生活，而是按上帝生活，爱他的邻居就像爱他自己一样，那么由于这种爱，他无疑可以称得上是拥有善良意志的。④ 他认为，由于本性的败坏，人就有了一种犯罪的必然性。在这种情况下，我们要听经上的话，并为除去这必然性起见，要学会对上帝说："求你救我脱离必然的祸患。"（《圣经·诗篇》25：17）在这样的祷告中，我们与那诱惑人的东西争战，它们攻击我们，叫我们不能脱离那必然性。但是，我们若靠恩典的帮助，借着我们的主耶稣，就能除去这必然性，获得完全自由。⑤

（三）上帝的恩典

奥古斯丁根据《圣经》提出了存在着"属天之城"和"属地之城"的两

---

① 参见〔古罗马〕奥古斯丁：《论本性与恩典》，奥古斯丁：《恩典与自由》，奥古斯丁著作翻译小组译，江西人民出版社 2008 年版，第 161 页。

② 参见〔古罗马〕奥古斯丁：《论自由意志》，奥古斯丁：《恩典与自由》，奥古斯丁著作翻译小组译，江西人民出版社 2008 年版，第 102 页。

③ 〔古罗马〕奥古斯丁：《论本性与恩典》，奥古斯丁：《恩典与自由》，奥古斯丁著作翻译小组译，江西人民出版社 2008 年版，第 225 页。

④ 参见〔古罗马〕奥古斯丁：《上帝之城》，王晓朝译，人民出版社 2006 年版，第 588 页。

⑤ 〔古罗马〕奥古斯丁：《论本性与恩典》，奥古斯丁：《恩典与自由》，奥古斯丁著作翻译小组译，江西人民出版社 2008 年版，第 224 页。

座城概念。他认为，尽管这个世界上有许许多多的国家，人们按不同的礼仪、习俗生活，有许多不同的语言、武器、衣着，但只有两种人类社会的秩序，我们可以按照《圣经》的说法，正确地称之为两座城。① 一座城即属地之城，由按照肉体生活的人组成，另一座城即属天之城由按照灵性生活的人组成。② 而这两座城在当今世界上是混合在一起的，在某种意义上，二者纠缠在一起。③ 在属地之城中，国王用统治的欲望治理着被他征服的民族，但他反过来同时也受它们的制约；在属天之城中，所有人都在仁爱中相互侍奉，统治者靠臣民的建议，臣民靠他们的服从。一座城喜爱展示在其强者身上的力量，另一座城对它的上帝说："主啊，我爱你，你是我的力量。"（《圣经·诗篇》18∶1）就这样，在属地之城中，聪明人按人生活，追求身体之善或他们的心灵之善，或者追求二者。然而在属天之城中，人除了虔诚没有智慧，他们正确地崇拜真正的上帝，在圣徒的团体中寻找回报，这个团体既是圣徒的，又是天使的，"上帝是一切中的一切"（《圣经·哥林多前书》15∶28）。

属地之城就是人类生活的现实世界，这个世界的产生就是上帝对人类惩罚的结果。在奥古斯丁看来，上帝是人本性的创造者，上帝所创造的本性肯定不是邪恶的，他把人造成了正直的人。然而，人由于拥有自己的自由意志而堕落，受到公正的谴责，生下有缺陷的、受谴责的子女，我们全都是那亚当、夏娃的后代，我们也都具有了这种堕落的意志。"犯罪使最初的这两个人的本性发生了巨大变化，变得邪恶，所以罪的束缚和死亡的必然性传给了他们的后代。"④ 当这种本性受到罪恶的污染，被死亡的锁链束缚，受到公正的谴责时，人就不能在其他任何境况下出生了。就这样，从滥用自由意志开始，产生了所有的灾难，人类在从其堕落根源开始的一系列灾难的指引下，就像从腐烂的树根开始一样，甚至走向第二次死亡毁灭。第二次死亡没有终点，只有那些得到上帝恩典的人才能幸免。⑤

奥古斯丁认为，因罪而来的是腐败，这种腐败是上帝对罪的惩罚。"罪的原因从灵魂开始，而不是从肉体开始，因罪而来的腐败本身不是罪，而是

① 参见《圣经·以弗所书》2∶19；《圣经·腓立比书》3∶20。
② ［古罗马］奥古斯丁：《上帝之城》上卷，王晓朝译，人民出版社2006年版，第578—579页。
③ 同上书，第444页。
④ 同上书，第578页。
⑤ ［古罗马］奥古斯丁：《上帝之城》上卷，王晓朝译，人民出版社2006年版，第552页。

惩罚。"① 在他眼里，现实世界充满着因罪而来的腐败。在《上帝之城》中，奥古斯丁充分地描述了现实世界所充斥的不可胜数的各种腐败现象。此世今生，如果可以被称作是生活的话，那么这种生活通过充满于其中的许多大恶，证明了第一个人的所有后裔都要遭谴。从可怕的、深深的无知中产生的所有谬误把亚当的子孙囚禁在黑暗之中，无人可以摆脱辛劳、痛苦和恐惧。除此之外，还有什么事情能够更加清楚地表明人类所受的惩罚？人喜爱那么多空洞有害的事情：痛苦的忧虑、纷扰、悲伤、痛苦、疯狂的欢乐、分裂、争讼、战争、谋反、愤怒、仇恨、虚伪、奉承、欺骗、盗窃、抢劫、叛变、骄傲、野心、妒忌、谋杀、忤逆、残忍、凶狠、邪恶、奢侈、蛮横、鲁莽、淫荡、私通、奸淫、乱伦，以及两性间诸多难以启齿的、可耻的、不洁的、逆性的行为；盗窃圣物、异端、亵渎、伤害、压迫无辜者、造谣、阴谋、撒谎、伪证、不公正的审判、暴力、拦路抢劫，以及其他一下子还没有想起来、但距离人们的生活并不遥远的邪恶。所有这些都证明了人类所遭受的惩罚。丧偶的悲哀、伤害和受审、欺骗与谎言、作伪证、各种暴行，伴随着这些事情，人们会产生什么样的恐惧和困顿！我们经常被掳掠、受监禁、被流放、受拷打、变残废、受摧残，还要忍受其他各种可怕的罪恶，以满足压迫者的欲望。且不说威胁着我们身体的其他的恶了，酷暑严寒、洪水泛滥、雷电冰雹、地震地裂、房屋倒塌、放养家畜时受到的伤害、毒草、毒虫、毒气、毒水、野兽的撕咬；此外还有疯狗传染的狂犬病。还有，伤害身体的疾病如此之多，所有医书加在一起都无法把它们全部包括在内。②"这些就是我们不幸的生活状态，就像大地上的地狱，除了通过基督、我们的救世主、我们的上帝和主的恩典，我们无法逃避这个地狱。耶稣的名字表明了这一点，因为它的意思就是救世主。"③

现实世界的苦难是上帝对人类的暂时性的惩罚，这种暂时性的惩罚是注定要与人生相伴随的。④ 他证明人由于滥用自由意志，陷入罪恶和死亡中，需要恩典的拯救。⑤ 除非意志本身被上帝的恩典从罪恶的奴役中

---

① ［古罗马］奥古斯丁：《上帝之城》上卷，王晓朝译，人民出版社 2006 年版，第 581 页。

② 参见［古罗马］奥古斯丁：《上帝之城》下卷，王晓朝译，人民出版社 2006 年版，第 1132—1134 页。

③ 同上书，第 1135 页。

④ 参见［古罗马］奥古斯丁：《上帝之城》下卷，王晓朝译，人民出版社 2006 年版，第 1054 页。

⑤ 参见［古罗马］奥古斯丁：《论自由意志》，奥古斯丁：《恩典与自由》，奥古斯丁著作翻译小组译，江西人民出版社 2008 年版，第 159 页以后。

释放出来，并从上帝得到帮助来战胜它的恶，人就不能过正直敬虔的生活。① "毫无疑问，罪是由于罪人自己，但人之所以犯罪，是由于有一个还未得医治的病，即罪在人身上根深蒂固，而这根源于他不好好地使用医药。由于这样的病，人越来越堕落，以致他或由于软弱，或由于眼睛，就犯了许多的罪。因此我们必要为他祈祷，叫他得医治，从此以后过着一种康乐生活；他也切不可骄傲，仿佛他能靠那败坏的力量得医治似的。"② 所以，只有上帝的恩典才能使人们从这种痛苦中获得释放，而人凭着自己，即由自己的自由选择只能堕落，不能爬起来。"我们被定罪承受痛苦，产生无知和无能，这是人生来便有的；除非靠上帝的恩典，谁也不能从这种邪恶中得释放。"③

上帝的恩典是人任何时候都需要的。"无论是在人堕落之前，还是之后，得救均靠上帝的恩典。"④ 他认为，即使一个人的本性是完好的，没有堕落，也需要上帝的帮助，这就如同明亮的眼睛还需要光才能视物一样。⑤ 一个人成为永恒国度中的人也需要上帝的恩典。上帝应许赦罪并使之进入他永恒的国度的人，也绝无可能仅靠自己的善行而得到复兴。因为罪的奴仆只有犯罪的自由，没有行善的自由，直到有一天，他从罪的捆绑下被解救出来，并成为义的奴仆。这才是真正的自由，因为他在行善中有喜乐，同时，这是圣洁的束缚，因为此时人顺服上帝的旨意。但当人在卖给罪为奴的时候，何来行善的自由呢？只有到他被基督救赎之后这才成为可能，基督说："天父的儿子若叫你们自由，你们就真自由了。"（《圣经·约翰福音》8：36）在基督的救赎施行在人里面之前，在人没有行善的自由之前，他又有什么自由意志或善行可言呢？是出于无知的骄傲，人才以善行自诩。也正是为了使人免于如此的愚妄，使徒保罗才如是说："你们得救是本乎恩，

---

　　① 参见［古罗马］奥古斯丁：《论自由意志》，奥古斯丁：《恩典与自由》，奥古斯丁著作翻译小组译，江西人民出版社 2008 年版，第 153 页。

　　② ［古罗马］奥古斯丁：《论本性与恩典》，奥古斯丁：《恩典与自由》，奥古斯丁著作翻译小组译，江西人民出版社 2008 年版，第 185—186 页。

　　③ ［古罗马］奥古斯丁：《论自由意志》，奥古斯丁：《恩典与自由》，奥古斯丁著作翻译小组译，江西人民出版社 2008 年版，第 155 页。

　　④ ［古罗马］奥古斯丁：《论信望爱手册》，奥古斯丁：《论信望爱》，许一新译，生活·读书·新知三联书店 2009 年版，第 105 页。

　　⑤ 参见［古罗马］奥古斯丁：《论本性与恩典》，奥古斯丁：《恩典与自由》，奥古斯丁著作翻译小组译，江西人民出版社 2008 年版，第 204 页。

也因着信。"(《圣经·以弗所书》2:8)①尽管上帝的恩典是人任何时候都需要的,但对于生活在现实世界中的人来说,更需要的是救治之恩,这种恩是一种不同于创造之恩的再造之恩。保罗说:"我觉得肢体中另有个律,和我心中的律交战,把我掳去,叫我附从那肢体中犯罪的律。"(《圣经·罗马书》7:23)。从保罗的这一说法,奥古斯丁深感人意志的悖逆以及本性被损坏的严重程度,以及本性需要医治的迫切性。他认为,既然本性已经受了伤害、摧残和败坏,就不能靠本性的能力医治,相反要真实地承认其软弱,求助于上帝的恩典,而"它所需要的恩典,并不是创造之恩赐,而是重造之恩"②。

上帝的恩典也是白白地给予人类的。在奥古斯丁看来,上帝的恩典既不是因为对人有所亏欠所给予的补偿,也不是对人的功德的奖赏,而纯粹是无条件赐予的。"上帝对谁也无所亏负,因为他将一切白白给人。"③"若上帝使意志得释放的恩典并不在意志活动以先,那么恩典便是按照意志的功德而给的,就不是恩典了,因为恩典原是白白赐予的。"④这样,如果一个人拒绝接受上帝的恩典,拒绝归向上帝,那受损失的不是上帝而是他自己。实际上,人是亏欠上帝的,对上帝负了债,因为人的存在是自他而来的,如果没有上帝,人的存在就成了虚无。而且如果人愿意,还可以接受更多的恩典,从而得到拯救,获得永生。⑤"人得救不是因为善行,也不是自己意志的决定,而是因上帝的恩典"⑥;同样,"永生虽是对善行的报偿,但实质上却是上帝的恩赐"⑦。虽然上帝的恩典是白给的,但我们信靠他才会成全我们。"当将你的道路显露给主看,并倚靠他,他就必成全。"(《圣经·诗篇》37:6)可见成全我们的是上帝,而不是如有些人所想的,他们自己能成全。这里,无疑我们自己也应有所作为,但我们不过是在配合成全这件事的上帝。他的怜悯

---

① 参见[古罗马]奥古斯丁:《论信望爱手册》,奥古斯丁:《论信望爱》,许一新译,生活·读书·新知三联书店 2009 年版,第 48—49 页。

② [古罗马]奥古斯丁:《论本性与恩典》,奥古斯丁:《恩典与自由》,奥古斯丁著作翻译小组译,江西人民出版社 2008 年版,第 209 页。

③ [古罗马]奥古斯丁:《论自由意志》,奥古斯丁:《恩典与自由》,奥古斯丁著作翻译小组译,江西人民出版社 2008 年版,第 126 页。

④ 同上书,第 153 页。

⑤ 同上书,第 126—127 页。

⑥ [古罗马]奥古斯丁:《论信望爱手册》,奥古斯丁:《论信望爱》,许一新译,生活·读书·新知三联书店 2009 年版,第 48 页。

⑦ 同上书,第 106 页。

预先临到我们。他事先临到我们，使我们得医治；而我们得到了医治之后，他又使我们得以强健。他事先临到我们，使我们蒙召；事后临到我们，使我们得荣耀。他事先临到我们，使我们能过虔诚的生活，事后临到我们，使我们常常与他同住。离开了他，我们就不能做什么。《圣经》提到了这两种恩典的施行，"我的上帝要以慈爱迎接我"（《圣经·诗篇》59：10），以及"我一生一世必有恩惠慈爱随着我"（《圣经·诗篇》23：6）。因此，我们要用忏悔的心，把我们的道路显露给他看，而不用辩护的心歌颂它。我们所行的路，若是我们自己的，而不是他的，就无疑是迷途。我们显露道路的方法，是要向他承认我们所做的。实际上，我们无论怎样隐瞒自己所做的，却瞒不过他。①

上帝的恩典是无处不在的，但人往往看不见。奥古斯丁认为上帝虽然处处呈现在健全而清晰的心灵面前，但他屈尊使自己显明给那些内视觉软弱、暗淡的人的肉眼。奥古斯丁用《圣经》记载说明："世人凭自己的智慧，既不认识神，神就乐意用人所当作愚拙的道理来拯救那些信的人。"（《圣经·多林多前书》1：21）上帝来到我们面前，不是指他穿越空间，而是因为他以血肉之躯的形式向世人显现出来。其实他所来到的地方乃是他从来就在的地方，"他在世界，世界也是藉着他造的"（《圣经·约翰福音》1：10）。然而，因为人所热衷的是享受造物而不是造主，使世界变成了现在这种状态，即使徒所说的"世界却不认识他"（《圣经·约翰福音》1：10）。也就是说，现实世界的智慧不认识神，不认识神的智慧。既然神原本就在这里，那他为什么还要到来呢？奥古斯丁认为，原因只有一个，就是神乐意用人当作愚拙的道理拯救那些信的人。那么，他是怎么来的？答案是"道成了肉身，住在我们中间。"（《圣经·约翰福音》1：14）正如我们为了使我们心里的念头通过耳朵进入听者的心里，就把我们心里的话变成一种外在的声音，这就是说话；但我们的思想并没有因为变成了声音而失去，它虽然采取了说话的形式，却没有因此改变自己的原有的本性。神的话（道）也是这样，本性毫无改变，却成了肉身，住在我们中间。②

人背叛上帝，引起上帝的震怒，而且人被上帝惩罚之后，又在原罪之上

---

① ［古罗马］奥古斯丁：《论本性与恩典》，奥古斯丁：《恩典与自由》，奥古斯丁著作翻译小组译，江西人民出版社 2008 年版，第 186—187 页。

② 参见［古罗马］奥古斯丁：《论基督教教义》，奥古斯丁：《论灵魂及其起源》，石敏敏译，中国社会科学出版社 2004 年版，第 22—23 页。

增加了很多其他的罪，人就成了上帝的"可怒之子"。要得到上帝的恩典，就需要一个中保（即调解人）使上帝与人类和好。上帝的恩典是通过他赐给人类的。"人既是可怒之子，就需要一个中保。"①奥古斯丁对此的论证是，"我们与上帝和好需要一位中保，这位中保若不是上帝，就不能做我们的救赎主。"②这位上帝就是圣父之子耶稣基督。他借律法和先知所预表的一次性献祭，就可以平息上帝的义怒。我们借助中保可以与上帝和好，并可以接受圣灵，这样，上帝就能使我们这些往日的仇敌成为他的儿子。"因为凡被上帝的灵引导的，都是上帝的儿子。"（《圣经·罗马书》8：14）而这就是上帝借我们的主耶稣而赐下的恩典。③"倘若基督来到世间主要就是为此目的，即让人类得知上帝如何爱他，并使人类因得悉此目的——即因先被上帝爱——而能燃起对上帝的爱，也能遵守诫命去爱邻舍，并显明那成为我们邻舍的基督在人类远离他，而非与他为邻时，赐人以爱。又倘若在此之前写的所有《圣经》书卷，其目的是为了预示主的降临。再倘若主降临之后所写的，并受属天权威确认的书卷都是对基督的记载，并劝勉我们去爱他。这就表明，爱上帝、爱邻舍这两条诫命不仅是律法、先知一切道理的总纲——在主耶稣所论及的律法、先知的时代，这些是《圣经》的仅有内容——而且也是后来写入《圣经》的所有内容的总纲，为让我们受益，并让我们铭记在心。如此说来，旧约是遮盖新约的帕子，而新约是对旧约所遮盖内容的揭示。"④耶稣之所以能成为中保，是由他的特殊身份决定的。耶稣基督借童贞女玛利亚所生，是一个难以言喻的奥秘。⑤基督的坐胎、降生不是因肉体的情欲，所以他不是带有原罪而来。⑥他因圣灵而生，彰显了上帝的恩典。⑦他的肉身是因圣灵感孕而生，这更清楚地彰显出上帝的恩典。⑧他既是上帝的独生子，同时也

---

① ［古罗马］奥古斯丁：《论信望爱手册》，奥古斯丁：《论信望爱》，许一新译，生活·读书·新知三联书店 2009 年版，第 52 页。

② 同上书，第 106 页。

③ 参见上书，第 52 页。

④ ［古罗马］奥古斯丁：《论向初学者传授教义》，奥古斯丁：《论信望爱》，许一新译，生活·读书·新知三联书店 2009 年版，第 129—130 页。

⑤ ［古罗马］奥古斯丁：《论信望爱手册》，奥古斯丁：《论信望爱》，许一新译，生活·读书·新知三联书店 2009 年版，第 53 页。

⑥ 同上书，第 58 页。

⑦ 同上。

⑧ 同上书，第 55 页。

是人。① 他作为人拥有上帝独生子的尊贵，上帝的恩典在此清楚地显明了。②
而且基督是因圣灵而生，因此他无须重生。"基督并非因约翰之洗而获重生，
只是以此甘愿为我们树立谦卑的榜样，正如他甘愿受死并非因罪而受刑罚，
乃是以自己的死为世界除罪一样。"③ 他请求接受约翰的洗礼，并非因为他有
罪需要洗净，而是借此彰显出他谦卑到何等的地步。那施洗者发现基督无
罪可洗，正如死亡发现他无罪可罚一样。"基督自己虽无罪，却为我们成为
罪，好使我们与上帝和好。"④ 基督尽管没有罪，魔鬼却以极端的不公正将他
处死。基督就是以极端严格意义上的公正，而不是仅仅用强权胜过并征服了
魔鬼，魔鬼从此失去了对因罪而受其奴役的人的控制便是再公正不过的了。
如此看来，洗礼和死去都是基督心甘情愿而受，不是出于不得已，而是出于
他对我们的怜悯。这样，罪既因一人进入世界（即整个人类），罪也因一人
从世界除去。⑤

在奥古斯丁看来，始祖在那乐园中犯的罪，其性质极其恶劣，乃至整个
人类从根本上就被严重地定了罪。唯有通过上帝与人之间的中保耶稣基督之
血才能洗清，若不通过他，这罪便无法得到赦免和遮盖。⑥ 但是，基督除去
的不仅是一个原罪，而且还有各人添加其上的一切罪。⑦ "藐视上帝恩典的
人犯了干犯圣灵的罪。""那些不相信罪在教会中得赦免的人，其实就是藐视
上帝赐予的这一伟大恩典，而且到死执迷不悟，犯了干犯圣灵这永不赦免之
罪，基督是在圣灵里赦免人的罪。"⑧ 赦免人类的一切罪，所体现的是上帝对
人类的爱。所以，"基督降世的原因是向世人彰显上帝的爱。"基督降世为人
的最大原因显然莫过于上帝向我们彰显他的爱，而且这种彰显爱的方式极具
震撼力，因为"惟有基督在我们还作罪人的时候为我们死"（《圣经·罗马书》
5：8、10）。而且，由于上帝对人类"命令的总归是爱"（《圣经·摩提太前
书》1：5），而且"爱就完全了律法"（《圣经·罗马书》13：10），因此他
降世为人也是为了让我们彼此相爱，为弟兄舍命，就如同主为我们舍命一样

---

① ［古罗马］奥古斯丁:《论信望爱手册》，奥古斯丁:《论信望爱》，许一新译，生活·读
书·新知三联书店 2009 年版，第 53 页。
② 同上书，第 54 页。
③ 同上书，第 63 页。
④ 同上书，第 58 页。
⑤ 参见上书，第 63 页。
⑥ 同上书，第 62 页。
⑦ 参见上书，第 63—64 页。
⑧ 同上书，第 89 页。

（参见《圣经·约翰一书》3：16）。就上帝本身而言，他的目的是让我们看到"上帝先爱我们"（《圣经·约翰一书》4：10、19），"不爱自己的儿子，为我们众人舍了"（《圣经·罗马书》8：32）。[1]

"基督来不是召义人，而是召罪人悔改。"[2]如罪人悔改，也就是使罪人洁净。正如利用治疗是恢复健康的方式，同样，这种治疗方案用到罪人身上就会洁净他们，使他们康复。正如外科医生在包扎伤口的时候不是马马虎虎敷衍了事，而是仔仔细细认认真真，确保包扎不只是管用，还要保持一定的清洁。而且针对我们的伤口采取相应措施，对有些伤用相对立的药物治疗，对有些伤则用相类的药物处理：有时用相克的药，如以冷克热，以湿克干等，有时则用相类的药品，比如用圆形的布包扎圆形伤，用方形的布包扎方形的伤，不会拿同样的绷带对付任何肢体，总是看它需要什么就给什么。同样，上帝的智慧在救治人的时候把自身当作药方。上帝既是治疗者又是治疗的药物。当人因骄傲跌倒时，他就用谦卑来治好他。我们先前被蛇的智慧网罗，如今靠上帝的恩惠愚拙得自由。而且，前者虽然被称为智慧，事实上却是那些鄙视上帝的人的愚拙；后者虽被称为愚拙，却是那些战胜魔鬼的人的真智慧。我们滥用自己的不朽，最终招致死的责罚，基督善用他的可朽，终于使我们复活。疾病是借一个女人（夏娃）的败坏灵魂带来的，药方是借另一个女人（圣母玛利亚）的圣洁的身体来的。我们的罪恶靠圣子耶稣的德性典范去除，这属于相克的治疗法。另一方面，可以说，以下就是根据肢体和伤口的需要裁好的绷带：他从一个女人出生以解救我们这些因另一个女人而堕落的人；他作为一个人到来救我们人类，作为必死者到来拯救我们这些必死的，以死来救要死的我们。[3]洁净罪人就是要去除恶，不再按人生活，而按上帝生活。这里重要的事情在于人的意志的性质。因为，意志若是邪恶的，情感也是邪恶的；意志若是公正的，情感也不仅不应当受到谴责，而且还应得到赞扬。因此，按上帝生活而非按人生活的人必定是善的热爱者，同时他也必定仇恨恶的东西。由于没有人的本性是恶的，恶之所以为恶乃是由于某些过失。因此，按上帝生活的人对恶人有一种"完善的恨"的责任。也就是

---

① 参见［古罗马］奥古斯丁：《论向初学者传授教义》，奥古斯丁：《论信望爱》，许一新译，生活·读书·新知三联书店 2009 年版，第 127—128 页。

② ［古罗马］奥古斯丁：《论本性与恩典》，奥古斯丁：《恩典与自由》，奥古斯丁著作翻译小组译，江西人民出版社 2008 年版，第 159 页。

③ ［古罗马］奥古斯丁：《论基督教教义》，奥古斯丁：《论灵魂及其起源》，石敏敏译，中国社会科学出版社 2004 年版，第 23 页。

说，他不能由于过失而恨人，也不能由于人而爱过失，倒不如说，他应该恨过失，但是爱人。当过失得到医治，剩下的只是他必须爱的人时，他就没有什么需要恨的了。①

奥古斯丁将人的死亡划分为两次。第一次死亡由两种死组成：一是灵魂之死，二是肉体之死。第一次死亡是整个人的死，因为灵魂经历着一次惩罚，由于这次惩罚，灵魂没有了上帝，也没有了肉体。第二次死亡则发生在这种时候，即灵魂没有上帝却有肉体，而肉体经受着永久的惩罚。在谈到禁果的时候，上帝对他安置在乐园中的第一个人说："你吃的日子必定死"，这个恐吓不仅包括第一次死亡的第一部分，即灵魂背离上帝，也不仅仅包括第一次死亡的第二部分，即灵魂与肉体分离，也不仅仅包括整个第一次死亡，即灵魂因与上帝和肉体分离而受惩罚。倒不如说，它包括各种死亡，乃至于包括最终的死亡，即所谓的第二次死亡，其后则不再有任何死亡。② 奥古斯丁认为，当一个人第一次死亡复活后分别进入两个截然不同的国度，一个是永福的国度，另一个是永刑的国度。③ 上帝把永恒的幸福应许给圣民，把永罚给恶人。④

在奥古斯丁看来，在今生服从上帝、用心灵统治身体、用理性通过征服或抵挡来统治反对它的恶性，在这样的时候公正就出现在每个人身上。还有，向上帝祈求恩典去行功德、请求上帝饶恕他的冒犯、对所得的赐福感恩，在这样的时候公正也就出现了。然而，在那最后的和平中，我们的本性将会得到永恒与不朽的医治，我们的一切公正都与此相关，这样做也是为了保持公正。到了那个时候，在我们或其他人身上，不会再有任何恶性与我们中的任何人有冲突。这样，理性也就没有必要去统治恶性，因为不再有恶性。倒不如说，上帝将统治人，灵魂将统治身体；我们在那最后的和平中乐意服从，这种服从就像我们在生活和统治中得到的幸福一样伟大。对于每个人和一切人来说，这种状况是永久的，它的永恒是有保证的，所以这种幸福和和平，或这种和平的幸福，就是至善。⑤

---

① 参见［古罗马］奥古斯丁：《上帝之城》上卷，王晓朝译，人民出版社2006年版，第588页。

② 同上书，第551页。

③ ［古罗马］奥古斯丁：《论信望爱手册》，奥古斯丁：《论信望爱》，许一新译，生活·读书·新知三联书店2009年版，第108页。

④ 参见［古罗马］奥古斯丁：《上帝之城》下卷，王晓朝译，人民出版社2006年版，第1090页。

⑤ 参见上书，第948页。

但另一方面，不属于这座上帝之城的人将会永远不幸。这种不幸也叫做第二次死亡，因为与上帝的生命分离的灵魂不能称作活的，被永久的痛苦征服的身体也不能称作活的。所以这种第二次死亡是最难忍受的，因为没有别的死亡可以令这种状况终结。[①] 奥古斯丁强调，无论是婴孩，或是成人，若无基督的恩典，都不能得蒙拯救。那赐给我们的恩典，不是因我们有任何功德，乃是白白的因此可称为白白的恩典。正如使徒保罗所说："因他的血就白白地称义。"（《圣经·罗马书》3：24）因此，凡未被恩典所释放的人，无论他们是因还未听到福音，或是因不愿顺服福音，甚或是因幼年未能听到福音，以致未曾接受那可能救他们重生之洗，他们都是该被定罪的。[②] 这样，上帝通过他的先知说过的事将会发生，这些罪人将要接受永久的惩罚。

（四）善、恶、德性

奥古斯丁认为，世界上只有一个善是单纯的，同时也是不变的，这就是上帝。单纯的善生下来的善就像生它的善一样单纯，而且与生它的善相同。[③] 而其他的一切善都是借着这个单纯不变的善被造出来的。被造出的善不是单纯的，也不是不变的。"所以凡善的东西，无论大小，只能从上帝而来。"[④] 作为单纯不变之善的上帝同时也是至善，是至善、同善而恒善的三一真神。至善的上帝创造的万物皆性善，"它们虽不具有上帝的至善、同善与恒善，但仍然是善的，甚至个别来看，也是如此。就总体而言，受造界甚为美好，由它构成了奇妙而瑰丽的宇宙。"[⑤] 万物的善则不像其造物主那样至善而恒久不变，所以它们的善可以消长。然而，善无论怎样减少，只要该事物依然存在，必定是因它有善而存在，使其得以维持。无论一个存在是大是小，种类如何，使其存在的善一旦损毁，这一存在本身也必定损毁。一个未曾败坏的天性固然可贵，但如果它是不可败坏的，其价值无疑就高得多；而

---

① 参见 ［古罗马］奥古斯丁：《上帝之城》下卷，王晓朝译，人民出版社 2006 年版，第 948 页。

② 参见 ［古罗马］奥古斯丁：《论本性与恩典》，奥古斯丁：《恩典与自由》，奥古斯丁著作翻译小组译，江西人民出版社 2008 年版，第 162 页。

③ 参见 ［古罗马］奥古斯丁：《上帝之城》下卷，王晓朝译，人民出版社 2006 年版，第 456 页。

④ ［古罗马］奥古斯丁：《论自由意志》，奥古斯丁：《恩典与自由》，奥古斯丁著作翻译小组译，江西人民出版社 2008 年版，第 64 页。

⑤ ［古罗马］奥古斯丁：《论信望爱手册》，奥古斯丁：《论信望爱》，许一新译，生活·读书·新知三联书店 2009 年版，第 33 页。

它若被败坏，便说明它的天性之善减损了，这种败坏便是一个恶。因此，只要某一存在处于败坏的过程之中，其性质的某种善就在减损着；而如果该存在的某个部分不能败坏，那么该存在一定是不能彻底败坏的存在，而正是在败坏的过程显示出善之伟大。如果它不停地败坏下去，这则是说明它仍有善可让败坏去减损。但它若被败坏吞噬殆尽，它的善便荡然无存，其存在也不复存在了。所以说败坏只有在吞噬一事物存在的同时才能吞噬其善。倘若该存在被败坏完全耗尽，于是败坏本身也必然停止，因为它已无所依存。总之，每一存在都有某种善；不可败坏的是大善；可败坏的是小善。①

恶是什么？奥古斯丁关于恶的基本看法是，恶是善的缺乏，或者说，善之缺乏便是恶。他说："宇宙中所谓的恶，只是善之亏缺而已。"②正如在动物身上，所谓伤病无非是健康的缺乏，当身体痊愈时，先前的"恶"，即伤病，并非离开身体而寄居其他的地方，而是完全不复存在。因为伤病并非实体，只是肉体实体的缺欠而已。肉体本身才是实体，因而是善的事物；伤病之"恶"只是我们所谓健康之"善"的缺欠，属于偶然。同理，我们所谓"灵魂的罪"也只是人原本之善的缺失。一旦这些缺失得到医治，它不会转移他处；当缺失不复存在于健康灵魂的时候，它也不复存在于其他地方了。③奥古斯丁将恶划分为三种类型。第一类恶是"物理的恶"。它是指事物的自然属性造成的损失和伤害，各种自然灾害、人由于生老病死等生理原因造成的身心痛苦等皆属此类。导致这类恶的原因是缺乏完善性。上帝创造的万事万物是有不同的完善性的，它们没有一个像造物主那样十全十美，但它们各自的不完善性是整体秩序的需要。因此，物理的恶从整体上看可以是善。第二类恶可称之为"认识的恶"。这种恶的特点是"把错误当作正确接受，把正确当作错误拒绝，将不确定当作确定固守"④。认识的恶的原因在于人的理智不完善，因而也是一种"缺乏"。与物理的恶相比，认识的恶更危险，因为人们可能由于认识上的错误背离对上帝的信仰。奥古斯丁认为，认识上的恶虽然不是罪，或者只是细小的罪，但比物理恶更接近于罪。第三类恶是"伦理的恶"。这是一种"人的意志的反面，无视责任，沉湎于有害的

---

① 参见［古罗马］奥古斯丁:《论信望爱手册》，奥古斯丁:《论信望爱》，许一新译，生活·读书·新知三联书店 2009 年版，第 34 页。

② 同上书，第 33 页。

③ 同上书，第 33—34 页。

④ ［古罗马］奥古斯丁:《教义手册》，转引自赵敦华:《基督教哲学 1500 年》，人民出版社 1994 年版，第 167 页。

东西"①的罪恶。这里说所的"意志的反面"是指意志的悖逆，即选择了不应选择的目标，放弃了不应放弃的目标。这种恶更是正当秩序的"缺乏"或"缺陷"了。在奥古斯丁看来，这三种恶的程度不同，但性质是一致的，都是善的缺乏，都是上帝创造的完善秩序的缺陷或反常。恶的意义并不是完全消极的。当我们弄清恶的性质，还其本来面目时，我们会将善与恶做对比，并因而会更加欣赏善、珍视善、爱慕善。甚至连异教徒也承认，全能的上帝对万物拥有至高的权力，上帝自己就是至善。如果他不是如此地全能、至善，以至于能让恶事也结出善果来，他就绝不会容许恶存在于自己的作品之中。

恶是与善紧密联系在一起的。"完全没有善的地方便不会有人们所谓的恶。完全没有恶的善是完美的善，含有恶的善是有缺陷或不完美的善，没有善的地方恶也将无存。"②他由此注意到，但凡存在，只要它是存在就是一个善，而恶若不在一个存在之中便无法生存。既然如此，那么当我们说一个有缺欠的存在是一个有恶的存在的同时，似乎是在说，善的才是恶的，而且唯有善的才能是恶的。于是，除善的事物之外没有什么可能是恶的。这种看法看起来像是矛盾的，但思维的严谨性使我们除此结论之外别无选择。奥古斯丁认为这是逻辑的"同一主体不会兼有相矛盾之属性"法则的一个例外。恶自善的事物而生，若不是在善的事物之中，恶便无以生存。他指出，"逻辑学家'同一主体不可能兼有相矛盾之两个属性'的法则在善、恶这对矛盾的情形下不再有效。"③他分析说，诚然，天色不能既亮又暗；饮食不能既苦涩又甜美；物体在同时、同地不能既是黑的又是白的；人在同时、同地不能既丑陋又美丽。上述法则几乎在所有情形下都有效，也就是说，一个事物的属性不能自相矛盾。不过，尽管无人能怀疑善、恶是一组矛盾，但它们不仅能同时共存，而且恶只能依存于善。"人或者天使可以没有恶而生存，但除人或天使之外没有什么可以是邪恶的，而只因他是人或天使，他便是善的，只要他变恶，他又是恶的。就此而言，这对矛盾的双方是共存的，也就是说，善若不存在于恶的事物之中，恶也就不能存在；因为若没有可败坏的对象，

① ［古罗马］奥古斯丁：《教义手册》，转引自赵敦华：《基督教哲学1500年》，人民出版社1994年版，第167页。
② ［古罗马］奥古斯丁：《论信望爱手册》，奥古斯丁：《论信望爱》，许一新译，生活·读书·新知三联书店2009年版，第35页。
③ 同上书，第36页。

败坏便无处寄身，也失去生发之源；而唯有善的事物才能被败坏，因为败坏无非是对善的损毁。于是，恶便是从善而生，若非有善，恶便无以生存；而且除善之外，恶也没有发生的其他来源。即或有，只要这来源是一存在，它也必定是一个善。一个不可败坏的存在是大善，即使是可败坏的存在也必然在某种程度上是一个善，因为只有在败坏其善的同时，恶才对它有所损毁。"[①]

对于这一看法，奥古斯丁也提醒人们注意下面这样一个容易发生误解的问题。《圣经》上说过："祸哉，那些称恶为善、称善为恶，以暗为光、以光为暗，以苦为甜、以甜为苦的人。"（《圣经·以赛亚书》5：20）耶稣也说："善人从他心里所存的善，就发出善来，恶人从他心里所存的恶，就发出恶来"（《圣经·路加福音》6：45）。这样，恶人岂不是一个恶的存在吗？因为一个人就是一个存在。既然一个人只因是一存在就是一个善，那么一个恶人岂不就是一个带有恶的善吗？但我们在明确地区分这两者的同时会发现，并不是因为他是人才是恶的，或因为他是恶的才是善的，而是因为他是人才是善的，又因为他是恶人才是恶的。因此，无论谁说"作人就是罪孽"，或者"作恶是好事"，都难免受先知的咒诅。因为说这种话的人或许是在诋毁上帝创造的精品——人类，或许是在赞许人的亏欠——他的罪恶。所以，凡是存在，即便是有缺欠的存在，就其是一存在而言都是善的，而就其缺欠而言则是恶的。[②]奥古斯丁也告诫我们，当我们说恶自善而生的时候，不要让人以为这与耶稣说"好树不能结坏果子"（《圣经·马太福音》7：18）的说法相矛盾。这位身为真理的主说，从荆棘上摘不到葡萄（《圣经·马太福音》7：16），是因为葡萄不会长在刺棘上。同样，正如坏树不能结出好果子一样，恶的意念不会生出善行。从人原本善的天性中，既可生出善的意念，也可生出恶的意念。可以肯定的是，若不是有天使或人善的天性，恶起初就无从而生。耶稣在谈到树及其结果子的同一地方清楚地表明了这一点，"树好，果子也好；树坏，果子也坏"（《圣经·马太福音》12：33）。这明显是在提醒我们，坏果子不会长在好树上，好果子也不会长在坏树上。尽管如此，那土地本身（他指的是当时听他讲道的人）则可能长出两种不同的树。[③]

---

① ［古罗马］奥古斯丁：《论信望爱手册》，奥古斯丁：《论信望爱》，许一新译，生活·读书·新知三联书店 2009 年版，第 36 页。

② 参见上书，第 35 页。

③ 同上书，第 36—37 页。

　　奥古斯丁进一步分析了导致恶的原因，认为恶的产生有两个根源：第一个根源是具有可变之善的受造者，离弃了创造者的不变之善。"我们享有的一切善的根源是上帝的善；而众恶的根源则是具有可变之善的受造者离弃了创造者的不变之善——先是一天使，后是人类。"① 第二个根源则是人的无知与贪欲。他分析说：发生在具有智能的被造者身上的第一个恶是善的丧失。从此以后，对责任的忽视和对有害事物的贪求便悄然潜入人的心，这甚至有违人自己的意志。接踵而来的是人的谬误与痛苦。人在意识到谬误、痛苦逼近时，心灵便蜷缩，这就是所谓的惧怕。当人心达到贪求的目标时，无论这目标何等有害或虚妄，谬误却使人不能认识其真相，或者人病态的欲念此时胜过了他的知觉，愚妄的快乐于是使人自鸣得意。于是，从亏缺而非丰盛的恶泉中，便流淌出困扰人类理性本性的各种各样的痛苦。②

　　奥古斯丁具体讨论了行为邪恶的原因，认为行为邪恶的原因仅在于意志本身。他承认邪恶的意志是邪恶的行为的动力因，但认为，没有任何东西是邪恶的意志的动力因。因为若是有某个事物是其原因，那么这个事物本身要么有意志，要么没有意志。它若有意志，那么这个意志要么是善的，要么是恶的。这个意志若是善的，那么这种善的意志不会使另一个意志变得邪恶。在这种情况下，说善的意志成为罪的原因，显然是十分荒谬的。另一方面，若是这个被假定为使意志变得邪恶的事物本身有一个恶的意志，那么，是谁使它变得邪恶？如果追溯下去，那么，使第一个邪恶意志变得邪恶的是什么东西？这里，最先的那个邪恶意志就是那个不被其他任何意志变得邪恶的那个意志。若是有一个使它变得邪恶的东西在它之前，那么这个东西就是最先使其他事物变得邪恶的东西。但若有人回答说："没有任何东西使它邪恶，它始终就是邪恶的"，那么我们就要问：它的存在拥有某些本性吗？它若是没有本性，那么它根本不存在。但若它的存在确实拥有某些本性，那么它就是有缺陷的，它的本性败坏了，或者受到伤害了，它的善被剥夺了。奥古斯丁由此得出结论说："一个邪恶的意志不能存在于一种恶的本性之中，而是存在于一种善的但又是变动的本性之中，正是这种缺陷会带来伤害。因为，它若是不带来伤害，那么它肯定没有过失，由此带来的后果就是存在于其中的意志不能被称作恶的。还有，它若是带来伤害，那么它肯定是通过消

---

　　① ［古罗马］奥古斯丁:《论信望爱手册》，奥古斯丁:《论信望爱》，许一新译，生活·读书·新知三联书店 2009 年版，第 45 页。

　　② 参见上书，第 45 页。

除善或减少善来造成伤害的。因此不会有一种来自永恒的、存在于先前天然为善的事物之中的邪恶意志，这种邪恶的意志能够通过对善的事物的伤害来削弱它。"①

在对善恶作上述理解的基础上，奥古斯丁讨论了德性及其与善的关系问题。他对德性的基本看法是，德性是意志的善用，与其他可能被误用的中等善或小善相比较，它是不能被误用的大善。"一切的善都从上帝而来——无论伟大的善、中等的善以及最小的善；在中等的善中，有意志的自由选择，因为它是我们可能误用的，然而我们若没有它便不能正直生活。将意志善用便是美德，而美德乃谁都不能误用的大善。照我所说的，一切善——伟大的、中等的、最小的——都从上帝而来，所以自由意志的善用，也是从上帝而来。这乃美德，并被算为最大善。"

德性本身不是那些基本的善，因为德性是后来发生的，是通过教育引入的。但是它在人类诸善中占据最高地位。之所以如此，是因为它在这个世界上的使命就是持久地与邪恶作斗争。这些邪恶不是外在的恶，而是内在的恶，不是他人的恶，而是我们的恶，并且仅仅是我们自己的恶。② 奥古斯丁认为德性对于人具有极其重要的意义，它能够指导一切被它善用的事物，也能指导被它善用的恶物，使人达到完善的目的地。"美德之所以是美德，仅在于它能指导一切被它善用的事物，和一切被它善用的恶物，以及它本身，走向我们的和平得以完善的目的地，这个目的地如此完善与伟大，以至于不会再有更好或更大的地方了。"③

奥古斯丁从基督教神学的角度讨论了古希腊的"四主德"。关于节制，他认为持久地与邪恶作斗争是由希腊人称作"sophrosyne"、拉丁文中称作"节制"的这种德性来进行的。这种德性的作用在于约束肉身的欲望，防止它们把心灵拖向罪恶，确保心灵的判断。邪恶确实决不会不出现，因为如使徒所说，"情欲与圣情相争"。然而面对各种罪恶，有一种抗争的德性，对此这位使徒也说："灵和情欲相争，这两个是彼此相敌，使你们不能作所愿意作的。"（《圣经·加拉太书》5：17）奥古斯丁据此得出结论，当我们希望通过至善最终成为完善之人的时候，我们所希望获得的是什么？除了让肉身停止与灵相争，除了在我们自身不再有与灵相争的邪恶，其他什么也没

---

① ［古罗马］奥古斯丁：《上帝之城》上卷，王晓朝译，人民出版社 2006 年版，第 500 页。
② ［古罗马］奥古斯丁：《上帝之城》下卷，王晓朝译，人民出版社 2006 年版，第 907 页。
③ 同上书，第 918 页。

有。只要在上帝的帮助下，我们不屈从于与灵相争的肉身的欲望，不允许自己同意自己犯罪，也就是说，只要我们参与了这种内在的战斗，按照上帝的吩咐，我们就应当相信自己已经获得了幸福。我们要通过我们的胜利来获得这种幸福。①

奥古斯丁将古希腊的"智慧"称为"prudentia"（英文译为"prudence"）②，即"明慎"。明慎德性的全部功能在于分别善恶，使我们在求善避恶时可以不让谬误潜入，并借此检验居住在邪恶之中的我们或居住在我们中间的邪恶。明慎教导我们对罪过表示赞同是一件坏事，不赞同罪过是一件好事。奥古斯丁认为，明慎德性要发挥其功能，需要灵魂对上帝的沉思。在他看来，灵魂对上帝的深思越少，它对上帝的服从也就越少；肉身与灵魂相争的欲望越多，身体对灵魂的服从也就越少。因此，只要在我们身上有这种软弱，有这种灾祸，有这种倦怠，我们就不能够得救，而如果我们不能得救，我们就不敢说我们已经拥有了最终的幸福。③

尽管明慎教导我们不要对恶表示赞同，而节制使我们不赞同恶，但明慎和节制都不能从我们的生活中消除这样的恶。消除这样的恶则是公正的任务。公正就是让一切事物各得其所。由于这个原因，人自身就有某种天然的公正秩序，灵魂服从上帝，身体服从灵魂，而身体和灵魂都服从于上帝。这就是公正所要执行的任务。④

"名为坚忍的这种美德，无论陪伴她的智慧有多么伟大，最清楚地为人的疾病作了见证，因为她必须耐心地忍受这些疾病。"⑤在讨论坚忍或刚毅一德性时，奥古斯丁对斯多亚派的观点进行了严厉的批评。他对斯多亚学派的无耻感到惊讶。因为他们认为这些疾病根本不算病，但却又承认这些病要是非常严重，使得哲人不能忍受，那么他就要被迫自杀，离开这种生活。然而

---

① 参见［古罗马］奥古斯丁：《上帝之城》下卷，王晓朝译，人民出版社2006年版，第907—908页。

② 这个词中文通常译为"审慎"，我认为这个词的意思不仅有审慎的含义，还有明智的含义。这个词最早来自亚里士多德性所使用的"ϱονηστ"（拉丁化为"phronesis"）。这个希腊词在英文中以前译为"prudent"，后来译为"practical wisdom"（实践智慧）。对于这个希腊词苗力田先生在其主编的《亚里士多德全集》中参照英文以前的译法译为"明智"，我在本身中参照新近英文的译法译为"实践智慧"。鉴于没有一个能准确表达"prudentia"的中文词，可考虑将其译为"明慎"。

③ ［古罗马］奥古斯丁：《上帝之城》下卷，王晓朝译，人民出版社2006年版，第908页。

④ 同上。

⑤ 同上。

这些人以他们愚蠢的傲慢相信可以在今生找到至善，可以通过自己的努力获得幸福。他们相信，他们这些哲人，哪怕成了瞎子、聋子、哑巴，甚至身体受到痛苦的折磨，哪怕他们成为某种能够描述或想象的疾病的牺牲品，哪怕他们被迫自杀，也不能因此就不把他们的生活称作幸福的。奥古斯丁讥讽说，啊，多么幸福的生活，竟然要靠自杀来终结！如果他们的生活是幸福的，那就让他们继续过这样的生活，但若疾病在迫使他们摆脱，这样的生活又怎么会是幸福的？当这些事情要靠坚忍之善来克服，也要靠这种坚忍来抗拒时，这些事情怎么能不是邪恶呢？不仅如此，把一种生活称作幸福的，同时又劝说人们逃避它，这该多么荒谬！有谁如此盲目，以至于看不出一种幸福生活不会是他希望逃避的生活？另一方面，如果确实由于这种生活包含着巨大的不确定性，所以应当逃避，那么斯多亚派为什么不停止他们僵硬的傲慢，承认它是一种不幸呢？而这些使生活变得不幸的事情怎么会不是邪恶？①

奥古斯丁还专题研究了与基督教精神紧密相关的自制和忍耐德性。

关于自制的必要性，奥古斯丁说："我们需要自制，我们知道这是神圣的恩赐，好叫我们的心不偏向恶言，为罪辩解。我们需要自制不就是为了遏制恶念得逞，行将出来吗？万一犯了罪，也正是自制阻止它从可恶的傲慢那里得到辩护。因而从普遍的意义上说，我们需要自制，以便避开恶。"②他认为，真正的自制不是要用某些恶来压制另一些恶，而是要用善来医治一切恶。自制就是要克服并医治情欲引起的一切愉悦，因此它不只对身体欲望的克制，而是对付一般的情欲或欲望，不只是身体的欲望，也包括灵魂的欲望。③

忍耐像自制一样，这种心灵德性是神的伟大恩赐，即使是赐给我们这一德性的上帝也要忍耐，等候恶人有朝一日诚心悔改。④人的忍耐是可赞可叹的真正德性，它使我们能以平静的心忍受恶事，免得我们骚动不安，心绪不宁，不配得好事，无法达到更高境界。而没有忍耐的人，因为不能忍受恶

---

① 参见［古罗马］奥古斯丁:《上帝之城》下卷，王晓朝译，人民出版社2006年版，第908—909页。

② ［古罗马］奥古斯丁:《论自制》，奥古斯丁:《道德论集》，石敏敏译，生活·读书·新知三联书店2009年版，第19页。

③ 同上书，第33页。

④ 参见［古罗马］奥古斯丁:《论忍耐》，奥古斯丁:《道德论集》，石敏敏译，生活·读书·新知三联书店2009年版，第309—310页。

事，最终也不能超越恶事，只能忍受更大的恶事。忍耐的人选择不作恶，忍受恶，而非不能忍受恶去作恶。凭借忍耐，人不仅可以使所受的苦难变得轻一点，而且还脱离因没有忍受而可能陷入的大恶。①奥古斯丁提醒人们注意，不可一看到有人耐心地忍受什么，就不假思索地把它作为忍耐来赞美，因为这只是通过受苦表现出来的现象。如果它是出于好的目的，那是真正的忍耐，否则，它若受欲望地玷污，那就需要把真正的忍耐与虚假的忍耐区分开来。若是在犯罪上也冠以忍耐的名称，那就大错特错了。②

忍耐虽是心灵的德性，但心灵实施这种德性则有一部分是在心灵里，还有一部分是在身体上。当身体完好无损，未受伤害，但心灵受到困境或者污秽的事或话的刺激，怂恿它做出某种不体面的事，说出某些不合宜的话，此时就要依靠心灵本身就需要忍耐的德性发挥作用，耐心地忍受一切邪恶，免得它自己行恶事或说脏话。就是在我们的身体健康的时候，我们也能靠着这种忍耐，在这个充满罪恶的世界里等候被耽延的祝福，这就是经文所说的："我们若盼望那所不见的，就必忍耐等候。"（《圣经·罗马书》8：24-25）③

奥古斯丁相信，我们的忍耐不会永远落空，不是因为在那里我们也必须耐心忍受，而是因为我们在这里已经耐心忍受的，到那里就要享有永恒的幸福。那赐给意志暂时的忍耐的，必不会叫永久的福祉终止，因为这两者都是他给予爱的恩赐，而爱也是出于他的恩赐。④奥古斯丁认为，人们为了淫欲，或者甚至为了邪恶，总而言之，为了此世的短暂生命和幸福，人能令人吃惊地忍受许多可怕苦难的打击。既然如此，这岂不更告诉我们，为了美善的生活更当耐心忍受，因为那是永生，没有任何时间的限制，没有任何益处的浪费和丧失，是真正的福祉和平安。⑤"事实上，只要为了公义鄙视身体短暂的生命和幸福，为了公义极其忍耐地承受痛苦或死亡，那么就能更多地求得将来的幸福，甚至包括身体的康福。"⑥

帕拉纠主义者（Pelagians）认为忍耐属于人的意志力量，不在于神的协

---

① 参见［古罗马］奥古斯丁：《论忍耐》，奥古斯丁：《道德论集》，石敏敏译，生活·读书·新知三联书店 2009 年版，第 310 页。
② 同上书，第 312 页。
③ 参见上书，第 314 页。
④ 参见上书，第 330 页。
⑤ 参见上书，第 312 页。
⑥ 同上书，第 313 页。

助，只在于自由意志的决断。奥古斯丁指出这是一种错谬，这种错谬是傲慢的错谬，是安逸的人常犯的错误。在他看来，真正的智慧源于神，真正的忍耐也源于神。如谦卑的人所吟唱的：我的心哪，顺服于神，因为我的忍耐是从他出来。(《圣经·诗篇》62：5)[1] 忍耐以爱为前提，没有爱在我们里面，就不可能有真正的忍耐。在义人里面，正是对神的这种爱，才使他们能凡事忍耐。正如在恶人里面，正是对这世界的欲望，使他们也能忍受一切。但这爱是借着所赐下的圣灵浇灌在我们心里的。因此，我们里面的爱从他而来，忍耐也从他而来。[2]

在所有这些德性中，奥古斯丁特别推崇公正德性。"公义是如此美丽，而永恒之光，即不改变的真理和智慧，是如此可爱，令我们获准留在其中即便只有一天，也足使我们轻看今生满有快乐和富贵的许多岁月。'在你的院宇住一日，胜似在别处住千日'(《圣经·诗篇》84：10)，这句诗将这种真实深刻的情感表达出来了。这句话也可理解为，千日是指时间和其变迁而言，一日是指不变的永恒而言。"[3] 他之所以特别推崇公正德性，是因为只有公正地生活，我们才能获得至善。"永恒的生命是至善，永恒的死亡是至恶，为了获得永恒的生命，避免永恒的死亡，我们必须公正地生活。因为这个原因，经上说：'惟义人因信得生。'(《圣经·哈巴谷书》2:4;《圣经·罗马书》1：17;《圣经·加拉太书》3：11;《圣经·希伯来书》10：38)因为我们必须凭着信去寻找它。另一方面，当我们信和祈祷的时候，除非得到上帝的帮助，否则我们就不能公正地生活，上帝赐予我们信心，我们必定得到上帝的帮助。"[4]

在此，他批评了哲学家以为至善与至恶可以在今生获得的观点。他们认为至善在身体中，或在灵魂中，或在二者中，或者说得更清楚些，在快乐中，或在德性中，或在二者中；在安宁中，或在德性中，或在二者中；在快乐与安宁的结合中，或在德性中，或在二者中；在本性向往的对基本对象中，或在德性中，或在二者中。他指责这些哲学家带着极度的虚幻希望在当下得到幸福，凭借他们自己的努力去获得幸福。他借用先知的话嘲笑

---

[1] ［古罗马］奥古斯丁：《论忍耐》，奥古斯丁：《道德论集》，石敏敏译，生活·读书·新知三联书店 2009 年版，第 319 页。

[2] 参见上书，第 325—326 页。

[3] ［古罗马］奥古斯丁：《论自由意志》，奥古斯丁：《恩典与自由》，奥古斯丁著作翻译小组译，江西人民出版社 2008 年版，第 149 页。

[4] ［古罗马］奥古斯丁：《上帝之城》下卷，王晓朝译，人民出版社 2006 年版，第 905 页。

这样的哲学家，"上帝知道人的意念是虚妄的"，或者如使徒所说，"主知道智慧人的意念是虚妄的"（《圣经·诗篇》94：11；《圣经·哥林多前书》3：20）。①

奥古斯丁特别强调，"没有真正的宗教，就没有真正的德性。"② 由灵魂统治身体、理性统治德性看起来确实值得赞扬，但若灵魂和理性自身不服从上帝，那么灵魂和理性就不能以任何方式公正地统治身体和德性。如果不认识真正的上帝、不服从上帝的统治，身体和德性只会屈从于最邪恶的精灵。因此，心灵看起来似乎拥有它所向往的德性，借此统治身体和德性，但若与上帝无关，那么它实际上是真正的恶性，而不是德性。有些人确实认为，即使并无其他目的而只与自身相关，德性仍是真实的、光荣的。然而，这是由于德性受到吹捧而骄傲，也由于它应当算作恶性，而不是德性。正如把生命赋予肉体的不是从肉体中产生出来的某种东西，而是高于肉体的某种东西，所以使人的生活有福的也不是从人身上产生出来的某种东西，而是高于人的某种东西。这个道理不仅适用于人，而且适用于每一种属天的权能和任何德性。

德性的这种宗教性质表明，真正的德性只能存在于那些真正虔诚的人身上。这些德性并不声称能够保护人不受任何苦难，真正的德性不是会宣布这种事情的撒谎者。但它们确实宣称，由于这个世界上的巨大罪恶，人生不得不是一种不幸，但它处在来世的期盼和得救的希望之中是幸福的。既然它还没有得救，它怎么能够幸福？因此使徒保罗说，不是明慎、坚忍、节制和公正的人，而是按真正的虔诚生活的人，他们的德性是真正的德性。"我们的得救是在乎盼望；只是所见的盼望不是盼望，谁还盼望他所见的呢？但我们若盼望那所不见的，就必须忍耐等候。"（《圣经·罗马书》8：24以下）因此，我们凭着盼望而得救，是在这种盼望中我们被造就幸福的。由于我们还不享有当前的拯救，而是在等候将来的拯救，所以我们并不享有当前的幸福，而是在耐心地忍受它们，直到我们来到充满令我们欢悦的善物之处，在那里就不再有任何我们必须坚忍的事情了。这就是在将来的那个世界里的拯救，它本身就是我们最终的幸福。③

---

① 参见〔古罗马〕奥古斯丁：《上帝之城》下卷，王晓朝译，人民出版社2006年版，第905页。

② 同上书，第945页。

③ 参见上书，第910—911页。

（五）神学德性：信仰、希望、爱

在西方德性思想史上，奥古斯丁第一次根据《圣经》提出信仰、希望和爱三种神学德性。他的论证是：早在人类因罪的缘故还在痛苦的重压下呻吟，亟须上帝悲悯的时候，一位先知就预言说，上帝恩典的时代即将来临，他宣告："到那时候，凡求告耶和华的名的就必得救。"（《圣经·约珥书》2：32）于是便有了"主祷文"。而使徒保罗为了突显"信"的恩赐，则在引用先知的见证之后随即补充说："然而人未曾信他，怎能求他呢？"（《圣经·罗马书》10：14）于是就有了《使徒信经》。"'主祷文'和《使徒信经》示范出信、望、爱这三种恩赐究竟是什么：信是相信上帝，望和爱则是向上帝祈祷。若没有信，望与爱又焉存？因此可以说，信也是祈求。正因为如此，经上才这样写着：'然而人未曾信他，怎能求他呢？'"①

奥古斯丁是将信望爱与智慧联系起来讨论的，或者说，他是从讨论智慧开始展开讨论信望爱的。他认为，人的智慧不是天生的，也不是后天在生活实践中获得的，而是靠上帝的启示。"既然没有人因自己而生存，也就没有人因自己而得智慧；人得智慧唯有靠上帝的启示，正如《圣经》论上帝所言：'一切智慧皆来自耶和华。'（《圣经·哥林多前书》1：20）"②那么，什么是智慧呢？奥古斯丁的回答是："人类真正的智慧就是敬虔。"③或者说，"敬畏上帝是人的真智慧。"④他说这一点在《圣约·约伯记》中就已经有了明确表达。在那里，约伯写道，智慧本身对人说："敬畏主就是智慧"（《圣经·约伯记》28：28）。你若进而问到这里的"敬畏"的含义是什么，那它字面的意思就是"对上帝的崇拜"，它所表达的是把崇拜上帝作为人类智慧源泉的观念。如果用一个简单的表达，"敬畏上帝"就是"上帝要我们以信、望、爱敬拜他"⑤。

关于这三者的关系，奥古斯丁作了如下系统的阐述。这里的"信"是指相信有人曾那样生活；"望"是指我们自己有望那样生活，尽管我们是人，看到有人曾那样生活过，我们也热心地向往如此生活，并为此自信地祷告。

---

① ［古罗马］奥古斯丁：《论信望爱手册》，奥古斯丁：《论信望爱》，许一新译，生活·读书·新知三联书店 2009 年版，第 30 页。

② 同上书，第 27 页。

③ 同上书，第 28 页。

④ 同上书，第 28 页。

⑤ 同上书，第 28 页。

于是，一方面对那一形式的爱使得我们爱他们的生活，另一方面对他们生活的相信使得我们更爱那一形式。其结果，我们对上帝的爱烧得越旺，就越确定和明确地看到他，因为正是在上帝里面，我们观察到那不变的公正形式，我们判定一个人应照之生活的公正形式。所以，"信"大大地有助于认识上帝和爱上帝，这不是说没有它我们就好像全然无知或全然不爱似的，而是说有了它我们可以更清楚地认识上帝，更坚定地爱上帝。那么，除了爱善，《圣经》所如此赞美和宣扬的爱或仁爱还能是什么呢？爱意味着正在爱的某人和借着爱而被爱的某物。这里你可看到三样东西：爱者、被爱者、爱。爱是一种生活，它是把两个东西即爱者与被爱者匹配在一起，或试图匹配在一起的生活，即便最外在的、肉体化的爱也是如此。但为了畅饮更纯净更清澈的东西，我们要跨过肉体，迈向精神。在这里也有三样东西：爱者、被爱者、爱。①

奥古斯丁所说的"信"是信仰，指信仰上帝。信仰是以相信为前提的，所以，奥古斯丁首先分析了"相信"。他认为，相信的对象既可以是善的，也可以是恶的，因为善的与恶的事物都有人相信，而信者的信心不是恶的，而是善的。而且，信心涉及过去、现在和将来。比如，我们相信基督曾经死去——这是信过去的事；相信他正坐在圣父的右边——这是信当前的事；也信他要再来审判活人、死人——这是信将来的事。同时，信既适用于自己的环境，也适用于他人的环境。例如，人人都相信自己的存在有起点，而不是自有永有的，也相信其他人和事亦然。

那么，我们应当相信的是什么呢？奥古斯丁提出，就自然界而言，基督徒只需知道造物主的仁慈是万物之源；就宗教而言，作为基督徒，我们只需相信以下几件事：无论是天上的还是世间的，无论是可见的还是不可见的，一切被造之物的起源都是唯一真神造物主的仁慈；除上帝自身之外，没有一样事物的存在不源自于上帝；这位上帝是三位一体的真神——即圣父、圣父所生的圣子以及由同一位父而来的圣灵，这圣灵又同为圣父、圣子之灵。② 同时，我们还必须相信事实上人的灵魂和身体都没有完全消灭，只是

---

① ［古罗马］奥古斯丁：《论三位一体》，周伟驰译，上海人民出版社 2005 年版，第 237—238 页。

② 参见［古罗马］奥古斯丁：《论基督教教义》，奥古斯丁：《论灵魂及其起源》，石敏敏译，中国社会科学出版社 2004 年版，第 32—33 页。

恶人复活是遭受无以复加的刑罚，好人复活是领受永生。①

奥古斯丁认为，既然我们相信上帝是全能的父，我们就应坚持这样的观点，即凡被造的无一不是那全能者所造。由于上帝借着那道造了万物（《圣经·约翰福音》1：3），那道的意思又是"真理""上帝的能力"和"上帝的智慧"（《圣经·约翰福音》14：6；《圣经·哥林多前书》1：24），还意指主耶稣基督——我们信仰的依归。《圣经》对他的描述还让我们明白，他就是我们的拯救者和主，上帝的独生子。因此，这万物借以造成的道，不可能不是那借着道而创立万物的上帝所生。正因为如此，我们也信耶稣基督，上帝的儿子，父的独生子，我们的主。②

在奥古斯丁看来，信心本身也是上帝所赐；信的人必不缺少善行。为防止人们自以为至少还有信的功德，不明白信心同样是上帝所赐，保罗写道："人们得救……不是出于自己，乃是上帝所赐的；也不是出于行为，免得有人自夸。"（《圣经·以弗所书》2：8-9）唯恐有人以为信的人还缺少善行，保罗继而补充道："我们原是为他的工作，在基督耶稣里造成的，为要叫我们行善，就是上帝所预备叫我们行的。"（《圣经·以弗所书》2：10）因此，在上帝重造我们成为新人之时，我们就有了真正的自由。他此次的工作不是把我们造就成人，而是造成良善的人，这才是上帝的恩典要成就的，让我们在基督耶稣里成为新人，正如《圣经·诗篇》作者所写："上帝啊！求你为我造清洁的心。"（《圣经·诗篇》51：10）上帝早已为人造了肉体的心，诗人此处祈求的是生命的更新。③

对于信，《使徒信经》简明扼要地做了概括。若从属世的层面领会，它是为婴儿预备的，而若从属灵的层面考察、研究，则是给成年人预备的干粮，从中涌流出的是信徒美好的盼望，伴随而来的还有圣爱。④

"望"是指希望、盼望，即盼望与上帝同在，过上永恒的生活。关于望，奥古斯丁认为，与望相关的对象已包含在"主祷文"里。马太福音中的"主祷文"包含有七项祈求，即"我们在天的父，愿人都尊你的名为圣。愿你的

①　参见［古罗马］奥古斯丁：《论基督教教义》，奥古斯丁：《论灵魂及其起源》，石敏敏译，中国社会科学出版社 2004 年版，第 25 页。

②　［古罗马］奥古斯丁：《论信仰与信经》，奥古斯丁：《论信望爱》，许一新译，生活·读书·新知三联书店 2009 年版，第 202 页。

③　参见［古罗马］奥古斯丁：《论信望爱手册》，奥古斯丁：《论信望爱》，许一新译，生活·读书·新知三联书店 2009 年版，第 49—50 页。

④　同上书，第 110 页。

国降临。愿你的旨意行在地上，如同行在天上。我们日用的饮食，今日赐给我。免我们的债，如同免了人的债。不叫我们遇见试探，救我们脱离凶恶。因为国度、权柄、荣耀，全是你的，直到永远，阿门。"（《圣经·马太福音》6：9-14）。其中三项求的是永恒的祝福，其余四项求的是今世的福，而需要先获得今世的祝福，才能得到永恒的祝福。《路加福音》以更简练的五项祈求（《圣经·路加福音》11：2-4）表达了"主祷文"的实质。①

与信的对象有善有恶不同，盼望的对象却总是好的，而且只关乎未来，只影响及盼望者。因此，望必须与信加以区分，两者不仅是词语不同，且在本质上有差异。两者唯一的共同点在于人们所信、所望的都是未见之事。《圣经·希伯来书》将"信"定义为"未见之事的确据"（《圣经·希伯来书》11：1）。有人若说自己基于信心而相信，依据的是自己感知的直接证据，不是别人的话，不是别人的见证，也不凭思辨，尽管如此，他也不该被指责为，"你是有所见，而不是有所信"。所以信心的对象是不可见的。但是我们最好仍以《圣经》教导的方式使用"信"这个字，将它用在未见之事上。对于望，使徒保罗说："所见的盼望不是盼望，谁还盼望他所见的呢？但我们若盼望那所不见的，就必忍耐等候。"（《圣经·罗马书》8：24、25）于是，当我们相信好事将要来的时候，就无异于盼望它了。所以，当我们的善是未来的时，这是与希望它一回事。至于爱，我们又当如何解释呢？没有爱，信则于人无益；没有爱，望也无以存在。使徒雅各说，"鬼魔也信，只是战惊。"（《圣经·雅各书》2：19）那是因为魔鬼既没有盼望也没有爱，只是相信我们所爱、所望之事即将来临，所以战惊。正因为如此，使徒保罗才赞扬那"使人生发仁爱的信心"（《圣经·加拉太书》5：6）。若没有盼望，这样的信心自然不会存在。所以，世上没有不存盼望的爱，没有不存爱的盼望，也没有不存信心的爱与盼望。②

在信望爱三种神学德性中，奥古斯丁最推崇的是爱。他之所以极力推崇爱，首先是因为爱是比信望更大的恩赐。"比信与望更大的恩赐是爱，是圣灵将爱浇灌在我们心里。"③圣经记载，爱被保罗看作是比信和望更大的恩赐（《圣经·哥林多前书》13：13）。奥古斯丁据此认为，爱在何种程度上住在

---

① 参见［古罗马］奥古斯丁：《论信望爱手册》，奥古斯丁：《论信望爱》，许一新译，生活·读书·新知三联书店2009年版，第110、111页。

② 同上书，第31—32页。

③ 同上书，第112页。

人心里，人就是何等的善良。当问及某人是否善良的时候，人们问的不是他信或望的是什么，而是他爱的是什么。人若爱得正确，他所信、所望的无疑也是正确的了；而人若没有爱，他所信的即便是真理，他所望的即便是真正的幸福，也是枉然，除非他相信并盼望这爱，以至于能靠着祈求而得到爱的赐福。没有爱的望虽然是不可能，但人却有可能不爱达到所望所必须爱的对象。例如，他盼望得永生，但他却不爱公正，而没有公正，人就绝无可能得到永生。① 奥古斯丁对三者加以比较认为，眼见会取代信心，盼望会消失在我们要得到的完全喜乐之中，然而，爱却不是这样，当这些都消退之后，它会变得更大。要说我们是借着信心爱那还是看不见的对象，那么当我们终于看见它时，岂不是要更加爱它！若说我们借着盼望爱那还没有到达的目标，等到我们到达的时候，岂不是要爱它更多！暂时之事与永恒之事之间就存在着这样的区别，我们在拥有某个暂时对象之前往往对它估价很高，一旦得到了就发现它没有什么价值，因为它不能满足灵魂，唯有永恒才是它真正、可靠的安息之处。相反，对于一个永恒的对象，当它还是一个欲求的对象时我们爱它，等到真正拥有它，我们的爱就更加炽热。因为就前一种对象来说，在没有拥有它之前谁也不可能预计到它的真正价值，所以如果当他发现它的真实价值不如他原先预想的价值，从相对意义上讲，就会认为它是没有价值的。相反，对于后一种对象，不论人在还没有拥有它之前对它作出多高的估价，当他真正拥有它的时候，都会发现，它比实际价值都要更高。②

　　奥古斯丁极力推崇爱的另一个理由是，人唯有靠这爱，才能遵行律法。他认为，凡是在律法之下的人，因惧怕律法所定的刑罚，不爱慕公正而勉强禁戒犯罪行为，同时却还不愿意除去犯罪的意念。在他的意志里面，他还是犯了罪；如果可能，他情愿去犯罪，而他所畏惧的一旦不再存在，他就自由自在地去作他私下所愿意做的事。因此使徒说："你们若被圣灵引导，就不在律法以下"，因为律法只能叫人惧怕，而不能给人爱。而"爱浇灌在我们心里"，不是因律法的字句，而是"因为所赐给我们的圣灵"（《圣经·罗马书》11：36）。这就是自由的律法，而不是束缚的律法；是爱的律法，而

---

　　① ［古罗马］奥古斯丁：《论信望爱手册》，奥古斯丁：《论信望爱》，许一新译，生活·读书·新知三联书店 2009 年版，第 112—113 页。

　　② 参见［古罗马］奥古斯丁：《论基督教教义》，奥古斯丁：《论灵魂及其起源》，石敏敏译，中国社会科学出版社 2004 年版，第 41 页。

不是使人惧怕的律法。这种律法使徒雅各称之为"那全备使人自由之律法"（《圣经·雅各书》1：25）。因此保罗对上帝的律法的感觉，不再是像奴隶一般地畏惧，而是心里喜悦，虽然他仍然看到肢体中另有个律，和他心中的律交战。因此奥古斯丁认定，"但你们若被圣灵引导，就不在律法以下"。的确，人一旦被圣灵引导，就不在律法以下；因为他一旦喜悦上帝的律法，就不再惧怕它，因为惧怕所含的是刑罚，而不是喜乐。① 所以，"若没有上帝赐下的圣灵将爱浇灌在我们心里，律法可以发号施令，却无法帮助人，而且它使人成为一个违法者，因为人不能再以不知法为借口。因此，哪里没有上帝的爱，哪里就是肉体的情欲在掌权。"②

奥古斯丁之所以极力推崇爱，还因为爱是一切诫命的宗旨，"上帝就是爱，住在爱里面的，就是住在上帝里面。"（《圣经·约翰一书》4：16）③ 而且，上帝的一切诫命都是围绕着爱的，这就是使徒保罗所说的："命令的总归就是爱，这爱是从清洁的心和无亏的良心、无伪的信心生出来的。"（《圣经·提摩太前书》1：5）在奥古斯丁看来，爱就是每条诫命之依归，换言之，每条诫命的宗旨都是爱。"你要尽心、尽性、尽意，爱主你的神；你要爱人如己。这两条诫命是律法和先知一切道理的总纲。"（《圣经·马太福音》22：37、40）奥古斯丁还加以补充，它是福音书和使徒一切道理的总纲。他甚至认为，爱——为了神而爱以及为了神而爱我们的邻人——就是全部《圣经》的目标和宗旨。④ 这样，"律法书以及整部《圣经》的成全和目的就是爱，爱某个要享受的对象，爱某个能够与我们同享那个他者的对象。"⑤ 正是从福音书和使徒的道理中，我们听到了这样的声音："命令的总归就是爱"；而"上帝就是爱"（《圣经·提摩太前书》1：5；《圣经·约翰一书》4：16）。由此可见，上帝所有的诫命，如"不可奸淫"（《圣经·马太福音》5：27；《圣经·罗马书》13：9），以及一些特别的劝导，唯有在人们将爱上帝并因上帝而爱邻舍作为动机原则时，才能得到正确的实行。这个道理在此生、永生中均适

---

① 参见［古罗马］奥古斯丁：《论本性与恩典》，奥古斯丁：《恩典与自由》，奥古斯丁著作翻译小组译，江西人民出版社 2008 年版，第 214—215 页。

② ［古罗马］奥古斯丁：《论信望爱手册》，奥古斯丁：《论信望爱》，许一新译，生活·读书·新知三联书店 2009 年版，第 113 页。

③ ［古罗马］奥古斯丁：《论三位一体》，周伟驰译，上海人民出版社 2005 年版，第 33 页。

④ 参见［古罗马］奥古斯丁：《论基督教教义》，奥古斯丁：《论灵魂及其起源》，石敏敏译，中国社会科学出版社 2004 年版，第 14 页。

⑤ 同上书，第 39 页。

用。① 可见，诚命的目的是爱，并且是双重的爱，爱神和爱人。如果你把自己看作整体，即灵魂和身体，把你邻人也看作整体，灵魂和身体（因为人就是由灵魂和身体构成的），你就会发现，这两条诚命并没有忽视任何一类该爱的事物。尽管对神的爱放在首位，并且规定我们对他的爱是全心全意的，其他一切事物都要以他为中心，看起来似乎没有说到对我们自己的爱，然而它又说："你要爱人如己"，我们就立即明白了，这诚命并没有忽略我们对自己的爱。②

奥古斯丁极力推崇爱也因为人身后还需要爱。他说，当灵魂能成功地看，即知道上帝时，我们既不需要信，也不需要望；至于爱，此时则非但毫无减损，而且大有增加。因为当灵魂已看到那唯一的真实的美时，便愈发热爱，而且，除非它用超越之爱使它的眼睛专注凝视，除非它从不放弃凝视，它将不能在那最神圣的形象下继续存在。但是，即使灵魂能最完全地看，即知道上帝，只要灵魂在肉体中，只要肉体的感官也利用它们的功能，那么，即使它们不能欺骗人，也有能力引人走入迷途。所以，我们仍然是靠着"信"抵制它们，并且相信别的东西才更真实。同样，既然灵魂在此生因很多肉体的苦难受折磨，即使它已经在对上帝的知识中达到幸福，它也需要盼望所有这些磨难死后不再持续。因此，只要灵魂尚在此生，望是不离灵魂的。此生之后，当灵魂把自己整个地统一到上帝，要在那里留存，所需要的将只是爱。我们不能说此时灵魂是信这些东西为真，因为任何赝品都不再能欺骗它，也不能说灵魂还有什么需要希望的，因为它知道自己现在已确实拥有一切。这样说来，健康、凝视、看见这三件事对灵魂很重要，而信、望、爱三者，总是为健康和凝视所必需，至于看见，它此生必需这三者，而身后唯独需要爱。③

那么，我们应该爱什么？奥古斯丁认为，在所有事物中间，唯有那些我们认为是永恒的、不变的东西才是真正爱的对象。其余的都是使用的工具，使我们得以完全享受所爱的对象。然而，我们这些享受并使用事物的人，本身也是事物。人是一个伟大的事物，是照着上帝形象和样式造的。当

---

① 参见［古罗马］奥古斯丁:《论信望爱手册》，奥古斯丁:《论信望爱》，许一新译，生活·读书·新知三联书店 2009 年版，第 115 页。

② 参见［古罗马］奥古斯丁:《论基督教教义》，奥古斯丁:《论灵魂及其起源》，石敏敏译，中国社会科学出版社 2004 年版，第 31 页。

③ ［古罗马］奥古斯丁:《独语录》，奥古斯丁:《论自由意志》，成官泯译，上海人民出版社 2010 年版，第 15—16 页。

然，不是指他所穿戴的必死的身体，而是指他的理性灵魂，正是因为他具有理性灵魂，才使他享受一切兽类所没有的尊贵和荣耀。这样就产生了一个重要的问题，人是应该爱自己，还是应该使用自己，或者两者兼之。《圣经》上要求我们彼此相爱，但问题是，人是为自己的缘故爱人，还是为了别的什么而爱人。如果是为了他自己，那么我们是在爱他；如果是为了别的缘故，那就是在使用他。在奥古斯丁看来，爱人是为了另外的目的。因为一件事物若是为其本身而爱它，那么享受它必是一种快乐的生活，就算不能实际上享受它，至少对它的盼望就是我们目前的安慰。然而，人若是把盼望寄托在人身上，就有咒诅临到他身上（《圣经·耶利米书》17：5）。①

奥古斯丁认为，如果一个人把问题看清楚了，就知道任何人不得以自身为喜乐，因为谁也不可以为他自己的缘故而爱自己。在他看来，爱人只是为了上帝，上帝才是真正所爱的对象。因为人只有把自己的整个生活都投向那永恒不变的生活，全部情感都寄托在这样的生活上，才会出现最佳状态。相反，他若是为自己而爱自己，就不会把自己放在与上帝的关系中来看待，只会把心思集中在自己身上，对不变的事物漠不关心。这样他就不是在最佳状态享受自己，因为当他的心思完全专注于不变的善，他的情感全部包蕴在不变的善里，其状态比他转而喜乐自己时的状态要好。因此，你爱自己不是为自己的缘故，而是为上帝的缘故。这样，你的爱找到了最值得爱的对象。同时，你爱别人也是为了上帝的缘故。这就是借着神圣权威立下的爱的律法"你要爱人如己"，但首先"你要尽心、尽性、尽意，爱主你的神"。（《圣经·马太福音》22：39、37；《圣经·利未记》19：18；《圣经·申命记》6：5）"爱弟兄如爱自己；而爱自己越多，也就爱上帝越多。凭着同样的仁爱，我们爱上帝和邻人；由于上帝的缘故爱上帝，同样也是由于上帝的缘故爱我们自己和邻人。"② 既然如此，你就要把你全部思想、整个生命和心智都要集中上帝，因为你所得到的一切都是从他来的。当说"要尽心、尽性、尽意"时，意思是指我们的生命不能有哪一部分是闲置的，不能为享受别的对象的欲望留出空间，无论我们想到什么别的值得爱的对象，都要把它融入我们全部情感涌流的那个渠道。所以，凡正当爱自己的邻人的，都应敦促他也尽心、尽性、尽意地爱上帝。人若能这样爱人如己，就把他对自己和对别人的爱全部

---

① 参见［古罗马］奥古斯丁：《论基督教教义》，奥古斯丁：《论灵魂及其起源》，石敏敏译，中国社会科学出版社 2004 年版，第 26—27 页。

② ［古罗马］奥古斯丁：《论三位一体》，周伟驰译，上海人民出版社 2005 年版，第 236 页。

纳入到爱上帝的洪流之中，使它毫无分流，滴水未漏。①

在奥古斯丁看来，爱也不是无原则、无差别的。一个公正的人，过着圣洁的生活，对事物的评价公正无私，他的情感也始终严加控制。不该爱的，他不会去爱；该爱的，他不会不去爱；不该过分爱的，他不会爱多；爱该分等爱的，他不会给予同等的爱；该同等爱的，他不会分等地爱。要爱邻人，也要爱你的仇敌，善待恨恶你的人（《圣经·马太福音》5：44），但罪人不可能作为罪人被爱。每个人总是因为神而被爱，惟有神是因为自己而被爱。既然神要比任何人得到更多的爱，每个人就当爱神胜过爱自己。同样，我们应当爱人胜过爱自己的身体，因为被爱的一切东西都是与神有关的，别人能够因爱神成为我们的朋友，但我们的身体却不能，因为身体只能靠灵魂得以存活，我们正是借着灵魂才能爱神。② 而且，所有的人都应得到同样的爱，但是你不可能对所有的人都一视同仁。你必然会对那些由于时间、地点和环境的偶然因素而与你更亲近的人，给予更特别的关切。③ 在所有能够与我们一同享受神的人中间，我们的爱有几分给那些享受我们提供服务的人，几分给那些为我们提供服务的人，几分给那些既在我们需要时帮助我们又反过来得到我们帮助的人，几分给那些没有从我们得到任何益处我们也不指望从他们得到益处的人。然而，我们就当切望，所有这些都与我们一同爱神，不论我们给予他们的帮助，还是我们从他们接受的帮助，都应当为着这同一个目标。④

奥古斯丁认为，爱是永恒的，在永生会达至完美无瑕。使徒说："如今常存的有信，有望，有爱；这三样，其中最大的是爱。"（《圣经·多林哥前书》13：13）奥古斯丁强调，个中的原因在于，当人最终达到永恒世界的时候，其他两种恩典都要消失，唯有爱要更大，更确定。⑤ 爱包括爱上帝和爱我们的邻舍，如今我们是凭信心而爱上帝，到永生中，我们则将凭着眼见而爱他。如今我们甚至连爱邻舍也是凭着信心，因为我们自己也是必死的存在，看不透其他必死之人的心思。但在来生中，我们的主"要照出暗中的隐情，显明人心的意念。那时，各人要从神那里得着称赞"（《圣经·多林多前

①　[古罗马] 奥古斯丁:《论基督教教义》，奥古斯丁:《论灵魂及其起源》，石敏敏译，中国社会科学出版社 2004 年版，第 27—28 页。

②　同上书，第 32 页。

③　参见上书，第 32 页。

④　同上书，第 32—33 页。

⑤　同上书，第 42 页。

书》4：5）。那时，人人都将喜爱并称赞自己邻舍的美德，这些美德不再是隐藏着的，我们的主将亲自将它们显明。而且，当爱心增长时，情欲便消退，直到爱心增长到今世无以复加的地步。"人为朋友舍命，人的爱心没有比这个大的。"（《圣经·约翰福音》15：13）因此，有谁能预见，到永生中无须约束并战胜情欲的时候，人的爱心将达到何等大的地步？因为，当人不必再与死亡抗争的时候，其生命便是完美无瑕的了。①。

奥古斯丁对爱给予了满腔激情的歌颂。"这样，在今生中，爱是至上的，甚至命也比不上爱。然而，我想人脱离这必朽的生命以后，爱还有进步的可能！无论这种爱心在什么地方、什么时候，达到那无以复加的绝对完全，它被'浇灌在我们心里'，决不是出于任何本性或意志的能力，而是出于'所赐给我们的圣灵'（《圣经·罗马书》5：5），这圣灵帮助我们的无能，也与我们的力量合作。这爱本身就是上帝因我们的主耶稣而赐的恩典。但愿永恒和至善都归于他和圣父圣灵，直到永远。阿门。"②他呼吁道："拥抱爱吧，它是上帝，并用爱来拥抱上帝。这是用一根圣洁的带子把上帝所有的天使和仆人联结起来的爱，并且把我们和他们也联合起来，并把我添到它自己那里。我的骄傲的毒瘤治得越好，我们爱就越充满。如果一个人充满了爱，他充满的除了是上帝，还会是什么呢？"③

奥古斯丁充分肯定信望爱的重要意义，甚至认为有了这三种神学德性，不再需要圣经。"信、望、爱是最重要的恩典，对于正确领会并解释《圣经》的人来说是不必不可少的。"④"人若是有信、有望、有爱，并且坚守着它们，就不再需要《圣经》，除非出于教导别人的目的需要它。"⑤他认为，如果《圣经》的权威开始动摇，信心就会支离破碎。信心若是破碎了，爱本身也就渐渐冷却。人若是失去了信心，他必然也失去爱，因为他不可能去爱不相信其存在的东西。如果他既相信又爱，那么借着善工，借着对道德律例的勤勉学习，就可指望获得所爱的对象。所以，一切知识和预言所从属的三样东

① ［古罗马］奥古斯丁：《论信望爱手册》，奥古斯丁：《论信望爱》，许一新译，生活·读书·新知三联书店 2009 年版，第 115—116 页。

② ［古罗马］奥古斯丁：《论本性与恩典》，奥古斯丁：《恩典与自由》，奥古斯丁著作翻译小组译，江西人民出版社 2008 年版，第 229 页。

③ ［古罗马］奥古斯丁：《论三位一体》，周伟驰译，上海人民出版社 2005 年版，第 235 页。

④ ［古罗马］奥古斯丁：《论基督教教义》，奥古斯丁：《论灵魂及其起源》，石敏敏译，中国社会科学出版社 2004 年版，第 15 页。

⑤ 同上书，第 41—42 页。

西是：信、望和爱。"① 在他看来，有了信望爱，人就完全可以信靠上帝。当人相信的时候，他就教导他；期望的时候，就安慰他；爱的时候，就鼓励他；努力的时候，就帮助他；祷告的时候，就听允他。② 他认为，理性是灵魂的凝视，但这并不意味着每个凝视对象的人都看见。我们可以把正确的、完满的，由形象跟随着的凝视称作德性，因为德性是正确的完满的理性。即使健康的双眼，凝视自身并不能使它们朝向光，除非这三者持存，也就是：通过信，它相信被凝视的事物具有如此本性，被看见便引起愉悦；通过望，它相信只要专心凝视就会看见；通过爱，它渴望看见和享有。更明确地说，随凝视而至的正是上帝的形象，而上帝正是我们凝视的最终目的，不是因为到此凝视不再存在了，而是因为它顺着努力的方向无可进展了，理性达到了它的目的，这是真正完满的德性，随之而来的将是有福的生命。③

（六）幸福生活

什么是幸福以及如何获得幸福的问题，是西方古典德性思想家共同关注的主题。奥古斯丁第一次根据《圣经》对幸福问题提供了一种系统的基督教神学回答，从一定意义上可以说他的这种回答涵盖了他的全部神学思想和德性思想。这里只对他关于幸福思想的直接论述作些讨论，而要充分把握他的幸福思想则需要观照他的整个德性思想。

奥古斯丁清楚地意识到幸福问题本身的复杂性以及人们关于这个问题理解的杂呈性和矛盾性。尽管所有的人都有一个共同的获得并保持幸福的愿望，但人们关于幸福解释是异常复杂的，甚至是彼此矛盾的。事实表明，并不是人人都不想要它，而是并非人人都能认识它。假如谁都认识它，它也就不会被这个人视为心灵的德性，被那个人视为肉体的快乐，又被另外的人视为心灵兼肉体，还被这个人看作这个，被那个人看作那个了。在现实生活中，人们得到了他们所喜欢的，就认为自己得到了幸福。④ 他认为，每个人

---

① ［古罗马］奥古斯丁：《论基督教教义》，奥古斯丁：《论灵魂及其起源》，石敏敏译，中国社会科学出版社 2004 年版，第 40—41 页。

② 参见［古罗马］奥古斯丁：《论本性与恩典》，奥古斯丁：《恩典与自由》，奥古斯丁著作翻译小组译，江西人民出版社 2008 年版，第 227 页。

③ ［古罗马］奥古斯丁：《独语录》，奥古斯丁：《论自由意志》，成官泯译，上海人民出版社 2010 年版，第 15 页。

④ ［古罗马］奥古斯丁：《论三位一体》，周伟驰译，上海人民出版社 2005 年版，第 340 页。

都想活得幸福，但并非每个人都想按那使幸福生活可能的唯一方式生活。①

幸福生活不在于物质，而在于拥有至善。他认为，享受幸福有两种方式：一种方式是享受了幸福生活而幸福，另一种是拥有幸福的希望而幸福。后者的拥有幸福希望当然不如前者的实际享受幸福，但比既没享受到也不抱希望的人高出一筹。他们的享福愿意是确无可疑的，因此他们也多少拥有幸福，否则不会愿意享福。由此可见，人人知道幸福，如果能用一种共同的语言问他们是否愿意幸福，每一人都毫不犹豫地回答说："愿意。"假如这名词所代表的事物本身不存在他们的记忆之中，或者没有明确的概念，我们不会有如此肯定的愿望。如果问两个人是否愿意从军，可能一人答是，一人答否；但问两人是否愿意享受幸福，两人绝不犹豫，立即回答说：希望如此；而这人愿意从军，那人不愿从军，都是为了自己的幸福。就是说，这个人以此为乐，那个人以彼为乐，但两人愿意获得幸福是一致的。② 人们追求有福的生活没有错。然而，如果一个人不遵循那引到有福生活之道，那他就错了。其错误乃是由于我们追求一个并不能引导我们到所要去的地方之目标。一个人在生活之道上愈是错误，就愈不聪明，因为他远离了真理，而这真理乃是使他能分辨并把握至高之善的。一个人一旦追求并获得了至高之善，便是有福的。如果我们都同意我们要有福，那么我们也都同意我们要有智慧，因为没有智慧，就不能有福。一个人不能算为有福，除非他有至高之善，这善是在我们称为智慧的真理里分辨并把握的。③

幸福必须以善良意志为前提。他分析说，既然所有的人都想要幸福，用他们所能有的最大的热心来渴望幸福，并且为了幸福而渴望别的东西；既然没有人能够爱自己还不认识的东西；那么，所有的人都知道幸福生活是什么了。所有幸福的人都拥有他们想要的东西，尽管不是所有得到了他们想要的东西的人就因此都是幸福的；至于那些没有拥有他们想要的东西的人，或拥有他们无权想要的东西的人，就是不幸的了。这样，除了获得他想要的东西且没有不正当地获得想要东西的人，就没有谁是幸福的了。设想幸福生活就在于这两者，且为人所知所重，那么在鱼和熊掌不可兼得的情况下，是不择

---

① ［古罗马］奥古斯丁：《论三位一体》，周伟驰译，上海人民出版社 2005 年版，第 342—343 页。

② ［古罗马］奥古斯丁：《忏悔录》，周士良译，商务印书馆 1963 年版，第 203—205 页。

③ 参见［古罗马］奥古斯丁：《论自由意志》，奥古斯丁：《恩典与自由》，奥古斯丁著作翻译小组译，江西人民出版社 2008 年版，第 67 页。

手段地获得想要的东西好呢，还是即使不能获得也要坚持正当好呢？显然，正当地得不到想要的和不正当地得到了想要的，这二者都算不上幸福，而只有具备了这二者的人才算得上幸福。不过，在这二者不可得兼的情况下，一个不正当地获得所欲求的东西的人，比一个正当地得不到想要的东西的人，距离幸福生活更远；而后者是靠近于幸福的，当他得到它们时，他就会是幸福的。当然，当事物最终使他幸福时，乃是善的东西而非坏的东西使得如此的。假如他不想享有人性可以凭着干坏事来获得的所有好东西，假如他带着一颗明智、谦逊、勇敢、公正的心追求此生的好东西，并在它们到来时拥有它们，他就已经具备了人不能看轻的好东西了，这就是善良意志。这样，即便身处恶境，他也是善的，当所有的恶境终结，所有的善境完满时，他就会幸福。①

　　拥有善良意志的前提是知晓善恶，因而知晓善恶也是幸福的前提。奥古斯丁认为，人要想幸福，知晓自然激变之成因不是最根本的，知晓善、恶的由来才是最根本的。我们在读罗马的诗句"通晓万事之因的人是幸福的"②时，就不会认为幸福的要素在于了解所谓"大地震动，翻江倒海，随即恢复平静"③这类大自然激变的成因。我们应竭尽毕生所能去认识的却是善、恶之由来，以免陷入充满今生的谬误与烦扰之中。而这正是我们追求达至的幸福境界，在其中没有烦恼困扰我们，没有谬误误导我们。倘若我们一定要了解大自然激变的原因，最应关注的莫过于那些影响我们健康的原因，我们既然对这些原因不甚了了，就只能求助于医生。由此可见，我们可以容忍自己对天地所蕴藏奥秘的无知，而不能容忍自己对善恶的无知。④

　　拥有善良意志的关键在于正直地生活。无福的人之所以得不到他们所要的福，其直接原因在于他们不能持守那与福相联的正直生活。"人若没有正直生活，就不配得福。"⑤因为永恒律已经牢不可破地规定，德行乃出于意志，而有福是给善的奖赏，无福是给恶的惩罚。所以，当我们说人们自陷于无福时，意思不是说他们愿意无福，而是说他们的意志既然那样，即便他们

---

　　① ［古罗马］奥古斯丁：《论三位一体》，周伟驰译，上海人民出版社 2005 年版，第 343 页。

　　② Virgil, *Georgics*, 12: 33.

　　③ Virgil, *Georgics*, 12: 33.

　　④ 参见［古罗马］奥古斯丁：《论信望爱手册》，奥古斯丁：《论信望爱》，许一新译，生活·读书·新知三联书店 2009 年版，第 37—38 页。

　　⑤ ［古罗马］奥古斯丁：《论自由意志》，奥古斯丁：《恩典与自由》，奥古斯丁著作翻译小组译，江西人民出版社 2008 年版，第 35 页。

不愿无福，但结果也必然如此。这就是说，大家都愿意有福，但并不都能得着福，因为人们并不都愿意过正直的生活，而有这种愿意才配获得有福的生活。①

真正的幸福只属于爱上帝并敬奉上帝的人。有一种快乐决不是邪恶者所能得到的，只属于那些爱上帝而敬事他、以他本身为快乐的人们。幸福生活就是在上帝左右、对于上帝、为了上帝而快乐。这才是幸福，此外没有其他幸福生活。谁认为别有幸福，别求快乐，都不是真正的幸福和快乐。"我的奉事你、伺侍你，是为了从你那里获致幸福，而我的能享受幸福也出于你的恩赐。"②我们说，幸福来自于真理的快乐，那这也就是以上帝为快乐，因为上帝是"我的光明，我生命的保障，我的天主"（《圣经·诗篇》26：1；41：12），而"天主即是幸福"（《圣经·约翰福音》14：6）。无论我们问谁，宁愿以真理为乐还是宁愿以虚伪为乐，得到的回答都是宁愿以真理为乐。这表明，谁都希望真理的快乐，谁都希望幸福，谁都希望唯一的真正幸福。奥古斯丁写道，我见到许多人喜欢欺骗别人，但谁也不愿受人欺骗。他们在哪里认识幸福生活呢？当然在认识真理的同时认识的。他们爱真理，因为他们不愿受欺骗。他们既然爱幸福，而幸福只是来自真理的快乐，因此也爱真理。但是，他们为什么在实际生活中不以真理为快乐呢？他们为什么没有幸福呢？原因是人们虽然爱真理，但把不是真理的其他事物作为真理，进而因其他事物而仇恨真理了。他们利令智昏，被那些只能给人忧患的事物所控制，对于导致幸福的事物仅仅保留着轻淡的记忆。假如他们对一切真理之源的唯一真理能坦坦荡荡，不置任何障碍，就能享受幸福了。③

爱且敬奉上帝，就是要信靠上帝。奥古斯丁坚信，我们要按诗篇作者的结论去做："凡投靠他的，都是有福的。"（《圣经·诗篇》2：12）如果我们对上帝说，"主啊！求你使我们得见你的慈爱"（《圣经·诗篇》85：7），他就会成就这事，把他的道路指示给我们。如果我们祷告说，"又将你的救恩赐给我们"（《圣经·诗篇》85：7），他就会把那平坦的道路赐给我们，使我们行走在其中。而如果我们说，"主啊！求你将你的道指教我，我要照你的真理行"（《圣经·诗篇》86：11），他就必定引领我们行进在这道中。如

① 参见［古罗马］奥古斯丁：《论自由意志》，奥古斯丁：《恩典与自由》，奥古斯丁著作翻译小组译，江西人民出版社 2008 年版，第 35 页。
② ［古罗马］奥古斯丁：《忏悔录》，周士良译，商务印书馆 1963 年版，第 288 页。
③ 参见上书，第 206—207 页。

果我们对他说："就是在那里，你的手必引导我们，你的右手，也必扶持我"（《圣经·诗篇》139：10），他必会引导我们走他的道路达到应许之地。我们这样说，并不是要废弃自由意志，而是要宣讲上帝的恩典，因为只有那使用自己意志的人才能享受这些恩赐的好处。然而，他要谦虚地使用，不可骄傲，不要以为是出于他自己的能力，好像他自己的能力足够使他在公正上得以完全似的。①

爱上帝、敬奉上帝，也就是按上帝生活。奥古斯丁将人的生活方式划分为两种，一种是按人生活，另一种是按上帝生活。当一个人按人生活，而不是按上帝生活时，他就像魔鬼一样。奥古斯丁认为，不是由于拥有了魔鬼没有的肉体，人才变得像魔鬼，倒不如说，由于按照人自身生活，亦即按人生活，才使人变得像魔鬼。因为当魔鬼不能恪守真理的时候，它选择了按它自己生活，所以它说出来的谎言是它自己的，不是上帝的。魔鬼不仅是一个撒谎者，而且是"说谎之人的父"。它确实是第一个撒谎的，谬误像罪一样，从它开始。当一个人按上帝生活时，他就是按照真理生活，因为上帝说"我就是真理"（《圣经·罗马书》3：7）。按上帝生活，一个人就能恪守真理、言说上帝的真理，而非言说他自己的谎言。然而，当一个按自己生活时，亦即按人生活，不是按上帝生活，他肯定是在按谬误生活。所以，人确实希望自己幸福，但他以这样一种方式生活不可能幸福。②在奥古斯丁看来，享受那活泼、永恒的真理是我们的全部使命，而三位一体的上帝神为他所造的物提出这样的真理。我们要享受这样的真理，我们的灵魂必须是洁净的，这样才会有力量领受那光，领受之后再信靠它。我们要把这种洁净看作是返回自己本土的一次旅行或航行。因为上帝无处不在，我们要接近他，不能靠改变位置，只能靠培养我们的愿望和良好的习惯。③他说："既然至高之善是在真理中把握着，既然真理就是智慧，我们就要在智慧中见看至高之善，把握它，以它为乐，以至高之善为乐的人，真是有福的。"④

---

① 参见［古罗马］奥古斯丁：《论本性与恩典》，奥古斯丁：《恩典与自由》，奥古斯丁著作翻译小组译，江西人民出版社2008年版，第188页。

② 参见［古罗马］奥古斯丁：《上帝之城》下卷，王晓朝译，人民出版社2006年版，第583—584页。

③ 参见［古罗马］奥古斯丁：《论基督教教义》，奥古斯丁：《论灵魂及其起源》，石敏敏译，中国社会科学出版社2004年版，第21页。

④ ［古罗马］奥古斯丁：《论自由意志》，奥古斯丁：《恩典与自由》，奥古斯丁著作翻译小组译，江西人民出版社2008年版，第76页。

按上帝生活，就是要把三位一体的上帝作为我们享受的唯一对象。奥古斯丁对此解释为："真正的享受对象就是圣父、圣子和圣灵，他们是三位一体，是同一存在，至高无上的，同时又是一切爱他的人所共同拥有的——就他是一个对象，而不是万物之因来说——事实上，就算他是万物之因，也同样如此。"[①] "我们应当享受的唯一对象就是三一真神，他是我们最高的善，是我们的真正福祉。"[②] 在他看来，当你在神里喜爱一个人时，与其说你喜爱的是人，还不如说是神。你喜爱他，因为他使你快乐，你兴奋地来到他的面前，能站在他面前就是你所指望的喜乐。所以，保罗对腓利门（Philemon）说："兄弟啊，望你使我在主里因你得快乐"（《圣经·腓利门书》20）。如果保罗没有加上"在主里"，只说"望你使我因你得快乐"，那就表示保罗把获得快乐的指望寄托在腓利门身上。当我们所爱的事物近在咫尺，自然而然使我们喜乐无比。如果你超越这种喜乐，把它当作一种到达你要永久信靠的对象的手段，那你就在使用它，若说你享受它，那只是语言的一种误用。你若依恋它，信靠它，觉得你的快乐全在于它，那么可以正确而恰当地说，你享受它。这样的对象唯有三位一体的上帝，他就是至高的、不变的善。[③] 奥古斯丁认为，我们因为自己的罪恶不能享受上帝，但我们的罪是可以除去的。"道成肉身"表明，我们的主为我们受苦，他死了，又复活，上了天，娶了教会作他的新娘，在教会里得以赦免我们的罪。如果我们的罪得了赦免，我们的灵魂藉恩典得到了更新，那么我们就能因为盼望等候身体复活，得着永生的荣耀。当然，如果我们的罪不能赦免，那就要坠入万劫不复之深渊。[④]

幸福生活是一种永生的生活。"仅当生活是永恒的时候，生活才是真正的幸福。"[⑤] 正因为如此，他力图论证，真实而整全的幸福隐含并要求不死，从而它在今生是不可达到的。正是因此之故，我们由以信靠上帝的信仰乃是这有死的今生所特别必需的，因为今生我们充满了错觉、不幸和不确定。上帝是发现一切善物的唯一源泉，尤其是发现使人善并将使人幸福的那些善物的源泉，唯有发自于他，它们才能进入人心并在人心扎下根。一个在这些不

---

① ［古罗马］奥古斯丁：《论基督教教义》，奥古斯丁：《论灵魂及其起源》，石敏敏译，中国社会科学出版社 2004 年版，第 18 页。

② 同上书，第 14 页。

③ 同上书，第 37—38 页。

④ 参见上书，第 14 页。

⑤ ［古罗马］奥古斯丁：《上帝之城》上卷，王晓朝译，人民出版社 2006 年版，第 627 页。

幸环境中虔诚且善良的人，当他从今生进入到了幸福生活时，才会真正地有现在不可能有的东西，即如其所愿地生活。在那一至福境界里，它不会过一种坏的生活，不会要他缺乏的东西，也不会缺乏他想要的东西。他爱什么那儿就有什么，他也不会欲求那儿没有的东西。那儿所有的东西都是好的，至高的上帝是最高的善，也是爱他的人可以享受到的。这样，整全的幸福就可以永远得以确保。奥古斯丁在此批评哲学家，认为哲学家们对现世幸福的追求是虚妄的，唯有信仰能够通过分享化身成人的圣言来保证一种幸福的不死的真实可靠性。①

人是有可能得到永生的。"按上帝的应许，人类被修复的部分将取代叛逆天使失去的地位。"②奥古斯丁认为，尽管人类无一例外地将因罪（原罪，以及各人因违背上帝的旨意而犯的罪）的刑罚注定灭亡，但上帝必定要挽救人类中的一部分，令其填补背叛且沦为魔鬼的天使在天使团队中留下的空缺。上帝应许圣徒说，复活后，他们将"和天使一样"（《圣经·路加福音》20：36）。这样，那天上的耶路撒冷（即众圣徒之母，上帝之城）国民的数目便不会流失，上帝或许还要统治更多的子民。我们无从知道圣天使或魔鬼的数目究竟有多少，但我们知道，那曾被称为在地上不生养的神圣之母，她的儿女要填补堕落天使留下的空缺，并让他们永远地安居在那平安的住所之中。③

奥古斯丁将基督徒生活划分为四个阶段，并且宣称只有达到了第四阶段，人才获得了真正的幸福，即永福。人处于无知的黑暗之中，只凭着肉体活着，尚无理智或良心的干预，这是人生的第一阶段。后来，人因律法开始知晓自己有罪，而上帝的灵尚未介入以帮助他，人就凭着自己的努力照律法而活，努力受挫之后，陷入知罪犯罪的境况中，人既被罪制服，便成为罪的奴仆，"因为人被谁制伏，就是谁的奴仆"（《圣经·彼得后书》2：19）。于是，知道诫命的结果是，罪在人内心生出各样的欲念，使人因明知故犯而罪加一等，这应验了经上所写的"律法……叫过犯显多"（《圣经·罗马书》5：20）。这是人生的第二阶段。但上帝若是顾惜他，启发他相信，唯有上帝能

---

①　参见［古罗马］奥古斯丁：《论三位一体》上卷，周伟驰译，上海人民出版社2005年版，第344页。

②　［古罗马］奥古斯丁：《论信望爱手册》，奥古斯丁：《论信望爱》，许一新译，生活·读书·新知三联书店2009年版，第48页。

③　参见上书，第48页。

帮助他，上帝的灵又开始在他心里发生作用，此时更强大的爱的能力就起来与肉体的势力抗争。此时因信而过着公正生活的人，只要他不向恶欲妥协，而是以对圣洁的渴慕战胜它，就是生活在公正之中了。这是一个有美好期盼之人的第三个生活阶段。那些坚定敬虔地前行在这条路上的人，终必达至平安。此生过后，这平安在灵魂的安息中，最终又在身体复活之时得完美。这四个不同的阶段中，第一个是在律法之前，第二个是在律法之下，第三个是在恩典之下，第四个是在平安之中。①

平安之境，是一个没有邪恶、不缺乏善的地方，是一个我们将自由地赞美上帝的地方，是一个上帝是一切事物中的一切的地方。达到这个地方，那该有多么幸福啊！我们就会处在一种既不会由于无所事事而停止工作，又不会在贫乏的驱使下去工作的状况，我不知道其他我们还要做什么。还有我们读到或听到的圣诗说："主啊，如此住在你家的便为幸福，他们仍要赞美你。"（《圣经·诗篇》84：4）② 这个平安之境，就是属天之城。在这里会有意志自由，全体公民有意志的自由，每个公民也有意志的自由。这座城摆脱任何罪恶，充满了各种好东西，处在永久的幸福欢乐之中，冒犯被遗忘了，惩罚也被遗忘了。然而，它不会忘记它自己的得救，也不会忘记对它的拯救者的谢恩。③

奥古斯丁对人达至平安之境有足够的信心，其关键是我们要接受上帝爱的恩典并生发仁爱之心。"人的内心若被上帝灌输了第一要素，即'使人生发仁爱的信心'（《圣经·加拉太书》5：6），就会追求靠生活圣洁去获得那可以眼见的景象，内心圣洁、完全的人熟悉那不可言喻之美，得见其全景更是无与伦比的幸福。"④

（七）走向上帝之城

公元 410 年 8 月 24 日，西哥特人攻入罗马城，对其进行了肆无忌惮的劫掠，终结了这座"永恒之城"800 年无敌的记录。这一事件在罗马帝国上

---

① 参见［古罗马］奥古斯丁：《论信望爱手册》，奥古斯丁：《论信望爱》，许一新译，生活·读书·新知三联书店 2009 年版，第 113—114 页。

② 参见［古罗马］奥古斯丁：《上帝之城》下卷，王晓朝译，人民出版社 2006 年版，第 1156 页。

③ 参见上书，第 1159 页。

④ ［古罗马］奥古斯丁：《论信望爱手册》，奥古斯丁：《论信望爱》，许一新译，生活·读书·新知三联书店 2009 年版，第 29 页。

下引起了强烈的震动，异教徒乘机大肆攻击基督教，把罗马城的悲剧归咎于罗马人背叛民族神改奉基督教的结果。罗马人原先日益高涨的基督教情绪因此受到沉重的打击。但是，大公教会的势力却在迅猛地膨胀，已经成为几乎可以与罗马帝国相抗衡的"国中之国"。正是在这种历史背景下，奥古斯丁不仅坚守基督教信仰，而且深刻洞察到教会在信仰生活中的重要作用，将教会视为人们通往道德、幸福与和平的基本保证。通过对这一历史事件以及教会势力不断强大的反思，奥古斯丁萌生了"世俗之城"与"上帝之城"的观念。"在他看来，罗马城虽然毁了，但另一座新城'上帝之城'却在壮大，大公教会就是这座新城的世俗影子。"[①]他经过14年的努力完成了他的鸿篇巨制《上帝之城》，完成了他的社会德性思想构建。

"上帝之城"的说法源于《圣经》。《圣经》上对此有多次表述："上帝的城啊，有荣耀的事乃指着你说的。"（《圣经·诗篇》87：3）"耶和华本为大，在我们上帝的城中，在他的圣山上，该受大赞美。锡安山，大君王的城，在北面居高华美，为全地所喜悦。"（《圣经·诗篇》48：1-2）"我们在万军之耶和华的城中，就是在我们上帝的城中，所看见的，正如我们所听见的。上帝必坚立这城，直到永远。"（《圣经·诗篇》48：8）奥古斯丁指出，这些经文都告诉我们确实存在着一座上帝之城。"圣经为我们所谈论的上帝之城提供了见证，其神圣的权威性超过一切民族的经书，影响着各种各样的人类心灵，它之所以能如此，靠的不是偶然的理智运动，而显然依靠神圣旨意的最高安排。"[②]

在奥古斯丁看来，上帝在创世时就区分了两个国度，即光明的、上帝的国度与黑暗的、犯罪者的国度。上帝创造了天使，但因一些天使的堕落，出现了善良的天使与邪恶的天使对立的局面，它们分别属于这两个国度。但是，这两个国度并不是仅由天使构成，而是由天使与人类共同组成的。所以，上帝创造了天使并不意味着两个国度的开端，而只能说是为两个国度的建立准备了部分条件。只有在上帝创造了最初的人类时，两个国度才真正诞生。"在这个最先被创造出来的人身上——尽管不那么明显，但存在于上帝的预见中——就已经有了人类所属的两个社会或两座城。因为从这第一个人那里衍生出来的所有人，有些受到奖赏而与善良的天使联合在一起，有些受

---

① 王晓朝："中译本序"，载［古罗马］奥古斯丁：《上帝之城》上卷，王晓朝译，人民出版社2006年版，第19页。

② ［古罗马］奥古斯丁：《上帝之城》上卷，王晓朝译，人民出版社2006年版，第443页。

到惩罚而与邪恶的天使联合在一起，但全都依据隐秘而又公正的上帝的审判。"①上帝预见到了创造的第一个人有犯罪的可能性，他既可能成为善良天使的同伴，也可能成为邪恶天使的同伙。这样，从第一个人开始，人就以两种可能的身份出现，即上帝的国度的可能居民与犯罪者的国度的可能居民。这两个国度在尘世的对立展开则始于该隐和亚伯。"属地之城的第一位建城者是个杀人犯，出于妒忌，他杀了他的兄弟，他的兄弟是永恒之城的公民，是这个大地上的朝圣者。"②该隐杀死了弟弟亚伯，他就把按照肉体（屈服于妒忌）生活而建立起来的属地之城的自己与按照灵魂生活而成了属地之城之外的永恒之城的亚伯区分开来。于是，属地的国度首先是由一个按照自己肉体生活而排除按照灵魂生活的人建立起来的。在这个意义上，属地的国度也就是犯罪者的国度。这样，上帝的国度与犯罪者的国度在尘世就体现为"永恒之城"或上帝之城和"属地之城"或世俗之城。

奥古斯丁对上帝之城与世俗之城的划分不是空间上的或地理上的，而是有着不同追求的两种社会。"尽管这个世界上有许许多多国家，人们按不同的礼仪、习俗生活，有许多不同的语言、武器、衣着，但只有两种人类社会的秩序，我们可以按照《圣经》的说法，正确地称之为两座城。一座城由按照肉体生活的人组成，另一座城由按照灵魂生活的人组成。当它们找到了自己想要的东西时，各自生活在它们自己的和平之中。"③

那么，什么是按肉体生活、什么是按灵魂生活呢？在奥古斯丁看来，按肉体生活的人可能相信伊壁鸠鲁派，也可能相信斯多亚派。伊壁鸠鲁派把身体的快乐视为人的至善，但按肉体生活的人并非都是伊壁鸠鲁主义者，有些人不相信任何学说，而只倾向于欲望，只从感官的满足中寻求快乐。斯多亚派则在灵魂中寻求至善，好像是按灵魂生活，但奥古斯丁认为实质上并非如此。对于什么是按照肉体生活，奥古斯丁引用使徒保罗的一段话来加以说明："情欲的事都是显而易见的，就如奸淫、污秽、邪荡、拜偶像、邪术、仇恨、争竞、忌恨、结党、纷争、异端、妒忌、凶杀、醉酒、荒诞等类，我从前告诉你们，现在又告诉你们，行这样事的人必不能承受上帝的国。"④这

① ［古罗马］奥古斯丁:《上帝之城》上卷，王晓朝译，人民出版社 2006 年版，第 535—536 页。
② ［古罗马］奥古斯丁:《上帝之城》下卷，王晓朝译，人民出版社 2006 年版，第 638 页。
③ ［古罗马］奥古斯丁:《上帝之城》上卷，王晓朝译，人民出版社 2006 年版，第 578—579 页。
④ 《圣经·加拉太书》5：19；［古罗马］奥古斯丁:《上帝之城》上卷，王晓朝译，人民出版社 2006 年版，第 580 页。

就是说，按照肉体生活的行为不仅包括与肉体有关的事情，如奸淫、污秽、邪荡、醉酒、荒诞等等，而且包括灵魂犯罪而似乎与肉体无关的行为，如拜偶像、邪术、仇恨、争竞、忌恨、结党、纷争、异端、妒忌、凶杀等等。也许有人为了偶像崇拜或异端说而放弃或控制肉体快乐，但他们仍然被视为按照肉体生活，因为他们的这些行为表明他们心里没有那独一而永恒的绝对的善，而沉溺于有形的、可见的肉体世界里的那些好处。当一个人心里没有那独一而绝对的善时，这就意味着他缺失了健全的灵魂，因而不可避免地把人的肉体当作人本身，把人理解为人的部分。当人的部分被当作人本身来理解时，"按照人生活"实质上就是按照肉体生活。正是在这种意义上，奥古斯丁把按照肉体生活的人看作是魔鬼。"当一个人按人生活，而不是按上帝生活时，他就像魔鬼一样。甚至连天使也不应当按它自己生活，而应当按上帝生活，若它能恪守真理、言说上帝的真理，而非言说它自己的谎言。"① 在奥古斯丁看来，一个人如果按自己生活，即按人生活，而不是按上帝生活，那他就是按谬误生活。而这不是因为人本身是谬误，人是上帝创造的，上帝决不会是谬误的创造者。人应当按他的创造者生活，执行创造者的意志，而不应当按他自己生活，执行自己的意志。人的谬误就在于不按照他被创造的方式生活。

在奥古斯丁看来，两座城是通过两种生活方式建立起来的，而这两种生活方式实质上也就是两种爱的方式。他认为，对原罪惩罚使人失去了生活的完满和幸福，但人并没有放弃对幸福的追求。在现实生活中，"要找到害怕成为国王的人无疑是容易的，但是我们确实找不到不想幸福的人。"② 然而，人类对幸福的共同之爱，却会产生不同的爱的对象的秩序。一个人既可以选择爱至上的上帝，按精神生活，也可以选择爱自我，按肉欲生活。"两座城是被两种爱创造的：一种是属地之爱，从自爱一直延伸到轻视上帝；一种是属天之爱，从爱上帝一直延伸到轻视自我。"③ 在奥古斯丁看来，当人们过着自爱的生活时，他不仅把自己抬高到了那绝对而普遍的善即上帝的位置上，而且必然会轻视甚至无视上帝。

由于两座城是建立在两种不同的爱之上，因而它们的目的、荣耀、国民间的相互关系也不相同。当人们在自爱中把自己当作绝对尺度或绝对原则

① ［古罗马］奥古斯丁：《上帝之城》上卷，王晓朝译，人民出版社2006年版，第584页。
② 同上书，第168页。
③ 同上书，第631页。

时，他们不是以肉体的快乐为目的，就是以灵魂的好处为目的，或者同时以两者为目的。然而，灵魂一旦离开绝对而普遍的善，灵魂的善同样也只能是有限的善。既然是以人自己有限的善为目的，那么属地之城当然也就以有限的自己为荣耀。当属地之城把人的有限的善当作目的来追求时，权能也就成了它荣耀的唯一根据，世俗之城的居民因据以展现其荣耀的权力而各不相同，权能的差异决定荣耀的等级。享有最高荣耀的人是通过把所有其他人置于自己的权威之下来获得和显示他的最高荣耀。这样，在世俗之城里，实际上不存在人人都拥有的荣耀，荣耀总是专属于某个人或一部分人。不仅如此，这种建立在自爱基础上的属地之城必然会分裂为不同的利益群体，从而陷入纷争和敌对。"它在这个世界上有它自己的善，并为其能够提供的好处而感到喜悦。由于这种好处并非不给热爱它的人带来痛苦，所以属地之城经常由于诉讼、战争、内乱而分裂，反对它自己，也由于带来死亡和短命的那些胜利而反对它自己。"[1] 就是说，以自爱为基础的属地之城必定是一个对立和纷争的世界。与建立在自爱之上的属地之城不同，建立在爱上帝基础之上的上帝之城则以上帝为荣耀，也就是把追求与维护绝对而普遍的永恒之善作为生活的最终目的和最高使命，把遵循与坚守普遍的绝对原则当作最大的光荣。在爱上帝的人看来，如果我们不以上帝为荣耀，那么就没有任何东西值得我们以之为荣耀。如果我们要追求什么权能的话，那么要追求的不是属地之城所追求的那种对他人的统治力量，而是遵循通过爱上帝而在精神世界里确立起来的普遍原则，从而在任何条件下都坚守绝对之善的力量。这种力量才是一种最伟大、最值得我们为之感到荣耀的权能。这种权能不是要把人们置于统治欲的支配之下，而是要把人带进一种相互关爱的相互服务之中。这样，在上帝之城中，居民间不是统治与被统治的关系，而是在相互关爱中相互服务的关系，人们享有永久性的和平。这种和平不是通过战争赢得的，而是通过爱上帝而爱他人获得的。对于这两座城的差别，奥古斯丁描述说："一座城在它自身中得荣耀，另一座城在主里面得荣耀；一座城向凡人寻求荣耀，另一座城在上帝那里找到了它的最高荣耀，这是良心的见证。一座城因它自身的荣耀而高高地抬起头，而另一座城对它的上帝说：'你是我的荣耀，又是你叫我抬起头来的。'（《圣经·诗篇》3：3）在属地之城中，国王用统治的欲望治理着被他征服的民族，但他反过来也受它们的制约；在属天

---

① ［古罗马］奥古斯丁:《上帝之城》下卷，王晓朝译，人民出版社 2006 年版，第 637 页。

之城中，所有人都在仁爱中相互侍奉，统治者靠他们的建议，臣民们靠他们的服从。一座城喜爱展示在它的强人身上的力量，另一座城对它的上帝说：'主啊，我爱你，你是我的力量。'"①

上帝之城在人类社会的历史现实中不是独立存在的社会实体，而是一种象征。"这座圣徒之城确实有某种影子和预言的形象，它不是用来再现大地上的景象，而是指向未来由它启示出来的既定时刻。也被称作圣城的耶路撒冷这个形象虽然与将要到来的那座城不完全相同，但它确实由于指向那座城而被称作圣城。"②教会只是上帝之城的象征，而不是上帝之城本身。事实上，教会中有些人也"毫不犹豫地与我们的敌人一起反对上帝"，而在敌人之中有些人则会潜在地成为上帝之城的居民。因为这两座城的历史发展进程"从头到尾都混杂在一起"，"直到它们在最后审判中被分别开来"③。两城的划分并不意味着基督徒的灵魂属于上帝之城，肉身属于世俗之城，而是指基督徒以灵与肉上下有序的生活态度（这属于上帝之城的象征）从事世俗的工作（此为世俗之城的身份）。现世中的人是具有双重身份的存在：作为一名非基督徒，他存在着成为基督徒的可能；作为一名基督徒，他必然同时也是世俗社会的一员。因此，基督徒既是上帝之城的"居民"，又是世俗之城的"旅客"。所谓按照肉体生活的世俗之城的生活，不是指世俗的物质生活，而是指精神背离上帝从而为朽坏的肉欲所奴役的生活。所谓按照灵魂生活的上帝之城的生活，也不是指人的精神生活，而是指精神服从上帝从而能够支配肉欲的生活。人的灵魂或精神一旦背离了上帝，也就不能支配自己的肉欲，从而成为肉欲的奴隶。

上帝之城与属地之城同时存在于人类生活之中，交会于人世间，并且是相互对立的。这种对立直接展现为两类人在现实生活中的对立，即始于该隐与亚伯的对立。这种对立使属地的国度自己陷入了分裂，具体展现为四种争斗：首先是好人与恶人的争斗；其次是恶人与恶人的争斗；第三是进步中的人或尚不完善的人之间的争斗；最后是个人自己身上的争斗，即尚不完善的个人身上的一部分反对自己的另一部分，如灵魂反对肉体。奥古斯丁对这种争斗作了如下的描述："在该隐和亚伯之间产生的争斗则证明了两座城之间的敌对——上帝之城与凡人之城。因此，恶者之间会发生争斗，同样，恶者

---

① ［古罗马］奥古斯丁：《上帝之城》上卷，王晓朝译，人民出版社 2006 年版，第 631 页。

② ［古罗马］奥古斯丁：《上帝之城》下卷，王晓朝译，人民出版社 2006 年版，第 634 页。

③ 同上书，第 894 页。

会努力反对善者，善者也会反对恶者。但若善者已经获得完善，那么他们之间就不会争斗。但当他们朝着完善的方向前进，但还没有达到完善时，他们之间会有争斗，一个好人会反对另一个好人，一个好人的某个部分也会与他自己争斗。甚至在一个人身上，'情欲和圣灵相争，圣灵和情欲相争。'因此，一个人的属灵的欲望会努力反对另一个人的肉体的欲望，或者一个人属肉体的欲望会反对另一个人属灵的欲望，就好像善者与恶者之间的争斗一样。甚至两个尚未达到完善的好人，他们属肉体的欲望也会争斗，就像恶者之间的争斗，直到他们得到治疗，最后胜利地康复为止。"[1]在奥古斯丁看来，不管是从个人的角度看，还是从群体或社会的角度看，人类的历史就是两个国度对立与斗争的历史。

不过，这并不意味着人类社会就像这样不断地斗争下去。"属地之城不会是永久的，因为当它受到终结时的审判和惩罚时，它就不再是一座城"[2]。另一方面，在最后审判到来之前，任何个人、社会都可能因自由决断和上帝的恩典而获得拯救。在奥古斯丁看来，人类在离开伊甸园之后所承受的一切，是一种赎罪的历程，而不是被上帝抛弃的生活。就是说，被逐之后，人类仍然有希望，也就是有被洗去罪责而重获"永久和平"即进入"上帝之城"的可能性，不过也有最终被抛弃即进入"魔鬼之域"的可能性。魔鬼之域的结局就是这座城被定罪，接受永久性的惩罚。不过，最终是进入上帝之城还是进入魔鬼之域，都是在结束了上帝之城与世俗之城的对立之后，也就是在接受上帝的最后审判之后。

在奥古斯丁看来，世俗之城最根本的痛苦在于灵魂与肉体的分裂和对立，而这是其他一切分裂、对立和争斗以及由此产生的一切苦难的根源。战争是人类自我分裂与对立的极端表现，不管是恶人对恶人的战争，还是好人对恶人的战争，都根源于有的人只按照肉体而生活。因此，"和平"作为人类的一个最根本的希望贯穿于整个世俗历史。但是，人们在世俗之城里不可能完全实现这个希望。尽管人类在尘世可以获得某种程度的和平，但这种和平总是短暂的和不充分的，时刻面临着破灭的威胁。这是因为世俗之城的和平并不是建立在灵魂与肉体的分裂、对立终结之上的，而只是这种分裂、对立的临时结局。只要灵魂和肉体的分裂和对立没有结束，人类就不可能获得没有敌对的永久和平。就是说，永久和平只有在终结了世俗生活之后

---

① ［古罗马］奥古斯丁：《上帝之城》下卷，王晓朝译，人民出版社 2006 年版，第 639 页。

② 同上书，第 637 页。

才能到来。正是在这种意义上，永久和平是人类世俗生活的最终目的和最终的善。这种最终的善，不是最后的善，而是至善。"当我们在这里说'最终的'善的时候，我们并非在'最后的'善的意义讲的，因为在最后的善以后，善就结束了，不再存在了；倒不如说，我们的意思是'目的'，善藉此得以完成和实现。还有，用'最后的'恶，我们的意思不是指恶结束了、停止了，而是指恶的有害结果引导我们所趋向的那个最终目的。所以，这两个目的就是至善和至恶。"① 永久和平就是我们的至善。故此，"上帝将统治人，灵魂将统治身体；我们在那最后的和平中乐意服从，这种服从就像我们在生活和统治中得到的幸福一样伟大。对每个人和一切人来说，这种状况是永久的，它的永恒是有保证的，所以这种幸福的和平，或这种和平的幸福，就是至善。"②。

永久和平之所以是至善，而且是世俗生活的最终目的，是因为在永久和平的国度是充满和平和确定性的安全处所。"在那里，自然的馈赠，亦即创造一切的造物主的馈赠，不仅是好的，而且是永久的。不仅对得到智慧治疗的灵魂来说是真的，而且对通过复活得到更新的身体来说也是真的。在那里，美德不再是因为对抗各种罪恶才被称作美德。倒不如说，美德将获得胜利的奖赏，亦即没有任何对手能加以干扰的永久和平。"③ 奥古斯丁认为，这就是我们最终的幸福、最终的完善，一种没有终结的圆满。相比较而言，我们在尘世会享有的短暂和平，以及可以享受的善良生活，虽然我们认为是幸福，而实际上仅仅是一种不幸。当我们公正地生活时，我们这些凡人拥有的只是人间事务中的和平，是德性在正确使用这些和平带来的幸福。"美德之所以是美德，仅在于它能指导一切被它善用的善物，和一切被它善用的恶物，以及它本身，走向我们的和平得以完善的目的地，这个目的地如此完善与伟大，以至于不会再有更好或更大的地方了。"④

作为世俗生活的最终目的，永久和平虽然是向身处世俗生活中的每个人打开的一个绝对希望之门，但并非所有人都能进入它。"不属于这座上帝之城的人将会永远不幸。这种不幸也叫做二次死亡，因为与上帝的生命分离的灵魂不能称作活的，被永久的痛苦征服的身体也不能称作活的。所以这

① ［古罗马］奥古斯丁：《上帝之城》下卷，王晓朝译，人民出版社 2006 年版，第 896 页。
② 同上书，第 948 页。
③ 同上书，第 918 页。
④ 同上书，第 918 页。

种第二次死亡是最难忍受的，因为没有别的死亡可以令这种状况终结。"① 由于这种永久不幸是不会终结的不幸，因而奥古斯丁也把它看作是"最大的恶"。一个人是进入永恒幸福之境还是进入永久痛苦之域，取决于最后审判的结果。奥古斯丁认为，上帝不仅对整个精灵的族类和整个人类做出普世的审判，使他们承受最初所犯罪行的惩罚，而且也对个体通过自由意志的选择做出的行为进行审判。这些审判是最初的审判或中间的审判。除此之外，还有最后的审判。这一审判是"基督要从天上降临，审判活人与死人"②。这个上帝审判的日子就是所谓的"末日"，也就是最后的时间。在奥古斯丁看来，"到那个时候事情变得很清楚，真正的、圆满的幸福只属于善人，而所有的恶人，也只有恶人，将要承受它们应得的最大的不幸。"③

---

① ［古罗马］奥古斯丁:《上帝之城》下卷，王晓朝译，人民出版社 2006 年版，第 948 页。
② 同上书，第 951—952 页。
③ 同上书，第 952 页。

第六章 托马斯·阿奎那的神学德性伦理学

托马斯·阿奎那（Thomas Aquinas，1225—1274）出生于意大利的洛卡塞卡（Roccasecca），是经院哲学的集大成者，基督教教会三十三位"教会博士"之一，被认为是基督教教会最伟大的神学家和哲学家。托马斯生活的时代，基督教及其经院哲学面临着严峻的挑战。"正是在这内外交困而岌岌可危的绝境中，托马斯意识到柏拉图学说虽然符合基督教教义，但过于陈旧，不再适用，亚里士多德的学说虽然在好些问题上与基督教信仰矛盾，可是教内外知识界一致推崇，亚里士多德主义是一股无法抗拒的思潮。于是，他不顾风险，决意顺应时代潮流和思想发展，采纳亚里士多德的哲学学说，重视理性认识和自然哲学理论，试图冲破基督教哲学过于柏拉图化，修改奥古斯丁主义哲学的先验论证，挽救经院哲学的危机，维护基督教信仰。"[①]经过他的努力，经院哲学出现了一个全盛的时期。托马斯的学说不仅在中世纪后期天主教教会占统治地位，而且至今仍然被罗马天主教教会奉为官方哲学。1879年罗马教皇利奥十三世发表《永恒之父》的通谕，告知全世界天主教教会，"必须按照圣托马斯的思想重建基督教哲学"。在1980年召开的第八届国际托马斯主义大会上，教皇约翰·保罗二世援引历届教皇的话说，托马斯是"教会的支柱，基督教思想由此而确保顺利的发展"。[②]然而，在基督教教会外部也有着截然不同的评价。例如，罗素在《西方哲学史》中说："阿奎那没有什么真正的哲学精神。他不像柏拉图笔下的苏格拉底那样，始终不懈地追逐着议论。他并不是在探究那些事先不能预知结论的问题。他

---

① 傅乐安：《托马斯·阿奎那基督教哲学》，上海人民出版1990年版，第30页。

② 参见傅乐安：《托马斯·阿奎那》，叶秀山、傅乐安编：《西方著名哲学家评传》第二卷，山东人民出版社1984年版，第426—427页。

在还没有开始哲学思索以前，早已知道了这个真理；这也就是在天主教信仰中所公布的真理。若是他能为这一信仰的某些部分找到些明显的合理的论证，那就更好，设若找不到，他只有求助于启示。给预先下的结论去找论据，不是哲学，而是一种诡辩。因此，我觉得他是不配和古代或近代的第一流哲学家相提并论的。"① 黑格尔也很明显地对托马斯评价不高，认为他不过是基督教教会教义的系统阐述者，"奥古斯丁第二"，而且对他的介绍不足两页。② 不过，正如布莱恩·戴维斯所指出的："无论人们称他为一个'神学的'思想家还是一个'哲学的'思想家其实都无关紧要，毕竟他的著作中充满哲学的旨趣这个事实是不能忽视的。"③

托马斯短暂的一生著作卷帙浩繁。他写了大量的注释性著作，其中最主要的是有关亚里士多德著作的注释，更多的则是论证性和辩护性著作，其中最著名的是《反异教大全》（*Summa contra gentiles*, 1259—1264）和《神学大全》（*Summa theologiae*, 1267—1273）。④《反异教大全》也被称为《关于反异教徒错误的天主教信仰的真理之书》（*Liber de veritate catholicae fidei contra errores infidelium*，英译为：*The Book on the Truth of the Catholic faith against the Errors of the Infidels*）。《反异教大全》是为早期传教士写的手册，它分为"上帝"、"创造"、"神意"（分为两卷）和"拯救"四卷。其中第一至第三卷讨论人的理智可理解的真理，第四卷讨论人的理性不能充分理解的真理，如三位一体、道成肉身、圣餐、耶稣复活等。《神学大全》则是为神学学生解释基督教信仰而作，其目的是为了在敌对的情境中针对不相信者解释和捍卫基督教信仰。这部著作可谓鸿篇巨制，超过二百万个单词。⑤ 全书共分三卷：第一卷讨论上帝的存在和本性、世界的创造、天使和人的本性；第二卷分为两部分：其一是讨论最后的目的、行为、激情、习惯、德性、法和恩典，其二是讨论神学德性、主要德性、无偿的恩典（亦译为"白白的恩典"）和生活状态；第三卷讨论道成肉身和圣礼，这是一个未完成的部分。

① ［英］罗素：《西方哲学史》上卷，何兆武、李约瑟译，商务印书馆1963年版，第562页。

② 参见［德］黑格尔：《哲学史讲演录》第三卷，贺麟、王太庆译，商务印书馆1959年版，第299—300页。

③ ［美］布莱恩·戴维斯："第十一章：托马斯·阿奎那"，［英］约翰·马仁邦主编：《中世纪哲学》，孙毅等译，中国人民大学出版社2009年版，第269页。

④ 有关托马斯的著作目录，参见黄裕生主编：《中世纪哲学》（叶秀山、王树人总主编：《西方哲学史》学术版第三卷），凤凰出版社、江苏人民出版社2005年版，第371、372页。

⑤ 参见［英］安东尼·肯尼：《牛津哲学史》第二卷·中世纪哲学，袁宪军译，吉林出版集团有限责任公司2010年版，第77页。

该书采取了与《反异教大全》不同的论述方式，在每一卷下面根据主题划分为若干部分，每一部分下面划分为若干问题，该书全书的结构模式都是：在每一论题下罗列各种具体的反对观点，然后是针对反对观点的一种总的相反观点，再然后是他的总体回答及对各种反对观点的相应回答。相反观点中所列的都是他认可的权威观点。托马斯对于历代的论点，旁征博引，引用历史上二十来位著名的哲学家、伦理学家和教父哲学家作为权威观点，尤其对亚里士多德尊敬有加，不仅援引很多，而且不直呼其名而尊称其为"哲学家"。该书所采取的一问一答的叙述方式便于教徒和学生学习和查阅。托马斯与伦理学和德性论有较直接关系的著作还有：《自由辩论集》（1265—1268）、《亚里士多德〈政治学〉注释》（1269—1272）、《亚里士多德〈尼各马科伦理学〉注释》（1270—1272）、《论恶》（1269—1272）、《德性总论》（1269—1272）、《论主要德性》（1270—1272）、《论爱》（1270—1272）、《论希望》（1270—1272）等。[①] 此外，还有《论君主政治》（*De RegiminePrincipum*, 1267），这篇论文是托马斯写给塞浦路斯国王的，为的是告诉君主怎样治理国家。据说只有其中的第一篇和第二篇的一小部可以肯定是托马斯写的。[②] 这篇论文大致上反映了他的世俗政治理想。

　　托马斯的德性思想是他的神学（他自己称之为"神圣学说"）的重要组成部分。他把神学看作是一门其素材由圣经和天主教教会传统构成的科学。这些素材来自于上帝对人类个体和群体的自我显示。他认为，信仰和理性是加工这些神学素材的主要工具，它们对于人获得关于上帝的知识都是必要的。理性的思考和自然（本性）的研究是理解属于上帝的真理的有效方式。上帝通过自然显示他自己，所以研究自然就是研究上帝。神学的终极目的就是要运用理性掌握关于上帝的真理和通过那种真理感受上帝的拯救，使人达到至福直观（beatific vision）的极乐境界。德性问题直接关系到对上帝真理的掌握和人的拯救，直接关系到人能否达到至福直观这种极乐境界，因而受到了托马斯的高度重视，他的神学在一定意义上可以看作是神学德性论。这一点在《神学大全》中表现得尤其突出。在《神学大全》的三大部分中，第二大部分的第一部分主要讨论最后目的、行为及其内在本原（德性）和外在本原（法和恩典），第二部分主要讨论神学德性和主要德性，而第一卷最后

---

　　① 参见傅乐安：《托马斯·阿奎那基督教哲学》（托马斯·阿奎那主要著作），上海人民出版1990年版，第254—257页。

　　② 参见《阿奎那政治著作选》，马清槐译，商务印书馆1963年版，第5页。

也落脚到人及其上帝的关系上。由此看来，托马斯的德性思想沿袭了亚里士多德的德性思想，是一种典型的德性伦理学。不过，他的德性伦理学的基本立场是奥古斯丁主义的，在一定意义上可以说，他的德性伦理学是根据奥古斯丁神学德性思想对亚里士多德德性伦理学进行系统改造所形成的基督教神学德性伦理学体系。

一、基督教神学德性伦理学的建构

托马斯的神学德性伦理学体系是托马斯神学体系的重要组成部分。这一体系是基于奥古斯丁的神学立场和德性思想吸取亚里士多德德性伦理学构建起来的，是迄今为止人类历史上最系统的基督教神学德性伦理学。托马斯的德性伦理学并无多少创新的观点，但他把西方思想史上两位最伟大德性思想家的德性思想有机地综合在一起，构成了一种具有折中性同时具有集大成性的德性思想体系。这虽然不是一种观点创新，但却是一种综合创新，这种综合创新使托马斯成为西方德性思想史上的另一位伟大的德性伦理学家，同时也成就了他作为基督教思想史上最伟大神学家的地位。

（一）与奥古斯丁和亚里士多德

与奥古斯丁的神学体系以柏拉图哲学为根据不同，托马斯的神学体系主要是以亚里士德哲学为根据的。但是，托马斯的基本神学观点仍然是正统基督教神学的，而在他之前，奥古斯丁主义就是正统基督教神学的代表，因而他的神学的基本观点是奥古斯丁主义的。他所做的工作，不是否定或推翻奥古斯丁的正统神学观点，而是在新的历史条件下根据亚里士多德主义对正统神学观点进行新的辩护、论证、阐发和修正，当然也作了很多补充，并进行了一些创新。他的德性思想是他神学体系的一个重要组成部分，其内容与他的整个神学体系是完全一致的，基本上是亚里士多德德性伦理学与奥古斯丁德性思想的综合，但其基本立场和观点仍然是奥古斯丁主义的。不过，从他的主要著作《反异教大全》和《神学大全》看，他是将亚里士多德和奥古斯丁放在同等重要的地位，作为两位最大的权威加以尊重。

关于托马斯与奥古斯丁和亚里士多德的关系，黄裕生主编的《中世纪哲学》中的下述阐述是客观中肯的，也相当深刻："如果说奥古斯丁的《上帝之城》、《论自由意志》等重要著作是在面对罗马传统的多神教、东方的摩尼教等'异教'的挑战与冲击作出的对基督教教义的阐释与论证，从而不仅在情感上，而且在理性—思想上继续巩固与坚定基督教信仰，使基督教信仰以更成熟、更开阔的理性视野越过'永恒罗马城'的废墟，并坚强有力地穿过变幻不定的千年历史，那么，托马斯的《反异教大全》、《神学大全》以及其他著作则是面对阿拉伯等'异域文明'的冲击而借用亚里士多德学说对基督教信条作出新阐释与论证，从而不仅在新的文化场境中坚定与巩固基督教信仰，而且进一步丰富了基督教信仰的合理性源泉，使基督教以理智化的方式影响、塑造欧洲历史。"①

从单纯的神学立场和基本神学观点来看，托马斯主义与奥古斯丁主义是一脉相承的，从德性论的角度看也是如此，两者的关系基本上是继承和阐发的关系。托马斯的德性思想像奥古斯丁的德性思想一样，是其神学体系中一个有机组成部分，他也是为了解决人的拯救问题从而使人最终达到"至福"而研究人的德性及相关问题的。要了解托马斯的德性思想必须了解他的整个神学思想，必须将他的德性思想放在他的神学思想体系中加以把握。托马斯基本上坚持和捍卫了奥古斯丁的上帝观、自由意志观、原罪与恩典观、善恶观，以及神学德性和世俗德性观。他没有对奥古斯丁的观点作多少改变，不过也有所补充。这主要体现在，他吸收了斯多亚主义的自然法（本性法）观念，并将本性法与永恒法、人类法、上帝法等统一和协调起来。这方面的内容是奥古斯丁神学体系中不具备或者说不突出的。整个说来，托马斯所做的工作主要是在新的历史条件下，针对异教思想以及教会内部的异端思想，根据亚里士多德的哲学对奥古斯丁的正统神学观点进行了新的辩护和新的论证，使之具有更深厚的哲学基础，更能自圆其说，因而更有说服力。例如，他针对异教对上帝存在的质疑，改变了奥古斯丁关于上帝的概念论论证，也放弃了安瑟尔谟关于上帝的本体论论证，而运用亚里士多德的"四因说"以及古希腊其他哲学家的本体论方法提出了关于上帝存在的新的论证，即五个证明，使上帝存在的论证更符合人们的常识思维，因而更具有说服力。又如，他在坚持奥古斯丁的神学德性思想以及关于古希腊的"四主德"思想的前提下，将神学德性与从亚里士多的德目中选择的四个主要德目协调起来，使之成为完整的德性范畴体系，这就是后来为教会认可的"七德"，即信仰、希望、仁爱、明慎、公正、刚毅和节制。

---

① 黄裕生主编：《中世纪哲学》（叶秀山、王树人总主编：《西方哲学史》学术版第三卷），凤凰出版社、江苏人民出版社 2005 年版，第 375 页。

托马斯生活的时代正是亚里士多德主义对西方基督教世界产生冲击的时代。"西方先是通过穆斯林注释家的中介，后又通过对希腊文本的直接认识，获得了亚里士多德的著作。这在基督教思想的发展中引起了轩然大波，因为亚里士多德的形而上学、物理学和心理学命题有许多与基督教不相容。对于这种冲突的反应会采取如下三种形式之一：压制亚里士多德主义；发展基督教神学和哲学体系，使之尽可能多地容纳与基督教义相容的亚里士多德思想；或者深化发展亚里士多德哲学，不考虑由此形成的异端立场带来的危险。"[①]托马斯所采取的基本上是第二种形式。他在坚持以奥古斯丁为代表的正统基督教神学和哲学的前提下，尽可能多地吸收和利用亚里士多德的思想，以避免其受到亚里士多德主义的冲击。就德性思想而言，托马斯与亚里士多德的关系不是继承、坚持的关系，而是利用和改造的关系，通过利用、改造使其中的内容补充正统的神学德性思想，并为之提供更有力的辩护和论证。如同奥古斯丁与柏拉图的关系那样，托马斯与亚里士多德的关系主要是一种利用与被利用、改造与被改造的关系，基本上不存在继承和坚持的问题。因此，我们不能说托马斯主义是亚里士多德主义的。

具体地说，托马斯对亚里士多德德性思想的利用和改造主要体现在以下几个方面：

第一，对亚里士多德"四因"说的利用。亚里士多德认为万物存在和运动变化有四种原因，即形式因、物质因或质料因、动力因和目的因。亚里士多德的这种观点为托马斯所充分利用，成为他的整个神学思想体系的主要方法论基础，也是他神学德性思想的主要方法论基础。他运用这种观点来证明上帝的存在，说明创造物的存在、本质及其运动变化，阐明上帝与万物的关系。从德性论的角度看，他对"四因"说的利用主要体现在三个方面：第一，他运用形式因、物质因说明人的结构和行为的本原。他认为人是由形体和灵魂组成的，大致上说，形体是人的物质方面，而灵魂特别是理性是人的形式方面。就人性行为而言，它有两个本原：一个是它的形式方面，这就是理性或理智；另一个是行为的物质方面，这就是意志的对象。第二，他运用动力因说明行为是指向目的的运动，而推动行为向目的的运动的是意志，意志就是人行为的动力因。第三，他运用目的因说明人的所有行为不仅是有目的的，而且最终指向最后的目的——上帝。上帝是至善，是一切善的源泉，行

---

① ［英］沃格林：《中世纪（至阿奎那）》，叶颖译，华东师范大学出版社 2009 年版，第 193—194 页。

为正是在追求与上帝统一的过程中使人形成和具有德性的。

第二，对亚里士多德将理性划分为思辨理性与实践理性的利用和改造。明确地将理性划为思辨的和实践的，是亚里士多德的一大贡献。托马斯在继承他的这种观点的同时，进一步明确地将思辨理性与理智等同起来，将实践理性与意志等同起来。这样，亚里士多德的思辨理性与实践理性的区分到托马斯这里实际上变成为了理智与意志的区分。这种转换不只是术语上的，而是有实质意义的。托马斯所定义的理智实际上不完全等同于思辨理性，而是指人的认识能力；而他所定义的意志也不完全等同于实践理性，它包括了感性欲望（sensitive appetites）和理性欲望（rational desires），是人的欲望能力。他始终都是从理智和意志这两个方面来考察人的灵魂、人的行为以及人的德性问题的。显然，他的这种改造可以使人们更准确地理解人的理性结构。他的这种思想在很大程度上影响了康德，康德对思辨理性和实践理性的理解基本上是与托马斯一致的，只是他没有像托马斯那样明确地用理智取代思辨理性和用意志取代实践理性。

第三，对亚里士多德的目的论的利用和改造。亚里士多德的德性伦理学是目的论的，他认为事物的存在都是有目的的，而事物的目的就是善。目的和善都是多种多样的，在所有善之中，完善的目的是一切善中之善，即至善。对于人来说，至善就是幸福。在亚里士多德看来，幸福就是合乎德性的现实活动，或者说就是合乎德性地生活。托马斯也认为世界上万事万物的存在和运动都是有目的的，人及其行为也一样。目的就是追求的对象，事物达到了目的就实现了它的完善。而且所有事物的追求都有一个终极目的，这就是幸福。但是，托马斯将亚里士多德的目的加以了基督教神学的改造，将终极目的与上帝等同起来，上帝才是至善，才是一切事物追求的终极目的。就人而言，在今生中可以追求和达到幸福，但这种幸福并不是至善，只有在来世达到了与上帝的统一，才能获得完善的善，即至善。这种至善同时也是至福。从这种意义上看，至福而不是幸福才是人的终极目的。

第四，对亚里士多德"完善幸福"概念的改造。亚里士多德认为人的灵魂有理性的部分和虽然不是理性的但能听从理性的部分。后一部分即非理性的部分又可以划分为两个部分，即与理性完全无关的部分和分有理性的部分。大致上说，理性的部分就是他所谓的思辨理性部分，而分有理性的部分就是他所谓的实践理性。思辨理性是理智的活动，即纯思辨活动，而实践理性就是人们受理性控制的实践活动。亚里士多德认为，人的德性就是理性功能得到完善实现或充分实现。与理性的两种类型相应，德性也有两种类型，即与理智活动相应的理智德性和与实践活动相应的伦理或道德德性。如果说幸福就是合乎德性的现实活动，那么就有两种幸福：一种是与伦理德性相应的幸福，另一种是与理智德性相应的幸福。伦理德性的现实活动是实践的活动，作为实践活动的德性现实活动是不完善的幸福；理智德性的现实活动是思辨的活动，作为思辨活动的德性现实活动则是高尚的、神圣的，因而是完善的幸福。在他看来，完善的幸福生活不是一般人能够达到的生活，这是一种高于人之为人的生活，只有当人内心具有某种神性的东西时，才能达到这样的生活。托马斯用"至福"或"极福"（beatitude）概念替代了亚里士多德的"完善幸福"概念，并对亚里士多德的这种完善幸福观作了几方面的改造：第一，这种至福不是沉思的生活，而是洞察了上帝的本质，与上帝达到统一；第二，这种至福不是人今生能获得的，而只能死后进入天国才能获得；第三，这种至福不是单靠个人努力获得的，而是一种上帝的赐福。要获得这种赐福，需要具备不同的条件，在《神学大全》中提出了七个条件。[①]

第五，对亚里士多德德性概念、德目体系及中道原则的利用和改造。亚里士多德的德性伦理学是自然主义的，他根据人的功能来理解德性。他认为，德性品质是那种使某种事物状况良好，并使其具有良好功能的品质。例如，眼睛的德性就是使眼睛明亮，还要使它功能良好，如敏锐。马的德性在于使马成为一匹骏马的品质，其体现是善于奔跑。就人而言，德性则在于使人固有的自然功能（主要是理性）得以完善地实现。但是，德性并不是人肉体的德性，而是灵魂的德性，其意义在于使人灵魂的理性功能得以实现并达到完善。亚里士多德将德性看成是人在选择和行为的过程中逐渐形成的品质。托马斯则更强调德性是一种习惯，是善的习惯，而习惯是一种行为者具有的与行为相联系的意向。基于这种对德性的理解，托马斯对亚里士多德的德目体系进行了调整，建立了他的德目体系。这种调整主要体现在以下两个方面：一是在亚里士多德的理智德性和道德德性之外增加了神学德性，即信仰、希望和仁爱。这样，他的德目体系由三类德性构成，即理智德性、道德德性和神学德性。其中仁爱是对奥古斯丁的"爱"的改造，奥古斯丁将看"爱"视为三种神学德性之一，而托马斯则用"仁爱"取代了"爱"，而

---

① Cf. *Summa Theologiae*, II (I), Q.69, art.3. 本文所依据的是"基督教古典著作图书馆"（Christian Classics Ethereal Library）提供的《反异教大全》和《神学大全》英文版。网址：http://www.ccel.org。

"爱"成为了仁爱的行为。二是在保留亚里士多德理智德性德目的基础上，将其中的明慎（在亚里士多德那里是"实践智慧"，亦译为"明智"）与亚里士多德作为道德德性的公正、刚毅（勇敢）和节制一起并称为"主要德性"。这里的主要德性是相对于"神学德性"而言的世俗的主要德性。亚里士多德的理论中没有主要德性一说。在道德德性和主要德性方面，托马斯一方面认同亚里士多德的中道原则，但没有对中道原则作集中的、充分的阐述；另一方面他在对德性问题的讨论中，处处都强调"适当性"，"适当的"（proper）和"适当地"（properly）是他用得最多的词。由此可以看出，他的德性观充分贯彻了亚里士多德的中道思想。

第六，对亚里士多德关于德性与幸福关系的观点的利用和改造。关于德性与幸福的关系，亚里士多德的基本观点是强调德性对于幸福的根本意义，但并不像苏格拉底和柏拉图那样将两者等同起来。他认为幸福并不是德性本身，而是合乎德性地行动。幸福并不是一个目的地，只要到达了那里就可以获得它。他虽然认为幸福是自足的，但强调它不是静态的，而是现实的活动。托马斯像亚里士多德一样强调德性对于幸福的意义，认为人是通过德性和圣礼达到完善的，但有四点与亚里士多德不同：其一，托马斯将完善的幸福即至福看作是一个最后目的地，这个目的地就是洞察到上帝的本质，而不像亚里士多那样将幸福理解为现实的活动。其二，人在今生所获得的幸福，无论是作为道德德性现实活动的不完善幸福，还是作为理智德性现实活动的完善幸福，都是不完善的，只有他所说的至福才是完善的幸福。这种幸福虽然能在今生分享，但不能在今生获得，它只能在死后进天堂才能获得。今生之所以不能获得至福，一方面是因为今生不能排除所有的恶，而至福是完善的善，它排除了所有的恶；另一方面则是因为今生不能洞察上帝的本质，而幸福的特有本性正在于此。其三，亚里士多德肯定外在善对于幸福的必要性，认为外在善是合乎德性地行动的必要条件。托马斯也承认外在善对于今生的幸福是必要的，因为外在善虽然不属于幸福的本质，但可以作为工具为幸福服务，为德性的操作服务。但他同时认为，外在善对于至福来说是完全不必要的。其四，对于亚里士多德来说，具有德性就能使人达到完善，获得幸福，而在托马斯看来，要达到完善，除了德性之外，还需要圣灵给予的礼物即圣礼。他认为，人类的德性能使人完善，但仅此还不够，因为德性是由人的理性推动的，除此之外人还需要被上帝推动。而人要能为上帝所推动就需要更高的完善，有了这种完善他就有意于被上帝推动。这些完善就被称为圣礼。这些圣礼是被上帝灌输的，而且是人本身有意顺从上帝所获得的启示。

（二）神学德性伦理学的结构

托马斯与亚里士多德不同，他没有专门的伦理学著作，但我们不能因此说他没有伦理学。他的伦理学是与他的神学浑然一体的。但是，他与奥古斯丁不同，奥古斯丁没有一部专门论述德性问题的系统著作，而托马斯有这样的著作。如果说他的《反异教大全》主要是一部神学著作的话，那么他的《神学大全》可以说主要是一部伦理学著作。在这部著作中，他系统地阐述了他的伦理学学说。这种伦理学说像亚里士多德在《尼各马科伦理学》所阐述的伦理学说一样，其中心范畴是幸福、德性、实践智慧（明慎），只是加上了许多神学的内容并进行了神学的改造。正是在这种意义上我们将他的德性思想称为德性伦理学，而不一般地称之为德性思想。在西方古典的德性思想中，也许只有他的德性思想和亚里士多德的德性思想是系统的德性伦理学体系，是完全意义上的德性伦理学，可名副其实地冠名为"德性伦理学"。

从体系结构来说，托马斯的神学德性伦理学比亚里士多德的更复杂、庞大，其内容也更丰富，其观点也更精确。这主要体现在以下几个方面：首先，他的神学德性伦理学吸收了他以前的正统神学特别是奥古斯丁主义的内容，将他的德性思想与正统神学思想及其德性思想有机地结合起来，融合成一个有机的整体，而且对以前的正统神学思想进行了很多的阐发和论证。他的德性思想体系从论证上帝存在开始，继而论证上帝创造人、人与上帝的分离，最后又落脚到人对上帝的回归，这样德性问题就成了他的整个思想体系的一个环节。由于这个环节与他的整个思想体系有着不可分割的联系，因而使他的德性思想体系比亚里士多德的德性思想体系庞大、复杂得多。第二，在亚里士多德的思想体系中，伦理学与本体论、物理学、逻辑学没有多少内在的关联，而托马斯则大量地吸收了亚里士多德的本性论、逻辑学、甚至物理学的内容，并运用这些内容为他的观点提供论证或以之为根据阐发他的德性思想。我们看到，他不仅广泛运用"四因"说进行分析和论证，而且还大量使用亚里士多德逻辑学中的"属""种""主词""谓词"等范畴来阐述他的德性思想。这样，他的德性思想体系就显得比亚里士多德的德性思想体系更深刻、更有思辨哲学的色彩。第三，从他直接对德性的阐述来看，由于他增加了"神学德性""圣礼""圣果""至福""法"等方面的内容，他的体系也比亚里士多德的更丰富、更复杂。从这些方面看，托马斯的德性伦理学是西方德性思想史上最庞大、最丰富、最系统、最完整的百科全书式的德性伦理学，它不仅适用于基督教徒，而且适用于其他人。即使今天来看，其中也有许多有价值、给人以深刻启迪的观点和内容。

托马斯的神学德性伦理学的结构大体上可以划分为五个部分，这五个部分不是并列的，而是逻辑地推进的。

第一部分讨论上帝。这部分从对上帝存在的论证开始；到阐述他的单纯性、完善性、善性、无限性、不变性、永恒性、统一性等性质，以及他所具的生命、意志、爱、公正、仁慈、能力、至福等形象特征；最后论述上帝的三位一体。这部分不仅是为了让人们认识、了解和相信上帝，而且是为了给人的生活确定一个最后的目的，给人的追求确定一个终极目标。这个部分同时还为人之所以要追求与上帝达到统一、人之所以具有追求善和至善的能力、人之所以需要而且可能得到上帝的帮助、人之所以要服从上帝，提供了理论的论证和依据。这个部分是他整个德性体系的基础，没有这个部分，他的整个体系就无以建立。也正因为有这样的一种基督教神学基础，所以他的德性伦理学是基督教神学德性伦理学。

第二部分讨论上帝与人的关系。这部分从上帝创造万物包括人谈起；到谈事物之间的区别，包括除上帝之外的天使、各种事物、人之间的区别，以及所有事物的善与恶的区别；最后谈到所有创造物即宇宙的管理问题。这部分回答了人的创造和来源、人与其他所有事物包括天使的异同，以及人的结构、本性、能力、去向等问题。这部分使人进一步认识到人是什么以及人与上帝有怎样的特殊关系。

第三部分讨论人的行为及其目的。这部分从人的最后目的谈起；接着谈达到目的的行为，包括专属于人的人性行为和人与所有动物共有的行为即激情；再进而讨论人性行为的内在本原即习惯，包括善的习惯即德性和坏的习惯即恶性或罪，以及行为的外在本原即法和上帝的恩典。在这部分他提出了至福是人的终极目的、德性划分为三种类型、达到至福除了德性之外还需要法的约束和上帝的恩典等重要思想。这部分是托马斯德性思想的关键部分，也是他的德性思想体系的中心，突出体现了托马斯神学德性思想的特色和对亚里士多德德性思想的超越。

第四部分讨论德目。这部分在前一部分的基础上具体阐述七大重要德目，即三种神学德性和四种主要德性。四种主要德性中的明慎属于理智德性，而公正、刚毅和节制则属于道德德性。他不仅讨论了这些德性的性质、含义、与之相应的德目、圣礼、戒律等问题，还讨论了与这些德性相反的恶性，同时对七德彼此之间的关系作了阐述。这部分的讨论非常细致、深入、详尽，在一定意义上可以说是一种德性心理学研究，其中不少内容今天读起来仍然觉得很有现实针对性。

第五部分讨论生活状态。这部分从各种生活状态谈起，进而谈完善状态和宗教状态，最后谈进入宗教状态的重要性以及如何进入宗教状态。这部分实际上是要阐述宗教生活对于人达到至福的重要意义，并告诉人们达到至福的现实路径。他认为，为了获得更大的完善，应该进入宗教生活。

二、上帝与人

对上帝、人及其相互关系的理解是托马斯基督教神学体系的基础部分，他的这种理解构成了他的德性思想的前提。我们要准确把握托马斯的德性思想，不能不首先把握他的这一思想。

（一）上帝的存在、性质、形象和位格

几乎每一位基督教神学家都会谈及对上帝的理解，托马斯也一样。《反异教大全》第一卷专门论述上帝，第四卷相当大的篇幅论述三位一体以及耶稣基督，《神学大全》的第一大部分也有两个专题讨论上帝和三位一体问题。应该说，托马斯对上帝和三位一体作了充分系统的阐述。

对于基督教及其神学来说，面临最多、最大的诘难是如何证明上帝的存在。为解决这一问题许多神学家提出过关于上帝存在的证明，在托马斯之前最有名的有奥古斯丁的先验论证明和安瑟尔谟的本体论证明，但这些证明都难以自圆其说，到托马斯时代更是越来越缺乏说服力。为了解决这一难题，托马斯借鉴了亚里士多德的论证方式。他认为亚里士多德用以证明上帝存在的方式有两种：第一种是运动证明的方式，即每一被推动的事物是被其他事物推动的，这个推动者本身或者是被推动的或者是不被推动的。如果它不是被推动的，我们就必定得出有某个不被推动的推动者，这就是上帝。如果它是被推动的，它就是被其他的运动者所推动。这样我们要么进行到无限，要么达到某个不被推动的推动者。而进行到无限是不可能的，所以我们必须断定有某个最初的不被推动的推动者。第二种方式是动力因的方式，

即在所有被安排的动力因之中，第一原因是中间原因的原因，而且是最后的原因。当你去掉一个原因时，你就去掉了它的结果。所以，如果你去掉第一原因，中间原因就不能成其为原因。如果在动力因中有一个无限的回归，就没有原因会是第一的，所有那些是中间原因的其他原因也都会被去掉。所以，我们必须承认存在着一个第一动力因。这就是上帝。① 正是根据亚里士多德的论证方式，托马斯在《神学大全》中提出了上帝存在的五种证明。

托马斯在提出上帝存在的五种证明之前，首先回答了上帝存在是否自明的问题。他的回答是，虽然一般意义的真理的存在是自明的，但上帝的存在不是自明的。他接着回答了上帝是否可以得到证明的问题。他的回答是肯定的。他认为有两种证明的方式：一是通过原因证明，这被称为先天的（a priori）证明，即从绝对先天的东西进行的论证。二是通过结果的证明，这被称为后天的（a posteriori）证明，即从只是相对于我们而言先天的东西进行的论证。当我们比原因更清楚地知道结果时，我们可以从结果获得关于原因的知识。只要我们清楚地知道原因的结果，那么就能从每一个结果证明它的原因存在，因为既然每一结果都取决于它的原因，那么如果结果存在，原因必定预先存在。因此，上帝的存在虽然不是自明的，但能通过我们所知道的他的那些结果得到证明。据此，托马斯提出了论证上帝存在的五种方式：第一种方式是运动的论证（the argument from motion），即如果某物的运动是被动的，那么它本身必定被另一事物所推动，而这一事物又必定被其他事物所推动，所以必然要追溯到一个不被其他事物所推动的第一推动者。这个第一推动者就是上帝。第二种方式是动力因的本性的论证（the argument from the nature of the efficient cause），即现实世界的事物都是由原因产生，原因又有原因，所以必定要承认有一个没有原因的第一原因。这个第一原因就是上帝。第三种方式是可能性与必然性的论证（the argument from possibility and necessity），即凡必然的事物或者是从别的地方获得其必然性的，或者不是，所以必须承认有存在者是必然的，它的必然性不是来自别的地方，却是其他一切事物的必然性的原因。这种绝对的必然性就是上帝。第四种方式是在事物中发现的等级的论证（the argument from the gradation to be found in things），即事物中存在着诸如善、真和高贵之类的差别，但这些方面的差

---

① Cf. *Summa Contra Gentiles*, I, 13.

别是由不同事物就其接近那最高等级者的程度来体现的，所以必定存在着最真、最善、最高贵的事物。它就是一个最高层次的存在，它是一切存在者存在、善以及其他一切完善性的原因，我们称之为上帝。第五种方式是世界管理的论证（the argument from the governance of the world），即有些没有思维的事物却是有目的地活着，但它们除非受一个思维者和理性认识者的引导否则就不会去追求目的，所以必定有一个有智性的存在者，一切自然事物因为它而有序地追求目的。这个存在者就是我们所说的上帝。①

托马斯认为，当我们表明了存在着我们称之为上帝的第一存在后，就可以探讨这种存在的性质。关于上帝的性质，托马斯认为最好是运用否定的方法（via negativa）来认识。"在考虑神性实质时，我们特别应该使用排除的方法（the method of remotion）。因为就其无限性而言，神性实质超越于我们的理智所能达到的每一种形式。这样，我们不能通过知道它是什么理解它。然而，我们能通过它不是什么来知道它不是什么。而且，我们可以运用我们的理智根据我们能从上帝那里排除越来越多的东西来接近关于他的知识。因为我们越充分地看到每一事物与其他事物的差别，就越是完善地认识每一事物。"②托马斯举例论证，如果我们认为上帝不是一种偶然性，那么我们据此可以将他与所有的偶然性区别开来。如果我们说上帝不是一个形体，我们就可以进一步将他与某些实体区别开来。通过这样的否定，上帝就会区别于他所不是的一切，我们也就会知道他与所有的事物都不同。尽管托马斯认为这种知识还不是完善的，因为它不能告诉我们上帝就其本身而言是什么，但他还是通过这种方法断定上帝所具有的各种性质。

在《反异教大全》和《神学大全》中，托马斯关于上帝的性质有非常丰富的论述和不尽相同的表达。归纳起来，上帝在他的眼中具有以下七种主要性质。

第一，单纯性。上帝是精神，没有形体。无论什么由质料和形式构成的东西都是有形体的。上帝没有形体，所以上帝不是由质料和形式构成的。上帝与上帝的本质或本性是同一的，同时，存在和本质在上帝那里也是同一的。"上帝不仅是他自己的本质……而且也是他的存在"，"存在于上帝之中的就是他的本质"。③上帝是所有事物的本原，所以上帝也不包含在任何作

---

① Cf. *Summa Theologiae*, I, Q.2, art.3.

② *Summa Contra Gentiles*, I, 14, [2].

③ *Summa Theologiae*, I, Q.3, art.4.

为他的本原的属之中，上帝不包含在任何属之中。上帝也不存在任何偶然性，因为每一种偶然性都在主体之中，任何一种单纯的形式都不是一个主体，而上帝是一种单纯的形式，因而不是一个主体。托马斯赞同奥古斯丁的说法："上帝是真正地、绝对地单纯的。"① 作为绝对原初的存在，上帝统治所有事物而不用和它们混合在一起。

第二，完善性。按照古代哲学家的观点，第一物质本原只是潜在的，因而是最不完善的。上帝是第一本原，但不是物质的，而是在动力因的秩序之中的，因而必定是最完善的。不仅如此，所有被创造物的完善性也都来自上帝，所以上帝也被说成是普遍地完善的。托马斯对此作了这样的论述："尽管那些生存并生活的事物比那些单纯生存的事物更完善，不过，上帝就他与他的存在同一而言，是一种普遍地完善的存在。我称那种没有任何属的优秀对于它而言是不够的事物为普遍地完善的。"② 他论证说，任何一种既定事物的每一种优秀都取决于它的存在。因为人除非是有智慧的否则不会有作为智慧结果的优秀，其他的优秀亦如此，所以一个事物优秀与否取决于它的存在，而且一个事物根据它的存在被限定在多大程度上优秀而被说成多大程度上优秀。如果有整个存在的能力都属于自己的某物存在，那么它就不会缺乏对该物而言适当的优秀。但是，对于那种是它自己存在的某物，与整个存在的能力相一致是适当的。所以那是他的存在的上帝，是与他的整个存在能力相一致的，因而他不会缺乏属于任何给定事物的任何优秀。就是说，上帝是具备所有事物的一切优秀的存在。③

第三，至善性。托马斯认为，从上帝的完善性可以推出他的善性。他论证说，每一被称为善的事物是属于它的德性。德性就是某种完善性，当每一事物达到属于它的德性时，它就能被称为完善的。因此，从每一事物都是完善的事物看，它是善的。这就是为什么每一事物都追求它的完善作为属于它的善。但是，我们已经表明，上帝是完善的，所以他是善的。上帝不仅是善的，而且是善本身。在行为中对于每一个存在来说就是它的善，而上帝不仅是一种在行为中的存在，还是他存在的真正行为。所以上帝是善本身，而不仅是善的。既然上帝是绝对的完善，那么他就把所有事物的完善性包含在他的完善之中。所以，他的善性包含每一种善，这样，他是每一种善之善。由

---

①　*Summa Theologiae*, I, Q.3, art.7.

②　*Summa Contra Gentiles*,I, 28,［1］.

③　Cf. *Summa Contra Gentiles*,I, 28,［2］.

此，托马斯又推出了上帝是最高善的结论。他论证说，普遍的善高于任何特殊的善，整体的善和完善高于部分的善和完善。但是，上帝的善作为相对于特殊善的普遍善，与所有其他的善、存在形成了比较，他是每一种善之善。所以，上帝是最高的善，至善。他说："上帝简直就是至善，并且不仅仅像存在于事物的任何种或顺序中的善。"①

第四，无限性。上帝是无限的。托马斯论证说，所有的古代哲学家都把无限归属于第一本原，认为事物从第一本原无限地流出。但是，因为他们对第一本原的本性的理解是错误的，所以关于它的无限性的理解也是错误的。他们断定物质是第一本原，因而将一种物质的无限性归属于第一本原，以致某种无限的物质被看作是事物的第一本原。在托马斯看来，物质在接受它的形式之前作为潜能可以接受许多形式，物质是形式使它成为有限的。在它接受了一种形式之后，它就被那种形式所限定。形式本身对许多物质而言是共同的，它也是物质使它成为有限的，但当它进入物质之中时，形式就被规定为这样一种特殊事物。物质要由那使它成为有限的形式使自身完善，所以，归结给物质的无限有某种不完善的东西的本性，因为它原本是无形式的物质。另一方面，形式不是由物质使它成为完善的，而不如说是被物质约定的。因此，形式就其不被物质决定的部分而言具有某种完善事物的本性。存在是所有事物的最高形式，所以既然上帝的存在不是一种从任何东西中接受的存在，而是他就是他自己的实体性存在，那么很清楚，上帝本身是无限地完善的。托马斯说："除上帝之外的所有事物都只能是相对地无限的，而不能是绝对地无限的。"②上帝的无限性表明，他是全在的。他存在于所有事物之中，而且他不是作为它们的本质的一部分，也不是作为一种偶然性，而是作为一种主体发生作用。同时，他也充满了每一个地方。③

第五，不变性。每一创造物都不同程度地是可变的，而只有上帝是完全不变的。托马斯对此作了如下论证：上帝是第一存在，而第一存在必须是纯粹的行为（pure act），没有混合任何潜在性。以任何方式发生变化的每一事物都在某种意义上是潜在的，因而显然上帝在任何意义上都不可能是可变的。同时，每一被推动的事物都是某种构成物，而上帝是完全单纯的，不是某种构成物，因而上帝不能被推动。此外，每一被推动的事物都能在其运动

---

① *Summa Theologiae*, I, Q.6, art.2.

② *Summa Theologiae*, I, Q.7, art.2.

③ Cf. *Summa Theologiae*, I, Q.8.

中获得不曾具备的东西，而上帝正因其无限性涵盖了所有事物的完善性，所以无须也不可能再获取任何新东西。上帝并无扩展的空间和必要性，因此任何意义上的运动都不属于他。

第六，永恒性。从不变性可以推出永恒性，因为从运动可以推出时间。上帝是最不可变的，因而永恒性完全属于他。他不只是永恒的，而且他还是他自己的永恒性。没有任何其他的存在是它自己的持续，正如没有任何其他的存在是它自己的存在一样。上帝是他自己的始终如一的存在，因而既然他是他自己的本质，那么他就是他自己的永恒性。托马斯特别强调，真正、恰当意义上的永恒性是与不变性相伴随的，它只属于上帝，而不属于任何可变的创造物。

第七，统一性。"一"不给"存在"增加任何真实性，而只是分的否定，因为"一"意味着不可分的"存在"。"一"也是以各种方式与"多"对立的，一是数的本原，它与作为数的众多是对立的，因为"一"隐含着一种原初衡量的观念，而数是被"一"衡量的众多。上帝既是单纯的，也是无限的，还是世界的统一性，那么就可以推出上帝是一。关于上帝既是"一"又是"统一性"的关系，托马斯有以下论证："因为既然所有存在的事物中的一些服务于另一些，它们就被看作是彼此被安排了秩序的。但是，有差异的事物除非被一起安排秩序，否则就不会在同一秩序中和谐。因为一比多能更好地将许多事物还原为一种秩序，因为一是一的原因本身，多就其在某种意义上是原因而言，则只是一的偶然的原因。所以，既然那是第一的东西是最完善的，而且本身如此，而不是偶然地如此，那么，那将所有事物还原为一种秩序的第一存在应该只是一。这个一就是上帝。"①"一"是一种不可分的存在，如果某种东西在至高无上的意义上是"一"，那它必定至高无上地是存在，至高无上地不可划分。这两者都属于上帝，所以上帝在至高无上的程度上是一。

在论述了上帝的性质之外，托马斯还对上帝的形象进行了描述。在他的眼中，上帝有名字，有知识、生命、意志、爱、公正和仁慈、神意、能力和至福。

关于上帝的名字，托马斯认为，我们不能看到上帝的本质，但是我们能从他的操作或结果即创造物认识上帝作为它们的本原。"所以，从这种意义

---

① *Summa Theologiae*, I, Q.11, art.3.

上看，我们可以从创造物的角度给他命名，不过，表示他的名字并不表达上帝的本质本身。"①"上帝"这个名字就其与其意义的源泉之间的关系而言是一个操作的名字。不过，给上帝的名字并不标示他的实体，而只是表达他与创造物的距离，他与其他事物的关系，或者说创造物与他自己的关系。

"在上帝那里存在着最完善的知识。"②上帝能通过他自己认识他自己，他能完全领会他自己。他的理智的行为就是他的实体。上帝能以恰当的知识知道他自己以外的所有事物，既知道现实的事物，也知道可能的事物；既知道单个的事物，也知道无限的事物；既知道善事物，也知道恶事物。对于其他事物，上帝既有思辨的知识，也有实践的知识，但对他自己只有思辨的知识，因为他自己不是可操作的。正如他的实体是完全不可改变的一样，他的知识也是完全不可变化的。③

上帝是有生命的，而且生命在最高的程度上在上帝之中，上帝最完善地并永恒地具有生命。"在上帝那里，生命就是理解。"④在上帝的理智中，被理解的事物与理解的行为是同一的，因而在上帝中无论被理解的是什么都是上帝的真正生命。既然上帝创造的所有事物都在他之中作为被理解的事物，那么可以推出，在他之中的所有事物都是他的生命本身。

"在上帝中有意志就如同有理智一样。"⑤上帝不仅对自己有意志，而且对与他自己分离的事物也有意志。上帝必然知道他意欲什么，但并不必然意欲他所意欲的无论什么东西。上帝的意志是事物的原因，他根据意志行为，而不是根据他的本性的必然性行为。上帝的实体和知识完全不可变，所以他的意志也不可变。上帝的意志给某些意欲的事物赋予了必然性，但并非对所有意欲的事物都如此。上帝也意欲恶，他意欲本性的或惩罚的恶，因为他要意欲这些恶所附着的善。例如，他在意欲公正时他意欲惩罚，而在意欲保持本性秩序的过程中，他意欲某些本性会腐坏的事物。"不过，他决不意欲罪和恶，那是走向上帝善的正确秩序的缺乏。"既然上帝必然地意欲他自己的善性，而其他的事物并不必然如此，那么就他并不必然意欲什么而言，他有自由意志。上帝的意志还必须得到贯彻执行。

① *Summa Theologiae*, I, Q.13, art.1.
② *Summa Theologiae*, I, Q.14, art.1.
③ Cf. *Summa Theologiae*, I, Q.14, art.15.
④ *Summa Theologiae*, I, Q.18, art.4.
⑤ *Summa Theologiae*, I, Q.19, art.1.

托马斯断定，在上帝身上有爱存在，"因为爱是意志的第一运动，也是每一种欲望能力的第一运动"①。上帝爱所有存在着的事物，之所以如此，是因为所有存在着的事物就其存在着而言都是善的。爱一个事物意味着意欲它善，既然如此，"那么很明显，上帝爱所有存在着的事物"②。意志的行为存在着强度的不同，从这种意义上看，上帝并不会更爱某些事物一些，因为他通过他的那种统一的、单纯的并且总是相同的意志行为爱所有事物。另一方面，就一个人爱某样事物是因其意欲其善而言，上帝更爱一些事物，因为上帝的爱是事物中的善性的原因，如果上帝不意欲一个事物比另一个事物有更大的善，就不会有一个事物比另一个事物更善的了。上帝总是更爱那些更善的事物，因为上帝爱一个事物甚于另一事物，只不过是他意欲那个事物成为一个更大的善。

托马斯认为公正有两种：一种在于相互给予和接受，如买卖；另一种是往来和交换，如商业交换和往来。后一种公正被称为交换公正，这种公正不属于上帝。前一种公正在于分配，因而被称为分配公正。这种公正要求一个统治者或管理者给每一个人所应得的。正是在这种公正的意义上，上帝是真正公正的。他给所有存在着的事物以对于每一事物的条件来说合适的东西，以秩序并以正好属于每一事物的能力来维护每一事物的本性。上帝的公正是要建立符合他的智慧规则的事物秩序，这种规则就是他的公正法则，因此上帝的公正可以被称为真理。

在托马斯看来，仁慈特别要归属于上帝。"赋予完善不仅属于上帝的善性，而且也属于他的公正、慷慨和仁慈，只是它们属于不同的方面。正如以上所表明的，绝对意义的完善的交换，属于善性；正如已经说过的，就完善按比例被给予事物而言，它们的赋予属于上帝的公正；就上帝不是为了他自己的使用，而只是出于他的善而赋予它们而言，它属于慷慨；就给予事物的完善排除了欠缺而言，它属于仁慈。"③上帝不会做那与他的智慧和善性不一致的事情，正是在这种意义上，任何事物都是出于上帝。同样，他在创造物中做的无论什么事情，都是与适当的秩序和公正观念所要求的比例相一致的。这样公正就存在于上帝的所有作为之中。上帝公正的作为总是以仁慈的作为为前提的，并且以之为基础，因而上帝的每一作为都有仁慈包含其中。

---

① *Summa Theologiae*, I, Q.20, art.1.

② *Summa Theologiae*, I, Q.20, art.1.

③ *Summa Theologiae*, I, Q.21, art.3.

托马斯认为，将神意（providence）归结为上帝也是必然的。他论证说，所有被创造物中的善都是上帝创造的，在被创造物中，善不仅存在于它们的实体中，而且存在于它们走向目的特别是他们的最后目的（即上帝的善性）中。这种存在于被创造的秩序的善本身是上帝创造的。然而，既然上帝由于他的理智而成为事物的原因，而且每一种类型的结果预先存在于他之中，那么事物就其目的的秩序的类型而言就预先存在于上帝的心灵中。"在上帝本身之中不会有任何被预定走向一种目的的东西。所以，事物中这种走向一种目的的预定在上帝那里就被称为神意。"[1] 所有事物都从属于上帝的神意，不仅就一般意义而言，甚至就它们自己的个体自我而言也都如此。神意有两个方面，一是事物被预定地走向目的的秩序，二是这种秩序的执行，即统治。托马斯认为，就前者而言，上帝有直接控制每一事物的神意；就后者而言，则需要中介，他因其善的丰富性而让高级事物统治低级事物。上帝的神意只将必然性赋予了某些事物，而不是所有事物，但所有的事物都服从上帝的神意，引导事物走向目的就属于神意。被创造物被上帝引导到的目的有双重意义：其一它是超过被创造物的所有比例和能力的，这个目的是永恒的生命，它在于看见每一创造物的本性之上的上帝。其二它是与创造物的本性成比例的，这个目的是被创造的存在按照其本性的能力能达到的目的。如果一个事物按照其本性的能力不能达到这种目的，它就必定会被另一事物引导到那里，如箭被弓箭手射向靶子。一个能永恒生活的理性创造物要被上帝引导，而其理由预先存在于上帝，因为所有事物走向目的的秩序类型都在上帝之中，这就是神意。在做某事的人心中的类型是在他之中的一种要被做的事物的预先存在。因此，上面所说的引导一个理性创造物走向永恒生活的目的的类型，就被称为预定（predestination）。预定就是引导，这样，预定就其对象而言是神意的一部分。

能力有被动的和能动的之分，被动的能力完全不存在于上帝，能动的能力则在上帝那里达到了最高的程度。[2] 上帝的存在和本质都是无限的，因而上帝的能力也是无限的。上帝是全能的。托马斯认为，所有人都承认上帝是全能的，但要说明他的全能严格说来在于何种范围似乎是困难的。于是，他根据亚里士多德的逻辑对此作出了他的解释。[3] 我们说上帝是全能的，这首

[1]　*Summa Theologiae*, I, Q.22, art.1.

[2]　*Summa Theologiae*, I, Q.25, art.1.

[3]　Cf. *Summa Theologiae*, I, Q.25, art.3.

先体现在上帝绝对能做所有可能的事，当然他不能做那种有逻辑矛盾的事情，如他不能使已经过去的事情发生。其次，上帝能做他没有做的事情。因为上帝的善性无可比拟地超出被创造物，因而上帝的智慧并不如此严格地限制在没有任何其他事物的过程会发生的任何特定秩序中。最后，上帝也能使某些事比他已经做的每一件事更好（善）。关于最后一点，托马斯分析说，任何事物的善性都是双重的：一是它的本质的善性，如有理性属于人的本质；二是超出和高于它的本性的善性，如人的善就是德性或智慧。就前者而言，上帝不能使事物比它本身更善；就后者而言，上帝能使他已经创造的事物更善。

托马斯认为，至福（beatitude）以一种非常特殊的方式属于上帝。因为至福这个词只能被理解为一个理智的本性的完善的善，它能知道它所具有的善的充足性，它有能力应对善或恶的降临，它能控制它自己的行为。在所有这些方面都以最优秀的方式属于上帝，即它是完善的，它具有智性（intel-ligence）。"因此，至福在最高程度上属于上帝。"① 至福是理智本性的完善的善，在这种意义上，正如每一事物都欲望其本性的完善一样，理智的本性就其本性而言是欲望成为幸福的。在任何理智的本性中，最完善的是理智的操作，在某种意义上说，通过这种操作它把握每一事物。因此，每一理智本性的至福在于理解。在上帝那里，存在与理解是同一的，不同只在于我们理解它们的方式。所以，至福必定归属于就其理智而言的上帝，也归属于在天国享福的人（死后升天的人），他们因为同化上帝的至福而被称为被上帝赐福（blesses［beati］）。理智本性的至福在于理智的行为，而理智的行为涉及两个方面：行为的对象，即要被理解的事物；行为本身，即理解。就对象方面而言，上帝是唯一的至福，每个人只能通过理解上帝获得上帝的赐福。但是就理解的行为而言，至福是在被上帝赐福的创造物中的一种东西，在上帝那里，它就是一种自存的东西。就无论什么样的至福（无论是真的还是假的）都预先在整体上并且以一种更卓越的程度存在于上帝的至福而言，无论什么都是值得欲望的。就沉思的幸福而言，上帝具有一种连续的并且最确定的关于他自己和所有其他事物的沉思。而就这种沉思是能动的东西而言，他对整个宇宙具有统治权。尘世幸福在于欢喜、富有、权力、尊严和名誉。相对于这些尘世幸福而言，他在他自己和所有其他事物对于他的欢喜中拥有欢乐；

---

① *Summa Theologiae*, I, Q.26, art.1.

取代富有，他拥有完全的自足；代替权力，他有全能；对于尊严，他有对所有事物的统治；取代名誉，他拥有所有创造物的赞美。①

前面所讨论的都是有关上帝的本质的统一性问题，托马斯接下来又论述了上帝位格的三位一体（the Trinity of the persons in God）。在他看来，上帝的位格是根据起源的关系而相互区别开来的。关于这个问题，托马斯主要讨论了起源或发出（procession）问题、起源的关系问题和位格问题。② 关于什么是位格，托马斯作了这样的规定：具有关系本性的个体甚至在其他的实体中间也拥有一个特殊的名称，这个名称就是"位格"（person）。③ 或者说，"'位格'一般表示一种关系结构中的个体实体。"④ 在他看来，任何本性中的"位格"则表示那种本性中有区别的东西。⑤ 托马斯就是在这种意义上将"位格"用于上帝的。上帝的位格就是上帝本性中有区别的东西。上帝中的区别只是就起源的关系而言的，而上帝中的关系不是作为一个主体中的偶性，而是上帝的本质本身，所以它是实体性的，因为上帝的本质就是实体性的。因此，上帝的位格表示作为实体存在的一种关系。而且也表示实体的关系，而这种关系是上帝的本性中作为实体存在的一种原质，尽管实际上作为实体在上帝本性中存在的东西就是上帝的本性本身。⑥ 在托马斯看来，据此我们可以推出在上帝的本性中有几个实体性的实在，而这就意味着在上帝中有几个位格。不过他的结论仍然是只有三个位格。"所以，只有三个位格存在于上帝之中，即圣父、圣子和圣灵。"⑦ 上帝的三个位格并不是三个上帝，而是同一个上帝的三个位格，上帝就是三位一体的上帝。"'三位一体'这个名称表示位格的确定数，所以上帝中位格的多数要求我们应该使用三位一体这个词；因为多数所确定地表示的，是由三位一体以一种确定的方式表示的。"⑧ 总体上看，托马斯关于"三位一体"的观点完全是隶属正统神学的，只不过他以更思辨的方式作了阐发和论证。

---

① Cf. *Summa Theologiae*, I, Q.26, art.4.
② Cf. *Summa Theologiae*, I, QQ.27-43.
③ Cf. *Summa Theologiae*, I, Q.29, art.1.
④ *Summa Theologiae*, I, Q.29, art.4.
⑤ Cf. *Summa Theologiae*, I, Q.29, art.4.
⑥ Cf. *Summa Theologiae*, I, Q.29, art.4.
⑦ *Summa Theologiae*, I, Q.30, art.2.
⑧ *Summa Theologiae*, I, Q.31, art.1.

（二）创造物及人的本性

托马斯认为，不仅一个特殊的存在是从一个特殊的行为者流出的，而且所有事物都是从普遍的原因即上帝流出的。他把这种"流出"称为"创造"。

关于上帝的创造，托马斯作了很多的论述，其主要观点有以下几个方面：

第一，上帝具有创造万事万物的能力。在上帝身上存在着能动的能力，他的能力就是他的实体，就是他的行为，他是全能的。"上帝的能力不是局限于某种特殊的效果，而是他能绝对地做所有的事情；换言之，他是全能的。"①

第二，每一存在都是上帝创造的，上帝是所有事物存在的原因。无论以什么方式存在的存在物都来自于上帝。"因为在任何事物中由参与而发现的无论什么东西，必定是其中由它在本质上属于的东西引起的，正如铁由火而成为可燃的一样。"②上帝本质上是自存的存在，这种自我存在的存在是一。如果白是自存的，它就会是一，因为白是由它的参与者加上的。所以，所有区别于上帝的存在都不是自存的存在，而是通过参与获得的存在。所以，所有由各种各样的存在的参与使之多种多样的存在，都是由一个具有最完善性的第一原因引起的。

第三，事物的存在是上帝从虚无创造的。不仅事物是创造的，而且原初的物质也是由事物的普遍原因创造的。"如果整个宇宙的存在都是从第一本原流出的，那么任何存在都不可能在这种流出之前存在。因为虚无与没有任何存在相同的，所以，正如人的产生来自于'非存在'即'非人'一样，所有创造，即所有事物的流出，都来自于'非存在'，即'虚无'。"③托马斯继而推断，不仅任何事物应该是上帝创造的，这不仅不是不可能的，而且还可以必然地说所有事物都是上帝创造的。因为当某一个人从另一事物造就一个事物时，另一事物对于他的行为来说是前提条件，而不是由他的行为产生的。例如，工匠对自然事物（如木头或黄铜）加工，自然事物就不是加工行为引起的，而是自然的行为引起的。这样，自然本身也引起自然事物（就其形式而言），而且以物质为前提条件。所以，上帝不仅出于以之为前提的某

---

① *Summa Contra Gentiles*, II, 22, [8].

② *Summa Theologiae*, I, Q.44, art.1.

③ *Summa Theologiae*, I, Q.45, art.1.

事物行为，而且可以推出，以之为前提的事物不会是由他引起的。但是，除非来自作为宇宙所有存在的普遍原因的上帝，否则没有任何东西存在。因此必须说，上帝从虚无中使事物存在。

第四，上帝的创造既不运动，也不变化。所有的运动或变化都是潜在存在的东西的行为。但是，在创造的行为中，没有什么东西预先存在，以接受那种行为。所以，创造不是一种运动或一种变化，在创造中不存在运动或变化。

第五，上帝的创造物包括精神创造物和纯粹形体的创造物，以及兼具形体与精神的复合创造物。按圣经的说法，纯粹的精神创造物被称作天使，而形体的创造是在六天完成的，包括三项工作：一是创造的工作，即"上帝最初创造了天堂和地球"；二是区别的工作，即"他区分了光和暗，以及那在天空之上的水和在天空之下的水"；三是装饰的工作，即"让天空有光"。人是上帝创造的一种兼具精神和形体的实体，它的本性是与它的灵魂相关的，而不是与它的形体相关的，尽管形体与灵魂有关。

第六，创造物是由上帝用神意（providence）统治的。上帝的本性是完善的，上帝的能力就作为所有事物的创造者和君主而言是完善的，同时，就他是所有事物的目的和统治者而言，他是完善的权威或尊严。托马斯论证说，上帝是具有所有存在的充分完善性的第一存在，他从他的完善性的丰富性赋予所有存在着的事物以存在，所以这样就不仅充分地确定了他作为第一存在的地位，同时也充分确定了他作为所有存在的事物的最初源泉的地位。而且，他不是通过他的本性的必然性，而是根据他的意志的选择准许其他事物存在的。由此可以推出，他是他所创造的事物的君主。事实上，他拥有对他所创造的事物的完善统辖权，因为他生产它们既不需要外部行为者的帮助也不需要作为基础的物质存在，因为他是宇宙整个存在的创造者。就上帝统治每一创造物而言，他是普遍的统治者；而就他统治有理解力的创造物而言，他是特殊的统治者。

托马斯是从目的论的角度论证上帝是运用神意统治创造物的。"既然正如我们所表明的，所有事物以上帝的善性作为目的，这样就可以推出，这种善性原初所属的上帝，像实质上所具有、所知和所爱的某种东西一样，必须是所有事物的统治者。"[1] 他论证说，自然形体被推动并向着一种目的运动，

---

[1]　*Summa Contra Gentiles*, III, 64,［2］.

尽管它们并不知道它们的目的。而那些不知道它们的目的的事物不可能为了那种目的而工作，也不可能以一种有序的方式达到那种目的，除非它们被某个具有关于目的的知识的存在所推动。所以，自然的整个工作必定是根据某种知识安排的，由此必定直接地或间接地追溯到上帝。因为每一低级技艺和知识必须从高级的那里获得其本原。所以上帝是用他的神意统治世界的。

在研究了精神创造物和形体创造物之后，托马斯进而研究由精神和肉体实体构成的人。关于人，托马斯主要研究人的本性和起源。由于人的本性是与灵魂相关的，因而他主要研究了属于灵魂的三种精神实体，即本质（essence）、能力（power）和操作（operation）；而关于人的起源，他主要是阐述圣经中所说的第一个男人和第一个女人及其后代的有关问题。这里只介绍他关于人的本性的思想。

灵魂是理智操作的本原，这种本原既是无形体的，也是实体性的。就人的构成而言，他赞成奥古斯丁的观点，"人既不是纯粹的灵魂，也不是纯粹的形体，而是灵魂和形体这两者。"人不只是灵魂，而是由灵魂和形体构成的某种东西。或者引用柏拉图的话说，人是使用形体的灵魂。在灵魂与形体的关系上，灵魂是形体的形式，灵魂是决定性的本原。他说："很清楚，使形体具有生命的第一个东西是灵魂。当生命通过各种不同层次的有生命事物的各种操作出现时，我们最初履行每一种有活力的行为所依托的东西就是灵魂。因为灵魂是我们营养、感觉和局部运动的最初本原，同样也是我们理解的最初本原。所以，这种使最初的理解得以进行的本原，无论是称作理智还是称作理智的灵魂，都是形体的形式。"①他不赞成柏拉图的在一个形体中有几种灵魂的看法，认为在这里感觉灵魂、理智灵魂和营养灵魂是一个灵魂。理智灵魂就是人的实体性形式，除此之外，不可能发现其他的实体性形式。理智灵魂实际上包含了感觉灵魂和营养灵魂，包含了所有低级形式。作为理智本原的人的灵魂是不朽的，因为理智的实体都是不朽的。②

人的灵魂具有多种能力，因为人是精神和形体的创造物，所以两者的能力都存在于灵魂之中。既然灵魂只有一个，而能力有多种，那么灵魂的能力必定有某种顺序。托马斯认为这种顺序有三种：第一种是理智能力先于感觉能力，并指挥和命令它们，而感觉能力又先于营养灵魂。第二种是营养灵魂就产生的方式而言先于感觉灵魂，感觉灵魂又先于理智灵魂。第三种是某些

---

① *Summa Theologiae*, I, Q.76, art.1.

② Cf. *Summa Theologiae*, I, Q.76, art.3.

感觉能力在它们自己之间被安排，即看、听、尝。视觉自然先出现，因为它对于高级和低级形体而言是共同的，但是听是在空气中可听的，那自然先于要素的混合，而尝就是要素混合的结果。[①] 托马斯认为能力本身是指向行为的，因为行为是多种多样的，因而能力的本性也是多种多样的。行为本性多样性的根据又在于对象的不同本性。每一种行为要么是能动能力的行为，要么是被动能力的行为。对象对于被动能力的行为而言，是作为本原和推动的原因。颜色就其推动看而言是视觉的本原。另一方面，对象对于能动的能力是一种终点和目的，正如生长的能力的对象是完善的一定量，那就是生长的目的。这样，从这两个方面，即从行为的本原或行为的目的或终点，行为就获得了它所属的类型。例如，一种热的行为不同于一个冷的行为，因为前者是从某种热的东西产生的，那是能动的本原；后者是从某种冷的东西产生的，那是被动的本原。所以，能力必然是根据它们的行为和对象加以区别的。人的灵魂的能力有五种，即植物的、感觉的、欲望的、运动的和理智的。其中三种被称为灵魂，它们是理智灵魂、感觉灵魂和植物灵魂；四种被称为生活样式，它们可以根据生物的层次加以区分，即：只有植物能力的植物；具有植物能力和感觉能力但不具有运动能力的介壳类水生动物；除植物能力、感觉能力之外具有运动能力的动物；具有理智能力以及所有前面这几种能力的人。欲望能力不构成生命的一个层次，因为只要有感觉，也就有欲望。[②]

托马斯具体研究了理智能力和欲望能力。在他看来，理智是灵魂的能力但不是灵魂的真正本质，因为"只有在上帝那里，他的理智是他的本质；而在其他理智创造物这里，理智是能力"[③]。理智能力是一种被动能力，因为我们最初只是潜在地理解，后来才使我们现实地理解，我们的理解在某种意义上是"以一种被动的方式"进行的。但是，也存在着一种积极的理智能力。他讨论了理智与理性的关系，认为它们是同一种能力。理性有高级低级之别，但不是两种理性，智慧被归为高级理性，而科学被归为低级理性。他赞同把理智区分为思辨的和实践的，但认为它们不是不同的能力，而是根据它们的目的而得名的：一个是思辨的，另一个是实践的，即操作的。他还讨论了智性与理智的关系。他认为，"智性"（intelligence）这个词表示理智的特

①　Cf. *Summa Theologiae*, I, Q.76, art.4.

②　Cf. *Summa Theologiae*, I, Q.78, art.1.

③　*Summa Theologiae*, I, Q.79, art.1.

有行为，那就是要去理解。有人认为良习（Synderesis）是一种比理性高的能力。托马斯不赞成这种观点，认为良习不是一种能力，而是一种习惯。在他看来，本性赋予我们的第一实践本原不属于一种特殊的能力，而是属于一种特殊的本性的习惯，这就是我们所说的"良习"。①

在讨论理智能力时，托马斯专门讨论了良心（conscience）。在旧约圣经中，对良心的论述非常有限，其原因在于古希伯来人相信人和上帝能够直接相通，上帝告诉人应该做什么不应该做什么，他的话语给人们提供了善恶标准，因而人们对自己身内的道德标准没有多大兴趣。基督和福音也没有使用良心这个词，不过新约的其他著述中曾多次出现过，圣保罗尤其发展了良心的定义。总的看，尽管良心在圣经中越来越重要，但不是其中的重要概念。② 在神学中，良心对于奥古斯丁而言是上帝和人进行爱的交谈的地方，是上帝的声音，它能感觉到上帝的临在和灵魂的存在。方济各派和中世纪的神秘主义者则认为良心的基础在于"灵魂的火花"，有时也将它看作是灵魂的中心，只有在这个中心人才能与上帝相遇，才不易受到罪恶的污秽。相比较而言，托马斯对良心有更深刻的见解。他的理解比较重视理性，基本上是理性主义的。③

托马斯认为，"严格说来，良心不是一种能力，而是一种行为。"④ 无论从这个词本身来看，还是从人们通常归因于良心的那些东西看，这一点都是很明显的。根据这个词的真正本性，良心隐含着知识与某物的关系，因为良心可归结为"cum alioscientia"，即应用于个体情形的知识。但是，将知识应用于某物是由某行为做的。所以，从这个词的解释看，显然良心是一种行为。从归因于良心的那些东西来看，结论也是同样的。良心被说成是见证（to witness）、约束、激励，也被说成是控告、苦恼、指责。所有这一切都是将知识或科学应用于我们所要做的事情上的结果。这种应用有三种方式：一是我们认识到我们已经做了或没有做某事，据此良心被说成是见证。二是通过良心我们判断某事应该做或不应该做，在这种意义上良心被说成是激励。三是通过良心我们判断某事做得正当还是不正当，在这种意义上，良心

---

① Cf. *Summa Theologiae*, I, Q.79, arts.2-12.

② 参见［德］白舍客：《基督宗教伦理学》第一卷，静也、常宏等译，雷立柏校，华东师范大学出版社 2010 年版，第 210—214 页。

③ 参见上书，第 218 页。

④ *Summa Theologiae*, I, Q.79, art.13.

被说成是申辩、控告、苦恼。显然，所有这些事物都是知识实际应用于我们所做的事情的结果。"所以，严格地说，良心被称为行为。"[1] 在托马斯看来，良心是与良习相关联的。习惯是行为的本原，良习就是第一本性的本原，所以良心的名称有时也被用于良习。例如，有的人称"良习"为良心、"判断的本性能力"或"我们理智的法则"。[2]

关于欲望，托马斯认为它是一种高级的倾向。形式存在于那些以一种高级方式具有知识并在本性形式的方式之上的事物，所以在它们中必定有一种超越于本性倾向之上的倾向，这被称为本性欲望（natural appetite）。这种高级的倾向属于灵魂的欲望能力，通过这种能力，动物欲望它所理解的东西，而不仅仅是它的本性形式所倾向的东西。欲望可划分为理智欲望（intellectual appetite）和感性欲望（sensitive appetite），前者是不同于后者的能力。[3] 欲望能力是一种被动的能力，它被所理解的事物所推动。被理解的可欲望事物是没有被推动的推动者，而欲望是一个被推动的推动者。被理智所理解的东西与被感觉所理解的东西是不同的，因此理智的欲望不同于感性的欲望。托马斯认为感性是从感官的运动获得其名的。感官运动是伴随感性理解的一种欲望，我们把感官运动看作是欲望能力的操作，因而"感性就是感性欲望的名称"[4]。

感性欲望是一种一般的能力，被称为"耽于声色"（sensuality）。它可以被划分为两种：性情欲望（the irascible）和性欲欲望（the concupiscible）。前者是动物据以抵抗那些阻碍有利的东西并造成伤害的攻击的欲望，后者是灵魂据以根据感觉简单地追求有利的东西，避开有害的东西。[5] 这两种能力又以两种方式服从更高级的部分，理智或理性和意志在其中，首先是理性，其次是意志。它们以自己的行为服从理性。在其他的动物中，这种感性欲望自然地为估计能力所推动，而在人这里，估计能力被认识能力（被称为某种"特殊的理性"）所取代。这种特殊的理性又自然地为普遍理性所指导和推动。所以，普遍理性指导感性欲望，这种欲望服从普遍理性。由于从普遍原则作出特殊结论不是理智的工作，而是理性的工作，因而性情欲望和性欲欲

---

① *Summa Theologiae*, I, Q.79, art.13.
② Cf. *Summa Theologiae*, I, Q.79, art.13.
③ Cf. *Summa Theologiae*, I, Q.80, art.2.
④ *Summa Theologiae*, I, Q.81, art.1.
⑤ Cf. *Summa Theologiae*, I, Q.81, art.2.

望服从理性而不是服从理智。感性欲望在满足的过程中服从意志,而意志是一种高级的欲望。其他动物的活动直接遵循性情欲望和性欲欲望,相反人不是直接根据性情欲望和性欲欲望,而是听从意志的命令。由于在有大量运动能力的地方,低级能力根据高级能力运动,因而除非高级能力同意,否则低级能力不足以引起运动。

意志和理智的活动大致上就是托马斯所说的灵魂的操作。虽然他认为"理智绝对地比意志高尚"①,但意志与人性行为、习惯和德性直接相关,所以这里我们只对他关于意志的思想稍作介绍。

托马斯首先研究了意志是否必然欲望某些东西的问题。他认为"必然"可以在多种意义上使用,必须是的那种东西是必然的。必须是的一种东西由于内在的本原(物质的或形式的)而属于它。这是"本性的"和"绝对的"必然。在另一种意义上,一种东西必须是由于某些外在的理由(或者是目的或者是行为者)而属于它。就目的而言,没有它,目的就不能达到或不能很好地达到,这被称为"目的的必然",有时也称为"功利"。就行为者而言,当某人被某行为者所迫使以至于他不能违抗时,这被称为"强迫的必然"。强迫的必然是与意志完全冲突的。我们称这种必然为"强暴的"(violent),它与一种东西的倾向相反。但是意志的真正运动是对某种东西的倾向。所以,正如一种事物由于它与本性的倾向相一致而被称为本性的一样,一个事物由于它与意志的倾向相一致而称为自愿的。所以,一个事物不可能同时是强暴的又是本性的,也不可能同时是绝对被强迫的或强暴的。但是,除非目的不以某一种方式就不能达到,否则目的的必然就不是与意志冲突的。例如,意志中希望有船的必然,这是从要渡海的意志产生的。同理,本性的必然也不是与意志冲突的。的确,除此之外,正如理智必定坚持第一本原一样,意志必定坚持最后的目的,即幸福。本性地、不被推动地有利于一个事物的东西,必定是所有其他与此有关的事物的根源和本原,因为本性是每一事物中第一的,并且每一运动都是从某种不可动的东西产生的。②

托马斯承认人有自由意志,否则就不会有明慎、劝勉、命令、禁止、奖赏、惩罚的存在。然而,有些事物是没有判断地运动的,如石头下落,所有没有知识的事物都是如此。有些事物出于判断行动,但没有自由判断,如动物,它们的判断不是出于理性,而是出于本性的本能。人出于判断行为则不

---

① *Summa Theologiae*, I, Q.82, art.3.

② Cf.*Summa Theologiae*, I, Q.82.

是出于本性的本能，而是出于理性的比较，所以是出于自由判断行为，并且包含了倾向于各种事物的能力。理性在一些偶然的问题上会面临着对立的过程，而且并不一定选择某一过程。"因此，就人是有理性的而言，人有一种自由意志是必然的。"① 自由意志在严格的意义上标志着一种行为。在人这里，行为的本原既是能力也是习惯，但自由意志在任何意义上都不是一种习惯，而是一种能力。自由意志的合适行为是选择，而既然善是欲望的对象，那么选择就主要是一种欲望能力的行为，这样，自由意志就是一种欲望的能力。欲望能力是与理解能力相一致的。就理智的理解而言我们有理智和理性，就理智的欲望而言我们有意志和仅作为选择能力的自由意志。如同理智和理性是同一种能力一样，意志和自由意志不是两种能力，而是同一种能力，这种能力也就是选择的能力。②

（三）目的与善恶

关于目的、善恶及其关系的问题，托马斯是从行为者谈起的。他认为每一行为者都是为了一个目的行为的。他认为古希腊自然哲学家在这个问题上是错误的，他们主张所有事物都是物质必然性的结果，完全排除了最后的目的。他赞成亚里士多德的主张，认为事物都是有目的的。他在《反异教大全》正文的起始就写道："我们必须表明的第一件事情，就是在行为的过程中，每一行为者都想达到一个目的。"③ 在事物明显地为了一个目的而行为的情形下，我们称行为者的倾向所趋向的东西为目的。行为者所要达到的目的，有时是行为本身，有时是行为所产生的东西。

在托马斯看来，行为者所追求的目的就是善。对此他提出了九个方面的论证，其中的第一个是这样的：可以从以下事实表明每一行为者为一个目的而行为，即每一行为者都想要某个明确的东西。一个行为者以一种明确的方式想要的那种东西必定是对它合适的，因为除非与它有某种一致，否则行为者不会倾向它。而对某事物合适的东西就是对于它善的。所以，每一行为者都为了一个善而行动。④

托马斯进一步由此推出每一事物的目的都是善。"如果如我们上面已经

---

① *Summa Theologiae*, I, Q.83, art.1.
② Cf. *Summa Theologiae*, I, Q.83, art.4.
③ *Summa Contra Gentiles*,III, 2,［1］.
④ *Summa Contra Gentiles*,III, 3,［2］.

证明的，每一行为者为了善而行动，那么可以进一步推出，每一事物的目的都是善。因为每一存在都要通过它的行为达到目的，那么，行为本身必定是目的，或者行为的目的也是行为者的目的。而且，这就是它的善。"① 他认为，所有事物都要达到一个目的，这个目的就是它们的终极目的。这个终极目的就是上帝。对此，托马斯也提供了多方面的论证，其中之一是原因的论证："正如上面已表明的，所有事物的第一原因，必定合乎第一存在，那就是说，合乎上帝。所以，上帝是所有事物的终极目的。"② 托马斯这里提到的上帝是所有事物的目的，其意思是指所有事物都想要成为像上帝（like unto God，like God，godlike）。他论证说，是以下事实使创造物追求像上帝的，即它们获得上帝的善。这样，如果所有事物都想要走向作为终极目的的上帝，以便它们可以获得它们的善性，那么可以推出，事物的终极目的就是要成为像上帝。

那么，什么是善呢？托马斯将善与存在联系起来，认为"善性与存在实际上是同一个东西，只是在观念上不同"③。他论证说，善性的本质在于，它是在某种程度上值得欲望的。一个事物只是就它是完善的而言才是值得欲望的。因为所有事物都欲望它们自己的完善。但是，每一事物只有是现实的，它才是完善的。所以，就一个事物的存在（existence）而言，它是完善的，因为正是存在使所有事物成为现实的。因此，善性与存在实际上是同一的。不过，在观念上存在是先于善性的，而善性却呈现了存在没有呈现出来的值得欲望性。他又论证说："每一个存在作为存在都是善的。因为所有的存在作为存在都具有现实性，并且在某种程度上是完善的；因为每一行为隐含着某种完善，而从前面的论证可以清楚地看出，完善隐含着值得欲望性和善性，因而可以推出每一存在本身就是善的。"④

既然善性是所有事物所欲望的东西，而被欲望的东西具有一个目的的方面，那么善性隐含着目的的方面。不过，善性的观念以动力因以及形式因为前提，因而我们看到它在引起上是第一的东西，而在被引起的事物中是最后的。在因果系列中，善性和目的首先出现，它们两者推动行为者行为；然后行为者的行为运动到形式；最后形式出现。在被引起的东西中，情形相反。

---

① *Summa Contra Gentiles*,III, 16,[1].
② *Summa Contra Gentiles*,III, 17,[9].
③ *Summa Theologiae*, I, Q.5, art.1.
④ *Summa Theologiae*, I, Q.5, art.2.

首先应该有它因此而成为存在的形式；然后是其中的推动能力，它是存在中使之成为完善的东西；最后可以推出善性的构成性，那是它的完善的基本本原。①

每一种东西就它是完善的而言被说成是善的，因为在那种意义上它是值得欲望的。如果一个事物根据它的完善样式而缺乏虚无，那它就被说成是完善的。但是，既然每一事物是由它的形式决定的，一个事物要成为完善的和善的，它必须具有某种形式，而形式是以它的本原的确定和衡量为前提条件的。它是物质的还是动力的，这是由样式表示的，因此衡量标志着样式。但是，形式本身由种表示，因为每一种事物由它的形式置于其种的。而且，对目的或行为或某类事物的倾向也根据形式；因为每一事物，就其是在行为中而言，是向着与它的形式相一致的东西行为的；而这属于权衡和顺序。"因此，善性的本质，就其在于完善而言，也在于样式、种和顺序。"②

托马斯赞成安波罗斯（Ambrose）使用过的关于善性的划分的看法，即将善性划分为德性的、有用的和快乐的。不过，托马斯指出，这种划分不仅适用人的善性，而且如果我们从更高更普遍的观点考虑善性的本性的话，也适用于善性本身。他论证说，每一事物就其是值得欲望的而言是善的，并且是欲望运动的终点。这种运动的终点是从自然形体的运动考虑的。自然形体的运动绝对地由目的所决定，相对地由达到目的的手段所决定。所以，一个事物就它决定运动的任何部分而言被称为运动的终点。运动终极的终点能够以两种方式达到，要么作为它所倾向的事物本身，要么作为依赖于那种事物的状态。这样，在欲望的运动中，那种被欲望的、相对决定欲望运动的事物，作为某物据以倾向于达到另一事物的手段，被称为有用的。但是，那种作为绝对决定欲望运动的最后事物而被追求的东西，作为欲望因其本身所倾向的事物，被称为德性的。德性的善是因为它本身而被欲望的东西，而以依赖于被欲望的事物的形式终止欲望运动的东西，被称为快乐的。③

托马斯是联系善来谈论恶的。"一个对立面是通过另一个对立面认识的，正如黑暗需要借由光明来认识。因此，要弄清恶是什么必须认识善的本性。"④

前面说过，善是值得欲望的东西。既然每一本性欲望它自己的存在和它

---

① Cf. *Summa Theologiae*, I, Q.5, art.4.

② *Summa Theologiae*, I, Q.5, art.5.

③ Cf. *Summa Theologiae*, I, Q.5, art.6.

④ *Summa Theologiae*, I, Q.48, art.2.

自己的完善，那么任何本性的存在和完善就是善的。恶是什么？恶就是本性存在和完善的缺乏，或者说，就是善的缺乏。"不能说恶标示存在，或任何形式或本性。恶这个术语所标示的是善的缺乏。这就是'恶既不是存在也不是善'所意指的。因为既然存在本身是善的，那么这两者的一个缺乏隐含着另一个的缺乏。"① 因此，托马斯认为，恶是没有本质的，或者说本质本身没有任何恶。恶只是某种东西的缺乏，而这种东西就是本性，它是一个事物从它源起开始就具有的。缺乏不是一种本质，而不如说，它是一种实体中的否定。"所以，恶不是事物中的一种本质。"②

托马斯认为，恶只能由善引起。"因为，正如已经证明的，如果一个恶的事物是某种恶的原因，那么除非通过善，否则恶的事物就不会发生作用。所以这种善必定是恶的原初原因。"③ 而且，因为不存在的东西不是任何事物的原因，所以每一原因必定是一个确定的事物。但是恶不是一个确定的事物。"恶不会是任何事物的原因，而如果恶是被某种东西引起的话，那么这个原因必定是善。"④ 不仅如此，而且恶是基于某种善的。恶不能靠自身存在，它不具有本质，因而它必定在某种主体中，而每一种主体都是某种类型的善。"所以，每一种恶都存在于一种善的事物之中。"⑤ 宇宙的完善需要其中的事物具有不平等性，以便善性的等级能得以实现。善性的一个等级是在善性方面不能没有的等级，善性的另外一个等级是在善性方面能够没有的等级，并且这些等级要在存在本身中去发现。因为存在着某些不能失去它们的存在的事物，如不可腐坏的事物，也存在某些能失去它的事物，如可腐坏的事物。所以，由于宇宙的完善要求，应当不仅有不朽的事物，也要存在有限的事物，所以宇宙的完善要求必须有某种在善性方面能够没有的事物。"恶正在于此，也就是说正在于一个事物在善性方面没有的事实。因此，很清楚，恶要在事物中发现，正如腐坏也要在事物中发现一样，因为腐坏本身是一种恶。"⑥

恶表明善的缺乏，但并不是每一种善的缺乏都是恶。我们能在一种剥夺的（privative）意义上和虚无的（negative）意义上谈善的缺乏。善的缺乏就虚无的意义而言不是恶，否则就会通过不具有属于某个其他事物的善推出

---

① *Summa Theologiae*, I, Q.48, art.2.
② *Summa Contra Gentiles*, III, 7, [2].
③ *Summa Contra Gentiles*, III, 10, [2].
④ *Summa Contra Gentiles*, III, 10, [3].
⑤ *Summa Contra Gentiles*, III, 11, [2].
⑥ *Summa Theologiae*, I, Q.48, art.2.

不存在的东西是恶的，也会推出每一事物都会是恶的。例如，按照这种逻辑，一个不具有狮子的力量的人就会是恶的。但是，善的缺乏就剥夺的意义而言是一种恶，例如视觉的被剥夺被称为盲。"剥夺的主体和形式的主体是同一个主体——即潜能的意义上存在，无论它是像原初物质一样在绝对潜能的意义上的存在，那是实体形式的主体，并且是对立形式缺乏的主体；还是它是在相对潜能和绝对现实的意义上的存在，正如在一个透明体的情形下那样，它既是黑暗的主体又是光明的主体。"① 然而，使一个事物成为现实的形式，是一个完善并且是一个善。这样，每一个现实的存在都是一个善，同样每一个潜在的存在本身也是一个善，因为它和善有关系。因为它在潜能上有存在，所以它在潜能上有善性，所以恶的主体是善的。

由于恶可能没有限度地增加，也由于善总是随着恶的增加而减少，因而似乎善会被恶无限地减少，所以看来实际上善会总体上被恶破坏。但是，被恶减少的善必定是有限的，善不会被恶破坏殆尽。托马斯相信，"无论恶怎样持续增加，它都决不会在整体上破坏善。"② 因为如果恶持续，恶的主体也必定会总是继续下去，而恶性的主体是善，所以善将总是持续。"恶不能整体上消耗善。"③ 善有三重意义：一种善能整体上被恶破坏，这是与恶对立的善，如光明整体上能被黑暗破坏。另一种善既不能整体上被恶破坏也不能被恶削弱，并且那是恶的主体的善，如空气的实体不能被黑暗损害。还有一种能被恶削弱但不能整体上去掉的善，这种善是一个主体对某种现实的天赋能力。然而，这种善的减少并不是像数量上减去的那样，而是像性质和形式上减弱那样。这种性情上的减弱要被看作是与它的强度相反的。④

恶是善的丧失，而善主要地并且本身在于完善和行为。然而，行为是双重的：第一，行为是一个事物的形式和完整，第二，行为是它的操作。所以恶也是双重的。在一种意义上，恶是由形式或者事物完整所需要的部分被减去而发生的，如失明是一种恶。在另一种意义上，恶是由于应有的操作被撤销而存在的，而这或者是由于这种操作不存在，或者由于它没有应有的样式和顺序。但是，由于善本身是意志的对象，因而恶作为善的丧失，就会在一种特殊的意义上在有意志的理性存在物中发现。所以，源于事物形式和完整

---

① *Summa Theologiae*, I, Q.48, art.3.
② *Summa Contra Gentiles*, III, 12, [1].
③ *Summa Theologiae*, I, Q.48, art.4.
④ Cf. *Summa Theologiae*, I, Q.48, art.4.

撤销的恶有一种痛苦的本性，特别是在假设所有事物都从属于上帝的神意和公正的前提下会如此。因为就一种痛苦的真正本性而言，恶是与意志对立的。但是就有意志事物中应有操作减去的那种恶而言，它有一种缺点的本性。这种缺点被置入了那些不具有完善行为的人，而他因为有意志而是这种行为的主人。"所以，在有意志的事物中，每一种恶都要被看作是一种痛苦或一种缺点。"①

缺点比痛苦更具有恶的本性，不仅比感官的痛苦更具有恶的本性，这种痛苦在于形体善的丧失，而且比任何一种痛苦都更具有恶的本性，包括恩典或荣誉的丧失。其理由有二：一是一个人由于缺点的恶而不是因为痛苦的恶而成为恶的。要被惩罚的不是恶，而是作恶，作恶是要受到惩罚的。这是因为既然绝对意义上考虑的善在于行为，而不在于潜能，而终极的行为在于操作或在于所具有的某种东西的使用，因此人的绝对善在于善的操作或者所具有的某种能力的善用。我们通过意志的活动使用所有事物，善的意志使一个人妥善地使用他所具有的能力。具有善的意志的人被称为善的，而具有恶的意志的人被称为恶的。由于缺点本身在于意志的无序的行为，而痛苦在于意志所使用的某种东西的丧失，因而缺点比痛苦更恶。二是上帝是痛苦的恶的作者，而不是缺点的恶作者。这是因为痛苦的恶拿走了创造物的善，那可能是被创造的某种东西，如被失明破坏的视力，也可能是自存的某种东西，好像由于遮住了上帝的视线，创造物因而丧失了它自存的善。但是，缺点的恶正好是与自存的善相对立的，因为它与上帝的意志、上帝的爱的实行相对立。"所以，很明显，缺点比痛苦具有更多的恶。"②

每一种恶在某种意义上都有一个原因，因为恶是善的缺乏，而善对于一件事物而言是本性的并且是应有的。但是，任何东西从它的本性的、应有的禀赋中失去，只会是某种将它从它的恰当的禀赋中抽出的原因。但是，只有善是一个原因，因为除了就一个事物是一个存在而言，否则它就不是一个原因，而且每一存在本身都是善的。如果我们考虑原因的特殊类型，我们会看到行为者、形式和目的意味着属于善观念的某种完善。甚至物质，作为对善的潜能，也有善的本性。善由于物质的原因而是恶的原因。因为善是恶的主体，但恶没有形式的原因，而不如说它是形式的丧失。同样，它也不是最后的原因，而不如说它是对于达到恰当目的的顺序的丧失，因为目的不仅有善

① *Summa Theologiae*, I, Q.48, art.5.

② *Summa Theologiae*, I, Q.48, art.6.

的本性，而且也有有用的本性。①

恶的原因只是偶然的，"恶除了偶然的原因之外决不会有任何其他原因"②。"很清楚，恶是一个偶然的原因，并且它自身不能是一个直接的原因。"③在托马斯看来，恶由于行为者而有一个原因，这个原因不是直接的而是偶然的。恶是在行为中而不是在结果中引起的，在行为中的恶是由行为的某种本原的欠缺引起的，而这种欠缺又总是行为者的欠缺引起的，其根源在于偏离了善的意图。由于运动者和行为者在它们的运动和行为中总是有意于善，因而恶在事物中出现是偏离行为者的意图的。但是，在上帝那里没有欠缺，只有最高的完善，因而行为欠缺引起的恶或者由行为者的欠缺引起的恶，其原因不能归结到上帝。但是，某事物腐坏引起的恶可归结到上帝作为原因。这既涉及本性事物，也涉及意志事物。某些行为者就他通过其能力产生一种伴随腐坏和欠缺的形式而言，通过其能力引起那种腐坏和欠缺。但是，上帝给被创造物赋予的形式是宇宙秩序的善。宇宙的秩序要求应该有某些事物能够并且有时确实消失。这样，通过在事物中引起宇宙秩序的善，上帝有时合乎逻辑地，有时偶然地引起事物的腐坏。不过，公正的秩序属于宇宙的秩序，这就要求对犯罪者给予惩罚。所以，"上帝是那种作为惩罚的恶的作者，而不是作为缺点的恶的作者"④。

不同于善有一个第一本原，恶没有第一本原。因为最高的恶应该是完全与任何善分离的，正如最高的善是完全与恶分离的善一样。对此，托马斯作了具体的分析。首先，因为善的第一本原本质上是善的，但虚无能够在本质上恶的。因为每一事物本身是善的，而恶只能存在于善，就像存在于它的主体。其次，因为善的第一本原是最高的和完善的善，它预先包含了所有的善在它自己之中。但是不会存在一种至上的恶，因为尽管恶总是减少善，但它决不会在总体上耗尽善，这样，当善还存在的时候，没有什么东西会在整体上完全是恶的。所以，如果所有的善都被破坏，恶本身就会失去，因为它的主体是善。再次，因为恶的真正本性是针对一个第一本原观念的；这既因为每一种恶都是由善引起的，也因为恶只能是一种偶然的原因，并因而它不能

---

① Cf. *Summa Theologiae*, I, Q.49, art.1.

② *Summa Theologiae*, I, Q.49, art.1.

③ *Summa Contra Gentiles*,III, 14,［6］.

④ *Summa Theologiae*, I, Q.49, art.2.

是第一原因，因为偶然的原因是继直接原因之后的。① 所以，托马斯有关善恶的基本观点是，恶以善为基础，所以没有恶能完全与善分离地存在。

三、人生目的、行为与激情

托马斯把人看作是上帝的肖像，认为研究了作为原型或样板的上帝之后，就要研究作为其肖像的人了。显然，关于人的研究是他神学思想体系中的一个有机组成部分。虽然这个部分的内容集中在《神学大全》，而《反异教大全》基本上没有涉及，但它是托马斯神学思想体系的核心内容，也是他思想体系中最富创新性的部分。尽管《神学大全》的第三部分没有完成，但总体上看，它更完整地体现了托马斯的神学德性思想体系，关于人生幸福、德性、恶性（罪）、法等问题的讨论集中在该书。这里我们大致上根据《神学大全》第二部分的逻辑顺序阐述托马斯的思想。

（一）幸福：人的最后目的

托马斯认为，人不同于非理性的动物，人是自己行为的主人。这里所说的行为指的是人作为人特有的行为。"在人的行为中，只有适当的行为被称为'人性的'（human），这些行为是对人作为人是适当的。……人通过他的理性和意志成为行为的主人，因而自由意志也被定义为'理性的能力和意志'。所以那些从人的明慎的意志产生的行为被称为人的。如果有任何其他行为在人这里被发现，只能被称为'一个人的'（of a man）行为，而不能称为'人性的'行为，因为它们也许不是适当的。很显然，从一种能力产生的行为都是由那种能力根据其对象的本性引起的。但是，意志的对象是目的和善。所以，所有人性行为必定是为了一个目的。"② 这就是说，人之所以能成为其行为的主人，是因为人有理性和意志。出于某种能力进行的无论什么样的行为，都是由那种能力根据其对象的本性引起的。而意志的对象是目的并且是善，所以"所有人性行为必定是为了一个目的"③。但是，一个行为者除非出于为了一个目的的意图，否则就不会行动。因为如果行为者不确定某种特定的结果，他就不去做这件事转而去做另一件事。这种结果是由"理性

① Cf. *Summa Theologiae*, I, Q.49, art.3.
② *Summa Theologiae*, II (I), Q.1, art.1.
③ *Summa Theologiae*, II (I), Q.1, art.1.

欲望"即意志产生的,而在其他事物中,结果则是由它们的本性倾向即"本性欲望"引起的。

在托马斯看来,一个事物以两种方式通过其行为或运动走向目的:一是一个事物使它自己走向目的,例如人;另一种方式是一个事物由另一事物推动走向目的的,如箭由于射手而射向目的。那些拥有理性的事物是使自己运动到目的的,他们由于自由意志即"意志和理性的能力"而能控制他们的行为。而那些缺乏理性的事物则是由自然倾向而走向目的的,因为它们不知道目的的本性,因而只能借助外部力量使它们达到目的。

运动在某种意义上可以划分为行为和激情。行为就其源自于一种明慎的意志而言而是人性行为。"意志的对象是善和目的。因此,人性行为的本原就其是人的而言,很清楚是目的。"[①]行为是出于行为本原的行为,而激情是出于运动终点的行动。关于两者的区别,他举例说,加热作为一种行为不过是一种出自热的某种运动,而加热作为一种激情不过是走向热的一种运动。人性行为无论被看作是行为还是看作激情,都从目的接受它们的种。"因为人性行为能从两种方式考虑,因为人推动他自己或者被他自己推动。"[②]就它们是从明慎的意志产生的而言,行为被称作自愿的。意志的对象是善和目的,因而人性行为的本原就其是人自愿的而言,是目的,也是终点,因为人性行为以意志有意作为目的的东西为终点。托马斯认为,从任何一个角度看,目的不能无限地追溯下去。目的像运动的原因一样,不是无限的,运动有一个第一推动者,目的也有一个最后的目的。就目的而言,有两种秩序,即意图的秩序和执行的秩序。这两种秩序都必定有某种第一的东西。意图秩序中的第一的东西是本原,它推动欲望。如果你排除掉这个本原,就不会有任何东西推动欲望。执行的本原则是在那里操作有其开始的东西,如果去掉这个本原,没有人能开始工作。意图方面的本原是最后的目的,而执行方面的本原是走向目的步骤中的第一步。这两个方面都不可能走向无限,因为如果没有最后的目的,就不会有什么东西被欲望,没有任何行为会有其终点,行为者的意图也永远不会达到。

人的最后目的只有一个,因为人的意志不可能同时指向几个最后目的。"所以,正如所有人都在本性上有一个最后的目的,个体的人也必定固定于

---

① *Summa Theologiae*, II (I), Q.1, art.3.

② *Summa Theologiae*, II (I), Q.1, art.3.

一个最后的目的。"① 而且人必定是为了最后的目的而欲望所有的东西，因为所欲望的东西要么是他的完善的善，要么是走向完善的善；而且最后目的在推动欲望方面是第一推动者，它推动着所有其他的欲望。同时，所有的人都有最后目的，但他们的最后目的的内容并不相同。托马斯认为最后的目的可以从两方面考虑：一是最后目的的方面；二是最后目的的方面得以实现的东西。就前者而言，所有人都赞同他们在欲望最后目的，因为所有人都欲望他们的完善实现，而且严格地说最后目的就在于这种实现。这种目的就是幸福。但是就后者而言，所有人对于他们的最后目的的看法并不一致，因为一些人欲望财富，另一些人欲望快乐，其他人欲望其他东西。这就是说大家对作为最后目的的幸福的理解不同。②

托马斯首先否认幸福在于财富。他认为，财富有两层含义：一是自然的财富，它们可以满足人的自然需求，如衣食住行等；二是人为的财富，它们是人的技艺创造的，不能直接满足人的需求，但便于交换，如金钱。在他看来，人的幸福显然不可能在于财富。就自然财富而言，财富是为了达到某种其他的目的而被追求，因而不会是人的最后目的。在自然的秩序中，所有被看作财富的东西都是服从人的，是为人服务的，因而不可能作为最后的目的。

托马斯其次也否认为幸福在于荣誉。荣誉、名声和荣耀是根据人在某方面的优秀表现而给予的，它不过是优秀的一种标志或证明。一个人的优秀是与他的幸福相匹配的，荣誉可以由幸福产生，但幸福主要不在于荣誉。同样，幸福也不在于名声或荣耀。因为荣耀在于有口皆碑和得到赞扬。被知道的事物是与人的知识相关的，而不是与上帝的知识相关的。人的知识是由被知道的事物引起的。人的完善即幸福不会是由人的知识引起的，而人关于另一个人幸福的知识是由人的幸福本身引起的。因此，人的幸福不会在于名声和荣耀。

托马斯还否认幸福在于能力。其理由有二：一是因为能力拥有本原的本性，而幸福拥有最后目的的本性。二是因为能力与善和恶相关联，而幸福是人的恰当的和完善的善。某种幸福也不在于能力的善用，而这是通过德性而不是在能力本身。

在谈到幸福不在于能力时，托马斯谈到了证明幸福不在于前面所述的四

---

① *Summa Theologiae*, II (I), Q.1, art.5.

② Cf. *Summa Theologiae*, II (I), Q.1, art.7.

项外在善的四个一般理由。首先，幸福是人的至善，那它就与任何恶不一致，而前文所提及的财富、荣誉、名声和能力等都既能在好人身上发现，又能在恶人身上发现。第二，"自足"是幸福的本性，对于幸福来说不会缺乏任何必要的善，但人获得了前面所述的任何一项外在善后还会缺乏许多对于他必要的善，如智慧、身体健康等。第三，幸福是完善的善，没有任何恶会因为幸福而出现在任何一个人身上，而这不适合于以上所述的那四种善。第四，人由于在他身上的本原而注定幸福，因为他注定自然地到达那里，但上述的财富等四种善的产生是由于外在原因，而且在大多数情形下取决于运气。"所以，很明显幸福决不在于上述的四种外在善。"①

接下来，托马斯又否认了幸福在于身体的善和快乐。幸福不在于身体的善是因为两个理由：其一，如果一个事物注定以另一事物为它的目的，那么它的最后目的不会在于维持它的存在，而人不是至善，注定要以某物作为他的目的，所以人的理性和意志的最后目的不能是他的存在的维持。其二，即使人的意志和理性的目的是人的存在的维持，也不能说人的目的是身体的某种善，因为人的存在在于灵魂和身体，身体的存在要依赖灵魂，而灵魂的存在不依赖身体，而且身体是为灵魂服务的。虽然身体的快乐更广为人知，但幸福并不在于它们。因为在每一事物中，属于它的本质的东西区别于它的偶性。就人而言，一方面他是不朽的理性动物，另一方面他又是会笑的动物；前者属于它的本质，而后者属于它的偶性。因此，我们必须承认每一种快乐都是源自幸福或幸福的某部分的偶性。实际上，快乐甚至也不是源自幸福即完善的善，因为它源自感官所领悟的善，而属于身体的善和感官领悟的善不是人的完善的善。从这种意义上看，"身体的快乐既不是幸福本身，也不是幸福的合适偶性。"②

托马斯继而指出，幸福作为人的最后目的，既不能是灵魂本身也不属于灵魂的某种东西。因为灵魂就其自身而言是在潜能中存在着的某种东西，既然潜能以它的实现为目的，那么本身是在潜能中的东西就不能作为最后目的。所以，灵魂不能是他自己的最后目的。同样，属于灵魂的任何东西，无论是能力、习惯还是行为，都不构成最后目的。因为作为最后目的的善是实现欲望的完善的善，而人的欲望是为了普遍的善，但内在于灵魂中的任何善都是一种部分的善，所以它们都不能成为人的最后目的。同时，任何被创造

---

① *Summa Theologiae*, II (I), Q.2, art.4.

② *Summa Theologiae*, II (I), Q.2, art.5.

的善也不构成人的幸福。因为幸福作为完善的善能使欲望完全平静下来，如果某物还被欲望，它就不会是最后目的。意志即人的欲望的对象是普遍的善，因而除了普遍善之外任何东西都不能使人的意志平静下来。这种普遍善不能在任何创造物中发现，而只能在上帝中发现，因而只有上帝能满足人的意志。"所以，只有上帝才构成人的幸福。"①

讨论了有关幸福是什么的一些谬误之后，托马斯解释了究竟什么才是幸福。

如果我们就其原因或对象考虑人的幸福，那么它是某种自存的东西；而如果我们就幸福的真正本质考虑它，它就是某种被创造的东西。就人的幸福是某种被创造的、存在于人的东西而言，它是一种操作。幸福是人的至上的完善，每一事物就它是现实的而言都是完善的。这样，"幸福必定在于人的最后的行动"，"在于一种操作"。② 属于幸福的东西有三种方式：一是本质地属于；二是先行地属于；三是在结果上属于。感官的操作不能本质上属于幸福，因为人的幸福在本质上属于他与自存的上帝相统一的存在，但人不能通过他的感官的操作实现与上帝的统一。同样，人的幸福不在于身体的善，那是我们通过感官操作获得的唯一善。不过，感官的操作可以先行地和在结果上属于幸福。在不完善的幸福中，感官可以先行地操作，因为理智的操作需要感官的先前操作；在我们等待天堂的完善幸福中，感官可以在结果上操作，因为在人类复活的时刻身体和身体的感官将从真正的幸福中获得某种充溢，以至于在它们的操作中得到完善。

对于幸福来说，需要两个基础：一是幸福的本质，二是它的合适偶性，即与它相关联的快乐。那么，就幸福的真正本质而言，它不可能在于意志的行为。因为幸福是最后目的的达到，而目的的达到并不在于意志的行为，因为意志是由目的指引的。对目的的欲望显然不是目的的达到，而是对目的的运动。目的对于欲望它的人出现，必定是由于别的某种东西而不是意志的行为。在托马斯看来，幸福的本质在于理智的行为，只有从幸福产生的快乐属于意志。那么，幸福是思辨理智的操作还是实践理智的操作呢？托马斯的回答是："幸福在于思辨理智的操作而不是实践理智的操作。"③ 其理由有三：一是因为如果人的幸福是一种操作，它必定需要人的最高操作。人的最高操

---

① *Summa Theologiae*, II (I), Q.2, art.8.

② *Summa Theologiae*, II (I), Q.3, art.2.

③ *Summa Theologiae*, II (I), Q.3, art.5.

作就其最高对象而言是最高能力的操作，而人的最高能力就是理智，其最高对象是上帝的善。上帝的善不是实践理智的对象，而是思辨理智的对象。这样，幸福就主要在于这样一种操作，即在于对上帝事物（Divine things）的沉思。二是沉思主要是为了它自身而被追求，而实践理智的行为不是为它自身而被追求，而是为了行为，行为则注定为了某种目的。这样，最后的目的不会在于能动的生活，因为那属于实践理智。三是在沉思的生活中，人有某种与在他之上的东西即上帝和天使相通的东西，幸福使他趋于完善。但是在属于能动生活的事物中，其他的动物也与人有某种相通的东西，尽管不完善。所以，"我们在生活中等待到来的最后的、完善的幸福，完全在于沉思。而能在现世获得的不完善幸福首先并且主要在于实践理智的操作，它指导人性行为和激情。"①

托马斯认为，"最后和完善的幸福只能在于洞察上帝的本质。"②之所以如此，首先因为只要某种东西还为人欲望和追求，他就不是完善地幸福的；其次因为任何能力的完善都是由它的对象的本性决定的。理智的对象是"一个事物是什么"，即一个事物的本质。这样，就理智知道事物的本质而言，理智达到了完善。所以，如果一个理智知道了某结果的本质，凭借它不可能知道原因的本质，即知道原因"它是什么"，那种理智就不能简单地说达到了原因，尽管它也许能从结果收集到原因是什么的知识。这样，当一个人知道一个结果，并知道它有一个原因时，他自然会知道原因的欲望，这种欲望是一种惊奇，并会引起探索。这种探索直到他获得了关于原因本质的知识才会停下来。所以，如果人的理智知道某些被创造的结果的本质，而所知道的上帝不过是"他存在"，那种理智的完善还没有达到第一原因，而在其中仍然有寻求原因的本性欲望，因而它还不是完善地幸福的。因此，对于完善的幸福来说，理智需要达到第一原因的真正本质。"这样，通过与上帝的统一作为与那个对象的统一，它将拥有它的完善，人的幸福仅在于此"③。

那么，幸福还需要哪些条件呢？托马斯分析说，一个事物对于另一事物是必要的，可以从四个方面看：一是作为它的开端和准备；二是使它完善；三是从外部帮助它；四是作为伴随它的某种东西。根据这种看法，托马斯提出："有三个东西必定是与幸福同时出现的，即：洞察（vision），它是关

---

① *Summa Theologiae*, II (I), Q.3, art.5.

② *Summa Theologiae*, II (I), Q.3, art.8.

③ *Summa Theologiae*, II (I), Q.3, art.8.

于智性目的的完善知识；理解（comprehension），它隐含着目的的呈现；欢喜（delight）或享乐，它隐含着爱者安歇于被爱对象中。"① 意志的正直（recti-tude）对于幸福来说也是必要的，因为意志的正直在于适当地达到目的。身体对于幸福也是需要的。因为幸福既指此生具有的不完善的幸福，也指洞察上帝的完善幸福，而此生的幸福是依赖身体的，尽管完善幸福不依赖身体。此生的幸福不仅依赖身体，而且需要素质好的身体，因为此生的幸福在于根据完善德性的操作，而人可能由于身体的问题而阻碍每一种德性操作。对于此生的不完善幸福来说，外在善也是必要的。外在善虽然不属于幸福的本质，但可以作为工具为幸福服务，为德性的操作服务。不过，外在善对于完善幸福来说是完全不必要的。此外，就此生的幸福而言，幸福的人需要朋友。交朋友不是为了利用他们，也不是为了使他们高兴，而是为了善的操作，即可以对他们行善，并为对他们行善而高兴，同时也可以得到他们的帮助。所以，为了更好地生活，无论是在能动的生活中还是在沉思的生活中，人需要朋友的友谊。但是，对于完善幸福来说，友谊不是本质的，但有益于这种幸福的实现。②

"幸福就是完善的善的获得。"③ 因此，无论是谁，只要能获得完善的善，就能获得幸福，而人能获得完善的善。之所以如此，一方面是因为人的理智能领悟普遍的、完善的善；另一方面是因为人的意志能欲望这种善。人能获得幸福，这一点也能从人能感知上帝的事实得到证明，人的完善幸福就在于这种洞察。作为完善的善的获得，幸福包括两个方面：一是最后的目的本身，即至善；二是那种善的获得和享受。就那种善本身而言，它是幸福的对象和原因，一种幸福不会比另一种幸福大，因为只有一个至善即上帝，享受他就使人幸福。至于这种善的获得或享受，一个人会比另一个人幸福，因为一个人越享受这种善，他就越幸福。④

人今生能成为幸福的吗？托马斯回答说："人在今生能对幸福有某种分享，但完善的、真正的幸福今生不能获得。"⑤ 这可以从两方面考虑：首先从幸福的一般概念考虑。既然幸福是一种"完善的、充足的善"，它就排除了

---

①　*Summa Theologiae*, II (I), Q.4, art.3.

②　Cf. *Summa Theologiae*, II (I), Q.4.

③　*Summa Theologiae*, II (I), Q.5, art.1.

④　Cf. *Summa Theologiae*, II (I), Q.5, art.3.

⑤　*Summa Theologiae*, II (I), Q.5, art.3.

任何恶，并且满足了每一欲望。但是在今生不能排除每一种恶，所以今生不可能有真正的幸福。其次从幸福的特有本性考虑。幸福的特有本性就是洞察上帝的本质，而人今生不可能做到这一点，因而没有人能在今生获得真正的、完善的幸福。既然人在今生获得的幸福是不完善的幸福，那么它就会在获得后失去。对于沉思的幸福来说，如果一个人由于疾病而丧失了知识，或者由于成天忙于生计而抽不出时间沉思，他就会丧失了沉思的幸福。就能动的幸福而言这一点也是清楚的。因为有的意志会变化，以致从德性堕入恶性，而幸福就主要在于德性。[1]

在托马斯看来，人能通过他的本性能力以德性的方式获得今生的不完善幸福。这种幸福"就在于德性的操作"[2]。但是，人的完善的幸福在于洞察上帝的本质，而这种洞察不仅超出了人的本性，而且超出了所有创造物。因此，无论是人还是其他创造物都不能通过他的本性能力获得最后的幸福。每一创造物都服从本性法，它的能力和行为都受到限制。那种超出被创造的本性的事情不能为任何创造物的能力所为。完善的幸福是一种超出被创造的本性的善，"所以它不能通过任何创造物的行为被给予，而只有上帝才能使人幸福"[3]。

前面说过，意志的正直对于幸福是必要的，因为没有什么别的东西比意志的正确秩序更能达到最后的目的。但是，这并不能证明需要人的作为领先于他的幸福，因为上帝会使意志对最后的目的有正确的倾向，并同时达到最后目的。不用推动就拥有完善幸福，只属于本性上具有完善幸福的事物，而在本性上具有这种完善幸福的事物只属于上帝。"所以，不被任何先前的操作推向完善幸福，只属于上帝。"[4] 既然完善幸福超出了任何被创造的本性，那么就没有任何纯粹的创造物仅凭操作的推动就能获得这种幸福。在人之上的天使能够根据上帝智慧的秩序通过一种有价值的作为的推动而获得它，而人要通过许多被称为价值的作为的推动才能获得它。这也就是亚里士多德所说的，幸福是德性作为的报偿。[5]

幸福可以从一般的概念考虑，也可以从特殊的概念考虑。从一般概念考

---

① Cf. *Summa Theologiae*, II (I), Q.5, arst.3,4.

② *Summa Theologiae*, II (I), Q.5, art.5.

③ *Summa Theologiae*, II (I), Q.5, art.6.

④ *Summa Theologiae*, II (I), Q.5, art.7.

⑤ Cf. *Summa Theologiae*, II (I), Q.5, art.7.

虑幸福，每一个人都欲望幸福。幸福的概念在于完善的善，而既然善是意志的对象，一个人的完善的善那就是完全满足他的意志的东西。这样，欲望幸福不过就是欲望人的意志得到满足。这是每一个人都欲望的。从特定概念考虑幸福，所有人都不知道完善的幸福，因为他们不知道幸福的一般概念要在什么事物中去发现，其结果就这方面而言并不是所有人都欲望它。①

（二）人性行为

既然幸福要通过某种行为获得，因此托马斯接下来就研究行为，以便了解什么样的行为能使我们获得完善的幸福，而什么样的行为阻止我们获得它。托马斯认为，研究人类特有的行为应该首先研究一般原则，然后考虑细节问题。他将人类特有的行为与人的其他行为加以区别。人类特有的行为，称之为"人性行为"（Actushumanus，human act），是自愿的行为，或者说就是意志的行为；其他的行为，称之为"人的行为"（Actushominis, act of a man），是人和动物共有的行为，这些行为被称为"激情"（passion）。既然完善的幸福是人的适当的善，那么对于人适当的行为与完善的幸福的关系，就比人和其他动物共有的行为与完善的幸福的关系更为密切。因此，他首先考虑那些对人适当的行为，然后考虑那些人与其他动物共有的行为。

关于人性行为，托马斯研究了许多问题，如：自愿不自愿的问题，行为的环境问题，意志及其推动的问题，作为意志行为的意图、选择、决策、同意、使用等问题，意志命令行为的问题，等等。这里我们只介绍他关于人特有行为的善恶以及善意和恶意问题。

托马斯认为，人性行为有善恶之别，事物所产生的行为也是如此。在事物中，一个事物具有的善是与它具有的存在相同的。"所以我们必须说，就每一行为都有存在而言，每一行为都有善性；而就它在其存在充实性方面缺乏某种东西而言，它是缺乏善性的，并因而被说成是恶的"②。一个自然事物是从它的形式获得它的种的，而一个行为则是从它的对象获得它的种，作为来自它的终点的推动。所以，正如一个自然事物最初的善性来自于它的形式一样，一个道德行为的最初善性来自于它合适的对象，一些人称这样的行为"在它的属方面的善"；正如在自然事物中最初的恶是在一种产生的事物没有实现它的特定形式时产生的一样，道德行为方面的最初的恶是从对象产生

① Cf. *Summa Theologiae*, II (I), Q.5, art.8.

② *Summa Theologiae*, II (I), Q.18, art.1.

的，这种行为被说成是"在它的属方面的恶"，属在这里代表种。[①] 在自然事物中，应归于一个事物的整个完善的充实性，不是从纯粹的实体形式产生的，因为一个事物从随后的偶发事件中会产生更多的东西，并且如果这些偶发事物中的任何一个超出了应有的比例，恶就是一个结果。行为也是如此，它的善的丰富性整个说来并不在于它的种，也不在于由于某些偶发事情归属于它的某些附加的东西。它应有的环境就是这样的东西。"所以，如果某种东西缺少那些必要的东西作为一个应有的环境，行为就会是恶的。"[②]

在某些事物中，存在不依赖另一事物，在这些事物中，它们的存在是绝对的。但是，也有一些其存在依赖某些别的东西的事物，它们的存在处于与它们所依赖的目的的关系之中。正如一个事物的存在依赖行为者和形式一样，一个事物的善性依赖它的目的。在上帝那里，他的善性不依赖另一事物，善的衡量也不根据目的。但是，人性行为和其他事物，其善性都依赖某种别的事物，它们根据所依赖的目的作为衡量的尺度。由此看来，人性行为中有四种善性：一是从种派生的善性；二是具有与种相一致的善性，它是从适当的对象中派生的；三是从环境中获得的善性；第四，从目的中获得的善性。[③]

每一行为都从它的对象中派生它的种，因而可以推出，对象的差异引起行为种的差异。因为没有什么偶然的事物构成一类种，而只有本质的东西才构成一类种，并且对象的差异就一个能动的本原而言可能是本质的，而就另一种能动的原则而言则可能是偶然的。在人性行为中，善和恶就理性而言是要被预料的，因为人的善是与理性一致，而恶是反对理性的。所以，善与恶的差异是一种与理性相关的本质的差异。某些行为就它们发自理性而言被称为人性的或道德的。"这样，很明显，善和恶使人性行为的种多样化，因为本质的差异引起种的差异。"[④]

托马斯认为，就某些行为是自愿的而言，它们被称为人性的。在一个自愿的行为中，存在着双重的行为，即意志的内在行为和外在行为。它们各自有自己的对象。目的是意志内在行为的对象；而外在行为的对象是那个行为对其产生影响的东西。所以，正如外在行为从它产生影响的对象获得它的种

---

① Cf. *Summa Theologiae*, II (I), Q.18, art.2.

② *Summa Theologiae*, II (I), Q.18, art.3.

③ Cf. *Summa Theologiae*, II (I), Q.18, art.4.

④ *Summa Theologiae*, II (I), Q.18, art.5.

一样，内在行为从目的获得它的种。"就外在行为所体现的而言，意志所体现的东西是形式的，因为意志使用四肢作为工具行动；外在行为除非是自愿的，否则没有任何道德的尺度。"① 因此，一个人性行为的种被看作是在形式上关涉目的的，而在物质上是关涉外在行为的对象的。

外在行为的对象与意志的目的存在着双重的关系：首先，由于自身而被引向那里，就像擅长作战会被引向胜利；其次，偶然地被引向那里，如拿别人的东西会被偶然引向给施舍物。划分一个属并构成那个属的种之差异，必定是从本质上划分那个属；而如果偶然地划分它，这种划分就是不正确的。这就像一个人说"动物被划分为理性和无理性的，无理性的动物划分为有翼的和无翼的"，是不正确的一样，因为"有翼的"和"无翼的"不是无理性存在的本质规定。但是，这样的划分会是正确的，即："一些动物有脚，另一些动物没有脚，并且在有脚的那些动物中，有些有两只脚，有些有四只脚，有些有多只。"因为后一种划分是前者的本质规定。因此，当对象本身不是由于自身被引向目的时，从对象派生的特殊差异就不是从目的派生的种的本质规定，而且这些种之中的一个不是在另一个之下。但是，道德的行为被包含在两个全异的种之下。所以，如果有人为了通奸而犯了偷盗罪，他就在一个行为中有双重的恶意。另一方面，如果对象由于本身而被引向目的，这些差异之中的一个就是另一个的一个本质规定。这样，这些种之中的一个就包含在另一个之下。那么，这两个之中的哪一个包含在另一个之下呢？首先，差异由以产生的形式越特殊，差异就越具体。其次，行为者越普遍，它引起的形式就越普遍。第三，目的越遥远，它与之相应的行为者就越普遍。由此可以推出，从目的派生的具体差异是更一般的，而从由于本身而被引向目的的对象派生的差异，则是与前者相关的一个具体的差异。因为意志（其适当对象是目的）是所有灵魂能力中的普遍推动者，它们的适当对象就是它们的特殊行为的对象。②

每一行为都从它的对象获得它的种，因而通常被称为道德的那些人性行为也从对象获得它的种。这种对象与人性行为的本原即理性有关系。因此，如果一个行为的对象包含某种与理性命令相一致的东西，按照它的种，它就是一个善的行为。例如，给一个处于窘困之中的人施舍物就是善的行为。另一方面，如果它包含某种与理性命令对立的东西，按照它的种，它就是恶的

---

① *Summa Theologiae*, II (I), Q.18, art.6.

② Cf. *Summa Theologiae*, II (I), Q.18, art.7.

行为，如偷盗。但是，也有一种行为的对象不包含某种属于理性命令的东西，如在田野散步。根据这些行为的种，它们是中性的。有时一个行为在它的种上是中性的，但就个体而言，它却是善的或恶的。因为一个道德的行为不仅从它的对象派生它的善，也从环境中派生它的善，而环境是偶然的，正如某种事物由于他个人的偶发情况而属于他，而不是由于他的种而属于他。每一个体行为必定需要有某种使它成为善的或恶的环境，至少就其目的的意图而言是如此。既然引导是理性的功能，如果一个源自明慎理性的行为没有被引导到应有的目的，它就是与理性相矛盾的；而如果它被引导到一个应有的目的，它就是符合理性的，因而就有了善的品质。它必定需要被引导到一个应有的目的。"因此，每一源自明慎理性的人性行为，如果被认为属于个人，就必定是善的或恶的。"① 不过，如果它不是源自明慎理性的行为，而是某种源自某种想象的行为，这样的行为就不是道德的或人性的，因为道德的行为依赖于理性。"这样的行为是中性的，就像它站立于道德行为的属之外。"②

正如自然事物的种由它们的本性形式构成，道德行为的种也是由理性所构想的形式构成的。但是，既然本性对于一个事物是确定的，本性的过程不能走向无限，那么必定需要有终极的形式提供一个种的差异，在它之后不可能有进一步种的差异。因此，在自然事物中，那对一个事物是偶然的东西不能作为构成种的差异。但是，理性的过程并不固定于一个特殊的终点，因为它在任何一点还能继续进行。这样，在一个行为中，那被作为一个环境附加在使行为具体化的对象上的东西，能再次被指导着的理性作为那决定行为的种的主要条件。"在这种意义上，无论什么时候，环境都与理性有特殊的关系，无论是有利的还是不利的，它都要求使道德行为具体化，无论是善的还是恶的。"③

环境就其与理性的特殊命令有关而言，给一个道德行为以善或恶的种。然而，有时环境在善或恶方面并不与理性的特殊命令有关，除非以另一先前的环境为假设，从那个环境中，道德行为获得它的恶或善的种。这样，除非某种行为由以获得其恶意或善性的其他条件被假定，否则，获得或大或小的善或恶，并不与理性的命令有关。例如，如果所获得的东西属于另一个环

---

① *Summa Theologiae*, II (I), Q.18, art.9.

② *Summa Theologiae*, II (I), Q.18, art.9.

③ *Summa Theologiae*, II (I), Q.18, art.10.

境，那么所获得的东西就使行为成为与理性不一致的。所以，获得一个属于另一个环境或大或小的罪，并不改变罪的种。不过，它能加重或减弱罪。这同样适用于其他的恶或善的行为。"因此，并不是每一使道德行为更善或更恶的环境都改变它的种。"①

（三）激情

关于灵魂的激情，托马斯分别从一般层面和特殊层面进行讨论。就一般层面而言，他讨论了四个问题，即：（1）激情的主体；（2）激情之间的差异；（3）它们的相互关系；（4）它们的恶意和善性。就特殊层面而言，他讨论了关于性欲激情和性情激情。关于性欲激情，他具体讨论了爱和恨、欲望和反感、快乐和悲哀；关于性情的激情，他具体讨论了希望和绝望、恐惧和大胆、愤怒。这里我们只介绍他关于激情一般问题的观点。

关于激情是什么，托马斯没有作明确的界定，但从不同的角度对它作了阐释。激情是与某种东西的损失相伴随的，并且只涉及形体的变形（a bodily transmutation），或者只能在有形体变形的地方才会被发现。更严格地说，激情是在感性欲望之中，而不是在理智欲望之中。"这种形体的变形在感性欲望中而不是在任何精神中被发现，并且不仅像在感性理解中那样是精神的，而且还是本性的，因为这种欲望不能通过肉体器官而被运用。"②他认为这种变形是向更恶的方向转化的，向更恶的方向转化比向更善的方向转化，更体现激情的本性。例如，与欢乐相比，悲伤更是一种激情。在他看来，激情的本性是与欲望的部分一致的，而不是与理解的部分一致的。灵魂通过欲望的能力，而不是通过理解的能力被吸引到一个事物上。在理智欲望的行为中不存在对形体变形的需要，因为这种欲望不被形体器官使用。"所以，很明显，激情更合适地说存在于感性欲望的行为中，而不存在于理智欲望中"③。

托马斯将人的感性欲望划分为性情的（the irascible）和性欲的（the concupiscrible），与此相应，激情也有性情能力的激情和性欲能力的激情。这两种激情是在种上不同的。在他看来，不同的能力有不同的对象，不同能力的激情必定也与不同对象相关联。要辨别哪些激情属于性情能力，哪些激

---

①　*Summa Theologiae*, II (I), Q.18, art.11.

②　*Summa Theologiae*, II (I), Q.22, art.3.

③　*Summa Theologiae*, II (I), Q.22, art.3.

情属于性欲能力，就必须列出其中每一能力的对象。性欲能力的对象是可感觉的善或恶，它们引起快乐或痛苦。但是，灵魂在获得某种这样的善或在避免某种这样的恶的过程中，必定会经历困难或斗争，因而这样的善或恶就其具有艰巨的或困难的本性而言，是性情能力的对象。这样，与善或恶绝对有关的无论什么激情都属于性欲能力，如欢乐、悲哀、爱、恨等；而把善或恶看作是艰巨的那些激情，由于获得善或避免恶都是困难的，因而属于性情能力，如大胆、恐惧、希望等。[①]

在托马斯看来，激情有正面和反面之分。他将正反面性称为激情的相反性（contrariety）。激情是一类运动，因而激情的相反性是基于运动或变化的相反性。变化和运动方面的相反性有两种：一是与同一目的接近和从其撤回相一致的。这种相反性属于变化，包括产生和腐坏。产生是一种"走向存在"的变化；腐坏是一种"离开存在"的变化。另外一种相反性是与终点对立相一致的，并且属于运动。例如，变白，那是一种从黑到白的运动，它是与变黑对立的，而变黑是一种从白到黑的运动。"因此，在灵魂的激情中有两种相反性，一种是对象的相反性，善和恶，它是基于对象的；另一种是接近和撤回同一终点。"[②]在性欲激情中只有前一种相反性，而在性情激情中有这两种相反性。

之所以如此，是因为两种激情对象的善恶有所不同。一方面，作为性欲能力对象的可感觉的善或恶是被绝对考虑的。善本身不能是由那里来的终点，而只是到那里去的终点，因此没有什么东西能避开善本身，相反，所有的事物都欲望善。同样，没有什么东西欲望恶本身，而是所有事物都避开恶。所以，恶不会有到那里的终点，而只有从那里来的终点。因此，每一种性欲激情就善而言趋向它，如爱、欲望和欢乐；而每一个性欲激情就恶而言从它那里产生趋向，如恨、避免或讨厌和悲哀。这样，在性欲激情中，就同一对象而言不会有走向和撤回的对立性。另一方面，作为性情能力对象的可感觉的善和恶，不是被绝对地考虑的，而是在困难或艰难的条件之下被考虑。就其被看作善而言，困难的或艰难的善，是一种在我们中对它产生倾向的本性的善，这种倾向属于"希望"的激情；而就其被看作是艰难的而言，它就使我们从它那里转回来，这属于"绝望"的激情。同样，艰难的恶被看作一种恶，有某种要避开的东西的方面，这属于"恐惧"的激情，但它也

---

① Cf. *Summa Theologiae*, II (I), Q.23, art.1.

② *Summa Theologiae*, II (I), Q.23, art.2.

包含倾向它的理由，从而逃避服从恶，这种倾向被称为"大胆"。这样，在性情激情中，我们发现了就善和恶（正如希望与恐惧之间一样）而言的相反性，以及与就同一终点（正如大胆与恐惧之间一样）而言的接近和撤回相一致的相反性。①

那么，灵魂中有激情不具有相反性吗？托马斯认为，愤怒的激情在这方面是特别的，无论是根据接近和撤回，还是根据善和恶的相反性，它不会有一个相反者。因为愤怒是由一个已经出现的困难的恶引起的，而当一个这样的恶出现时，欲望必定要么屈服，以至于它不能超出"悲哀"的限度；要么它有一种对有害的恶进行的运动，那种运动是"愤怒"的运动。但是，它不会有一种撤回运动，因为恶必定已经是现在的或过去的。这样，根据接近和撤回的相反性，没有任何激情是与愤怒相对立的。同样，根据善和恶的相反性，也是如此。因为现在的恶的相反性是已获得的善，已获得的善不会再有艰难和困难的方面。一旦善被获得，除了欲望停歇于已获得的善之外，也不会有任何运动。那种停歇属于欢乐，那是性欲能力的一种激情。"因此，没有灵魂的运动能与愤怒的运动相反，而且除非停止它的运动，否则没有任何别的东西是与之相反的。"②

激情因其能动原因而不同，在灵魂激情的情形下，这些原因是它们的对象。能动原因方面的不同可以从两方面考虑：一是从它们的种或本性的观点考虑，就像火不同于水一样；二是从其能动能力的差异的观点考虑。在灵魂的激情方面，我们能就其运动能力来论述它们能动的或运动的原因，好像它们是本性的行为者。在欲望能力的运动中，善似乎有一种吸引的力量，而恶有一种排斥的力量。所以，首先，善在欲望能力中引起某种倾向，或就善而言的同质性，这属于"爱"的激情；就恶而言，它相应的反面是"恨"。其次，如果还不具有善，它在欲望中引起一个向获得被爱的善的运动，而这属于"欲望"或"性欲"的激情；就恶而言，与它相反的是"反感"或"不喜欢"的激情。第三，当善被获得时，它引起停止于所获得的善的欲望，而这属于"欢喜"或"欢乐"的激情；其反面就恶而言是"悲哀"或"悲伤"。

在性情激情方面，追求善或避开恶的倾向被假设为从性欲能力产生，它绝对地与善或恶有关。就善没有获得而言，我们有"希望"和"绝望"；就恶尚未出现而言，我们有"恐惧"和"大胆"；而就获得了善而言，不存在

---

① Cf. *Summa Theologiae*, II (I), Q.23, art.2.
② *Summa Theologiae*, II (I), Q.23, art.3.

性情激情，因为不再根据某种艰难的事物考虑它。但是，已经出现的恶引起"愤怒"的激情。"因此，在性欲能力中，有三对激情，即：爱和恨，欲望和反感，欢乐和悲伤。同样，在性情能力中也有三组激情，即希望和绝望，恐惧和大胆，愤怒，其中愤怒没有相反的激情。"①这样，总共有十一种明显不同的激情，性欲能力中有六种，性情能力中有五种，灵魂的所有激情都包含在它们之下。②

性欲能力的激情，比性情能力的激情有更大的多样性。在性欲能力的激情中，我们能发现与运动相关的一些东西，如欲望，以及属于停止的一些东西，如欢乐和悲伤。但是，在性情能力的激情中，没有什么东西属于停止，而只有属于运动的东西。因为，当我们在某一事物中发现了停止，我们就不再将它看作是某种困难的或艰难的东西，而这样的东西是性情能力的对象。既然停止是运动的结束，那么它在意图的顺序方面是第一的，而在执行的顺序方面是最后的。所以，如果将性情能力的激情与标示着静止于善的性欲能力的激情加以比较，在执行的顺序方面，性情能力的激情优先于性欲能力的激情，如希望优先于欢乐，并引起它。但是，标示静止于恶的性欲能力的激情出现在两种性情能力的激情之间，因为它伴随着恐惧。当我们面临着我们恐惧的恶时我们变得悲伤，而它优先于愤怒的运动；由悲伤产生的自我辩护的运动，是愤怒的运动。反击对我们做的恶被看作是一件善事；当愤怒的人做到了这一点，他就欣喜。所以，每一种性情能力的激情都在一种标示静止的性欲能力的激情（要么是欢乐，要么是悲伤）中达到终点。但是，如果我们将性情能力的激情与那些标示运动的性欲能力的激情进行对比，后者具有优先的地位，因为性情能力的激情给性欲能力的激情增加了某种东西，正如性情能力的对象给性欲能力的对象增加了艰难或困难一样。因此，性情能力的激情处于那些标示向善或恶的运动的性欲能力的激情与那些标示静止于善或恶的性欲能力的激情之间。"所以，性情激情既从性欲能力的激情产生，又终止于这种激情。"③

灵魂中的激情有两种方式：一是在它们自身之中；二是从属于理性和意志的命令。如果从它们自身方面考虑激情，或者说从作为无理性欲望的运动考虑，那么在它们之中没有善或恶，因为善或恶依赖理性。然而，如果将激

---

① *Summa Theologiae*, II (I), Q.23, art.4.

② Cf. *Summa Theologiae*, II (I), Q.23, art.4.

③ *Summa Theologiae*, II (I), Q.25, art.1.

情看作是服从理性和意志命令的，那么在它们之中就有道德的善和恶。因为感性的欲望比外部的肢体更接近理性和意志，因而就外部肢体的运动和行为是自愿的而言，在道德上是善的或恶的，而就激情是自愿的而言，它们更在道德上被称为善的和恶的。它们要么是由于意志的命令要么是由于意志没有检查而被说成是自愿的。①

托马斯不赞成斯多亚派将所有的激情看作恶的看法，以及西塞罗将所有激情看作是"灵魂的疾病"的看法，认为只有在激情不受理性的控制时，它们才会是灵魂的"疾病"或"骚乱"。他指出，由于斯多亚派认为灵魂的每一种激情都是恶的，所以他们认为灵魂的每一种激情都会减少灵魂的善性，因为恶的混合物要么破坏灵魂的善，要么使它变成更小的善。如果我们将激情理解为感性欲望的无序运动，看作是骚乱或病痛，那么他们的看法就是对的。但是，如果我们将激情理解为感性欲望的所有运动，那么为理性所调节的人的激情，就属于人的善的完善。因为既然人的善要在理性中发现其根基，那种善扩展到越多属于人的事物中它就更完善。所以，没有人会怀疑这一事实，即外部肢体的行为被理性的法则控制，属于道德善的完善。因此，"既然感性欲望能服从理性，那么激情本性要被理性控制，就属于道德的或人的善的完善"②。正如人应该意欲善并在其外部行为中行善一样，人不仅在其意志方面，也在其感性欲望方面应该被推动向善，这就属于道德善的完善。

善和恶是性欲能力的对象。善自然地优先于恶，因为恶是善的缺乏。"所以，所有其对象是善的激情，都在本性上处于其对象是恶的激情之前。"③就是说，它们每一种都优先于与它相反的激情，因为对一种善的追寻就是避开与之对立的恶的理由。善有一个目的的方面，目的在意图的顺序中是第一的，而在执行的顺序中是最后的。这样，性欲激情的顺序能被看作要么在意图的序中要么在执行的顺序中。在执行的顺序中，第一位属于首先发生在走向目的的事物之中的东西。走向目的的无论什么首先有一个对那个目的的倾向或相称性，因为没有什么东西走向一个与之不相称的目的；其次，它被推向那个目的；第三，它达到那个目的后静止于它。这种对善的欲望的倾向或相称性就是爱，那是对善的自鸣得意（complacency），而对善的运动是欲

---

① Cf. *Summa Theologiae*, II (I), Q.24, art.1.
② *Summa Theologiae*, II (I), Q.24, art.4.
③ *Summa Theologiae*, II (I), Q.25, art.2.

望或性欲，静止于善是欢乐或快乐。因此，在这种顺序中，爱先于欲望，而欲望先于快乐。但是在意图的顺序中，正好相反，因为所想要的快乐引起欲望和爱。因为快乐是对善的享受，那种享受在某种意义上是目的，正如善本身是目的一样。①

所有的性情激情隐含着向某物的运动，这种运动也许是由于两个原因：其一是对目的的纯粹倾向或相称性，这属于爱或恨；其对象是善的或恶的，这属于悲伤或欢乐。事实上，善的出现并不在性情能力方面产生激情，而恶的出现产生愤怒的激情。因为在产生或执行的顺序中，对目的的相称性或倾向先于目的的达到。由此可以推出，在所有的性情激情中，愤怒在产生的顺序中是最后的。在性情能力的其他激情中，它们隐含着从对善的爱和对恶的恨产生的运动，其对象是善的那些激情，即希望和绝望；必定在本性上先于其对象是恶的激情，即大胆和恐惧，不过这样就希望先于绝望。因为希望是一种向善本身的运动，它在本质上是有吸引力的，所以希望直接走向善；而绝望是一种偏离善的运动，那种运动不是与善一致的，而是就某种别的东西而言与善一致的，所以它来自善的倾向是偶然的。同样，恐惧由于是一种来自恶的运动，因而先于大胆。希望和绝望自然地先于恐惧和大胆，由此看来是明显的。正如对善的欲望是避免恶的理由一样，希望和绝望是恐惧和大胆的理由，因为大胆来自于对胜利的希望，恐惧来自于被战胜的绝望。最后，愤怒源于大胆，因为除非他胆大替他自己报仇，否则没有一个人在寻求报复时是愤怒的。因此，希望显然是所有性情激情中排在第一。"如果我们希望知道所有激情在产生方面的顺序，那么，爱和恨是第一的，欲望和反感第二，希望和绝望第三，恐惧和大胆第四，愤怒第五，第六和最后的是欢乐和悲伤，它们都是由激情产生的"②。而且，爱先于恨，欲望先于反感，希望先于绝望，恐惧先于大胆，欢乐先于悲伤。

快乐、悲伤、希望和恐惧通常被称为四种主要的激情。说欢乐和悲伤是主要激情，是因为在它们中所有其他的激情有它们的完成和目的，它们从所有其他的激情产生。恐惧和希望是主要激情，并不是因为它们只是完成其他激情的某一阶段，而是因为它们基于欲望对某事物的运动来完成它们。因为就善而言，运动开始于爱，走向欲望，终止于希望；而就恶而言，它开始于恨，走向反感，终止于恐惧。因此，通常从与现在和未来的关系来区别这四

---

① Cf. *Summa Theologiae*, II (I), Q.25, art.2.

② *Summa Theologiae*, II (I), Q.25, art.3.

种激情，因为运动与未来有关，而静止是在某个现在的事物之中，所以欢乐与现在的善有关，悲伤与现在的恶有关，希望与未来的善有关，而恐惧与未来的恶有关。就其他与善或恶、现在或未来有关系的激情而言，它们都在这四种激情中达到顶点。因为这个理由，有的人说这四种激情是主要的激情，因为它们是一般性的激情。假若我们将希望和恐惧理解为对某物的欲望和避开的倾向，那就的确如此。[①]

四、德性

在讨论了人性行为和激情之后，托马斯接着讨论人性行为的本原，首先讨论内在本原，然后讨论外在本原。外在本原是法，内在本原是能力和习惯。能力问题前面已经讨论过了，现在着重讨论作为人性本原的习惯。习惯包括德性、恶性及其他习惯，托马斯称这些习惯为特殊习惯。他在讨论这些习惯之前讨论了习惯的一般性问题，它们包括：习惯的实质；习惯的主体；习惯产生、增强和腐坏的原因；它们彼此之间的区别。[②] 鉴于托马斯关于习惯问题的思想内容特别丰富，这里我们从介绍他关于习惯的实质的看法出发，着重介绍他关于德性本质、类型、原因及性质等关于德性一般问题的思想，以及他关于恶性或罪的思想。

（一）习惯与德性的本质

托马斯指出，习惯（habitus，英文为 habit）这个词是从拉丁文 habere（英文的意思为"具有"（have））派生的。这个词可以从两种意义上理解：一是就人或任何其他事物而言，意思为"具有"某种东西；二是就一种特殊的事物具有与它自身的关系，或者具有与其他某物的关系而言。第一种意义所涉及的是某种东西"被具有"。这里所说的"东西"是各种各样的，其中有这样一种区别，即：存在着在"具有者"与被具有的东西之间没有任何媒介的东西，如主体与质和量之间没有媒介；也存在着有一种媒介但只是一种关系的东西，如一个人被说成有一个同伴或一个朋友。而且，存在着在其中有一种媒介的东西，但它不是一种行为或激情，而是行为或激情方式之后的某种东西，如某种东西装饰或覆盖，并且某种其他东西被装饰或被覆盖。所

---

① Cf. *Summa Theologiae*, II (I), Q.25, art.4.

② Cf. *Summa Theologiae*, II (I), QQ.49-54.

以亚里士多德说，习惯被说成是具有者的一个行为或一个激情，并且是那种被具有的东西。所以，这些东西构成了事物的一个特殊的种类，而那些事物属于习惯。从第二种意义看，即从一个事物具有与它自身或与其他某事物的关系来理解"具有"，习惯就是一种性质，因为这种具有的样式是就某种性质而言的。在这种意义上，亚里士多德指出，习惯是一种意向，被意向的东西由于它而健康地或病态地被意向，而且这一点或者是就对它自身而言的，或者就对其他事物而言的，这样，健康是一种习惯。托马斯所说的习惯就是这第二种意义上的习惯。他明确指出："我们必须说习惯是一种性质。"①

托马斯肯定，习惯是与行为直接关联的，是行为的习惯。与一种行为具有关系就属于习惯，这既是就习惯的本性而言的，也是就习惯在其中的主体而言的。从习惯的本性这一角度看，每一习惯都与行为有关系，隐含着与事物的本性的某种关系，而这对于习惯是本质的。但是，一个事物的本性是其产生的目的，并且要被引向另一目的，而这种目的要么是一种操作活动，要么是一种操作活动的产物，人们通过操作活动达到它。所以习惯不仅隐含着与一个事物真实本性的关系，而且隐含着操作活动，而这是就本性的目的或有助于目的而言的。但是，有某些习惯，就其在主体之中而言，原初地并且主要地隐含着与行为的关系，因为习惯最初地并且就其本身而言就隐含着与事物的本性的关系。所以，如果一个习惯在其中的事物的本性在于与一种行为的真正关系，那么，习惯主要隐含着与一个行为的关系。②

习惯具有必然性。对此托马斯作了详细的具体分析。他认为，在与一个事物的本性的关系以及与其操作活动或目的的关系中，习惯隐含着一种意向，由于这种意向，一个事物健康地或病态地有所意向。一个事物要意向其他某个事物，有三个必要条件。第一，意向的事物应该不同于意向所指的事物。前者应该与后者有关，就像潜能与行为有关的一样。如果有一个这样的存在，即其本性不是由潜能和行为构成，而且其实体是它自己的操作活动，它本身是为了它自己，那么这里就不存在习惯和意向。因为只有上帝才会如此。第二，就其他某物而言，处于潜能状态的东西，能以几种方式确定，并且能确定各种事物。如果某物处于潜能的状态是就别的某物而言的，而不只是就其自身而言的，这里就不存在意向和习惯。第三，在使意向主体意向那些处于潜能的事物之一的过程中，几种事物将会出现，并能以不同方式被调

---

① *Summa Theologiae*, II (I), Q.49, art.1.
② Cf. *Summa Theologiae*, II (I), Q.49, art.3.

整，以便使主体健康地或病态地意向它的形式或它的操作活动。"所以，这样的要素的单纯性质，不被称为意向或习惯，而是'单纯的性质'，即它以一种单一固定的方式适应要素的本性。"① 但是，我们称健康、美之类的事物为意向或习惯，它们隐含着可以调整事物的倾向，这些事物在其相对可调整性方面会发生变化。因此，亚里士多德说，习惯是一种意向，而意向是就位置、潜能或种而言具有部分的东西的顺序。所以，既然存在着许多这样的事物，即几种会在其相对可调整性方面发生变化的事物必定为其本性和操作活动而出现，那么可以推出习惯是必然的。②

在托马斯看来，德性就是一种习惯。他分析说，德性表示一种能力的某种完善。一个事物的完善主要是就其目的考虑的，而能力的目的是行为。因此，说能力是完善的，所依据的是，它对于其行为是决定性的。有几种能力就其自身而言对于其行为是决定性的，例如能动的本性能力。托马斯强调，正是这种本性能力本身就被称为德性。但是，人适当的理性能力并非对于一种特殊的行为是决定性的，而是中性地倾向于许多行为，而且它们要凭借习惯才对于行为是决定性的。"所以，人的德性是习惯。"③

从德性这个词的真正本性来看，它隐含着能力的某种完善，而能力有两种类型，即涉及存在的能力和涉及行为的能力。托马斯认为，这两种能力的完善都被称为德性。但是，涉及存在的能力代表作为潜在存在的物质，而涉及行为的能力代表作为行为本原的形式。在他看来，人是这样构成的，即身体保持物质的位置，灵魂保持形式的位置。灵魂和身体都有力量，而只有对于灵魂适当的力量才是理性的力量。理性的力量属于人。所以人的德性不属于身体，而只属于对于灵魂是适当的东西。"人的德性并不隐含着对存在的涉及，而只涉及行为。这样，作为一种操作活动的习惯对于人的德性是本质的。"④ 德性隐含着能力的完善，因而一个事物的德性是由它的能力的限度确定的。任何能力的限度必定是善，因为每一种恶都隐含着欠缺。"因此，作为操作活动习惯的人的德性是一种善的习惯，它能产生善的作为。"⑤

托马斯认为，"这个德性定义完全包含德性的整体本质概念"⑥，因为任何

---

① *Summa Theologiae*, II (I), Q.49, art.4.
② Cf. *Summa Theologiae*, II (I), Q.49, art.4.
③ *Summa Theologiae*, II (I), Q.55, art.1.
④ *Summa Theologiae*, II (I), Q.55, art.2.
⑤ *Summa Theologiae*, II (I), Q.55, art.3.
⑥ *Summa Theologiae*, II (I), Q.55, art.4.

东西的完善本质概念都汇聚了它的所有原因，而这个德性定义的确包含了它的所有原因。当德性被定义为"一种善性质"时，其形式因是从它的属和种差汇聚到一起的。这里，"性质"是德性的属，而种差是"善的"。不过，如果我们以近似的属"习惯"代替"性质"，这个定义更适宜。德性没有自身由以被构成的物质，但是它有相关的物质和它存在于其中的物质，即主体。德性所涉及的物质是它的对象，但这并不能包含在上述的定义之中，因为对象将德性限定于一定的种。

德性的目的是操作活动，但必须注意到，有些操作活动的习惯总涉及恶，是恶性习惯；其他的操作活动有时涉及善，有时涉及恶。德性是一种总是涉及善的习惯，所以德性与其他总是涉及恶的习惯相区别，可以用"我们据以正直地生活"（by which we live righteously）这句话来表达。德性与那些有时被引向善有时引向恶的习惯的区别则可以用"没有人使其使用成为坏的"（of which no one makes bad use）来表达。最后，上帝是灌输的德性（infused virtue）的动力因，这可以用"上帝不用我们就在我们之中造就它"（which God works in us without us）来表达。如果省略了这一表达，定义的其余部分就可以一般性地运用于所有德性，无论是获得的德性还是灌输的德性。①

在托马斯看来，德性是灵魂的一种能力。其理由在于：首先，从德性真正本质的概念看，它隐含着一种能力的完善；其次，从德性是一种操作活动的习惯的事实看，所有的操作活动都是灵魂运用一种能力进行的；再次，从德性意向最好的东西的事实看，最好的东西是目的，而它要么是操作活动，要么是由能力进行操作活动获得的某种东西。"因此，灵魂的能力是德性的主体。"②但是，这并不意味着，一种德性只能属于一种能力。在托马斯看来，就一种能力被另一种能力推动、一种能力接受另一种能力而言，当德性通过一种扩散或通过意向的方式延伸至其他人时，一种德性能属于几种能力，虽然主要属于一种能力。

关于德性的主体是理智还是意志的问题，托马斯进行了具体的分析。他认为，一种习惯在一种相对的意义上被称为一种德性，其主体能够是理智，并且不仅是实践理智，而且是思辨理智，而不用涉及意志。正因为如此，亚里士多德认为科学、智慧、理解以及技艺是理智的德性。但是，被单一地称为一种德性的一种习惯，其主体只能是意志或者就它被意志推动而言的某种

---

① Cf. *Summa Theologiae*, II (I), Q.55, art.4.

② *Summa Theologiae*, II (I), Q.56, art.1.

能力。因为意志推动所有那些在某种意义上是理性的其他能力达到它们的目的。所以，如果人实际上行善，这是因为他具有善的意志。"因此，使一个人实际上行善并且不仅仅具有行善倾向的德性，必定要么在意志本身之中，要么在被意志推动的能力之中。"[1]理智有时像其他能力一样被意志推动。一个人考虑某件事，就是因为他意欲这样做。所以，理智就其从属于意志而言，能成为德性的主体。在这种意义上，思辨理智或理性是信仰的主体，因为理智被意志推动去同意信仰的内容。这正如奥古斯丁所说，"没有人会相信，除非他意欲。"[2]但是，实践理智是明慎的主体，因为明慎是要被做的事情的正当理由，因而它是人正当地倾向于要被做的事情的这种理由的本原的条件。这种本原就是目的，人通过意志的正直（the rectitude of the will）正当地倾向于它。所以，正如科学的主体就它与能动的理智的关系而言是思辨理智一样，明慎的主体就它与正当的意志的关系而言是实践理智。

那么，性情能力和性欲能力能否成为德性的主体呢？托马斯认为，有某些德性是在性情能力和性欲能力之中的。因为一个由一种被其他能力推动的能力产生的行为，不会是完善的，除非两种能力都适合于做那种行为。例如，除非一个工匠和他的工具都适合于行为，否则这个工匠的行为不会是成功的。由于性情能力和性欲能力是被理性推动的，它们要成为德性的主体，不仅理性，而且性情能力和性欲能力，在它们的操作活动问题上都要有某种在行善方面完善的习惯。[3]

托马斯并不否认在理解的内在感性能力中存在某些习惯，但人使用记忆和在其他的理解的感性能力中获得的东西，不适合称为习惯，即使在这样的能力中存在习惯，它们也不能成为德性。因为德性是一种完善的习惯，必须在那种使善行达到顶点的能力中，而真理的知识不能在理解的感性能力中达到顶点，因为这样的能力只是为理智的知识做准备的。"所以，在这些能力中没有任何我们据以认识真理的德性；这些德性不如说是在理智或理性之中的。"[4]

既然习惯使与行为相关的能力完善，那么，当能力自身的适当本性不足以达到目的时，能力就需要一种习惯使它完善直至正当地行事。这种习惯就

---

① *Summa Theologiae*, II (I), Q.56, art.3.

② Cf. *Summa Theologiae*, II (I), Q.56, art.3.

③ Cf. *Summa Theologiae*, II (I), Q.56, art.4.

④ *Summa Theologiae*, II (I), Q.56, art.5.

是德性。一种能力的适当本性在它与其对象的关系中才能被发现。就意志不需要一种德性完善它而言，意志的对象是理性与意志相称的善。但是，如果人的意志面对一个超过它的能力的善，如上帝的善，或邻人的善，那么它就需要那种使它完善的德性。"所以，像将人的感情引向上帝或他的邻人的仁爱、公正之类的德性，在人的意志中是从属的。"①

（二）德性的类型

"在德性的本性不同的地方，存在着德性的不同类型。"②托马斯根据德性的本性不同将德性划分为理智德性、道德德性和神学德性三种类型。

他首先讨论理智德性。一种习惯可能因为两个理由而被称为德性，一是因为它提供行善的倾向，二是因为它提供对它的正当使用。后一个条件只属于那些影响灵魂的欲望部分的习惯，因为灵魂的欲望能力促使所有的能力和习惯各自的使用。思辨理智的习惯并不使欲望部分完善，也不以任何方式影响这个部分，而只是影响理智的部分。它们不能因为提供了一种能力或习惯的正当使用而被称为德性，只有当它们提供一个好的作为即思考真理时，它们才可以被称为德性。因为一个人具有思辨科学的习惯，并不能由此推出他倾向于使用它，但能使他考虑他具有的科学知识所涉及的那些问题的真理。而他使用他具有的知识，那是由于他的意志的推动。这样，一种使意志完善的德性如仁爱、公正等，提供这些思辨习惯的正确使用。"在这种意义上，如果这些习惯的行为出于仁爱而被做，在这些行为中也会存在价值。"③

托马斯根据理智或理性划分为思辨的和实践的，将理智德性划分为思辨理智德性和实践理智德性两个方面，并认为理智德性包括理解、智慧、科学、技艺、明慎五种德性，其中前三种德性属于思辨理智德性，后两种德性属于实践理智德性。

"思辨理智的德性是使考虑真理的思辨理智完善的东西，而这就是它的善的作为。"④真理可以从两方面考虑，一是就其自身而被认识，二是通过其他的东西而被认识。就其自身而被认识的东西是一个"本原"（principle），并且是直接通过理智而被理解的。因此，使思考这样的真理的理智完善的习

---

① *Summa Theologiae*, II (I), Q.56, art.6.
② *Summa Theologiae*, II (I), Q.57, art.4.
③ *Summa Theologiae*, II (I), Q.57, art.1.
④ *Summa Theologiae*, II (I), Q.57, art.2.

惯，被称为"理解"（understanding）。它是本原的习惯。另一方面，一个通过另一个东西而被认识的真理不是被理智直接理解的，而是通过理性的探讨并且作为一个"终点"而被理解的。这种情况通过两种方式发生：其一，它是某种特殊属的最一般含义；其二，它是所有人类知识终极的终点。所有人类知识中最后的东西，在其本性上是首先并且主要可知的东西。有关这些东西的是"智慧"。智慧考虑最高的原因，它正确地判断所有事物并将它们置于秩序之中。"科学"则是这个或那个可知物质的属的最一般的含义，它使理智完善。"从可知物质的不同种类来看，有不同的科学知识习惯；而只存在一种智慧。"①

在托马斯看来，技艺（art）不过是"关于某种要做的工作的正确理性"。然而，这些事物的善不是取决于以这种或那种方式受影响的人的欲望能力，而是取决于被做的工作的善性。因为一个工匠是值得赞扬的，不是因为他有做一项工作的意愿，而是因为工作的质量。"所以，恰当地说，技艺是一种操作活动的习惯。"②

明慎（prudence）是一种对于人类生活最必要的德性。因为好生活在于善的行为，而要做善的行为，涉及一个人做什么、怎样做的问题。也就是说，个人是否出于正确的选择而不仅仅出于冲动或激情做某事。选择与涉及目的的事物有关，因而选择的正确需要两种东西，即应有的目的以及适宜地引导到应有目的的某种东西。人是由德性适宜地引导到他的应有目的的。人需要由其理性中的习惯使他正当地倾向于使目的适宜地达到的东西，这就是商讨和选择。因为商讨和选择是与最终达到目的的东西有关的，它们是理性的行为。这样，在理性中需要理智的德性来完善理性，从而使它适宜地受到引导到目的的东西的影响。这种德性就是明慎。"因此，明慎是过好生活所必要的德性。"③就人所做的事情而言，有三种理性行为：一是商讨（coun-sel），二是判断（judgment），三是命令（command）。前两者与思辨理智相应的，而第三是适合于实践理智的。在人做的事情中，主要的行为是命令的行为，所有其他行为都是服从它的。这样，完善命令的德性，即明慎，就有了其他附属于它的德性，即：eustochia，它使商讨完善；synesis、gnome，

---

① *Summa Theologiae*, II (I), Q.57, art.2.

② *Summa Theologiae*, II (I), Q.57, art.3.

③ *Summa Theologiae*, II (I), Q.57, art.5.

它们是明慎与判断相关的部分。①

技艺与明慎是实践理性的两种德性，托马斯对两者的关系进行了探讨。一些习惯只是通过为一个善的作为提供倾向而具有德性的本性，而另一些习惯不仅通过为善的作为提供倾向，而且通过提供使用而成为德性。技艺就是仅仅为善的作为提供倾向的，它不关心欲望；而明慎则不仅为善的作为提供倾向，而且也提供使用，因为它关注欲望，以正直的欲望为前提。作出这种区别的理由在于，技艺是"要被制作的事物的正确理性"，而明慎是"要被做的事物的正确理性"。"制作"与"做"不同，前者是对外物施加影响的行为，如"建造""看见"；而后者是出自行为者的行为，如"看""意欲"。明慎处于像人性行为这样的关系之中，在于能力和习惯的使用。总之，明慎是一种不同于技艺的德性。②

关于道德德性，托马斯讨论了三个问题：道德德性与理智德性之间的不同；首要的或主要的德性（the chief or cardinal virtues）与其他德性之间的不同；道德德性与神学德性之间的不同。

谈到道德德性，托马斯认为首先要考虑拉丁词"mos"的意义。这个词有两种意义：一是习惯，二是做某种特殊的事情的本性倾向或类似的本性倾向。"道德的"德性之所以这样称呼是出于"mos"做某种特殊行为的本性倾向或类似本性的倾向。"mos"的"习惯"含义是与此类似的，因为习惯成了第二本性，而且产生一种类似于本性的倾向。但是，对一个行为的倾向属于欲望能力，其功能是要推动所有的能力走向其行为。"所以，并不是每一种德性都是道德德性，而只有那些欲望能力方面的德性才是道德德性。"③

理性是所有人性行为的第一本原，而且无论什么样的人性行为的其他本原，都或多或少地服从理性，只是方式不同。有一些行为盲目地、没有任何矛盾地服从。身体的四肢在健康的条件下就是如此，只要理性命令，手或脚就会行动。但是，欲望能力服从理性不是盲目的，而是有某种对立的力量的。这样，人要行善，不仅他的理性需要受理智德性的恰当控制，而且他的欲望也需要受道德德性的恰当控制。所以，道德德性不同于理智德性。因此，正如欲望是人性行为的本原，被看作德性的道德习惯也是如此，因为它们是与理性一致的。"人的德性从它做善的行为的角度考虑，是使人完善的

---

① Cf.*Summa Theologiae*, II (I), Q.57, art.6. 这三个词的含义参见本书第 614 页。

② Cf.*Summa Theologiae*, II (I), Q.57, art.4.

③ *Summa Theologiae*, II (I), Q.58, art.1.

习惯。"①在人这里，人性行为只有两个本原，即理智或理性和欲望，因为它们是人运动的两个本原。这样，每一个人的德性，需要成为这两个本原之一的完善。如果它使人的思辨的或实践的理性完善，以便他的行为成为善的，那它就会是理智德性；而如果它使人的欲望完善，那它就会是道德德性。"所以，由此可以推出，每一个人的德性，要么是理智的，要么是道德的。"②

道德的德性可以没有某些理智德性，即智慧、科学和技艺，但不能没有理解和明慎。不能没有明慎，是因为它是一种选择的习惯，使我们作出正确的选择。一个选择要成为善的，需要两个条件：一是意图为应有的目的所指引，这是由道德德性做的，它根据理性使欲望能力倾向于善，这即是应有的目的；二是人正当地从事那些涉及目的的事情，而这只有在理性商讨、判断和命令的前提下才能如此，这正是明慎的功能和附加在它之上的德性。"所以，没有明慎，就不会有道德德性；并因而没有理解，就既不会有明慎也不会有道德德性。因为只有运用理解，我们才知道思辨问题和实践问题的自明本原。"③正如思辨问题方面的正确理性，就它产生于本性上所知的本原而言，以对这些本原的理解为先决条件，明慎作为关于要做的事情的正确理性也是如此。

另一方面，明慎是关于要做的事情的正确理性，而正确理性需要理性由以进行论证的本原。当理性对特殊的情形进行论证的时候，它不仅需要普遍的本原，也需要特殊的本原。就行为的普遍本原而言，人要由对本原的本性理解加以正确控制，他能据此或者根据某种实践科学理解他应该不作恶。但在实践的情形下，这是不充分的。因为有时通过理解或科学所理解的普遍本原，在特殊的情形下会受到激情的破坏。这样，为了使人受行为的特殊本原即目的的正确控制，就需要对某些习惯加以完善，对目的做出正确的判断。而这正是道德德性所做的，因为有德性的人能对德性的目的做出正确的判断。"这样，要做的事情的正确理性即明慎，要求人有道德德性。"④

那么，道德德性是不是激情呢？托马斯认为，"道德德性不会是激情。"⑤他提出了三个理由：首先，激情是感性欲望的运动，而道德德性不是运动，

---

① *Summa Theologiae*, II (I), Q.58, art.2.
② *Summa Theologiae*, II (I), Q.58, art.3.
③ *Summa Theologiae*, II (I), Q.58, art.4.
④ *Summa Theologiae*, II (I), Q.58, art.5.
⑤ *Summa Theologiae*, II (I), Q.59, art.1.

而是欲望运动的本原，它是一种习惯。其次，激情不是本身善的或恶的。人的善恶是涉及理性的东西，激情就其自身而言，既与善相关也与恶相关，而它是善是恶取决于它是否与理性一致。任何这样的可善可恶的东西都不能是德性的，因为德性只与善相关。最后，即使承认某些激情只与善相关，或只与恶相关，这样的激情的运动只会在欲望中开始，在理性中结束，因为欲望倾向于与理性相一致。在此要特别指出的是，德性的运动与之相反，虽然也是由理性所推动，但它在理性中开始，在欲望中结束。

如果我们像斯多亚派那样将激情看作是过度的情感，那么在这种意义上完善的德性是没有激情的。如果我们将激情理解为感性欲望的运动，那么道德德性就不能没有激情。否则就会推出，道德德性使所有感性欲望全都停滞。德性的功能不是要剥夺服从理性的能力，而是要使它们执行理性的命令。所以，正如德性指引身体的肢体从事应有的外部活动，激情也指引感性欲望从事适当的被规范的运动。不过，那些不涉及激情而只涉及操作活动的道德德性是可以没有激情的。"这样的德性是公正，即它将意志运用于它的合适行为，而那不是一种激情。"[1]值得注意的是，托马斯还是非常看重德性与激情的关系的。他以欢乐为例表达了这种态度。他认为，欢乐就起因于公正的行为。由于低级能力跟随高级能力，因而如果这种欢乐通过公正的完善而增加，它就会充溢感性欲望。所以，因为这类充溢，一种德性越完善，它就越是引发激情。[2]

在托马斯看来，存在着有关操作活动的德性和有关激情的德性。道德德性通过引导欲望走向理性所规定的善而使它完善，理性规定的善是由理性调节的或者是由理性引导的。这样，就存在着有关所有从属于理性指导和调节问题的道德德性。理性不仅指导感性欲望的激情，而且也指导理性欲望即意志的操作活动，而意志不是从属于激情的。"所以，并不是所有的道德德性都是有关激情的，而是有些德性是与激情有关的，有些是与操作活动有关的。"[3]托马斯提出，操作活动和激情与德性存在着两种关系。首先，就其结果而言，每一种道德德性都有某种善的操作活动作为它的结果，即某种快乐或悲伤，而这就是激情。其次，操作活动作为德性所涉及的问题可以与德性作比较，在这种意义上，那些涉及操作活动的道德德性必定不同于那些涉及

---

① *Summa Theologiae*, II (I), Q.59, art.5.

② Cf. *Summa Theologiae*, II (I), Q.59, art.5.

③ *Summa Theologiae*, II (I), Q.59, art.4.

激情的德性。关于涉及操作活动的德性和涉及激情的德性之间的关系，托马斯作了细致的分析，这里不再作进一步的阐述。[①]

在讨论道德德性的时候，托马斯研究了主要德性问题。他首先回答了，道德德性是否应该称为主要德性问题。他认为，与不完善形成比较的完善是主要的，所以那些隐含着欲望正直的德性被称为主要德性。道德德性就是这样的，理智德性中的明慎也是这样，因为它也是道德德性的某种东西。托马斯的结论是："那些被称为首要的或主要的德性适合置于道德德性之中。"[②]他也同意有四种主德。其理由在于，事物要么根据其形式本原，要么根据它们在其中的主体被计数，而无论按哪种方式，我们都发现有四种主要德性。德性的形式本原是理性所规定的善，那种善可以从两方面考虑：一是存在于理性的真正行为之中，这样我们就有了一个被称为"明慎"（Prudence）的主德。二是根据理性将其命令强加给其他事物，要么强加给操作活动，于是我们就有了"公正"（Justice）；要么强加给激情，这样我们就需要两个德性。因为之所以要将理性的命令强加给激情是由于激情阻挠理性，这种情况以两种方式发生：一是激情煽动某种东西反对理性，那么激情就需要一个控制，我们称之为"节制"（Temperance）；二是激情通过对危险或艰苦感到恐惧等方式将我们从遵从理性的命令撤回，这时人需要给做理性所命令的事加强力量，以免后退，为了这一目的，就有了"刚毅"（Fortitude）。[③]

这四种主要德性又可以从两方面考虑。首先，从它们共同的形式本原考虑。它们被称为主要的，是一般的，与所有其他的德性形成了比较。所以，任何一种在理性所考虑的行为中引起善的德性，都可以称为明慎；任何一种在操作活动方面引起正当和应有的善的德性，都可以称为公正；每一种扼制和压制激情的德性都可以称为节制；而每一种加强心灵反对任何激情的力量的德性被称为刚毅。在这种意义上，其他的德性都包含在四主德之中。其次，从它们被命名为"主德"这一含意考虑，它们就其各自的领域而言都是最重要的，它们是特定的德性，彼此之间各有分工。它们是由于与其他德性相比较更重要而被称为主要的。这样，"明慎是指挥的德性；公正是涉及平等之间的应有行为的德性；节制是抑制对触觉快乐的欲望的德性；而刚毅是

---

① Cf. *Summa Theologiae*, II (I), Q.60.

② *Summa Theologiae*, II (I), Q.61, art.1.

③ Cf. *Summa Theologiae*, II (I), Q.62, art.2.

加强抵抗死亡危险力量的德性"①。

托马斯还进一步从神学和社会的角度对四种主要德性进行了解释。他根据奥古斯丁的观点认为，人的德性的样本必定预先存在于上帝之中。因此，德性可以被看作是在起源上存在于上帝之中的，这就是我们所说的"样本"德性（exemplar virtues）。上帝的心灵本身可以称为明慎，而节制是上帝的"凝视"转向他自己。上帝的刚毅是他的不可改变性，他的公正则是对他所制定的永恒法的遵守。另一方面，既然人在本性上是社会的动物，这些德性就它们是他遵循其本性的条件而言，被称为"社会的"德性（social virtues）。因为人由于理性而在从事人类事务的过程中使自己正确地行动。正是在这种意义上我们直到现在还在谈论这些德性。但是，既然人全力追求达到上帝是理所当然的，那么我们必须将一些德性置于社会的或人的德性与上帝的样本德性之间。这些德性由于运动和终点的不同而不同。这样，一些德性是人在走向与上帝相似的过程中的德性，这些德性被称为"完善着的德性"（perfecting virtues）。其含义在于：明慎由于沉思上帝的事情而把世界中的所有事情视为虚无，并且将灵魂的所有思想全都引向上帝；节制就其本性允许而言，忽视身体的需要；刚毅阻止灵魂害怕忽视身体的需要和上升到天堂的事情；公正则在于灵魂全心赞成走所提出的道路。除了这些德性之外，还有那些已经达到了与上帝相似的人的德性，这些德性被称为"完善的德性"（perfect virtues）。其含义在于：明慎视上帝之外的事物为虚无，节制就是不知道任何尘世的欲望，刚毅不具有任何激情方面的知识，公正由于模仿上帝的心灵而通过永恒的圣约与上帝融为一体。这样的德性归属于受祝福的人，或者在今生中归属于达到完善顶点的某人。②

在探究了道德德性之后，托马斯进一步阐释神学德性的一般性问题。

人被德性完善，是为了那些引导他到幸福的行为。人的幸福是双重的。一种幸福是与人的本性相称的，这是一种人能通过他的本性本原获得的幸福。另一种是超越人的本性的幸福，人只能通过上帝的能力获得这种幸福。因为这种幸福超越了人的本性能力，人的那种能使人根据其能力恰当地行动的本性本原，不足以引导人达到这种幸福。因此，人从上帝那里接受一些附加的本原（additional principles）就是必要的，通过这些附加的本原，人可以被引导到超本性的幸福。这些本原就被称作"神学德性"（theological

---

① *Summa Theologiae*, II (I), Q.62, art.3.

② Cf. *Summa Theologiae*, II (I), Q.61, art.5.

virtues）。它之所以被称为神学德性，"首先是因为就它们正确地引导我们走向上帝而言，它们的对象是上帝；其次是因为只有上帝才能将它们灌输给我们；再次是因为这些德性除非通过包含在圣经中的上帝启示，否则不会被我们认识。"①

习惯由于它们对象的形式不同而有显著的差异。神学德性的对象是上帝本身，他是所有事物的最后目的，并且超越了我们的理性的知识；而理智德性和道德德性的对象是人的理性可理解的事物。"因此，神学德性特别地不同于道德德性和理智德性。"②神学德性引导人到超本性的幸福，其方式是与人被本性的倾向引导到固有目的相同的。本性的幸福涉及两个方面：一是理性或理智的方面，它包含我们通过理智的本性所认识的第一普遍本原，那是理性的出发点；二是意志的正直，它在本性上倾向于被理性规定的善。但是，这两个方面都达不到超本性的幸福。人在这两个方面都要接受附加的超本性的某种东西才能达到超本性的目的。就理智而言，人要接受某些超本性的本原，而这种本原要通过上帝之光才能具有，这些就是信仰的信条。信仰（faith）是与这些信条有关的。意志要被引导到超本性的目的，而这个目的既是可达到的某种东西，又是意志由以转向那个目的某种精神的结合（a certain spiritual union）。前者属于希望（hope），后者属于仁爱（charity）。因为对一个事物的欲望被推动并且在本性上走向它固有的目的，而这种运动是由该事物与它的目的的某种一致性引起的。③

关于三种神学德性的顺序，托马斯认为，顺序既有产生的顺序，又有完善的顺序。就产生的顺序而言，物质的先于形式的，不完善的先于完善的，因此信仰先于希望，希望先于仁爱。欲望的运动不能通过希望或爱走向任何事物，除非那种事物能为感觉或理智所理解。正是通过信仰，理智理解希望和爱的对象。"因此，在产生的顺序中，信仰先于希望和仁爱。"④但是，在完善的顺序中，仁爱先于信仰和希望。因为信仰和希望被仁爱所激励，并从仁爱接受它们充分的补充作为德性。这样，"仁爱就它是所有德性的形式而言，它是所有德性之母、之根"⑤。

---

① *Summa Theologiae*, II (I), Q.62, art.1.
② *Summa Theologiae*, II (I), Q.62, art.2.
③ *Summa Theologiae*, II (I), Q.62, art.3.
④ *Summa Theologiae*, II (I), Q.62, art.4.
⑤ *Summa Theologiae*, II (I), Q.62, art.4.

（三）德性的原因和性质

关于德性的原因，托马斯首先讨论了德性是不是由于本性而存在于我们身上的。他认为，事物要被认可为对于人是本性的，有两种方式：一是根据它的特殊本性，二是根据它的个体本性。从这两种方式看，德性对于人来说刚开始时是本性的，或者说，"从倾向和发端看的，而不是以完善为根据看，除了完全来自外部的神学德性之外，所有的德性都是在本性上存在于我们身上的。"①

人的德性在与善的关系中使人完善。善的概念在于"样式、种和秩序"或者在于"数量、分量和尺度"，因此，人的善必须用某种规则进行评价。这种规则是双重的，即人类理性和上帝法。上帝法是更高的规则，它适用于更多的事物，这样，所有被人类理性统治的东西也都是被上帝法统治的。由此可以推出，被引导到理性规则所规定的善的人类德性，就人性行为从理性产生而言，能由人性行为所引起，前面所说的善通过理性的能力和规则确立。另一方面，将人引导到由上帝法规定而不是由人类理性规定的善的那些德性，不能被其本原是理性的人性行为引起，而只能是上帝的操作活动在我们身上产生的。② 所有通过我们的行为获得的德性，理智的和道德的德性，都是从预先存在于我们身上的某些本性的本原产生的。神学德性是上帝赋予我们的，因而我们需要从上帝那里接受与神学德性相应的其他习惯，通过这些习惯可以获得神学德性。

那么，通过养成习惯获得的德性与灌输的德性是不是同一个种呢？托马斯分析说，习惯之间有两种具体的差异：第一种差异产生于它们的对象的具体形式的方面。每一德性的对象都是被看作那个德性的适当物质中的善。例如，节制的对象是与触觉的性欲相联系的快乐方面的善。这一对象的形式方面来自在这些性欲中确定的中道的理性，而物质的要素是性欲所代表的东西。显然，根据人类理性的规则指派给像性欲这样的需求的中道，被看作是在来自根据上帝的规则确定的中道的不同方面之下。例如，在饮食的消费方面，人类理性确定的中道是饮食不应该伤害身体的健康，也不应该妨碍理性的运用；而根据上帝的规则，人应该通过禁绝饮食、饮酒等行为"惩罚他的身体，使它处于屈从的地位"。所以，灌输的和获得的节制在种上是不同的，

---

① *Summa Theologiae*, II (I), Q.63, art.1.

② Cf. *Summa Theologiae*, II (I), Q.63, art.2.

其他德性的情形与此相同。习惯中的另一种特别的差异在于那些被指引的事物。例如，一个人的健康和一匹马的健康，由于它们各自健康所指向的本性之间的差异而不是同一个种；市民由于被正确地引导到各种不同的政府形式而有各种不同的德性。同样，那些灌输的道德德性不同于获得的道德德性。凭借前者，人作为"圣人的同胞和上帝的家人"而正确地行动；凭借后者，人在人类事务方面正确地行动。①

　　关于德性的性质，托马斯讨论了四个问题：（1）德性的中道；（2）德性之间的联系；（3）德性的平等性；（4）德性的持续性。

　　"德性的本性在于它将引导人向善。"②道德德性就某些决定性的物质而言是灵魂的欲望部分的完善。可欲望的对象方面的欲望运动的尺度或规则是理性，而被衡量的东西的善就在于它与它的规则一致。例如，技艺制造的善的东西就是它们遵循技艺的规则，而恶在于与规则或尺度不一致。这种不一致体现在要么超过了尺度，要么达不到尺度的情形。"因此，很明显，道德德性的善在于与理性的规则相一致。很清楚，过度与不足之间的中道是平等性或一致性。所以，很明显，道德德性遵循中道。"③

　　那么，道德德性的中道是不是实在的或理性的中道呢？托马斯认为，理性的中道可以从两方面理解：第一，中道在理性行为本身中得到遵循，理性的真正行为是为遵循中道而履行的。在这种意义上，既然道德德性不能使理性行为完善而只能使欲望能力完善，道德德性的中道就不是理性的中道。第二，将理性运用于某种特殊问题，在这种意义上，道德德性的每一种中道都是理性的中道，因为道德德性被说成是通过与正确理性相一致而遵循中道的。但是，有时理性的中道也是实在的中道（the real mean）。在那种情形下，道德德性的中道是实在的中道，如公正。另一方面，有时理性的中道不是实在的中道，而被看作是与我们关联的，所有其他的道德德性中的中道都是后一种中道。其理由是，公正是涉及操作活动的，它处理外在的事物，因而公正方面的理性中道，就其给每一个人他应得的，既不多也不少而言，是与实在的中道相同的。因为人们各不相同地处于激情关系中，因而理性的正直得在激情中确立。④

------

① Cf. *Summa Theologiae*, II (I), Q.63, art.4.
② *Summa Theologiae*, II (I), Q.64, art.1.
③ *Summa Theologiae*, II (I), Q.64, art.1.
④ *Summa Theologiae*, II (I), Q.64, art.2.

　　道德德性应遵循中道，那么理智德性是否要遵循中道呢？任何事物的善都在于它遵循中道，理智德性要被引导到善，因而理智德性的善就其服从一种尺度而言，也在于遵循中道。"理智德性的善是真。在沉思德性的情形下，这种真是绝对地获得的；而在实践德性的情形下，这种真是与正直的欲望相一致的。"① 如果我们绝对地考虑真理，那么被理智理解的真理由事物衡量，因为事物是我们理智的尺度，存在着我们根据事物是否如此而思考或说出的真理。据此，思辨理智德性的善在于某种尺度，即与事物本身一致。真理的本性即在于此。如果某个虚假的事物被肯定，好像它存在，但实际上不存在，那就是过度；而如果某种事物被虚假地否定，说它不存在，而实际上存在，那就是不足。如果我们在事物的关系中考虑实践理智德性的真理，那它是通过那种衡量它的东西获得的。所以，在实践的和思辨的理智德性中，中道在于与事物的一致。但是，如果我们在与欲望的关系中考虑它，它就具有了一种规则和尺度的角色。这样，"理性的正直是道德德性的中道，也是明慎的中道"②。同样，过度和不足也要被用于这两种情形。

　　那么，神学德性的情形怎样呢？德性的中道依赖于与德性规则或尺度的一致性。神学德性的尺度可能是双重的。一是从德性的真正本性看，神学德性的尺度或规则是上帝自己，因为我们的信仰是根据上帝的真理衡量的，仁爱是根据他的善性衡量的，而希望是根据他的全能和仁爱的无限性衡量的。这种尺度超过了所有人类的能力，我们能够爱上帝的决不会有上帝应该被爱的多，对他的相信和希望决不会有他应该被相信和希望的多。所以，在这样的事物中不足比过度少得多。因此，这样的德性的善不在于一种中道，而在于比我们能达到的顶点更多。神学德性的另一规则或尺度是与我们比较的。因为尽管我们不能像我们应该的那样向上帝而生，然而我们应该根据我们的条件的尺度，通过相信、希望和爱接近他。这样，在神学德性中发现一个尺度和极端是可能的，它们是偶然的并且是与我们相关的。③

　　关于德性之间的关系，托马斯首先考虑道德德性之间的关系。他认为，道德德性可以被看作是完善的也可以被看作是不完善的。一种不完善的道德德性如节制或刚毅，只不过是我们做某类善行的倾向，而无论这种倾向是由于本性还是由于养成的习惯。如果我们以这种方式考虑道德德性，它们彼此

---

①　*Summa Theologiae*, II (I), Q.64, art.3.

②　*Summa Theologiae*, II (I), Q.64, art.3.

③　*Summa Theologiae*, II (I), Q.64, art.4.

之间没有联系，因为我们发现，人由于本性的节制或由于习惯的节制而在做慷慨的行为时是快捷的，而在做贞洁的行为时不是快捷的。但是，完善的德性是一种使我们倾向于正确地做善行的习惯。如果我们以这种方式看德性，我们必须说，它们彼此之间是联系的。这可以从对主要德性作出区别的不同方式来看。一些人根据德性的某些一般性质来区别它们，比如说谨慎（discretion）属于明慎，正直属于公正，适度属于节制，心灵的力量属于刚毅。从这种区别的方式看，联系的理由是明显的，因为如果心灵的力量没有适度或正直或谨慎，就不会称赞它是德性的。然而，另一些人从这些德性的物质方面区别它们。没有道德德性能忽略明慎，因为作正确的选择对于道德德性是适当的，道德德性就是一种选择的习惯。正确的选择不仅需要对应有目的的倾向，这种倾向是道德德性的直接结果，而且对事物的正确选择是有利于目的实现的，而这种选择是通过明慎作出的。同样，除非人们具有道德德性，否则他们就没有明慎。因为明慎是"与要做的事情相关的正当理由"，并且理性的出发点是要做的事情的目的，人由于道德德性而要求倾向那种目的。"因此，正如除非我们有对本原的理解，否则我们就不会有思辨科学一样，所以没有道德德性，我们也就没有明慎。而且由此可以清楚地推出，道德德性是彼此相互联系的。"[①]

　　关于道德德性与神学德性的关系，托马斯认为，就人的作为不被引向超越人的能力的目的而言，通过人类的作为获得道德德性是可能的。当它们这样地被获得时，它们可以没有仁爱。就它们与超本性的目的相称而产生善的作为而言，它们真正地并完善地具有德性的品质，并且不能通过人性行为获得，而只能由上帝灌输。"像道德德性这样的德性不能没有仁爱。"[②] 因为其他道德德性不能没有明慎，而明慎不能没有道德德性，因为道德德性使人正确地追求某些目的，这些目的是明慎过程的出发点。对于明慎来说，人正确地追求他的终极目的，要比追求其他的目的重要得多。在这里，前者是仁爱的结果，后者是道德德性的结果。"所以，很明显，灌输的明慎不能没有仁爱；其他的道德德性因而也不能没有仁爱，因为它们不能没有明慎。"[③] 只有灌输的德性是完善的，完全值得称为德性，因为它指导人正确地走向终极目的。但是，其他的德性，即那些获得的德性是限定意义上的德性，而不是完

---

① *Summa Theologiae*, II (I), Q.65, art.1.

② *Summa Theologiae*, II (I), Q.65, art.2.

③ *Summa Theologiae*, II (I), Q.65, art.2.

全意义上的德性。因为它们尽管在最后目的方面正确地指导人，但不过是在行为的某种特殊属方面，而不完全是最后目的。

"所有的道德德性都是与仁爱一起被灌输的。"[①]因为上帝在本性作为方面操作活动的完善并不亚于恩典作为方面。在本性作为方面，我们发现，事物无论什么时候包含某些作为的本原，它也有对于作为的执行是必然的东西。仁爱就其指引人走向最后目的而言，是所有与它的最后目的相关联的善的作为之本原。因此，所有的道德德性必定和仁爱一起被灌输，因为通过它们，人从事每一不同种类的善的作为。所以，灌输的道德德性是联系的，不仅通过明慎，而且也依靠仁爱；另一方面，无论谁由于致命的罪而丧失了仁爱，他就会丧失所有灌输的道德德性。

信仰和希望也可以从两方面考虑，一是不完全的状态，二是完全的状态。既然德性被引导到做善的作为，那么完善的德性就是为做完善地善的作为提供能力的德性，而这不仅在于做的是善的事情，而且在于正确地去做它。另外，如果被做的是善的，而不是正确地做，它就不会是完善地善的。所以，作为这样的行为之本原的习惯，就会具有德性的完善品质。例如，如果一个人行公正，他所做的是善的，但除非他正确地去做它，即通过正确的选择去做它，而这是明慎的结果，否则它就不会是完善德性的作为。因为没有明慎，公正就不是完善的德性。"因此，信仰和希望确实可以以没有仁爱的方式存在；但它们如果没有仁爱就不具有德性的完善品质。"[②]因为既然信仰的行为是要相信上帝，既然相信是同意某人具有自由意志，那么，不按照一个人应该做的那样去做，那就不是一个完善的信仰行为。按照一个人应该做的那样去做，是使意志完善的仁爱的结果，因为意志的每一个正确的运动产生于一个正确的爱。因此，信仰可以没有仁爱，但不是作为一种完善的德性，正如节制和刚毅也能缺乏明慎。这一点同样适用于希望。希望的行为在于为了未来的赐福而洞察上帝。如果这种行为是基于我们具有的价值，那它就是完善的，这不能没有仁爱。但是，根据一个人还不具有但提出要在未来某时间获得的价值，期望未来的赐福，那将是一个不完善的行为，而这在没有仁爱的情况下是可能的。"因此，信仰和希望都可以没有仁爱，然而没有仁爱，它们就不是适当意义上的所谓德性，因为德性的本性要求通过它我们

---

① *Summa Theologiae*, II (I), Q.65, art.3.

② *Summa Theologiae*, II (I), Q.65, art.4.

不仅应该做那是善的事情，而且也要求我们正确地做它。"①

仁爱不仅表示上帝的爱，也表示和他的友谊。这除了爱之外，还隐含着某种爱的相互返还。这种明显地属于仁爱的人与上帝的友情，在今生中通过恩典开始，而在未来生活中将通过光荣得以完善。在和上帝的友谊中，没有信仰是不可能的。"所以，没有信仰和希望，仁爱也是完全不可能的。"②

关于德性的平等性问题，托马斯首先讨论了是否存在一种德性比另一种德性重要的问题。他认为，这个问题可以从两方面看：一是从不同种的德性看。在这种意义上，一种德性比另一种德性重要。因为原因总比结果优秀，在结果中，那些更接近原因的结果优秀。人类善的原因和根源是理性，因而使理性完善的明慎在善性方面超过了其他使欲望能力完善的道德德性。"根据接近理性的程度，德性之间存在着一个比另一个好的情形。"③这样，意志中的公正优于其余的道德德性，在性情部分的刚毅居于性欲部分的节制之前，因为节制较少分有理性。二是从同一种的德性看。在这种意义上，德性就习惯的强度而言可以在两种意义上被说成是重要的或不重要的：其一就自身而言，其二就分有它的主体而言。如果我们从它自身考虑，我们可以根据它涵盖的内容说它内容是否重要。例如，无论哪一位有节制德性的人，都是就节制所涵盖的而言具有它的。但是，这不能运用于科学和技艺。德性不能像科学和技艺一样可以多或少，因为德性的本性在于一种最大量。然而，如果我们从主体的角度考虑德性，它或者在不同时间，或者在不同人那里，存在是否重要的问题。因为一个人会比另一个人更有可能达到由正确理性所规定的德性的中道，而这或者根据更重要的习惯，或者根据更好的本性意向，或者根据有辨别力的判断，或者根据所得到的更大的恩赐礼物。德性的本性并不要求人把正确理性的中道看作好像是一个不可分的点，而追求达到它。他只要接近中道就够了。当然，对于一个相同的不可分的点，一个人会比另一个人更接近、更倾向于达到，就像几支弓箭射向一个固定靶子的结果那样。④

对不同德性的重要性进行比较可以从两种意义上理解。首先，从所涉及的特殊本性看。在这种意义上，对于一个人来说，一种德性无疑比另一种德

---

①　*Summa Theologiae*, II (I), Q.65, art.4.

②　*Summa Theologiae*, II (I), Q.65, art.5.

③　*Summa Theologiae*, II (I), Q.66, art.1.

④　*Summa Theologiae*, II (I), Q.66, art.1.

性重要，例如仁爱比信仰和希望重要。其次，根据一种德性在它的主体身上的强弱，从所涉及的主体参与的程度看。在这种意义上，就它们在人身上的生长是平等的而言，一个人身上的所有德性都是平等的，带有一种相称的平等性。例如，指头在尺寸是不平等的，但在相称性上是平等的，因为它们在彼此之间相称的情况下生长的。这种平等的本性被解释为德性的联系，因为德性之间的平等性就重要性而言是联系的。德性之间有两种联系：一是根据那些把这四种德性理解为德性的四种一般性质的意见。按照这种意见，德性不能被说成是在任何物质中平等的，除非它们平等地具有这些性质。二是根据认为这些德性有它们自己的合适的个别的物质的意见。按照这种意见，道德德性之间的联系产生于明慎，灌输的德性则产生于仁爱，而不是产生于倾向。因此，德性之间的平等的本性也可以看作是由明慎体现出来的。因为在同一个人身上，只要他的理性有相同的完善程度，中道就可以在德性的每一物质中根据正确理性相称地被规定。①

但是，就在道德德性中那是物质的部分而言，即就对德性行为的倾向而言，人们倾向于履行一种德性的行为，而不是另一种德性的行为。而且这要么出于本性，要么出于养成的习惯，要么出于上帝的恩典。由于理性的对象比欲望的对象优秀，因而使理性完善的理智德性，比使欲望完善的道德德性优秀。但是，如果在与行为的关系中考虑德性，那么其功能在于推动其他能力行为的道德德性，就是更优秀的。"既然德性是因其作为行为的本原而得名的，因为它是能力的完善，那么就又可以推出，德性的本性与道德德性比与理智德性更相一致，尽管简单地说理智德性是更优秀的习惯。"②

在托马斯看来，德性的重要性可以从单个的角度看，也可以从相对的角度看。从单的角度看，公正是所有道德德性中最优秀的，因为它与理性最相似。这一点从它的主体及其对象看也是明显的。它的主体是意志，而意志是理性的欲望，它的对象或物质是与操作活动相关的，人因此而不仅就自己而言而且就其他人而言被置于秩序之中。在其他的道德德性（与激情相关的德性）之中，欲望运动在其中服从理性的物质越优秀，理性的善在每一个欲望之中发光就越多。在有关人的事物中，主要的是生命，所有其他事物都依赖于生命。这样，刚毅，它使欲望的运动在生死问题上服从理性，就在那些与激情相关的道德德性中处于第一位。但它服从公正。在刚毅之后是节制，它

---

① Cf. *Summa Theologiae*, II (I), Q.66, art.2.

② *Summa Theologiae*, II (I), Q.66, art.3.

使饮食和性方面的欲望服从理性。"所以，这三种德性，加上明慎，被称为主要德性，也在优秀之中。"①从相对的角度看，一种德性由于它有助于一种主要德性而被看作是更重要的。这就好像单个地看实体比偶性更优秀，但相对地看，德性的重要性就其种而言，是从它的对象产生的。智慧的对象超过了所有理智德性的对象，因为智慧考虑最高的原因，即上帝。如果我们根据原因判断结果，根据较高的原因判断较低的结果，那么智慧比其他所有理智德性都重要，因为"智慧在所有其他的理智德性之上运用判断，指导它们，并且是所有德性的建筑师"②。

既然三个神学德性将上帝看作是合适的对象，就不能说它们中的任何一个因为有更重要的对象而比其他的重要，而只能从这样的事实来说，即它比其他的更接近那个对象。"在这种意义上，仁爱比其他的德性重要。"③因为其他的神学德性在它们的真实本性上隐含着与对象的距离。信仰是关于没有被看见的东西的，希望是关于不拥有的东西的。但是，仁爱所爱的是已经拥有的东西，因为被爱的对象以某种方式在爱者之中，并且爱者被与被爱者达到统一所吸引。

关于德性在来世是否存在的问题，托马斯进行了具体的分析。他首先引述了奥古斯丁的观点，即四种基本德性以不同的方式在来世仍然存在。托马斯则认为，要弄清这个问题，要注意在这些德性中存在着一种形式的因素，以及一种类似物质的因素。其中的物质因素是欲望部分根据某种样式对激情和操作活动的倾向；既然这种样式是由理性确定的，那么形式的因素就是理性的命令。在来世不会有食和性方面的性欲和快乐，不会有对死亡危险的恐惧和大胆，也不会有现世所使用的事物的分配和交换。因此，这些道德德性就其物质因素而言在来世并不存在。但是，就形式因素而言，由于每一个人的理性将有最完善的正直，并且其欲望能力将完全为理性的命令所推动，因而在来世它们在获得赐福方面将仍然是最完善的。在这方面，托马斯赞成奥古斯丁的看法。他引证奥古斯丁的话说："明慎将没有任何犯错误的危险，刚毅将没有忍受恶的忧虑，节制将没有欲望的反抗；这样明慎就不会宁要某种善而不要上帝，不会认为某种善能比得上上帝，刚毅将最坚定地坚持

---

①　*Summa Theologiae*, II (I), Q.66, art.4.

②　*Summa Theologiae*, II (I), Q.66, art.5.

③　*Summa Theologiae*, II (I), Q.66, art.6.

他，节制对他感到欢喜，他知道不存在任何不完善。"①至于公正，即"服从上帝"。因为在这种生活中，服从上帝是公正的主要内容。关于理智德性在来世是否存在的问题，托马斯的回答大致上与对道德德性来世是否存在问题的回答相似："这些德性就其形式因素而言在来世仍然存在，正如我们关于道德德性所阐述的一样。"②此外，托马斯还具体讨论了信仰、希望以及仁爱在来世是否存在的问题，在此我们不再赘述。

（四）德性与圣礼、至福和圣果

在讨论了德性的一般问题之后，托马斯又专门讨论了德性与圣礼、至福和圣果的关系问题。对这些问题的讨论使德性问题进一步与神学问题联系了起来。

关于圣礼的问题，托马斯认为，圣礼就是礼物（gifts），只不过它是圣灵给予人的礼物，所以笔者为了与通常意义上的礼物相区别，将其称为"圣礼"。圣礼与德性有着密切的关联。"德性"的概念是指它在与行善的关系中使人完善，而"圣礼"（gift）这个词指德性由以产生的原因。它与德性之间不存在任何对立，而且比德性更完善。圣灵的圣礼与圣灵本身相比较，它是与人关联的；与理性相比较，甚至作为道德德性，它是与欲望能力相关的。道德德性是习惯，欲望能力据此而有意于服从理性；所以圣灵的圣礼也是习惯，它使人乐意服从圣灵从而达到完善。③

圣礼有七种，即智慧、知识、理解、商讨、刚毅、虔诚和恐惧。一般认为，前四种属于理性，后三种属于欲望。虽然托马斯没有否认这种看法，但他认为圣礼涵盖所有的德性。"这一点是清楚的，即圣礼涵盖德性所涵盖的所有东西，包括理智德性和道德德性。"④各种圣灵的圣礼在仁爱中被联系在一起，无论谁拥有仁爱，他就拥有所有圣灵的圣礼，没有仁爱，一个人不能拥有其中的任何一种。从这些圣礼可以看出，智慧、知识、理解、刚毅这些圣礼与上帝灌输给我们的德性之间没有什么区别。不过，也存在着为什么一些德性被称为圣礼，而另一些德性不是这样的问题，以及虔诚、恐惧圣礼不被认为是德性的问题。

---

① *Summa Theologiae*, II (I), Q.67, art.1.

② *Summa Theologiae*, II (I), Q.67, art.2.

③ *Summa Theologiae*, II (I), Q.68, art.3.

④ *Summa Theologiae*, II (I), Q.68, art.4.

　　对于德性与圣礼的关系，人们有不同的看法，托马斯认为，要弄清两者之间的关系，我们必须回到圣经的表述。在圣经中，所使用的词是"精神"而不是"圣礼"。如圣经中说"智慧和理解的精神……将依赖于他"（《圣经·以赛亚书》11：2-3），等等。从这些话可以看出，这七个圣礼是上帝的灵感（Divine inspiration）提供给我们的。灵感表示来自外部的运动。在人这里，运动有双重的本原：一个在人自身之内，即理性；另一个是外在于人的，即上帝。无论什么被推动的东西，必定是与其推动者相称的。可动者本身的完善在于一种意向，由于这种意向才能被推动者推动。推动者越是强有力地推动，可动者与其推动者相称的意向越是完善。一个教徒为了在从他的老师那里接受更高层次的教导，就需要一种更完善的意向。显然，人的德性使人完善的根据在于，他在他的内在行为和外在行为中被他的理性推动是本性的。这样，人就还需要更高的完善，有了这种完善他就有意于被上帝推动。这些完善就被称为圣礼。这些完善之所以被称为圣礼，不仅是因为它们是被上帝灌输的，而且因为人本身有意成为顺从上帝的启示。"这就是某些人所说的，圣礼使人在那些比德性行为高级的行为方面完善。"①

　　圣礼是人的完善，由于这种完善，人有意于服从上帝的激励。理性也有激励，但理性的激励是不充分的，因而需要圣灵的激励，也就是需要圣礼。在服从人的理性，并被引导到人固有本性的目的的问题上，人能通过他的理性判断作为。然而，如果人能接受上帝特殊激励的帮助，这将是出于上帝的极丰富的善性，因此并不是每一个具有获得的道德德性的人都具有神性的德性。圣灵将引导我们到正确的土地，但除非被圣灵推动和引导到那里，否则，没有人能接受那块得到赐福的土地的居住权。"为了达到这个目的，人拥有圣灵的礼物是必要的。"②

　　关于至福，托马斯认为，幸福是人生活的最后目的，当一个人希望拥有它时他就已经拥有了这个目的。另一方面，我们希望达到一种目的，因为我们被适宜地推向那个目的，并接受它，而这就意味着某种行为。一个人是由于德性的作为，尤其是圣礼的作为而被推向并接近幸福的目的的。对于永恒幸福，我们的理性是不充分的，我们需要圣灵的推动，需要用他的圣礼来完善，以便我们服从和追随他。"因此，至福就不同于德性和圣礼，它不是作

① *Summa Theologiae*, II (I), Q.68, art.1.
② *Summa Theologiae*, II (I), Q.68, art.2.

为习惯，而是作为出自习惯的行为。"①

至福是一种未来的幸福，那么我们为什么要追求这种未来幸福呢？托马斯认为我们是因为两个理由在心中拥有对未来幸福的希望的：一是由于我们对未来幸福有准备或者有意向，这是由于价值；二是由于在整个人类甚至在今生就有对未来幸福的不完善预知。这就像当我们看见叶子开始出现时希望树孕育果实，这是一回事，而当我们看到最初的果实时，则是另一回事。"所以，那些被看作至福中的价值的东西，是对要么是完善的要么是起步的幸福的准备或意向；而那些作为奖赏而被分配的东西，则要么是与来世关联的完善幸福，要么是幸福的某种开始，这一点可以在已经达到完善的那些人中发现，在那种情形下，它们是与现世生活关联的。"②因为当一个人在德性和圣礼的行为方面开始取得进步时，他就会希望达到完善，既作为一个路人，也作为天国的臣民。

托马斯认为至福与感性生活、能动生活和沉思生活都有联系，但这三种生活的幸福与至福有不同的关系。在讨论这种关系的过程中，托马斯提出了获得至福的七个途径，或者说回答了什么样的人能得到上帝的恩典，从而获得至福。他认为，感性的幸福是虚假的并与理性相矛盾，因而是至福的障碍；能动生活的幸福是对未来至福的一种意向；而思辨的幸福如果完善就是未来至福的真正本质，如果不完善就是它的一个开始。③

在托马斯看来，某些至福是上帝为排除感性幸福对圣福的障碍而设置的。快乐的生活由两种东西构成：一是外在善的丰富性，无论是富有还是荣誉。人通过德性淡化对它们的追求，以便适度地使用它们，并且通过圣礼以更优秀的方式完全鄙视他们。因此，第一个至福是"清心寡欲的人被赐福"（Blessed are the poor in spirit）。这也许是指要么轻视富有，要么轻视荣誉。二是屈从激情。人要从性情激情退出，就要借助德性以便将它们控制在理性统治的范围，还要借助圣礼以更优秀的方式使人遵循上帝的意志而完全不被激情所搅乱。因此，第二种至福是"温顺的人被赐福"（Blessed are the meek）。人借助德性从性欲激情退出，以便人能在适度的范围内使用这些激情；借助圣礼以便将它们完全搁置旁边。因此，第三种至福是"因为忧伤，他们被赐福"（Blessed are they that mourn）。

---

① *Summa Theologiae*, II (I), Q.69, art.1.
② *Summa Theologiae*, II (I), Q.69, art.2.
③ Cf. *Summa Theologiae*, II (I), Q.69, art.3.

　　能动的生活主要在于人与他的邻人的关系，这种关系或者通过责任或者通过奖赏建立起来。我们借助德性有意于前者，以便我们不拒绝对邻人尽义务，那属于公正；借助圣礼，我们以热烈的欲望完成公正的作为，以便更多地全心地做同样的事，就好像一个饥渴的人以强烈的欲望吃喝一样。因此，第四种至福是"因为渴望公正，他们被赐福"（Blessed are they that hunger and thirst after justice）。就自发的恩惠而言，我们凭借德性而被完善，以便我们在理性命令我们给予的时候给予；我们凭借圣礼而被完善，以便我们通过对上帝的尊敬而仅仅考虑我们将要惠赠的那些人的需要。因此，第五个至福是："仁慈的人被赐福"（Blessed are the merciful）。

　　有关沉思生活的那些要素既有可能是最后的至福本身，又也许是它的某种开始。因此，它们不是作为价值，而是作为回报被包括在至福中。然而，能动生活的结果，就它使人有意于沉思的生活而言，被包括在至福之内；就那些使人本身完善的德性和圣礼而言，是人心灵的净化，以便它不被激情玷污。因此，第六种至福是："心灵净化者被赐福"（Blessed are the clean of heart）。但是，就使人在与他的邻人的关系中得到完善的德性和圣礼而言，能动生活的结果是和平。因此，第七种至福是"营造和平者被赐福"（Blessed are the peacemakers）。

　　就至福与上面所说的前三种幸福的关系而言，这些报偿得到了最适当的分配。人通过追求他的本性欲望的对象欲望感性幸福，人不是在他应该追求它的地方即在上帝中追求它，而是在暂时的、易腐坏的事物中追求它。至福离开了感性幸福所意味的东西，其报偿是与一些人在尘世幸福中追求发现的那些外在事物即富有和荣誉相应的，因为人在这些事物中所追求的某种优秀或丰富都隐含在天堂的王国之中，人可以通过它在上帝中获得善事物的优秀和丰富。因此，上帝给清心寡欲的人承诺天堂王国。另一方面，残酷和冷酷的人通过争吵和战斗追求消灭他们的敌人，以便为他们自己获得安全。因此，上帝对温顺的人作出在生活的土地上具有安全与和平的承诺，它表明了永恒善稳固的实在性。同时，人为了现世生活的辛劳而在现世强烈的欲望和快乐中追求安慰，因此，上帝向那些悲伤的人承诺舒适。

　　第四、五种至福属于能动幸福的作为，它们是在与邻人的关系方面指引人的德性的作为。有些人放弃公正的行为，并且取代给予应得的，得到不属于他们的东西，他们也许会获得丰富的现世的善。所以上帝对那些渴求公正的人承诺他们将获得满足。另一方面，一些人放弃仁慈的行为，唯恐陷入其他人的悲惨境地。因此上帝对那些仁爱的人承诺他们将获得仁慈，并且从所有的悲惨中解放出来。

最后的两种至福属于沉思的幸福或至福，其报偿根据包括在功过中的意向进行分配。心灵净化得到的承诺是他们将看见上帝。另一方面，一个人要么在自己身上，要么在与他人之间营造和平，表明这个人是上帝的追随者。因此，作为报偿，他得到的承诺是拥有上帝之子身份的光荣，这种光荣在于通过至上的智慧与上帝的完善达到统一。①

在解析了至福之后，托马斯又讨论圣果。圣果（fruits）一词就字上看就是通常所说的"果实"、"果子"，但托马斯给它赋予了神圣的意义。"'果实'这个词现在已经从物质世界转向了精神世界。"②正因为如此，笔者为了与通常的果实相区别，将其称为"圣果"，以与"圣礼"相应。在托马斯看来，在物质事物中，果实是植物达到完善并有某种香甜时的产物。这种果实有双重的关系：一是与产生它的树的关系，一是与从树上采集它的人关系。托马斯认为，对于精神方面的问题，我们也可以以两种方式使用"果实"一词：其一，人的果实也是他自身生产的东西；其二，人的果实是人采集的东西。然而，并不是人采集的所有东西都是果实，而只有最后的并提供快乐的东西才是果实，即人有意得自田野和树上的东西，才叫果实。"在这种意义上，人的果实是他的最后的目的，这种目的是为了他的享受所确立的。"③然而，如果我们将人的果实理解为人的产物，那么，人性行为就可以称为果实。因为操作活动是操作活动者的第二行为，而且如果它适合他就会给予快乐。那么，如果人的操作活动通过他的理性从人而来，那它就可以说是理性的果实。但是，如果它通过一种更高的能力从人而来，这种能力就是圣灵的能力，那么人的操作活动就可以说是圣灵的果实，它是上帝种子的果实。

在托马斯看来，果实是与至福不同的，虽然至福是果实，但并不是所有的果实都是至福。对于一种至福来说，它比一个果实需要更多的东西。因为一个果实是某种终极的、令人欢喜的东西就足够了，而对于至福来说，它是完善和优秀的东西。"因此，所有的至福都可以称为果实，但并非反之亦然。"④因为果实是人们感到欢喜的任何德性行为，而至福只是完善的作为，

①　*Summa Theologiae*, II (I), Q.69, art.4.

②　*Summa Theologiae*, II (I), Q.70, art.1.

③　*Summa Theologiae*, II (I), Q.70, art.1.

④　*Summa Theologiae*, II (I), Q.70, art.2.

并且是根据它们的完善而分配给圣礼而不是分配给德性的。

那么，圣果有哪一些呢？托马斯根据圣经提出有十二种圣果。《圣经·启示录》中谈到"在河这边与那边有生命的树，结十二样果子，每月都结果子"（《圣经·启示录》22：2）。托马斯认为《启示录》所列的十二种果实的数是合适的。不过，既然一个果实是来自一个源泉，那么这些果实之间就存在着不同。这种不同可以从人心灵的秩序来看：首先是它本身；其次是它附近的事物；最后是在它之下的事物。人的心灵就其自身而言，既有对善事物的意向，也有对恶事物的意向。人心灵对善事物的第一个意向是由爱引起的，爱是我们的第一情感，并且是所有情感之根。在圣灵的果实之中，这就是"仁爱"。在仁爱中，圣灵以一种特殊的方式被给予，就像在他自己一样，因为他自己就是爱。这就是圣经所说的："所赐给我们的圣灵将上帝的爱浇灌在我们心里。"（《圣经·罗马书》5：5）仁爱之爱的必然结果是"欢乐"（joy），因为每一爱者都对与被爱者达到一致而感到欣喜。欢乐的完善是"和平"（peace），即免去了外部的干扰，并从焦躁不安中平静下来。和平隐含着两种东西：一是无论什么时候受到恶的威胁而不被干扰，这属于"耐心"（patience）；二是无论什么善的事物被延误而不被干扰，这属于"长期受难"（long suffering）。人的心灵的意向就在他附近的事物即他的邻人而言，首先是有行善的意愿，这属于"善性"；其次使这种意愿实施，这属于"善举"（benignity）；再次平静地忍受其邻人强加的痛苦，这属于"温顺"（meekness），它扼制愤怒；最后克制由愤怒和欺骗对邻人造成的伤害，这属于"信仰"，因为一个人因相信上帝这样做他就被引导到了他之上的境界，他不仅服从他的理智，而且服从上帝。对于他之下的那些事物，就外在行为而言通过"谦逊"（modesty）观察我们所有言行的"样式"；就内在的欲望而言通过"贞洁"（chastity）使人从非法的欲望撤回，还通过"偶然性"（contingency）从合法的欲望撤回。①

在托马斯看来，一般来说，圣灵的果实是与肉体的作为矛盾的，因为圣灵将人的心灵推动到与理性相一致，或者不如说推动到超越理性的高度；而肉体的即感性的欲望将人吸引到在人之下的感觉的善。但是，由于这两者各自都根据其特有的本性发挥作用，因此，在这一点上，它们又不是必然地相互矛盾的。

---

① Cf. *Summa Theologiae*, II (I), Q.70, art.3.

（五）恶的习惯：恶性与罪

托马斯将恶性和罪理解为恶的习惯。关于恶性与罪，托马斯讨论了六个问题：（1）就其本身而言的恶性与罪；（2）它们的区别；（3）它们彼此之间的比较；（4）罪的主体；（5）罪的原因；（6）罪的结果。

托马斯没有直接说明恶性与罪的关系，但从他的论述看，恶性是指习惯，而罪是指行为，这种行为不一定是出于恶性习惯。"罪不是什么别的东西，只不过是一种坏的人性行为。"[①] 恶性与罪之间的关系如同"仁爱"与"爱"的关系，前者指德性，后者是指行为。他明确说："罪与德性形成对比，就如同恶的行为与善的习惯形成对比一样。"[②]

托马斯认为，有三个东西是与德性相反的。其一是"罪"（sin），它与德性相反是就其与德性被引向的东西对立而言的，因为罪表明一种过度的行为，而德性的行为是一种协调而应有的行为。其二是"恶意"（malice）。就德性在结果上所隐含的而言，德性是一种善性，而德性的相反物是"恶意"。其三是"恶性"（vice）。就直接属于德性的本质而言，它的相反物是"恶性"，因为一个事物的恶似乎在于在与它的本质相适应的意义上无意于它。[③]

"恶性是与德性相反的。"[④] 一个事物的德性在于它正确地有意于一种适合它的本性的方式。因此，任何事物的恶性在于有意于不适合它的本性的方式。但是，必须注意到，一个事物的本性主要是它的形式，事物从它的形式派生它的种。例如，人从它的理性灵魂派生它的种。这样，无论什么与理性秩序相反的东西，都是与人的本性相反的；而无论什么与理性一致的东西，也是与人的本性一致的。人的善是要与理性一致，而他的恶则是要反对理性。"所以，使一个人善并使他的作为善的德性，是与人的本性一致的，因为它与他的理性相一致；而恶性就它与理性的命令相反而言，是与人的本性相反的。"[⑤] 在托马斯看来，恶性也是一种习惯。习惯处于能力与行为之间。无论是在善的方面还是在恶的方面，行为都先于能力。因为"行善比能行善更好，同样，作恶比能作恶更应受谴责"[⑥]。由此可以推出，在善性和恶性方

① *Summa Theologiae*, II (I), Q.71, art.6.
② *Summa Theologiae*, II (I), Q.71, art.4.
③ *Summa Theologiae*, II (I), Q.71, art.1.
④ *Summa Theologiae*, II (I), Q.71, art.2.
⑤ *Summa Theologiae*, II (I), Q.71, art.2.
⑥ *Summa Theologiae*, II (I), Q.71, art.3.

面，习惯都处于能力和行为之间。除非习惯引起善的或恶的行为，否则习惯不被称为善的或恶的。所以，一个习惯根据其行为的善性或恶性被称为善的或恶的，这样，行为在善性或恶性方面可以胜过它的习惯。

由于居于灵魂中的习惯并不必然产生它的操作活动，只是当人意欲时才被使用，因而一个拥有一种习惯的人可能不使用那种习惯，或产生一个相反的行为。所以，一个具有德性的人可能产生一个有罪的行为。这种有罪的行为仅发生一次，并不能腐坏德性，正如习惯不会被一次行为造成，也不会被一次行为所破坏一样。但是，某些德性有可能被一次不可饶恕的罪（mortal sin）所破坏。仁爱就会被一次不可饶恕的罪的行为所破坏。一旦仁爱被破坏，所有灌输的德性就不再是德性了，所谓的信仰和希望也不再是德性了。但是，可赎的罪不是与仁爱相反的，一次这样的罪不会破坏它，也不会破坏其他德性。至于获得的德性，它们则不会被任何类型的罪的一次行为所破坏。托马斯的结论是："不可饶恕的罪与灌输的德性不相容，但与获得的德性一致；而可赎的罪与德性是相容的，无论是灌输的还是获得的。"①

托马斯还讨论了不作为罪（the sin of omission）。对于不作为罪，托马斯要求考虑不作为的原因或偶因。除非我们疏忽了我们能做或能不做的，否则就没有不作为罪。我们没有做我们能做或能不做的，必定是由于某种原因或偶因。如果这种原因不在人的能力之中，不作为就不是有罪的；但是，如果原因或偶因从属于意志，不作为就是有罪的。而且这样的原因就它是自愿的而言，必定包含了某种行为，至少包含了意志的内在行为。"所以，这一点是明显的，即不作为罪确实有一种行为与不作为联系在一起或先于不作为，但是这种行为对于不作为罪是偶然的。"②

以上所述表明，罪不过是坏的人性行为。一个行为是人性行为，那是由于它是自愿的。另一方面，一个人的行为是恶的，则是由于缺乏与应有的尺度的一致性，而在一个事物中与尺度的一致性依赖于规则。人的意志有两条规则：一条是近似和均等的，即人的理性；另一条是第一规则，即永恒法，那是上帝的理性。因此，有两种东西共同出现在罪之中，即自愿的行为和偏离上帝的永恒法的极度性（inordinateness）。在这两者之中，一个本质上涉及犯罪者，他有意在某某物质中做某某行为；另一个是行为的极度性，它偶然地涉及犯罪者的意图。这样，就自愿的行为而不是罪固有的极度

---

① *Summa Theologiae*, II (I), Q.71, art.4.

② *Summa Theologiae*, II (I), Q.71, art.5.

性而言，罪明显地不同。自愿的行为因其对象的种而不同，所以罪可以根据其对象在种方面的不同加以适当地区别，罪从其对象中获得其种。"每一种罪都在于对某种易变的（mutable）善的欲望。人对易变的善有一种极度的欲望，并且拥有了它可以给他极度的快乐。"① 快乐是双重的：一种快乐属于灵魂，它在对与欲望一致的事物的纯粹理解中达到最高点。这也能被称为精神快乐（spiritual pleasure），即一个人在人类的赞扬之中获得快乐。另一种快乐是肉体的或本性的，并且在肉体的接触中获得。这也能被称为肉欲快乐（carnal pleasure）。这样，那些在于精神快乐的罪被称为精神的罪（spiritual sins），而那些在于肉欲快乐的罪被称为肉欲的罪（carnal sins）。② 托马斯除了分析罪在种方面和在精神与肉体方面的不同之外，还讨论了罪涉及的原因方面的不同、所针对的对象方面的不同、所惩罚的各种罪过方面的不同、有关不作为和作为方面的不同、以不同阶段为根据的不同、就过度和不足而言的不同、根据其各种环境的不同。这些分析细致严密，有助于对罪的理解，可以作为专题进行研究，这里不一一介绍。③

托马斯认为罪之间不具有平等性，因为罪的严重性各不相同，与目的直接相关，人性行为依附于罪的目的越高级，罪就越严重。目的指向对象，因而罪之间的严重性差异取决于它们的对象。托马斯举例说，一个涉及人的实体的罪比涉及外在事物的罪严重，如谋杀比偷盗严重；一个直接对上帝犯的罪比涉及人的实体的罪严重，如不敬、亵渎神明比谋杀严重。与此相应，与更大的德性相对立的罪更严重，因为罪的严重性程度取决于对象，而德性的重要性也取决于对象，它们都从对象中获得种。所以，最大的罪必定是直接与最大的德性相对立的。在肉欲的罪与精神的罪哪一种更严重的问题上，托马斯认为，精神的罪比肉欲的罪大。这是因为：第一，精神的罪属于精神，而精神的作用在于促使人转向上帝，精神的罪是要从上帝那里离开。第二，肉欲的罪是对犯罪者自己的身体犯的，而精神的罪是对上帝和邻人犯的。第三，冲动越强，罪越不严重，而肉欲的罪有一种强烈的冲动，即我们自己肉体的内在性欲。④

关于罪的主体，托马斯的基本观点是，罪的合适主体必定是作为行为本

---

① *Summa Theologiae*, II (I), Q.72, art.2.
② *Summa Theologiae*, II (I), Q.72, art.2.
③ Cf. *Summa Theologiae*, II (I), Q.72, arts.3-9.
④ *Summa Theologiae*, II (I), Q.73, art.3.

原的能力。道德行为是自愿的，而意志是人性行为的本原。这样，善的行为和恶的行为或罪的主体是意志，因而意志是罪的本原，由此可以推出，"罪存在于作为它的主体的意志之中"①。但是，不仅意志是罪的主体，而且所有被意志推动到行为的能力都是罪的主体，这些能力都是善的和恶的道德习惯的主体。这样，罪也存在于感性之中，因为感性或感性欲望在本性上被意志所推动。不过，不可饶恕的大罪不能存在于感性之中，只能存在于理性之中。

托马斯对罪的原因作了非常全面细致的分析研究。他分别探讨了罪的一般原因和罪的特殊原因。对于罪的特殊原因，他又探讨了就感性欲望而言的原因，罪作为恶意的原因，罪的外在原因，就恶魔而言的原因，就人而言的原因，就原罪而言的原因，就一种罪是另一种罪的原因而言的原因等。② 这里我们着重介绍他关于罪的一般原因的思想。

托马斯首先肯定罪是有原因的。在他看来，"一个罪就是一个过度的行为。"③ 就它是一个行为而言，它会有一个直接的原因。但就它是过度的而言，它也有一个原因，如同否定或缺乏有原因一样。这两个原因可以被归为一个否定：首先，肯定的原因的缺乏，即原因本身的否定本身，就是否定的原因。因为消除原因的结果是结果的消除。例如，太阳的缺席是黑暗的原因。其次，一个肯定的原因是作为结果的否定的偶然原因。例如，引起热的火由于它偶然的倾向，导致了冷的丧失。第一个原因足以引起一个单纯的否定。但是，既然罪和恶的过度性不是一个单纯的否定，而是某物本性上应该有的东西的丧失，那么，这样的一种过度性必定有一个偶然的动力因。因为本性上并且应该在一个事物中的东西，决不会缺乏，除非由于某种临近的原因。因此，某种缺乏的恶，有一个不足的原因，或一个偶然的动力因。每一个偶然的原因可还原为直接的原因。既然罪就它的过度性而言，有一种偶然的动力因，就行为而言，有一种直接的动力因，那么可以推出，罪的过度性是行为原因的一种结果。这样，意志缺乏理性规则和上帝法的指引、专注于某种易逝的善，就直接地引起罪的行为，而且在意图之外间接地引起行为的过度性。因为行为中秩序的缺乏起因于意志中指导的缺乏。

人性行为有两种内在的原因，即遥远的和最近的。人性行为最近的内在

---

① *Summa Theologiae*, II (I), Q.74, art.1.

② Cf. *Summa Theologiae*, II (I), QQ.75-84.

③ *Summa Theologiae*, II (I), Q.75, art.1.

原因是理性和意志，而遥远的原因是感性部分的理解，也是感性的欲望。正如由于理性的判断，意志被推向某种与理性一致的东西一样，由于感官的理解，感性欲望倾向于某事物，那种倾向有时影响意志和理性。"这样，罪就有双重的内在原因：最近的，由理性和意志表现出来的；遥远的，由想象或感性欲望表现出来。"①但是，罪的原因是以某种表面上的善作为动机的，而缺乏应有的动机，即理性的规则或上帝的法。这种作为表面善的动机与感官的理解和欲望有关，应有规则的缺乏与理性有关，而自愿的有罪行为的完成与意志有关。这样，在我们所说的这些条件下，意志的行为就已经是一种罪。

既然罪的内在原因既是完成有罪行为的意志，又是缺乏应有的规则的理性和倾向于罪的欲望，那么某种外在事物可以在三种意义上成为罪的原因，即直接推动意志本身，推动理性，推动感性欲望。除了上帝之外，没有任何其他人能内在地推动一个人的意志，但上帝不会是罪的原因。因此可以推出，没有什么外在的事物能成为罪的外在原因，除非通过推动理性和意志或推动感性欲望。然而，外在的诱惑不能推动理性，也不会在行为方面外在地提出要做的事情，甚至也不能推动感性欲望，除非对这种外在诱惑有意。而且感性欲望也必然不能推动理性和意志。"所以，某种外在的事物能成为推动犯罪的原因，但不是充分的原因，只有意志才是罪被实施的充分的、完全的原因。"②

就一个罪的行为有一个原因而言，可能一个罪是另一个罪的原因，这与一个人的行为是另一个人的行为的原因一样。托马斯认为，就四类原因而言，一个罪能可是另一个罪的原因。第一，直接或间接的动力或推动的原因。就间接而言，排除一个障碍的东西被称为间接的运动原因。当人由于一个有罪的行为而离开恩典、仁爱、羞耻或任何使他放弃罪的别的东西时，他就因此而坠入了另一种罪，以至于第一个罪成了第二个罪的偶发原因。就直接的而言，一种有罪的行为更有意于干另一种类似的行为，因为行为引起倾向于类似行为的倾向和习惯。第二，一种物质的原因。一种罪由于为另一种罪的物质作了准备而成为另一种罪的原因。第三，一种最后的原因。就一个人为了作为他的目的的另一种罪而犯的一种罪而言，一种罪引起另一种罪。最后，一种形式的原因。既然目的将形式给予道德的物质，那么可以推出，一种罪也是另一种罪的形式因，因为在为了偷盗的目的而犯的通奸的行为

---

① *Summa Theologiae*, II (I), Q.75, art.2.
② *Summa Theologiae*, II (I), Q.75, art.3.

中，前者是物质的，而后者是形式的。

对于罪的结果，托马斯讨论了三个问题，即：本性善的腐坏；灵魂的污点（a stain on the soul）；惩罚的罪债（the debt of punishment）。托马斯认为，本性的善会被罪减少。他分析说，人的本性的善是三重的：一是有本性由以构成的本原及其由以产生的性质存在，如灵魂的能力；二是人出于本性对德性的倾向就是一种本性的善；三是原初公正的礼物也可以被称为本性的善，这个礼物在第一个人的人格中赋予了人本性的整体。其中，第一种意义的善既不能为罪破坏，也不能为罪减少；第三种本性的善由于我们的第一位父亲而完全被破坏；第二种本性善则被罪减少，因为人性行为会产生对类似行为的倾向。事物倾向于对立双方的一方，必定会减弱对立双方中的另一方的倾向。由于罪与德性对立，如果人犯罪，那种倾向德性的本性的善就必定会减弱。① 托马斯认为，像身体上可能有污点一样，精神也可能有污点。他认为人的灵魂有两种光辉：一是理性的本性之光的光辉；二是上帝之光的光辉。当人犯罪时，他就执着于反对理性之光和上帝法之光。这样，灵魂的光辉就会丧失。这就被称为灵魂的污点。一旦灵魂中有了污点，罪的行为过去之后，这个污点还会存在。"罪的污点甚至在罪的行为过去后还会在灵魂中存在。"② 不过，只要人被恩典所推动，他就会返回到上帝之光和理性之光，污点就会被除掉。托马斯认为，人可能会因罪扰乱了意志的三种秩序而受到三种惩罚：一是因反对人的本性所服从的理性秩序的行为而受到惩罚；二是因反对人的本性所服从的人类秩序的行为而受到惩罚；三是因反对上帝统治的普遍秩序的行为而受到惩罚。"所以，他会招致三重的惩罚：一是他自己即良心的懊悔给予的；二是人给予的；三是上帝给予的。"③ 托马斯特别强调，如果罪破坏了人将服从上帝的秩序的本原，所导致的无序是他自己无法修复的。因为这种秩序的本原是最后的目的，人由于仁爱而坚守它。所以，使人离开上帝以致破坏了仁爱的无论何物，都将招致永恒惩罚的罪债。

五、神学德性

在《神学大全》中，有一个部分专门研究神学德性。在这个部分，托马

---

① Cf. *Summa Theologiae*, II (I), Q.85, art.1.
② *Summa Theologiae*, II (I), Q.86, art.2.
③ *Summa Theologiae*, II (I), Q.87, art.1.

斯不仅研究了什么是信仰、希望和仁爱，以及与它们直接相关的问题，而且还研究了与这些德性相反的恶性，其内容十分丰富。这里我们主要介绍他对三个神学德性的基本理解。

（一）信仰

关于信仰，托马斯讨论了四个问题，即信仰本身；相应的圣礼（知识和理解）；对立的恶性（异端邪说、变节、亵渎神明）；属于这一德性的戒律。关于信仰本身，他又讨论了它的对象、行为以及习惯。我们这里主要讨论有关信仰本身的问题，其他的问题见《神学大全》的相关部分。[①]

托马斯认为，每一认识习惯的对象都包括两方面：一是物质上被认识的东西，是物质的对象；二是由以被认识的东西，是对象的形式方面。从这两方面看，信仰的对象的形式方面是第一真理。信仰的前提是同意。在此，我们谈到的信仰并不同意任何东西，除非它是被上帝启示的。因此，信仰所基于的中道是上帝的真理。不过，如果我们从物质上考虑信仰所同意的东西，它们就不仅包括上帝，也包括许多其他东西，然而除非这些东西与上帝有某种关系，否则这些东西就不能归入信仰的同意。从这种意义上看，信仰的对象在某种意义上也是第一真理，这是就在与上帝的关系之外没有任何东西可以归入信仰而言的。信仰的对象可以从两方面考虑：一是从被相信的事物考虑，信仰的对象是某种单纯的东西，即我们对它有信仰的事物本身；二是从相信者的角度考虑，信仰的对象是某种复杂的东西。信仰的对象的形式方面是第一真理，因而除了第一真理之外，就没有任何东西能归入信仰。任何虚假的东西都不属于第一真理，所以也没有任何虚假的东西能归入信仰。"信仰隐含着理智对被相信的东西的同意。"[②]

托马斯将信仰理解为行为，认为它既是内在行为，也是外在行为。作为内在行为，它是一种理智行为，但与其他理智行为不同。为此，他分析了相信与思考的关系，认为相信是"同意地思考"（to think with assent）。在他看来，"思考"有三种情形：一是泛指任何类型的理智实际考虑；二是严格地限于某种探讨类型的理智的考虑；三是指认识能力的行为。根据第一种意义，"思考"被广泛地理解，而"同意地思考"不能完全表达"相信"所包含的广泛意义。在这种意义上，甚至当一个人考虑他通过科学所认识或所理

---

① Cf. *Summa Theologiae*, II (II), QQ.8-16.
② *Summa Theologiae*, II (II), Q.1, art.4.

解的东西时，他也在同意地思考。在第二种意义上理解的"思考"，则完全表达了相信行为的本性。因为在属于理智的行为中，有一些没有任何这类思考就有了一种坚定的同意。当一个人考虑他通过科学或理解知道的东西时就是如此，因为这种考虑已经形成。但也有一些理智行为有一种缺乏坚定同意的未成型思想。它们要么不倾向于任何一方，对两方都持"怀疑"态度；要么倾向于一方而不倾向于另一方，持"不决"态度；或者倾向一方而对另一方面感到恐惧，持"发表意见"的态度。"因此，相信者同意地思考是合适的，这种相信的行为区别于所有其他关于真和假的理智行为。"①

任何能力或习惯的行为都取决于那种能力或习惯与它的对象的关系。既然"相信"就意志推动它同意而言是一种理智行为，那么信仰的对象既可以从理智的角度考虑，也可以从推动理智的意志的角度考虑。从理智的角度考虑，可以在信仰对象中看到三种东西，一是信仰的物质对象，二是对象的形式方面，三是信仰的行为。托马斯认为，"如果就理智被意志所推动而言考虑信仰的对象，那么信仰的行为就是'相信上帝'。因为第一真理由于拥有目的方面而涉及意志。"②

托马斯认为，"信仰行为会是有价值的"③。我们的行为就其由上帝的恩典所推动的自由意志产生而言，是有价值的。相信的行为是一种同意上帝的真理、由上帝的恩典推动的意志所命令的行为，它服从与上帝有关系的自由意志，因而信仰的行为是有价值的。信仰的行为就它服从意志而言也是有价值的。使我们相信的理性与相信者的意志有两种关系。第一，在意志行为之前，除非一个人被理性所推动，否则他就没有意志或没有敏捷的意志去相信。在这种意义上理性减少信仰的价值。在道德德性中，一种先于选择的激情使有德性的行为较少值得赞扬。正如一个人由于他的理性判断的缘故，而不是由于激情的缘故，应该履行道德德性的行为一样，他也不是由于人的理性缘故，而是由于上帝权威的缘故而应该相信信仰的事务。第二，人的理性也许是随着相信者的意志发生的。当一个人的意志打算相信时，他爱他相信的真理，他仔细考虑并认真关注他能发现的支持这一点的理由。在这种意义上，人的理性并不排除信仰的价值，而把它看作是更大价值的标志。④

---

①　*Summa Theologiae*, II (II), Q.2, art.1.

②　*Summa Theologiae*, II (II), Q.2, art.2.

③　*Summa Theologiae*, II (II), Q.2, art.9.

④　Cf. *Summa Theologiae*, II (II), Q.2, art.10.

信仰行为的价值更在于它使人获得拯救，进入天堂。托马斯明确指出："人要达到天堂幸福的完善美景，他就必须首先相信上帝，就像一个徒弟相信正在教他的师傅一样。"① 他还认为，明确地相信某种东西对于获得拯救是必要的，这些东西包括对基督奥秘（the mystery of Christ）的信仰，如"道成肉身"、受难和复活，"三位一体"。信仰的对象合适地并直接地包括人通过它能获得至福的东西。基督的道成肉身和受难的奥秘是人们获得至福的道路，因此所有人在全部时间对基督的道成肉身的奥秘的某种相信，是必要的。但是，这种相信是因时间和人的不同而各异。托马斯具体分析了人在有原罪前、有原罪后以及恩典被启示后相信的不同情形。托马斯还分析了相信三位一体对于得救的必要性。他认为，如果没有对三位一体的信仰，就不可能明确地相信基督的奥秘，因为基督的奥秘包括上帝之子获得肉身，他通过圣灵的恩典更新了世界，以及他为圣灵所构想。②

在考察了一般意义的信仰之后，托马斯接着考察了作为德性的信仰及相关问题。

关于什么是作为德性的信仰的问题，托马斯认为，既然习惯是通过其行为而被认识的，而行为又是通过其对象而被认识的，那么，信仰作为一种习惯，应该通过与它的合适对象有关系的适宜行为来下定义。信仰的行为是相信，而相信是作为意志控制对象的理智的行为。因此，信仰行为既与意志的对象有关，即与善和目的有关，又与理智的对象有关，即与真理有关。同时，信仰作为一种神学德性而具有一个与对象和目的相同的东西，因而它的对象和目的必然是彼此相称的。

信仰行为与作为意志对象的目的的关系可以用这样一句话表明，即"信仰是被希望的事物的实体"③。因为我们习惯于称一个事物的最初开始为实体，所有后来的事物都实际上包含在最初的开始之中。在这种意义上，在我们之中要被希望的事物的最初开始是由信仰的同意引起的，这种最初开始实际上包含了被希望的所有事物。

信仰行为与理智对象的关系也可以用这样一句话表明，即"没有出现的事物的证据"④。在这里"证据"被认为是证据的结果。因为证据引导理智坚

---

① *Summa Theologiae*, II (II), Q.2, art.3.

② Cf. *Summa Theologiae*, II (II), Q.2, arts.7-8.

③ *Summa Theologiae*, II (II), Q.4, art.1.

④ *Summa Theologiae*, II (II), Q.4, art.1.

持真理，所以在这里，理智对信仰的非出现的真理的坚定坚持被称为"证据"。

如果将以上分析归结为一个定义，那就可以说："信仰是心灵使理智同意非出现的东西的习惯，通过这种习惯，永恒生活在我们这里开始。"[①] 在这种意义上，信仰不同于所有属于理智的其他事物。当我们将它描述为"证据"时，我们就将它与意见、未决和怀疑区别开来了，因为这一切都没有使理智坚定地坚持的任何东西。当我们继续说"未出现的事物"时，我们将它与科学和理解区别开来了，因为它们的对象都是出现了的某种东西。当我们说它是"被希望的事物的实体"时，我们将信仰的德性与通常所谓的信仰区别开来了，因为它们不涉及我们希望的至福。

信仰是一种德性，它的行为必定是完善的。相信直接的是理智的行为，因为那个行为的对象是"真的东西"，而这合适地属于理智。"信仰必定存在于理智之中"[②]。信仰的行为被引向意志的对象，即作为它的目的善。作为信仰目的的这种善，即上帝的善，是仁爱的合适对象。"所以仁爱就信仰的行为由仁爱完善和构成而言，被称为信仰的形式。"[③]

有人将信仰区分为活的信仰（living faith）和无生命的信仰（lifeless faith），并认为它们是不同的习惯。托马斯不赞同这种观点。他认为，两种信仰是同一种习惯。其理由是，一种习惯因直接属于那种习惯的东西而有差别。既然信仰是一种理智的完善，那它就属于理智。属于意志的东西不直接属于信仰，因而与信仰的习惯不同。但是，活的信仰涉及属于意志的某种东西，即仁爱，而不涉及属于理智的某种东西。"所以，活的和无生命的信仰不是有区别的习惯。"[④] 但是，托马斯认为，活的信仰属于德性，而无生命的信仰不属于德性。理智应该总是倾向真理，这是信仰的真正本质。因为没有什么虚假的东西能成为信仰的对象，而作为信仰形式的仁爱，其效果是灵魂总具有被引向善的目的的意志。因此，有生命的信仰是一种德性。另一方面，无生命的信仰之所以不是德性，则是因为尽管无生命信仰的行为就理智而言是充分完善的，但它没有意志方面的应有完善。托马斯举例说，如果节制是在性欲能力中而没有明慎在理性部分中，节制就不是德性，因为节制

<hr>

① *Summa Theologiae*, II (II), Q.4, art.1.
② *Summa Theologiae*, II (II), Q.4, art.2.
③ *Summa Theologiae*, II (II), Q.4, art.3.
④ *Summa Theologiae*, II (II), Q.4, art.4.

的行为既需要一种理性的行为，也需要性欲能力的行为；信仰的行为也是一样，它需要意志的行为，也需要理智的行为。①

托马斯进一步分析说，如果我们将信仰看作是一种习惯，我们就能以两种方式考虑它。其一从对象考虑，这样就只有一种信仰。因为信仰的形式对象是第一真理，通过坚持它，我们相信包含在信仰中的任何东西。其二从主体考虑，这样就因它在各种主体中而有差别。很明显，信仰像任何其他习惯一样，从它的对象方面获得它的种，而且被它的主体个体化。因此，如果我们将信仰看作是我们凭借它相信的习惯，它特别的是一个种，但从其不同的主体来看，它在数量上却是不同的。另一方面，如果我们将信仰看作是被相信的东西，那么就只有一种信仰，因为被所有人相信的是同一事物。"所有人在相信被相信事物方面是相同的，而被相信的事物是彼此不同的，尽管如此，但它们都可以归结为一。"②

关于信仰与其他德性的关系，托马斯认为，"信仰就其真正本性而言，是先于所有其他德性的。"③因为既然目的是行为的本原，其对象是最后目的的神学德性必定先于所有其他德性。另一方面，最后目的必定在它出现于意志之前出现于理智，因为除了意志被理智理解之外，意志没有对任何东西的倾向。因此，正如最后目的由于希望和仁爱而在意志中出现并通过信仰而在理智中出现一样，所有德性中的第一个德性必定是信仰，因为本性的知识不能达到作为天堂极乐的对象的上帝，那是希望和仁爱在希望之下倾向于他的方面。另一方面，一些德性能偶然地领先于信仰，因为一个偶然的原因能偶然地先于结果。排除障碍的东西是一种偶然的原因。在这种意义上，某些德性可以被说成是偶然地先于信仰的。例如，刚毅排除了对信仰的过度恐惧，谦逊排除了骄傲，由于骄傲，一个人拒绝使自己服从信仰的真理。对于其他德性也可以这样说，尽管除非信仰被假设，否则就没有真正的德性。

在讨论信仰的主体时，托马斯首先讨论了信仰是在天使那里有还是在人这里的问题。他的基本看法是，既然人和天使都是由于恩典的圣礼而被创造的，那么由于所接受的恩典并非完美，因而在他们身上就有某种对幸福的期盼，而那种幸福就是从他们意志中的希望和仁爱、理智中的信仰开始的。因此，我们必须认为，天使在他们被确证（行确信礼）之前，在人犯罪之前，

---

① Cf. *Summa Theologiae*, II (II), Q.4, art.5.
② *Summa Theologiae*, II (II), Q.4, art.6.
③ *Summa Theologiae*, II (II), Q.4, art.7.

天使有信仰。不过，在信仰的对象中，有某种形式的东西，即超越创造物所有本性的知识的第一真理；也有某种物质的东西，即我们坚持第一真理时我们同意的东西。在讨论信仰的主体时，托马斯还讨论了恶魔、异教徒是否有信仰的问题，以及一个人具有的信仰是否比另一个人更深的问题。[①]

对于信仰的原因，托马斯认为，对于信仰来说，有两个东西是必不可少的。第一，信仰的东西应该向人提出来。这对于人明确地相信某种东西是必要的。第二，信仰者同意向他提出的东西。就第一条而言，信仰必须来自上帝。因为那些信仰的东西超越了人的理性，除非上帝启示它们，否则它们就不能进入人的知识。关于第二条，我们可以观察到两个原因。一个是外在的诱因，看见一个奇迹，或被某位拥有信仰的人所劝导，就是这种情形。但它们都不是充足原因，因为在看见相同奇迹的人或听见相同布道的人中，一些人相信，一些人不相信。因此，我们必须考虑另一个内在的原因，它推动我们同意信仰。佩拉鸠主义者认为，这个原因不过是人的自由意志，并由此认定说信仰是从我们自己开始的。因为倾向于同意所信仰的东西，是在我们的能力范围，只是信仰的圆满成功来自于上帝，他给我们提出我们得相信的事物。但是，这种观点是虚假的。因为既然人通过同意信仰的东西而被提升至他的本性之上，这必定是来自某种内在地推动他的超本性的本原，而这就是上帝。"所以，信仰就作为其主要行为的同意而言，是来自上帝通过恩典内在地推动人。"[②]

在谈到信仰的效果时，托马斯讨论了恐惧是不是信仰的效果问题，以及人心能不能被信仰净化问题。关于前一个问题，托马斯阐述说，恐惧是欲望能力的一种运动，所有欲望运动的本原是被理解的善或恶，因而恐惧以及每一欲望运动的本原必定是一种理解。另一方面，通过信仰，对某些会受到惩罚的恶的理解会得到提高，这是根据上帝的判断实现的。在这种意义上，信仰是恐惧的一个原因，因为人们惧怕受到上帝的惩罚，而且这是卑屈性的恐惧。同时，信仰也是孝顺恐惧的原因。由于恐惧，人们惧怕与上帝分离，或者由于恐惧，人们不敢使他们自己与他平等，并在崇敬中拥有他。正是信仰使我们将上帝赞颂为一种深不可测的和至高无上的善，坚信与它分离是最大的恶，而希望与他平等是邪恶的。无生命的信仰是首要的恐惧即卑屈的恐惧的原因，而活的信仰是第二位的恐惧即孝顺的恐惧的原因，因为它使人依附

---

① Cf. *Summa Theologiae*, II (II), Q.5, arts.2, 3, 4.

② *Summa Theologiae*, II (II), Q.6, art.1.

上帝并通过仁爱服从他。① 关于信仰能否使人心净化的问题，托马斯认为，一个事物不纯是因为与不纯的东西混合在一起。理性创造物比所有短暂的、肉体的创造物更优秀，所以它成为不纯的，是因为使自己爱短暂的事物而服从它们。理性创造物要通过一种相反的运动，即通过倾向于在它之上的东西即上帝来使它的不纯得到净化。这种运动的始点就是信仰。"因此，心纯化的始点就是信仰。如果这一点由于被仁爱所鼓舞而得到完善，心就将因此而得到完善的净化。"②

（二）希望

关于希望，托马斯主要研究了希望本身、作为圣礼的恐惧及其与希望的关系、作为与希望相反的恶性的绝望和傲慢、恐惧作为与希望相应的戒律的意义等问题。这里只简介关于希望本身的理解。关于这个问题，他讨论了就其本身而言的希望及其主体问题。

托马斯首先指出，希望是一种德性。人性行为有双重的尺度：一个是接近的和同属的，即理性；另一个是遥远的和超越的，即上帝。所以，人的每一个达到理性或上帝本身的行为都是善。希望是一种行为，希望的行为达到上帝。因为当我们论及希望的激情时，希望的对象是一个未来的善，达到它是困难的但却是可能的。一个事物在两种意义上对于我们是可能的：一是由于我们自己，二是由于其他人。当我们希望依靠上帝的帮助我们可能获得的任何东西时，我们的希望达到上帝本身。"所以，很明显，希望是一种德性，因为它将人性行为引向善，并达到它应有的规则。"③

希望依赖上帝的帮助达到上帝，以获得所希望的对于善而言的东西，结果必定是与其原因相称的。我们应当希望合适地并主要地来自上帝的善，这是无限的善，它是与我们的帮助者上帝的能力相称的。因为引导任何人达到无限的，是属于无限的能力。这样一种善是永恒的生活，这种生活在于对上帝本身的享受。我们只应该从他那里希望他自己，因为他的善不亚于他的本质，通过这种善他将善的东西赋予他的创造物。"所以，希望的合适而主要的对象是永恒的幸福。"④

---

① *Summa Theologiae*, II (II), Q.7, art.1.
② *Summa Theologiae*, II (II), Q.7, art.2.
③ *Summa Theologiae*, II (II), Q.17, art.1.
④ *Summa Theologiae*, II (II), Q.17, art.2.

　　托马斯还讨论了希望与其他神学德性的关系。希望是一种神学德性，因为上帝是作为德性的希望的主要对象，而神学德性就是以上帝作为它的对象的。关于希望与信仰、仁爱的关系，托马斯认为，仁爱使我们为了上帝的缘故而依附上帝，通过爱的情感实现我们的心灵与上帝的统一；另一方面希望和信仰使人依附上帝，我们从上帝那里既派生关于真理的知识也派生完善善性的到达。"这样，信仰使我们依附上帝，作为我们从其中派生关于真理的知识的源泉，因为我们相信上帝告诉我们的是真的；而希望使我们依附上帝，作为我们从其中派生完善善性的源泉，就是说，我们通过希望信赖上帝对获得幸福的帮助。"①

　　就与信仰的关系而言，信仰先于希望，因为希望的对象是未来的善，获得它是费力的，但却是可能获得的。所以，为了我们可以希望，将希望的对象尽可能地提供给我们，就是必要的。希望的对象在一种意义上是永恒幸福，在另一种意义上是上帝的帮助，而这两者是由信仰提供给我们的。通过信仰，我们知道我们能获得永恒生活，知道为了这一目的，上帝的帮助已为我们准备好。"所以，信仰先于希望是明显的。"②

　　就与仁爱的关系而言，托马斯根据两种顺序进行分析。一种是产生和物质的顺序，就此而言，不完善先于完善；另一种是完善和形式的顺序，就此而言，完善的东西在本性上先于不完善的事物。从第一种顺序看，希望先于仁爱，因为希望和所有欲望的运动都是从爱产生的。但是，爱有完善的爱和不完善的爱。完善的爱指一个人由于这种爱而他自己被爱。当某人希望一个人为了他自己而拥有某种善时，就是完善的爱。例如，一个人爱他的朋友。不完善的爱指一个人不是为了本身的目的而爱某种东西，而是为了他自己可以获得那种善。例如，一个人爱他所欲望的东西。上帝的爱即是第一爱，属于仁爱，它是为了上帝自身而依附他；希望则属于第二爱，因为希望指望为自己拥有某种东西。在产生的顺序上，希望先于仁爱，因为正如一个人害怕上帝会因自己的罪而受到惩罚，因而被引导去爱上帝一样，希望引导仁爱，因为一个通过希望得到上帝奖赏的人，会被鼓励去爱上帝并服从他的戒律。另一方面，在完善的顺序上，仁爱在本性上先于希望，由于仁爱的到来，希望变得更完善。③

---

①　*Summa Theologiae*, II (II), Q.17, art.6.

②　*Summa Theologiae*, II (II), Q.17, art.7.

③　Cf. *Summa Theologiae*, II (II), Q.17, art.8.

托马斯继续讨论了希望的主体问题。希望存在于人的意志之中。希望的行为是一种欲望能力的运动，因为它的对象是一种善。在人身上有性情的和性欲的感性欲望，又有意志的理智欲望，那些在较低欲望中出现的运动是带有激情的，而那些在较高欲望中出现的运动是没有激情的。希望德性的行为不属于感性欲望，因为作为这种德性主要对象的善不是感性的善，而是上帝的善。"所以，希望存在于被称为意志的较高欲望之中，而不存在于性情能力是其一部分的较低的欲望之中。"①托马斯最后讨论了被赐福的人和被诅咒的人是否有希望的问题。他认为，希望像信仰一样，在天堂是废弃的，它们都不会存在于被赐福的人身上。在被赐福的人和被诅咒的人那里都不存在任何希望。不过，他肯定希望存在于路人身上，无论他们是在今生还是在炼狱中。②

（三）仁爱

仁爱虽然不是神学德性中的第一德性，但却是其中最重要的德性，也是最复杂的德性。关于仁爱，托马斯讨论了五个问题：（1）仁爱本身；（2）仁爱的对象；（3）仁爱的行为；（4）与仁爱对立的恶性；（5）与仁爱相关的戒律。

关于仁爱，托马斯从它与友谊的关系谈起。按照亚里士多德的观点，并不是每一种爱都具有友谊的品质，友谊是那种带有善行的爱。如果我们不希望我们所爱的人善，而是为了我们自己而希望他的善，那就不是友谊的爱。然而，对于友谊来说，并不是有美好的愿望就足够了，因为某种相互的爱是必不可少的。而且这种美好的愿望也能在某种交往中发现。就上帝将他的幸福传递给我们而言，人与上帝之间有一种交往，那么，某种友谊必须基于这同一交往。基于这种交往的爱，就是仁爱。"因此，很明显，仁爱就是人对上帝的友谊。"③

但是，仁爱并不等于友谊。友谊有不同的种类。首先，就目的不同而言，有三种友谊，即为了利益而建立的友谊，为了欢喜而建立的友谊，为了德性而建立的友谊。其次，就不同种类的友谊基于的团体而言，有一种亲戚之间的友谊，有另一种同胞之间或旅伴之间的友谊。前者基于本性的团体，

---

① *Summa Theologiae*, II (II), Q.18, art.1.
② Cf. *Summa Theologiae*, II (II), Q.18, arts.2-4.
③ *Summa Theologiae*, II (II), Q.23, art.1.

后者基于同胞团体或路上的同志关系。而仁爱不能以这些方式加以区别，因为它的目的只有一个，就是上帝的善性；这种友谊以之为基础的永恒幸福的交情（fellowship），也是一种。"所以，可以推出仁爱只是一种德性，不能被划分为几个种。"①

德性的本性在于达到上帝，仁爱就是要达到上帝，它使我们统一到上帝，所以仁爱是一种德性。行为和习惯是由于它们的对象而被特殊化的，爱的合适对象是好人，所以无论哪里有善的一个特殊方面，哪里就有一种特殊的爱。但就上帝的善是幸福的对象而言，有一个善的特殊方面，所以对仁爱的爱，即是对那种善的爱，是一种特殊的爱。"所以，仁爱是一种特殊的德性。"②

仁爱是最大的德性。既然人性行为中的善依赖于它们被应有的规则规定，那么它作为善行为的本原的德性必定在于达到人性行为的规则。人性行为的规则是双重的，即理性和上帝，而上帝是第一规则。这样，旨在达到这种第一规则的神学德性，是比旨在达到人类理性的道德德性或理智德性更优秀的。由此可以推出，在神学德性本身中，第一位的德性属于最能达到上帝的德性。信仰和希望就我们从上帝派生关于真理的知识或获得善而言确实能达到上帝，但是仁爱能达到上帝本身，以至于依赖于他，而不是某种东西从他那里归属于我们。"因此，仁爱是比信仰或希望更优秀的，并且因此而比所有其他德性都优秀，正如凭本身就能达到理性的明慎比其他的道德德性优秀一样，这些道德德性是就明慎指定人的操作活动或激情中的中道而言达到理性的。"③

托马斯不仅认为仁爱是最大的德性，而且认为它给其他德性提供形式，没有它，其他的德性都不可能是真正的德性。"如果没有仁爱，就没有严格意义上的真正德性。"④"根据前面所说的，很明显，正是仁爱引导所有其他德性行为到最后目的，并因而也给所有其他德性行为以形式，在这种意义上，严格说来仁爱被称为德性的形式，因为这些德性因与'有见识的'（informed）行为有关而被称为德性。"⑤

---

① *Summa Theologiae*, II (II), Q.23, art.5.
② *Summa Theologiae*, II (II), Q.23, art.4.
③ *Summa Theologiae*, II (II), Q.23, art.6.
④ *Summa Theologiae*, II (II), Q.23, art.7.
⑤ *Summa Theologiae*, II (II), Q.23, art.8.

　　关于仁爱的主体，托马斯强调，"仁爱的主体不是感性的欲望，而是理智的欲望，即意志。"[1]但是，仁爱本身是超越我们的本性能力的，因而仁爱不能自然地存在于我们身上，也不能通过本性的能力自然获得，而只能通过圣灵的灌输。"圣灵是圣父和圣子的爱。"[2]我们对圣灵的分享就是被创造的仁爱。仁爱不取决于本性的德性，而只取决于灌输仁爱的圣灵的恩典。这样仁爱的量既不取决于本性的条件，也不取决于本性德性的能力，而只取决于圣灵的意志。他"根据他的意志""划分"圣礼。但是，路人的仁爱是可以增加的。托马斯所说的路人，就是指我们普通人。他认为，我们都是在去往上帝（他是我们幸福的最后目的）的路上，所以我们被称为"路人"（wayfarers）。[3]在这种意义上，我们会随着我们接近上帝而有所进步，而这种接近是仁爱的结果。仁爱的增加只能通过分享它的主体越来越多地服从它来实现。这种增强是仁爱在主体身上被强化，也就是仁爱在本质上增强，因为仁爱不是通过每一个仁爱的行为实际增加的，而是通过仁爱的每一个行为都有意于仁爱而增加的。其具体体现是，一个仁爱行为使人更倾向于再次根据仁爱行为，而且由于这种增加的倾向，人迸发出了一种更挚爱的行为，并且努力追求仁爱方面的进步，这样他的仁爱实际上就增加了。这种增加在今生没有限度，因为它是一个对无限仁爱即圣灵的分享，不可能固定在任何一个增加的限度上。"很明显，不可能给今生的仁爱增加确定什么限度。"[4]

　　既然仁爱的增加没有限度，那么路人的仁爱能否达到完善呢？关于这个问题，托马斯分析说，仁爱的完善可以从两种意义上理解，一是被爱的对象，二是爱着的人。就被爱的对象而言，如果的确值得那样的被爱，仁爱就是完善的。上帝是无限地值得爱的，但没有创造物能无限地爱他，因为所有的被创造的能力都是有限的。在这种意义上，任何创造物的仁爱都不能是完善的，只有上帝的仁爱才是完善的。就爱着的人而言，当他献出最大限度的爱时，仁爱就是完善的。这有三种情形：一是全部身心总是实际上向着上帝，这是天堂的仁爱的完善，在今生不可能实现；二是将自己的时间用于为上帝和神事作出热情的努力，同时轻视现实生活除必需的东西之外的其他东西。这是路人可能达到的仁爱的完善；三是将全部身心习惯地献给上帝，即

---

①　*Summa Theologiae*, II (II), Q.24, art.1.

②　*Summa Theologiae*, II (II), Q.24, art.2.

③　Cf. *Summa Theologiae*, II (II), Q.24, art.4.

④　*Summa Theologiae*, II (II), Q.24, art.7.

既不思考也不欲望任何与上帝的爱相反的东西，这种完善是所有仁爱之人共同具有的。①

既然仁爱可以增加，那么它也可以减少。不过，这种减少不是就其对象而言的，而是就其主体而言的。而且这种减少要么是由于上帝，要么是由于某种有罪的行为。然而，我们身上的缺点不会是上帝引起的，除非受到他的惩罚，而他的惩罚是对罪的惩罚。因此，如果仁爱减少，其原因必定是罪。那么，具有了仁爱后会不会丧失呢？托马斯认为天堂的仁爱不会丧失，而通往天堂路上的仁爱会丧失。这是因为在这种状态下，没有看见上帝的本质，而那是善性的本质。如果说导致仁爱减少的原因是罪，那么导致仁爱丧失的原因则是致命的罪。"这一点是明显的，即由于每一种致命的罪都与上帝的戒律相反，因而一个障碍就被放置到了仁爱源源不断流出的路上，因为从一个选择了宁要罪而不要上帝的友谊，而这种友谊要求我们应该服从他的意志的事实，可以推出仁爱的习惯由于一个致命的罪而立刻丧失。"②

仁爱有不同的程度，这种不同程度可以根据人对增加仁爱的不同追求加以区别。最初，人的主要责任是使自己主要忙于避免罪和抵御推动他反对仁爱的性欲。这是对初始者而言的，仁爱得在他们身上培育，以免被破坏。然后，人主要追求善方面的进步，这是熟手的追求，其主要目的是增强他的仁爱。最后，人的目的主要在于与上帝达到统一并享受上帝。这属于完善的人，他的欲望被融化并和基督在一起。③

仁爱的对象是什么呢？托马斯的回答很明确，既要爱上帝也要爱邻人。他认为，这是一个特别相同的行为，通过这个行为我们爱上帝，并且爱我们的邻人。"仁爱的习惯不仅要扩展到爱上帝，而且也要扩展到爱我们的邻人。"④ 在他看来，仁爱不只是爱，而且具有友谊的本性。从友谊的角度看，一个事物被爱有两种意义：一是我们对朋友有友谊，并且我们希望给他好东西；二是我们希望朋友成为善人。在后一种意义上而不是在前一种意义上，才是出于仁爱而爱仁爱的，因为仁爱是我们欲望所有我们出于仁爱所爱的人成为善人。我们应该爱我们的邻人，那么我们应不应该爱无理性的生物呢？托马斯的解答是，仁爱是一种友谊，我们与无理性的创造物没有友谊，所以

---

① Cf. *Summa Theologiae*, II (II), Q.24, art.8.

② *Summa Theologiae*, II (II), Q.24, art.12.

③ Cf. *Summa Theologiae*, II (II), Q.24, art.9.

④ *Summa Theologiae*, II (II), Q.25, art.1.

对动物没有仁爱。不过，如果我们将无理性的创造物看作是好东西，我们也能出于仁爱而爱无理性的创造物。友谊是与上帝的友谊，也是与上帝的事物的友谊，人在这些事物之中，因而人也要出于仁爱而爱自己。爱自己也包括爱自己的身体。我们身体的本性不是恶的本原创造的，而是上帝创造的，因此我们也应该爱身体。不过，我们不应该爱罪的恶果和惩罚的腐坏，而应该通过仁爱的欲望渴望排除这些东西。[①]

我们应不应该爱罪人、敌人呢？托马斯认为，罪人身上有两种东西，一是他的本性，二是他的罪。他的本性来自上帝，他也有获得幸福的能力，因此就他们的本性而言，我们应该爱罪人。另一方面，他们的罪是与上帝对立的，所有的罪人都要被憎恨。我们憎恨罪人，是因为他是一个罪人；我们爱他，是因为他是能得到极乐的人，这是出于仁爱，为了上帝的目的而真正爱他。至于是否应该爱敌人，托马斯分析说，对一个人的敌人的爱可以从三种意义上理解：第一，如果我们本来就爱我们的敌人，这是堕落的，并且是与仁爱相反的，因为它隐含着对另一个人的恶的东西的爱。第二，爱敌人也许意味着我们就他们的本性而爱他们。在这种意义上，仁爱要求我们应该爱我们的敌人，要求我们在爱上帝和我们的邻人的过程中，不应该从一般给予邻人以爱的意义上排除爱我们的敌人。第三，对敌人的爱可能被看作是对他们给予特别的引导，即我们应该对我们的敌人有一种特殊的爱的运动。仁爱并不要求绝对地做到这一点，因为它不要求我们应该对每一个人都有一种特别的爱的运动，因为这是不可能的。不过，就我们在心灵里作准备而言，仁爱要求做到这一点。就是说，如果有必要，我们应该准备个别地爱我们的敌人。为了上帝而爱敌人，这种爱并不是必然的，而是属于仁爱的完善。因为既然人为了上帝而出于仁爱爱他的邻人，那么他越是爱上帝，他也就越将敌意放在旁边，而对他的邻人表示爱。例如，如果我们非常爱某个人，我们就会爱他的孩子，尽管他们对我们不友好。[②]

托马斯还解释了是否应该爱天使和恶魔的问题。仁爱的友谊建立在永恒幸福的交情之上，人和天使共同享有这种幸福。所以仁爱的友谊也要扩展到天使。恶魔的情形则不同，恶魔这个名字就表明本性已被破坏，所以恶魔不应该得到出于仁爱的爱。然而，如果不强调这个词，关于被称为恶魔的精神是否应该出于仁爱而应该被爱的问题，则要具体分析。这些精神已经被上帝

---

① *Summa Theologiae*, II (II), Q.25, arts.2-5.

② Cf. *Summa Theologiae*, II (II), Q.25, art.6.

永恒地诅咒，如果我们对他们有仁爱的友谊，那是与我们对上帝的仁爱相对立的。另一方面，就我们希望无理性的创造物持续地存在下去，以给上帝光荣并对人有益而言，我们要出于仁爱爱他们。从这种意义上看，我们甚至也能出于仁爱而爱恶魔的本性，因为就他们的本性才能而言，我们欲望这些精神持续地存在下去，直到使上帝感到光荣。①

最后，托马斯集中列举了我们要出于仁爱去爱的事物。他说："正如以上所陈述的，仁爱的友谊基于幸福的交情。在这种交情中，首先要考虑的是幸福得以产生的本原，即上帝；其次是直接分享幸福的事物，即人和天使；第三是通过一种流溢幸福得以到来的东西，即人的身体。"②他认为，幸福产生的源泉是值得爱的，因为它是幸福的原因。作为幸福参与者的东西，能通过两条途径成为爱的对象：一是通过与我们自己的一致；二是通过在分享幸福的过程中与我们相联系。在这方面，由于人既爱自己又爱邻人，因而就有两个东西出于仁爱被爱。

在研究了仁爱的对象之后，托马斯又研究了仁爱顺序。他首先肯定出于仁爱而被爱的事物中有某种顺序，而且认为爱的第一本原是上帝，因而上帝应该是主要被爱的，并且应该摆在所有出于仁爱而被爱的对象之前。因为他是幸福的原因，而和我们一起接受被爱的邻人都从他那里分享幸福。那么我们是否应该爱自己胜过爱他人呢？托马斯的回答是双重的。他认为，人有精神本性和肉体本性。就精神本性而言，人应该出于仁爱而爱自己超过爱任何其他人；但就肉体本性而言，人应该出于仁爱爱他的邻人超过爱他自己的身体。托马斯还讨论了人是否应该爱一个邻人超过爱另一个邻人、人是应该更爱更好的人还是应该更爱更近的人、人应该更爱一个血统相同的人还是应该更爱因其他原因而与他联系在一起的人、一个人是否应该爱他的儿子超过他的父亲、一个人是否应该爱他的妻子超过他的父母、我们是否应该爱友好对待我们的人超过爱我们友好对待的人，以及仁爱的顺序是否在天堂持续等问题。③

托马斯认为仁爱的主要本原行为是爱，也有从它推出的其他行为或效果。"爱属于作为仁爱的仁爱。因为既然仁爱是一种德性，那么，由于其本

---

① Cf. *Summa Theologiae*, II (II), Q.25, arts.10-11.
② *Summa Theologiae*, II (II), Q.25, art.12.
③ Cf. *Summa Theologiae*, II (II), Q.26, arts.6-13.

质它对它的适当行为有一种倾向。"①

托马斯首先对爱作了辨析。他认为仁爱是爱而不是被爱。在他看来，仁爱是一种德性，由于它的真正本质，它对合适的行为有一种倾向；而被爱不是被爱的人的仁爱行为。仁爱与善意（goodwill）也不尽相同。善意是一种意志行为，它表明我们希望另一个人好。这种意志行为不同于实际的爱，实际的爱不仅被看作是感性的欲望也被看作是理智的欲望或意志。感性欲望中的爱是一种激情，每一种激情都以某种渴望追求它的对象。爱的激情不是被突然唤起的，而是产生于对被爱对象的热诚的考虑，而且像这样的爱起因于以前的熟人。而善意有时是突然引起的。但是，那种在理智欲望中的爱也不同于善意，它表示爱者与被爱者之间的某种结合，而善意是一种单纯的意志行为。因此，被看作仁爱的爱包含善意，而这样的爱加上了感情的联盟，所以亚里士多德说"善意是友谊的开始"。②

接着，托马斯从爱的对象的角度分析了爱的行为。他首先回答了上帝被爱是否为了他自己的缘故的问题。"为了"表示一种因果关系。可以根据亚里士多德的目的因、形式因、动力因和物质因这四种不同的原因，来分析一个事物是否为了另一事物而被爱。就目的因而言，我们为了健康而爱医药；就形式因而言，我们为了德性而爱一个人；就动力因而言，我们因为某些人是某某父亲的儿子而爱他们；就可归结为一个物质原因的意向而言，我们因为接受某人的恩典而爱他。这样，就前三个原因而言，我们爱上帝，不是为了任何别的东西，而是为了他自己。因为他不被引导到任何别的东西作为目的，他自己就是所有事物的最后目的；他也不需要为了成为善的而接受任何形式，因为他的真正实体就是他的善性，它本身就是所有其他善事物的样板；善性不是从任何别的事物归于他，而是从他归于所有其他事物。然而，就第四原因而言，他能为某种别的东西而被爱，因为我们是由于某些事物而有意于在他的爱方面有所进步，例如由于他赋予的恩典，由于我们希望接受他的奖赏，甚至由于我们有意通过避免他的惩罚。托马斯断定，"作为欲望能力行为的爱甚至在今生首先要倾向于上帝，然后从他扩展到其他事物。在这种意义上，仁爱可以直接爱上帝，然后通过上帝爱其他事物。"③

我们之所以要爱上帝，是因为上帝能够被完全地（wholly）被爱。首

---

① *Summa Theologiae*, II (II), Q.27, art.1.

② Cf. *Summa Theologiae*, II (II), Q.27, art.2.

③ *Summa Theologiae*, II (II), Q.27, art.3.

先，就"完全地"所涉及的被爱的事物而言，上帝要被完全地爱，因为人应该爱属于上帝的所有东西；其次，就值得爱者"完全地"爱而言，上帝也应该完全地被爱，因为人应该因他的能力而爱上帝，而且要将他所具有的一切与上帝的爱关联起来；再次，从爱与被爱的事物相对比而言，上帝是值得无限地爱的，因为上帝的善是无限的，只是因创造物的所有能力是有限的而不能无限地爱上帝。[①] 我们对上帝的爱本身没有尺度衡量，这种爱本身就是尺度，"我们越是爱上帝，我们的爱就越好"[②]。

　　那么在上帝与邻人之间，我们爱谁更好呢？托马斯认为，这种比较可以从两方面看。首先分别从两种爱看。从这个角度考虑，对上帝的爱是更有价值的，因为报偿取决于这种爱。其次从两种爱之间的关系看。一方面只是对上帝的爱，另一方面是为了上帝的缘故而爱邻人。在这种意义上，对邻人的爱包含对上帝的爱，而对上帝的爱不包含对邻人的爱。还有一个问题是，我们应该爱朋友还是爱敌人？对于这两种爱也可以从两方面比较，一是从我们爱的邻人看，二是从我们爱他的理由看。从第一方面看，对朋友的爱超过了对敌人的爱，因为朋友既是更好的，又是与我们联系更密切的。然而，从第二方面看，爱敌人比爱朋友更好。这是因为两个原因：其一，不是为了上帝而是因为另一个理由而爱朋友是可能的，而爱敌人的唯一理由是上帝；其二，因为我们假定朋友和敌人两者都是因为上帝而被爱的，而一个人情感扩展得离自己最远，即扩展到爱敌人，就证明他对上帝的爱越强烈。不过爱朋友就其本身考虑要比爱敌人更热烈、更好。[③]

　　在托马斯看来，仁爱的主要行为即爱会产生一些效果，包括内在的效果和外在的效果。内在的效果主要有欢乐（joy）、和平（peace）和仁慈（mercy）。托马斯认为，欢乐不是一种区别于仁爱的德性，而是仁爱的一种行为或效果；和平是仁爱引起的，仁爱的适当行为就是和平；就人而言，仁爱比仁慈大，但在所有与邻人有关的德性中，仁慈是最大的，因为它为邻人提供短缺的东西。仁爱的外在效果主要有：慈善（beneficence）、施舍（almsdeed）和兄弟般的纠正（fraternal correction）。托马斯认为，仁慈不是一种不同于仁爱的德性，而是表示仁爱的一种行为；施舍是仁爱借助于仁慈的一种行为，是慈善的构成部分；兄弟般的纠正作为一种施舍，也是仁爱的一种行

---

① Cf. *Summa Theologiae*, II (II), Q.27, art.5.

② *Summa Theologiae*, II (II), Q.27, art.6.

③ Cf. *Summa Theologiae*, II (II), Q.27, arts.7-8.

为，而不是身体疾病的治疗或外在的身体需要的满足，它也是公正的行为，它要确保一个人与另一个之间的公正的正直。①

关于与仁爱对立的恶性，托马斯列举了四类七种：一是憎恨（hatred），它是与爱对立的；二是懒惰和嫉妒（sloth and envy），它们是与仁爱的欢乐对立的；三是不和和分裂（discord and schism），它们是与和平相反的；四是冒犯和丑闻（offense and scandal），它们是与慈善和兄弟般的纠正相反的。在讨论与仁爱对立的恶性时，托马斯还讨论了争吵（contention）、战争（war）、冲突（strife）、暴动（sedition）等罪。②针对这些与仁爱相反的恶性或罪，托马斯提出要有仁爱的戒律。这种戒律就是两条：一是爱上帝，二是爱邻人。"应该有两条仁爱的戒律是适宜的，一条是我们由它引导到爱作为我们目的的上帝，另一条是我们由它引导到为了上帝就像为了我们自己一样而爱我们的邻人。"③

在讨论仁爱的时候，托马斯专门讨论了智慧与愚蠢。他认为智慧是圣灵给予人的圣礼，这种圣礼是与仁爱相应的。他赞同亚里士多德的观点，认为智慧考虑最高原因，通过这种原因，我们能形成关于其他原因的确定的判断，而且根据这种原因，所有事物都被置于秩序之中。人要通过圣灵才能获得这种判断，因而"智慧是圣灵的礼物"④。在理性进行探讨之后对上帝的事物作出正确判断，属于作为理智德性的智慧；但由于它们的同质性而对它们作出正确的判断，则属于作为圣灵礼物的智慧。这种对上帝事物的同质性是仁爱的结果，因为仁爱使我们统一到上帝。

"智慧作为圣礼，不仅是思辨的，也是实践的。"⑤因为智慧要沉思上帝的事物本身，同时它要依据上帝的事物对人性行为作出判断，并根据上帝的规则指导人性行为。智慧作为圣灵的礼物能使我们对上帝的事物或根据上帝规则的其他事物作出正确的判断，而那是仁爱的效果。因此，我们所说的智慧是以仁爱为前提的，它不可能与致命的罪相一致，不能与致命的罪在一起。托马斯认为，有些人在更高的程度上接受了智慧的圣礼，这要么体现在对上帝的事物进行沉思方面，要么体现在根据上帝的规则对人的事务进行指导方

面。这种程度的智慧并不是所有具有圣洁化恩典的人都具有的，而是属于圣灵随其意志分配的那些无偿的恩典（the gratuitous graces）。

托马斯十分重视智慧对于至福的意义。"第七种至福被适当地归结为智慧的圣礼，这既是就价值而言的，也是就报偿而言的。"[1]这里的"价值"这样被表示，即"营造和平者被赐福"。一个营造和平者是或者在他自己之中或者在其他人中营造和平的人。在这两种情形下，都是将和平要在其中建立的事物置于应有的秩序，因为"和平是秩序的安定"。将事物置于应有的秩序属于智慧，这样，和平性可以适当地归为智慧。"报偿"在这样的话中被表达："他们应该被称为上帝的孩子"。人之所以被称为上帝的孩子，是就他们分享了上帝独生的和本性的儿子的相似性而言的。"通过分享智慧的圣礼，人获得了上帝之子的身份。"[2]

托马斯认为，愚蠢不同于愚昧，因为愚蠢隐含着心中的冷漠和感觉的迟钝，而愚昧表示精神感觉的完全缺乏。所以，愚蠢适合作为智慧的对立面。愚蠢表明在判断方面的感觉的迟钝，并且是主要就最高原因而言的。一个人在感觉方面的迟钝可能体现在两方面：一是本性没有意向，就像一个白痴，在这种情形下，这样的愚蠢就不是罪；二是使他的感官投入到世俗的事情，而不能知觉上帝的事情，这样的愚蠢就是罪。愚蠢就其是罪而言，是由精神的感官变迟钝引起的。人的感官主要是由于强烈的欲望而投入到世俗的事情的，这种欲望与最大的快乐相关。这些快乐比任何其他东西更吸引心灵。所以，作为罪的愚蠢主要是由强烈的欲望引起的。[3]

六、主要德性（主德）

在讨论了神学德性之后，托马斯接着研究了主要德性，即明慎、公正、刚毅和节制。需要特别指出的是，托马斯所说的主要德性并不是他所说的道德德性，因为在他那里，明慎属于理智德性，其他三个主要德性才属于道德德性。因此，他所谓的主要德性是就理智德性和道德德性而言的，是这两类德性中的主要德性。

---

[1]　*Summa Theologiae*, II (II), Q.45, art.6.

[2]　*Summa Theologiae*, II (II), Q.45, art.6.

[3]　Cf. *Summa Theologiae*, II (II), Q.46.

（一）明慎

关于明慎，托马斯探讨了五个问题：明慎本身，它的部分，相应的圣礼，相反的恶性，与明慎相应的戒律。

托马斯认为明慎属于认识能力，而不属于感性能力。因为我们只能通过感性能力认识什么是伸手可及的并将它提供给感官，而要从现在或过去的知识获得未来的知识属于理性，因为这要通过一个比较的过程才能做到。未来的知识才属于明慎，"所以明慎严格地说是在理性之中的"①。明慎虽然在理性之中，但不属于思辨理性，而是属于实践理性，因为明慎不涉及最高原因，而涉及人类善，而这并不是所有东西中最好的东西。"所以很明显，明慎只存在于实践理性中。"②从这种意义上看，明慎是关于人类事务的智慧，而不是绝对意义的智慧。明慎不仅属于理性的考虑，而且也属于行为的运用，而这是实践理性的目的。但是，除非一个人既知道要被运用的东西，也知道它必须运用的东西，否则没有能力将一个东西运用于另一个东西之上。行为是发生在单个的事务中的，这样，明慎的人有必要既知道理性的普遍原则，又知道行为所涉及的单个事物。③

把正确的理性运用到行为，这属于明慎，而且这一点即使没有一种正确的欲望也能做。"因此，明慎具有德性的本性，不仅具有其他理智德性所具有的德性本性，而且也具有道德德性所具有的德性本性，它被列入这些德性之中。"④明慎是在理性中的，它由于一种对象的物质差异而不同于其他理智德性。因为理智德性中的"智慧"、"知识"和"理解"涉及必然事物，而"技艺"、"明慎"涉及偶然事物；技艺关心的是"被制造的事物"，如一幢房屋，明慎关心的则是"被做的事情"。另一方面，明慎也不同于道德德性，因为它在理智能力之中，而道德德性在欲望能力之中。"因此，很明显，明慎是一种特殊的德性，它不同于所有其他的德性。"⑤

明慎的主要意义在于将普遍原则运用于实践事务的特殊决定，因此，它并不确定道德德性的目的，而只是规定手段。决定人在他的行为过程中以什

---

① *Summa Theologiae*, II (II), Q.47, art.1.

② *Summa Theologiae*, II (II), Q.47, art.2.

③ Cf. *Summa Theologiae*, II (II), Q.47, art.3.

④ *Summa Theologiae*, II (II), Q.47, art.4.

⑤ *Summa Theologiae*, II (II), Q.47, art.5.

么方式、运用什么手段达到理性的中道，这是明慎的功能。因为尽管中道的达到是道德德性的目的，但这种中道要通过对被引导到目的的东西有正确意向才能被发现。既然明慎是"运用于行为的正确理性"，那么它的主要行为就是与行为有关的理性的主要行为。它包括三个方面：一是"协商"，它属于发现，因为协商是一个探讨行为；二是"对一个人已经发现的东西作出判断"，这是思辨理性的行为；三是"命令"，这个行为在于运用所协商的和所判断的东西。这个行为更接近实践理性的目的，因而它是实践理性的主要行为，也是明慎的主要行为。① 明慎在实现其功能的过程中，要保持警觉性，以免在不知不觉中被欺骗。既然对达到应有目的的手段进行正确的协商、判断和命令，属于明慎，那么"明慎就不仅关注个人的私人善，而且关注大多数人的共同善"②。个人的善、家庭的善、城市和国家的善是不同的目的，因而必定有不同种类的明慎与这些不同的目的相应。这样就会有一个人单个地是所谓明慎的，它针对个人自己的善；有"家庭的明慎"（domestic prudence），它针对家庭的共同善；还有"政治的明慎"（political prudence），它针对国家或王国的共同善。

那么，这就涉及哪些人是明慎的主体的问题。

首先，明慎是在臣民中，还是只在他们的统治者中？托马斯认为，明慎是在理性中，而支配和统治属于理性，因此，明慎属于具有支配和统治权的人；而臣民作为臣民、奴隶作为奴隶是不能支配和统治的，因而明慎不是奴隶作为奴隶、臣民作为臣民的德性。不过，既然每一个人都是理性的，都分享了根据理性的判断支配的能力，那么，他们都有与之相称的能力即明慎。③

其次，明慎是否在邪恶的人或罪人之中？托马斯认为，明慎有三种：一种是虚假的明慎，这种明慎有其名无其实；第二种是真实但不完善的明慎，因为它的善不是所有人类生活的共同目的，而且明慎的某个行为有可能会发生差池，如没有发出有效的命令；第三种是真实而完善的明慎，它正确地采取了协商、判断和命令，并且与人类整体生活的善相关。在这三种明慎中，第三种是单纯意义的明慎，它不能在罪人之中，而第一种明慎只能在罪人之

---

① Cf. *Summa Theologiae*, II (II), Q.47, art.8.

② *Summa Theologiae*, II (II), Q.47, art.10.

③ Cf. *Summa Theologiae*, II (II), Q.47, art.12.

中，第二种明慎对善人和邪恶的人是共同的。①

再次，明慎是否在所有的善人中？托马斯的回答是，"德性必须是联系在一起的，无论是谁，只要具有一种德性，他就具有所有的德性"②；无论是谁，只要具有恩典，他就具有仁爱，也就必定具有所有其他德性，包括具有明慎的德性。

最后，明慎是否在本性上就在我们中？托马斯的解释是，明慎不涉及目的，而只涉及手段，由此可以推出，明慎不是出于本性，而是通过经验或教育获得的。既然明慎是获得的，那么获得后会不会因为忘记而丧失呢？托马斯的回答是否定的。他认为忘记只涉及知识，一个人能忘记技艺和科学，以至于失去它们，但明慎不只在于知识，而且也在于欲望的行为，它的主要行为之一是命令。"因此，明慎不会因为忘记而直接丧失，但能为激情所腐坏。"③

明慎包括哪些部分呢？托马斯认为，部分有三种类型：一是整体的（integral）部分，如一幢房子的屋顶、基础；二是从属的（subjective）部分，如公牛和狮子是动物的部分；三是潜在的（potential）部分，如营养和感性能力是灵魂的部分。从第一种类型看，明慎也许有八个部分，其中包括马克罗比乌斯（Macrobius）所指定的六种，加上图利（Tully）增加的第七种，即记忆（memory），以及亚里士多德所到的"精明"（shrewdness）。这八个部分中五个属于作为一种认识德性的明慎，它们是"记忆""推理"（reasoning）、"理解"（understanding）、"温顺"（docility）和"精明"；其他的三个属于作为命令和运用知识到行为的德性的明慎，即"预见"（foresight）、"细心"（circumspection）和"谨慎"（caution）。从第二种类型看，明慎是一个人支配他自己的明慎和一个人统治多数人的明慎。多数人被统治的明慎又可以根据各种不同的多数划分为各种不同的种类。有为了某一特殊目的而被统一到一起的多数，如为了战斗而被聚集在一起的军队，控制这种多数的明慎是"军事的"（military）明慎。也有为了整体生活而被统一在一起的多数，如家庭，这种多数由"家庭的明慎"支配；又如城市或王国，其支配原则是统治者的"统治的明慎"（regnative prudence）和臣民的"政治的明慎"。托马斯认为还可从宽泛的意义上考虑明慎，把它看作是包括思辨知识的。这

---

① Cf. *Summa Theologiae*, II (II), Q.47, art.13.

② *Summa Theologiae*, II (II), Q.47, art.14.

③ *Summa Theologiae*, II (II), Q.47, art.16.

样，它的部分就包括"辩证法"、"修辞学"和"物理学"。从第三种类型看，明慎的部分是："正确商议的能力"（euboulia）；"根据共同法正确判断的能力"（synesis）；"根据一般法正确判断的能力"（gnome）。① 托马斯对以上明慎的三种类型的各部分进行了具体的阐述，这里不作具体的介绍。②

托马斯把商议看作是与明慎相应的圣礼。他的理由是，通过理性的研究被推动去履行任何特殊的行为，这对于理性创造物来说是合适的，而这种研究就被称为商讨（counsel）。因此，圣灵被说成是通过商讨推动理性创造物的，这样，商讨就被认为是属于圣灵的礼物行列的。③ 表明理性正确的明慎，是通过被圣灵统治和推动而得到完善和帮助的。而这属于商讨的圣礼。"所以，商讨的圣礼是与明慎相应的，因为它使明慎得到帮助并使它完善。"④ 商讨的圣礼是在被赐福的人之中的，因为上帝在他们中保存他们具有的知识，并针对他们对应履行职责的无知而对他们进行启蒙。商讨严格地说是关于对目的有用"事物"。因此作为对目的最有用的事物，应该首先与商讨的圣礼相应。仁慈（mercy）就是这样的事物。"所以，仁慈的至福特别与商讨相应，它不是引起仁慈，而是指导仁慈。"⑤

托马斯指出，与明慎相反的恶性包括明显地与明慎对立的恶性，和与明慎有虚假的类似的恶性。前者要么是由于明慎的缺点导致的，要么是由于那些对明慎而言必不可少的事物的缺点导致的；后者则是由于对明慎所需要的东西的滥用所导致。前一种恶性有"轻率"（imprudence）和"疏忽"（negligence）。后一种恶性包括：肉体的明慎（prudence of the flesh），狡猾（craftiness），属于狡猾的诡计（guile）、欺骗（fraud），以及所有这些恶性的主要根源贪婪（covetousness）。⑥

关于明慎的戒律，托马斯强调，说摩西十诫的戒律包括直接与明慎相关的戒律，这是不合适的。然而，就摩西十诫指导所有德性行为而言，它的所有戒律都与明慎有关。⑦

---

① Cf. *Summa Theologiae*, II (II), Q.48, art.1.
② Cf. *Summa Theologiae*, II (II), QQ.49-51.
③ Cf. *Summa Theologiae*, II (II), Q.52, art.1.
④ *Summa Theologiae*, II (II), Q.52, art.2.
⑤ *Summa Theologiae*, II (II), Q.52, art.4.
⑥ Cf. *Summa Theologiae*, II (II), QQ.53-55.
⑦ Cf. *Summa Theologiae*, II (II), Q.56.

（二）公正

在讨论完明慎之后，托马斯接着探究公正问题。这个问题在他那里被划分为四个方面：一是关于公正本身；二是关于它的部分；三是关于相应的圣礼；四是与公正相关的戒律。

托马斯认为，公正的突出特点在于它处理与他人的关系。"与其他德性相比较，在与其他人的关系方面指导人，对于公正是适当的。"① 他分析说，这是因为公正表示一种平等，平等涉及一个事物与另一事物的关系，当使事物成为平等时，我们通常说它们被调整。另一方面，其他的德性只是在与一个人自己的关系中有利于他的那些问题方面使人完善。因此，在其他德性的作为方面是正当的东西，它们就其适当对象而言所倾向的东西，只取决于它们与行为者的关系；而在公正的作为中的正当，除了与行为的关系之外，还要由它与其他人建立关系。因为当一个人的作为通过某种平等与其他某人有关时，他的作为就能被说成是公正的。因此，当一个事物是公正行为的终点，不用考虑行为者践行它的方式时，该事物就由于具有了公正的正直而被说成是公正的；而在其他的德性中，除非一件事情已经被行为者以某种方式完成，否则就不能宣称它是正当的。因为这个理由，公正有他自己特殊的合适对象，这种对象在其他德性之外并在它们之上。托马斯把这种对象称为公正物（the just），也就是他所说的正当（right），它是公正自己特殊的适当对象。"因此，很明显，正当是公正的对象。"②

那么，什么是正当？"正当是根据某种平等而被调整以适应另一个人的作为"③。一件事物可以以两种方式被调整以适应个人：一是根据它的本性，即当个人给出与他可能接受的同等的价值作为回报，这被称为"本性的正当"（natural right）。二是根据同意或大家公认，即当个人接受到足够而认为他自己会得到满足时，一件事物就根据同意或大家公认作了适应另一个人的调整或衡量。这又可以以两种方式进行：一是私人同意，即私人个体之间通过协商而得到确认；二是通过公众同意，即整个共同体都同意某物应该被认可作了适应另一个人的调整和衡量，或者这一点被处于统治地位的君主作

---

① *Summa Theologiae*, II (II), Q.57, art.1.
② *Summa Theologiae*, II (II), Q.57, art.1.
③ *Summa Theologiae*, II (II), Q.57, art.2.

为法令颁布。这被称为"积极的正当"（positive right）。①

托马斯考虑到，本性的正当可能以两种方式发生：一是它被绝对地考虑。例如，有其真正本性的男性与生产后代的女性相称，父辈与要养育它的后代相称。二是一件事物在本性上与另一个人相称，这不是绝对地考虑，而是根据由它产生的某物，如财产的拥有。由于绝对理解一件事物不仅属于人，而且也可能属于其他动物，因而根据第一种类型的相称，本性的正当对于我们和其他动物是共同的。但是，国家的正当缺乏这种意义的正当，因为国家的正当仅仅对于人来说是共同的。另一方面，将一件事物与由它造成的东西相比较来考虑它时，对于理性是适当的。这同一事物就命令它本性的理性而言，对于人是本性的。正如法学家加伊乌斯（Gaius）所说的："本性的理性在所有人之中颁布的无论什么东西都要被所有人平等地遵守，并且被称为国家的正当。"②

在分析了国家的正当后，托马斯又讨论了父亲权威的正当与统治的正当的关系。正当取决于与其他某一个人的相称，而这里的"其他的某一个人"（another）有两种意义：其一，它可以表示在单纯的意义上是其他某一个人的某种东西，如两个不相互服从而都服从国家统治者的人。其二，一件事物在来自于其他某种东西的意义上被说成是其他某一个人的。在这种意义上，就人类事务而言，儿子属于他的父亲，奴隶属于他的主人。因而父亲不能将他的儿子作为单纯的其他人，他们之间不存在单纯的正当，而是另一类正当，被称为"父亲的"（paternal）正当。同样，在主人与奴隶之间也没有单纯的正当，而只有"统治的"（dominative）正当。妻子尽管是属于丈夫的某种东西，但她与丈夫的距离比儿子与父亲、奴隶与主人的距离更远。因此，丈夫与妻子之间的公正比父亲与儿子或主人与奴隶之间有更大的范围。由此可以推出他们之间有一种"家庭的公正"（domestic justice）而不是"市民的"（civic）公正。③

公正的对象是正当，那么究竟什么是公正呢？托马斯根据亚里士多德的定义来作出自己的定义，即："公正是一个人由之而以不变和永恒的意志给予每一个人所应有（due）的一种习惯。"④关于这个定义，托马斯作出了三

---

① Cf. *Summa Theologiae*, II (II), Q.57, art.2.

② Cf. *Summa Theologiae*, II (II), Q.57, art.3.

③ Cf. *Summa Theologiae*, II (II), Q.57, art.4.

④ *Summa Theologiae*, II (II), Q58, art.1.

方面的说明：一是这个定义中之所以使用"意志"，是为了表明公正的行为必须是自愿的，而在"意志"前面加上"不变的"和"永恒的"则是为了表示这种行为的坚固性。二是这个定义之所以将公正定义为习惯，是因为公正作为德性，不仅要具有自愿性，还要具有稳定性和坚固性，而习惯所体现的就是公正的这种性质；而且他认为，习惯是从行为中获得它的种的，因为习惯隐含着与行为的关系。三是这个定义与亚里士多德关于公正的定义相同。亚里士多德的定义是"公正是一个人被说成能由之做出与他的选择相一致的公正行为的习惯"①。

托马斯特别重视公正所涉及的与他人的关系。他认为，"既然公正就它的名称而言隐含着平等，那么它就本质上表示与其他人的关系，因为一件事物是平等的，不是相对于它自身而言的，而是相对于其他事物而言的。"②就改正人性行为属于公正而言，公正所要求的这个其他人性（otherness）就必定存在于能行为的存在者之间。行为属于行为者（supposits）③和整体，而不是属于部分和形式或能力。因此，公正要求行为者之间存在区别，因而只存在于一个人对其他某一个人的关系之中。不过，在同一个人身上，我们会隐喻地说到他的各种行为本原，如理性、性情能力和性欲能力，好像他们是如此多的行为者。这样，在同一个人身上，就理性要求性情的和性欲的能力以及它们服从理性而言，并且一般地就人的每一部分都被归于它所成为的东西而言，存在着被说成是公正的情形，这就是亚里士多德所说的"隐喻的公正"（metaphorical justice）。④

公正是一种德性。人的德性是一，它给予一个人性行为和人本身的善。公正更突出地体现了这一点，因为一个人的行为是通过达到理性的规则而变成善的，这种规则使人类的行为得以规范。"既然公正规范人的操作活动，那么很明显，它给予人的操作活动以善，而且……所谓的善人主要是出于他们的公正"⑤。公正作为一种德性，其目的不在于指导认识能力的行为，因为

---

① 亚里士多德：《尼各马科伦理学》1129a8-10，参见苗力田主编：《亚里士多德全集》第八卷，中国人民大学出版社1992年版，第94页。请注意，托马斯的引文与苗译本的表述有出入。

② *Summa Theologiae*, II (II), Q.58, art.1.

③ 该词的本意是"本身完整并不能交际的存在"，如果它禀赋有理性就是指人，否则就指物。Cf. "supposit", Dictionary: CatholicCullture.org, http://www.catholicculture.org/culture/library/dictionary/index.cfm?id=36726。

④ Cf. *Summa Theologiae*, II (II), Q.58, art.2.

⑤ *Summa Theologiae*, II (II), Q.58, art.3.

我们不因正确地认识某物而被说成是公正的。因此，公正的主体不是作为认识能力的理智或理性。但是，既然我们由于做了某件正确的事而被说成是公正的，并且行为的最近本原是欲望能力，那么公正必定是在某种欲望的能力之中。这种能力是公正的主体，但它不是在性情能力或性欲能力中，而是在作为它的主体的意志中。

就公正适用的范围而言，托马斯认为它是一种一般的德性。如前所述，公正是在一个人与其他人的关系中指导他。这可能有两种情形：一是他与个体的关系；二是他与一般意义的其他人的关系，在这种关系中，一个人为一个共同体服务，为那个共同体中的所有人服务。这样，公正在它的适当的通常意义上能从两个方面指向其他人。很明显，包括在一个共同体中的所有人，都处于与那个共同体的关系中。这种关系是部分对整体的关系，而部分属于整体，这样，对一个部分善的任何东西都能指向整体的善。"所以，由此可以推出，任何德性的善，无论它在一个人与自己的关系中指导他，还是在与某些其他个人的关系中指导他，都与公正指向的公共善有关；所以就公正将人引向公共善而言，德性的所有行为都属于公正。"[①]在这种意义上，公正被称为一般的德性。指向公共善属于法律，因此这种一般意义公正被称为"法律的公正"（legal justice）。因为通过它，人能与指引所有德性的行为到共同善的法律达到和谐一致。

作为一般德性的公正与每一德性在本质上相同，但在逻辑上是不同的。托马斯认为，"一般的"可以从两种意义上理解：一是从"谓词"（predication）上理解，如"动物"在与人、马等动物的关系中是一般的。二是从"事实上"（virtually）理解，如一个普遍的原因在与它的所有结果的关系中是一般的。在后一种意义上，法律公正是一般德性，因为它引导其他德性行为达到自己的目的。"正如仁爱就它引导所有德性行为到上帝善而言是一般的一样，法律公正就它引导所有德性行为到共同善而言也是如此。因此，正如把上帝善看作是适当目的的仁爱，就其本质而言是一种特殊德性一样，把共同善看作是它的适当目的的法律公正，就其本质而言也是一种特殊德性。"[②]不过，就法律公正引导每一种德性到共同善而言，能够把法律公正的名称给每一种德性，尽管它在本质上是特殊的，但实际上它还是一般的。在这种意义上说，法律公正与所有德性在本质上是相同的，只是逻辑上不同而已。

---

①　*Summa Theologiae*, II (II), Q.58, art.5.

②　*Summa Theologiae*, II (II), Q.58, art.6.

托马斯认为，除了上述这种法律公正之外，还需要有在与一个人自己的关系以及与其他个体关系方面引导人的特殊公正（particular justice）。因为法律公正直接引导人到公共善，而特殊公正则是相对于一个人自己以及其他个人的。在托马斯看来，既然公正指向其他人，那么它就仅仅涉及纯粹的道德德性问题，而且涉及对象的某个特殊方面的外在行为和事物，因为一个人是通过它们与其他人发生关系的。①

那么，公正是与激情相关的，还是只与操作活动相关呢？托马斯认为，要真正回答这个问题，可以从两方面考虑：一方面从公正的主体即意志角度切入，它的运动或行为不是激情，因为只有感性欲望的运动被称为激情，因而公正不涉及激情。另一方面，从问题本身着手，公正涉及一个人与其他人的关系，我们不是由内在的激情直接引导到其他人的，所以公正不涉及激情，它只涉及外在的操作活动。因此，公正就存在中道的问题。"公正的中道在于外在的事物与外在的人之间平等的比例。平等是较大与较小之间的真实中道……所以公正遵守真实的中道。"②根据比例的平等，自己的东西是对应于他应得的。"所以，公正的适当行为只不过是给每一个人他自己的东西。"③

托马斯指出，法律公正在所有道德德性之中居首要地位，因为共同善超越了个人的个体善。但是，如果我们谈到特殊公正，它因两种理由而优于其他道德德性。从主体看，因为公正是在灵魂的更优秀部分即理性的欲望或意志之中，而其他的道德德性是在感性欲望之中。从对象看，因为其他德性就其是有德性的人自己的唯一善而言，是值得赞扬的；而公正就有德性的人正确地有意于其他人而言是值得赞扬的，以至于公正有点像是其他人的善。④

关于不公正，托马斯认为它有双重含义：一是指违法的不公正，它是与法律公正对立的。就它涉及一种特殊的对象，即就它所蔑视的共同善而言，它在本质上是一种特殊的恶性。然而，就意图而言，它也是一种一般的恶性，因为对共同善的蔑视可能导致所有种类的罪。所有的恶性都是与共同善对立的，也都具有不公正的品性。二是指一个人与另一个人之间的不平等。例如，一个人希望占有更多的财物、名誉等，而付出较少的辛勤劳动和少受损失。

---

① Cf. *Summa Theologiae*, II (II), Q.58, art.7.
② *Summa Theologiae*, II (II), Q.58, art.10.
③ *Summa Theologiae*, II (II), Q.58, art.11.
④ Cf.*Summa Theologiae*, II (II), Q.58, art.12.

这样，不公正就具有特殊的物质，并且是与特殊公正对立的特殊恶性。[1]

托马斯注意到，做了不公正的事并不一定就是不公正的人。他分析说，一个做不公正的事的人，在两种情形下不是不公正的。第一种情形是，操作活动与其对象缺乏一致性。因为操作活动从它的直接对象而不是从它的间接对象获得它的种和名称，在被引导到目的的事物中，直接的对象是被有意追求的，而间接对象是在意图之外的东西。因此，如果一个人做了不公正的事，而不是有意所为，不是直接的，而是间接的，那么这样的操作活动不能被称为不公正。第二种情形是，操作活动与习惯之间不相称。不公正有时是由激情引起的，有时是由选择引起的。在后一种情形下，它是由习惯引起的，因为一个人无论有什么样的习惯，有利于那种习惯的无论什么东西对他来说都是快乐的。因此，有意地和通过选择做不公正的事情的人是不公正的人，在这种意义上，不公正的人是有不公正习惯的人；而一个人也许无意或由于激情做不公正的事情，而没有不公正的习惯，他就不是不公正的。那么，一个人会不会自愿地遭受不公正呢？托马斯的回答是："适当而严格地说，除非自愿，没有人会做不公正，除了不自愿之外，也没有人会遭受不公正；但偶然地和物质上可能如此，有可能不公正的东西本身要么不自愿地被做，要么被自愿地遭受。"[2]

托马斯认为，不公正不是小罪，而是致命的罪。所谓致命的罪，就是与给灵魂以生命的仁爱相反的罪，而给其他人造成痛苦的每一种伤害本身都是与仁爱相反的。"既然不公正总是在于给其他人造成痛苦的伤害，那么很明显，根据它的属，做一种不公正是一种致命的罪。"[3]

在讨论公正本身问题的时候，托马斯专门讨论了判决或判定（judgment）问题。他认为，判决表示法官的行为，法官之所以被称为法官，是因为他断定正当，而正当是公正的对象。"判决"的原初意义就是关于正当的陈述或决定。对德性行为正当地做出决定是从德性习惯开始的，所以判决属于公正。判决就它是一个公正的行为而言，是合法的。判决要成为一个公正的行为需要符合三个条件：第一，它产生于公正的倾向；第二，它来自于具有权威的人；第三，它根据明慎的正当裁定而发布。这三个条件缺一不可，缺乏其中任何一条，判决都是有缺陷的或不合法。托马斯还提出，判决要根

---

① Cf. *Summa Theologiae*, II (II), Q.59, art.1.

② *Summa Theologiae*, II (II), Q.59, art.3.

③ *Summa Theologiae*, II (II), Q.59, art.4.

据成文的法律。前面说过，一个事物的正当有两种，即本性的正当和积极的正当。"法律就是为显示这两种正当而成文的，不过成文的方式不同。成文法确实包含本性正当，但没有建立它，因为本性正当不是从法而是从本性派生它的力量；而成文法既包含积极正当，也通过给它以权威的力量而建立它。"① 因此，法官根据成文法判决是必要的，其他的判决则要么缺乏本性的正当，要么缺乏积极的正当。

关于公正的部分，托马斯研究了三个问题，即（1）公正的主体部分，即分配公正和交换公正；（2）类似整体的部分（the quasi-integral parts）；（3）类似潜能的部分（he quasi-potential parts），即与公正联系的德性。

关于公正主体的部分，托马斯研究了公正的部分及其对立的恶性。他将公正区分为分配公正（distributive justice）和交换公正（commutative justice），而赔偿（restitution）则是交换公正的行为。他分析说，特殊的公正针对私人个体，它与共同体形成了对比，就如同一个部分与整体形成了对比一样。在与部分的关系中可能要考虑两种秩序。一是一个部分对另一个部分的秩序，一个私人个体对另一私人个体的秩序与之相应。这种秩序是由交换公正引导的，它关注两个人之间的相互往来。二是整体对部分的关系，在与每一单个人的关系中属于共同体的东西的秩序。这种秩序是由分配公正指导的，分配公正按比例分配共同财物。"因此，有两种公正，即分配的公正与交换的公正。"②

在分配公正中，一个人在共同体中的地位越突出，他得到共同体的财物就越多。因此，在分配公正中，中道不是根据事物与事物之间的相等或平等，而是根据事物与人之间的比例。在这种意义上，会必然出现给予一个人的东西超过另一个人的状况，在这里，相等不依赖于数量，而是依赖于比例。例如，我们说 6 对于 4，就像 3 对于 2 一样，因为在这两种情形下，比例同样是 1 : 1/2。因为较大的数是较小的数加上它的一半的总数，超过的相等不是数量上的相等，因为 6 比 4 多 2 个，而 3 比 2 多 1 个。另一方面，在交换中，某物被付给一个人，是由于付者已经接受了某物，这就如同买卖关系一样。在这里，使一个事物与另一个事物相等就是必要的，这样，一个人应该正好一样多地偿还给另一个人。其结果就是根据"算术的中道"（arithmetical mean）的平等。"算术中道根据数量上相等的超额（equal excess）

---

① *Summa Theologiae*, II (II), Q.60, art.5.

② *Summa Theologiae*, II (II), Q.61, art.1.

衡量"①。例如，5 是 6 与 4 之间的中道，因为它超过后者，又被前者超过。这样，如果在一开始时两个人都有 5，其中一个人接受了超出他所属物的 1，他就有 6，而另一个人则剩下 4。如果两个人都恢复到中道，就会有公正，他们都有 5，那就是中道。

公正是关于外在操作活动的，即分配和交换，而分配和交换都在于某些外在物的使用。这些外在物包括物、人，甚至工作。一个人从另一个人那里获取，或偿还另一个人，所涉及的就是物；一个人对另一个人造成伤害，或尊重另一个人，所涉及的就是人；一个人要求另一个人为自己做工作，或为另一个人做一项工作，所涉及的就是工作。如果我们将操作活动所使用的事物本身作为每一种公正的物质，那么，分配公正和交换公正的物质是相同的，因为事物能够作为公共财产被分配给个体，并且是一个人与另一个人之间交换的主体。还有某种辛勤工作的分配和付出。然而，如果我们将主要的行为本身作为两类公正的物质，通过这些行为我们使用人、物和工作，那么它们之间就存在一种物质的差异。因为分配公正指导分配，而交换公正指导发生在两个人之间的交换。在它们中，有些是不自愿的，有些是自愿的。但是，"在所有这些行为中，无论是自愿的还是不自愿的，根据偿还的相等，中道都同样要被采用。因此，所有这些行为都属于同一种公正，即交换的公正。"②

在讨论交换公正的时候，托马斯研究了报复（retaliation）问题。他认为，报复表示相等地偿还先前行为的激情，而且这个表达最适合用于有害的激情和行为，一个人由于这种激情和行为伤害他周围的人。既然拿走属于另一个人的东西就是做不公正的事情，那么可以推出，报复就在于，无论谁引起对另一个人的损失，他所属的东西也要受损失。报复也可以转换成自愿的交换。然而，在所有这些情形下，必须根据交换公正的要求使报复置于相等的基础之上，即激情的报偿与行为相等。"因此，报复是与交换公正一致的，但是在分配公正中，没有它的地位。因为正如前面所指出的，在分配公正中，我们不考虑事物与事物之间或激情与行为之间的相等，而根据事物与人之间的比例。"③

托马斯特别重视赔偿（restitution）的问题，认为赔偿是交换公正的一

①　*Summa Theologiae*, II (II), Q.61, art.2.

②　*Summa Theologiae*, II (II), Q.61, art.3.

③　*Summa Theologiae*, II (II), Q.61, art.4.

种行为，它要求某种相等。在他看来，赔偿表示对不公正地拿走的东西的返还，正是通过返还，相等被重新建立起来。"赔偿重建交换公正的相等，而这种相等就在于事物对事物的相等化"①。不过，如果拿走是公正的，在这里就会存在相等，也就不需要赔偿，因为公正就在于相等。奥古斯丁指出："除非一个人返还他所偷之物，否则他的罪是不可饶恕的。"托马斯据此将返还与人的拯救联系起来，认为保护公正和公正的归还对于拯救都是必要的。"既然公正的保护对于拯救是必要的，那么可以推出，归还不公正地被拿走的东西对于拯救也是必要的。"②

在所有与公正对立的恶性中，托马斯首先考虑了与分配公正对立的恶性，然后考虑了与交换公正对立的恶性。他认为与分配公正对立的恶性是偏心（respect of persons），这种恶性是一种罪。"偏心是与分配公正对立的，因为它没有遵守应有的比例。除了罪之外没有什么是与德性对立的，所以偏心是一种罪。"③与交换公正对立的恶性则有两种类型：一是在不自愿的交换中所犯的罪，二是就自愿交换而言所犯的罪。前一种类型的罪是对邻人的伤害，它既可能是行为的，也可能是言语的。当一个人的邻人在人身方面，或与他相关联的人方面，或者在占有方面受到伤害时，就是行为方面的伤害。其中首要的是谋杀，它是个人对邻人造成的最大伤害。其他的还有：对人的伤害，如使人残废、非法监禁或拘留等；对物的伤害，如盗窃、抢劫。就言语方面对我们邻人的伤害而言，有两种情形：一是与司法程序相联系的伤害，包括法官在判决过程的不公正、在控告过程中检察官的不公正、在为自己辩护过程中被告的不公正、在提供证据过程中证人的不公正、在辩护过程中律师的不公正等；二是超出依法判决范围所表达的伤害言语，如辱骂、诽谤、搬弄是非、嘲笑、诅咒等。与自愿交换有关的罪包括欺骗、高利贷等。

托马斯坚信，公正类似整体的部分包括"行善"（to do good）与"拒恶"（to decline from evil）。它们之所以被说成是一般的或特殊的公正的类似整体的部分，是因为公正的完善行为都需要它们。在我们与其他人的关系中建立相等，属于公正，而保存已经建立的相等也属于公正。一个人通过行善即给其他人以应有的来建立公正的相等，同时他也通过拒恶即不给他的邻人造

---

① *Summa Theologiae*, II (II), Q.62, art.5.
② *Summa Theologiae*, II (II), Q.62, art.2.
③ *Summa Theologiae*, II (II), Q.63, art.1.

成伤害来保存已经建立的公正的相等。①

在托马斯的理论中，公正的类似潜能的部分，就是附加给公正的德性。他认为，既然公正是关于一个人与另一个人的，那么所有指向另一个人的德性都由于这一共同的方面而被附加给公正。"公正的本质特性在于根据相等给予另一个人他应有的"②。这样，指向另一个人德性由于两方面的原因而达不到公正的完善：一是由于达不到相等的方面；二是由于达不到应有的方面。对于某些德性来说，有给予另一个人他应有的，但不能给予相等的应有。首先，人给予上帝的无论什么都是应有的，然而决不是相等的。在这方面，"宗教"就成了附加给公正的德性。其次，使一个人给他的父母以与他所欠他们的东西相等的返还是不可能的。这样，"虔诚"就成了附加给公正的德性。再次，人不能给德性提供一个相等的报偿，所以，"遵守"（observance）也成了附加给公正的德性。

达不到应有的公正可以从道德的应有和法律的应有两方面考虑。"法律的应有是一个人由于法律的义务而一定要实施的应有，这种应有主要是对作为主要德性的公正的关注。另一方面，道德的应有是一个人由于德性的正直而一定要实施的应有。"③应有隐含着必要性，因而道德的应有有两个层次：一个应有是如此必要，以至于没有它，道德的正直就不能得到保证，因而它具有更多的应有的特性。而且可以从债务人的观点考虑这种应有，在这种意义上它属于这样一种应有，即一个人正好像他本来的面貌那样在行为和言语方面表现他自己。因此，"真理"被附加在公正之上。它也可以从对他应有的人的观点考虑，把他接受到的报酬与他已经做的相比较。有时，这种比较是善的事物方面的。如此，我们就有了附加在公正上的"感恩"（gratitude）。感恩在于回想其他人表示的友谊和友好并且希望给予他人回报。有时这种比较是恶的事物方面的。这样，"报仇"（revenge）就被附加在了公正之上。通过报仇或自卫，我们抵抗武力、伤害或其他有害的东西。在有助于更大的正直的意义上，还有另外一种应有也是必要的，尽管没有它，正直也许能得到保证。这就是对"慷慨"（liberality）、"和蔼"（affability）和"友谊"（friendship）等的关切。

关于公正的部分，托马斯最后还探讨了一个问题，即"epikeia"。这个

---

① Cf. *Summa Theologiae*, II (II), Q.79.

② *Summa Theologiae*, II (II), Q.80, art.1.

③ *Summa Theologiae*, II (II), Q.80, art.1.

词的英文意思为"公平"（equity）。他强调，与法律相关的行为是由偶然的单个行为构成的，并且具有无数的多样性。因此，不可能将法律的规则运用于每一单个的情形。虽然法律在大多数情形下是公正的，但有时也会有不公正的情况。在这样的情形下，遵守法律是坏的，而忽视法律的字面意义去遵循公正和共同善的命令是善的。这种行为即是公平。从这个意义上看，公平是一种德性。从公正的一般意义看，公平是它的一部分，因为它是一种公正，是公正的主体部分，法律公正服从公平的指导。"因此，公平是人性行为的一个更高的规则。"①

在托马斯看来，与公正相联系的圣礼是虔诚。他认为，圣灵的礼物是灵魂的习惯性意向，使它顺从圣灵的推动，圣灵推动我们对上帝有一种孝顺的感情。既然对父亲尽义务和崇拜属于虔诚，那么我们对作为我们父亲的上帝崇拜和尽义务就是圣灵的礼物。托马斯指出，第二种至福即"温顺的人被赐福"，与虔诚具有某种一致性。②

关于公正的戒律，托马斯确信，摩西十诫是法的第一本原，而且本性的理性会完全同意它们。作为戒律本质的责任概念在公正中体现出来。因为在有关与一个人自己的关系的问题中，他是自己的主人，并且可以像他喜欢的那样做。而在涉及另一个人的关系的问题中，一个人承担着他对另一个人应有的义务。因此，摩西十诫的戒律必定属于公正。其中前三条戒律是关于宗教行为的，它是公正的主要部分。第四条戒律是关于虔诚行为的，它是公正的第二部分。其余的六个戒律是关于通常所说的公正的，它要在相等的人或事物之间得到遵守。托马斯逐条地讨论了前四条戒律，然后对后六条戒律一起作了分析。③我们在此不作过多的讨论。

（三）刚毅

关于刚毅，托马斯研究了刚毅作为德性本身、它的部分、与它相应的圣礼以及属于它的戒律这些问题。

他认为，"就刚毅使人遵从理性而言，它是一种德性。"④使人善、使人根据理性作为，属于人的德性，而这有三种情形：一是使理性本身正直，这是

---

① *Summa Theologiae*, II (II), Q.120, art.2.
② Cf. *Summa Theologiae*, II (II), Q.121.
③ Cf. *Summa Theologiae*, II (II), Q.122. arts.2-6.
④ *Summa Theologiae*, II (II), Q.123, art.1.

通过理智德性实现的；二是在人的事务方面建立理性的正直，这属于公正；三是在人的事务中消除建立这种正直的障碍。人的意志在遵从理性的正直方面有两种障碍：一是被快乐的对象吸引到了不是理性正直所需要的事物，二是意志不倾向于遵从与理性一致的东西。为了消除这种障碍，心灵的刚毅就是必不可少的。通过刚毅克服以上所说的困难，就像一个人通过身体的刚毅克服和消除身体的障碍一样。

刚毅既单纯表示一种心灵的坚定，也表示在某种重大危险面前的坚定。在前一种意义上，刚毅是一般的德性或者说是每一种德性的条件；在后一种意义上，它只是在忍受和抵抗面临的最大困难时所体现的坚定，因而是一种特殊的德性。消除使意志从遵从理性退让的任何障碍，属于刚毅的德性，而从某种困难的事情退让属于恐惧的概念，因而刚毅主要涉及对困难事情的恐惧，特别是涉及对死亡的危险（包括由疾病、战争、海上的风险等引起的死亡危险）的恐惧。它使一个人不仅必须通过抑制恐惧而坚定地忍受这些困难的攻击，而且也必须适度地抵抗它们。也就是说，一个人必须为了使自己从这些困难中解脱而完全消除它们，而这似乎属于大胆（daring）的概念。"因此，刚毅是有关恐惧和大胆的，就是说，扼制恐惧并调节大胆。"[1]但是，在托马斯看来，缓和恐惧比调节大胆更重要，因为作为大胆和恐惧对象的危险，在其本性上倾向于制止大胆而增加恐惧。就刚毅调节大胆而言，攻击属于刚毅，而忍耐则与恐惧的抑制相伴随。因此，托马斯深信，忍耐力是刚毅的主要行为，忍耐力是指"在危险之中坚定不移，而不是攻击它们"[2]。

托马斯认为，勇敢的人把在行为中重复他的习惯作为他最近的目的，因为他打算根据他的习惯行为，但是他遥远的目的则是幸福或上帝。[3]这样，他一方面会在德性的行为本身及其目的中获得某种值得他欢喜的东西，即精神的快乐，另一方面也会在考虑到有可能丧失生命时产生精神悲伤以及肉体痛苦。如果没有上帝多方面的帮助，身体的可感觉的痛苦，会使一个人对德性的精神欢喜感到麻木不仁，上帝的帮助有更强的力量将灵魂提升到它感到欢喜的上帝的事物。"然而，刚毅的德性可以阻止理性完全被身体的痛苦所征服。而且就一个人宁愿要德性的善而不要身体的生命及属于它的一切东西

---

① *Summa Theologiae*, II (II), Q.123, art.3.

② *Summa Theologiae*, II (II), Q.123, art.6.

③ Cf. *Summa Theologiae*, II (II), Q.123. art.7.

而言，德性的欢喜可以克服精神的悲伤。"①

托马斯认为，在刚毅的操作活动过程中，有两件事必须考虑：一是它的选择，从这种意义上看，刚毅不是关于突然发生的事情的，因为刚毅的人选择对危险的事先思考，以便能抵挡它们或者更从容地忍受它们。二是德性习惯的展示，在这种意义上，刚毅主要是关于突然发生的事情的，因为刚毅的习惯主要在突然的危险中展示出来的。所以，当必然性由于某种突然的危险而急迫地摆在面前时，如果一个人在没有预见的情况下就做属于德性的事情，这就是习惯性刚毅扎根于他的心灵的非常有力的证明。然而，一个人甚至在没有刚毅习惯的情况下也有可能通过深谋远虑让他的心灵坦荡地应对危险，同样，刚毅的人会使他自己为必要时作好准备。此外，"刚毅的人对他的行为保持适度的愤怒，但不会过度愤怒。"②

托马斯分析了刚毅与其他德性的关系。他认为，理性的善是人的善，明慎作为理性的完善，本质上具有善；而公正实现这种善，因为在人类事务之中建立理性的秩序属于公正。至于其他的德性，就它们节制激情以免它们导致人偏离理性的善而言，保护这种善。就这里所说的其他德性的秩序而言，刚毅处于首要地位，因为对死亡危险的恐惧具有使人从理性之善撤退的最大能力。节制在刚毅之后出现，因为在妨碍理性的善方面，触觉的快乐胜过所有其他的快乐。由此，托马斯形成了一个关于主要德性的总体的看法，"在主德之间，明慎排在第一，公正第二，刚毅第三，节制第四，其他的德性在它们之后。"③

在托马斯看来，殉难（martyrdom）是德性的一个行为。在理性的善方面保护人，属于德性。理性的善在于作为它的适当对象的真理和作为它的适当效果的公正，而殉难本质上在于针对迫害的攻击而坚定地坚持真理和公正。在德性的善方面增强人的力量，与危险抗争，特别是与战斗中发生的最大危险抗争，属于刚毅。在殉难中，人在德性的善方面得到了坚定的增强。所以殉难属于刚毅的行为。不仅如此，殉难要求一个人为了基督的目的而经历死亡，因而它是人性行为中最完善的行为，是最伟大的仁爱的标志。在人的所有德性行为中，殉难是仁爱的完善的最大证明。殉难见证真理，这种真理不是任何真理，而是与敬畏上帝一致的真理，并且是通过基督的殉难而使

---

① *Summa Theologiae*, II (II), Q.123, art.8.

② *Summa Theologiae*, II (II), Q.123, art.10.

③ *Summa Theologiae*, II (II), Q.123, art.12.

我们认识的真理，因而它是信仰的真理。所有殉难的原因是信仰的真理。信仰的真理不仅包括内在的相信，而且包括外在的表白，它不仅通过语词表达，而且也通过行为表达。"所有的德性行为，就它们涉及上帝而言，都是对信仰的表白，我们通过这种表白逐渐认识到，上帝需要我们的这些作为，并为此奖励我们。在这种意义上，它们能成为殉难的原因。"①

托马斯认为，与刚毅对立的恶性有三种，即恐惧、无畏（Fearlessness）和大胆。就刚毅的部分而言，它作为一种特殊的德性不会有主体的部分，因为它不能被划分为几种不同的德性。但是，它存在着类似整体的德性和类似潜能的德性。前者是指就其出现对于刚毅行为是不可少的事物而言的；后者是刚毅面对最大的艰难即死亡的危险所实践的东西，某些其他的德性会在次要的艰难问题方面实践，并附加于刚毅之上。刚毅的行为是双重的，即进攻和忍耐。进攻需要两种东西：一是心灵的准备，是指一个人有心准备进攻；二是行为的完成，即不会半途而废。如果这两方面被限定于刚毅的适当问题，它们就将是刚毅的类似整体的部分，因为没有它们就没有刚毅。而如果它们涉及其他的次要困苦，它们将明确地区别于刚毅的德性，但附加于刚毅之上，就像次级德性附加在主要德性之上。这也就是亚里士多德所谓的"富丽堂皇"（magnificence）和"宽宏大量"（magnanimity）的内涵。另一方面，有两种东西对于刚毅的另一行为即忍耐是必要的。一是心灵没有被悲伤破坏，并没有因为凶险的恶丧失其伟大性，这就是亚里士多德所说的"耐心"（patience）。二是由于持久地经历艰难，人没有厌倦以至于丧失勇气，这就是他所说的"坚持不懈"（perseverance）。如果这两方面被认定是合适的刚毅问题，它们就是刚毅的类似潜能部分。但是如果这两者涉及任何一种困苦，它们将是不同于刚毅的德性，然而也附加在刚毅之上。托马斯具体研究了刚毅的这些部分以及与之对立的恶性，它们分别是："富丽堂皇"，以及与之对立的恶性，包括属于过度的"放肆"（presumption）、"野心"（ambition）、"虚荣"（vainglory）和属于不足的"胆怯"（pusillanimity）；"宽宏大量"，以及与之对立的恶性"卑鄙"（meanness）；"耐心"；"坚持不懈"，以及与之对立的恶性"柔弱"（effeminacy）和"顽固"（pertinacity）。②

关于与刚毅相应的圣礼这部分，托马斯首先讨论了刚毅是否属于圣礼。人的心灵是被圣灵推动的，以便他可以达到每一已开始作为的目的，避免可

---

① *Summa Theologiae*, II (II), Q.124, art.5.
② *Summa Theologiae*, II (II), QQ.129-38.

能产生威胁的风险。这超出了人的本性，因为达到他的作为的目的、避免恶或危险有时不在人的能力范围之内。但是，圣灵通过促使人走向永恒生活而在人身上做到了这一点，并释放了所有风险。这种信心是圣灵灌输到我们心灵的。正是在这种意义上，刚毅被认为是圣灵的一个礼物，因为礼物与圣灵推动的心灵运动有关。刚毅是第四个圣礼，奥古斯丁将第四个至福（即渴望公正的人被赐福）归因于刚毅。因为，它们之间有某种一致性，刚毅是涉及困难事物的。"不仅做各种接受公正作为的共同指派的德性行为是困难的，而且以永不满足的欲望去做更困难，而这也许就是渴望公正所意指的。"①

托马斯最后讨论了刚毅的戒律。他认为，上帝法既包含了刚毅的戒律，也包含了其他德性的戒律。就人类法而言，它们指向某些尘世的善，在它们之中我们可以根据这些善的需要发现刚毅的戒律。"为了正直地生活，人不仅需要主要德性，而且需要次要德性和附加的德性。"②上帝法不仅包含关于主要德性行为的戒律，而且包含次级以及附加德性行为的戒律。

（四）节制

关于节制（temperance），托马斯讨论了节制本身、它的部分以及它的戒律三个问题。

托马斯肯定："节制是一种德性。"③其理由是，人的德性是那种使人倾向于遵从理性的东西，而节制明显地使人倾向于这一点，它隐含着由理性引起的适度或节制性（moderation or temperateness）。在托马斯看来，"节制"这个词有两层通常的意义：一方面，与它的共同意义相一致，节制不是一种特殊的而是一种一般的德性，因为"节制"这个词表示一种理性指派给操作活动和激情的节制性或适度。这种意义对于每一种道德德性来说是共同的。不过，节制与刚毅之间也存在着逻辑上的差异，因为节制使人从引诱遵从理性的欲望撤退，而刚毅激励人忍耐或抵抗这些东西。另一方面，如果将节制看作是克制对人最有诱惑力的事物，那么它就是一种特殊的德性，因为它像刚毅一样具有一个特殊的问题。

那么，节制是否只涉及欲望和快乐呢？托马斯认为，正如刚毅的德性主要关注激情即恐惧和大胆，节制主要关注倾向于那些可感觉的善的激情，

---

① *Summa Theologiae*, II (II), Q.139, art.2.
② *Summa Theologiae*, II (II), Q.140, art.2.
③ *Summa Theologiae*, II (II), Q.141, art.1.

即欲望和快乐，并因而关注由于那些快乐的缺乏所引导的悲伤。节制涉及对最大快乐的欲望。快乐起因于本性的操作活动，作为这种起因的本性操作活动越多，快乐就越大。对于动物来说，最大的本性操作活动是通过饮食和性的结合而保存个体本性中的那些东西。"因此，节制恰当地说是涉及饮食快乐和性快乐的。这些快乐起因于触觉，由此可以推出节制是涉及触觉快乐的。在人的感觉中，味觉比其他感觉更类似于触觉，因而节制比其他感觉更涉及味觉。"①

节制作为一种德性也是有规则的。在托马斯看来，善有目的的方面，而目的是指向目的的所有东西的规则。所有在人支配之下的令人快乐的对象，都指向这种就其目的而言的生活的某种必要性。这样，节制就把这种生活的需要看作是令人快乐对象的规则，这种令人快乐的对象是它所使用的，并只是为了这种生活的需要才使用它们的。②

在托马斯看来，适度是每一种德性都不可少的，而这正是节制所关注的。因此，节制被认为是一种主要的德性。不过，它不是一种最大的德性，因为它只是调节欲望和快乐，而它们只影响人自己。"因此，很明显，公正和刚毅是比节制更优秀的德性，而明慎和神学德性还是更优秀的。"③

关于与节制对立的恶性，托马斯认为有不足和过度两种，即无感觉（insensibility）和不节制（intemperance）。关于无感觉，托马斯认为它是一种恶性，但有时也值得赞扬，甚至对于目的来说是必要的。本性将快乐引进了对于人的生活而言所必要的操作活动，因而本性的秩序需要人使用这些对于人的福利必要的快乐。"如果一个人拒绝快乐，他就是有罪的，其行为就在与本性的秩序相对抗。这就属于无感觉的恶性方面。"④但是，为了身体和灵魂的健康，为了偿还债务等，戒绝饮食和性的快乐则是值得赞扬和必要的。这些不属于无感觉的恶性，因为它们是与正确的理性相一致的。对于无节制，托马斯认为它是一种孩子气的罪。不节制的罪是一种未加抑制的欲望的不节制。无感觉与不节制两者相比较，不节制是一种更大的恶性。不仅如此，不节制还是最令人羞耻的恶性。在托马斯看来，羞耻是与荣誉和光荣对立的。荣誉起因于优秀，光荣表示仁爱。据此，不节制因为两个理由而是最令人羞

①　*Summa Theologiae*, II (II), Q.141, art.4.

②　Cf. *Summa Theologiae*, II (II), Q.141, art.6.

③　*Summa Theologiae*, II (II), Q.141, art.8.

④　*Summa Theologiae*, II (II), Q.142, art.1.

耻的：首先，它与人的优秀最相冲突，因为它涉及低级动物的快乐；其次，它与人的仁爱或美最相冲突，因为不节制产生的快乐使仁爱和美得以产生的理性之光暗淡，"这些快乐被描述为最奴性的"①。

托马斯也从整体、主体、潜能三个方面考察节制。就整体部分而言，节制有两个部分，即一个人因之而从与节制相反的耻辱后退的"害羞"（shamefacedness）和因之爱节制之美的"诚实"（honesty）。由于节制比其他德性更强调合宜，因而它的恶性在羞耻方面超过了其他德性的恶性。就主体部分而言，节制是涉及触觉快乐的，而这有两种类型：一些是指向营养的，在这些中涉及吃肉的有"节欲"（abstinence），涉及喝酒的有"清醒"（sobriety）；还有一些指向生殖能力，其中包括涉及生殖行为本身的主要快乐的"贞洁"（chastity），涉及起因于亲吻、触摸和爱抚行为的快乐的"纯洁"（purity）。就潜能部分而言，任何一种由于在某一事情上的适度而起作用，并抑制冲动中产生的欲望的德性，都可以看作是节制的一部分。它们作为一种德性附加在节制之上。这种情形以三种方式发生：一是在灵魂的内在运动中，二是在身体的外在运动和行为中，三是在外在的事物中。除了节制调节和抑制的性欲运动外，在灵魂中有三种向一个特殊对象的运动。当激情的冲动被激起时，有一种意志的运动，这种运动是"自制"（continence）抑制的。另外一种对某物的内在运动是希望的运动，并且是作为结果的大胆的运动，这是"谦卑"（humility）调节和抑制的。第三种运动是倾向于报仇的愤怒的运动，这是"温顺"（meekness）或"温和"（mildness）抑制的。就身体的运动和行为而言，适度和抑制是"谦逊"（modesty）的效果。其中的第一种是能够使一个人明辨是非，并遵守正确的秩序，坚持我们所做的，这就是"方法"（method）。第二种是一个人遵守礼仪，这被归结为"文雅"（refinement）。第三种处理谈话或一个人与他的朋友之间的任何其他的交流，这被称为"庄重"（gravity）。就外在事物而言，有两种适度必须遵守。首先我们不可以欲望得太多，这就是"卑微"（lowliness）和"满足"（contentment）。其次我们在我们需求方面不可以是太美好的，这就是"适度"（moderation）或"朴素"（simplicity）。

关于节制的戒律，托马斯首先解答了有关节制本身的戒律。他认为，摩西十诫包含了那些更直接倾向于爱上帝和爱我们的邻人的戒律。在与节制对

---

① *Summa Theologiae*, II (II), Q.142, art.4.

立的恶性中，通奸是所有与对邻人的爱对立的恶性中最严重的恶性。这是因为，由于它，一个人通过虐待邻人的妻子来夺取别人的财产，以供自己的使用。所以摩西十诫的戒律包含了一种对通奸的特殊禁止，不仅在行为方面，而且也在思想中的欲望方面。^① 就附加在节制之上的德性的戒律而言，可以从两方面考虑：一是就它们自身考虑，二是就它们的结果考虑。就它们自身考虑，它们与爱上帝和爱我们邻人没有直接的联系，而不如说它们涉及属于人自己的事物的某种适度。但是就它们的效果考虑，它们可能涉及爱上帝或爱我们的邻人。在这方面，摩西十诫包含了与禁止同节制的部分对立的恶性的结果有关的戒律。例如，与温顺对立的愤怒的结果，有时就是一个人连续进行谋杀，有时就是他拒绝给他父母应有的荣誉。^②

七、法

托马斯将法看作为行为的外在本原。倾向于恶的外在本原是恶魔，而推向善的外在本原是上帝。上帝既通过他的法命令我们，又通过他的恩典帮助我们。托马斯具体分析了法的本质、类型和效果，并在此基础上具体讨论了永恒法、自然法（本性法）、人类法和上帝法。

（一）法的本质、类型与效果

托马斯认为，"法是行为的规则和尺度，通过它，人被引导履行行为或者被禁止去行为。"^③ 他分析说，"法"（lex）是从"ligare"（禁止）派生来的，本义是禁止人们行为。人性行为的规则和尺度是理性，引导到目的属于理性，而目的是所有行为的物质的第一本原。"据此可以推出法是属于理性的某种东西。"^④ 作为实践理性对象的实践物质，其第一本原是最后的目的，人类生活的最后目的是天福（bliss）或幸福，因此法必须主要考虑与幸福的关系。同时，人是完善共同体的部分，法也必须适当地考虑与普遍幸福的关系。既然法注定是为了共同善，那么任何其他涉及某个人作为的规则必定缺乏法的本性，除非它与共同善有关。"所以每一种法都是为了共同善而制

---

① Cf. *Summa Theologiae*, II (II), Q.170, art.1.
② Cf. *Summa Theologiae*, II (II), Q.170, art.2.
③ *Summa Theologiae*, II (I), Q.90, art.1.
④ *Summa Theologiae*, II (I), Q.90, art.1.

定。"①法关系到共同善的首要秩序，所以法的制定要么属于所有人，要么属于关怀所有人的要人。法通过规则和尺度对其他人施加影响。规则和尺度通过被运用到那些被规范和被衡量的人而施加影响。因此，一种法要获得适当的约束力量，需要把它运用于得用它规范的人。这样的运用就是通过颁布将法告诉人们。根据以上的分析，托马斯给法下了一个定义，即法"不过是为了共同善而由关怀共同体的人制定并颁布的理性的条例"②。

托马斯谈到了永恒性、本性法③和人类法，以及上帝法（包括旧法和新法）等不同类型。他首先面临着世间是否存在这四种法的问题。在他看来，法不过是发自于管理一个完善共同体的统治者的实践理性命令。这个世界是神意统治的，整个宇宙共同体是由上帝的理性统治的，在上帝这位宇宙的统治者关于事物统治的理念中，有一个法的本性。既然上帝的理性关于事物的概念不属于时间而是永恒的，那么这类法必定是"永恒法"（an eternal law）。既然所有服从上帝神意的事物都被永恒法规范和衡量，那么所有事物程度不同地参与了永恒法。在所有事物中，理性创造物以最优秀的方式服从上帝的神意，这样，它就参与了永恒法的分享，因此它就有了一种对它的适当行为和目的的本性倾向。这种理性创造物中对永恒法的参与就被称为"本性法"（a natural law）。"所以，很明显，本性法不过是理性创造物对永恒法的参与。"④在思辨理性中，我们根据从自然知道的不可证明的本原得出各种科学的结论，关于它们的知识不是自然透露给我们的，而是通过理性努力获得的。与此一样，我们从本性法的戒律中也可以得出人类理性需要对某些事务作出更特殊的规定的结论，这就是"人类法"（a human law）。"假若法的其他本质条件得到遵守，这些从人类理性派生的特殊规定被称为人类法"。⑤托马斯认为，除了本性法和人类法之外，上帝法（Divine law）对于指引人性行为也是必要的。⑥

关于法的效果，托马斯认为，每一种法的目的都在于它被那些服从它的

---

① *Summa Theologiae*, II (I), Q.90, art.2.

② *Summa Theologiae*, II (I), Q.90, art.4.

③ "a natural law"一词通常汉译为"自然法"。在英文中由于"nature"既有"自然"的意思，又有"本性"的意思，而本性通常被看作是自然的，因而"natural"中既可译为"自然的"，也可译为"本性的"。但是，在托马斯这里，"nature"、"natural"更侧重于本性的意义，所以"a natural law"一词在他这里译为"本性法"更好。

④ *Summa Theologiae*, II (I), Q.91, art.2.

⑤ *Summa Theologiae*, II (I), Q.91, art.3.

⑥ Cf. *Summa Theologiae*, II (I), Q.91, art.4.

人服从。因此，法适当的效果是要引导它的臣民到他们适当的德性，也就是要使它的臣民都成为善的。如果立法者的意图被确定为真正的善，即根据上帝的公正规定的共同善，那么法的效果就是要使人成为完全善的。然而，如果立法者的意图不是完全善的而是为了对他有用的或令人快乐的东西，或者与上帝的公正相反，那么，法就不能使人成为完全善的。托马斯也承认命令、禁止、允许和惩罚是法的效果。"正如在证明的科学中理性引导我们从某些原则到同意结论一样，理性也通过某些手段引导我们同意法的戒律。""为了确保服从，法使用对惩罚的恐惧，在这方面惩罚是法的一种效果。"①

（二）永恒法

托马斯比喻说，在每一位工匠的心中，预先都有一个将要运用于他用工艺制作的产品的模型；同样，在每一位统治者心中，也必定会设定一个守序高效的政府的模型。这种模型具有法的品格。上帝由于他的智慧而成为了所有事物的创造者，他与所有事物的关系就像工匠与其技艺产品的关系一样。而且他控制着所有在单个创造物中发现的行为和运动。上帝智慧的模型，就所有事物根据它被创造而言，具有技艺的品格，它是样板或理念。所以，推动所有事物到它们应有的目的的上帝智慧，其模型具有法的品格。"因此，永恒法不过就是上帝智慧的模型，它引导所有行为和运动。"②

永恒法虽然存在，但除了能看见上帝本质的得到赐福的人之外，没有任何人能认识它的本来面目。不过，每一理性创造物能在它的反思中认识它。每一种关于真理的知识都是一种对永恒法的反思和参与，因为正如奥古斯丁所言，永恒法就是不变的真理。所有人都在某种程度上认识真理，至少就本性法的共同本原而言是如此。至于其他的真理，他们或多或少分有真理的知识，并且在这方面或多或少是永恒法的认识者。

"法表示一种指导行为走向目的的计划。"③无论在哪里，只要有推动者作出的规定，第二推动者的能力必定是从第一推动者派生的，因为第二推动者只有在被第一推动者推动的前提下才能运动。所有统治者的情形也是如此。统治的计划是次级的统治者从主要的统治者那里派生的，如同律令从国王传达到他的下属一样。既然永恒法是主要统治者的统治计划，那么所有下级的

---

① *Summa Theologiae*, II (I), Q.92, art.2.

② *Summa Theologiae*, II (I), Q.93, art.1.

③ *Summa Theologiae*, II (I), Q.93, art.3.

统治计划必定是从永恒法派生的。但是，这些下级统治者的计划就是永恒法之外的所有其他法。所以，所有的法，就其分有正确理性而言，都是从永恒法派生的。

永恒法是上帝统治的模型，凡是服从上帝统治的，都服从永恒法。人的行为是服从人的思想统治的，但是属于人的本性的东西并不服从人的统治。虽然在上帝创造的事物中的所有东西，无论是偶然的还是必然的，都服从永恒法，但属于上帝本性或本质的东西不服从永恒法，而是永恒法本身。

人的法只适用于服从某人的理性创造物，因为法指导那些服从某人统治的人性行为。没有人能强加一种法给自己的行为。至于使用那些服从人的无理性的事物，无论完成的是什么，都是推动那些事物的人自己所做的。因为这些无理性的创造物不推动自己，而是被其他事物推动。故此人不能将法强加给无理性事物，无论它们多么服从他。但是，他能通过他的某种命令或公告将法强加给服从他的理性存在物。他能使他们的心灵铭记那是行为本原的规则。正如通过这样的宣告，某人可以把一种内在的行为本原强加给服从他的人一样，上帝把他的适当行为的本原强加给整个本性。"这样，整个本性的所有行为和运动都服从永恒法。"① 因此，无理性的创造物被上帝的神意所推动，而不是像理性创造物那样通过理解上帝的戒律而服从永恒法。

一个事物服从永恒法有两种方式，一是通过知识分有永恒法；二是通过行为和激情，即通过一种内在的运动本原分有永恒法。无理性创造物是以第二种方式服从永恒法的。但是，既然理性存在物具有所有创造物共同具有的东西，同时就它是理性的而言，又有某种适合它自己的东西，那么它就以上述两种方式服从永恒法。因为当每一理性创造物有某种关于永恒法的知识时，它也就有了一种对那与永恒法和谐的东西的本原倾向。然而，这两种方式是不完善的，并且在某种程度上已经被破坏。因为在他们中，对德性的本性倾向被恶性的习惯所腐坏，而且罪的激情和习惯已使关于善的本性知识变质。但是，可以在善人身上发现两种更完善的方式。在他们中，除了关于善的本性知识之外，还有被附加的关于信仰和智慧的知识。而且，除了对善的本性倾向之外，还有恩典和德性附加的运动。"因此，善人完善地从属永恒法，他们总是根据它行为；而恶人也服从永恒法，就他们的行为而言是不完善地服从，因为他们关于善的知识和他们的倾向是不完善的。"②

---

① *Summa Theologiae*, II (I), Q.93, art.5.
② *Summa Theologiae*, II (I), Q.93, art.6.

（三）本性法（自然法）

关于本性法，托马斯从它与习惯的关系谈起。他认为，一个事物可以在两种意义上被称为习惯：其一，被适当地和本质地称为习惯。在这种意义上本性法不是习惯，因为本性法是理性规定的某种东西。习惯则是我们用以行为的东西，那么认定法是习惯就不是适当的，法在本质上不是一种习惯。其二，习惯这个术语可以运用于我们用习惯所包含的东西，如信仰。既然本性法的戒律有时实际上被理性考虑，而它们有时只是习惯地在理性之中，那么在这种意义上，本性法可以被称为习惯。

"本性法的戒律是对实践理性而言的，证明的第一本原是对思辨理性而言的，因为两者都是自明的本原。"一个事物以两种方式被说成自明的：一是就其自身而言；二是就与我们的关系而言。如果任何命题的谓词包含在主词的概念中，这个命题就是就其自身而言自明的，尽管对于一个不知道主词定义的人来说，可能这样一个命题碰巧不是自明的。某些公理或命题是对所有人普遍自明的，其术语为所有人知道的命题就是这样的命题，如"每一个整体都大于它的部分"。但是，有一些命题只是对于有智慧的人才是自明的，他们理解这样的命题的术语的意义。例如，对于一个理解天使是没有形体的人来说，天使在疆域上不在一个地方是自明的，但对于没有学识的人来说这并不是自明的。

托马斯进一步通过"存在"与"善"的比较阐述本性法戒律的基础。他分析说，一种确定的秩序要在那些被普遍理解的事物中发现。因为得到理解的东西是"存在"，其概念包含在一个人能够理解的所有事物之中。这样，第一个不可证明的本原是"同一事物不能被肯定同时又被否定"，这是以"存在"和"不存在"为基础的。所有其他的本原都是基于这一本原的。正如"存在"是进入完全理解的第一个事物一样，"善"是进入实践理性理解的第一个事物，因为每一行为者都是为了就善而言的目的而行为的。"因此，实践理性的第一本原是建立在善的概念基础上的本原，这个概念就是'善是所有事物追求的东西'。故而这是法的第一戒律，即'善是要被做的和要被追求的，而恶是要被避免的。'"① 本性法的所有其他戒律都是以此为基础的。所以，实践理性在本性上被理解为人的善（或恶）的全部范畴，都属于本性

---

① *Summa Theologiae*, II (I), Q.94, art.2.

法的戒律，它是某种要被做或要避免的东西。

然而，善有一个目的的本性，而恶有一个相反的本性。因此所有人对其有一种本性倾向的那些事物，在本性上被理性理解为善的，并且会将其作为追求的对象。而它们的相反者被理解为恶的，并且是避免的对象。"所以，本性法的戒律的秩序是以本性倾向的秩序为根据的。"① 首先，人具有与其本性相一致的对善的倾向，而每一实体都根据自己的本性追求保存它自己的存在。由于这种倾向，无论作为保存人的生命和避开它的障碍的手段是什么，它都属于本性法。其次，人有对那更特殊的属于他的事物的倾向，根据他与其他动物共有的本性，那些事物被说成是属于本性法的，如性交、养育后代等。再次，人还有一种根据其理性本性的对善的倾向，那种本性对他是合适的。例如，人有对知道关于上帝的真理、了解如何在社会中生活等本性的倾向。就此而言，属于这种倾向的所有内容都属于本性法。

在托马斯看来，"所有的德性行为都属于本性法"②，因为一个人根据其本性所倾向的每一事物都属于本性。每一事物在本性上倾向于就其形式而言适合它的操作活动。因此，既然理性的灵魂是人的适当形式，那么在每一个人那里就有一种根据理性行为的本性倾向。这就是要根据德性行为。据此，所有德性行为被本性法所规定，因为每一个人的理性在本性上命令他德性地行为。然而，并不是所有德性行为都被本性法所规定。许多事情虽然出于德性地去做，但本性起初并不倾向它们，只是经过理性的探讨后，人发现它们是有利于更好生存的，才这样去做的。

一个人在本性上倾向的那些事物属于本性法，在这些事物中，人倾向于根据理性行为才是合适的。理性的过程就是从共同的东西到适当的东西的过程。然而，思辨理性与实践理性在这一过程中有不同的定位。思辨理性主要致力于必然事物，而实践理性主要忙于偶然问题。尽管在一般本原中有必然性，但是我们越是深入到细节问题，我们就越经常地面临缺点。因此，在思辨问题中，真理无论是就本原而言还是就结论而言在所有人那里都是相同的，但这只是就我们称为共同概念的本原而言的。在行为问题中，真理或实践正确并不是对所有人相同的，它是就细节问题而言，而不仅仅是就一般本原而言的。"虽然在细节问题上有相同的正直，但它并不被所有人同样地知道。"③

---

① *Summa Theologiae*, II (I), Q.94, art.2.

② *Summa Theologiae*, II (I), Q.94, art.3.

③ *Summa Theologiae*, II (I), Q.94, art.4.

所以，无论是就思辨的还是就实践的一般本原而言，真理或正直对于所有人都相同，是被他们同等感知的。就思辨理性的适当结论而言，真理对于所有人是相同的，但并不被他们同时了解。就实践理性的适当结论而言，真理或正直不是对所有人都相同，在它是相同的地方，它也不是同等地被所有人知道。这样，我们必须说，本性法就一般本原来说，对所有人都是相同的，无论是就正直而言，还是就知识而言。但是，就这些一般本原的某些细节问题而言，在大多数情况下对所有人是相同的，无论是就正直而言，还是就知识而言。然而在少数的情形下，它也许不是这样。就正直而言有某些障碍，而就知识而言，理性被激情或恶的习惯或本性的恶的意向所滥用。①

本性法是会变化的，它的变化可以从两方面理解：一是增加。在这种意义上，没有什么能阻止本性法改变，因为许多有利于人类生活的事情被上帝法或人类法加到了本性法之上。二是减去，即以前根据本性法存在的东西不再存在。在这种意义上，本性法在它的第一本原方面是完全不可改变的，但在它的次级本原方面，如果本性法不被改变，它所规定的东西就会在大多数情形下不正确。"但只是在很少出现的某些特殊的情形下，由于某种阻碍这样的戒律得以遵守的特殊原因，它才会变化。"②

属于本性法的首先是某些最一般的戒律，它们是众所周知的；其次是某些次级的、更具体的戒律，它们是从第一本原推出的结论。就那些一般本原而言，本性法在抽象的意义上不会受到人心的污损。但是在一个特殊的行为中则不然，在这种情况下，理性由于性欲或某种其他激情的阻碍而不能将一般的本原运用到特殊的实践环节。但是，就次级的戒律而言，本性法会由于恶的劝告，或恶性的风俗和腐坏的习惯而受到来自人心的污损。在某些人那里，盗窃甚至非本性的恶性不被判定为有罪的。

（四）人类法

关于人类法，托马斯讨论了三个问题，即：人类法本身，人类法的能力，人类法的可变性。

托马斯首先简要地阐述了人类法的必要性。他认为，人对德性有本性的倾向，但德性的完善必须由人通过某种培养获得。人需要从别人那里得到培养以达到德性的完善。就那些倾向于德性行为的年轻人而言，父母的培养就

---

① Cf. *Summa Theologiae*, II (I), Q.94, art.4.

② *Summa Theologiae*, II (I), Q.94, art.5.

足够了。但是，也有一些年轻人是堕落的，有作恶的倾向。对于他们，运用强制和恐惧阻止作恶是必要的，这样至少可以阻止他们继续堕落且有可能使他们成为有德性的。这种利用对惩罚的恐惧所强迫进行的培养就是法的约束。"所以，为了人有和平与德性，制定法是必要的。"①

当事物的存在是为了一个目的时，它的形式必定与那种目的相称地被决定。另一方面，每一被规定和衡量的事物必定有一种与它的规则和尺度相称的形式。这两方面的条件在人类中得到证实，因为人类既是指向目的的某种东西，又是被一个高级的尺度规定或衡量的规则或尺度。这种高级的尺度是双重的，即上帝法和本性法。人类法的目的是要对人有用。在决定法的本性方面，有三个条件："培育宗教"，这是就它与上帝法相称而言的；"有助于约束"，这是就它与本性法相称而言的；"推进共同福利"，这是就它与人类的功利相称而言的。所有其他条件都可以归结为这三个条件。首先，它培育宗教，所以它被称为德性的。其次，它依赖于行为者的能力，约束应该根据每一个人的能力和人类风俗而被采取。最后，它依赖于某种环境，它对于排除恶必要，对于获得善有用，法应该推进共同福利。

"法的目的是共同善，人类也应该与共同善相称。"② 共同善包含许多东西，法也要考虑许多东西。国家共同体由许多人组成，它的善通过许多行为促成。法的建立不能只在持续短的时间里，而要续存于所有的时间，适用于一代又一代的人。法是作为一种人性行为的规则或尺度而构成的。尺度应该与它所衡量的东西相一致，因而不同的事物要由不同的尺度衡量。对人施加影响的法也应该符合他们的条件。因为法应该是既根据本性又根据国家的惯例而被确立的。行为的可能性或能力是由于内在的习惯和意向。同一件事物对于是否具有德性习惯的人而言其效果是不尽相同的，但对于具有德性的人则可能是相同的。例如，因为这个理由，对于孩子的法与对成人的法不是相同的。许多事情对于孩子被允许，而对于成人则要受到法的惩罚，或会受到谴责。同样，许多事情对于德性不完善的人是允许的，而在有德性的人那里却是不能忍受的。"人类法是为人类制定的，他们中的大多数在德性方面不完善。因而人类法并不禁止所有的恶性，而只禁止较严重的恶性，因为只有有德性的人避免所有的恶性，大多数人只能避免严重的恶性。那些严重的恶性是伤害其他人的，不加以禁止，人类社会就不能维持。人类法禁止这些严

① *Summa Theologiae*, II (I), Q.95, art.1.

② *Summa Theologiae*, II (I), Q.96, art.2.

重的恶性，如谋杀、盗窃等。"①

每一种法都被引向人的共同福利，并由此派生法的力量和本性。也有这样的情况，即遵守法在大多数情况下有助于共同福利，但在某些情形下却是非常有害的。因为立法者不能万无一失地考虑问题，而是根据最经常发生的情况制定法律。立法者出现失误，所制定的法的遵守就会对一般福利造成损害，这样的法不应该被遵守。

所有德性的对象或者与个人的私人善有关，或者与大多数人的共同善有关。但是，法所指向的是共同善，虽然没有德性行为不能被法所规定，但人类法不规定每一种德性的所有行为，而只规定与共同善直接或间接有关的行为，通过人类法，市民在推进公正与和平的共同善方面得到引导。②

"人类法是理性的命令，人性行为由它指导。"③法的概念包含两种东西：一是人性行为的规则，二是具有强制力。一个人也许以两种方式服从法。第一，被规范的人服从规范者，在这种意义上，所有服从权力的人都要服从由那种权力制定的法。第二，被强制的人服从强制者，在这种意义上，有德性的、正直的人不服从法，而只有邪恶的人才服从法。因为强制和暴力是与善良意志相反的，善人的意志是与法和谐的，而恶人的意志是与法不一致的。在这种意义上，善人不服从法，而只有恶人服从法。所有法都来自于立法者的理性和意志，上帝法和本性法来自上帝的合理的意志，人类法来自人被理性规定的意志。正如在特殊的问题上可以通过语言使人的理性和意志清晰可见，它们也可能通过行为为人所知。通过语言，法既能被改变也能被解释；通过行为，特别是通过不断重复而使行为成为习惯，法也能被改变和解释，而且使法获得力量的某种东西也能确立。因为当一件事情一再被重复时，它似乎源自于理性的明慎判断。"因此，惯例具有法的力量，它可以废止法，也可以成为法的解释者。"④

"人所制定的法可能是公正的，也可能是不公正的。"⑤如果它们是公正的，就有能力使良心受约束，因为这样的法是从永恒法派生出来的。说法是否公正的，既可以从它们的目的，也可从它们的制定者和形式来判断。从目

①　*Summa Theologiae*, II (I), Q.96, art.2.

②　Cf. *Summa Theologiae*, II (I), Q.96, art.3.

③　*Summa Theologiae*, II (I), Q.97, art.1.

④　*Summa Theologiae*, II (I), Q.97, art.3.

⑤　*Summa Theologiae*, II (I), Q.96, art.4.

的看，当法是为了共同善时，它们就是公正的；从制定者看，被制定的法没有超出立法者的能力，就是公正的；从形式看，法的制定根据相称的平等性并考虑共同善，将责任落实到臣民，这种法就是公正的。既然人是共同体的部分，那么每一个人在他的所有方面都属于共同体。因此，对相称的责任施加影响的法是公正的和使良心受约束的，并且是合法的法。另一方面，法可能在两方面是不公正的：一是与人类善相反。或者就目的而言，当一个权威将繁重的法强加给臣民，不是有利于共同善，而是有利于他自己的贪婪或虚荣；或者就制定者而言，一个人超出他的能力制定法；或者就形式而言，责任不平等地强加于共同体。这样的法不能约束良心。二是与上帝的善对立或者与上帝法相反。引起偶像崇拜的暴君的法就是如此。这样的法决不会被遵循。①

"法的力量取决于它公正的程度。"②在人类事务中，一个事物被说成是公正的，根据的是理性的规则。但是，理性的第一规则是本性法。"因此，每一人类法所具有的本性就是从本性法派生出来的。但是，如果在任何一点上偏离本性的法，它就不再是法，而是法的歪曲。"③但是，某些东西从本性法中派生有两种方式：一是像从前提到结论，即某种东西从本性法的一般原则派生，作为结论。例如，"人们不应该杀人"可能是从"人们不应该伤害任何人"的原则派生出来的结论。二是通过某些一般性的规定。某些东西经由结论从本性法的一般原则派生；而有些东西则是经由规定从本性法的一般原则派生。派生的这两种样式都可以在人类法中发现。但是，以第一种方式派生的东西不是包含在人类中的唯一从那里产生的东西，除此之外，还有某种也是来自本性法的力量。而以第二种方式派生的那些东西只有人类的力量。

许多东西包含在人类法的概念之中，因而人类法可以作适当的划分。首先，从本性法派生，这一点属于人类法的概念。就这方面而言，实体法被划分为"国家法"和"市民法"。那些从本性法派生的东西属于国家法，如买卖公平。没有它们，人就不能在一起生活。这是本性法的要害，因为人在本性上是社会动物。但是，那些从本性法派生出来的东西作为特殊的规定，属于市民法。根据它，每一个国家决定什么是对它自己最好的。其次，引导到国家的共同善属于人类法的概念。在这方面，人类法可以以某种特殊的方式

①　Cf. *Summa Theologiae*, II (I), Q.96, art.4.

②　*Summa Theologiae*, II (I), Q.95, art.2.

③　*Summa Theologiae*, II (I), Q.95, art.2.

对为共同善而工作的不同类型的人进行划分。例如，牧师通过向上帝祈祷为人民造福；士兵为人民的安全而战斗。这样，某些特殊类型的法适合于这些人。第三，由一个统治国家共同体的人制定法律属于人类法的概念。在这方面，不同的政府形式有各种不同的人类法。第四，指导人性行为属于人类法的概念。在这方面，根据法要处理的各种问题，有各种不同类型的法。①

在托马斯看来，人类法是会发生变化的。人类法的合理变化也许有两个原因：一是理性方面的原因。从不完善逐渐到完善对于人类理性来说似乎是自然的。因此，在思辨科学中，我们看到早期哲学的学说是不完善的，后来被他们的继承者加以完善。在实践问题方面也是如此。那些最初努力发现对人类共同体有用的某种事物的人，自己不能解释每一事物，他们建立了在许多方面有欠缺的某些制度。这种情形为后来的立法者所改变，他们制定了较少欠缺的制度。二是法规范其行为的人方面的原因。人性行为被法规范，而法要根据人的条件的变化而正确地改变，这种改变必须是有利于共同福利的。但是，在某些情况下，法的纯粹变化本身是对共同体有害的。法常常是与惯例联系在一起的，惯例对法的遵守有很大的好处。当法被改变时，惯例也会被废除，这样法的约束力也会相应减弱。"因此，除非共同福利以某种方式或另一种方式根据在相应方面受损害的程度得到相应补偿，否则人类法决不应该改变。"②这种补偿或者来自于新颁布的法所带来的非常大的和明显的利益，或者来自于极其紧急的情况，如现存的法显然不公正或遵守它极其有害。

托马斯最后还谈到统治者对人类法给予豁免的权力问题。他认为，位居共同体之上的统治者，被赋予了凭借其权威对人类实行豁免的权力。当法运用于个人或情境发生不了作用的时候，他可以允许法的戒律不被遵守。然而，如果没有发生突然事件之类的理由，纯粹出于他的意志而作这种允许，他就会是一个无信仰的或不明慎的豁免者。如果他不着眼于共同善，他就是无信仰的；如果他忽视允许豁免的理由，他就是不明慎的。③

（五）上帝法

托马斯所说的上帝法，是从基督教《圣经》中归纳出来的。它包括《旧约》中上帝通过先知所作的启示和《新约》中耶稣基督所宣讲的道理。在

---

① Cf. *Summa Theologiae*, II (I), Q.95, art.4.

② *Summa Theologiae*, II (I), Q.97, art.2.

③ Cf. *Summa Theologiae*, II (I), Q.97, art.4.

旧约时代，先知摩西在西奈山上接受上帝启示之后向犹太民族颁布了"十诫"；在《新约》时代，耶稣基督作为上帝之子亲自向其门徒和信徒们宣讲了"福音"。托马斯根据《新约·加拉太书》将上帝法分为旧法和新法。《使徒书》将在旧法之下的人的状态比作"在启蒙老师之下"的儿童的状态，而将在新法之下的人的状态比作"不再在启蒙老师之下"的成人的状态。（参见《圣经·加拉太书》4:24、25）根据教会的传统教义，称前者为"旧法"，后者为"新法"或"福音法"。二者合在一起统称为"上帝法"，即上帝宣布的"神圣法律"。① 托马斯是赞成这种看法的。他认为，这两种法完善不完善是与属于法的三个条件相联系的。首先，引导到共同善作为目的属于法。这种善有两种含义：它可以是感性的、尘世的善，人由旧法直接引向这种善；它也许是智性的和天堂的善，人被新法引向这种善。第二，根据正当的秩序引导人性行为属于法。新法在这里也超越了旧法，因为它引导我们内在的行为。第三，劝导人遵守戒律属于法。旧法通过对惩罚的恐惧做到这一点，而新法通过爱做到这一点。这种爱被耶稣的恩典注入到了我们的心中，它在新法中被赋予，而在旧法中只是被预示。②

托马斯明确指出，"除了本性法和人类法之外，对于指导人性行为来说，有一种上帝法是必要的。"③ 人类之所以需要上帝法，主要有以下四方面的原因：

其一，在上帝法的指导下，人知道怎样着眼于其最后目的履行行为。在托马斯看来，人生的目的不仅仅要追求现世的善，而且更应该追求来世的善即永生。而来世的善无疑是超越人的本性的，非人的本性自身能够完全认识和完全达到的。既然来世是超本性的，那么对于超本性的善的把握，必须得到超本性的上帝的恩典，必须得到他的帮助。如果人只追求与其本性能力相匹配的目的，那么他就除了本性法和人类法之外不需要任何其他进一步的指导。但是，既然人要追求与其本性能力不相匹配的永恒幸福，那么除了本性法和人类法之外，就还需要由上帝法引导他达到永恒幸福的目的。因此，上帝的神圣法律不仅是必要的，而且是至关重要的。④

其二，人的判断不都是确定的，不同的人对人性行为会形成不同的判

---

① Cf. *Summa Theologiae*, II (I), Q.91, art.5.
② Cf. *Summa Theologiae*, II (I), Q.91, art.5.
③ *Summa Theologiae*, II (I), Q.91, art.4.
④ Cf. *Summa Theologiae*, II (I), Q.109, art.5; Q.114, art.2. And *Summa Contra Gentiles*, III, 147.

断，特别是遇到特殊情况和偶然事件，更容易偏离正确的方向，而这是由不同的和相对的法导致的。所以人不能确凿无疑地知道他应当做什么和应当避免什么。在这种情况下，必须有上帝法引导人合适地行为，因为上帝法肯定不会发生任何错误。托马斯注意到，实际情况是复杂的。例如，"行善避恶"这个基本道德原则虽说是一个自明的真理，但有时也会变得模糊而不明显，特别是据此制订某些具体规范时，难免出现偏差和错误，乃至导致产生不同的道德观念。托马斯认为，这些问题产生的根本原因，在于人不是一个纯理智的人，而是有血有肉的人。人有自己的欲望、情感和意见。这些东西会影响他的理智生活。同时，人也不可能脱离现实而在真空中进行思考，人在思考时必然会受到各种条件的制约，因而会出现各种偏差乃至错误。当然，这并不是本性本身有什么差错，本性法是最普遍的，它适用于一切法律，但是在个别的特殊环境中可能发生不符合本性法的反常现象。同时，人们有时候会无视本性法，感情用事。要防止这种情况发生，除了永恒法和本性法之外，上帝的神圣法律就显得十分必要了。因为圣经中的旧法和新法既是普遍有效的一般原则，同时又是十分具体的规定。例如，它们要求信奉上帝，完善自我，爱他人，全人类彼此相爱，等等。这些原则是无与伦比、普遍适用的。显然，上帝法优越于任何人类的法律，它可以从心灵深处指导人们理智地生活，免受一切欲望、情感和意见的蒙蔽。

其三，人类法只能审判人的外在行为，而无法审判人的内心动机和行为。在托马斯看来，人类法的局限性还在于，人类法只能控制人的外在的罪恶行为，对于人的内在动机和行为的罪恶则无法起作用，而"对于德性的完善来说，人在这两类行为方面使自己正当地行动是必要的"[①]。因为人性行为道德与否，首先在于人的内在动机和意志。由此可见，人类法是不严密、不完整的，难以全面地判断和控制人性行为，特别是不足以控制和指导内在行为。与人类法不同，上帝法本身包含着永恒法和本性法，它能够全面地判断和控制人的内外一切行为。因此，应该有上帝法作后盾。托马斯甚至断言，无论人们口头承认与否，人们事实上无不以神圣的、普遍的、必然的和永恒的法则作为自己最基本的道德原则，并用以指导和规范自己的各种行为。例如，人们都会不知不觉地以"行善避恶"这样一条基本道德原则判断是非善恶，并无意识地遵循着它。尽管上帝所颁布的神圣法则不为有些人公开承

---

① *Summa Theologiae*, II (I), Q.91, art.4.

认，但上帝法无可否认地在其内心存在着。例如，"行善避恶"这样一种超越人类法的基本道德原则，就是一条谁也无法抹煞和磨灭的必然的、普遍的、绝对的、无条件的乃至对人人都同样有效的内心命令。这一命令就是人们通常说的"良心"或"良知"，它是上帝赋予人内心的永恒法和本性法的一种表现，是人的天赋特性，人皆有之。

其四，人类法受时空的限制，不可能惩罚或禁止所有的恶行，而上帝法却永远有效，能够禁止所有的罪恶。为了使所有的罪恶都被禁止和受到惩罚，需要上帝法。在托马斯看来，人类法虽然派生于、通常也符合于永恒法和本性法，但并不等同于永恒法和本性法。人类法总是有条件的、暂时的和可变的，不可能像本性法特别是像永恒法那样无条件、绝对不变、永远正确而又完美无缺。人类法是在特定环境下制订的、适用于特定环境的法律，虽然其中有的也是比较普遍的，但总的来说它们都具有一定的局限。正因为如此，人类法既"实现不了所有的善"，又"禁止不了所有的恶"①。而且人类法也并不要求禁止所有的恶，尽管从德性来说所有的恶是应该排除的。人类法只禁止那些比较严重的恶。例如，人类法就禁止谋杀、盗窃等，但这些比较严重的恶对大多数人来说是可以排除的。

总之，托马斯确信，上帝法是永恒法和本性法的具体化，所以它同永恒法和本性法一样是必然的和永恒不变的。同时，它又是人类法的可靠保证，它是为克服和避免人类法的局限从而有效禁止和惩罚恶行而颁布的。

在《神学大全》关于法的部分中，托马斯对旧法与新旧作了相当多的论述，限于篇幅，这里不作进一步的介绍。②

八、恩典与生活状态

在托马斯看来，以上这些关于上帝或与上帝相关的论证和阐述都是人的理性（本性理性）可以理解的真理。他也承认，除了这些理性可以理解的真理之外，还有一些像三位一体、道成肉身、圣事这样的神圣的奥秘（sacred mysteries），它们虽然并不与理性矛盾，但只有通过启示获得。能被本性理性认识的上帝存在以及其他关于上帝的真理，并不是信仰的项目，而是这些项目的序幕。因为信仰以本性知识为前提，完善假定某种能被完善的事物存

---

① *Summa Theologiae*, II (I), Q.96, art.3.
② Cf. *Summa Theologiae*, II (I), QQ.98-108.

在。不过，没有什么东西能阻止一个人接受本身能被科学地认识和证明的东西。托马斯对这些问题都有充分的讨论，而且基本上持正统观点，与奥古斯丁的观点并无多大的差异。

（一）恩典

托马斯将上帝看作是行为的外在本原，上帝法是行为的规则，上帝的恩典为行为提供帮助，通过恩典，我们在上帝的帮助下正当地行事。在《神学大全》中，托马斯既讨论了一般意义的上帝恩典（grace），又讨论了上帝的无偿的恩典（gratuitous graces，亦译为"白白的恩典"）。

关于一般意义的上帝恩典，托马斯讨论了恩典本身、恩典的原因，以及恩典的效果等问题。他从十个方面论证了上帝恩典的必要性。第一，人要获得任何真理的知识需要上帝的帮助，理智可能需要上帝的推动才能付诸行为。不过，为了认识所有事物的真理，人并不需要在他的本性之光以外给予新的光，而只需要在超出他的本性之外的一些知识方面得到帮助。第二，在完善的本性状态下，为了获得超本性的善，人需要在本性力量之上添加一种无偿的力量（a gratuitous strength）；而在腐坏的本性的状态下，则是为了得到医治，并为了进而从事超本性的德性作为。在人需要上帝帮助的这两种状态下，人可以被推动去正当地行动。第三，在完善的本性状态中，人不需要给他的本性禀赋加上恩典的礼物，以在本性上爱所有事物之上的上帝，尽管他还需要上帝帮助推动他做到这一点；但是，在腐坏的本性状态下，人需要恩典的帮助医治他的本性。第四，在完善本性和腐坏本性的状态下，人都需要上帝恩典的帮助才能履行法的戒律。第五，没有恩典，人不能获得来世生活的报答，尽管他能从事有助于其本性善的作为。第六，除非借助上帝内在地推动人的那种无偿帮助，否则人就不能为自己接受恩典之光作准备。第七，人要脱离罪，需要恩典的帮助。第八，没有恩典，人就不能避免罪。第九，那些已经接受恩典的人还需要进一步得到上帝的帮助。第十，得到恩典的人还需要乞求上帝给他坚持不懈的礼物，以使他阻止恶，直到他的生命终结。①

那么，什么是恩典？托马斯认为，在日常的语言中，恩典有三种意思：一是对任何一个人的爱，如国王善待士兵；二是免费赠送的礼物；三是对无

---

①　Cf. *Summa Theologiae*, II (I), Q.109.

偿给予的礼物的酬谢。在这三种含义中，第二种依赖于第一种，第三种则是第二种的延续。当一个人被说成是拥有了上帝的恩典时，是指上帝给这个人赋予了某种东西。不过，上帝的恩典有时也指上帝的永恒的爱。上帝不仅推动创造物走向它们的本性行为，而且赋予它们某些形式和能力作为它们行为的本原，以使它们自己可以倾向于这些运动。于是，它们被上帝推动的运动就成为对于创造物来说是本性的和适宜的。更重要的是，像上帝推动走向超本性的善一样，上帝也灌输某些形式或超本性的性质，它们因此可以被它甜美地、快捷地推动，以获得永恒生活；恩典的礼物就是一种品质。①

甚至如同理性的本性之光是除了获得的德性之外的某种东西一样，分享上帝本性的恩典之光是除了灌输德性之外的某种东西。因为正如获得德性能使一个人达到与理性的本性之光相一致，灌输的德性能使人达到适合于恩典之光。恩典是先于德性的，它具有一个先于灵魂的主体，它在灵魂的本质之中。因为人在他的理智能力中通过信仰的德性分享上帝的知识，在他的意志能力中通过仁爱德性分享上帝的爱，而在他的灵魂本性中通过某种再生或再创造分享了上帝的本性。"正像获得的德性能使一个人根据理性的本性之光前进一样，灌输的德性能使一个人适合于恩典之光前进。"②

托马斯对恩典作了三种划分。首先他将恩典划分为无偿的恩典（gratuitous grace）和圣洁化的恩典（sanctifying grace）。"恩典有两种：一种是人自己凭借它达到与上帝统一，这被称为'圣洁化的恩典'；另一种是一个人凭借它的引导在走向上帝的过程中与另一个人合作，这个礼物被称为'无偿的恩典'，因为它是超越了本性的能力，并超越了人的价值而被赋予人的。"③托马斯指出，无偿的恩典包含了一个人为在高于理性的上帝事物中指导另一个人所需要的储备。这种储备包括三个方面：一是一个人需要具有关于上帝事物的充分知识，以便能教授他人；二是他必须能确认或证明他所说的，否则他的话就没有分量；三是他必须能适宜地向他的听者展示他所说的。这三个方面涉及"信仰"、"智慧"和"知识"，它们都是必要的，并且在理性范围内的确认依赖于论证。但高于理性的确认则依赖对于上帝能力合适的东西，而这有两种方式：第一，当神圣学说的教师做只有上帝能以神迹的行为做的事物，不论是涉及身体健康的，这样就有了"医治的恩典"

---

① Cf. *Summa Theologiae*, II (I), Q.110.

② *Summa Theologiae*, II (I), Q.110, art.3.

③ *Summa Theologiae*, II (I), Q.111, art.1.

（grace of healing）；还是纯粹为了显示上帝的能力的，这样就有了"神迹的作为"（working of miracles）。第二，当他能显示只有上帝才能知道的东西时，这些东西要么是未来的偶发事件，这样就有了"预言"（prophecy）；要么是内心的秘密，这样就有了"精神的辨别"（discerning of spirits）。圣洁化的恩典直接引导人到与其最后目的的统一，而无偿的恩典则通过预言、神迹等引导人到为其最后目的作准备。这样，圣洁化的恩典比无偿的恩典更高尚。

在托马斯看来，"恩典既可以作为上帝的帮助，通过上帝推动我们意欲和行为，又可以作为上帝赋予我们的习惯的礼物。"[①]他认为，在这两种意义上，恩典可以适当地划分为操作活动的和合作的。一个结果的操作活动不是被归因于被推动的事物，而是被归因于推动者。在那种我们的心灵被推动而上帝才是唯一的推动者的结果中，其操作活动被归因于上帝，因而它就与我们所说的"操作活动的恩典"有关。但是，在那种我们的心灵既推动又被推动的结果中，其操作活动不仅归因于上帝，而且也归因于灵魂，因而它就与我们所说的"合作的操作活动"有关。因此，在我们这里有双重的行为。一是有意志的内在行为。就这种行为而言，意志是被推动的事物，而上帝是推动者，特别是当意志从意欲恶到开始意欲善时更是如此。所以，就上帝推动人的心灵到这种行为而言，我们说这是操作活动的恩典。但是还有另一种外在的行为，因为它被意志所控制，所以这种行为的操作活动被归因于意志。上帝在这种行为中帮助我们，他既通过内在地加强我们的意志以获得这种行为，也通过外在地准许运用操作活动能力，这就涉及我们所说的合作的恩典。这样，如果恩典被看作是上帝的无偿运动，他由此推动我们走向有价值的善，它就可以合适地划分成操作活动的和合作的恩典。但是，如果恩典被作为习惯的礼物，那么就有恩典的双重结果："存在"和"操作活动"。这样，就习惯的恩典医治和维护灵魂而言，或者就它使灵魂快乐地走向上帝而言，它被称为操作活动的恩典；就它是有价值的作为的原因，而自由意志源自于此，它被称为合作的恩典。[②]

此外，上帝还将恩典划分为前件恩典（prevenient grace）和后件恩典（subsequent grace）。托马斯判断，恩典在我们这里有五种结果：一是医治灵魂；二是欲望善；三是使所提出的善生效；四是坚持善；五是达到光荣。恩典

---

① *Summa Theologiae*, II (I), Q.111, art.2.
② Cf. *Summa Theologiae*, II (I), Q.111, art.2.

在我们身上引起了第一种结果，它就被称为相对于第二种恩典的前件恩典，而就它引起第二种恩典而言，它相对第一种恩典被称为后件恩典。"由于一个结果是后于这个结果而先于那个结果的，所以恩典可以根据相对于各种其他结果看的同一结果而被称为前件的和后件的。"①

托马斯认为，恩典的礼物超越了每一种被创造的本性，任何创造物都不可能引起恩典，引起恩典的只能是上帝。恩典既是上帝的习惯的礼物，也是来自上帝的帮助。②在第一种意义上获得恩典，需要为获得恩典作某种准备，但是在第二意义上则不需要人作任何准备。自由意志的善的运动是人为接受恩典的礼物所作的准备，但它也是上帝推动的自由意志的行为，是上帝推动的自由意志。这样，人的意志是上帝准备的，人的步伐也是上帝指导的。既然人对恩典的准备来自作为推动者的上帝，并且来自被推动的自由意志，那么这种准备有两种方式：第一，来自自由意志，这样获得的恩典没有必然性，因为恩典的礼物超出了人的能力的每一种准备。第二，来自推动者上帝，这样获得的恩典具有一种必然性，因为上帝的意图不会得不到实现。

在托马斯看来，就目的和对象而言，圣洁化的礼物不会有大有小，因为就其本性而言，恩典将人与最高的上帝联系了起来。但是就主体而言，接受恩典有大小之别，因为一个人可能比另一个得到更完善的恩典启蒙。那些让自己为恩典作了更好准备的人，当然会接受到更多的恩典。那么，是不是任何一个人都知道自己有恩典呢？托马斯对此作了具体的分析。他认为人有三种方式获得认识：一是通过启示，通过这种方式，任何一个人都可能知道他有恩典，因为上帝通过一种特权启示不时地给一些人以启示；二是一个人自己可以确定无疑地知道某种东西，在这种意义上，任何人都不知道自己有恩典。因为恩典的本原和对象是上帝，而一个人不知道一个结论的本原，他就不会知道他具有关于这个结论的知识。第三，通过标志认识事物，这样，当任何一个人对上帝感到欢喜、对尘世事物感到轻视时，他就会知道他有恩典。③

托马斯在《神学大全》第二卷第二部分讨论完主要德性之后又专门讨论了无偿的恩典，以作为从德性到生活状态的过渡。这是因为，在讨论了属于

---

① *Summa Theologiae*, II (I), Q.111, art.3.
② Cf. *Summa Theologiae*, II (I), Q.112, art.2.
③ Cf. *Summa Theologiae*, II (I), Q.112, art.5.

人的所有德性和恶性之后，还要专门讨论特别地属于某些人的那些东西，这就是无偿的恩典问题。他认为，就与灵魂的习惯和行为相联系的事物而言，人们之间存在着差异，导致这种差异的原因有三种：第一，由于存在各种无偿的恩典，其根据是《圣经》中的《哥林多前书》中所说的"恩典是各不相同的，圣灵只有一位……圣灵赐给这个人智慧的语言，赐给另一个人知识的语言"（《圣经·多哥林前书》12：4-7）。第二，由于生活的多样性，即由于能动的生活与沉思的生活。这种多样性与操作活动的不同目的相联系。第三，由于与各种责任和生活状态相联系。这在《圣经》的《以弗所书》中有明确的表达："他所赐的有使徒，有先知，有传福音的，有牧师和教师。"（《圣经·以弗所书》4：11）就无偿的恩典而言，其中的一些属于知识，一些属于言语，一些属于操作活动。属于知识的所有东西可以包含在"预言"（prophecy）之下，因为预言的启示不仅扩展到与人相关的未来事件，而且也扩展到与上帝相关的事物；既扩展到与要被所有人相信并且是"信仰"问题的那些东西相关，也扩展到关注完善并属于"智慧"的更高级的神秘事物。另一方面，预言的启示是关于属于精神实体的事物的，通过它们我们被激励去行善或作恶。这属于"知识"。于是，托马斯进一步具体研究了预言、语言的恩典、神迹的恩典，以及能动的生活和沉思的生活等问题。[①]

（二）生活状态

托马斯首先解释了"状态"（State）一词。"'状态'恰当地说表示一种位置，凭借这个位置，一个事物以与其本性相一致的方式被固定地配置。"[②] 根据对状态的这种理解，托马斯首先研究了什么是人的状态问题。他认为，容易变化并且对于人是外在的问题并不构成人的一种状态。例如，一个人是富有还是贫穷、他的等级高或低就不构成人的状态。但是，这些现象表面上看起来属于人的状态，与对人格有约束力的义务有关，或者说，是就一个人是他自己的主人，还是服从其他人而言的。状态不是由任何不重要的或不稳定的原因产生的，而是由被坚固地确立的原因产生的。这种状态才是属于自由或奴役的本性的某种东西。"所以，状态适当地说与不管在精神方面还是在市民事务方面的自由或者奴役有关。"[③]

---

① Cf. *Summa Theologiae*, II (I), QQ.171-182.

② *Summa Theologiae*, II (I), Q.183, art.1.

③ *Summa Theologiae*, II (I), Q.183, art.1.

既然状态要考虑自由还是奴役，托马斯又进一步考察了自由和奴役的不同情形。他认为，在精神事物中，有两种奴役和两种自由：有罪的奴役和公正的奴役，同样，有摆脱罪的自由和摆脱公正的自由。当你是罪的奴仆的时候，你对于公正是自由的，但是摆脱了罪，你就成了上帝的奴仆。罪的奴役和公正的奴役在于因一种罪的习惯而倾向于恶；同样，摆脱罪不是要由对罪的倾向来克服，摆脱公正不是为了爱公正而要从恶退回。不过，既然人就其本性的理性而言，是倾向公正的，当罪是与本性的理性相反时，可以推出，摆脱罪是真正的自由，而这是与公正的奴仆相统一的，因为它们两者都使人倾向于正在成为对于他来说合适的东西。同样，真正的奴仆是罪的奴仆，而这是与摆脱公正相联系的，因为这样会妨碍人获得对于他适合的东西。人成为公正的奴仆还是成为罪的奴仆是由他的努力造成的，正如《圣经》上所说的"岂不知献上自己作奴仆，顺从谁就作谁的奴仆么，或作罪的奴仆以至死，或作顺从的奴仆以至公正"（《圣经·罗马书》6：16）。在每一个人的努力中我们能区别开始、中间和终点，这样，精神奴役和自由的状态由于以下情况而不同：开始——初学者的状态属于它；中间——熟练者的状态属于它；终点——完善者的状态属于它。[①]

就人而言，任何一个人要达到自由或奴役的状态，首先需要一种义务或一种解脱。单纯的为某个人服务的事实，并不使一个人成为奴仆，因为即使是自由的人也提供服务。另一方面，纯粹的停止服务的事实，也不使一个人自由。但是，如果一个人被迫去服务，他就是一个奴仆；而如果一个人从服务中解脱，他就是自由的。其次需要以某种正式的方式强加上面所说的义务。因此，一个人被说成是在完善的状态中，不是由于完善的爱的行为，而是由于使他永远都以某种属于完善的事情的正式形式约束自己。而且有时某些人将自己约束到他们没有遵守的事情中，某些人履行他们没有约束自己的职责。所以，没有任何艰难能妨碍某些不是在完善状态的人成为完善的，或某些在完善状态中的人没有成为完善的。[②]

托马斯具体分析了教会的状态和责任。他相信，在教会中，状态和责任存在着差异。这种差异要考虑三件事情：首先，它考虑教会的完善；其次，它考虑在教会中是必要的那些行为的必要性；最后，这属于教会的尊严和美，它在于某种秩序。根据这三点，我们可以在有信仰的人之间作出三种区

① Cf. *Summa Theologiae*, II (I), Q.183, art.4.
② Cf. *Summa Theologiae*, II (I), Q.184, art.4.

别：一是就完善而言，我们有状态的差异，一些人比另一些人更完善。二是就行为而言，这是责任的区别，当一些人被指派了各种行为时，他们被说成有各种责任。三是就神职的美的秩序而言，我们可以根据一个人在另一个人之上的同样状态或义务区分各种等级。根据这三个方面，我们可以对有信仰的人作出三种区别：一是就完善而言，这是一种状态的差异，所指的是一些人比另一些人完善；二是就行为而言，这是一种行为的差异，所指的是当一些人被指派各种行为时，他们被说成具有各种责任；三是就教会的美而言，我们根据在相同状态或责任中的一个人在另一个人之上而区别各种等级。①

接着，托马斯讨论了完善状态。他认为，一个事物被说成是完善的，是就它达到了它的适当目的而言的，这是该事物的终极完善。仁爱使我们与上帝达到统一，而上帝就是人类心灵的最后目的。"所以，基督教生活的完善从根本上说在于仁爱。"②完善可以是在原初的和本质的意义上的，也可以在次级的和偶然的意义上。基督教生活的完善原初地、本质地在于仁爱，主要是对上帝的爱，其次是对我们邻人的爱，这两者都是上帝法的主要戒律。所以，完善本质上在于遵守诫命。然而，完善在次级和工具的意义上在于对商议的遵守。像戒律一样，所有的商议都指向仁爱，只不过是以不同的方式。诫命而不是戒律指向对与仁爱相反的事物的排除，仁爱是与这些事物不一致的；而商议指向妨碍仁爱行为而不是与仁爱相反的事物的排除，这些事物如婚姻、处理世俗事务的职业等。③

那么，人今生是否可以获得完善呢？为回答这一问题，托马斯分析了三种不同形式的完善。他认为，完善隐含着某种普遍性，我们可以据此考虑三种完善：一种是绝对的，并且符合总体性，这不仅是由爱者表现出来的，而且由被爱的对象表现出来，所以上帝被爱是与他值得爱相一致的。这种完善对于任何一个创造物来说都是不可能的，只有上帝才能胜任，因为善从整体上和本质上看在他之中。另一种是就爱者所体现出来的对绝对总体性的符合，以至于情感的能力实际上总是尽可能地倾向于上帝。这种完善只要我们还在途中就不可能达到，但我们在天堂能够拥有它。再一种是既非被服务的对象所体现的，也非已经实际上倾向于上帝的爱者所体现的对总体性的符

---

① Cf. *Summa Theologiae*, II (I), Q.183, arts.2,3.

② *Summa Theologiae*, II (I), Q.184, art.1.

③ Cf. *Summa Theologiae*, II (I), Q.184, art.3.

合，而是在爱上帝的过程中排除了障碍的爱者所体现出来的对总体性的符合。托马斯强调，第三种完善能够通过两种方式在今生拥有。一是通过排除人的所有与仁爱相反的情感，如致命的罪。远离了这种完善，就不会有仁爱，所以它对于拯救是必要的。二是不仅通过排除与仁爱对立的人的情感，而且也通过排除阻碍整体上倾向于上帝的心灵的情感。①

在托马斯看来，宗教是一种德性。他说："既然将应有的荣誉付给某一个人即上帝属于宗教，那么很明显，宗教是德性。"②而且对上帝表示崇敬属于宗教，而上帝是创造和管辖事物的第一本原，是父亲，所以宗教是一种特殊的德性。托马斯认为，凭借这种德性，一个人能在为上帝服务和崇拜上帝方面作出一些贡献。所以，那些为上帝服务完全放弃他们自己的人被称为宗教的。"人的完善就在于完全地依附上帝，在这种意义上，宗教表示完善的状态。"③ 于是，完善状态就与宗教状态等同起来。

宗教状态是一种培训学校，在那里一个人可以通过实践达到仁爱的完善的目的。由于有各种不同的人可以致力于仁爱作为，因而有各种不同类型的练习，宗教的状态也因此各不相同。不同宗教状态的差异导源于两个方面。其一，它们可能指向不同的事情。例如，一个人可能指向朝圣者的寄宿处，另一个人可能指向看望或赎回俘虏。其二，各种不同的实践。例如，在一种宗教秩序中，身体被食物方面的禁欲所惩罚，而在另一种宗教秩序中，身体被体力劳动、衣不遮体等所惩罚。"然而，既然目的在每一种物质中最重要，那么宗教秩序更根据它们各自的目的而不是根据它们的各种实践而不同。"④宗教状态指向仁爱的完善，它扩展到对上帝的爱和对我们邻人的爱。那种只追求致力于上帝的沉思生活，直接属于爱上帝，而那种照顾我们的邻人所需要的能动生活则直接属于爱邻人。正如我们出于仁爱为爱上帝而爱我们的邻人，我们给邻人提供的服务可以报答上帝。这样，给我们的邻人提供的那些服务，被描述为牺牲。既然为上帝作出适当的牺牲属于宗教，那么可以推出，某些宗教秩序是合适地指向能动生活的作为的。⑤

既然一种宗教秩序与另一种之间的差异主要取决于目的，其次取决于练

---

① Cf. *Summa Theologiae*, II (I), Q.184, art.2.

② *Summa Theologiae*, II (I), Q.81, art.2.

③ *Summa Theologiae*, II (I), Q.186, art.1.

④ *Summa Theologiae*, II (I), Q.188, art.1.

⑤ Cf. *Summa Theologiae*, II (I), Q.188, art.2.

习，那么一种宗教秩序比另一种宗教秩序优秀，就主要取决于它们的目的，其次取决于它们各自的练习。不过，每一种这样的比较都是出于不同的方式考虑的。目的方面的比较是绝对的，因为目的是由于它自己而被追求；而练习方面的比较是相对的，因为练习不是为了它自己而追求的，而是为了目的。因此，如果一种宗教秩序所指向的目的优秀得多，而这或者是因为它是更善的目的，或者是因为它指向更大的善，那么它就是比另一种更可取的。然而，如果目的是相同的，一种宗教秩序的优秀超过另一种则不取决于练习的量，而取决于练习与目的之间的相称性。因此，我们必须说，能动生活的作为是双重的：一种从沉思的丰富性出发，如教学和讲道。这种作为比单纯的沉思更优秀。因为正如启蒙比单纯的发光更好，给其他人沉思的成果比他的单纯沉思更好。另一种完全在于外在的职业，如施舍、接待宾客等。除非必要，它们没有沉思的作为优秀。因此，宗教秩序中最高的地位是由指向教学和讲道的人所具有；其次的地位是属于那些指向沉思的人；再次的地位属于从事外在行为的人。而且在这些等级中，一种宗教秩序由于指向更高的行为而超过另一种。另一方面，一种秩序如果比另一种秩序指向更多这样的行为，或者有更适当地达到目的的法则，也优于另一种秩序。

那么，我们应该选择孤独的宗教生活还是应该选择在共同体中的宗教生活呢？托马斯认为，"孤独像贫穷一样，不是完善的本质，而是达到完善的手段。"① 这种手段只适应沉思而不适应行为。因此，对于指向能动生活中身体或精神的作为的那些宗教秩序来说，它是不适合的，但另一方面它适合于那些指向沉思的宗教秩序，它有利于那些已经达到完善的沉思的人。正像已经完善的人超过那些在完善方面还在接受培育的人一样，孤独的生活如果进行适当的实践，就会超过共同体的生活。但是，如果没有经历这种适当的实践就过这种生活，它就充满着非常大的危险，除非上帝的恩典提供了其他人通过实践获得的东西。

宗教的状态是为了达到仁爱的完善所进行的精神教育，而这是通过宗教惯例（religious observances）以消除到达完善的仁爱的障碍实现的。这些障碍是将人的情感附加在尘世事物之上的那些东西。将情感附加在尘世事物之上不仅是仁爱完善的障碍，而且有时会导致仁爱的丧失。因此，宗教状态的惯例在排除到达完善仁爱的障碍时，也能排除犯罪的机会。"这样，不仅那

---

① *Summa Theologiae*, II (I), Q.188, art.8.

些践行诫命惯例的人，为了达到更大的完善，应该进入宗教，而且那些没有进行这种践行的人为了更容易地避免罪和达到完善，也应该进入宗教。"①

九、君主政治

有人认为，托马斯没有政治学。的确，他没有留下像亚里士多德的《政治学》那样的完整政治著作，甚至也没有奥古斯丁的《上帝之城》那样的社会历史著作，但他在《神学大全》、对亚里士多德的《尼各马科伦理学》和《政治学》的诠释，以及《论君主政治》的论文中表达了他的政治观点，也阐述了他的社会德性思想。总体上看，他的社会德性思想是与他的神学思想以及他关于个人德性的思想水乳交融、难以分离的，而且其终极的理想社会是天国。不过，与奥古斯丁完全否认现世的意义不同，受亚里士多德的影响，托马斯在一定程度上肯定现世的意义，承认政治制度包括法律的必要性，主张建立更好的政体，追求社会的普遍幸福。这里以他的《论君主政治》论文为主，结合其他有关论述简要阐述他的理想社会，即君主政治的国家。

（一）政治统治的必要性及其类型

托马斯受亚里士多德的影响，根据人是社会的、政治的动物这一原理来论证政治制度的必要性。当然，他作为一位基督教思想家，也难免使用圣经中的内容来加强他的论证。

托马斯认为，人的生活是有目的的，这是有理性动物的天性。事实表明，当人们追求他们想要达到的目的时，有许多途径供他们选择。因此，人需要获得指导来达到他们的目的。每一个人都有理性，并且只有根据理性才能达到他的目的。如果人过着一种孤独的生活，他就可能在上帝即万王之王的管辖之下，而不需要别的指导者成为他自己的君主，可以根据上帝所赋予的理性自由地生存。然而，人天生就是社会的和政治的动物，注定比其他一切动物要过更多的合群生活。

托马斯分析说，其他动物有大自然为他们准备的食物和一身毛皮，也赋有自卫的手段，如尖利的牙齿、锐利的角和爪或奔跑的速度等，人却没有这些天赋的有利条件。然而，人有推理的能力，能运用这种能力为自己创造

---

① *Summa Theologiae*, II (I), Q.189, art.1.

生存所必需的手段，但单靠个人不能为自己提供所有必需的东西。"由于这个缘故，人就自然需要和他的同类在一起。"① 而且，其他动物具有天然的本能，知道什么是它们生存所必需的东西，什么是对它们有用的，什么是对它们有害的。例如，羊根据本能就知道狼是冤家对头。有些动物甚至根据本能就知道某些草类的药性。然而，人却只是笼统地生而知道人生的必需品，并且必须根据理性的一般原理寻求那些与他的幸福特别有关的东西，但要获得这些东西却离不开他人。就是说，自然已注定要人过合群的生活，他必须与他的同伴实行分工，每人专门从事某种职业。而且人有沟通的能力，这使他能与他人进行思想交流。"因此，人比其他任何动物更善于和他的同类互相沟通，甚至比那些似乎最爱群居的动物如鹤、蚂蚁或蜜蜂都强。"② 托马斯认为，人是社会的、政治的动物，这不只是哲学家的看法和经验的结论，而且在圣经中也有很多明确的论述。例如，所罗门就是这样认为的，所以他说："两个人总比一个人好，因为二人劳碌同得美好的效果。"（《圣经·传道书》4：9）

在托马斯看来，既然与朋友和同事共处对人来说是十分自然而又必需的，既然人必须生活在社会中，那么在社会中就必须有某种治理的原则。这是因为每个人都有求生欲且十分在意生活，而他们很可能一心一意只顾自己的利益，无视甚至伤害他人的利益，如果不对这些行为加以限制，社会就非崩溃不可。在这种情况下，就需要有愿意为稳定公共秩序和所有人类幸福而工作的人根据某种原则来管理社会。托马斯说，这就是所罗门告诉我们的："无智谋，民就败落。谋士多，人便安居。"（《圣经·箴言》11：14）他把这里的"智谋"理解为君王根据理智实行统治。在他看来，私人利益与公共幸福并不是一回事，私利是各不相同的，而把社会团结在一起的是公共幸福。导致人们追求私利的原因形形色色，而要产生公共幸福，除了每一个个人所特有的利益动机之外，还必须有某种能够产生这种幸福的要素。而要从多种多样的成分中形成统一的整体，则需要某种控制力量。物质世界作为一个整体，存在着某种天道控制的秩序，在这种秩序之下，所有的物体都受第一物体即天体的控制。同样，所有物质的物体都受理性生物的控制。在每一个人身上，有灵魂控制着身体，而在灵魂中，则有理性控制着情感和欲望。在身

---

① ［中世纪］托马斯·阿奎那：《论君主政治》，《阿奎那政治著作选》，马清槐译，商务印书馆1963年版，第44页。

② 同上书，第44—45页。

体的各部分之中，有一个推动其他各部分的主要成分，这就是心或头脑。由此看来，"在一切形形色色的事物之中，必然有某种居于控制地位的要素存在着。"①

托马斯注意到，事物并非一旦有控制就能实现其自身应有的目的，就能按自身应有的目的得到合理的安排，在对事物进行控制的时候可能会发生方向性的错误。在这里，导向是决定性的。"如果一件事情所导向的目的是对它合适的，那就是指导得很正确，如果所导向的目的并不那么合适，那就是指导失当了。"②就政治统治而言，指导是否正确，就看是否公正。政治统治存在着公正时有缺失的问题。那么，什么是公正、什么是不公正呢？在托马斯看来，关键在于统治者是否出于公心统治。统治者为公众谋福利，其统治就是公正的；而统治者以权谋私，其统治就是不公正的。"如果一个自由人的社会是在为公众谋幸福的统治者的治理之下，这种政治就是正义的，是适合于自由人的。相反地，如果那个社会的一切设施服从于统治者的私人利益而不是服从于公共福利，这就是政治上的倒行逆施，也就不再是正义的了。"③对于不公正的统治者，上帝也给予谴责："主耶和华如此说，祸哉以色利的牧人，只知牧养自己。牧人岂不当牧养群羊么？"（《圣经·以西结书》34：2）上帝要求牧人必须顾及羊群的利益，当然也会要求一切当权者要顾及他们所照管的人的利益。

基于统治者是否顾及被统治者的利益、是否公正的考虑，托马斯参照亚里士多德对政体的划分，将政治统治划分为暴君统治、寡头政治、民主政治、暴民政治、平民政治、贵族政治、君主政治等几种类型。暴君统治是指一个君主力求靠他的地位获得私利，不顾所管辖的社会的幸福，暗无天日地施政。这样的统治者就是暴君。他用暴力压迫人民，而不按公正的原则进行治理。寡头政治也被称为少数人的统治，它是指不是由一个人而是由几个人结成集团施行的不公正政治。在这种政治统治之下，少数富人利用自己的财富来压迫其余的人。这种统治与暴政不同的地方只在于它有几个压迫者，而非一个压迫者。当不公正的政治是由许多人施行的时候，就是民主政治。当平民利用他们人数上的优势来压迫富人时，这种政治就是暴民政治。在托马

---

① ［中世纪］托马斯·阿奎那：《论君主政治》，《阿奎那政治著作选》，马清槐译，商务印书馆 1963 年版，第 45 页。

② 同上书，第 46 页。

③ 同上。

斯看来，这四种政治都是不公正的。除此之外，还有三种公正的政治，即平民政治、贵族政治和君主政治。如果行政管理是由社会的一大部分人执行，这就是平民政治；如果行政管理的职责归为数较少但有德性的人承担，那就是贵族政治；而如果公正的政治只由一个人掌握，这个人就是君主，他施行的统治就是君主政治。

托马斯认为，在这些政体中，平民政治或市民政治可以和民主政治相对照，因为二者都是由多数人统治的形式；贵族政治可以和寡头政治相对照，因为二者都是由少数人统治的形式；而暴君政治可以和国王的统治相对照，因为二者都是单独由一个人实行统治的。在所有这些政体中，"君主政治是最好的政体；所以，由于最好的形式可以和最坏的形式相对照，我们可以推断说，暴君政治是最坏的政体。"[1]

（二）作为理想政体的君主政治

为什么君主政治是最好的政体？托马斯提供了三方面的正面论证。

首先，上帝有明确的要求。圣经中记载，上帝曾经说："我的仆人大卫，必作他们的王。众民必归一个牧人。"（《圣经·以西结书》37：24）托马斯认为，从上帝的指示可以看出，"应当有一个人进行治理，他治理的时候应当念念不忘公共的幸福，而不去追求个人的私利。"[2] 人理应经营共同的生活，共同经营生活的社会比较完善，而要经营共同生活就需要有一个治理者，家庭、城市、国家都是如此。在托马斯看来，无论谁治理一个完善的社会，不管那是城市还是省份，都可以被正当地称为君主。一家之主虽然不好称为君主，而被称为父，但与国家有相似之处，君主有时就被称为人民的父亲。由此可见，"一个君主是为了一城或一省的人民的共同幸福而治理他们的。"[3]

其次，从与多人治理比较的角度看，君主制是最好的政体。托马斯认为，任何统治者都应当以谋求他治理的区域的幸福为目的，而一个社会的幸福的基础在于团结一致，或者说在于和平。因为没有和平，社会生活就会失去它的一切好处，就会陷入混乱。所以，任何社会的统治者的首要任务是建

---

① ［中世纪］托马斯·阿奎那：《论君主政治》，《阿奎那政治著作选》，马清槐译，商务印书馆1963年版，第50页。

② 同上书，第47页。

③ 同上书，第47—48页。

立和平的团结一致。在托马斯看来，本身就是一个统一体的社会比一个多样性的社会更容易产生统一，而由一个人统治又更容易形成统一体的社会，实现团结一致。"所以由一个人掌握的政府比那种由许多人掌握的政府更容易获得成功。"① 不仅如此，多数人容易产生意见分歧，很难形成统一的意见，因而也难以形成社会的统一。让他们实行统治，首先必须使他们达成协议，这样才能开始实行统治。显然，这是很麻烦而且难度很大的事情。"所以，与其让那些必须首先达成协议的许多人实行统治，还不如由一个人来统治的好。"② 而且，托马斯还进行了自然主义的论证。他认为自然始终都是以最完善的方式进行活动的，因此最接近自然的方法是最好的方式。而在自然界，支配权总是掌握在单一的个体手中。身体中有心控制，灵魂中有理性，蜜蜂有一个土，整个宇宙有上帝，自然界其他事物无不如此。既然人工事物不过是对自然作品的一种模仿，而且越忠实地体现了自然作品就越完善，那么人类社会中最好的政体就是由一人所掌握的政体。

第三，社会现实也表明，君主制比任何政体都好。托马斯认为，他的上述结论也可以从社会现实得到印证。他指出，当时那些并非由一人所统治的城市或省份常常由于倾轧而陷入分裂，并且纷争不止。反之，由一个国王所统治的城市和省份却是一片升平景象，公道之风盛行，人民因为财富充盈而欢腾。"所以上帝通过先知答应他的人民：作为一个巨大的恩惠，他要把他们放在一人之下，只有一个君主来统治他们大众。"③

托马斯还从反面进一步论证，只有君主制才是防止暴政的上策。前面已经说过，在他看来，由一个人执掌政权的政体有最好与最坏的两种："由一个国王执掌政权的政体是最好的政体，同样地，由一个暴君执掌政权的政体是最坏的统治形式。"④ 他首先对暴君政治是最坏的政体作了多方面的论证。

托马斯认为，统一的政权比分散的政权更为有效，团结在一个团体中的许多人可以完成他们在分散的情况下无法完成的任务。因此，一个能够造福的有道的政权越统一越好，统一的规模越大越好。君主政治优于贵族政治，而贵族政治又优于市民政治。然而，一个善于作恶的政权则越统一害

---

① ［中世纪］托马斯·阿奎那：《论君主政治》，《阿奎那政治著作选》，马清槐译，商务印书馆1963年版，第48页。
② 同上书，第49页。
③ 同上。
④ 同上书，第50页。

处越大，一个无道的统治者行使的政权对社会的有害程度大大超过其他政体，因为他以私人利益取代了公民的共同福利。在托马斯看来，在无道的政权之下，它所凭借的统一的规模越大，它就越加有害。暴君统治比寡头政治有害，寡头政治又比民主政治有害。反过来说，使政权无道的因素是统治者在追求自己的目的时损害了公共利益，因而公共利益损害越大，政权就越无道。在寡头政治之下，所考虑的只是少数公民的私人利益，因而这种制度就比为多数人的目的服务的民主制度更不顾公共利益；在暴君统治之下，所考虑的只是如何满足个人的欲望，因而它对公共利益的危害更大。"多数人比少数人更接近一般性，而少数人又比一个人更接近一般性。所以暴君政治是最无道的政权形式。"①

托马斯认为，从上帝安排一切事物的方式也可以得出同样的结论。在他看来，上帝安排一切事物都是以有利于善的产生为目的，而一切事物中的善都是由同一个完善的根源产生出来的，恶则是由事物本身的缺点产生的。这就像美和丑一样，丑可以以多种方式、由于种种不同的原因产生出来，而美则只有一个完美的根源。托马斯认为，天意本来就要让从单一根源产生的善力量强些，而让由于种种不同的原因产生的恶的力量弱些。所以，有道的政权最好单由一个人来掌握，也就是由强者来掌握，而这样的政权一旦变为无道的，那么还不如让多数人来掌权。他的结论是，"在各种无道的政权形式中，民主政治是最可容忍的，暴君政治是最坏的。"②

托马斯还从暴君政治可能产生的恶的角度进一步说明暴君政治是最坏的。他认为，暴君既然置公共利益于不顾，就会专门追求个人欲望的满足。如此，他就会按照他在追求放纵生活时受其支配的不同情欲来采用种种方法压迫他的臣民。如果他是一个贪婪的人，他就会窃取他的臣民的财富。这就是所罗门所说的："王藉公平，使国坚定。索要贿赂，使国倾败。"（《圣经·箴言》28:4）如果他是一个易怒的人，他就对流血满不在乎，所以《以西结书》里说："其中的首领仿佛豺狼抓撕掠物，杀人流血，伤害人命，要得不义之财。"（《圣经·以西结书》22：27）托马斯认为，在暴君统治之下，死亡不是为了公正的需要而是由于放纵的情欲而不自然地到来的；因为没有法律，没有安全，一切都靠不住；同时无法信赖别人。在他看来，这样的压

---

① ［中世纪］托马斯·阿奎那：《论君主政治》，《阿奎那政治著作选》，马清槐译，商务印书馆 1963 年版，第 51 页。

② 同上。

迫不但影响人民的物质福利，他们的精神的安宁也受到威胁。暴君们所猜疑的总是好人而不是恶人，而且还常常害怕德行。他们经常想方设法阻挠他们的臣民成为有德之人，免得他们对无道政治不满。他们阻挠他们的臣民彼此之间建立友谊，享受友爱和平的利益，希望他们经常处于互相猜疑的状态，永远不能联合起来反对暴君的政权。他们还设法使任何人不能获得权力和财富，因为他们自己把权势和财富用于作恶方面，也唯恐他们的臣民一旦掌权或拥有财富会对他们不利。如此等等，不一而足。正是考虑到暴政的这些恶果，所以所罗门才说"恶人兴起人就躲藏"（《圣经·箴言》28：12），"恶人掌权，民就叹息"（《圣经·箴言》29：2）。人们逃避暴君，就像逃避凶恶的野兽一样："暴虐的君王辖制贫民，好像吼叫的狮子，觅食的熊。"（《圣经·箴言》28：15）

托马斯认为，君主制是防止暴政的上策。其理由是，如果君主制蜕化为暴政，那么它所带来的恶果比多人执政变成暴政要少。因为多人执政后随即发生的纷争有是害于和平的，而和平是社会生活的最重要条件。在他看来，对于一个社会来说，最大的危险往往多半不是从一人执政的制度下而是从多人执政的制度下产生的。这是因为如果一个人是许多执政者中的一个而不是单独的执政者，他可能更容易不顾公共利益。而且，在多人执政的制度之下，其政治往往更容易蜕化为暴君政治。因为在许多人执政的制度下，一旦突然发生纷争，一个人往往会在其他一些人之间居于领袖地位，并僭取对整个社会的统治权。历史上发生的事件清楚地表明了这一点，如在古罗马几乎每一个多数人统治的政体结果都变成了暴政。

在托马斯看来，既然君主制经常有可能发展成为最坏的暴君政治，所以必须采取各种措施防止统治者成为暴君。首先，在选择接任王位的候选人的过程中，应选择那种具有不致使他成为暴君的德性的人。其次，君主制在组织上应作这样的规定，这种规定使国王一旦当政就没有机会成为暴君。同时也应适当限制王权，使他不容易转向暴政。最后必须考虑万一国王横暴起来应当采取什么行动。对于最后这一点，托马斯提出了几种对策：一是在暴政不是十分过分的情况下，不要轻易地反对它，否则可能导致暴君变得更加凶残。二是在暴政非常严重的情况下也不要轻易地冒险杀死暴君，因为这不符合教义。使徒彼得教导我们不但要服从善良的君王，而且也要尊敬乖戾的君王："你们若因行善受苦，能忍耐，这在上帝看是可喜爱的。"（《圣经·彼得前书》2：20）三是要以公众的意见为准，而不能以若干个人的私见为准。

特别是在一个社会有权推选统治者的情况下，如果社会废黜它所选出的国王，或因他滥用权利施行暴政而限制他的权力，那就不能算作违反公正。因为这个暴君既然不能尽到统治者的职责，那他就是咎由自取。最后，在没有希望靠人的力量反对暴政时，就必须求助于万王之王的上帝，因为他有力量使一个暴君的铁石心肠变得柔和。这就是所罗门所说的："王的心在耶和华手中，好像垄沟的水，随意流转。"(《圣经·箴言》21：1）至于那些不能转变或不值得感化的暴君，上帝能使他们不再和我们在一起，或使他们处于无能的地位。对于这样的暴君，"主耶和华如此说，我必与牧人为敌，必向他们的手追讨我的羊，使他们不再牧放群羊。"(《圣经·以西结书》34：10）

（三）君主的责任与报偿

在托马斯看来，人在现实世界中追求的一切利益都是为了尘世的幸福生活，而尘世生活的终极目的则是为了天堂的幸福。"人们在尘世的幸福生活，就其目的而论，是导向我们有希望在天堂中享受的幸福生活的，同样地，人们能为自己取得的一切特殊的利益，如财富、收益、健康、技能或学问等等，也必然导向社会的幸福。"[①]他认为，那以最高目的为己任的人一定要比那些只关心次要目标的人优越，并且必定会利用他的权威来指导他们。由此可以推出，一位世俗的君主虽然受到更高的权力和权威的支配，但却管辖着人类的一切活动，因而要用自己的权力和权威指导他们。其职责包括两个方面：一是促进社会的福利，使人们过上尘世的幸福生活；二是引导人们进一步追求天堂的幸福生活。君主要使这两个方面有机地统一起来，防止人们做妨碍这两方面目的实现的事情。"尘世的幸福生活的目的是享受天堂的幸福，所以君主就有责任来促进社会的福利，使它能适当地导致天堂的幸福；坚持一切能导致这一目的的行动，尽可能不做任何与这一目的有矛盾的事情。"[②]

在托马斯看来，通向真正幸福的道路和沿途可能遇到的障碍是可以通过上帝的律法来了解的，因此君主必须接受上帝的律法的教诲。圣经中就记载了上帝的命令："他登了国位，就要将祭司利未人面前的这些律法的书，为自己抄录一本，存在他那里，要平生诵读，好学习敬畏耶和华他的上帝，谨守遵行这律法书上的一切言语，和这些律例。"(《圣经·申命纪》17：18）

---

① ［中世纪］托马斯·阿奎那：《论君主政治》,《阿奎那政治著作选》，马清槐译，商务印书馆1963年版，第86—87页。

② 同上书，第87页。

教导上帝律法是神父的责任，就是说，君王要从神父那里接受上帝律法的教诲。"祭司的嘴里，当存知识，人也当由他口中寻求律法，因为他是万军之耶和华的使者。"（《圣约·玛拉基书》2：7）在托马斯看来，一位君主既然从上帝的律法中得到了教诲，就必须特别专心致志地领导他所支配的社会走向幸福生活。

托马斯提出，君主在领导社会走向幸福生活方面有三项任务：一是必须确保他所统治的社会的安宁；二是必须保证不让任何事情来破坏这样建立起来的安宁；三是必须不遗余力地不断扩大这种福利。在他看来，对于个人的幸福来说，有两件事情是必要的：第一也是最重要的事情是行为不逾矩，也就是说，行为必须是道德的，我们只有通过德行才能过上幸福生活；第二件事情是幸福所必需的物质条件，就是说幸福存在于德行所必需的物质利益的充裕之中。另一个方面，人是一个自然单元，要建立社会的统一与和平，要实现社会成员个人的幸福，就得靠统治者的管理。

具体地说，有三件事情是为保证社会安宁和幸福或者说公共幸福所必需的："首先，社会必须融洽无间地团结一致。""第二，这样地团结起来的社会必须以行善为目标。""第三同时也是最后的条件是，必须依靠统治者的智慧保有那种为幸福生活所不可缺少的物质福利的充裕。"[1] 显然，社会安宁和幸福所必需的这些条件与上面所说的统治者面临的任务是完全一致的，因为社会安宁和幸福需要这些条件，所以统治者就要致力于营造这些条件。在托马斯看来，一旦社会具备了这些条件，社会的安宁和幸福就有了保障，统治者的任务就只是注意加以维护就行了。

另一方面，有三件事情妨碍着公共幸福的持久不变。第一是公共幸福的长久性与个人生命的有限性之间的矛盾。托马斯认为，公共幸福不应有期限，而应当尽可能地持久。但是，人不免一死，不可能长生不老，就是在人活着的时候，精力也不会始终如一，而且人生变化多端，人在其一生中并不能总是担任同样的工作。这个矛盾是自然而然地产生的，无法克服。第二是总有一些人疏于所承担的社会工作，甚至违法乱纪。托马斯认为，许多人刚愎自用，怠于履行所承担的社会职务，更有一些人不遵守公正原则，扰乱别人的安宁，从而损害社会的治安。这一障碍是从社会内部产生的。第三是从社会外部产生的障碍，即敌人的入侵对和平的破坏。这种破坏有时会使王国

---

[1] ［中世纪］托马斯·阿奎那：《论君主政治》，《阿奎那政治著作选》，马清槐译，商务印书馆1963年版，第88页。

或城市遭到毁灭。为了克服这三个方面的障碍，托马斯提出了三条对策，它们是君主在克服公共幸福方面的障碍面临的三项任务：一是使执掌各种社会职务的人能顺利交接并进行必要的调换。托马斯认为，上帝在创造世界时已经安排了那些不能永远不变的、容易腐败的东西的更替，并通过更替使之得到更新，从而保持宇宙的完美。因此，君主作为社会的统治者有责任提出继任人选以代替那些不称职的人来维护他所支配的社会幸福。二是要防范与引导并用。托马斯认为，君主在治国的时候必须同时采取法律与劝告、惩罚与奖励等手段，一方面劝诫人们不做坏事，引导他们乐于为善，另一方面则要依据法律奖励守法的人而惩罚犯法的人。三是要加强国防，有效防御外敌的入侵。

在托马斯看来，无论是为公共幸福提供条件还是克服公共幸福的障碍，君主都要关心社会的发展。他认为，"如果牢记上述各点，注意可能引起纷扰的根源，弥补任何不足，做好任何可以作出更大成绩的工作，那么，这个任务是可以很出色地完成的。"[①]

托马斯注意到，君主的责任十分繁重，我们必须考虑给予那些贤明的君主报酬的问题。有人认为，这种报酬不外乎是荣誉和荣耀。例如，西塞罗认为，一个城邦的统治者应当因获得荣誉而感到快慰；亚里士多德也说过，任何一个君主，如果对于自己的荣誉和荣耀不感到满足，就会成为暴君。托马斯认为，这种看法有诸多问题：其一，一个国王要担当这样重大的任务，刻无宁晷地为这么多的事情操劳，而报酬又这样微薄，这对于他来说简直是太困难了。托马斯断定，"人世的荣耀是不足以酬劳君主的职务的。"[②] 其二，把这种报酬放在君主的面前是对社会有害的。一个正直的人的本分是轻视荣耀，以及其他一切世俗的报酬。真正的有德之人应当为了公正而轻视荣耀甚至生命本身。"所以，我们说荣耀随德行以俱来而同时在轻视荣耀的行动中又存在着美德，这乃是看来似乎矛盾实则含有真理的话。"[③] 在托马斯看来，仅以好人所力求避免的荣耀来酬劳一个好人是不恰当的。如果这就算是执掌国政的唯一报酬，其结果会是好人永远不会接受这样的职位，或者即使接受，他们也不得不却酬而去。其三，酷慕荣誉常常会引起一些比较危险的

---

① ［中世纪］托马斯·阿奎那：《论君主政治》，《阿奎那政治著作选》，马清槐译，商务印书馆 1963 年版，第 89 页。

② 同上书，第 63 页。

③ 同上。

弊端。一种弊端是为求得功名而不择手段。例如，有的人受到荣誉的诱惑，想利用挑起战争的办法来求得显赫的功名，其结果导致国家毁灭。另一种弊端是欺诈或伪善。只有真正的德性才是受人尊敬的，而真正能够获得德性的人是很少的。于是，有些人为了受到尊敬，就装出一副道貌岸然的样子。这些人就是耶稣基督所指责的伪君子或伪善者。在托马斯看来，"如果统治者追求欢乐和财富作为他的报酬，从而变得贪婪和傲慢，这对社会是危险的；与此相同，如果他一味崇尚浮华，从而趾高气扬，自欺欺人，那也是危险的。"①

如果世俗的荣誉和荣耀不足以酬劳君主职务的种种操劳，那么它的适当的报酬是什么呢？托马斯认为，治理其人民的国王是上帝的仆人，因为使徒保罗告诉我们："在上有权柄的，人人当顺服他。因为没有权柄不是出于上帝的。凡是掌权的都是上帝所命的。""他是上帝的佣人，是申冤的，刑罚那些作恶的。"（《圣经·罗马书》13：1、4）因此，国王必须期望从上帝那里获得酬劳以报答他的施政。上帝有时也用世俗的利益酬劳国王的服务，但这种酬劳对贤王和昏君没有差别。在托马斯看来，对贤王给予的不是世俗的而是天上的报酬。正如彼得对上帝的群羊的牧人所说的那样："务要牧养在你们中间的上帝的群羊，按着上帝的旨意照管他们。不是出于勉强，而是出于甘心；也不是因为贪财，乃是出于乐意。也不是辖制所托付你们的，乃是作群羊的榜样。到了牧长显现的时候，你们必得那永不衰残的荣耀冠冕。"（《圣经·彼得前书》5：2-4）

托马斯认为，这个结论也可以从理论上来证明。"美德的报酬是使人幸福。"②国王的职责是公正无私地治理他的国家，因此王位的报酬也就在于幸福。幸福可以界说为一切欲望的终极目的。因此，欲望并不是无限的，否则就不会有幸福。只有当一个人具备了具有普遍意义的德性并且此后不再有何欲望的时候，他才算是真正享受到幸福。"正是这个缘故，幸福才被称为至善，好像它本身就包含着一切值得想望的东西似的。"③然而，任何世俗的德性都做不到这一点，因为任何世俗的东西都缺乏永久性，因而不能充分满足欲望。所以，我们必须断定，没有任何世俗的满足能够给国王带来幸福并给

---

① ［中世纪］托马斯·阿奎那：《论君主政治》，《阿奎那政治著作选》，马清槐译，商务印书馆 1963 年版，第 64 页。

② 同上书，第 66 页。

③ 同上书，第 67 页。

予恰当的酬劳。而且，任何事物的尽善尽美的状态都是比它更完善的东西造成的。幸福是人的最完善的境界，同时也是所有人都想达到的善的顶峰，因而它是一切世间事物更完善的东西。获得世间任何事物都不意味着获得了幸福。"所以，世间没有一种事物能使一个人得福；因而也没有一种世俗的报酬足以酬劳一个国王。"① 此外，人是能够依靠理智来认识普遍存在的善性，并依靠意志来获得这种善性的，但普遍存在的善只有在上帝身上才能找到，因此除上帝之外任何东西都不能使人幸福并满足他的一切愿望。

通过以上分析和论证，托马斯得出结论："天堂的最高幸福是人君的酬报。"② 在他看来，君主之所以能得到天堂的最高幸福，是因为以下一些理由：首先，如果说幸福是德性的报酬，那么较大的德性应得到较大程度的幸福。要一个人不但管理自己而且管理别人，那就需要有卓越的德性，而且受其统治的人越多，这种德性也就会越加卓越。管理家园则比约束自己要求有更大的德性，至于治理一个城市或一个王国，那就更是如此。"所以，要能够出色地执行国王的职务，就必须具有过人的德性，并且应当得到较大程度的幸福作为酬报。"③ 其次，凡是能够正确地支配别人的，总比单纯执行别人指示的人更值得称道。"由于这个缘故，一个国王为了公正地统治他的臣民，比他的一个臣民为了在他的治理下循规蹈矩，理应获得更大的报酬。"④ 再次，如果说德性是使一个人作出善行的条件，那么较大的善行就需要较大的德性。社会的利益大于个人的利益，并且更为神圣。国王的职责在于殚心竭虑地增进公共福利，"所以，较大的报酬应当给予国王以酬谢他的英明统治，而不应给予他的臣民以奖励他们的正确行为。"⑤ 在托马斯看来，一个人能够帮助穷人，使彼此敌对的人言归于好，或者保护弱者使其不受强者的欺凌，他会因为这一切而为人们所称颂，上帝也会认为他是值得奖赏的。"如果一个人能使全国共庆升平，制止强暴，维护正义，并通过他的法律和命令来指挥人们的行动，他不是远比其他的人更值得世人的称颂和上帝的奖赏吗？"⑥

托马斯也告诫君主们，对于能公正地行使其权力的国王，所许给的天福

---

① ［中世纪］托马斯·阿奎那：《论君主政治》，《阿奎那政治著作选》，马清槐译，商务印书馆 1963 年版，第 67 页。

② 同上书，第 69 页。

③ 同上。

④ 同上书，第 70 页。

⑤ 同上。

⑥ 同上。

报酬是很大的，因此他们应当煞费苦心地力求避免骄横，相反要高度珍视，要带着他们在尘世的那种君王的威仪到天国去享受荣光。他还指出，暴君们为了世间某种微不足道的欲望的满足而放弃公正，真是铸成大错，因为这样一来他们就使自己丧失了本来可以给予他们的作为酬劳其仁政的最高奖赏。

（四）王权与教权

在托马斯生活的时代，伴随着市场经济的兴起及市民社会的生长，世俗国家开始在西欧出现，从而打破了以前罗马教廷一统天下的局面。在这种情况下，就提出了王权与教权问题。在讨论君主政治的时候，托马斯专门讨论了王权与教权的关系问题。

在托马斯看来，人在过完尘世生活之后还别有命运，这就是他在死后所等待的上帝给予的最后幸福和快乐。对于基督徒来说，上帝的幸福是靠基督的血获得的，并且他要靠圣灵的恩赐才能达到那种幸福。这样，他就需要一种精神上的指导来引领他，这种指导是由基督教的牧师为信徒准备的。托马斯分析说，一个社会之所以聚集在一起，目的在于过一种有德性的生活。人们结合起来，是为了由此享受一种单个的人单独生活时不可能得到的美满的生活，而美满的生活则是按照道德原则过的生活。"这样看来，人类社会的目的就是过一种有德性的生活。"[1] 但是，社会生活的最终目的还不仅仅在于过有德性的生活，还要通过有德性的生活以达到享受上帝的快乐的目的。如果依靠人类的天然德性就可以达到这一目的的话，那么指导人们趋向这个目的的就是君主的职责。然而，君主的职责是掌握世俗事务中的最高权力，凭借这种权力能够使人具有世俗的德性，过上有德性的生活，但并不能使人享受上帝的快乐。托马斯认为，"享受上帝的快乐这一目的，并不是单靠人类的德性就能达到的，而是要依靠神的恩赐，像使徒保罗所告诉我们的那样：'唯有神的恩赐才是永生。'（《圣经·罗马书》6：23）"[2] 因此，只有上帝的统治而不是人类的政权才能使我们达到享受上帝快乐的目的。这样的统治只能属于既是人又是神的君主，即属于耶稣基督。他在使人们成为圣子的时候，已使他们享受天国的荣光。

托马斯认为，这就是交托给耶稣基督的政权，这是一种必然永远不会终

---

① ［中世纪］托马斯·阿奎那：《论君主政治》，《阿奎那政治著作选》，马清槐译，商务印书馆 1963 年版，第 84 页。

② 同上书，第 85 页。

止的统治权，而且他正是由于拥有这种权力才不仅被称为神父，而且还被称为君王。所有基督的信徒既然是基督教徒，就都成为了神父和君王，这种神父和君王身份就是从基督产生的。这个王国的统治职务不是交给现实世界的统治者的，而是交托给神父的，是委托给祭司长、彼得的继承者以及教皇、罗马教皇的。基督教世界的一切世俗国家的君王都应当受他们的支配，就像受耶稣基督本人的支配一样。因此，那些关心人生次要目的的人们，必须服从世俗君王这个关心最高目的的人，并受他的命令指挥。虽然在《旧约》中我们可以看到神职人员受世俗君王支配的情况，但在《新约》里，存在着人们赖以获得天国奖赏的较高的神职人员，因此在《新约》里，世俗君王就必须服从神父。"由于这个缘故，根据赫赫的神意，在神选作基督教世界主要中心的罗马城里，城市统治者之服从教皇，才逐渐成为惯例。"①

---

① ［中世纪］托马斯·阿奎那:《论君主政治》,《阿奎那政治著作选》, 马清槐译, 商务印书馆 1963 年版, 第 86 页。

参考文献

（一）英文著作（以作者姓氏字母顺序为序）

[1] Adams, Robert Merihew, *A Theory of Virtue: Excellence in Being for the Good*, Oxford: Clarendon Press, 2006.

[2] Allen, Reginald E., ed., *Greek Philosophy: Thales to Aristotle* (3rd ed.), The Free Press, 1991.

[3] Aquinas,Thomas, *Summa Theologica*, Christian Classics Ethereal Library, http://www.ccel. org/ccel/aquinas/summa.i.html.

[4] Aquinas, Thomas, *Summa Contra Gentiles*, Christian Classics Ethereal Library, http://www.josephkenny. joyeurs.com/ CDtexts/ContraGentiles.htm.

[5] *Virtue: Way to Happiness*, Translated with an Introduction by Richard J. Regan, Scranton: University of Scranton Press, 1999.

[6] Aristotle, *TheNicomachean Ethics of Aristotle*, Trans. By D. P. Chase. China Social Sciences Publishing House, 1999.

[7] Augustine, *City of God and Christian Doctrine*, Christian Classics Ethereal Library,http://www.ccel.org/ccel/schaff/npnf102.toc.html.

[8] Augustine, *Handbook on Faith, Hope, and Love*, Christian Classics Ethereal Library, http://www.ccel.org/ccel/augustine/enchiridion.html.

[9] Augustine, *Of the Morals of the Catholic Church*, New Advent, http://www.newadvent.org/ fathers/1401.htm.

[10] Augustine, *On the Free Choice of the Will, On Grace and Free Choice, and Other Writings*, Peter King (ed., trans.), Cambridge University Press, 2010.

[11] Baracchi, Claudia, *Aristotle's Ethics as First Philosophy*, Cambridge University Press, 2008.

[12] Barnes, Jonathan, *Early Greek Philosophy*, Penguin Classics, the Penguin Group, 2001.

[13] Becler.Lawrence C., and Charlotte B.Becker, ed., *A History of Western Ethics* (2nd Ed.), New York / London: Routledge, 2003.

[14] Cicero, *On the Good Life*, Penguin Classics, the Penguin Group, 1971.

[15] Engstrom, S., and J. Whiting, eds., *Aristotle, Kant and the Stoics,* Cambridge University Press, 1996.

[16] Homer, *Iliad; Odyssey.*

[17] Hughes, Gerard J., *Aristotle on Ethics*, London and New York: Routledge, 2001.

[18] Inglis, John, *On Aquinas*, Wadsworth/Thomson Learning, 2002.

[19] Johnson, Oliver A., and AndrewsReath, eds., *Ethics: Selections from Classical and Contemporary Writers* (9th Ed.), Wadsworth, Thomson Learning, Inc., 2004.

[20] Kraut, Richard, ed., *The Blackwell Guide to Aristotle's Nicomachean Ethics*, Blackwell Publishing Ltd, 2006.

[21] MacIntyre, A., *After Virtue: A Study in Moral Theory*, China Social Sciences Publishing House, 1999.

[23] Marenbon, John, *Medieval Philosophy: An Historical and Philosophical Introduction*, London and New York: Routledge, 2007.

[24] Plato, *Republic*, Trans. by Robin Waterfield, China Social Sciences Publishing House, 1999.

[25] Plotinus, *Six Enneads*, Christian Classics Ethereal Library, http://www.ccel.org/ccel/plotinus/enneads.html.

[26] Pojman, Louis P., *Philosophy: The Pursuit of Wisdom*, Wadsworth, Thomson Learning, Inc., 2001.

[27] Reis, Burkhard, ed., *The Virtuous Life in Greek Ethics*, CambridgeUniversity Press, 2006.

[28] Ridley, Matt, *The Origins of Virtue*, the Penguin Group, 1996.

[29] Runkle, Gerald, *Theory and Practice: An Introduction to Philosophy*,

New York, etc.: CBSCollege Publishing, 1985.

［30］Seneca, *Letters from a Stoic*, Penguin Classics, the Penguin Group, 2004.

［31］Sherman, Nancy, *The Fabric of Character: Aristotle's Theory of Virtue*, Oxford: Clarendon Press, 1989.

［32］*The Holy Bible,* The Gideons International, New King James Version, Thomas Nelson, Inc., 1985.

［33］Weinman, Michael, *Pleasure in Aristotle's Ethics*, London and New York : Continuum, 2007.

（二）中文译著（以作者国别拼音为序）

［34］［德］黑格尔:《哲学史讲演录》（第一、二、三卷），贺麟、王太庆译，商务印书馆 1959、1960、1959 年版。

［35］［德］白舍客:《基督宗教伦理学》（第一、二卷），静也、常宏等译，雷立格校，华东师范大学出版社 2010 年。

［36］［德］斯威布:《希腊的神话和传说》（上、下），楚图南译，人民文学出版社 1958 年版。

［37］［法］吉尔松:《中世纪哲学精神》，沈清松译，上海人民出版社 2008 年版。

［38］［古罗马］爱比克泰德:《爱比克泰德论说集》，王文华译，商务印书馆 2009 年版。

［39］［古罗马］爱比克泰德:《沉思录》，陈思宇译，中央编译出版社 2008 年版。

［40］［古罗马］爱比克泰德:《哲学谈话录》，吴欲波等译，中国社会科学出版社 2008 年版。

［41］［古罗马］安波罗修:《论基督教信仰》，杨凌峰译，罗宇芳校，生活·读书·新知三联书店 2010 年版。

［42］［古罗马］奥古斯丁:《忏悔录》，周士良译，商务印书馆 1963 年版。

［43］［古罗马］奥古斯丁:《道德论集》，石敏敏译，生活·读书·新知三联书店 2009 年版。

［44］［古罗马］奥古斯丁:《恩典与自由:奥古斯丁人论经二篇》，奥古

斯丁翻译小组译，江西人民出版社 2008 年版。

［45］［古罗马］奥古斯丁：《论灵魂及其起源》，石敏敏译，中国社会科学出版社 2004 年版。

［46］［古罗马］奥古斯丁：《论三位一体》，周伟驰译，上海人民出版社 2005 年版。

［47］［古罗马］奥古斯丁：《论信望爱》，许一新译，生活·读书·新知三联书店 2009 年版。

［48］［古罗马］奥古斯丁：《论自由意志：奥古斯丁对话录二篇》，成官泯译，上海人民出版社 2010 年版。

［49］［古罗马］奥古斯丁：《上帝之城》，王晓朝译，人民出版社 2006 年版。

［50］［古罗马］奥古斯丁：《天主之城》（上、下），吴宗文译，吉林出版集团有限责任公司 2010 年版。

［51］［古罗马］斐洛：《论律法》，石敏敏译，中国社会科学出版社 2007 年版。

［52］［古罗马］斐洛：《论摩西的生平》，石敏敏译，中国社会科学出版社 2007 年版。

［53］［古罗马］斐洛：《论凝思的生活》，石敏敏译，中国社会科学出版社 2004 年版。

［54］［古罗马］马可·奥勒留：《沉思录》，何怀宏译，中国社会科学出版社 1989 年版。

［55］［古罗马］马可·奥勒留：《沉思录》，何怀宏译，中央编译出版社 2008 年版。

［56］［古罗马］普罗塔克：《希腊罗马名人传》（1—3 卷），席代岳译，吉林出版集团有限责任公司 2009 年版。

［57］［古罗马］塞涅卡：《道德与政治论文集》，袁瑜峥译，北京大学出版社 2005 年版。

［58］［古罗马］塞涅卡：《强者的温柔——塞涅卡伦理文选》，包利民等译，王之光校，中国社会科学出版社 2005 年版。

［59］［古罗马］塞涅卡：《哲学的治疗：塞涅卡伦理文选之二》，徐亦春译，中央编译出版社 2009 年版。

［60］［古罗马］西塞罗：《沉思录》，徐亦春译，中央编译出版社 2009

年版。

　　［61］［古罗马］西塞罗:《论共和国、论法律》,中国政法大学出版社
2003 年版。

　　［62］［古罗马］西塞罗:《论义务》(英文版),中国政法大学出版社
2003 年版。

　　［63］［古罗马］西塞罗:《西塞罗文集》(政治学卷),中央编译出版社
2010 年版。

　　［64］［古希腊］《柏拉图全集》(1—4 卷),王晓朝译,人民出版社
2002—2003 年版。

　　［65］［古希腊］《希罗多德历史》(上、下册),王以铸译,商务印书馆
1959 年版。

　　［66］［古希腊］《亚里士多德全集》(7、8、9 卷),苗力田主编,中国人
民大学出版社 1993、1992、1994 年版。

　　［67］［古希腊］柏拉图:《理想国》,郭斌和、张竹明译,商务印书馆
1986 年版。

　　［68］［古希腊］柏拉图:《游叙弗伦、苏克拉底申辩、克力同》,严群译,
商务印书馆 1983 年版。

　　［69］［古希腊］第欧根尼·拉尔修:《名哲言行录》(上、下),马永翔等
译,吉林人民出版社 2011 年版。

　　［70］［古希腊］赫西俄德:《工作与时日、神谱》,张竹明、蒋平译,商
务印书馆 1991 年版。

　　［71］［古希腊］色诺芬:《回忆苏格拉底》,吴永泉译,商务印书馆 1984
年版。

　　［72］［古希腊］西塞罗:《论神性》,石敏敏译,上海三联书店 2007
年版。

　　［73］［古希腊］西塞罗:《论至善和至恶》,石敏敏译,中国社会科学出
版社 2005 年版。

　　［74］［古希腊］亚里士多德:《尼各马可伦理学》(注释导读本),邓安庆
译,人民出版社 2010 年版。

　　［75］［古希腊］亚里士多德:《形而上学》,吴寿彭译,商务印书馆 1959
年版。

　　［76］［古希腊］亚里士多德:《雅典政制》,日知、力野译,商务印书馆

1959 年版。

　　［77］［古希腊］亚里士多德:《政治学》，吴寿彭译，商务印书馆 1965 年版。

　　［78］［美］A. 麦金太尔:《伦理学简史》，龚群译，商务印书馆 2003 年版。

　　［79］［美］安德鲁·J. 德洛里奥:《道德自我性的基础: 阿奎那论神圣的善及诸美德之间的联系》，刘玮译，中国社会科学出版社 2008 年版。

　　［80］［美］弗兰克·梯利:《伦理学导论》，何意译，广西师范大学出版社 2002 年版。

　　［81］［美］胡斯都·L. 冈察雷斯:《基督教思想史》(1—3 卷)，陈泽民等译，陈泽民等校，译林出版社 2010 年版。

　　［82］［美］列奥·施特劳斯、约瑟夫·克罗波西:《政治哲学史》，李洪润等译，法律出版社 2009 年版。

　　［83］［美］撒穆尔·伊诺夫·斯通普夫、詹姆斯·菲泽:《西方哲学史: 从苏格拉底到萨特及其后》，匡宏、邓晓芒译，世界图书出版公司 2009 年版。

　　［84］［美］萨拉·B. 波默罗伊等:《古希腊政治、社会和文化史》，傅洁莹等译，上海三联书店 2010 年版。

　　［85］［美］汤姆·L. 彼彻姆:《哲学的伦理学》，雷克勤、郭夏娟、李兰芬、沈珏译，中国社会科学出版社 1990 年版。

　　［86］［美］威康·K. 弗兰克纳:《善的求索——道德哲学导论》，黄伟合、包连宗、马莉译，辽宁人民出版社 1987 年版。

　　［87］［美］沃格林:《政治观念史稿(卷一): 希腊化、罗马和早期基督教》，谢华育译，华东师范大学出版社 2009 年版。

　　［88］［美］沃格林:《政治观念史稿(卷二): 中世纪(到阿奎那)》，叶颖译，华东师范大学出版社 2009 年版。

　　［89］［美］沃格林:《政治观念史稿(卷三): 中世纪晚期》，段保良译，华东师范大学出版社 2009 年版。

　　［90］［美］雅克·蒂洛、基思·克拉斯曼:《伦理学与生活》(第 9 版)，程立显、刘建等译，周辅成校阅，世界图书出版公司 2008 年版。

　　［91］［美］余纪元:《德性之镜: 孔子与亚里士多德的伦理学》，林航译，中国人民大学出版社 2009 年版。

［92］［英］罗素:《西方哲学史》(上卷)，何兆武、李约瑟译，商务印书馆 1963 年版。

［93］［英］J. B. 伯里:《希腊史》(上、下册)，北京大学出版社 2009 年英文影印版。

［94］［英］安东尼·肯尼:《牛津哲学史》(第一卷: 古代哲学)，王柯平译，吉林出版集团有限责任公司 2010 年版。

［95］［英］安东尼·肯尼:《牛津哲学史》(第二卷: 中世纪哲学)，袁宪军译，吉林出版集团有限责任公司 2010 年版。

［96］［英］大卫·尼科尔:《中世纪生活》，曾玲玲等译，希望出版社 2007 年版。

［97］［英］弗兰克·威廉·沃尔班克:《希腊化世界》，陈恒、茹倩译，上海人民出版社 2009 年版。

［98］［英］纳撒尼尔·哈里斯:《古希腊生活》，李广琴译，希望出版社 2006 年版。

［99］［英］约翰·马仁邦主编:《中世纪哲学》，孙毅等译，冯俊审校，中国人民大学出版社 2009 年版。

［100］［中世纪］加尔文:《基督教要义》(上、下)，徐庆誉、谢秉德译，宗教文化出版社 2010 年版。

［101］［中世纪］托马斯·阿奎那:《阿奎那政治著作选》，马清槐译，商务印书馆 1991 年版。

(三)中文著作(以作者姓氏拼音为序)

［102］北京大学外国哲学史教研室编:《古希腊罗马哲学》，商务印书馆 1961 年版。

［103］车铭洲:《西欧中世纪哲学概论》，天津人民出版社 1982 年版。

［104］戴茂堂:《西方伦理学》，湖北人民出版社 2002 年版。

［105］邓晓芒、赵林:《西方哲学史》，高等教育出版社 2005 年版。

［106］范明生:《柏拉图哲学述评》，上海人民出版社 1984 年版。

［107］傅乐安:《托马斯·阿奎那基督教哲学》，上海人民出版 1990 年版，第 30 页。

［108］黄显中:《公正德性论——亚里士多德公正思想研究》，商务印书馆 2009 年版。

［109］江畅：《德性论》，人民出版社 2011 年版。

［110］江畅、戴茂堂：《西方价值观念与当代中国》，湖北人民出版社 1997 年版。

［111］金生鈜：《德性与教化——从苏格拉底到尼采：西方道德教育哲学思想研究》，湖南大学出版社 2003 年版。

［112］康志杰：《基督教礼仪节日》，宗教文化出版社 2000 年版。

［113］廖申白：《伦理学概论》，北京师范大学出版社 2009 年版。

［114］廖申白：《亚里士多德友爱论研究》，河南人民出版社 2000 年版。

［115］强以华：《西方伦理十二讲》，重庆出版社 2008 年版。

［116］石敏敏、章雪富：《斯多亚主义》（Ⅱ），中国社会科学出版社 2009 版。

［117］宋希仁主编：《西方伦理思想史》，中国人民大学出版社 2004 年版。

［118］田海平：《哲学的追问——从“爱智慧”到“弃绝智慧”》，江苏人民出版社 2000 年版。

［119］汪子嵩：《亚里士多德关于本体的学说》，生活·读书·新知三联书店 1982 年版。

［120］汪子嵩、陈村富、范明生、姚介厚：《希腊哲学史》1，人民出版社 1997 年版。

［121］汪子嵩、陈村富、范明生、姚介厚：《希腊哲学史》2，人民出版社 1993 年版。

［122］汪子嵩、陈村富、范明生、姚介厚：《希腊哲学史》3（上下册），人民出版社 2003 年版。

［123］汪子嵩、陈村富、包利民、章雪富：《希腊哲学史》4（上下册），人民出版社 2010 年版。

［124］王来法：《前期斯多亚学派研究》，浙江大学出版社 2004 年版。

［125］王文东：《宗教伦理学》（上、下），中央民族大学出版社 2006 年版。

［126］吴于廑：《古代的希腊和罗马》，生活·读书·新知三联书店 2008 年版。

［127］杨适：《哲学的童年》，中国社会科学出版社 1987 年版。

［128］叶秀山、傅乐安编：《西方著名哲学家评传》（第一、二卷），山东人民出版社 1984 年版。

［129］叶秀山、王树人总主编:《西方哲学史》(学术版，1—3 卷)，凤凰出版社 / 江苏出版社 2004—2005 年版。

［130］叶秀山:《前苏格拉底哲学》，生活·读书·新知三联书店 1982 年版。

［131］叶秀山:《苏格拉底及其哲学思想》，人民出版社 2007 年版。

［132］余纪元:《亚里士多德伦理学》，中国人民大学出版社 2011 年版。

［133］张绥:《中世纪"上帝"的文化——中世纪基督教教会史》，浙江人民出版社 1987 年版。

［134］章雪富:《斯多亚主义》(Ⅰ)，中国社会科学出版社 2007 版。

［135］赵敦华:《基督教哲学 1500 年》，人民出版社 1994 年版。

［136］朱龙华:《罗马文化与古典传统》，浙江人民出版社 1993 年版。

［137］朱维之主编:《希伯来文化》，浙江人民出版社 1988 年版。

人名术语索引

（所标页码为本书页码；文中出现次数太多的词条不标页码，只将字体加粗。）

后　记

　　从古希腊到中世纪的西方古典德性思想是人类德性思想的宝库，其内容丰富多彩、博大精深。它不仅对西方近现代社会德性思想和西方当代个人德性思想有着直接影响，也对当今世界德性思想具有深远影响，是当代人类德性思想的极其重要源泉之一。然而，到目前为止，无论在西方还是在中国，尚没有对这一时期德性思想的系统研究和完整阐述，这不能不说是人类思想史研究的一大缺憾。本书在认真研读西方古典思想家原著的基础上，对西方古典德性思想作了系统的疏理和阐述，并揭示其演进过程、精神实质和显著特色，着重阐明西方古典德性思想大家德性思想的来龙去脉、基本观点、内在逻辑、突出贡献和历史影响。

　　本书在写作的过程中始终注意坚持以下四条原则：一是忠于元典原则。本书完全是在阅读思想家本人的原著的基础上写作的，在思想家本人的原著中又以得到公认的学术元典为重点，严格按照思想家本人留下的著作阐述其思想，不随意拼凑、"乱搭乱盖"，更不依赖二手材料，力求根据原著说话。二是突出重点原则。西方古代有德性思想的思想家很多，不可能在一本书中全都涉及，本书采取的办法是，以思想大家为重点，从与其相关的角度兼及其他思想家。就思想大家而言，也以他们与西方德性思想主流观点相关的思想、有历史影响的德性思想为重点，突出他们思想的价值和特色。三是尊重原貌原则。本书从作者生活的时代、经历、思想的演进和原著为依据阐述思想家的学术观点和思想体系，力图再现思想家德性思想的原貌，揭示其思想的来龙去脉和内在逻辑，不妄加评论和随意指责。四是总体观照原则。本书既把西方古典德性思想家的思想放在他们所生活的时代加以考察，也注重思想家之间的沿革与关联，同时也从总体上考察和把握思想家的思想结构和心路历程，努力使所阐述的思想家的思想具有历史感和真实感。

　　从西方德性思想的历史看，德性思想既包括关于个人德性的思想（通常被看作伦理思想），也包括关于社会德性的思想（通常被看作政治思想）。
这两方面的德性思想在古典思想家那里都有所涉及，而且联系非常紧密，但
其重点还是个人德性的思想，他们通常是以伦理思想为依据阐述政治思想
的。因此，我们在阐述的过程中，也以他们关于个人德性的思想为主，兼顾
其社会德性思想。西方古典德性思想既包括个人德性思想又包括社会德性思
想，这与西方现当代有所区别的。西方近代思想家更多关注社会德性而较关
心个人德性，社会德性与个人德性事实上发生了分离，至 20 世纪德性伦理
学复兴后，一些思想家只考虑个人德性而不考虑社会德性，而将社会德性问
题留给了政治哲学家们研究。

　　西方古典时期有关德性的著述极其丰富，由于时间和学识的限制，本书
所述难免存在缺失、误解的问题。在此，恳请同行和读者对于书中的问题给
予批评指正。

江　畅

2016 年 5 月

责任编辑：张伟珍
封面设计：吴燕妮
责任校对：吕　飞

图书在版编目（CIP）数据

西方德性思想史·古代卷/江畅 著.—北京：人民出版社，2016.7
ISBN 978－7－01－016157－0

I.①西…　II.①江…　III.①伦理思想－思想史－西方国家－古代
　IV.①B82－091

中国版本图书馆CIP数据核字（2016）第091499号

书　　名　**西方德性思想史**
　　　　　XIFANG DEXING SIXIANGSHI
卷　　次　古代卷
著　　者　江　畅
出版发行　人 民 出 版 社
　　　　　（北京市东城区隆福寺街99号　邮编：100706）
邮购电话　（010）65250042　65289539
经　　销　新华书店
印　　刷　北京汇林印务有限公司
版　　次　2016年7月第1版　2016年7月北京第1次印刷
开　　本　710毫米×1000毫米·1/16
印　　张　45
字　　数　760千字
印　　数　0,001－2,000册
书　　号　ISBN 978－7－01－016157－0
定　　价　116.00元